기초부터 시작하는 PLC

지멘스 S7-1500

초급 실무부터 통신까지

JN428964

한빛아카데미 Hanbit Academy, Inc.

지은이 **정완보** jwbrambo@kopo.ac.kr

경남대학교 공과대학 전자공학과에서 학사와 석사학위를 취득했으며, 현재 한국폴리텍Ⅱ대학 인천캠퍼스 메카트로닉스학과 교수로 재직 중이다. 주 관심 분야는 PLC와 마이크로프로세서를 이용한 공장자동화 분야이며, 주요 강의 과목은 PLC, 공유압, 마이크로프로세서 등이다. 주요 저서로 『위치결정(모션)제어』(2007년, 한국폴리텍대학), 『멜섹Q PLC IN / OUT 프로그래밍 방법』(2012년, 복두출판사), 『멜섹Q PLC 인버터, A / D, D / A, CC-Link 프로그래밍 방법』(2013년, 복두출판사), 『멜섹Q PLC 이론과 실습(3판)』(2015년, 복두출판사), 『실전에 강한 PLC』(2015년, 한빛아카데미), 『지멘스 S7-300 PLC 이론과 실습(2판)』(2015년, 복두출판사), 『기초부터 시작하는 PLC : 멜섹Q』(2017년, 한빛아카데미)가 있다.

기초부터 시작하는 PLC : 지멘스 S7-1500

초판발행 2018년 1월 10일
7쇄발행 2026년 1월 23일

지은이 정완보 / **펴낸이** 전태호
펴낸곳 한빛아카데미(주) / **주소** 서울시 서대문구 연희로2길 62 한빛아카데미(주) 2층
전화 02-336-7112 / **팩스** 02-336-7199
등록 2013년 1월 14일 제2017-000063호 / **ISBN** 979-11-5664-372-2 93560

총괄 박현진 / **책임편집** 김평화 / **기획 · 편집** 김은정 / **교정** 김희진 / **진행** 임여울
디자인 이선영 / **전산편집** 태을기획 / **표지 이미지** © Siemens AG 2017, All rights reserved / **제작** 박성우, 김정우
영업 김성삼, 이정훈, 임현기, 이성훈, 김주성, 심지연

이 책에 대한 의견이나 오탈자 및 잘못된 내용은 출판사 홈페이지나 아래 이메일로 알려주십시오.
파본은 구매처에서 교환하실 수 있습니다. 책값은 뒤표지에 표시되어 있습니다.
홈페이지 www.hanbit.co.kr / **이메일** question@hanbit.co.kr

Published by HANBIT Academy, Inc. Printed in Korea

지은이 머리말

4차 산업혁명을 위한 PLC 기초부터 통신까지

요즘 산업계의 핫이슈가 4차 산업혁명이다. 4차 산업혁명은, 사물인터넷(IoT)Internet of Things을 통해 생산기기와 생산품 상호 소통 체계를 구축하고 더불어 전체 생산과정의 최적화를 구축하는 과정이다. 4차 산업의 중심이 될 공장자동화는, 이더넷Ethernet이라는 네트워크를 기반으로 하여 사무실과 현장으로 구분되던 기존 체제는 사라지고, 사무실에서 발생되는 여러 가지 생산정보가 생산현장에 즉시 반영되어 제품이 만들어지는 새로운 형태로 진화하고 있다. 이 공장자동화의 핵심에 바로 PLC 제어기술이 있다.

오늘날의 공장자동화에 로봇을 사용하는 이유는, 인간의 노동력을 대체하기 위한 용도가 아닌 인간의 능력으로 만들 수 없는 최첨단 제품을 만들기 위함이다. 스마트폰에 들어가는 복잡한 PCB 기판에 돋보기로 보아야 할 만큼 작은 전자부품을 고정하는 납땜 작업이나, μm 단위의 정밀도를 요하는 반도체 부품의 조립과 OLED 패널의 조립 등에 로봇을 필요로 한다. 로봇은 독립적으로 동작할 수 있지만, 공장자동화에 사용될 때에는 PLC의 제어지령에 의해 동작한다.

공장자동화에 사용되는 수많은 자동화 장치와 로봇이 동작하기 위한 프로그램은 여전히 사람만 작성 가능하고, 자동화 장치와 로봇의 점검과 유지보수도 사람만이 할 수 있다. 그러므로 4차 산업혁명으로 대표되는 공장자동화의 기술이 확대되고 발전할수록 이 분야의 인력 수요는 꾸준히 증가할 것이다. 따라서 새로운 형태의 공장자동화에 필요로 하는 기술 인력은, 고전적인 방식의 PLC 입출력을 이용한 제어기술과 통신을 이용한 원격제어 기술 능력을 갖춘 인재라고 할 수 있다. 4차 산업에 필요한 인재 양성을 위해, 이 책에서는 그러한 인재가 갖추어야 할 PLC 입출력을 이용한 제어기술과 기본적인 PLC 통신기술에 대해 자세히 다룬다.

이 책은 지멘스 PLC를 사용하기 위한 기초적인 내용과 함께, 현업 실무에 적용 가능한 다양한 예제를 통해 지멘스 PLC의 사용법과 프로그램 작성법을 익힐 수 있도록 집필하였다.

국내의 경우, 지멘스 PLC가 주로 사용되는 계장제어 분야에서 주요 설비의 많은 부품을 해외에서 수입하여 설치하고 있다. 그러다 보니, 지멘스 관련 PLC 엔지니어의 주된 업무는 기존 시설의 유지보수 및 개조에 관련된 일에 국한되는 경우가 대부분이다. 최근 들어 자동화 장치 및 플랜트 설비의 해외 수주 증가로 인해 지멘스 PLC의 사용이 증가하고 있지만, 체계적으로 지멘스 PLC를 배울 수 있는 학교나 기술 센터 등이 부족해 지멘스 PLC를 사용할 수 있는 엔지니어를 찾기 쉽지 않은 실정이다.

이 책의 특징

PLC에 입문한 사람들로부터 가장 많이 듣는 말은 "PLC를 배우기 위한 가장 쉬운 교재를 추천해달라."는 것이다. 경험이 많은 경력자에게는 해당 PLC의 매뉴얼을 보라고 권할 수 있다. 하지만 입문자에게 매뉴얼은 너무 어렵다. 수많은 매뉴얼을 탐독하고 직접 실습해봄으로써 PLC의 고수가 될 수 있지만, 입문자에게는 내 수준에 맞는 한 권의 교재가 중요하다. 선택한 교재를 가지고 PLC에 대한 기본 개념을 학습하고, PLC의 사용법과 기본 명령어, 프로그램 작성법을 습득한 후에 매뉴얼을 본다면, 짧은 시간에 유능한 PLC 엔지니어가 될 수 있다. 여러분을 유능한 지멘스 PLC의 엔지니어로 안내할 이 책의 특징은 다음과 같다.

- 지멘스 코리아에서 발생한 공식 매뉴얼을 제외하고는, S7-1500을 배울 수 있는 한글로 출판된 유일한 교재이다.
- S7-1500의 프로그램 작성을 위한 TIA Portal의 사용 방법과 지멘스가 추구하는 객체지향 방식의 모듈화된 프로그램을 작성할 수 있다.
- 실무에 직접 응용할 수 있는 다양한 실습과제를 통해서 명령어 사용 방법과 프로그램 작성 방법을 배울 수 있다.
- PROFIBUS-DP, PROFINET 통신으로 연결된 리모트 I/O 및 인버터의 제어 방법을 배울 수 있다.

감사의 글

지멘스 PLC 교재가 출간될 수 있었던 것은 저의 책을 믿고 구매해주시는 독자분이 있기 때문에 가능했습니다. 이 자리를 빌어 모든 독자께 감사 인사를 드립니다. 그리고 이 책에 사용된 지멘스 PLC의 자료와 표지 사진의 사용을 허락해주신 지멘스 코리아 관계자, 책을 집필할 수 있는 환경을 구축해주신 한국폴리텍 학교법인과 동료 교직원, 그리고 한빛아카데미(주) 편집자 및 관계자 여러분께 감사의 마음을 전합니다.

지은이 **정완보**

이 책의 구성

PART 1_지멘스 PLC 개요

- **1장** : PLC가 세상에 출현한 계기와 자동화 시스템 구성에 필요한 자동화 5대 요소, PLC에서의 수의 표현 방법에 대해 학습한다.
- **2장** : 지멘스 S7-1500 PLC를 구성하는 모듈의 종류, 프로그램 작성과 실행에 필요한 메모리의 종류 및 사용법에 대해 학습한다.

PART 2_지멘스 PLC 프로그래밍 기초

- **3장** : 지멘스 PLC의 객체지향 프로그래밍 방법을 적용한 예제를 통해 재활용이 가능한 모듈화 프로그램 작성 방식에 대해 학습한다.
- **4장** : 지멘스 S7-1500 PLC의 프로그램 작성에 필요한 툴인 TIA Portal V14의 사용법과 프로그램 작성에 필요한 하드웨어 구성, 그리고 태그 설정 방법에 대해 학습한다.

PART 3_PLC 명령어 사용법

- **5장** : 릴레이 시퀀스 회로를 대체하기 위한 시퀀스 접점과 다양한 종류의 타이머, 카운터의 사용법을 학습한다.
- **6장** : PLC의 프로그램 작성에 필요로 하는 기본적인 명령어의 사용법과 데이터 처리 및 표현을 위한 다양한 명령어의 사용법을 실습과제를 통해 학습한다.

PART 4_공압 실린더 제어

- **7장** : PLC로 공압 실린더 제어를 위한 공압 시스템의 구성과, 공압 밸브의 종류 및 사용법에 대해 학습한다.
- **8장** : 공압 실린더를 사용해 기계동작을 위한 시퀀스 제어 프로그램을 자기유지, 셋과 리셋, SHL과 같은 다양한 명령어를 사용해 작성하는 방법에 대해 학습한다.

PART 5_지멘스 PLC 통신

- **9장** : 지멘스 PLC의 대표적인 통신인 프로피버스의 종류와 사용법에 대해 학습하고, 실습과제를 통해 프로피버스 통신 시스템을 구성하는 방법과 리모트 I/O 및 인버터 제어 방법에 대해 학습한다.
- **10장** : 지멘스 S7-1500 PLC를 대표하는 통신인 프로피넷을 이용한 시스템 구성 방법과 리모트 I/O 및 인버터 G120 제어 방법에 대해 학습하고, 프로피버스와 프로피넷을 통합한 실습과제를 통해 지멘스 PLC 통신에 대해 학습한다.

목차

PART 2 지멘스 PLC 프로그래밍 기초

PART 3 PLC 명령어 사용법

PART 4 공압 실린더 제어

PART 5 지멘스 PLC 통신

실습과제 목차

Chapter 05

Chapter 06

Chapter 08

Chapter 09

Chapter 10

PART 1

지멘스 PLC 개요

국내 자동화 산업 현장에서 사용하는 PLC의 종류를 살펴보면, 일본 미쓰비시의 멜섹Q 시리즈와 FX 시리즈, LS산전의 XGK 및 XGI 시리즈, 오므론의 NJ 및 NX 시리즈, 지멘스의 S7-300, 400, 1200, 1500 시리즈, 로크웰 오토메이션의 Allen-Bradley CompactLogix, ControlLogix 시리즈가 대부분을 차지하고 있다. 그 중에서 지멘스 PLC의 국내 점유율은 일본 미쓰비시에 비해 낮지만, 대형 설비를 기반으로 하는 PA Process Automation(계장제어) 분야, 즉 석유화학, 제철, 식료품 및 약품 제조와 같은 분야에서 사용되는 거의 모든 PLC의 기종이 지멘스라 할 정도로 지멘스 PLC의 점유율이 높다.

PART 1에서는 PLC가 어떻게 세상에 출현하게 되었는지, 그리고 PLC를 사용하기 위한 기본 지식에는 어떤 것들이 있는지를 자동화의 5대 요소를 통해 살펴본다. 그리고 실습에 사용할 지멘스 S7-1500 PLC 시스템을 구성하는 입출력 및 특수 모듈에 대해 간략히 소개한다. 또한 지멘스 PLC의 사용법이 어려운 이유와 보다 쉽게 이해할 수 있는 방법에 대해 살펴본다.

Chapter 01

PLC 개요

이 장에서는 PLC에 대한 전반적인 개요와 기본 개념을 학습한다. 우선 PLC가 세상에 출현하게 된 계기와 국내 PLC의 산업 현황에 대해 간략하게 살펴본다. 그리고 PLC에 의해 제어되는 자동화 시스템 구성에 필요한 자동화 5대 요소와 각각의 구성요소를 알아본다. 그 후에 PLC에서 처리하는 숫자나 문자와 같은 데이터 표현 단위의 기본인 2진수의 표현 방법과, 2진수를 이용한 10진수, 16진수, BCD 코드에 대해 학습한다.

1.1 PLC의 발전사

세계 최초의 PLC Programmable Logic Controller는 1969년 베드퍼드 Bedford 사에서 개발한 모디콘(MODICON) Modular Digital Controller이라는 명칭의 'MODICON 084'이다([그림 1-1]). 1958년부터 PLC가 개발되기 직전까지 약 10년간은 디지털 IC Integrated Circuit 기술을 적용한 제어 기술이 크게 발전한 시기이다. 1965년에 IC를 적용한 미니컴퓨터가 제어용 컴퓨터로 실용화되면서, 시퀀스 sequence 제어에도 미니컴퓨터와 같은 컨트롤러의 적용을 검토하기 시작하였다([그림 1-2]).

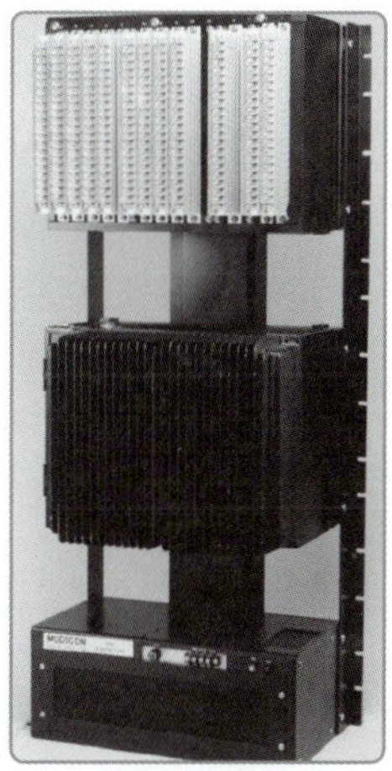

[그림 1-1] MODICON 084

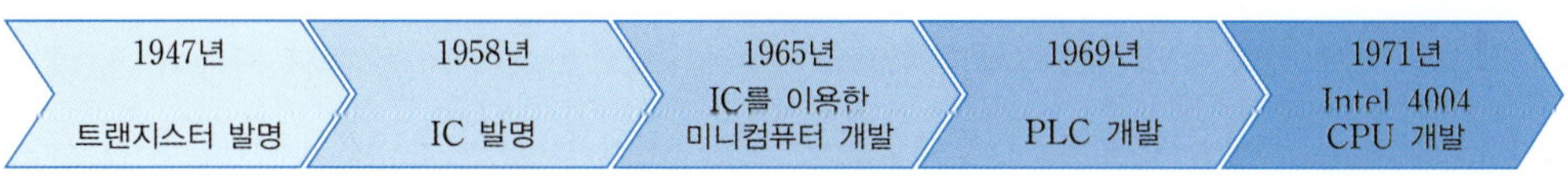

[그림 1-2] 1940～1970년대 PLC 개발을 위한 전자 기술의 발전 현황

1969년 PLC 개발 이전에는 대부분의 자동화 라인에 릴레이[relay]를 이용한 시퀀스 제어를 적용했는데, 이는 다음과 같은 문제점을 가지고 있었다.

- 복잡한 시퀀스 배선 작업을 위한 숙련된 기술자가 필요하다.
- 기능 변경 시에 시퀀스 회로 변경이 어렵다.
- 시퀀스 회로 기술에 대한 보안이 불가능하다.
- 설계에서 시운전까지 많은 시간이 소요된다.
- 제어반의 부피가 커서 많은 공간이 필요하다.
- 장시간 사용 시, 릴레이 접점의 마모로 유지보수가 필요하다.
- 릴레이 동작 속도가 느려서 고속 설비에는 적용이 불가능하다.
- 산술연산, 비교 등과 같은 기능 구현을 하지 못한다.

이러한 문제점을 해결하기 위해 1968년 GM[General Motor]은, 자동차 조립라인의 복잡한 릴레이 제어반 시스템을 교체할 때 발생하는 비용을 줄이고자, [표 1-1]과 같이 자동차 조립라인 제어반의 설계 및 제작을 위한 10대 조건을 제시하였다. 베드퍼드에서 이 10대 조건에 맞추어 제작한 제어장치가 PLC이다.

[표 1-1] GM의 자동차 조립라인 제어반 설계 및 제작 10대 조건

순번	제어기 설계 조건
1	프로그램 작성 및 변경이 용이하고, 시퀀스 변경이 용이할 것
2	점검 및 유지보수가 용이하고, 플러그 인(plug-in) 방식일 것
3	유닛(unit)은 플랜트(plant)의 주위 환경 속에서 릴레이 시퀀스 제어반보다 신뢰성이 높을 것
4	릴레이 시퀀스 제어반보다 소형이며, 바닥 면적이 적을 것
5	출력 데이터는 중앙 데이터 수집 시스템에 연결될 것
6	입력은 AC 115[V]를 받아들일 것
7	전동기 주회로 전자 개폐기를 움직일 수 있도록 출력은 최저 2[A]로 AC 115[V]일 것
8	기본 유닛은 확장이 가능할 것
9	최저 4K 워드에 확장 가능한 프로그램 메모리를 가질 것
10	릴레이 제어반보다 가격에서 유리할 것

PLC는 처음에는 릴레이 제어반을 대체하기 위한 제어장치에서 출발하였으나, 릴레이 제어반에 비해 PLC의 경제성, 신뢰성, 편의성이 향상되면서 자동차, 철강, 화학 등의 대형 공장뿐만 아니라 소규모 공장까지 PLC가 급격하게 보급되기 시작하였다. 1970년대 중반부터 통신 기능에 대한 요구가 나타나기 시작했는데, 그에 따른 최초의 PLC 통신 기술이, 모디콘에서 RS232 통신을 사용하여 통신 프로토콜을 정한 MODBUS이다. MODBUS 통신 기술은 수차례의 성능 및 통신 규약 개정을 통해 현재에도 PLC 통신에서 널리 사용되고 있다.

국내에서는 1980년대 초반 PLC가 장착된 자동화 장치가 일본, 미국, 유럽으로부터 도입되면서 PLC 사용이 시작되었다. 이때부터 금성계전(현재의 LS산전), 삼성항공, 동양화학 등에서도 PLC를 개발하여 판매하였지만, 현재는 LS산전의 PLC가 유일하다고 할 수 있다. 현재 국내 시장 대부분은 외국 브랜드의 PLC가 차지하고 있다. 국내에서 PLC를 사용하는 분야를 크게 구분해보면, 독일의 지멘스와 미국의 AB가 주도하는 PA Process Automation(계장제어) 분야와, 일본 및 국내의 LS산전이 주도하는 부품 조립과 가공 기계 및 설비의 자동화와 관련한 FA Factory Automation(공장자동화) 분야로 나눌 수 있다.

2000년대 초반부터는 산업용으로 사용되던 PC와 PLC의 장점이 결합되고, 개방성, 유연성, 확장성이 강화되면서, 기존의 PLC에서는 처리하지 못했던 다양한 제어 기능(머신 비전, 데이터베이스 등)을 처리할 수 있는 한층 진화된 PAC Programmable Automation Controller라는 명칭을 가진 제어기가 등장하였다. 오늘날에는 4차 산업혁명을 통해 사물인터넷(IoT) Internet of Things과 스마트 팩토리 Smart Factory 구현에 PAC의 사용 범위가 점차 확대되고 있다.

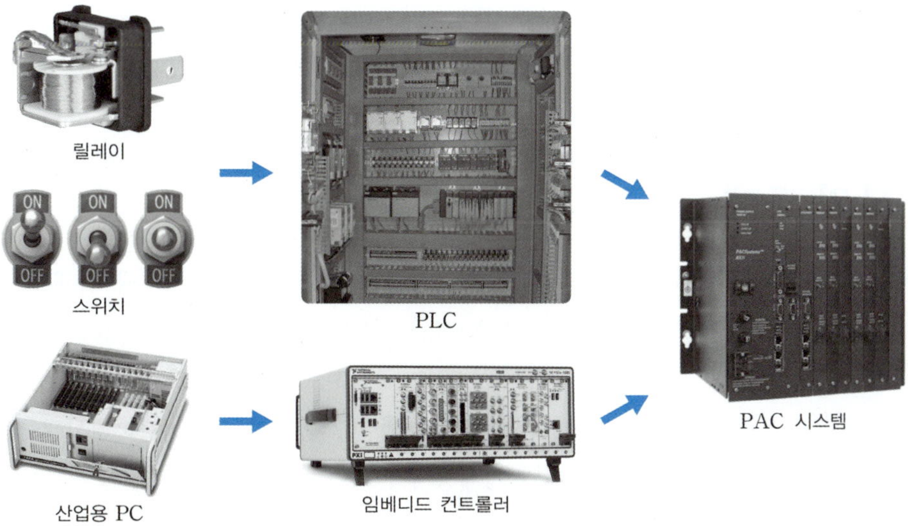

[그림 1-3] PLC 기술의 발전

1993년 IEC에서 표준으로 정한 『IEC 1131-3의 PLC 프로그램 언어에서의 의미와 문장 구조의 정의』에 따르면, PLC의 하드웨어 기술의 발전과 더불어 PLC 프로그램 작성을 위한 소프트웨어도 아래와 같이 다섯 가지의 프로그래밍 언어로 통합되고 표준화되었다.

❶ IL Instruction List : 종래 '니모닉 mnemonic'이라고 불렸던 언어를 표준화한 것으로, 주로 지멘스 또는 AB PLC 프로그램을 작성할 때 사용된다.

❷ LD Ladder Diagram : 시퀀스 제어에서 사용하던 릴레이 로직을 표현하기 위해 만들어진 표준 언어로, 우리나라에서 많이 사용된다.

❸ FBD[Function Block Diagram] : 프로그램의 요소를 블록으로 표현하고, 그들을 서로 연결하여 로직을 나타내는 것으로, 제어요소 간에 정보나 데이터의 흐름이 있는 시스템에서 사용된다.

❹ ST[Structured Text] : 파스칼[Pascal]과 비슷한 고수준의 언어로, 복잡한 수식 계산이 필요한 시스템에서 사용된다.

❺ SFC[Sequential Function Chart] : 전체 시스템을 액션과 트랜지션[transition]으로 구조화시켜 나타낸다. 각각의 액션과 트랜지션은 앞에서 설명한 언어(IL, LD, FBD, ST)로 프로그래밍하는데, 각각의 액션들을 완전히 분리하여 표현하므로, 프로그램에서 오류가 발생할 때 쉽게 디버깅(오류 수정)[debugging]할 수 있다.

이제 PLC 프로그래밍 언어는 서로 통합되고 표준화되었다. 하지만 PLC를 제조하는 회사별로 각각 다른 프로그래밍 툴을 갖추고 있기 때문에 실질적으로 그렇게 보기는 어려운 면이 있다. 그러나 각 언어에서 명령어의 의미와 문장 구조가 유사하기 때문에 PLC를 공부하다 보면 PLC의 제조사에 관계없이 그 사용법이 유사하거나 동일함을 알 수 있다.

1.2 자동화의 5대 요소

PLC를 잘 알기 위해서는 먼저 [그림 1-4]와 같은 자동화의 5대 요소에 대해 이해해야 한다. 자동화의 5대 요소는 산업 현장의 자동화 제어기기의 제작과 운영에 필요한 핵심 요소를 의미한다. 이 핵심 요소에는 기계 시스템을 구성하고 있는 기본적인 기계구조[mechanism]와 기계의 구동을 위한 액추에이터[actuator], 기계의 동작을 감시하기 위한 센서[sensor], PLC에 해당하는 프로세서[processor], 여러 대의 기계장치 간의 연동을 위한 네트워크[network]가 포함된다.

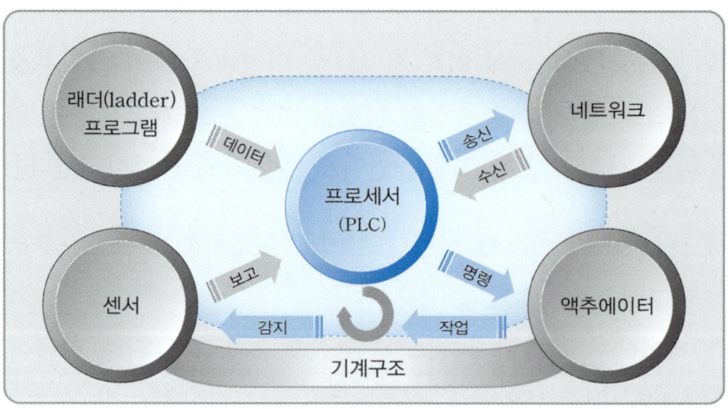

[그림 1-4] 자동화 5대 요소의 연관성

1.2.1 기계구조

기계란 '다수의 부품으로 구성된 것으로, 일정한 상태 운동에 의해 유용한 일을 하는 동적 장치'를 말한다. 18세기 중반부터 시작된 산업혁명에서 물품의 대량생산을 위해 출현한 기계장치는, 19세기에는 인간의 노동력을 보조했고, 20세기에는 인간의 노동력을 대체하였다. 21세기 오늘날에는 인간의 작업 능력으로는 만들 수 없는 반도체, OLED, 휴대전화와 같은 최첨단 제품을 기계장치들이 만들어내고 있다.

PLC의 프로그램은 그러한 기계의 동작을 제어하기 위한 것으로, 기계의 동작 조건은 이미 기계장치를 설계할 때부터 정해져 있다. 따라서 PLC 프로그래머는 기계 설계자가 기계를 설계할 때 정해놓은 기계 동작의 순서대로 기계 장치가 움직일 수 있도록 프로그램을 작성하면 된다. 따라서 PLC 프로그램을 작성하기 위해서는 PLC로 제어할 기계장치의 구동 원리나 동작 순서를 잘 파악하고 있어야 한다.

기계장치의 동작 순서는 어떻게 파악해야 하는 걸까? 기계 설계자는 기계장치를 설계할 때 제일 먼저 기계장치의 목적이 무엇인지를 생각하고, 그 목적에 적합한 기계장치를 만들어내는 데 필요한 모든 조건을 생각한다. 그 다음으로 기계의 크기를 정한 후, 기계장치를 움직이기 위한 액추에이터를 결정하고, 동작을 구현할 수 있는 기계구조를 결정한 후에 기계 도면을 작성한다.

따라서 PLC 프로그래머는 기계 설계자처럼 기계의 모든 구성요소에 대해 알 필요까지는 없어도, 최소한 기계 도면 또는 기계장치 실물을 보고 기계의 동작 순서를 파악할 수 있을 정도로는 기계에 대한 지식을 갖추어야 기계장치를 정확하게 구동시키는 PLC 프로그램을 작성할 수 있다.

1.2.2 액추에이터

액추에이터는 외부로부터 에너지를 공급받아 기계를 움직이는 동력을 생산하는 기기를 의미한다. 자동화 장치에 사용하는 액추에이터는 크게 모터motor와 실린더cylinder로 구분할 수 있다. 실린더는 자동화 장치에서 주로 정해진 일정 거리를 왕복 운동할 때 많이 사용되는 액추에이터로, 사용하는 에너지의 종류에 따라 압축된 공기를 사용하여 움직이는 공압 실린더와, 압축된 기름oil을 사용하는 유압 실린더로 구분된다.

그렇다면 공압 실린더 또는 유압 실린더를 어떤 기계장치에 사용해야 할까? 이 질문에 아마도 독자들 대부분은 큰 힘이 필요한 곳에는 유압을 사용하고, 작은 힘이 필요한 곳에는 공압을 사용한다고 할 것 같다. 큰 힘이 필요하다고 무조건 유압 실린더를 사용하는 게 과연 정답일까?

제약회사에서 가루 분말로 단단한 알약을 만드는 경우를 생각해보자. 이때 유압 실린더를 사용하면 간단한 기계구조로 큰 힘을 얻을 수 있기 때문에 저렴한 비용으로 알약을 제조하는 기계장치를 만들 수 있을 것이다. 그러나 유압 실린더에 사용한 기름이 누설되어 알약에 기름 성분이 포함된다면, 약품의 제조 과정에서 인체에 해로운 기름이 약품에 포함되었다는 사실 하나만으로도 제약회사는 엄청난 손실을 입게 될 것이다.

이처럼 자동화 장치에 공압 또는 유압의 사용 여부를 결정하는 가장 중요한 변수는 자동화 장치로 생산하는 제품의 오염 가능성이다. 제철 공장에서 1000℃에 가까운 고온으로 달구어진 금속 덩어리를 큰 힘으로 눌러서 얇은 강판을 만드는 경우라면, 유압 실린더를 이용한 프레스를 사용하는 게 좋다. 소량의 유압유가 누출되어도 높은 온도에 의해 증발 또는 소멸되어 제품 오염의 문제가 발생하지 않고, 기계구조 또한 단순해지기 때문이다. 한편 OLED를 생산하는 디스플레이 패널 공장과 같은 경우에서는 유압 실린더를 사용하다가 유압유가 누출되면, 공기 중의 미세한 유압유 분진으로 인해 공장에서 생산하는 OLED 제품 전부에서 화소 불량과 같은 문제가 발생할 수 있다.

생산 제품의 오염 문제로 유압을 사용할 수 없다면 공압 또는 모터가 정답이다. 하지만 공압은 유압 또는 모터에 비해 아주 작은 힘이 필요한 곳에만 사용할 수 있다. 한편 모터를 사용하면, 유압에 비해 기계장치가 복잡해지고, 큰 힘을 얻기 위해서는 모터의 크기가 커지는 단점이 있지만, 제품 오염의 문제없이 큰 힘을 얻을 수 있다. 따라서 OLED 제품을 생산하는 디스플레이 공장의 자동화 장치에 사용되는 액추에이터는 공압 또는 모터를 사용한다.

모터의 종류는 수백 가지로 다양하지만, 모터는 전기를 사용하는 제품이기 때문에 DC 모터와 AC 모터로 구분할 수 있다.

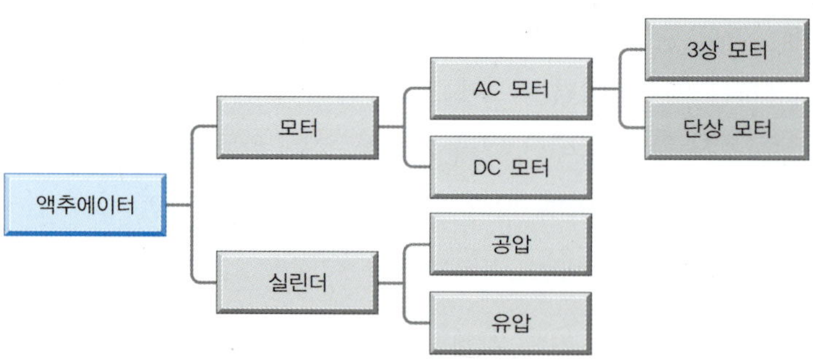

[그림 1-5] PLC로 제어하는 액추에이터의 종류

AC 모터는 가정용 전기인 단상을 사용하는 AC 단상용 모터와, 공업용 전기인 3상 전원을 사용하는 AC 3상 모터로 구분할 수 있다. 산업 현장에서는 MC[Magnetic Contactor]를 사용해서 AC 3상 모터를 제어하는 경우도 있지만, 자동화 장치에 설치된 대부분의 AC 3상 모터는 인버터를 사용해서 모터의 회전속도를 제어한다.

PLC 프로그램으로 자동화 장치를 제어한다는 것은 PLC의 출력신호로 액추에이터를 제어한다는 것이다. 유압 및 공압 실린더를 제어하기 위해서는 솔레노이드 밸브[solenoid valve]의 제어 방법을, AC 3상 모터를 제어하기 위해서는 인버터의 제어 방법을 파악하고 있어야 한다. 따라서 PLC 프로그램을 잘 작성하기 위해서는 자동화 장치에 사용되는 액추에이터의 종류와 그 제어 방법을 잘 이해하고 있어야 한다.

1.2.3 센서

기계장치와 액추에이터가 결합되면, 액추에이터의 동작에 의해 기계장치가 움직이게 된다. 모터는 한쪽 방향으로 계속 회전할 수 있지만, [그림 1-6]과 같이 모터에 의해 동작하는 기계장치는 그럴 수 없기 때문에, 기계장치가 정해진 동작 범위를 초과하여 움직이는 것을 검출하기 위해 리밋 스위치[limit switch]나 센서를 사용한다.

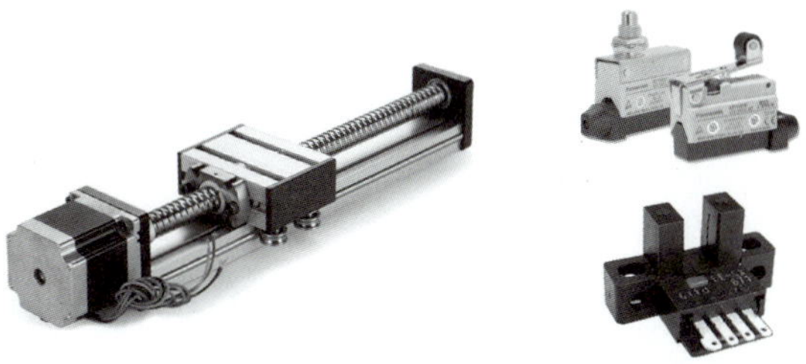

[그림 1-6] 모터와 스크루의 조합에 의한 좌우이동 기계장치와 위치 검출용 센서

센서는 PLC의 출력에 의해 제어되는 액추에이터의 움직임을 감시하고, 기계의 움직임을 감시한 결과를 전기 신호로 변환하여 PLC의 입력에 전달한다. 즉 센서는 기계의 움직임 또는 다양한 계측의 결과를 PLC에 알리기 위해 사용되는 것이다.

그러면 PLC의 관점에서 센서를 구분해보자. 센서는 PLC의 입력모듈에 연결되는데, PLC의 입력모듈은 ON/OFF의 입력신호를 받아들이는 디지털 입력모듈과, 아날로그 신호를 입력 받는 아날로그 입력모듈로 구분된다. 그에 따라 센서도 아날로그 센서와 디지털 센서로 구분된다. 아날로그 센서는 또한 전압형과 전류형으로 구분되는데, 전압형은 아날로그 센서의 전압 발생 범위에 따라 0~5V, 1~5V, −10~10V로 구분되고, 전류형은 4~20mA, 0~20mA로 구분된다. 한편 ON/OFF 신호 출력 디지털 센서는 NPN 타입과 PNP 타입으로 구분된다. 최근의 센서는 임베디드 시스템과 결합하여 복잡한 센싱까지 가능한 스마트 센서로 진화하고 있다.

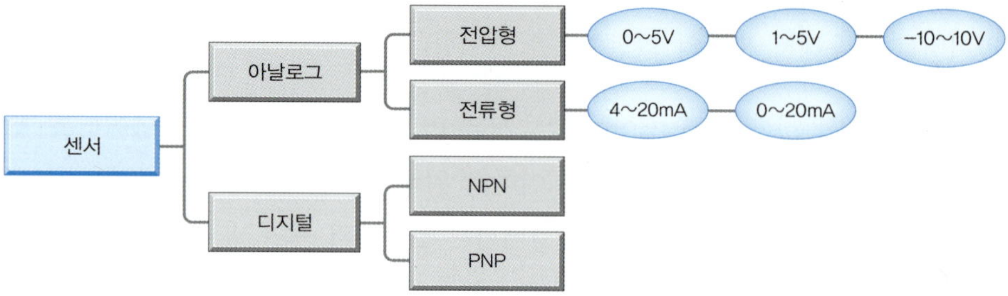

[그림 1-7] PLC 관점에서 분류한 센서의 종류

1.2.4 프로세서

프로세서processor는 CPU에 의해 연속적으로 실행되는 프로그램을 의미한다. 프로그램은 일반적으로 메모리 등에 저장되어 필요한 때에 CPU가 실행할 수 있는 기계어 코드이다. 프로그램의 상태가 메모리에서 실행되는 작업 단위를 프로세서라 하는데, PLC에서는 사용자가 작성한 프로그램 이외에도 PLC의 O/S에 의해 여러 개의 프로세서가 동시에 실행된다. 자동화에서는 프로세서가 PLC 자체를 의미하는 것이라 생각하면 된다.

1.2.5 네트워크

앞에서 살펴본 기계구조, 액추에이터, 센서, 프로세서만을 가지고도 자동화 장치를 제어할 수 있다. 하지만 오늘날의 자동화 장치는 한 대의 기계장치가 아니라, 앞의 4개의 구성요소로 만들어진 수많은 기계장치가 네트워크로 연결되어 동작한다. 네트워크를 기반으로 한 고객 맞춤형 다품종, 고정밀, 고품질의 소량 생산 시스템이 제조업의 핵심이 되면서, 앞으로의 자동화는 제조공정에 ICTInformation and Communications Technologies를 적용하여 스마트 공장을 구현하는 방향으로 나아갈 것으로 보인다. 현재는 대기업 중심으로 ICT 기술이 접목된 자동화 기술이 적용되고 있지만, 몇 년 이내에 수많은 기업이 이를 따라갈 것이다.

따라서 PLC의 네트워크는 필수적이다. PLC의 네트워크는 기존의 컴퓨터 네트워크에 회사별로 표준화한 프로토콜을 사용하고, 회사별로 네트워크 명칭도 각각 다르게 부여하고 있다. 그러나 기본 통신 기술로 RS232 또는 RS485 통신을 사용하기 때문에, 한 종류의 PLC 통신 사용법만 익혀도 프로토콜이 다른 통신을 쉽게 사용할 수 있다. [표 1-2]는 PLC에서 사용하는 통신 프로토콜을 통신 방식에 따라 구분한 것이다. PLC에서는 명칭이 다른 여러 종류의 프로토콜이 사용되지만, RS232C를 기본으로 발전된 3개의 통신 방식이 사용되고 있기 때문에, PLC 통신을 잘하기 위해서는 RS232C 통신 방식에 대한 이해가 필요하다.

[표 1-2] PLC 네트워크의 종류

PLC 제조사 / 통신 방법	RS232C	RS422/485	Ethernet
슈나이더	Modbus	Modbus	Modbus/TCP
미쓰비시	–	CC-Link	CC-Link/IE
지멘스	–	Profibus-DP	Profinet
AB	–	Device-net	EtherNet/IP
오므론	–	–	EtherCAT

PLC를 잘 사용하기 위해서는 PLC와 연관된 기술도 함께 공부해야 한다는 의미에서 자동화의 5대 요소에 대해 간략히 알아보았다. PLC 분야에 입문하여 계속해서 일할 생각이라면, 앞에서 언급한 자동화 5대 요소에 대해 많이 공부하고 실전 경험을 쌓아야 한다.

1.3 PLC에서의 수의 표현

1.3.1 PLC에서 사용하는 수 체계

PLC는 0과 1로 구성된 2진수를 이용하여 사람이 사용하는 숫자와 문자를 표현한다. PLC에서는 메모리를 사용하여 숫자를 저장하거나 표현하기 때문에 메모리의 크기에 따라 표현할 수 있는 숫자의 크기가 정해져 있다. PLC에서 사용하는 숫자의 종류와 표기 방법, 그리고 2진수로 표현 가능한 숫자나 문자의 종류에는 어떤 것이 있는지 살펴보자.

10진수(DEC)

PLC는 모든 정보의 표현에 2진수를 사용하지만, PLC 프로그램을 작성하고 모니터링하는 주체는 '사람'이므로, 사람의 편리함을 위해 PLC에서도 10진수decimal number를 사용할 수 있도록 하였다. 지멘스 PLC의 프로그램에서 사용하는 10진수는 16비트 크기의 메모리를 사용하는 Int형 타입으로, −32768 ~ +32767까지의 10진수를 표현할 수 있다. 또한 32비트 크기의 메모리를 사용하는 DInt형 타입은 L#−2147483648 ~ L#+2147483647까지의 10진수를 표현할 수 있다. DInt형은 숫자 앞에 식별기호 'L#'을 함께 사용한다.

2진수(BIN)

타이머, 카운터 혹은 디바이스에서 설정되는 모든 숫자는 10진수 또는 16진수로 표현되지만, PLC에서 해당 숫자와 관련된 실행과 결과는 2진수binary number로 변환되어 사용된다. 2진수는 '0'과 '1'만을 사용해 모든 수를 표현한다. 10진수에서 0, 1, 2, …, 8, 9 다음의 숫자는 자리올림하여 10이 되는 것처럼, 2진수에서는 0, 1 다음에 자리올림이 발생하여 $(10)_2$이 된다. 또한 10진수에서 99 다음에 100이 되는 것처럼, 2진수에서는 $(11)_2$ 다음에 $(100)_2$이 된다.

2진수를 2의 거듭제곱 꼴(2^N)로 표현하면 10진수로 변환할 수 있다. 2진수 110101은 다른 수 체계와 구분하기 위해서 $(110101)_2$로 표현하며, 이는 다음과 같은 의미를 갖는다.

$$(110101)_2 = 1\times2^5 + 1\times2^4 + 0\times2^3 + 1\times2^2 + 0\times2^1 + 1\times2^0$$

결과적으로 2진수 $(110101)_2$은 다음과 같은 10진수와 동일한 값이 된다.

$$(110101)_2 = (53)_{10}$$

16진수(HEX)

PLC 프로그램에서 모든 데이터는 2진수로 표현 가능한 1비트, 8비트(바이트byte), 16비트(워드word), 32비트(더블워드double word) 단위로 사용되기 때문에, 0과 1이 길게 나열된 형태인 2진수 데이터를 사람이 읽거나 쓰기는 무척 어렵다. 이를 해결하기 위해 2진수를 네 자리씩 나누어 각각을 16진수 한 자리로 표현한다.

16진수hexadecimal number는 10진수 0~9까지의 숫자와 영문자 A, B, C, D, E, F를 사용하여, 10진수 0~15까지의 숫자를 16진수의 0~F로 표현한다. 따라서 16진수에서는 F 다음에서 자리올림이 발생하여 10이 된다. 16진수와 10진수의 관계는 16진수를 16의 거듭제곱 꼴(16^N)로 표시하면 쉽게 알 수 있다.

$$(FA)_{16} = 15\times16^1 + 10\times16^0 = (250)_{10}$$

PLC에서 16진수는 응용명령 오퍼랜드 중에서 숫자를 지정하거나 명령 동작을 지정할 때 사용된다. 16진수는 다른 숫자와의 구별을 위해 **16진수 숫자 앞에 '16#'을 붙여 사용**한다.

BCD 코드

스위치 또는 FND[Flexible Numeric Display]와 같은 디스플레이 장치에서 10진수를 쉽게 표현하기 위해 사람과 컴퓨터 사이에 데이터 표현 방식을 약속해서 만든 것이 BCD 코드이다. BCD 코드는 10진수 한 자리 숫자를 2진수 네 자리를 사용하여 표현하며, 이러한 방식으로 표현 가능한 숫자 중에서 0000~1001까지만 사용하고 나머지는 사용하지 않겠다고 약속된 표기법이다. 즉 BCD 코드는 10진수를 2진수 형태로 부호화하는 방법이다.

[표 1-3]은 여러 수 체계 간의 대응 관계를 나타낸 것이다. BCD 코드를 만드는 첫 번째 규칙은, 앞에서 언급한 대로 10진수 한 자리를 2진수 네 자리로 표현하고, 그 다음의 2진수 표현인 1010~1111은 사용하지 않는다는 것이다. 두 번째 규칙은, BCD 코드는 음수를 표현할 수 없다는 것이다. 이때 주의해야 할 점은 BCD 코드에는 숫자 본래의 산술적인 의미가 담겨져 있지 않다는 것이다. '코드'라는 용어가 말해주듯이, BCD 코드는 단지 필요에 의해 임의로 만들어진 10진수와의 대응 관계일 뿐이다.

[표 1-3] 10진수, 2진수, 8진수, 16진수, BCD 코드의 표현 방법

10진수	2진수	8진수	16진수	BCD 코드
0	0000 0000	00	00	0000
1	0000 0001	01	01	0001
2	0000 0010	02	02	0010
3	0000 0011	03	03	0011
4	0000 0100	04	04	0100
5	0000 0101	05	05	0101
6	0000 0110	06	06	0110
7	0000 0111	07	07	0111
8	0000 1000	10	08	1000
9	0000 1001	11	09	1001
10	0000 1010	12	0A	0001 0000
11	0000 1011	13	0B	0001 0001
12	0000 1100	14	0C	0001 0010
13	0000 1101	15	0D	0001 0011
14	0000 1110	16	0E	0001 0100
15	0000 1111	17	0F	0001 0101
16	0001 0000	20	10	0001 0110
…	…	…	…	–
255	1111 1111	377	FF	0010 0101 0101

[표 1-4]는 10진수를 BCD 코드로 변환하는 예를 보여준다. 10진수 243을 2진수로 표현하면 '11110011'이지만, BCD 코드로 표현하면 '0010 0100 0011'이다.

[표 1-4] 10진수를 BCD 코드로 변환하기

10진수	2진수	BCD 코드			
9	1001	코드			1001
		10진수			9
26	11010	코드		0010	0110
		10진수		2	6
243	11110011	코드	0010	0100	0011
		10진수	2	4	3

BCD 코드를 사용하는 이유는, 2진수만을 취급하는 PLC에 10진수의 숫자를 쉽게 입력하기 위함이다. PLC에 설정값을 입력할 때에는 스위치를 사용하고, 설정값을 표시할 때에는 FND 디스플레이를 사용하는데, 이러한 입출력 장치들은 BCD 코드를 사용한다. PLC에 BCD 코드로 숫자를 입력하면, PLC에서는 이를 2진수로 변환한다. 예를 들어 BCD 코드로 1000 1001 0000(10진수로 890)을 입력하면, PLC 내부에서는 2진수 0011 0111 1010[1]으로 변환해서 연산하거나, 아니면 BCD 코드 연산 명령을 사용해서 연산한다.

[그림 1-8]은 BCD 코드를 표현할 수 있는 썸휠 스위치thumbwheel switch의 모습과 사용 사례를 나타낸 것이다. 썸휠 스위치는 [그림 1-8(a)]처럼 숫자판을 회전시켜 0 ~ 9의 숫자를 선택하면 썸휠 스위치의 내부에 만들어진 4개의 스위치 접점을 사용해서 BCD 코드가 출력되는 기능을 가진 스위치로, 국내에서는 회전형 스위치 또는 로터리 스위치라고 불리기도 한다.

(a) BCD 코드를 사용하는 썸휠 스위치

(b) 썸휠 스위치를 사용한 카운터 모듈

[그림 1-8] BCD 코드를 사용하는 썸휠 스위치

1 890을 2진수로 바꾼 수인 1101111010을 네 자리씩 띄어 쓰고, 앞에 00을 붙인 것이다.

1.3.2 변수와 상수

PLC 프로그램을 작성하다 보면 '변수'와 '상수'라는 용어를 접하게 된다. 변수와 상수는 간단히 다음과 같이 표현할 수 있다.

- **변수** : 변할 수 있는 값
- **상수** : 변하지 않는 값

변수의 필요성은 데이터의 보존과 관리에 있다. PLC 프로그램은 PLC의 메인 메모리인 RAM에 데이터를 보존(저장)하거나 관리(변경)한다. 프로그램에서 변수의 의미는 데이터를 저장할 수 있는 메모리 공간이다. 즉 변수란 프로그램 실행 중에 변하는 값을 처리(읽기/쓰기)할 수 있는 데이터 공간을 의미하는 것이다.

상수의 사전적 의미는 '변수의 상대적 의미로, 어떠한 상황에서도 변하지 않는 수'이지만, 프로그램에서의 의미는 '프로그램 실행 중에는 변경할 수 없는 데이터'이다. PLC 프로그램에서는 10진 상수와 16진 상수를 사용한다. 10진 상수는 일상적으로 사용하는 수의 표현처럼 100, 123 등의 형태로 사용하고, 16진 상수는 앞에 식별자 16#을 붙여 16#09, 16#047F와 같이 표현한다.

1.3.3 정수의 표현

PLC 프로그램에서는 정수 및 실수를 사용하여 산술연산을 실행한다. 따라서 PLC 프로그램에서 산술연산 명령을 사용하기 위해서는 정수와 실수가 어떻게 표현되고 사용되는지를 알고 있어야 한다.

지멘스 PLC에서는 워드 메모리(2바이트)와 더블워드 메모리(4바이트)를 이용하여 '0'과 '1'로 모든 정수를 표현한다. 여기서는 2바이트 메모리를 이용하여 정수를 표현하는 방법에 대해 설명하겠다. 4바이트의 메모리를 이용해서 정수를 표현하는 방법도 2바이트 메모리의 방법과 동일하다.

양수와 음수의 표현

2바이트의 메모리 공간에 정수 +3을 저장하려 한다. 그렇다면 할당된 메모리에는 어떤 값이 저장될까? [표 1-5]에서 보듯이 PLC는 2바이트(16비트) 메모리에 2진수를 사용해 정수를 표현한다. 숫자의 +/-의 부호 표현의 경우에는 가장 왼쪽에 존재하는 비트를 음수나 양수를 구분하는 부호비트로 사용한다. 표현하고자 하는 정수가 양수이면 부호비트는 '0', 정수가 음수이면 부호비트는 '1'이 된다. 이 비트를 MSB[Most Significant Bit]라고 하는데, 이는 가장 중요한 비트라는 뜻이다. 이 비트의 설정에 따라서 값의 크기가 +에서 -로, -에서 +로 변경되기 때문이다.

[표 1-5] 16비트 워드 메모리를 이용한 정수 3의 표현 방법

2^{15} 부호	2^{14}	2^{13}	2^{12}	2^{11}	2^{10}	2^9	2^8	2^7	2^6	2^5	2^4	2^3	2^2	2^1	2^0
0	0	0	0	0	0	0	0	0	0	0	0	0	0	1	1

부호비트를 제외한 나머지 비트들은 정수의 크기를 나타내는 데 사용된다. 그렇다면 '0000 0000 0000 0011'[2]은 어떤 정수를 2진수로 표현한 것일까? MSB가 0이기 때문에 양수이고, 수의 크기는 3이기 때문에 +3이다. 이러한 방식으로 양의 정수를 표현할 수 있다.

그렇다면 음수는 어떻게 표현할까? -3을 앞에서 설명한 방식으로 표현하면, '1000 0000 0000 0011'이 된다. 그런데 이 값은 -3이 아닌 -32,765를 2진수로 표현한 값이다.[3] 그렇다면 2진수를 이용하여 음의 정수를 어떻게 표현해야 할까?

2의 보수를 이용한 음수의 표현

-3을 2진수 '1000 0000 0000 0011'로 표현한 것이 왜 잘못되었는지는 [그림 1-9]를 보면 알 수 있다. 단순하게 부호비트만 변경한(그래서 잘못 표현된) -3의 값과 +3의 값을 더해 보면, 우리가 원하는 결과인 '0'이 아닌 엉뚱한 값이 나타나고 있다.

```
    0000 0000 0000 0011 (+3)
  + 1000 0000 0000 0011 (-3)
  --------------------------
    1000 0000 0000 0110
```

[그림 1-9] -3의 잘못된 표현

이 문제는 음수의 표현 방법을 우리가 잘못 이해했기 때문에 발생한 오류이다. 그렇다면 음수는 어떻게 표현해야 정확한 것일까? PLC에서 음수는 2의 보수로 표현한다. 2진수에서 보수는 1의 보수와 2의 보수가 있는데, 여기서는 2의 보수를 사용한다.

2 확인하기 쉽도록 4비트씩 구분하여 표시하였다.

3 1000 0000 0000 0011에서 최상위 비트가 1이기 때문에 음수 값이 된다. 또한 1000 0000 0000 0011을 2의 보수로 변경하면 0111 1111 1111 1101이 되고, 이 값을 10진수로 변환하면 32765이기 때문에 -32765가 된다.

[그림 1-10]은 +3을 기준으로 2의 보수를 사용하여 −3을 표현하는 방법을 설명한다. 그림과 같이 우선 +3을 표현한 2진수의 값에서 각각의 비트를 반전(1→0, 0→1로 변경하는 것을 의미함)시켜 1의 보수를 구한다. 1의 보수 결과에 1을 더하면 +3의 2의 보수에 해당하는 값을 구할 수 있는데, 이렇게 해서 얻은 '1111 1111 1111 1101'이 바로 −3이 되는 것이다.

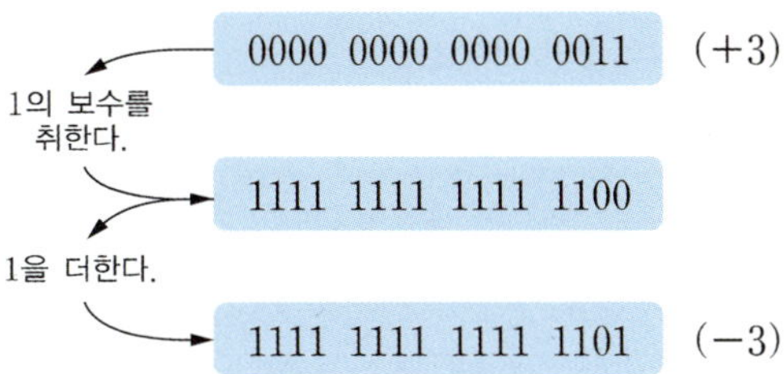

[그림 1-10] 2의 보수를 이용한 −3의 표현

그렇다면 실제로 이 수가 −3인지를 확인해보자. [그림 1-11]에서 두 수를 더한 결과를 보면 올림수가 발생하는데, 2의 보수로 산술연산을 할 때에는 이 올림수를 무시한다.

```
    0000 0000 0000 0011   (+3)
  + 1111 1111 1111 1101   (−3)
  -----------------------
 ① 0000 0000 0000 0000   (3−3의 결과값)
올림수(carry)는 버림
```

[그림 1-11] 2의 보수를 이용한 산술연산

[그림 1-11]은 +3과, 2의 보수로 표현한 −3을 덧셈한 결과가 '0'임을 증명하고 있다. 따라서 **PLC에서의 음수 표현은 그 수의 절댓값을 2의 보수로 변환한 값**이다. 2의 보수를 이용하여 음수를 표현하면 여러 가지 장점이 있다. 제일 먼저 꼽을 수 있는 장점은 '0'에 대한 표현이 하나밖에 없다는 점이다. [그림 1-12]와 같이 0의 값을 2의 보수로 변환하면, 그 결과는 보수 변환하기 전의 0의 값과 동일하다.

```
    0000 0000 0000 0000   (+0)
            ↓
    1111 1111 1111 1111   (1의 보수)
  + 0000 0000 0000 0001   (1을 더함)
  -----------------------
 ① 0000 0000 0000 0000   (+0을 2의 보수로 취한 값)
올림수(carry)는 버림
```

[그림 1-12] 0을 2의 보수로 변환한 표현

또 다른 장점은 덧셈을 이용하여 +, −, ×, ÷의 사칙연산을 실행할 수 있다는 것이다. 2의 보수를 이용해서 뺄셈을 덧셈으로 계산해보자. 예를 들면 '5−4=1'은 (+5)+(+4에 대한 2의 보수)=(+1)이다. [그림 1−13]을 보면 +4의 값에 2의 보수를 취해서 +5와 덧셈한 결과가 +1이 됨을 알 수 있다.

```
        0000 0000 0000 0101    (+5)
    +   1111 1111 1111 1100    (+4의 2의 보수값)
    ---------------------------
    (1) 0000 0000 0000 0001    (5−4의 결과값)
올림수(carry)는 버림
```

[그림 1−13] 2의 보수를 이용하여 덧셈처럼 계산한 뺄셈 연산

PLC에서는 [표 1−6]과 같이 2바이트로 정수 −32768 ~ +32767까지 표현할 수 있으며, 최상위 비트 MSB는 부호비트로 사용된다. 음수는 그 수의 절댓값에 2의 보수를 취하면 구할 수 있다. 이처럼 PLC는 단순히 기존의 전기 시퀀스 회로를 대체할 뿐만 아니라 전기 시퀀스에서 구현하지 못하는 산술연산 또는 논리연산을 실행할 수 있기 때문에, 전기 시퀀스에서 불가능했던 많은 일들을 할 수 있다. PLC를 이용하여 산술연산을 할 때에는 앞에서 학습한 내용을 잘 기억하기 바란다.

[표 1−6] 부호비트가 있는 16비트 크기의 2진수 표현

10진수	2진수
+32767	0111 1111 1111 1111
+32766	0111 1111 1111 1110
⋮	⋮
+2	0000 0000 0000 0010
+1	0000 0000 0000 0001
0	0000 0000 0000 0000
−1	1111 1111 1111 1111
−2	1111 1111 1111 1110
⋮	⋮
−32767	1000 0000 0000 0001
−32768	1000 0000 0000 0000

1.3.4 실수의 표현

PLC에서 실수를 표현하는 방법은 조금 복잡하다. 사실 실수 자체가 정수보다 복잡한 수

이다. 그러나 걱정하지 말자. PLC에서는 실수를 표현하는 방식을 개념적으로 이해하면 되기 때문이다.

10진 실수를 2진수로 변환하기

소수점 이하의 값을 갖는 10진수를 2진수로 표현하기 위해서는 소수점을 기준으로 정수와 소수점 이하의 값을 구분하여 2진수로 변환한다. 10진 정수의 2진수 변환은[그림 1-14(a)]와 같이 연속적인 2의 나눗셈에서 얻어지는 나머지를 이용한다. 그러나 소수점 이하의 10진수는 연속적인 2의 나눗셈의 반대 개념으로 2의 곱셈을 이용해야 한다([그림 1-14(b)]). 즉 연속적인 2의 곱셈을 실행하면서 생기는 정수 부분으로의 자리 올림수가 소수점 이하 2진수의 값이 된다는 것이다. 한 예로 10진수(23.625) 10를 2진수로 변환하는 방법을 살펴보자.

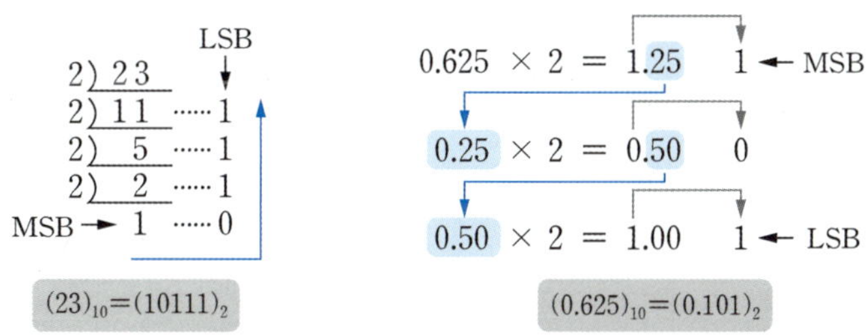

(a) 정수 23을 2진수로 변환 (b) 소수 0.625를 2진수로 변환

[그림 1-14] 10진 실수를 2진수로 변환하는 방법

23과 0.625를 합해서 23.625를 만들 듯이 [그림 1-14]에서 변환된 2진수를 합하면, 23.625에 해당되는 2진수의 표현은 '10111.101'이 된다.

$$(23.625)_{10} = (10111)_2 + (0.101)_2 = (10111.101)_2$$

2진수로 표현된 실수를 10진수의 실수로 변환하기

소수점을 포함하고 있는 2진수를 10진수로 변환할 때, 정수 부분은 앞에서 살펴보았듯이 2의 거듭제곱 꼴을 이용하면 된다. 소수점 이하의 수는 2의 (−) 지수를 사용하여 10진수로 변환한다.

[표 1-7] 2진수 실수 표현을 10진수로 변환하기

가중치	16	8	4	2	1		0.5	0.25	0.125
2의 거듭제곱	2^4	2^3	2^2	2^1	2^0		2^{-1}	2^{-2}	2^{-3}
2진수	1	0	1	1	1	.	1	0	1

$$(10111.101)_2 = 1\times 2^4 + 1\times 2^2 + 1\times 2^1 + 1\times 2^0 + 1\times 2^{-1} + 1\times 2^{-3}$$
$$= 16 + 4 + 2 + 1 + 0.5 + 0.125 = 23.625$$

지멘스 PLC에서의 실수 표현

앞에서 10진 실수의 2진수 표현 원리를 설명하였다. 지멘스 PLC에서는 32비트 크기의 2진수를, 부동소수점floating-point 표현 방식을 이용하여 실수로 표현한다. 이 방법은 지수를 사용하여 소수점의 위치를 이동시킬 수 있는 과학적 표현 방법이다. 다음은 10진수에 대한 부동소수점 표현을 나타낸 예이다.

$$176000 = 1.76\times 10^5$$
$$0.000176 = 1.76\times 10^{-4}$$

부동소수점 표현 방식은 수의 크기를 나타내는 가수mantissa 부분과, 소수점이 이동해야 하는 자릿수를 나타내는 지수exponent 부분, 수의 부호를 나타내는 부호sign 부분으로 구성되어 있다. 지멘스 S7-1500 PLC에서는 32비트 크기의 단정밀도single precision 부동소수점 표현 방법과, 64비트 크기의 배정밀도double precision 부동소수점 표현 방법을 이용하여 실수를 표현한다.

단정밀도 부동소수점 표현에서의 수의 형식을 [표 1-8]에 나타냈다. 가장 왼쪽의 1비트는 부호비트이고, 다음의 8비트는 지수 표현을 위한 비트이며, 나머지 23비트는 가수를 나타내는 부분이다. 가수부의 23비트 왼쪽에 2진 소수점이 있는 셈으로 이해하면 된다. 지수부의 8비트는 실제 지수에 127을 더한 편중 지수biased exponent를 나타낸다. 편중 지수를 사용하는 이유는 지수에 별도의 부호비트를 사용하지 않고도 매우 큰 수 혹은 작은 수를 표현하기 위한 것이다. 편중 지수에 의해 −126에서 +128까지의 실제 지수를 나타낼 수 있다.

[표 1-8] 단정밀도 부동소수점 표현 방법

$$-1.76 \times 10^{5}$$

부호 가수부 지수부

부호	지수(exponent)	가수(mantissa)
1비트	8비트	23비트

예를 들어 2진수 1011010010001을 단정밀도 부동소수점 표현을 이용하여 나타내보자. 우선 소수점을 12자리 왼쪽으로 이동시키고 2의 거듭제곱을 곱해줌으로써 다음과 같이 1011010010001을 지수와 가수를 구분한 소수 표현으로 나타낼 수 있다.

$$1011010010001 = 1.011010010001 \times 2^{12}$$

양수이므로 부호비트는 0이다. 지수 12는 127을 더한 편중지수 139의 2진수 10001011로 표현되며, 가수부는 2진수 소수 부분인 .011010010001이 된다. 위와 같은 지수 표현에서 소수점의 왼쪽은 항상 1이므로 가수에는 포함되지 않는다. 따라서 2진수 1011010010001에 대한 부동소수점 표현은 다음과 같다.

[표 1-9] 단정밀도 부동소수점 표현 방법

부호	지수(exponent)	가수(mantissa)
0	10001011	01101001000100000000000

❶ 십진수 10을 단정밀도 부동소수점 표현으로 나타내는 방법

$(10)_{10} = (1010)_2 = (1.010 \times 2^3)_2$

부호비트 : 양수 → 0

지수 부분 : $3 + 127 = 130 = (10000010)_2$

가수 부분 : 010 → $(01000000000000000000000)_2$

따라서 10을 2진수 데이터로 표현하면 다음과 같다.

$(0100\ 0001\ 0010\ 0000\ 0000\ 0000\ 0000\ 0000)_2 = (41200000)_{16}$

❷ 십진수 0.75를 단정밀도 부동소수점 표현으로 나타내는 방법

$(0.75)_{10} = (0.11)_2 = (1.1 \times 2^{-1})_2$

부호비트 : 양수 → 0

지수 부분 : $-1 + 127 = 126 = (01111110)_2$

가수 부분 : 1 → $(10000000000000000000000)_2$

따라서 0.75를 2진수 데이터로 표현하면 다음과 같다.

$(0011\ 1111\ 0100\ 0000\ 0000\ 0000\ 0000\ 0000)_2 = (3F400000)_{16}$

③ 십진수 −10을 단정밀도 부동소수점 표현으로 나타내는 방법

$(10)_{10} = (1010)_2 = (1.010 \times 2^3)_2$

부호비트 : 음수 → 1

지수 부분 : $3 + 127 = 130 = (10000010)_2$

가수 부분 : 010 → $(01000000000000000000000)_2$

따라서 −10을 2진수 데이터로 표현하면 다음과 같다.

$(1100\ 0001\ 0010\ 0000\ 0000\ 0000\ 0000\ 0000)_2 = (C1200000)_{16}$

④ 단정밀도 부동소수점 형식으로 표현된 2진수 '1100 0010 1100 1000 0000 0000 0000 0000'을 10진수의 값으로 환원하는 방법

- 부호비트, 지수 부분, 가수 부분을 구분하면 다음과 같다.

  부호비트 : 1 → 음수

  지수 부분 : $10000101 = 133 - 127 = 6$

  가수 부분 : 100 1000 0000 00000000 0000

- '1.(가수 부분) $\times 2^{(지수\ 부분)}$'에 대입하면 다음과 같다.

  $1.10010000000000000000000 \times 2^6 = (1100100)_2 = (100)_{10}$

- 즉 이 수는 10진수 −100에 해당되는 값이다.

⑤ 단정밀도 부동소수점 형식으로 표현된 2진수 '1100 0001 1011 1101 0000 0000 0000 0000'을 10진수의 값으로 환원하는 방법

- 부호비트, 지수 부분, 가수 부분을 구분하면 다음과 같다.

  부호비트 : 1 → 음수

  지수 부분 : $10000011 = 131 - 127 = 4$

  가수 부분 : 011 1101 0000 00000000 0000

- '1.(가수 부분) $\times 2^{(지수\ 부분)}$'에 대입하면 다음과 같다.

  $1.01111010000000000000000 \times 2^4 = (10111.101)_2 = (23.625)_{10}$

- 즉 이 수는 10진수 −23.625에 해당되는 값이다.

복잡한 방식으로 표현된 실수를 사용하는 이유는 다른 무엇보다도 아날로그 값의 처리가 편리하기 때문이다. 실수 표현의 가장 큰 장점은 다양한 연산이 가능하다는 것이다. 실수 표현은 +, −, *, /와 같은 기본적인 사칙연산 외에도, PID 제어와 같은 알고리즘에 사용되는 sin, cos, exp, ln와 같은 복잡한 연산에도 사용할 수 있다.

Chapter 02

지멘스 PLC 개요

지멘스는 1979년 독일 하노버 박람회에서 선보인 Simatic S5 PLC를 시작으로 S7-300/400, S7-1200/1500의 순서로 신제품을 출시했다. 현재는 세계 PLC 시장의 매출 1위를 차지할 정도로 지멘스 PLC의 국제 경쟁력은 탁월하다. 지멘스 PLC가 다른 회사의 PLC와 다소 차이가 있지만, 그 차이점을 이해한다면 어떤 PLC보다도 쉽고 편하게 프로그램을 작성할 수 있다. 이 장에서는 지멘스 PLC의 종류와 사용 추세를 살펴보고, 실습에 사용할 지멘스 S7-1500 PLC의 CPU와 디지털 입출력, 아날로그 입출력모듈에 대해 학습한다. 그리고 지멘스 PLC의 특징을 멜섹 PLC와 비교하여 살펴본다. 2.3절은 PLC 초보자에게 다소 어렵게 느껴질 수 있으니 PLC에 대한 경험이 전혀 없는 독자는 2.3절은 건너뛰었다가 이 책을 끝까지 학습한 후에 다시 공부해보길 바란다. 아마 훨씬 많은 것을 이해할 수 있을 것이다.

2.1 지멘스 PLC의 종류와 전망

지멘스^SIEMENS^는 독일에서 1847년에 설립된, 전자 및 전기 분야에 특화된 기업으로, 전 세계 200개국에 진출해 전력 및 가스, 풍력 및 신재생 에너지, 에너지 관리, 발전 서비스, 빌딩 자동화, 프로세서 공정 및 드라이브, 철도 사업, 헬스 케어 등의 사업을 하고 있는 다국적 기업이다. 지멘스는 1958년 Simatic이라는 상표를 등록하면서 PLC 관련 자동화 사업을 시작하였는데, 국내에 처음으로 도입된 지멘스 PLC는 1979년 독일의 하노버^Hannover^ 박람회에서 공개된 Simatic S5였다. 이를 시작으로 1996년에 출시된 S7-300/400이 새롭게 건설된 국내의 석유화학 및 제철 분야에 본격적으로 도입되면서 시장이 확대되었다. 2012년에는 S7-300을 대체하는 S7-1500과 함께, 산업용 이더넷인 프로피넷과 통합 프레임 워크라는 기술을 이용한 TIA Portal이라는 명칭의 새로운 소프트웨어 툴을 새롭게 공개하였다. 현재는 S7-300/400과 S7-1500이 서로 공존하는 형태이며, PLC 프로그램 작성 툴은 Simatic manager에서 TIA portal로 넘어가는 추세이다.

[그림 2-1]에서 알 수 있듯이 지멘스 PLC는 세 개의 등급으로 구분한 4종류의 PLC를 시판하고 있다. 그림에는 표시되어 있지 않지만, PLC에 비해 성능이 아주 단순한 로직 모듈logic module로 구분되는 LOGO가 있다. Micro PLC는 S7-200에서 S7-1200으로 성능이 업그레이드되면서 S7-300의 낮은 사양의 CPU를 대체할 수 있게 되었고, S7-300과 S7-400의 일부 기능을 통합하고 새로운 기능을 추가한 S7-1500이 출시되었다. 산업 현장에서 이중화[1] 및 안전 때문에 사용하는 S7-400도 안전과 관련된 부분이 검증된 후에는 점차 S7-1500으로 대체될 것으로 전망된다.

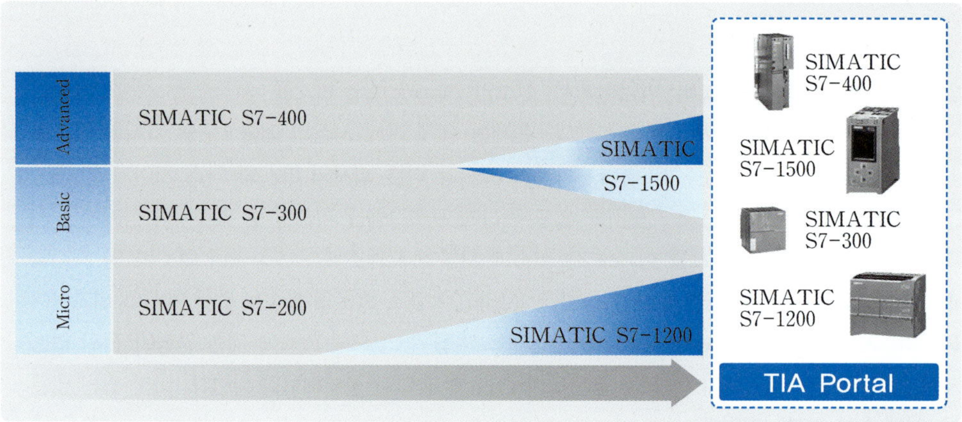

[그림 2-1] 지멘스 PLC의 구분

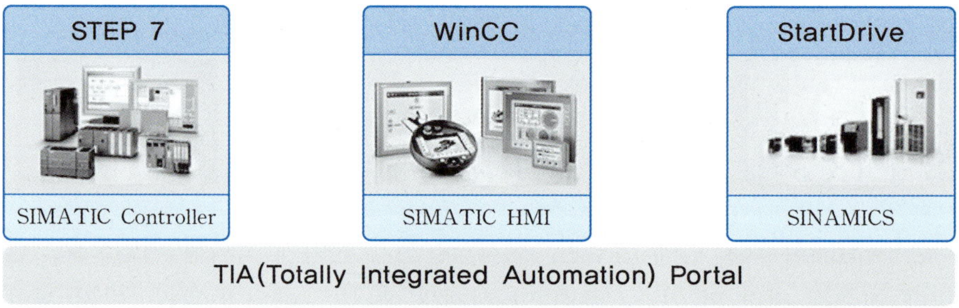

[그림 2-2] TIA Portal에서 지원하는 소프트웨어의 종류

PLC 프로그램을 작성하기 위한 소프트웨어도 S7-1500의 출시와 함께 SIMATIC Manager에서 TIA Portal로 변경되었다. 다른 소프트웨어로 존재하던 PLC 프로그램 작성용 툴인 STEP 7과, 모터 드라이브 파리미터 설정 및 시운전용 툴인 StartDrive, HMI

1 이중화(redundancy)란, CPU 모듈이 두 대로 구성된 PLC 시스템을 구축하여, 한 대는 평상시에 시스템을 제어하는 마스터 컨트롤러 PLC로 사용하고, 다른 한 대는 스탠바이 컨트롤러 PLC로 사용하는 방식이다. 마스터 컨트롤러 PLC에 이상이 발생하면, 스탠바이 컨트롤러 PLC가 마스터 컨트롤러 PLC로 전환되어 시스템을 정지시키지 않고 동작할 수 있도록 한다. 이러한 이중화는 제철, 화학, 발전소와 같이 한번 작동하면 수개월 동안 정지하지 않고 제어되어야 하는 중요 설비에 주로 사용된다.

관련 WinCC가 [그림 2-2]처럼 통합 프레임 워크를 통해 TIA Portal에 포함되었다. 그 결과, 하나의 프로젝트 폴더에서 PLC와 관련된 모든 작업을 처리할 수 있게 되어 작업 효율성이 크게 높아졌으며, 프로그램 파일 관리를 하나의 폴더로 관리할 수 있게 되었다. 이러한 장점 때문에 TIA portal의 사용 범위가 점차 확대되고 있다.

국내에서의 지멘스 PLC 사용 현황을 살펴보면, 기존 설비는 S7-300/400 PLC로 구성되어 있고, 새로 제작되는 장비에는 S7-1500의 사용 비율이 점차 높아지는 추세이다. 따라서 지금 지멘스 PLC에 입문하는 사람이라면 S7-300/400과 함께 S7-1500도 사용할 수 있어야 한다. 하지만 S7-1500은 S7-300의 업그레이드 기종이기 때문에 성능 면에서는 많은 차이가 있지만, PLC의 프로그램 작성에 있어서는 동일한 명령어와 동일한 프로그램 작성법을 사용할 수 있다. 따라서 두 기종을 배우는 것이 크게 어렵지 않다.

이 책에서는 S7-1500의 기종을 대상으로 실습예제를 만들었지만, 대부분의 실습예제는 S7-300에서도 별다른 프로그램 수정 없이 사용할 수 있다. S7-1500을 사용하기 위해서는 TIA Portal을 사용해야 한다. 2017년을 기준으로 TIA Portal V14 SP1까지 출시되어 있고, 이 책에서도 TIA Portal V14 SP1을 사용한다.

2.2 S7-1500

S7-1500은 2012년 11월에 처음 출시된 64비트 CPU를 채용한 지멘스 최신 기종의 PLC로, 표준 CPU와 소형 CPU, 페일 세이프fail-safe CPU로 구분되어 있어서 사용 환경에 맞추어 시스템을 구축할 수 있다.

[그림 2-3] Siemens S7-1500 PLC

2.2.1 CPU 모듈

이 책의 실습에 사용하는 CPU 1516-3 PN/DP는 표준 CPU로, X1과 X2로 표시된 각각 다른 맥 어드레스Mac address[2]를 가진 2개의 이더넷 포트와 X3로 표시된 1개의 프로피버스Profibus 통신포트를 갖추고 있다. X1의 이더넷 통신포트는 P1과 P2로 구분된 2개의 이더넷 포트를 가지고 있는데, 이는 프로피넷Profinet과 프로피넷 IO RT 및 IRT의 기능을 제공하며, 2개의 포트를 사용해서 이더넷 이중화 링 구조를 구성하는 링 포트로 사용할 수 있다. 또 다른 이더넷 통신 포트 X2도 프로피넷 기능을 제공하는데, 이는 주로 HMI와의 통신 또는 다른 상위 네트워크와 통신할 때 사용된다.

[표 2-1] S7-1500 CPU의 주요 구성

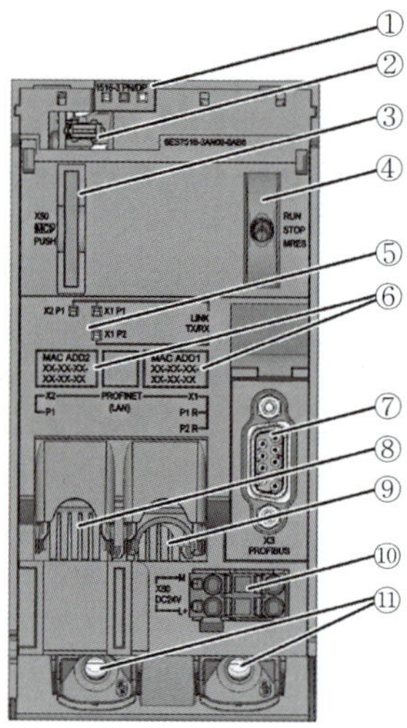

①	CPU 운전모드 및 진단 상태 LED
②	디스플레이 커넥터
③	MC 메모리 카드 슬롯
④	모드 선택 스위치
⑤	이더넷 포트(X1, X2) 상태 LED
⑥	이더넷 포트 맥 어드레스
⑦	프로피버스 통신포트
⑧	이더넷 X2 포트
⑨	이더넷 X1 포트(2포트로 구성)
⑩	DC 24V 전원 공급 커넥터
⑪	레일 고정 나사

CPU 운전모드 및 진단 상태 LED

CPU 모듈의 상단에 위치한 3개의 LED(RUN/STOP LED, ERROR LED, MAINT LED)를 사용해 CPU의 동작 상태를 표시한다. [표 2-2]와 같이 RUN/STOP LED는 운전모드를 나타내고, ERROR 및 MAINTmaintenance LED는 CPU의 진단 상태를 나타낸다.

2 이더넷 통신을 위해 랜 카드에 부여된 주소 번지

[표 2-2] 운전모드 및 진단 상태 LED의 동작 상태에 따른 의미

RUN/STOP LED	ERROR LED	MAINT LED	의미
꺼짐	꺼짐	꺼짐	CPU에 전원 공급이 차단된 상태
꺼짐	적색 점멸	꺼짐	에러 발생
녹색 켜짐	꺼짐	꺼짐	CPU가 정상 동작(RUN) 상태
녹색 켜짐	적색 점멸	꺼짐	경고 발생 미해결 상태
녹색 켜짐	꺼짐	황색 꺼짐	유지보수 필요 상태 발생 / 강제 출력 상태
녹색 켜짐	꺼짐	황색 점멸	유지보수 필요 상태 발생 / 하드웨어 구성 오류
황색 켜짐	꺼짐	황색 점멸	펌웨어 업데이트 성공
황색 켜짐	꺼짐	꺼짐	CPU가 정지(STOP)한 상태
황색 켜짐	적색 점멸	황색 점멸	MC 카드 프로그램에서 오류 발생 / CPU 오류
황색 점멸	꺼짐	꺼짐	MC 카드에 사용자 프로그램 다운로드
녹색 점멸	꺼짐	꺼짐	기동(STOP → RUN)
녹/황 점멸	적색 점멸	황색 점멸	CPU 부팅 / LED 테스트 / 모듈 검색 테스트

CPU의 메모리 종류 및 크기

PLC는 프로그램을 실행하는 데 다양한 메모리를 필요로 한다. 실습에 사용하는 S7-1500 CPU 1516-3 PN/DP가 보유하고 있는 메모리의 종류와 용도, 크기는 [표 2-3]과 같다.

[표 2-3] CPU 1516-3 PN/DP에서 사용하는 메모리의 종류

메모리 구분		크기	용도
로드 메모리 (Load Memory)		32GB	MC로 사용자의 프로그램을 저장하는 용도로 사용하는 메모리이다.
워크 메모리 (Work Memory)	프로그램	1MB	프로그램의 실행 및 데이터를 저장하는 용도로 사용하는 RAM 메모리이다.
	데이터	5MB	
시스템 메모리 (System Memory)	M메모리	16KB	사용자가 직접 사용할 수 있는 비트 메모리 영역으로, RAM 메모리이다.
	타이머	2048점	S5 시절부터 사용해온 타이머로, IEC 타이머와 다르게 시스템 메모리 영역을 사용한다.
	카운터	2048점	S5 시절부터 사용해온 카운터로, IEC 카운터와 다르게 시스템 메모리 영역을 사용한다.
	입출력	8192점	입출력신호를 처리하는 메모리는 최대 8192점, 입출력 이미지 영역은 각각 8KB 크기를 가지고 있다.
	로컬 메모리	64KB	프로그램 실행 도중에 발생하는 임시 데이터를 저장하는 메모리로, 16KB 단위로 구분해서 사용 가능하다.

■ 로드 메모리

로드 메모리load memory는 PLC의 전원이 OFF되었을 때를 대비해서 PLC의 실행에 필요한 프로그램과, 관련 프로그램 유지보수에 필요한 프로젝트 파일 등을 보관하는 용도로 사용하는 EEPROM 타입의 MCMemory Card로, [표 2-1]의 ③번 위치에 장착하는 메모리이다. 로드 메모리는 최대 32GB의 크기까지 사용할 수 있다. 로드 메모리에 저장되어 있는 PLC 프로그램은 PLC의 전원이 ON되면 CPU의 워크 메모리로 전송된다. 로드 메모리는 PLC를 사용하기 위한 필수 메모리이다.

■ 워크 메모리

워크 메모리work memory는 PLC의 프로그램이 실행되는 메모리로, 프로그램 실행과 함께 프로그램 실행에 필요한 사용자 지정 데이터가 저장되는 영역이다.

■ 시스템 메모리

시스템 메모리system memory는 PLC의 프로그램의 실행에 필요한 메모리이다. 시스템 메모리의 타이머와 카운터는 절대번지를 가지는 메모리 영역을 사용하기 때문에, 실제 프로그램에서는 시스템 메모리 영역의 타이머와 카운터 대신에 IEC 명령어로 된 타이머와 카운터를 사용한다. IEC 명령어 타이머와 카운터는 워크 메모리의 데이터 영역을 사용하기 때문에 사용 개수에 제한 없이 사용할 수 있다. 한편 M메모리[3]는 바이트 단위로 구성된 메모리로, 사용자가 필요에 따라 비트, 바이트, 워드, 더블워드 크기로 사용할 수 있는 메모리이다. 시스템 메모리는 절대번지를 가지고 있기 때문에 동일 메모리 번지를 이중으로 겹쳐서 사용하면 문제가 발생할 수 있으므로 주의해야 한다.

2.2.2 입력모듈

입력모듈은 스위치 및 디지털 센서의 신호를 입력받기 위한 모듈로, 이 책의 실습에서는 32점 입력모듈 DI 32×24VDC HF를 사용한다. 해당 입력모듈의 경우, 스위치의 COM이 +24V에 연결된다.

3 M메모리는 시스템 메모리에 포함된 메모리로, 사용자가 직접 메모리 번지를 지정해서 사용할 수 있는 메모리를 의미한다. 메모리의 종류를 구분하기 위해 메모리 번지를 부여할 때 식별자 M을 사용하기 때문에 M메모리라 한다.

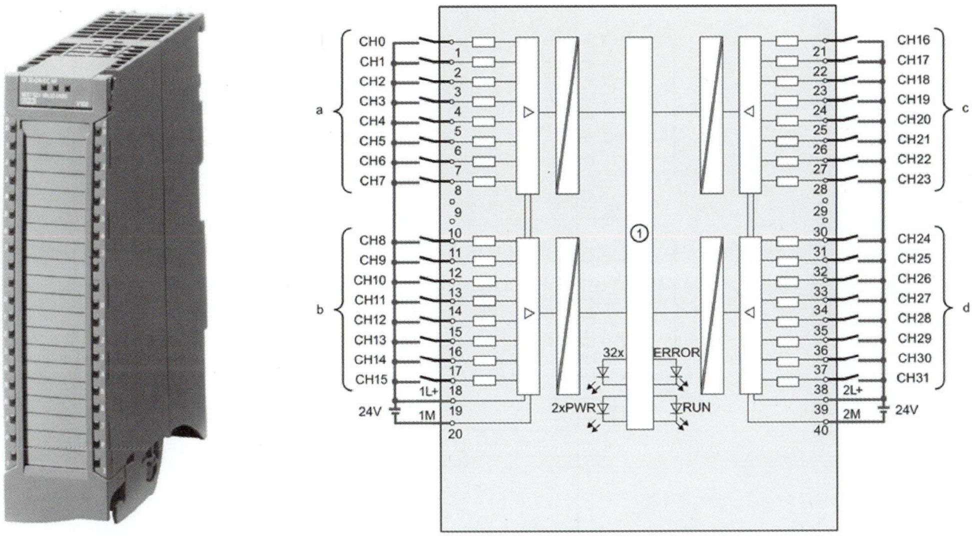

(a) 입력모듈의 외형　　　(b) 입력모듈의 내부 구조

[그림 2-4] **입력모듈** DI 32×24VDC HF

입력모듈이 동작하기 위해서는 L+ 단자([그림 2-4(b)]에서 19번과 39번)와 M단자([그림 2-4(b)]에서 20번과 40번)에 DC 24V 전원을 공급해야 한다. 19번과 39번은 [그림 2-5]처럼 쇼트핀(❷)을 위치시키면, ❶의 L+ 단자와 ❸의 L+ 단자가 연결된다. 따라서 입력모듈에 포함되어 있는 쇼트핀을 설치하고, ❶번에 DC 24V 전원을 입력한 후, ❸ 단자에서 다음 모듈로 전원을 연결하면, 모듈에 필요한 전원 연결을 손쉽게 할 수 있다.

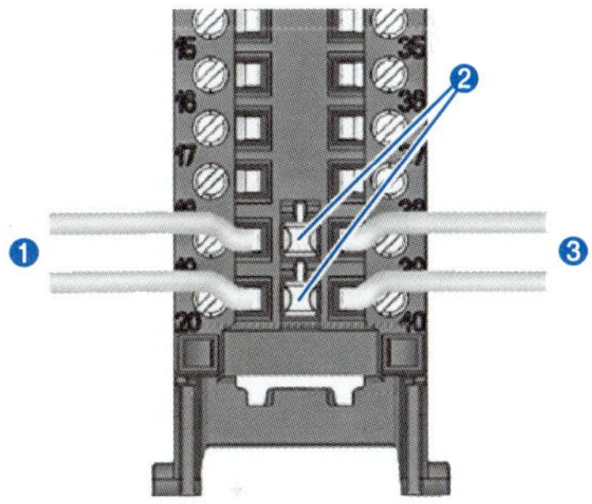

[그림 2-5] **입력모듈의 전원 연결**

2.2.3 출력모듈

출력모듈은 PNP 트랜지스터 출력 타입으로, 32점 출력모듈 DQ 32×24VDC/0.5A HF를 사용한다. 바이트 단위로 출력모듈을 동작시키기 위해 해당 출력모듈에는 DC 24V의 전원을 공급해야 한다.

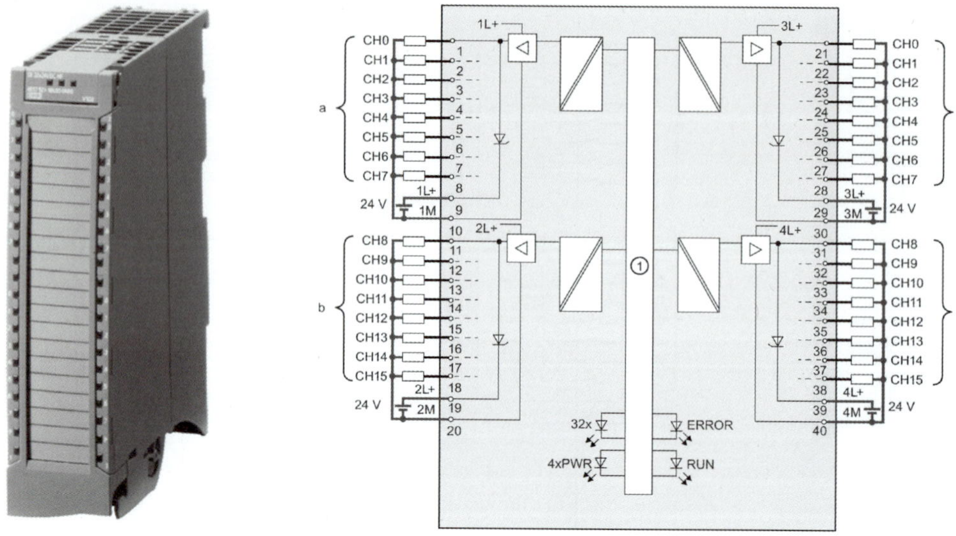

(a) 출력모듈의 외형

(b) 출력모듈의 내부 구조

[그림 2-6] **출력모듈 DQ 32×24VDC/0.5A HF**

출력모듈에는 8비트(바이트) 단위로 출력모듈 내부의 전자회로를 동작시키기 위한 전원이 공급되어야 한다. 따라서 L+단자([그림 2-6(b)]에서 9, 29, 19, 39번)에 DC 24V의 (+) 전원을 연결하고, M단자([그림 2-6(b)]에서 10, 30, 20, 40번)에 DC 24V의 0V 전원을 연결해야 한다. 출력모듈에 포함된 쇼트핀을 [그림 2-7]처럼 설치하면, ❶을 통해서 DC 24V 전원이 공급된다. 하단의 ❷에서 ❸의 전선을 이용해서 상단에 위치한 ❷로 연결하여, ❹를 통해서 다른 모듈에 DC 전원을 연결할 수 있도록 결선한다.

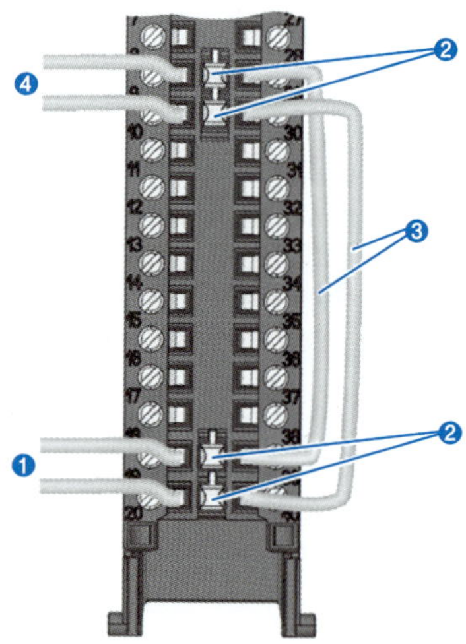

[그림 2-7] **출력모듈의 전원 연결**

2.2.4 아날로그 입력모듈

아날로그 입력모듈의 결선 방법은 입력되는 아날로그 신호의 종류에 따라 달라진다. 이 책의 실습에 사용되는 모듈은 아날로그 8채널 입력이 가능한 AI 8×U/I/RTD/TC ST이다. 각 채널당 4개의 단자가 있고, [그림 2-8]과 같이 채널별로 연결되는 아날로그 신호 타입에 따라 6종류의 결선 방법이 있다.

아날로그 입력모듈에서는 6종류의 결선 방법을 통해 전압 측정 및 2선식 및 4선식 센서 전류 측정이 가능하고, 저항형 온도센서thermal resister RTD **4** 및 서머커플thermocouple을 통해 온도 측정이 가능하다. [표 2-4]는 아날로그 입력모듈에서 측정 가능한 신호의 종류를 나타낸 것이다.

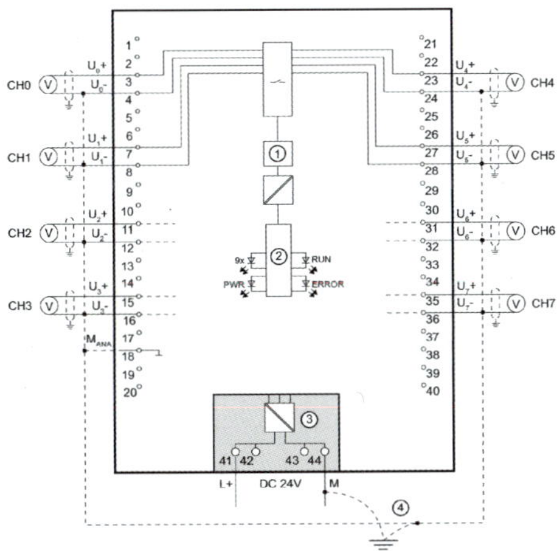

① ADC
② 백플레인 버스(backplane bus)
③ 전원 공급, ④ 접지

(a) 전압센서 결선

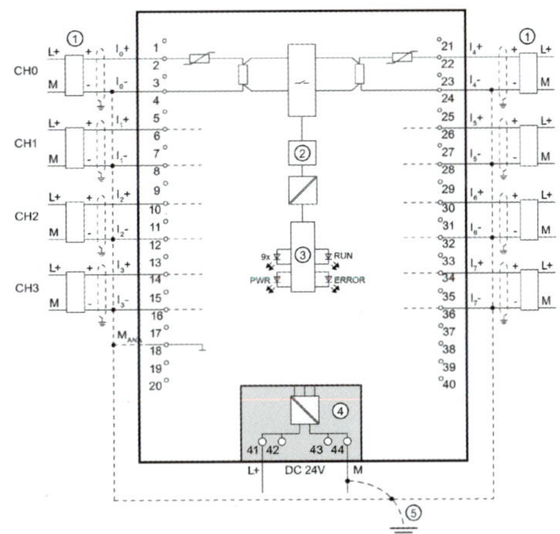

① 4선식 센서
⑤ 접지

(b) 4선식 전류센서 결선

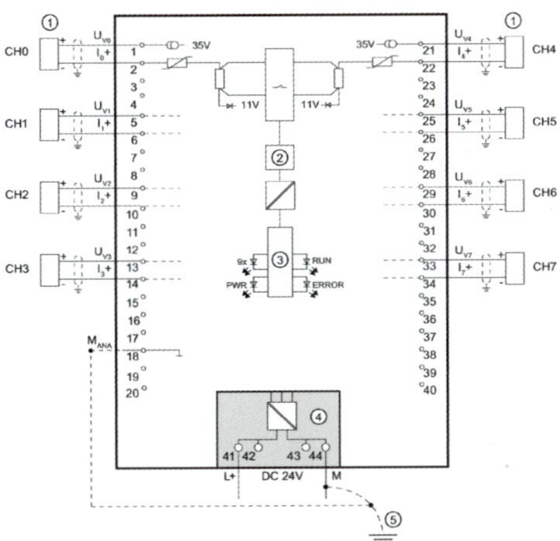

① 2선식 센서, ⑤ 접지

(c) 2선식 전류센서 결선

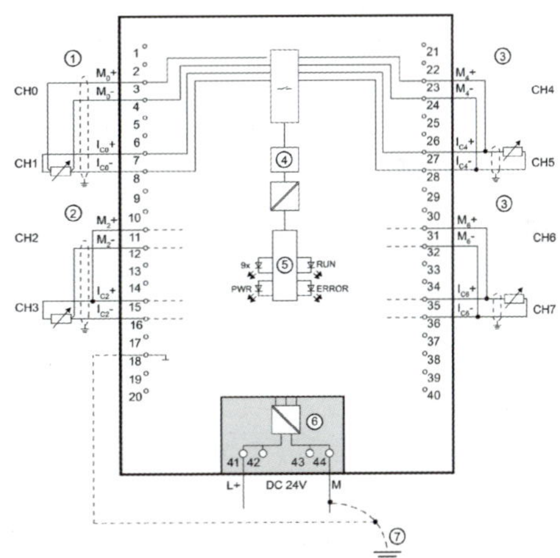

① 4선식, ② 3선식,
③ 2선식 센서, ⑦ 접지

(d) 저항형 온도센서 2, 3, 4선식 결선

4 저항형 온도센서는 온도에 따라 전기저항이 변화하는 성질을 이용해서 만든 온도센서로, '측온 저항체'라 한다. 서머커플은 두 가닥의 와이어를 결합해 만든 온도센서로, 온도 변화에 따른 기전력의 차이를 측정해서 온도를 측정한다. 서머커플은 고온의 온도를 측정할 때 사용하며, '열전대' 또는 '열전쌍'이라 부르기도 한다.

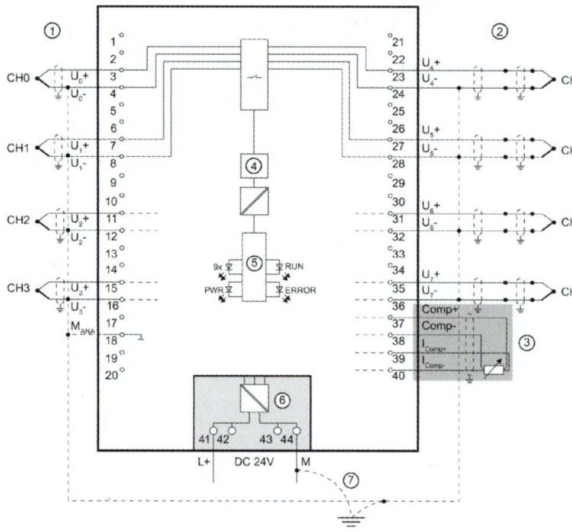

①, ② 비접지 서머커플
③ 기준 채널 RTD

(e) 비접지 서머커플 및 기준 채널 RTD 결선

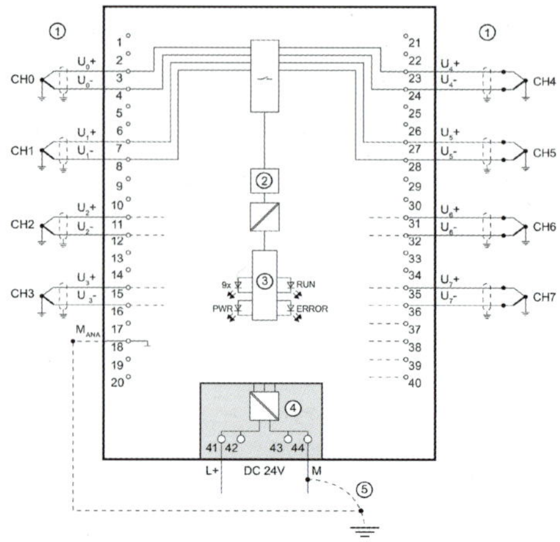

① 접지된 서머커플
⑤ 접지

(f) 접지된 서머커플의 결선

[그림 2-8] 아날로그 입력모듈의 결선 방법

[표 2-4] 아날로그 입력신호의 종류

신호 타입		아날로그 신호 종류
전압		±50mV, ±80mV, ±250mV, ±500mV, ±1V, ±2.5V, 1~5V, ±5V, ±10V
2선식 전류		4~20mA
4선식 전류		0~20mA, 4~20mA, ±20mA
저항 측정	저항	PTC[5], 150Ω, 300Ω, 600Ω, 6000Ω
	온도	PT100, PT200, PT500, PT1000, Ni100, Ni1000, LG-Ni1000
서머커플		Type B, E, J, K, N, R, S, T

2.2.5 아날로그 출력모듈

아날로그 출력모듈은 아날로그 신호를 출력하는 모듈로, 실습에 사용하는 모듈은 아날로그 4채널 출력이 가능한 AQ 4×U/I ST이다. 아날로그 출력모듈은 전압과 전류 출력만 가능하다.

5 PTC는 온도가 상승하면 전기저항이 급격히 커지는 반도체 소자이다.

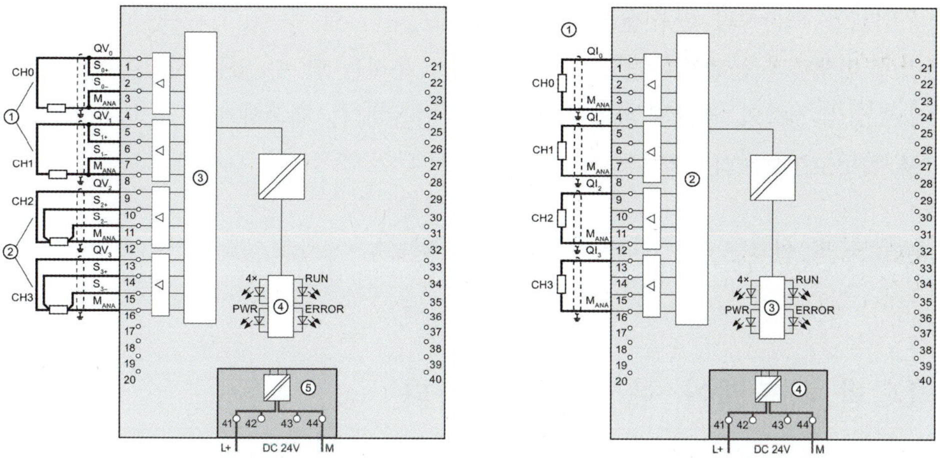

① 2선식, ② 4선식 결선,
③ DAC, ⑤ 전원 결선

① 전류 출력 결선
② 백플레인 버스

(a) 전압 출력 결선 (b) 전류 출력 결선

[그림 2-9] **아날로그 출력모듈의 결선 방법**

아날로그 전압 출력은 2선식 결선 방법과 4선식 결선 방법이 있다. 아날로그 출력신호의 종류는 [표 2-5]에 나타내었다.

[표 2-5] **아날로그 출력신호**

신호 타입	아날로그 출력신호 종류
전압	1~5V, 0~10V, ±10V
전류	0~20mA, 4~20mA, ±20mA

2.3 지멘스 PLC의 특징

PLC를 사용하는 많은 엔지니어들이 지멘스 PLC는 배우기 어렵다고 토로한다. 그 이유는 기존에 사용하던 PLC와 사용 환경이 다르기 때문이다. 지멘스 PLC를 배우고자 하는 사람은 LS산전 또는 멜섹과 같은 PLC를 사용하던 중, 필요에 의해 지멘스에 입문하는 경우가 대다수일 것이다. PLC에 대한 경험이 있는 사람이 지멘스 PLC를 쉽게 배우려면 어떻게 해야 할까? 먼저 배운 PLC와 지멘스 PLC와의 차이점을 찾아보고 이를 이해한다면, 타사 PLC 기종에 대한 지식과 경험을 고스란히 지멘스 PLC에 응용할 수 있을 것이다.

PLC의 제작사가 다르다고 해서 PLC의 시스템 구성과 프로그램 작성법이 크게 달라지는 것은 아니다. 제작사에 따라 사용법이 다를 뿐이다. 멜섹과 지멘스 PLC 간의 차이는 자동차의 운전석이 오른쪽과 왼쪽에 있는 차이와 비슷하다 할 수 있다. 운전석의 위치에 따라 운전에 어색함과 불편함이 있을 수는 있지만, 운전을 할 수 있는 사람이라면 약간의 연습만으로 운전석의 위치에 관계없이 운전이 가능하다. 제작사가 다른 PLC의 프로그램 작성 방법도 크게 다르지 않다.

여기서는 멜섹[6]과 지멘스 PLC 간의 차이점을 살펴보자.

2.3.1 PLC의 하드웨어 구성이 필요하다

지멘스 PLC를 사용하기 위해서는 TIA Portal에서 새로운 프로젝트 폴더를 만든 후에 사용할 PLC 시스템의 하드웨어 구성이라는 절차를 거쳐야 한다. 멜섹 PLC에서는 하드웨어 구성의 절차를 거치지 않고, GX Works2와 같은 툴에서 통신으로 PLC의 하드웨어 구성을 읽어오는 경우가 대부분이다.

지멘스는 프로그램 작성 툴에서 엔지니어가 사용하고자 하는 PLC의 하드웨어를 직접 구성하도록 설정되어 있다. TIA Potal에는 S7-1500 CPU의 MC에 저장되어 있는 하드웨어 구성을 읽어오는 기능이 있다. 따라서 기존에 사용했던 PLC는 하드웨어 구성을 별도로 하지 않아도 되지만, 처음 사용하는 경우에는 반드시 하드웨어 카탈로그를 사용해서 PLC의 하드웨어를 구성해야 한다.

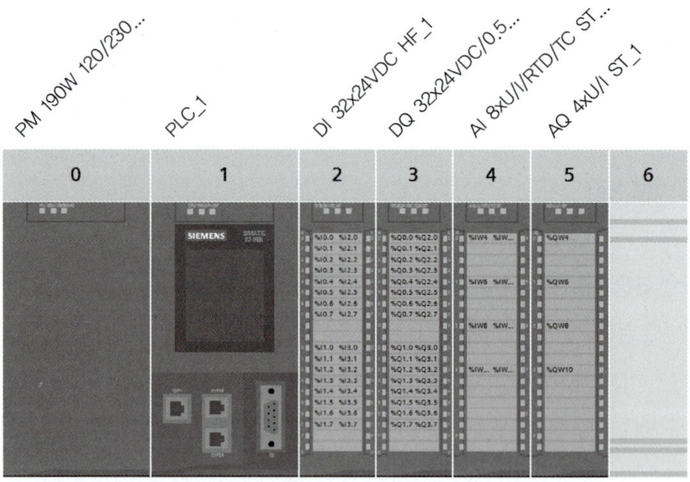

[그림 2-10] TIA Portal에서 S7-1500 하드웨어 구성

6 지멘스와 비교하는 멜섹은 멜섹Q 시리즈 PLC를 의미한다. 멜섹의 IQ-R 시리즈와 FX5U 시리즈를 사용하기 위한 GX Works3에서는 지멘스처럼 PLC의 하드웨어 구성의 절차를 거쳐 PLC 시스템을 사용하도록 되어 있다.

2.3.2 메모리의 사용법이 다르다

지멘스와 멜섹 PLC와 가장 큰 차이점은 메모리의 사용법이 다르다. PLC의 프로그램이 실행되기 위해서는 PLC 전원의 ON/OFF에 관계없이 실행 프로그램을 저장할 수 있는 메모리와, 프로그램 실행 과정과 데이터를 저장할 수 있는 메모리가 필요하다.

[그림 2-11]은 지멘스 PLC에서 사용하는 메모리의 종류와 상호 연결 관계를 나타낸 것이다. PC에서 TIA Portal로 작성한 프로그램은 프로젝트 폴더 형태로 하드디스크에 저장할 수 있다(해당 파일을 압축하여 저장할 수도 있음). PC에서 프로그램을 작성한 후에 PLC로 다운로드하면, EEPROM에 해당하는 MC에 프로그램과 데이터 블록이 저장된다. 이때 PC에서 압축한 파일도 별도의 작업을 통해서 MC에 저장할 수 있기 때문에, PC에 보관한 프로그램 파일이 삭제되어도 MC에 저장한 프로그램 파일을 사용하면 된다. 즉 파일 관리가 쉽다. MC에 저장된 프로그램 및 데이터 블록을 실행하기 위해서는 PLC의 RAM인 워크 메모리에 다시 이들을 가져와야 한다. 워크 메모리에 저장된 프로그램은 실행에 필요한 입출력 데이터를 시스템 메모리로부터 가져오고, 프로그램 실행 중에 필요한 데이터는 워크 메모리 영역에 보관한다. 멜섹에서도 지멘스의 MC에 해당되는 메모리 카드를 사용할 수 있다. 그러나 멜섹에서는 해당 메모리 카드의 사용이 옵션이지만, 지멘스에서는 MC의 사용이 필수적이다.

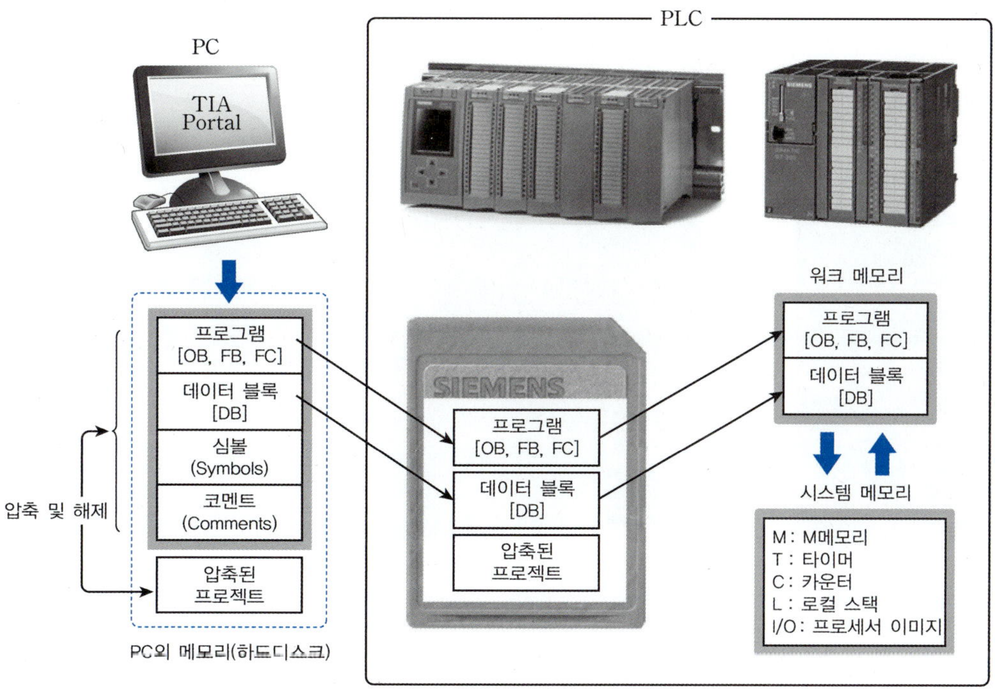

[그림 2-11] 지멘스 PLC에서 사용하는 메모리의 구조

프로그램 백업용 메모리 MC가 필수적이다

컴퓨터는 2종류의 메모리를 가지고 있다. 프로그램 실행에 필요한 RAM과, 컴퓨터의 전원이 OFF되었을 때에도 사용할 프로그램을 보관할 수 있는 메모리인 하드디스크 또는 SSD가 그것이다. PLC도 컴퓨터와 동일하게 전원 ON/OFF와 관계없이 프로그램 코드를 보관할 수 있는 EEPROM(컴퓨터의 하드디스크에 해당)과, 프로그램 코드를 CPU의 처리 속도에 맞추어 실행할 수 있는 RAM이라는 메모리를 필요로 한다. 그런데 RAM은 전원 공급이 차단되면 저장된 모든 데이터가 삭제되는 문제점을 가지고 있다. 그래서 전원 공급이 차단되면, CPU 모듈에 내장된 배터리의 전원을 RAM에 공급하여 RAM에 보관되어 있는 프로그램과 데이터가 지워지는 것을 방지한다. 그리고 배터리의 전원에도 문제가 발생했을 때를 대비해서 전원에 관계없이 한번 기록한 데이터를 영구적으로 저장하는 EEPROM을 제공한다.

EEPROM에 프로그램을 저장하면, 부팅이라는 과정을 통해 EEPROM에 저장된 프로그램을 RAM으로 복사해서 실행하도록 PLC의 파라미터를 새롭게 설정해야 한다. 그런데 EEPROM에 프로그램을 저장하는 절차가 번거롭다 보니, PLC를 사용하는 현장에서는 프로그램을 수정했을 때, 수정된 프로그램을 RAM에만 저장하고 EEPROM에는 저장하지 않는 사례가 많다. 그러다 백업용 배터리에 문제가 생겨서 RAM에 저장한 모든 프로그램이 삭제되어 버리면 기계장치를 운전하지 못하는 경우가 발생하기도 한다. 그래서 지멘스 PLC는 작성한 모든 프로그램을 반드시 EEPROM(MC에 해당)에 저장한 후 다시 RAM으로 복사하는 과정을 선택이 아닌 필수로 만들어, 백업 배터리 또는 프로그램 관리 잘못으로 인해 발생하는 다양한 문제점을 차단하고 있다.

(a) 백업 배터리가 있는 구형 CPU 모듈

(b) 백업 배터리가 없는 CPU 모듈

(c) 프로그램 백업용 EEPROM인 MC

[그림 2-12] CPU 모듈과 MC

데이터를 저장하기 위한 메모리 공간의 구분을 프로그래머가 한다

PLC의 프로그램은 데이터를 처리하기 위한 명령어로 구성되어 있다. 프로그램에서 처리해야 할 데이터는 RAM으로 구성된 메모리에 저장되어야 하기 때문에 데이터의 용도와 크기에 따라 메모리를 사용해야 한다. 예를 들어 멜섹과 같은 PLC는 데이터를 저장하기 위한 메모리를 [그림 2-13]처럼 용도별로 구분해 놓았기 때문에, 사용자는 필요에 따라 해당 메모리의 번지만을 선택하면 된다.

	Sym.	Dig.	Device Points	Latch (1) Start	Latch (1) End	Latch (2) Start	Latch (2) End
Input Relay	X	16	8K				
Output Relay	Y	16	8K				
Internal Relay	M	10	8K				
Latch Relay	L	10	8K				
Link Relay	B	16	8K				
Annunciator	F	10	2K				
Link Special	SB	16	2K				
Edge Relay	V	10	2K				

[그림 2-13] 용도별로 구분된 멜섹 PLC의 데이터 저장용 메모리

한편 지멘스 PLC는 프로그램 실행과 관련된 메모리인 RAM을 2종류로 구분하고 있다. 하나는 시스템 메모리이고, 다른 하나는 워크 메모리이다. 시스템 메모리는 M으로 시작되는 메모리와 타이머, 카운터, 로컬 메모리로 구분되는데, 프로그램 작성에 사용되는 메모리는 M메모리가 유일하다고 할 수 있다.

M메모리는 멜섹과 같은 PLC와는 달리 메모리의 크기와 용도가 정해져 있지 않고, 사용자가 필요에 따라 메모리를 구분해서 사용하도록 하고 있다. 다시 말해 메모리의 사용법을 모르면 프로그램을 작성할 수 없다는 의미이기도 하다.

[그림 2-14]는 M메모리를 비트, 바이트, 워드, 더블워드 단위로 구분하고, 구분한 각 메모리에 번지를 어떻게 부여하는지를 나타낸 것이다. 지멘스에서 사용하는 메모리의 기본 단위는 바이트로, 바이트는 비트별로 분할해서 사용할 수 있다. 메모리의 기본 단위인 바이트 2개를 조합하면 16비트 워드 크기의 메모리가 되며, 바이트 4개를 조합하면 32비트 크기의 더블워드 메모리가 된다. 메모리 번지는 M메모리 번지를 표현하기 때문에 M으로 시작하고, 두 번째의 문자에서 B는 바이트byte, W는 워드word, D는 더블워드double word를 의미한다. 문자 다음의 숫자가 비트번지로, '**바이트 번지·비트번지**'의 형식으로 표현된다.

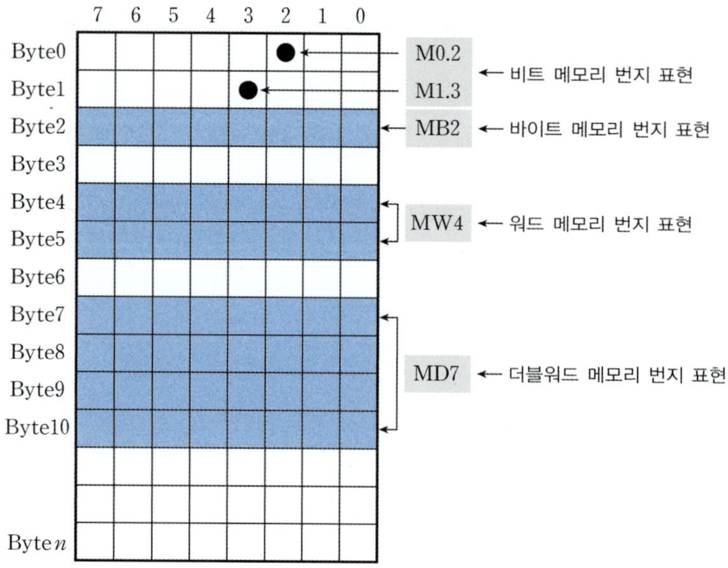

[그림 2-14] M메모리의 비트, 바이트, 워드, 더블워드 단위의 번지 표현 방식

지멘스에서 사용하는 메모리는 사용자의 필요에 따라 나누어 사용하는 것이 자유롭기 때문에, 메모리를 사용할 때 메모리의 번지가 중첩되지 않도록 해야 한다. 예를 들어 그림에서 MD7이 MB7~MB10까지 4개의 바이트 번지를 사용하고 있는데, 이들 번지를 다른 용도로 사용하면 메모리 번지가 중첩되면서 보관된 데이터에 오류가 발생한다. 따라서 지멘스 PLC에서 프로그램을 작성해가면서 필요한 메모리를 사용하는 것이 아니라, 프로그램을 작성하기 전에 사용할 메모리의 종류가 어떤 것이 있는지를 확인한 후에 필요한 메모리를 어떻게 할당해서 사용할지를 고민해야 한다. 그림에서 바이트 0번지에 M0.2 메모리가 사용되면 남은 7비트는 비트 크기 메모리로만 사용할 수 있다.

바이트 단위의 메모리 연결 방법이 다르다

지멘스 PLC에서 사용하는 메모리의 기본 단위는 바이트이다. 워드 또는 더블워드 메모리를 사용하기 위해서는 바이트 크기의 메모리를 2개 또는 4개를 연속해서 연결하는데, 그 연결 방식에 따라 빅 엔디안big endian과 리틀 엔디안little endian 방식으로 구분한다. 다만 지멘스 PLC의 메모리 연결 방식은 [그림 2-15]와 같이 멜섹과 서로 반대로 되어 있다. 따라서 메모리 배열이 다르기 때문에 지멘스 메모리에 값을 저장하면 멜섹과는 전혀 다른 형태로 값이 저장된다.

상위 바이트 ⟷ 하위 바이트

MB7	MB8	MB9	MB10

(a) 지멘스 PLC의 메모리 나열 방법

상위 바이트 ⟷ 하위 바이트

MB10	MB9	MB8	MB7

(b) 멜섹 PLC의 메모리 나열 방법

[그림 2-15] 지멘스와 멜섹의 메모리 나열 방법

[그림 2-16]은 32비트 크기의 16진수 'FF000205'를 빅 엔디안 방식과 리틀 엔디안 방식으로 저장한 결과를 비교한 것이다. **빅 엔디안 방식은 낮은 메모리 주소번지에 상위 바이트 값부터 저장**되고, **리틀 엔디안 방식은 낮은 메모리 주소번지에 하위 바이트 값부터 저장**된다. 지멘스 PLC는 빅 엔디안 방식을 사용하며, 멜섹 PLC는 리틀 엔디안 방식을 사용한다.

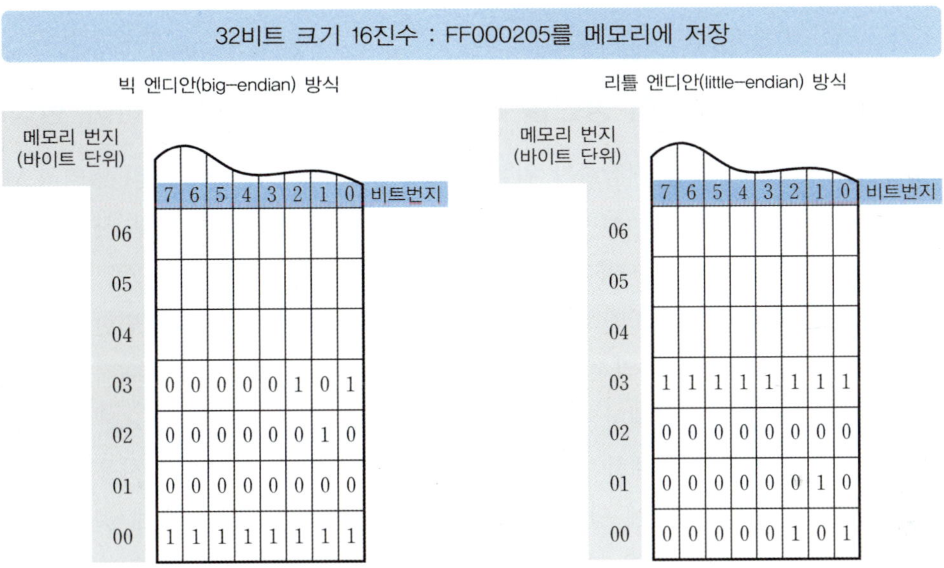

[그림 2-16] 빅 엔디안 방식과 리트 엔디안 방식

데이터를 저장하는 방식의 차이점으로 인해 가장 크게 문제가 발생하는 부분은 바로 PLC의 입출력 결선과 통신을 이용한 데이터 송수신에 있다. 지멘스 PLC의 입출력 결선을 멜섹과 같은 방식으로 하면 바이트 단위의 입출력 메모리 위치가 서로 달라지기 때문이다. 지멘스 PLC가 다른 회사 PLC나 다른 회사 제품의 통신기기와 통신을 할 때, 상대편 기기가 빅 엔디안 방식이 아닌 리틀 엔디안 방식으로 데이터를 처리하는 경우, 원래 전송 데이터와 수신 데이터가 달라져 버리는 문제가 발생하는 것이다.

[그림 2-17]은 빅 엔디안 방식의 PLC(지멘스)에서 리틀 엔디안 방식의 PLC(미쓰비시)로 데이터를 전송할 때, 데이터 전송 순서와 수신 측 PLC에 데이터가 저장되는 형태를 나타낸 것이다. 빅 엔디안 방식으로 저장된 데이터 16진수 0x1234를 전송하면 리틀 엔디안

방식에서는 0x3412로 수신된다. 데이터 통신에서는 낮은 번지의 데이터부터 먼저 전송되고, 수신쪽에서는 수신 받은 데이터를 메모리의 낮은 번지부터 저장하기 때문이다. 이처럼 빅 엔디안 방식에서 전송한 데이터를 리틀 엔디안에서 수신하면 원래 전송하고자 하는 데이터와 수신 데이터가 달라지기 때문에 송수신 양측의 데이터 저장 방식을 고려하여 전송해야 한다.

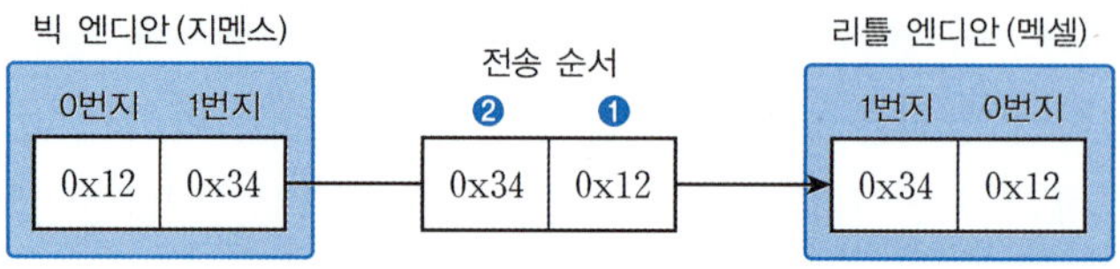

[그림 2-17] 빅 엔디안 방식의 PLC에서 리틀 엔디안 방식의 PLC로의 데이터 전송

데이터 저장을 위한 메모리 공간을 PLC O/S로부터 할당받아야 한다

[그림 2-11]을 보면, 데이터를 저장하기 위한 메모리 공간으로 시스템 메모리 영역의 M 메모리 외에 워크 메모리가 있다. M메모리는 프로그램 작성자가 편리한 대로 사용할 수 있는 메모리이지만, 절대번지를 사용하기 때문에 동일 메모리의 이중 사용으로 인한 프로그램 오류가 발생할 수 있다. 지멘스 PLC는 동일한 작업 공정의 반복이 빈번한 계장제어 분야에 최적화된 PLC이다. 따라서 동일한 공정을 반복해서 사용할 때를 대비하여 프로그램을 각각의 기능별로 구분해서 FB와 FC로 작성하고, 동일 기능이 필요한 곳에는 사전에 작성한 FB와 FC를 복사해서 사용할 수 있다. FB와 FC를 복사해서 사용하기 위해서는 M과 같은 프로그램 전체에 영향을 미치는 절대 메모리 번지를 사용해서는 안 된다. 따라서 FB와 FC로 프로그램을 작성하는 경우에는 워크 메모리 영역에서 필요한 메모리를 PLC의 O/S에 요청해서 할당받게 된다.

멜섹 PLC처럼 메모리의 용도를 구분해 놓은 글로벌Global(절대번지) 메모리는 사용하기는 쉽지만, 남은 메모리를 다른 용도로 사용할 수 없기 때문에 메모리를 낭비하는 셈이 된다. 또한 동일한 메모리 번지를 프로그램의 여러 곳에서 사용하면, 메모리 번지가 중첩되어 프로그램에서 오류가 발생한다.

프로그램의 작성이 복잡해져서 사용되는 메모리의 양이 증가하면, 프로그래머 입장에서는 메모리 관리가 가장 큰 부담이 될 수 있다. 지멘스에서는 O/S가 메모리 공간을 가지고 있고, 프로그래머가 필요한 메모리 분할을 요청할 때 메모리를 분할하는 방식을 사용함으로써 한정된 공간의 메모리를 효율적으로 사용할 수 있다. 또한 프로그래머는 메모리 번지의 이중 사용으로 발생할 수 있는 프로그램의 오류를 줄일 수 있다.

메모리 공간을 분할 받고자 할 때에는 무조건 분할 받는 것이 아니라 분할 받을 메모리에 저장할 데이터의 크기와 타입, 메모리 용도를 지정해서 분할 요청을 해야 한다. 메모리 분할이라는 개념 자체가 생소할 만한 멜섹 PLC 경험자나 지멘스 초보자에게는 메모리를 분할 받는다는 의미를 이해하기 어려울 수 있다. 이것이 많은 이들이 지멘스 PLC가 어렵다고 느끼는 이유일 것이다.

LAMP_FAN_FLICKER

		Name	Data type	Default value	Retain	Accessible f...	Writa...	Visible in ...	Setpoint
1		▼ Input				☐	☐	☐	☐
2		ON	Bool	false	Non-retain	☑	☑	☑	☐
3		OFF	Bool	false	Non-retain	☑	☑	☑	☐
4		<Add new>				☐	☐	☐	☐
5		▼ Output				☐	☐	☐	☐
6		LAMP	Bool	false	Non-retain	☑	☑	☑	☐
7		FAN	Bool	false	Non-retain	☑	☑	☑	☐
8		WAR_LAMP	Bool	false	Non-retain	☑	☑	☑	☐
9		<Add new>				☐	☐	☐	☐
10		▼ InOut				☐	☐	☐	☐
11		<Add new>				☐	☐	☐	☐
12		▼ Static				☐	☐	☐	☐
13		K1	Bool	false	Non-retain	☑	☑	☑	☐
14		K2	Bool	false	Non-retain	☑	☑	☑	☐
15		K3	Bool	false	Non-retain	☑	☑	☑	☐
16		T1_Q	Bool	false	Non-retain	☑	☑	☑	☐
17		T1_ET	Time	T#0ms	Non-retain	☑	☑	☑	☐
18		▶ IEC_Timer_0_Instance	TOF_TIME		Non-retain	☑	☑	☑	☐
19		▶ IEC_Timer_0_Instance.	TON_TIME		Non-retain	☑	☑	☑	☐
20		<Add new>				☐	☐	☐	☐
21		▼ Temp				☐	☐	☐	☐
22		<Add new>				☐	☐	☐	☐
23		▼ Constant				☐	☐	☐	☐
24		<Add new>				☐	☐	☐	☐

[그림 2-18] FB에서 사용할 메모리를 O/S로부터 분할 받기 위한 메모리 사용 내역

멜섹 PLC도 최근 들어 라벨 프로그램 작성법과 펑션 블록function block으로 프로그램 작성하는 방법을 지원하고 있지만, 지멘스의 메모리 분할 방식처럼 완벽하지는 않다.

메모리의 종류에 따라 보관된 데이터의 보존 기간이 다르다

지멘스 PLC에서는 프로그램 실행에 필요한 각종 데이터를 저장하기 위해 PLC의 O/S가 관리하는 워크 메모리를 분할 받아야 한다. 메모리를 분할 받을 때 가장 중요한 기준은, 해당 메모리를 어떤 용도로 사용할 것인가이다. 그에 따라 메모리를 분할 받는 방법이 달라진다.

[그림 2-19]의 덧셈 연산을 살펴보자. 125+89의 연산을 위해서는 우선 1의 자리의 덧셈에서 발생한 자리올림 값을 저장하고, 이 자리올림 값과 십의 자리 값을 더한다. 또 발생한 자리올림 값을 저장한 후, 이 값에 백의 자리 값을 더해 최종 결과값을 구할 수 있

다. 결과값이 구해지면 자리올림 데이터를 저장했던 메모리 공간은 더 이상 필요 없기 때문에 메모리의 원래 주인인 PLC O/S에게 반납한다. 그런데 연산 결과값은 계속해서 보관해야 할 필요가 있기 때문에 내가 원하는 기간 동안 결과값을 저장할 메모리가 있어야 한다.

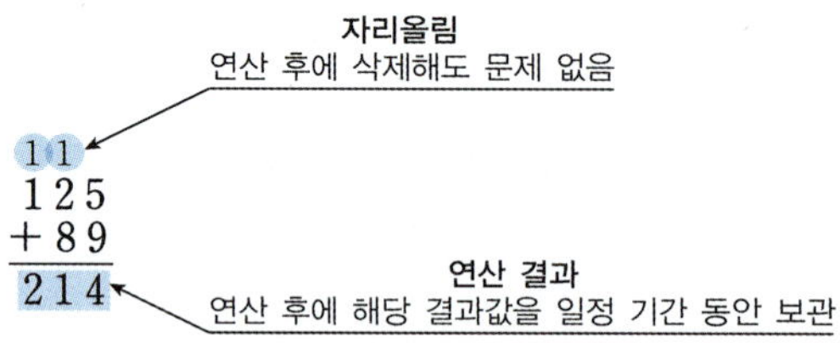

[그림 2-19] 메모리 유효기간

즉 O/S로부터 워크 메모리를 분할 받을 때, 메모리에 저장할 데이터의 용도에 따라 메모리를 언제까지 사용할 것인지를 구분해서 메모리를 분할 받아야 한다는 것이다.

메모리를 분할 받을 때의 조건을 우리의 일상생활의 사례를 예로 들어 살펴보자. 여러분이 어떤 지역에 머물기 위해 숙소를 구하고자 할 때 어떤 기준으로 구할까? 업무적인 출장으로 인해 하룻밤만 머물러야 한다면 호텔을 구할 것이다. 호텔에서 1박을 하는 데에는 계약서 작성은 필요 없고, 일정 금액만 지불하면 된다. 하지만 다음 날 정해진 시간에 퇴실해야 한다는 조건이 있다. 일정 변경으로 다음날 또 숙박을 위해 동일한 호텔을 찾아간다 하더라도 어제 숙박했던 방을 대여 받는다는 보장은 없다. 한편 2년 정도 장기 거주를 한다면 전세 계약서(계약서에는 집의 크기, 방의 개수, 사용용도 등이 기재되어 있음) 작성을 통해 계약기간 동안 계약 범위 내에서 사용할 수 있는 전셋집을 구할 것이다. 하지만 전세 기간이 끝나면 주거 공간은 다시 원소유주의 것이 된다.

호텔과 같은 숙소는 임시숙소이기 때문에 [그림 2-19]의 덧셈 연산에서 자리올림의 데이터를 저장하는 메모리라 할 수 있다. 연산할 동안에만 해당 메모리가 필요하기 때문에 연산이 끝나면 해당 메모리를 PLC의 O/S에 반납하면 된다. 그러면 연산의 결과를 보관하는 데이터는 전셋집에 해당될 것이다. 연산의 결과는 사용자가 필요로 하는 동안 데이터가 보존되어야 하기 때문에 메모리도 원하는 기간 동안 사용할 수 있어야 한다.

■ 시스템 메모리에 존재하는 글로벌Global 메모리

시스템 메모리에 있는 I(입력), Q(출력), T(타이머), C(카운터), M으로 시작하는 메모리가 글로벌 메모리에 해당된다. 입력과 출력 메모리는 용도가 정해져 있고, M메모리는 프로그래머의 필요에 따라 사용할 수 있는 메모리이다. M메모리 번지는 프로그램 전체에 통용되기 때문에 이중 메모리 번지 오류를 조심해야 한다.

시스템 메모리는 거주공간에 비유하자면 법원의 등기부 등본에 소유주로 내 명의가 기재되어 있는 내 집이다. 이 집은 다른 사람이 거주할 수 없는 오직 나만을 위한 주거지이며, 모든 사람이 이 집의 주인이 누구인지를 알 수 있다. 따라서 시스템 메모리는 PLC의 프로그램 어디에서든지 사용할 수 있는 메모리이지만 잘못 사용하면 메모리 충돌이 발생할 수 있는 문제점을 가지고 있다. 하나의 집에 대해 다수의 사람이 자기의 소유라고 주장하면 법적인 문제가 발생하는 것과 같은 원리이다.

■ 워크 메모리에서 분할 받는 글로벌 메모리

M메모리의 사용 가능한 메모리 용량(S7-1500에서는 16KB)이 작기 때문에 워크 메모리 공간을 분할 받아서 글로벌 메모리 영역으로 사용할 수 있다. 워크 메모리 공간을 할당받기 위해서는 필요한 메모리의 크기와 메모리에 저장할 데이터의 종류가 기재된 내역서, 즉 글로벌 DB를 만들어서 PLC의 O/S에 제출해야 한다. 글로벌 DB에 기재된 메모리는 글로벌 메모리로 사용될 수 있고 프로그램 전체에 통용될 수 있다.

글로벌 메모리를 거주공간으로 구분한다면 영구 임대 주택이라 할 수 있다. 내 명의로 되어 있지 않지만 필요할 때까지는 내 명의로 된 주택과 동일하게 사용할 수 있다. 그렇기 때문에 앞에서 언급한 시스템 메모리와 동일한 효과를 가지고 있지만 해당 메모리의 주인은 PLC의 O/S이다. 따라서 필요가 없는 경우에 해당 메모리는 PLC의 O/S에 반납되어야 한다.

■ FB에서만 사용되는 정적static 변수용 메모리

정적 변수 메모리는 FB 내부에서 사용되는 메모리로, 워크 메모리 공간을 분할 받는다. 따라서 FB에서 사용되는 정적 변수 메모리 할당을 위한 내역서를 만들어야 하는데, 이 내역서는 FB 내부에서 'Static'으로 지정된 영역에서 필요로 하는 변수명과 데이터 타입을 지정해서 프로그래머가 만들어야 한다. FB에서 선언된 정적 변수는 FB가 실행될 때 메모리를 할당받고 FB의 수명이 다할 때(PLC의 전원이 OFF될 때)까지 유지된다. 해당 FB가 사용되지 않을 때에는 분할 받은 메모리를 O/S에 반납한다. 즉 정적 메모리는 주인에게 필요할 때 빌려서 안정적으로 원하는 만큼 쓴 후, 나중에 다시 되돌려주는 '전셋집'과 비슷하다.

Static으로 선언된 변수의 설정값은, 할당할 때 초기 설정값을 따로 지정하지 않으면 0으로 자동 초기화된다. 정적 변수를 사용하는 FB는 OB에 호출될 때 정적 변수를 할당받은 별도의 DB를 갖도록 되어 있다. FB가 실행될 때 자동으로 할당되는 DB를 Instance DB라 한다. 한편 정적 변수와 글로벌 변수의 가장 큰 차이점은 사용 범위scope이다. 정적 변수는 선언된 FB 내부에서만 사용 가능하지만, 글로벌 변수는 다른 블록에서도 접근이 가능하다.

■ FB와 FC에서 사용하는 임시Temp 메모리

FB와 FC에서 사용하는 Temp 변수는 해당 블록 내부에서만 사용되는 변수이다. Temp 변수는 해당 블록이 OB에 호출될 때 스택 세그먼트 영역에 생성되고, 매 스캔 마다 펑션 블록의 사용이 종료될 때마다 소멸한다. 따라서 Temp 변수에 선언한 데이터의 유지 시간은 1스캔타임 내에서 해당 펑션 블록이 실행되는 시간 동안만 유효하다. 따라서 여러 스캔타임에 걸쳐서 보존되어야 할 데이터는 Temp 변수에 보관해서는 안 된다. 거주지로 비유하자면 호텔과 같은 임시숙소에 해당되는 메모리 공간이라 할 수 있다.

메모리의 크기에 따라 데이터 타입이 달라진다

메모리의 최소 단위는 비트이고, 비트가 8개 모여서 1개의 문자를 표현할 수 있는 정보의 기본 단위인 바이트가 된다. 따라서 메모리의 크기는 비트, 바이트, 워드, 더블워드로 구분된다. 멜섹의 경우에는 데이터를 저장할 메모리를 구분할 때 비트와 워드, 더블워드로 구분할 뿐, 메모리의 크기에 따라 저장할 수 있는 데이터 타입을 구분하지는 않는다. 따라서 멜섹에서 해당 메모리에 어떤 데이터를 저장할지 결정하는 것은 프로그래머의 권한이고, 메모리에 저장한 데이터에 문제가 발생하면 그건 온전히 프로그래머의 책임으로 귀결된다.

하지만 지멘스에서는 메모리의 크기와 함께 해당 메모리에 저장할 데이터의 타입까지 구분되어 있다. 따라서 맞지 않는 데이터 타입을 명령어에 지정하는 경우에는 프로그램의 컴파일 과정에서 에러로 처리되어 데이터의 오류를 사전에 검증할 수 있다. 이런 방식은 프로그래머가 잘못된 데이터 타입을 실수로 사용할 경우에 발생할 수 있는 오류를 최소한으로 줄여주기 때문에 좀 더 완벽한 프로그램을 작성하는 데 도움이 된다. 하지만 여러 절차를 준수해야 하기 때문에, 멜섹을 사용하다가 지멘스를 사용하는 많은 이들이 이런 점에서 지멘스 PLC의 사용을 어려워하거나 불편해하곤 한다.

[표 2-6] 지멘스 PLC에서 사용하는 메모리의 크기 및 데이터 타입과 데이터 표현 방법

데이터 타입	크기	표현 방법	범위 및 숫자 표시 (최저값 ~ 최고값)
BOOL	1비트	비트	FALSE / TRUE
BYTE	8비트	8비트 16진수	B#16#0 ~ B#16#FF / 16#0 ~ 16#FF
CHAR	8비트	ASCII 문자	'A', 'B' 등
WORD	16비트	16비트 16진수	W#16#0 ~ W#16#FFFF 16#0 ~ 16#FFFF
		16비트 2진수	2#0000000000000000 ~ 2#1111111111111111
		카운터 값(BCD)	C#0 ~ C#999
		무부호(unsigned) 2개의 8비트	B#(0,0) ~ B#(255,255)
DWORD	32비트	32비트 16진수	DW#16#00000000 ~ DW16#FFFFFFFF 16#00000000 ~ 16#FFFFFFFF
		32비트 2진수	2#00000000 … 00000000 ~ 2#11111111 … 11111111
		무부호 4개의 8비트	B#(0,0,0,0) ~ B#(255,255,255,255)
INT	16비트	정수	-32768 ~ +32767
DINT	32비트	정수	L#-2147483648 ~ L#+214748367
REAL	32비트	실수(부동소수점 수)	최대 : ±3.402823e+38 최소 : ±1.175495e-38
S5TIME	16비트	SIMATIC 형식의 시간 값 10ms 간격	S5T#0H_0M_0S_10MS ~ S5T#2H_46M_30S_0MS
TIME	32비트	IEC 형식의 시간 값 1ms 간격	T#-24D20H31M23S648MS ~ T#24D20H31M23S647MS
DATE	16비트	날짜 (1일 간격)	D#1990-01-01 ~ D#2168-12-31 DATE#1990-01-01 ~ DATE#2168-12-31
TIME_OF_DAY	32비트	실제 시간	TOD#0:0:0 ~ TOD#23:59:59.999 TIME_OF_DAY#23:59:59.999

메모리 사용법에 따라 프로그램 작성법이 다양하다

지멘스 PLC에서는 프로그래머가 사용 가능한 메모리 번지인 M메모리를 사용해서 프로그램을 작성할 수도 있고, FB 형태로 워크 메모리를 분할 받아서 프로그램을 작성할 수도 있으며, FC와 DB를 조합해서 프로그램을 작성할 수도 있다. 이처럼 사용하는 메모리에 따라 프로그램 작성 방법이 다양하다.

[그림 2-20]과 같은 리셋 우선 자기유지 회로 구성을 위한 프로그램을 지멘스 PLC에서 어떤 형태로 만들 수 있는지 살펴보자.

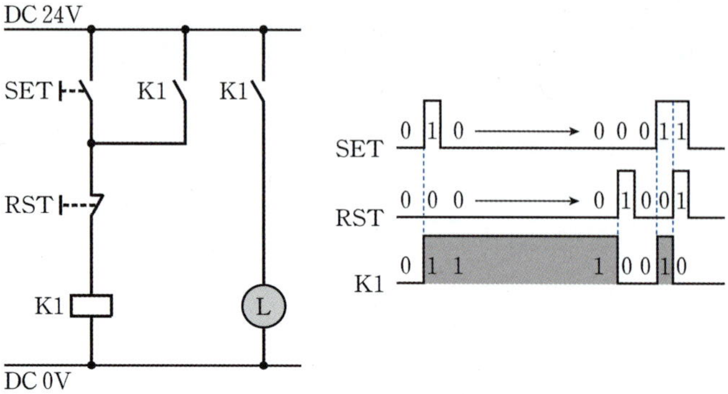

(a) 자기유지 회로　　(b) 타임차트

IN		OUT	
변수명	번지	변수명	번지
SET	I0.0	L	Q0.0
RST	I0.1		

(c) 입출력 번지 할당

[그림 2-20] 리셋 우선 자기유지 회로

[그림 2-20]의 자기유지 회로에서 SET과 RST은 입력번지가 정해져 있고, 램프의 L은 출력번지가 정해져 있다. 그런데 릴레이 K1에 대한 메모리 번지는 정해져 있지 않다. K1은 자기유지 회로의 셋과 리셋 정보를 기억하는 1비트 메모리에 해당된다. 지멘스에서는 K1의 용도로 사용할 비트 메모리로 어떤 메모리를 사용하느냐에 따라서 프로그램 작성법이 달라진다.

■ OB1에서 프로그램 작성

OB1은 PLC의 O/S에서 프로그램 실행을 위해 매 스캔마다 호출하는 프로그램 실행 전용 블록으로, 멜섹에서는 프로그램 MAIN에 해당된다고 할 수 있다. OB1에서 M메모리를 사용해서 자기유지 회로 프로그램을 만들어보자. OB1에서 사용할 수 있는 변수로는 Temp 변수가 유일하다. 그러나 Temp 변수는 자기유지 회로의 셋과 리셋 상태를 기억할 수 없기 때문에 절대번지를 가진 M메모리를 사용해서 프로그램을 작성해야 한다.

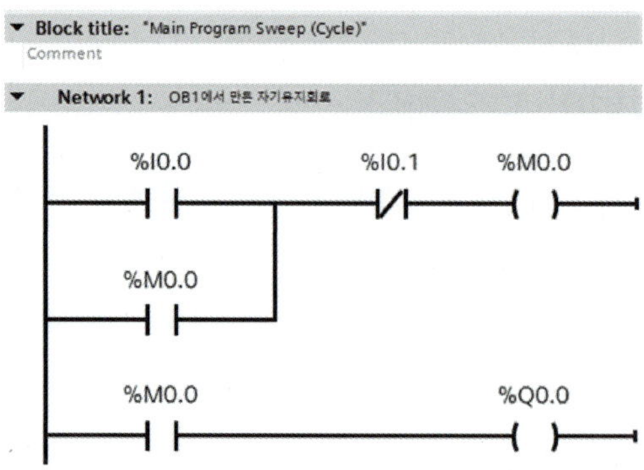

[그림 2-21] OB1에서 만든 자기유지 회로 프로그램

■ OB1에서 DB의 메모리를 이용해서 프로그램 작성

OB1에서 M메모리를 사용하지 않고 자기유지 회로 프로그램을 만들기 위해서는 [그림 2-20]의 K1에 해당되는 비트 메모리를 PLC의 O/S에 요청해서 워크 메모리를 분할 받아야 한다. 워크 메모리를 분할 받기 위해서는 필요한 메모리의 내역서를 작성해서 O/S에 제출해야 한다. 따라서 [그림 2-22]처럼 OB1에서 사용할 Glabal DB를 만들고, DB에서 자기유지 회로를 만드는 데 필요한 비트 메모리의 내역서를 작성한 후에 해당 DB를 컴파일하면 O/S로부터 비트 메모리를 할당받아서 사용할 수 있다. 이 비트는 M메모리처럼 프로그램 전체에서 사용 가능한 메모리이기 때문에 동일한 이름의 메모리가 프로그램의 여러 곳에서 사용되지 않도록 해야 한다.

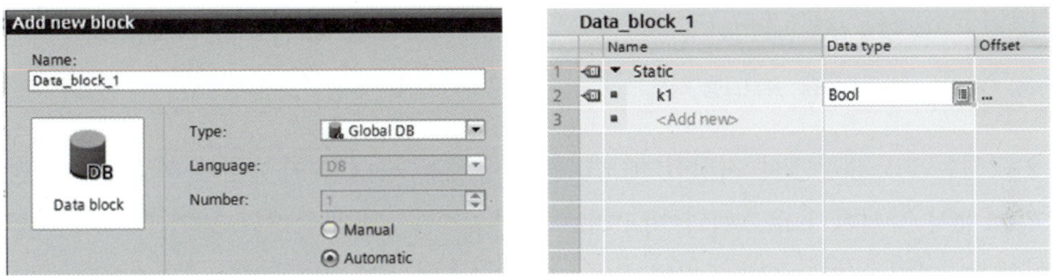

(a) DB 생성 (b) 사용할 메모리 내역서 작성

[그림 2-22] OB1에서 사용할 변수를 Global DB로 만드는 방법

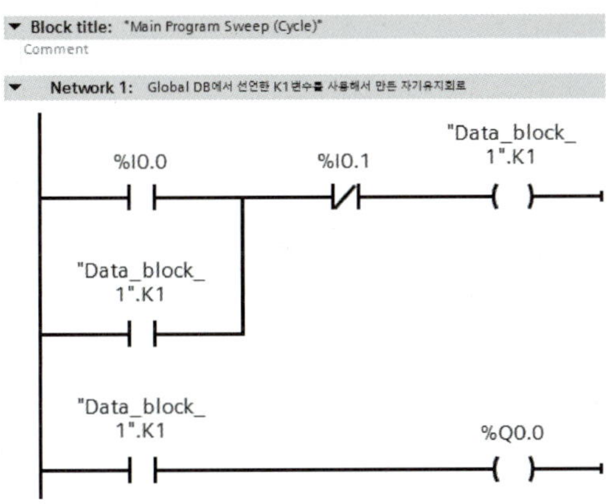

[그림 2-23] OB1에서 DB를 사용해서 만든 자기유지 회로

■ FB로 프로그램 작성 후 OB1에서 호출

FB를 사용해서 자기유지 회로 프로그램을 만들기 위해서는, 먼저 사용할 FB를 만들고 FB 내부에서 사용할 메모리의 내역서를 작성한다. 이때 작성하는 메모리 내역서에는 K1과 함께 입력과 출력으로 사용할 메모리도 포함하여 작성한다.

[그림 2-24]는 자기유지 회로 프로그램을 작성할 FB의 생성과 함께 FB 내부에서 사용할 메모리의 내역서를 작성한 내용이다. FB에서는 자기유지 회로의 입력에 해당되는 SET과 RST이 입력 메모리로, LAMP가 출력 메모리로 사용된다. 그리고 자기유지 회로의 동작 상태를 기억하기 위한 K1이 Static 메모리로 지정되어 있다.

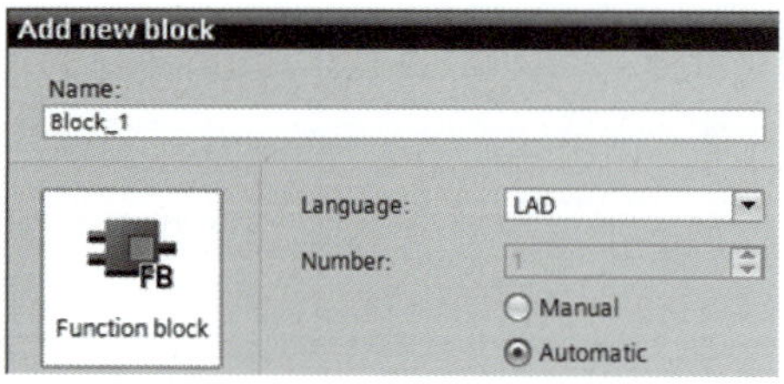

(a) FB를 생성

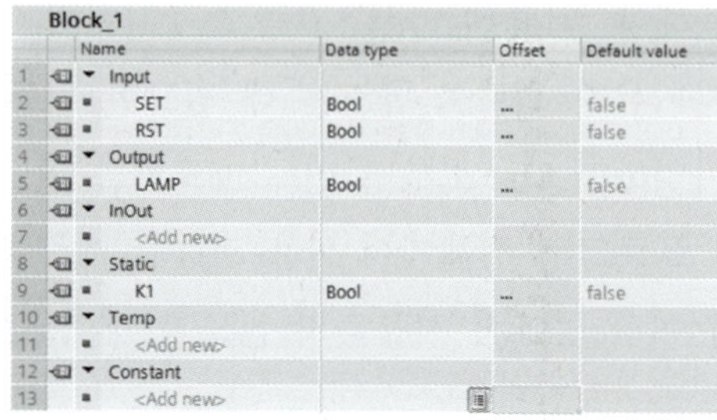

(b) FB1 내부에서 사용할 메모리에 대한 내역서 작성

[그림 2-24] FB에서 자기유지 회로 프로그램 작성

[그림 2-25]는 FB 내부에서 지정한 메모리를 사용해서 작성한 자기유지 회로 프로그램으로, OB1에서 작성한 프로그램과 비교해보면 변수 이름 앞에 붙은 식별자 부호가 다름을 확인할 수 있다. OB1에서는 식별자가 %인데, 이 식별자의 의미는 글로벌 메모리로 사용되는 변수명을 의미한다. 그리고 [그림 2-25]의 변수 이름 앞의 #은 FB 내부에서만 사용 가능한 변수임을 의미한다.

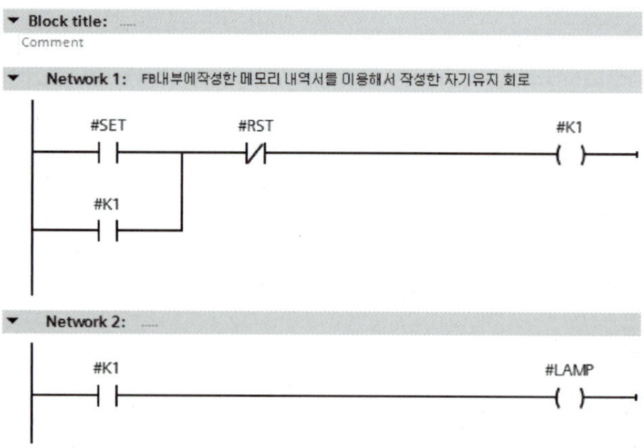

[그림 2-25] FB에서 작성한 자기유지 회로

[그림 2-26]과 같이, 작성한 FB1을 실행시키기 위해 OB1에서 FB1을 드래그해서 네트워크 라인에 갖다 놓으면, FB1에서 사용할 메모리를 PLC O/S로부터 할당받기 위한 창이 생성된다. 이 창은 O/S에서 분할 받은 워크 메모리 영역의 내역을 나타내는 DB로, Instance DB라 한다. 이 DB는 오직 해당 FB의 내부에서 사용되는 데이터를 저장하기 위한 메모리만을 관리하는 DB이다.

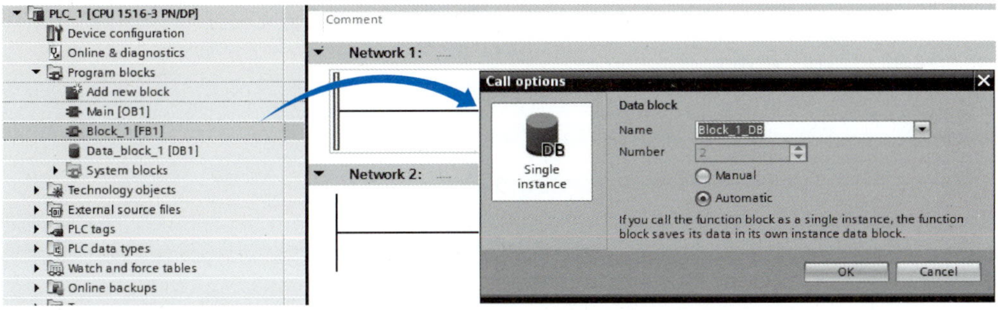

[그림 2-26] OB1에서 FB1을 호출할 때의 DB 할당

[그림 2-27]은 OB1에서 실행할 FB를 호출한 모습이다. FB에서 사용하는 워크 메모리 영역을 분할 받은 메모리를 관리하는 DB가 해당 FB에 할당되어 있음을 확인할 수 있다.

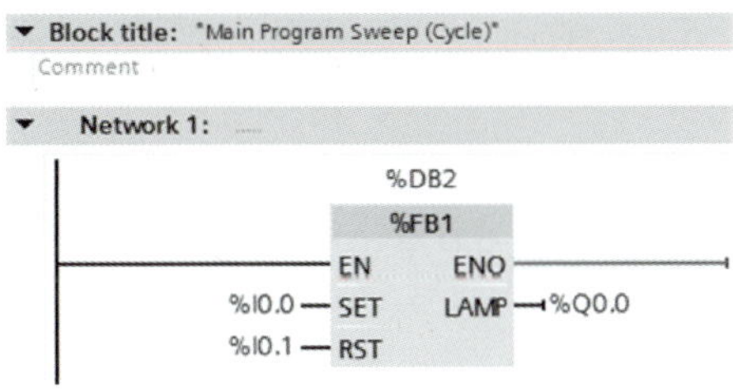

[그림 2-27] OB1에서 FB1을 호출한 모습

■ FC와 DB로 프로그램 작성 후 OB1에서 호출

FB와 달리 FC 내부에서 사용하는 메모리 중에는 Static이 없다. 따라서 자기유지 회로와 같은 프로그램이 여러 스캔에 걸쳐 실행될 때 회로 상태를 기억하는 K1과 같은 메모리를 만들 수 없기 때문에, 원칙적으로는 FC에서는 자기유지 회로를 만들 수 없다. 하지만 [그림 2-22]에서 만든 Global DB의 K1을 사용하면 FC에서도 자기유지 회로를 만들 수 있다. [그림 2-28]은 자기유지 회로 프로그램을 작성할 FC를 만들고, FC 내부에서 사용할 메모리의 내역서를 작성한 모습이다.

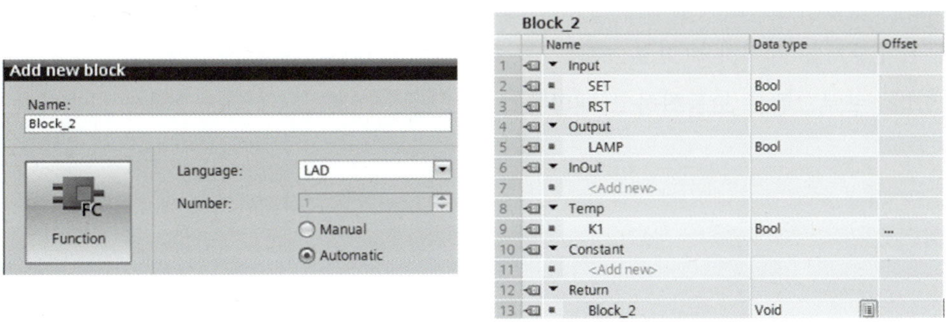

(a) FC를 생성

(b) FC 내부에서 사용할 메모리 내역서 작성

[그림 2-28] FC에서 Global DB에 선언된 변수를 사용한 자기유지 회로 프로그램 작성

[그림 2-29]는 자기유지 회로의 상태를 기억하는 K1을 Global DB에서 가져다 사용한 프로그램을 나타낸 것이다.

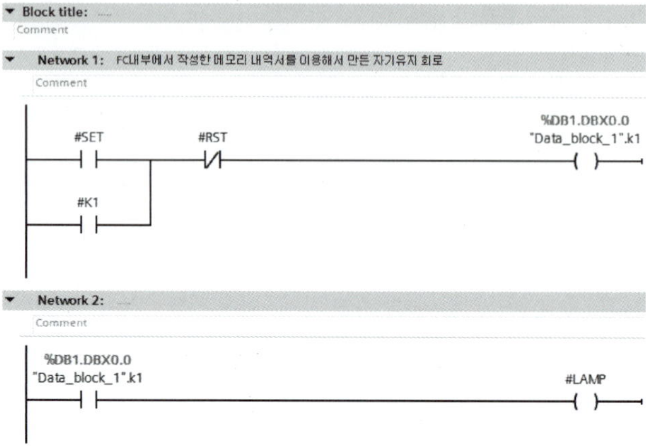

[그림 2-29] FC에서 작성한 자기유지 회로 프로그램

[그림 2-30]은 FC를 실행하기 위해 OB1에서 FC를 호출한 모습을 나타낸 것으로, FB와는 다르게 FC에는 별도의 DB가 없음을 확인할 수 있다.

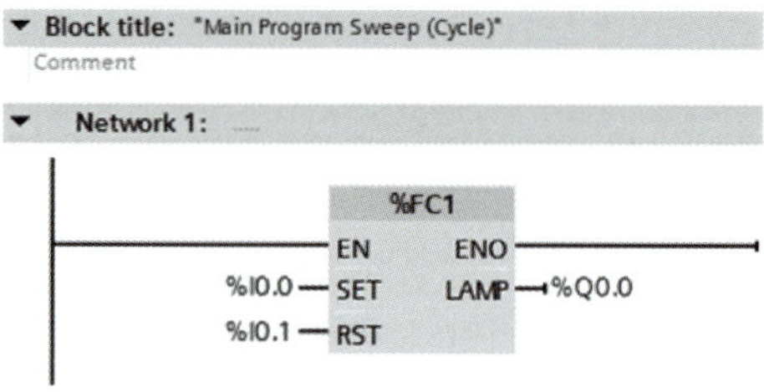

[그림 2-30] OB1에서 FC1 호출

앞에서 살펴본 것처럼 지멘스 PLC에서는 프로그램을 작성하는 방법이 다양함을 알 수 있다. 그렇다면 지멘스 PLC는 왜 이렇게 다양한 방법의 프로그램 작성을 허용하고 있을까? 이유는 많겠지만 가장 중요한 이유는 프로그램의 모듈화와 재활용을 통해서 복잡한 구조의 기계장치를 제어하는 프로그램을 좀 더 단순하면서도 쉽게 작성할 수 있도록 하는 데 있다. 프로그램을 모듈화하고 재활용하는 방법에 대해서는 PART 2에서 학습한다.

PART 2

지멘스 PLC 프로그래밍 기초

지멘스 PLC의 프로그램은 단순히 기계의 동작 순서를 나열하는 방식으로 작성하지 않는다. 기계의 동작을 기능별로 구분하고 각각 블록 형태(프로그래밍 언어에서의 함수에 해당)로 작성한 후에, 기존에 만들어 놓은 블록을 조립하거나 새로운 기능블록을 추가하는 방식으로 프로그램을 만든다. 지멘스의 PLC 프로그램은 이러한 객체지향 프로그래밍을 할 수 있도록 되어 있다. 우리는 PLC의 프로그램을 객체지향 프로그래밍 방법으로 작성하는 법을 배울 것이다.

S7-300/400 PLC에서는 PLC 프로그램 작성 툴인 SIMATIC Manager, HMI의 작화 툴인 WinCC, 인버터 및 서보 등을 테스트하기 위한 STARTER와 같이 각각 별도로 구분된 소프트웨어 툴을 사용했다. 여러 단위로 구분된 소프트웨어 툴로 프로젝트를 진행할 때, 가장 큰 문제는 프로그램 파일 관리가 힘들다는 것이다. 지멘스에서는 이러한 프로그램 관리의 문제점을 해결하기 위한 방법으로, PLC를 제어하는 데 사용하는 모든 소프트웨어 툴을 TIA Portal로 통합했다. 1개의 프로젝트 파일에서 PLC 프로그램, HMI 작화 프로그램, 드라이브 설정 파라미터를 관리할 수 있도록 해서 프로그램 작업 및 파일 관리의 효율성을 높였다. 아직 현장에서는 S7-300/400을 사용하고 있기 때문에 SIMATIC Manager가 사용되지만, 새로운 프로젝트에는 TIA Portal이 사용될 것이다. 또한 시대의 흐름에 따라 앞으로 TIA Portal의 사용은 더욱 늘어날 것으로 보인다.

Chapter 03

지멘스 PLC 프로그램 및 동작 원리

지멘스에 입문하는 많은 분들이 지멘스는 프로그램 작성이 어렵다고 이야기한다. 지멘스 PLC의 프로그램 작성이 어려운 이유는 프로그램을 작성하는 언어의 종류가 많고, 프로그램을 작성하는 방법이 사용자마다 각각 다르기 때문이다. 3장에서는 객체지향이라는 방식을 적용한 지멘스 PLC 프로그램 작성 방법에 대해 알아본다.

3.1 지멘스 PLC 프로그램 작성 개요

성능 향상과 더불어 가격도 저렴해진 PLC는 공장 자동화 외에도 인텔리전트 빌딩 제어, 수 처리 분야 등 다양한 분야에 사용되고 있다. PLC의 성능 향상과 함께 PLC로 제어하는 기계장치도 대형화, 복잡화되면서, PLC 프로그램도 과거보다 훨씬 복잡해졌다. 또한 기계장치의 내구성 증가 및 성능 개선 등으로 인해 프로그램의 유지보수의 필요성은 지속적으로 증가하고 있다. 오늘날 공장 자동화 산업 현장에서 고성능의 PLC가 많이 사용되면서, 동작이 확실한 PLC 프로그램의 개발이 요구되고 있다. 그러나 프로그램 개발 시간과 개발 인력의 부족으로, 완성된 프로그램에서 한두 개의 오류는 당연히 존재하는 것으로 인식될 정도가 되었다. 때로는 프로그램의 오류 발생으로 인해 수억 원의 개발비가 투자된 장비가 활용되지 못하고 폐기 처분되는 일도 종종 발생되고 있다. 이런 상황이 프로그램 작성 방식에 어떤 영향을 줄까?

PLC와 PC에서 프로그램을 작성하는 방법에는 [그림 3-1]처럼 크게 3가지가 있다. 3가지 방법 중에서 PLC 프로그램 작성에 많이 사용되는 방법은 리니어 프로그램과 영역으로 분할된 프로그램 작성 방식이다. 리니어와 영역으로 분할된 프로그램 작성 방식을 다른 용어로 절차식 프로그래밍procedural programming이라 한다.

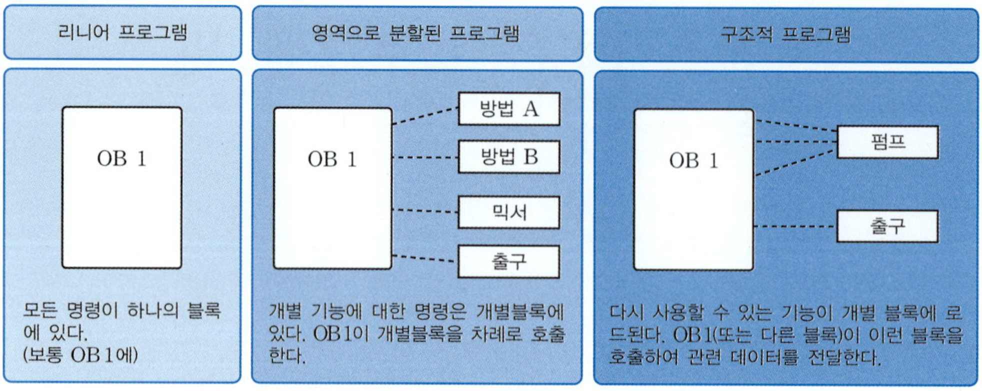

[그림 3-1] 지멘스 S7 PLC에서의 프로그램 작성

PLC 프로그램에서 오류가 발생하는 근본적인 문제는, PLC로 제어하는 장비는 시대의 흐름에 따라 대형화되고 복잡한 구조를 가지고 있는 데 반해, PLC 프로그램의 작성 방법은 PLC가 처음 시판되던 1970년대의 단순한 기계장치를 제어하기 위해 개발된 절차식 프로그래밍 방법을 사용하는 데 있다.

절차식 프로그래밍은 간결하고 빠른 실행 프로그램을 만드는 데 적합하다. 하지만 PLC로 제어할 기계장치의 규모가 대형화되고 제어가 복잡해지면, PLC 프로그램의 개발뿐만 아니라 개발된 PLC 프로그램의 유지보수도 어려워지는 문제가 발생한다. 절차식에서는 문제를 해결하는 절차가 중심인데, 기계장치의 제어는 절차식 외에도 복잡하고 특수한 동작 조건들을 가지고 있기 때문에 해결 방법도 장비의 동작 조건에 맞추어 고려되어야 한다.

예를 들어 모터를 제어하기 위해 인버터를 PLC로 제어하는 프로그램을 절차식 프로그래밍 방법으로 개발했다고 가정해보자. 장비 사용 중에 인버터 고장으로 인버터를 교체해야 하는데 동일한 모델이 단종되어 다른 대체 인버터로 교체했다. 절차식 프로그램으로 새롭게 교체된 인버터를 제어하기 위해서는 기존에 개발된 프로그램을 수정하거나 또는 새로 개발해야 하는데, 수정보다 처음부터 프로그램을 새롭게 개발하는 게 더 수월할 수 있다.

절차식 프로그래밍 방식을 이용한 대규모 설비의 프로그램 개발에는 원래 오랜 개발 시간과 고도로 숙련된 많은 인력이 필요하지만, 현실에서는 둘 다 부족한 실정이다. 그러다보니 완성도 높은 프로그램의 개발은 어려워지고, 프로그램 개발 이후에도 프로그램의 수정 및 보완에 많은 시간과 비용을 투자하게 된다. 그 결과로 PLC 프로그램에 대한 신뢰도가 추락하는 경우가 많이 발생했다. 특히 그중에서도 가장 큰 문제는, 프로그램을 개발할 때 프로그램의 품질이나 유지보수는 고려하지 않고 프로그래밍만 잘 하려고 집착하다보니, 다양하고 복잡해지는 프로그램의 요구 사항은 오히려 처리하지 못하는 것이다.

3.2 객체지향 프로그래밍 방식

지멘스는 1996년 S7-300/400 PLC를 시장에 출시하면서 [그림 3-1]의 구조적 프로그램structured program 작성 방식을 도입한다. 지멘스 PLC의 구조적 프로그래밍 방식은 데이터 중심으로 프로그램 개발을 진행하는 초보적인 객체지향 프로그래밍(OOP)Object Oriented Programming 방식을 의미한다. 객체지향 프로그래밍이란 클래스class와 객체object를 사용해서 프로그래밍하는 방식인데, 클래스는 프로그램에서 처리할 데이터(멤버 변수)와 데이터를 처리하는 프로그램(메소드method 또는 멤버함수member function)을 하나의 블록으로 만드는 것이다.

[그림 3-2]는 일상생활에서 사용하는 전동드릴의 모습이다. 그림 (a)의 일체형 전동드릴은, 프로그램 작성 방식으로 비유하자면 절차식 프로그래밍 방식으로 만들어진 제품으로, 하나의 용도에 적합하게 만들어져 동작이 간결하고 작업 성능이 뛰어나다. 그림 (b)는 교환형 다용도 전동공구로, 구조적 프로그래밍 방식(또는 객체지향 프로그래밍 방식)으로 만들어진 제품이라 할 수 있다. 전동공구의 작업부를 기능별로 구분해서 만들었기 때문에, 용도에 따라 다양한 공구를 몸체에 결합하여 사용할 수 있다. 여러분이 전동공구를 구매한다면, 어떤 형태의 전동공구를 구매할 것인가? 작업 환경에 따라 다른 선택을 하게 될 것이다. 단순하게 구멍을 뚫거나 나사못을 박는 용도라면 일체형 전동드릴을 선택할 것이고, 나무를 절단하고, 홈을 파고, 대패질을 해야 하는 복잡한 공정에 쓸 다양한 기능을 가진 공구를 필요로 한다면 교환형 다용도 전동공구를 선택할 것이다.

(a) 일체형 전동드릴　　(b) 교환형 다용도 전동공구

[그림 3-2] 일체형 전동드릴 및 다용도 전동공구(출처 : BOSCH 및 BLACK & DECKER 홈페이지)

전동공구의 예와 같이 동작이 단순한 기계장치를 제어하는 프로그램은 절차지향 프로그래밍 방식으로 개발하고, 동작이 복잡한 기계장치를 제어하는 프로그램은 객체지향 프로그래밍 방식으로 개발하는 게 좋다.

객체지향 프로그래밍 방식에서 프로그램의 전체 개발 단계는 요구, 분석, 설계, 구현, 테스트, 유지보수의 6단계로 구성된다. PLC로 제어하고자 하는 자동화 기계장치에 요구되는 사항을 분석하고 설계하고 구현하는 단계에서, 교환형 전동공구처럼 공통적으로 사용되는 부분과 각각의 기능이 구분되어야 하는 부분을 잘 나누어서 기능블록 형태로 프로그램을 만든다. 단, 블록 형태로 프로그램을 만들 때 주의할 점은 다용도 전동공구처럼 프로그램의 '몸체'와 기능블록이 잘 결합될 수 있도록 구조를 만들어야 한다는 것이다. 다용도 전동공구처럼 프로그램도 공통 기능을 가진 블록과 전용 기능을 가진 블록을 구분하여 만들지만, 최종적으로 완성된 프로그램은 공통 기능과 전용 기능이 결합되어 만들어진다. 따라서 프로그램을 기능블록으로 만들 때에는 블록의 결합을 어떻게 할 것인지를 우선적으로 고민해야 한다.

잘 만들어진 객체지향 프로그램에서는, 교환형 전동공구처럼 기능블록으로 구분해서 만들어진 프로그램 블록을 조합하고, 블록과 블록을 연결만 하면 프로그램 하나가 뚝딱 만들어진다. 필요에 따라 해당 기능블록만 교체하면 전혀 다른 용도의 프로그램으로 만들 수도 있다. 또는 프로그램 블록을 직접 만들 필요 없이 다른 전문가가 만든 블록을 활용할 수도 있다. 각 블록의 사용 용도와 다른 블록과의 결합 방법만 알고 있다면, 초보자도 전문가가 만들어준 블록을 조합해서 손쉽게 프로그램을 만들 수 있을 것이다.

또한 프로그램에서는 전동공구와는 달리 메모리라는 공간에서 동일한 기능을 가진 블록을 필요한 수량만큼 복사해서 만들 수 있다. 즉 프로그램에서는, 전동공구의 몸체가 10개 필요할 경우처럼 1개의 제작 과정을 10번 반복하는 게 아니라, 1개의 몸체를 만들고 이 몸체를 메모리에 복사해서 다수로 만든다는 것이다. 따라서 기능블록을 세심하게 잘 만들어 두면, 필요할 때 해당 블록을 복사해서 사용하면 된다.

객체지향 프로그래밍 방식에서는 클래스와 객체를 사용해서 프로그램을 만든다. 클래스와 객체를 설명하기 위해 다음과 같은 예를 생각해보자. 동일한 제품을 대량 생산한다면, [그림 3-3]과 같은 금형이 필요할 수 있다. 금형에 재료를 공급하는 한, 동일한 제품을 금형이 마모될 때까지 만들 수 있다. 객체지향 프로그램에 앞의 예를 비유해보면, 금형이 클래스에 해당되고, 금형에 의해 만들어진 제품이 객체에 해당된다고 할 수 있다.

[그림 3-3] 제품을 만들기 위한 금형과 만들어진 제품

지멘스 PLC에서는 [그림 3-4]처럼 프로그램을 FB^Function Block^와 FC^Function^로 구분해서 작성하고, OB1에서 FB와 FC를 호출해서 실행하는 방식을 사용한다. 프로그램 기능블록 FB와 FC가 바로 클래스에 해당된다. 즉 클래스는 미리 설정된 멤버 변수^member variable^와, 처리해야 할 동작 조건을 나열해 놓은 래더도^ladder diagram^로 구성된 프로그램(멤버 함수 또는 메소드)을 의미한다.

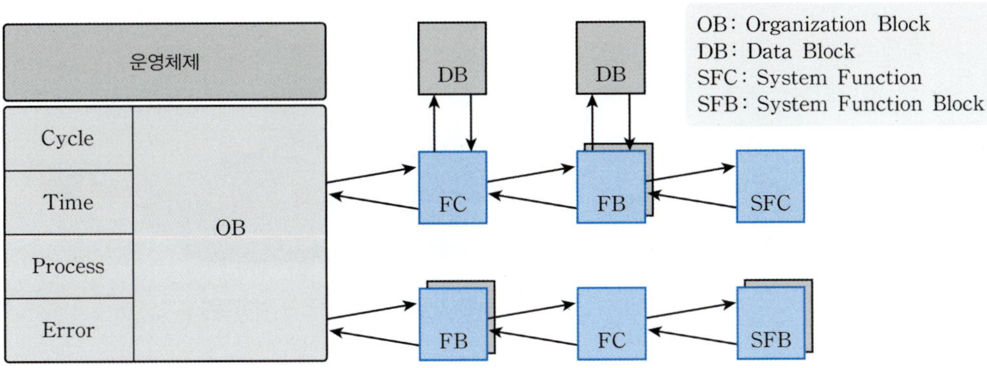

[그림 3-4] 지멘스 PLC의 프로그램 실행 방법

이때 FB와 FC는 앞의 예에서 금형에 해당한다. 즉 프로그램(제품)을 만들어 낼 수 있도록 프로그램의 형태만을 갖추고 있는 상태를 의미한다. OB1에서 FB와 FC를 호출하면, 해당 FB와 FC는 워크 메모리에서 프로그램을 실행하면서 변수를 처리하는 동작을 하는데, 이처럼 클래스인 FB와 FC가 워크 메모리를 할당받아서 실행하는 동작을 인스턴스 instance라 부른다.

여기서 클래스가 OB1에서 호출되어 실행되는 상태를 객체object라 한다. 객체는 앞의 예로 비유하자면, 금형에 의해 만들어진, 실제로 사용되는 제품을 의미한다. 프로그램이 실행되기 위해서는 PLC의 RAM이라는 메모리에 로드load되어야 하는데, OB1에서 호출되는 FB와 FC만 PLC의 워크 메모리 RAM에 로드된다. 클래스가 변수의 설정과 변수의 처리 과정을 미리 정의해 놓은 금형과 같은 것이라면, 객체는 금형에서 만들어낸 제품, 즉 실제로 변수를 처리하는 프로그램의 실체를 의미한다.

클래스는 재활용성이 아주 높아서 한 번 잘 만들어 놓으면 수정 없이 다른 프로젝트에도 사용할 수 있다. 심지어는 기계부품을 조립하듯이 클래스를 조립하여 대규모의 PLC 프로그램을 단기간에 제작할 수도 있다. 다음 기계장치 조립 방법의 예시를 통해 객체지향 프로그래밍object-oriented programming 방법을 이해해보자.

[그림 3-5]와 같은 기계장치를 만들기 위해서는 어떤 절차를 거쳐야 하는지 살펴보자.

❶ 각각의 부품에 대한 설계도대로 부품을 만든다.

[그림 3-5]의 기계장치는 정교하게 설계되고 가공된 부품을 [그림 3-6]과 같은 부품 설계도를 보며 조립해서 만든다. 부품 설계도에는 제품의 크기와 가공 위치 및 가공 방법 등이 표시되어 있다. 작업자는 설계도에 표시된 가공 조건에 따라 선반, 밀링, 드릴링 머신을 사용해서 부품을 가공한다.

부품의 설계도는 지멘스 PLC의 FB나 FC에 해당되고, 제품의 크기 및 가공 위치는 FB와 FC에서 처리해야 할 데이터인 변수에 해당되며, 가공 방법은 변수를 처리하는 프로그램에 해당된다고 할 수 있다. 설계도에는 제품을 구성하는 하나의 부품 만들기 위한 모든 것들이 포함되어 있지만, 제품을 구성하는 부품을 나타낼 뿐이지 그 자체로 동작할 수 있는 제품은 아니다. FB나 FC도 하나의 프로그램이라 할 수 있지만, 사용자가 원하는 일부 기능만을 가지고 있는 프로그램 '부품'이라고 생각할 수 있다.

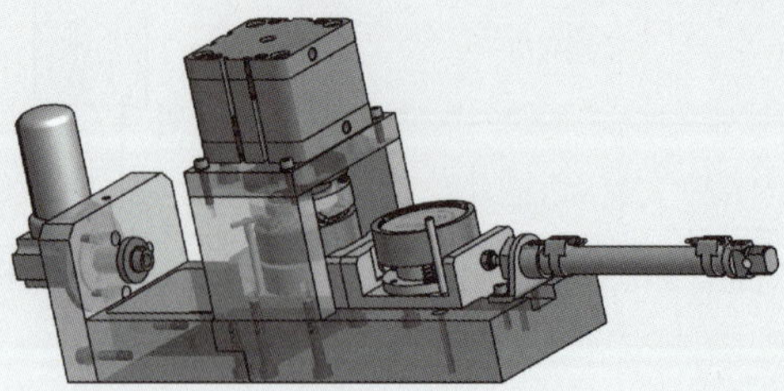

[그림 3-5] 조립이 완성된 기계장치

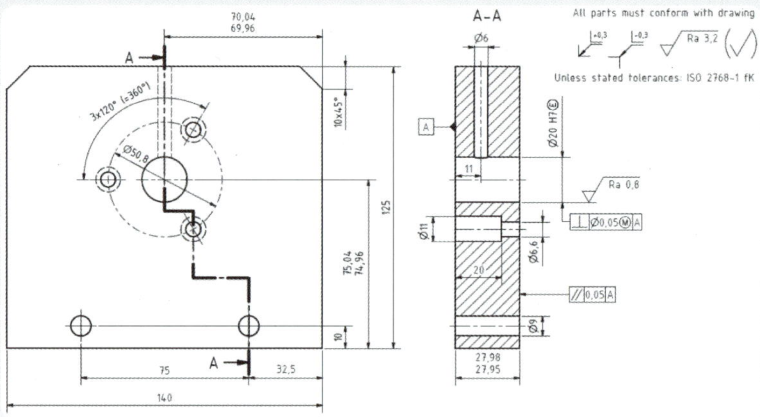

[그림 3-6] 부품 가공을 위한 설계도면

❷ **만들어진 부품을 결합하여 큰 부품으로 조립한다. 조립할 때 동일한 부품이 여러 개 필요한 경우에는 1개를 만든 후에 필요한 개수만큼 복사해서 사용한다.**

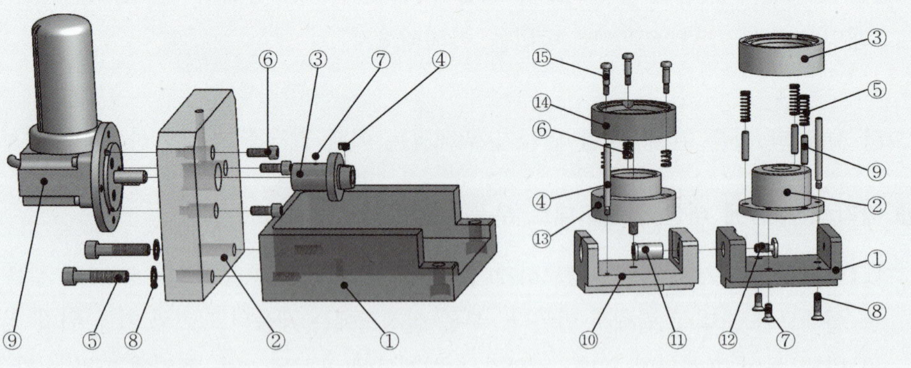

[그림 3-7] 부품을 조립해서 만든 더 큰 부품

[그림 3-7]처럼 설계도면을 보고 만든 부품을 결합하여 좀 더 큰 부품 형태로 조립한다. 조립도면을 살펴보면 동일한 부품을 중복해서 사용하는 경우가 있는데, [그림 3-7]에서 보면 동일한 규격의 볼트나 스프링이 중복되어 사용된다. 실제 제품을 조립할 때에는 조립에 필요한 개수만큼의 볼트와 스프링이 필요하겠지만, 객체지향 프로그래밍에서는 볼트라는 FB나 FC을 1개 만든 후에 필요한 수량만큼 메모리에서 복사해서 사용한다.

❸ 만들어진 큰 부품에 다른 크고 작은 부품들을 조합해서 하나의 완성된 제품으로 만든다.

[그림 3-8]은 [그림 3-5]와 같은 제품을 만들기 위한 조립도면이다. [그림 3-7]과 같은 미리 조립된 부품을 조합해서 최종적으로 제품을 완성한다. 지멘스 PLC에서도 기능별로 만들어진 FB와 FC를 OB1에서 조합해서 하나의 완성된 프로그램으로 만든다.

실제로 기계 제품을 만드는 과정이나 PLC 프로그램을 만드는 과정이 동일하다. 차이가 있다면, 컴퓨터가 이해할 수 있는 언어를 사용한다는 것과, 작업공간으로 메모리를 사용한다는 것 정도일 뿐, 두 과정의 절차나 방법은 매우 유사하다.

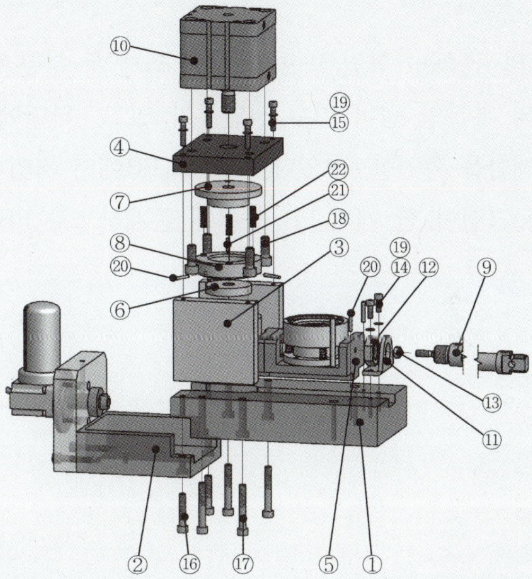

[그림 3-8] 최종 조립도면

객체지향 프로그래밍의 첫 번째 작업은 프로그램을 적용할 기계장치의 요구 사항을 분석해서 클래스(지멘스 PLC에서는 FB와 FC)를 설계하는 것이다. 클래스를 만들 때, 이 클래스가 다른 PLC 프로그램 개발에도 사용될 수 있도록 범용성을 확보하는 것이 쉽지는 않지만, 일단 만들기만 하면 얼마든지 재사용할 수 있고 신뢰성도 확보된다. 클래스는 완전한 하나의 프로그램이 되기 위해 스스로 에러를 처리하는 기능을 가질 수 있으며, 클래스를 사용하기 위해 꼭 필요한 데이터만 외부로 공개한다. 그래서 프로그램 개발자는 클래스의 내부 구조나 동작 원리를 잘 몰라도 클래스들을 조립하여 복잡한 동작의 PLC 프로그램을 신속하게 만들 수 있는 것이다.

객체지향 프로그래밍은 미리 만들어 놓은 프로그램 블록을 조립하여 프로그램을 작성하기 때문에 절차식 프로그래밍 방식에 비해 프로그램의 실행 속도와 프로그램의 크기가 문제가 될 수 있지만, PLC CPU 및 하드웨어의 성능 향상 덕분에 이러한 문제는 무시할 수 있게 되었다. 오늘날의 PLC 프로그램에서 중요한 것은 프로그램의 실행속도와 크기가 아니라 프로그램 개발의 용이성과 유지보수의 편의성, 동작의 신뢰성이다. 이러한 문제를 해결할 수 있는 합리적인 방법이 객체지향 프로그래밍이다. 객체지향 프로그래밍은 클래스 내부에서 형식의 정의(멤버 변수 선언)와 처리 내용(멤버 함수: 멤버 변수 처리 프로그램)의 정의를 명확하게 나눠 작성하는 것이 특징이다. 형식의 정의 부분을 인터페이스interface부라 하고, 처리 내용 부분을 처리부라 하는데, [그림 3-9]와 같이 지멘스 PLC의 FB 및 FC의 구조도 객체지향 프로그래밍에 맞게 클래스와 동일한 구조를 가지고 있다.

FB의 구조는 [그림 3-9]와 같이 크게 두 부분으로 구분되는데, 상단 부분에 형식(변수)의 정의 부분인 멤버 변수 선언부가 있고, 하단에 멤버 함수(멤버 변수 처리 프로그램)부가 존재함을 확인할 수 있다. 그리고 FB에서 처리하고자 하는 모든 변수와 변수 처리 부분의 프로그램이 한 개의 FB 블록에 존재하므로 FB를 클래스라 할 수 있는 것이다.

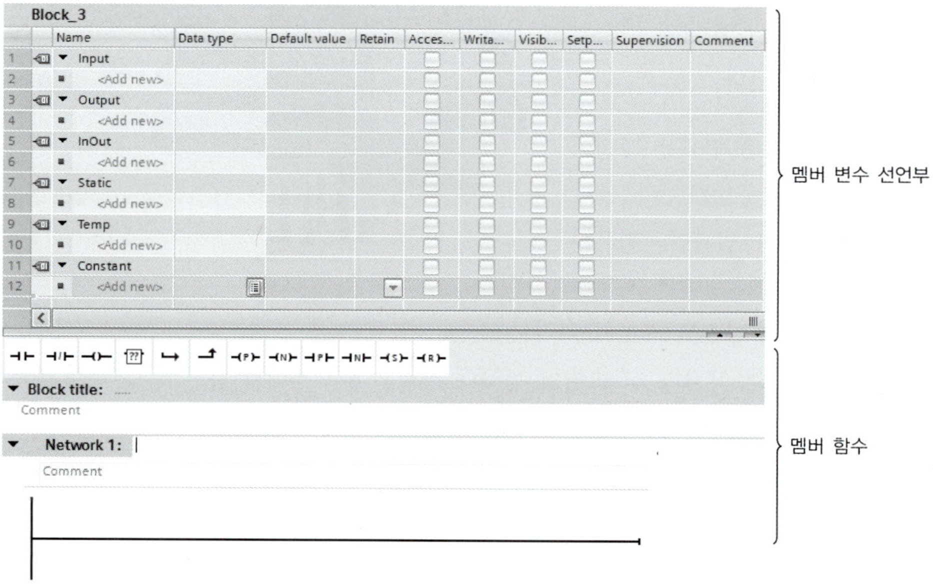

[그림 3-9] FB의 구조

3.3 객체지향 방식을 적용한 PLC 프로그램 작성법

스위치에 입력 횟수를 카운팅하는 실습 예제를 통해 객체지향 프로그래밍 방식을 적용하여 PLC 프로그램을 작성하는 법을 살펴보자.

3.3.1 PLC 프로그램 작성 전 작업

시스템 동작 조건

[그림 3-10]은 증가 및 감소 버튼을 조작해서 0~9999까지의 숫자를 카운트하는 조작 패널을 나타낸 것이다. [그림 3-10]과 같은 조작 패널을 이용해서 주어진 동작 조건을 만족하는 PLC 프로그램을 객체지향 프로그래밍 방식으로 작성하려 한다.

동작 조건

❶ 조작 패널에 전원이 인가되면 FND에는 0000이 표시된다. 단 조작 패널의 FND는 BCD 코드로 숫자를 표시한다.

❷ 시작/정지 버튼을 누를 때마다 FND에는 1과 0이 표시된다. 1이 표시될 때에는 증가, 감소 버튼에 의해 FND에 표시되는 숫자의 증가나 감소가 가능하고, 0이 표시될 때에는 증가, 감소 버튼의 조작이 불가능하다.

❸ 시작/정지 버튼에 의해 증가, 감소 버튼의 조작이 가능한 상태에서 증가나 감소 버튼을 누를 때마다 숫자는 1씩 증가 또는 감소하며, 1~9999까지의 범위 내에서 숫자 조작이 가능하다.

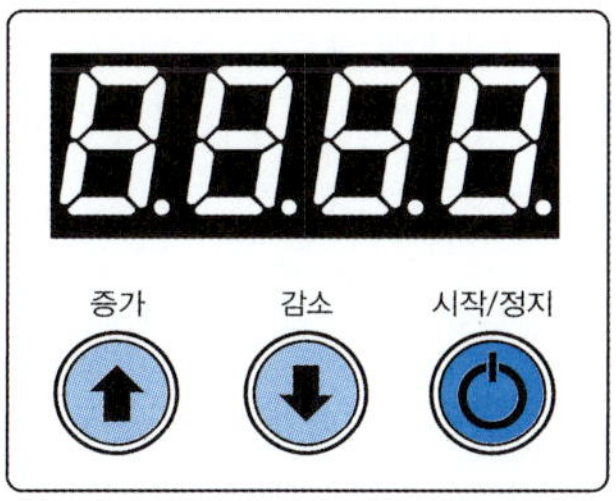

[그림 3-10] 조작 패널

[표 3-1] 입출력 번지 할당표

입력 (INPUT)			출력 (OUTPUT)		
입력번지	명칭	비고	출력번지	명칭	비고
I0.0	UP_PB	증가	QB0	FND	1, 10
I0.1	DN_PB	감소	QB1	FND	100, 1000
I0.2	POW_PB	시작/정지			

프로그램 작성을 위한 동작 조건 분석

PLC 프로그램을 작성하기 위해서는 주어진 동작 조건을 분석해서 몇 개의 프로그램 블록으로 구분할 것인가를 우선 고민해야 한다.

❶ 복잡한 동작 조건일수록 주어진 동작 조건의 실행 순서를 세분화한다.

[그림 3-11] 레고 테크닉 벤츠 트럭

[그림 3-11]은 레고 브릭brick으로 구현한 제품으로, 약 2,800개의 조립 브릭으로 구성되어 있다. 이처럼 브릭의 개수가 많은 복잡한 제품을 효율적으로 조립하기 위해 첫 번째로 해야 할 일은 먼저 브릭을 용도별로 구분해서 정리한 후에 조립 설명서를 보면서 브릭을 조립하는 것이다.

[그림 3-12]와 같이 브릭들을 조립하여 작은 조립 블록들을 만들고, 이렇게 만든 작은 블록들을 합쳐 왼쪽 위의 대형 조립 블록을 완성하는 것처럼, PLC 프로그램의 경우에도 주어진 동작 조건을 분석해서 작은 기능블록들을 만들어야 한다. 이러한 작은 기능블록을 만들기 위해서는 프로그램의 FB 또는 FC 블록에 필요한 입출력 및 내부 변수(레고 브릭에 해당)가 있어야 한다. 그리고 브릭을 조립 순서에 맞게 조립하듯이 변수를 어떤 절차에 따라 처리할 것인지를 결정하는 프로그램을 작성해야 한다.

자동화 시스템은 시간이 지날수록 대형화되고 복잡화되어 가는 추세이다. 하지만 이러한 대규모 자동화 장치의 제어용 PLC 프로그램을 작성하기 위해서는, 복잡한 내용을 잘 분석해서 작은 기능 단위로 세분화시킨 후, 작은 기능 단위로 FB와 FC를 만든다. 그 다음에 작은 기능 단위를 묶어서 좀 더 큰 기능 단위로 만들고, 큰 기능 단위를 OB1에서 조합해서 최종 완성된 프로그램을 만드는 과정을 거쳐야 한다. 이러한 방식으로 기능별로 세분화하여 프로그램을 만드는 방식을 모듈화라 한다.

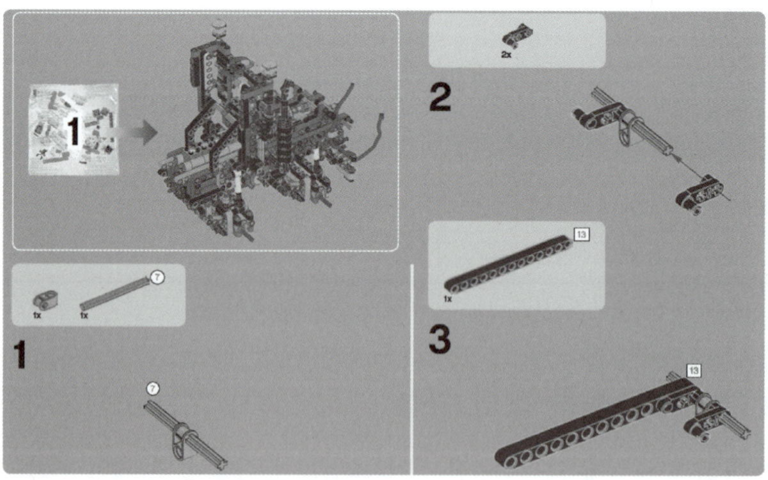

[그림 3-12] 레고 조립 설명서

모듈화는 프로그램을 작성할 때 각 기능별로 분할하여 작성하는 것이다. 모듈은 다른 모듈을 호출하는 호출 모듈과, 다른 모듈에 의해 호출되는 피호출 모듈로 구분된다. 모듈화를 하면 프로그램의 복잡도가 감소하고 프로그램 작성이 쉬워지기 때문에, 복잡한 공정을 가진 장치를 프로그래밍할 때 모듈화는 선택이 아닌 필수이다.

❷ 동작 조건을 분석하여 프로그램 구성을 설계한다.

[그림 3-10]의 조작 패널로 스위치가 눌린 횟수를 카운트하기 위한 PLC 프로그램은 [그림 3-13]과 같은 절차를 거쳐서 작성된다. 1단계에서는 피호출 모듈 FB 블록 2개와 FC 블록 2개를 사용해서 총 4개의 기능블록으로 프로그램을 구성한다. 2단계에서는 FC1과 FC2의 블록을 FC10으로 묶는다. 3단계에서는 FB10에서 FB1과 FB2, 그리고 FC10을 묶어서 하나의 블록으로 만든다. 4단계에서는 FB10의 명칭으로 만들어진 클래스를 OB1에서 호출하면, 해당 클래스가 워크 메모리 영역을 할당받으면서 객체가 되어 프로그램이 실행된다.

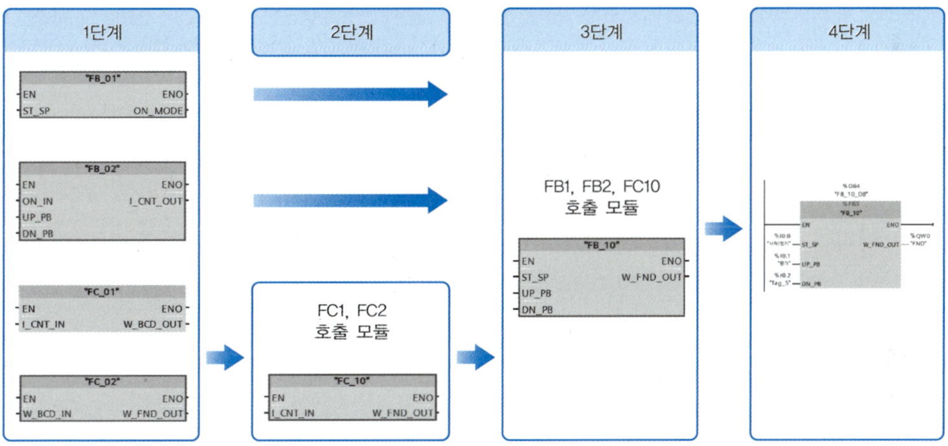

[그림 3-13] 동작 조건을 분석해서 설계한 프로그램의 구성

각 단계별 작업 내용을 살펴보기 전에 FB와 FC의 차이점을 잠시 살펴보자. FB와 FC의 차이는 멤버 변수를 선언하는 인터페이스에서 발생한다. [그림 3-14]는 FB와 FC의 인터페이스 부분을 비교해서 나타낸 것이다. FB에는 FC에 있는 Return 항목이 없고, FC에는 FB에 있는 Static 항목이 없다. FB는 FC와는 달리 Static으로 선언된 변수를 사용할 수 있다. Static으로 선언된 변수의 값은 프로그램 실행 중에 그 값을 계속해서 유지한다. 따라서 계속해서 입력된 데이터를 기억하고 있다가, 필요할 때 불러내어 변경하는 용도의 데이터를 저장할 메모리는 Static으로 선언되어야 한다. 반면 Temp로 선언한 변수는 사용한 후에는 메모리를 반납하기 때문에 해당 메모리에 보관된 값도 함께 삭제된다.

	Name	Data type
1	▼ Input	
2	<Add new>	
3	▼ Output	
4	<Add new>	
5	▼ InOut	
6	<Add new>	
7	▼ Static	
8	<Add new>	
9	▼ Temp	
10	<Add new>	
11	▼ Constant	
12	<Add new>	

(a) FB의 인터페이스 구조

	Name	Data type
1	▼ Input	
2	<Add new>	
3	▼ Output	
4	<Add new>	
5	▼ InOut	
6	<Add new>	
7	▼ Temp	
8	<Add new>	
9	▼ Constant	
10	<Add new>	
11	▼ Return	
12	Block_4	Void

(b) FC의 인터페이스 구조

[그림 3-14] FB와 FC의 인터페이스 구조의 차이점

단계별 프로그램 모듈화 작업

1단계 동작 조건을 구현하기 위한 프로그램 블록 구분

1단계에서는 주어진 동작 조건을 분석한 후, 어떤 기능별로 구분해서 프로그램을 작성할 것인가를 결정하는 단계이다. 주어진 동작 조건을 세분화한 후, 총 4개의 FB와 FC을 사용해서 프로그램을 완성한다. 각각의 기능을 어떻게 구분했는지 살펴보자.

❶ **FB_01의 동작** : FB_01은 시작/정지 버튼의 동작을 구현하기 위한 프로그램 블록이다. 시작/정지 버튼은 푸시 버튼이지만 실제로 토글 버튼처럼 동작해야 한다. 다시 말해 FB_01의 입력변수 'ST_SP'에 연결된 버튼이 눌릴 때마다 출력 'ON_MODE'는 토글 동작을 해야 한다.

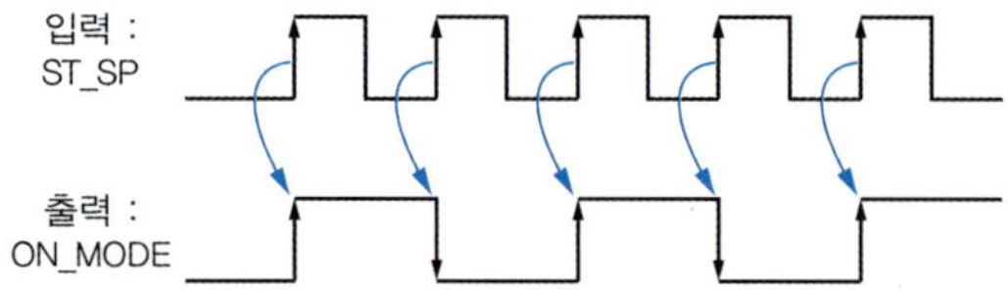

[그림 3-15] FB1의 동작

❷ **FB_02의 동작** : FB_02는 FB_01의 출력 'ON_MODE'가 ON 상태일 때, 증가나 감소 버튼의 조작에 의해 푸시 버튼의 눌린 횟수를 증가 또는 감소시키는 카운터 동작을 통해 푸시 버튼이 눌린 횟수를 출력하는 기능을 가진다.

❸ **FC_01의 동작** : FC_01은 FB_02의 출력 CNT_OUT(Int형)의 값을 입력으로 받아서 BCD 코드로 변환한 후, 16비트 크기의 워드 값으로 BCD 코드를 출력하는 기능을 갖는다. 앞에서 언급했듯이 정수값을 입력 받아 이를 BCD 코드값으로 변환

하는 과정은 프로그램 내부에서 복잡한 중간 절차를 거치게 되지만, BCD 코드값을 구한 후에는 그 중간 결과를 보관할 필요가 없다. 즉 입력값으로부터 출력값을 구하는 것만이 중요한 동작이기 때문에 이런 경우에는 FC로 프로그램을 작성한다.

❹ **FC_02의 동작** : [그림 3-16]처럼 QB0에 1과 10의 자리에 해당되는 FND가 연결되어 있고, QB1에 100과 1000의 자리를 표시하는 FND가 연결되어 있는 상태에서, 16비트 크기의 BCD 코드 '0100'을 출력하면 FND에는 '0001'로 표시된다. 즉 FND와 출력 간의 연결 방식과, FND에 표시할 PLC의 출력 데이터 형식이 서로 맞지 않기 때문에, 워드 크기의 출력 데이터에서 상하위 바이트의 자리 교환이 필요하다. 따라서 FC_02는 FC_01의 BCD 변환값을 입력 받은 후, 그 값의 상하위 바이트의 자리를 교환하는 기능을 가진다.

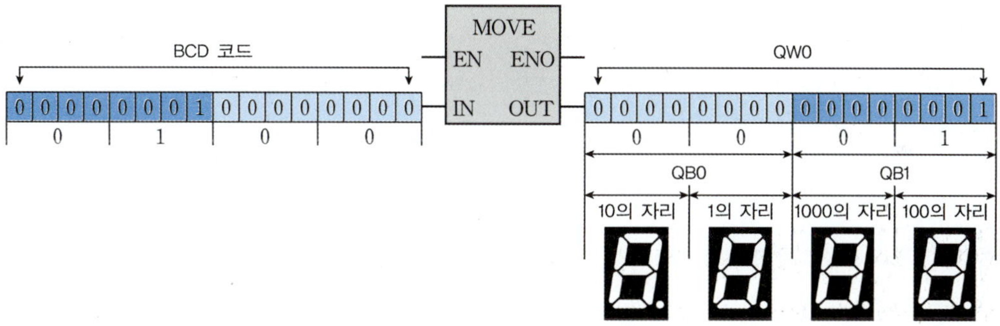

[그림 3-16] FC2의 기능(상위 및 하위 바이트 데이터 교환의 필요성)

2단계 및 3단계 블록의 조합을 통한 또 다른 블록 생성

2단계와 3단계는 1단계에서 만들어진 FB와 FC를 조합해서 또 다른 FB와 FC를 만드는 단계이다. 지멘스 PLC 프로그램에서 FB와 FC는 클래스에 해당한다. 클래스는 다른 클래스의 멤버 변수와 멤버 함수를 포함할 수 있는 기능을 가지고 있는데, 이를 클래스의 상속inheritance[1]이라 한다. 어떤 이는 상속이야말로 프로그래밍 언어의 혁명이라고 할 정도로 상속은 객체지향 프로그래밍의 특징이라 할 수 있다.

예를 들어 FC_01과 FC_02을 작성해 놓은 상태에서 FC_10을 작성해야 할 때, FC_10에서 구현해야 할 기능이 마침 FC_01과 FC_02의 기능을 조합하면 된다고 하자. 이럴 때 어떻게 할까? 상속 기능이 없는 경우에는, Ctrl+C와 Ctrl+V를 사용해서 기존에 만들어

1 상속은 클래스의 멤버 변수와 멤버 함수를 다른 클래스에 포함될 수 있도록 하는 개념이다. 클래스에서 다른 클래스 1개를 상속하는 것을 단일 상속이라 하고, 여러 개의 클래스를 상속하는 것을 다중 상속이라 한다.

놓은 프로그램의 내용을 복사하고, 변수명을 변경하는 작업을 하다가 변수명를 잘못 수정해서 에러가 발생하고, 에러의 원인을 찾기 위해 한참 고생하고……. 이러한 과정을 겪을 수도 있다. 하지만 지멘스는 객체지향 프로그래밍 방식을 사용하기 때문에, 이런 경우에는 상속 기능을 사용하여 손쉽게 FC_01과 FC_02을 조합함으로써 또 다른 FC_10을 만들 수 있다.

[그림 3-17] 객체지향의 상속 개념을 이용한 FC10 만들기

주어진 동작 기능을 완성한 프로그램인 FB_10도 미리 만들어진 FB_01, FB_02, FC_10의 상속으로 만들어진다.

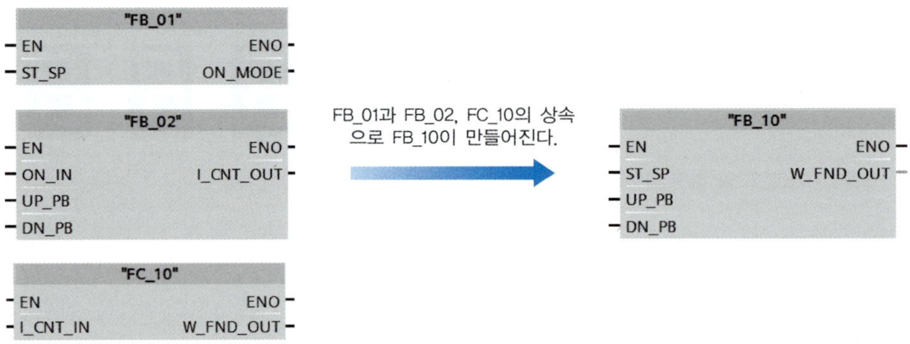

[그림 3-18] 객체지향의 상속 개념을 이용한 FB10 만들기

지멘스 PLC에서 기능별로 클래스를 구분해서 FB와 FC 형태로 프로그램을 작성해야 하는 이유는, 기능별로 작성한 FB와 FC를 상속해서 또 다른 기능을 가진 FB와 FC를 만들 수 있기 때문이다. 이러한 방식으로 프로그램을 만들면 프로그램을 일종의 '부품화'할 수 있으며, 부품화된 FB와 FC을 이용하면 프로그램을 손쉽게 완성할 수 있다. 또한 프로그램에 수정 사항이 발생해도 관련 기능을 가진 부품화된 FB와 FC만 수정하면 손쉽게 프로그램의 유지보수가 가능하다.

클래스의 상속 관계에서 상속원의 클래스를 '슈퍼 클래스', 상속하여 작성된 클래스를 '서브 클래스'라 한다. 서브 클래스는 얼마든지 만들 수 있지만 상속원 클래스는 하나뿐이다. 상속된 클래스의 구조는 [그림 3-19]처럼 전체적으로 트리 구조가 된다.

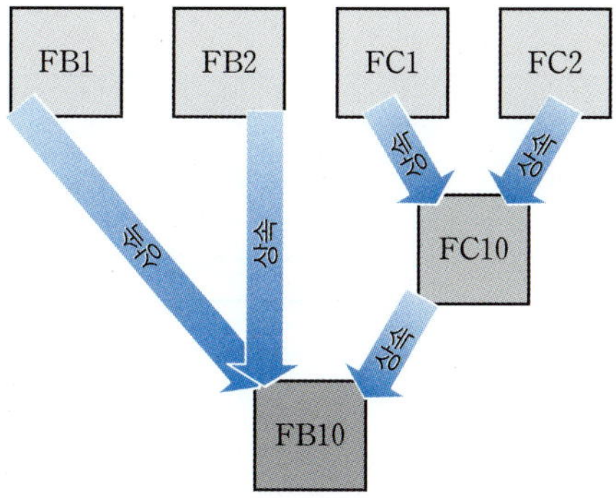

[그림 3-19] 클래스 계층과 상속 개념

4단계 **클래스의 객체화**

FB_01, FB_02, FC_01, FC_02를 상속받은 클래스 FB_10이 OB1에서 호출될 때, FB_10은 지멘스 PLC의 워크 메모리에서 실행된다. 이때 PLC의 메모리에서 실제로 실행되는 인스턴스를 객체라 한다.

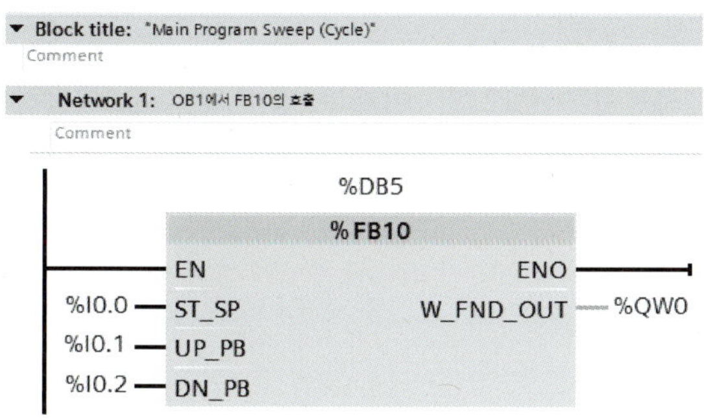

[그림 3-20] OB1에서 FB10 호출

3.3.2 PLC 프로그램 작성 절차

앞에서 언급한 내용을 토대로 실제의 프로그램이 어떻게 작성되는지 살펴보자.

FB_01

FB_01은 1번 푸시 버튼 입력을 받으면 출력 비트로 토글 동작을 하는 기능을 가진 블록이다. 해당 기능을 제어하기 위한 FB_01의 구성은 [표 3-2]와 같다.

[표 3-2] FB_01의 구성

FB_01 외형	명칭	구분	타입	기능
	ST_SP	IN	BOOL	시작/정지 푸시 버튼 입력
	ON_MODE	IN	BOOL	토글 출력

FB_01의 기능과 입출력에 대한 내용을 파악했으면, 이제는 FB_01의 멤버 변수와 멤버 함수를 작성해보자. 먼저 멤버 변수 선언을 위한 FB_01의 인터페이스 구성을 살펴보자.

[표 3-3] FB_01의 프로그램 작성에 필요한 멤버 변수 선언

인터페이스					
IN		OUT		STAT	
변수명	데이터 타입	변수명	데이터 타입	변수명	데이터 타입
ST_SP	BOOL	ON_MODE	BOOL	K1	BOOL
				P1	BOOL
				RDY	BOOL

FB_01의 프로그램에서 사용할 멤버 변수 선언을 마쳤으면, 이제는 멤버 변수를 이용해서 입력이 ON될 때마다 출력의 상태를 반전하는 기능(토글 기능) 동작을 하는 프로그램을 작성해보자.

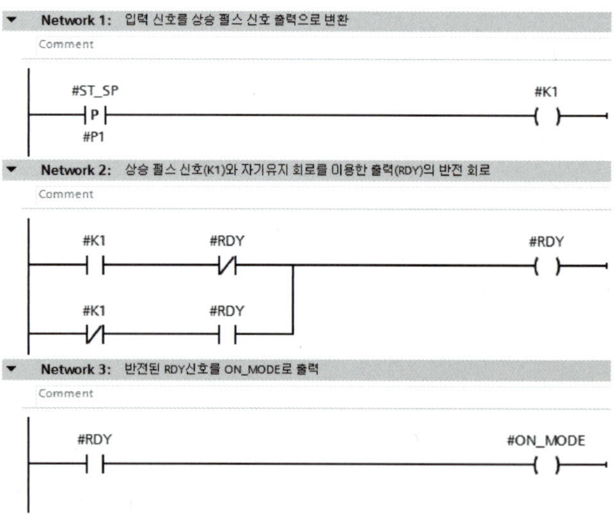

[그림 3-21] FB_01의 프로그램

FB_02

FB_02는 3개의 입력을 받아서 증가나 감소 버튼이 눌린 횟수를 카운트하는 기능을 한다. [표 3-4]에 FB_02의 구성을 나타내었다.

[표 3-4] FB_02의 구성

<table>
<tr><th>FB_02 외형</th><th>명칭</th><th>구분</th><th>타입</th><th>기능</th></tr>
<tr><td rowspan="4">
</td><td>ON_IN</td><td>IN</td><td>BOOL</td><td>카운터 동작 ON/OFF</td></tr>
<tr><td>UP_PB</td><td>IN</td><td>BOOL</td><td>카운터 값 증가</td></tr>
<tr><td>DN_PB</td><td>IN</td><td>BOOL</td><td>카운터 값 감소</td></tr>
<tr><td>I_CNT_OUT</td><td>OUT</td><td>INT</td><td>카운터 값 출력</td></tr>
</table>

FB_02의 기능과 입출력에 대한 내용을 파악했으면, 이제는 FB_02의 멤버 변수와 멤버 함수를 작성해보자. 먼저 [표 3-5]의 멤버 변수 선언을 위한 FB_02의 인터페이스의 구성을 살펴보자.

[표 3-5] FB_02의 프로그램 작성에 필요한 멤버 변수 선언

인터페이스					
Input		Output		Static	
변수명	데이터 타입	변수명	데이터 타입	변수명	데이터 타입
ON_IN	BOOL	I_CNT_OUT	INT	I_PB_CNT	INT
UP_PB	BOOL			P1	BOOL
DN_PB	BOOL			P2	BOOL
				P3	BOOL
				P4	BOOL

FB_02의 프로그램에서 사용될 멤버 변수 선언을 마쳤으면, 이제는 멤버 변수를 이용해서 증가나 감소 버튼이 ON될 때마다 설정값을 증가 또는 감소시키는 동작을 하는 프로그램을 작성해보자. 이러한 프로그램을 작성해 보면 [그림 3-22]와 같다.

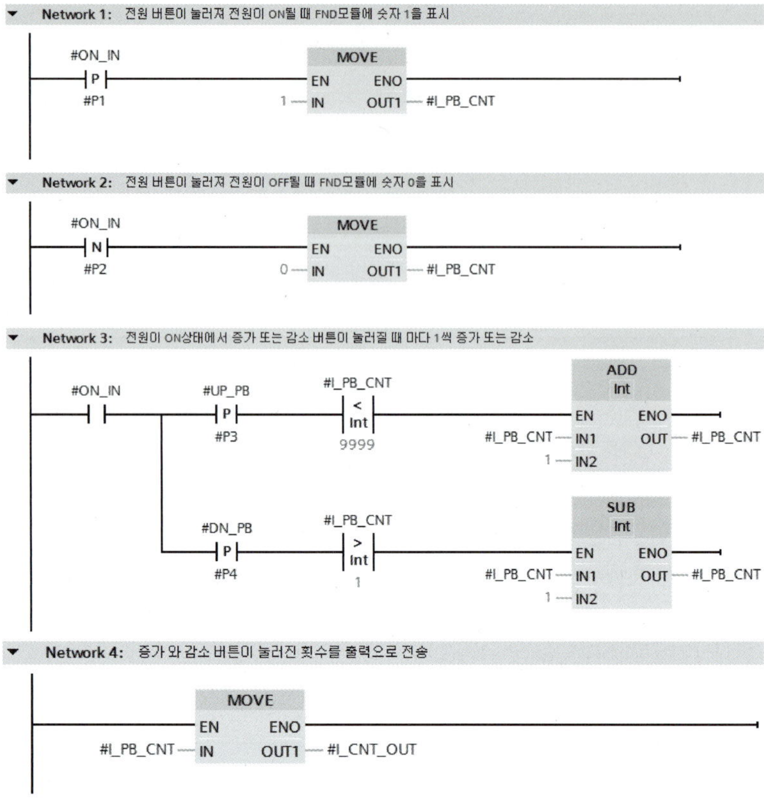

[그림 3-22] FB_02의 증가 및 감소 동작 프로그램

FC_01

FC_01은 FB_02의 출력 CNT_OUT의 정수값을 입력받아서 BCD 코드로 변환하는 기능을 가진 프로그램이다. 입력값을 BCD 코드로 변환할 때, 변환하는 중에 사용된 변수의 값은 변환 과정에서만 값을 보관하고, 변환이 완료되면 변환 과정에서 보관된 값들을 더 이상 보관할 필요가 없기 때문에 FC의 TEMP에 변수를 선언해서 사용한다.

[표 3-6] FC_01의 구성

FB_01 외형	명칭	구분	타입	기능
%FC1 "FC_01"	CNT_IN	IN	INT	스위치가 눌린 횟수
EN ENO / I_CNT_IN W_BCD_OUT	W_BCD_OUT	OUT	WORD	눌린 횟수를 BCD 코드로 변환

FC_01의 기능과 입출력에 대한 내용을 파악했으면, 이제는 FC_01의 멤버 변수와 멤버 함수를 작성해보자. 먼저 멤버 변수 선언을 위한 FC_01의 인터페이스의 구성을 살펴보자.

[표 3-7] FC_01의 프로그램 작성에 필요한 멤버 변수 선언

인터페이스					
IN		OUT		TEMP	
변수명	데이터 타입	변수명	데이터 타입	변수명	데이터 타입
I_CNT_IN	INT	W_BCD_OUT	WORD	D_CNT_DI	DINT
				D_CNT_BCD	DWORD

FC_01의 프로그램에서 사용될 멤버 변수 선언을 마쳤으면, 이제는 멤버 변수를 이용해서 입력 카운터 정수값을 BCD 코드로 변환하는 프로그램을 작성해보자.

[그림 3-23]의 프로그램을 살펴보자. 입력 정수값을 BCD로 변환하는 명령은 CONV 명령에서 I_BCD, DI_BCD 두 종류가 있다. I_BCD 명령의 경우, 최대 입력 가능한 정수값이 ±999까지이고, BCD 변환값도 ±999까지이다. 과제에서는 0~9999까지의 수를 BCD 코드로 변환해야 하기 때문에 I_BCD 명령은 사용할 수 없다. 따라서 DI_BCD 명령을 사용해야 하며, 이를 위해서는 입력 및 출력값이 32비트 크기의 값이어야 한다.

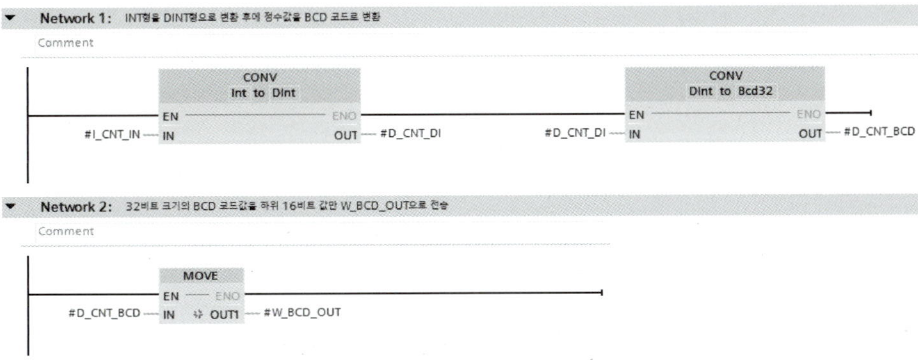

[그림 3-23] FC_01의 프로그램

그런데 입력 16비트 정수값을 32비트 크기의 정수값으로 변환하는 데, [그림 3-23]과 같은 CONV(Int to DInt) 명령을 사용하지 않고 [그림 3-24]처럼 MOVE 명령을 사용하는 사람도 있을 것이다. 16비트 정수값을 32비트로 변환하는 경우에 MOVE 명령을 사용했을 때 어떤 문제가 발생하는지 확인해보자.

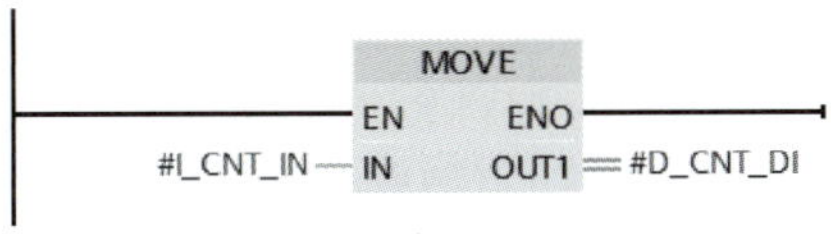

[그림 3-24] 16비트 정수를 32비트 정수 타입으로 변환

지멘스 PLC에서 −32768에 대한 16비트 정수값을 2진수로 표현하면, 1000 0000 0000 0000이 된다. PLC에서의 음수 표현은, 해당 숫자의 양수 표현의 2진수 값에 2의 보수를 취한 값이다. [그림 3-24]에서 I_CNT_IN에 저장된 값이 1000 0000 0000 0000일 때, MOVE 명령을 사용해서 CNT_DI에 이 값을 전달하면, D_CNT_DI에 저장되는 값은 0000 0000 0000 0000 1000 0000 0000이 된다. 따라서 D_CNT_DI에 저장된 값을 10진수로 나타내면 +32768이 된다. 즉 부호가 바뀐 것이다.

이처럼 정수값을 16비트에서 32비트로 변환하거나, 32비트를 16비트로 변환하는 경우에는 부호비트의 변화를 주의 깊게 살펴봐야 한다. [그림 3-23]의 프로그램에서는 음수를 걱정할 필요가 없었기 때문에, I_DI 대신에 MOVE를 사용해도 프로그램 실행에는 문제가 발생하지 않았다. 그래도 다른 상황에서 이러한 내용을 모르는 상태에서 문제가 발생하면 해결 방법이 없기 때문에 일부러 설명해본 것이다. 따라서 정수 또는 실수와 같은 값을 변환할 때에는 변환된 값이 원래의 값과 같은지를 검토해야 한다. 이러한 검토를 소홀히 하여 발생한 사소한 문제가 나중에는 해결 불가능한 문제로 커질 수 있다는 사실을 기억하기 바란다.

FC_02

FC_02는 빅 엔디안 방식으로 구성된 BCD 코드를 입력받은 후, 상하위 바이트의 자리 교환을 통해 리틀 엔디안 방식으로 변환해서 출력하는 기능을 가진 함수이다.

[표 3-8] FC_02의 구성

FC_02 외형	명칭	구분	타입	기능
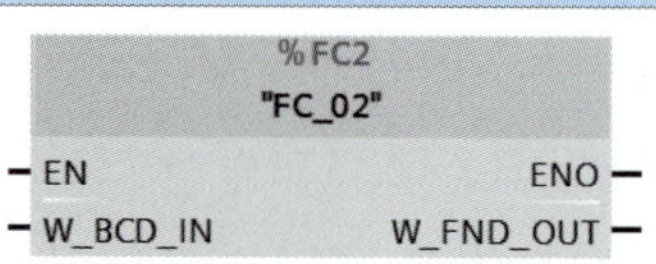	W_BCD_IN	IN	WORD	빅 엔디안 방식 BCD
	W_FND_OUT	OUT	WORD	리틀 엔디안 방식 BCD

FC_02의 기능과 입출력에 대한 내용을 파악했다면, 이제는 FC_02의 멤버 변수와 멤버 함수를 작성해보자. 먼저 멤버 변수 선언을 위한 FC_02의 인터페이스 구성을 살펴보자.

FC_02에서의 멤버 변수는 입력과 출력이 각각 1개일 뿐 내부에서 사용하는 변수를 필요로 하지 않는다. FC_02에서는 STL 명령어인 CAW를 사용하겠다. CAW 명령은 16비트 크기의 워드 데이터를 CPU의 32비트 크기의 ACCU1 레지스터로 입력받아 하위 16비트의 데이터에서 상하위 바이트를 교환하는 명령이다.

[표 3-9] FC_02의 프로그램 작성에 필요한 멤버 변수 선언(STL CAW 명령 사용)

인터페이스					
IN		OUT		TEMP	
변수명	데이터 타입	변수명	데이터 타입	변수명	데이터 타입
W_BCD_IN	WORD	W_FND_OUT	WORD		

[표 3-10]은 CAW 명령의 실행 전후의 결과를 비교해서 나타낸 것이다. 하위 16비트 크기의 ACCU1의 레지스터의 값에서 상위 바이트 W2와 하위 바이트 W1의 위치가 CAW 명령 실행 후에 변경되었음을 확인할 수 있다.

[표 3-10] CAW 명령에 의한 ACCU 레지스터의 상태 변화

	ACCU1_HH	ACCU1_HL	ACCU1_LH	ACCU1_LL
실행 전	W4	W3	W2	W1
실행 후	W4	W3	W1	W2

지멘스 PLC 프로그램 작성 언어는 기본적으로 LAD, STL, FBD 방식을 지원한다. 따라서 때로는 STL 명령을 사용하면 손쉽게 프로그램을 작성할 수 있다. 여러분도 LAD만 고집할 것이 아니라, LAD로 작성한 프로그램을 STL로 변환했을 때 어떻게 프로그램이 변환되는지를 살펴보고, STL로 프로그램을 작성하는 방법을 연습해보기 바란다.

[그림 3-25]에 STL로 작성한 FC_02의 프로그램을 나타내었다. 입력과 출력 변수 앞에 #은 내부 변수를 의미하는 것으로, 자동적으로 # 기호가 삽입되기 때문에 사용자는 변수명만 적으면 된다.

```
▼ Network 1: 빅 엔디안 방식의 BCD 코드를 입력 받아서 리틀 엔디안 방식으로 변경
Comment
    L      #W_BCD_IN
    CAW
    T      #W_FND_OUT
```

[그림 3-25] STL로 작성한 FC_02 프로그램

이번에는 STL 명령어 CAW를 사용하지 않고 래더 명령어를 사용하여 FC_02와 동일한 기능을 가진 FC_03을 작성해보자. 래더 명령어에는 STL의 CAW와 같은 동작을 지원하는 명령어가 없기 때문에 [그림 3-26]과 같은 처리 절차를 거쳐야 한다. 원본 BCD 코드를 SHL과 SHR 명령을 사용해서 좌우로 각각 8비트 시프트시킨 후에, OR 명령을 사용해서 시프트시킨 두 개의 데이터를 조합하면, STL의 CAW 명령어 실행과 동일한 결과를 얻을 수 있다.

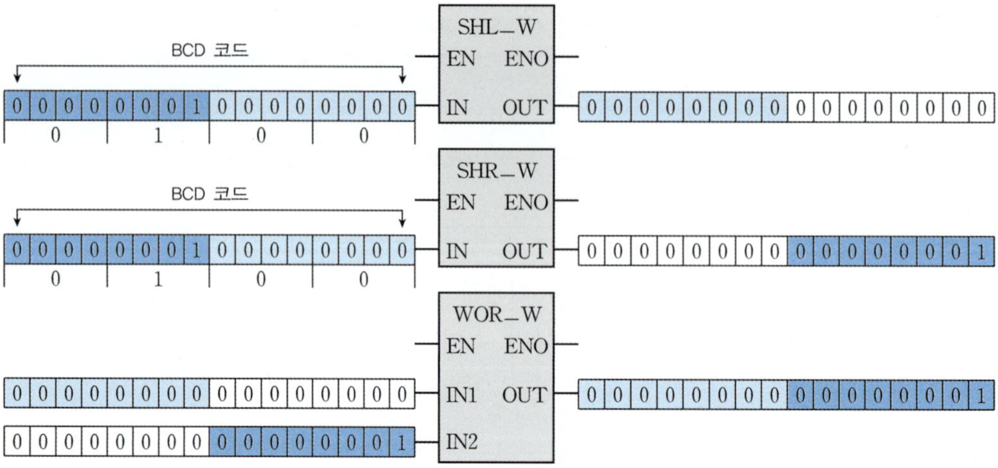

[그림 3-26] LAD 명령어를 사용한 상하위 바이트 자리 교환 방법

[표 3-11]에 상하위 바이트의 자리 교환에 래더 명령을 사용한 FC_03의 프로그램을 작성할 때 필요한 멤버 변수를 나타내었다. FC_03은 FC_02와 동일한 기능을 가지고 있기 때문에 FC_02 대신에 FC_03을 사용해도 된다.

[표 3-11] FC_03의 프로그램 작성에 필요한 멤버 변수 선언(LAD 명령 사용)

인터페이스					
IN		OUT		TEMP	
변수명	데이터 타입	변수명	데이터 타입	변수명	데이터 타입
W_BCD_IN	WORD	W_FND_OUT	WORD	W_BCD_SHL	WORD
				W_BCD_SHR	WORD

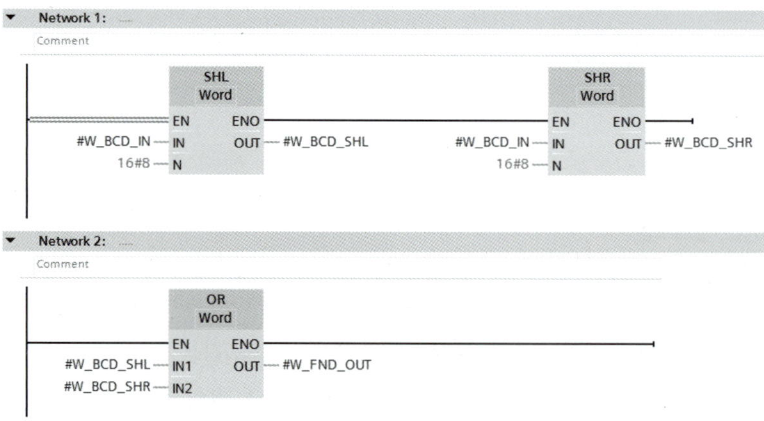

[그림 3-27] LAD 명령을 사용해서 작성한 상하위 바이트 자리 변경 프로그램

FC_10

이번에는 FC_01과 FC_02을 각각 사용하기보다는 하나로 묶어서 사용할 수 있도록 FC_01과 FC_02를 조합해서 FC_10을 만들어 보자. 객체지향 프로그래밍의 가장 중요한 특징 중 하나인 상속을 통해 새로운 프로그램을 작성하지 않고도 이미 만들어진 FB나 FC을 조합해서 새로운 FB나 FC를 만들 수 있다.

[표 3-12] FC_10의 외형

FC_10 외형	명칭	구분	타입	기능
"FC_10" EN　ENO I_CNT_IN　W_FND_OUT	I_CNT_IN	IN	INT	FC2의 스위치가 눌린 횟수
	W_FND_OUT	OUT	WORD	리틀 엔디안 방식 BCD 출력

[표 3-13] FC_10 프로그램 작성에 필요한 멤버 변수 선언

인터페이스					
IN		OUT		TEMP	
변수명	데이터 타입	변수명	데이터 타입	변수명	데이터 타입
I_CNT_IN	INT	W_FND_OUT	WORD	W_BCD_TEMP	WORD

FC_10은, FB_02에서 증가나 감소 버튼이 눌린 횟수를 카운트한 값을 입력받아서 BCD 코드로 변환한 후에, 빅 엔디안 방식의 데이터를 리틀 엔디안으로 변환하여 출력하는 기능을 가진 함수이다. 이러한 기능은 이미 만들어진 FC_01과 FC_02의 조합으로 이루어지기 때문에 입력과 출력이 필요하고, FC_01의 결과값을 FC_02로 전달하기 위한 내부 변수도 필요하다.

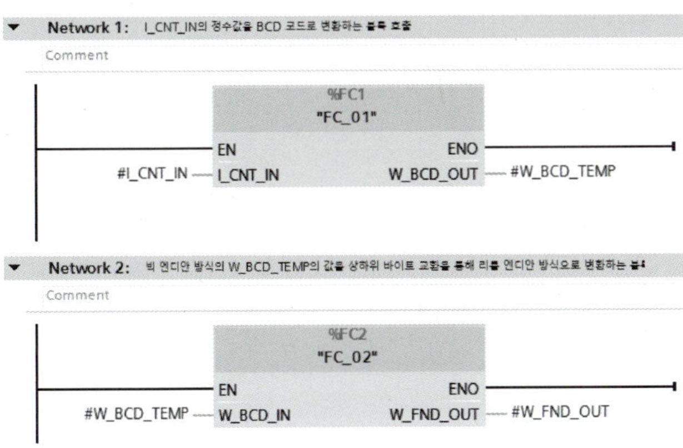

[그림 3-28] FC_10에서 FC_01과 FC_02의 조합

FB_10

이제는 2개의 함수 블록(FB_01, FB_02)과 1개의 함수(FC_10)를 상속받아서 OB1에서 실행할 FB_10을 만들어보자.

[표 3-14] FB_10의 외형

FB10 외형	명칭	구분	타입	기능
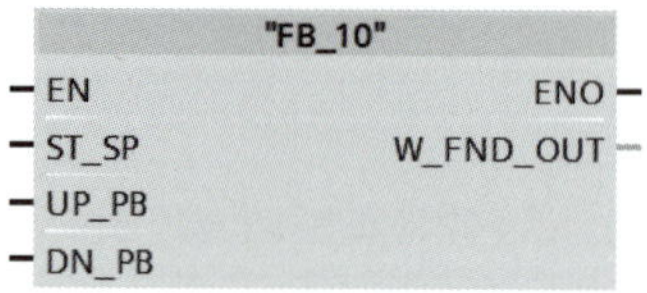	ST_SP	IN	BOOL	시작/정지 버튼
	UP_PB	IN	BOOL	증가 버튼
	DN_PB	IN	BOOL	감소 버튼
	FND_OUT	OUT	WORD	카운터 값 BCD 코드 출력

FB10은 상속을 받아서 새로운 펑션 블록을 만드는 것이기 때문에 함수와 펑션 블록 사이에 값을 전달할 수 있는 내부 변수가 필요하다. 그리고 FB의 내부에서 또 다른 FB가 사용되는 경우(여기에서는 FB_01과 FB_02가 해당됨)에는 FB에 DB를 할당하는 방식이 아닌, 새롭게 만드는 FB의 Static에 'multiple instance' 기능을 이용하여 내부 변수로 등록해서 사용한다.

[표 3-15] FB_10 프로그램 작성에 필요한 멤버 변수 선언

인터페이스					
IN		OUT		Static	
변수명	데이터 타입	변수명	데이터 타입	변수명	데이터 타입
ST_SP	BOOL	FND_OUT	WORD	ON_STATE	WORD
UP_PB	BOOL			CNT_TEMP	INT
DN_PB	BOOL			FB_01	FB01
				FB_02	FB02

FB_10의 내부에서 사용된 FB_01과 FB_02를 멀티플 인스턴스 기능을 이용해서 FB10의 Static 변수에 등록하는 방법을 [그림 3-29]에 나타내었다. FB_10의 네트워크 1번 라인에, 왼쪽의 프로젝트 트리에서 FB_01을 드래그하여 위치시키면, [그림 3-29]처럼 Call options 창이 나타난다. 이때 2번째 DB인 [Multi instance]를 선택하면, FB_01에 필요한 DB가 [그림 3-30]처럼 FB_10의 [Static]에 설정된다.

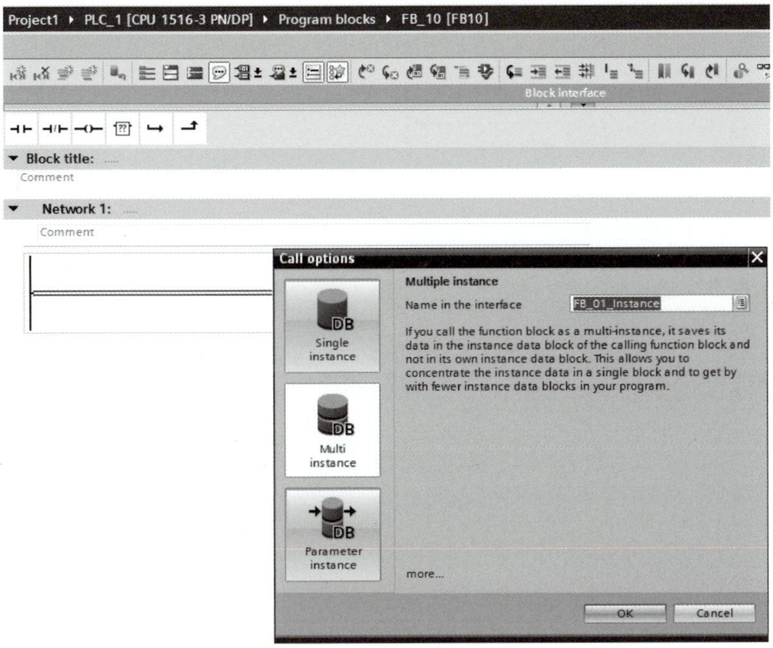

[그림 3-29] 멀티 인스턴스로 FB 호출

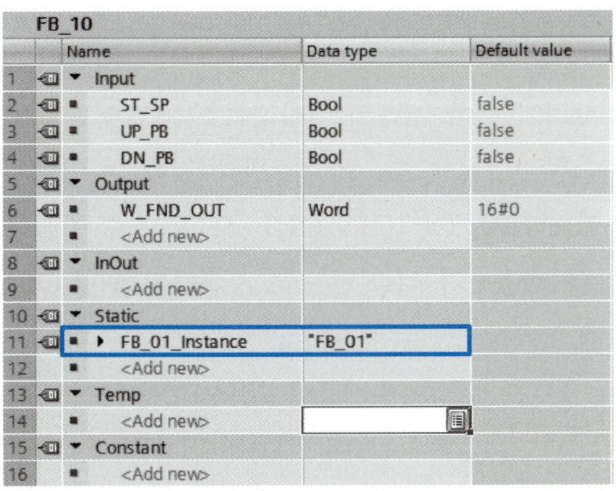

FB_10

	Name	Data type	Default value
1	▼ Input		
2	ST_SP	Bool	false
3	UP_PB	Bool	false
4	DN_PB	Bool	false
5	▼ Output		
6	W_FND_OUT	Word	16#0
7	<Add new>		
8	▼ InOut		
9	<Add new>		
10	▼ Static		
11	▸ FB_01_Instance	"FB_01"	
12	<Add new>		
13	▼ Temp		
14	<Add new>		
15	▼ Constant		
16	<Add new>		

[그림 3-30] 멀티 인스턴스로 호출된 FB

FB_01과 FB_02, FC_10을 상속받아서 만들어진 FB_10 프로그램이 어떻게 작성되었는지 살펴보자.

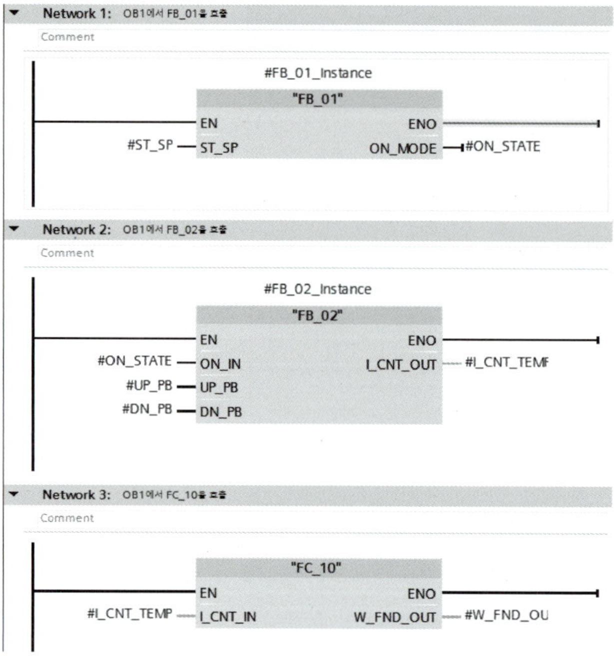

[그림 3-31] FB_10에서 FB_01, FB_02, FC_10의 호출 프로그램

■ OB1에서 FB_10을 호출하기

OB1에서 FB_10을 호출해서 프로그램을 실행하기 전에 OB1의 인터페이스 구조를 살펴보자. OB1의 인터페이스를 살펴보면, FB, FC와는 다르게 Temp 변수만 설정할 수 있도록 되어 있다. OB1에서 PLC 프로그램 작성에 필요한 IN, OUT, IN/OUT, Static 변수를 설정하지 못하도록 한 이유는 OB1을 FB와 FC를 호출하기 위한 용도로 사용하기 위함이다. OB는 PLC의 O/S에 의해 호출되는 프로그램 블록이기 때문에 Temp 이외에 다른 메모리 공간을 제공하지 않는다. 따라서 OB1에서는 프로그램 실행에 필요한 FB와 FC를 호출하고, 이때 FB에 필요한 DB를 할당한다. 이를 FB나 FC의 실행에 필요한 입출력 번지를 할당하는 영역이라 생각하면 된다. 즉 OB1에서는 프로그램을 작성하지 말라는 의미이다.

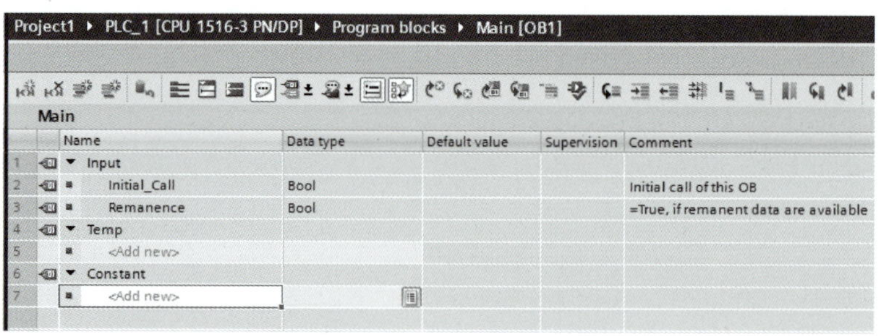

[그림 3-32] OB1의 인터페이스 내역

OB1에서 완성된 FB_10을 호출해서 프로그램의 정상 동작 여부를 확인해보자. OB1에서 FB_10을 호출하는 것을 인스턴스instance라 하는데, 이는 FB_10의 명칭을 가진 클래스가 워크 메모리를 할당받아서 객체를 생성하는 것을 의미한다. FB_10이 인스턴스되기 위해서는 지멘스 PLC의 RAM 메모리의 워크 메모리 영역을 할당받아야 한다. 이때 프로그램이 실행되기 위한 워크 메모리 영역뿐만 아니라 해당 FB의 인터페이스에서 선언한 멤버 변수의 값을 저장할 워크 메모리 영역도 할당받아야 한다. Static에서 선언한 멤버 변수가 할당받은 메모리 영역을 사용자가 알고 있어야, 나중에 터치 패널과 같은 주변장치를 사용해서 해당 메모리 번지의 값을 표시하거나 또는 확인할 수 있다. 따라서 FB를 OB1에서 인스턴스할 때 할당받은 메모리 번지를 기억하기 위한 DB도 할당한다.

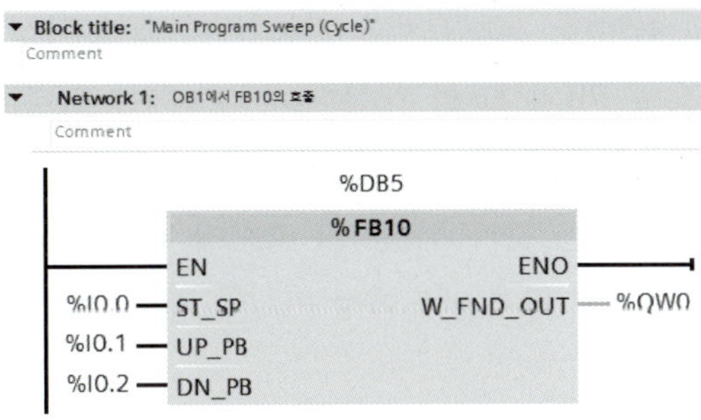

[그림 3-33] OB1에서 호출된 FB10

FB_10_DB

	Name	Data type	Start value	Retain
1	▼ Input			☐
2	▪ ST_SP	Bool	false	☐
3	▪ UP_PB	Bool	false	☐
4	▪ DN_PB	Bool	false	☐
5	▼ Output			☐
6	▪ W_FND_OUT	Word	16#0	☐
7	InOut			☐
8	▼ Static			☐
9	▪ ▼ FB_01_Instance	"FB_01"		☐
10	▪ ▼ Input			☐
11	▪ ST_SP	Bool	false	☐
12	▪ ▼ Output			☐
13	▪ ON_MODE	Bool	false	☐
14	▪ InOut			☐
15	▪ ▼ Static			☐
16	▪ ON_STATE	Bool	false	☐
17	▪ I_CNT_TEMP	Int	0	☐
18	▪ ▼ FB_02_Instance	"FB_02"		☐
19	▪ ▼ Input			☐
20	▪ ON_IN	Bool	false	☐
21	▪ UP_PB	Bool	false	☐
22	▪ DN_PB	Bool	false	☐
23	▪ ▼ Output			☐
24	▪ I_CNT_OUT	Int	0	☐
25	▪ InOut			☐
26	▪ Static			☐

[그림 3-34] FB10에 할당된 인스턴스 DB의 내용

[그림 3-33]을 살펴보면, OB1에서 FB_10이 객체가 될 때 워크 메모리에서 할당받은 메모리 번지를 DB에 보관할 수 있도록 DB가 만들어졌음을 확인할 수 있다. [그림 3-34]는 FB_10에 할당된 DB에 등록된 변수를 나타낸 것이다. FB_10은 FB_01과 FB_02, FC_10을 상속받아서 만들어진 프로그램 블록이기 때문에, FC_10에서 선언한 멤버 변수를 제외한 모든 멤버 변수가 나타나 있음을 확인할 수 있다. FC는 Static이 아닌 Temp에 변수를 설정하기 때문에 DB에 멤버 변수로 등록될 수 없다. 따라서 터치 패드 등을 연결하여 멤버 변수의 내용을 조작하기 위해서는 터치 패드에서 사용되는 변수로 Static에 선언된 변수만 사용해야 한다.

FB와 FC를 구분하기 힘들다면, 그냥 FB로만 프로그램을 작성해도 된다. 예전에는 PLC의 메모리 가격이 비쌌고, 또한 메모리 용량도 작아서, 프로그램을 가능한 한 짧게 작성하거나 메모리의 활용도를 높이기 위한 방법으로 FB와 FC를 구분해서 작성해야 했다. 그러나 오늘날에는 프로그램의 크기에 관계없이 누구나 알아볼 수 있도록 쉽게 작성하고, 또한 유지보수가 원활하게 될 수 있도록 작성하는 것이 정답이기 때문에 FC를 사용하지 않고 FB로만 프로그램을 작성해도 된다. 그리고 터치 패드에서 PLC의 변수를 읽어오기 위해서는 FB로 프로그램을 작성해야 한다.

이상으로 지멘스 PLC 프로그램을 작성할 때 객체지향 프로그래밍 방식을 적용하여 프로그램을 작성하는 방법에 대해 살펴보았다. 객체지향 프로그래밍 방식이 아직도 어렵다고 느껴진다면, 앞의 내용을 다시 읽어보고 독자 스스로가 작성한 프로그램과 앞에서 설명한 방식이 어떻게 다른지 고민해보자. 필자가 제시한 방법 이외에도 프로그램을 작성하는 여러 방법이 존재한다. 여러 가지 방법 중에서 가장 좋은 방법은 독자들이 가장 쉽게 이해할 수 있고, 가장 정확하게 프로그램을 작성할 수 있는 방법이다. 따라서 필자가 제시한 방법은 참고만 하자.

앞에서 살펴본 객체지향 프로그래밍의 최대 장점은 상속의 기능을 이용해 기존에 만들어진 프로그램을 재활용해서 새로운 기능을 가진 프로그램을 만든다는 것이다. 따라서 상속을 위해서는 FB 또는 FC 내부에는 전역 변수(Shared DB에서 선언한 변수) 또는 절대 입출력 번지의 메모리(I, Q, M, T, C로 시작하는 메모리 번지)를 사용할 수 없다. 이 점만 주의하면 누구나 객체지향 프로그래밍을 할 수 있을 것이다.

Chapter 04

TIA Portal 사용법

TIA Portal은 S7-1500과 함께 2012년에 출시된 PLC 프로그램 작성용 통합 소프트웨어 툴이다. TIA Portal을 사용해서 PLC, HMI, DRIVE, SAFETY, Motion과 관련된 프로그래밍을 할 수 있고, S7-300/400, S7-1200의 프로그래밍도 가능하다. 하나의 소프트웨어로 이렇게 많은 일을 할 수 있기 때문에 프로그램의 용량이 커서 최신 컴퓨터에서도 프로그램의 실행속도가 늦은 편이다. 하지만 지멘스 PLC를 사용하기 위해서는 TIA Portal은 선택이 아닌 필수다.

4.1 TIA Portal의 특징

TIA Portal은 설계, 시운전, 가동, 유지보수 및 업그레이드에 이르는 자동화 장치 운영과 관련된 PLC, HMI, DRIVE, SAFETY, Motion 프로그램을 하나의 프로젝트 폴더에서 프로그래밍하고 관리할 수 있는 프로그램 툴로, 프로그램의 유지보수 및 파일관리에 있어서 뛰어난 효율성을 자랑한다. TIA Portal은 다음과 같은 특징을 가진다.

- 모든 프로그램 편집기(PLC, HMI, DRIVE)에 동일한 작업환경이 적용된다.
- 그래픽을 통해 간편한 PLC의 네트워크를 구성한다.
- 하나의 프로젝트 폴더에 PLC, HMI, 드라이브와 관련한 파일을 구성한다.
- 전역 라이브러리 사용으로 프로그램 블록의 재활용이 가능하다.
- 통합 시스템을 진단할 수 있다.
- 모션을 통합할 수 있다.
- PLC와 HMI 시뮬레이션 기능을 가진다.

TIA Portal은 [그림 2-1]과 같이 프로피넷을 통해서 PLC, HMI, Motion의 프로그램 작성 및 시운전이 가능한 통합 프레임워크를 가진 소프트웨어이다.

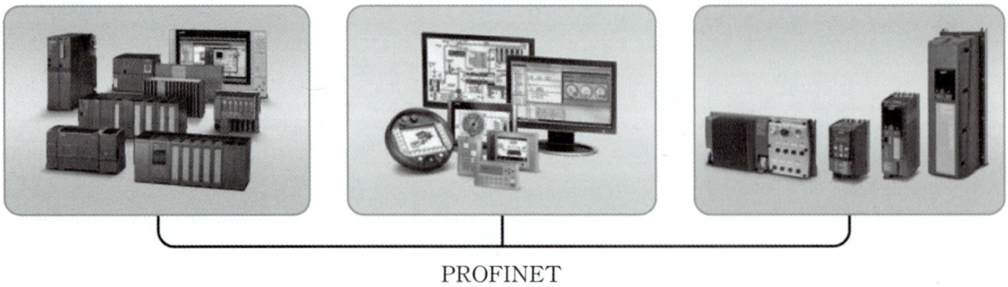

[그림 4-1] TIA Portal의 적용 사례

4.1.1 TIA Portal에 설치되는 소프트웨어의 종류

TIA Portal은 통합 프레임워크framework[1]이기 때문에 앞에서 언급한 PLC, HMI, DRIVE를 프로그램하기 위한 각각의 소프트웨어가 별도로 설치되어야 한다. 현재 TIA Portal V14에는 [그림 4-2]처럼 5개의 각각 다른 소프트웨어 툴을 통합 설치할 수 있다.

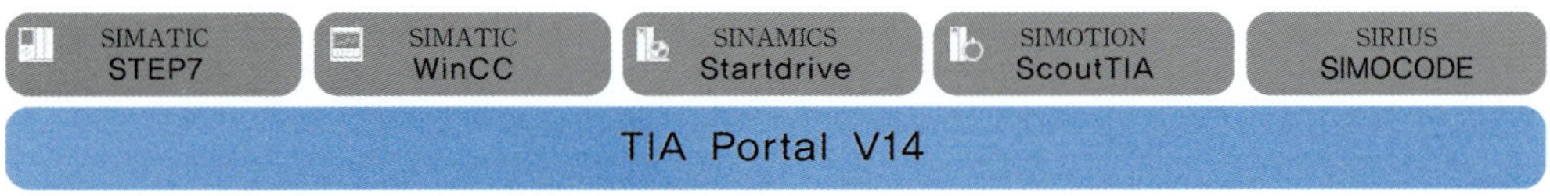

[그림 4-2] TIA Portal 통합 프레임에 설치되는 프로그램 툴의 종류

TIA Portal에 설치되는 다양한 프로그램 중에서 PLC 프로그램 작성에 필요한 기본 프로그램은 PLC 프로그램 작성용 SIMATIC STEP7과 HMI 화면 작성용 WinCC이다. TIA Portal에 설치되는 STEP7은 Basic과 Professional 버전으로 구분되고, WinCC는 Basic, Comport, Advanced, Professional 버전으로 구분된다. 소프트웨어의 설치 버전에 따라 지원하는 PLC와 HMI의 모델이 각기 다르므로 여러분의 컴퓨터에 설치된 TIA Portal에 있는 소프트웨어의 종류와 버전을 확인해보자. S7-1500을 사용하기 위해서는 Step7의 Professional 버전이 설치되어 있어야 한다.

1 프레임워크는 프로그램 개발을 손쉽게 하기 위해 서로 성격이 다른 여러 종류의 소프트웨어를 하나의 틀에서 협업화된 형태로 사용 가능하도록 제공하는 소프트웨어 환경을 의미한다.

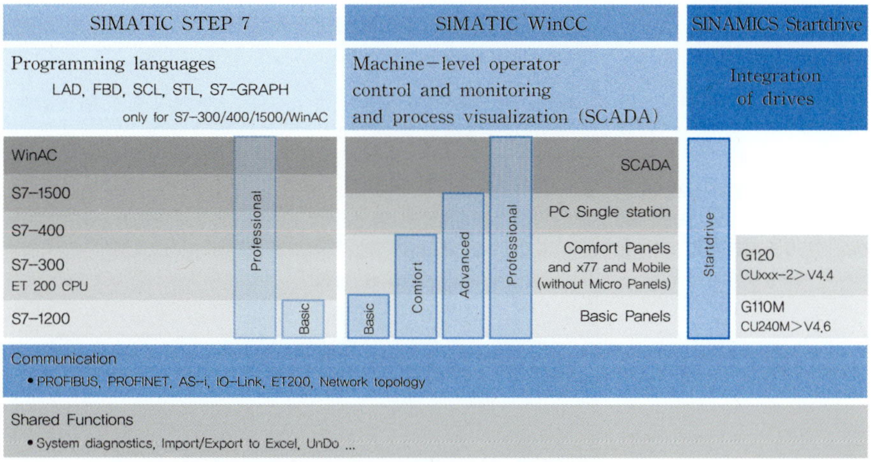

[그림 4-3] 소프트웨어 툴의 버전에 따른 지원 가능 CPU, HMI, DRIVE 종류
(출처 : SIMATIC TIA Portal Programming1(TIA-PRO1), 지멘스)

4.1.2 TIA Portal에 설치된 소프트웨어 종류 확인하기

TIA Portal을 사용하기 전에 설치되어 있는 소프트웨어 툴의 종류와 버전을 확인해야 한다. 여러분의 컴퓨터에서 실행되는 TIA Portal의 프레임워크에 설치된 소프트웨어의 종류를 확인하는 과정은 [표 4-1]과 같다.

[표 4-1] TIA Portal의 프레임워크에 설치된 소프트웨어 종류 및 버전 확인 절차

순서	작업 내용	작업 화면
1	TIA Portal을 실행해서 view 화면이 열리면 좌측 하단에 위치한 [Project view]를 클릭한다.	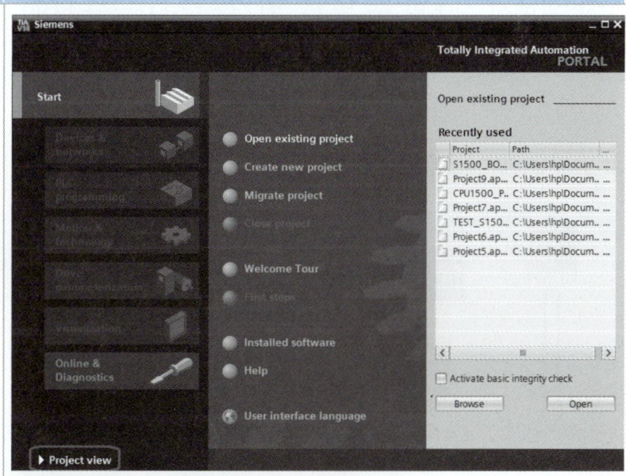
2	[Help] 메뉴를 선택해서 [Installed software...]를 클릭한다.	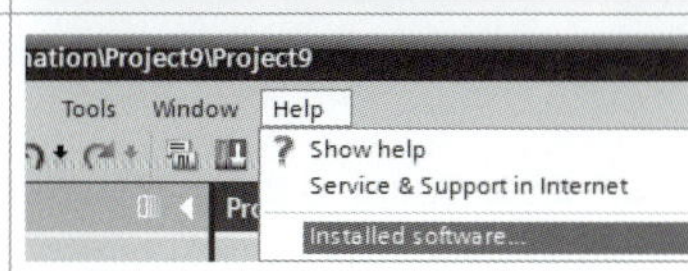

(계속)

3	TIA Portal 프레임워크에 설치된 프로그램을 확인할 수 있다. 하단의 [Detailed information....] 항목을 클릭하면 보다 상세한 소프트웨어 설치 내역을 확인할 수 있다.	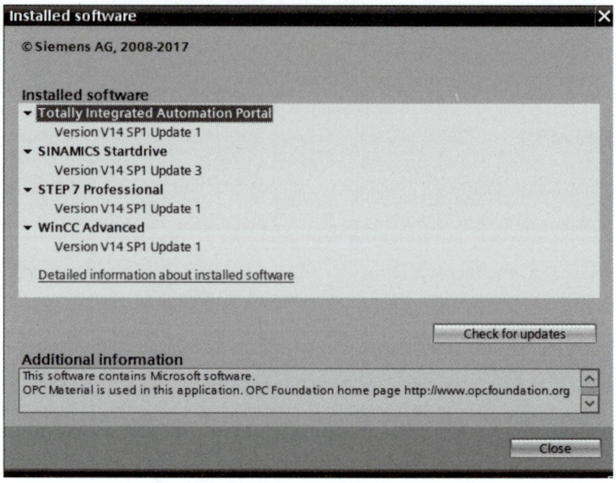

4.1.3 TIA Portal에서 사용 가능한 프로그래밍 언어

TIA Portal에서 PLC 프로그램 작성에 사용할 수 있는 언어는 기본적으로 제공되는 LAD, FBD, SCL, STL, GRAPH, SFC가 있다. [그림 4-4]와 같이 프로그램이 PLC에서 사용되는 기계어 코드machine code로 변환될 때, 기존의 S7-300/400의 프로그램 작성용 언어와의 차이점이 나타난다. S7-300/400에서는 LAD와 FBD로 작성한 프로그램은 STL로 변환된 후에 기계어 코드로 변환되었지만, S7-1200/1500에서는 STL으로의 변환 과정 없이 기계어 코드로 바로 변환되는 것이다. S7-300/400에서는 LAD 및 FBD로 작성한 언어를 STL로 변환해서 사용할 수 있고, STL을 LAD 또는 FBD로 변환할 수 있었지만, S7-1500에서의 STL 언어는 S7-1500 전용이기 때문에 STL에서 LAD나 FBD로 변환할 수 없다.

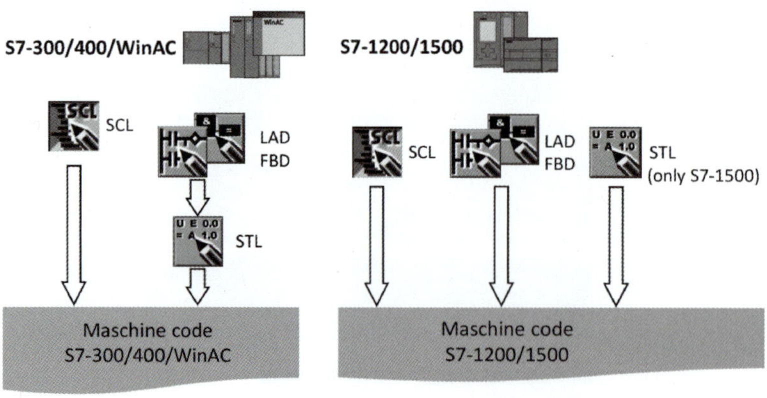

[그림 4-4] S7-300/400 PLC와 S7-1200/1500의 프로그램 작성 언어의 차이점
(출처 : SIMATIC TIA Portal Programming1(TIA-PRO1), 지멘스)

LAD(Ladder Logic)

LAD는 NC[Normal Close] 접점(a접점)과 NO[Normal Open] 접점(b접점) 및 출력 코일[coil]을 사용하여 작성하는 프로그램 언어를 의미한다. LAD는 산술연산, IEC 타이머, 카운터 및 MOVE 명령과 같은 박스 타입 명령을 제공한다. 이 책의 실습에서는 LAD를 사용해서 프로그램을 작성한다.

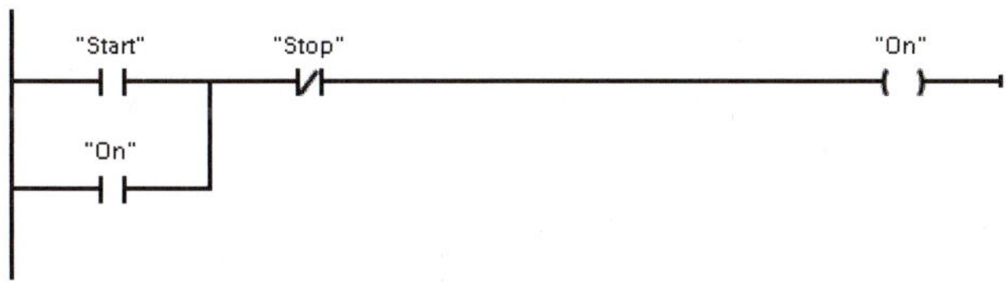

[그림 4-5] LAD를 사용해서 작성한 PLC 프로그램

래더 프로그램을 작성할 때는 다음 사항에 주의해야 한다.

❶ 하나의 LAD 네트워크에 사용하는 명령의 개수(행 및 열)를 제한하지 않는다.

❷ 모든 LAD 네트워크는 코일 또는 박스 명령으로 종료되어야 한다.

❸ LAD 프로그램을 작성할 때에는 다음과 같은 규칙을 준수한다.

- 논리의 흐름을 역방향으로 만드는 분기는 생성할 수 없다.

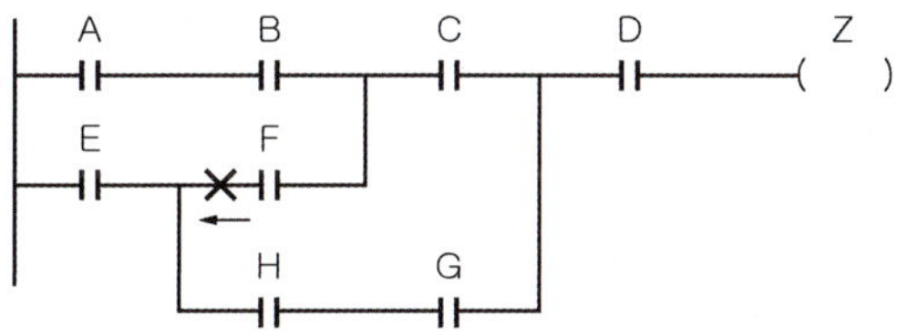

[그림 4-6] 역방향 흐름의 분기 사례

- 단락을 유발하는 분기는 생성할 수 없다.

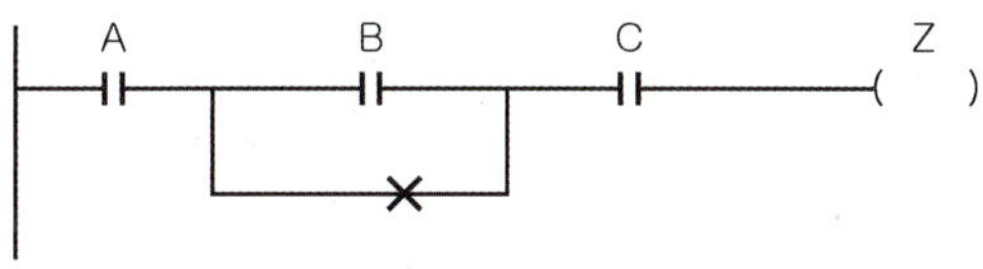

[그림 4-7] 단락 분기 사례

FBD

FBD[Function Block Diagram]는 부울 대수[boolean algebra]에 사용되는 그래픽 논리 심벌을 사용하여 PLC 프로그램을 작성하는 언어이다.

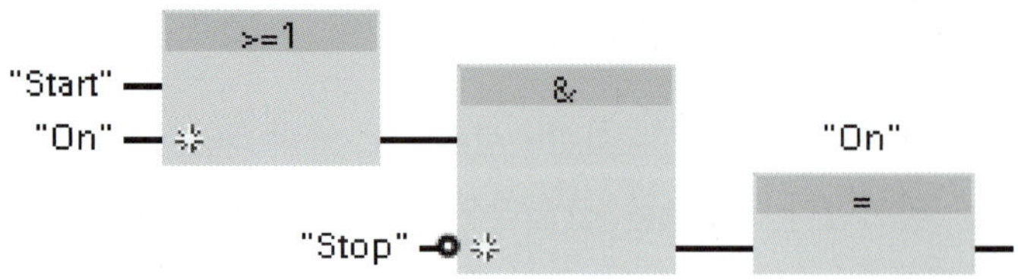

[그림 4-8] FBD를 사용해서 작성한 PLC 프로그램

SCL

SCL은 파스칼 기반의 프로그래밍 언어이다. SCL 명령은 대입(:=), 산술연산(+, -, *, /)의 연산자 사용과 함께 IF-THEN-ELSE, CASE, REPEAT-UNTIL, GOTO, RETURN과 같은 제어 연산 명령어로 작성하는 프로그램을 의미한다.

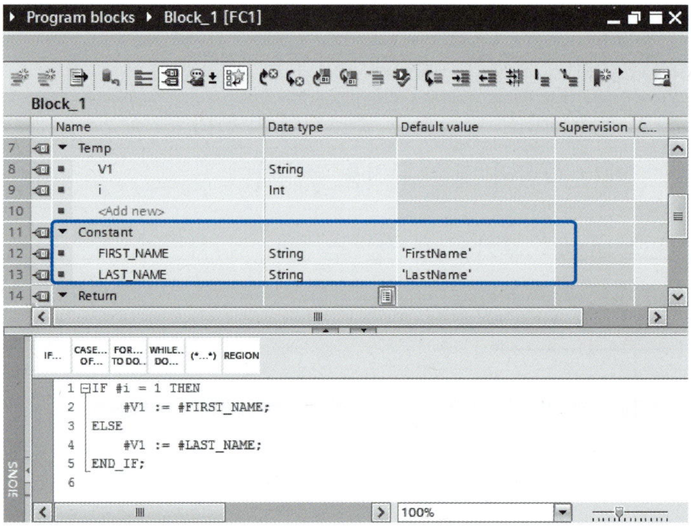

[그림 4-9] SCL을 사용해서 작성한 PLC 프로그램

4.2 PLC 사용을 위한 시스템 구성

S7-1500 PLC는 TIA Portal에서 작성한 PLC 프로그램을 이더넷으로 CPU에 다운로드하거나 업로드, 또는 모니터링하도록 구성되어 있다. 따라서 S7-1500 PLC를 사용하기 위해서는 이더넷 통신망을 구성해야 한다.

4.2.1 PLC 프로그램을 위한 시스템 구성하기

PLC 프로그램 작성과 실습을 위한 시스템의 구성은 [그림 4-10]과 같다.

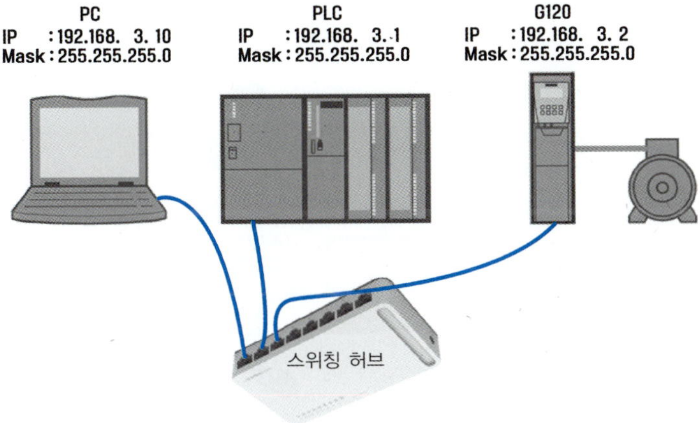

[그림 4-10] PLC 시스템 구성도

이더넷 통신을 사용해서 컴퓨터와 PLC를 네트워크에 연결하여 접속하기 위해서는 스위치용 허브hub를 사용한다. 실습에 사용하는 제품들은 별도의 허브가 없어도 자체에 내장되어 있는 스위칭 허브 포트를 사용하여 이더넷 통신을 연결할 수 있지만, 이 책의 실습에서는 연결의 편의를 위해 허브를 사용한다. 허브를 이용하여 이더넷 통신을 연결할 때는 다음 사항들을 고려한다.

1 IP와 MASK 설정하기

허브를 이용한 이더넷 통신을 위해서는 이더넷에 연결되는 장비에 IP와 MASK가 설정되어 있어야 한다. [그림 4-10]처럼 허브를 사용해서 실습에 사용할 장비를 연결해보자.

실습에 사용된 S7-1500 PLC CPU는 X1과 X2로 명칭이 부여된 2개의 이더넷 포트를 가지고 있다. 제품이 출하될 때, X1 IP는 192.168.0.1, X2 IP는 192.168.1.1로 설정되어 있고, MASK는 255.255.255.0으로 설정되어 있다. 실습에서는 X1의 IP를 192.168.3.1로 변경해서 사용한다.

이 숫자들의 의미를 알아보기 위해 유선전화 번호를 먼저 살펴보자. 유선전화 번호는 '지역번호+전화번호'로 구성되어 있다. 유선전화로 같은 지역의 전화끼리 통화하고자 할 때에는 지역번호 없이 전화번호만 입력해도 상대방에게 전화를 걸 수 있다. 예를 들면 [그림 4-11]처럼 서울의 유선전화들의 경우, 서울 전화국의 시내 교환기에 서울 시내의 모든 유선전화들이 연결되어 있기 때문에 별도의 지역번호를 입력하지 않고 전화번호만 입력해도 상대 전화기에 전화를 걸 수 있다. 하지만 서울에서 부산 지역으로 통화하기 위해서는 시외 교환기를 통과해야 하기 때문에 지역번호와 전화번호를 함께 입력해야 연결된다.

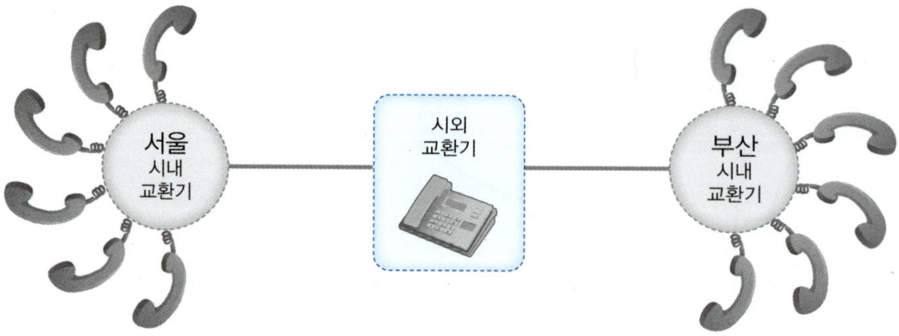

[그림 4-11] **유선전화망 구성도**

이더넷 통신도 우리가 원래 사용하던 전화망을 이용한 통신에서부터 발전한 통신 기술이기 때문에 이더넷 통신을 위한 전화번호에 해당되는 IP도 지역번호와 전화번호로 구성되어 있다. 지역번호를 구별하기 위해 IP에서는 MASK를 사용한다. 이더넷에서 유선전화의 지역번호에 해당하는 것을 서브넷subnet이라 하고, 전화번호에 해당하는 것을 노드node라 한다. 예를 들어 [표 4-2]에서 IP는 192.168.3.1, MASK는 255.255.255.0을 나타낸다. MASK에서 1이 연속으로 나열된 부분에 해당되는 IP인 '192.168.3'이 지역번호에 해당하는 서브넷 번호가 되고, MASK가 0인 부분에 해당하는 IP, 즉 IP의 네 번째 8비트가 전화번호인 노드 번호가 된다. 즉 192.168.3.1에서 MASK가 255.255.255.0이면, 서브넷 번호는 192.168.3, 노드 번호는 IP의 네 번째 자리의 숫자 (192.168.3.)0~(192.168.3.)255가 된다.

[표 4-2] **네트워크 번호와 호스트 번호의 구분 방법**

IP 주소	십진수 표현	192	168	3	1
	이진수 표현	1100 0000	1010 1000	0000 0011	0000 0001
MASK	십진수 표현	255	255	255	0
	이진수 표현	1111 1111	1111 1111	1111 1111	0000 0000
IP 구분		**서브넷(subnet) 번호**			**노드(node) 번호**

[그림 4-12]는 [그림 4-11]의 유선전화망과 비교해서 나타낸 이더넷 구성도이다. 같은 서브넷을 가진 PC 및 이더넷 장치 간에는 허브를 통해서 서로 데이터를 주고받을

수 있는 네트워크가 구성된다. 하지만 서로 다른 서브넷을 가진 네트워크 간에는 허브가 아닌 라우터를 사용해야 서로 연결할 수 있다.

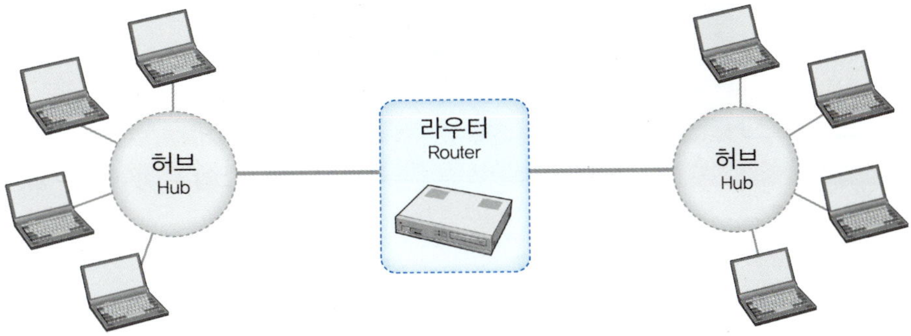

[그림 4-12] 이더넷 구성도

우리는 허브를 사용해서 PC, PLC, G120을 연결할 것이기 때문에 여러 장치들이 동일한 서브넷을 가져야 하며, 각 장치들에 허브에서 각각을 구분할 수 있는 노드 번호를 부여해야 한다. [표 4-2]의 사용 가능한 IP 번호 192.168.3.0~192.168.3.255 중에서 192.168.3.0번은 네트워크를 대표하는 번호이고, 192.168.3.255번은 브로드캐스트 주소로 사용되기 때문에, 1~254를 노드 번호로 사용할 수 있다.

허브를 사용해서 이더넷 통신을 하기 위해서는 허브에 연결되는 이더넷 장비의 서브넷 번호가 동일해야 한다. 따라서 PC의 네트워크 번호(이 책에서는 [표 4-2]의 네트워크 번호 192.168.3을 의미함)를 PLC의 네트워크 번호와 일치시키고, 노드 번호를 다르게 부여해야 한다.

2 PC의 IP 확인하기

IP를 설정하기 전에, 사용할 PC의 IP가 어떻게 설정되어 있는지 확인해보자.

윈도우 버튼을 눌러 화면 하단의 [프로그램 및 파일 검색] 창에서 ❶ 'CMD'를 실행시키면 명령 프롬프트 화면이 나타난다. 여기에 ❷ 'ipconfig'를 적고 엔터키를 누르면, ❸ 현재 PC에 설정된 IP를 확인할 수 있다.

[그림 4-13]에서 IPv4 주소가 172.30.1.11로 시작되기 때문에 IP 주소가 192.168.3.1로 설정된 PLC와는 통신이 불가능하다. 따라서 PC와 PLC 간의 이더넷 통신을 위해서는 [그림 4-10]과 같이 PC의 IP를 192.168.3.10으로 설정하도록 한다.

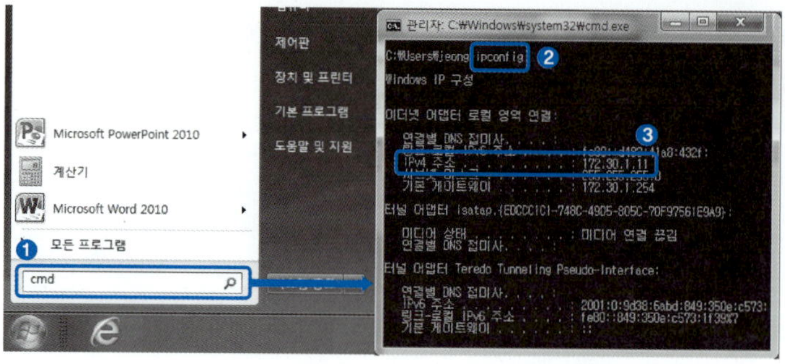

[그림 4-13] PC의 IP 확인하기

3 PC의 IP 설정하기

PC의 IP를 설정하는 방법을 살펴보자. [그림 4-14]와 같이 윈도우 메뉴에서 ❶ [제어판]을 선택한 후에 ❷ [네트워크 및 인터넷] 항목을 선택하고, ❸ [네트워크 및 공유 센터]를 선택한다.

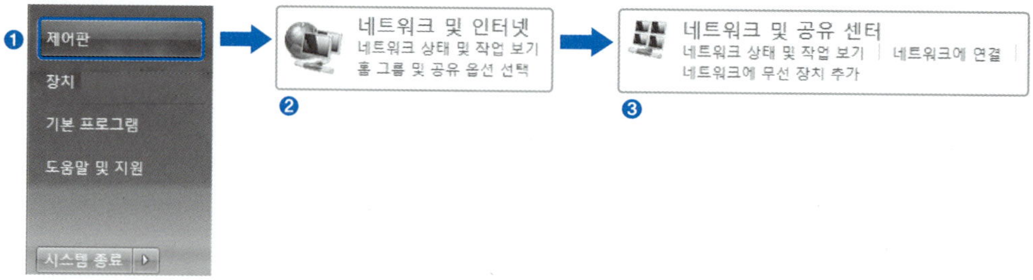

[그림 4-14] PC의 IP 설정을 위한 네트워크 환경 보기

[그림 4-15]의 [네트워크 및 공유 센터]에서 ❶ [어댑터 설정 변경]을 선택하면, PC에서 사용할 수 있는 네트워크의 종류가 나타난다. 랜선을 이용한 이더넷 연결을 해야 하기 때문에 ❷ [로컬 영역 연결] 항목을 선택한 후, 마우스 오른쪽 버튼을 눌러서 나타나는 메뉴에서 ❸ [속성]을 선택한다. 로컬 영역 연결 속성 창에서 ❹ [Internet Protocol Version 4(TCP/IPv4)]를 선택하고, ❺ [속성] 버튼을 클릭한다.

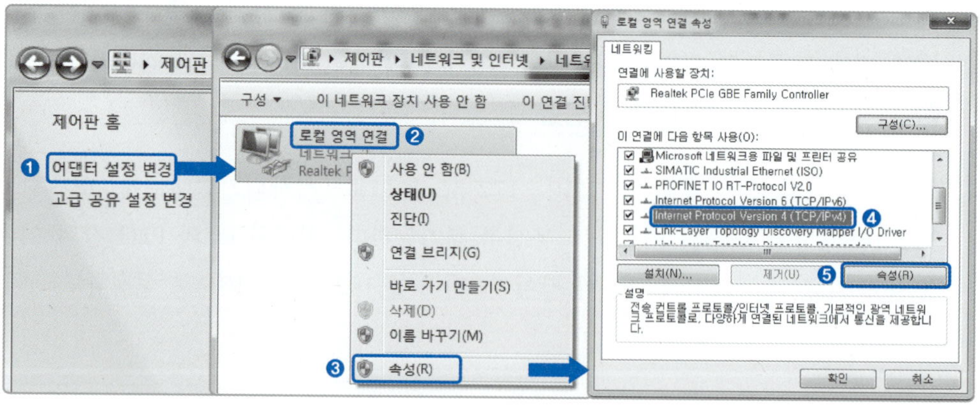

[그림 4-15] PC의 IP 설정을 위한 인터넷 프로토콜 속성 설정

[그림 4-16]과 같은 [Internet Protocol Version 4(TCP/IPv4)]의 속성 창이 뜨면, PC에서 설정할 IP와 MASK를 설정한 후에 [확인] 버튼을 누른다. 그러면 PC의 IP가 192.168.3.10으로 설정된다.

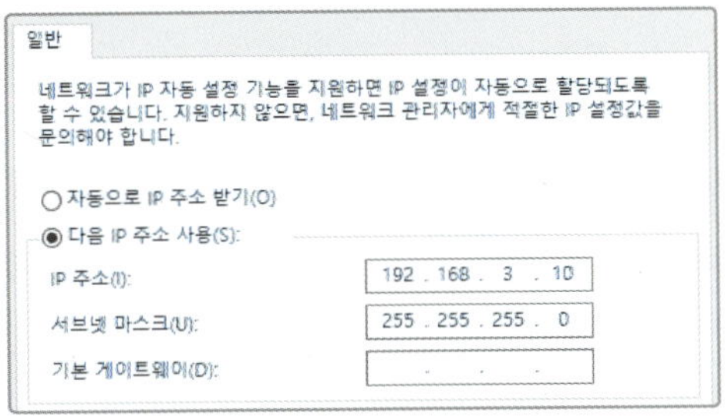

[그림 4-16] PC의 IP 설정(IP : 192.168.3.10)

PC의 IP 설정이 끝나면, 이제 설정된 IP를 확인하는 절차가 남았다. 현재 상태는 이더넷 스위치를 사용해서 PLC CPU와 PC를 이더넷으로 연결한 상태이다. 여기서 이더넷 연결에 사용한 랜선의 불량이나 랜 카드의 불량 문제가 발생할 수 있기 때문에 통신 설정 테스트를 통해 문제점이 없는지를 점검해야 한다.

4 통신 설정 테스트하기(ping 테스트)

이더넷 통신을 위한 설정과 통신 케이블의 연결 상태를 확인하기 위한 ping 테스트를 해보자. [그림 4-17]에서와 같이 윈도우 버튼을 눌러 화면 하단의 **프로그램 및 파일 검색** 창을 연다. 'CMD'를 실행해 프롬프트 화면이 나타나면 'ping 192.168.3.10'을 입력하고 실행한다. 그러면 새롭게 설정한 PC의 IP가 제대로 되어 있는지를 확인할 수 있다.

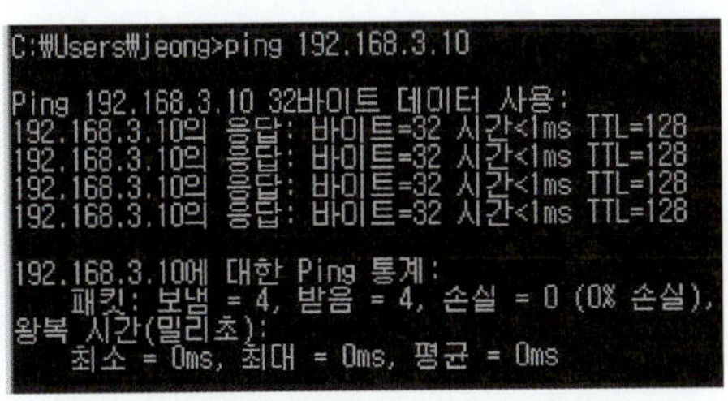

(a) ping 테스트 결과(정상)

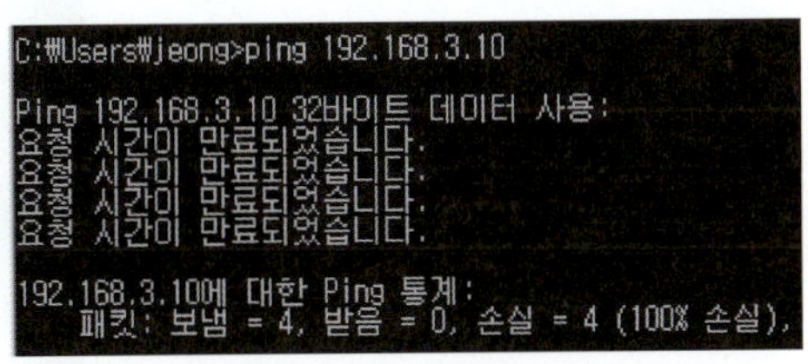

(b) ping 테스트 결과(에러)

[그림 4-17] 통신(ping) 테스트

ping 테스트 결과에서 에러가 발생하면, 이는 PC의 IP가 잘못 설정되었음을 알려주는 것이다. 프롬프트 창에서 'ipconfig'를 사용해서 PC의 IP를 재차 확인한다.

5 PLC의 설정 IP 확인하기

PLC의 IP는 CPU가 출하될 때 공장 초깃값으로 '192.168.0.1'이 설정되어 있는 상태이다. 실습에서는 PLC CPU의 X1 이더넷 포트의 IP를 192.168.3.1로 설정해서 사용하기 때문에 PLC CPU의 IP를 변경해야 한다. IP를 변경하기 전에 실습에 사용할 PLC CPU의 IP의 설정이 어떻게 되어 있는지 확인해보자.

TIA Portal이 설치된 PC와 PLC CPU의 X1 이더넷을 이더넷 케이블로 결선하거나, 또는 [그림 4-10]처럼 허브를 통해서 여러 종류의 PLC와 주변 장치를 연결한 후에 주어진 순서대로 작업을 한다.

[표 4-3] TIA Portal에서 PLC CPU의 IP 확인하기

순서	작업 내용	작업 화면
1	TIA Portal을 실행한다.	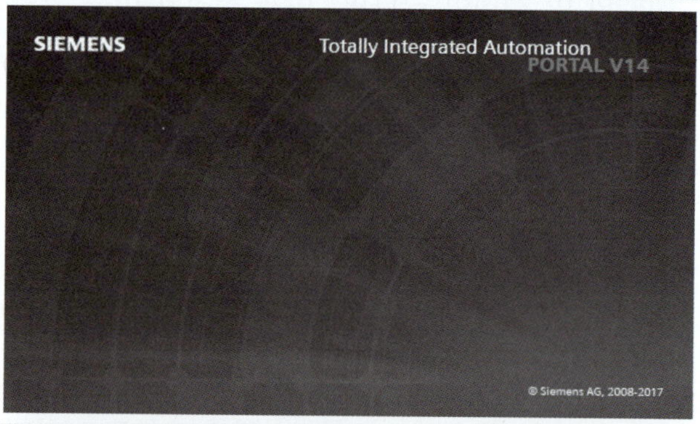
2	❶ TIA Portal view 화면의 좌측 메뉴에서 [Online & Diagnostics]를 클릭한다. ❷ [Accessible devices] 항목을 클릭한다.	

(계속)

<table>
<tr><td>3</td><td>❶ PC와 PLC CPU의 접속 경로를 이더넷으로 연결하기 위해 [PN/IE]를 선택한다.
❷ PC의 LAN 카드를 선택한다.
❸ [Start search] 메뉴를 클릭한다.</td><td>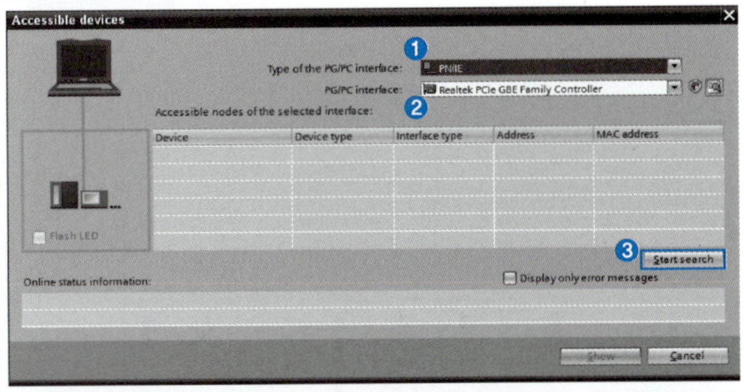
</td></tr>
<tr><td>4</td><td>TIA Portal이 설치된 PC에서 검색 가능한 지멘스 장치가 표시된다. 검색된 장치 중에서 사용할 PLC CPU가 검색되지 않는다면, 결선 또는 PLC의 동작 여부를 확인해야 한다. PC와 PLC CPU의 네트워크 번호가 일치하지 않아도 검색이 가능하다.</td><td>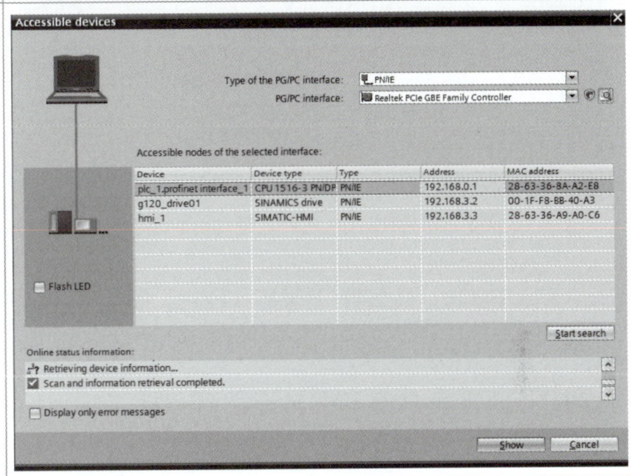
</td></tr>
</table>

검색된 결과를 살펴보면 PLC CPU의 IP는 192.168.0.1로 설정되어 있고, HMI TP700은 192.168.3.3, G120 인버터는 192.168.3.2로 설정되어 있다. 따라서 CPU의 IP를, 실습에서 사용하기로 결정한 PLC CPU IP인 192.168.3.1로 변경해야 한다. TIA Portal에서 PLC의 하드웨어를 구성할 때 CPU의 IP를 변경하도록 한다.

4.2.2 TIA Portal에서 S7-1500 PLC 하드웨어 구성하기

PLC의 프로그램 작업을 위해서는 실제 사용할 PLC의 구성과 동일한 PLC 시스템을 TIA Portal의 SIMATIC STEP7에서 구성해야 한다.

[그림 4-18]은 S7-1500의 PLC의 전체 구성을 나타낸 것이다. S7-1500에서는 모듈을 장착할 수 있는 랙rack [2]에 PMPower Module 모듈을 포함해 총 32개의 모듈을 설치할 수 있다. 단, PSPower System 모듈은 랙당 최대 2개를 설치할 수 있다.

2 랙은 지멘스 PLC의 모듈을 설치하기 위한, 알루미늄으로 만들어진 금속 거치대를 의미한다. 랙은 모듈을 설치 및 고정하기 위한 용도로 사용하고, 모듈과 모듈은 백플레인 버스 연결용 커넥터를 이용해서 연결된다. 백플레인 버스를 통해서 PS 모듈을 제외하고 최대 31개의 모듈이 연결될 수 있다.

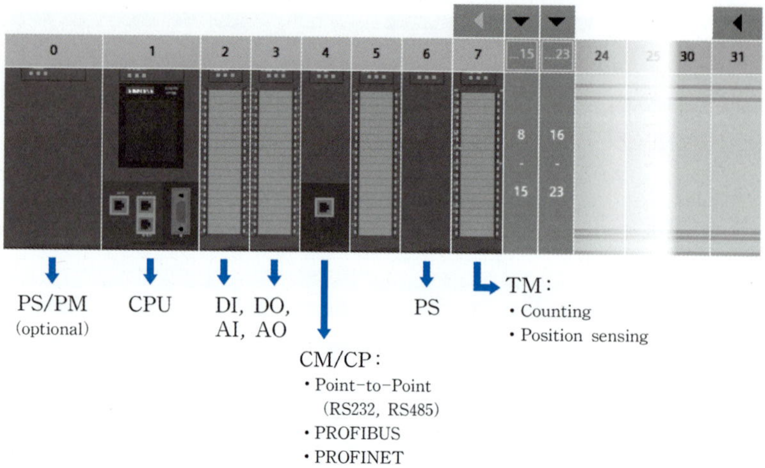

[그림 4-18] S7-1500 PLC의 구성
(출처 : SIMATIC TIA Portal Programming1(TIA-PRO1), 지멘스)

S7-1500 PLC의 시스템 구성은 디지털 입출력 모듈인 DI, DO와 아날로그 입출력 모듈인 AI, AO, 통신 모듈인 CM/CP, 위치 제어와 카운터 기능을 가진 테크놀로지 모듈로 구성된다. 1개의 랙에 PM 모듈을 제외한 최대 31개의 모듈을 사용하기 위해서는 큰 전류의 동작전원이 필요하다. 따라서 PM 모듈은 큰 전류용량의 전원 변환(AC 220V → DC 24V) 장치로, 32개의 모듈 전체에 전원을 공급하는 데 부족함이 없다. 하지만 CPU를 비롯한 DI, DO, CM/CP, TM 모듈은 동작전원 DC 5V를 필요로 한다. 따라서 [그림 4-19]처럼 PM 모듈의 DC 24V 전원이 CPU에 공급되면, CPU에 내장된 DC-DC 컨버터가 DC 5V의 전원을 만들어서 백 플레인 버스back plane bus를 통해 다른 모듈에 필요한 전원을 공급한다. 하지만 CPU에 내장된 DC-DC 컨버터도 전류용량(최대 12W)이 제한되어 있기 때문에 많은 모듈을 사용할 경우에는 별도의 DC-DC 컨버터 모듈인 PS 모듈을 별도로 추가해서 사용하도록 하고 있다.

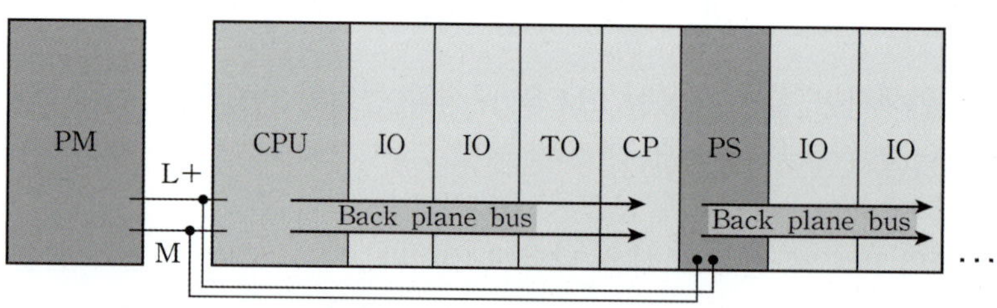

[그림 4-19] S7-1500 PLC의 동작전원 공급 시스템

이 책의 실습에 사용할 PLC 시스템에 사용된 모듈의 구성은 [표 4-4]와 같다.

[표 4-4] 실습에 사용할 S&-1500 PLC의 제품 구성

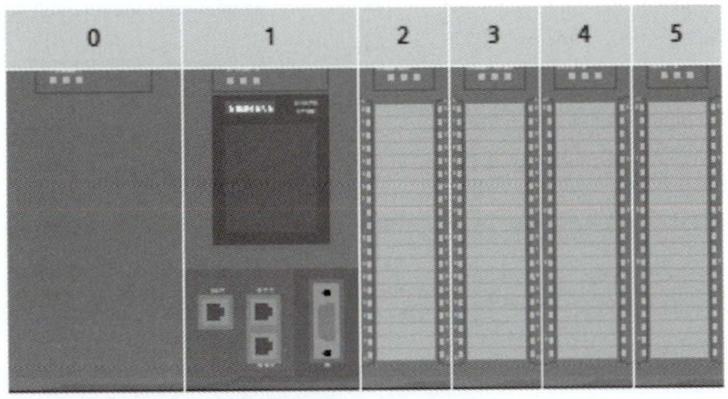

PM CPU DI DO AI AO

구분	랙(rack)	슬롯(slot)	타입	MFBL 번호	펌웨어
PM	0	0	PM 190W 120/230V	6EP1333-4BA00	
CPU	0	1	CPU1516-3 PN/DP	6ES7 516-3AN01-0AB0	V2.0
			• 1×1 PROFINET • 1×2 PROFINET • 1×3 DP interface		
IN	0	2	DI 32×24VDC HF	6ES 521-1BL00-0AB0	V1.0
OUT	0	3	DQ 32×24VDC/0.5.A	6ES 522-1BL00-0AB0	V1.0
A/D	0	4	AI8×U/I/RTD/TC ST	6ES 531-7KF00-0AB0	V1.0
D/A	0	5	AQ 4×U/I ST	6ES 532-5HD00-0AB0	V1.0

TIA Portal에서 [표 4-4]를 참고해서 하드웨어를 구성하는 방법을 살펴보자.

[표 4-5] TIA Portal에서 PLC의 H/W 구성하기

순서	작업 내용	작업 화면
1	TIA Portal을 실행하고, TIA Portal view 화면이 열리면 좌측 하단에 위치한 ❶ [Project view]를 클릭한다.	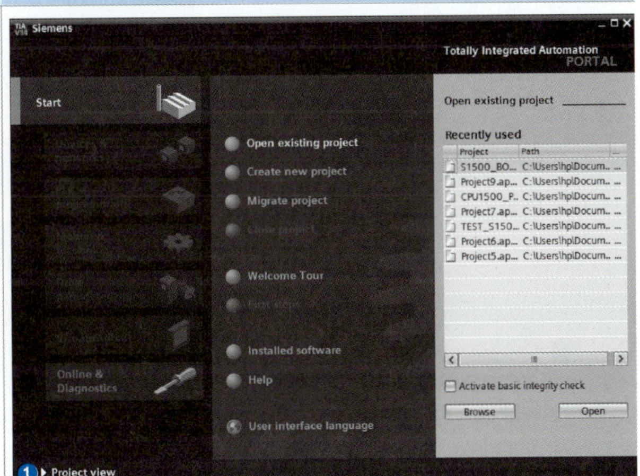

(계속)

2	❶ [Project] 선택 ❷ [New...] 선택 ❸ 프로젝트 이름 지정 ❹ [Create] 버튼 클릭	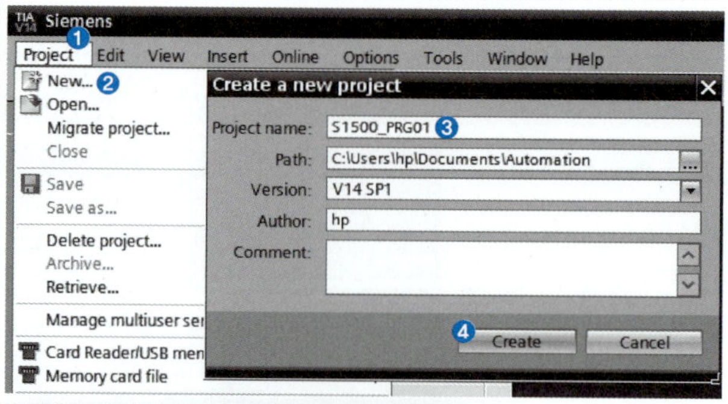
3	❶ [Add new device]를 더블클릭한다.	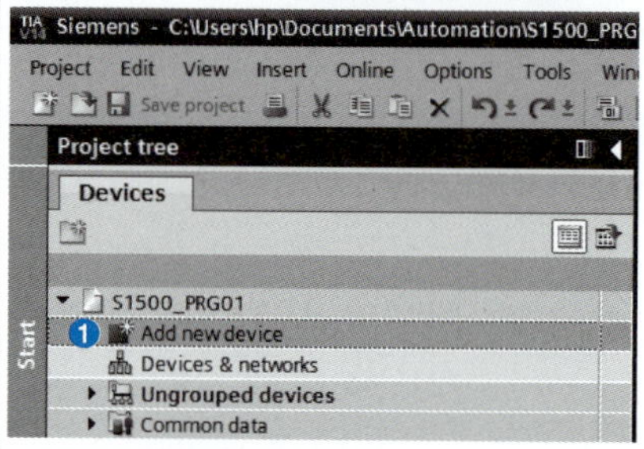
4	❶ [Controllers] 선택 ❷ 원하는 CPU를 선택 ❸ CPU의 모델 번호와 펌웨어 버전 확인. 이때 설정하는 펌웨어 버전은 실제 CPU의 펌웨어 버전과 같거나 낮은 버전을 선택해야 한다. CPU의 펌웨어 버전은 CPU의 디스플레이 창에서 확인 가능하다. ❹ [OK] 버튼 클릭	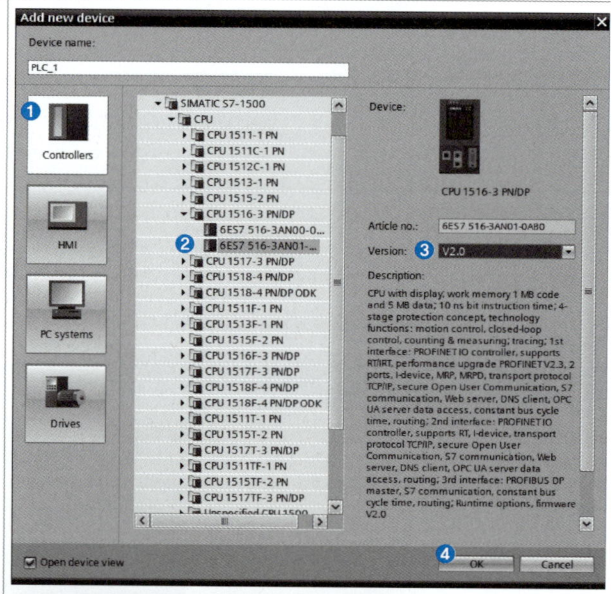
5	❶ [Device configuration]을 더블클릭하면 CPU에 설정된 하드웨어 구성을 살펴볼 수 있다.	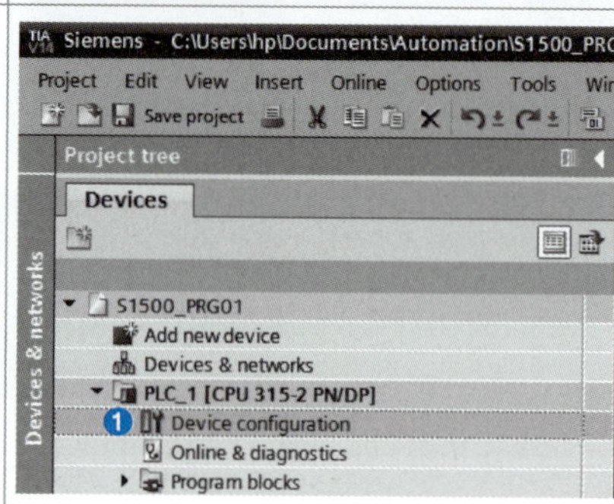

(계속)

6	❶ CPU의 그림을 더블클릭 ❷ [Properties] 탭 클릭 ❸ 메뉴에서 [PROFINET interface[X1]] 클릭 ❹ IP protocol에서 IP address 설정 (IP : 192.168.3.1)	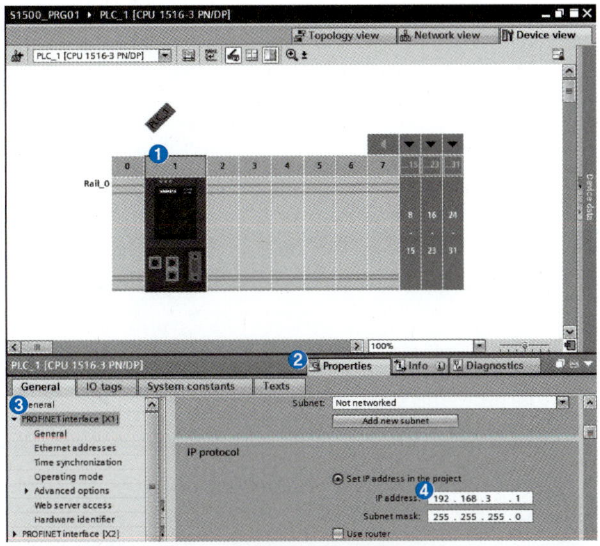
7	❶ [Hardware catalog] 선택 ❷ PM 모듈 선택, 품번이 맞는 모듈 선택 ❸ 0번 슬롯에 마우스로 드래그해서 설치	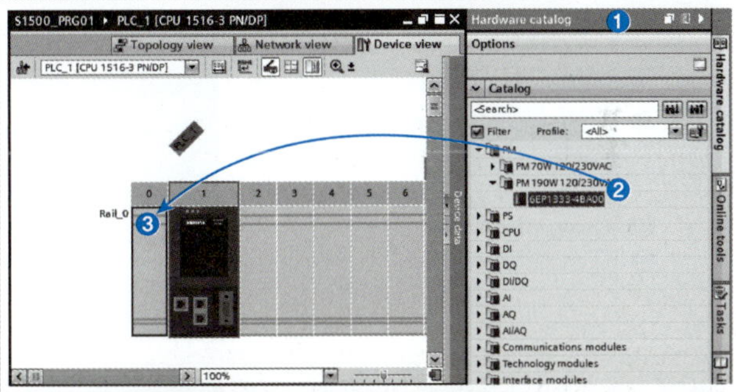
8	❶ 2번 슬롯에 설치할 입력 모듈 선택 ❷ 2번 슬롯에 마우스로 드래그해서 설치 ❸ 출력 모듈과 A/D, D/A 모듈을 동일한 방법으로 해당 슬롯에 설치	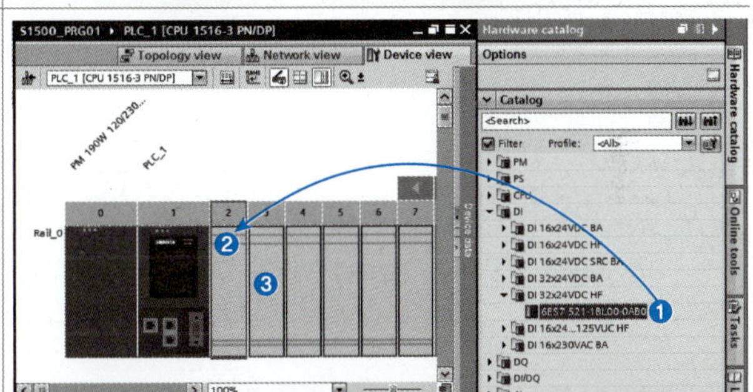
9	모듈의 설치가 완료된 모습	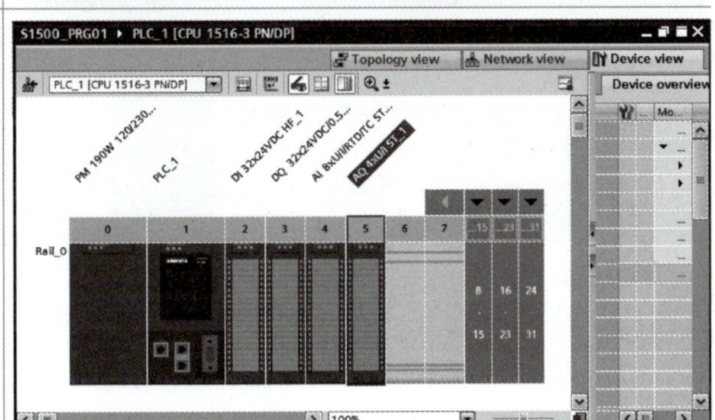

(계속)

10

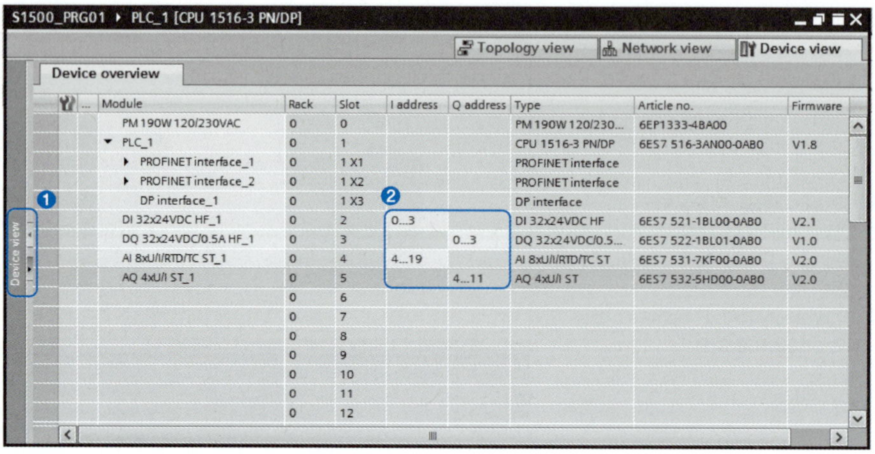

❶ Device view의 ◀을 클릭해서 창을 확대한다.
❷ 입출력 번지를 확인한다.

11

하드웨어 구성 컴파일

❶ Device configuration 창에서 CPU 모듈을 선택하고 마우스 오른쪽 버튼 클릭
❷ [Compile] 선택
❸ [Compile] 항목 선택

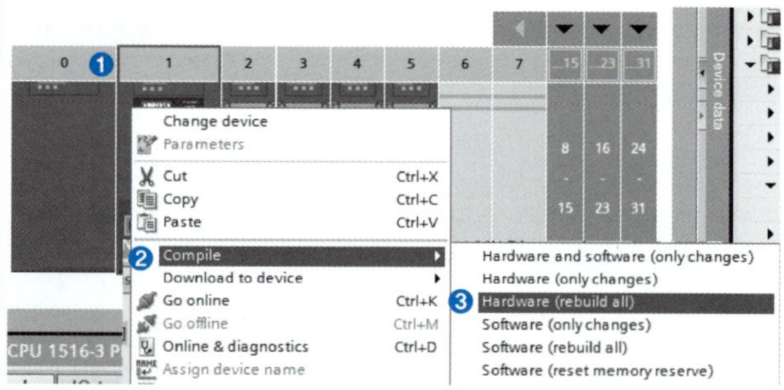

12

❶ compile 결과 확인을 위해 [Info] 탭 클릭
❷ 컴파일 결과 확인

에러가 발생하면 원인을 찾아서 에러를 해결한다.
정상상태에서는 경고가 2개 발생한다.

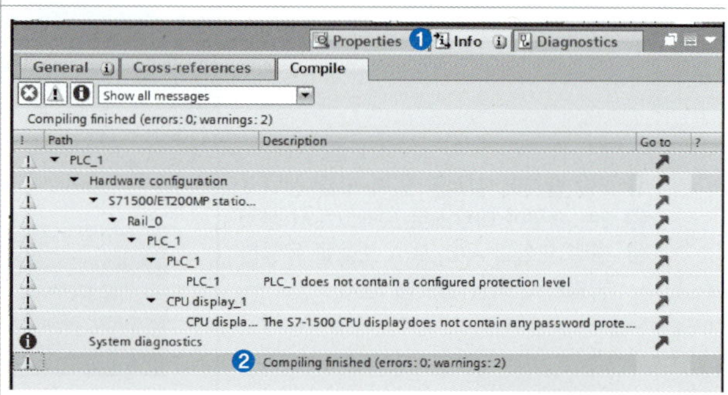

13

하드웨어 구성 다운로드

❶ CPU 모듈을 선택하고 마우스 오른쪽 버튼 클릭
❷ [Download to device] 선택
❸ [Download] 항목 선택

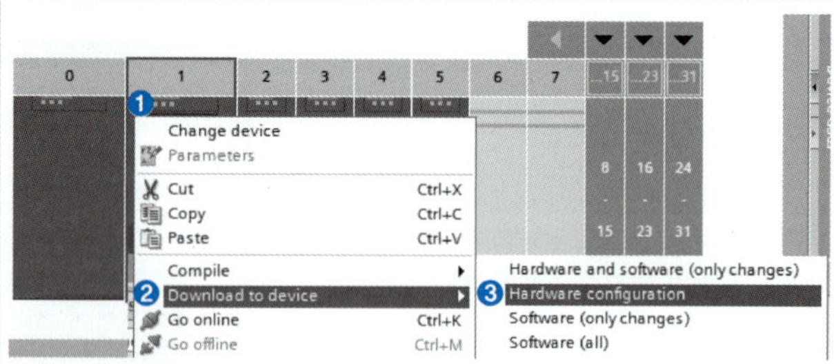

(계속)

14

PC에 연결된 PLC 검색

❶ PC ↔ PLC 연결방법 선택 (이더넷 연결 선택)
❷ PC의 이더넷 카드 선택
❸ [Start search] 버튼 클릭
❹ 검색된 PLC 확인
❺ [Load] 버튼 클릭

설정하고자 하는 IP와 CPU에 설정된 IP가 맞는지 확인한다. 만약 IP가 일치하지 않은 상태에서 [Load] 버튼을 클릭하면 하드웨어 구성에서 설정한 IP로 CPU의 IP가 변경된다.

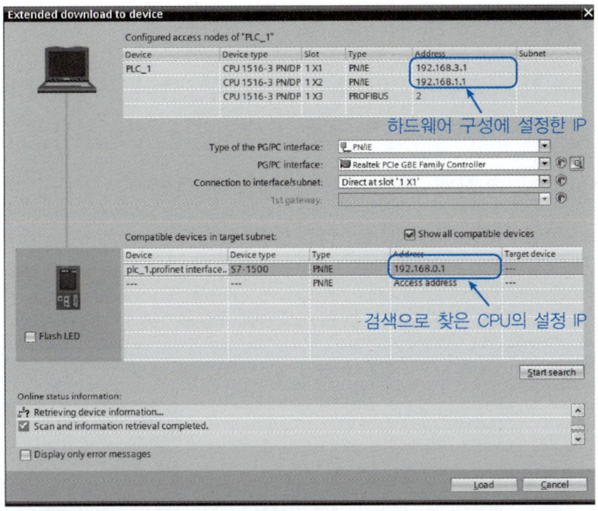

15

다운로드 항목 표시

❶ [Load] 버튼 클릭

[Load] 버튼이 활성화되지 않고, 표시창에 에러 메시지가 있는 경우에는 CPU의 펌웨어 버전을 확인한다.

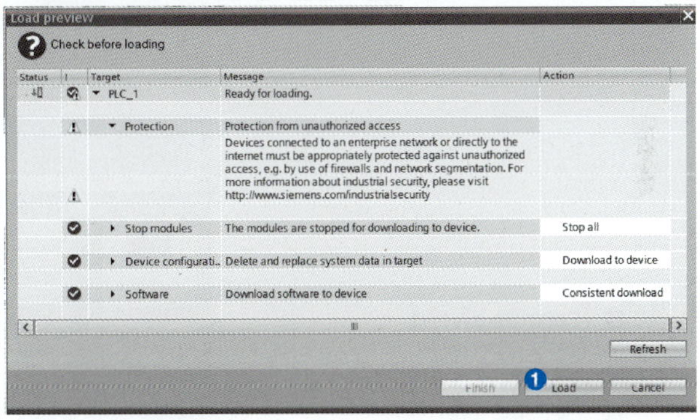

16

다운로드 종료

❶ [Finish] 버튼을 클릭한다.

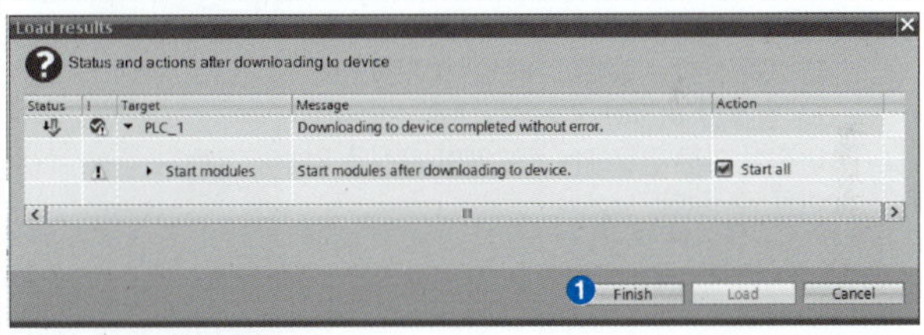

17

다운로드 결과 확인

다운로드 결과를 확인해서 에러 또는 경고가 없는지 확인하다.

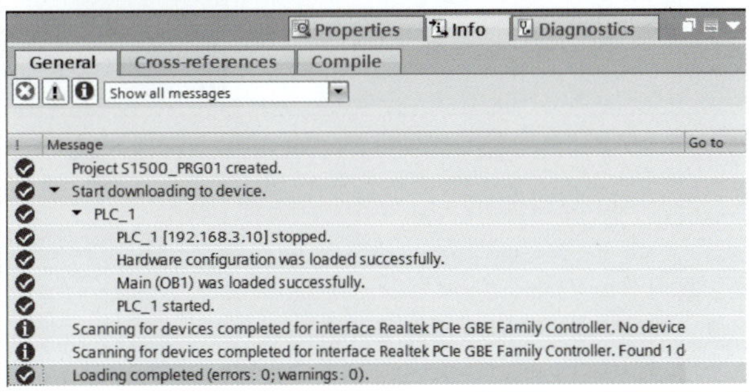

4.2.3 하드웨어 구성 읽어오기

TIA Portal에서 CPU로 전송한 하드웨어 구성은 CPU의 MMC 메모리에 저장된다. 따라서 MMC에 저장된 하드웨어 구성을 TIA Portal로 다시 업로드하면, 별도의 하드웨어 구성없이 손쉽게 하드웨어 구성을 완료할 수 있다. 기존에 MC에 저장되어 있는 하드웨어 구성을 TIA Portal로 업로드해보자.

[표 4-6] CPU의 MMC에 저장된 하드웨어 구성을 TIA Portal로 읽어오기

<table>
<tr><th>순서</th><th>작업 내용</th><th>작업 화면</th></tr>
<tr><td>1</td><td>❶ TIA Portal에서 프로젝트를 새로 만든 후 [Add new device]를 더블클릭한다.</td><td>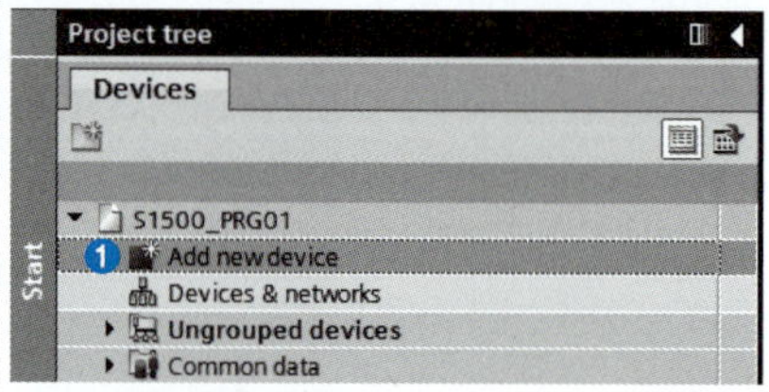
</td></tr>
<tr><td>2</td><td>❶ [Controllers] 선택
❷ 원하는 CPU 선택
❸ CPU의 MFBL 번호와 펌웨어 버전 확인
❹ [OK] 버튼 클릭

CPU의 설정된 펌웨어 버전과 미지정 CPU의 펌웨어 버전이 일치해야 한다. 펌웨어 버전이 다른 경우에는 하드웨어 구성을 읽어올 수 없다.</td><td>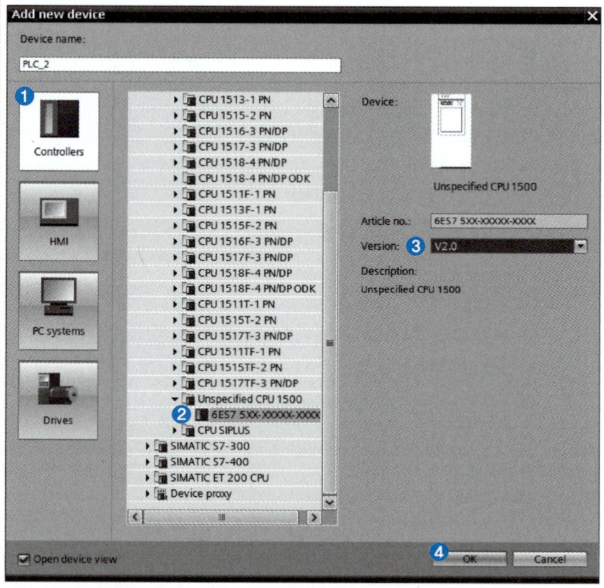
</td></tr>
<tr><td>3</td><td>메시지 창에서 [detect]를 클릭한다.</td><td>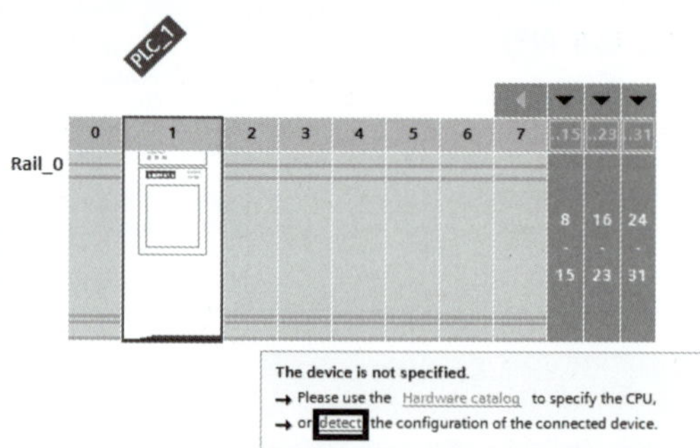
</td></tr>
</table>

(계속)

<table>
<tr>
<td>4</td>
<td>❶ PC와 PLC CPU의 접속 경로를 이더넷으로 연결하기 위한 [PN/IE] 선택
❷ PC의 LAN 카드 선택
❸ [Start search] 메뉴 클릭</td>
<td>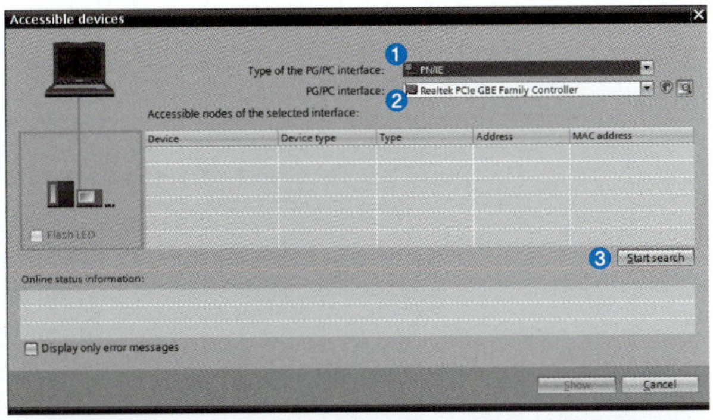
</td>
</tr>
<tr>
<td>5</td>
<td>❶ 검색된 PLC 선택
❷ [Detect] 버튼 클릭</td>
<td>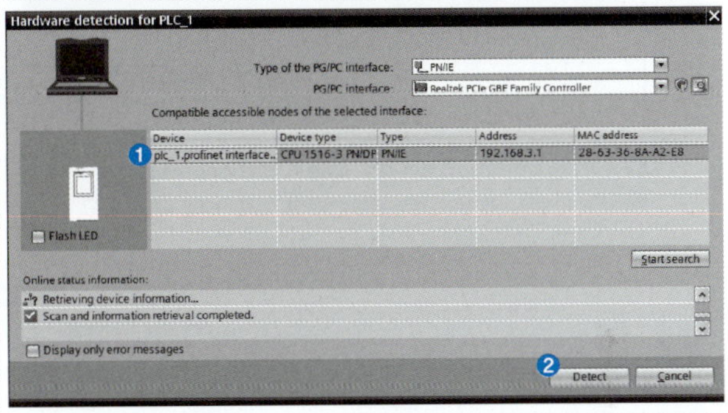
</td>
</tr>
<tr>
<td>6</td>
<td>PLC의 MC에 저장되어 있는 PLC의 하드웨어 구성을 읽어오면 오른쪽 그림과 같이 PM 모듈이 없는 상태가 된다. PM 모듈은 PLC의 하드웨어 구성에서 옵션에 해당하기 때문에 별도로 설치해야 한다. PM 모듈의 설치가 끝나면 해당 프로젝트를 저장한다.</td>
<td>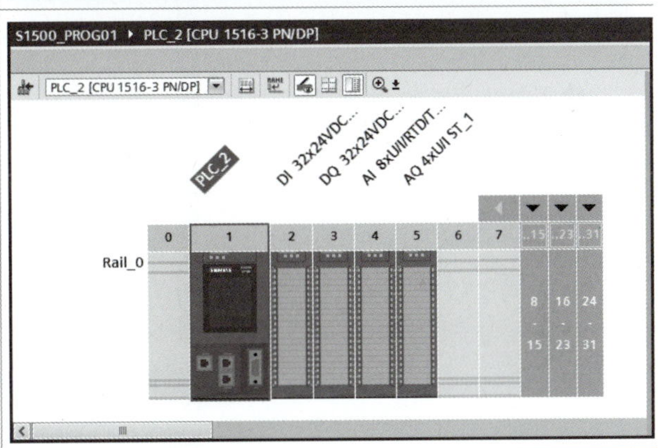
</td>
</tr>
</table>

4.2.4 프로그램 읽어오기

사전에 작업된 PLC에서 하드웨어 구성을 읽어 왔다면, 이제는 작성된 프로그램을 읽어 오는 방법에 대해 살펴보자.

[표 4-7] CPU의 MMC에 저장된 프로그램 읽어오기

<table>
<tr><th>순서</th><th>작업 내용</th><th>작업 화면</th></tr>
<tr><td>1</td><td colspan="2">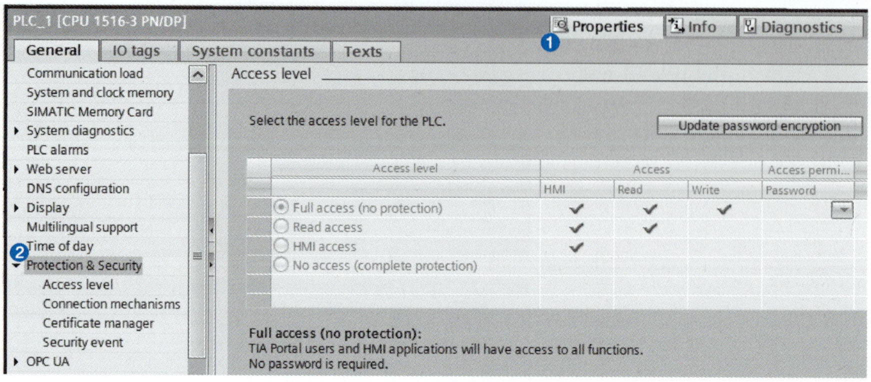

❶ CPU를 선택하고, 상단의 창에서 [Properties]를 선택한다.
❷ [Protection & Security]를 선택하고, CPU에 대한 읽고 쓰기에 관련된 액세스 레벨을 확인한다. 레벨에 따라 읽고 쓰기가 제한된다.</td></tr>
<tr><td>2</td><td>❶ 메뉴에서 [Go online]을 클릭해서 PC와 PLC를 온라인 상태로 만든다.</td><td>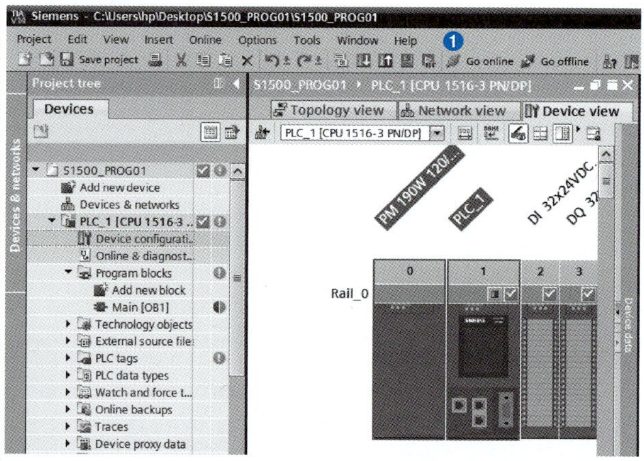
</td></tr>
<tr><td>3</td><td>❶ CPU를 선택한 후에 마우스를 좌클릭한다.
❷ 메뉴에서 [Upload from device (software)]를 선택한다.

왼쪽의 프로젝트 트리에서 프로그램 블록 폴더를 열어서 프로그램이 업로드되었는지 확인한다.</td><td>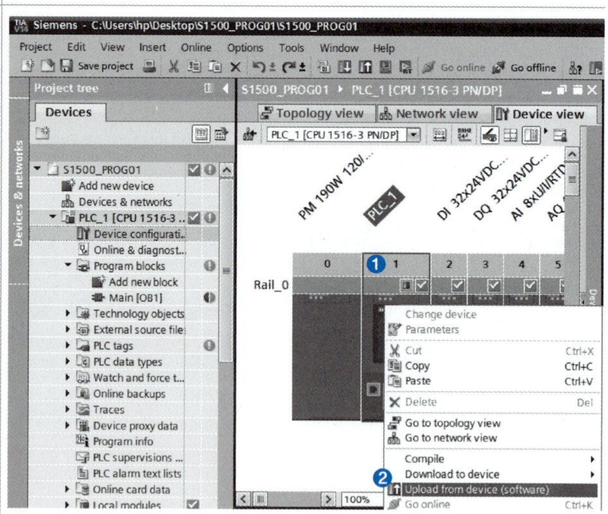
</td></tr>
</table>

4.2.5 CPU 리셋하기

CPU를 리셋하는 방법으로는 TIA Portal에서 리셋하는 방법과 CPU에 있는 리셋 버튼을 조작하여 리셋하는 방법이 있다. CPU 리셋은 CPU의 워크 메모리와 시스템 메모리을 초기화하는 작업으로, MC 카드에 저장된 프로그램은 다시 CPU의 메모리로 전송된다.

[표 4-8] TIA Portal을 사용해서 CPU 리셋하기

순서	작업 내용	작업 화면
1	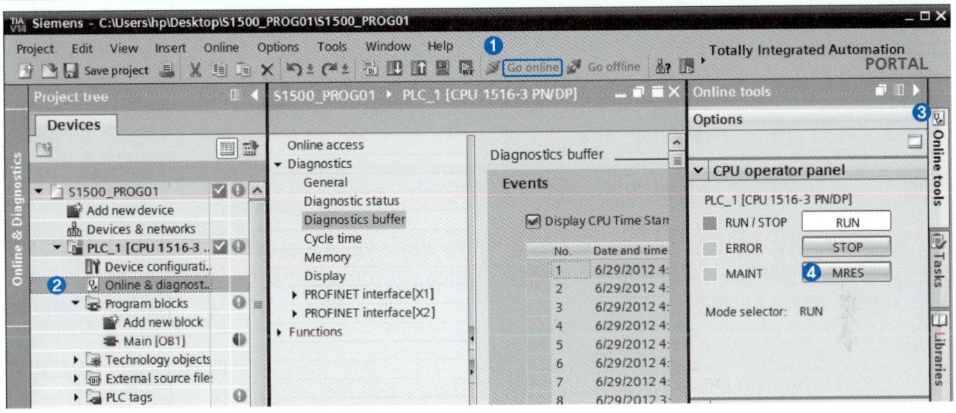 ❶ [Go online]을 클릭해서 온라인 상태를 만든다. ❷ 프로젝트 트리에서 [Online & diagnostics] 메뉴를 클릭한다. ❸ TIA Portal의 우측 메뉴에서 [Online tools]를 선택해서 창을 연다. ❹ [CPU operation panel]에서 [MRES] 버튼을 클릭한다.	
2	경고 메시지 창이 나오면 [Yes] 버튼을 클릭한다.	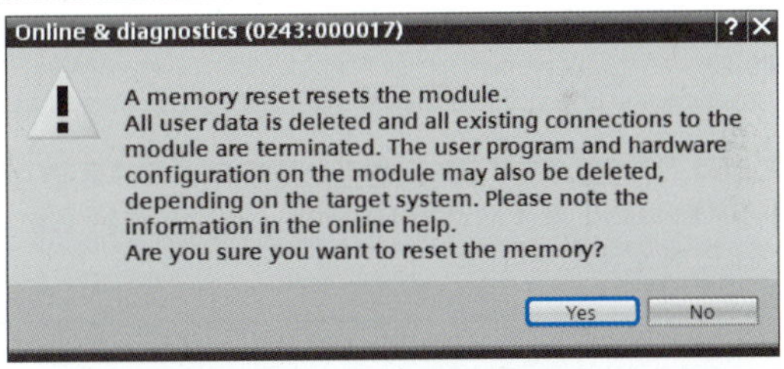
3	CPU를 스톱모드로 변경하는 메시지 창이 나오면 [Yes] 버튼을 클릭한다.	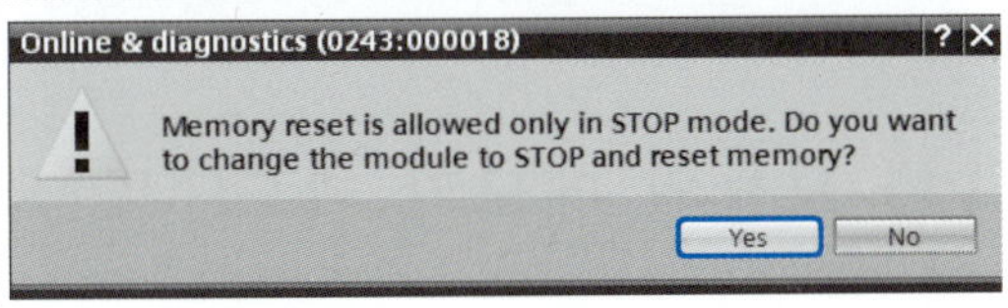
4	리셋 후에는 온라인으로 동작모드를 변경한 후, 1번 작업에서 [RUN] 버튼을 눌러서 CPU의 동작모드를 RUN 상태로 변경한다.	

TIA Portal을 사용해서 CPU의 메모리를 리셋하지 못할 경우에는 [그림 4-20]처럼 CPU 모듈에 있는 동작모드 선택 스위치를 이용해서 리셋 작업을 할 수 있다. [표 4-9]에 나타낸 순서대로 CPU 메모리 리셋 작업을 해보자.

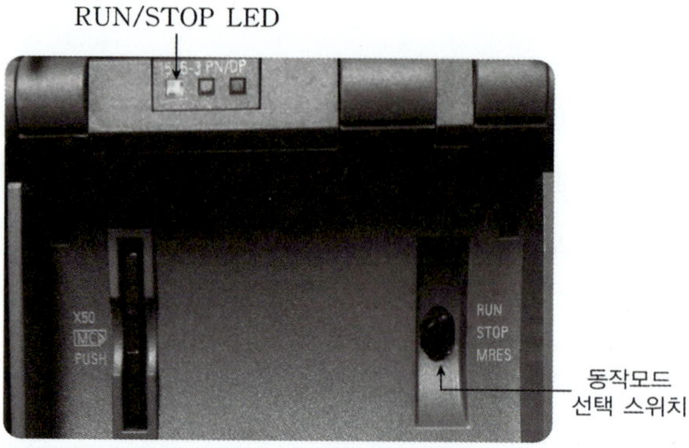

[그림 4-20] MMC와 동작모드 스위치

[표 4-9] CPU의 리셋 스위치를 이용한 리셋

순서	CPU의 리셋 스위치 조작 방법	스위치 위치
1	모드 선택 스위치를 손으로 눌러서 STOP 모드로 변경한 후에 스위치를 눌러서 MRES로 변경한 상태에서 계속 누르고 있으면, CPU의 RUN/STOP LED가 황색으로 점멸하다가 점등하게 된다.	
2	CPU의 RUN/STOP LED가 점등되면, 모드 선택 스위치에서 손을 떼서 STOP 모드로 전환한 후에, 3초 이내에 다시 모드 선택 스위치를 MERS 모드로 변경한다. RUN/STOP LED가 빠르게 점멸동작을 하면 모드 스위치에서 손을 뗀다.	
3	모드 선택 스위치를 STOP 모드에서 RUN 모드로 변경하면, 입출력 녹색 LED 램프가 점멸동작을 하면서 리셋 동작이 시작된다. 리셋이 완료되면 입출력 녹색 LED 램프가 점등 상태가 된다. 이때 CPU의 RUN/STOP LED는 황색 점등 상태이다.	
4	모드 선택 스위치를 STOP 모드로 변경한 후에 RUN 모드로 변경하면, CPU가 RUN/STOP LED가 황색 점멸동작을 한다. 그러다가 녹색 점등 상태가 되면 CPU가 RUN 상태가 된다.	

4.2.6 CPU 모듈의 메모리 카드(MC)의 포맷

기존에 사용하던 PLC를 새롭게 사용하려면 MC의 포맷과 함께 CPU의 메모리를 초기화해야 한다. CPU 모듈의 메모리 카드를 포맷하고, CPU 메모리를 초기화하는 방법에 대해 살펴보자.

[표 4-10] CPU의 MC 포맷

<table>
<tr><th>순서</th><th>작업 내용</th><th>작업 화면</th></tr>
<tr><td>1</td><td colspan="2">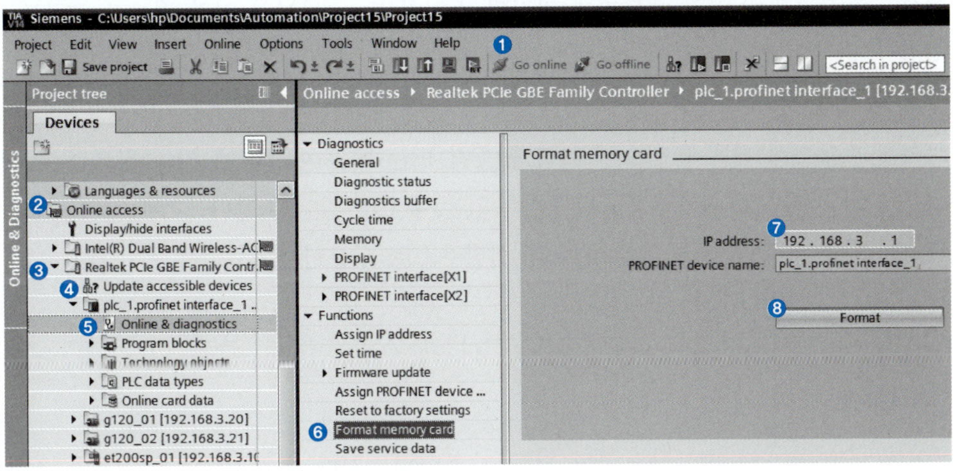

❶ [Go online]을 클릭해서 온라인 상태를 만든다.
❷ 프로젝트 트리에서 [Online access] 메뉴를 클릭한다.
❸ PC에 설치된 랜카드를 클릭한다.
❹ [Update accessible devices]를 클릭해서 나타나는 CPU를 클릭한다.
❺ [Online & diagnostics]를 클릭한다.
❻ [Functions] 폴더의 [Format memory card]를 클릭한다.
❼ 포맷하기 위한 CPU의 IP가 맞는지 확인한다.
❽ [Format] 버튼을 클릭한다.</td></tr>
<tr><td>2</td><td>포맷 확인 메시지 창이 나타나면 [Yes] 버튼을 클릭한다.</td><td>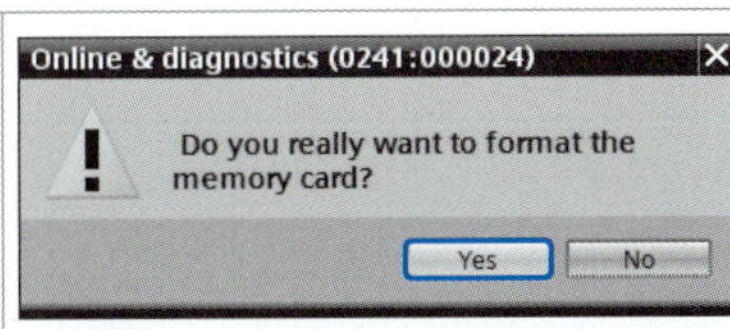
</td></tr>
<tr><td>3</td><td>CPU를 스톱모드로 변경하는 메시지 창이 나오면 [Yes] 버튼을 클릭한다.</td><td>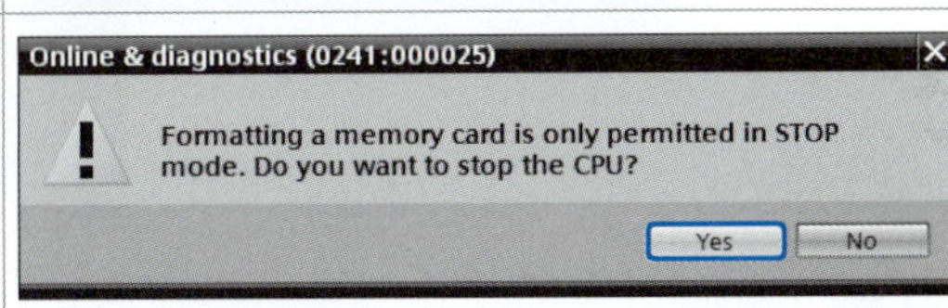
</td></tr>
<tr><td>4</td><td colspan="2">포맷이 완료되면 CPU의 동작모드는 STOP 상태를 유지하고, 입출력 모듈은 하드웨어 구성에 없기 때문에 녹색 램프가 점멸동작을 한다. 새롭게 구성한 하드웨어를 CPU에 다운로드하면 CPU가 RUN 상태가 된다. 만약 STOP 상태에 있다면 TIA Portal에서 RUN 모드로 변경한다.</td></tr>
</table>

4.3 TIA Portal에서 PLC 프로그램 작성 방법

TIA Portal의 STEP7에서 PLC의 하드웨어 구성을 완료해야 프로그램 작성을 위한 폴더가 생성된다. 지멘스 PLC의 프로그램은 OB, FB, FC와 DB로 구성된다. 프로그램을 작성하기 위한 메모리의 주소 부여 방법과 프로그램 작성 방법에 대해 학습해보자.

4.3.1 프로그램 작성을 위한 절대주소와 심벌주소

PLC의 프로그램은 입력 메모리에 저장된 스위치 또는 센서의 입력 정보를 프로그램에서 처리한 후, 그 결과를 CPU의 내부 메모리나 출력 메모리에 저장한다. 이 메모리 값에 따라 PLC 출력에 연결된 램프 또는 릴레이가 동작하여 전기장치를 ON/OFF하게 된다. 따라서 프로그램 작성에 필요한 입력과 출력 또는 내부 메모리에 있는 정보를 읽거나 쓰기 위해서는 각각의 메모리를 구분할 수 있는 주소가 있어야 한다. 지멘스 PLC에서는 메모리의 주소를 구분할 때 절대주소와 심벌주소로 구분한다.

절대주소

절대주소absolute address는 메모리의 공간에 할당된, 절대 변하지 않는 고정된 주소이다. PLC에서 절대주소는 입출력 메모리 및 M메모리의 주소를 의미한다. TIA Portal에서 하드웨어를 구성할 때 지정되는 메모리 주소도 절대주소로, 주소번지 앞에 식별자 %가 위치한다. [표 4-11]은 실습에 사용할 입력모듈의 입력 메모리에 할당된 절대주소를 확인하는 방법이다.

[표 4-11] 입력 메모리의 절대주소 번지 확인

작업 내용	작업 화면
❶ 입력모듈을 선택한다. ❷ [Properties] 탭을 선택한다. ❸ [IO tags] 탭을 선택한다.	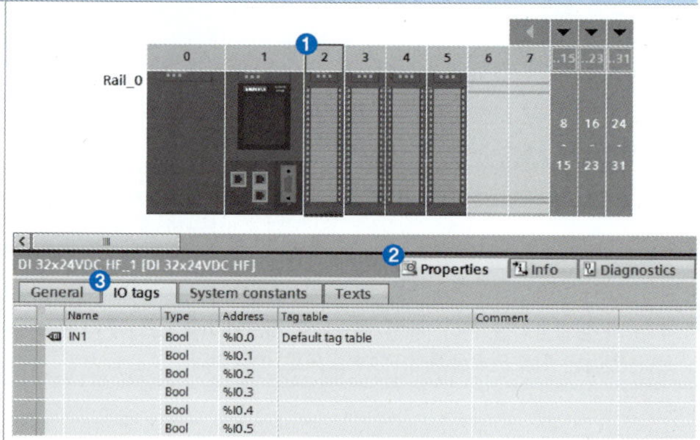

심벌주소

심벌주소symbol address란 숫자 또는 특수기호 등을 사용하여, 사람이 쉽게 기억하고 확인할 수 있는 문자로 절대주소 대신 표현된 주소를 의미한다. 심벌주소는 입력의 절대주소 %I0.0의 표현 대신에 IN_00과 같은 형태로 표현되는데, 심벌주소는 절대번지 주소와 연결되어야 한다. 절대주소 대신에 의미가 부여된 심벌주소를 사용하면 프로그램의 가독성이 높아진다.

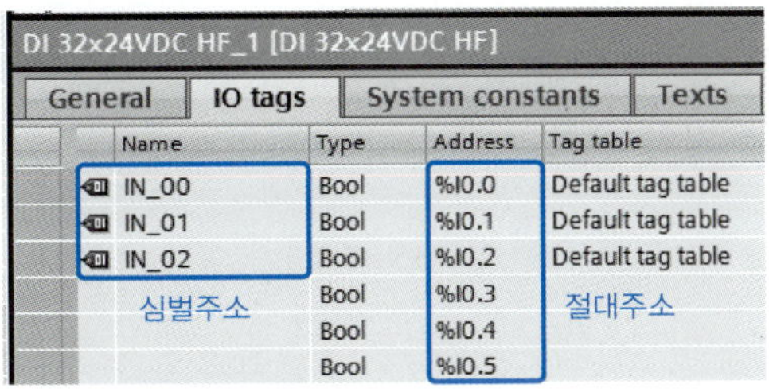

(a) 입력모듈의 절대 및 심벌주소

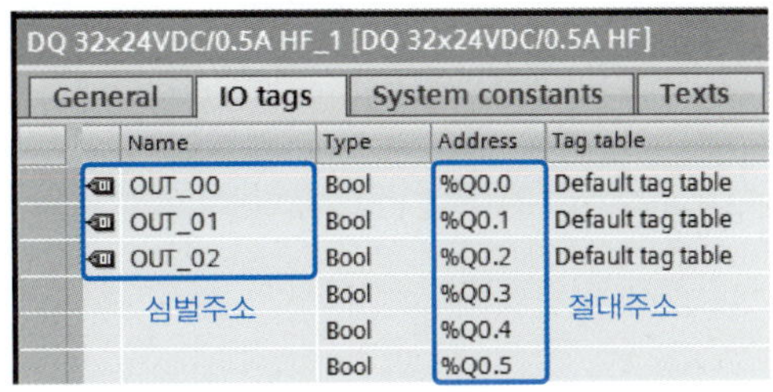

(b) 출력모듈의 절대 및 심벌주소

(c) 프로그램 작성에 사용된 절대주소 및 심벌주소

[그림 4-21] 절대주소와 심벌주소의 사용법

4.3.2 PLC 태그

[표 4-12] 전역태그와 로컬태그의 비교

구분	전역태그	로컬태그
태그 사용 범위	• 전체 프로그램에서 사용 가능하다. • 태그 명칭은 전체 프로그램에서 유일하게 선언해서 사용된다.	• 태그가 선언된 프로그램 블록(FB, FC) 내부에서만 유효하다. • 태그 명칭은 해당 프로그램 블록 내부에서만 유일하게 선언해서 사용된다.
사용 메모리	시스템 메모리 사용	워크 메모리 사용
	• 입력 • 출력 • M비트 메모리 • Global DB • 타이머/카운터	• FB, FC의 Temp 선언 태그 • FB의 Static 선언 태그
태그 선언 위치	• PLC 태그 테이블 • Global DB	• FB, FC에서 선언
태그 표현 방법	• 전역태그 명칭은 " "로 표시 • 예시 : "MAX"	• 로컬태그 명칭 앞에 # 첨자 • 예시 : #MAX

태그tag의 사전적 의미는 어떤 자료 항목에 그 자료의 성질을 빨리 알아보기 위해, 또는

분류를 위해 붙이는 간단한 문자나 숫자 데이터(ITS 용어사전, 2010)로, 다른 말로 표현하면 변수 또는 상수를 의미한다. 지멘스 PLC에서는 심벌주소 대신에 PLC 태그를 사용하며, PLC 태그는 전역태그global tag와 로컬태그local tag로 구분된다. 앞서 2장의 2.3.2절에서 학습한 내용 중에서 "메모리의 종류에 따라 보관된 데이터의 보존기간이 다르다"에서 언급한 전역 메모리가 전역태그에 해당되고, 정적 메모리와 임시 메모리가 로컬태그에 해당된다.

전역태그

TIA Portal의 프로젝트 트리의 PLC tags 폴더에서 사용하는 태그 테이블tag table에는 프로그램 전체에 유효한 전역태그를 선언해서 사용할 수 있다. 프로그램에서 절대주소가 아닌 태그를 사용하는 이유는, 해당 메모리의 기능을 문자를 사용해 명칭을 붙이면 사람이 이해하기 쉽기 때문이다. 또한 프로그램 변경으로 절대주소가 변경될 경우에 해당 태그 명칭의 절대주소만 변경하면 해당 태그 명칭을 사용한 주소를 한꺼번에 변경할 수가 있어서 프로그램의 유지보수에도 유리하다. 이러한 전역태그는 절대번지와 연결되는 태그와, 정해진 상수값을 나타내는 상수태그로 구분될 수 있다.

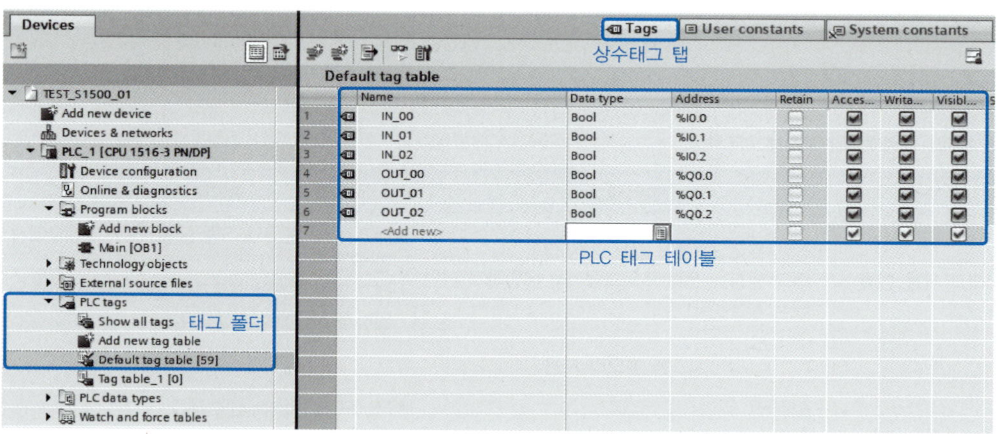

[그림 4-22] PLC 태그 테이블

[그림 4-23]을 보면, PLC 태그 테이블에서 선언한 전역태그 IN_00에 할당된 입력주소를 %I0.7로 변경했을 경우, 프로그램에서 사용된 IN_00 태그의 모든 입력주소가 한꺼번에 일괄 변경되는 것을 알 수 있다. 따라서 프로그램의 수정과 유지보수에 태그를 사용하면 편리하다는 것을 확인할 수 있다.

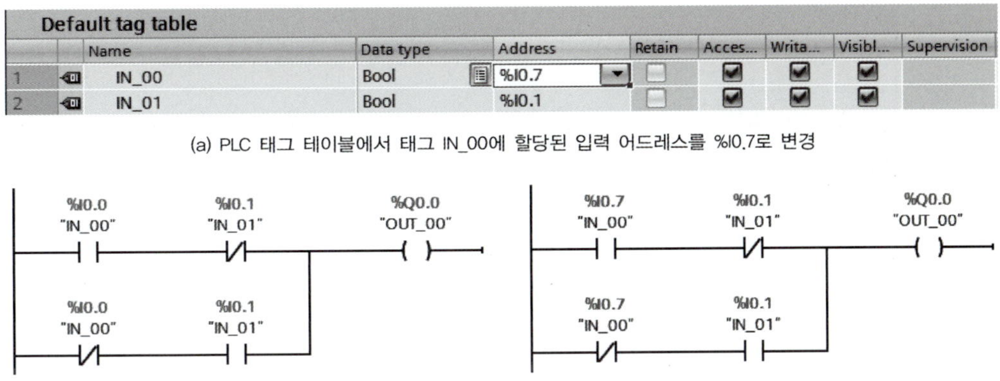

(a) PLC 태그 테이블에서 태그 IN_00에 할당된 입력 어드레스를 %I0.7로 변경

(b) 태그 변경 전 프로그램

(c) 태그 변경 후 프로그램

[그림 4-23] **PLC 태그 변경 전과 변경 후의 프로그램 비교**

상수태그

상수태그는 말 그대로 고정된 숫자값을 태그 명칭으로 표현하는 것이다. 예를 들어 타이머의 시간을 설정할 때 T#1500ms라는 설정시간이 여러 개의 타이머에 사용되고, 필요에 따라서 설정시간을 T#2000ms로 한꺼번에 변경해야 하는 경우라면, 상수태그를 사용하는 것이 편리하다. [그림 4-24]에서 타이머의 설정시간 1500ms의 값을 Max_Time이라는 태그 명칭으로 표현하였다.

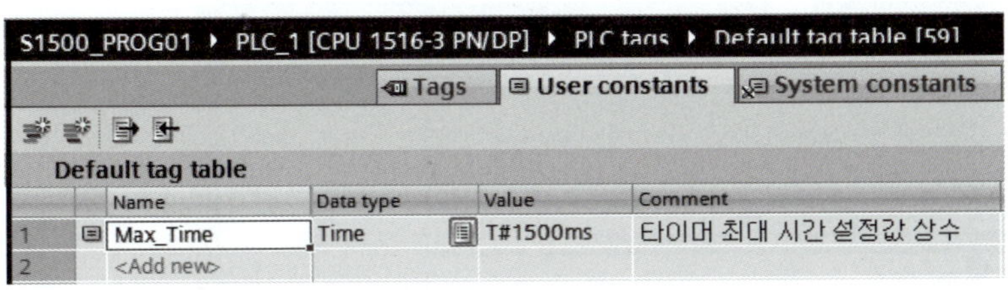

[그림 4-24] **상수태그 테이블**

프로그램에서 Max_Time의 태그를 사용하면, 이 명칭은 [그림 4-25(b)]처럼 T#1500ms의 타이머 설정값으로 변환된다. 프로그램에서 사용한 타이머의 설정시간을 변경할 때 상수태그를 사용한 경우에는 상수태그 테이블을 설정값 [그림 4-25(a)]처럼 T#2000ms로 변경한다. 그러면 [그림 4-25(c)]처럼 상수태그를 사용한 모든 타이머의 설정시간이 한꺼번에 변경된다.

이처럼 PLC의 프로그램 작성에 태그를 사용하면 프로그램의 가독성이 높아지는 효과와 더불어 프로그램의 수정 또는 유지보수 시에 입출력 절대주소의 변경 등을 손쉽게 처리할 수 있다.

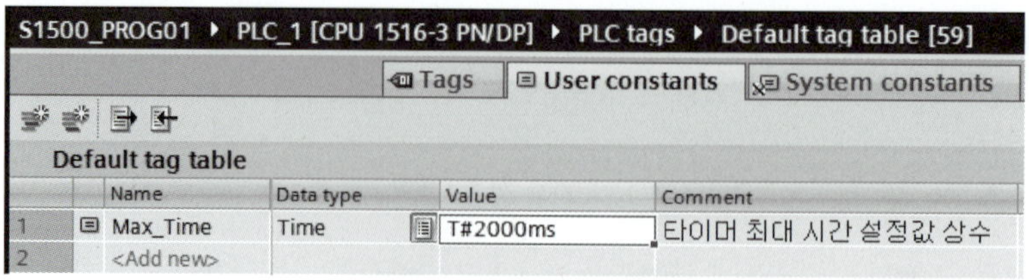

(a) 상수태그의 설정값을 T#1500ms에서 T#2000ms로 변경

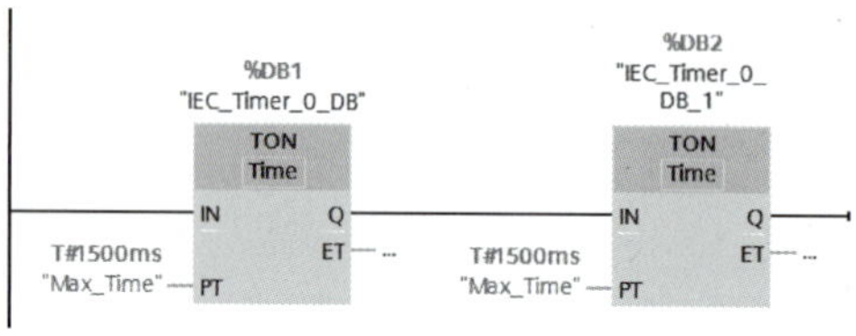

(b) 태그 변경 전 프로그램

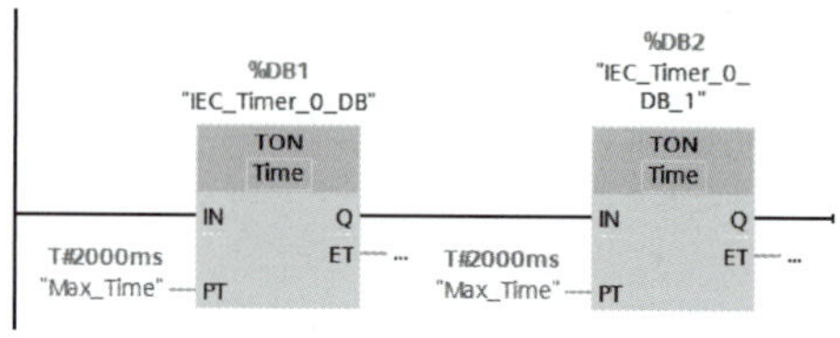

(c) 태그 변경 후 프로그램

[그림 4-25] **상수태그 설정값 변경에 따른 타이머 설정시간의 일괄 변경 사례**

4.3.3 프로그램 작성 방법

TIA Portal에서 프로그램을 작성하는 방법에 대해 살펴보자. 프로그램 작성은 프로젝트 트리에서 프로그램 블록에 OB1 또는 FB, FC를 만들어서 작성한다.

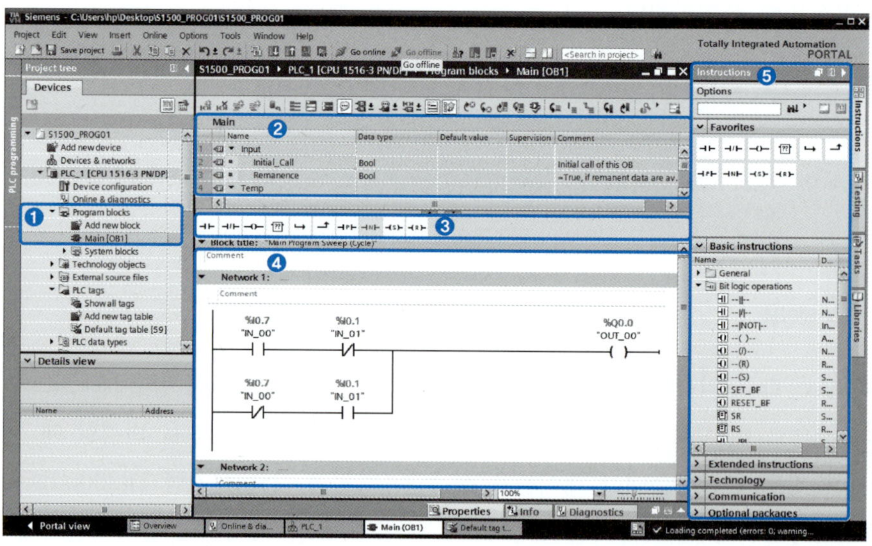

[그림 4-26] **프로그램 작성 화면**

프로그램 작성을 위한 TIA Portal은 크게 5개의 기능 영역으로 구분되어 있다.

❶ 프로그램 작성을 위한 OB1과 [Add new block] 메뉴를 사용해서 FB와 FC를 만들 수 있다.

❷ 해당 블록([그림 4-26]은 OB1 블록)에서 사용할 로컬태그를 선언하는 영역이다.
❸ 사용횟수가 많은 명령어를 손쉽게 사용할 수 있도록 명령어를 나열할 수 있다.
❹ 프로그램 작성을 하는 영역이다.
❺ 프로그램 작성에 사용되는 명령어를 선택할 수 있는 영역이다. 명령어는 기능별로 구분되어 정리되어 있다.

OB1에서 호출할 수 있는 FB 및 FC 프로그램 블록을 만드는 방법을 살펴보자. 프로젝트 트리에 있는 프로그램 폴더 속의 [Add new block] 항목을 선택해서 더블클릭하면, OB, FB, FC, DB를 만들 수 있는 메뉴창이 만들어진다. FB에서 자기유지 회로를 만드는 방법은 [표 4-13]과 같다. FC도 FB와 동일한 순서로 만들 수 있다.

[표 4-13] **프로그램 작성 순서 : FB에서 자기유지 회로 만들기**

순서	작업 내용	작업 화면
1	❶ 만들고자 하는 프로그램 블록(FC, FB) 그림을 클릭한다. ❷ 블록의 명칭을 입력한다. ❸ 프로그램 작성 언어를 선택한다. ❹ [OK] 버튼을 클릭한다.	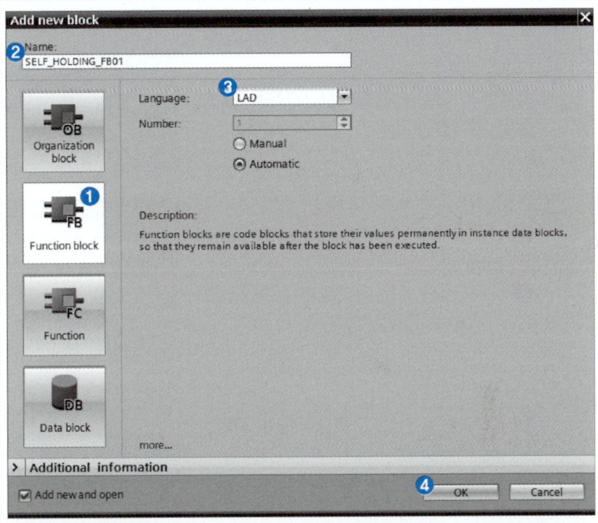
2	❶ [Program blocks]의 폴더에 해당 블록이 생성되었는지 확인한다. ❷ 프로그램 작성에 필요한 입출력 및 로컬태그를 설정한다.	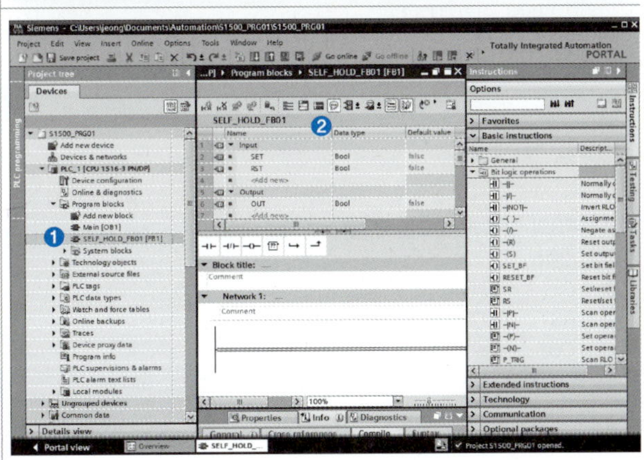

(계속)

3	자기유지 회로에, 프로그램 작성에 필요한 태그를 선언한다.	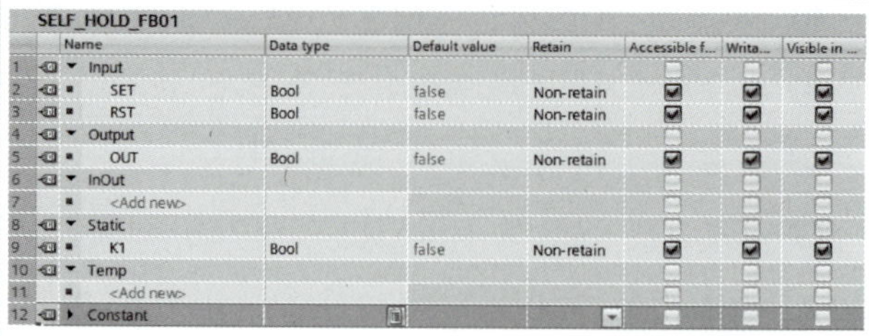
4	프로그램을 작성한다. FB 내부에서 선언된 태그 앞에 식별자 #이 첨부된다. 자기유지 회로를 구성한 모든 태그 앞에는 # 식별자가 있어야 한다.	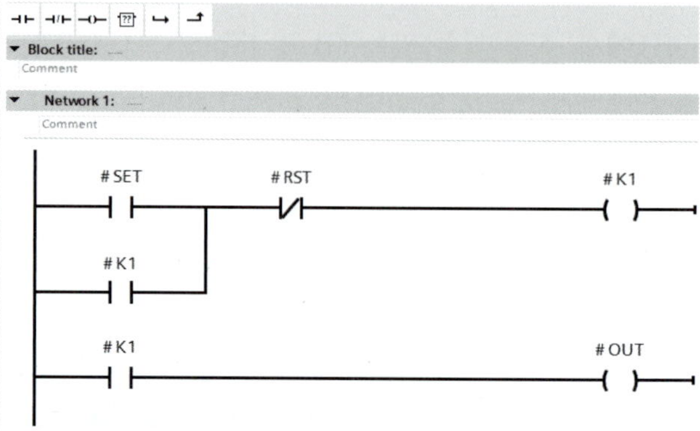
5	컴파일 아이콘을 클릭해서 작성한 프로그램을 컴파일한다.	
6	❶ [Info] 탭을 클릭한다. 프로그램 작성창 상단의 [Info] 탭을 클릭한다. ❷ [Compile] 탭을 클릭해서 컴파일 에러가 없는지 확인한다.	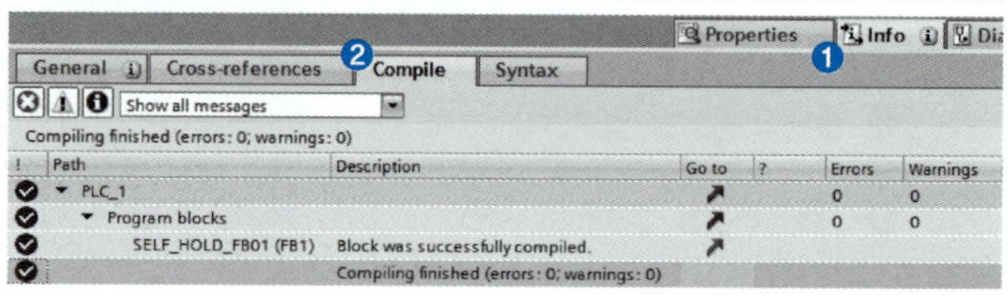
7	❶ [MAIN[OB1]]을 더블클릭해서 작업창을 연다. ❷ 앞에서 작성한 FB1을 마우스 커서로 선택한 후, 드래그해서 OB1의 네트워크 1번에 위치시킨다. ❸ DB를 할당하겠다는 창이 나타나면 [OK] 버튼을 클릭한다.	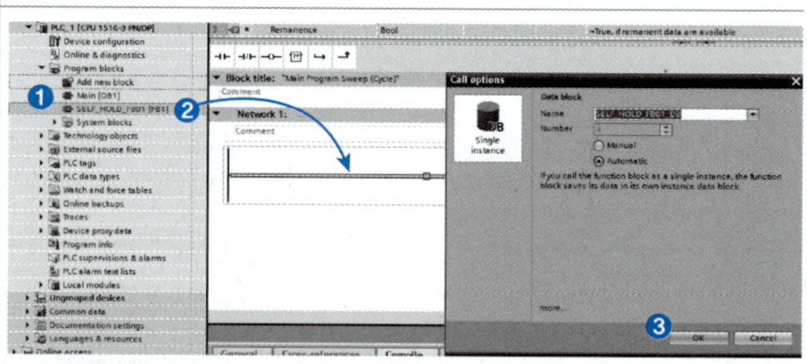
8	FB의 블록에 필요한 입출력 번지를 할당한다. SET : %I0.0 RST : %I0.1 OUT : %Q0.0	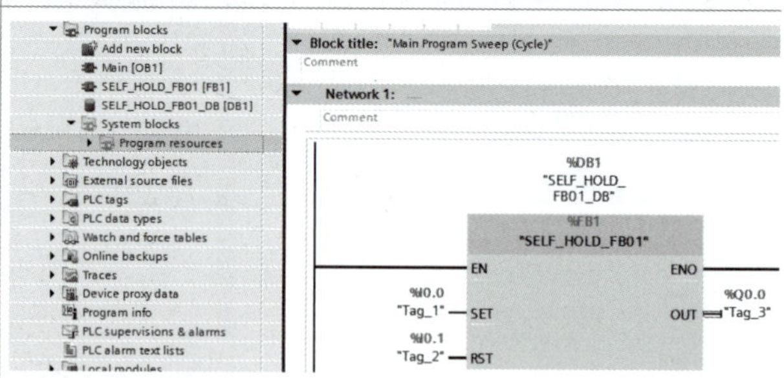

(계속)

9	❶ 컴파일 아이콘을 클릭해서 작성한 프로그램을 컴파일한다. ❷ 다운로드 버튼을 클릭해서 작성한 프로그램을 PLC CPU로 전송한다.	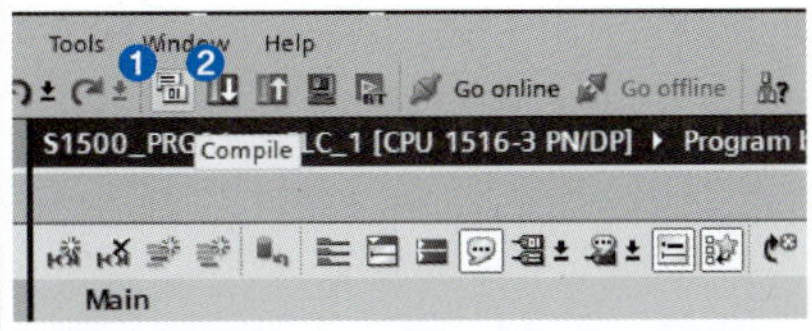
10	❶ TIA Portal에서 설정한 CPU의 IP 확인 ❷ PN/IE 선택 ❸ 랜카드 종류 선택 ❹ CPU 이더넷 포트 선택 ❺ [Start search] 버튼 클릭 ❻ 검색된 CPU와 IP 확인 ❼ [Load] 버튼 클릭	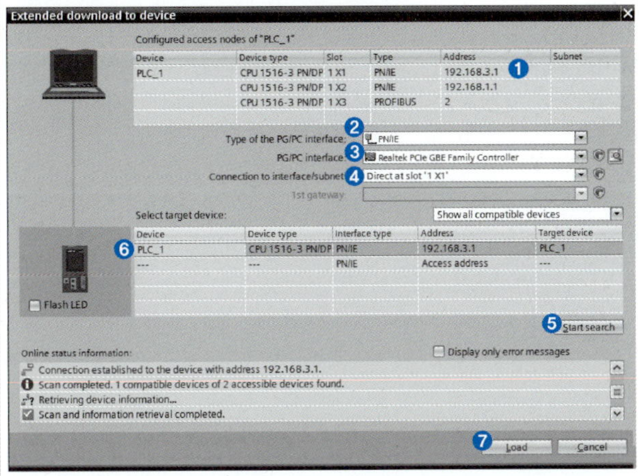
11	다운로드 관련 정보를 표시하는 창에는 다운로드 조건에 따라 각각 다른 메시지가 나타난다. 중요한 것은 [Load] 버튼이 활성화되어야 한다는 것이다. ❶ 메시지를 확인한다. ❷ [Load] 버튼을 클릭한다.	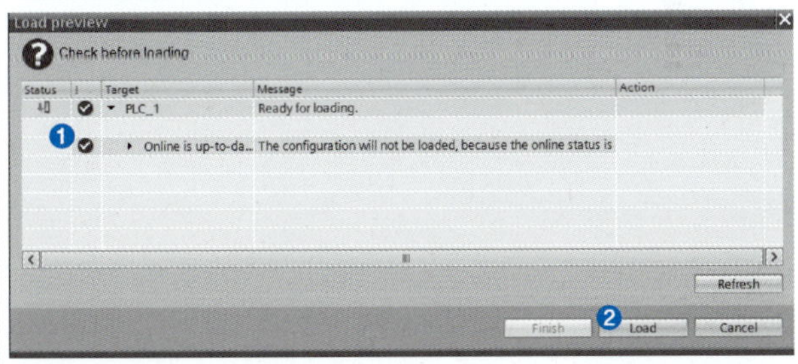
12	❶ 메시지를 확인한다. ❷ [Finish] 버튼을 클릭한다.	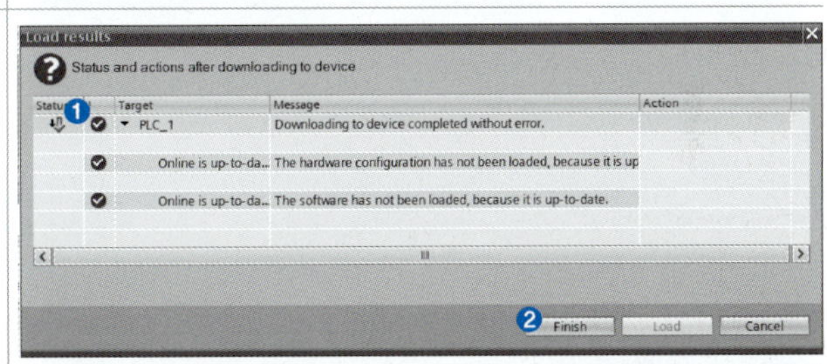
13	Main[OB1] 창을 열어서 작성한 프로그램을 모니터링한다. ❶ 모니터링 아이콘(안경 표시)을 클릭한다. ❷ 온라인 상태가 되면 오렌지색으로 변경된다. ❸ 작성한 하드웨어 및 프로그램 블록이 정상(녹색 표시)인지 확인한다.	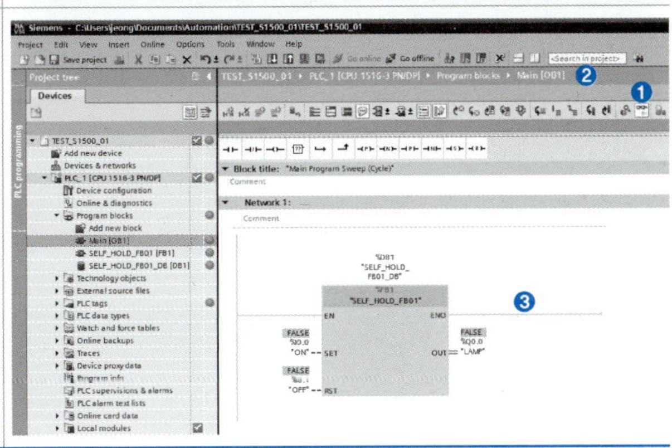

새로운 프로젝트를 만들어서 프로그램을 작성할 때에는 4장에서 배운 내용을 반복해서 사용해야 하므로 지멘스 PLC를 사용하기 위한 하드웨어 구성 설정 순서와 프로그램 작성을 위한 순서를 잘 기억해두기 바란다.

PART 3

PLC 명령어 사용법

PLC 프로그램은 메모리에 저장된 데이터와, 데이터를 처리하기 위한 명령어로 구성된다. 프로그래밍은 입력된 데이터를 사용자가 원하는 데이터로 변경하여 사용자가 원하는 메모리에 저장하는 과정이다. 따라서 사용하는 명령어에 필요한 데이터가 무엇이고, 해당 명령어 실행 결과로 데이터가 어떻게 변경되는지를 파악하고 있어야 한다.

PLC는 다양한 분야에 널리 사용되지만, 기계장치를 정해진 순서대로 동작시키기 위한 용도로 많이 사용된다. 지멘스 PLC에서는 시퀀스 전기회로를 구현할 때 비트 논리연산, 타이머, 카운터 명령어를 주로 사용한다. 이러한 시퀀스 명령어를 가지고 시퀀스 전기회로에서 가장 중요한 자기유지 회로를 구현할 수 있다. 이렇게 구현한 자기유지 회로를 조합하여 PLC 프로그램을 작성함으로써 기계장치를 정해진 순서대로 동작시킬 수 있다. 시퀀스 전기회로를 구현하는 시퀀스 명령은 단순하기 때문에 첨단 기계장치의 복잡한 제어동작을 구현하는 프로그램 작성에는 한계가 있다. 따라서 다양한 명령어를 조합하여 프로그램을 작성함으로써 복잡한 제어동작의 프로그램을 만들 수 있다.

PART 3에서는 지멘스 PLC의 다양한 명령어의 사용법에 대해 학습하고, 실습과제를 해결하면서 주요 명령어의 사용 예를 살펴본다. 그리고 일부 명령어는 실습과제를 해결하는 과정에서 별도로 설명하였다.

Chapter 05 시퀀스 명령어

지멘스 PLC의 명령어는 비트 논리연산, 타이머, 카운터, 비교연산, 산술연산, 이동연산, 변환연산, 워드 논리연산, 날짜 및 시간 명령, 문자열 처리, 분산 I/O, 인터럽트, 진단 명령어로 구분되며, 각각의 명령에는 세분화된 많은 명령어가 존재한다. 이 중 비트 논리연산 명령과 타이머, 카운터를 시퀀스 명령어라 할 수 있다. 시퀀스 명령어는 PLC 기종에 관계없이 모든 PLC에 동일하게 존재하는 명령어이다. 시퀀스 명령만 사용해도 많은 전기회로를 PLC 프로그램으로 변경할 수 있다. 시퀀스 명령어 사용법을 학습해보자.

시퀀스 명령어는 PLC가 만들어지기 전에 사용되던, 릴레이와 스위치로 만드는 시퀀스 전기회로를 PLC의 프로그램으로 구현하기 위해 만들어진 명령어이다. 지멘스 PLC(또는 S7-1500 PLC)에서의 시퀀스 명령어에 대해 살펴보자. [그림 5-1]은 프로그램 작성에 사용되는 전체 명령어를 기능별로 구분하여 나타낸 것으로, 시퀀스 명령어는 기본 명령어 폴더에 포함되어 있다.

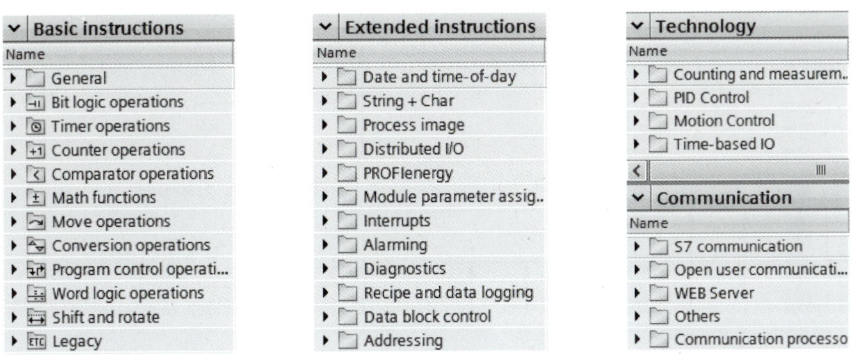

(a) 기본 명령어 (b) 확장 명령어 (c) 특수 및 통신 명령어

[그림 5-1] S7-1500 PLC의 명령어를 구분한 폴더의 종류

[표 5-1] 시퀀스 명령어의 종류

구분	종류	설명
시퀀스 명령	접점 명령	a접점(┤ ├), b접점(┤/├), 상승펄스(┤P├), 하강펄스(┤N├)
	출력 명령	비트 출력(–( )┤), 셋 출력(–(S)┤), 리셋 출력(–(R)┤)
	타이머 명령	TP : 펄스, TON : ON 딜레이, TOFF : OFF 딜레이, TONR : 적산
	카운터 명령	CTU : UP 카운터, CTD : DOWN 카운터, CTUD : UP-DOWN 카운터

시퀀스 명령어에는 전기 시퀀스 회로에서는 볼 수 없는 상승펄스와 하강펄스 입력신호가 있고, 출력 명령에는 셋(SET)과 리셋(RESET, RST) 출력이 존재한다. 지멘스 PLC의 상승 및 하강펄스 입력신호는 다른 메이커의 PLC와 달리 2개의 입력태그를 필요로 한다. 그리고 앞에서도 언급했지만 지멘스는 사용하는 메모리의 종류에 따라 프로그램이 달라질 수 있기 때문에 시퀀스 명령어를 설명할 때에는 전역태그에 해당되는 입출력의 직접 번지와 M메모리를 사용한다. 실제 프로그램을 작성할 때에는 전역태그와, FB와 FC의 내부에서 선언하는 로컬태그를 사용한다.

5.1 상승 및 하강펄스신호의 판별 방법

PLC는 입력신호의 상승 및 하강 시점을 어떻게 판별할까? 상승 및 하강 시점을 판별하기 위해서는 스위치의 입력신호를 판별하기 직전의 상태를 기억하고 있어야 한다. [그림 5-2]처럼 PLC의 스캔 동작에 의해 매 스캔마다 입력신호가 입력 이미지 메모리(PII)에 저장된다. 따라서 상승 및 하강펄스 신호는 현재의 입력 이미지 메모리와 직전의 입력 이미지 메모리를 비교함으로써 판별이 가능하다.

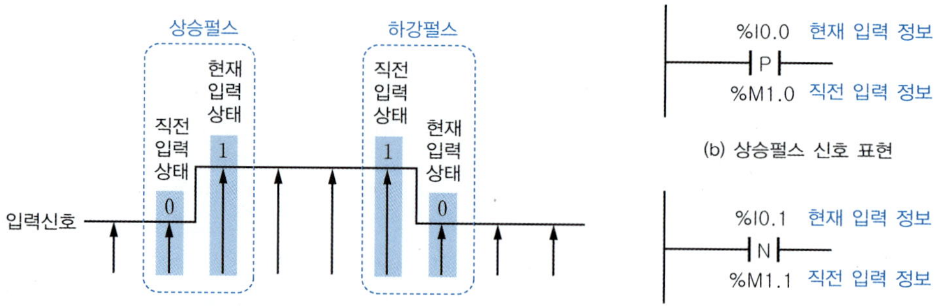

(a) 상승 및 하강펄스 신호의 판별

(b) 상승펄스 신호 표현

(c) 하강펄스 신호 표현

[그림 5-2] 상승 및 하강펄스 신호 판별법

상승펄스는 [그림 5-2(a)]처럼 직전의 입력 상태가 0이고, 현재의 입력 상태가 1일 때이다. 하강펄스는 직전의 입력 상태가 1이고 현재의 입력 상태가 0일 때이다. 따라서 상승 및 하강펄스신호를 판별하기 위해서는 두 개의 태그, 즉 직전의 상태를 기억하는 Bool 타입의 태그와, 현재의 입력신호를 기억하는 Bool 타입의 태그가 필요함을 알 수 있다.

5.2 기본 전기회로

전기회로에서는 YES, NOT, OR, AND, XOR와 같은 기본 회로를 조합하여 다양하고 복잡한 회로를 만들 수 있다. 기본적인 전기회로를 PLC 프로그램으로 어떻게 표현하는지 살펴보자.

YES(긍정) 회로

YES(긍정) 회로란 입력이 존재할 때 출력도 존재하는 전기회로를 의미한다. 즉 [그림 5-3]처럼 스위치 동작과 동일하게 출력이 ON/OFF되는 회로이다.

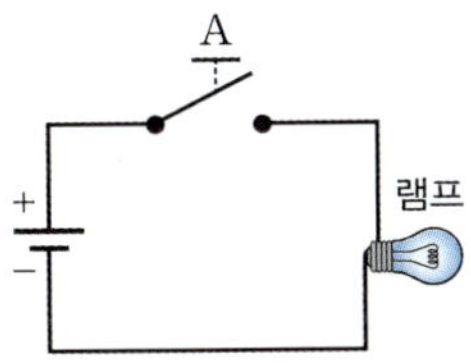

(a) YES 회로

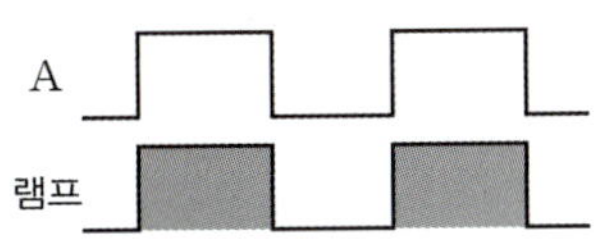

(b) 타임차트

A	램프
0	0
1	1

(c) 진리표

[그림 5-3] YES 회로

YES 회로를 PLC 프로그램으로 나타내면 [그림 5-4]와 같다. PLC 프로그램과 YES 회로를 비교해보면, A에 해당하는 스위치는 I0.0으로, 램프는 Q0.0으로 대체되었다.

(a) YES 회로의 PLC 프로그램

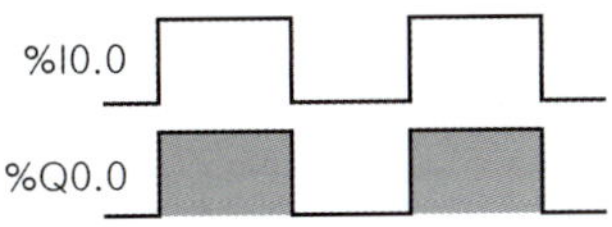

(b) 타임차트

[그림 5-4] YES 회로의 PLC 프로그램

NOT(부정) 회로

NOT(부정) 회로란 출력 상태가 입력 상태의 반대가 되는 전기회로로서 입력이 ON되면 출력이 OFF가 되고, 입력이 OFF되면 출력이 ON된다.

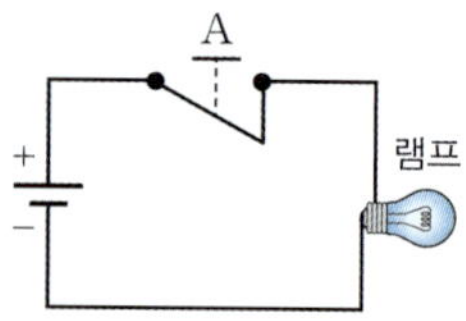

(a) NOT 회로

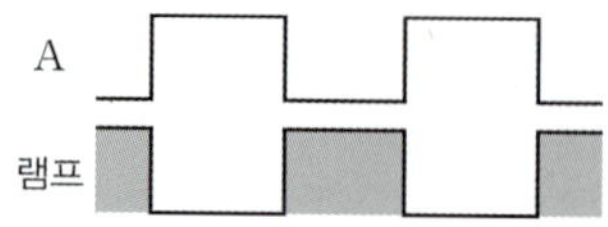

(b) 타임차트

A	램프
0	1
1	0

(c) 진리표

[그림 5-5] NOT 회로

NOT 회로를 PLC 프로그램으로 나타내면 [그림 5-6]과 같다.

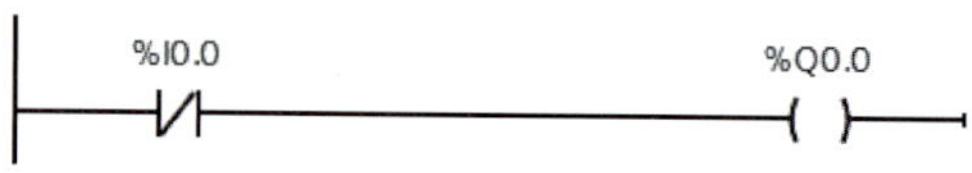

(a) NOT 회로의 PLC 프로그램

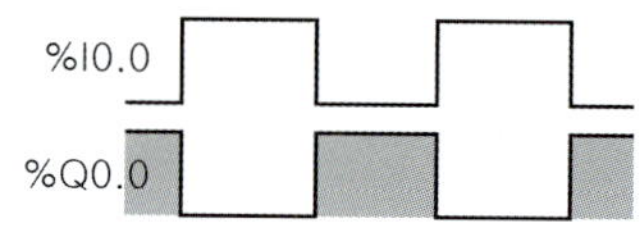

(b) 타임차트

[그림 5-6] NOT 회로의 PLC 프로그램

AND(직렬) 회로

AND(직렬) 회로는 스위치 A와 B가 동시에 ON인 상태에서만 램프가 ON되는 회로이다.

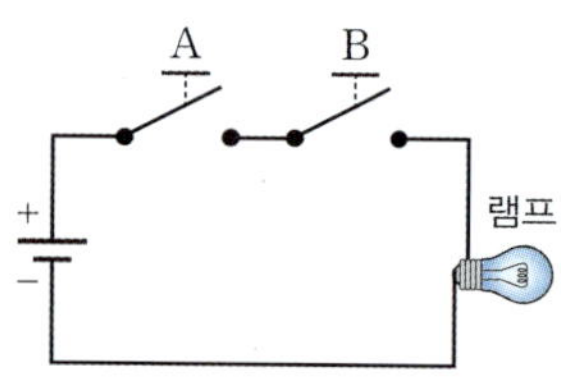

(a) AND 회로

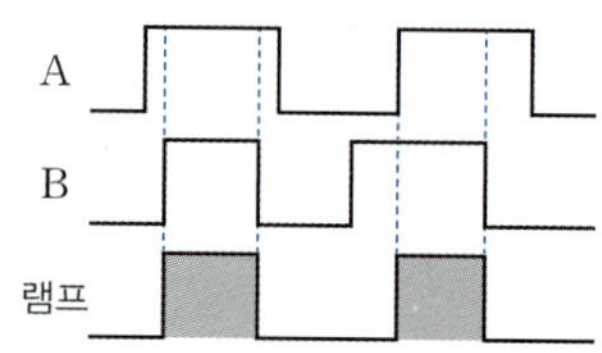

(b) 타임차트

A	B	램프
0	0	0
0	1	0
1	0	0
1	1	1

(c) 진리표

[그림 5-7] AND 회로

AND 회로를 PLC 프로그램으로 나타내면 [그림 5-8]과 같다.

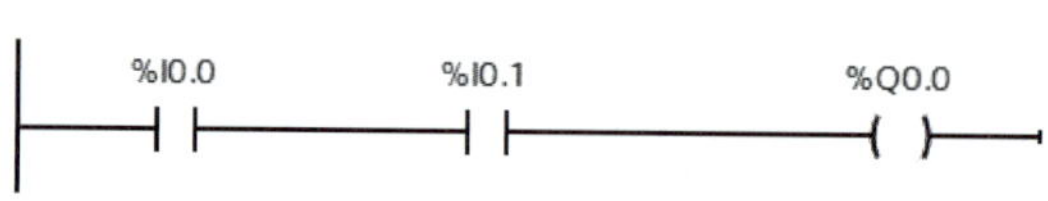

(a) AND 회로의 PLC 프로그램

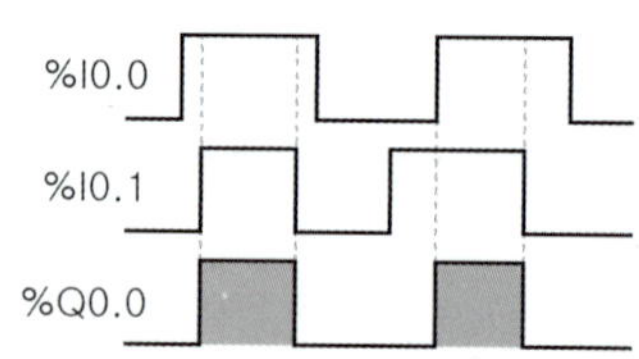

(b) 타임차트

[그림 5-8] AND 회로의 PLC 프로그램

OR(병렬) 회로

OR(병렬) 회로는 여러 개의 입력 스위치 중 하나 또는 그 이상의 스위치가 ON되었을 때 램프가 ON되는 회로이다.

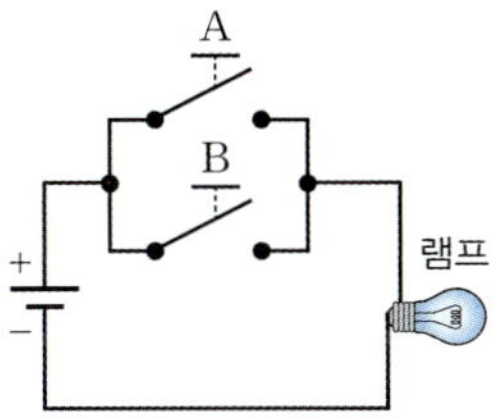

(a) OR 회로

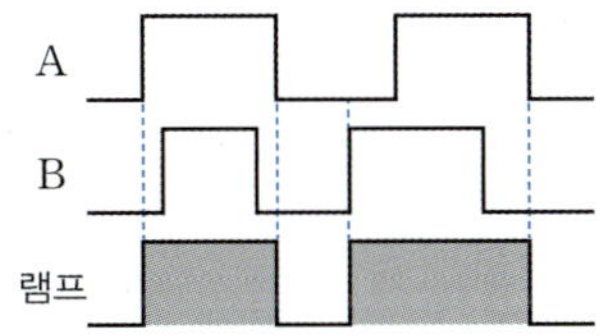

(b) 타임차트

A	B	램프
0	0	0
0	1	1
1	0	1
1	1	1

(c) 진리표

[그림 5-9] OR 회로

OR 회로를 PLC 프로그램으로 나타내면 [그림 5-10]과 같다. OR 회로는 [그림 5-10(c)]와 같은 형태로도 표현할 수 있다. [그림 5-10(d)]의 진리표를 살펴보면, 입력 A(%I0.0)와 B(%I0.1)를 각각 부정한 후에 AND($\overline{A}\cdot\overline{B}$)의 결과를 전체 부정($\overline{(\overline{A}\cdot\overline{B})}$)한 결과가 [그림 5-9(c)]의 OR 회로의 결과와 동일함을 알 수 있다. 따라서 [그림 5-10(a)]와 [그림 5-10(c)]는 동일한 회로이다.

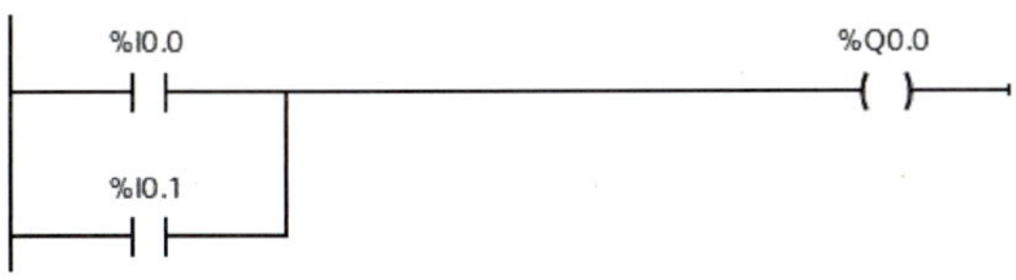

(a) OR 회로의 PLC 프로그램 1

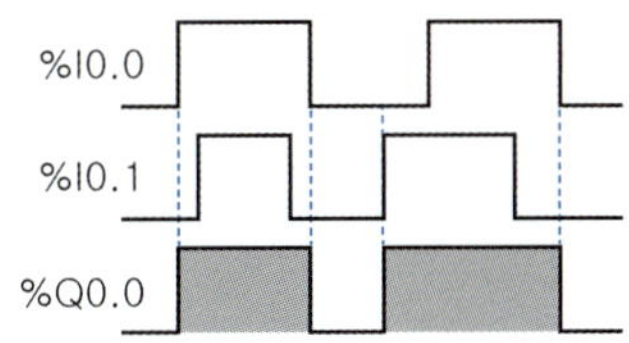

(b) 타임차트

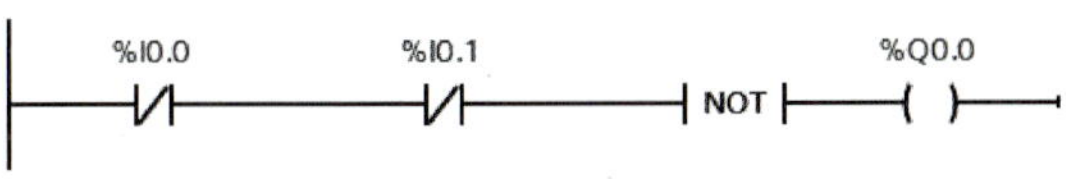

(c) OR 회로의 PLC 프로그램 2

A	B	$\overline{A}$	$\overline{B}$	$(\overline{A}\cdot\overline{B})$	$\overline{(\overline{A}\cdot\overline{B})}$
0	0	1	1	1	0
0	1	1	0	0	1
1	0	0	1	0	1
1	1	0	0	0	1

(d) 진리표

[그림 5-10] OR 회로의 PLC 프로그램

여러 개의 입력 접점을 [그림 5-10(a)]와 같이 OR로 연결하면서 여러 줄로 프로그램을 작성하면 모니터링이 불편할 수 있다. 따라서 [그림 5-10(c)]와 같이 한 줄에 여러 개의 접점을 놓는 방법을 사용하면, 입력 ON/OFF 상태의 모니터링이 편해진다. 이런 이유로 산업현장에서는 주로 [그림 5-10(c)]와 같은 형태를 사용한다. OR 회로 프로그램에 대한 이 두 종류의 표현 방법에 대해 잘 알아둘 필요가 있다.

XOR(배타적 논리합) 회로

두 개의 입력이 일치하지 않을 때 램프가 ON되는 회로를 XOR(배타적 논리합)Exclusive OR 회로라 한다.

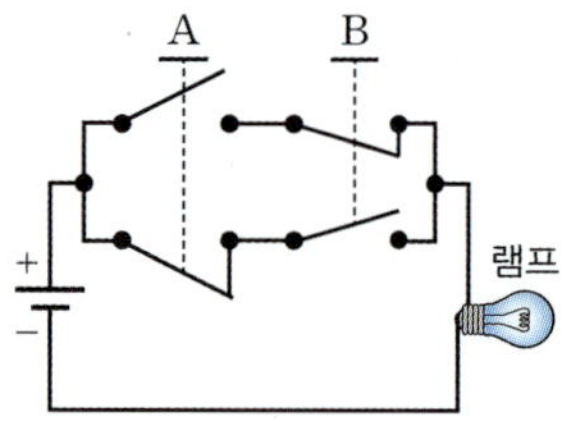

(a) XOR 회로

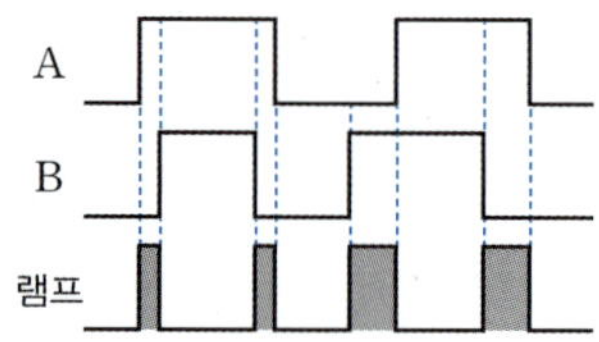

(b) 타임차트

A	B	램프
0	0	0
0	1	1
1	0	1
1	1	0

(c) 진리표

[그림 5-11] XOR 회로

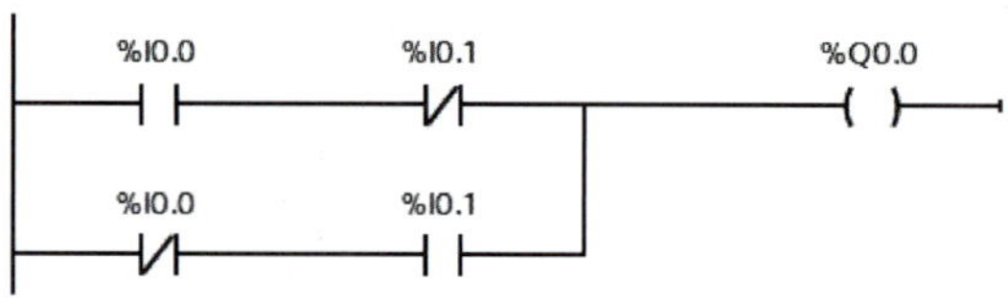

(a) XOR 회로의 PLC 프로그램

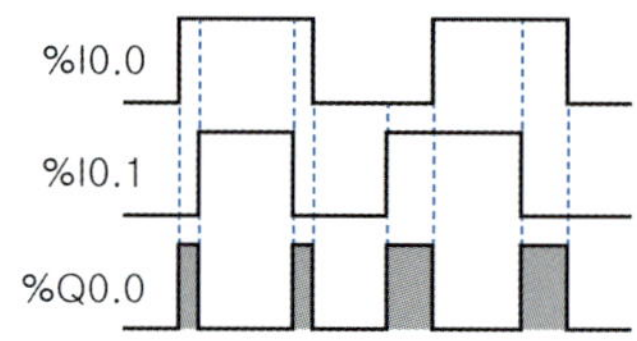

(b) 타임차트

[그림 5-12] XOR의 PLC 프로그램

XOR는 1의 값을 가진 입력의 개수가 홀수이면 출력이 1이 되는 논리회로이다. 입력이 3개인 XOR의 경우에는 어떤 식으로 프로그램이 구현되는지 살펴보자.

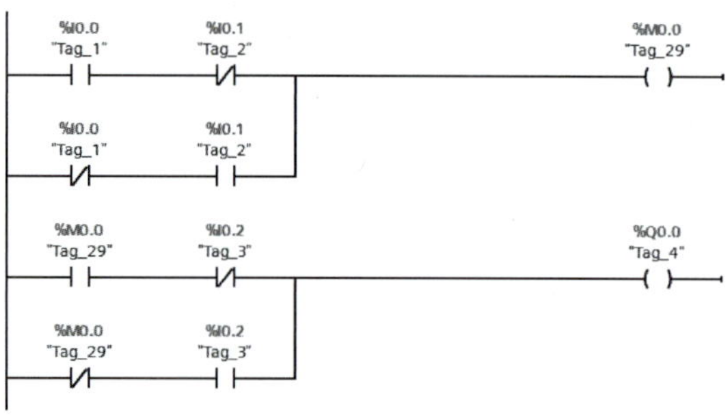

(a) 3개의 입력을 갖는 XOR 회로 프로그램

A	B	C	A⊕B	A⊕B⊕C
0	0	0	0	0
0	0	1	0	1
0	1	0	1	1
0	1	1	1	0
1	0	0	1	1
1	0	1	1	0
1	1	0	0	0
1	1	1	0	1

(b) 진리표

[그림 5-13] 입력이 3개인 경우 XOR의 PLC 프로그램

[그림 5-13]의 진리표에서 알 수 있듯이 1인 입력신호의 개수가 홀수일 때만 A⊕B⊕C의 값이 1이 됨을 확인할 수 있다.

XNOR(배타적 논리합 부정) 회로

두 개의 입력이 일치할 때 램프가 ON되는 회로를 XNOR(배타적 논리합 부정)Exclusive NOR 회로라 한다.

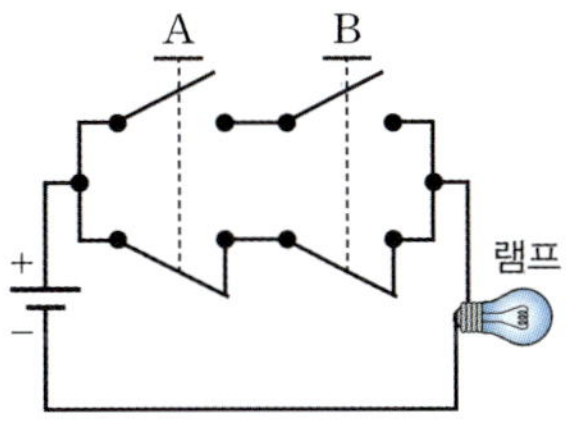

(a) XNOR 회로

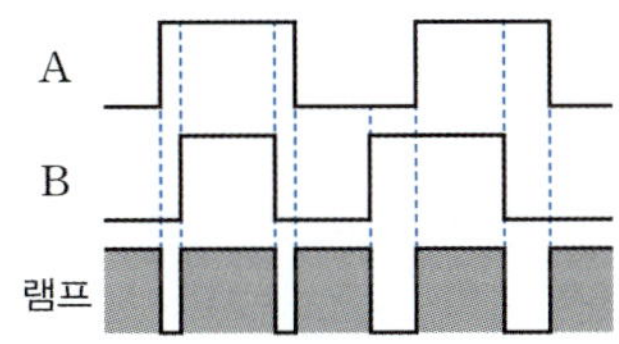

(b) 타임차트

A	B	램프
0	0	1
0	1	0
1	0	0
1	1	1

(c) 진리표

[그림 5-14] XNOR 회로

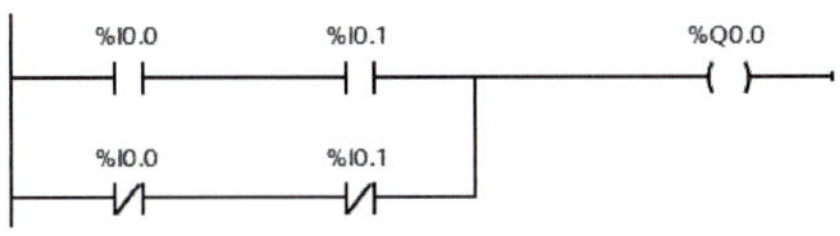

(a) XNOR 회로의 PLC 프로그램

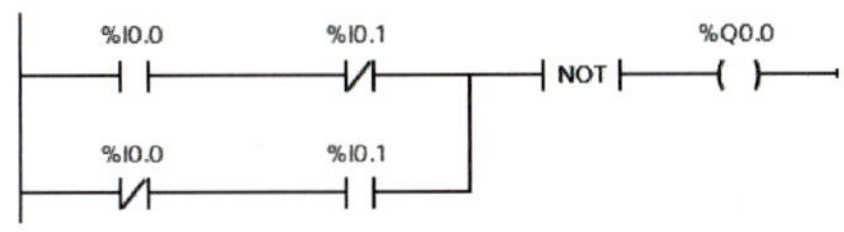

(b) XOR 결과를 NOT해서 만든 XNOR PLC 프로그램

[그림 5-15] XNOR 회로의 PLC 프로그램

[그림 5-15(b)]는 배타적 논리합(XOR) 회로의 결과를 NOT해서 만든 배타적 논리합 부정 회로의 PLC 프로그램이다. [그림 5-11(c)]의 XOR 진리표의 램프 결과를 NOT하면 [그림 5-14(c)]의 진리표 결과와 일치하므로 [그림 5-15(b)]의 프로그램이 성립된다.

XOR와 XNOR 회로는 일상생활에서 계단이나 복도의 전등을 스위치로 ON/OFF할 때 많이 사용된다. [그림 5-16]처럼 복도나 계단을 통행하고자 하는 사람이 들어오는 입구에 있는 전등 스위치를 누르면(출구에 있는 전등 스위치와 반대 위치가 됨) 전등이 점등되고, 복도 통과 후에 출구에 있는 전등 스위치를 누르면(이전 상태의 반대) 전등이 소등된다. 이러한 동작을 하는 전기회로는 XOR 또는 XNOR 회로를 사용해서 구성할 수 있다.

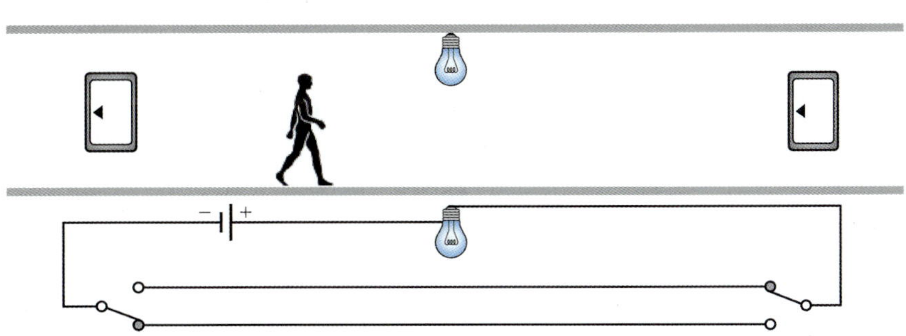

[그림 5-16] XOR와 XNOR를 이용해서 만든 복도의 전등

5.3 자기유지 회로

5.2절에서 언급한 YES, NOT, OR, AND 회로를 사용하여 자동화를 위한 전기회로에서 가장 중요한 역할을 하는 자기유지 회로를 만들어보자. 자기유지 회로는 셋과 리셋 기능을 가진 두 개의 푸시버튼 스위치와 한 개의 릴레이로 구성되는 전기회로로, **셋 우선 자기유지 회로**와 **리셋 우선 자기유지 회로**로 구분된다.

[그림 5-17]과 [그림 5-18]에서 셋 또는 리셋 우선 자기유지 회로의 진리표를 살펴보면, 릴레이 K1이 셋 동작과 리셋 동작을 기억하고 있음을 알 수 있다. 타임차트에서 셋과 리셋이 0인 상태를 살펴보면, 셋과 리셋이 0이 되기 이전의 상태에서 셋이 ON이면 1을 기억하고, 리셋이 ON이면 0을 기억한다. 이러한 자기유지 회로는 반도체로 만드는 플립플롭flip-flop이라는 회로의 원조이다. 플립플롭은 논리 게이트로 만든 1비트 정보를 보관, 유지할 수 있는 디지털 논리회로로, 컴퓨터의 주기억장치나 CPU 캐시, 레지스터를 이루는 기본 회로 중 하나이다. 플립플롭으로 만들어진 반도체 메모리를 SRAM이라 한다.

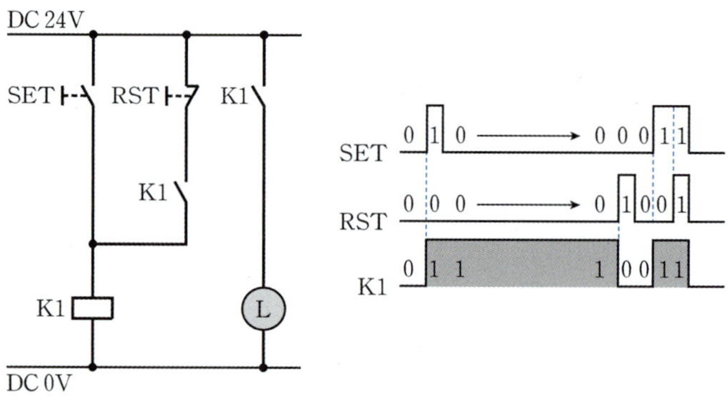

SET	RST	K1
0	0	이전 상태 기억
0	1	0
1	0	1
1	1	1

(a) 자기유지 회로 (b) 타임차트 (c) 진리표

[그림 5-17] 셋 우선 자기유지 회로

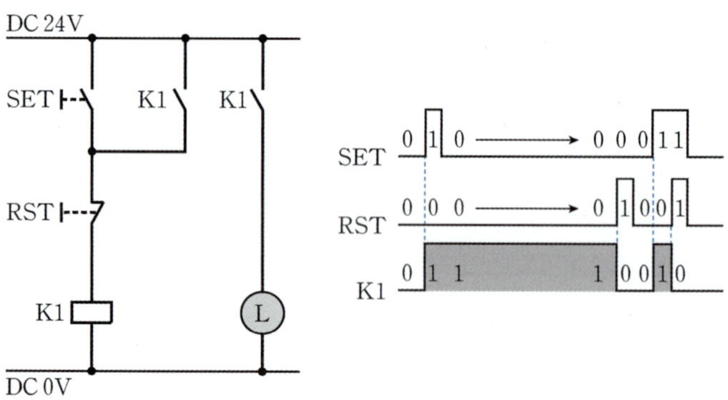

SET	RST	K1
0	0	이전 상태 기억
0	1	0
1	0	1
1	1	0

(a) 자기유지 회로 (b) 타임차트 (c) 진리표

[그림 5-18] 리셋 우선 자기유지 회로

지멘스 PLC에서는 자기유지 회로를 [그림 5-19]처럼 여섯 가지 방식으로 만들어 사용할 수 있지만, 이중 출력 금지 조건 때문에 [그림 5-19]의 (c) 방식과 (d) 방식을 많이 사용한다. 그리고 (e)와 (f)는 플립플롭 형태로 만든 자기유지 회로이다. (e)의 플립플롭의 입력 중에서 S는 셋 입력이고, R1은 리셋 입력이다. R1이라는 표기는, 셋과 리셋 입력이 동시에 ON되면 리셋이 우선되는 플립플롭이라는 뜻이다. 그리고 (f)의 플립플롭은 셋 입력 S1으로 되어 있기 때문에 셋 우선 플립플롭이라는 뜻이다. 필자는 (c)와 (d) 형태의 자기유지 회로를 선호하지만, 독자들은 본인들이 편안한 회로를 선택해서 사용하면 된다.

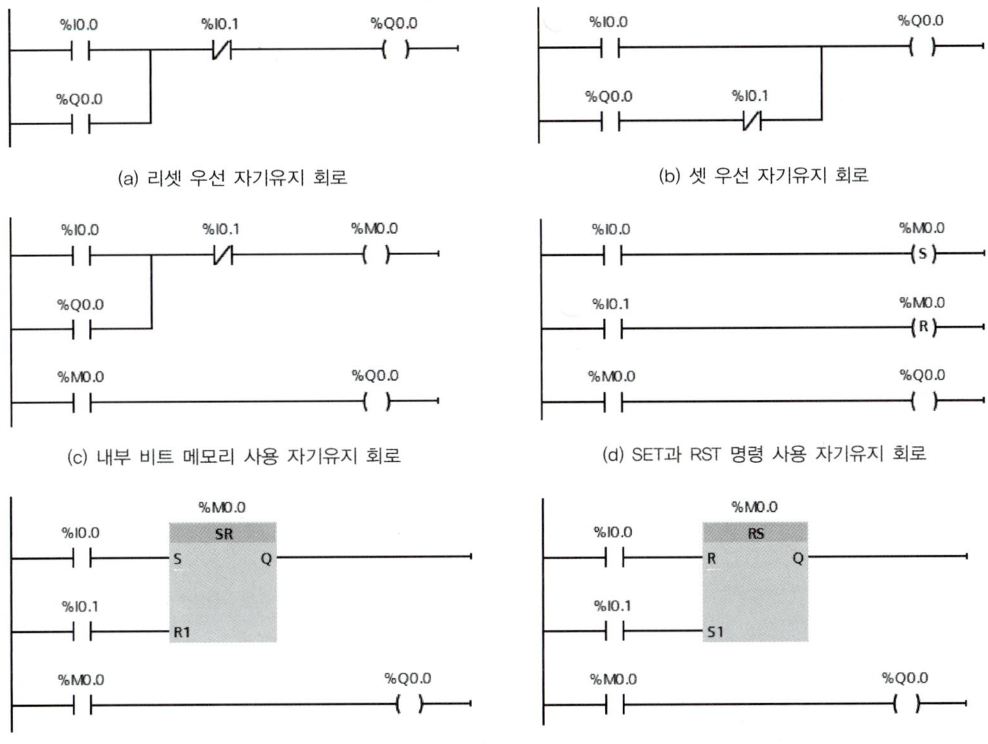

(a) 리셋 우선 자기유지 회로

(b) 셋 우선 자기유지 회로

(c) 내부 비트 메모리 사용 자기유지 회로

(d) SET과 RST 명령 사용 자기유지 회로

(e) SR 플립플롭을 이용한 리셋 우선 자기유지 회로

(f) RS 플립플롭을 이용한 셋 우선 자기유지 회로

[그림 5-19] **자기유지 회로의 PLC 프로그램**

5.3.1 선입 우선회로

선입 우선회로는 현재 실행되고 있는 작업이 있을 경우에 다른 작업의 실행을 거부하는 전기회로이다. 즉 선입 우선회로는 먼저 입력된 정보를 기억하고, 다른 정보의 입력을 막는 역할을 하는 전기회로를 의미한다. 흔히 TV 퀴즈 프로그램에서 먼저 버튼을 누른 참가자의 램프가 ON되면, 진행자가 리셋 버튼을 누르지 않는 한 다른 참가자가 버튼을

눌러도 자신의 램프가 ON되지 않는 경우를 볼 수 있는데, 이런 동작이 선입 우선회로의 예이다. 선입 우선회로는 리셋 우선 자기유지 회로로 구성된다.

[그림 5-20]은 퀴즈 출연자 3명이 사용하는 시스템 구성을 나타낸 것이다. 출연자 3명 중 먼저 버튼을 누른 사람의 램프가 점등되면, 다른 출연자가 버튼을 눌러도 그 사람의 램프는 점등되지 않는다. 진행자가 리셋 버튼을 누르면 켜져 있던 출연자의 램프는 소등되며, 이 상태에서 출연자 중 누군가가 다시 버튼을 누르면 해당 출연자의 램프가 점등된다.

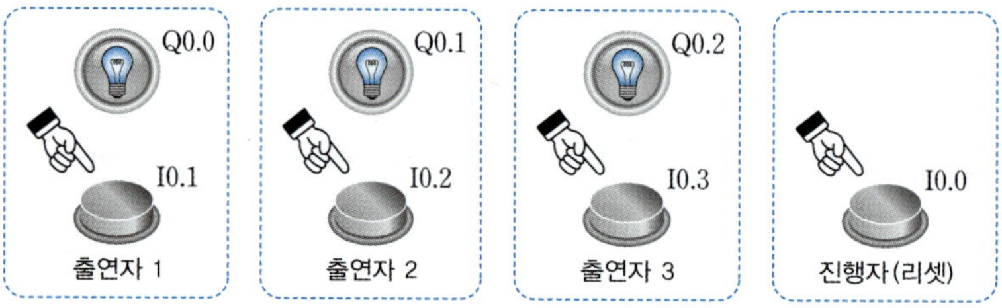

[그림 5-20] 퀴즈를 위한 시스템 구성

[그림 5-21]은 리셋 우선 자기유지 회로를 사용해서 구성한 선입 우선회로이다. 입력 I0.0은 리셋을 위한 것으로, 3개의 자기유지 회로 모두에 적용되는 접점이다. 따라서 리셋 버튼을 누르면 출연자에 관계없이 모든 자기유지 회로가 리셋된다.

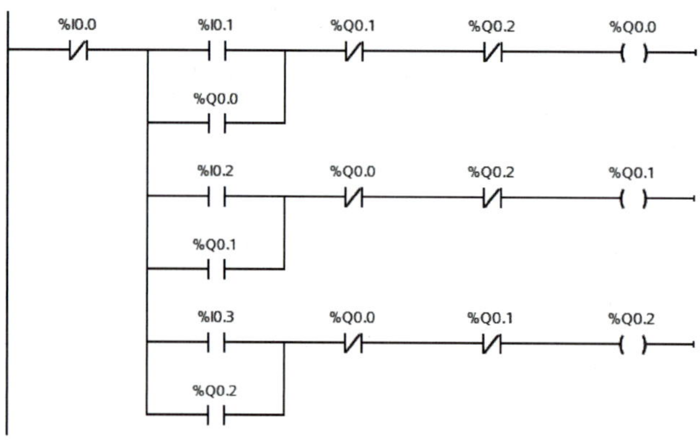

(a) 선입 우선 자기유지 회로

입력
I0.0 : 리셋 푸시버튼
I0.1 : 출연자1 푸시버튼
I0.2 : 출연자2 푸시버튼
I0.3 : 출연자3 푸시버튼

출력
Q0.0 : 출연자1 램프
Q0.1 : 출연자2 램프
Q0.2 : 출연자3 램프

(b) 입출력 접점의 기능

[그림 5-21] 리셋 우선 자기유지 회로를 사용한 선입 우선회로 PLC 프로그램

5.3.2 후입 우선회로

후입 우선회로는 현재 실행 중인 작업이 있어도, 다음 작업의 동작신호가 입력되면 실행하던 작업을 종료하고 최근에 입력된 작업을 수행한다. 선풍기 바람의 세기를 선택하는

풍속 선택 회로가 바로 후입 우선회로에 해당한다. 이처럼 후입 우선회로는 나중에 입력된 정보가 먼저 입력된 정보를 지우고 대신 기억되는 전기회로이다. 후입 우선회로는 셋 우선 자기유지 회로로 구성된다.

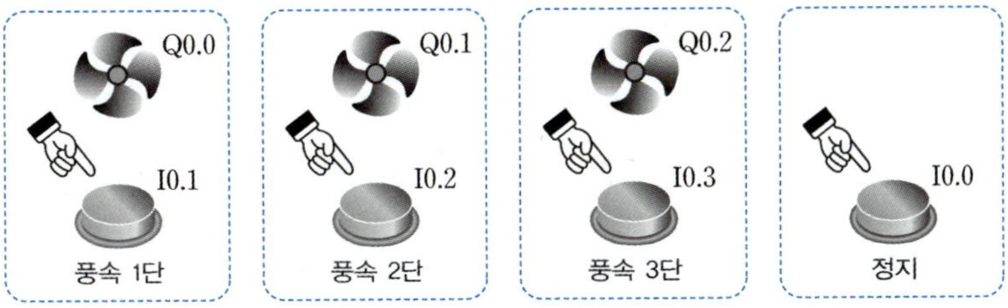

[그림 5-22] **선풍기 풍속 선택 회로**

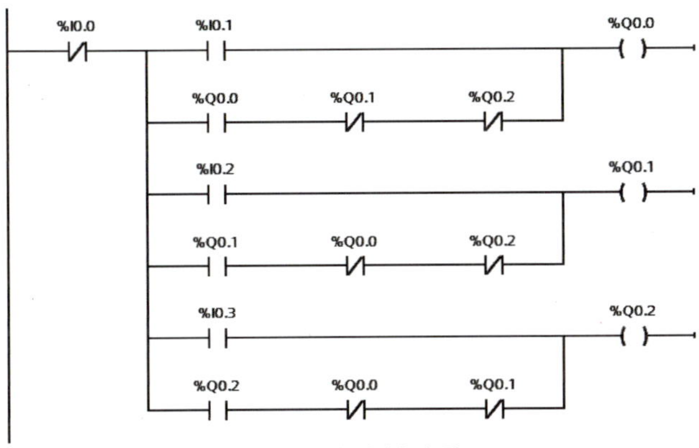

(a) 후입 우선 자기유지 회로

입력
I0.0 : 정지 푸시버튼
I0.1 : 풍속1 푸시버튼
I0.2 : 풍속2 푸시버튼
I0.3 : 풍속3 푸시버튼

출력
Q0.0 : 풍속1 램프
Q0.1 : 풍속2 램프
Q0.2 : 풍속3 램프

(b) 입출력 접점의 기능

[그림 5-23] **셋 우선 자기유지 회로를 사용한 후입 우선회로 PLC 프로그램**

후입 우선 자기유지 회로는 1개의 시스템으로 여러 종류의 동작모드를 선택해서 사용할 때, 즉 동작모드 선택 기능을 만들 때 주로 사용된다. 세탁기는 [그림 5-24]와 같이 하나의 기계장치에 대해 세탁, 헹굼, 탈수의 세 가지 기능 중에서 하나를 선택할 수 있다. 특정 버튼을 누르면 해당 기능이 선택되는데, 이후 다른 버튼을 누르면 이전에 선택되었던 기능은 해제되고, 마지막으로 누른 버튼의 기능이 선택된다.

[그림 5-24] **세탁기의 동작모드 선택**

5.3.3 체인 회로

체인[chain] 회로란 정해진 순서에 따라 차례대로 입력신호가 입력되었을 때에만 출력이 ON되고, 입력의 순서가 틀렸을 경우에는 동작하지 않는 회로의 구성을 의미한다. 이러한 체인 회로는 정해진 순서대로 작동이 필요한 컨베이어나, 기동 순서가 틀리면 안 되는 기계설비 등에 적용된다. 체인 회로를 '직렬 우선회로'라고도 한다.

[그림 5-25]에서는 체인 회로의 입력 접점을 상승펄스신호로 처리하였다. 이는 고의적으로 3개의 입력 버튼 모두를 눌렀을 때 발생하는 오동작을 방지하기 위한 것이다. 릴레이를 이용한 시퀀스 회로에서는 입력신호를 상승펄스신호로 만들기 어렵기 때문에 이러한 방법을 잘 사용하지 않지만, PLC에서는 앞에서 학습한 것처럼 4가지의 입력(a접점, b접점, 상승펄스, 하강펄스) 중에서 입력신호를 선택해서 사용하기 때문에 회로에 가장 적합한 입력신호를 선택할 수 있다.

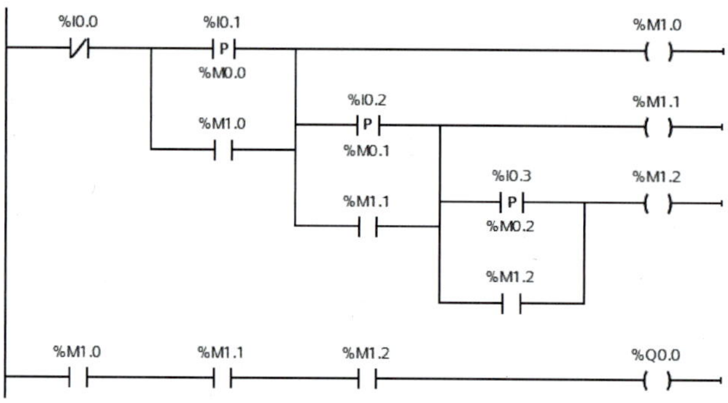

(a) 체인 회로

입력
%I0.0 : 리셋
%I0.1 : 입력1 푸시버튼
%I0.2 : 입력2 푸시버튼
%I0.3 : 입력3 푸시버튼

출력
%Q0.0 : 선택 램프

(b) 입출력 접점의 기능

[그림 5-25] 체인 회로의 PLC 프로그램

5.3.4 인터록 회로

전기장치의 보호 또는 작업자의 안전을 위해 전기장치의 동작 상태를 나타내는 접점을 사용하여 연관된 전기장치의 동작을 금지하는 회로를 인터록inter-lock 회로라 한다. 다른 용어로는 **선행동작 우선회로**, 또는 **상대동작 금지회로**라 한다. 인터록은 해당 출력의 b접점을 상대측 회로에 직렬로 연결해, 어느 한 출력이 동작 중일 때는 관련된 다른 출력이 동작할 수 없도록 규제한다. 인터록은 주로 모터의 정역 제어 또는 공압 실린더의 전후진 제어에 많이 사용되는 회로이다. 앞에서 살펴본 선입 우선 자기유지 회로에 해당 출력이 ON되면 다른 출력이 동작하지 않도록 인터록 회로가 구성된다.

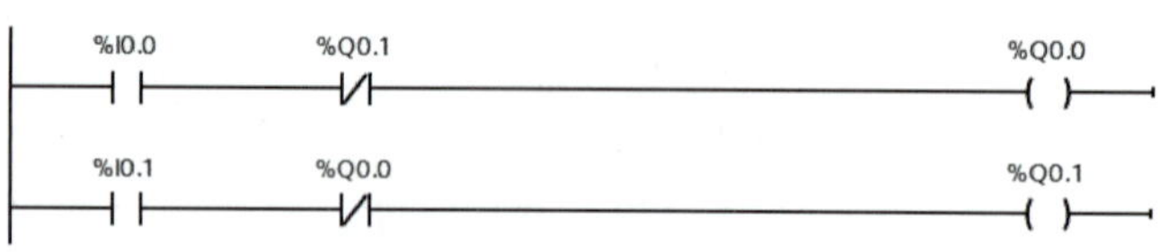

[그림 5-26] 인터록 회로의 PLC 프로그램

5.4 타이머 회로

자기유지 회로는 자동화를 구성하는 수많은 전기회로 중 가장 중요한 회로이다. 이러한 자기유지 회로에 타이머가 결합하면 시간을 제어할 수 있다. 지멘스 PLC에서 사용하는 IEC 타이머 명령어는 TON(온 딜레이 타이머), TOFF(오프 딜레이 타이머), TONR(적산 타이머), TP(펄스 타이머)가 있다. 지멘스 S7-300/1500 PLC에는 S5 PLC부터 사용해오던 타이머와 S7-300 이후에 새롭게 만들어진 IEC 명령어 타이머가 존재하는데, 이 책에서는 IEC 타이머를 사용한다.

5.4.1 TON(온 딜레이 타이머)

TON(온 딜레이 타이머)은 입력이 ON되면 사전 설정된 시간(PT)이 경과한 후에 타이머의 출력이 ON되고, 입력이 OFF되면 출력도 함께 OFF된다. [그림 5-27]의 타임차트에서 알 수 있듯이 TON에서 입력의 ON 시간이 타이머의 설정시간보다 작으면 타이머의 출력은 동작하지 않는다.

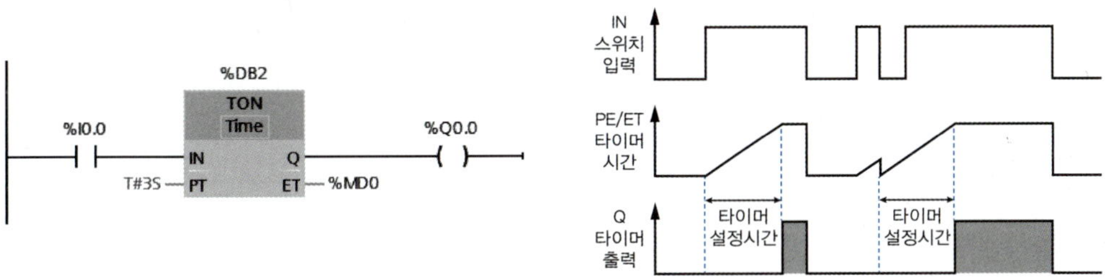

(a) TON (b) 타임차트

[그림 5-27] TON(온 딜레이 타이머) PLC 프로그램

TON과 같은 블록형 명령어를 사용하기 전에 해당 명령어의 입출력에 대한 데이터 타입을 명확하게 알고 사용해야 한다. 지멘스에서는 사전에 지정된 입출력 데이터 타입과 일치하지 않는 변수는 명령어에 사용할 수 없다. 해당 명령어의 입출력 데이터 타입은 [표 5-2]의 절차를 거치면 명령어 도움말에서 확인할 수 있다.

[표 5-2] 명령어 도움말 검색 방법

<table>
<tr><th>순서</th><th>작업 내용</th><th>작업 화면</th></tr>
<tr><td>1</td><td>도움말을 보고자 하는 명령어를 마우스 커서로 선택한다. 그러면 선택된 명령어의 사각박스의 테두리가 짙은 색으로 표시된다.</td><td>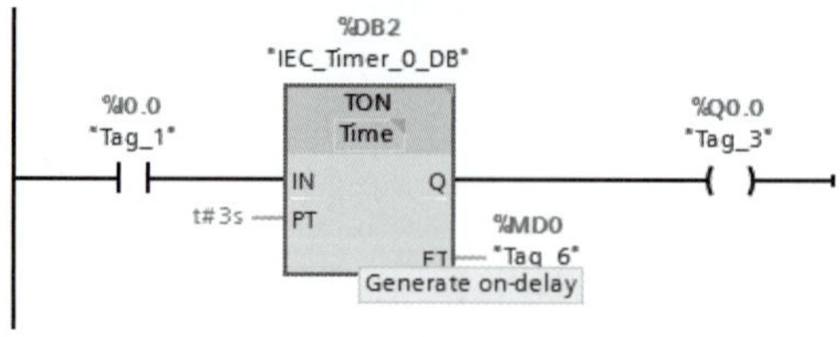
</td></tr>
<tr><td>2</td><td>키보드의 펑션 키 F1을 눌러서 좌측 상단의 검색창에서 TON을 입력한 후에 [검색(Search)] 버튼을 누르면 명령어 도움말을 볼 수 있다.</td><td>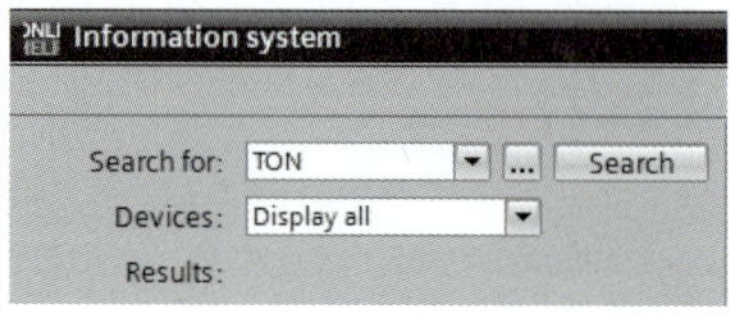
</td></tr>
<tr><td>3</td><td colspan="2">도움말에서 TON 명령어의 파라미터 항목을 검색한다.
<table>
<tr><th>Parameters</th><th>Declaration</th><th>Data type</th><th>Memory area</th><th>Description</th></tr>
<tr><td>IN</td><td>Input</td><td>BOOL</td><td>I, Q, M, D, L</td><td>Start input</td></tr>
<tr><td>PT</td><td>Input</td><td>TIME</td><td>I, Q, M, D, L, P, or constant</td><td>Duration of the on-delay
The value of the PT parameter must be positive.</td></tr>
<tr><td>Q</td><td>Output</td><td>BOOL</td><td>I, Q, M, D, L</td><td>Output that is set when the time PT expires.</td></tr>
<tr><td>ET</td><td>Output</td><td>TIME</td><td>I, Q, M, D, L</td><td>Current time value</td></tr>
</table></td></tr>
</table>

TON의 입출력 태그 타입을 나타낸 도표에서 ET는 타이머가 동작될 때 현재 경과시간을 나타내는 출력으로, 태그 타입이 TIME이다. TIME은 32비트를 사용하기 때문에 [그림 5-27]의 TON의 출력 ET에 32비트 크기의 메모리인 %MD0을 설정한 것이다. 지멘스 PLC에서 사용하는 명령어가 처음이거나 입출력 변수의 태그 타입을 잘 알지 못하는 경우에는 반드시 도움말 검색을 통해서 태그 타입을 확인한 후에 형식에 맞는 태그를 설정해야 한다.

5.4.2 TOFF(오프 딜레이 타이머)

TOFF(오프 딜레이 타이머)는 타이머의 입력 IN이 ON되면 출력 Q도 함께 ON되고, 입력 IN이 OFF되면 출력 Q는 사전 설정된 시간 지연(PT) 이후 OFF되는 타이머이다. [그림 5-28]의 타임차트의 출력에서 짙은 색으로 표시된 부분이 사전 설정된 시간에 의해 ON 출력이 지연되는 구간이다.

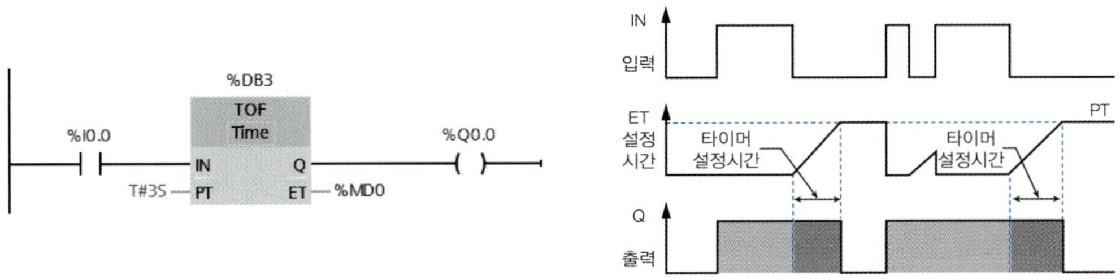

(a) TOFF (b) 타임차트

[그림 5-28] TOFF(오프 딜레이 타이머) PLC 프로그램

5.4.3 플리커 타이머

타이머의 입력신호가 ON되면 일정한 시간 간격으로 ON/OFF 동작을 반복하는 기능을 플리커 타이머flicker timer라 한다. 자동차의 좌회전/우회전에 사용되는 방향 지시등이 일정한 시간 간격으로 깜박이는 동작을 구현할 때 사용되는 타이머가 바로 플리커 타이머이다. 지멘스 PLC의 타이머 명령어에는 플리커 타이머 명령어가 따로 없지만, 경고 및 알람 램프 점멸동작에 플리커 타이머 기능을 많이 사용한다. 플리커 타이머를 어떻게 구현하는지 알아보자.

[그림 5-29]와 같이 플리커 타이머는 2개의 온 딜레이 타이머로 만들 수 있으며, T1과 T2의 설정시간을 변경하면 다양한 ON/OFF 주기를 가진 클록 신호를 만들 수 있다. 출력신호의 경우, OFF 신호가 먼저 출력되는 %Q0.0 신호와, ON이 먼저 출력되는 %Q0.1 신호의 사용을 구분해 놓았다. 사용 조건에 맞게 신호를 선택해서 사용한다.

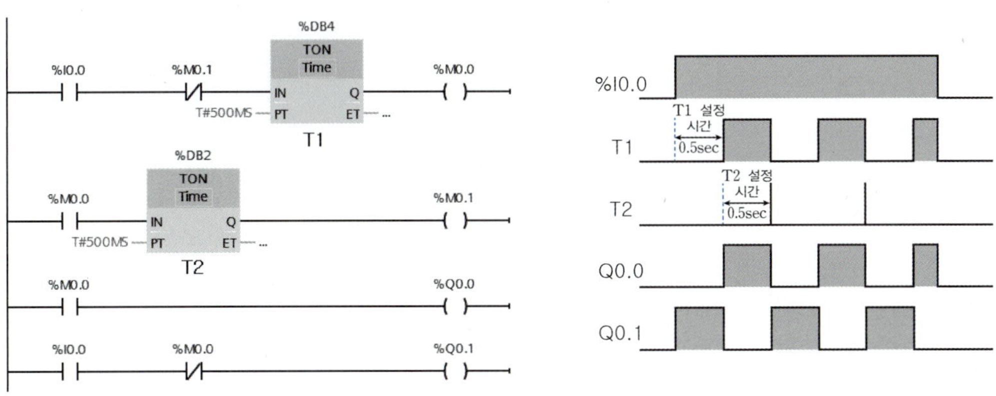

(a) 플리커 타이머 (b) 타임차트

[그림 5-29] 플리커 타이머 PLC 프로그램 1

플리커 타이머를 만드는 다른 방법을 살펴보자. [그림 5-30]은 1개의 온 딜레이 타이머를 사용해서 플리커 타이머를 만드는 방법을 나타낸 것이다. ON/OFF의 1주기 시간을 설정한 온 딜레이 타이머를 동작시킨 후, 타이머의 경과시간(ET)을 비교해서 해당 출력의 동작을 점멸하도록 하고 있다. [그림 5-30]을 살펴보면, 타이머의 경과시간 ET의 값을 M메모리 32비트 크기인 %MD10에 저장한 후, 경과시간의 대소 비교를 통해서 출력을 ON/OFF하고 있다.

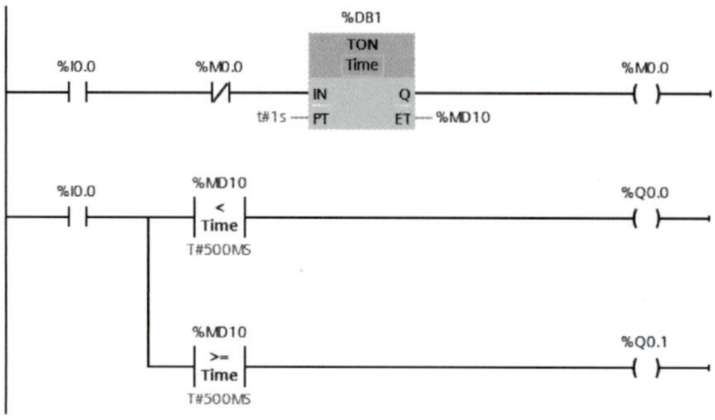

(a) 플리커 타이머

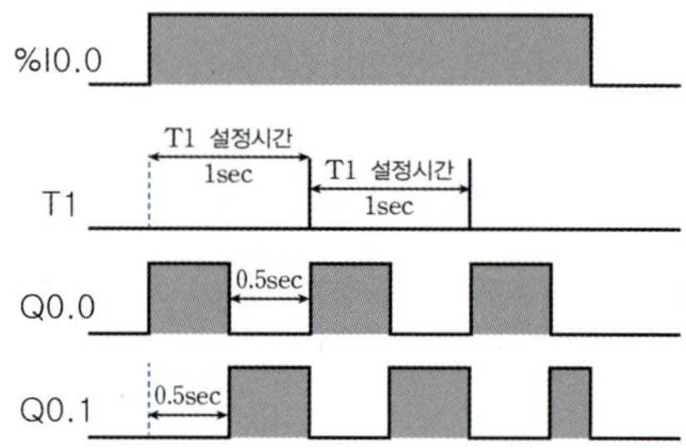

(b) 타임차트

[그림 5-30] 플리커 타이머 PLC 프로그램 2

5.4.4 TONR(적산 타이머)

자동차의 속도계에는 차량의 운행거리를 기록하는 적산거리계가 있다. 적산이라는 말은 측정하거나 계산한 값을 차례차례 더해가는 동작을 의미한다. 자동차에는 차량 출고부터 폐차까지 계속해서 운행거리가 누적되는 적산거리계와, 사용자가 리셋할 수 있는 적산거리계가 내장되어 있다. 자동차의 적산거리계처럼 TONR(적산 타이머retentive timer)은 동작시간을 적산하는 기능을 가지고 있는 타이머를 의미한다.

[그림 5-31] 자동차의 적산거리계

TONR은 자동화 장치에서 사용되는 장비의 가동시간 또는 소모품의 교체시기를 알고자 할 때 주로 사용한다. TONR은 입력이 ON된 시간을 누적해서 설정시간과 비교한 후, 두 값이 같으면 시간 누적을 정지하고 타이머의 출력을 ON한다. 타이머의 누적시간은 별도의 리셋 입력이 ON될 때 0으로 설정되고, 타이머의 출력도 OFF된다. 따라서 TONR에는 다른 타이머와 달리 누적시간을 0으로 설정하기 위한 리셋 입력이 별도로 존재한다.

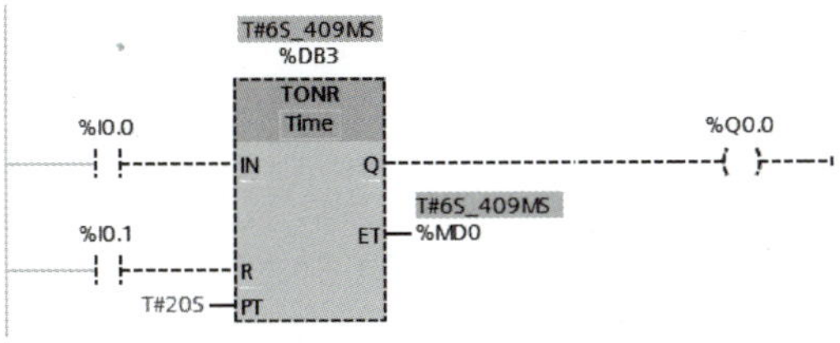

(a) TONR

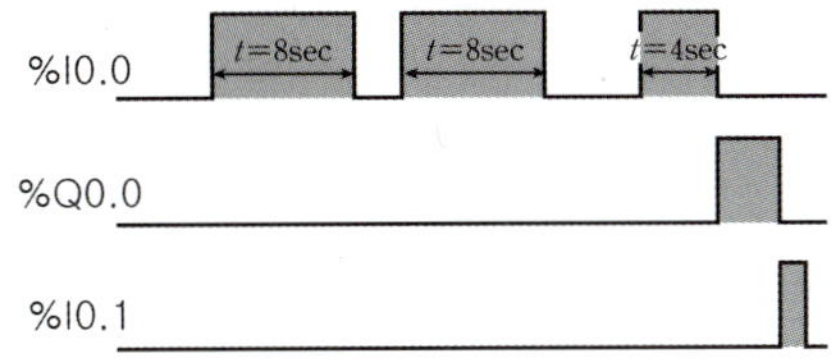

(b) 타임차트

[그림 5-32] TONR(적산 타이머) PLC 프로그램

5.4.5 TP(펄스 타이머)

TP(펄스 타이머)는 타이머 설정시간 PT에 관계없이 입력만 ON되면 일정한 시간 동안 타이머의 출력이 ON되는 타이머이다. TP의 IN 입력에 [그림 5-33]처럼 a접점 신호를 사용하면, IN 입력신호가 ON된 시간에 관계없이 출력은 PT 입력에 설정된 시간만큼 ON된다.

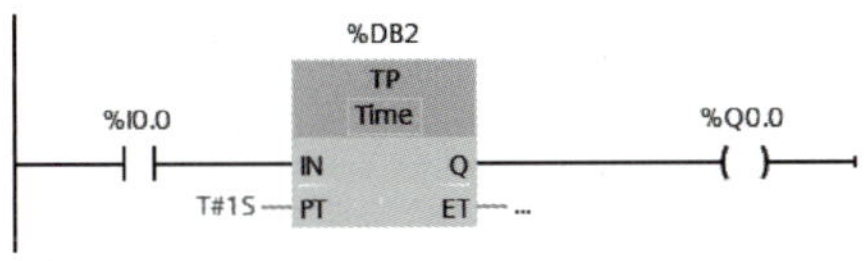

(a) ON 후 펄스신호 출력

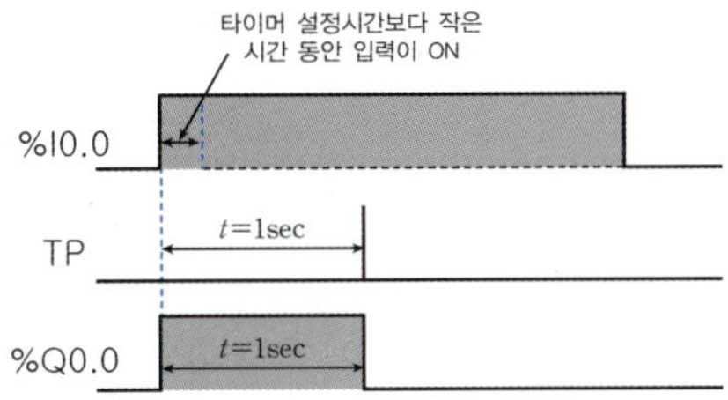

(b) 타임차트

[그림 5-33] 입력이 ON된 후 일정시간 동안 출력이 ON되는 TP(펄스 타이머)의 PLC 프로그램

TP의 IN 입력에 하강펄스 신호를 사용하면 [그림 5-34]처럼 IN 입력신호가 OFF된 후에 출력이 PT에서 설정한 시간만큼 ON된다. 입력신호의 시간에 관계없이 입력신호가 ON되면 출력이 정해진 일정시간 동안 ON되는 TP 동작을 원 샷 타이머one shot timer라 부르기도 한다.

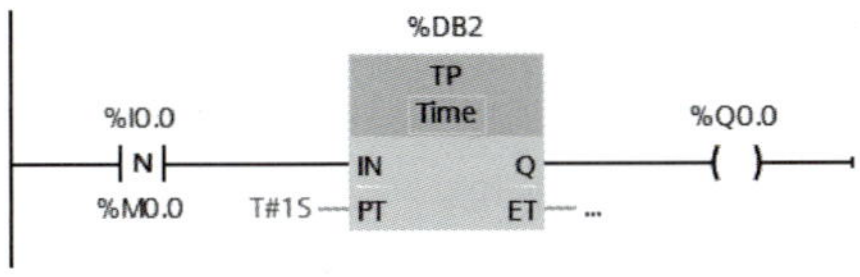

(a) OFF 후 펄스신호 출력

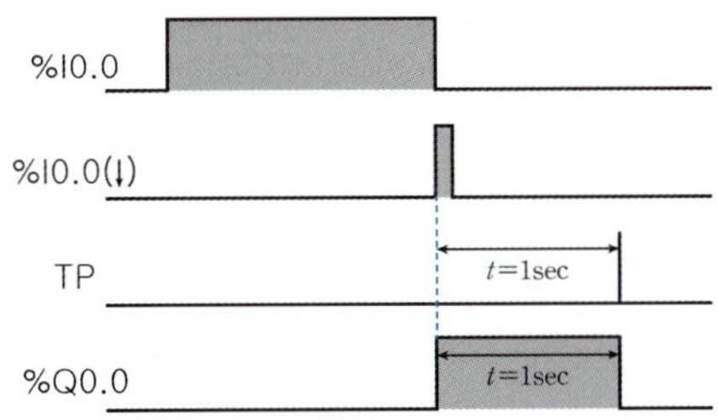

(b) 타임차트

[그림 5-34] 입력이 OFF된 후 일정시간 동안 출력이 ON되는 TP(펄스 타이머)의 PLC 프로그램

5.5 카운터 회로

카운터counter는 '수를 세는 장치'라는 의미로 이름 붙여졌다. 자동화 전기회로에서 카운터는 전기 스위치의 ON/OFF 횟수를 세거나, 센서의 ON/OFF 신호를 세는 역할을 한다. 지멘스 PLC S7-300/1500에서는 타이머와 비슷하게 S5 PLC부터 사용하던 카운터와 IEC 카운터 명령어로 구분한다. 이 책에서는 IEC 카운터만을 설명한다. IEC 카운터는 동작 기능에 따라 가산 카운터(CTU)와 감산 카운터(CTD), 가감산 카운터(CTUD)로 구분된다.

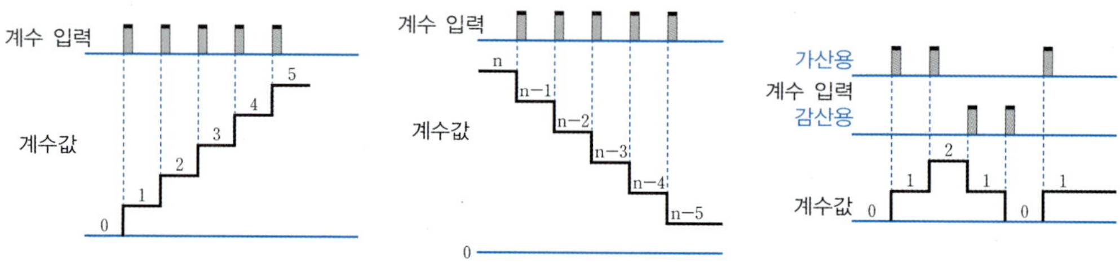

(a) 가산 카운터의 동작　(b) 감산 카운터의 동작　(c) 가감산 카운터의 동작

[그림 5-35] 가산, 감산, 가감산 카운터의 동작

5.5.1 CTU(가산 카운터)

가산 카운터 또는 업(UP) 카운터라 불리는 이 카운터는 입력신호가 ON/OFF될 때마다 현재값에 1을 더하고, 설정값과 비교하여 같거나 크면 카운터의 출력이 ON된다. 출력이 ON된 후에는 리셋 명령을 통해 현재값을 강제로 0으로 만들며, 동시에 카운터의 출력도 OFF된다.

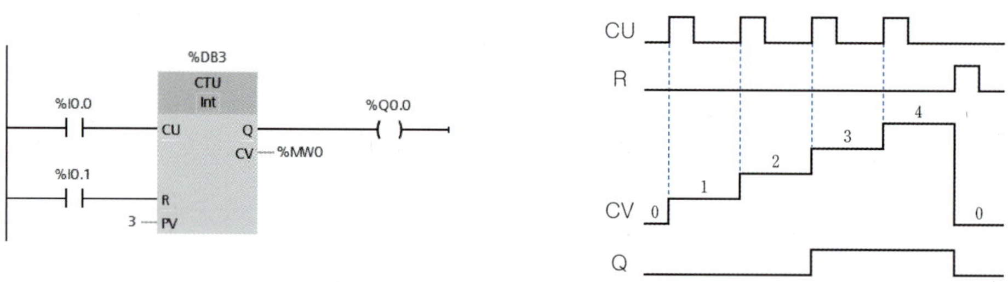

(a) CTU PLC 프로그램　(b) 타임차트

[그림 5-36] CTU(가산 카운터) PLC 프로그램

CTU 사용 시 주의점 : 펄스신호의 사용

카운터의 입력신호로 사용할 수 있는 것은 a접점, b접점, 상승펄스, 하강펄스 신호이다. 여러 종류의 입력신호가 카운터의 입력으로 사용되어도, 카운터는 입력신호의 상승펄스 신호를 체크하여 카운터의 현재값을 1씩 증가시킨다. 이는 PLC 프로그램이 스캔 처리 방식으로 실행되기 때문에 입력신호가 여러 스캔에 걸쳐 ON되었을 때에도 카운터의 현재값을 1씩 증가시키기 위함이다.

자기유지 회로와 플리커 타이머를 사용해서 램프의 점멸을 10회 실행하고자 할 때, 일반 접점을 사용하면 어떤 문제가 발생하는지 [그림 5-37]에 주어진 프로그램을 작성해서 실행시켜보자. 첫 번째 프로그램 라인은 I0.0의 버튼을 누르면 M1.0의 비트 메모리 값을 1로 설정하는 동작이고, 두 번째와 세 번째 프로그램은 주기가 1sec(500ms ON, 500ms OFF)인 플리커 타이머 동작이다. 프로그램의 네 번째 라인에서는 플리커 타이머에 의해 ON되는 펄스신호를 가산 카운터를 사용해서 카운팅한다. 가산 카운터가 10개의 펄스신호를 카운팅하면, 가산 카운터의 PV의 설정값과 같아지기 때문에 가산 카운터의 출력 Q가 ON된다. 이때 비트가 리셋되면 두 번째 프로그램 라인의 M1.0도 OFF되어 플리커 타이머의 동작을 중지시킨다. 이때 가산 카운터도 자신의 출력으로 스스로를 리셋한다.

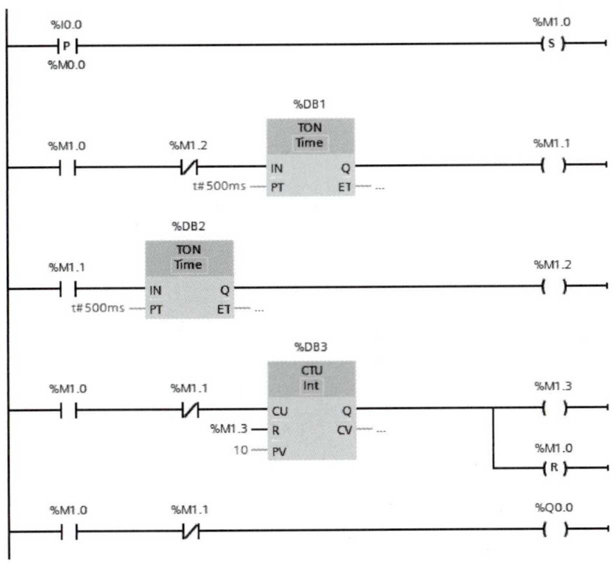

[그림 5-37] CTU를 이용한 램프 10회 점멸 프로그램

[그림 5-37]의 프로그램을 작성해서 실제로 동작시켜보면, 램프가 10회가 아닌 9회만 점멸동작하는 것을 확인할 수 있다. 왜 그럴까? [그림 5-38]을 보면, 카운터는 입력신

호의 상승펄스에서 카운터의 값을 증가시킨다. 따라서 상승펄스신호가 10번째 입력되는 순간, 플리커 타이머의 동작이 중지되면서 램프가 9회만 점등된 것이다. 램프의 점멸을 10회 반복하려면 [그림 5-39]처럼 카운터의 입력신호를 하강펄스신호로 변경하면 된다.

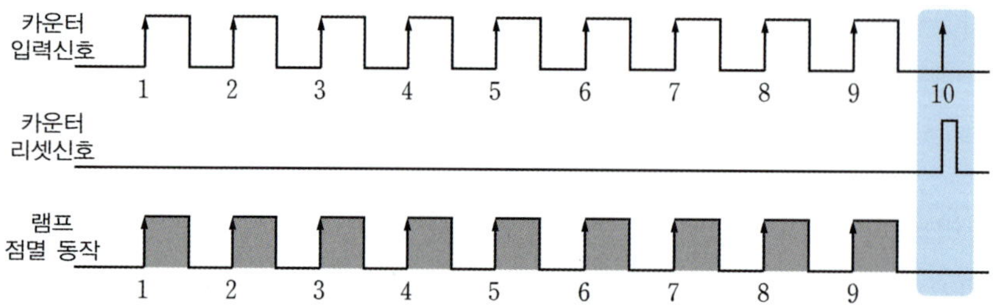

[그림 5-38] 카운터의 상승펄스신호에 의한 램프 점멸동작

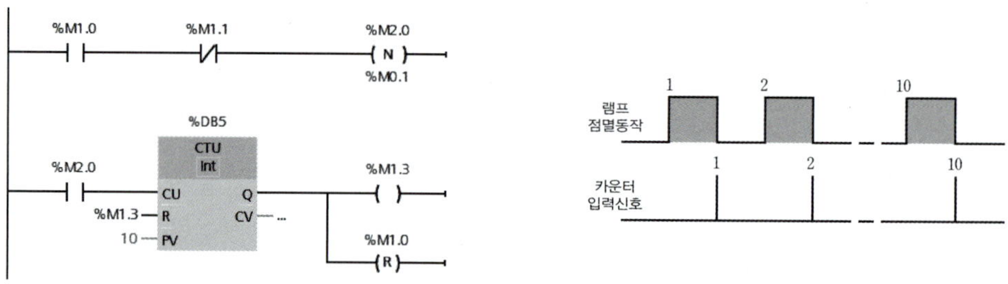

(a) 하강펄스 신호를 카운터의 입력으로 사용

(b) 타임차트

[그림 5-39] [그림 5-37]의 프로그램에서 카운터의 입력신호를 하강펄스신호로 사용

ON/OFF되는 입력신호를 카운트하려면, 앞에서 살펴본 것처럼 어떤 입력 조건을 카운터의 입력으로 사용할지 잘 판단해야 한다. 따라서 카운터의 입력신호로 접점이 아닌 상승 또는 하강펄스신호를 조건에 맞게 선택하여 사용하는 게 좋다.

5.5.2 CTD(감산 카운터)

감산 카운터 또는 다운(DOWN) 카운터라 불리는 이 카운터는 입력신호가 ON/OFF될 때마다 설정된 현재값에서 1씩 감산하다가, 현재값이 0과 같거나 작으면 카운터의 출력을 ON시킨다. 출력이 ON된 후 LD 입력을 ON하면, PV에 설정된 값이 CV로 전송되면서 CV의 값이 0보다 크게 설정되기 때문에 출력이 OFF된다.

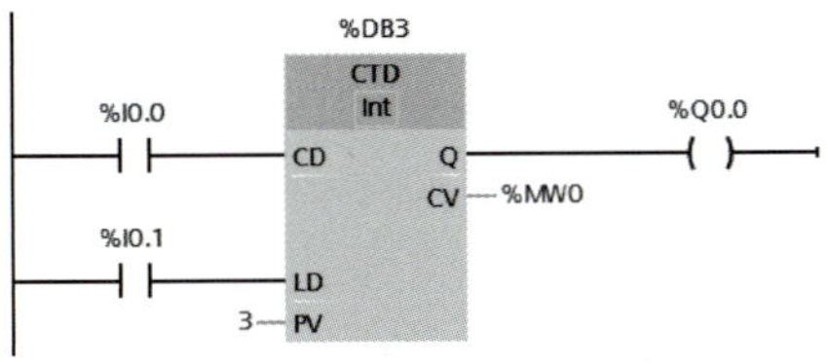

(a) CTD PLC 프로그램

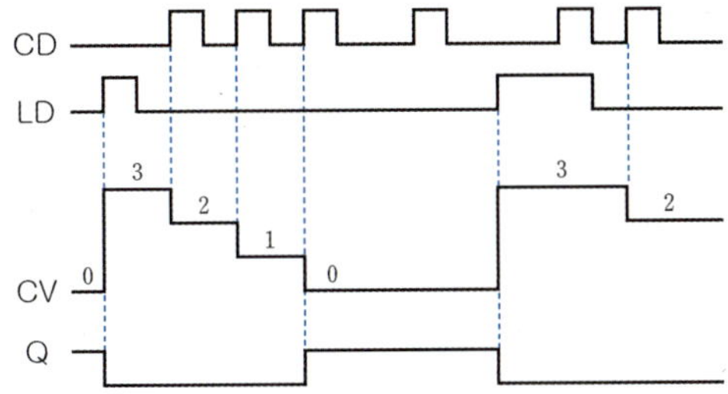

(b) 타임차트

[그림 5-40] CTD(감산 카운터) PLC 프로그램

5.5.3 CTUD(가감산 카운터)

가감산(UP/DN) 카운터는 앞에서 학습한 가산 카운터와 감산 카운터를 합쳐놓은 기능을 가진 카운터 명령어이다. [그림 5-41]의 CTUD(가감산 카운터) 명령어를 살펴보면 카운터의 출력이 2개임을 확인할 수 있다. QU는 업 카운터 출력으로, 카운터의 현재값 CV가 설정값 PV보다 크면 ON되는 출력이다. QD는 다운 카운터 출력으로, CV 값이 0과 같거나 작을 때 ON된다. 카운터 입력의 LD는 다운 카운터의 LD 입력 기능처럼 해당 입력이 ON되면 현재값이 설정값과 동일하게 설정된다. 이때 카운터의 출력 QU가 ON된다.

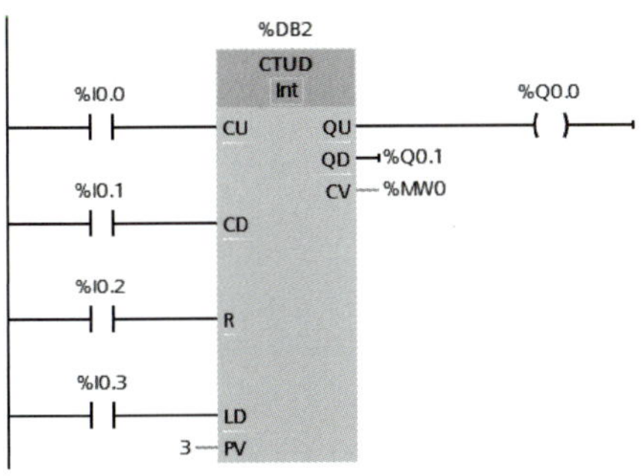

(a) UDCNT1을 이용한 CTUD PLC 프로그램

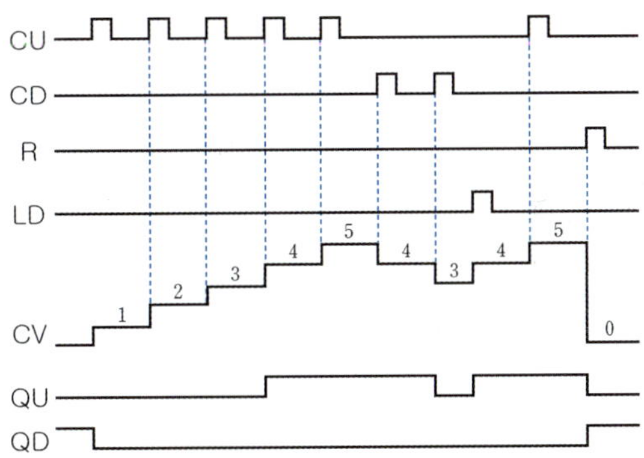

(b) 타임차트

[그림 5-41] UDCNT1을 이용한 CTUD(가감산 카운터) PLC 프로그램

CTUD는 카운터의 출력을 사용하기보다는 카운터의 현재값을 사용하고자 할 때 주로 사용하는 카운터라 할 수 있다. 예를 들어 대형 쇼핑몰의 주차장 입구에 차량의 주차 대수를 확인할 수 있는 전광판이 설치되어 있는데, 이는 차량의 출입에 따라 주차장에 주차한 차량대수를 파악함으로써 주차장을 효율적으로 운영하기 위한 것이다.

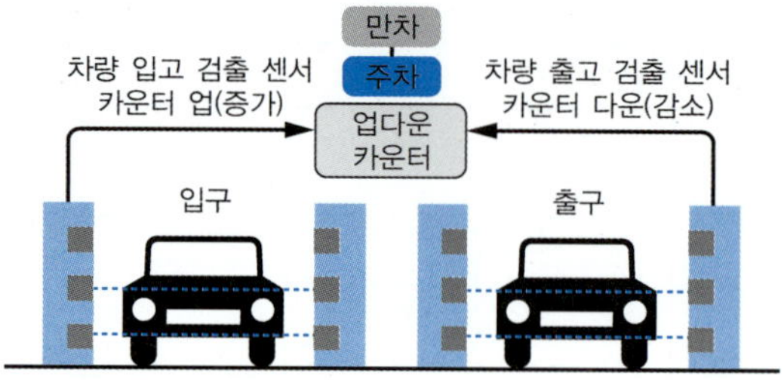

[그림 5-42] **차량 입출고 시스템**

[그림 5-41]의 프로그램에서 차량 입고 검출 센서는 %I0.0에, 차량 출고 검출 센서는 %I0.1에 연결하고, 만차 표시 램프는 %Q0.0에, 주차 표시 램프는 %Q0.1에 연결하면 차량 입출고 현황 표시를 제어할 수 있다.

실습과제 5-1 자기유지 회로를 사용하여 램프 점등하기

시퀀스 명령을 사용한 자기유지 회로를 통해 램프를 점등하는 PLC 프로그램 작성법에 대해 학습한다.

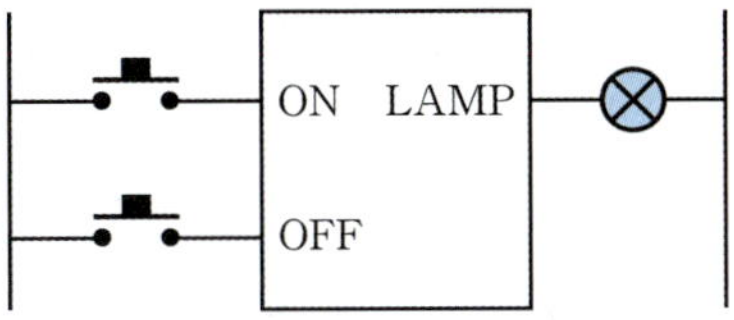

(a) 램프 점등을 위한 입출력 구성

입력		출력	
번지	기능	번지	기능
I0.0	ON	Q0.0	LAMP
I0.1	OFF	-	-

(b) PLC 입출력 리스트

[그림 5-43] 1개의 램프를 점등하기 위한 시스템 구성 및 입출력 리스트

동작 조건

❶ 시스템의 전원이 ON되면, 램프는 소등된 상태이다.

❷ ON 버튼을 누르면 램프는 점등된다.

❸ OFF 버튼을 누르면 램프는 소등된다.

생각해봅시다

■ 일반 전기회로와 PLC 전기회로의 차이점

일반 전기회로에 사용하는 스위치는 ON 또는 OFF 상태를 계속 유지하기 위해 스위치 자체가 물리적으로 잠기는 기능을 가지고 있다. 램프를 ON하는 스위치에 푸시버튼을 사용하면, 램프의 ON 상태를 유지하기 위해 누군가가 푸시버튼을 계속 누르고 있어야 한다는 문제점이 있기 때문이다.

PLC는 정보를 기억하는 메모리 기능을 가지고 있다. PLC는 램프 점등을 위한 해당 비트 메모리의 정보를 0 또는 1로 변경해 램프의 ON/OFF를 제어할 수 있지만, 물리적인 힘을 가하여 기계적으로 위치가 고정되는 스위치를 제어할 수는 없다. 만약 입력 스위치의 상태가 고정되어 있으면, 해당 입력이 계속 ON 또는 OFF가 되기 때문에 PLC의 메모리 내용도 계속 고정된다. 그 결과, 메모리에 저장된 정보를 변경할 수 없다는 문제가 발생한다.

따라서 PLC에서 입력모듈에 연결하여 사용하는 스위치의 대부분은 푸시버튼이다. 그 중 일부는 자동/수동 선택과 같은 동작모드 선택 스위치이거나, 또는 비상 정지 조건에 따라 기계적으로 잠기는 스위치이다. 동작모드 및 비상 정지는 PLC가 아닌 사람이 선택하는 기능이므로, PLC에 의해 해당 동작모드가 변경되지 않도록 기계적으로 해당 동작모드를 고정시키는 것이라 생각하면 된다.

PLC 프로그램 작성법

지멘스 PLC에서는 조건에 따라 FB, FC를 이용한 프로그램을 작성하고, OB에서 작성한 FB와 FC를 호출하는 방식으로 프로그램을 작성한다. [실습과제 5-1]의 경우, ON 버튼이 눌린 후 OFF 버튼이 눌릴 때까지 LAMP의 점등 조건을 계속 기억할 수 있는 FB의 Static 메모리 영역을 사용해야 하기 때문에 FB로 프로그램을 작성해야 한다.

[표 5-3] [실습과제 5-1] 프로그램 작성

<table>
<tr><th>순서</th><th>작업 내용</th><th>작업 화면</th></tr>
<tr><td>1</td><td>FB 만들기
❶ [Project tree]를 연다.
❷ [Program blocks] 폴더를 연다.
❸ [Add new block]을 더블클릭한다.
❹ [FB]를 선택한다.
❺ FB의 Name을 설정한다.
❻ [OK] 버튼을 클릭하면 새로운 FB가 만들어진다.</td><td>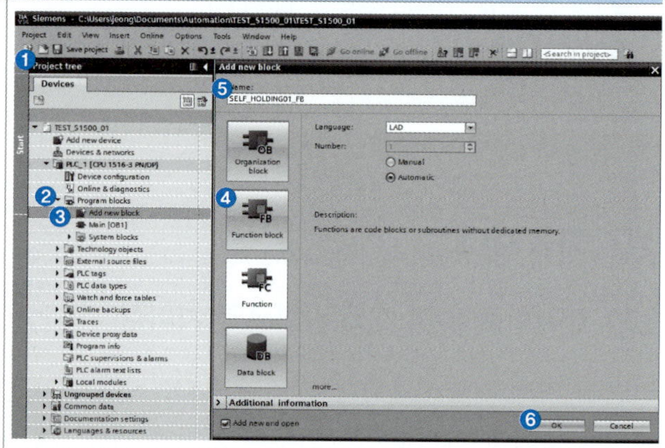
</td></tr>
<tr><td>2</td><td>태그 설정
FB 프로그램 작성에 필요한 입출력 태그와 내부 태그를 설정한다.</td><td>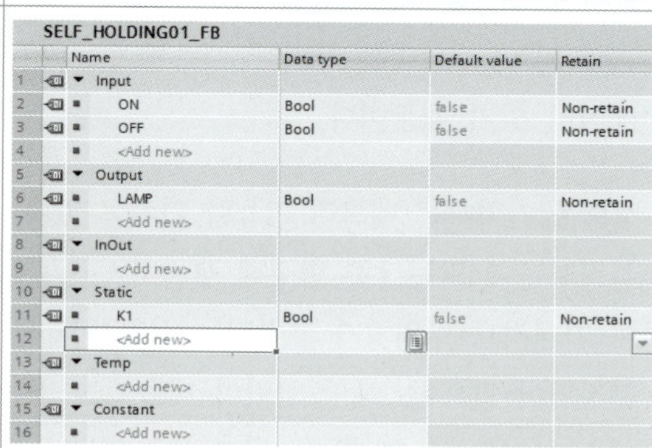
SELF_HOLDING01_FB
<table>
<tr><th></th><th>Name</th><th>Data type</th><th>Default value</th><th>Retain</th></tr>
<tr><td>1</td><td>▼ Input</td><td></td><td></td><td></td></tr>
<tr><td>2</td><td>ON</td><td>Bool</td><td>false</td><td>Non-retain</td></tr>
<tr><td>3</td><td>OFF</td><td>Bool</td><td>false</td><td>Non-retain</td></tr>
<tr><td>4</td><td><Add new></td><td></td><td></td><td></td></tr>
<tr><td>5</td><td>▼ Output</td><td></td><td></td><td></td></tr>
<tr><td>6</td><td>LAMP</td><td>Bool</td><td>false</td><td>Non-retain</td></tr>
<tr><td>7</td><td><Add new></td><td></td><td></td><td></td></tr>
<tr><td>8</td><td>▼ InOut</td><td></td><td></td><td></td></tr>
<tr><td>9</td><td><Add new></td><td></td><td></td><td></td></tr>
<tr><td>10</td><td>▼ Static</td><td></td><td></td><td></td></tr>
<tr><td>11</td><td>K1</td><td>Bool</td><td>false</td><td>Non-retain</td></tr>
<tr><td>12</td><td><Add new></td><td></td><td></td><td></td></tr>
<tr><td>13</td><td>▼ Temp</td><td></td><td></td><td></td></tr>
<tr><td>14</td><td><Add new></td><td></td><td></td><td></td></tr>
<tr><td>15</td><td>▼ Constant</td><td></td><td></td><td></td></tr>
<tr><td>16</td><td><Add new></td><td></td><td></td><td></td></tr>
</table></td></tr>
</table>

(계속)

3

프로그램 작성

램프 점등을 위한 자기유지 회로 프로그램을 작성한다.

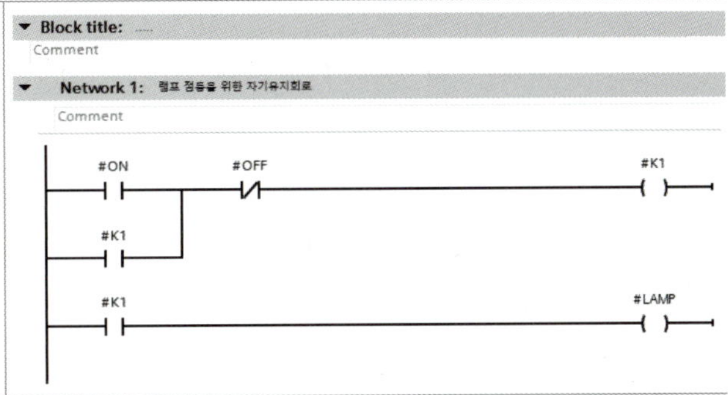

4

컴파일

FB를 컴파일해서 에러가 없는지 확인한다.

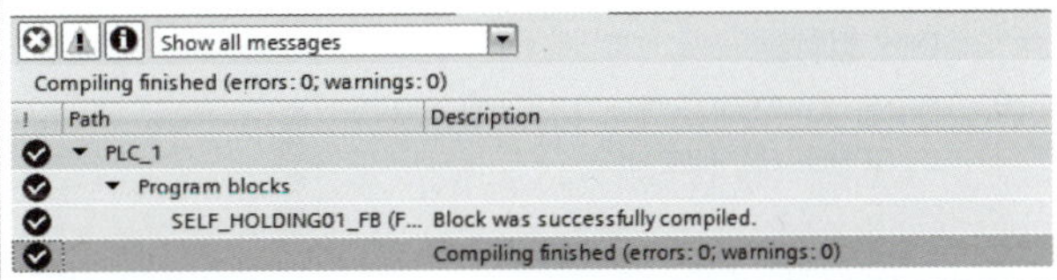

5

OB1 작성

❶ FB1을 마우스 커서로 선택한다.
❷ FB1을 OB1의 첫 번째 Network 1번 라인에 위치시킨다.
❸ FB1에 할당될 DB의 명칭을 확인한다.
❹ [OK] 버튼을 누른다.

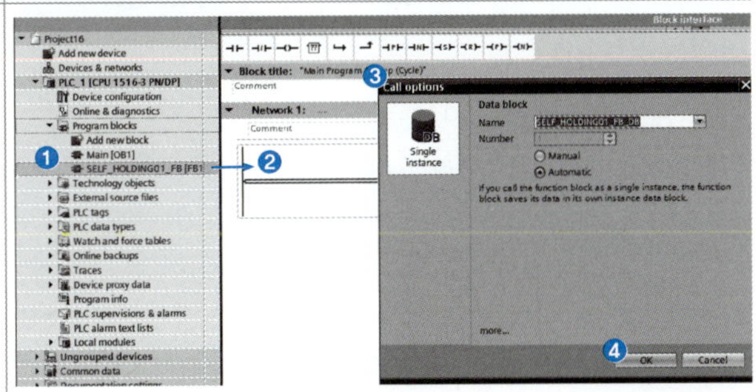

6

입력태그 명칭 설정

❶ 하드웨어 구성에서 입력모듈을 선택한다.
❷ [I/O tags] 탭을 클릭한다.
❸ 입력번지에 태그 명칭을 지정한다.

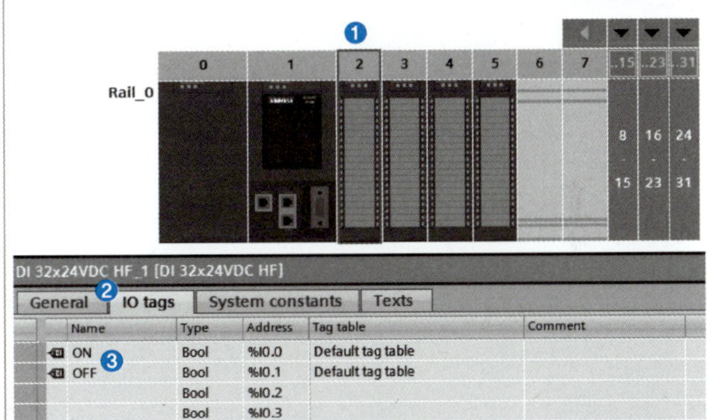

7

출력태그 명칭 설정

❶ 하드웨어 구성에서 출력모듈을 선택한다.
❷ [I/O tags] 탭을 클릭한다.
❸ 출력번지에 태그 명칭을 지정한다.

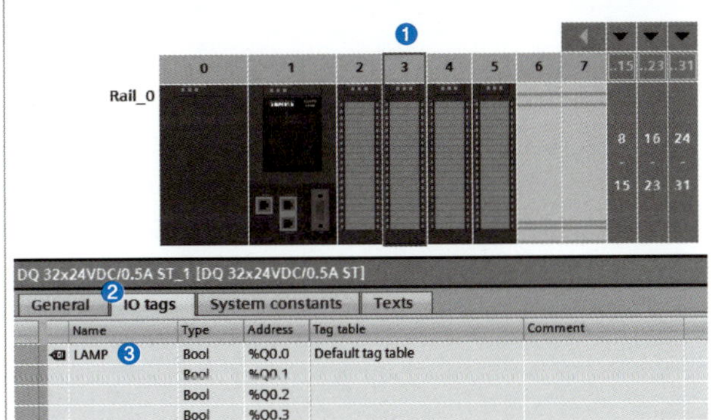

(계속)

8	**입출력 번지 설정** FB1에 입력과 출력으로 실제 신호를 입출력 받을 번지를 지정한다.	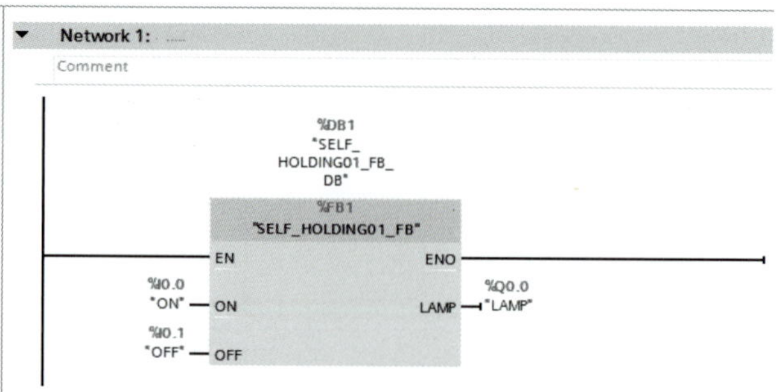
9	**OB1 컴파일** OB1을 컴파일해서 에러가 없는지 확인하고 CPU로 다운로드한다.	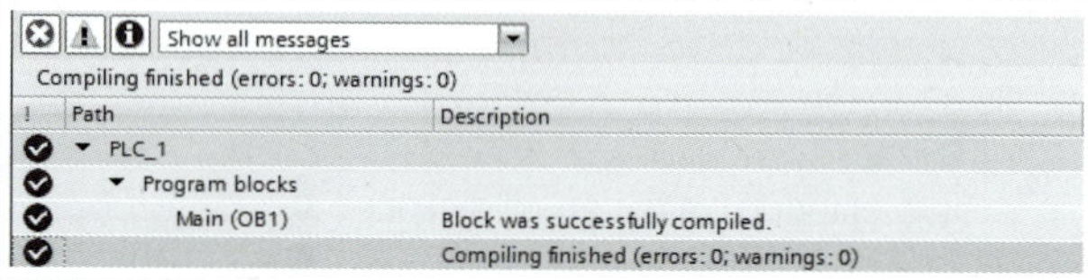
10	**OB1 모니터링** 모니터링 아이콘을 클릭해서 동작 상태를 모니터링하여 확인한다.	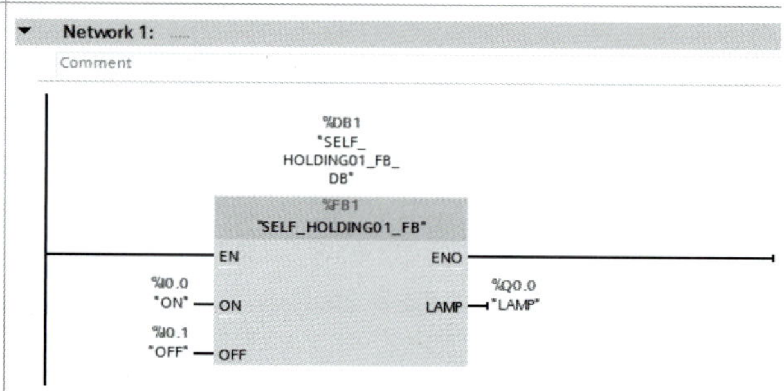

실습과제 5-2 자기유지 회로와 타이머의 조합

자기유지 회로와 타이머의 조합을 활용하여 원하는 시간만큼 출력을 제어하는 방법을 학습해보자.

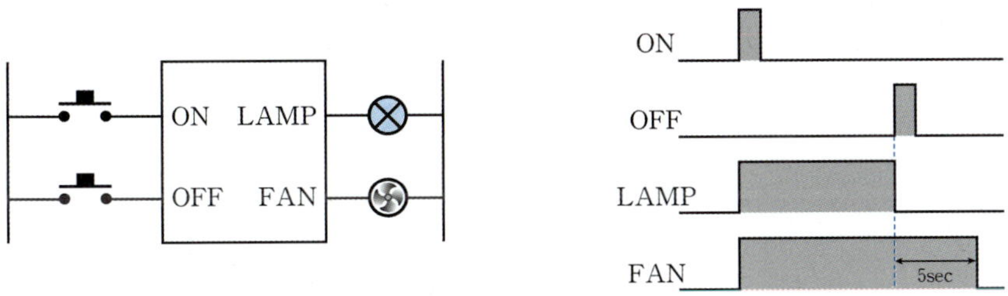

(a) 램프 및 팬 제어를 위한 시스템 구성도 (b) 타임차트

[그림 5-44] **램프와 팬 제어를 위한 시스템 구성도 및 타임차트**

동작 조건

❶ 시스템의 전원이 ON되면 램프와 팬은 OFF 상태이다.

❷ ON 버튼을 누르면 램프와 팬은 ON된다.

❸ OFF 버튼을 누르면 램프는 소등되고, 팬은 5초 동안 더 동작한 후에 정지한다.

PLC 프로그램 작성법

[실습과제 5-1]에서 램프 1개를 제어하는 데 1개의 자기유지 회로를 사용하였다. 2개의 출력(램프와 팬)을 제어하기 위해서는 2개의 자기유지 회로가 필요하다. 그런데 출력이 2개 이상인 경우에는 출력이 각각 동작하는 경우와, 서로 연결되어 동작하는 경우로 구분되는데, 각각 동작하는 경우에는 앞에서 학습한 것처럼 해당 자기유지 회로의 셋과 리셋 입력을 지정하면 된다. 하지만 서로 연결되어 동작하는 경우에는 2개의 출력이 어떤 입력에 의해 동작하는지를 살펴보아야 한다.

입력과 출력의 연결 관계를 표현한 것이 [그림 5-44(b)]에 제시된 타임차트이다. 타임차트를 살펴보면, FAN은 OFF 버튼이 눌린 후에도 5초 동안 동작한 후에 정지하도록 되어있기 때문에 타이머를 사용해야 함을 알 수 있다. 출력 2개를 제어하기 위해서는 2개의 자기유지 회로와 1개의 타이머가 필요하다. 그리고 자기유지 회로의 ON/OFF 정보를 기억하기 위한 FB의 static 내부 변수를 필요로 한다.

[표 5-4] [실습과제 5-2] 프로그램 작성

<table>
<tr><th>순서</th><th>작업 내용</th><th>작업 화면</th></tr>
<tr><td>1</td><td>FB2 태그 선언
FB2번을 만들고 프로그램 작성에 필요한 태그를 설정한다.</td><td>
SELF_HOLD_TIMER_FB02
<table>
<tr><th></th><th>Name</th><th>Data type</th><th>Default value</th><th>Retain</th></tr>
<tr><td>1</td><td>▼ Input</td><td></td><td></td><td></td></tr>
<tr><td>2</td><td>ON</td><td>Bool</td><td>false</td><td>Non-retain</td></tr>
<tr><td>3</td><td>OFF</td><td>Bool</td><td>false</td><td>Non-retain</td></tr>
<tr><td>4</td><td>▼ Output</td><td></td><td></td><td></td></tr>
<tr><td>5</td><td>LAMP</td><td>Bool</td><td>false</td><td>Non-retain</td></tr>
<tr><td>6</td><td>FAN</td><td>Bool</td><td>false</td><td>Non-retain</td></tr>
<tr><td>7</td><td>▼ InOut</td><td></td><td></td><td></td></tr>
<tr><td>8</td><td><Add new></td><td></td><td></td><td></td></tr>
<tr><td>9</td><td>▼ Static</td><td></td><td></td><td></td></tr>
<tr><td>10</td><td>K1</td><td>Bool</td><td>false</td><td>Non-retain</td></tr>
<tr><td>11</td><td>K2</td><td>Bool</td><td>false</td><td>Non-retain</td></tr>
<tr><td>12</td><td>T1_Q</td><td>Bool</td><td>false</td><td>Non-retain</td></tr>
</table>
</td></tr>
<tr><td>2</td><td>FB2 프로그램 작성
❶ FB2번의 프로그램을 작성한다. 램프와 팬을 제어하기 위한 2개의 자기유지 회로와, 5초의 시간을 계측하기 위한 타이머가 사용된다.
❷ FB2를 컴파일해서 에러가 없는지 확인한다.
❸ OB1에서 FB2를 호출하고, 입출력 번지를 지정한다.
❹ OB1을 컴파일하고 CPU로 다운로드 해서 프로그램의 동작을 확인한다.</td><td>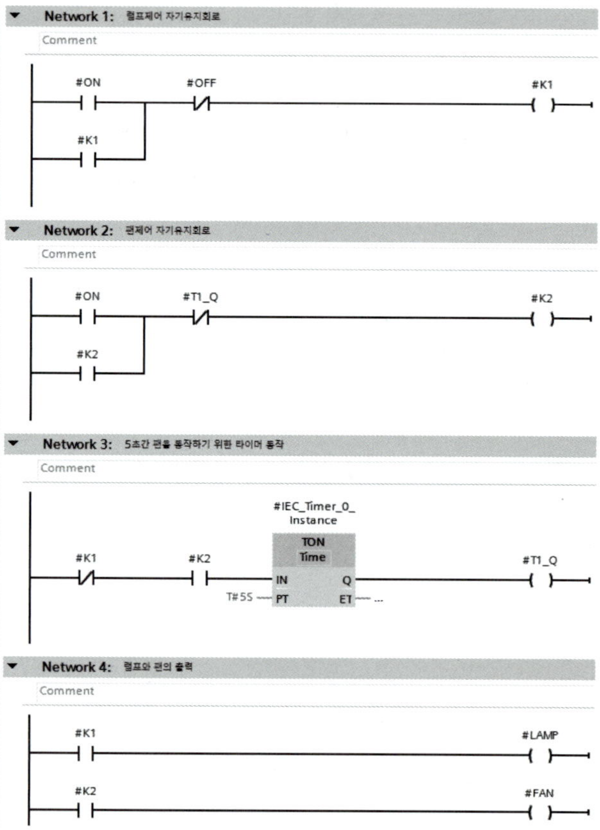
</td></tr>
</table>

[표 5-4]의 FB2에서 작성한 프로그램을 살펴보면, 램프가 소등한 후 5초 동안 팬의 ON 동작을 유지하기 위해 TON을 사용하고 있다. TON은 TIA Portal에서 제공하는 FB에 해당되기 때문에 별도의 DB를 만들어야 한다. FB 내부에서 또 다른 FB를 사용하는 경우에는 멀티 인스턴스 DB를 사용한다. 멀티 인스턴스 DB는 별도로 DB를 만들어서 사용하는 것이 아니라 FB의 Static 메모리에 DB를 구조체 형태로 등록해서 사용하는 방법을 의미한다. 이런 방식으로 DB를 사용하면 DB의 관리가 편하기 때문에, 이제부터 FB 내부에서 사용되는 FB는 멀티 인스턴스 DB를 사용하도록 한다.

[표 5-5] TON의 멀티 인스턴스 DB 등록 방법

순서	작업 내용	작업 화면
1	**멀티 인스턴스 DB** ❶ TON도 FB에 해당하기 때문에 DB을 지정해야 한다. ❷ FB 내부에서 타이머에 지정할 DB는 [Multi instance]로 지정한다. ❸ DB 명칭을 확인한다. ❹ [OK] 버튼을 클릭한다.	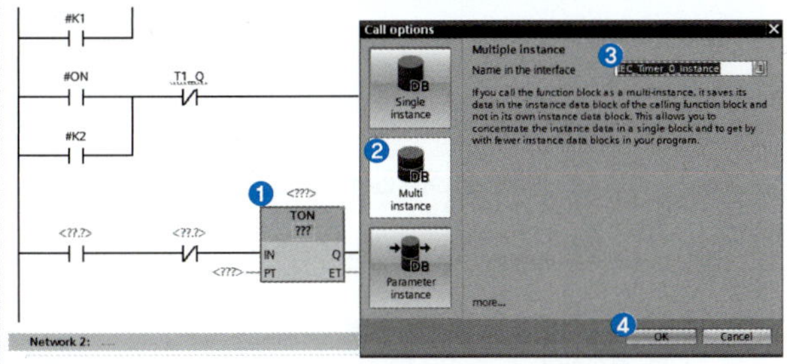
2	**멀티 인스턴스 확인** FB2번의 Static에 TON의 멀티 인스턴스가 등록되었는지 확인한다.	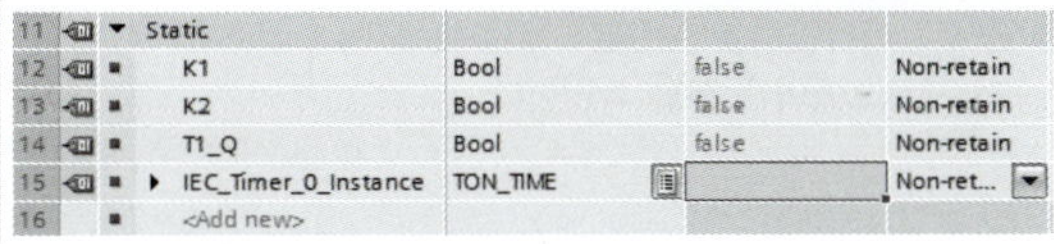

		Name	Data type	Default value	Retain
11	▼	Static			
12	■	K1	Bool	false	Non-retain
13	■	K2	Bool	false	Non-retain
14	■	T1_Q	Bool	false	Non-retain
15	■ ▸	IEC_Timer_0_Instance	TON_TIME		Non-ret...
16	■	<Add new>			

이제는 이 회로를 좀 더 간략화할 수 있는 방법이 없는지 살펴보자. [그림 5-45]의 동작 타임차트에서 램프와 팬의 동작을 살펴보면, 그 형태가 [그림 5-28(b)]의 TOFF의 타임차트와 같음을 알 수 있을 것이다. FB3번에서 TOFF를 사용해서 FB2와 동일한 동작을 하는 프로그램을 작성해보자.

(a) 램프와 팬의 동작 타임차트 (b) TOFF의 타임차트

[그림 5-45] 램프와 팬 제어를 위한 시스템 구성도 및 타임차트

[표 5-6] TOFF를 사용한 램프와 팬 제어용 FB3 프로그램 작성

순서	작업 내용	작업 화면
1	**FB3 태그 선언** FB3번을 만들고 프로그램 작성에 필요한 태그를 설정한다. TOFF를 멀티 인스턴스로 등록하면 Static에 TOF의 DB가 등록된다.	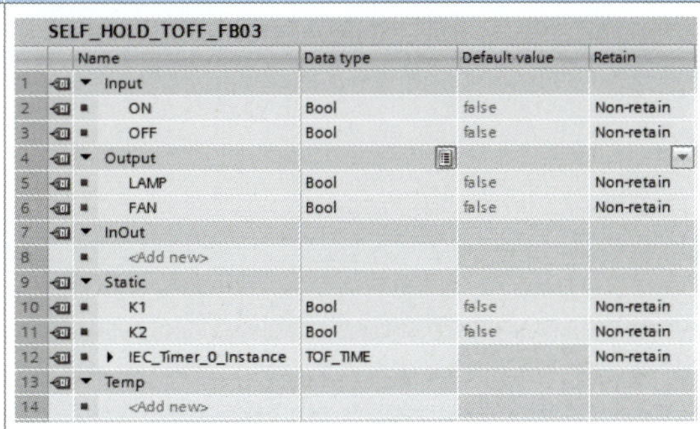

SELF_HOLD_TOFF_FB03

		Name	Data type	Default value	Retain
1	▼	Input			
2	■	ON	Bool	false	Non-retain
3	■	OFF	Bool	false	Non-retain
4	▼	Output			
5	■	LAMP	Bool	false	Non-retain
6	■	FAN	Bool	false	Non-retain
7	▼	InOut			
8	■	<Add new>			
9	▼	Static			
10	■	K1	Bool	false	Non-retain
11	■	K2	Bool	false	Non-retain
12	■ ▸	IEC_Timer_0_Instance	TOF_TIME		Non-retain
13	▼	Temp			
14	■	<Add new>			

(계속)

<table>
<tr>
<td>2</td>
<td>FB3 프로그램 작성
❶ FB3번의 프로그램을 작성한다. TOF를 사용해서 팬을 제어한다.
❷ FB3을 컴파일해서 에러가 없는지 확인한다.
❸ OB1에서 FB3을 호출하고 입출력 번지를 지정한다.
❹ OB1을 컴파일하고 CPU로 다운로드해서 프로그램의 동작을 확인한다.</td>
<td>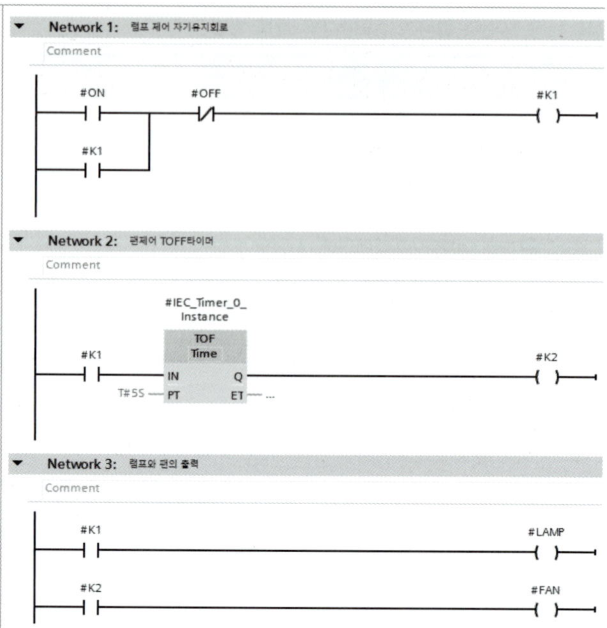
</td>
</tr>
</table>

동일한 동작 조건에도 프로그램을 작성하는 사람에 따라 달라지는 것이 프로그램이다. 따라서 다양한 경험을 통해서 더욱 단순하면서도 효율적이고 체계적인 프로그램을 작성할 수 있도록 노력해야 한다.

실습과제 5-3 플리커 타이머 사용하기

자기유지 회로와 온 딜레이 타이머를 조합하여 플리커 타이머를 만드는 방법에 대해 앞에서 살펴보았다. 여기서는 플리커 타이머를 어떻게 사용하는지를 학습한다.

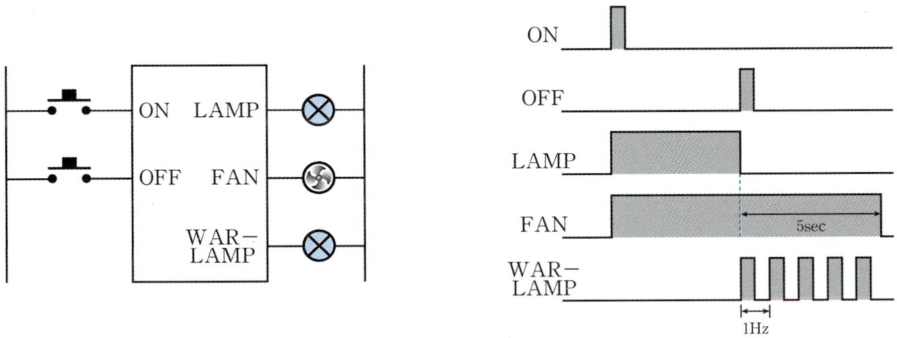

(a) 램프와 팬 제어를 위한 시스템 구성도

(b) 타임차트

[그림 5-46] **램프와 팬 제어를 위한 시스템 구성도 및 타임차트**

동작 조건

❶ 시스템의 전원이 ON되면, 램프와 팬, 경고등(WAR_LAMP)은 OFF 상태이다.

❷ ON 버튼을 누르면 램프와 팬은 ON된다.

❸ OFF 버튼을 누르면 램프는 소등되고, 팬은 5초 동안 더 동작한 후에 정지한다.

❹ 팬만 동작할 때 경고등이 1Hz 간격으로 점멸동작한다.

PLC 프로그램 작성법

[실습과제 5-3]은 [실습과제 5-2]의 기능에, 팬이 동작 중인 상태를 표시하기 위해 1Hz 간격으로 점멸동작하는 WAR-LAMP가 추가되었다. 지멘스 PLC 프로그램을 기능별로 FB 또는 FC로 구분해서 만들어두면 후에 이를 재활용할 수 있는데, 이번 실습과제에서는 [실습과제 5-2]에서 만든 FB3번을 재활용한다. 그리고 1Hz 간격으로 점멸동작하는 플리커 타이머 기능을 FB4로 만든 후에 FB2와 FB3을 조합해서 FB4에 [실습과제 5-3]에서 요구하는 기능을 가진 프로그램을 완성한다.

램프를 점멸시키거나 일정한 주기로 동작해야 하는 경우에는 [그림 5-30]에서 살펴본 플리커 타이머를 사용한다. 플리커 타이머는 2개의 온 딜레이 타이머를 사용하기 때문에 ON/OFF 시간도 비대칭적으로 자유롭게 조정할 수 있다. [그림 5-46]의 타임차트에서 경고등의 동작은 ON부터 시작한다. 따라서 앞에서 학습한 플리커 타이머의 출력을 반전시켜 램프를 점등해야 한다. 이 내용이 잘 이해되지 않는다면, 5.4.3절에서 배운 플리커 타이머 부분을 다시 학습해보기 바란다.

[표 5-7] **[실습과제 5-3] 프로그램 작성**

순서	작업 내용	작업 화면
1	**FB4 태그 선언** FB4번을 만들고 플리커 타이머 기능 구현을 위한 태그를 설정한다.	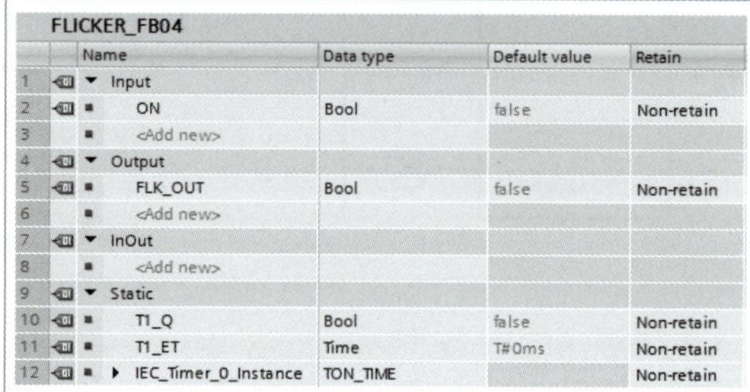
2	**FB4 태그 선언** FB4번의 프로그램을 작성한다. TON의 경과 시간을 비교해서 플리커 기능을 구현한다.	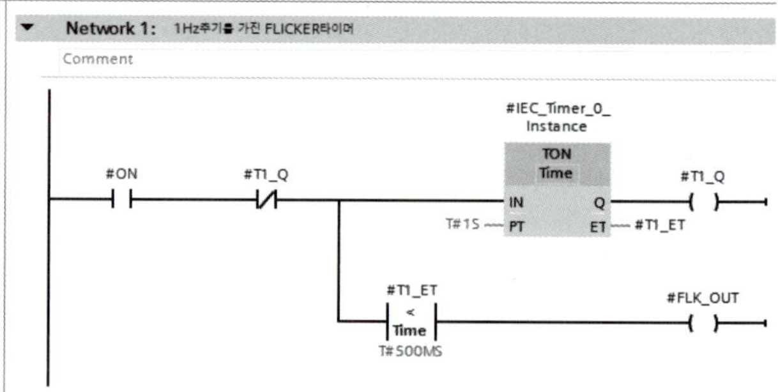
3	**FB4 컴파일** FB4번의 프로그램을 컴파일해서 에러가 없는지 확인한다.	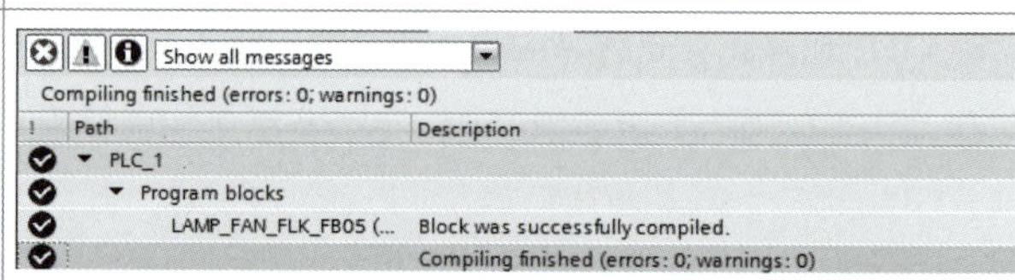
4	**FB5 태그 선언** FB5번을 만들고 기능 구현을 위한 태그를 설정한다. 그리고 FB5에서 호출되는 FB3과 FB4는 멀티 인스턴스로 지정한다.	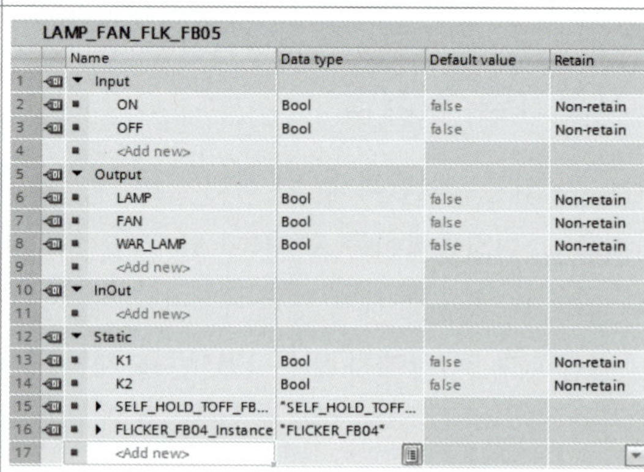

(계속)

5	**FB5 프로그램 작성** ● **네트워크 1번** 램프와 팬을 제어하는 FB3을 호출한다. 호출할 때 멀티 인스턴스 DB를 지정한다. ● **네트워크 2번** 플리커 타이머는, 램프가 소등되고 팬이 동작할 때 동작하도록 한다. ● **네트워크 3번** FB3의 램프와 팬을 출력한다.	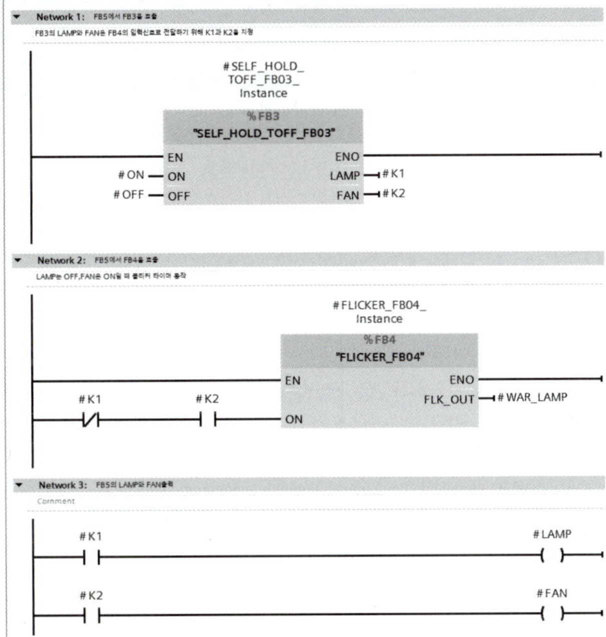
6	**FB5 컴파일** FB5번의 프로그램을 작성한 후에 컴파일해서 에러가 없는지 확인한다.	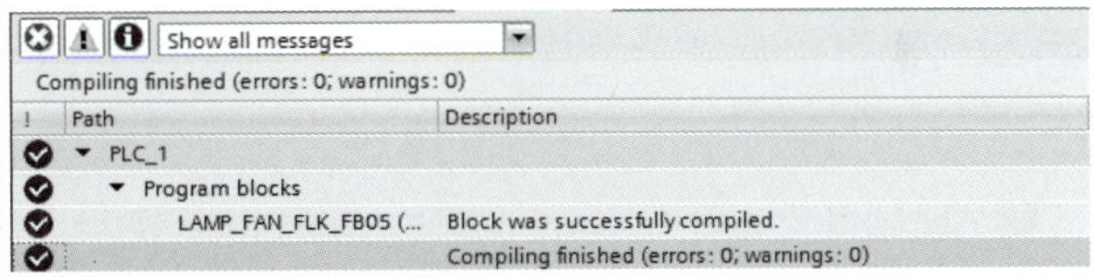
7	**OB1에서 FB5 호출** OB1에서 FB5를 호출하고, DB 번호를 확인한 후, 싱글 인스턴스로 지정한다.	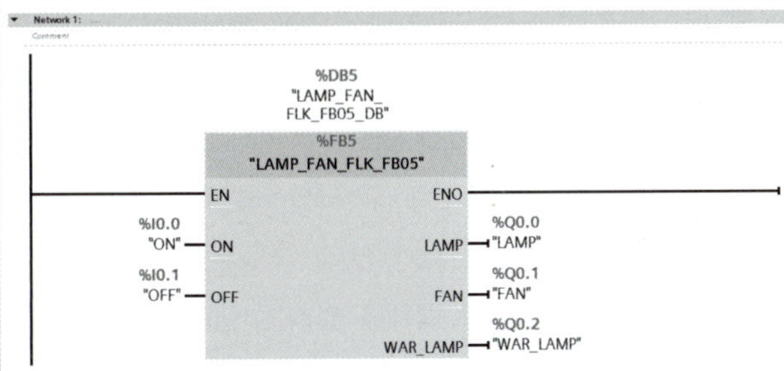
8	**OB1 컴파일** OB1을 컴파일해서 에러가 없는지 확인하고, CPU로 다운로드한 후에 동작을 확인한다.	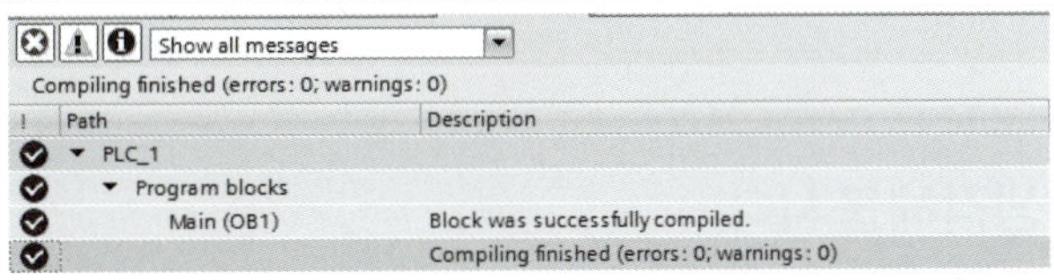

실습과제 5-4 적산 타이머 사용하기

적산 타이머는 일반적으로 많은 시간을 누적해야 하는 타이머이기 때문에 카운터와 조합하여 큰 시간을 적산할 수 있도록 한다. 적산 타이머와 카운터를 조합한 적산 타이머 사용법에 대해 학습한다.

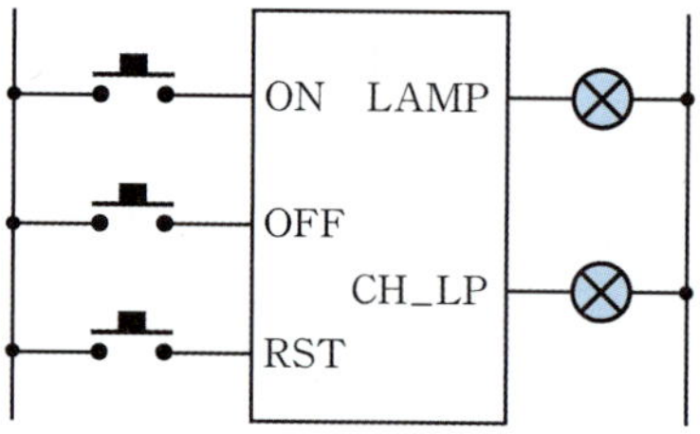

(a) 램프 점등을 위한 입출력 구성

입력		출력	
번지	기능	번지	기능
I0.0	ON	Q0.0	LAMP
I0.1	OFF	Q0.1	CH_LP
I0.2	RST		

(b) PLC 입출력 리스트

[그림 5-47] 1개의 램프를 점등하기 위한 시스템 구성 및 입출력 리스트

동작 조건

❶ 시스템의 전원이 ON되면 램프는 소등된 상태이다.

❷ ON 버튼을 누르면 램프는 점등된다.

❸ OFF 버튼을 누르면 램프는 소등된다.

❹ 램프의 ON 시간을 누적해서 램프의 점등시간이 200초 이상이 되면, 램프 교체를 알리는 램프가 점등된다. 램프 교체 후 리셋 버튼을 누르면 적산 타이머와 카운터가 리셋된다.

❺ 적산 타이머의 램프 설정시간을 10초로 설정하고, 적산 타이머의 동작을 카운터로 카운트해서 20번 동작하면 램프 교체를 알리는 램프를 점등시킨다.

생각해봅시다

■ 타이머의 설정 가능한 시간의 크기

타이머에 설정 가능한 시간의 크기는 TIME 태그의 메모리 크기에 의해 결정된다. TIME은 32비트 크기의 메모리를 사용하며, 1ms 단위로 시간 설정이 가능하기 때문에 설정 가능한 시간은 T#-24d_20h_31m_23s_648ms에서 T#+24d_20h_31m_23s_647ms까지이다. 적산 타이머도 설정시간에 TIME 형식을 사용하기 때문에 설정 가능한 시간은 24일 20시간 32분 23초이다. 만약 적산시간이 24일 이상일 경우에는 적산 타이머와 카운터를 사용하여 적산 타이머의 설정시간의 한계를 해결할 수 있다. 예를 들어 기계장치의 한 소모품의 사용 가능 시간이 100일일 경우, 적산 타이머의 설정시간을 20일(T#20d)로 설정했다고 하자. 기계장치의 동작시간이 20일이 되면 적산 타이머가 ON된다. 이때 적산 타이머의 출력을 카운터의 입력으로 사용하면 100일의 시간을 계측할 수 있다.

이번 과제를 살펴보면 자기유지 회로를 사용해서 LAMP의 출력을 제어하고, 램프의 점등 시간을 적산 타이머와 카운터로 계측하도록 하고 있다. 따라서 기존에 만든 LAMP 점등을 위한 FB1을 사용하고, FB1의 LAMP 점등시간을 계측할 수 있는 FB6을 새롭게 만든 후, FB7에서 FB1과 FB6을 조합하여 주어진 동작 조건을 구현해보자.

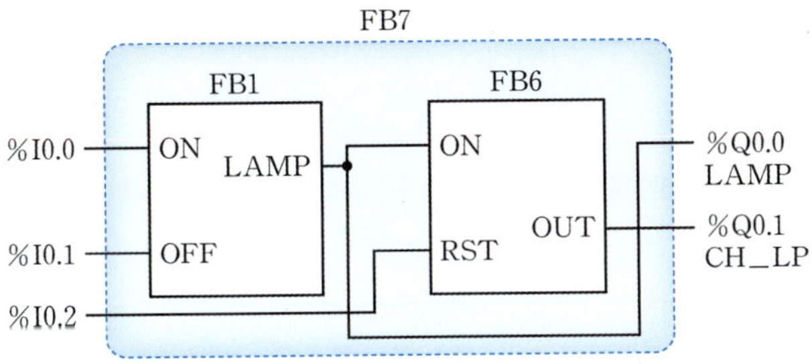

[그림 5-48] [실습과제 5-4] 프로그램의 전체 구조

[표 5-8] [실습과제 5-4] 프로그램 작성

순서	작업 내용	작업 화면
1	**FB6 태그 선언** FB6에서 사용할 태그를 설정한다. FB6에서 사용할 적산 타이머와 카운터를 멀티 인스턴스로 설정하고, Retain 항목을 선택한다. PLC의 전원 ON/OFF에 관계없이 경과시간과 카운터의 값을 기억하기 위해서 Retain으로 설정한다.	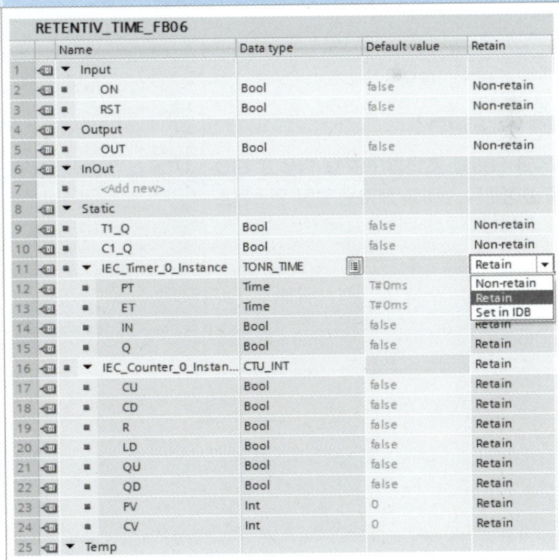

RETENTIV_TIME_FB06

	Name	Data type	Default value	Retain
1	▼ Input			
2	ON	Bool	false	Non-retain
3	RST	Bool	false	Non-retain
4	▼ Output			
5	OUT	Bool	false	Non-retain
6	▼ InOut			
7	<Add new>			
8	▼ Static			
9	T1_Q	Bool	false	Non-retain
10	C1_Q	Bool	false	Non-retain
11	▼ IEC_Timer_0_Instance	TONR_TIME		Retain ▾ (Non-retain / Retain / Set in IDB)
12	PT	Time	T#0ms	
13	ET	Time	T#0ms	
14	IN	Bool	false	Retain
15	Q	Bool	false	Retain
16	▼ IEC_Counter_0_Instan...	CTU_INT		Retain
17	CU	Bool	false	Retain
18	CD	Bool	false	Retain
19	R	Bool	false	Retain
20	LD	Bool	false	Retain
21	QU	Bool	false	Retain
22	QD	Bool	false	Retain
23	PV	Int	0	Retain
24	CV	Int	0	Retain
25	▼ Temp			

(계속)

2

FB6 프로그램 작성

• **네트워크 1번**

적산 타이머 TONR의 리셋은 자신의 출력 T1_Q와 외부 리셋 버튼 #RST에 의해 이루어진다. 그리고 카운터 CTU의 리셋도 #RST에 의해 이루어진다.

• **네트워크 2번**

적산 타이머의 출력신호를 카운팅하여 적산시간을 누적한다.

• **네트워크 3번**

적산 타이머의 동작을 20회 카운트(200초)한 CTU의 출력이 ON될 때 램프가 점등한다.

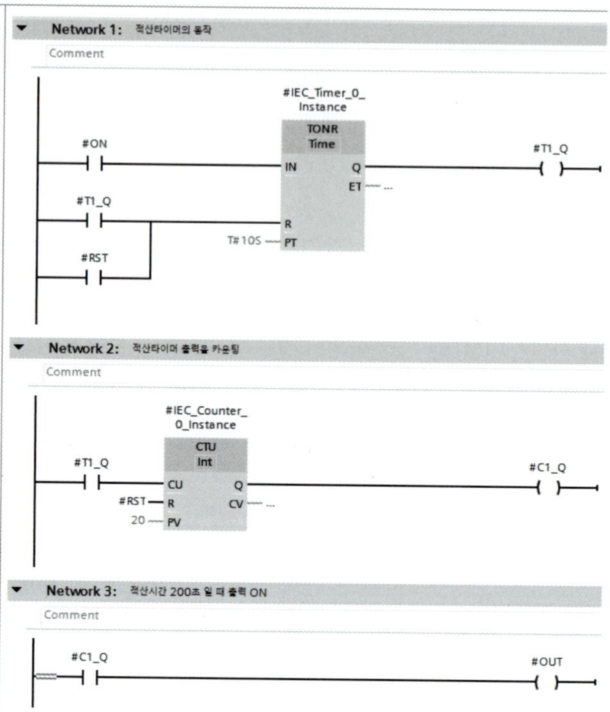

3

FB6 컴파일

FB6번의 프로그램을 컴파일해서 에러가 없는지 확인한다.

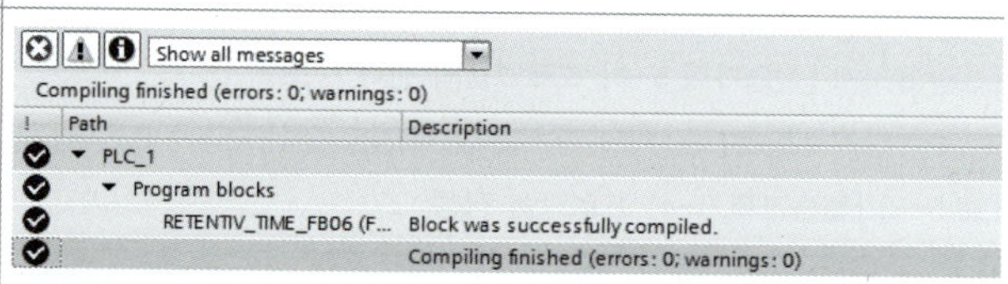

4

FB7 태그 선언

FB1과 FB6을 조합할 FB7을 만들고 태그를 설정한다. FB1과 FB6은 멀티 인스턴스로 지정한다.

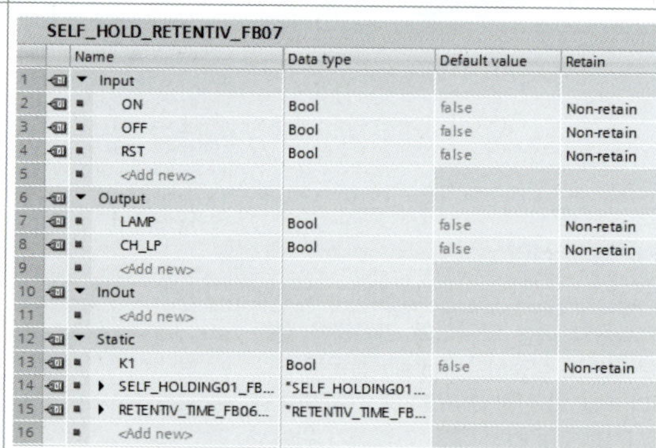

SELF_HOLD_RETENTIV_FB07

	Name	Data type	Default value	Retain
1	▼ Input			
2	ON	Bool	false	Non-retain
3	OFF	Bool	false	Non-retain
4	RST	Bool	false	Non-retain
5	<Add new>			
6	▼ Output			
7	LAMP	Bool	false	Non-retain
8	CH_LP	Bool	false	Non-retain
9	<Add new>			
10	▼ InOut			
11	<Add new>			
12	▼ Static			
13	K1	Bool	false	Non-retain
14	▸ SELF_HOLDING01_FB...	"SELF_HOLDING01...		
15	▸ RETENTIV_TIME_FB06...	"RETENTIV_TIME_FB...		
16	<Add new>			

(계속)

5	**FB7 프로그램 작성** • **네트워크 1번** FB1을 호출하고 멀티 인스턴스로 지정한다. FB1의 램프 출력은 FB6의 ON 입력으로 사용되기 때문에 K1으로 지정한다. • **네트워크 2번** FB6을 호출하고 멀티 인스턴스로 지정한다.	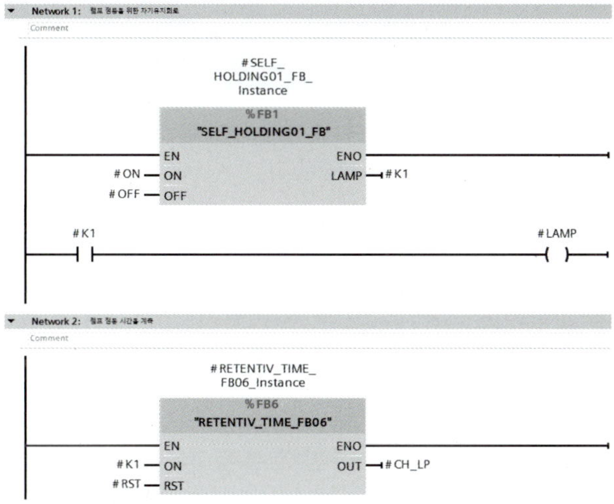
6	**FB7 컴파일** F7번의 프로그램을 컴파일해서 에러가 없는지 확인한다.	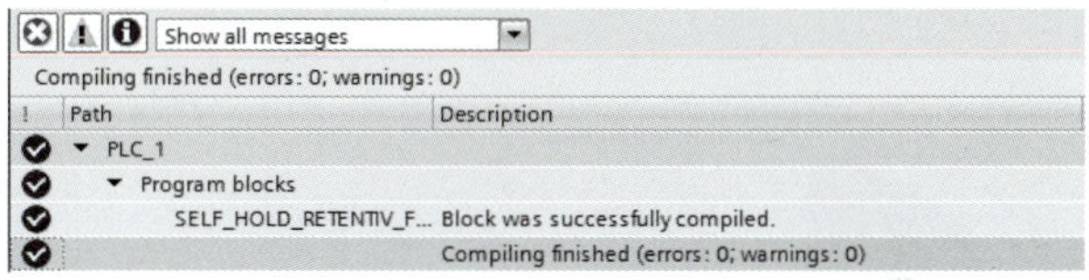
7	**OB1에서 FB7 호출** OB1에서 FB7을 호출하고 입출력 번지를 지정한다.	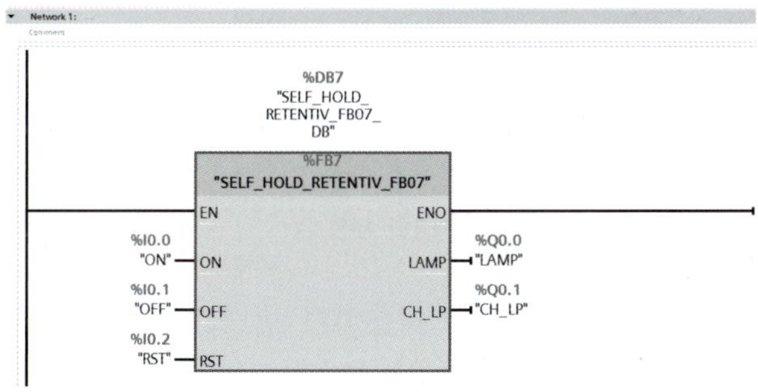
8	**OB1 컴파일** OB1을 컴파일해서 에러가 없는지 확인하고, CPU로 다운로드한 후 동작을 확인한다.	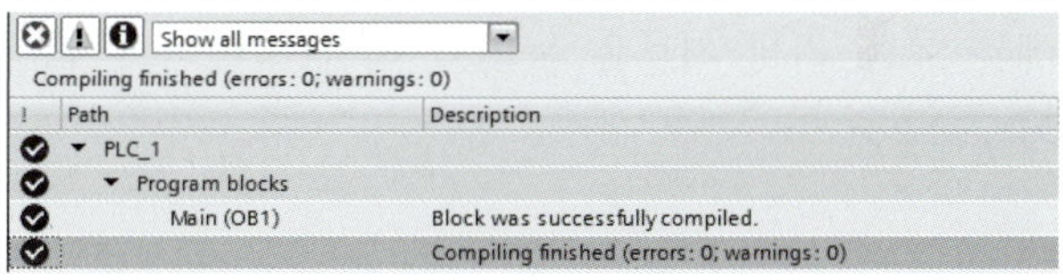

실습과제 5-5 적산 타이머를 이용한 램프 교체

적산 타이머와 카운터의 조합을 통해 전자제품의 필터 교환 시기, 또는 빔 프로젝터의 램프 교환 시기를 알려주는 프로그램 작성법을 학습한다.

[그림 5-49(a)]는 공기청정기의 필터 교환 시기를 알려주는 조작 패널을 나타낸 것이다. 공기청정기의 필터는 소모성 부품이기 때문에 유효 사용시간이 경과되면 필터 교환 램프를 점등해서 사용자에게 필터를 교환해야 한다고 알려준다. 이를 보고 사용자는 필터를 교체함으로써 공기의 품질을 일정하게 유지할 수 있다. 이러한 기능은 공기청정기 이외에도 공기 필터 및 오일 필터 등을 사용하는 자동차, 중장비, 공기 압축기와 같은 기계장치에 널리 사용되고 있다.

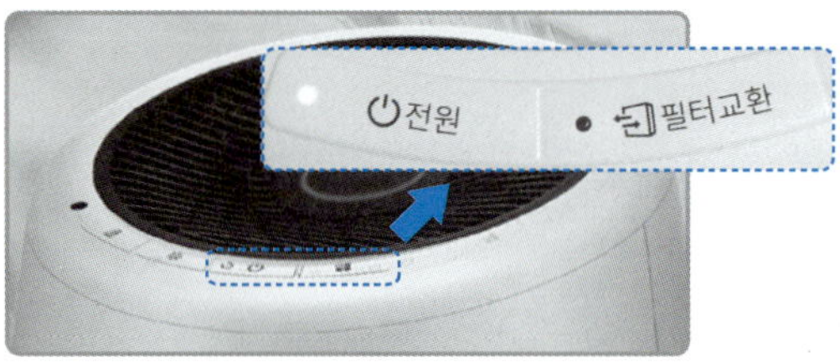

(a) 공기청정기의 필터 교환 알림

(b) 생산 현황판의 라인 누적시간

[그림 5-49] 적산 타이머를 적용한 제품

적산 타이머의 기능을 사용하여 빔 프로젝터 램프의 사용시간을 계측하고, 램프의 유효 사용시간이 초과되었을 때에는 램프의 교환을 알리는 램프를 점등시키며, 램프 교환 후에는 교환 리셋 버튼을 눌러서 적산 타이머의 설정시간을 초기화하는 PLC 프로그램을 작성해보자.

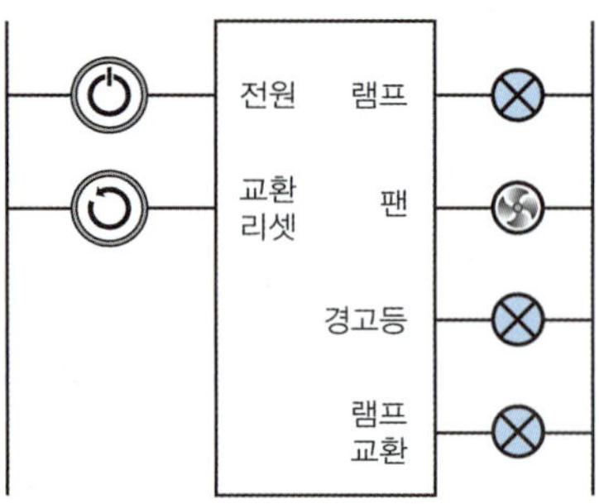

(a) 시스템 구성

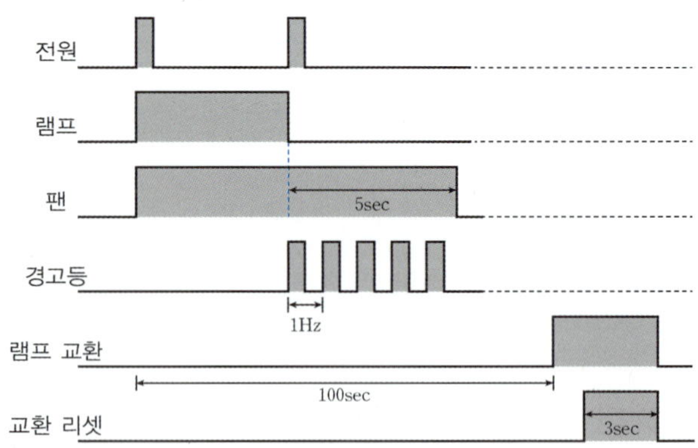

(b) 타임차트

[그림 5-50] 램프와 팬 제어를 위한 시스템 구성도 및 타임차트

[표 5-9] PLC 입출력 리스트

입력		출력	
번지	기능	번지	기능
I0.0	전원	Q0.0	램프
I0.1	교환/리셋	Q0.1	팬
		Q0.2	경고등
		Q0.3	램프 교환

동작 조건

❶ 시스템이 OFF된 상태에서 전원 스위치를 누르면 시스템이 ON된다. 시스템 ON 상태에서 전원 스위치를 누르면 시스템의 전원이 OFF된다.

❷ 시스템의 전원이 ON되면 램프와 팬이 동작한다.

❸ 시스템의 전원이 OFF되면 경고등이 5초간 점멸동작한다. 경고등이 점멸하는 동안에는 전원 스위치를 눌러도 시스템이 동작하지 않는다.

❹ 램프의 사용시간이 100초를 초과하면 램프 교환 알림 램프가 점등된다. 단, 적산 타이머의 설정시간은 10초로 하고, 카운터를 사용해서 적산시간이 100초가 되면 램프가 점등되도록 한다.

❺ 램프 교환 후에 교환 리셋 버튼을 3초 이상 누르면 램프 교환 알림 램프가 소등되고, 내부에 적산된 램프 사용시간도 초기화되어 새롭게 램프 사용시간을 누적할 수 있도록 한다.

PLC 프로그램 작성법

[그림 5-50(b)]의 타임차트와 주어진 동작 조건을 살펴보면, [실습과제 5-3]의 FB5와 [실습과제 5-4]의 FB6에서 작성한 프로그램의 내용과 동일하다. 따라서 [실습과제 5-5]의 프로그램 작성에서는 FB5와 FB6을 재활용한다.

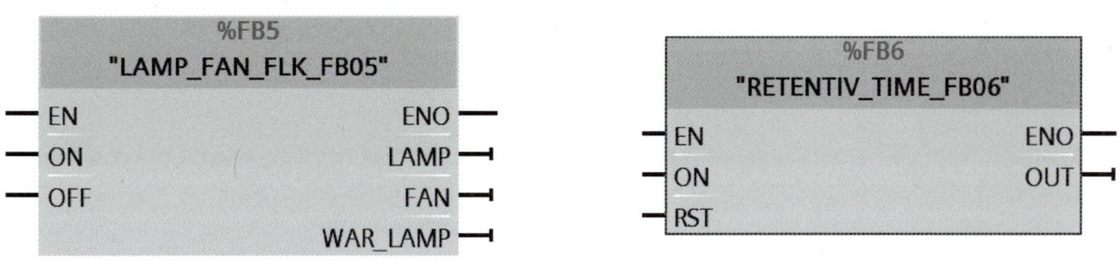

(a) 램프와 팬, 경고등 제어

(b) 적산 타이머 제어

[그림 5-51] 재활용할 프로그램 블록의 외형

FB5는 ON/OFF의 입력으로 램프와 팬을 제어하고, 팬만 동작할 때에는 경고등이 1Hz 간격으로 점멸동작한다. FB6은 내부의 적산 타이머와 카운터를 사용해 ON 입력시간을 누적하다가 200초가 될 때 OUT을 ON하고, RST 입력이 ON되면 적산 타이머와 카운터의 경과값을 리셋하는 동작을 한다.

[실습과제 5-5]의 주어진 동작과 [실습과제 5-3]에서 만든 FB5와의 차이점은, FB5에서는 입력신호가 ON과 OFF로 구분되어 있지만, [실습과제 5-5]에서 주어진 동작 조건에서는 ON/OFF 버튼이 1개로 구성되어 있다는 점이다. 그리고 [실습과제 5-4]의 FB6의 리셋 입력의 경우, 해당 입력이 ON되면 리셋 동작을 하지만 [실습과제 5-5]에서는 3초 이상 리셋 입력이 눌렸을 때에만 리셋되어야 한다. 따라서 FB5와 FB6을 수정 없이 재활용하기 위해서는 [실습과제 5-5]의 입력 조건을 만족하면서 FB5와 FB6의 입력 조건도 만족할 수 있도록 동작하는 새로운 FB를 만들어야 한다.

■ 전원 버튼 기능과 교환 리셋 버튼 기능 만들기

1개의 전원 버튼으로 전원을 ON/OFF하기 위해서는 앞에서 학습한 XOR 회로를 사용한다. 이러한 기능을 어떻게 만드는지 살펴보자.

1 버튼을 누를 때마다 전원 램프가 OFF → ON → OFF → …를 반복하는 동작

[표 5-10]은 상승펄스신호와 XOR 회로를 사용한 1개의 전원 버튼으로 전원을 ON/OFF하는 프로그램이다.

[표 5-10] 전원 버튼 기능 만들기

순서	작업 내용	작업 화면
1	**FB100 만들기** 1개의 전원 버튼을 사용해서 ON/OFF 동작을 구현할 FB를 만들고 태그를 설정한다.	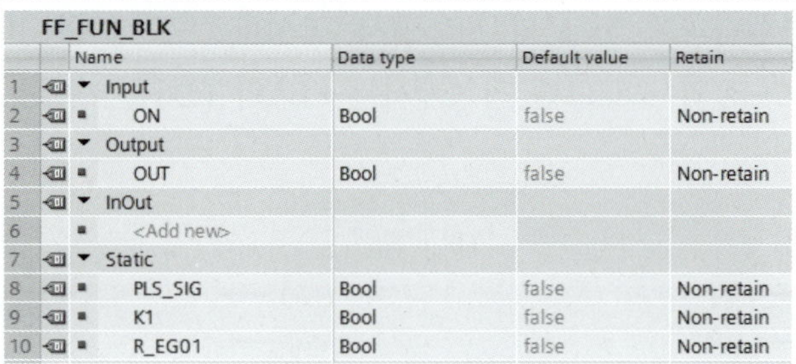

(계속)

2	**FB100 프로그램 작성** • **네트워크 1번** ON 입력신호를 펄스 처리한다.	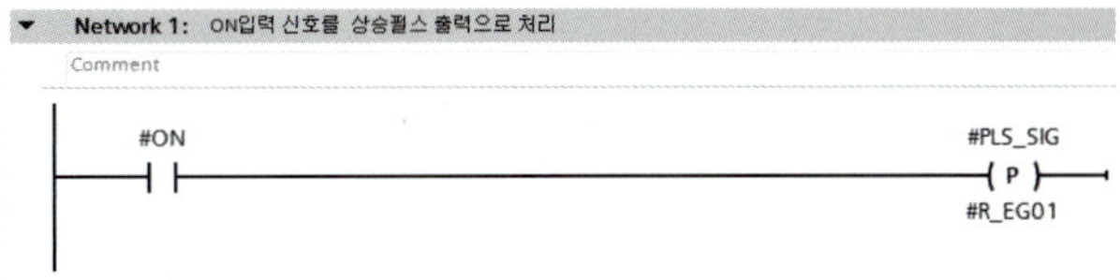
3	• **네트워크 2번** 상승펄스 처리한 ON 입력신호를 XOR로 구현하면 K1이 토글 동작을 한다.	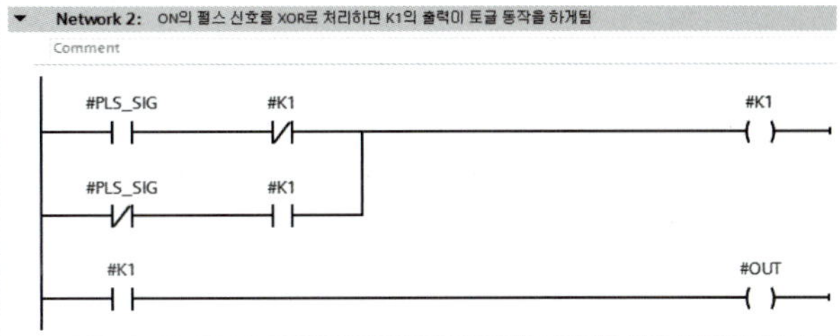
4	**FB100 호출** 1개의 입력으로 출력의 ON/OFF를 제어하는 기능이 필요한 FB에서 우측의 FB100을 호출한다.	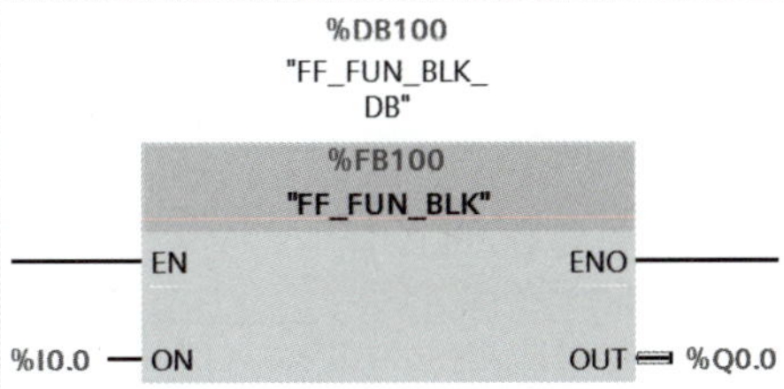
5	**FB100 동작 원리** 전원 버튼(I0.0)이 눌릴 때마다 전원 출력(Q0.0)이 ON/OFF된다.	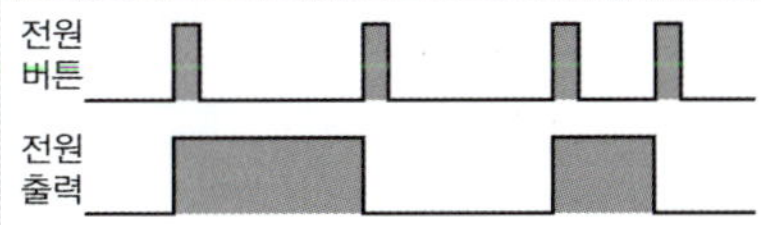

2 버튼을 일정시간 눌렀을 때, 전원 램프가 OFF → ON → OFF → …를 반복하는 동작

1개의 전원 버튼으로 전원을 ON/OFF할 때에는 [표 5-10]에서 만든 FF_FUN_BLK의 FB100을 재활용하면 간단하게 동작을 구현할 수 있다. 휴대전화에서 사용하는 전원 버튼의 동작처럼 일정시간 동안 전원 버튼을 눌렀을 때 전원이 ON/OFF되는 동작은 [표 5-11]처럼 TON과 FF_FUN_BLK의 FB100 조합에 의해 완성된다.

[표 5-11] **전원 버튼을 일정시간 눌렀을 때 출력이 ON/OFF되는 기능 만들기**

순서	작업 내용	작업 화면
1	**FB101 만들기** 1개의 전원 버튼을 일정시간 눌렀을 때 ON/OFF 동작을 구현할 FB을 만들고 태그를 설정한다.	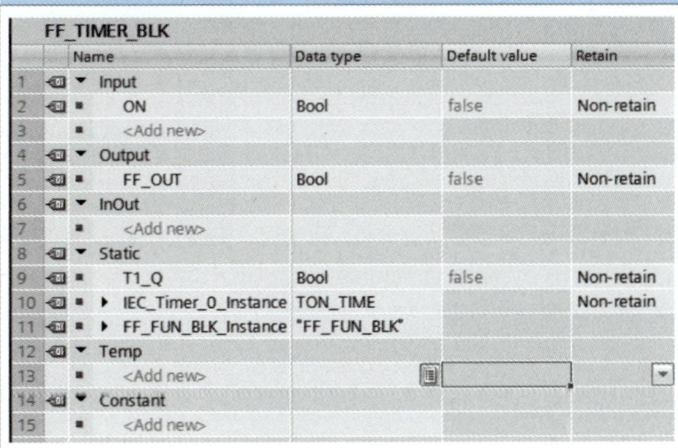

(계속)

순서	작업 내용	작업 화면
2	**FB101 프로그램 작성** • **네트워크 1번** ON 입력신호가 3초 이상 눌렸는지 확인한다. • **네트워크 2번** 앞에서 작성한 토글 기능 FB를 사용해서 출력을 제어한다.	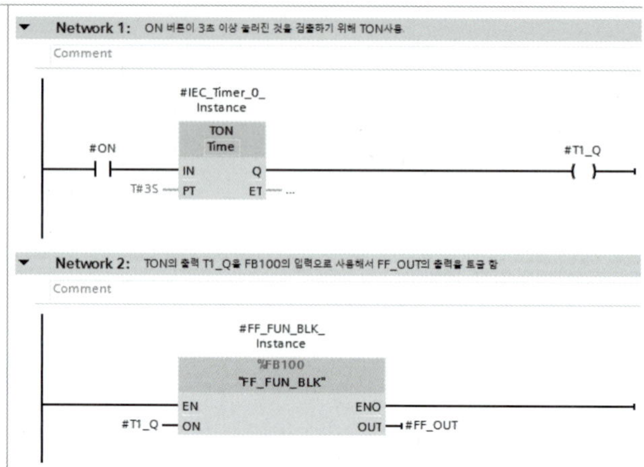
3	**FB101 호출** 3초 이상 버튼을 눌렀을 때 출력이 ON되는 기능이 필요한 FB에서 FB101을 호출하여 사용한다.	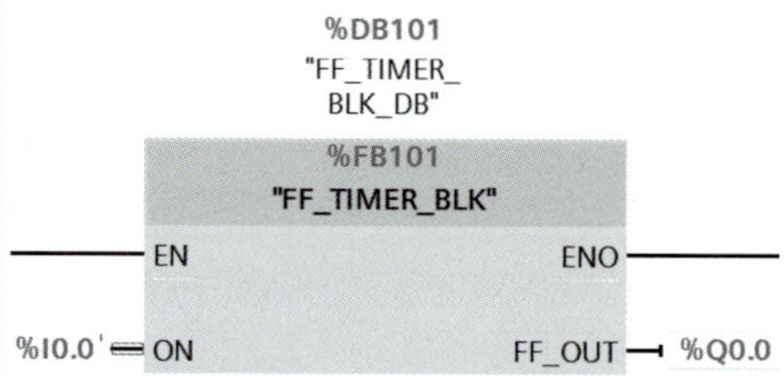
4	**FB101 동작 원리** 전원 버튼(I0.0)이 설정된 3초 이상 눌릴 때 전원 출력(Q0.0)이 ON/OFF한다.	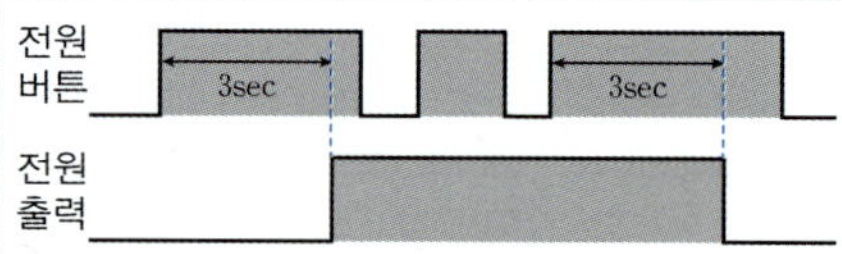

[표 5-12] [실습과제 5-5] 프로그램 작성

순서	작업 내용	작업 화면
1	**FB8 태그 선언** 전원 버튼 기능과 교환 리셋 버튼의 기능을 만들기 위한 FB8을 만들고, 필요한 태그를 설정한다.	FF_FUN_FB08 (아래 표)

FF_FUN_FB08

	Name	Data type	Default value	Retain
1	▼ Input			
2	ON_OFF	Bool	false	Non-retain
3	CH_RST	Bool	false	Non-retain
4	<Add new>			
5	▼ Output			
6	ON_OUT	Bool	false	Non-retain
7	OFF_OUT	Bool	false	Non-retain
8	RST_OUT	Bool	false	Non-retain
9	<Add new>			
10	▼ InOut			
11	<Add new>			
12	▼ Static			
13	K1	Bool	false	Non-retain
14	K2	Bool	false	Non-retain
15	R_EG01	Bool	false	Non-retain
16	R_EG02	Bool	false	Non-retain
17	F_EG01	Bool	false	Non-retain
18	T1_Q	Bool	false	Non-retain
19	▸ IEC_Timer_0_Instance	TON_TIME		Non-retain

(계속)

2

FB8 프로그램 작성

• **네트워크 1번, 2번**

전원 버튼의 입력신호를 상승펄스신호로 변경한 후에 K2가 토글 동작하도록 한다. K2의 토글 신호의 상승/하강을 판별해서 ON/OFF 출력을 만든다.

• **네트워크 3번**

네트워크 3번은 교환리셋 버튼의 기능을 구현한 프로그램으로, 교환 리셋 버튼이 3초 이상 눌리는 것을 감지하기 위해 TON을 사용한다.

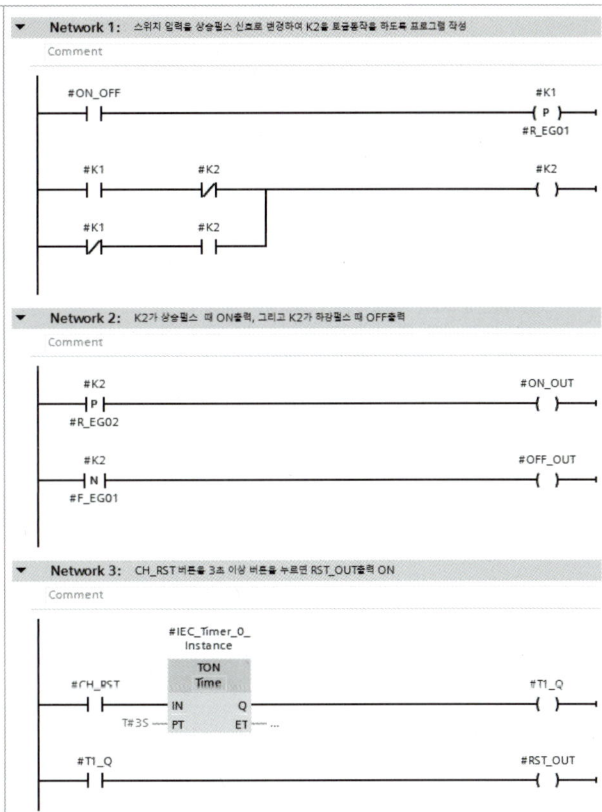

3

FB8 컴파일

F8번의 프로그램을 컴파일해서 에러가 없는지 확인한다.

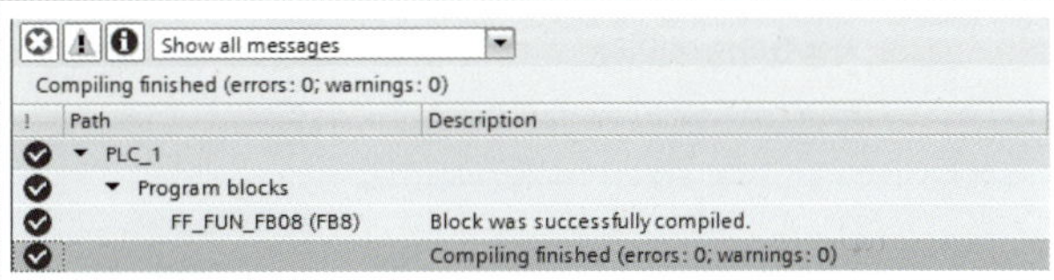

4

FB9 태그 선언

FB8, FB5, FB6을 조합할 FB9번을 만들고, 프로그램 작성에 필요한 태그를 설정한다.

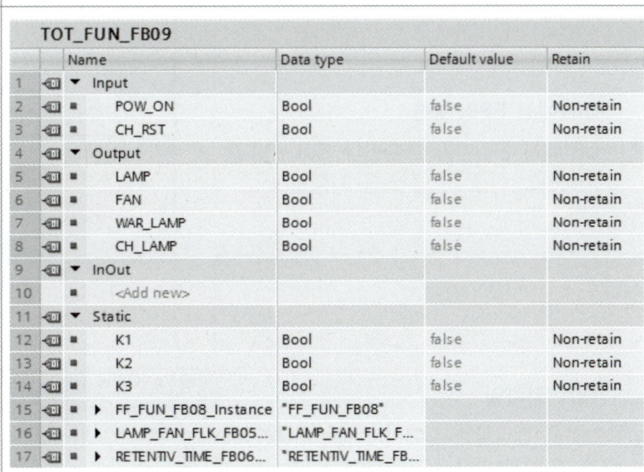

TOT_FUN_FB09

	Name	Data type	Default value	Retain
1	▼ Input			
2	POW_ON	Bool	false	Non-retain
3	CH_RST	Bool	false	Non-retain
4	▼ Output			
5	LAMP	Bool	false	Non-retain
6	FAN	Bool	false	Non-retain
7	WAR_LAMP	Bool	false	Non-retain
8	CH_LAMP	Bool	false	Non-retain
9	▼ InOut			
10	<Add new>			
11	▼ Static			
12	K1	Bool	false	Non-retain
13	K2	Bool	false	Non-retain
14	K3	Bool	false	Non-retain
15	▸ FF_FUN_FB08_Instance	"FF_FUN_FB08"		
16	▸ LAMP_FAN_FLK_FB05...	"LAMP_FAN_FLK_F...		
17	▸ RETENTIV_TIME_FB06...	"RETENTIV_TIME_FB...		

(계속)

5

FB9 프로그램 작성

FB9에서는 FB8, FB5, FB6을 호출하고, 멀티 인스턴스로 지정한다. 여기에서 주의할 점은 FB8이 네트워크 1번에 위치해야 한다는 것이다. 출력신호가 1스캔 시간 동안 ON되기 때문에, 네트워크 위치가 변경되면 출력신호가 FB5, FB6에 전달되지 않는다. 출력신호 LAMP와 FAN을 입력신호로 사용했기 때문에 컴파일 경고가 발생한다.

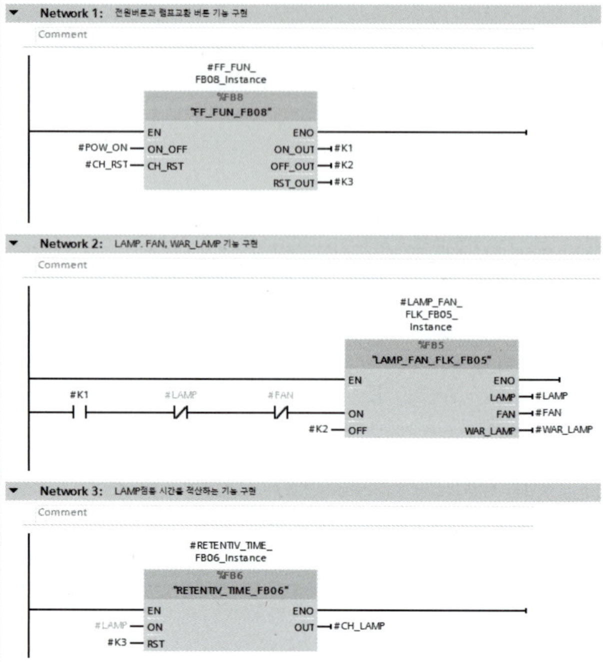

6

FB9 컴파일

F9를 컴파일하면 3개의 경고가 발생한다. 경고 내용은 출력으로 지정된 태그를 입력으로 사용했다는 것이다.

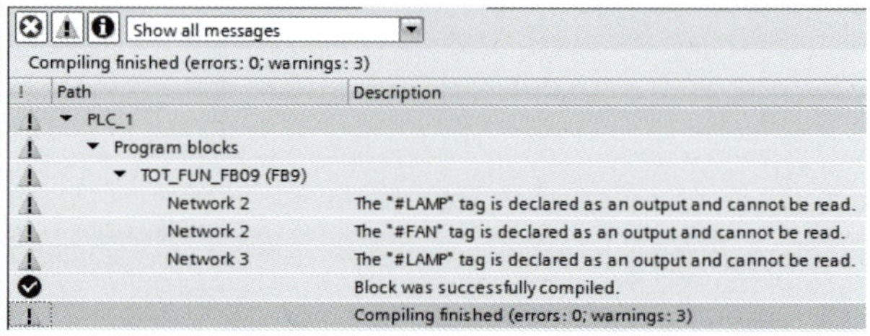

7

OB1에서 FB9 호출

OB1에서 FB9번을 호출한다. DB 번호를 지정하고 싱글 인스턴스를 지정한다.

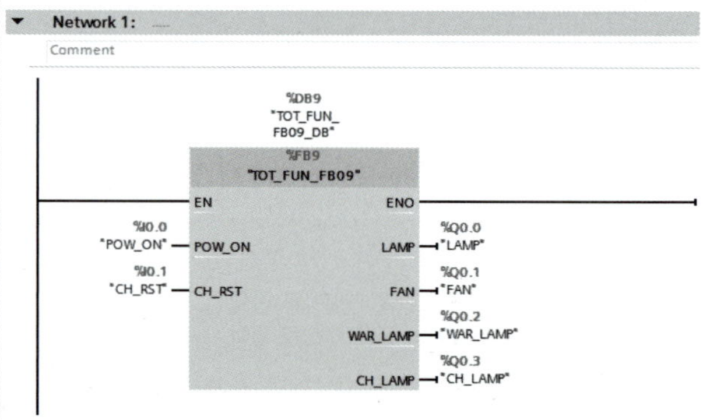

8

OB1 컴파일

OB1을 컴파일해서 에러가 없는지 확인하고, CPU로 다운로드한 후에 동작을 확인한다.

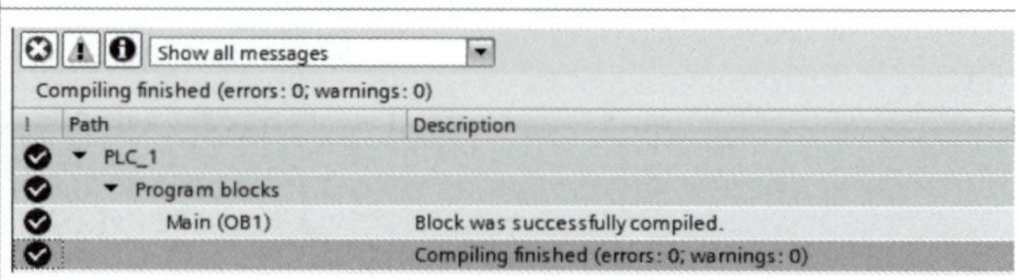

Chapter 06

PLC의 기본 명령어

S7-1500 PLC 프로그램 작성에 사용하는 명령어 중 Bit logic 명령어, Timer 명령어, Counter 명령어는 PLC 이전에 사용되던 릴레이 회로를 대체하는 명령어라 할 수 있다. 그 외의 명령어는 PLC의 메모리에 저장되어 있는 데이터를 사용자가 원하는 형태로 처리하는 명령어이다. 이 장에서는 데이터를 처리하는 다양한 명령어에 대해 살펴보자.

6.1 명령어의 구분 및 입출력 태그의 데이터 타입

PLC는 메모리에 저장된 데이터를 처리하기 위한 다양한 명령어를 제공한다. TIA Portal에서는 S7-1500에서 사용하는 명령어를 [그림 5-1]처럼 4개의 그룹으로 구분하고 있다. 6장에서는 기본 명령어 중에서 많이 사용하는 명령어 위주로 살펴보고자 한다.

지멘스 PLC의 명령어에 있는 입력과 출력에는 사전에 설정할 수 있는 데이터 타입이 지정되어 있다. 설정값 또는 변수가 사전에 지정된 데이터 타입과 일치하지 않는 경우에는 에러 처리나 경고 처리를 하게 된다. 따라서 명령어를 사용하기 전에 명령어의 입출력에 해당하는 데이터 타입이 어떻게 설정되어 있는지를 확인해야 한다. [표 6-1]은 덧셈(ADD) 명령어에 사용되는 입출력에 지정된 데이터 타입과 사용 가능 메모리의 종류를 나타낸 것이다.

[표 6-1] 명령어의 입출력 태그의 데이터 타입

명령어	명칭	입출력 구분	데이터 타입	사용 가능 메모리 종류
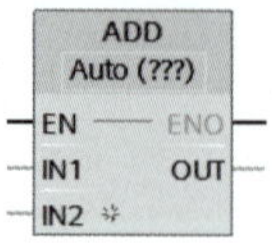	EN	Input	BOOL	I, Q, M, D, L
	ENO	Output	BOOL	I, Q, M, D, L
	IN1	Input	Int(정수), Real(실수)	I, Q, M, D, L, P, 상수
	IN2	Input	Int(정수), Real(실수)	I, Q, M, D, L, P, 상수
	OUT	Output	Int(정수), Real(실수)	I, Q, M, D, L, P

덧셈 명령어를 살펴보면 입력과 출력에 데이터 타입으로 정수 또는 실수 타입을 지정할 수 있다. 따라서 덧셈 명령어를 사용할 때에는 정수형 덧셈을 할지 실수형 덧셈을 할지 그 선택에 따라 데이터 타입을 지정해야 한다. 데이터 타입에 따라 설정되는 상숫값의 표현 방법도 달라진다는 것을 [그림 6-1]을 통해 확인할 수 있다.

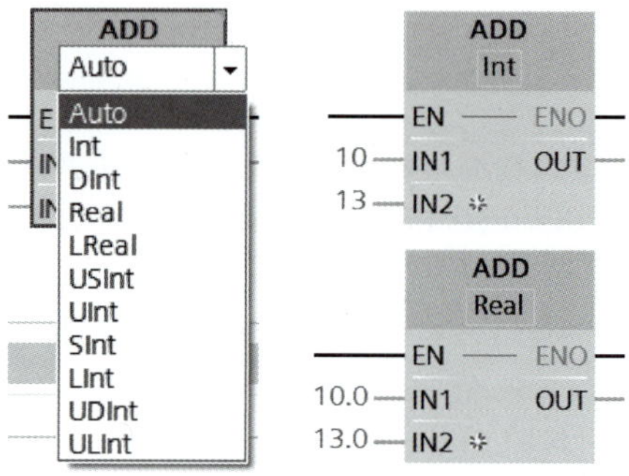

[그림 6-1] 정수와 실수 연산 명령 표현

6.2 데이터 전송 명령어

PLC 프로그램에서 CPU 모듈의 메모리에 저장되어 있는 데이터를 처리하다 보면, 필요에 의해 데이터를 메모리에 복사하거나 다른 메모리로 옮겨야 하는 경우가 발생한다. 이 때 사용하는 명령어가 데이터 전송 명령어로, 다양한 기능을 가진 명령어가 존재한다. [그림 6-2]는 MOVE 명령어의 종류를 나타낸 것으로, 명령어에도 사용할 수 있는 CPU의 펌웨어 버전이 있다. 단, 현재 사용하고 있는 CPU의 펌웨어 버전보다 높은 버전을 가진 명령어는 사용할 수 없다. MOVE 명령어 중에서 실습에서 많이 사용하는 MOVE, MOVE_BLK, FILL_BLK, SWAP에 대해 살펴보자.

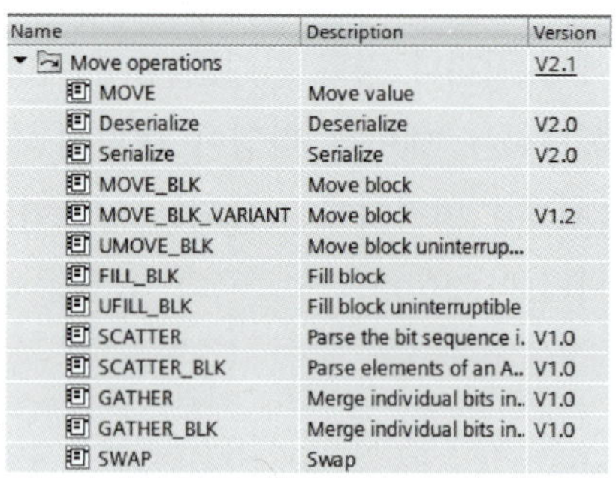

Name	Description	Version
Move operations		V2.1
MOVE	Move value	
Deserialize	Deserialize	V2.0
Serialize	Serialize	V2.0
MOVE_BLK	Move block	
MOVE_BLK_VARIANT	Move block	V1.2
UMOVE_BLK	Move block uninterrup...	
FILL_BLK	Fill block	
UFILL_BLK	Fill block uninterruptible	
SCATTER	Parse the bit sequence i..	V1.0
SCATTER_BLK	Parse elements of an A..	V1.0
GATHER	Merge individual bits in..	V1.0
GATHER_BLK	Merge individual bits in..	V1.0
SWAP	Swap	

[그림 6-2] 데이터 전송 명령어의 종류

[표 6-2] 데이터 전송 명령어의 사용법

구분	MOVE	MOVE_BLK
기능		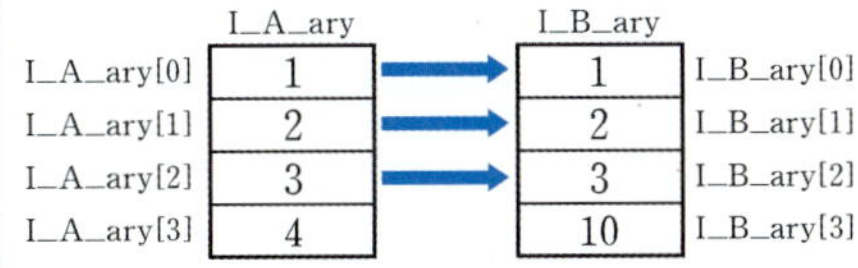
표현	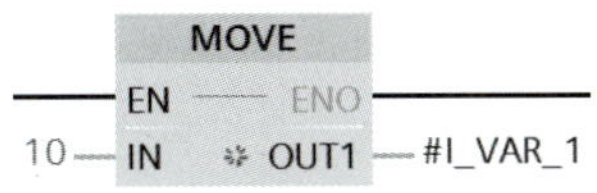	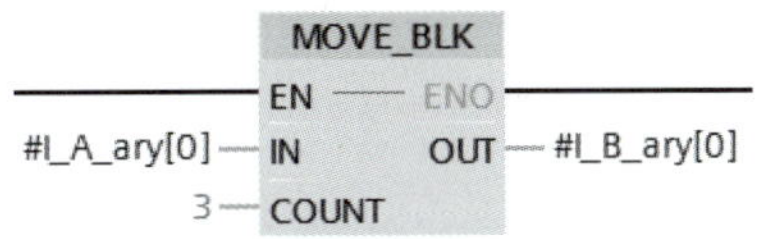
구분	FILL_BLK	SWAP
기능	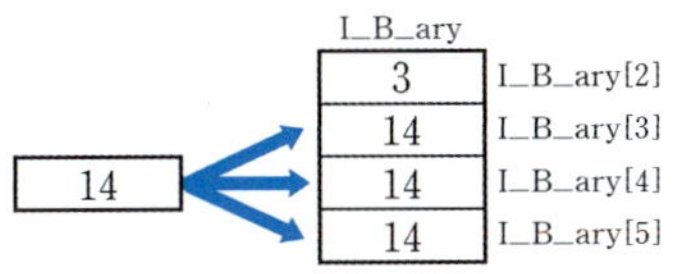	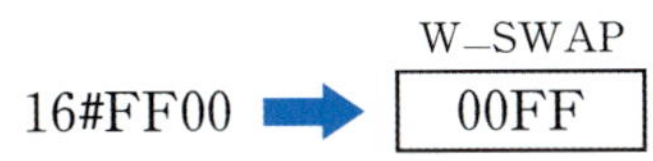
표현	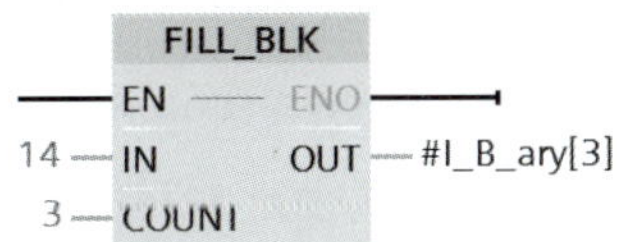	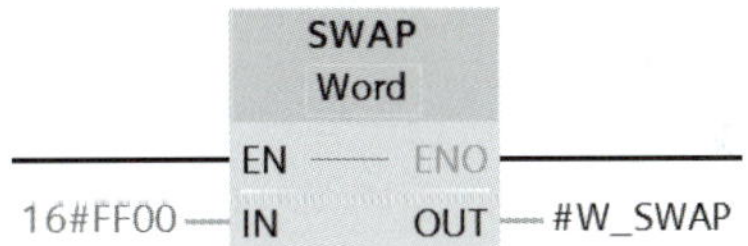

첫 번째 MOVE 명령은 입력에 설정된 상수값 10을 OUT에 지정된 정수형 태그 I_VAR_1에 복사하는 명령이다. 두 번째 MOV_BLK 명령은 배열로 구성된 메모리의 값을 다른 배열로 1대1로 전송하는 명령이다. 세 번째 FILL_BLK 명령은 입력에 설정된 상숫값 14를 출력에 지정된 배열 메모리에 동일한 값으로 복사하는 명령이다. MOV_BLK, FILL_BLK에 사용된 COUNT는 복사하고자 하는 메모리의 개수를 지정하는 입력 변수이다. 네 번째 명령인 SWAP은 워드 또는 더블워드의 데이터 타입을 가지며, 2바이트의 16#FF00의 값을 상위 바이트와 하위 바이트의 위치를 변경해서 지정된 메모리에 복사하는 기능을 가진 명령어이다.

6.3 산술연산 및 비교연산 명령어

6.3.1 산술연산 명령어

PLC에서 산술연산은 정수와 실수의 연산으로 구분된다. 사람은 3을 2로 나누면 1.5라고 답하지만, PLC는 3을 2로 나눈 결과를 산술연산 방법에 따라 1 또는 1.5라고 답한다. PLC가 정수연산과 실수연산을 철저히 구분하기 때문이다. 따라서 PLC에게는 3 나누기 2

의 결과값이 정수연산으로는 정수 1이고, 실수연산으로는 1.5인 것이다. 정수연산과 실수연산의 구분은 명령어에서 설정하는 데이터 타입의 지정으로 이루어진다.

Name	Description	Version
Math functions		V1.0
CALCULATE	Calculate	
ADD	Add	
SUB	Subtract	
MUL	Multiply	
DIV	Divide	
MOD	Return remainder of di...	
NEG	Create twos complemen	
INC	Increment	
DEC	Decrement	
ABS	Form absolute value	
MIN	Get minimum	V1.0
MAX	Get maximum	V1.0
LIMIT	Set limit value	V1.0

Name	Description	Version
Math functions		V1.0
SQR	Form square	
SQRT	Form square root	
LN	Form natural logarithm	
EXP	Form exponential value	
SIN	Form sine value	
COS	Form cosine value	
TAN	Form tangent value	
ASIN	Form arcsine value	
ACOS	Form arccosine value	
ATAN	Form arctangent value	
FRAC	Return fraction	
EXPT	Exponentiate	

[그림 6-3] TIA Portal에서 S7-1500 PLC의 산술연산 명령어

정수형 산술연산은 Int형인 16비트 크기와 DInt형인 32비트 크기로 구분된다. 16비트 산술연산의 범위는 −32768~32767이다. 만약 산술연산의 설정값이나 결과값이 16비트 크기의 범위를 초과하는 경우에는 32비트 크기의 산술연산을 선택해야 정확한 결과값을 구할 수 있다. 따라서 산술연산을 할 때에는 결과값을 미리 예측해서 Int형 또는 DInt형을 결정해야 한다. S7-1500의 산술연산 명령어 중에서 가장 큰 변화는 복잡한 산술연산의 수식을 표현할 수 있는 CALCULATE 명령어가 추가되었다는 것이다. 'Y=((IN1*IN2)/IN3)+IN4'라는 수식에서 결과값 Y을 구하는 데 필요한 산술연산은 곱셈과 나눗셈, 덧셈 연산 명령이다. 하지만 CALCULATE 명령어를 사용하면 수식 그대로의 표현에 의해 Y의 값을 구할 수 있다. 만약 Y의 입력값(수식에서 IN1, IN2, IN3, IN4)으로 정수와 실수가 함께 사용된다면, 모든 입력값을 실수 타입으로 지정해서 사용한다.

[표 6-3] CALCULATE 산술연산 명령어 사용법

순서	작업 내용	작업 화면
1	❶ 노란색 별모양을 클릭하면 입력을 추가할 수 있다. ❷ 산술연산을 위한 데이터 타입을 지정한다. ❸ 해당 사각 박스 부분을 더블클릭한다.	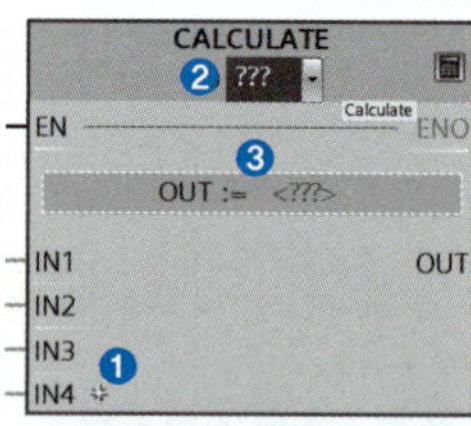
2	수식을 입력하기 위한 설정창이 생성된다.	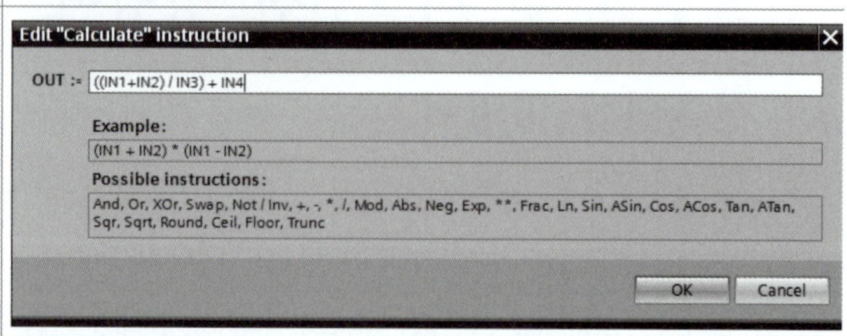

6.3.2 비교연산 명령어

산술연산을 할 때, 명령어에 사용하는 입력값이 센서와 같은 아날로그 입력값이거나 정해진 범위를 초과할 우려가 있다면, 산술연산 전이나 후에 반드시 비교연산 명령어를 통해 값의 정상 여부를 판별해야 한다. 이러한 절차를 소홀히 해서 연산의 결과값에 오류가 발생하는 경우, 출력이 오작동해서 자동화 장치의 운영에 심각한 손상을 초래할 수 있다.

Name	Description	Version
Comparator operations		
CMP==	Equal	
CMP<>	Not equal	
CMP>=	Greater or equal	
CMP<=	Less or equal	
CMP>	Greater than	

Name	Description	Version
Comparator operations		
CMP<	Less than	
IN_Range	Value within range	
OUT_Range	Value outside range	
--|OK|--	Check validity	
--|NOT_OK|--	Check invalidity	

[그림 6-4] TIA Portal에서 S7-1500 PLC의 비교연산 명령어

따라서 산술연산을 하기 전에 설정값을 검사하거나 산술연산이 끝난 후에 비교연산 명령어를 사용해서 설정값과 결과값이 정확한지 검사한다.

6.3.3 곱셈 명령어 사용 시 주의점

16비트 Int형 곱셈 명령어의 연산 결과값은 16비트 크기의 Int형 메모리에 저장된다. 16비트 크기의 디바이스에 저장될 수 있는 값은 −32768~32767인데, 곱셈 결과값이 16비트 크기의 Int형의 범위를 초과하는 경우가 많다. 따라서 사전에 검증해서 처리할 값이 Int형의 범위를 넘어서는 경우에는 처음부터 DInt형의 곱셈 명령어로 연산을 해야 한다.

6.3.4 나눗셈 명령어 사용 시 주의점

지멘스의 Int형 나눗셈 명령어의 결과값은 몫만 구할 수 있다. 따라서 필요에 따라 나눗셈 결과에서 나머지를 구하고자 할 때에는 나머지 연산 명령어인 MOD 명령을 사용한다.

6.4 논리연산 명령어

논리연산 명령어는 특정 비트의 설정, 클리어, 반전 등 데이터 조작이 필요할 때 사용한다. 논리연산 명령어는 데이터 타입으로 Word 또는 DWord 타입을 사용한다.

Name	Description	Version
Word logic operations		V1.4
AND	AND logic operation	
OR	OR logic operation	
XOR	EXCLUSIVE OR logic op...	
INVERT	Create ones complemer	
DECO	Decode	V1.2
ENCO	Encode	V1.1
SEL	Select	V1.4
MUX	Multiplex	
DEMUX	Demultiplex	

[그림 6-5] TIA Portal에서 S7-1500 PLC의 논리연산 명령어

6.4.1 특정 비트의 설정

주어진 데이터의 특정 비트를 1로 설정하려면 OR 명령어를 사용한다. [표 6-4]처럼 1로 설정하고자 하는 비트 위치에 1을 가진 값과 OR 연산을 하면, 해당 위치의 비트 값은 소스 값에 관계없이 무조건 1로 설정된다.

[표 6-4] OR 명령어를 사용하여 특정 비트를 1로 설정

명령어 표현 형식	명령어 실행 결과
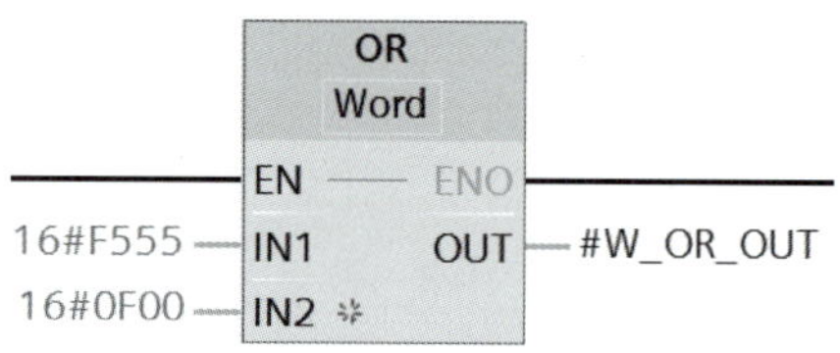	IN1 16#F555 1111 0101 0101 0101 IN2 16#0F00 OR 0000 1111 0000 0000 W_OR_OUT 16#FF55 1111 1111 0101 0101

6.4.2 특정 비트의 클리어

주어진 데이터의 특정 비트를 0으로 설정하려면 AND 명령어를 사용한다. [표 6-5]처럼 0으로 설정하고자 하는 비트 위치에 0을 가진 값과 AND 연산을 하면, 해당 위치의 비트 값은 소스 값에 관계없이 무조건 0으로 설정된다.

[표 6-5] AND 명령어를 사용하여 특정 비트를 0으로 설정

명령어 표현 형식	명령어 실행 결과
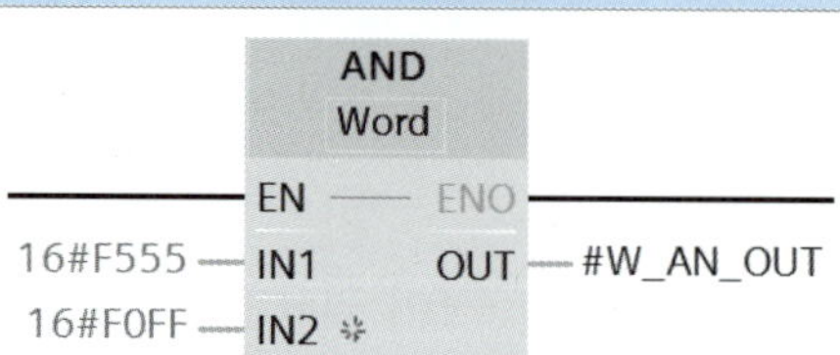	IN1 16#F555 1111 0101 0101 0101 IN2 16#F0FF AND 1111 0000 1111 1111 W_AND_OUT 16#F055 1111 0000 0101 0101

6.4.3 특정 비트의 반전

주어진 데이터의 특정 비트를 0 → 1, 또는 1 → 0으로 반전하기 위해서는 XOR 명령어를 사용한다. [표 6-6]처럼 반전하고자 하는 비트 위치에 0 또는 1을 가진 값과 XOR 연산을 하면 해당 위치의 비트 값이 반전된다.

[표 6-6] XOR 명령어를 사용한 특정 비트의 반전

명령어 표현 형식	명령어 실행 결과
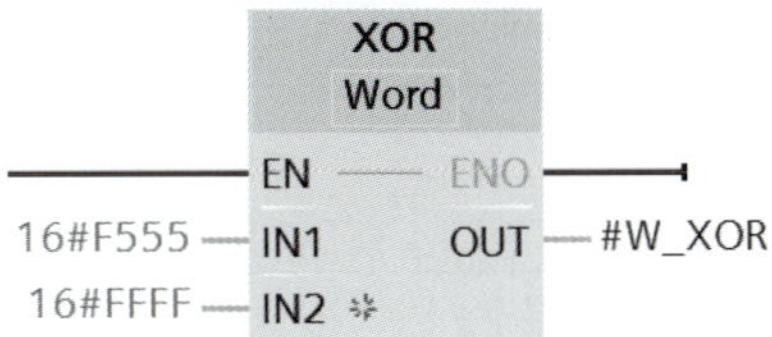	IN1 16#F555 1111 0101 0101 0101 IN2 16#FFFF XOR 1111 1111 1111 1111 W_XOR 16#0AAA 0000 1010 1010 1010

6.5 로테이트 및 시프트 명령어

주어진 데이터를 좌측 또는 우측 방향으로 지정한 비트의 크기만큼 회전시키는 로테이트rotate 명령어는 [그림 6-6]과 같이 4개의 명령어가 있지만, 입력 데이터 타입에 따라 동작이 각각 다르다. 로테이트 및 시프트에 사용할 수 있는 데이터 타입은 크게 Word 타입과 Int 타입으로 구분된다.

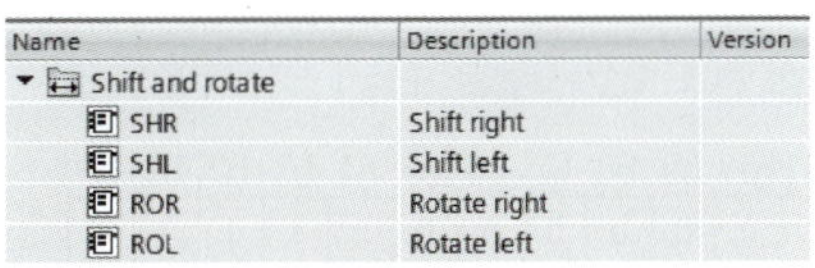

[그림 6-6] TIA Portal에서 S7-1500 PLC의 시프트 및 로테이트 명령어

시프트shift 명령어에서 SHR 명령어는 데이터 타입이 워드형일 때와 정수형일 때의 결과값이 다르게 나타난다. 워드 타입에서는 시프트되고 남은 빈자리에 0이 채워진다. 하지만 정수형 타입에서는 시프트되고 남은 빈자리에 최상위 비트인 부호비트가 채워진다. 한편 SHL 명령어의 경우, 데이터 타입에 관계없이 시프트되고 남은 빈자리에 0이 채워진다.

[표 6-7] 시프트 명령어

명령어	명령어 실행 전후 메모리 결과 비교
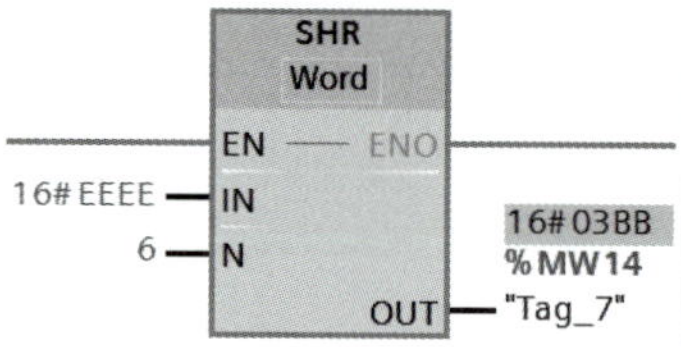	b15 b14 b13 b12 b11 b10 b9 b8 b7 b6 b5 b4 b3 b2 b1 b0 1 1 1 0 1 1 1 0 1 1 1 0 1 1 1 0 N=6인 경우 6비트 좌측으로 시프트되고 b15 b14 b13 b12 b11 b10 b9 b8 b7 b6 b5 b4 b3 b2 b1 b0 0 0 0 0 0 0 1 1 1 0 1 1 1 0 1 1 빈자리에는 0이 채워진다.
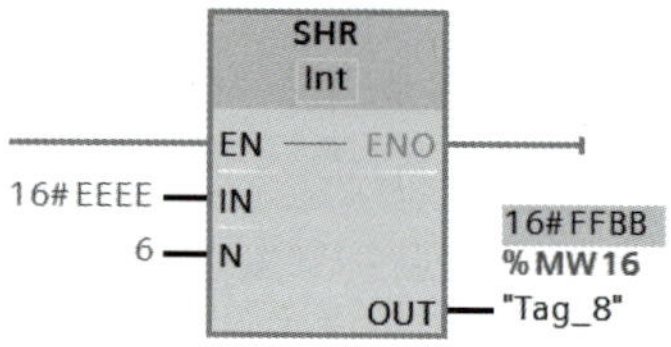	b15 b14 b13 b12 b11 b10 b9 b8 b7 b6 b5 b4 b3 b2 b1 b0 1 1 1 0 1 1 1 0 1 1 1 0 1 1 1 0 부호비트 N=6인 경우 6비트 좌측으로 시프트되고 b15 b14 b13 b12 b11 b10 b9 b8 b7 b6 b5 b4 b3 b2 b1 b0 1 1 1 1 1 1 1 1 1 0 1 1 1 0 1 1 빈자리에는 부호비트가 채워진다.
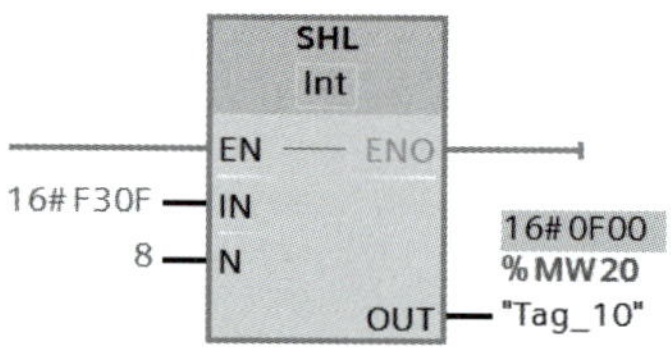	b15 b14 b13 b12 b11 b10 b9 b8 b7 b6 b5 b4 b3 b2 b1 b0 1 1 1 1 0 0 1 1 0 0 0 0 1 1 1 1 N=8인 경우 8비트 우측으로 시프트되고 b15 b14 b13 b12 b11 b10 b9 b8 b7 b6 b5 b4 b3 b2 b1 b0 0 0 0 0 1 1 1 1 0 0 0 0 0 0 0 0 빈자리에는 0이 채워진다.

로테이트 명령어는 Byte, Word, DWord, LWord의 데이터 타입에 대해서만 사용할 수 있다. [표 6-8]에 로테이트 명령어의 실행결과를 나타내었다.

[표 6-8] 로테이트 명령어

명령어	명령어 실행 전후 메모리 결과 비교
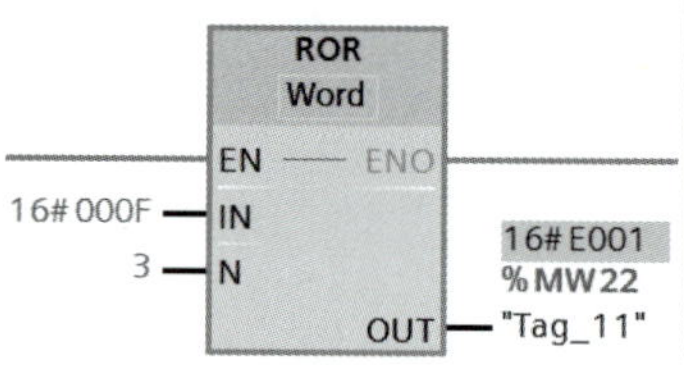	명령어 실행 전 b15 b14 b13 b12 b11 b10 b9 b8 b7 b6 b5 b4 b3 b2 b1 b0 0 0 0 0 0 0 0 0 0 0 0 0 1 1 1 1 명령어 실행 후 b15 b14 b13 b12 b11 b10 b9 b8 b7 b6 b5 b4 b3 b2 b1 b0 1 1 1 0 0 0 0 0 0 0 0 0 0 0 0 1 실행 전 b0~b0의 내용 / 실행 전 b15~b4의 내용 / 실행 전 b3의 내용
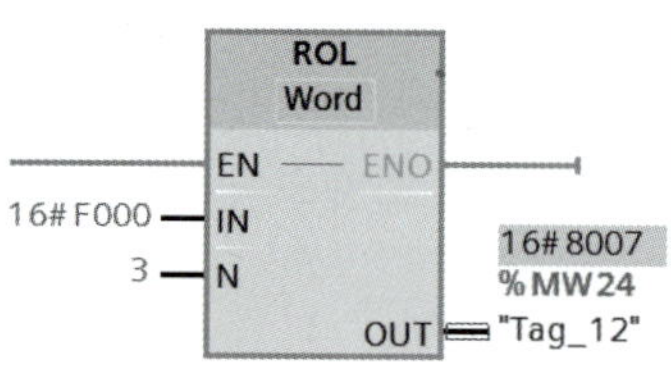	명령어 실행 전 b15 b14 b13 b12 b11 b10 b9 b8 b7 b6 b5 b4 b3 b2 b1 b0 1 1 1 1 0 0 0 0 0 0 0 0 0 0 0 0 명령어 실행 후 b15 b14 b13 b12 b11 b10 b9 b8 b7 b6 b5 b4 b3 b2 b1 b0 1 0 0 0 0 0 0 0 0 0 0 0 0 1 1 1 실행 전 b12의 내용 / 실행 전 b11~b0의 내용 / 실행 전 b15~b13의 내용

시프트 명령어가 로테이트 명령어와 다른 점은, 지정된 비트만큼 시프트시키고, 시프트된 비트 자리는 0으로 채우는 기능을 가지고 있다는 것이다.

6.6 배열

자동 창고와 같은 시스템에서 창고의 각 셀에 저장되어 있는 물품을 관리하기 위해서는 창고 셀의 물품 보관 여부 및 보관하고 있는 물품의 종류, 보관일자 등을 파악하고 있어야 한다. 창고 셀의 개수만큼 태그를 만들고, 창고 셀의 물품 저장 상태에 따라 해당 창고 셀의 태그에 물품의 수납 상태를 등록하는 형태의 데이터 관리 방식을 사용하게 되는데, 이러한 용도로 사용하는 데이터 타입이 배열array이다. 배열이란 동일한 데이터 타입의 태그를 연속해서 나열한 메모리 형식을 의미한다. S7-300과 S-1500의 가장 큰 차이점이 바로 배열의 자유로운 사용이다. S7-300에서는 제한적인 배열의 사용이 가능했으나, S7-1500에서는 FB, FC에 관계없이 자유롭게 배열을 사용할 수 있다. 배열에 관한 자세한 사용법은 실습과제에서 다룬다.

배열은 Global DB 또는 FB에서 사용할 수 있고, 배열을 사용하기 위해서는 배열의 선언이 필요하다. 배열은 동일한 데이터 타입을 메모리에 연속해서 나열하는 것이므로, 사용할 데이터 타입의 태그가 몇 개나 필요한지를 먼저 결정해야 한다. 예를 들어 FB 내에서 Int형 타입의 태그가 10개 필요하다면 [표 6-9]와 같은 순서로 배열을 설정한다.

[표 6-9] FB에서 정수형 태그 배열의 선언과 사용법

순서	작업 내용	작업 화면
1	**배열 선언** ❶ 배열 이름 설정 ❷ 데이터 타입 항목리스트 버튼 클릭 ❸ 데이터 타입 중에서 배열을 선택	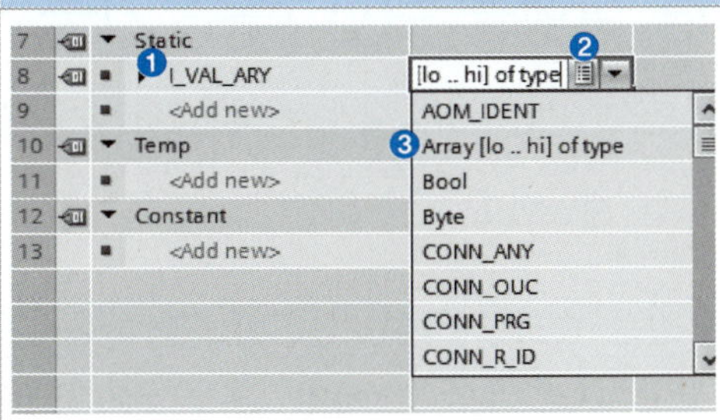

(계속)

2	**배열 설정** ❶ 배열 설정 클릭 ❷ 배열의 데이터 타입 설정 ❸ 태그의 개수 설정 ❹ 체크 버튼 클릭	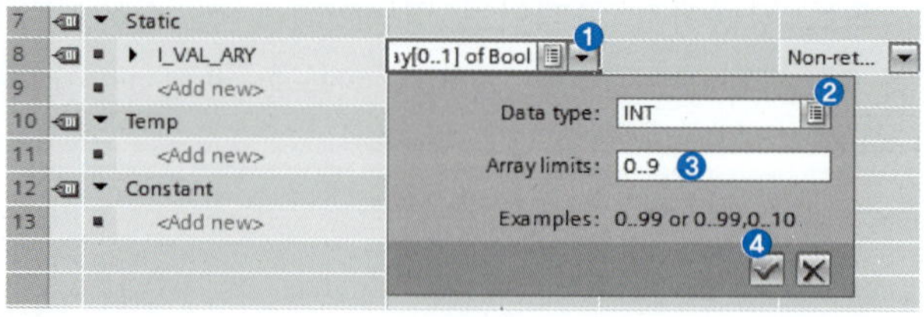
3	**배열의 초깃값 설정** 필요에 따라 배열의 초깃값을 설정할 수 있다.	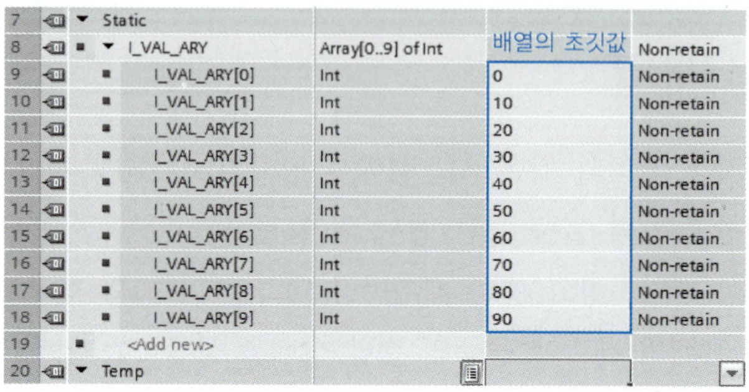
4	**배열의 사용** 배열을 사용하기 위해 [ ] 안에 인덱스 숫자를 설정한다.	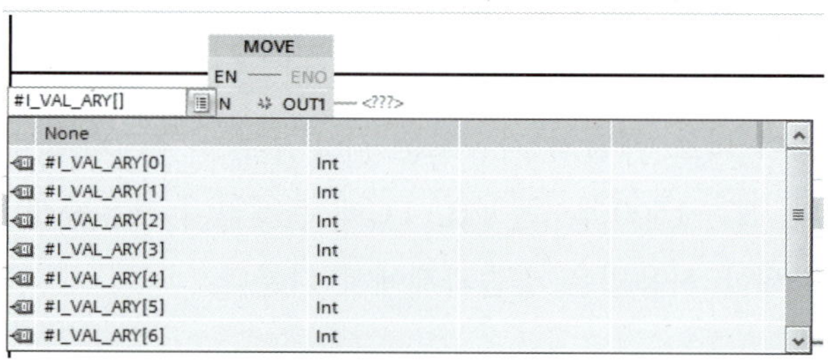
5	**배열 사용 방법** I_VAL_ARY[5]에 설정한 초깃값 50이 MW10에 저장된다.	

6.7 프로그램 실행을 위한 특수 기능 및 클록 비트 사용하기

S7-1500 PLC에서는 S7-300에 없는 기능인 프로그램 작성에 필요한 특수 기능 비트와 클록clock 비트를 제공한다.

[표 6-10]과 같은 순서로 특수 기능 비트를 사용하기 위한 설정을 끝마친 후, 작업 내용을 컴파일하고 CPU로 다운로드하면, 프로그램 작성에 도움이 되는 특수 기능 비트와 클록 비트를 사용할 수 있다.

[표 6-10] 특수 기능 및 클록 비트 사용을 위한 설정 순서

작업 내용	작업 화면
설정 순서 ❶ CPU를 선택해서 더블클릭 ❷ [Properties] 탭 클릭 ❸ [General] 탭 클릭 ❹ [System and clock memory] 클릭 ❺ System memory byte의 체크박스에 체크 표시하고, 사용할 M메모리 바이트 번지 지정 ❻ Clock memory byte의 체크박스에 체크 표시하고, 사용할 M메모리 바이트 번지 지정	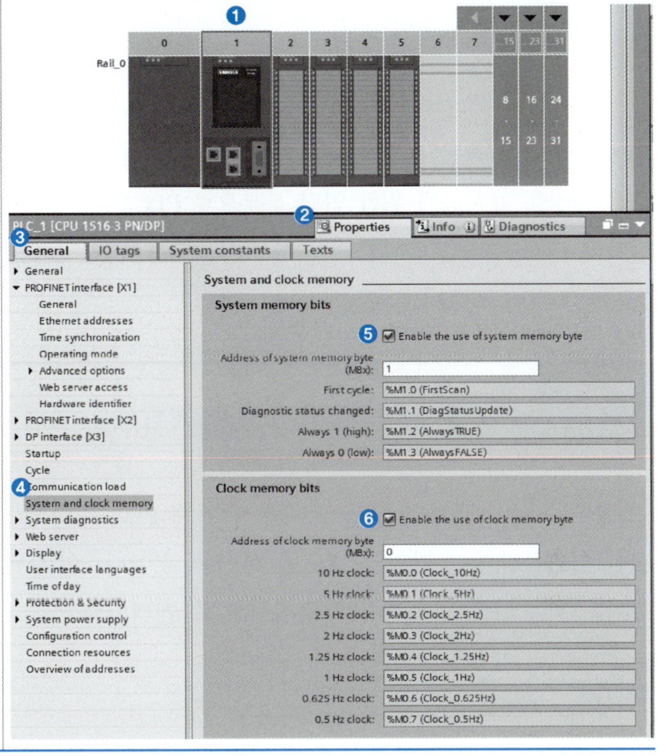

6.8 실습에 필요한 디스플레이 유닛

기본 명령어 실습과제에서 설정값 또는 결과값을 표시할 디스플레이 유닛에 대해 살펴보자. 공장 자동화 관련 산업현장에서는 생산 정보를 표시하기 위해 다양한 정보 표시장치를 사용한다. 최근에는 터치 화면의 대중화로 인해 디스플레이 유닛의 사용빈도가 점차 감소하는 추세이지만, 디스플레이 유닛이 가지고 있는 여러 장점 때문에 생산 정보 표시용 기기로 여전히 널리 사용되고 있다.

[그림 6-7] 디스플레이 유닛의 모습

6.8.1 디스플레이 유닛 사용 방법

디스플레이 유닛은 BCD 코드를 입력 받아 해당 숫자를 디스플레이하는 제어기기이다.

디스플레이 유닛으로 숫자 한 자리를 표현하기 위해서는 PLC 출력 4점이 필요하다. 이 책의 실습에서는 오토닉스(주)에서 시판하는 제품 모델 DISA-RN을 사용하는데, 여기서는 병렬 형태의 단순한 숫자 표시용으로만 이 제품을 사용할 것이다.

[표 6-11]은 디스플레이 유닛의 단자번호 및 명칭을 나타낸 것으로, 이 중에서 색칠된 부분의 단자들이 사용된다. 1번, 10번은 DC 24V 전원 연결단자이고, 2번, 3번, 4번, 5번 단자들은 숫자를 표시하기 위한 입력 부분으로 PLC의 출력과 연결되는 부분이다. 네 개의 입력 단자에 PLC 출력을 ON/OFF해서 BCD 코드를 입력하면, 해당 숫자가 유닛에 표시된다.

[표 6-11] 디스플레이 유닛(D1SA-RN)의 핀 배치도

단자 번호	1	2	3	4	5	6	7	8	9	10
기능	+24V	D0 (2^0)	D1 (2^1)	D2 (2^2)	D3 (2^3)	BI	BO	LE	DP	0V

[그림 6-8]은 네 자리 수를 표시하기 위해 PLC 출력 Q1.0~Q1.7과 Q2.0~Q2.7에 연결한 디스플레이 유닛의 결선도를 나타낸 것이다. 앞에서도 언급했듯이 지멘스는 바이트 크기의 메모리를 연속해서 나열할 때 빅 엔디안big-endian 방식을 사용한다.

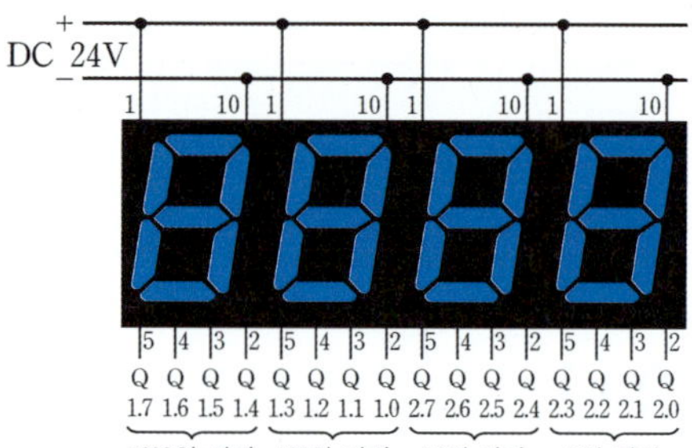

[그림 6-8] 디스플레이 유닛의 결선 방법

[그림 6-9]처럼 MOVE 명령을 사용해서 QW1에 16#1234를 전달하면 QB1에 천과 백의 자리에 해당되는 12가 저장되고, 십과 일의 자리 34는 QB2에 저장된다. 따라서 [그림 6-8]의 디스플레이 유닛의 결선 방법처럼 연결되어야 한다. 미쓰비시 PLC 또는 LS 산전 PLC는 리틀 엔디안 방식을 사용하기 때문에 빅 엔디안 방식을 사용하는 지멘스와는 결선 방법이 다르다.

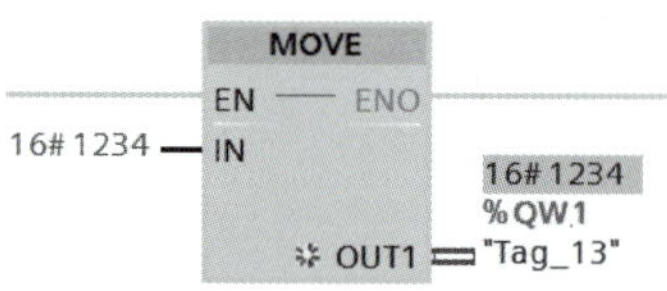

(a) MOVE 명령으로 QW1에 데이터 전송

QW1			
QB1		QB2	
천	백	십	일
1	2	3	4

(b) QW1에 저장된 데이터

[그림 6-9] 빅 엔디안 방식의 메모리 사용

6.8.2 데이터 변환 명령

디스플레이 유닛에 PLC의 태그에 저장된 2진수 값을 표시하기 위해서는 2진수 값을 BCD 코드로 변환해야 한다.

[그림 6-10(a)]와 같이 10진수 98에 대한 Int형 데이터 타입 표현은 2진수 '0000 0000 0110 0010'이다. 디스플레이 유닛에 98에 해당되는 숫자를 표시하기 위해서는 BCD 코드 '0000 0000 1001 1000'으로 변환되어야 한다. 2진수로 표현된 값을 BCD 코드로 변환하는 PLC 명령어는 CONV이다. CONV 명령어는 데이터 타입을 변환할 때 사용하는 명령어이다.

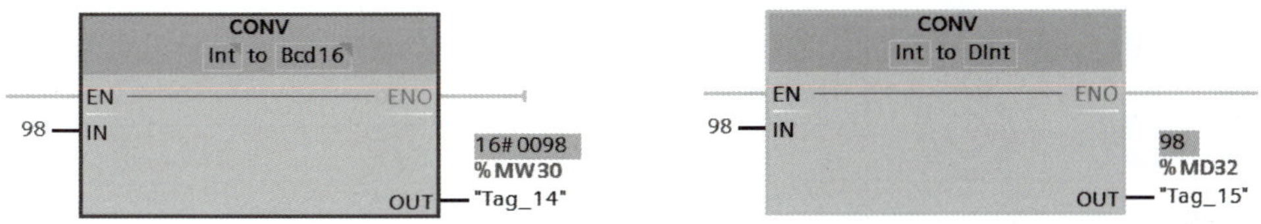

(a) Int 타입을 BCD 타입으로 변환　　(b) Int 타입을 DIn 타입으로 변환

[그림 6-10] CONV 명령어 사용법

Int 타입에서 BCD 타입으로 변환 가능한 정수값은 −999 ~ +999이다. 변환 가능한 정수값의 범위를 초과하면 에러가 발생한다. 정수값 0 ~ 999까지의 값을 BCD로 변환하면 우리가 알고 있는 BCD 값과 일치하지만, 음수값의 경우에는 [그림 6-11]처럼 최상위 4비트의 값이 모두 1로 설정된다.

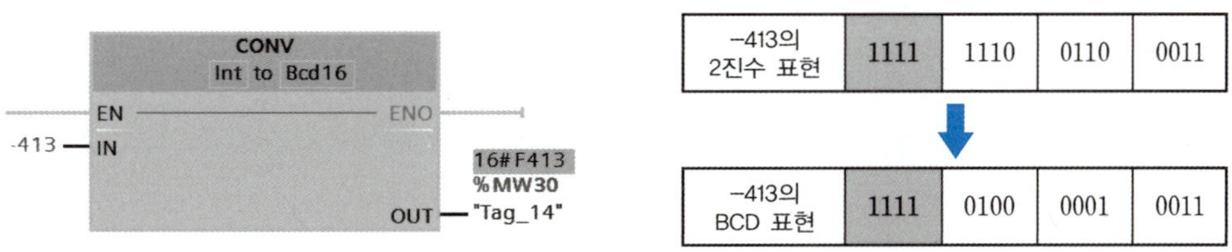

(a) −413을 BCD로 변환한 결과　　(b) Int 타입을 BCD 코드로 변환

[그림 6-11] CONV 명령어를 사용한 음수값의 BCD 변환

지금까지 PLC의 기본 명령어에 대해 간단하게 살펴보았다. 이제부터는 실습예제를 통해 학습한 기본 명령어의 사용법을 알아보겠다. 실습의 편의를 위해 7장에서는 TIA Portal에서 프로젝트를 새롭게 만들어서 해당 실습과제를 풀이한다.

➔ 실습과제 6-1 타이머의 설정시간 제어

기본 명령어를 사용해서 타이머의 설정시간을 고정된 값이 아닌, 사용자의 필요에 의해 변경할 수 있는 PLC 프로그램 작성법을 학습한다.

정수형 데이터의 산술연산 및 비교연산 명령을 이용해서 타이머의 설정시간을 변경하는 PLC프로그램 작성법에 대해 살펴보자.

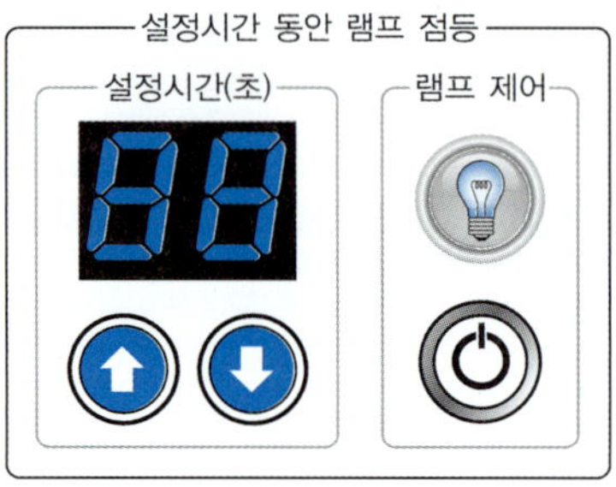

[그림 6-12] 조작 패널

[표 6-12] PLC 입출력 리스트

입력	기능	출력	기능
I0.0	시작 버튼	Q0.0	램프
I0.1	시간 증가 버튼	QB1	시간 표시 FND
I0.2	시간 감소 버튼		

동작 조건

❶ PLC의 전원이 ON되면 FND에는 20이 표시된다. 20은 20sec를 의미한다.

❷ 시간 증가 버튼을 누를 때마다 FND 숫자는 1씩 증가한다. 시간 설정값이 99일 때에는 시간 증가 버튼을 눌러도 더 이상 설정값이 증가하지 않고 99를 표시한다.

❸ 시간 감소 버튼을 누를 때마다 FND 숫자는 1씩 감소한다. 시간 설정값이 01일 때에는 시간 감소 버튼을 눌러도 더 이상 설정값이 감소하지 않고 01을 표시한다.

❹ 시작 버튼을 누르면 설정시간만큼 램프가 점등된다.

PLC 프로그램 작성법

■ 프로그램의 전체 구조

타이머를 이용한 설정시간 제어 과제에는 두 가지 기능이 결합되어 있다. 첫 번째 기능은 증가 및 감소 버튼을 사용해서 시간을 설정하는 것이고, 두 번째 기능은 시작 버튼이 눌리면 설정시간 동안 램프를 점등하는 것이다. 두 가지 기능을 각각 구분해서 만든 후, 두 기능을 조합해서 주어진 동작 조건을 구현하는 프로그램 구조를 생각해보자.

[그림 6-13]은 전체 프로그램의 모습을 나타낸 것이다. 첫 번째 기능은 FB1에서 구현되고, 두 번째 기능은 FB2에서 구현된다. FB1과 FB2를 FB3에서 조합한 후, 최종적으로는 OB1에서 FB3을 호출하도록 한다. 이런 방식으로 프로그램을 작성하면, 기능별로 구분된 FB를 다른 프로그램에서 재활용할 수 있다.

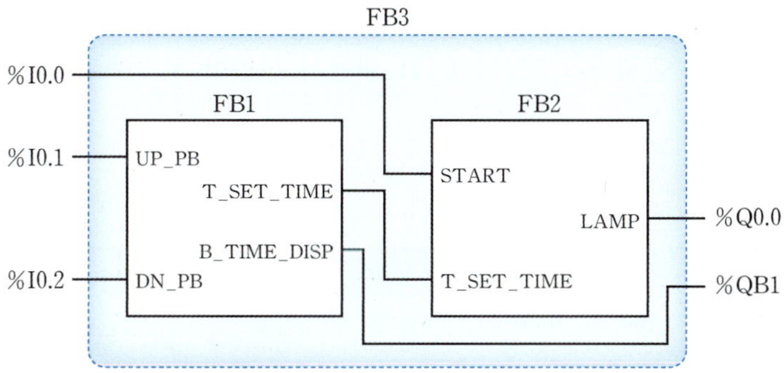

[그림 6-13] 프로그램의 전체 구조

■ 동작 기능을 구현할 때 주의할 점

동작 조건 ❶은 PLC의 전원이 OFF→ON 또는 CPU가 리셋되었다는 조건을 검출해서 타이머의 시간 설정값을 20으로 설정한다는 것이다. 해당 FB의 Static에서 타이머의 설정시간 태그를 설정하고, 초깃값을 20으로 설정한다. 동작 조건 ❷와 ❸은 버튼이 눌릴 때마다 시간 설정값을 1단위로 더하거나 빼는 연산을 한다는 것이다. 설정값의 상한과 하한이 정해져 있기 때문에 비교연산을 통해 설정값이 정해진 상한과 하한을 넘지 않도록 관리해야 한다. 동작 조건 ❹에서는 램프라는 출력을 제어하기 위해 1개의 자기유지 회로와 타이머가 필요함을 확인할 수 있다.

타이머 설정시간의 데이터 타입은 TIME 형식으로, 32비트 크기를 사용하고 1ms 단위로 시간을 설정한다. 반면 작업자가 설정하는 시간의 단위는 초(sec)이다. 따라서 작업자가 20을 설정하면, 타이머의 설정시간은 20,000ms가 된다. 숫자 20을 20,000으로 변경하는 방법은 20×1000=20,000이 된다. 따라서 작업자가 설정하는 설정시간 20은 작업자에게 초 단위로 시간을 보여주기 위한 것이고, 실제로 타이머에 설정할 값은 20,000이기 때문에 곱셈 연산을 해야 한다.

프로그램을 작성하기 전에 주어진 동작 조건을 분석해서 어떤 순서로 작업할 것인지, 그리고 필요한 명령어는 무엇인지를 파악해야 한다. 그 후에 프로그램을 작성한다.

■ PLC 프로그램 작성 순서

❶ 해당 프로그램은 타이머와 설정시간의 데이터를 기억하고 있어야하기 때문에 FB에서 작성해야 한다. 여기서는 FB1에 프로그램을 작성한다.

❷ FB1의 프로그램 작성에는 [그림 6-13]과 같이 2개의 입력과 2개의 출력이 필요하다.

❸ 프로그램 작성에 필요한, FB1에서 설정한 로컬태그가 어떤 종류가 있는지 생각한다.

❹ 프로그램 작성에 필요한 입력 및 출력태그, 그리고 FB 내에서 선언할 로컬태그를 지정한 후에 프로그램을 작성한다.

[표 6-13] [실습과제 6-1]의 프로그램 작성

순서	작업 내용	작업 화면
1	**FB1 태그 선언** FB1을 만들고 프로그램 작성에 필요한 태그를 선언한다. 태그 선언에서 I_PB_CNT의 초기 설정값을 20으로 설정한다.	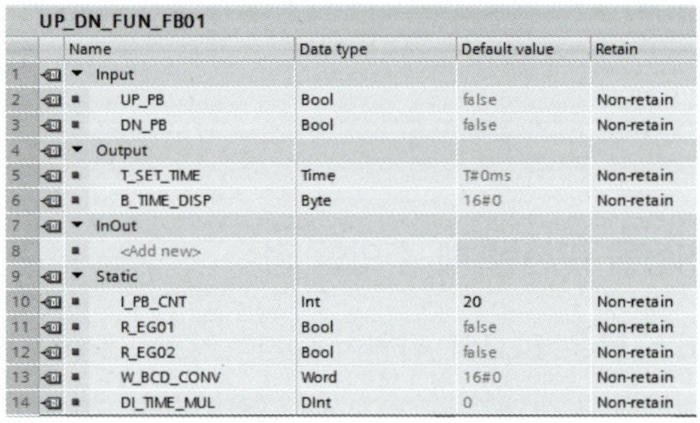
2	**FB1 프로그램 작성** • **네트워크 1번** 증가 및 감소 버튼이 눌릴 때마다 I_PB_CNT의 값을 1씩 증가 또는 감소시킨다. BCD 변환을 해서 출력한다. • **네트워크 2번** I_PB_CNT의 값을 시간 설정값으로 변환하기 위해 1000을 곱한다. 최대 99000의 값이 될 수 있기 때문에 곱셈의 결과값을 저장하는 태그는 DInt형을 사용한다. 네트워크 2번의 MUL 명령의 데이터 타입이 Int형으로 되어 있지만, 출력 변수가 DInt형으로 지정되어 있기 때문에 결과값은 32비트 크기의 DInt형으로 저장된다. 즉 입력은 Int형이고 출력은 DInt형으로 되어 있기 때문에 연산의 결과에 오류가 발생하지 않아, 변환되어 결과값이 저장된다.	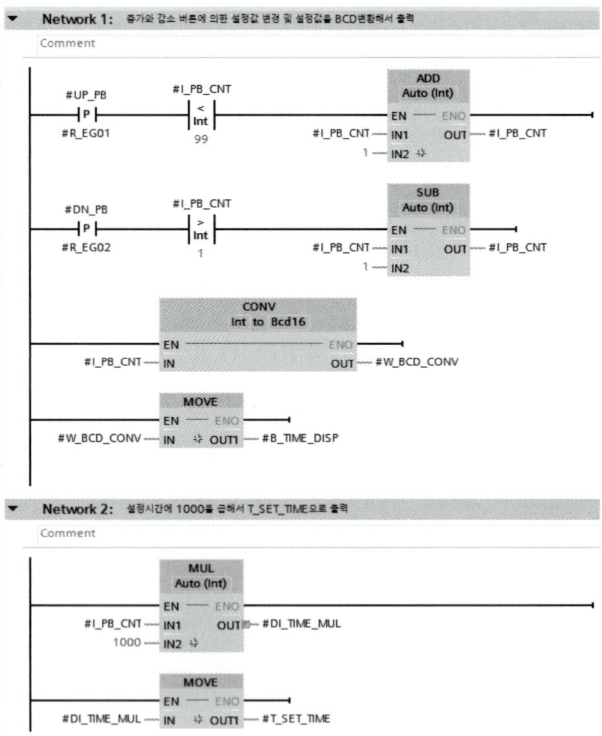

작업 화면 1:

UP_DN_FUN_FB01

	Name	Data type	Default value	Retain
1	▼ Input			
2	UP_PB	Bool	false	Non-retain
3	DN_PB	Bool	false	Non-retain
4	▼ Output			
5	T_SET_TIME	Time	T#0ms	Non-retain
6	B_TIME_DISP	Byte	16#0	Non-retain
7	▼ InOut			
8	<Add new>			
9	▼ Static			
10	I_PB_CNT	Int	20	Non-retain
11	R_EG01	Bool	false	Non-retain
12	R_EG02	Bool	false	Non-retain
13	W_BCD_CONV	Word	16#0	Non-retain
14	DI_TIME_MUL	DInt	0	Non-retain

(계속)

3

FB1 컴파일

FB1번의 프로그램을 컴파일해서 에러가 없는지 확인한다.

Show all messages

Compiling finished (errors: 0; warnings: 0)

!	Path	Description
✔	▾ PLC_1	
✔	▾ Program blocks	
✔	UP_DN_FUN_FB01 (FB1)	Block was successfully compiled.
✔		Compiling finished (errors: 0; warnings: 0)

4

FB2 태그 선언

FB2를 만들고 프로그램 작성에 필요한 태그를 선언한다.

LAMP_CONT_FUN_FB02

	Name	Data type	Default value	Retain
1	▾ Input			
2	START	Bool	false	Non-retain
3	T_SET_TIME	Time	T#0ms	Non-retain
4	▾ Output			
5	LAMP	Bool	false	Non-retain
6	▾ InOut			
7	<Add new>			
8	▾ Static			
9	K1	Bool	false	Non-retain
10	T1_Q	Bool	false	Non-retain
11	▸ IEC_Timer_0_Instance	TON_TIME		Non-retain

5

FB2 프로그램 작성

START 버튼을 눌렀을 때 램프 점등을 위한 자기유지 회로와, 설정시간을 계측하기 위한 타이머를 사용한다.

▾ Network 1: 설정시간 동안 램프 점등

Comment

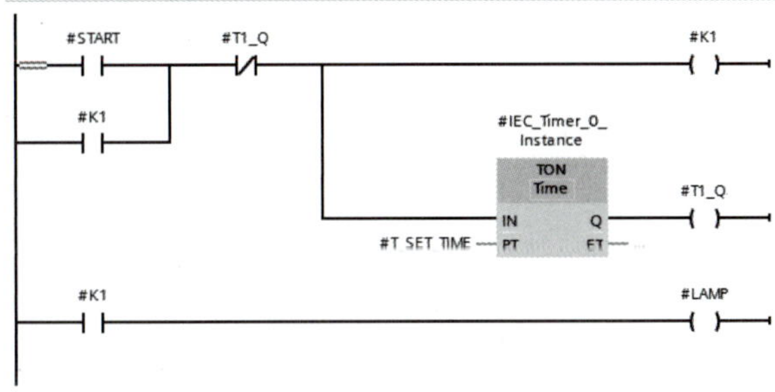

6

FB2 컴파일

FB2번의 프로그램을 컴파일해서 에러가 없는지 확인한다.

Show all messages

Compiling finished (errors: 0; warnings: 0)

!	Path	Description
✔	▾ PLC_1	
✔	▾ Program blocks	
✔	LAMP_CONT_FUN_FB02...	Block was successfully compiled.
✔		Compiling finished (errors: 0; warnings: 0)

7

FB3 태그 선언

FB3을 만들고, 프로그램 작성에 필요한 태그를 선언한다.

EXEC_7-1_FB03

	Name	Data type	Default value	Retain
1	▾ Input			
2	START	Bool	false	Non-retain
3	UP_PB	Bool	false	Non-retain
4	DN_PB	Bool	false	Non-retain
5	▾ Output			
6	LAMP	Bool	false	Non-retain
7	B_TIME_DISP	Byte	16#0	Non-retain
8	▾ InOut			
9	<Add new>			
10	▾ Static			
11	T_TIME_TEMP	Time	T#0ms	Non-retain
12	▸ UP_DN_FUN_FB01_In...	"UP_DN_FUN_FB01"		
13	▸ LAMP_CONT_FUN_FB...	"LAMP_CONT_FUN...		
14	▾ Temp			
15	<Add new>			
16	▾ Constant			
17	<Add new>			

(계속)

<table>
<tr><td>8</td><td>FB3 프로그램 작성
FB3에서 FB1과 FB2를 호출하고, DB는 멀티 인스턴스로 설정한다.</td><td>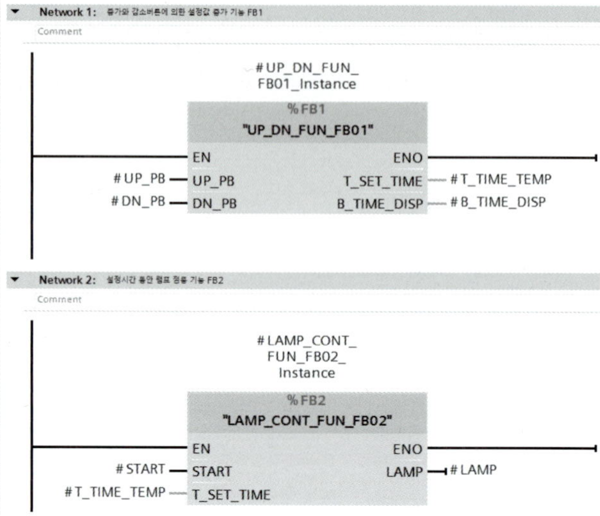
</td></tr>
<tr><td>9</td><td>FB3 컴파일
FB3번의 프로그램을 컴파일해서 에러가 없는지 확인한다.</td><td>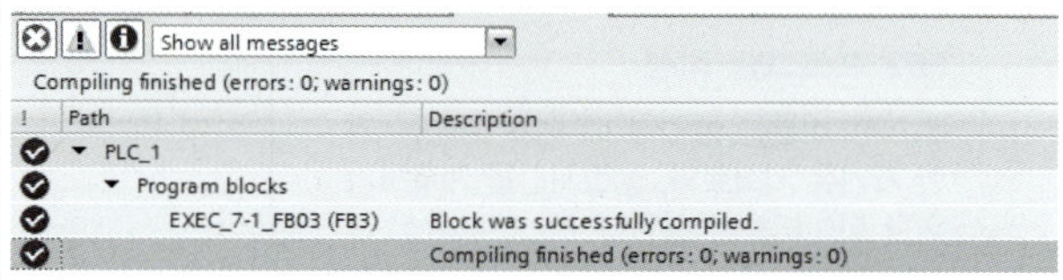
</td></tr>
<tr><td>10</td><td>OB1에서 FB3 호출
OB1에서 FB3을 호출하고 입출력 번지를 할당한다.</td><td>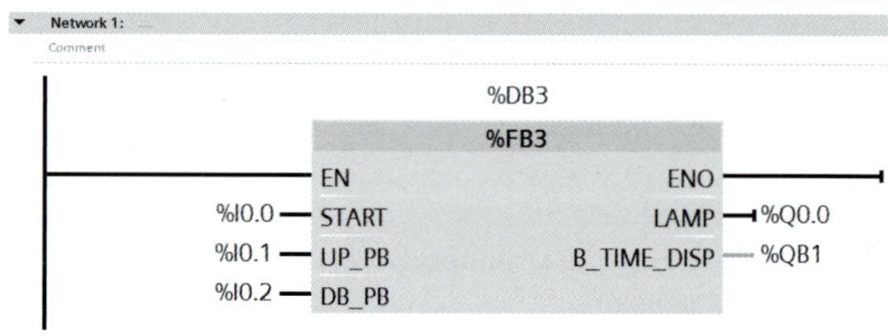
</td></tr>
<tr><td>11</td><td>OB1 컴파일
OB1을 컴파일해서 에러가 없는지 확인하고, CPU로 다운로드한 후에 동작을 확인한다.</td><td>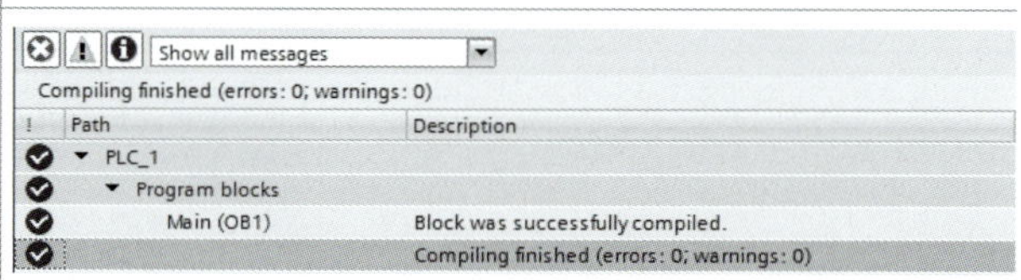
</td></tr>
</table>

실습과제 6-2 타이머의 설정시간 변경

타이머의 설정시간을 변경하는 다양한 방법에 대해 학습한다.

[실습과제 6-1]에서는 타이머가 1초로 설정되어 있는 상태에서 99초를 설정하면, 증가 버튼을 98번이나 눌러야 하는 귀찮은 일이 발생한다. PLC를 사용하는 이유는 사람이 편리하게 기계장치를 조작하기 위함이므로, 가능한 한 기계장치의 조작이 손쉽게 이루어지도록 프로그램을 작성해야 한다. 따라서 타이머의 설정시간을 좀 더 쉽고 편리하게 변경할 수 있는 방법을 구현해보자.

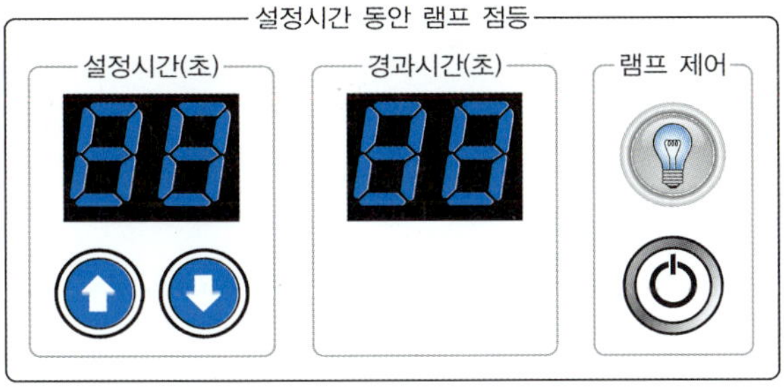

[그림 6-14] 조작 패널

[표 6-14] PLC 입출력 리스트

입력	기능	출력	기능
I0.0	시작 버튼	Q0.0	램프
I0.1	시간 증가 버튼	QB1	시간 표시 FND
I0.2	시간 감소 버튼	QB2	경과시간 FND

동작 조건

❶ PLC의 전원이 ON되면 FND에는 20이 표시된다. 20은 20sec를 의미한다. 경과시간에는 00이 표시된다.

❷ 시간 증가 버튼을 누를 때마다 FND 숫자는 1씩 증가한다. 시간 설정값이 99일 때에는 시간 증가 버튼을 눌러도 더 이상 설정값이 증가하지 않고 99를 표시한다. 시간 증가 버튼을 2초 이상 계속 누르면, 1Hz 간격으로 시간이 자동 증가한다.

❸ 시간 감소 버튼을 누를 때마다 FND 숫자는 1씩 감소한다. 시간 설정값이 01일 때에는 시간 감소 버튼을 눌러도 더 이상 설정값이 감소하지 않고 01을 표시한다. 시간 감소 버튼을 2초 이상 계속 누르면, 1Hz 간격으로 시간이 자동 감소한다.

❹ 시작 버튼을 누르면 설정시간만큼 램프가 점등된다. 이때 타이머의 경과시간은 초 단위로 표시된다. 램프가 소등될 때, 경과시간도 00으로 초기화된다.

PLC 프로그램 작성법

■ 프로그램의 전체 구조

2초 이상 증가/감소 버튼을 계속 누르면, 자동으로 1Hz인 1초 간격으로 설정시간이 1씩 증가/감소해야 한다. 따라서 프로그램 전체 구조는 [실습과제 6-1]에서 만든 구조와 크게 다르지는 않지만 일부 기능이 변경되어야 한다. [실습과제 6-1]에서 만든 FB1과 FB2의 블록을 다른 이름의 블록으로 복사한 후에 해당 블록의 프로그램을 수정하는 방법으로 프로그램을 작성해보자. FB1번을 FB4번으로 복사하고, FB2번을 FB5번으로 복사한 후, 프로그램을 주어진 동작 조건에 맞게 수정 보완한다. [표 6-15]의 순서대로 작업한다.

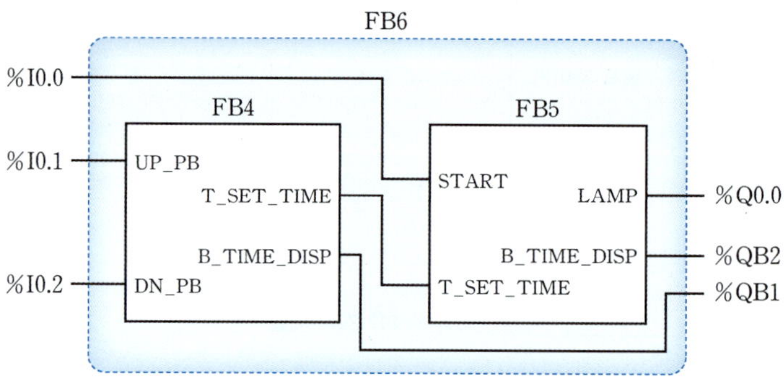

[그림 6-15] 프로그램의 전체 구조

FB5에는 타이머의 경과시간을 표시하는 출력이 추가되어야 한다. 타이머의 경과시간은 1ms 단위로 변경되지만 FND 모듈에 표시될 때에는 1sec 단위로 시간을 표시해야 하기 때문에 나눗셈 명령어를 사용해서 시간의 단위를 변경한다.

■ 동작 기능을 구현할 때 주의할 점

타이머의 설정시간을 설정하는 FB4의 입력에 해당하는 증가/감소 버튼은 두 가지 기능을 가져야 한다. 버튼을 눌렀을 때 설정값이 1씩 증가 또는 감소하는 기능과, 버튼을 계속 2초 이상 누르고 있으면 2초 이후부터는 1초 간격으로 설정값이 증가하는 기능이다.

이를 위해서는 1초의 주기를 가진 1Hz의 클록 펄스신호가 필요하다. 클록 펄스신호를 만들기 위해서는 CPU 모듈이 가진 클록 펄스신호 기능을 사용하던지, 또는 클록 펄스신호를 발생시키는 플리커 타이머 기능을 가진 별도의 FB를 만들어서 사용해야 한다. 이번 실습과제에서는 CPU의 클록 펄스를 사용한다. CPU의 클록 펄스는 MB1000의 메모리를 사용하기 때문에 1초 클록은 M1000.5가 된다.

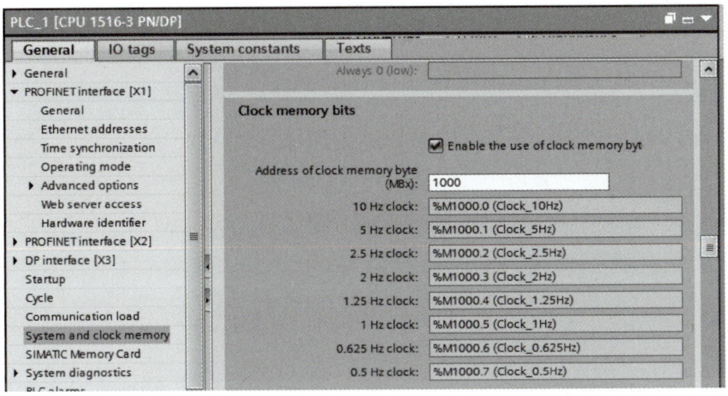

[그림 6-16] 시스템 클록 펄스 사용

[표 6-15] FB의 복사와 속성 변경 방법

순서	작업 내용	작업 화면
1	**FB의 복사** FB1을 선택한 후에 마우스 오른쪽 버튼을 눌러서 [Copy]를 선택한다.	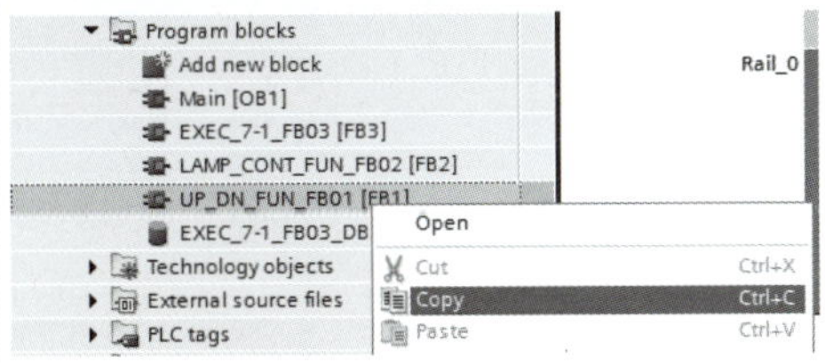
2	**FB의 붙여넣기** 마우스 오른쪽 버튼을 눌러서 [Paste]를 선택하면 FB1이 복사되어 프로그램 블록 폴더에 삽입된다.	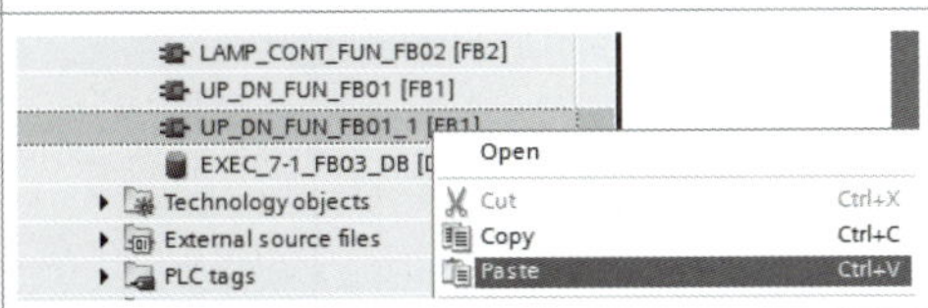
3	**FB 명칭 변경** 복사된 FB를 선택한 후에 마우스 온른쪽 버튼을 눌러 [Rename]을 선택해 이름을 변경한다.	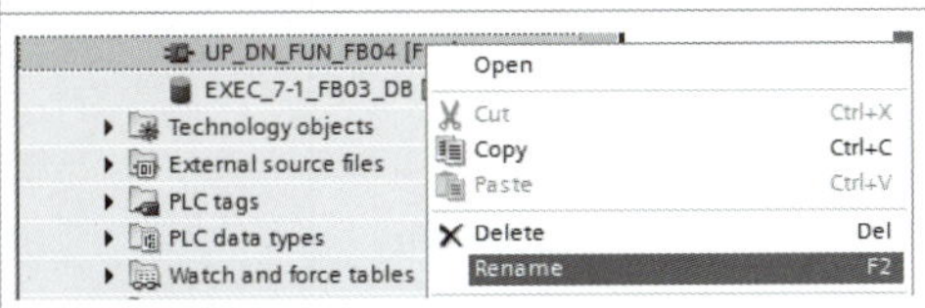
4	**FB 속성 변경** FB을 선택한 후에 마우스 오른쪽 버튼을 눌러 [Properties] 항목을 선택한다. ❶ [General] 선택 ❷ Manual 선택 ❸ FB 번호를 4로 변경 ❹ [OK] 버튼 클릭 FB 번호가 FB4로 변경되었음을 확인한다.	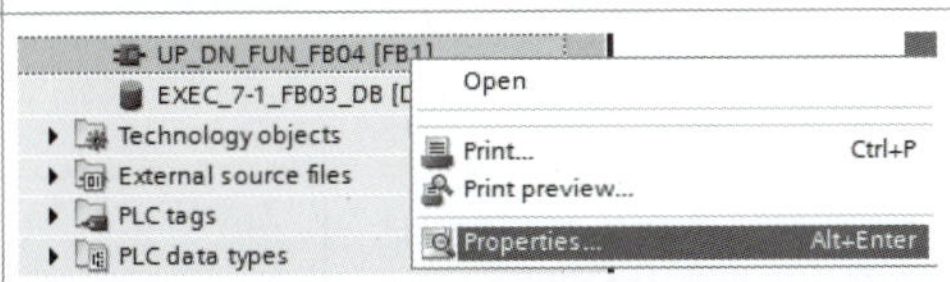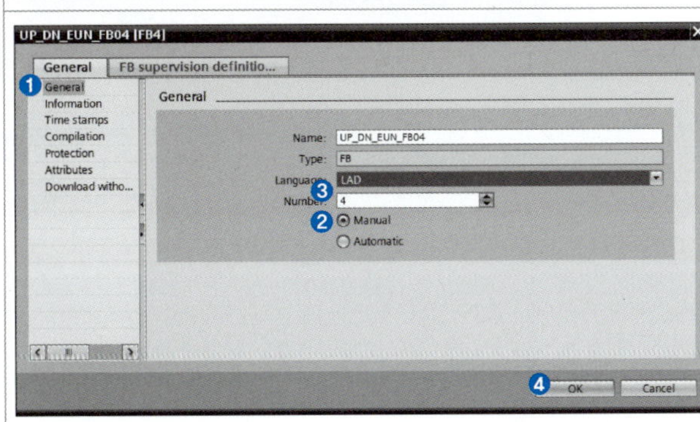

[표 6-16] [실습과제 6-2]의 프로그램 작성

<table>
<tr><th>순서</th><th>작업 내용</th><th>작업 화면</th></tr>
<tr><td>1</td><td>FB의 복사와 변경
프로그램 블록 폴더에 FB4와 FB5가 복사에 의해 만들어져 있는지 확인한다.</td><td>Program blocks
Add new block
Main [OB1]
EXEC_7-1_FB03 [FB3]
LAMP_CONT_FUN_FB02 [FB2]
LAMP_CONT_FUN_FB05 [FB5]
UP_DN_FUN_FB01 [FB1]
UP_DN_FUN_FB04 [FB4]</td></tr>
<tr><td>2</td><td>FB4 태그 설정
FB4의 기능을 추가하기 위해 필요한 태그를 설정한다.

증가/감소 버튼이 2초 이상 눌리는 것을 검출하기 위해 TON을 사용하고, 타이머는 멀티 인스턴스로 설정한다.</td><td>UP_DN_FUN_FB04
<table>
<tr><th></th><th>Name</th><th>Data type</th><th>Default value</th><th>Retain</th></tr>
<tr><td>1</td><td>Input</td><td></td><td></td><td></td></tr>
<tr><td>2</td><td>UP_PB</td><td>Bool</td><td>false</td><td>Non-retain</td></tr>
<tr><td>3</td><td>DN_PB</td><td>Bool</td><td>false</td><td>Non-retain</td></tr>
<tr><td>4</td><td>Output</td><td></td><td></td><td></td></tr>
<tr><td>5</td><td>T_TIME_SET</td><td>Time</td><td>T#0ms</td><td>Non-retain</td></tr>
<tr><td>6</td><td>B_TIME_DISP</td><td>Byte</td><td>16#0</td><td>Non-retain</td></tr>
<tr><td>7</td><td>InOut</td><td></td><td></td><td></td></tr>
<tr><td>8</td><td><Add new></td><td></td><td></td><td></td></tr>
<tr><td>9</td><td>Static</td><td></td><td></td><td></td></tr>
<tr><td>10</td><td>I_PB_CNT</td><td>Int</td><td>20</td><td>Non-retain</td></tr>
<tr><td>11</td><td>R_EG_01</td><td>Bool</td><td>false</td><td>Non-retain</td></tr>
<tr><td>12</td><td>R_EG_02</td><td>Bool</td><td>false</td><td>Non-retain</td></tr>
<tr><td>13</td><td>W_BCD_CONV</td><td>Word</td><td>16#0</td><td>Non-retain</td></tr>
<tr><td>14</td><td>DI_TIME_MUL</td><td>DInt</td><td>0</td><td>Non-retain</td></tr>
<tr><td>15</td><td>R_EG_03</td><td>Bool</td><td>false</td><td>Non-retain</td></tr>
<tr><td>16</td><td>R_EG_04</td><td>Bool</td><td>false</td><td>Non-retain</td></tr>
<tr><td>17</td><td>T1_Q</td><td>Bool</td><td>false</td><td>Non-retain</td></tr>
<tr><td>18</td><td>T2_Q</td><td>Bool</td><td>false</td><td>Non-retain</td></tr>
<tr><td>19</td><td>IEC_Timer_0_Instance</td><td>TON_TIME</td><td></td><td>Non-ret...</td></tr>
<tr><td>20</td><td>IEC_Timer_0_Instance...</td><td>TON_TIME</td><td></td><td>Non-retain</td></tr>
<tr><td>21</td><td><Add new></td><td></td><td></td><td></td></tr>
</table></td></tr>
<tr><td>3</td><td>FB4 프로그램 작성
• 네트워크 1번
증가 버튼이 눌릴 때마다 설정값이 1씩 증가하고, 증가 버튼이 2초 이상 눌리면 1Hz 간격으로 설정값이 자동 증가한다.

• 네트워크 2번
감소 버튼이 눌릴 때마다 설정값이 1씩 감소하고, 감소 버튼이 2초 이상 눌리면 1Hz 간격으로 설정값이 자동 감소한다.</td><td>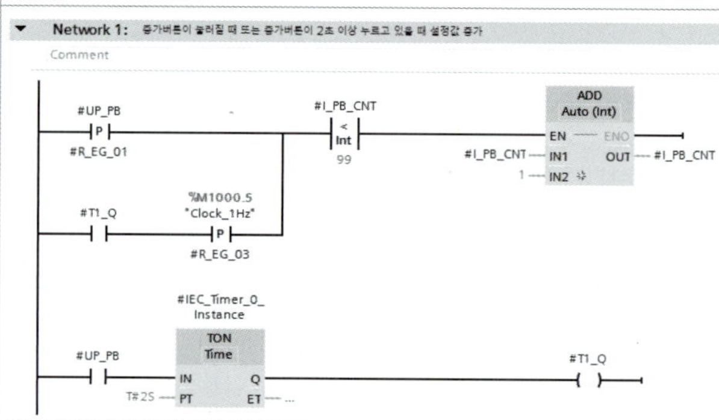

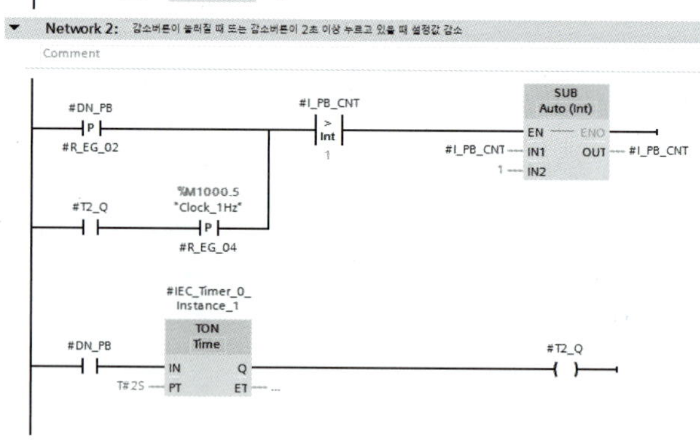
</td></tr>
</table>

(계속)

4

- **네트워크 3번**

CONV 명령어를 사용하여 설정값을 BCD로 변환한 후에 바이트 단위로 변경하여 출력한다.

- **네트워크 4번**

설정값을 타이머의 설정시간으로 변환한다.

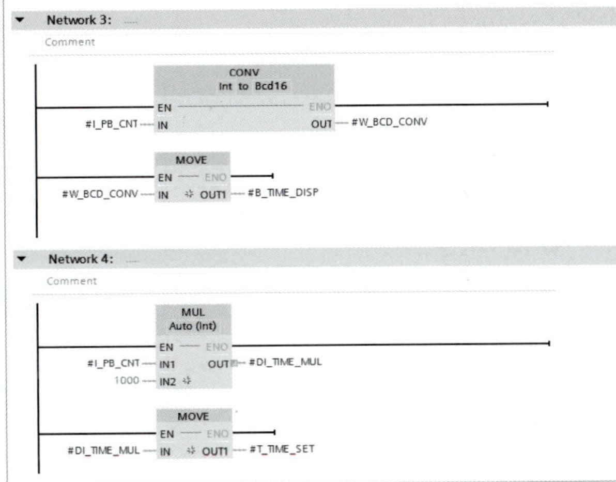

5

FB4 컴파일

FB4를 컴파일해서 에러가 없는지 확인한다.

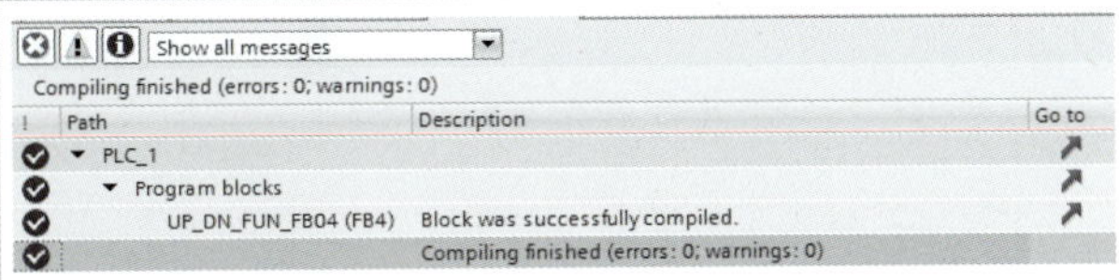

6

FB5 태그 설정

FB5의 기능을 추가하기 위해 필요한 태그를 설정한다.

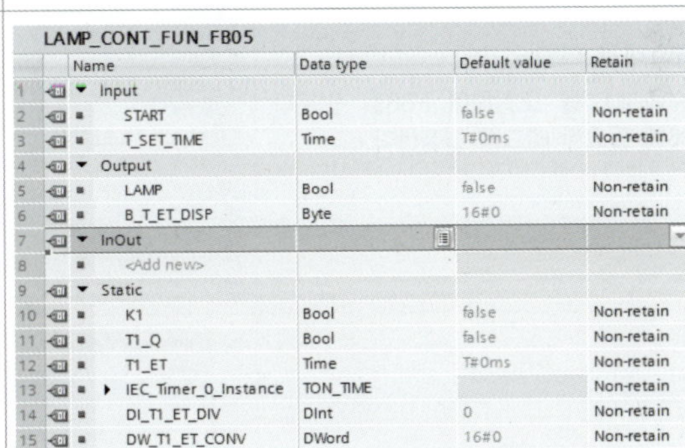

LAMP_CONT_FUN_FB05

	Name	Data type	Default value	Retain
1	▼ Input			
2	START	Bool	false	Non-retain
3	T_SET_TIME	Time	T#0ms	Non-retain
4	▼ Output			
5	LAMP	Bool	false	Non-retain
6	B_T_ET_DISP	Byte	16#0	Non-retain
7	▼ InOut			
8	<Add new>			
9	▼ Static			
10	K1	Bool	false	Non-retain
11	T1_Q	Bool	false	Non-retain
12	T1_ET	Time	T#0ms	Non-retain
13	▸ IEC_Timer_0_Instance	TON_TIME		Non-retain
14	DI_T1_ET_DIV	DInt	0	Non-retain
15	DW_T1_ET_CONV	DWord	16#0	Non-retain

7

FB5 프로그램 작성

- **네트워크 1번**

타이머의 경과시간 값을 사용하기 위해 TON의 ET에 태그를 지정한다.

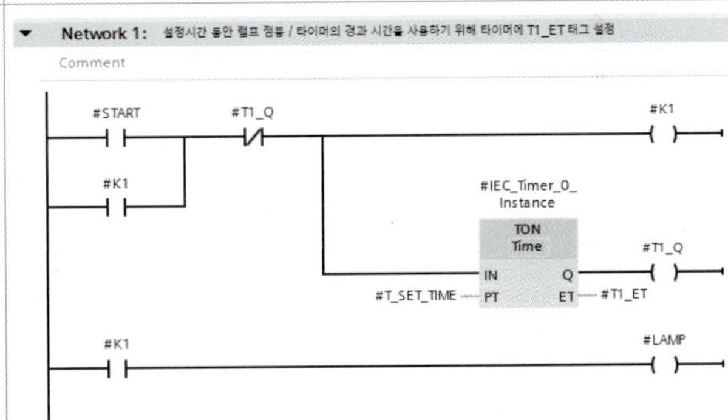

(계속)

8

• **네트워크 2번**

1ms 단위로 변경되는 타이머의 경과시간을 sec 단위로 변경하기 위해 나눗셈 명령을 사용하고, BCD 변환을 위해 CONV 명령어를 사용한다.

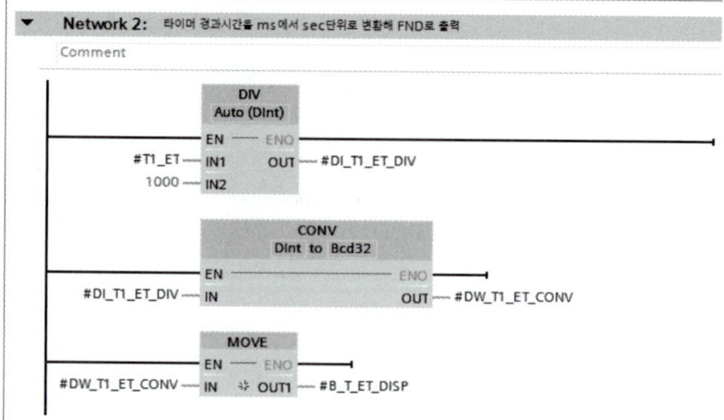

9

FB5 컴파일

FB5를 컴파일해서 에러가 없는지 확인한다.

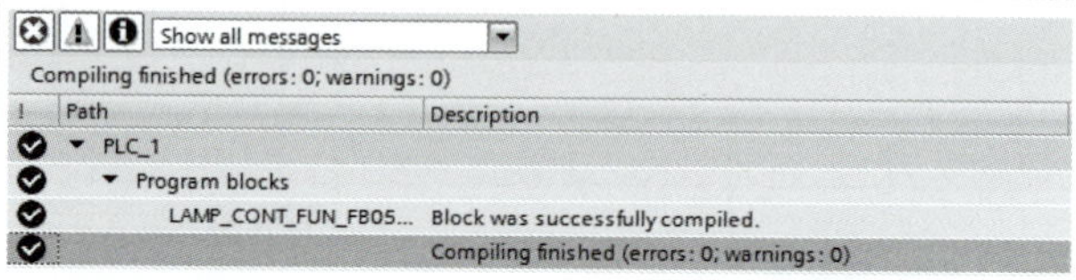

10

FB6 태그 선언

FB4와 FB5를 조합하여 FB6을 만든다. FB6에 필요한 태그를 설정한다.

EXEC_7-2_FB06

	Name	Data type	Default value	Retain
1	▼ Input			
2	■ START	Bool	false	Non-retain
3	■ UP_PB	Bool	false	Non-retain
4	■ DN_PB	Bool	false	Non-retain
5	▼ Output			
6	■ LAMP	Bool	false	Non-retain
7	■ B_TIME_DISP	Byte	16#0	Non-retain
8	■ B_T_ET_DISP	Byte	16#0	Non-retain
9	▼ InOut			
10	■ <Add new>			
11	▼ Static			
12	■ T_TIME_TEMP	Time	T#0ms	Non-retain
13	▼ Temp			
14	■ <Add new>			

11

FB6 프로그램 작성

• **네트워크 1번**

램프의 점등 시간을 설정할 FB4번을 호출한다.

• **네트워크 2번**

램프를 제어할 FB5번을 호출한다.

FB4와 FB5는 멀티 인스턴스로 설정한다.

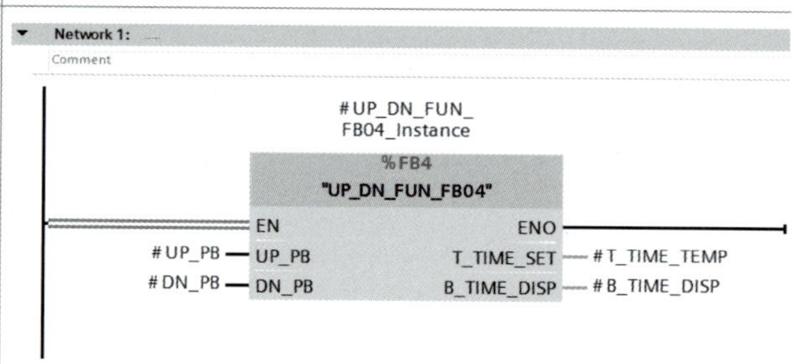

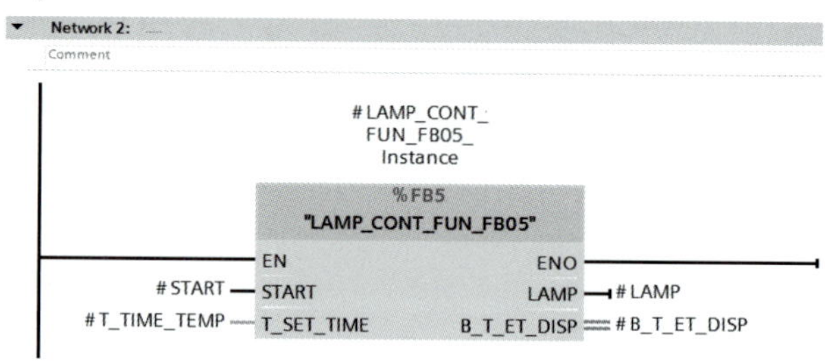

(계속)

12	**FB6 컴파일** FB6을 컴파일해서 에러가 없는지 확인한다.	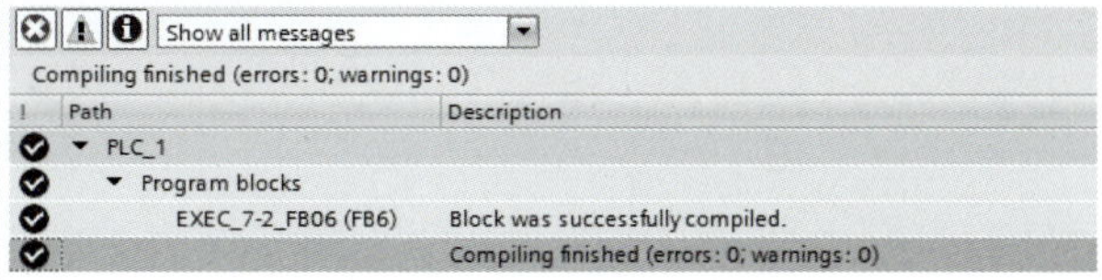
13	**OB1에서 FB6 호출** OB1에서 FB6을 호출하고, 입출력 번지를 지정한다.	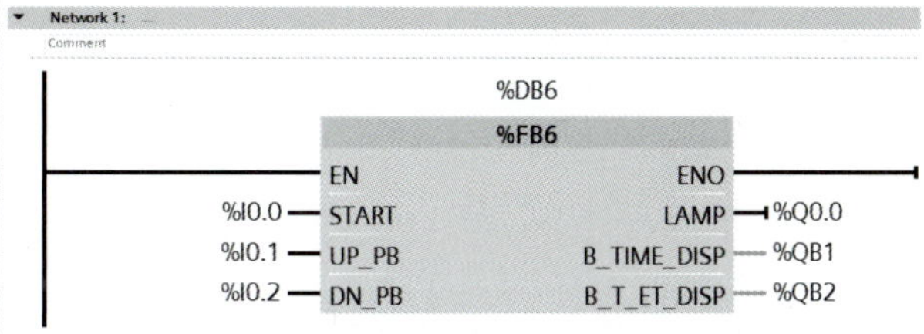
14	**OB1 컴파일** OB1을 컴파일해서 에러가 없는지 확인하고, CPU로 다운로드한 후에 동작을 확인한다.	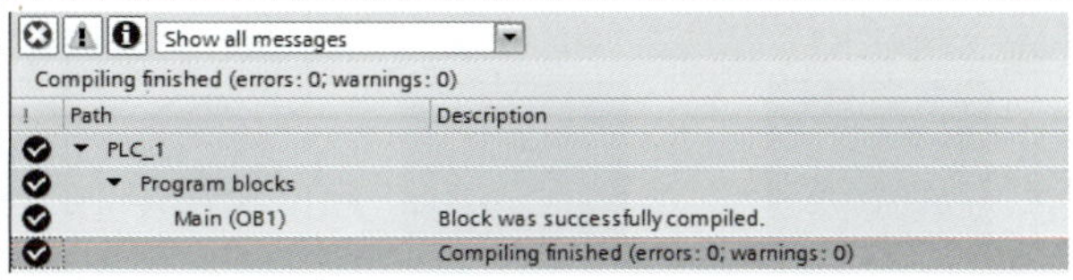

➔ 실습과제 6-3 로터리 엔코더 스위치를 사용한 설정값 변경

로터리 엔코더 스위치를 사용해서 타이머의 설정값을 변경하는 방법에 대해 학습한다.

이번 과제에서는 타이머의 설정시간을 로터리 엔코더 스위치로 설정하는 방법에 대해 살펴보자. 로터리 엔코더 스위치의 정역회전을 통해 시간을 설정하고, 또한 로터리 엔코더 스위치의 푸시 버튼을 시작 버튼으로 사용한다.

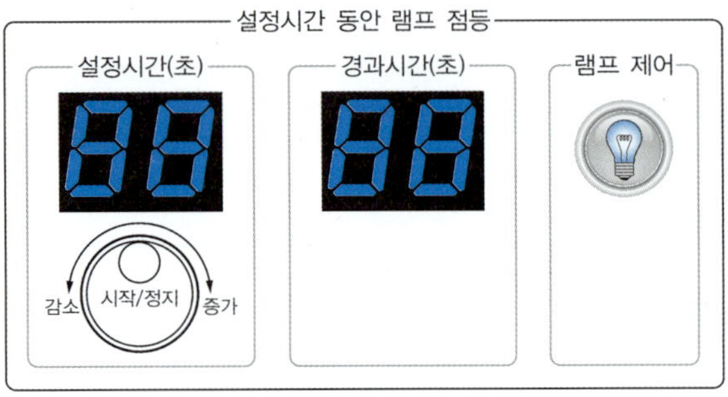

[그림 6-17] **조작 패널**

입력	기능
I1.0	A_PLS
I1.1	B_PLS
I1.2	시작/정지

출력	기능
Q0.0	램프
QB1	시간 표시 FND
QB2	경과시간 FND

(a) 입출력 리스트

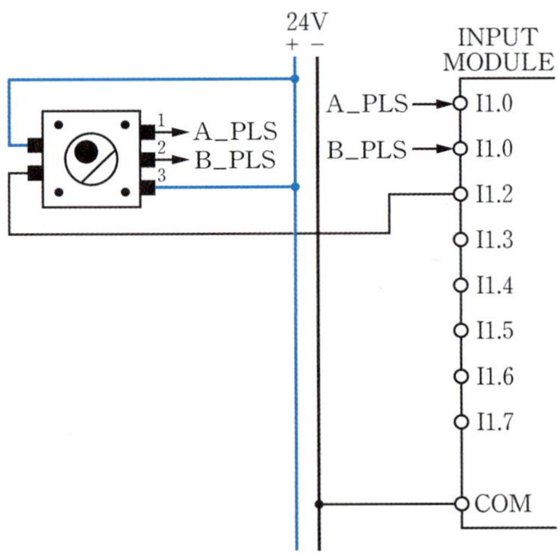

(b) 로터리 엔코더 스위치 결선도

[그림 6-18] **입출력 리스트 및 로터리 엔코더 스위치 결선도**

동작 조건

❶ PLC의 전원이 ON되면 FND에는 20이 표시된다. 20은 20sec를 의미한다. 경과시간에는 00이 표시된다.

❷ 로터리 엔코더 스위치를 시계 방향으로 회전시키면 시간 설정값이 증가한다. 시간 설정값이 99일 때에는 로터리 엔코더 스위치를 회전시켜도 설정값이 더 이상 증가하지 않고 99를 표시한다.

❸ 로터리 엔코더 스위치를 반시계 방향으로 회전시키면 시간 설정값이 감소한다. 시간 설정값이 1일 때에는 로터리 엔코더 스위치를 회전시켜도 설정값이 더 이상 감소하지 않고 01을 표시한다.

❹ 시작 버튼을 누르면 설정시간만큼 램프가 점등된다. 이때 타이머의 경과시간은 초 단위로 표시되며, 램프가 소등될 때 경과시간도 00으로 초기화된다.

생각해봅시다

■ 로터리 엔코더 스위치의 동작 원리

로터리 엔코더 스위치는 2개의 전기 펄스신호를 만들어내는 스위치의 일종이다. 엔코더 스위치의 회전 방향에 따라 전기 펄스신호에 위상차가 발생하는데, PLC는 이 위상차를 검출해서 회전 방향을 판별하고, 회전 방향에 따라 시간 설정값을 증가 또는 감소시킨다. [그림 6-19]는 로터리 엔코더 스위치의 회전 방향에 따라 발생되는 전기 펄스신호를 나타낸 것이다.

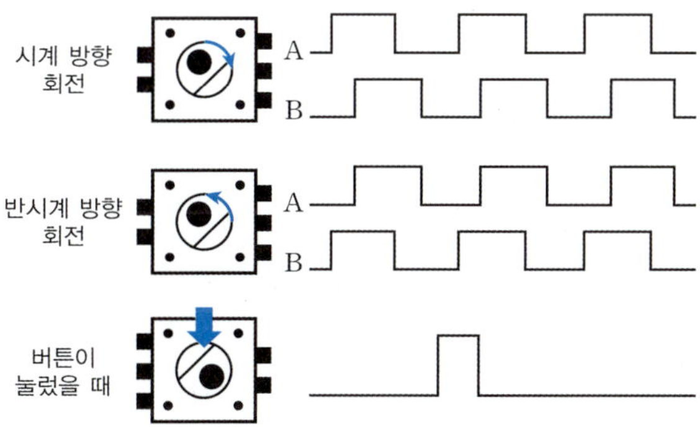

(a) 회전 방향에 따른 전기 펄스신호 파형

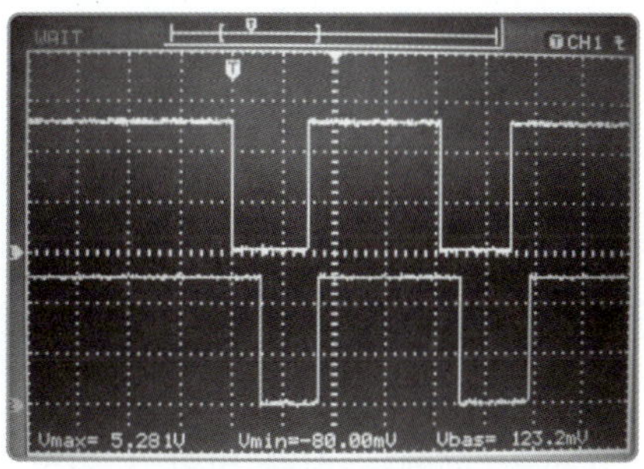

(b) 로터리 엔코더 스위치의 실제 파형

[그림 6-19] **로터리 엔코더 스위치의 회전 방향에 따른 전기 펄스신호**

로터리 엔코더 스위치는 컴퓨터의 마우스의 휠에도 사용된다. 휠의 회전에 의해 전기 펄스신호가 만들어져 커서가 움직이고, 휠을 누르면 커서가 고정되는 동작이 이루어진다.

(a) 마우스에 사용된 로터리 엔코더 스위치

(b) 마우스 휠 회전 검출

[그림 6-20] 로터리 엔코더 스위치를 사용한 마우스 휠

PLC 프로그램의 기능 구성

[실습과제 6-3]을 [실습과제 6-2]와 비교하면 타이머의 설정시간을 변경하는 부분이 다르다. 그러나 램프를 점등하는 기능은 동일하기 때문에 [실습과제 6-2]에서 만들어 사용했던 FB5를 재활용하고, FB7과 FB5을 FB8에서 결합해서 OB1에서 호출하는 형태로 프로그램을 작성한다.

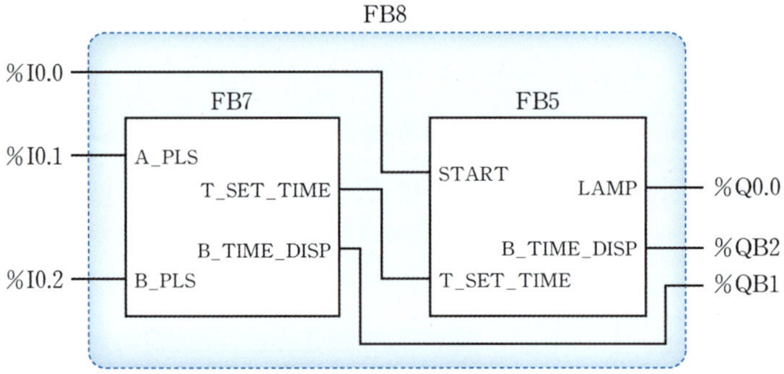

[그림 6-21] 프로그램의 전체 구조

로터리 엔코더 스위치의 회전 방향에 따른 전기 펄스신호를 PLC에서 어떻게 구분할까? 이는 [그림 6-22]처럼 A_PLS 신호를 기준으로 B_PLS 신호의 상승펄스신호의 시점을 보고 판별하는 것이다. [그림 6-22(a)]처럼 A_PLS 신호가 ON인 상태에서 B_PLS 신호가 ON될 때에는 시계 방향의 회전으로 판별한다. 반대로 [그림 6-22(b)]처럼 A_PLS 신호가 OFF인 상태에서 B_PLS 신호가 ON될 때에는 반시계 방향의 회전으로 판별한다.

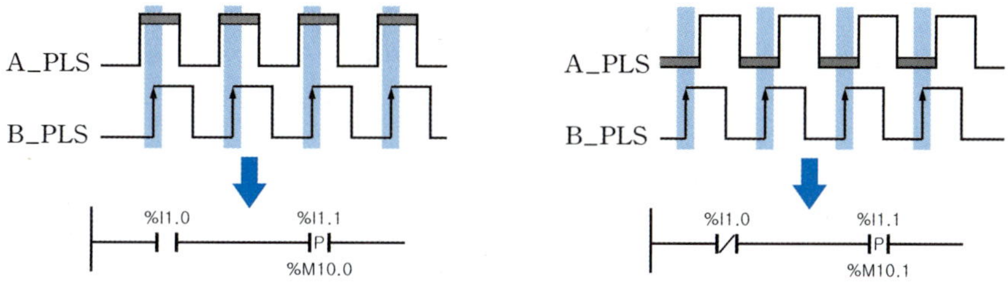

(a) 엔코더 스위치가 시계 방향으로 회전할 때　　(b) 엔코더 스위치가 반시계 방향으로 회전할 때

[그림 6-22] **로터리 엔코더 스위치의 회전 방향 판별을 위한 펄스신호 확인 방법**

[표 6-17] [실습과제 6-3]의 프로그램 작성

순서	작업 내용	작업 화면
1	**FB7 태그 설정** 로터리 엔코더 스위치를 사용해서 타이머의 설정값을 설정할 수 있는 FB7을 만들고, 프로그램 작성에 필요한 태그를 선언한다.	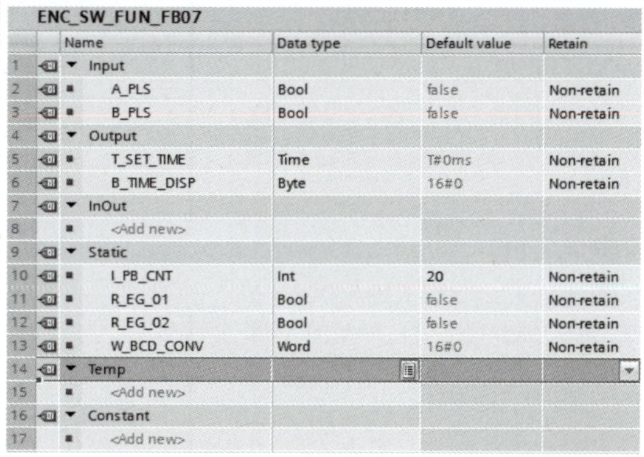
2	**FB7 프로그램 작성** • **네트워크 1번** 엔코더 스위치의 A와 B 펄스신호를 사용하여 타이머의 설정값을 증가 또는 감소시킨다. • **네트워크 2번** CONV 명령을 사용해서 설정값을 BCD 변환하고, 곱셈 명령을 사용해서 타이머 설정값으로 변경한다.	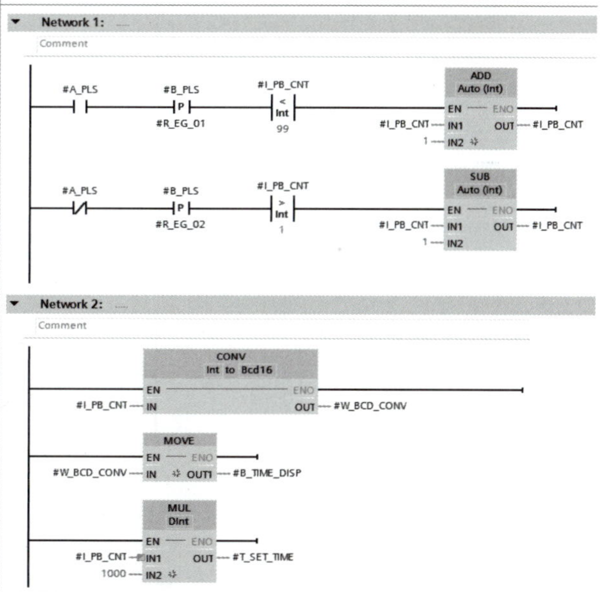
3	**FB7 컴파일** FB7을 컴파일해서 에러가 없는지 확인한다.	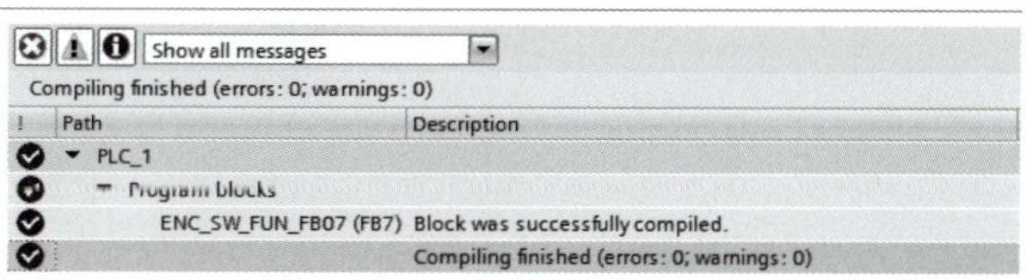

(계속)

4

FB8 태그 설정

FB5와 FB7을 조합해서 램프의 설정시간을 변경할 수 있는 FB8을 만들고, 프로그램 작성에 필요한 태그를 선언한다.

FB8에서 FB5와 FB7을 호출할 때 DB 타입을 멀티 인스턴스로 설정한다.

EXEC_7-3_FB08

	Name	Data type	Default value	Retain
1	▼ Input			
2	■ START	Bool	false	Non-retain
3	■ A_PLS	Bool	false	Non-retain
4	■ B_PLS	Bool	false	Non-retain
5	▼ Output			
6	■ LAMP	Bool	false	Non-retain
7	■ B_TIME_DISP	Byte	16#0	Non-retain
8	■ B_T_ET_DISP	Byte	16#0	Non-retain
9	▼ InOut			
10	■ <Add new>			
11	▼ Static			
12	■ T_TIME_TEMP	Time	T#0ms	Non-retain
13	■ ▸ ENC_SW_FUN_FB07_I...	"ENC_SW_FUN_FB07"		
14	■ ▸ LAMP_CONT_FUN_FB...	"LAMP_CONT_FUN...		

5

FB8 프로그램 작성

• 네트워크 1번

엔코더 스위치의 A와 B 펄스신호를 사용하여 타이머의 설정값을 변경하는 FB7을 호출한다.

• 네트워크 2번

로터리 엔코더 스위치에 의해 FB7에서 설정한 램프 점등시간인 #T_TIME_TEMP를 입력받고, 시작 버튼을 조작하여 램프를 설정시간만큼 점등한다.

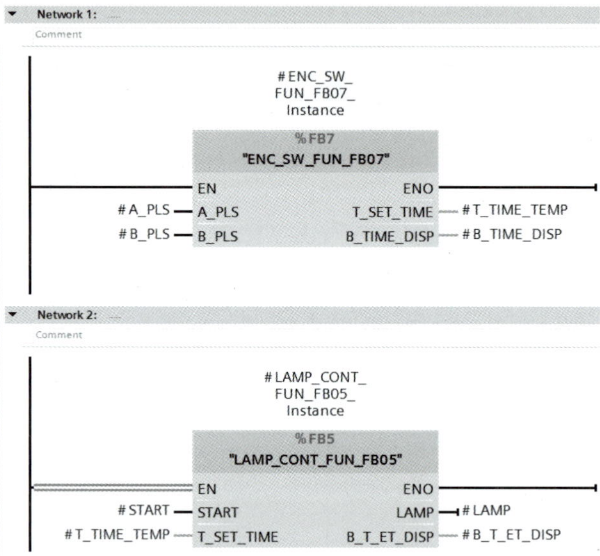

6

FB8 컴파일

FB8을 컴파일해서 에러가 없는지 확인한다.

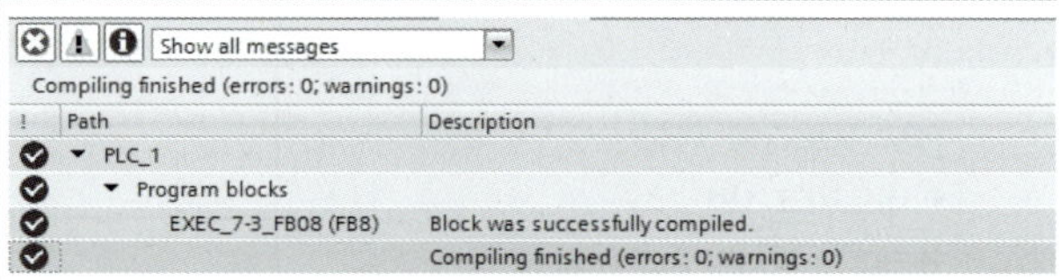

7

OB1에서 FB8 호출

OB1에서 FB8을 호출하고 입출력 번지를 지정한다.

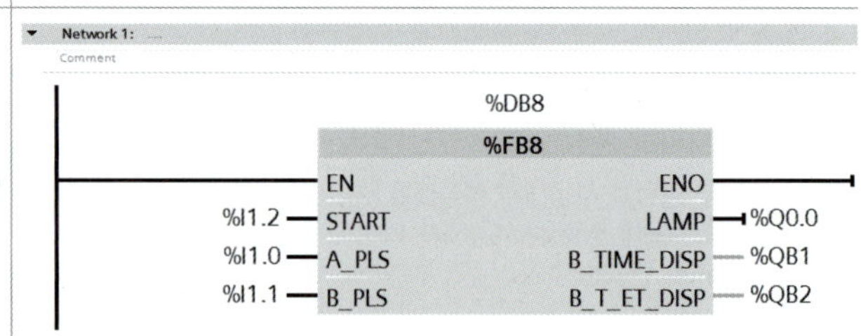

8

OB1 컴파일

OB1을 컴파일해서 에러가 없는지 확인하고, CPU로 다운로드한 후에 동작을 확인한다.

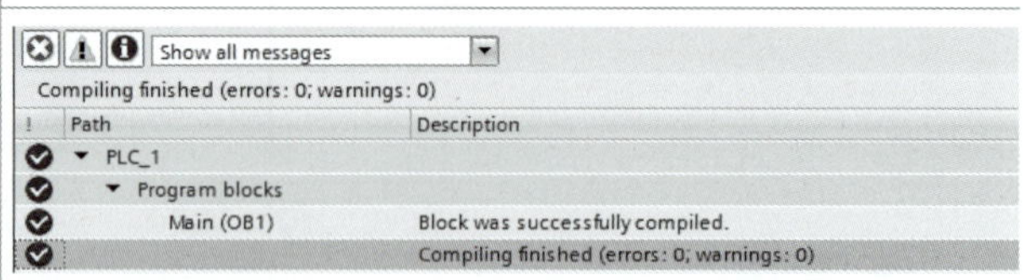

실습과제 6-4 배열을 이용한 사인보드 제어기 만들기

배열을 사용해서 정해진 패턴을 순서대로 표시하는 차량용 사인보드를 제어하는 프로그램 작성법을 살펴본다.

고속도로의 시설물 점검이나 도로 보수 시에 주행하는 차량의 안전을 위해 차량용 사인보드를 점등해서 먼 곳에서도 위험지역을 파악할 수 있도록 한다. 이번 실습과제에서는 배열을 이용해서 사인보드를 제어하는 프로그램 작성법에 대해 살펴보자.

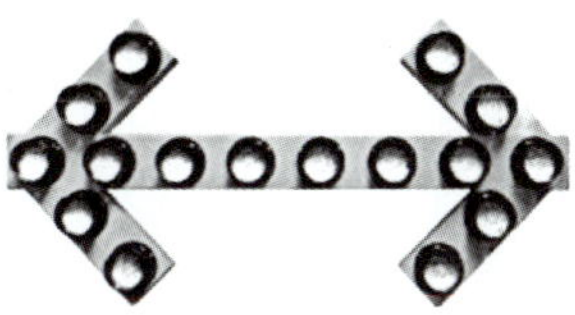

(a) 차량용 사인보드

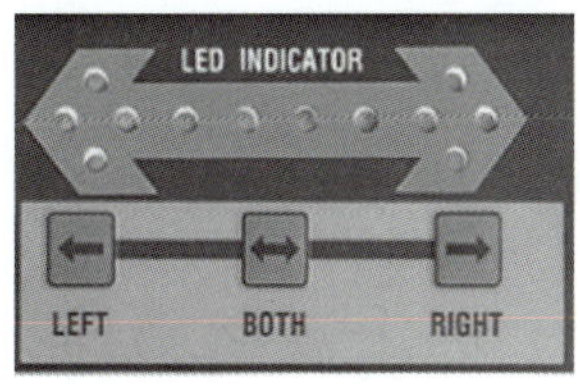

(b) 사인보드 제어기

[그림 6-23] 차량용 사인보드 표시기 및 제어기

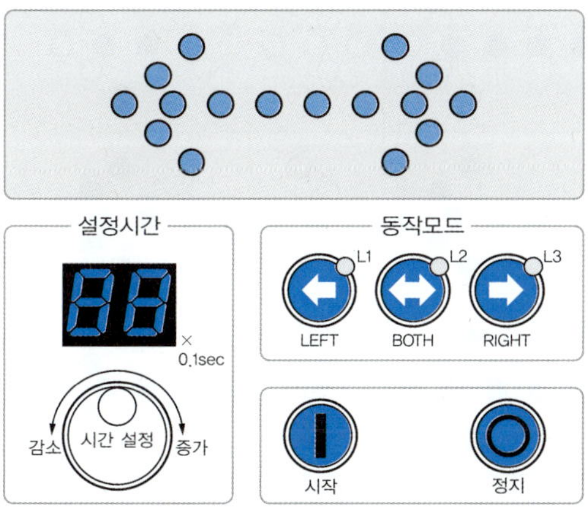

[그림 6-24] 차량용 사인보드 제어 패널

[표 6-18] PLC 입출력 리스트

<table>
<tr><th>입력</th><th colspan="2">기능</th></tr>
<tr><td>I0.0</td><td colspan="2">시작</td></tr>
<tr><td>I0.1</td><td colspan="2">정지</td></tr>
<tr><td>I0.2</td><td colspan="2">LEFT</td></tr>
<tr><td>I0.3</td><td colspan="2">BOTH</td></tr>
<tr><td>I0.4</td><td colspan="2">RIGHT</td></tr>
<tr><td>I1.0</td><td>A_PLS</td><td rowspan="2">루터리 엔코더</td></tr>
<tr><td>I1.1</td><td>B_PLS</td></tr>
</table>

출력	기능
QB2, QB3	사인보드 램프
Q0.0	L1(LEFT 선택)
Q0.1	L2(BOTH 선택)
Q0.2	L3(RIGHT 선택)
QB1	FND(설정시간 표시)

동작 조건

[표 6-19] 차량용 사인보드의 동작모드에 따른 램프 점등 패턴

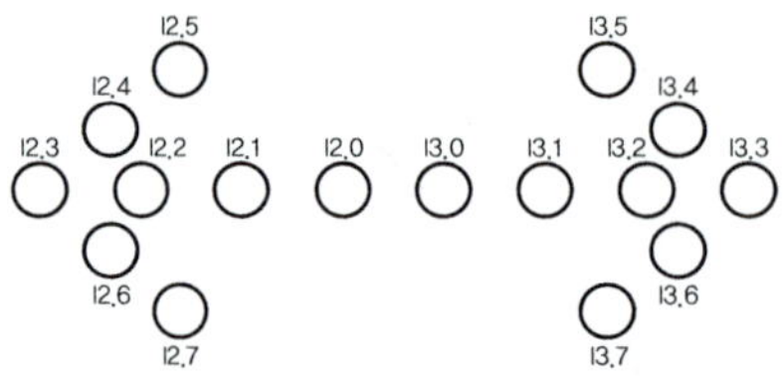

순서	LEFT 모드 동작	BOTH 모드 동작	RIGHT 모드 동작
1	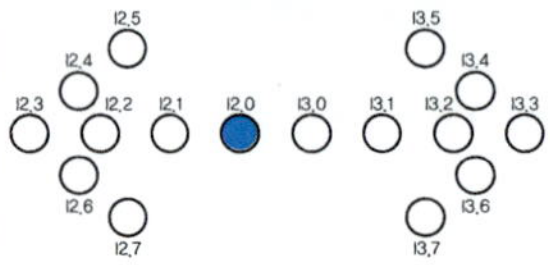	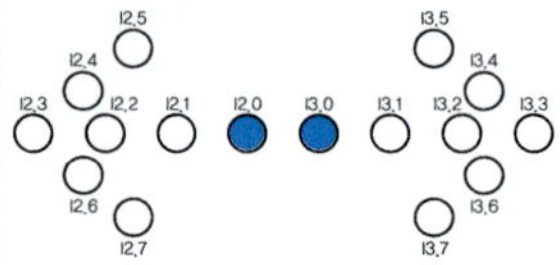	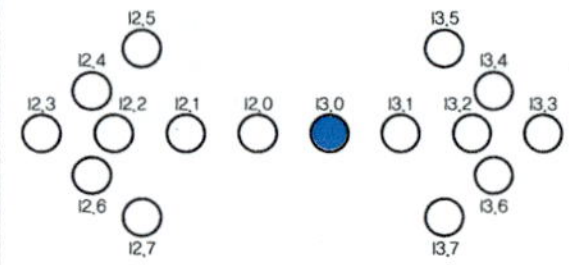
2	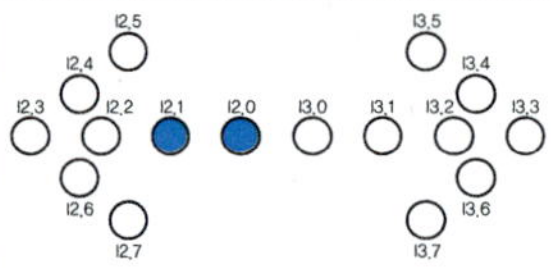	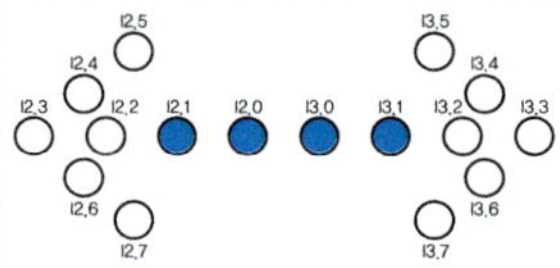	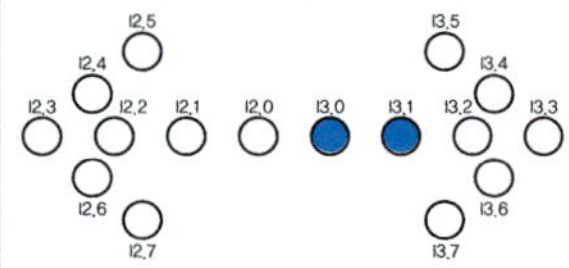
3	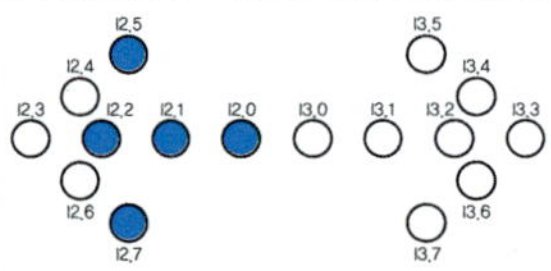	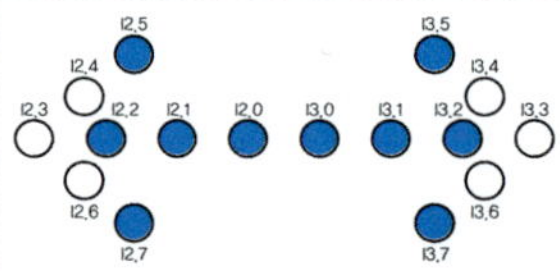	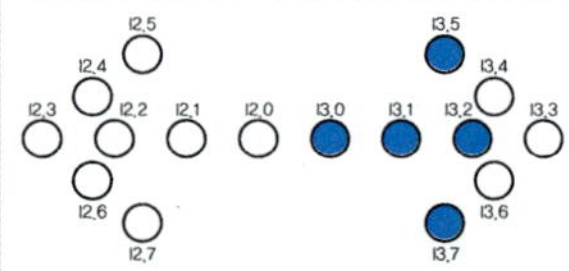
4	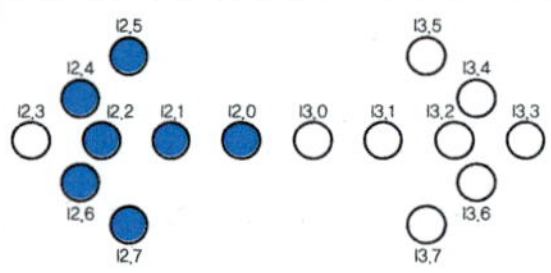	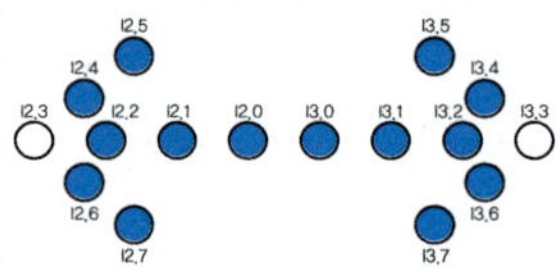	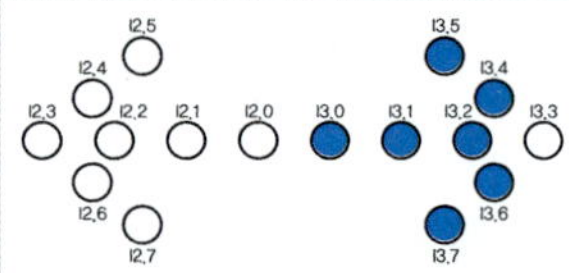
5	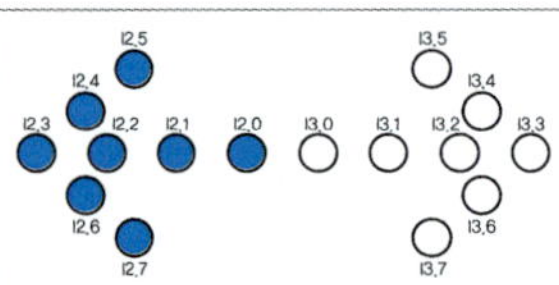	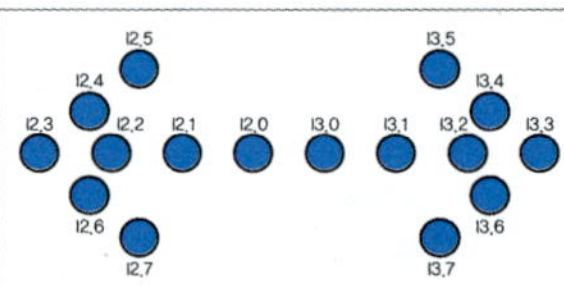	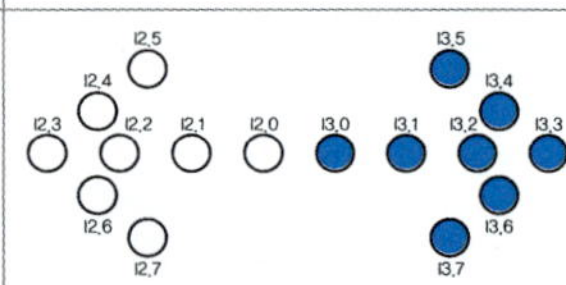

[표 6-19]는 동작모드의 선택에 따른 사인보드의 동작을 나타낸 것으로, 동작이 선택되었을 때 주어진 순서대로 동작하도록 프로그램을 작성한다.

❶ PLC의 전원이 ON되면, FND에는 01(0.1sec 설정)이 표시되고 램프는 소등된 상태이다.

❷ 시간 설정용 로터리 엔코더 스위치를 회전시키면, 시간 설정값이 01~20까지 FND에 표시된다. 시간 설정 단위는 0.1초이다.

❸ 동작모드의 LEFT 버튼을 누르면 L1램프가 점등되면서 LEFT 모드가 선택된다.
BOTH 버튼을 누르면 L2 램프가 점등되면서 BOTH 모드가 선택된다.
RIGHT 버튼을 누르면 L3 램프가 점등되면서 RIGHT 모드가 선택된다.

❹ 시작 버튼을 누르면, 설정된 동작모드와 시간 간격으로 정지 버튼을 누를 때까지 사인보드가 동작한다. 동작 중에 동작모드가 변경되면 변경된 동작모드로 작동한다.

PLC 프로그램 작성법

■ 사인보드 램프의 점등 방법

사인보드 램프의 점등은 정해진 패턴을 일정한 시간 간격으로 표시하는 동작을 보인다. 이러한 동작은 사전에 FB의 Static에서 특정한 출력 패턴을 배열로 등록한 후, 해당 패턴을 순차적으로 출력으로 전송함으로써 이루어진다. [표 6-20]은 동작모드로 BOTH가 선택되었을 때의 출력 패턴을 나타낸 것이다.

[표 6-20] 차량용 사인보드 램프 점등을 위한 출력 패턴 설정 방법

순서	사인보드 램프 점등	출력(QB2~QB3) 패턴
1	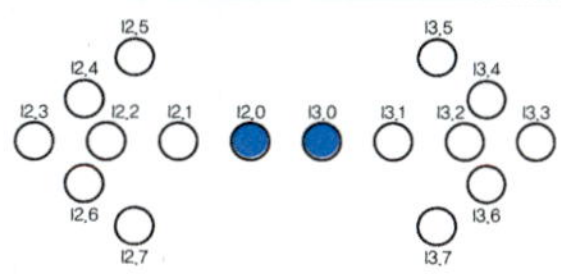	0000 0001 0000 0001
2	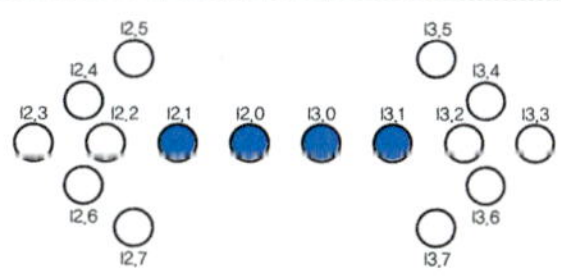	0000 0011 0000 0011
3	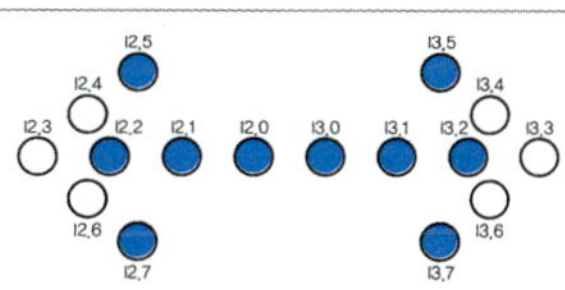	1010 0111 1010 0111
4	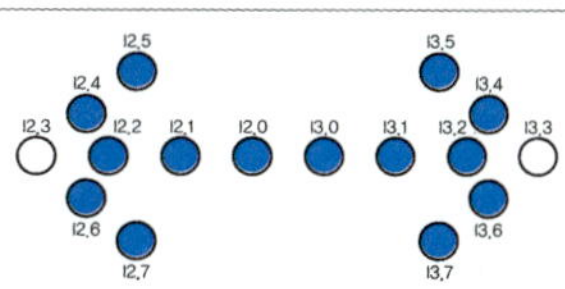	1111 0111 1111 0111
5	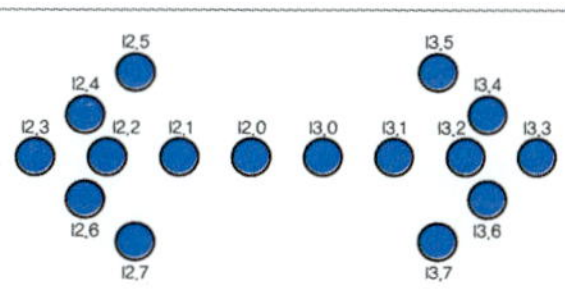	1111 1111 1111 1111

■ 출력 패턴의 배열 등록 방법

[표 6-19]의 사인보드 패턴을 살펴보면, 1바이트의 패턴이 좌우 대칭으로 되어 있음을 알 수 있다. 즉 동일한 1바이트로 구성된 패턴을, 좌측과 우측으로 구분하여 사용한 것이다. 따라서 1바이트의 출력 패턴 5개를 순서대로 바이트 타입의 배열로 [그림 6-25]처럼 FB의 Static에 등록한다.

		Name	Data type	Default value	Retain
7	▼	Static			
8	▼	B_SIG_ARY	Array[0..4] of Byte		Non-retain
9	■	B_SIG_ARY[0]	Byte	16#01	Non-retain
10	■	B_SIG_ARY[1]	Byte	16#03	Non-retain
11	■	B_SIG_ARY[2]	Byte	16#B7	Non-retain
12	■	B_SIG_ARY[3]	Byte	16#F7	Non-retain
13	■	B_SIG_ARY[4]	Byte	16#FF	Non-retain

[그림 6-25] 바이트 타입의 배열에 램프 점등 패턴 등록하기

■ 프로그램의 전체 구조

프로그램의 전체 구조는 [그림 6-26]과 같다. 로터리 엔코더 스위치의 입력을 받아서 램프 점등 시간을 설정하는 기능을 가진 FB9와, 차량용 사인보드의 동작을 제어하는 기능을 가진 FB10의 조합에 의해 만들어진 FB11이 바로 완성된 프로그램이다.

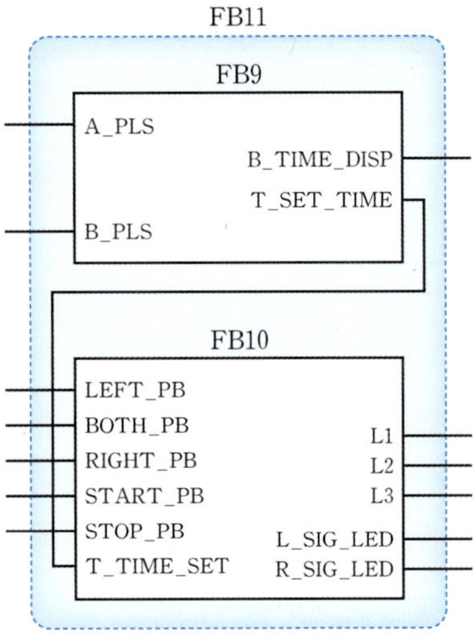

[그림 6-26] 프로그램의 전체 구조

[표 6-21] [실습과제 6-4]의 프로그램 작성

<table>
<tr><th>순서</th><th>작업 내용</th><th>작업 화면</th></tr>
<tr><td>1</td><td>FB9 태그 설정
FB7을 복사해서 FB9로 변경한 후, Static에 선언한 I_PB_CNT의 초기 설정값을 1로 변경한다.</td><td>ENC_SW_SIG_FB09
<table>
<tr><th></th><th>Name</th><th>Data type</th><th>Default value</th><th>Retain</th></tr>
<tr><td>1</td><td>▼ Input</td><td></td><td></td><td></td></tr>
<tr><td>2</td><td>A_PLS</td><td>Bool</td><td>false</td><td>Non-retain</td></tr>
<tr><td>3</td><td>B_PLS</td><td>Bool</td><td>false</td><td>Non-retain</td></tr>
<tr><td>4</td><td><Add new></td><td></td><td></td><td></td></tr>
<tr><td>5</td><td>▼ Output</td><td></td><td></td><td></td></tr>
<tr><td>6</td><td>T_SET_TIME</td><td>Time</td><td>T#0ms</td><td>Non-retain</td></tr>
<tr><td>7</td><td>B_TIME_DISP</td><td>Byte</td><td>16#0</td><td>Non-retain</td></tr>
<tr><td>8</td><td><Add new></td><td></td><td></td><td></td></tr>
<tr><td>9</td><td>▼ InOut</td><td></td><td></td><td></td></tr>
<tr><td>10</td><td><Add new></td><td></td><td></td><td></td></tr>
<tr><td>11</td><td>▼ Static</td><td></td><td></td><td></td></tr>
<tr><td>12</td><td>I_PB_CNT</td><td>Int</td><td>1</td><td>Non-retain</td></tr>
<tr><td>13</td><td>R_EG_01</td><td>Bool</td><td>false</td><td>Non-retain</td></tr>
<tr><td>14</td><td>R_EG_02</td><td>Bool</td><td>false</td><td>Non-retain</td></tr>
<tr><td>15</td><td>W_BCD_CONV</td><td>Word</td><td>16#0</td><td>Non-retain</td></tr>
<tr><td>16</td><td><Add new></td><td></td><td></td><td></td></tr>
</table></td></tr>
</table>

(계속)

2

FB9 프로그램 작성

• **네트워크 1번**

엔코더 스위치의 A와 B 펄스신호를 사용하여 타이머의 설정값을 1~20의 범위에서 증가 또는 감소시킨다.

• **네트워크 2번**

CONV 명령을 사용해서 설정값을 BCD 변환하고, 곱셈 명령을 사용해서 타이머 설정값(기본 단위를 0.1sec)으로 변경한다.

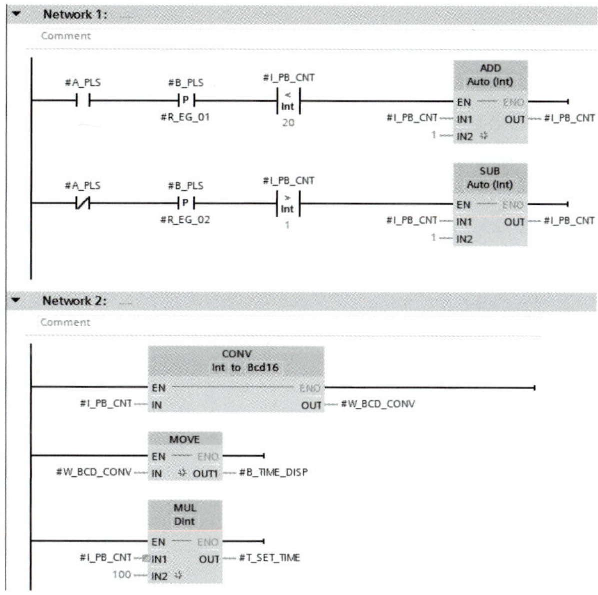

3

FB9 컴파일

FB9를 컴파일해서 에러는 없는지 확인한다.

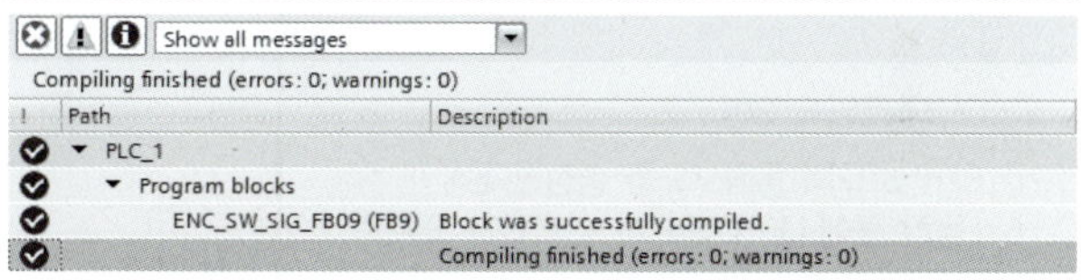

4

FB10 태그 설정

사인보드 제어를 위한 FB10을 만들고, 프로그램 작성에 필요한 태그를 설정한다.

LED 램프의 출력 패턴을 배열로 저장한다.

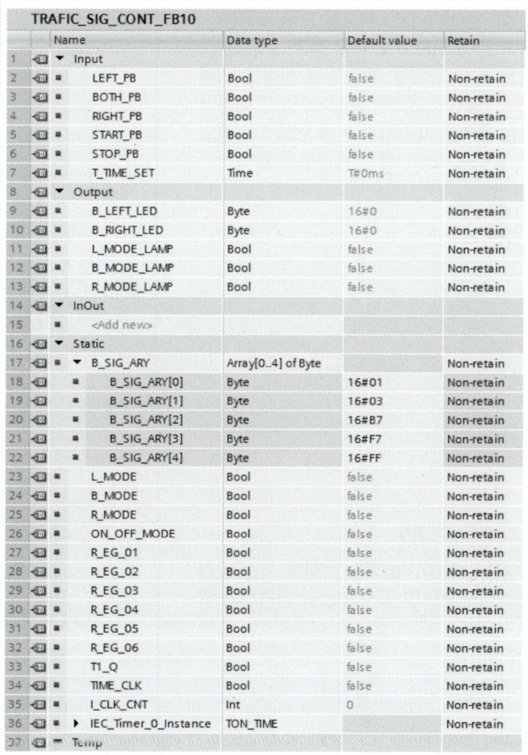

TRAFIC_SIG_CONT_FB10

	Name	Data type	Default value	Retain
1	▼ Input			
2	LEFT_PB	Bool	false	Non-retain
3	BOTH_PB	Bool	false	Non-retain
4	RIGHT_PB	Bool	false	Non-retain
5	START_PB	Bool	false	Non-retain
6	STOP_PB	Bool	false	Non-retain
7	T_TIME_SET	Time	T#0ms	Non-retain
8	▼ Output			
9	B_LEFT_LED	Byte	16#0	Non-retain
10	B_RIGHT_LED	Byte	16#0	Non-retain
11	L_MODE_LAMP	Bool	false	Non-retain
12	B_MODE_LAMP	Bool	false	Non-retain
13	R_MODE_LAMP	Bool	false	Non-retain
14	▼ InOut			
15	<Add new>			
16	▼ Static			
17	▼ B_SIG_ARY	Array[0..4] of Byte		Non-retain
18	B_SIG_ARY[0]	Byte	16#01	Non-retain
19	B_SIG_ARY[1]	Byte	16#03	Non-retain
20	B_SIG_ARY[2]	Byte	16#B7	Non-retain
21	B_SIG_ARY[3]	Byte	16#F7	Non-retain
22	B_SIG_ARY[4]	Byte	16#FF	Non-retain
23	L_MODE	Bool	false	Non-retain
24	B_MODE	Bool	false	Non-retain
25	R_MODE	Bool	false	Non-retain
26	ON_OFF_MODE	Bool	false	Non-retain
27	R_EG_01	Bool	false	Non-retain
28	R_EG_02	Bool	false	Non-retain
29	R_EG_03	Bool	false	Non-retain
30	R_EG_04	Bool	false	Non-retain
31	R_EG_05	Bool	false	Non-retain
32	R_EG_06	Bool	false	Non-retain
33	T1_Q	Bool	false	Non-retain
34	TIME_CLK	Bool	false	Non-retain
35	I_CLK_CNT	Int	0	Non-retain
36	▸ IEC_Timer_0_Instance	TON_TIME		Non-retain
37	▼ Temp			

(계속)

<table>
<tr>
<td>5</td>
<td>

FB10 프로그램 작성

• **네트워크 1번**

START 버튼이 눌리면 사인보드 동작모드를 ON한다.
STOP 버튼이 눌리면 사인보드 동작모드를 OFF하고 QB2, QB3의 출력 모두를 OFF한다.

</td>
<td>

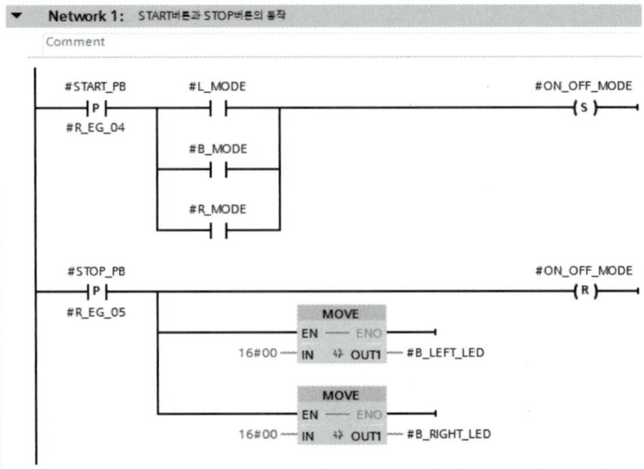

</td>
</tr>
<tr>
<td>6</td>
<td>

• **네트워크 2번**

사인보드의 동작모드를 설정한다.
동작 중에 LEFT 모드가 선택되면 오른쪽 LED 램프를 모두 소등하고, RIGHT 모드가 선택되면 왼쪽 LED 램프를 모두 소등한다. 동작 중에 모드가 변경될 경우, 직전에 선택된 동작 모드에 의한 출력 잔상에 의해 램프 동작에 오류가 생길 수 있기 때문에 잔상 출력을 제거하기 위해 MOVE 명령으로 출력에 16#00을 전송하도록 한다.

</td>
<td>

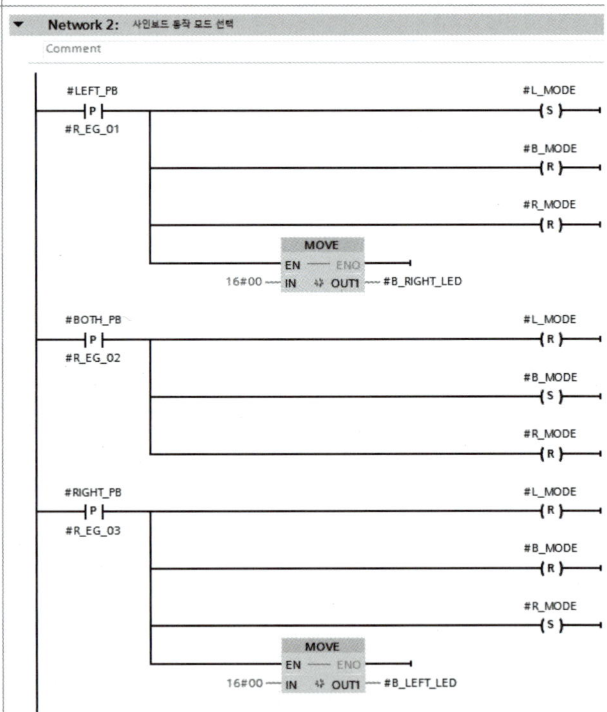

</td>
</tr>
<tr>
<td>7</td>
<td>

• **네트워크 3번**

START 버튼이 눌리면, 설정된 시간 간격으로 사인보드의 동작 패턴을 변경하기 위해 I_CLK_CNT의 값을 0~4까지 1씩 증가시킨다.

</td>
<td>

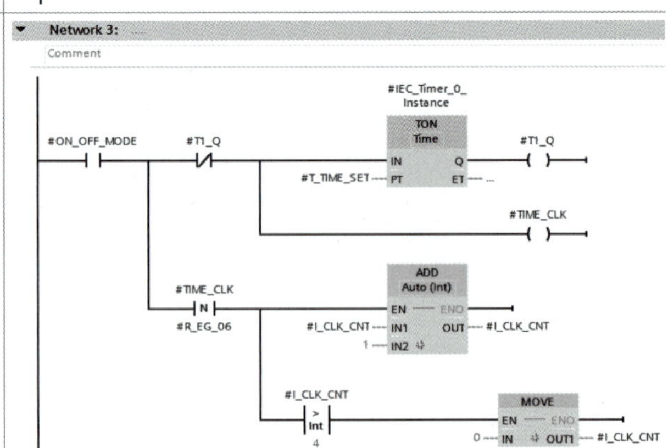

</td>
</tr>
</table>

(계속)

8

• **네트워크 4번**

동작모드에 따라, 또 배열의 인덱스 값(I_CLK_CNT)에 따라 LED 램프 점등 패턴을 변경해서 출력으로 전달한다.

• **네트워크 5번**

동작모드의 선택에 따른 표시등을 출력한다.

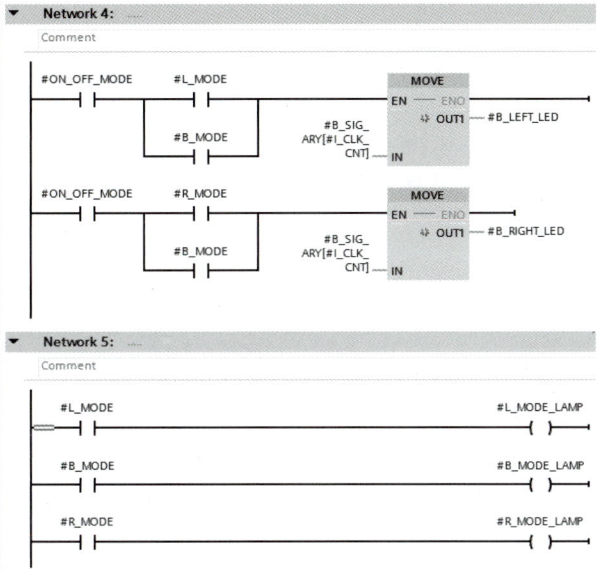

9

FB10 컴파일

FB10을 컴파일해서 에러가 없는지 확인한다.

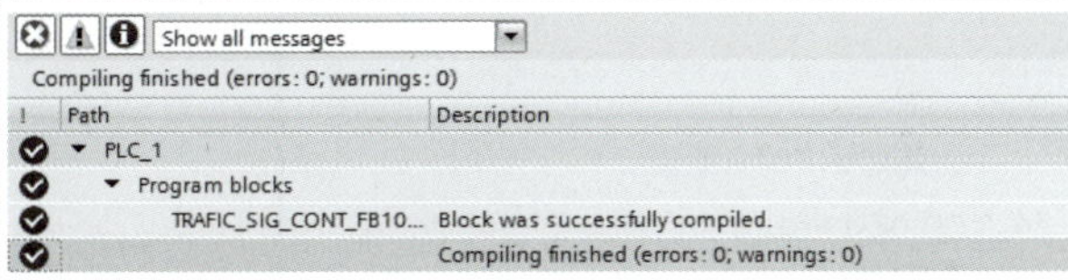

10

FB11 태그 설정

FB9와 FB10을 조합할 FB11을 만들고, 프로그램 작성에 필요한 태그를 선언한다.

EXEC_7-4_FB11

	Name	Data type	Default value	Retain
1	▼ Input			
2	START	Bool	false	Non-retain
3	STOP	Bool	false	Non-retain
4	LEFT_PB	Bool	false	Non-retain
5	BOTH_PB	Bool	false	Non-retain
6	RIGHT_PB	Bool	false	Non-retain
7	A_PLS	Bool	false	Non-retain
8	B_PLS	Bool	false	Non-retain
9	▼ Output			
10	L1	Bool	false	Non-retain
11	L2	Bool	false	Non-retain
12	L3	Bool	false	Non-retain
13	B_TIME_DISP	Byte	16#0	Non-retain
14	B_L_SIGL_LED	Byte	16#0	Non-retain
15	B_R_SIGL_LED	Byte	16#0	Non-retain
16	▼ InOut			
17	<Add new>			
18	▼ Static			
19	T_TIME_TEMP	Time	T#0ms	Non-retain
20	▸ ENC_SW_SIG_FB09_In...	"ENC_SW_SIG_FB09"		
21	▸ TRAFIC_SIG_CONT_FB...	"TRAFIC_SIG_CONT...		

11

FB11 프로그램 작성

FB11에서 FB9와 FB10을 조합하여 프로그램을 완성한다.

• **네트워크 1번**

로터리 엔코더 스위치를 사용해서 시간을 설정하는 FB9번을 호출한다. 이때 멀티 인스턴스로 호출한다.

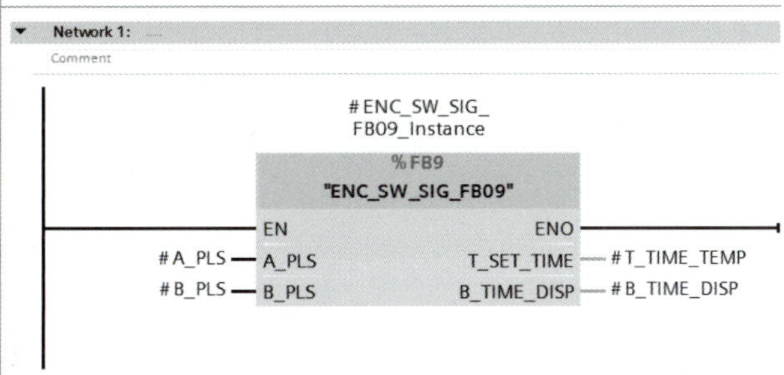

(계속)

12	• **네트워크 2번** 사인보드 제어를 위한 FB10번을 호출한다. 이때 멀티 인스턴스로 호출한다.	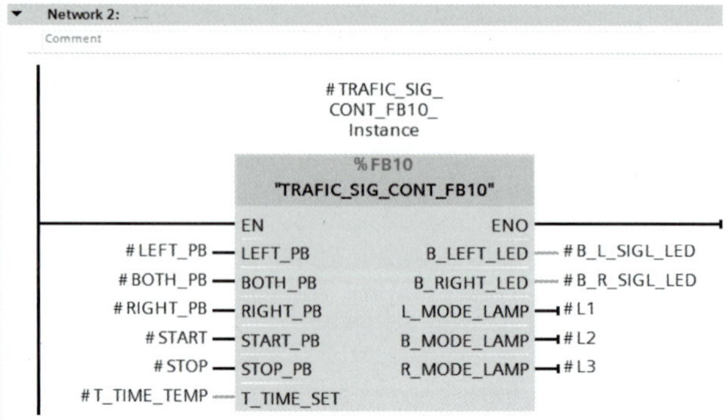
13	**FB11 컴파일** FB11을 컴파일해서 에러가 없는지 확인한다.	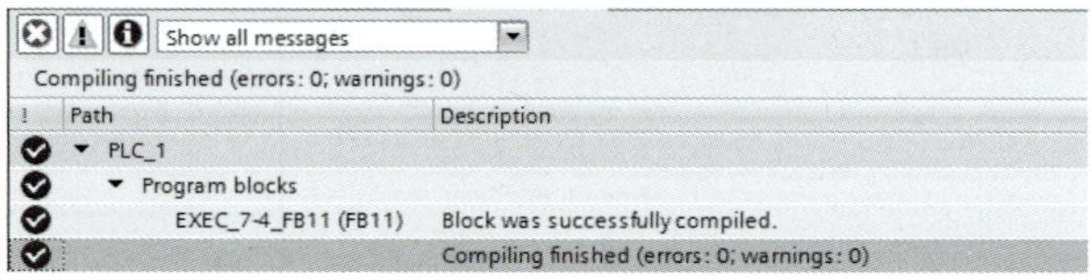
14	**OB1에서 FB11 호출** OB1에서 FB11을 호출하고, 입출력 번지를 지정한다.	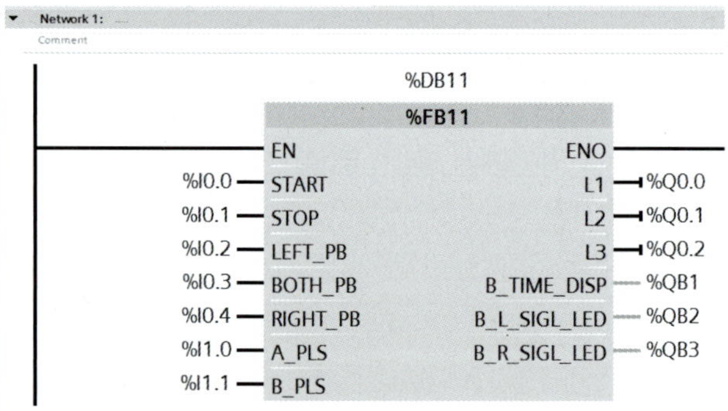
15	**OB1 컴파일** OB1을 컴파일해서 에러가 없는지 확인하고, CPU로 다운로드한 후에 동작을 확인한다.	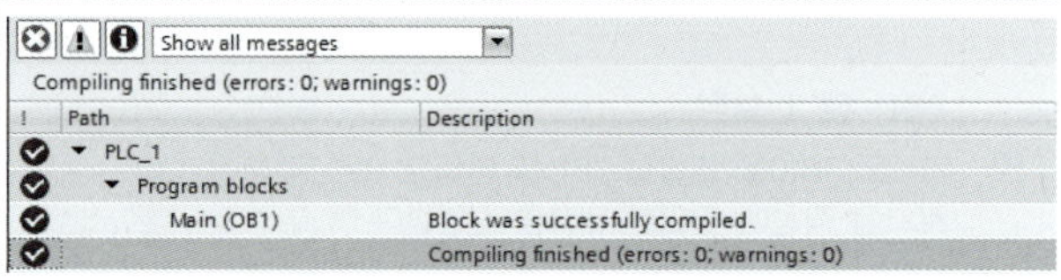

➔ 실습과제 6-5 숫자 키보드를 사용한 시간 설정

설정값을 입력할 때 푸시버튼을 사용하는 방법과 로터리 엔코더 스위치를 이용하는 방법을 살펴봤다. 이러한 방법은 작은 크기의 수의 설정에는 괜찮지만, 큰 수의 설정에는 숫자 키보드 방식이 가장 효율적이다. 숫자 키보드를 이용하여 값을 설정하는 방법에 대해 학습한다.

앞에서 스위치나 로터리 엔코더 스위치를 사용하여 PLC에 설정값을 입력하는 방법을 살펴보았다. 하지만 큰 값을 간편하게 설정하기 위해서는 계산기와 같은 키보드 형태로 된 자판을 사용하는 게 좋다. 숫자 키보드를 이용하여 설정값을 입력하는 방법에 대해 살펴보자.

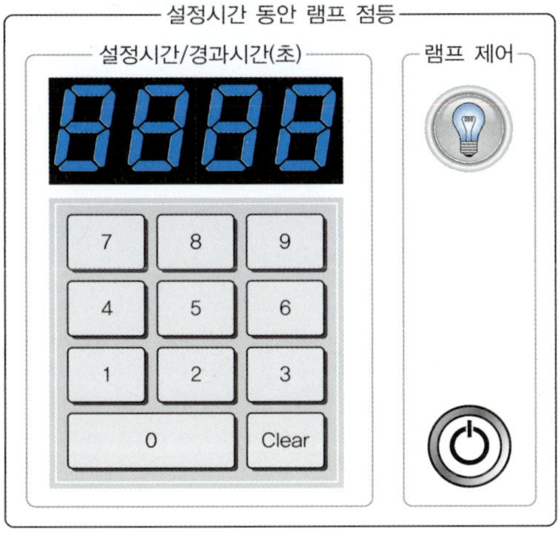

[그림 6-27] 조작 패널

입력	기능	
I2.0	시작 버튼	
I0.0	0	숫자 키보드
I0.1	1	
I0.2	2	
I0.3	3	
I0.4	4	
I0.5	5	
I0.6	6	
I0.7	7	
I1.0	8	
I1.1	9	
I1.2	Clear	
출력	**기능**	
Q0.0	램프	
QW1	시간 표시 FND	

(a) 입출력 리스트

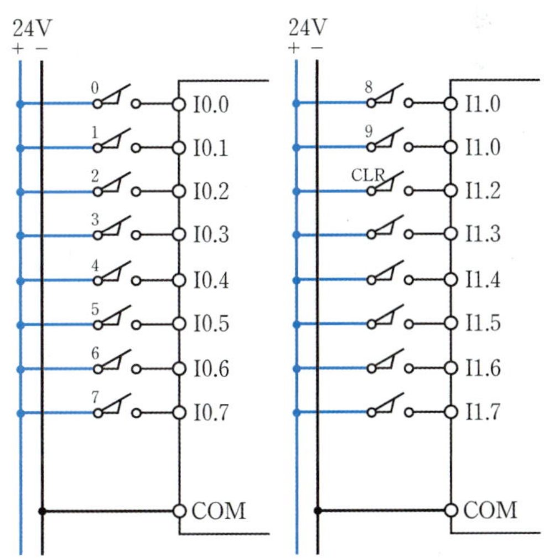

(b) 숫자 키보드 결선도

[그림 6-28] 입출력 리스트 및 숫자 키보드 결선 방법

동작 조건

❶ PLC의 전원이 ON되면 FND에는 0000이 표시된다.

❷ 0~9의 숫자키를 누르면, 해당 숫자가 FND에 순차적으로 표시된다. 예를 들어 1 → 0 → 2 → 3 → 9 → 0 → 7 → 6 → Clear 키를 누르면, [그림 6-29]처럼 FND 표시가 되어야 한다.

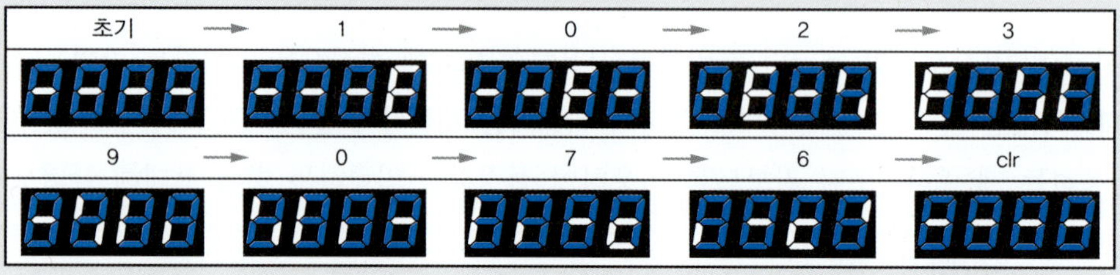

[그림 6-29] 숫자 키보드를 누른 순서에 따른 FND의 숫자 표시 순서

❸ Clear 버튼을 누르면 FND의 표시값이 0000으로 초기화된다.

❹ 시작 버튼을 누르면 설정시간만큼 램프가 점등된다.

PLC 프로그램 작성법

■ 숫자 입력 스위치를 숫자로 인식하기

PLC의 입력 I0.0~I1.2에 연결된, 0부터 9로 표시된 숫자 입력 스위치는 단순히 0과 1의 ON/OFF 정보만을 표현할 수 있다. [그림 6-30]은, 입력 스위치의 ON 정보로부터 스위치에 부여된 숫자 값을 2진수 값으로 변환하는 프로그램으로, 이렇게 변환한 값을 메모리에 저장한다.

■ 스위치의 눌린 시점 검출하기

숫자 입력 스위치가 눌릴 때마다 스위치의 숫자에 해당하는 이진수 변환값을 배열 메모리에 순차적으로 저장해야 하기 때문에 스위치가 눌린 시점을 검출해야 한다. 10개의 스위치가 눌린 시점을 검출하기 위한 프로그램을 [그림 6-31]에 나타내었다. 스위치 입력을 OR로 연결한 후, 반전 명령을 사용해서 AND로 연결하였다.

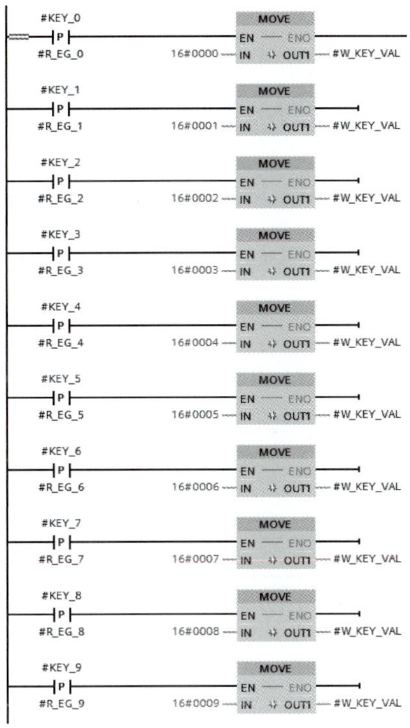

(a) 스위치 입력을 2진수로 변환하는 프로그램

입력 번지	숫자키	D0의 저장값
I0.0	0	0000
I0.1	1	0001
I0.2	2	0010
I0.3	3	0011
I0.4	4	0100
I0.5	5	0101
I0.6	6	0110
I1.7	7	0111
I1.0	8	1000
I1.2	9	1001

(b) 스위치 입력에 따른 2진수 변환값

[그림 6-30] 스위치 입력을 4비트 2진수로 변환하기

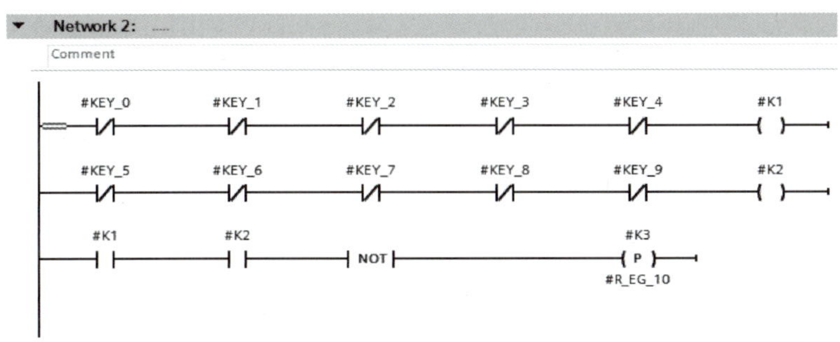

[그림 6-31] 숫자 스위치가 눌린 시점을 검출하는 프로그램

■ 입력된 숫자를 순서대로 기억하기

스위치에 할당된 숫자 값을 4비트 2진수로 변환하고, 이 정보를 순서대로 배열에 저장해야 한다. FND에는 네 자리의 숫자만 표시되기 때문에 입력된 순서대로 4자리의 숫자를 저장한다. 입력되는 숫자 정보 네 개를 기억하기 위해서는 [표 6-22]처럼 16비트 워드 메모리 4개가 필요하며, 숫자가 입력될 때마다 입력된 숫자를 워드 단위로 시프트시킨 후에 D10에 저장해야 한다.

[표 6-22] 스위치가 눌린 순서에 따른 데이터 저장 형태

배열	초기 상태	I0.1 누름	I0.0 누름	I0.2 누름	I0.3 누름	I0.9 누름	I0.0 누름	I0.7 누름	I0.6 누름	Clear
ARY[0]	0	1	0	2	3	9	0	7	6	0
ARY[1]	0	0	1	0	2	3	9	0	7	0
ARY[2]	0	0	0	1	0	2	3	9	0	0
ARY[3]	0	0	0	0	1	0	2	3	9	0

숫자 입력용 스위치가 눌릴 때마다 [표 6-23]의 1~3번 순서를 반복하면, 입력된 순서대로 4개의 숫자를 항상 메모리에 보관할 수 있다.

[표 6-23] 스위치가 눌린 순서를 배열에 저장하는 절차

순서	작업 내용	작업 결과				
		ARY[3]	ARY[2]	ARY[1]	ARY[0]	W_KEY_VAL
초기	배열 ARY[ ]에 '1023'이 저장되어 있을 때	1	0	2	3	3
1	숫자 9의 스위치가 ON되면 W_KEY_VAL의 값이 9로 변경된다.	1	0	2	3	9
2	ARY[3]~ARY[0]의 값을 좌측으로 1워드 단위씩 시프트한다.	0	2	3	0	9
3	W_KEY_VAL의 값을 ARY[0]에 저장한다.	0	2	3	9	9

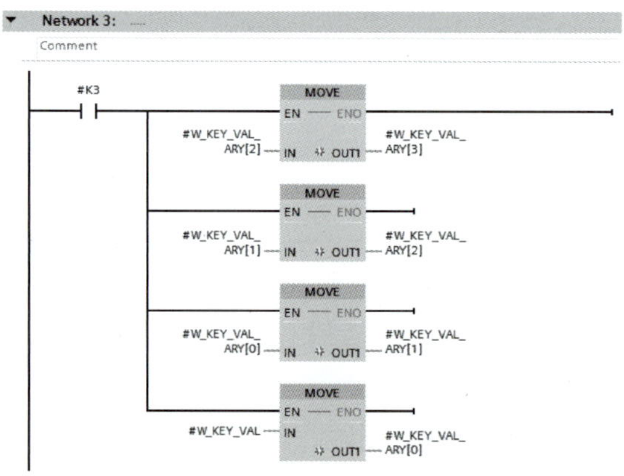

[그림 6-32] 배열에 저장된 값을 워드 단위로 시프트하는 프로그램

■ 입력된 숫자를 FND에 표시하기

입력된 순서대로 배열에 저장한 숫자를 FND에 표시해야 한다. 워드 단위의 배열에 저장된 하위 4비트의 데이터를 조합하여 16비트 워드 단위로 변경해야 한다. [그림 6-33]처럼 배열에 저장된 데이터의 하위 4비트를 목적지 데이터의 위치로 시프트하여 조합한다.

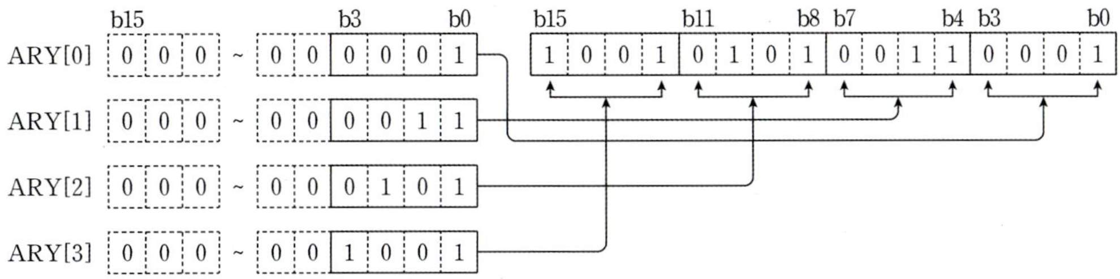

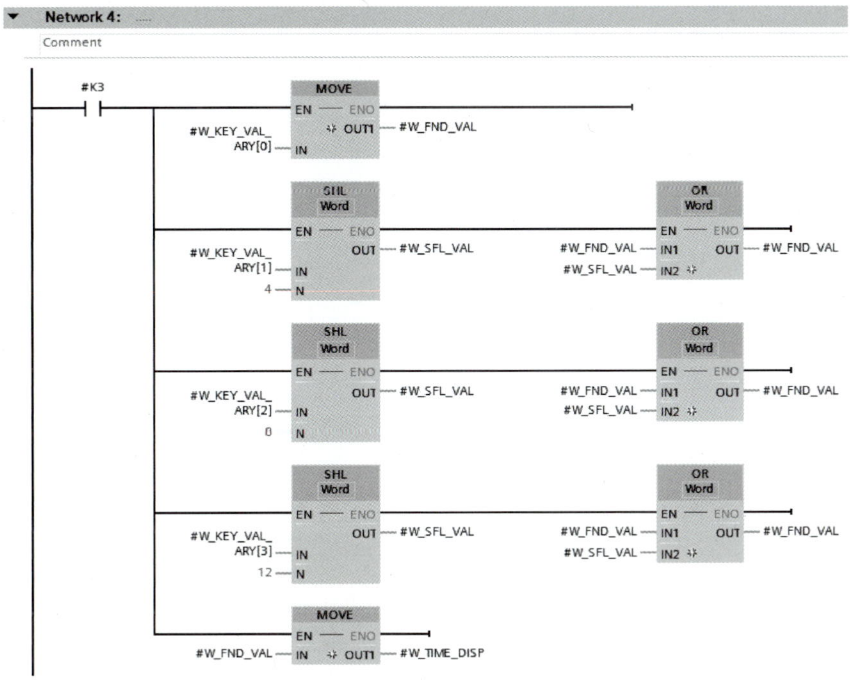

[그림 6-33] 배열에 저장된 4비트 크기의 데이터를 조합하여 16비트 데이터 만들기

[표 6-24] [실습과제 6-5]의 프로그램 작성

순서	작업 내용	작업 화면
1	**FB12 태그 설정** FB12를 만들고, 프로그램 작성에 필요한 태그를 설정한다.	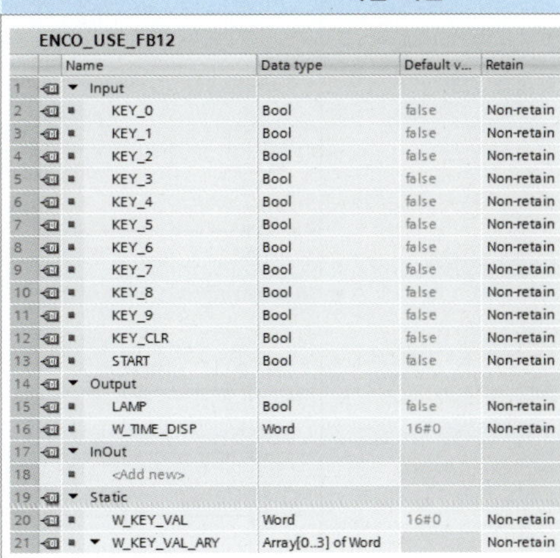

ENCO_USE_FB12

	Name	Data type	Default v...	Retain
1	▼ Input			
2	KEY_0	Bool	false	Non-retain
3	KEY_1	Bool	false	Non-retain
4	KEY_2	Bool	false	Non-retain
5	KEY_3	Bool	false	Non-retain
6	KEY_4	Bool	false	Non-retain
7	KEY_5	Bool	false	Non-retain
8	KEY_6	Bool	false	Non-retain
9	KEY_7	Bool	false	Non-retain
10	KEY_8	Bool	false	Non-retain
11	KEY_9	Bool	false	Non-retain
12	KEY_CLR	Bool	false	Non-retain
13	START	Bool	false	Non-retain
14	▼ Output			
15	LAMP	Bool	false	Non-retain
16	W_TIME_DISP	Word	16#0	Non-retain
17	▼ InOut			
18	<Add new>			
19	▼ Static			
20	W_KEY_VAL	Word	16#0	Non-retain
21	▼ W_KEY_VAL_ARY	Array[0..3] of Word		Non-retain

(계속)

숫자 키 입력 데이터를 저장하기 위해 4개의 워드 메모리를 배열로 지정한다.

No.	Name	Data type	Start value	Retain
22	W_KEY_VAL_AR...	Word	16#0	Non-retain
23	W_KEY_VAL_AR...	Word	16#0	Non-retain
24	W_KEY_VAL_AR...	Word	16#0	Non-retain
25	W_KEY_VAL_AR...	Word	16#0	Non-retain
26	I_KEY_DN_CNT	Int	0	Non-retain
27	W_SFL_VAL	Word	16#0	Non-retain
28	W_FND_VAL	Word	16#0	Non-retain
29	DW_FND_VAL	DWord	16#0	Non-retain
30	DI_TIME_SET	DInt	0	Non-retain
31	R_EG_0	Bool	false	Non-retain
32	R_EG_1	Bool	false	Non-retain
33	R_EG_2	Bool	false	Non-retain
34	R_EG_3	Bool	false	Non-retain
35	R_EG_4	Bool	false	Non-retain
36	R_EG_5	Bool	false	Non-retain
37	R_EG_6	Bool	false	Non-retain
38	R_EG_7	Bool	false	Non-retain
39	R_EG_8	Bool	false	Non-retain
40	R_EG_9	Bool	false	Non-retain
41	R_EG_10	Bool	false	Non-retain
42	R_EG_11	Bool	false	Non-retain
43	R_EG_12	Bool	false	Non-retain
44	K1	Bool	false	Non-retain
45	K2	Bool	false	Non-retain
46	K3	Bool	false	Non-retain
47	K4	Bool	false	Non-retain
48	K5	Bool	false	Non-retain
49	IEC_Timer_0_Instance	TON_TIME		Non-retain
50	T1_Q	Bool	false	Non-retain

2

FB12 프로그램 작성

- **네트워크 1번**

스위치가 눌렸을 때 해당 숫자에 대한 이진수 값을 메모리에 저장한다.

- **네트워크 2번**

스위치가 눌린 시점을 검출한다.

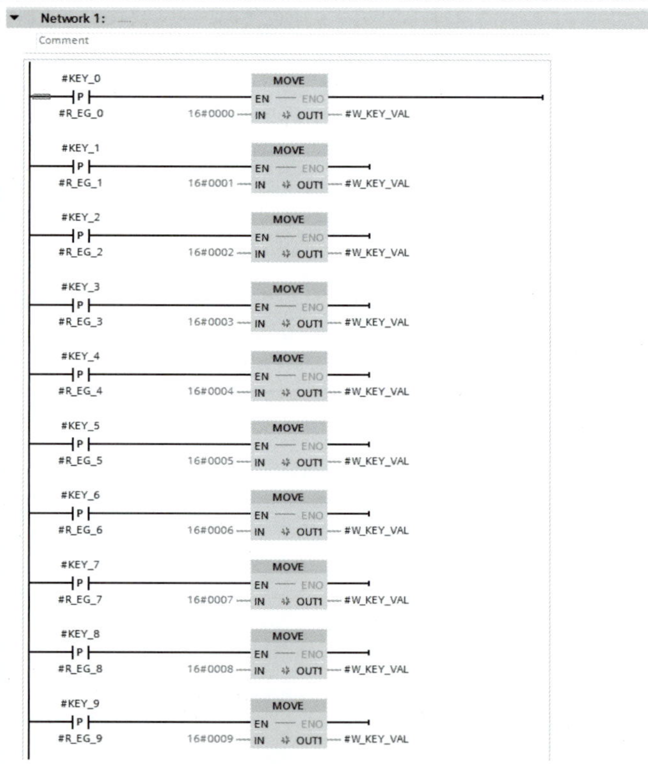

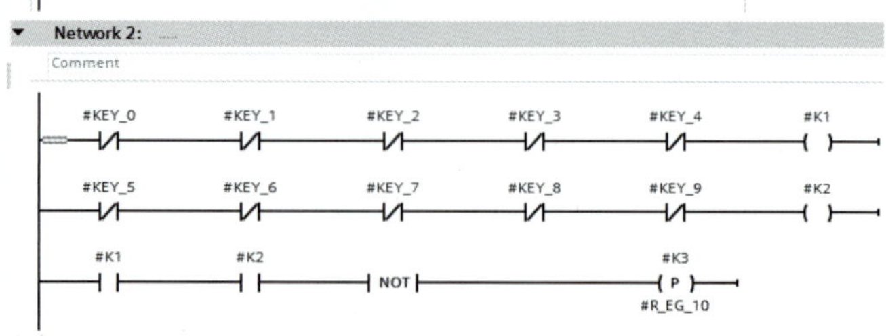

(계속)

<table>
<tr>
<td>3</td>
<td>

• **네트워크 3번**

스위치가 눌린 값을 배열에 순차적으로 저장하기 위해 MOVE 명령을 사용해서 배열의 워드 데이터를 좌측으로 워드 단위로 시프트하는 기능을 구현한다.

</td>
<td>

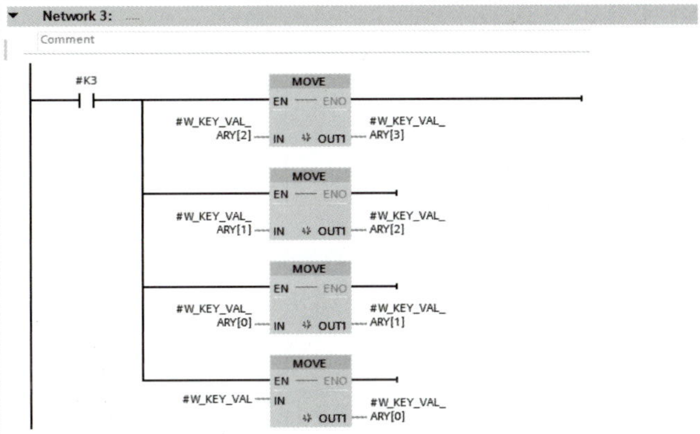

</td>
</tr>
<tr>
<td>4</td>
<td>

• **네트워크 4번**

4워드 크기의 배열에 저장된 하위 4비트 크기의 데이터를 조합하여 1워드로 만든 후에 FND에 표시한다.

• **네트워크 5번**

KEY_CLR 버튼이 눌렸을 때 배열에 저장된 데이터 및 FND 표시 데이터를 0000으로 설정한다.

스캔 동작을 이용하여 4번의 스캔타임에 배열 데이터를 클리어한다.

</td>
<td>

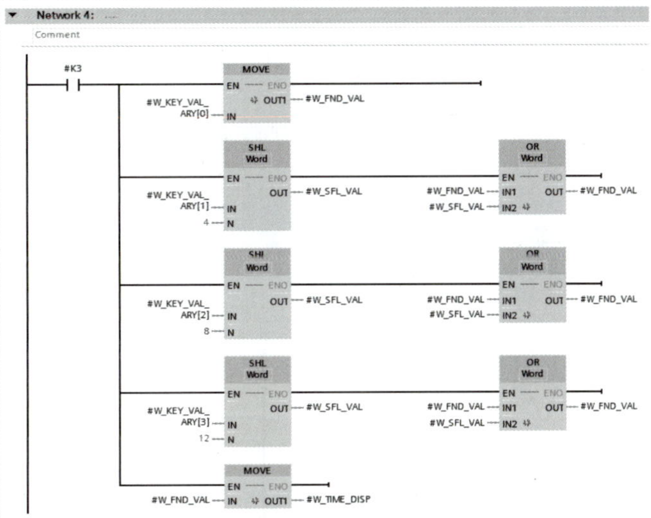

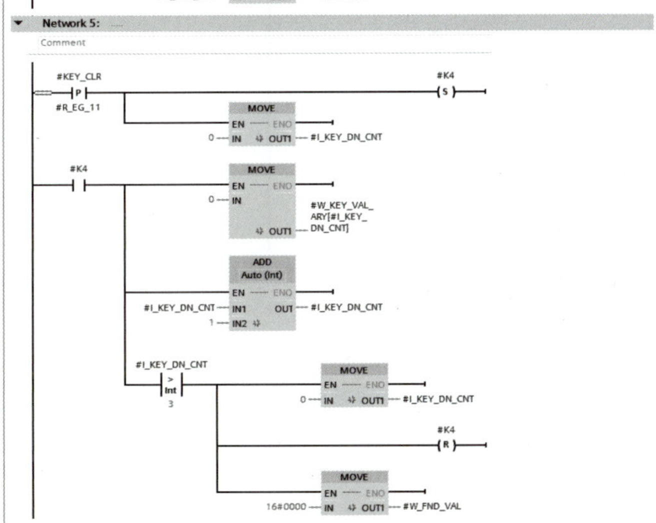

</td>
</tr>
</table>

(계속)

5

• **네트워크 6번**

START 버튼이 눌렸을 때 FND 표시 데이터를 타이머의 설정시간 형식으로 변경한 후에 타이머 동작을 통하여 램프 점등 작업을 한다.

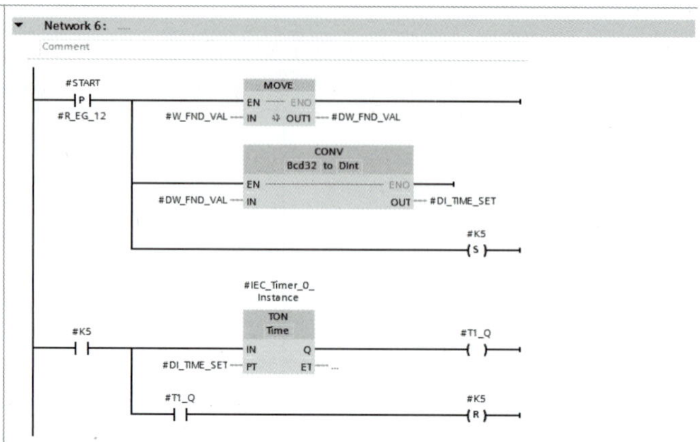

6

• **네트워크 7번**

램프를 점등한다.

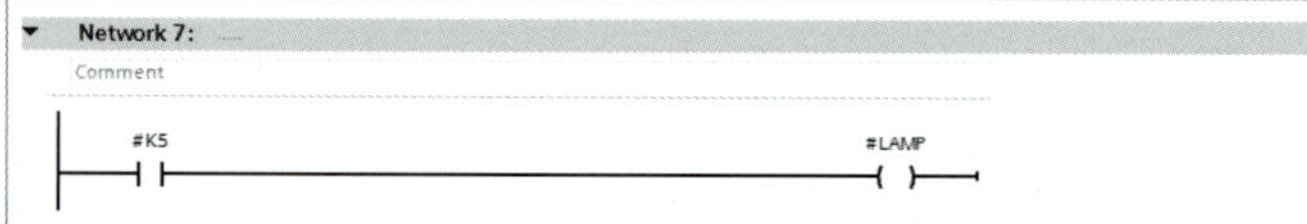

7

FB12 컴파일

FB12를 컴파일해서 에러가 없는지 확인한다.

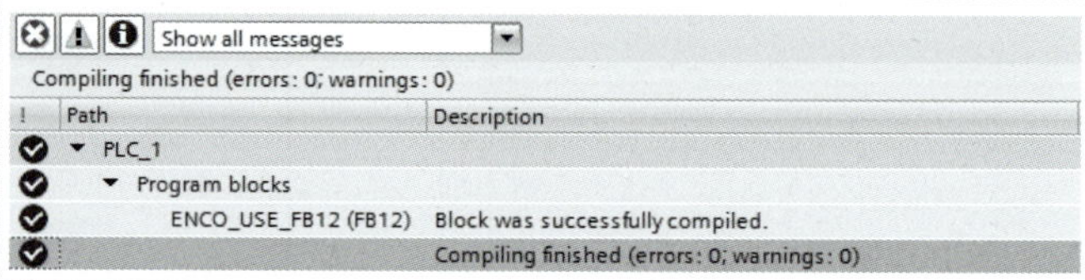

8

OB1에서 FB12 호출

OB1에서 FB12를 호출하고 입출력 번지를 지정한다.

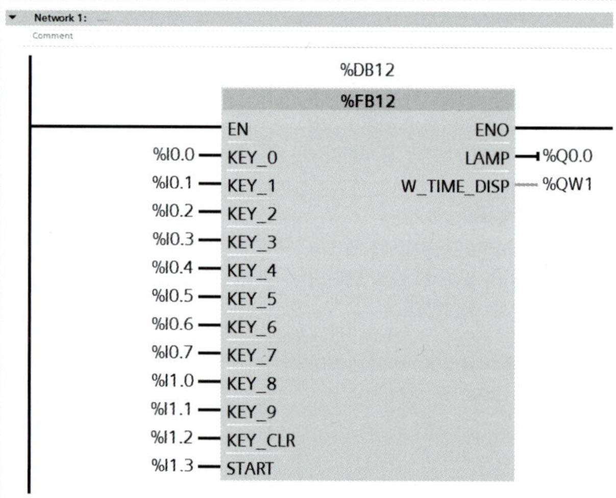

9

OB1 컴파일

OB1을 컴파일해서 에러가 없는지 확인하고, CPU로 다운로드한 후에 동작을 확인한다.

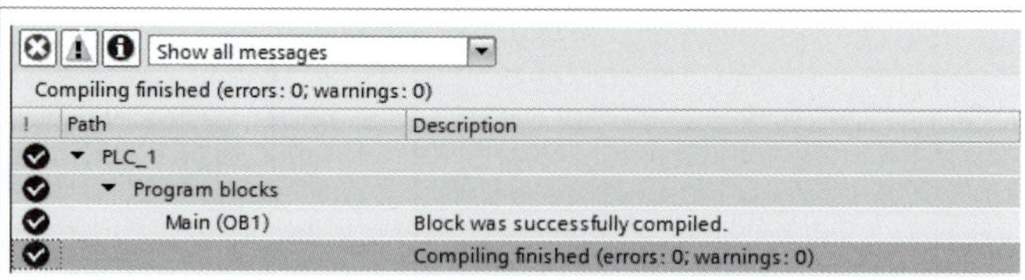

실습과제 6-6 배열을 이용한 FIFO 및 LIFO 기능 만들기

배열을 사용해서 저장한 데이터를 FIFO(선입선출)이나 LIFO(후입선출) 방식으로 끄집어 낼 수 있는 스택과 큐에 대해 학습한다.

[그림 6-34]와 같이 16개의 램프를 4×4 형태로 구성한 다음, 숫자키를 사용해서 램프의 점등 번호를 랜덤하게 입력해보자. 그런 다음, [FIFO 동작]을 누르면 입력한 순서대로 램프가 1초 간격으로 점등되고, [LIFO 동작]을 누르면 입력한 순서의 역순으로 램프가 점등되는 형태로 동작하는 PLC 프로그램을 작성해보자.

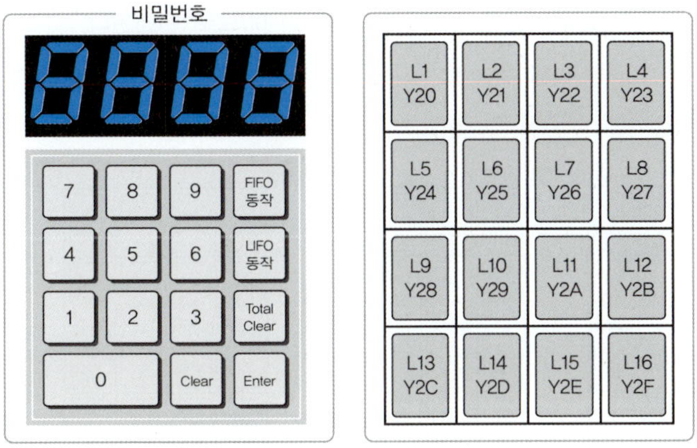

[그림 6-34] 조작 패널

[표 6-25] PLC 입출력 리스트

입력	기능	
I0.0	0	숫자키
I0.1	1	
I0.2	2	
I0.3	3	
I0.4	4	
I0.5	5	
I0.6	6	
I0.7	7	
I1.0	8	
I1.2	9	
I1.3	Total Clear	
I1.4	Enter	
I1.5	FIFO	
I1.6	LIFO	
I1.7	Clear	

출력	기능	
Q0.0	L1	숫자 키보드
Q0.1	L2	
Q0.2	L3	
Q0.3	L4	
Q0.4	L5	
Q0.5	L6	
Q0.6	L7	
Q0.7	L8	
Q1.0	L9	
Q1.1	L10	
Q1.2	L11	
Q1.3	L12	
Q1.4	L13	
Q1.5	L14	
Q1.6	L15	
Q1.7	L16	
QW2	순서 표시 FND	

동작 조건

❶ PLC의 전원이 ON되면 FND에는 00 00이 표시되고 4×4 램프는 소등되어 있다.

❷ FND 3번, 4번은 램프의 점등 순서를 입력한 데이터의 개수(01~99)를 나타낸다. FND 1번, 2번에는 점등할 램프의 위치 번호가 표시된다. 단, 입력 가능한 숫자의 범위는 1~16까지이다. 만약 이 범위를 초과한 숫자가 입력되면 00으로 클리어된다. 램프 점등 위치의 숫자를 입력한 후에 Enter를 누르면, 입력한 데이터 개수는 자동으로 1 증가하고, FND 1번, 2번에는 00이 표시된다.

[그림 6-35] FND에 데이터 표시 위치

❸ Clear 버튼을 누르면 FND 1번, 2번에 표시된 램프 점등 위치의 값이 00으로 변경된다.

❹ [그림 6-36]처럼 6 → 15 → 5 → 13을 입력한 후에 FIFO 버튼을 누르면, 램프는 입력된 점등 순서대로 2초 간격으로 점등된다.

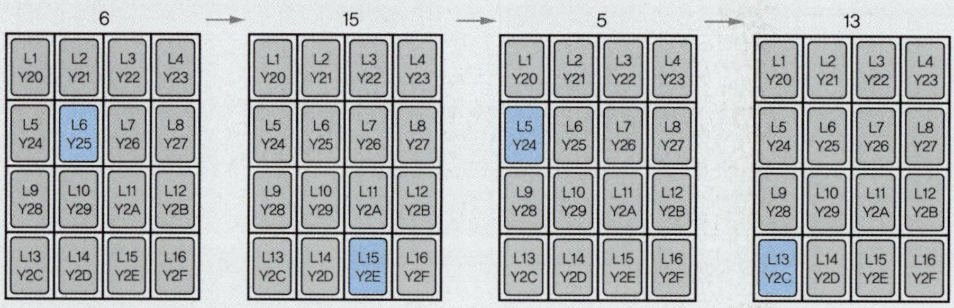

[그림 6-36] 램프 점등 순서

❺ LIFO 버튼을 누르면, [그림 6-36]에서 13 → 5 → 15 → 6의 점등 순서로 점등된다.

❻ Total Clear 버튼을 누르면, 입력된 데이터 테이블의 데이터 전체가 삭제된다.

생각해봅시다

■ FIFO와 LIFO

앞서 [실습과제 6-5]에서 배열을 사용하여 데이터를 저장하는 방법을 살펴보았다. 이때 데이터는 순차적으로 저장된 선형구조이다. 배열에 순차적으로 저장된 데이터를 읽어오는 방식에 따라 후입선출(LIFO)Last In First Out과 선입선출(FIFO)First In First Out로 구분된다. 선입선출(FIFO) 기능은 배열에서 데이터를 읽을 때, 배열에 가장 먼저 입력된 데이터부터 읽어내는 기능이고, 후입선출(LIFO) 기능은 배열에 가장 나중에 입력된 데이터부터 읽어내는 기능이다. 배열에 저장된 데이터를 후입선출 방식으로 읽어내는 데이터의 저장 방식을 스택stack이라 하고, 선입선출 방식으로 읽어내는 방식을 큐queue라 한다.

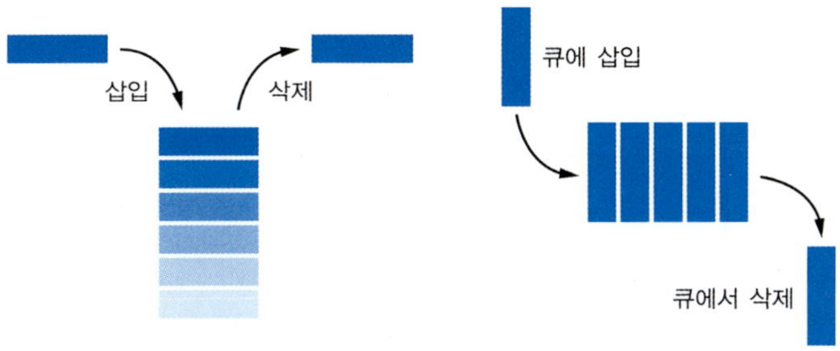

(a) 스택의 데이터 저장 및 반환　　(b) 큐의 데이터 저장 및 반환　　[그림 6-37] 스택과 큐의 동작

S7-1500에서는 FB 내에서 자유롭게 배열을 사용할 수 있기 때문에 별도의 S7-300/400에서 제공하던 데이터 테이블 관련 명령어를 제공하지 않고 있다. 따라서 스택과 큐의 구조를 만들기 위해서는 배열을 사용해야 한다.

Basic instructions | Extended instructions | Technology | Communication

S7-300	S7-400	S7-1200	S7-1500	Description	LAD / FBD	STL (not S7-1200)	SCL
				Table functions			
✓	✓			Add value to table		ATT	
✓	✓			Output first value of the table		FIFO	
✓	✓			Find value in table		TBL_FIND	
✓	✓			Output last value in table		LIFO	
✓	✓			Execute table instruction		TBL	
✓	✓			Run value from table		TBL_WRD	
✓	✓			Link value logically with table element and save		WRD_TBL	
✓	✓			Calculate standard deviation		DEV	
✓	✓			Correlated data tables		CDT	
✓	✓			Link tables		TBL_TBL	
✓	✓			Collect/distribute table data		PACK	

[그림 6-38] CPU 종류별 지원 명령어

■ 선입선출(FIFO) 기능 구현

[표 6-26] 배열을 이용한 FIFO 구조 구현 프로그램

순서	작업 내용	작업 화면
1	**FB14 태그 설정** • **큐 구조 만들기** 큐를 만들기 위한 FB14를 만들고, 프로그램 작성에 필요한 태그를 설정한다. 선입선출 방식의 데이터 저장을 위해 10개의 정수 태그를 배열로 지정한다.	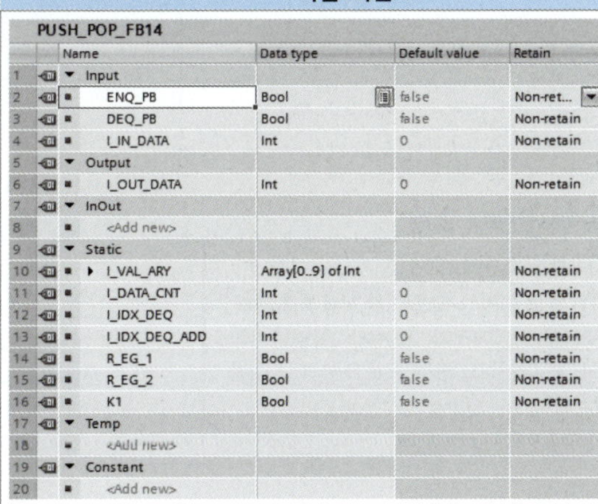

PUSH_POP_FB14

	Name	Data type	Default value	Retain
1	▼ Input			
2	ENQ_PB	Bool	false	Non-ret...
3	DEQ_PB	Bool	false	Non-retain
4	I_IN_DATA	Int	0	Non-retain
5	▼ Output			
6	I_OUT_DATA	Int	0	Non-retain
7	▼ InOut			
8	<Add new>			
9	▼ Static			
10	▸ I_VAL_ARY	Array[0..9] of Int		Non-retain
11	I_DATA_CNT	Int	0	Non-retain
12	I_IDX_DEQ	Int	0	Non-retain
13	I_IDX_DEQ_ADD	Int	0	Non-retain
14	R_EG_1	Bool	false	Non-retain
15	R_EG_2	Bool	false	Non-retain
16	K1	Bool	false	Non-retain
17	▼ Temp			
18	<Add new>			
19	▼ Constant			
20	<Add new>			

(계속)

<table>
<tr>
<td>2</td>
<td>

FB14 프로그램 작성

• **네트워크 1번**

ENQ_PB 버튼이 눌리면 설정된 입력값을 배열에 순차적으로 저장한다. 최대 10개의 데이터 저장이 가능하다.

I_DATA_CNT 태그가 데이터가 저장될 배열의 인덱스 역할을 한다. 데이터가 저장되면 자동으로 1씩 증가한다.

</td>
<td>
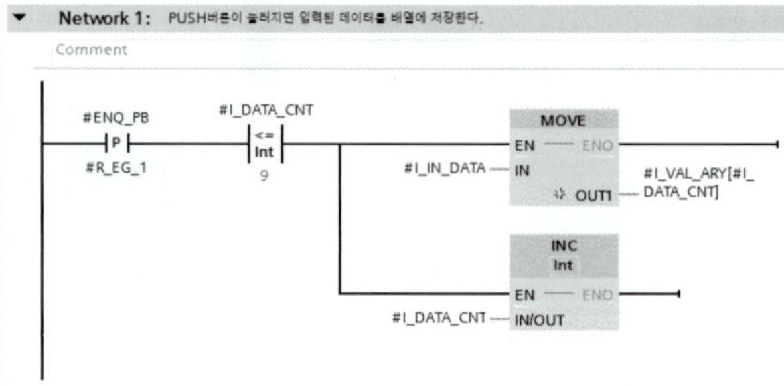

</td>
</tr>
<tr>
<td>3</td>
<td>

• **네트워크 2번**

DEQ_PB 버튼이 눌리면 FIFO 순서로 배열에 저장된 데이터를 끄집어내고, 배열에 저장된 데이터를 시프트시켜 데이터가 빠져서 빈 곳을 채운다.

FB14을 컴파일하고 에러가 없는지 확인한다.

</td>
<td>
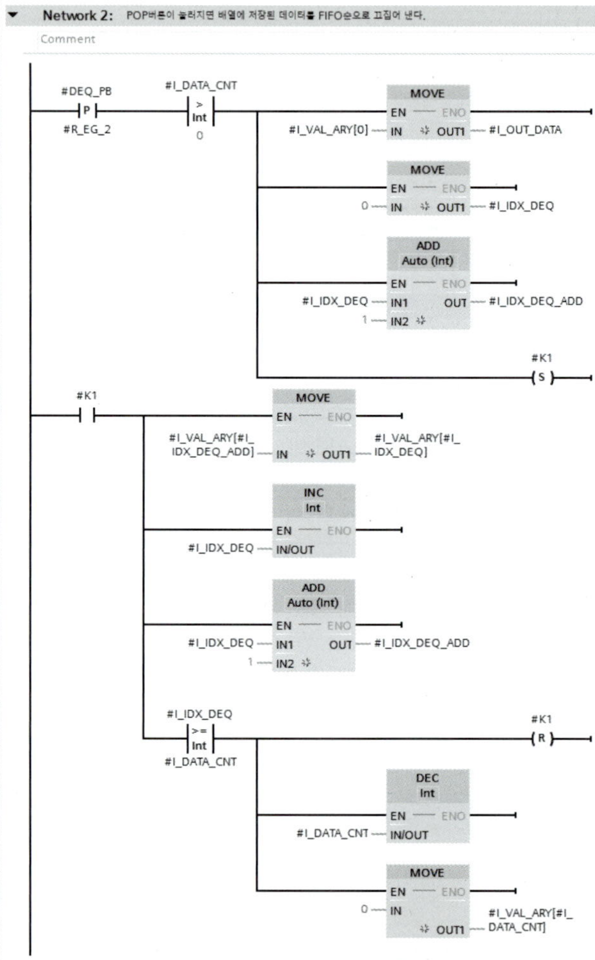

</td>
</tr>
<tr>
<td>4</td>
<td>

OB1에서 FB14 호출

• **네트워크 1번**

FB14를 호출하고 입출력 번지를 지정한다. 컴파일하고 에러가 없는지 확인한 후, CPU에 다운로드해서 프로그램의 동작을 확인한다.

</td>
<td>
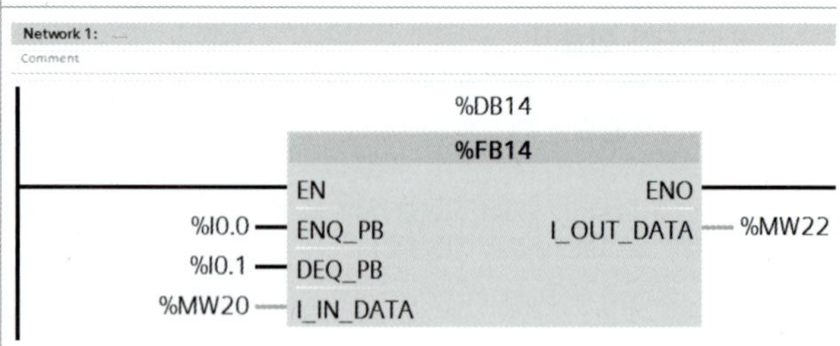

</td>
</tr>
</table>

[그림 6-39]는 [표 6-26]의 배열을 이용한 FIFO 구조의 구현 프로그램의 동작 원리를 나타낸 것이다. 예를 들어 숫자를 6(제일 먼저 입력한 숫자) → 15 → 5 → 13(제일 나중에 입력한 숫자)의 순으로 입력하면 [그림 6-39(a)]처럼 배열에 입력한 순서대로 숫자키의 값이 저장된다. 데이터의 입력 개수를 저장하는 메모리 CNT([표 6-26]의 프로그램에서는 I_DATA_CNT를 의미함)에는 4가 저장된다.

CNT	4
ARY[0]	6
ARY[1]	15
ARY[2]	5
ARY[3]	13

(a) 데이터 저장

CNT	3
ARY[0]	15
ARY[1]	5
ARY[2]	13
ARY[3]	0

(b) DEQ 1회 실행

CNT	2
ARY[0]	5
ARY[1]	13
ARY[2]	0
ARY[3]	0

(c) DEQ 2회 실행

CNT	1
ARY[0]	13
ARY[1]	0
ARY[2]	0
ARY[3]	0

(d) DEQ 3회 실행

CNT	0
ARY[0]	0
ARY[1]	0
ARY[2]	0
ARY[3]	0

(e) DEQ 4회 실행

[그림 6-39] FIFO 구조의 동작 원리

[표 6-26]의 FB14 네트워크 2번의 프로그램에서 DEQ_PB 버튼을 누를 때마다 ARY[0]에 보관된 데이터가 빠져나가고, ARY[0] 이후에 저장된 데이터들이 앞으로 시프트되어 저장되면서 데이터의 입력 개수는 1씩 감소한다.

■ 후입선출(LIFO) 기능 구현

예를 들어 숫자키를 6(제일 먼저 입력한 숫자) → 15 → 5 → 13(제일 나중에 입력한 숫자)의 순으로 입력하면 [그림 6-40(a)]처럼 입력한 순서대로 숫자키의 값이 배열에 저장된다. 배열에 저장된 데이터를 읽으면 제일 나중에 입력된 데이터가 제일 먼저 읽히기 때문에 후입선출(LIFO)이라 한다.

CNT	4
ARY[0]	6
ARY[1]	15
ARY[2]	5
ARY[3]	13

(a) 데이터 저장

CNT	3
ARY[0]	6
ARY[1]	15
ARY[2]	5
ARY[3]	0

(b) POP 1회 실행

CNT	2
ARY[0]	6
ARY[1]	15
ARY[2]	0
ARY[3]	0

(c) POP 2회 실행

CNT	1
ARY[0]	6
ARY[1]	0
ARY[2]	0
ARY[3]	0

(d) POP 3회 실행

CNT	0
ARY[0]	0
ARY[1]	0
ARY[2]	0
ARY[3]	0

(e) POP 4회 실행

[그림 6-40] FIFW로 저장한 데이터를 FPOP 명령어로 읽을 때의 동작

[그림 6-40]에서 배열의 인덱스 번호가 낮은 쪽이 가장 오래전에 입력된 데이터이고(그림에서 ARY[0]), 인덱스 번호가 높은 쪽이 가장 나중에 입력된 최근 데이터(그림에서 ARY[4])이다. 따라서 LIFO 순으로 데이터를 읽어내기 위해서는 현재 배열에 데이터를 저장할 위치를 알려주는 CNT의 값에서 1을 뺀 다음, 해당 배열의 인덱스 번호를 사용해서 데이터를 읽어내면 된다.

[표 6-27] 배열을 이용한 LIFO 구조 구현 프로그램

<table>
<tr><th>순서</th><th>작업 내용</th><th>작업 화면</th></tr>
<tr><td>1</td><td>FB15 태그 선언
• 스택 구조 만들기
스택 구조의 배열을 위한 FB15를 만들고, 프로그램 작성에 필요한 태그를 설정한다.

후입선출 방식의 데이터 저장을 위해서 10개의 정수 태그를 배열로 지정한다.</td><td>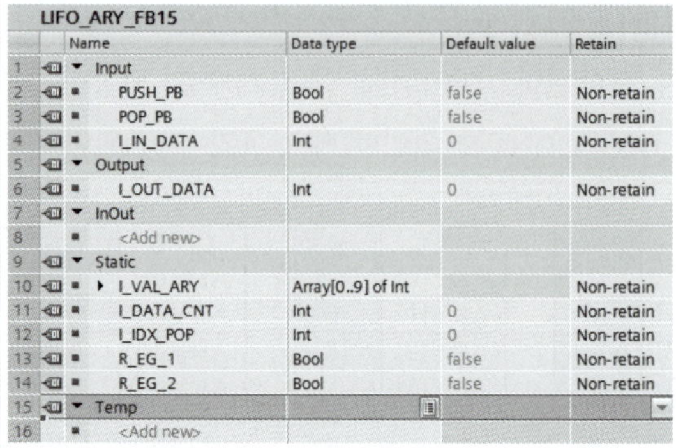
</td></tr>
<tr><td>2</td><td>FB15 프로그램 작성
• 네트워크 1번
PUSH_PB 버튼이 눌리면, 설정된 입력값을 배열에 순차적으로 저장한다. 최대 10개의 데이터 저장이 가능하다.

I_DATA_CNT 태그가 데이터가 저장될 배열의 인덱스 역할을 한다. 데이터가 저장되면 자동으로 1씩 증가한다.

• 네트워크 2번
POP_PB 버튼이 눌리면 I_DATA_CNT 값을 1 감소시켜 배열의 인덱스 번호로 사용한다.</td><td>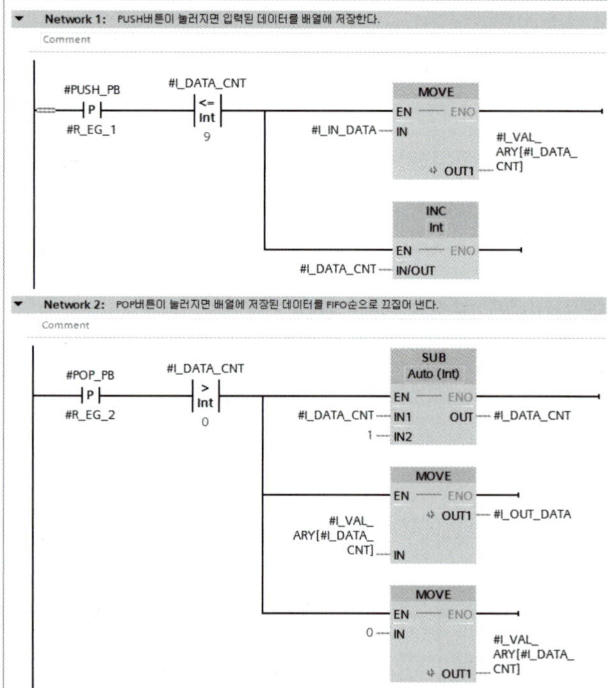
</td></tr>
</table>

자동제어 분야에는 선입선출 작업이 많기 때문에 스택보다는 큐를 이용한 데이터 관리가 많이 사용된다. 산업현장에서는 컨베이어 이동에 동기화하여 투입되는 물건의 종류를 큐에 저장하고, 컨베이어 이동에 따라 큐의 데이터도 이동하면서 큐에 저장되어 있는 데이터를 검사함으로써 현재 이동하는 물건의 개수와 물건의 위치를 쉽게 확인할 수 있다.

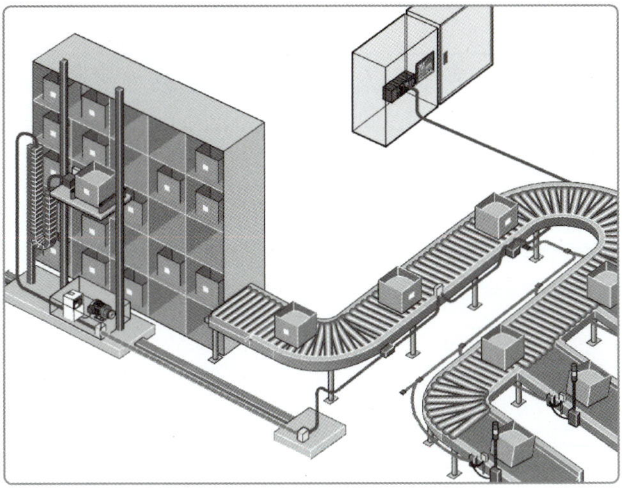

[그림 6-41] 스택과 큐의 사용이 이루어지는 자동창고

■ DECO 명령어 사용

디코더decoder는 2진수의 데이터로 표현된 비트번지를 1로 설정하는 명령이다. 주어진 실습과제에서 입력된 램프의 점등 위치는 배열에 2진수 형태로 저장된다. 2진수로 저장된 램프의 점등 위치는, QB0와 QB1의 QW0에 연결된 램프를 점등하는 데 사용된다.

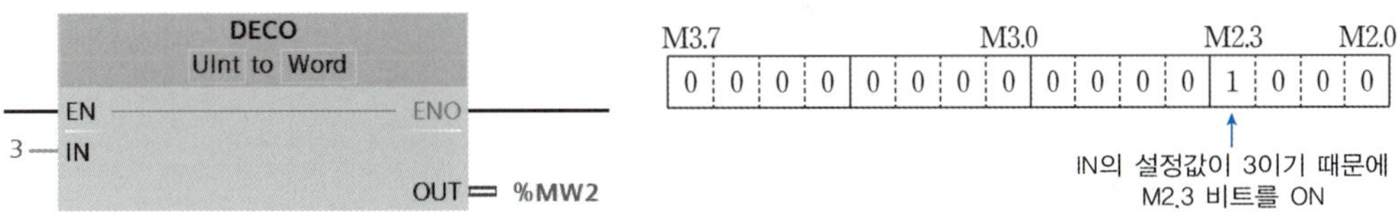

(a) DECO 명령어 (b) DECO 명령어 실행 결과

[그림 6-42] DECO 명령어

■ 배열을 이용한 선입선출 및 후입선출 기능 구현하기

[그림 6-33]에서 숫자키를 누른 후에 Enter 버튼을 누르는 동작을 5회 반복하여 배열에 5개의 데이터를 저장하면, [표 6-28]과 같은 형태로 데이터가 저장된다. 스택과 큐에서는 데이터를 읽어내는 순간 해당 메모리가 0으로 초기화되는데 비해, 실습과제에서는 등록된 데이터를 변경하지 않고 데이터를 읽어내는 방법에 따라 선입선출과 후입선출로 구분한다. 5개의 데이터가 저장되어 있기 때문에 I_DATA_CNT에는 5가 등록되어 있지만, 배열의 인덱스 번호는 0번부터 시작하기 때문에 5는 입력될 데이터가 저장될 배열의 위치 번호를 나타낸다. W_KEY_VAL_ART[0] ~ W_KEY_VAL_ART[5]에는 입력한 데이터가 저장되어 있다. 선입선출 방식으로 데이터를 읽어올 때와 후입선출 방식으로 데이터를 읽어오는 배열의 순서가 다르다는 것을 확인하기 바란다.

[표 6-28] 파일 레지스터에 입력된 데이터 저장 순서

태그 명칭	저장 데이터	역할	변위 INDEX	선입선출 시	후입선출 시
I_DATA_CNT	16#05	저장 개수	–		
W_KEY_VAL_ART[0]	16#02	베이스 번지	0	❶	❺
W_KEY_VAL_ART[1]	16#03		1	❷	❹
W_KEY_VAL_ART[2]	16#04		2	❸	❸
W_KEY_VAL_ART[3]	16#05		3	❹	❷
W_KEY_VAL_ART[4]	16#06		4	❺	❶
W_KEY_VAL_ART[5]	–		5		
W_KEY_VAL_ART[6]	–		6		
W_KEY_VAL_ART[7]	–		7		

[표 6-29] [실습과제 6-6]의 프로그램 작성

순서	작업 내용	작업 화면
1	**FB13 태그 선언** FB13을 만들고 프로그램 작성에 필요한 태그를 설정한다. 램프 점등 위치를 저장하기 위한 정수형 태그 99개를 배열로 설정한다. 상승펄스신호 검출을 위한 메모리를 비트 배열(R_EG_ARY)로 설정한다. 램프의 점등 위치를 FND에 표시하기 위한 워드 메모리 2개를 배열(W_KEY_VAL_ARY)로 지정한다.	(아래 화면)

EXEC_7-6_FB13

	Name	Data type	Default value	Retain
1	▼ Input			
2	KEY_0	Bool	false	Non-retain
3	KEY_1	Bool	false	Non-retain
4	KEY_2	Bool	false	Non-retain
5	KEY_3	Bool	false	Non-retain
6	KEY_4	Bool	false	Non-retain
7	KEY_5	Bool	false	Non-retain
8	KEY_6	Bool	false	Non-retain
9	KEY_7	Bool	false	Non-retain
10	KEY_8	Bool	false	Non-retain
11	KEY_9	Bool	false	Non-retain
12	TOT_CLR	Bool	false	Non-retain
13	ENTER	Bool	false	Non-retain
14	FIFO	Bool	false	Non-retain
15	LIFO	Bool	false	Non-retain
16	CLEAR	Bool	false	Non-retain
17	▼ Output			
18	W_LAMP_OUT	Word	16#0	Non-ret...
19	B_CNT_DISP	Byte	16#0	Non-retain
20	B_POS_DISP	Byte	16#0	Non-retain
21	▼ InOut			
22	<Add new>			
23	▼ Static			
24	▸ I_POS_ARY	Array[0..99] of Int		Non-retain
25	▸ R_EG_ARY	Array[0..20] of Bool		Non-retain
26	▸ W_KEY_VAL_ARY	Array[0..1] of Word		Non-retain
27	I_INDEX_0	Int	0	Non-retain
28	I_INDEX_FIFO	Int	0	Non-retain
29	I_INDEX_LIFO	Int	0	Non-retain
30	I_DATA_CNT	Int	0	Non-retain
31	W_KEY_VAL	Word	16#0	Non-retain
32	W_FND_VAL	Word	16#0	Non-retain
33	W_SHL_VAL	Word	16#0	Non-retain
34	I_POS_VAL	Int	0	Non-retain
35	W_INDEX_BCD	Word	16#0	Non-retain
36	W_LAMP_DECO	Word	16#0	Non-retain
37	I_LAMP_POS	Int	0	Non-retain
38	K1	Bool	false	Non-retain
39	K2	Bool	false	Non-retain
40	K3	Bool	false	Non-retain
41	K4	Bool	false	Non-retain
42	K5	Bool	false	Non-retain
43	K6	Bool	false	Non-retain
44	K7	Bool	false	Non-retain
45	K8	Bool	false	Non-retain
46	K9	Bool	false	Non-retain
47	▸ IEC_Timer_0_Instance	TON_TIME		Non-retain
48	T1_Q	Bool	false	Non-retain
49	<Add new>			
50	▼ Temp			

(계속)

2

FB13 프로그램 작성

• **네트워크 1번**

스위치가 눌렸을 때 해당 숫자에 대한 이진수 값을 메모리에 저장한다.

• **네트워크 2번**

스위치가 눌린 시점을 검출한다.

• **네트워크 3번**

스위치가 눌린 값을 배열에 순차적으로 저장하기 위해 MOVE 명령을 사용한다. 배열의 워드 데이터를 워드 단위로 좌측으로 시프트하는 기능을 구현한다.

램프의 점등 위치를 검사해서 점등 위치가 16보다 크면 램프 점등 위치 설정을 클리어한다.

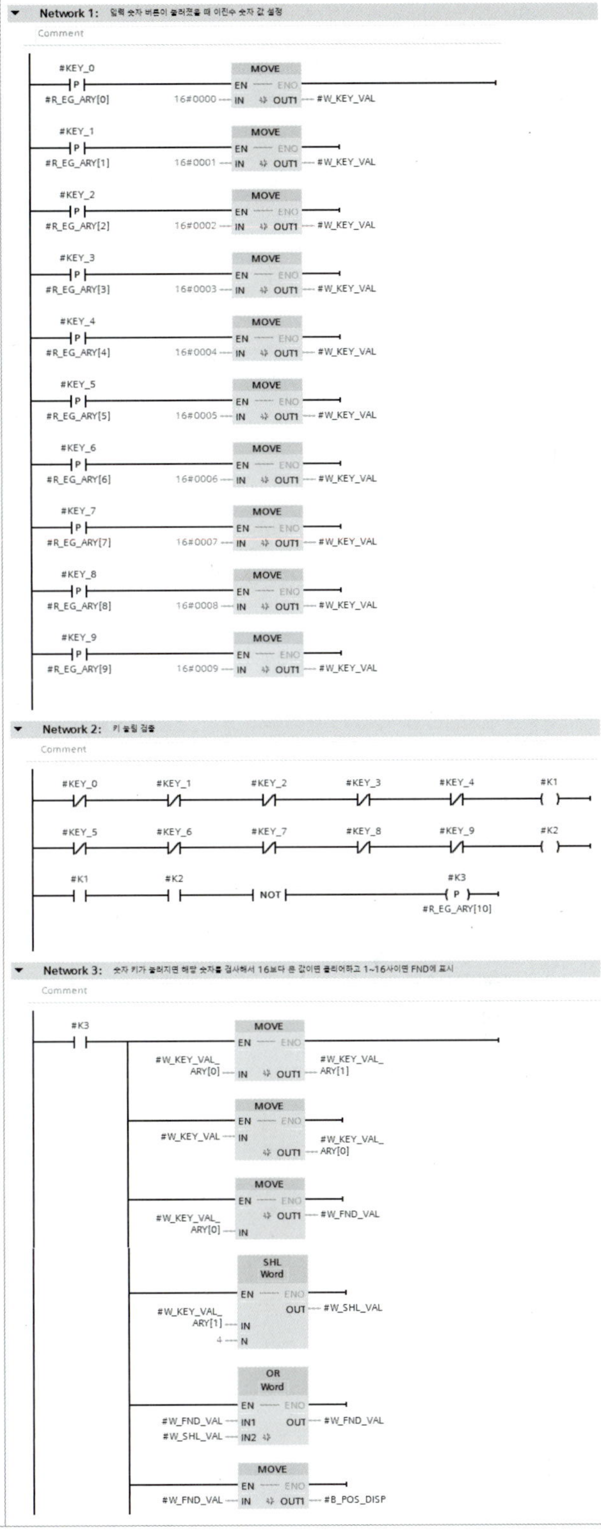

(계속)

3

- **네트워크 4번**

Enter가 눌리면, 램프 점등 위치가 1~16일 때 램프 점등 위치 배열에 저장한다.

INC 명령을 사용해서 배열의 인덱스 및 설정 데이터 개수를 1씩 증가시킨다.

배열에 저장된 데이터 개수를 FND에 표시한다.

- **네트워크 5번**

Total Clear가 눌리면 배열 인덱스와 설정 데이터 개수를 기억하는 메모리를 0으로 설정하고, 스캔 동작을 사용해서 배열에 저장된 모든 데이터를 0으로 설정한다.

- **네트워크 6번**

FIFO 및 LIFO가 눌리면 해당 작업을 위한 태그 초기화 작업을 실행한다.

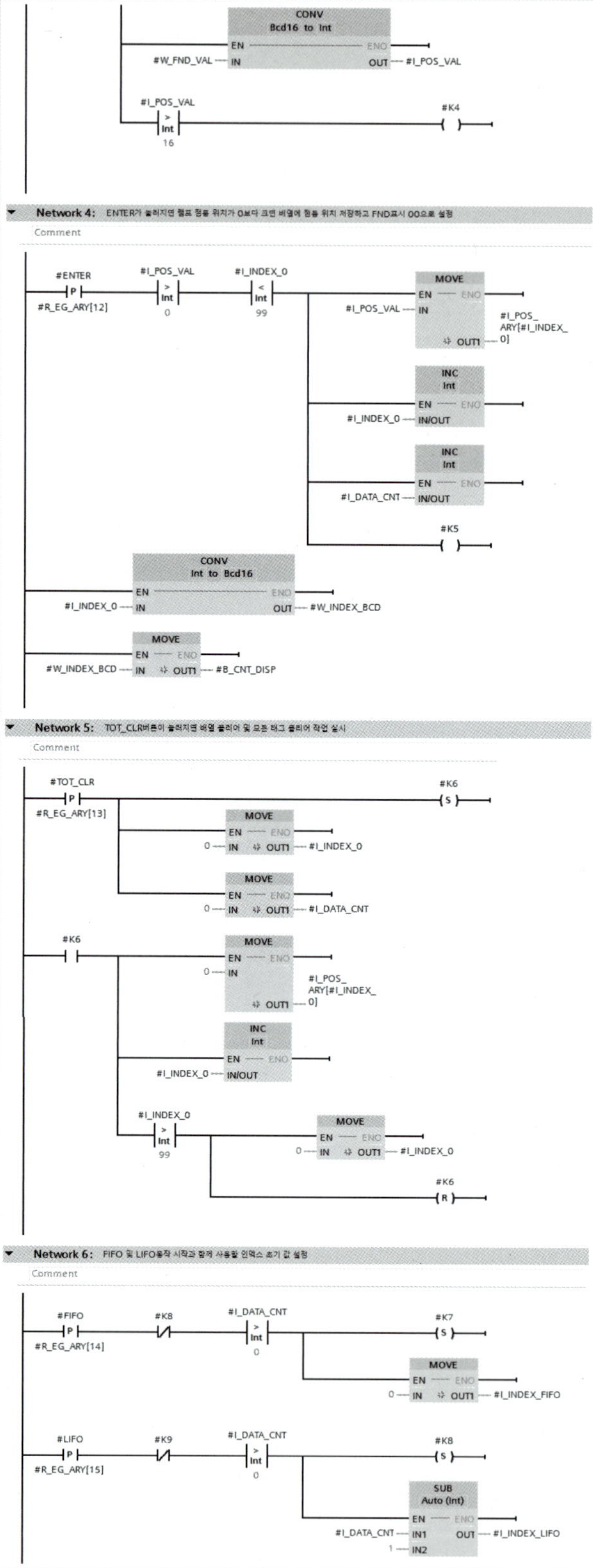

(계속)

4	• **네트워크 7번** FIFO 및 LIFO가 눌렸을 때, 램프의 점등을 1초 간격으로 하기 위한 타이머를 작동한다. • **네트워크 8번** FIFO 방식으로 배열에 저장된 데이터를 읽어온 후, 램프를 점등한다. DECO 명령을 사용해서 램프 점등 위치의 정수값을 램프 점등 비트의 위치값으로 변경한다.	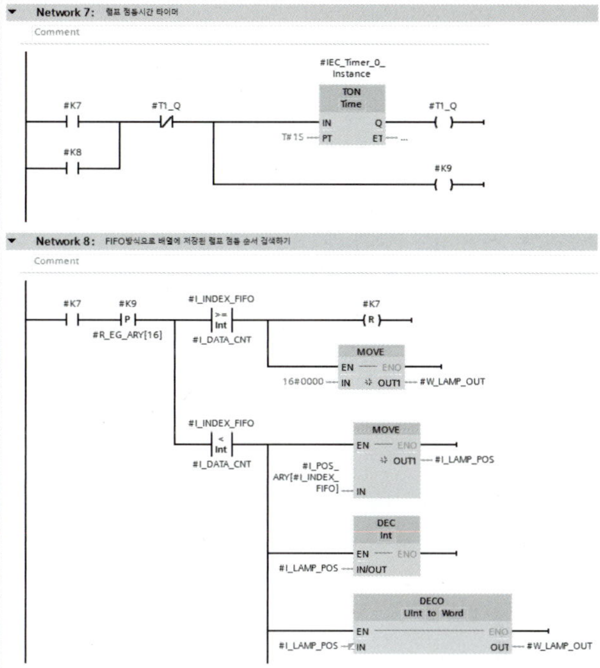
5	• **네트워크 9번** LIFO 방식으로 배열에 저장된 데이터를 읽어온 후, 램프를 점등한다. DECO 명령을 사용해서 램프 점등 위치의 정수값을 램프 점등 비트의 위치값으로 변경한다.	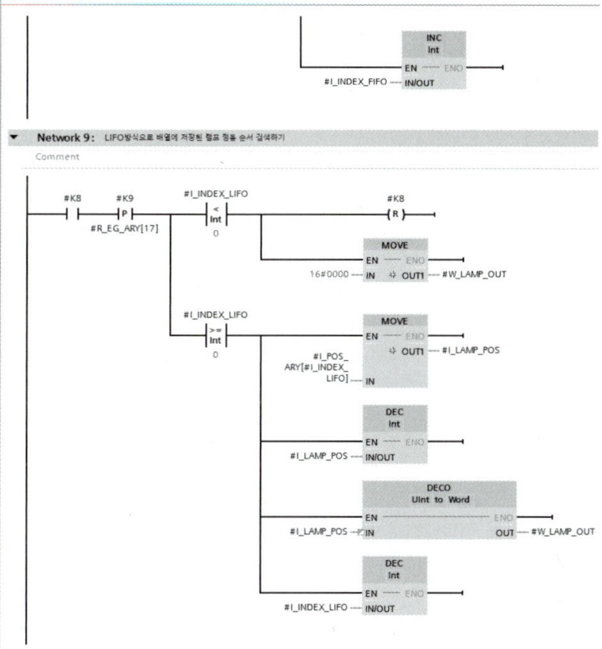

(계속)

6	• **네트워크 10번** Clear, Total Clear 버튼이 눌렸을 때, 또는 잘못된 램프 위치가 입력되었을 때, 해당 데이터를 0으로 설정한다.	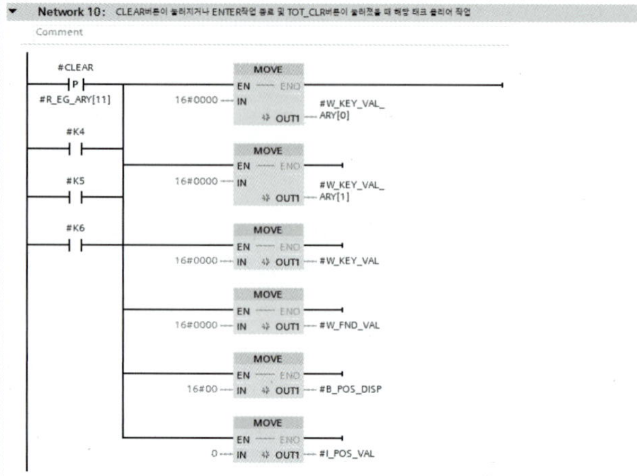
7	**FB13 컴파일** FB13를 컴파일해서 에러가 없는지 확인한다.	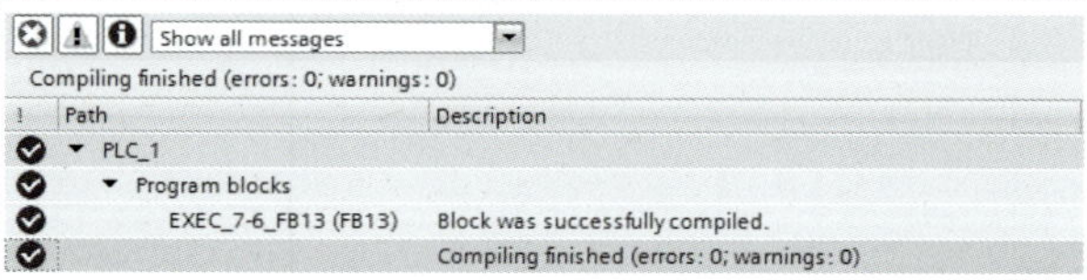
8	**OB1에서 FB13 호출** OB1에서 FB13을 호출하고 입출력 번지를 지정한다.	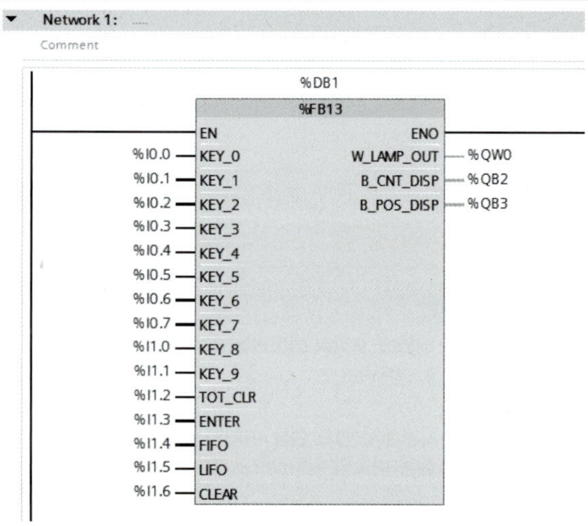
9	**OB1 컴파일** OB1을 컴파일해서 에러가 없는지 확인하고, CPU로 다운로드한 후에 동작을 확인한다.	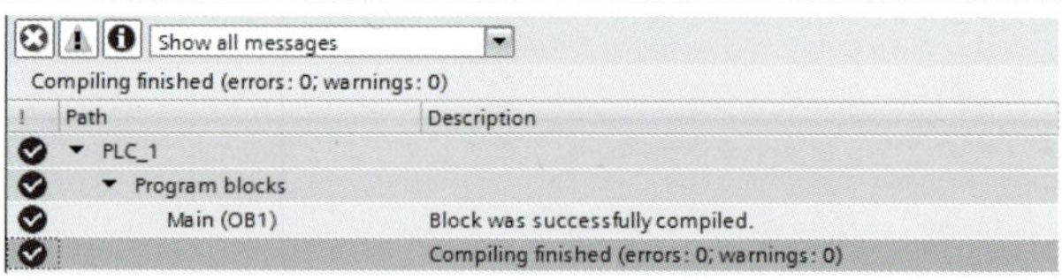

PART 4
공압 실린더 제어

PLC는 사람의 신체에 비유하자면 두뇌에 해당된다고 할 수 있다. 이때 사람의 신체에서 뼈와 근육에 해당하는 것이 바로 기계장치와 이를 움직이는 액추에이터이다. 기계장치가 움직이기 위해서는 에너지가 필요하고, 기계장치에 공급된 에너지로 기계가 동작하기 위해서는 액추에이터인 공압 또는 유압 실린더, 그리고 모터가 필요하다. 간단한 왕복운동 또는 진공을 이용한 물품의 흡착과 같은 장치에 공압 실린더를 이용하면 적은 비용으로 효율적인 자동화 장치를 만들 수 있기 때문에 공압 실린더의 사용 범위가 점차 확대되고 있는 추세이다.

공압 실린더를 PLC로 제어하기 위해서는 먼저 PLC의 출력에 연결되는 공압 실린더 제어용 밸브의 특징과 사용법을 파악해야 한다. 공압 실린더에서는 압축공기의 흐름에 따라 실린더의 전후진 동작이 이루어진다. 따라서 공압 밸브의 제어를 통해 압축공기의 흐름을 제어하는 것이 실질적인 공압 실린더 제어방법이다.

PART 4에서는 공압의 장단점, 공압 밸브의 특징과 기호 판별법 등을 살펴보고, 공압 실린더의 동작을 제어하기 위한 PLC 프로그램 작성법을 학습한다. PART 4의 학습을 마치고 나면, 여러분들은 자동화 장치에 부착되어 있는 공압 실린더를 기계장치의 동작 순서에 맞게 제어하는 PLC 프로그램을 작성할 수 있게 될 것이다.

Chapter 07

전기 공압 제어

자동화 기계장치의 액추에이터는 크게 모터와 실린더로 구분된다. 실린더는 유압 및 공압 실린더로 나뉘는데, 공압 실린더는 청정한 압축공기를 사용하여 제품 오염, 환경오염 문제를 발생시키지 않기 때문에 OLED, 반도체, 제약, 식품과 같은 산업 분야에 널리 사용된다. 7장에서는 PLC를 이용하여 공압 실린더를 제어하기 위한 공압 관련 기초 이론과 공압 실린더 제어 PLC 프로그램 작성 방법에 대해 학습한다.

7.1 공장자동화를 위한 공압 기술

압축공기는 가장 오래된 에너지원으로, 공기를 이용한 작업은 기원전 1000년 전으로 거슬러 올라간다. 오늘날의 자동화 분야에서 기계장치를 움직이는 데 사용하는 액추에이터는 크게 공압 실린더air cylinder와 모터motor로 구분되며, 직선운동이 필요한 기계장치에는 공압 실린더가 주로 사용되고 있다. 공압 실린더는 단순하고 견고하며, 다루기가 쉽기 때문에, 공작기계, 조립장치, 운반장치, 공급장치, 설비 제조 분야에서 널리 사용되고 있다.

타이어

돔구장

자동문

(a) 공압 실린더

(b) 공압의 이용 분야

[그림 7-1] **공압 실린더 및 공압의 이용 분야**

그렇다면 공압 기술이 공장자동화에 널리 사용되는 이유는 무엇일까? 자동화 장치의 공압 구동기기를 작동시키는 공압 에너지의 장단점을 살펴보자.

공압 에너지의 장점

❶ 이용 가능성

- 압축공기는 대기를 압축한 것으로, 장소에 관계없이 쉽게 얻을 수 있다.
- 압축공기는 밀폐된 용기에 저장 가능하여 정전과 같은 비상시에 효율적으로 사용될 수 있다.
- 사용한 압축공기는 회수할 필요가 없으며, 환경오염의 문제가 없다.

❷ 사용성

- 공압기기는 전기기기 동력 공급원, 정류기, 변압기와 같은 복잡한 장치를 필요로 하지 않으며, 빠르고 쉽게 조립될 수 있다.
- 시스템의 확장이 필요한 경우, 적은 비용으로 제어 기능 변경이 가능하다.
- 전기에너지와 달리 전장, 자장의 영향이 없으며, 폭발 위험성, 오염 위험성이 존재하는 곳이나 습도가 높은 곳과 같은 불리한 환경에 설치될 시스템에 적합하다.

❸ 취급성

- 공압장치의 구조가 튼튼하다는 점과 외부 노이즈에 영향을 받지 않는다는 점 때문에 거의 모든 산업 분야에서 사용되고 있다.
- 시스템의 신뢰성이 매우 높고, 내구성이 뛰어나다.
- 시스템 설치가 쉽고, 유지보수가 쉬우며, 유지비용이 적게 든다.
- 힘과 속도를 필요에 따라 쉽게 조절할 수 있다.

❹ 안정성

- 공압 부품 자체가 과부하에 대한 보호 기능을 갖고 있다.
- 폭발 및 화재의 위험성이 있는 곳에서도 사용 가능하다.
- 압축공기 자체가 인체에 해가 없기 때문에 별도의 안전장치가 필요 없다.

공압 에너지의 단점

- 압축공기를 만들 때, 대기 중의 먼지나 습기를 최대한 제거해야 한다.
- 압축성 덕분에 공압 에너지를 손쉽게 저장할 수 있지만, 공압 실린더를 이용한 작동에는 이 압축성 때문에 저속에서의 속도 불안정성이 커진다.
- 기준 이상의 힘이 필요할 때에는 압축공기가 비경제적이다. 보통의 작업 압력으로는 700kPa(7bar)가 한계이다.

• 사용 후 압축공기의 배기 소음이 크다.
• 전기를 이용해서 압축공기를 얻기 때문에 전기 에너지에 비해 운전비용이 높다.

이처럼 공압 에너지는 여러 단점에도 불구하고 편리한 장점들을 가지고 있기 때문에 자동화 장치에 널리 사용되고 있다. 전기모터를 이용하면 기계장치가 복잡해져서 기계장치의 가격이 상승하는데, 이 경우에 공압 실린더가 좋은 대안이 된다. 그리고 공압 실린더는 전기를 사용할 수 없는 폭발 및 화재의 위험성이 있는 장소에서도 자유롭게 사용될 수 있다. 또한 압축공기는 용기에 쉽게 저장할 수 있으므로 정전 시 비상수단으로 대체될 수 있어, 정전되어도 비상계통이 동작해야 하는 원자력 및 화력 발전소, 화학 및 정유공장과 같은 곳에서의 최종 제어밸브의 동작은 공압으로 작동되고 있다.

7.2 공압 제어를 위한 공압기기의 구성

7.2.1 주요 공압기기

압축공기를 이용한 자동화 장치를 구동하기 위해 다양한 공압기기가 사용된다. 공압 제어를 위한 계통의 기본 구성은 [그림 7-2]와 같다.

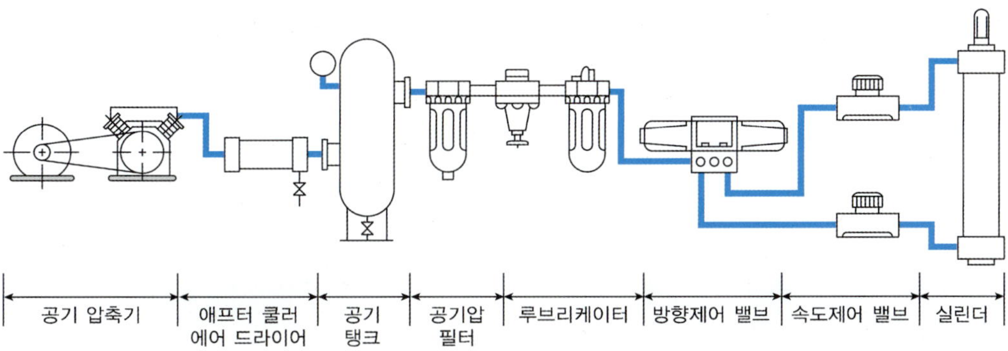

[그림 7-2] 공압 제어를 위한 계통의 기본 구성

다음은 [그림 7-2]의 주요 공압기기에 대한 설명이다.

• **공기 압축기**air compressor : 대기 중의 공기를 흡입하고 압축하여 압축공기를 만드는 기기이다.
• **애프터 쿨러**after cooler : 공기 압축기에서 만들어지는 압축공기의 온도는 170~200℃인데, 애프터 쿨러는 이 압축공기를 냉각하여 공기 속의 수분을 분리한다.

- **공기탱크**air tank : 압축공기를 저장하는 용기이다.
- **에어 드라이어**air dryer : 애프터 쿨러에서 1차로 제거했지만 여전히 남아 있는 압축공기 속의 수분을 제거하는 기기이다.
- **공기압 필터**air filter : 압축공기 속에 남아 있는 미세먼지와 수분을 제거하여 깨끗한 압축공기를 공급하기 위한 기기이다.
- **압력 조정기**regulator : 공기탱크의 압축공기를 공압기기에 필요한 일정 압력으로 조정하는 장치이다.
- **루브리케이터**lubricator : 압축공기 속에 윤활유를 분사하여 공압기기의 마찰 부분에 급유하는 기기이다.
- **방향제어 밸브**directional control valve : 압축공기가 흐르는 방향을 제어한다.
- **유량제어 밸브**flow control valve : 압축공기의 유량을 조절하여 실린더 등의 속도를 제어한다.
- **실린더**cylinder : 압축공기의 에너지를 직선 왕복운동으로 변환하여 기계적 일을 하는 기기이다.

공압기기 및 공압 이론에 대한 자세한 내용은 시중에 출판된 공압 관련 서적을 참고하길 바란다. 이 책에서는 PLC 제어에 필요한 내용만을 설명한다.

7.2.2 방향제어 밸브

방향제어 밸브는 공기가 흐르는 방향을 제어함으로써 공압 실린더의 동작을 제어하는 밸브이다. 방향제어 밸브로는 밸브 각각을 개별적으로 사용하는 단독형 방향제어 밸브와, 여러 개의 밸브를 매니폴드manifold에 조합해서 사용하는 매니폴드형 방향제어 밸브가 있다.

(a) 단독형 방향제어 밸브

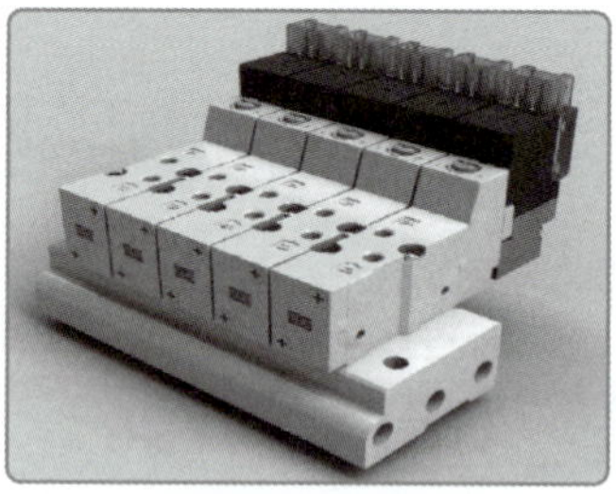

(b) 매니폴드형 방향제어 밸브

[그림 7-3] 방향제어 밸브의 실제 모양

공압 도면에서 방향제어 밸브의 기호 표기법

[그림 7-4]는 산업현장에서 사용되는 공압 도면의 일부를 나타낸 것이다. 공압 도면에 사용되는 방향제어 밸브의 기호 표기법을 살펴보자. 방향제어 밸브는 압축공기의 흐름을 변경하는 기능을 가진 공압기기로, [표 7-1]은 도면에 표시된 방향제어 밸브의 기호와 그 의미를 정리한 것이다.

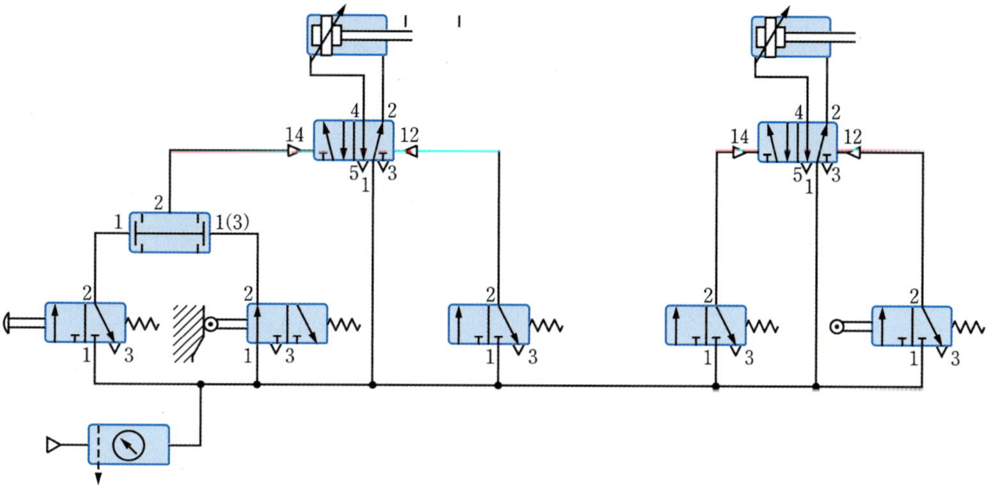

[그림 7-4] 공압 회로도

[표 7-1] 방향제어 밸브의 기호 표기법

기호	의미
	밸브의 스위치 전환 위치(switching position, 스위치의 ON 위치와 OFF 위치를 의미함)는 정사각형으로 나타낸다.
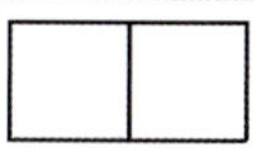	겹쳐있는 사각형의 개수는 밸브 전환 위치의 개수를 나타낸다. 2개의 정사각형 박스는 ON과 OFF 위치가 있는 밸브를 의미한다.
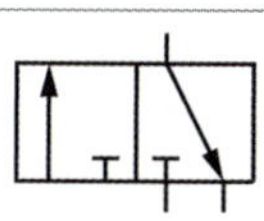	밸브의 기능과 작동 원리는 정사각형 안에 표시된다.
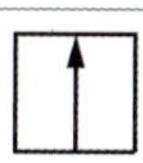	직선은 유로(압축공기가 흐르는 통로)를 나타내며, 화살표는 방향을 나타낸다.
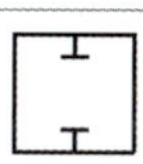	차단(shut-off) 위치는 정사각형 안에 T로 표시된다.
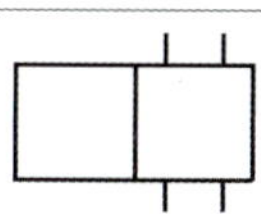	출구와 입구의 연결은 정사각형 밖에 직선으로 표시된다.

방향제어 밸브의 종류

[표 7-2] 방향제어 밸브의 종류

표시법	기호	기호 설명
2/2-way 밸브	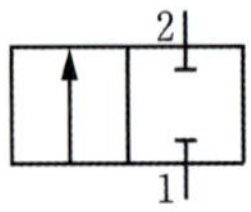	정상상태에서 닫힌 상태(N.C.)
	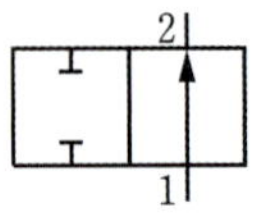	정상상태에서 열린 상태(N.O.)
3/2-way 밸브	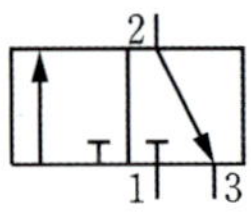	정상상태에서 닫힌 상태(N.C.)
	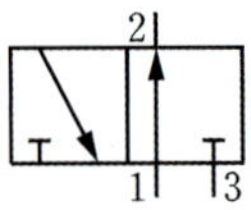	정상상태에서 열린 상태(N.O.)
4/2-way 밸브	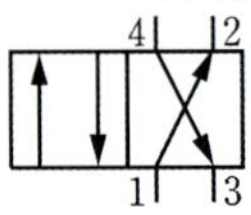	2개의 작업라인이 있어 복동 실린더 제어용으로 사용. 배기포트 1개
5/2-way 밸브	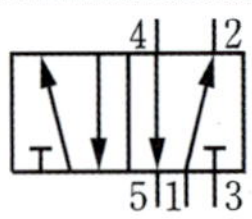	2개의 작업라인이 있어 복동 실린더 제어용으로 사용. 배기포트 2개
3/3-way 밸브	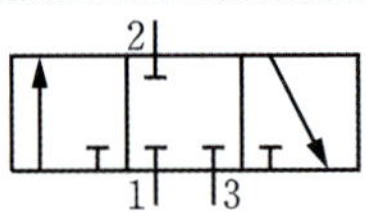	중립 위치에서 모든 포트 닫힘
4/3-way 밸브	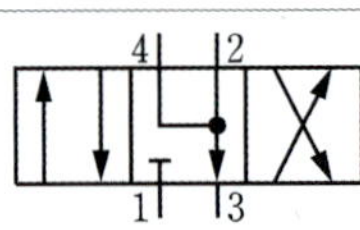	중립 위치에서 2, 4, 3 포트 연결됨
	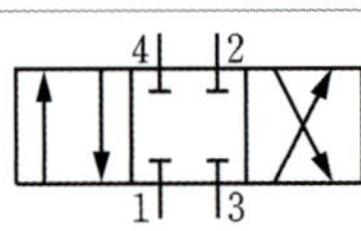	중립 위치에서 모든 포트 닫힘
5/3-way 밸브	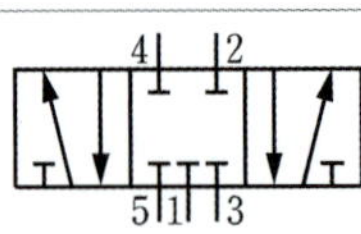	중립 위치에서 모든 포트 닫힘
	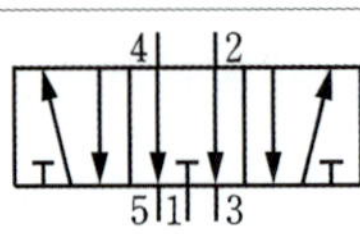	중립 위치에서 배기포트에 연결
	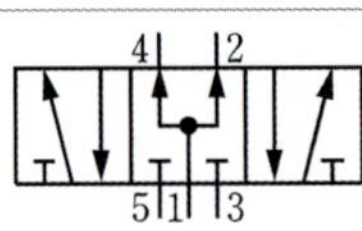	중립 위치에서 중간 정지 상태

[표 7-2]는 다양한 종류의 방향제어 밸브를 기호로 나타낸 것이다. 방향제어 밸브는 공압 실린더의 동작을 제어하기 위한 것이므로, 공압 실린더의 동작 조건에 맞는 방향제어 밸브를 선택해서 사용해야 한다. 2/2-way 밸브는 공압의 연결과 차단에 사용되는 밸브이고, 4/2-way 및 5/2-way 방향제어 밸브는 복동 공압 실린더(공압 실린더의 전진 및 후진동작이 압축공기에 의해 이루어지는 실린더)의 동작에 사용되는 밸브이다.

방향제어 밸브 조작법에 따른 기호

방향제어 밸브를 조작하는 데에는 다양한 방법이 존재한다. 조작 주체(사람, 기계, 전기 등)에 따라, 또는 레버를 이용하는지, 버튼을 이용하는지 등 구조와 형태에 따라 밸브 조작법이 구분된다. 이러한 조작법에 대한 기호를 살펴보자.

[표 7-3] **방향제어 밸브의 조작법에 따른 기호**

수동 작동법	기계적 작동법	공기압 작동법	전기적 작동법
일반 수동 작동 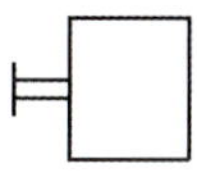	플런저(plunger) 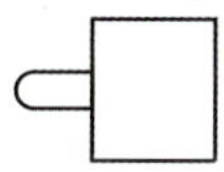	압력을 가함 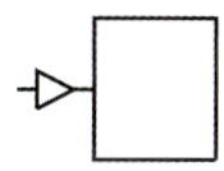	직접 작동형 솔레노이드 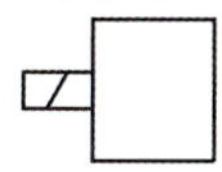
누름 버튼 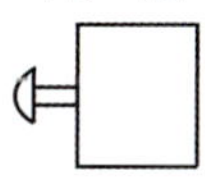	스프링 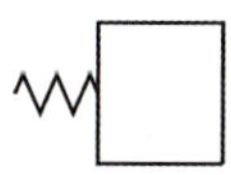	압력을 제거함 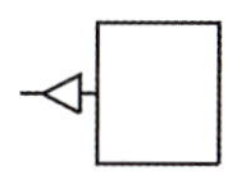	간접 작동형 솔레노이드 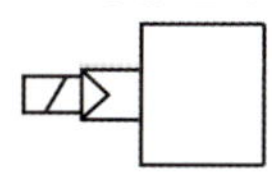
레버 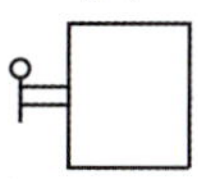	롤러 레버 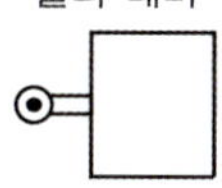		
페달 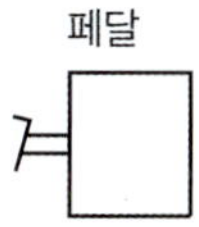	방향성 롤러 레버 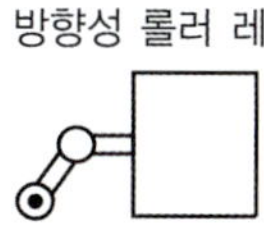		

방향제어 밸브의 관로 번호 표기법

방향제어 밸브에는 공압 관로를 연결하기 위한 여러 개의 연결구가 존재한다. 연결구의 기능을 쉽게 구분하기 위해 공압 회로도에서는 방향제어 밸브의 연결구를 숫자 또는 문자로 나타내는 표기법을 사용한다.

[표 7-4] 방향제어 밸브의 관로 표기법

방향제어 밸브의 관로 구분

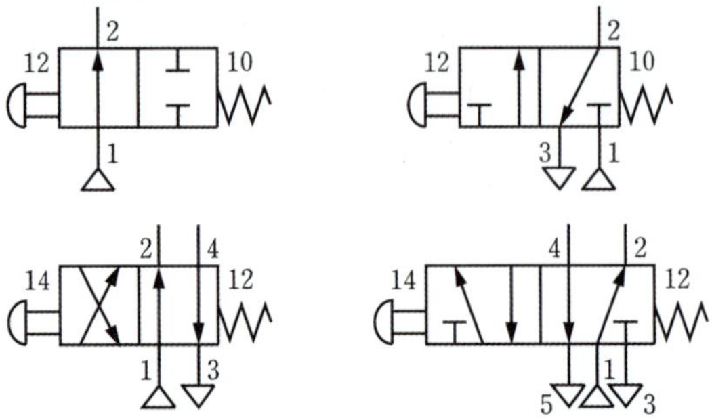

구분	ISO-1219 표기법	ISO-5599 표기법
작업라인	A, B, C, …	2, 4, 6, …
압축공기 공급라인	P	1
배기구	R, S, T, …	3, 5, 7, …
제어라인	Z, X, Y, …	10, 12, 14, …

지금까지 방향제어 밸브의 기호 표기법에 대해 살펴보았다. 전기 시퀀스 또는 PLC를 이용한 공압 실린더 제어 분야에서 일하려는 사람이라면, 공압에 대한 전문지식까지는 없어도 최소한 전기도면 및 기계도면에 표시된 공압 회로를 판별할 수 있을 정도는 돼야 하고, 공압 실린더 제어에 반드시 필요한 방향제어 밸브에 대한 내용은 파악하고 있어야 한다.

방향제어 밸브의 동작 원리

[그림 7-5]는 공압 실린더의 동작상태를 나타낸 것이다. [그림 7-5(a)]에서는 압축공기가 뒤에서 공급되어 앞으로 배출되기 때문에 공압 실린더가 전진동작을 하고, [그림 7-5(b)]는 그림 (a)와 반대로 동작하기 때문에 후진동작을 한다.

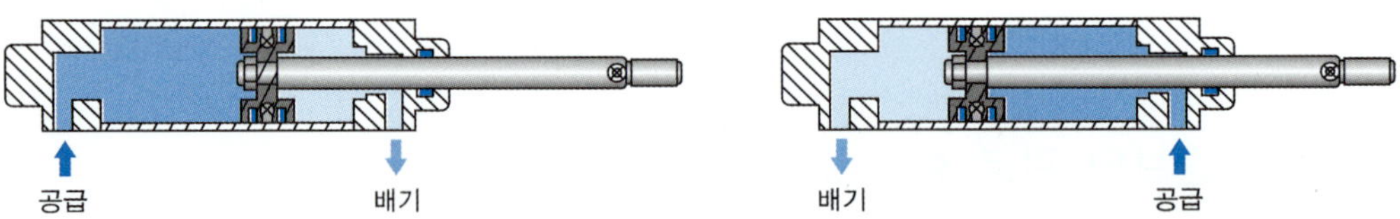

(a) 공압 실린더의 전진동작 (b) 공압 실린더의 후진동작

[그림 7-5] 공압 실린더의 동작

방향제어 밸브는 [그림 7-6]처럼 압축공기의 흐름을 변경하여 공압 실린더의 전진 및 후진동작을 제어하는 역할을 한다.

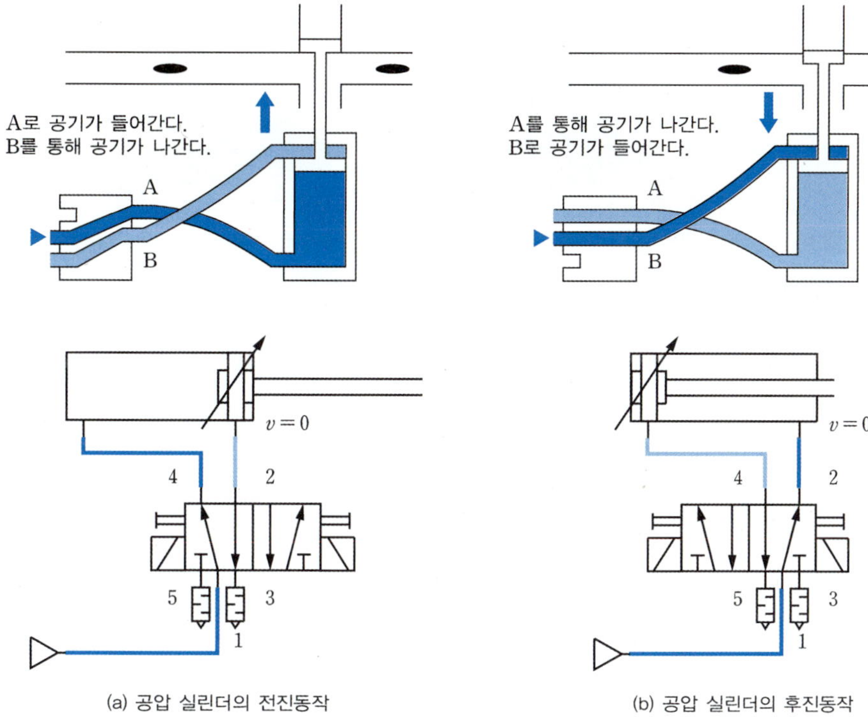

[그림 7-6] **방향제어 밸브의 동작에 따른 공압 실린더의 전후진 동작 제어**

7.2.3 일방향 유량제어 밸브

유량제어 밸브는 유체의 양을 제어하는 밸브이다. 유압이나 공압 시스템에서는 유체의 양을 제어함으로써 액추에이터의 속도를 조절할 수 있다. 공압 시스템에서 액추에이터의 속도에 영향을 끼치는 밸브로는 양방향 유량제어 밸브와 일방향 유량제어 밸브, 급속 배기 밸브가 있는데, 여기서는 일방향 유량제어 밸브에 대해서만 살펴본다.

일방향 유량제어 밸브one-way flow control valve는 체크밸브와 유량제어 밸브가 결합된 밸브이다. 체크밸브는 한쪽 방향으로의 공기 흐름만을 허용한다. [그림 7-7(b)]처럼 IN → OUT 방향으로 공기가 흐를 때, 체크밸브가 공기의 흐름을 막기 때문에 유량제어 밸브를 통한 유량 조절이 가능하다. 한편 [그림 7-7(c)]와 같이 OUT → IN 방향으로 공기가 흐를 때에는 체크밸브가 열리는 방향이 되어 체크밸브를 통해 공기가 흐르기 때문에 유량이 조절되지 않는다. 일방향 유량제어 밸브는 주로 공압 액추에이터의 속도를 조절하는 데 사용되기 때문에 유량제어 밸브라는 용어보다는 속도조절 밸브speed control valve로 더 잘 알려져 있다.

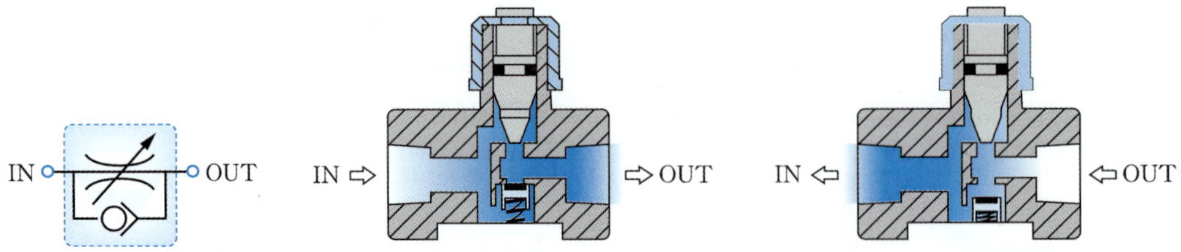

(a) 유량제어 밸브 기호　(b) 유량제어 상태(I → O)　(c) 유량조절 불능(O → I)

[그림 7-7] 일방향 유량제어 밸브

이 밸브를 이용한 실린더의 속도조절 방식으로는, 실린더로 공급되는 공기의 양을 제어하는 미터인 방식과, 실린더로부터 배기되는 양을 조절하는 미터아웃 방식의 두 가지가 있다. [그림 7-8]은 공압 실린더에 장착되어 사용되는 일방향 유량제어 밸브의 모습과, 미터아웃과 미터인 타입의 밸브를 나타낸 것이다.

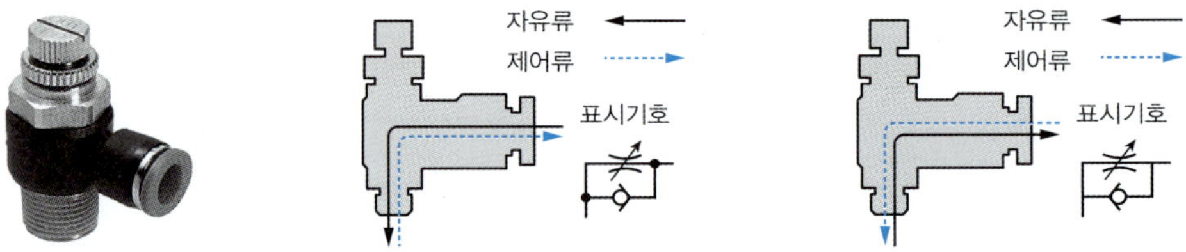

(a) 유량제어 밸브　(b) 미터아웃 밸브　(c) 미터인 밸브

[그림 7-8] 공압 실린더에 장착되어 사용되는 일방향 유량제어 밸브

미터인 속도제어

미터인meter-in 속도제어는 미터인 타입의 일방향 유량제어 밸브를 이용하여 실린더의 전후진 운동속도를 제어하는 방식을 의미한다. [그림 7-9]는 방향제어 밸브를 동작시켜 실린더가 전진운동하는 상태를 나타낸 것이다. 압축공기가 실린더에 공급되는 양은 조절되지만, 실린더에서 빠져 나오는 양은 조절되지 않는다. 이처럼 실린더에 공급되는 공기의 양을 조절하는 것이기 때문에 미터인 속도제어인 것이다. 그러나 미터인 속도조절 방법의 경우, 실린더의 운동 방향과 일치하는 힘(실린더 전진운동)이 작용하면 속도조절 기능을 상실해버리고, 부하 변화에 대한 속도 변동폭이 커지기 때문에 공압 제어에는 잘 이용되지 않는다.

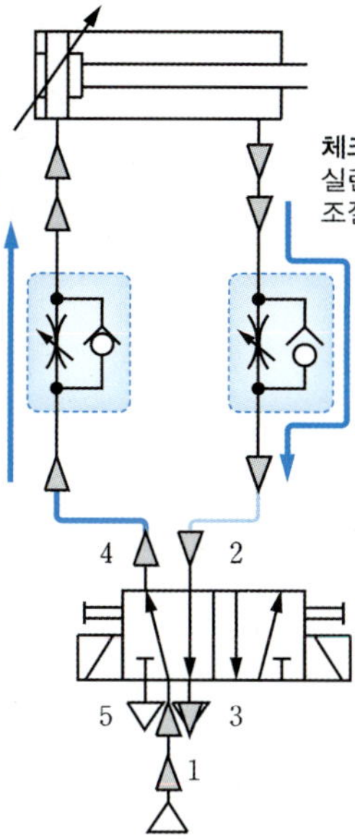

[그림 7-9] 미터인 방식의 속도제어

미터아웃 속도제어

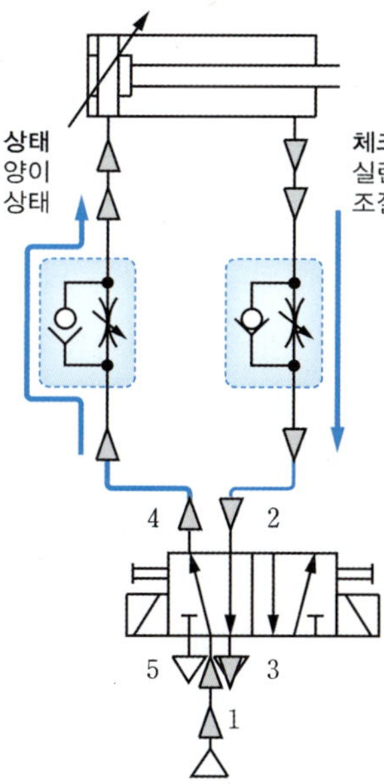

[그림 7-10] 미터아웃 방식의 속도제어

미터아웃meter-out 속도제어는 실린더로부터 빠져나오는 공기의 양을 조절하여 전후진 운동속도를 조절하는 속도제어 방식이다. [그림 7-10]은 방향제어 밸브를 동작시켜 실린더가 전진운동하는 상태를 나타낸 것이다. 이때 실린더에 공급되는 공기의 양은 제한되지 않지만, 실린더에서 빠져나오는 공기의 양은 조절된다. 미터아웃 속도제어 방식의 경우에는 실린더의 전후진 동작 모두에서 공기의 압력이 유지되기 때문에, 미터인 방식보다 속도조절 능력이 뛰어나다. 따라서 공기압 시스템 대부분은 이 방식을 이용하여 속도를 조절한다.

7.3 전기 공압 제어

7.3.1 전기 공압의 개요

전기 공압 제어 방식은 솔레노이드 밸브를 사용하여 공기압으로 작동하는 액추에이터의 동작을 제어하는 방법으로, 액추에이터(공압 실린더)를 제외하고는 모두 전기부품으로 제어회로가 구성되는 방식을 의미한다. 공압 기술의 목적은 공압 실린더 등과 같은 공압 액추에이터를 작동시키는 것으로, 공압 기술은 제어방식에 따라 **순수 공압 제어와 전기 공압 제어**로 구분된다. 순수 공압 제어는 전기를 사용하지 않고 전부 공기압을 사용하여 액추에이터를 작동시키는 방법이고, 전기 공압 제어는 전기로 작동하는 솔레노이드 밸브를 사용하여 공압 액추에이터를 작동시키는 방법이다.

[그림 7-11]에 순수 공압 제어 시스템과 전기 공압 제어 시스템의 차이를 비교해서 나타내었다. 순수 공압 제어에서는 동력원으로 압축된 공기압을 이용하기 때문에 신호입력 요소에서 구동 요소까지 압축공기로 시스템이 구성된다. 이와는 달리, 전기 공압 시스템은 동력원이 한전 또는 배터리에서 공급되는 전기이므로, 제어요소에 적합한 전원을 사용해야 한다. 또한 전기신호를 처리할 수 있는 신호입력부터 최종제어까지 전기부품으로 제어회로가 구성되며, 구동 요소에서 솔레노이드 밸브를 이용한 공압 실린더 제어가 이루어진다.

전기 공압 제어는 응답이 빠르고, 순수 공압 제어에 비해 비용이 저렴하며, 동작에 대한 신뢰성이 높고, 멀리 떨어진 위치에서도 전선을 이용한 원격조작이 간단하다는 장점 때문에 산업현장에서 널리 사용되고 있다. 그러나 석유화학공장과 같이 전기 스파크에 의한 인화나 폭발 위험성이 있는 장소에서는 전기 공압 제어 방식보다 안전한 순수 공압 제어 방식이 사용되고 있다.

비교 항목	공압계(pneumatic system)	전기계(electric system)
공압 기술	순수 공압 제어	전기 공압 제어
동력원	• 공기압축기(air compressor)	• 정류기(rectifier)
신호입력 요소	• 리미트 스위치(limit switch) • 리드 스위치(reed switch) • 에어 배리어(air barrier) • 반향 센서(reflex sensor) • 배압 센서(back pressure sensor)	• 푸시버튼(push button) • 리미트 스위치(limit switch) • 리드 스위치(reed switch) • 유도형 센서(inductive sensor) • 용량형 센서(capacitive sensor) • 광전 센서(optical sensor)
신호처리 요소	• 밸브(valve) • 타이머(timer) • 캐스케이드(cascade) • 시프트 레지스터(shift register) • 스테퍼(stepper)	• 릴레이(relay) • 캐스케이드(cascade) • 스테퍼(stepper) • PLC • 마이크로프로세서(microprocessor)
최종 제어 요소	• 방향제어 밸브	• 파워 콘택터(power contact) • 파워 트랜지스터(power transistor) • 파워 사이리스터(power SSR)
구동 요소	• 공압실린더 • 공압모터	• 솔레노이드 밸브 + 공압실린더 • 모터

[그림 7-11] 순수 공압 제어와 전기 공압 제어의 비교

7.3.2 방향제어 밸브에 의한 전기 공압 제어

[그림 7-11]에서 살펴봤듯이, 전기 공압 제어의 구동 요소에서 공압 실린더의 동작을 제어하기 위해 솔레노이드로 동작하는 방향제어 밸브를 사용한다. 전기 공압에서 사용하는 방향제어 밸브는, 전자석의 원리를 이용하여 작동하는 솔레노이드라는 전기장치로, 압축공기가 흐르는 방향과 유량을 변경하는 전기 공압 제어 부품이다.

솔레노이드 밸브의 동작

방향제어 밸브는 솔레노이드의 전자석 힘을 이용하여 압축공기의 흐름을 제어하는 밸브로, 공장 자동화에서 PLC 및 전기를 이용해서 공압 실린더를 제어할 때 사용하는 공압 제어용 밸브이다. '솔레노이드'의 사전적 의미는 "관상管狀으로 감은 코일"로, 솔레노이드 '코일'이라고도 불린다. 솔레노이드는 코일에 전류가 흘러서 발생하는 자기력을 통해 전

기에너지를 기계에너지로 변환한다.

[그림 7-12]는 솔레노이드에 의해 동작하는 2/2-way 밸브를 나타낸 것이다. 솔레노이드가 작동하지 않을 때에는 밸브에 내장된 스프링에 의해 1번 → 2번 포트의 공기 흐름이 차단되지만, 솔레노이드 밸브에 전기가 공급되면 밸브가 열리면서(전자석의 동작에 의해 밸브가 위로 당겨짐) 1번 → 2번 포트로 공기가 흐르게 된다.

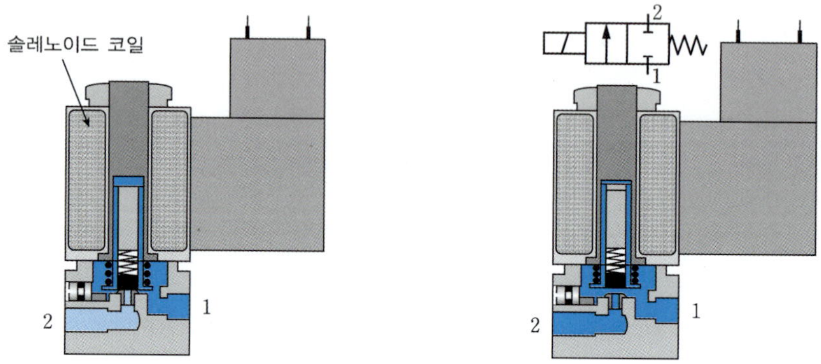

(a) 솔레노이드 밸브 동작 전

(b) 솔레노이드 밸브 동작 후

[그림 7-12] 2/2-way 솔레노이드 밸브의 동작

공압 실린더 제어

솔레노이드에 의해 작동하는 공압 밸브를 이용하여 공압 실린더의 작동을 제어해보자. 공압 실린더를 제어하는 공압 밸브로는 편솔레노이드 밸브(이후 '편솔'로 약칭함)single acting solenoid valve와 양솔레노이드 밸브(이후 '양솔'로 약칭함)double acting solenoid valve가 있다.

■ 편솔을 이용한 공압 실린더 제어

편솔의 경우, 방향제어 밸브의 한쪽에는 솔레노이드가 설치되어 있고, 반대편에는 스프링이 설치되어 있다. 따라서 [그림 7-13]처럼 공압 실린더의 전진동작은 솔레노이드 밸브의 동작에 의해 이루어지고, 후진동작은 밸브의 반대편에 설치된 스프링에 의해 이루어진다. 편솔에 전기가 공급되면 방향제어 밸브에 의해 공기의 흐름이 변경되나, 전기가 차단되면 다시 원래의 공기 흐름으로 돌아간다. 편솔을 이용해서 공압 실린더의 전후진 동작 모두를 전기적인 방식으로 제어하려면, 전기회로를 자기유지 회로로 구성해야 한다.

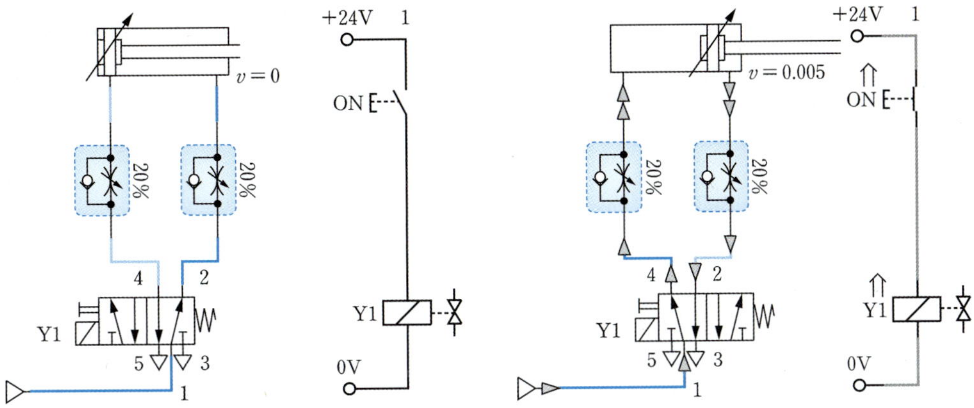

(a) 편솔을 이용한 실린더 제어(후진동작)

(b) 편솔을 이용한 실린더 제어(전진동작)

[그림 7-13] **편솔을 이용한 공압 실린더 전후진 동작 제어**

■ 양솔을 이용한 공압 실린더 제어

양솔의 경우, 방향제어 밸브의 양쪽에 솔레노이드가 설치되어 있어서 공압 실린더의 전후진 동작 모두를 전기적인 방식으로 제어할 수 있다. 양솔은 편솔과는 달리, 솔레노이드 밸브의 작동에 의해 방향제어 밸브의 위치가 변경된 상태에서 솔레노이드의 작동을 중지시켜도 방향제어 밸브의 위치가 변경되지 않는다. 따라서 양솔을 이용한 공압 실린더의 전후진 동작을 위해서는 각각의 전진 및 후진동작을 제어하기 위한 전기회로가 필요하다.

[그림 7-14]에서 공압 실린더의 전진동작을 위해 Y1 솔레노이드를 ON하면, 방향제어 밸브의 위치가 변경되어 공압 실린더가 전진하게 된다(그림 (a)). 이 상태에서 Y1 솔레노이드에 공급되는 전기를 차단해도 방향제어 밸브는 현재의 상태를 유지하기 때문에 공압 실린더는 계속 전진하게 된다(그림 (b)).

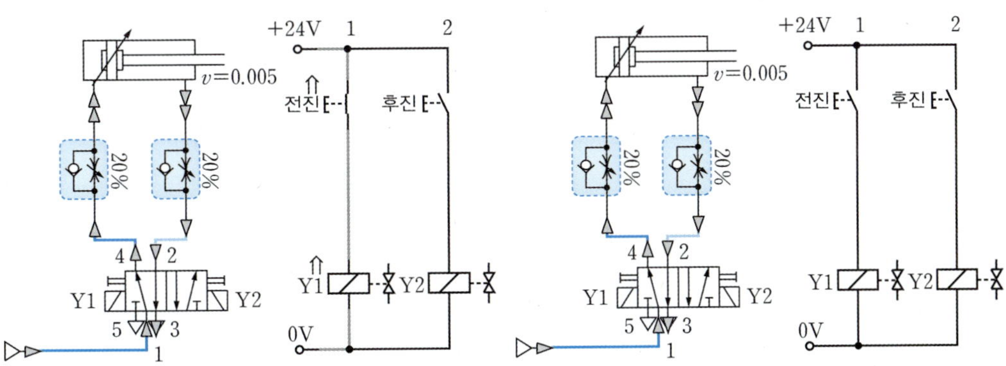

(a) 방향제어 밸브의 위치 변경(전진동작)

(b) 방향제어 밸브의 변경된 위치 유지

[그림 7-14] **양솔을 이용한 공압 실린더의 전진동작 제어**

한편 [그림 7-15]와 같이 Y2 솔레노이드를 ON하면, 방향제어 밸브의 위치가 변경되면서 공압 실린더가 후진한다(그림 (a)). 이 상태에서 Y2 솔레노이드에 공급되는 전기를 차단해도 방향제어 밸브는 현재의 상태를 유지하기 때문에 공압 실린더는 계속 후진하게 된다(그림 (b)).

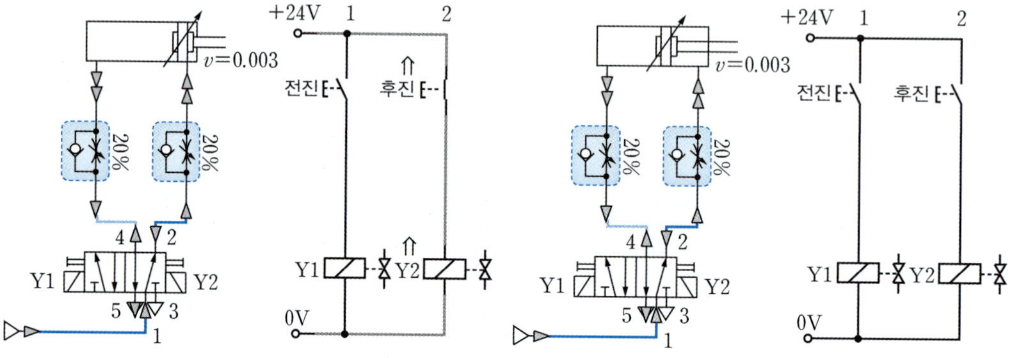

(a) 방향제어 밸브의 위치 변경(후진동작)

(b) 방향제어 밸브의 변경된 위치 유지

[그림 7-15] **양솔을 이용한 공압 실린더의 후진동작 제어**

Chapter 08 시퀀스 제어 PLC 프로그램

기계장치는 기계가 설계될 때부터 동작 순서가 정해져 있으며, 미리 정해진 순서대로 기계가 동작하도록 PLC 프로그램으로 제어한다. 정해진 순서대로 동작을 제어하는 것을 시퀀스 제어라 하는데, 8장에서는 시퀀스 제어동작을 위한 PLC 프로그램 작성법을 살펴보자.

8.1 전기 공압을 이용한 시퀀스 제어회로 작성법

기계장치의 동작 순서는 기계가 설계될 때부터 정해져 있는데, 정해진 순서에 따라 일련의 제어 단계가 차례로 진행되어 나가는 제어를 시퀀스(순차) 제어sequential control라 한다. 즉 시퀀스 제어는 사전에 정해진 순서대로 제어신호가 출력되어 순차적으로 작업이 수행되는 제어방법으로, 실제 공장 자동화에서 가장 많이 이용되고 있다.

시퀀스 제어에는 다음과 같이 두 가지 제어방법이 있다.

- **시간에 따른 제어방법** : 일정한 시간이 경과되면 그 다음 작업을 수행하는 방법
- **신호에 따른 제어방법** : 전 단계 작업의 완료 여부를 리미트 스위치나 센서 등을 이용하여 확인한 후, 다음 단계의 작업을 수행하는 방법

시간에 따른 제어방법은 이전 단계의 작업완료 여부를 확인하지 않기 때문에 제어 시스템 구성은 간편할지 모르나, 제어의 신뢰성이 부족하여 많이 이용되지는 않는다. 그러나 교통 신호등과 같이 일정한 시간의 경과에 따라 제어가 변경되는 경우에는 시간에 따른 제어방법을 사용한다.

시퀀스 제어에서는 상반된 제어신호가 동시에 존재하면 문제가 발생한다. 예를 들어 하나의 공압 실린더에 전진 제어신호와 후진 제어신호가 동시에 존재할 수 없고, 모터의

경우에도 정회전 지령과 역회전 지령이 동시에 존재할 수 없다. 그러므로 시퀀스 제어에서는 하나의 액추에이터에 상반된 제어신호가 동시에 존재하는 간섭현상이 발생하지 않도록 주의해야 한다. 그러나 기계장치의 동작 조건에 따라 상반된 신호가 발생할 수 있기 때문에 제어신호의 간섭현상을 방지하기 위한 제어방법을 사용한다.

시퀀스 제어는 제어신호의 간섭현상을 없애는 방법에 따라 몇 가지로 분류된다. 일반적으로 제어신호의 간섭현상은 입력된 제어신호가 너무 길게 지속되어 발생하는 문제이기 때문에, 제어신호를 짧은 기간만 지속시키는 펄스pulse 신호화로 해결할 수 있다. PLC에서는 입력신호의 펄스화가 가능하지만, 전기 릴레이를 사용하는 전기 시퀀스에서는 펄스화 처리회로가 복잡하기 때문에 서로 중첩되는 신호가 발생하지 않도록 회로상에서 이 문제를 해결한다. 그 방법으로는 캐스케이드cascade 방법과, 시프트 레지스터shift register 모듈을 이용하는 스텝퍼stepper 설계방법이 있다. PLC는 릴레이 시퀀스 회로를 대체하기 위해 만들어진 제어장치이기 때문에, PLC로 시퀀스 제어 프로그램을 작성할 때에도 기존의 릴레이를 이용한 시퀀스 제어 설계방법을 사용하는데, 사용의 편리성과 프로그램의 유지보수가 좀 더 쉬운 스텝퍼 설계방법이 많이 사용된다.

캐스케이드 방법이나 스텝퍼 방법으로 공압 실린더를 시퀀스 제어하는 데에는 제어의 편리성 때문에 양솔을 주로 사용한다. 이는 7장에서 언급했듯이 양솔의 경우, 방향제어 밸브의 위치가 변경된 후에 양솔의 전원을 차단해도 변경된 밸브의 위치가 유지되는 특징이 있어서, 전기회로의 작성이 간단하고 신호의 간섭문제가 발생하지 않기 때문이다. 이러한 특징 때문에 양솔을 '메모리 밸브'라 부르기도 한다. PLC에는 릴레이 시퀀스 회로와 달리 다양한 제어방법이 존재하기 때문에 양솔 및 편솔을 구분하지 않고 사용하지만, PLC의 전원이 차단되거나 또는 전기적인 문제로 PLC의 출력이 OFF되어도 공압 실린더의 현재의 상태를 유지해야 하는 조건에서는 양솔을 사용한다. 반대로 PLC의 문제가 생겼을 때 초기 상태로 복귀해야 하는 조건을 가진 공압 실린더 제어에는 편솔을 사용한다.

8.1.1 시퀀스 제어회로의 동작 원리 및 설계 방법

PLC가 개발되기 이전에는 릴레이를 이용한 시퀀스 제어회로로 자동화 장치를 제어하였다. 릴레이를 이용한 시퀀스 제어회로를 어떻게 설계하는지 그 방법을 살펴보자. 시퀀스 제어회로의 동작원리를 이해하기 위해, 먼저 400m 릴레이(계주) 경기를 생각해보자. 400m 릴레이에는 4명의 선수(주자)가 필요하며, 선수 1명당 100m씩 뛰어 4번 주자가 결승선을 통과하면 경기가 종료된다. 경기를 진행하는 선수의 동작은 정해진 순서에 따라 동작하는 시퀀스 제어회로의 동작과 그 방식이 동일하다.

시퀀스 제어 전기회로의 동작과 400m 릴레이 경기를 하는 각 선수의 동작을 [그림 8-1]과 비교하여 살펴보자.

- **1번 주자** : 심판의 "선수 정렬" 구령에 맞춰 각 선수가 출발선에 정렬하고(출발 준비를 완료한 상태), 심판의 출발신호(버튼1을 누름)에 1번 주자가 달리기 시작, 100m를 달려 2번 주자에게 배턴을 전달(1번 주자가 버튼2를 누름)한다.
- **2번 주자** : 2번 주자가 1번 주자로부터 배턴을 전달받아 달리기 시작한다. 2번 주자가 달리는 즉시, 1번 주자의 경기는 종료된다. 2번 주자는 100m를 달려 3번 주자에게 배턴을 전달(2번 주자가 버튼3을 누름)한다.
- **3번 주자** : 3번 주자가 2번 주자로부터 배턴을 전달받아 달리기 시작한다. 3번 주자가 달리는 즉시, 2번 주자의 경기는 종료된다. 3번 주자는 100m를 달려 4번 주자에게 배턴을 전달(3번 주자가 버튼4를 누름)한다.
- **4번 주자** : 4번 주자가 3번 주자로부터 배턴을 전달받아 달리기 시작한다. 4번 주자가 달리는 즉시, 3번 주자의 경기는 종료된다. 4번 주자가 100m를 달려 결승선을 통과(4번 주자가 버튼5를 누름)하면 모든 경기는 종료된다.

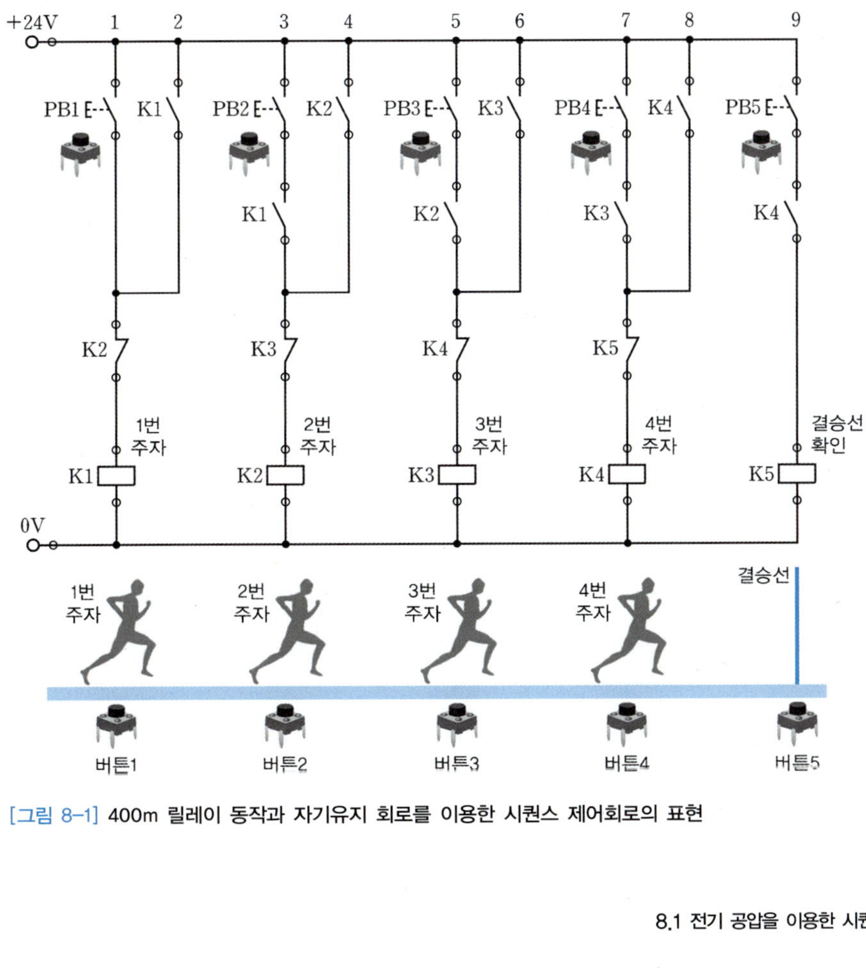

[그림 8-1] 400m 릴레이 동작과 자기유지 회로를 이용한 시퀀스 제어회로의 표현

각 주자가 출발신호에 의해 출발하여 100m씩 차례로 배턴을 주고받으며 달리는 모습은 [그림 8-1]에 나타낸 순차적으로 동작하는 자기유지 회로의 동작과 일치한다. 따라서 선수가 4명인 400m 릴레이 동작은 [그림 8-1]과 같이 4개의 자기유지 회로와 1개의 결승선 확인 전기회로로 만든 시퀀스 제어회로로 표현될 수 있다. [그림 8-1]의 동작 단계를 보다 자세히 살펴보자.

❶ **심판(작업자)이 푸시버튼 PB1을 누른다.**

[그림 8-2]의 전기회로에서 심판(전기회로 조작자)이 PB1 버튼을 누르면, 전기 릴레이 K1이 자기유지가 되어 400m 릴레이에서 1번 주자(K1)가 달리는 상태가 된다. 이때 2번 주자(K2)는 1번 주자(K1)가 출발했음을 K1의 접점을 통해 확인한다. 전기회로에서 1번 주자에 해당되는 K1의 a접점이 ON되면, 1번 주자가 달리고 있음을 의미한다.

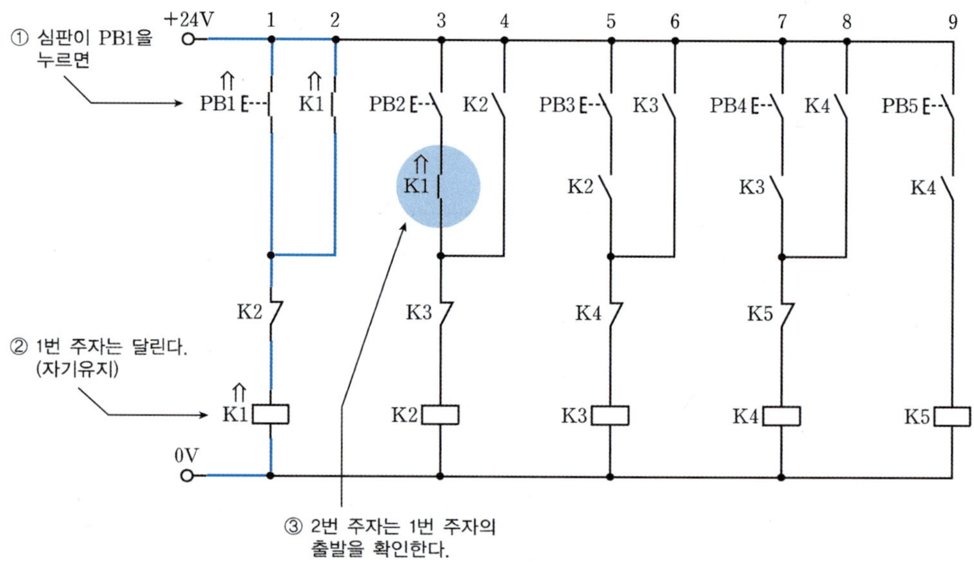

[그림 8-2] 자기유지 회로를 이용한 릴레이 시퀀스 전기회로의 동작 ❶

❷ **1번 주자(K1)가 100m를 달려 PB2를 누른다.**

1번 주자가 100m를 달려 [그림 8-3]과 같이 PB2 버튼을 누르면, 2번 주자(K2)가 ON되어 자기유지 상태로 달리기 시작한다. 그 순간 1번 주자에 해당되는 K1 자기유지 회로의 리셋(K2의 b접점)이 동작하여 1번 주자의 경기가 종료된다.

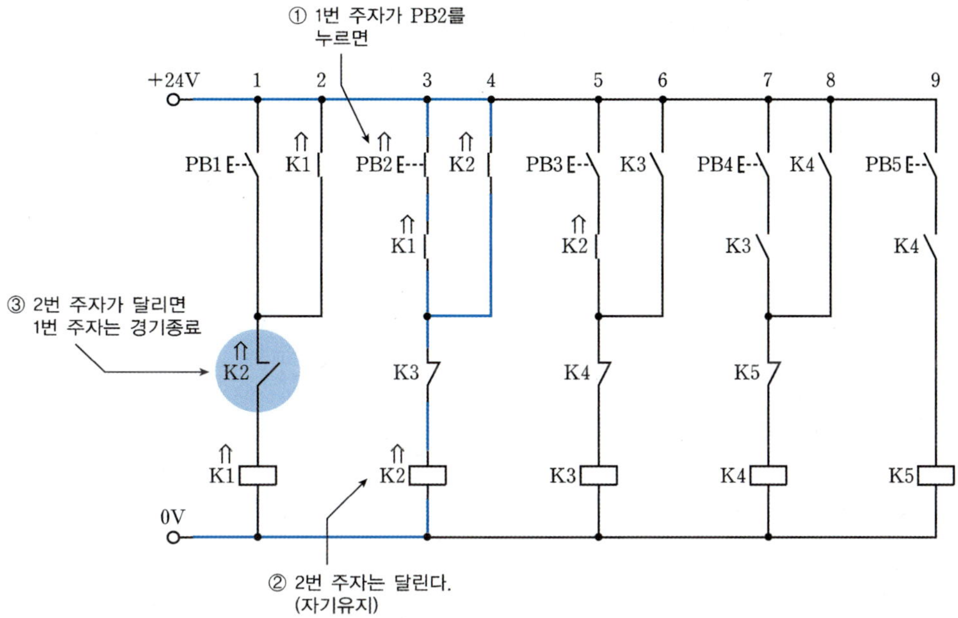

[그림 8-3] **자기유지 회로를 이용한 릴레이 시퀀스 전기회로의 동작 ❷**

❸ 2번 주자(K2)가 100m를 달려 PB3을 누른다.

2번 주자가 100m를 달려 [그림 8-4]와 같이 PB3 버튼을 누르면, 3번 주자(K3)가 ON되어 자기유지 상태로 달리기 시작한다. 그 순간 2번 주자에 해당되는 K2 자기유지 회로의 리셋(K3의 b접점)이 동작하여 2번 주자의 경기가 종료된다.

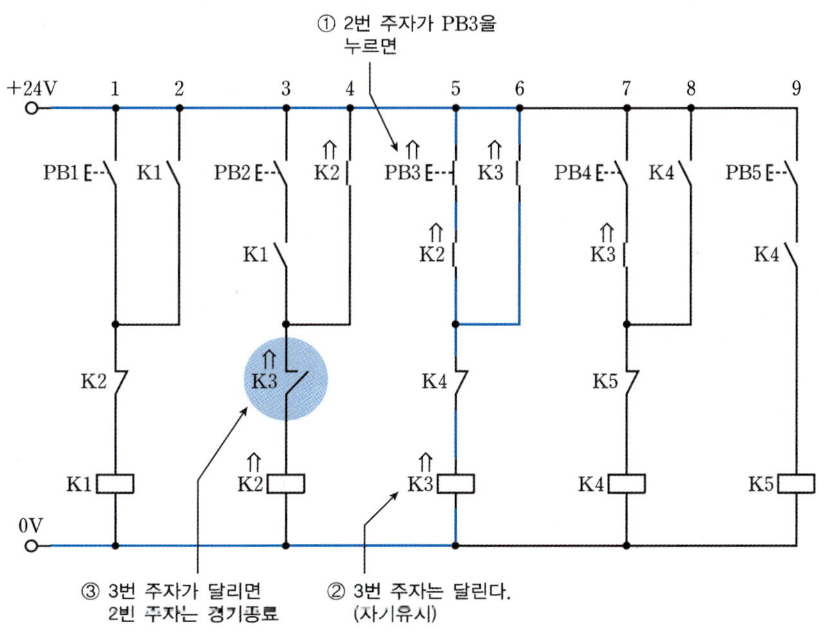

[그림 8-4] **자기유지 회로를 이용한 릴레이 시퀀스 전기회로의 동작 ❸**

④ 3번 주자(K3)가 100m를 달려 PB4를 누른다.

3번 주자가 100m를 달려 [그림 8-5]와 같이 PB4 버튼을 누르면, 4번 주자(K4)가 ON되어 자기유지 상태가 됨으로써 달리기 시작한다. 그 순간 3번 주자에 해당되는 K3 자기유지 회로의 리셋(K4의 b접점)이 동작하여 3번 주자의 경기가 종료된다.

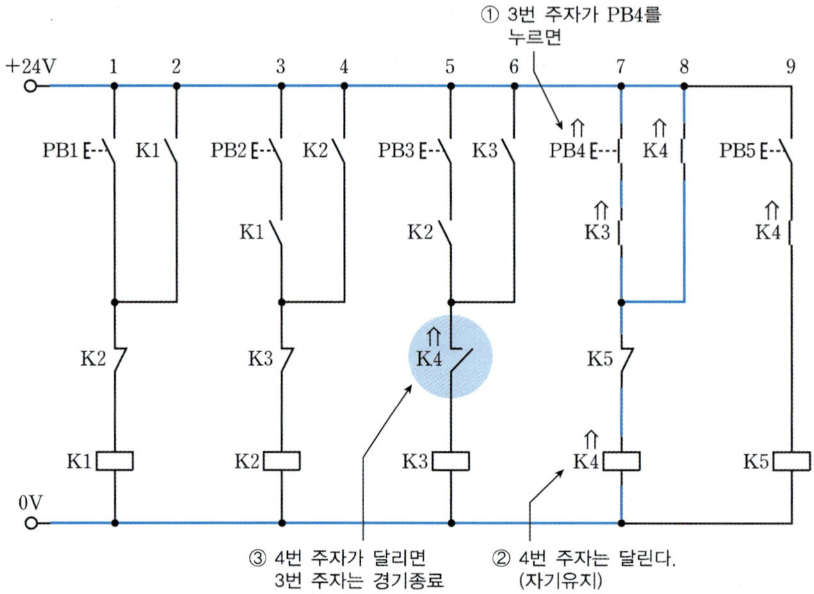

[그림 8-5] 자기유지 회로를 이용한 릴레이 시퀀스 전기회로의 동작 ④

⑤ 4번 주자(K4)가 100m를 달려 PB5를 누른다.

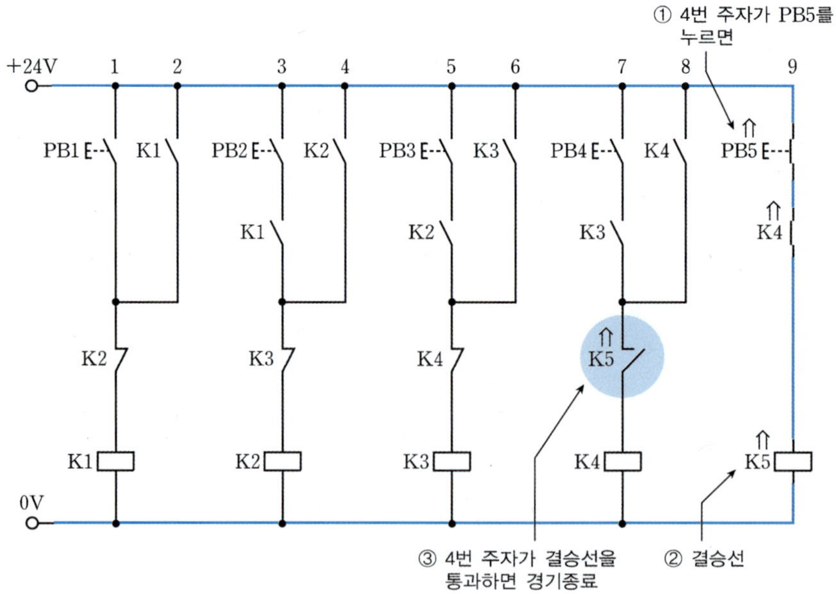

[그림 8-6] 자기유지 회로를 이용한 릴레이 시퀀스 전기회로의 동작 ⑤

[그림 8-6]과 같이 4번 주자가 100m를 달려 결승선을 통과하는 순간(PB5를 누르는 순간), 전기 릴레이 K5가 작동함으로써 4번 주자(K4)의 경기가 종료된다. 결승선은 자기유지가 되지 않기 때문에 4번 주자(K4)의 경기가 종료되는 순간에 K5도 종료되어 모든 시퀀스 제어동작이 종료된다.

시퀀스 제어회로 동작에 대해 이토록 자세히 알아보는 이유는, 공압 실린더 제어와 같은 시퀀스 제어 PLC 프로그램 작성에, 지금까지 살펴본 내용과 동일한 방식을 적용하기 때문이다. [표 8-1]은 [그림 8-6]의 릴레이 시퀀스 제어회로를 PLC의 래더 프로그램으로 표현한 것이다. 릴레이 시퀀스 회로와 래더 프로그램의 표현 방법이 동일함을 알 수 있다.

[표 8-1] 릴레이 시퀀스 전기회로를 PLC 프로그램으로 변경하기

순서	작업 내용	작업 화면
1	• 네트워크 1번 ☞ 심판이 PB1을 ON하면 1번 주자(K1)는 달린다. ☞ 2번 주자가 달리면(K2가 ON), 1번 주자 K1은 OFF된다.	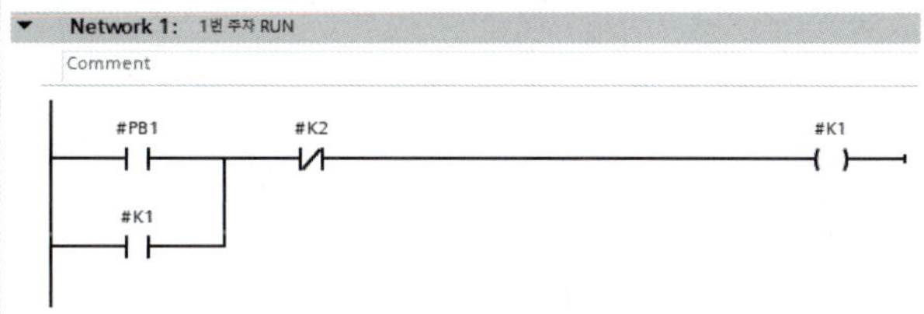
2	• 네트워크 2번 ☞ 1번 주자의 달리기를 확인(K1)하고, 1번 주자가 100m를 달려 PB2를 ON하면 2번 주자가 달린다. ☞ 3번 주자가 달리면(K3이 ON), 2번 주자 K2는 OFF된다.	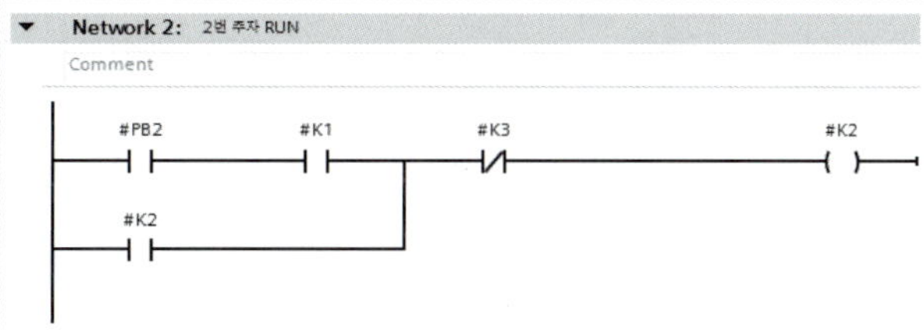
3	• 네트워크 3번 ☞ 2번 주자의 달리기를 확인(K2)하고, 2번 주자가 100m를 달려 PB3을 ON하면 3번 주자가 달린다. ☞ 4번 주자가 달리면(K4가 ON), 3번 주자 K3은 OFF된다.	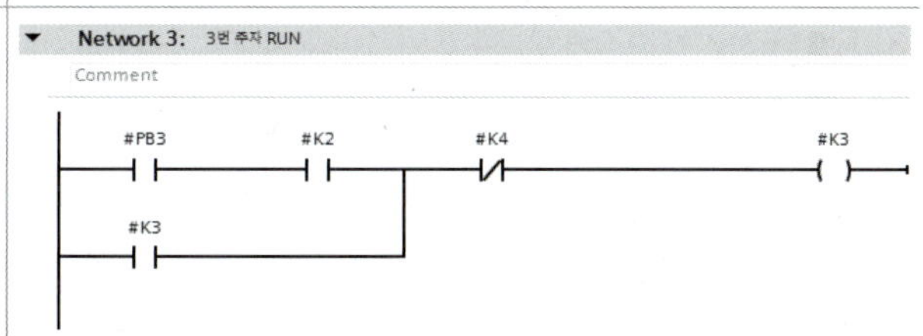
4	• 네트워크 4번 ☞ 3번 주자의 달리기를 확인하고(K3), 3번 주자가 100m를 달려 PB4를 ON하면 4번 주자가 달린다. ☞ 4번 주자가 달리면(K가 ON), 4번 주자 K3은 OFF된다.	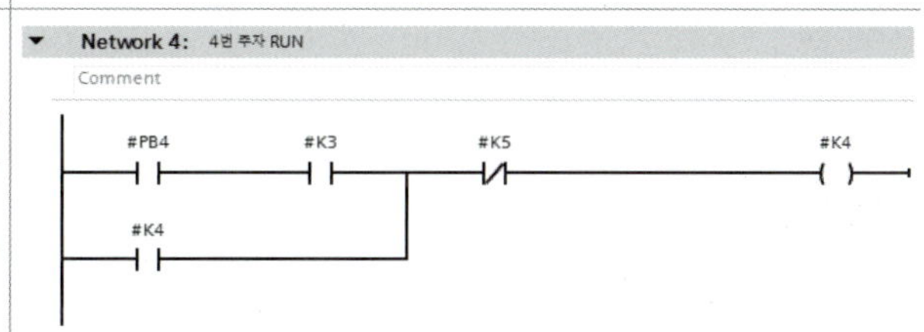
5	• 네트워크 5번 ☞ 4번 주자의 달리기 를 확인하고(K4), 4번 주자가 100m를 달려 PB5를 ON하면, 결승선을 통과한 4번 주자 K4는 OFF된다.	

8.1.2 공압 실린더 제어를 위한 시퀀스 제어 PLC 프로그램 작성

정해진 순서대로 동작하는 공압 실린더의 시퀀스 제어 PLC 프로그램 작성을 위한 작업 절차를 살펴보자.

1 자동화 장치의 시스템 구성과 작업 순서 파악

자동화 장치 제어를 위한 시퀀스 제어 프로그램을 작성하기 위해서는 먼저 자동화 장치의 시스템 구성과 동작 조건을 분명하게 파악하고 문서로(문장 또는 도표, 약호 등으로) 나타낼 수 있어야 한다.

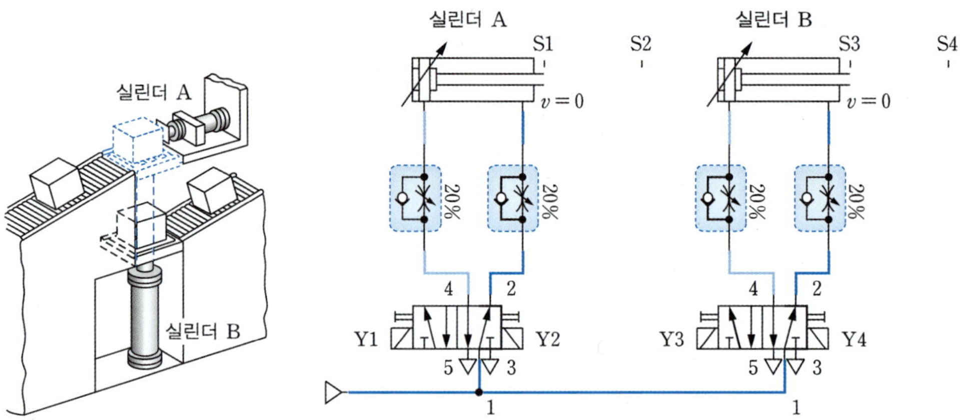

(a) 자동화 장치

(b) 공압 시스템 구성

[그림 8-7] 자동화 장치와 공압 시스템의 구성

[그림 8-7(a)]에서 상자가 하단의 롤러 컨베이어를 통해 작업 위치에 도달하면 실린더 B가 그 상자를 밀어 올리고, 실린더 A가 상자를 상단의 롤러 컨베이어로 밀어낸다. 물체를 밀어내고 나면, 실린더 A와 실린더 B는 순서대로 원래의 위치로 후진운동한다. 자동화 시스템 구동을 위한 실린더의 동작 순서는 다음과 같이 여러 가지 방법으로 표현할 수 있다.

- **실린더의 동작 순서를 문장으로 기술하는 방법**
  - ① 실린더 B가 전진하여 상자를 들어올린다.
  - ② 실린더 A가 전진하여 상자를 다른 컨베이어로 옮긴다.
  - ③ 실린더 A가 후진한다.
  - ④ 실린더 B가 후진한다.

• 실린더의 동작 순서를 표로 나타내는 방법

작업 단계	실린더 A	실린더 B
1	–	전진
2	전진	–
3	후진	–
4	–	후진

• 실린더의 동작 순서를 약호로 나타내는 방법

B+, A+, A−, B−

(+ : 전진운동, − : 후진운동)

• 실린더의 동작 순서를 그래프로 나타내는 방법

다음 그림은 물체 운반장치의 운동 순서를 그래프로 표현한 것이다. 이 그래프에서 0은 실린더가 후진된 상태, 1은 실린더가 전진운동한 상태를 나타낸다. 이 그래프에서는 실린더의 행정거리(공압 실린더가 전진 및 후진의 왕복운동을 하는 이동거리), 실린더의 운동속도는 고려되지 않고, 모든 요소가 동일한 크기로 그려진다. 실제 시퀀스 제어회로도를 작성할 때 가장 많이 이용되는 방식이 이와 같이 그래프로 표현하는 방법으로, 이 그래프를 운동 순서도motion step diagram라고 한다.

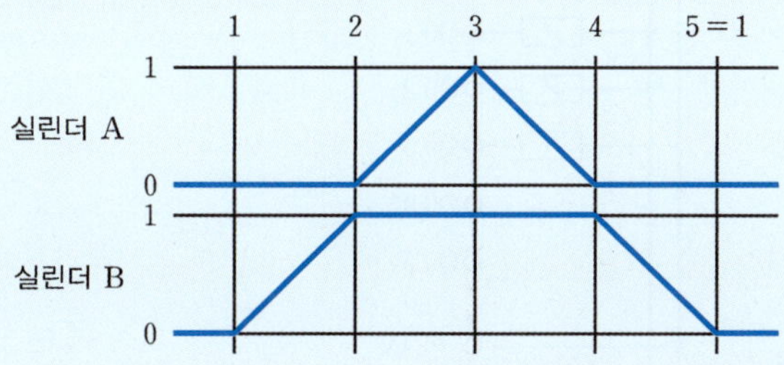

2 리미트 스위치 표시

운동 순서도를 작성한 다음에는 여기에 실린더의 동작에 따른 리미트 스위치의 작동 상태를 표시하여 변위-단계 선도를 완성한다. [그림 8-8]의 변위-단계 선도에서 화살표는 리미트 스위치가 작동할 때의 실린더의 동작을 나타낸다. 즉 실린더 B가 전진동작을 완료하면 S4 리미트 스위치가 작동되고, S4 리미트 스위치가 작동되면 그 결과로 실린더 A가 전진동작을 시작한다. 마찬가지로 실린더 A가 전진동작을 완료하면, S2 리미트 스위치가 작동되면서 실린더 A의 후진동작이 일어난다.

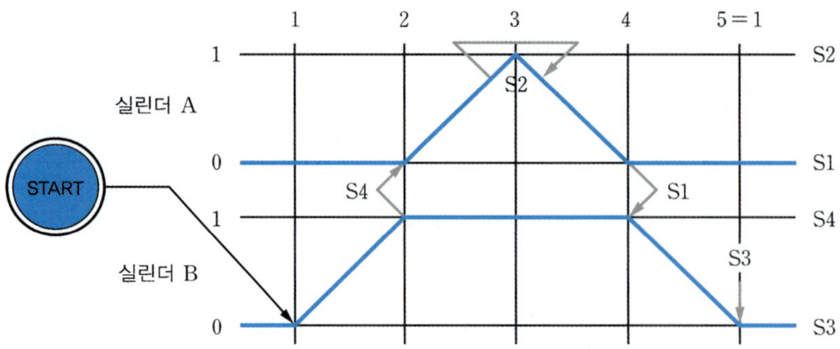

[그림 8-8] 리미트 스위치(센서)의 동작상태를 표시한 변위-단계 선도

3 PLC 입출력 리스트 및 결선도 작성

[표 8-2] [그림 8-7]의 공압 회로도로 파악한 PLC의 입출력 리스트

입력			출력		
기호	기능	PLC 입력	기호	기능	PLC 출력
START	시작 푸시버튼	I0.0	SOL Y1	실린더 A 후진	Q0.0
S1	실린더 A 후진	I0.1	SOL Y2	실린더 A 전진	Q0.1
S2	실린더 A 전진	I0.2	SOL Y3	실린더 B 후진	Q0.2
S3	실린더 B 후진	I0.3	SOL Y4	실린더 B 전진	Q0.3
S4	실린더 B 전진	I0.4			

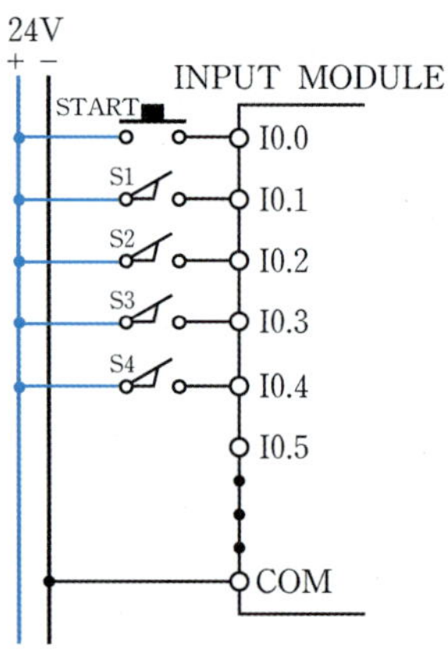

(a) PLC 입력(소스) 결선도

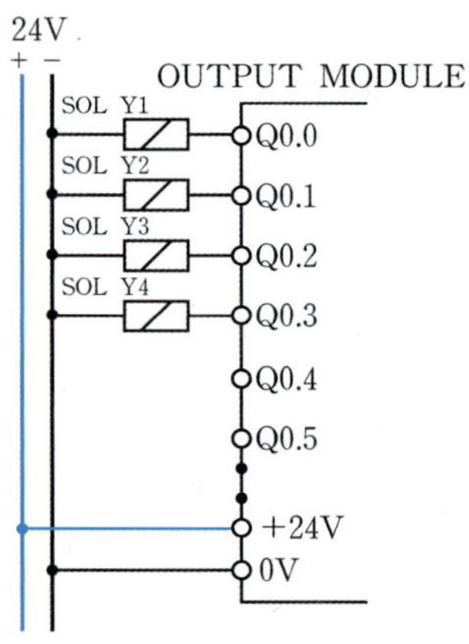

(b) PLC 출력(소스) 결선도

[그림 8-9] PLC의 입출력 결선도

[그림 8-7(b)]에서 공압 회로의 입력 및 출력요소를 파악해서 PLC의 입출력 결선도를 작성한다. [표 8-2]를 살펴보면 공압 회로도에는 나타나지 않았던 START 버튼이 PLC의 입력에 할당되어 있음을 알 수 있다. 기계도면과 공압도면에 모든 입출력이 나타나지는 않기 때문에 장비의 설계자 또는 운영자와 충분한 의견을 교환한 후에 입출력을 파악해야 한다.

4 PLC 프로그램 작성

[그림 8-8]의 변위-단계 선도대로 공압 실린더가 작동할 수 있도록 PLC 프로그램을 작성한다. 공압 실린더와 같이 시퀀스 제어동작을 하는 PLC 프로그램은 오랜 경험이 쌓이면 직관적으로 작성할 수 있지만, 처음 작성할 때에는 시퀀스 제어 프로그램의 작성 원리를 제대로 익혀야 좋은 프로그램을 작성할 수 있다. 시퀀스 제어 프로그램 작성 원리는 크게 두 가지로 나뉜다. 첫 번째는 캐스케이드 설계기법을 이용하는 것이고, 두 번째는 스텝퍼 설계기법을 이용하는 것이다. PLC에서 사용할 시퀀스 제어 프로그램에는 스텝퍼 설계기법이 많이 사용된다.

이제 두 가지의 각 설계기법을 이용해 시퀀스 제어 프로그램 작성법을 살펴보자.

8.2 시퀀스 제어 프로그램 작성 : 캐스케이드 설계기법

앞서 학습한 공압 실린더의 동작상태 표시방법을 이용하여 본격적으로 시퀀스 제어회로를 설계해보자.

8.2.1 공압 실린더의 동작 그룹 구분

시퀀스 제어회로의 설계에서 가장 문제시되는 것은 제어신호의 간섭현상이다. 제어신호의 간섭현상은 하나의 액추에이터에 상반된 제어신호가 동시에 존재할 때 발생한다. 예를 들어 한 실린더의 전진운동 신호가 존재하는 상태에서 후진운동 제어신호가 입력되면, 늦게 입력된 제어신호는 제 기능을 발휘할 수 없다. 시퀀스 제어에서 자주 발생하는 제어신호의 간섭현상을 근원적으로 해결하는 방법은, 전체 동작을 작동 순서상 간섭현상이 발생하지 않을 몇 개의 제어그룹으로 분리한 후, 작동 순서에 따라 필요한 제어그룹에만 전기 에너지가 공급되도록 제어회로를 설계하는 것이다.

제어그룹을 분류하기 위해서는 우선 작동 순서를 약호로 표시하는 것이 바람직하다. 가장 많이 이용되는 약호 표현법은 전진운동을 +, 후진운동을 −로 표기하는 방식으로, 이 방식대로라면 실린더 A의 전진운동을 A+, 실린더 B의 후진운동을 B−로 표현할 수 있다.

작동 순서를 약호로 표시하고 나면, 제어그룹을 분류해야 한다. 제어그룹을 분리하는 방법은 하나의 액추에이터의 운동이 같은 제어그룹에 포함되지 않도록 하는 것이다. 즉 A+와

A−, B+와 B−가 같은 그룹에 포함되지 않게 해야 한다는 것이다. 그러나 A+와 B−는 서로 다른 액추에이터의 운동이기 때문에 같은 그룹에 포함되어도 제어신호의 간섭현상이 발생하지 않는다. 한 예로, 다음과 같은 작동 시퀀스는 2개의 제어그룹으로 나눌 수 있다.

A+, B+, C+	C−, B−, A−
제어그룹 1	제어그룹 2

실린더의 개수가 같더라도 작동 순서가 다르면 제어그룹의 개수가 달라진다. 예를 들어 다음과 같이 3개의 실린더가 사용된 작업이어도, 제어그룹의 개수는 작동 순서에 따라 3개나 4개로 다를 수 있다.

A+, B+	B−, C+, A−	C−
제어그룹 1	제어그룹 2	제어그룹 3

A+	A−, B+	B−, C+	C−
제어그룹 1	제어그룹 2	제어그룹 3	제어그룹 4

제어그룹의 개수가 n개이면, 자기유지 회로 n개와 1개의 작업종료 회로가 필요하다. 앞에서 학습한 시퀀스 제어회로 설계방법을 기억하는가? 캐스케이드 방법을 이용한 공압 시퀀스 제어회로 설계방법에도 시퀀스 제어회로의 설계방법이 그대로 적용된다. 공압 시퀀스 제어회로는 다음과 같은 단계로 설계한다.

1단계 공압 시스템의 운동 순서를 약호로 표시하고 제어그룹을 나눈다.

[그림 8-10]에 공압 시스템의 구성, [그림 8-11]에 공압 실린더의 순차동작(시퀀스 동작) 순서를 나타내었다.

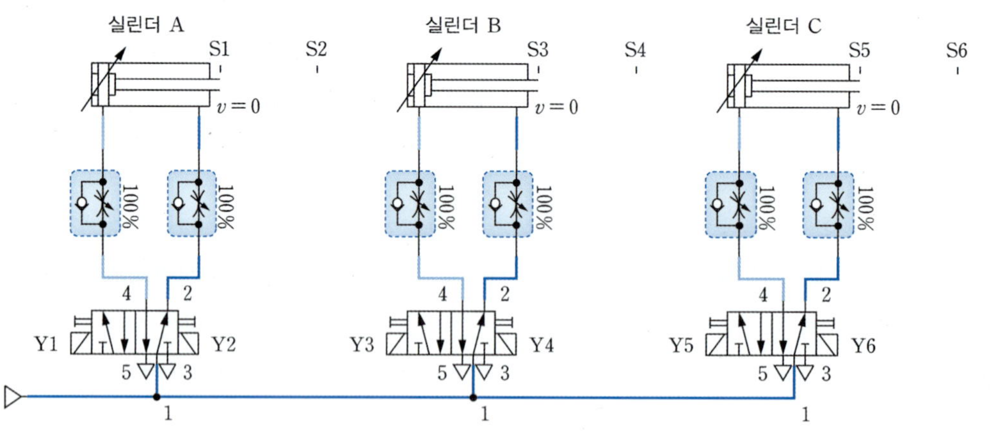

[그림 8-10] 공압 시스템 구성도

[그림 8-11]에서 동작그룹을 2개의 제어그룹으로 구분했기 때문에, 이 제어회로는 2개의 자기유지 회로와 1개의 작업종료 회로로 구성된다. [그림 8-11]에서 실린더 C의 전진동작을 확인하는 리미트 스위치 S6은 동작을 그룹1에서 그룹2로 변경하는 신호이며, 실린더 A의 후진동작을 확인하는 리미트 스위치 S1은 작업 완료 신호이자 새로운 작업 시작을 위한 확인신호이다.

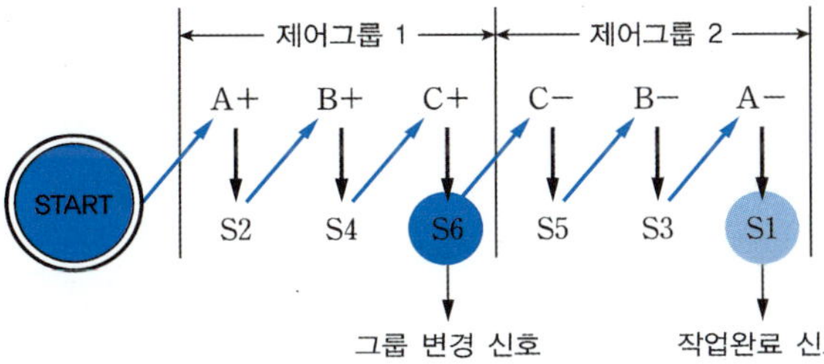

[그림 8-11] 제어그룹의 구분

2단계 PLC 입출력 리스트 및 결선도를 작성한다.

[그림 8-10]의 공압 회로의 입력 및 출력요소를 파악해서 PLC의 입출력 결선도를 작성한다.

[표 8-3] [그림 8-10]의 공압 회로도를 분석한 PLC의 입출력 리스트

입력			출력		
기호	기능	PLC 입력	기호	기능	PLC 출력
START	시작 푸시버튼	I0.0	SOL Y1	실린더 A 전진	Q0.0
S1	실린더 A 후진	I0.1	SOL Y2	실린더 A 후진	Q0.1
S2	실린더 A 전진	I0.2	SOL Y3	실린더 B 전진	Q0.2
S3	실린더 B 후진	I0.3	SOL Y4	실린더 B 후진	Q0.3
S4	실린더 B 전진	I0.4	SOL Y5	실린더 C 전진	Q0.4
S5	실린더 C 후진	I0.5	SOL Y6	실린더 C 후진	Q0.5
S6	실린더 C 전진	I0.6			

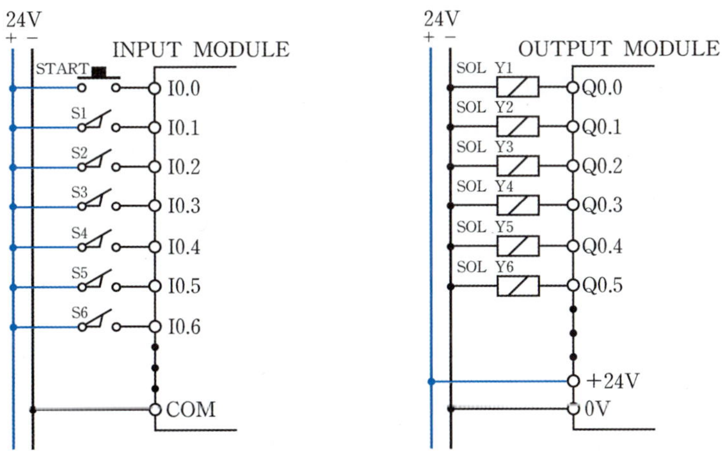

(a) PLC 입력(소스) 결선도　　(b) PLC 출력(소스) 결선도

[그림 8-12] PLC의 입출력 결선도

3단계 프로그램을 작성할 FB의 외형 구조를 생각한다.

지멘스 PLC 프로그램은 기능별로 작성된 FB와 FC를 OB1에서 호출하는 방식으로 작성되기 때문에 해당 기능을 구현할 FB 또는 FC의 입출력 구조를 생각해야 한다. [표 8-4]와 같은 입출력 구조를 가진 FB를 사용해서 프로그램을 작성한다.

[표 8-4] FB2의 입출력 구조

FB2의 외형	명칭	구분	명칭	구분
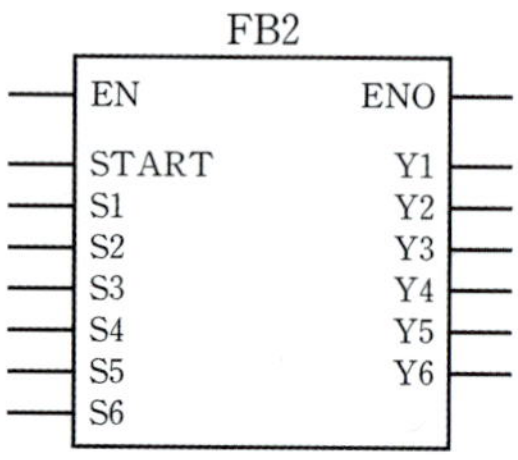	START	IN	Y1	OUT
	S1	IN	Y2	OUT
	S2	IN	Y3	OUT
	S3	IN	Y4	OUT
	S4	IN	Y5	OUT
	S5	IN	Y6	OUT
	S6	IN		OUT

4단계 FB에서 작성할 프로그램의 구조를 생각한다.

[그림 8-11]에서 제어그룹이 2개로 구분되었기 때문에 2개의 자기유지 회로와 1개의 작업종료 신호가 필요함을 파악하였다. 그리고 시작(START) 버튼을 눌렀을 때 실린더의 현재 위치 파악과 작업준비를 위한 시작신호(RDY)가 필요하다.

[표 8-5] 릴레이 시퀀스 전기회로를 PLC 프로그램으로 변경하기

순서	작업 내용	작업 화면
1	**FB2 태그 설정** 캐스케이드 기법으로 실린더를 제어할 프로그램 블록 FB2를 만들고, 프로그램 작성에 필요한 태그를 설정한다.	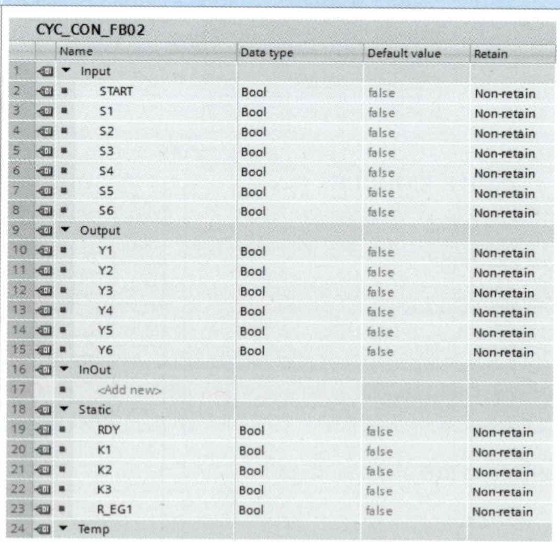

CYC_CON_FB02

	Name	Data type	Default value	Retain
1	▼ Input			
2	START	Bool	false	Non-retain
3	S1	Bool	false	Non-retain
4	S2	Bool	false	Non-retain
5	S3	Bool	false	Non-retain
6	S4	Bool	false	Non-retain
7	S5	Bool	false	Non-retain
8	S6	Bool	false	Non-retain
9	▼ Output			
10	Y1	Bool	false	Non-retain
11	Y2	Bool	false	Non-retain
12	Y3	Bool	false	Non-retain
13	Y4	Bool	false	Non-retain
14	Y5	Bool	false	Non-retain
15	Y6	Bool	false	Non-retain
16	▼ InOut			
17	<Add new>			
18	▼ Static			
19	RDY	Bool	false	Non-retain
20	K1	Bool	false	Non-retain
21	K2	Bool	false	Non-retain
22	K3	Bool	false	Non-retain
23	R_EG1	Bool	false	Non-retain
24	▼ Temp			

(계속)

<table>
<tr>
<td>2</td>
<td>FB2 프로그램 작성
• 네트워크 1번
3개의 실린더의 위치를 검출하여 작업준비 시작신호 RDY를 만든다.</td>
<td>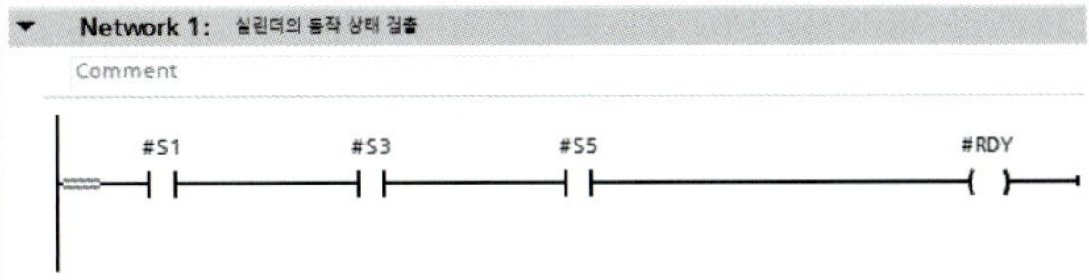
</td>
</tr>
<tr>
<td>3</td>
<td>• 네트워크 2번
시작(START) 버튼(상승펄스 신호 처리)이 눌리면 그룹 1의 동작을 위한 K1을 ON한다.</td>
<td>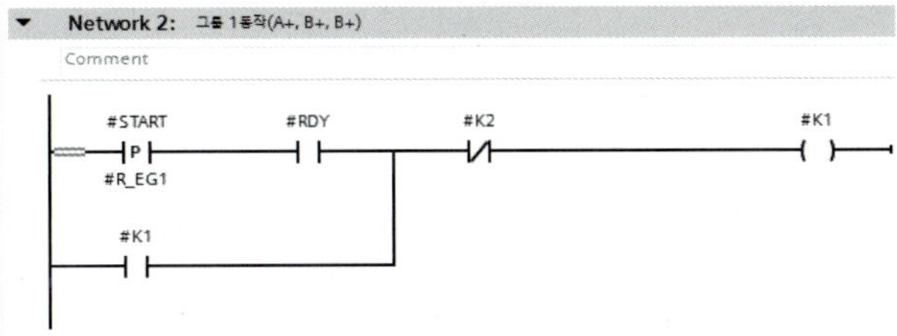
</td>
</tr>
<tr>
<td>4</td>
<td>• 네트워크 3번
그룹 1의 K1에 의해 동작이 완료되면, 그룹 변경신호 S6이 ON되어 그룹 1의 K1은 OFF된다. 그룹 2의 동작을 위한 K2가 ON 된다.</td>
<td>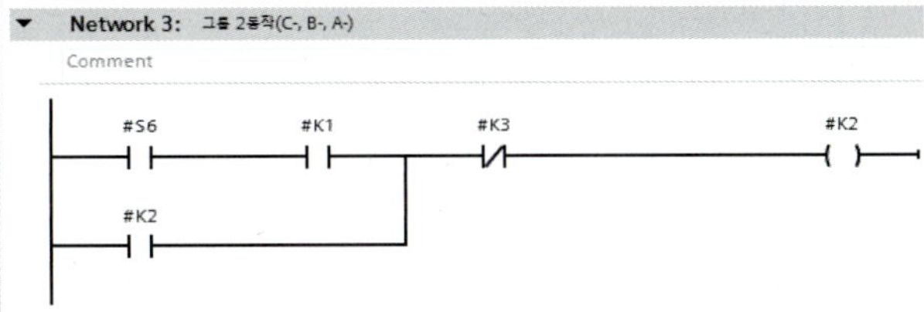
</td>
</tr>
<tr>
<td>5</td>
<td>• 네트워크 4번
그룹 2의 동작 완료 신호인 S1이 ON되면 모든 작업이 종료된다.</td>
<td>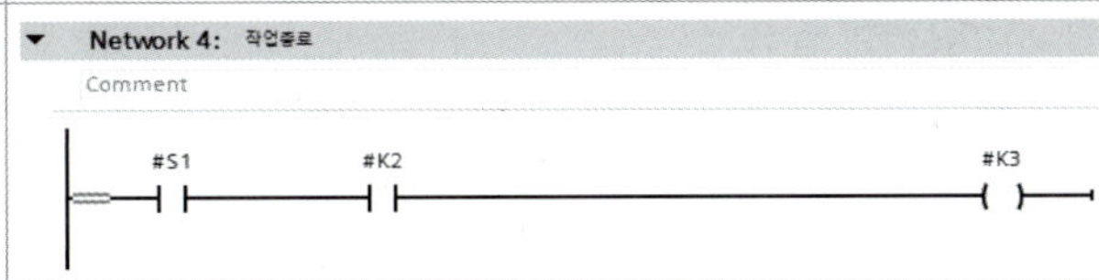
</td>
</tr>
<tr>
<td>6</td>
<td>• 네트워크 5번
그룹 1의 K1과 그룹 2의 K2에 의해서 출력이 제어된다.

그룹 1의 K1이 ON되면, A+, B+, C+의 순서로 동작한다.

그룹 2의 K2가 ON되면 C−, B−, A−의 순서로 동작한다.</td>
<td>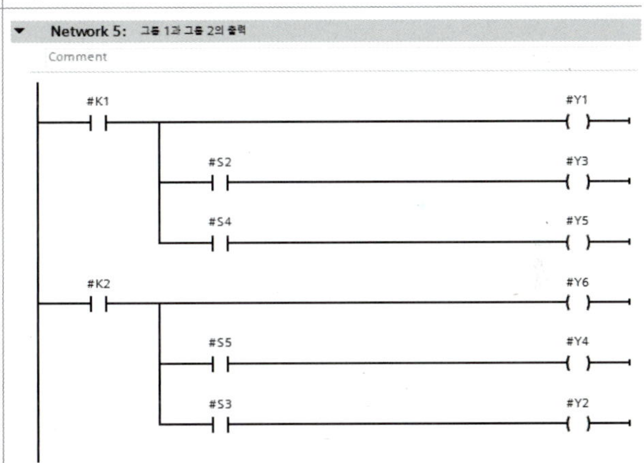
</td>
</tr>
<tr>
<td>7</td>
<td>FB2 컴파일
컴파일해서 에러가 없는지 확인한다.</td>
<td>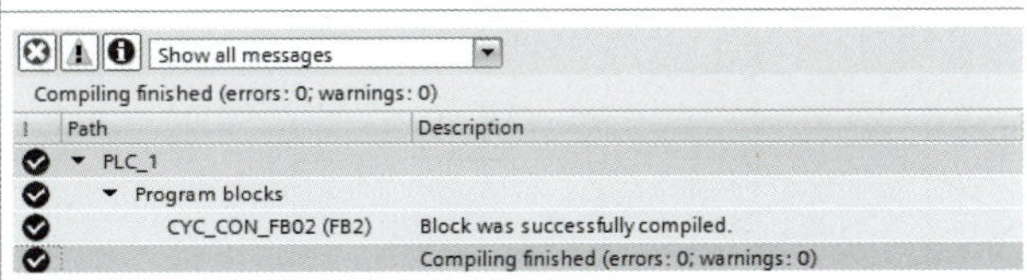
</td>
</tr>
</table>

5단계 OB1에서 FB를 호출한다.

앞에서 작성한 실린더 동작 제어 프로그램 FB2가 실행되기 위해서는 OB1에서 FB2를 호출해야 한다. OB1에서 FB2를 호출할 때 FB2의 실행에 필요한 입력과 출력번지를 설정한다.

[표 8-6] OB1에서 실행할 프로그램 블록 FB2 호출하기

순서	작업 내용	작업 화면
1	**OB1에서 FB2 호출** • **네트워크 1번** FB2를 실행하기 위해서 OB1에서 호출해야 한다. 이때 FB2번의 DB는 싱글 인스턴스로 설정하고, 실행에 필요한 입출력 번지를 할당한다.	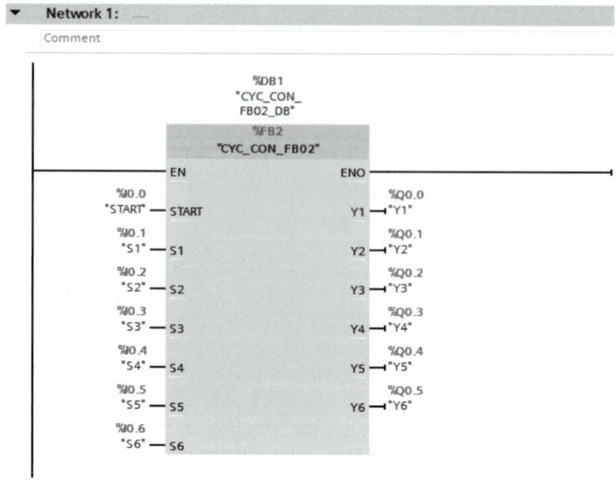
2	**OB1 컴파일** 컴파일하고 에러가 없으면 CPU로 다운로드해서 동작을 확인한다.	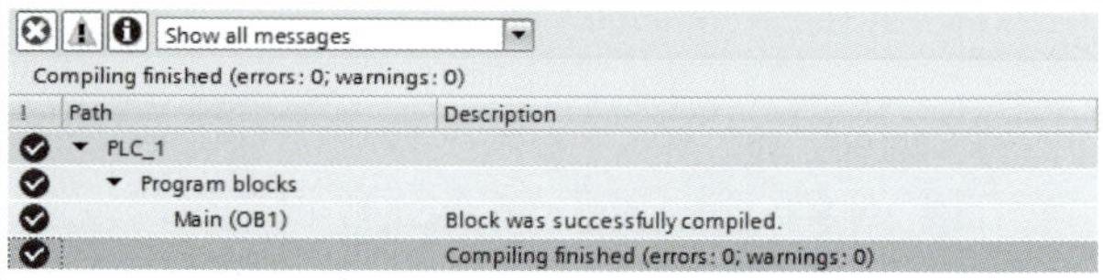

8.2.2 캐스케이드 방법을 이용한 PLC 프로그램 작성

앞서 학습한 캐스케이드 방법을 사용해서 공압 실린더로 작동하는 프레스의 제어를 위한 PLC 프로그램을 작성해보자.

[그림 8-13]은 산업현장에서 금속제품을 생산하는 프레스를 나타낸 것이다. 그림에서 알 수 있듯이 롤에 감겨있는 금속판재가 실린더 A, B의 작동에 의해 일정한 길이로 금형틀 속에 삽입되면, 프레스가 작동해서 제품을 찍어내는 동작을 한다. 3개의 공압 실린더를 이용해서 이러한 금속 프레스의 동작 시스템을 구동하는 시퀀스 제어회로를 설계해보자.

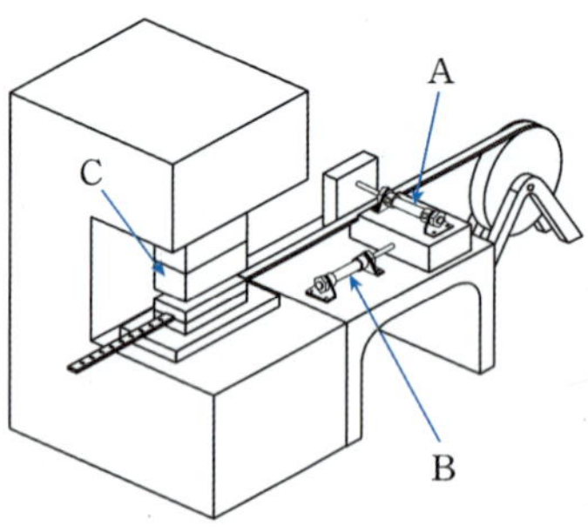

[그림 8-13] 금속 프레스

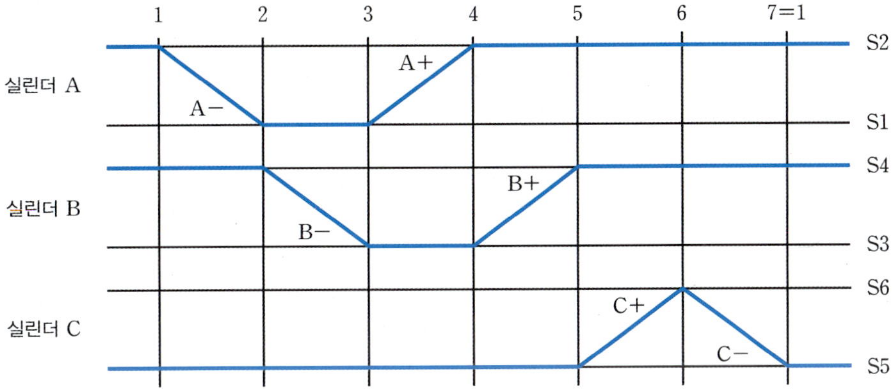

[그림 8-14] 금속 프레스의 동작 변위 선도

[그림 8-15]는 프레스를 작동시키는 공압 시스템의 구성으로, 실린더 A와 실린더 B의 초기는 전진상태이다. 이러한 동작을 위해 공압 밸브에 연결된 공압 호스의 위치를 변경했다.

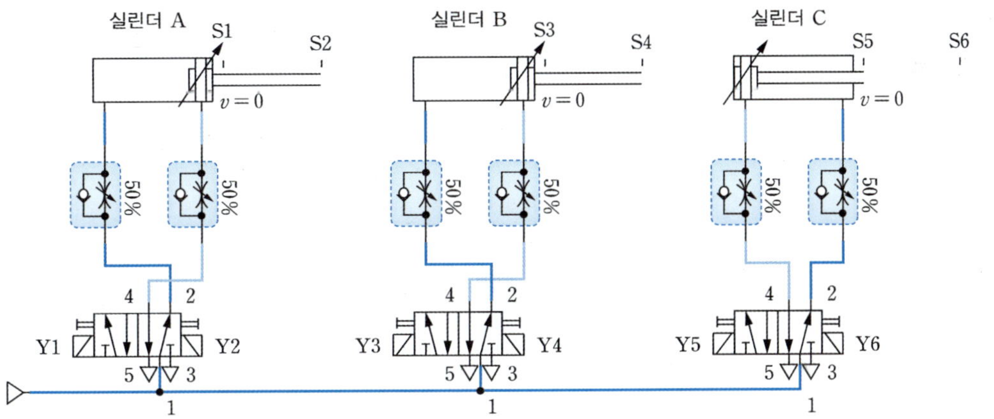

[그림 8-15] 프레스 공압 시스템 회로도

1단계 공압 시스템 회로도로부터 PLC 입출력 리스트 및 결선도를 작성한다.

[표 8-7] 공압 회로도로 작성한 PLC의 입출력 리스트

입력			출력		
기호	기능	PLC 입력	기호	기능	PLC 출력
START	시작 푸시버튼	I0.0	SOL Y1	실린더 A 후진	Q0.0
S1	실린더 A 후진	I0.1	SOL Y2	실린더 A 전진	Q0.1
S2	실린더 A 전진	I0.2	SOL Y3	실린더 B 후진	Q0.2
S3	실린더 B 후진	I0.3	SOL Y4	실린더 B 전진	Q0.3
S4	실린더 B 전진	I0.4	SOL Y5	실린더 C 전진	Q0.4
S5	실린더 C 후진	I0.5	SOL Y6	실린더 C 후진	Q0.5
S6	실린더 C 전진	I0.6			

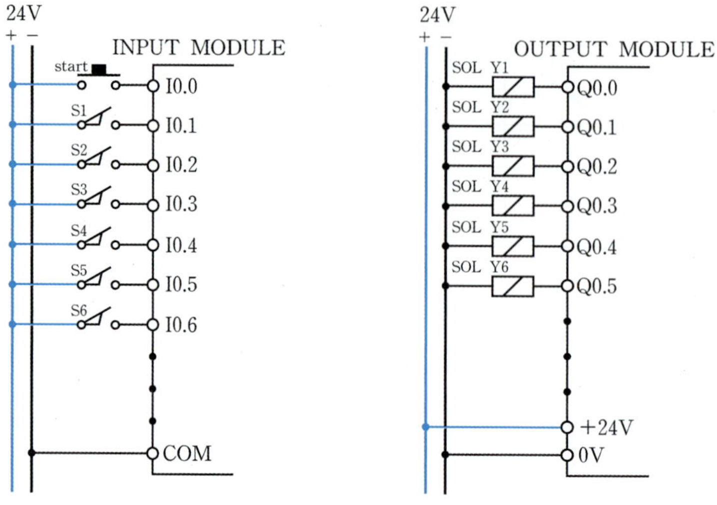

(a) PLC 입력(소스) 결선도　　(b) PLC 출력(소스) 결선도

[그림 8-16] PLC의 입출력 결선도

2단계 주어진 동작 순서를 그룹으로 구분하고, 동작에 따른 신호를 표기한다.

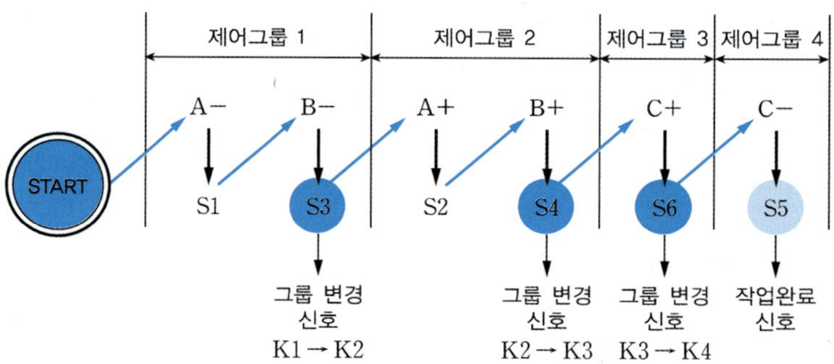

[그림 8-17] 제어그룹의 구분

3단계 프로그램을 작성할 FB의 외형 구조를 생각한다.

지멘스 PLC의 프로그램은 기능별로 작성된 FB와 FC를 OB1에서 호출하는 방식으로 작성되기 때문에, 해당 기능을 구현할 FB 또는 FC의 입출력 구조를 생각해야 한다. [표 8-7]의 입출력이 앞에서 작성한 FB2의 입출력과 동일한 형태이기 때문에 FB3의 외형적인 구조는 FB2와 동일하지만 FB 내부에서 사용하는 태그와 프로그램은 서로 다른 형태로 작성된다.

[표 8-8] FB3의 입출력 구조

FB3의 외형	명칭	구분	명칭	구분
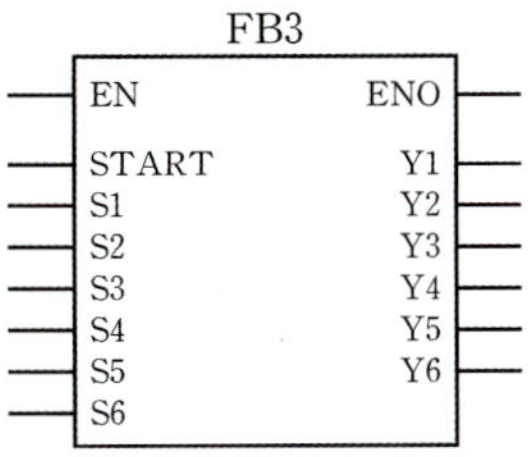	START	IN	Y1	OUT
	S1	IN	Y2	OUT
	S2	IN	Y3	OUT
	S3	IN	Y4	OUT
	S4	IN	Y5	OUT
	S5	IN	Y6	OUT
	S6	IN		OUT

4단계 FB에서 작성할 프로그램의 구조를 생각한다.

[그림 8-17]에서 제어그룹이 4개로 구분되었기 때문에 4개의 자기유지 회로와 1개의 작업종료 신호가 필요하다. 따라서 FB의 Static에 K1~K5의 태그를 선언한다. 그리고 시작버튼이 눌렸을 때, 실린더의 현재 위치를 파악하여 작업준비 완료 신호로 사용할 RDY 태그를 선언한다.

[표 8-9] 캐스케이드를 이용한 금속 프레스 제어 PLC 프로그램 작성

<table>
<tr><th>순서</th><th>작업 내용</th><th>작업 화면</th></tr>
<tr><td>1</td><td>FB3 태그 설정
캐스케이드 기법으로 금속 프레스를 제어할 프로그램 블록 FB3을 만들고, 프로그램 작성에 필요한 태그를 설정한다. 앞에서 작성한 FB2의 태그와 비교해보면 제어그룹이 2개에서 4개로 늘었기 때문에 Static에 자기유지 회로 및 작업종료 신호를 위한 K1부터 K5까지 사용한다.</td><td>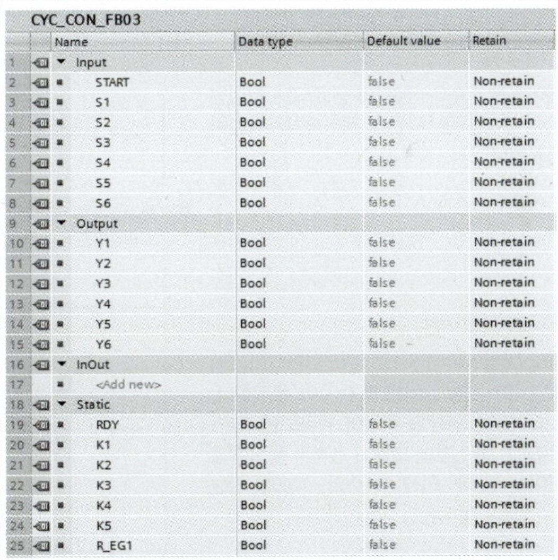
<table>
<tr><th colspan="5">CYC_CON_FB03</th></tr>
<tr><th></th><th>Name</th><th>Data type</th><th>Default value</th><th>Retain</th></tr>
<tr><td>1</td><td>▼ Input</td><td></td><td></td><td></td></tr>
<tr><td>2</td><td>START</td><td>Bool</td><td>false</td><td>Non-retain</td></tr>
<tr><td>3</td><td>S1</td><td>Bool</td><td>false</td><td>Non-retain</td></tr>
<tr><td>4</td><td>S2</td><td>Bool</td><td>false</td><td>Non-retain</td></tr>
<tr><td>5</td><td>S3</td><td>Bool</td><td>false</td><td>Non-retain</td></tr>
<tr><td>6</td><td>S4</td><td>Bool</td><td>false</td><td>Non-retain</td></tr>
<tr><td>7</td><td>S5</td><td>Bool</td><td>false</td><td>Non-retain</td></tr>
<tr><td>8</td><td>S6</td><td>Bool</td><td>false</td><td>Non-retain</td></tr>
<tr><td>9</td><td>▼ Output</td><td></td><td></td><td></td></tr>
<tr><td>10</td><td>Y1</td><td>Bool</td><td>false</td><td>Non-retain</td></tr>
<tr><td>11</td><td>Y2</td><td>Bool</td><td>false</td><td>Non-retain</td></tr>
<tr><td>12</td><td>Y3</td><td>Bool</td><td>false</td><td>Non-retain</td></tr>
<tr><td>13</td><td>Y4</td><td>Bool</td><td>false</td><td>Non-retain</td></tr>
<tr><td>14</td><td>Y5</td><td>Bool</td><td>false</td><td>Non-retain</td></tr>
<tr><td>15</td><td>Y6</td><td>Bool</td><td>false</td><td>Non-retain</td></tr>
<tr><td>16</td><td>▼ InOut</td><td></td><td></td><td></td></tr>
<tr><td>17</td><td><Add new></td><td></td><td></td><td></td></tr>
<tr><td>18</td><td>▼ Static</td><td></td><td></td><td></td></tr>
<tr><td>19</td><td>RDY</td><td>Bool</td><td>false</td><td>Non-retain</td></tr>
<tr><td>20</td><td>K1</td><td>Bool</td><td>false</td><td>Non-retain</td></tr>
<tr><td>21</td><td>K2</td><td>Bool</td><td>false</td><td>Non-retain</td></tr>
<tr><td>22</td><td>K3</td><td>Bool</td><td>false</td><td>Non-retain</td></tr>
<tr><td>23</td><td>K4</td><td>Bool</td><td>false</td><td>Non-retain</td></tr>
<tr><td>24</td><td>K5</td><td>Bool</td><td>false</td><td>Non-retain</td></tr>
<tr><td>25</td><td>R_EG1</td><td>Bool</td><td>false</td><td>Non-retain</td></tr>
</table></td></tr>
<tr><td>2</td><td>FB3 프로그램 작성
• 네트워크 1번
프레스 장치의 공압 실린더(A+, B+, C−)가 ON이면 작업준비 신호 RDY를 ON한다.</td><td>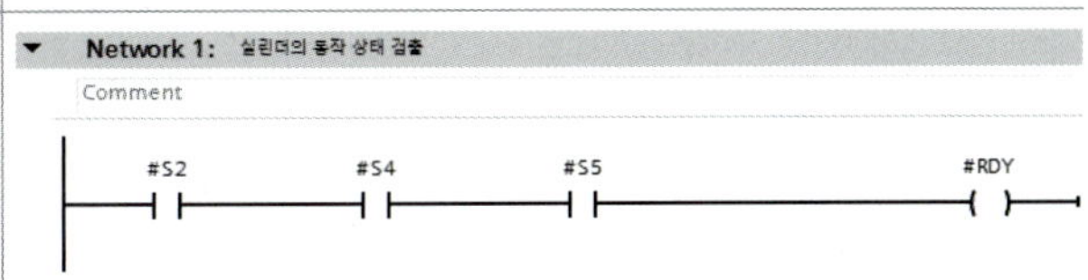
</td></tr>
</table>

(계속)

3

• **네트워크 2번**

RDY 신호가 ON인 상태에서 시작버튼이 눌리면 제어그룹 1의 작업(A–, B–)이 시작된다.

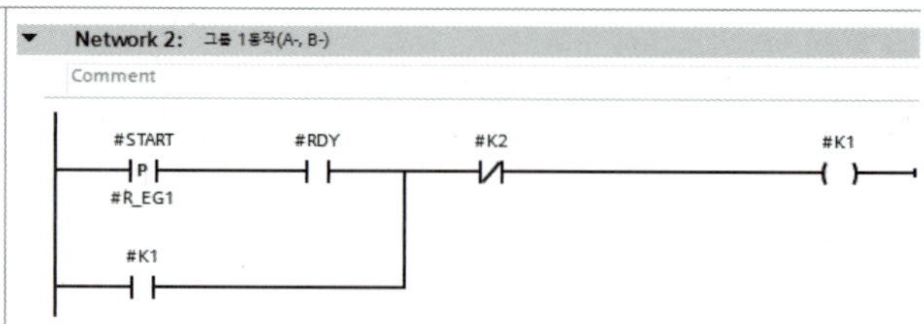

4

• **네트워크 3번**

제어그룹 1의 B– 동작이 완료되는 시점인 S3이 ON될 때, 제어그룹 2의 작업(A+, B+)이 시작된다.

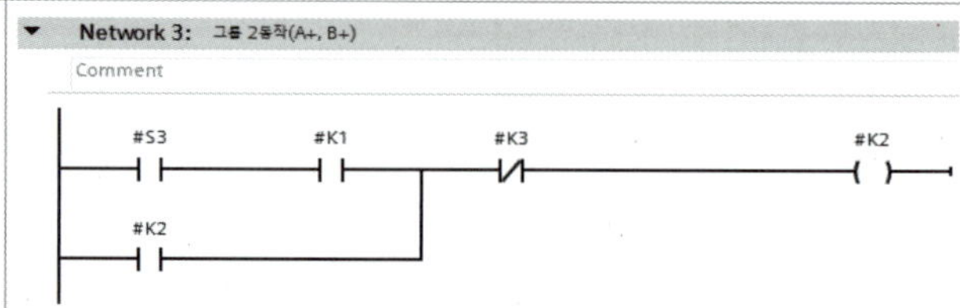

5

• **네트워크 4번**

제어그룹 2의 B+ 동작이 완료되는 시점인 S4가 ON될 때, 제어그룹 3의 작업(C+)이 시작된다.

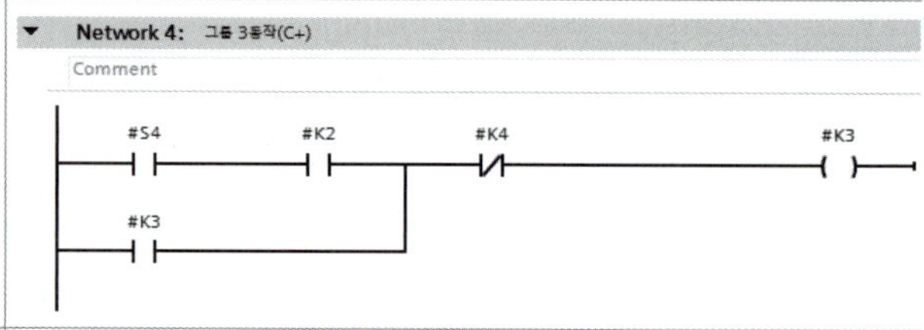

6

• **네트워크 5번**

제어그룹 3의 C+ 동작이 완료되는 시점인 S6이 ON될 때, 제어그룹 4의 작업(C–)이 시작된다.

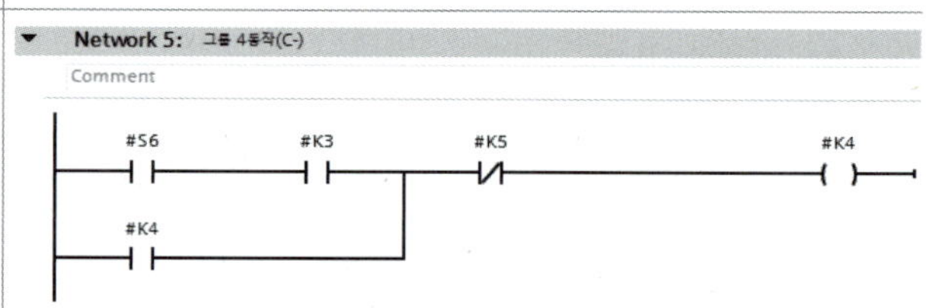

7

• **네트워크 6번**

제어그룹 4의 C– 동작이 완료되는 시점인 S5가 ON될 때, 시퀀스 제어 전체 작업이 종료된다.

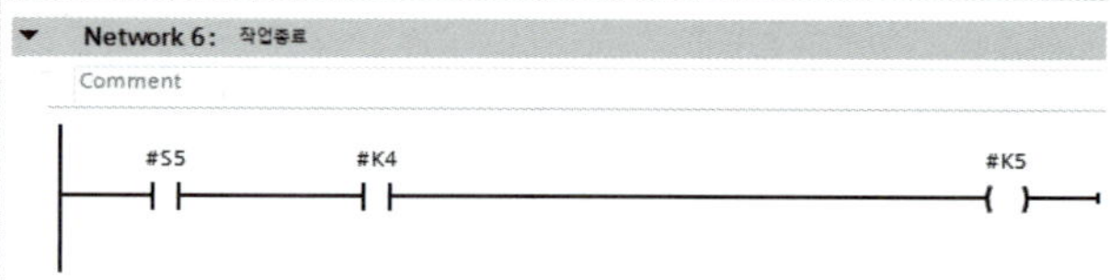

8

• **네트워크 7번**

K1에 의해 A–(Y1) 동작이 완료되면 S1이 ON되고, 이 신호에 의해 B–(Y3)이 동작한다. K2에 의해 A+(Y2) 동작이 완료되면 S2가 ON되고, 이 신호에 의해 B–(Y4)가 동작한다. 이어서 K3에 의해 C+(Y5), K4에 의해 C–(Y6)이 동작한다.

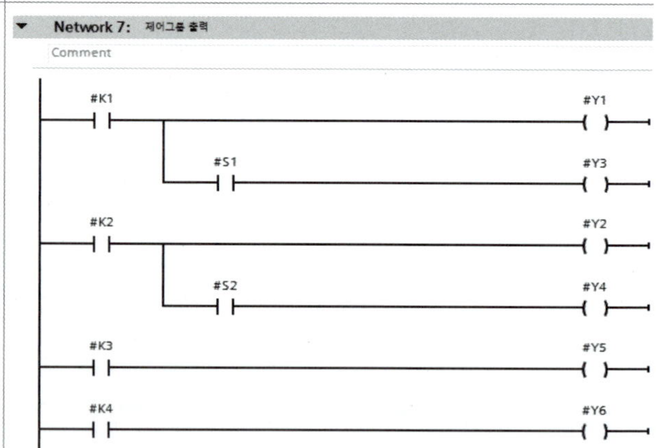

9

FB3 컴파일

컴파일해서 에러가 없는지 확인한다.

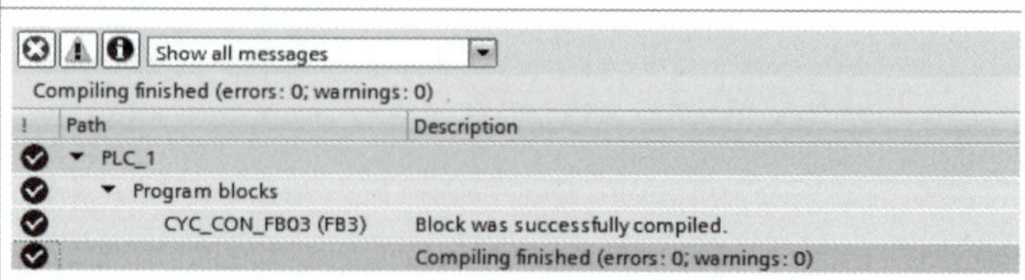

5단계 **OB1에서 FB를 호출한다.**

앞에서 작성한 실린더 동작 제어 프로그램 FB3이 실행되기 위해서는 OB1에서 FB3을 호출해야 하는데, 이때 FB3의 실행에 필요한 입력과 출력번지를 설정한다.

[표 8-10] OB1에서 실행할 프로그램 블록 FB3 호출하기

순서	작업 내용	작업 화면
1	**OB1에서 FB3 호출** • **네트워크 1번** FB3을 실행하기 위해 OB1번에서 FB3을 호출한다. 이때 FB3번의 DB는 싱글 인스턴스로 설정하고, 실행에 필요한 입출력 번지를 할당한다.	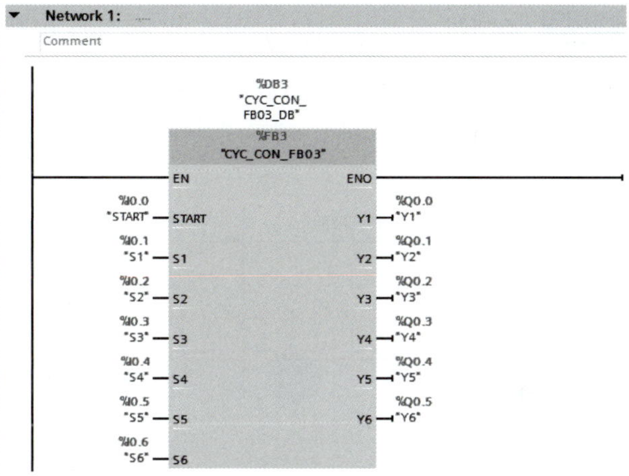
2	**OB1 컴파일** OB1을 컴파일해서 이상이 없으면 CPU로 다운로드하고, 프로그램 동작을 확인한다.	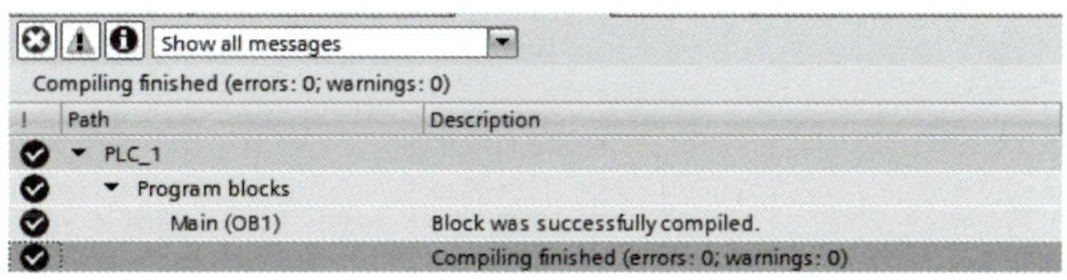

8.3 시퀀스 제어 프로그램 작성 : 스텝퍼 설계기법

앞에서 살펴본 캐스케이드 방법의 시퀀스 제어회로 설계방법은, 공압 실린더의 동작순서를 나열하여 서로 상반되는 조건이 포함되지 않는 범위 내에서, 가능한 한 여러 개의 동작을 한 개의 자기유지 회로를 사용해서 제어하는 방법이다. 이 방법은 최소한의 자기유지 회로를 사용하기 때문에 릴레이를 이용한 시퀀스 제어회로를 설계할 때 많이 사용된다. 반면 스텝퍼 방법은 동작 순서를 그룹으로 묶지 않고 동작 1개에 자기유지 회로 1개를 사용하는 설계방법으로, 동작에 문제가 생기면 그 원인을 쉽게 파악할 수 있으므로 PLC 프로그램으로 시퀀스 제어회로를 제어할 때 많이 사용한다.

8.3.1 스텝퍼 설계기법을 적용한 시퀀스 제어 PLC 프로그램 작성 순서

지금부터 스텝퍼 설계기법을 이용한 시퀀스 제어 PLC 프로그램 작성법에 대해 살펴보자.

1단계 공압 시스템 회로도로부터 PLC 입출력 리스트 및 결선도를 작성한다.

금속 프레스 과제에서 제시한 [표 8-7]의 입출력 리스트와 결선도를 사용한다.

2단계 주어진 동작 순서를 나열하고, 동작에 따른 신호를 표기한다.

캐스케이드 방법은 동작 조건을 그룹으로 구분했지만, 스텝퍼에서는 동작 1개당 1개의 자기유지 회로를 사용하기 때문에 동작 조건을 그룹으로 구분할 필요가 없다.

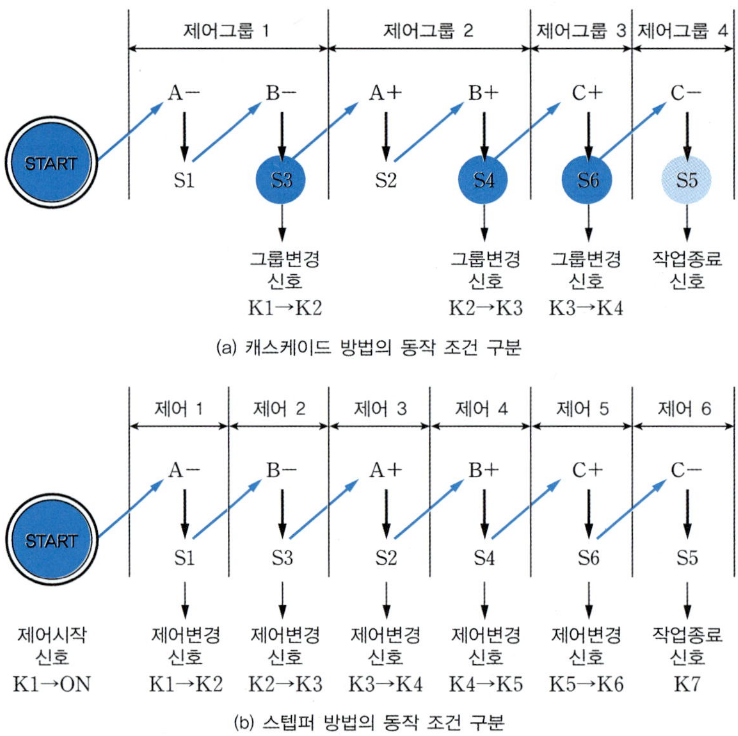

[그림 8-18] 캐스케이드와 스텝퍼 방식의 공압 실린더 동작 구분의 차이 비교

[그림 8-13]의 금속 프레스의 경우, 동작 조건이 6개이기 때문에 6개의 자기유지 회로와 1개의 작업종료 신호가 필요하다.

3단계 프로그램을 작성할 FB의 외형 구조를 생각한다.

캐스케이드 방법 또는 스텝퍼 방법으로 금속 프레스 동작을 제어하는 데 필요한 입출력은 동일하기 때문에 스텝퍼 방법으로 금속 프레스를 제어할 프로그램을 작성하는 FB4도 FB3과 동일한 입출력 구조를 갖는다.

[표 8-11] FB4의 입출력 구조

FB4의 외형	명칭	구분	명칭	구분
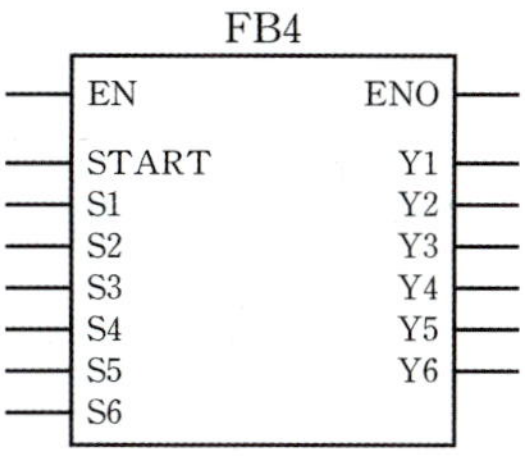	START	IN	Y1	OUT
	S1	IN	Y2	OUT
	S2	IN	Y3	OUT
	S3	IN	Y4	OUT
	S4	IN	Y5	OUT
	S5	IN	Y6	OUT
	S6	IN		OUT

4단계 FB에서 작성할 프로그램의 구조를 생각한다.

[그림 8-18(b)]에서 제어그룹이 6개로 구분되었기 때문에 6개의 자기유지 회로와 1개의 작업종료 신호가 필요함을 알 수 있다. 따라서 FB4의 Static에 K1~K7의 태그를 선언하고, 시작버튼이 눌렸을 때 실린더의 현재 위치를 파악하여 작업준비 완료 신호로 사용할 RDY 태그도 선언한다.

[표 8-12] 스텝퍼 방식을 적용한 금속 프레스 제어 PLC 프로그램

순서	작업 내용	작업 화면
1	**FB4 태그 설정** 스텝퍼 기법으로 금속 프레스를 제어할 프로그램 블록(FB4)을 만들고, 프로그램 작성에 필요한 태그를 설정한다. [그림 8-18]의 캐스케이드 방식과 비교해보면, 제어그룹이 4개에서 6개로 늘었기 때문에 Static에 자기유지 회로 및 작업종료 신호를 위해 K1부터 K7까지 사용한다.	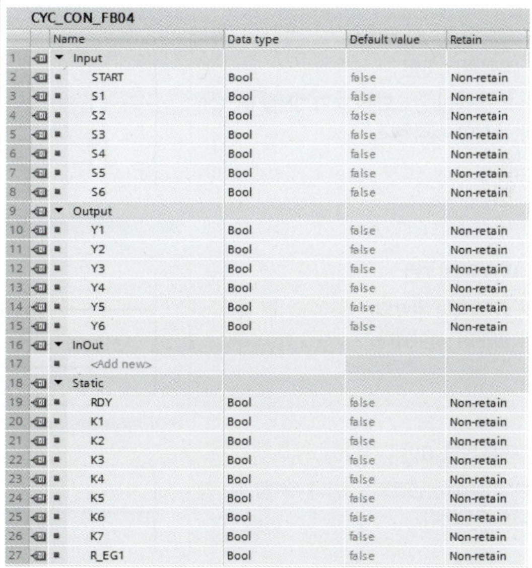
2	**FB4 프로그램 작성** • 네트워크 1번 프레스 장치의 공압 실린더(A+, B+, C-)가 ON이면, 작업준비 신호 RDY를 ON한다.	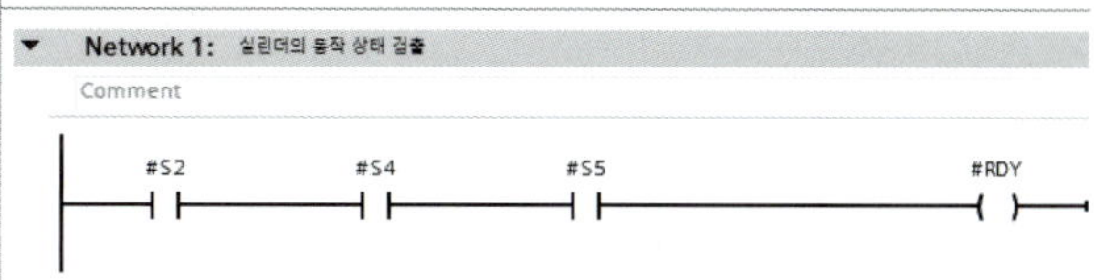

CYC_CON_FB04

	Name	Data type	Default value	Retain
1	▼ Input			
2	START	Bool	false	Non-retain
3	S1	Bool	false	Non-retain
4	S2	Bool	false	Non-retain
5	S3	Bool	false	Non-retain
6	S4	Bool	false	Non-retain
7	S5	Bool	false	Non-retain
8	S6	Bool	false	Non-retain
9	▼ Output			
10	Y1	Bool	false	Non-retain
11	Y2	Bool	false	Non-retain
12	Y3	Bool	false	Non-retain
13	Y4	Bool	false	Non-retain
14	Y5	Bool	false	Non-retain
15	Y6	Bool	false	Non-retain
16	▼ InOut			
17	<Add new>			
18	▼ Static			
19	RDY	Bool	false	Non-retain
20	K1	Bool	false	Non-retain
21	K2	Bool	false	Non-retain
22	K3	Bool	false	Non-retain
23	K4	Bool	false	Non-retain
24	K5	Bool	false	Non-retain
25	K6	Bool	false	Non-retain
26	K7	Bool	false	Non-retain
27	R_EG1	Bool	false	Non-retain

(계속)

3	• **네트워크 2번** RDY 신호가 ON인 상태에서 시작버튼이 눌리면 A-의 동작이 시작된다.	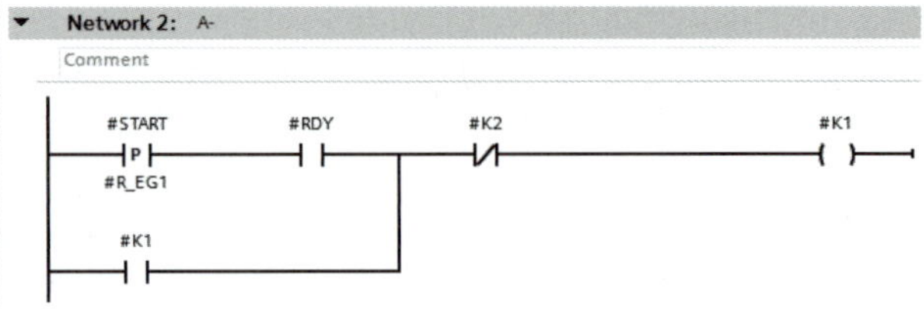
4	• **네트워크 3번** A- 동작이 완료되는 S1이 ON될 때, B-의 동작이 시작된다.	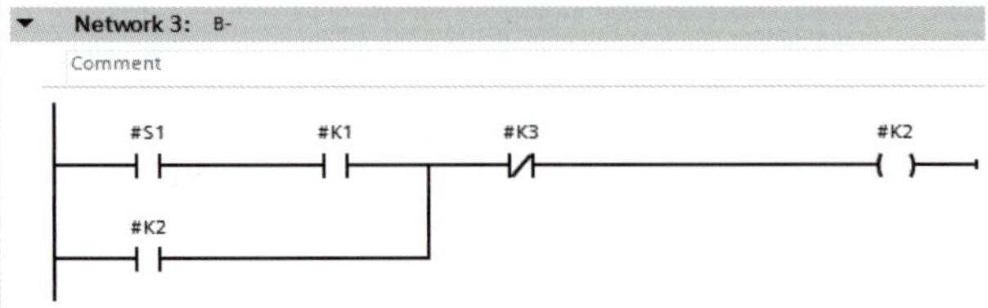
5	• **네트워크 4번** B- 동작이 완료되는 S3이 ON될 때, A+의 동작이 시작된다.	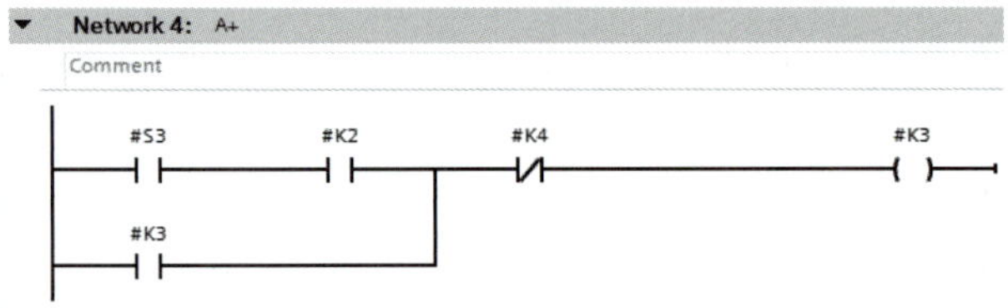
6	• **네트워크 5번** A+ 동작이 완료되는 S2가 ON될 때, B+의 동작이 시작된다.	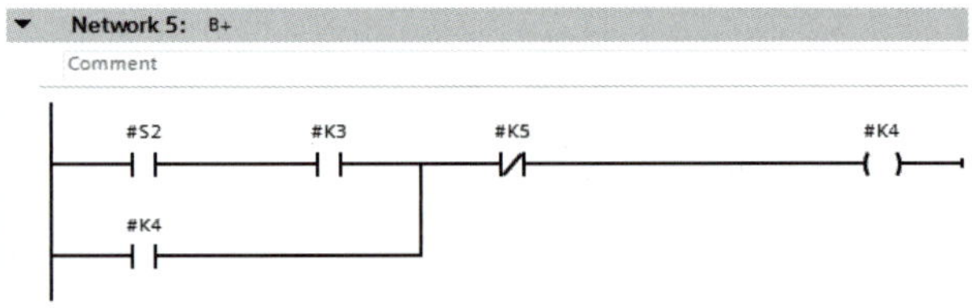
7	• **네트워크 6번** B+의 동작이 완료되는 S4가 ON될 때, C+의 동작이 시작된다.	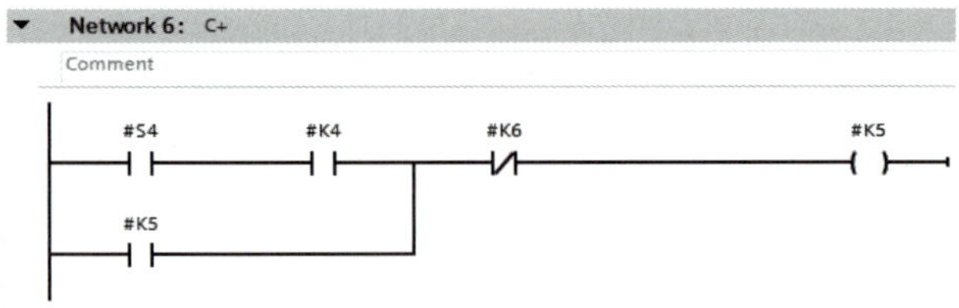
8	• **네트워크 7번** C+의 동작이 완료되는 S6이 ON될 때, C-의 동작이 시작된다.	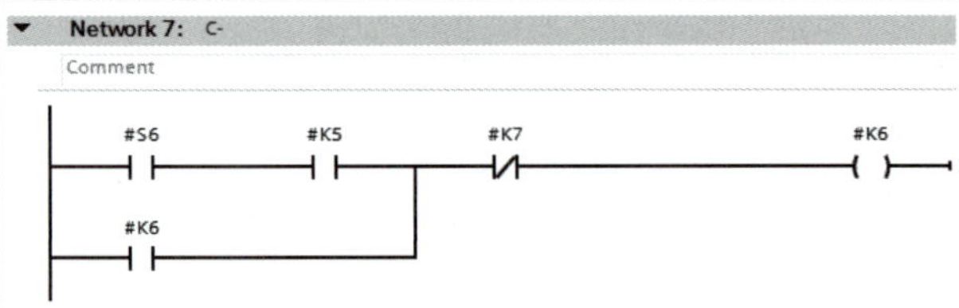
9	• **네트워크 8번** C-의 동작이 완료되는 S5가 ON될 때, 작업을 종료한다.	

(계속)

<table>
<tr>
<td>10</td>
<td>• 네트워크 7번
K1~K6 순서로 ON될 때 출력도 A−, B−, A+, B+, C+, C− 순서로 동작한다.</td>
<td>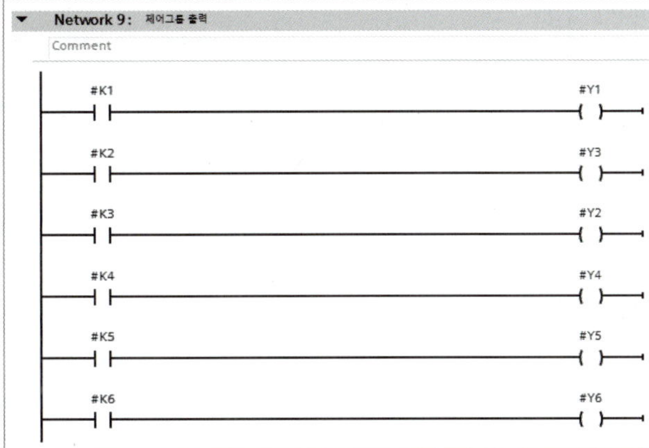
</td>
</tr>
</table>

[그림 8-19]는 [표 8-12]의 프로그램에서 입력신호에 따른 PLC의 내부 메모리 동작 상태와, 출력에 의한 액추에이터의 동작 상태의 상관관계를 나타낸 것이다. 프로그램과 이 그림을 잘 비교하면 스텝퍼 방식이 외부의 입력신호에 의해 순차적으로 실행됨을 파악할 수 있을 것이다.

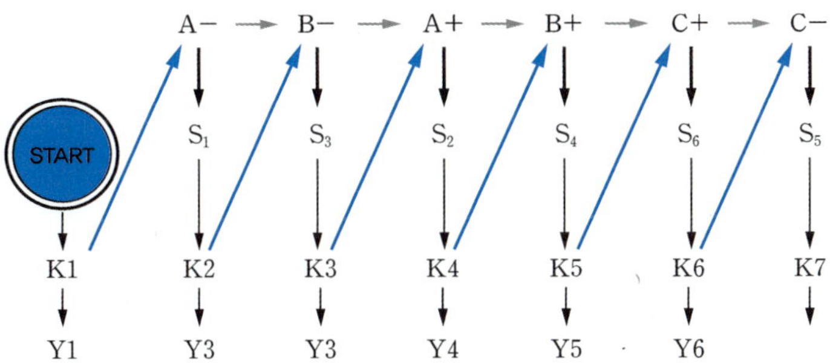

[그림 8-19] PLC의 입력과 출력, 내부 메모리 동작 조건 비교

[그림 8-20]은 앞에서 작성한 캐스케이드와 스텝퍼 방식의 PLC 프로그램의 동작 타임차트를 비교하여 나타낸 것이다. K1부터 K7까지의 출력 동작을 살펴보면 캐스케이드와 스텝퍼 방식의 차이점이 드러난다. 스텝퍼 방식의 경우에는 각 스텝마다 1개의 출력만 ON되고 있음을 알 수 있다. 그리고 타임차트에서 실린더 동작은 실린더가 전후진 동작 중일 때 센서가 동작하지 않는 구간을 의미한다. 앞에서 언급한 캐스케이드나 스텝퍼 방식으로 공압 실린더를 제어하려면, 밸브 자체가 자기유지 기능을 가지고 있는 양솔 밸브를 사용해야 한다.

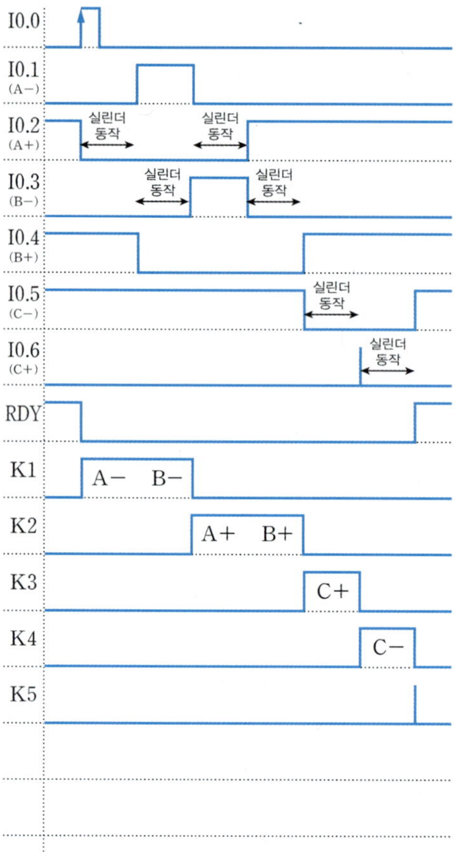

(a) 캐스케이드 방식의 동작 타임차트

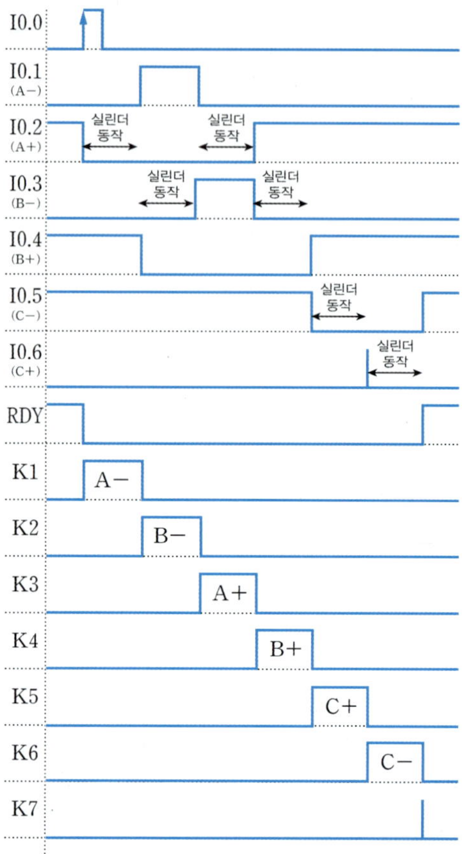

(b) 스텝퍼 방식의 동작 타임차트

[그림 8-20] PLC의 스텝퍼 및 캐스케이드 방식의 동작 타임차트 비교

8.3.2 편솔 제어를 위한 시퀀스 제어회로 설계

공압 실린더를 편솔 밸브로 제어해야 한다면, 앞에서 학습한 PLC 프로그램 작성법은 사용할 수 없다. 이번에는 편솔을 사용해서 공압 실린더를 제어하는 방법에 대해 살펴보자.

[그림 8-21]은 자기유지 기능을 가지고 있는 양솔과, 자기유지 기능이 없는 편솔로 공압 실린더를 제어하기 위한 동작 타임차트를 나타낸 것이다. 편솔 부분을 살펴보면, K1~K6까지 솔밸브를 제어하기 위한 출력이 ON되면, 작업종료 신호 K7이 ON될 때까지 ON 상태를 계속해서 유지한다. 이처럼 편솔을 사용하다보면, A+ 출력신호와 A− 출력신호가 동시에 ON되는 구간이 있기 때문에 신호 간섭으로 인한 제어 불가 문제가 발생한다. 따라서 제어신호는 [그림 8-21(b)]처럼 동작하게 하고, 출력을 제어할 때에 출력신호의 간섭이 발생하지 않도록 한다.

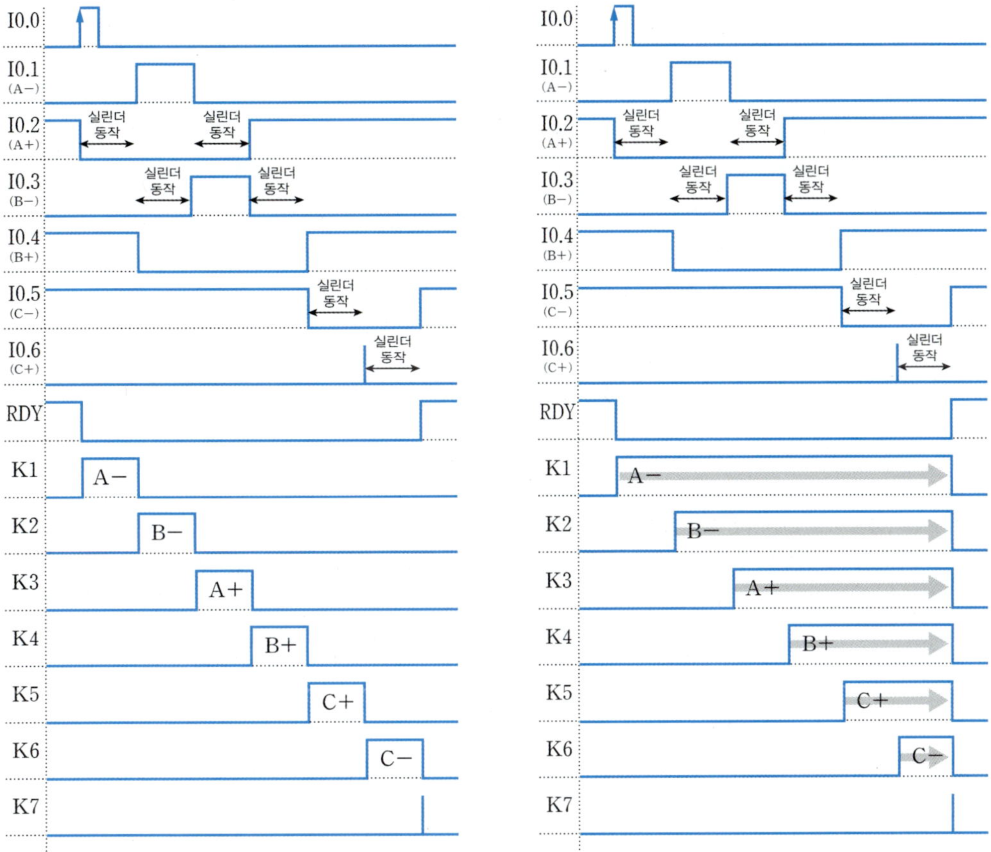

(a) 양솔 제어 스텝퍼 방식의 동작 타임차트 (b) 편솔 제어 스텝퍼 방식의 동작 타임차트

[그림 8-21] **스텝퍼 방식을 이용한, 양솔 및 편솔의 제어를 위한 동작 타임차트**

스텝퍼 방식의, 편솔을 사용한 공압 실린더 제어 PLC 프로그램 작성법에 대해 살펴보자. 공압 실린더의 동작 조건은 [그림 8-13]의 금속 프레스 동작과 동일하다.

1, 2단계 주어진 공압 시스템 회로도로부터 PLC 입출력 리스트 및 결선도를 작성한다.

[그림 8-22]는 [그림 8-15]의 양솔을 사용한 금속 프레스의 공압 시스템을 편솔로 교체한 회로이다. 따라서 PLC의 입출력 리스트에서는 출력 3개만이 필요하다. 나머지 부분은 앞에서 학습한 내용과 동일하기 때문에 PLC의 결선도는 생략한다.

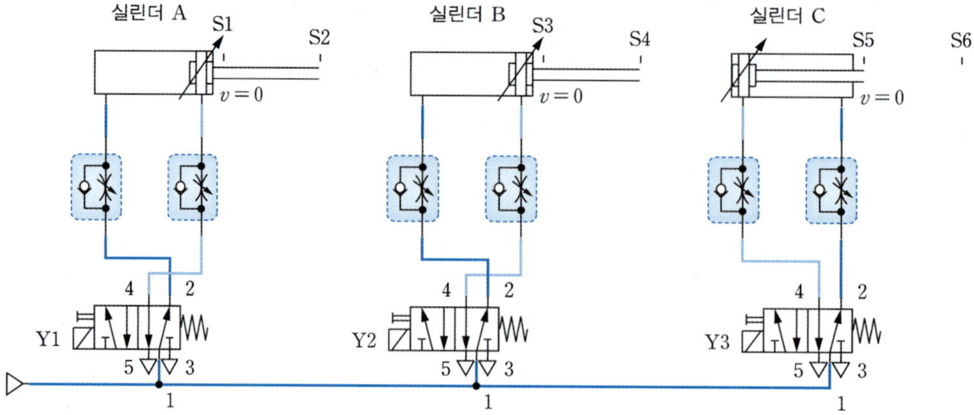

[그림 8-22] 편솔로 구성된 공압 시스템

[표 8-13] 공압 회로도로부터 분석한 PLC의 입출력 리스트

입력			출력		
기호	기능	PLC 입력	기호	기능	PLC 출력
START	시작 푸시버튼	I0.0	SOL Y1	실린더 A 후진	Q0.0
S1	실린더 A 후진	I0.1	SOL Y2	실린더 B 후진	Q0.1
S2	실린더 A 전진	I0.2	SOL Y3	실린더 C 전진	Q0.2
S3	실린더 B 후진	I0.3			
S4	실린더 B 전진	I0.4			
S5	실린더 C 후진	I0.5			
S6	실린더 C 전진	I0.6			

3단계 프로그램을 작성할 FB의 외형 구조를 생각한다.

편솔을 사용한 금속 프레스를 제어할 FB5의 구조는, 양솔을 사용한 금속 프레스 제어용 FB4와 비교하면 출력의 개수만 다를 뿐이다.

[표 8-14] FB5의 입출력 구조

FB5의 외형	명칭	구분	명칭	구분
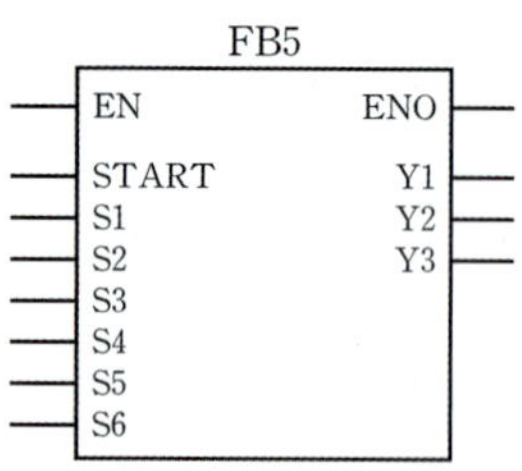	START	IN	Y1	OUT
	S1	IN	Y2	OUT
	S2	IN	Y3	OUT
	S3	IN		
	S4	IN		
	S5	IN		
	S6	IN		

4단계 FB에서 작성할 프로그램의 구조를 생각한다.

금속 프레스 제어를 위한 공압 실린더의 동작이 6개로 구성되어 있기 때문에 편솔을 사용해도 양솔과 마찬가지로 6개의 자기유지 회로와 1개의 작업종료 신호가 필요하다.

[표 8-15] 편솔 사용 공압 실린더 제어 PLC 프로그램

순서	작업 내용	작업 화면
1	**FB5 태그 설정** 스텝퍼 기법으로 편솔을 사용한 공압 실린더를 제어할 프로그램 블록 FB5를 만들고, 프로그램 작성에 필요한 태그를 설정한다. 이는 [표 8-12]의 스텝퍼 방법으로 금속 프레스의 동작을 제어한 FB4의 태그 설정과 동일하며, 출력의 태그만 Y1~Y3을 사용한다.	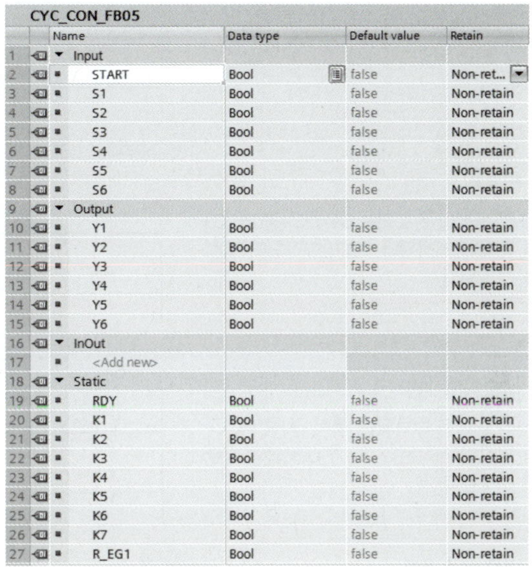
2	**FB5 프로그램 작성** • **네트워크 1번** 프레스 장치의 공압 실린더(A+, B+, C-)가 ON이면, 작업준비 신호 RDY를 ON한다.	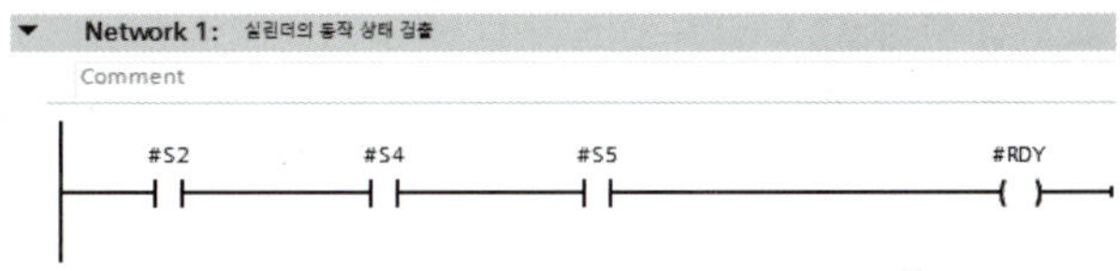
3	• **네트워크 2번** RDY 신호가 ON인 상태에서 시작버튼이 눌리면 A-의 동작이 시작된다. K1은 작업 종료 신호 K7에 의해 OFF된다.	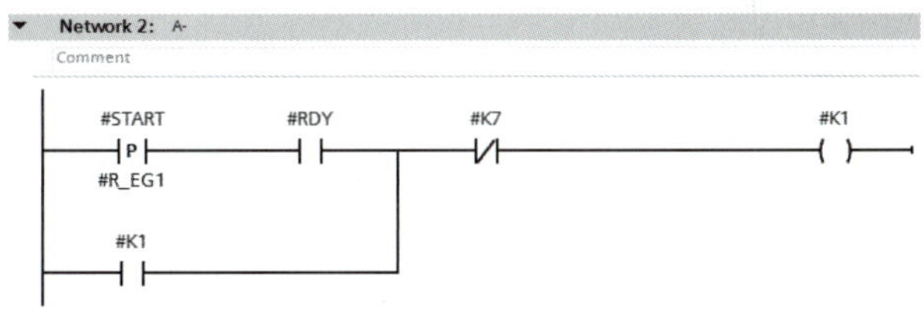
4	• **네트워크 3번** A- 동작이 완료되는 S1이 ON될 때, B-의 동작이 시작된다. K1이 OFF되어야 K2도 OFF된다.	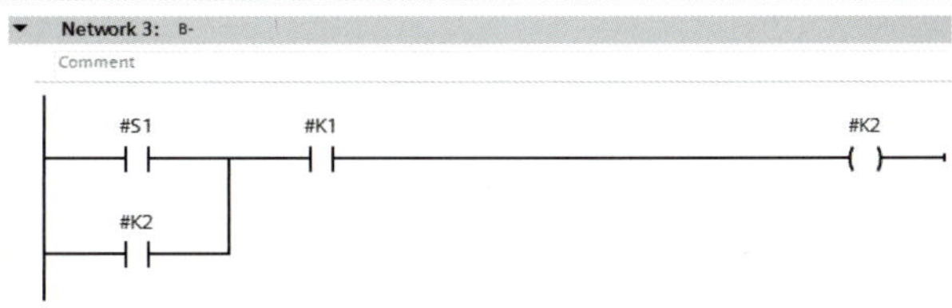

CYC_CON_FB05

	Name	Data type	Default value	Retain
1	▼ Input			
2	START	Bool	false	Non-ret...
3	S1	Bool	false	Non-retain
4	S2	Bool	false	Non-retain
5	S3	Bool	false	Non-retain
6	S4	Bool	false	Non-retain
7	S5	Bool	false	Non-retain
8	S6	Bool	false	Non-retain
9	▼ Output			
10	Y1	Bool	false	Non-retain
11	Y2	Bool	false	Non-retain
12	Y3	Bool	false	Non-retain
13	Y4	Bool	false	Non-retain
14	Y5	Bool	false	Non-retain
15	Y6	Bool	false	Non-retain
16	▼ InOut			
17	<Add new>			
18	▼ Static			
19	RDY	Bool	false	Non-retain
20	K1	Bool	false	Non-retain
21	K2	Bool	false	Non-retain
22	K3	Bool	false	Non-retain
23	K4	Bool	false	Non-retain
24	K5	Bool	false	Non-retain
25	K6	Bool	false	Non-retain
26	K7	Bool	false	Non-retain
27	R_EG1	Bool	false	Non-retain

(계속)

<table>
<tr><td>5</td><td>• 네트워크 4번
B− 동작이 완료되는 S3이 ON될 때, A+의 동작이 시작된다. K2가 OFF되어야 K3이 OFF된다.</td><td>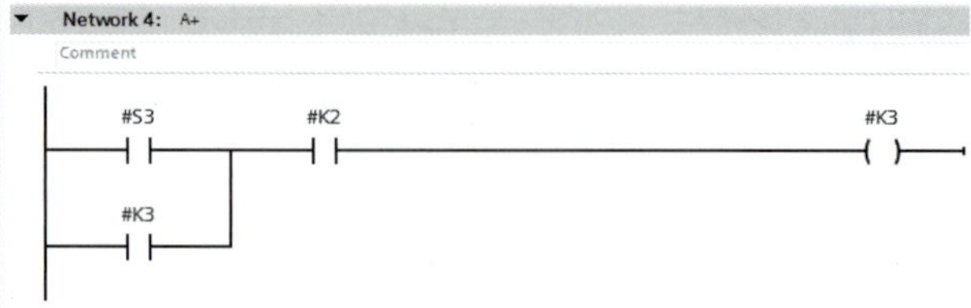</td></tr>
<tr><td>6</td><td>• 네트워크 5번
A+ 동작이 완료되는 S2가 ON될 때, B+의 동작이 시작된다. K3이 OFF되어야 K4가 OFF된다.</td><td>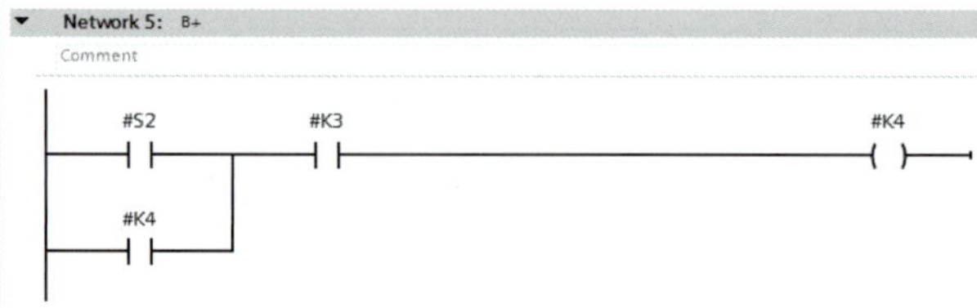</td></tr>
<tr><td>7</td><td>• 네트워크 6번
B+의 동작이 완료되는 S4가 ON될 때, C+의 동작이 시작된다. K4가 OFF되어야 K5가 OFF된다.</td><td>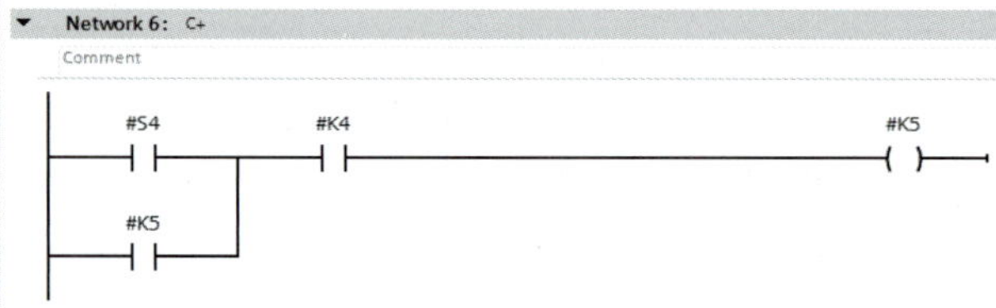</td></tr>
<tr><td>8</td><td>• 네트워크 7번
C+의 동작이 완료되는 S6이 ON될 때, C−의 동작이 시작된다. K5가 OFF되어야 K6이 OFF된다.</td><td>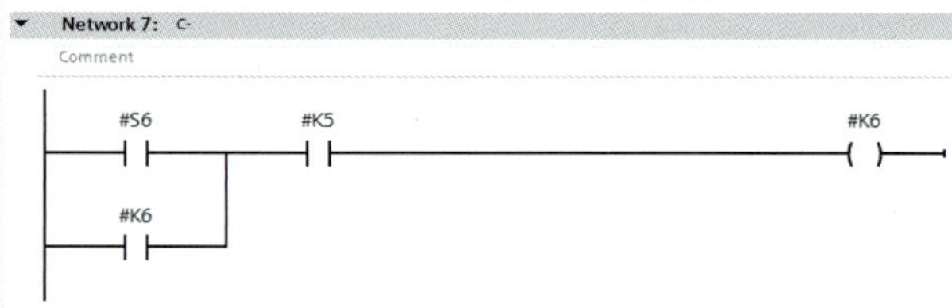</td></tr>
<tr><td>9</td><td>• 네트워크 8번
C−의 동작이 완료되는 S5가 ON될 때, 작업을 종료한다. K3이 OFF되어야 K7이 ON되면서 K1~K6까지 OFF된다.</td><td>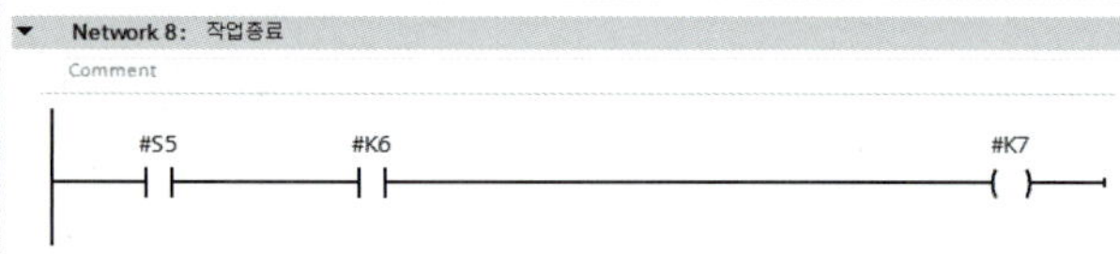</td></tr>
<tr><td>10</td><td>• 네트워크 9번
K1~K6 순서로 ON될 때, 출력도 A−, B−, A+, B+, C+, C−의 순서로 동작한다.</td><td>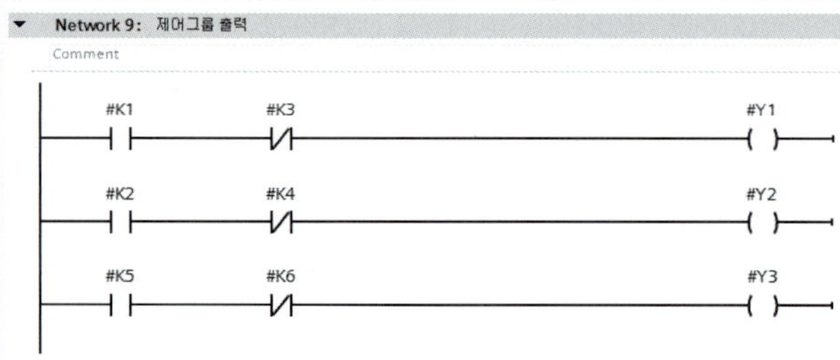</td></tr>
</table>

[그림 8-23]의 편솔 제어 스텝퍼 방식의 동작 타임차트와 [표 8-15]의 프로그램을 비교하면, K1~K7이 어떻게 동작하는지 파악할 수 있을 것이다. 동작 조건이 만족되면 K1~K6까지 순차적으로 연속해서 ON되고, K7이 ON되면 K1~K7이 동시에 OFF되고 있다. 따라서 출력신호가 중첩되기 때문에 [표 8-15]의 네트워크 9번의 출력에 동작의 간섭을 방지하기 위한 인터록interlock 조건을 사용하여 출력을 제어한다.

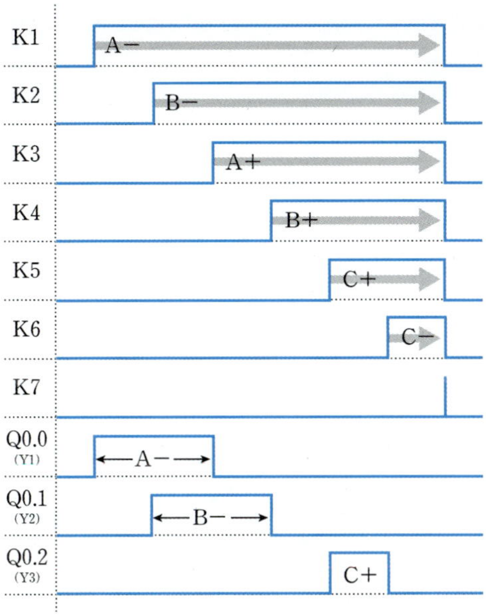

[그림 8-23] 편솔을 사용한 스텝퍼 동작의 타임차트

공압 실린더 제어를 하다보면, 대부분의 경우 편솔과 양솔을 함께 사용한다. 앞에서는 편솔과 양솔을 구분하여 스텝퍼 방식으로 시퀀스 제어 PLC 프로그램을 작성해보았다. 그렇다면 스텝퍼 방식을 사용해 편솔과 양솔을 동시에 제어하는 시퀀스 제어 PLC 프로그램을 작성하려면 어떻게 해야 할까? 이 문제는 [실습과제 8-5]에서 해결할 수 있을 것이다.

실습과제 8-1 타이머를 이용한 램프의 순차 점등

앞에서 학습한 시퀀스 제어회로의 설계방법을 이용하여 일정한 시간 간격으로 램프를 점등하는 동작을 하는 프로그램 작성법에 대해 학습한다.

400m 릴레이(계주) 경주를 예로 들어 시퀀스 제어회로의 설계방법에 대해 살펴보았다. 앞에서 학습한 내용을 바탕으로 일정한 시간 간격으로 램프를 점등하는 PLC 프로그램을 작성해보자.

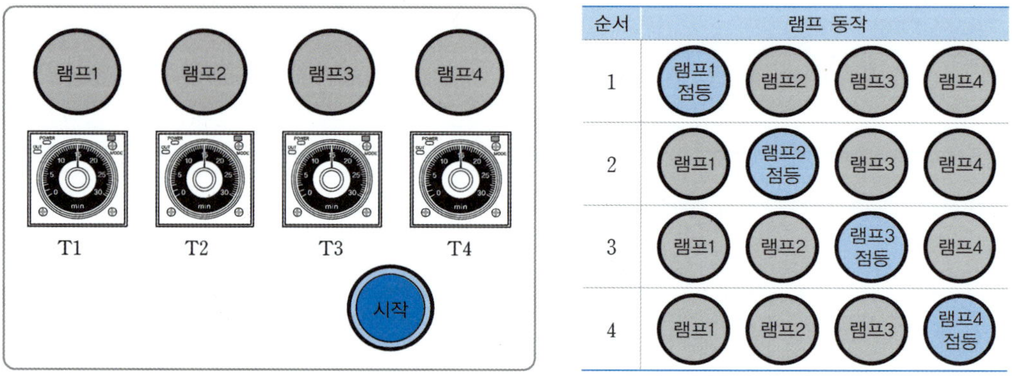

(a) 시퀀스 제어 조작 패널

(b) 램프 점등 동작

[그림 8-24] **타이머를 이용한 램프의 순차 점등 조작 패널 및 동작**

[표 8-16] **PLC 입출력 리스트**

입력	기능	출력	기능
I0.0	시작	Q0.0	램프1
		Q0.1	램프2
		Q0.2	램프3
		Q0.3	램프4

동작 조건

❶ 초기 상태에서는 모든 램프가 소등되어 있다.

❷ 시작버튼을 누르면 [그림 8-24(b)]와 같은 순서로 1초 간격으로 램프가 점등된다.

생각해봅시다

■ 시퀀스 제어동작 PLC 프로그램 작성법

❶ 시퀀스 제어동작 PLC 프로그램을 작성하기 위해서는 먼저 순차적으로 이루어지는 동작의 개수가 몇 개인지를 파악한다.

❷ 시퀀스 제어동작의 개수만큼의 자기유지 회로를 만들고, 추가로 1개의 작업종료 회로를 만든다.

❸ 각각의 자기유지 회로에 셋과 리셋 신호를 기입한다.

■ 시퀀스 제어동작 PLC 프로그램 작성법의 종류

시퀀스 제어동작을 구현하는 PLC 프로그램의 작성법에는 기본적으로 시퀀스 명령을 사용해서 리셋 우선 자기유지 회로를 사용하는 방법, 셋과 리셋 명령을 사용하는 방법이 있고, 또한 PLC의 기본 명령어인 SHL 명령을 사용하는 방법, DECO 명령을 사용하는 방법 등이 있다.

■ SHL 명령어와 메모리 슬라이스 기능

앞에서 살펴본 [표 8-12]의 스텝퍼 방식에 의한 금속 프레스 제어 PLC 프로그램의 K1~K7의 동작을 살펴보면, [표 8-17]처럼 시작버튼과 실린더의 위치를 검출하는 센서의 신호가 발생할 때마다 K1부터 시작해서 K7까지 순차적으로 ON/OFF되고 있음을 확인할 수 있다. K1~K7의 Bool 타입 태그는 시작버튼 또는 실린더의 위치를 검출하는 센서의 동작에 의해 좌측으로 이동(시프트)하는 형태로 동작한다.

[표 8-17] 스텝퍼 방식의 시퀀스 제어 동작 순서

동작 구분	K7	K6	K5	K4	K3	K2	K1
시작버튼이 눌리기 전 초기 상태	0	0	0	0	0	0	0
시작버튼이 눌림	0	0	0	0	0	0	1
실린더 A 후진에 의한 S1 센서 ON	0	0	0	0	0	1	0
실린더 B 후진에 의한 S3 센서 ON	0	0	0	0	1	0	0
실린더 A 전진에 의한 S2 센서 ON	0	0	0	1	0	0	0
실린더 B 전진에 의한 S4 센서 ON	0	0	1	0	0	0	0
실린더 C 전진에 의한 S6 센서 ON	0	1	0	0	0	0	0
실린더 C 후진에 의한 S5 센서 ON	1	0	0	0	0	0	0
작업종료 후의 상태	0	0	0	0	0	0	0

[그림 8-25]는 SHL 명령어의 사용법과 실행 결과를 나타낸 것이다. SHL 명령어는 IN에 설정된 태그를 N으로 지정한 비트 수만큼 좌측으로 시프트시키고, 빈자리에 0을 채우는 기능을 가지고 있다.

(a) SHL 명령어 사용법 (b) SHL 명령어 실행 결과

[그림 8-25] SHL 명령어

[표 8-12]의 자기유지 회로를 이용한 K1~K7까지의 동작을 SHL 명령어로 구현할 수 있다. 자기유지 회로에서는 비트 크기의 Bool 태그를 사용하지만 SHL 명령은 바이트, 워드, 더블워드 크기의 태그를 사용하기 때문에 해당 태그를 비트로 쪼개어 사용할 수 있어야 한다. S7-1500에서 인스턴스 DB 또는 Global DB에서 선언한 Byte, Word, Dword, LWord의 태그는, 필요에 따라 비트, 바이트, 워드 단위로 구분해서 사용할 수 있는 태그 슬라이스 기능을 제공한다. 태그 슬라이스 기능은 한마디로 말하면 바이트, 워드 단위로 선언된 태그를 Bool 타입으로 사용할 수 있다는 의미이다.

[그림 8-26]은 더블워드 타입으로 선언된 태그를 비트, 바이트, 워드 단위로 사용하기 위한 메모리 번지 표현 방법을 나타낸 것이다. 이 기능이 필요한 이유는, SHL 명령을 사용해서 바이트, 워드, 더블워드 타입으로 지정된 태그를 좌측으로 1비트씩 이동시키고, 태그 슬라이스 기능을 이용하여 SHL 명령에 사용된 태그를 비트별로 실린더의 동작을 제어하는 Bool 타입의 태그로 사용하기 위한 것이다.

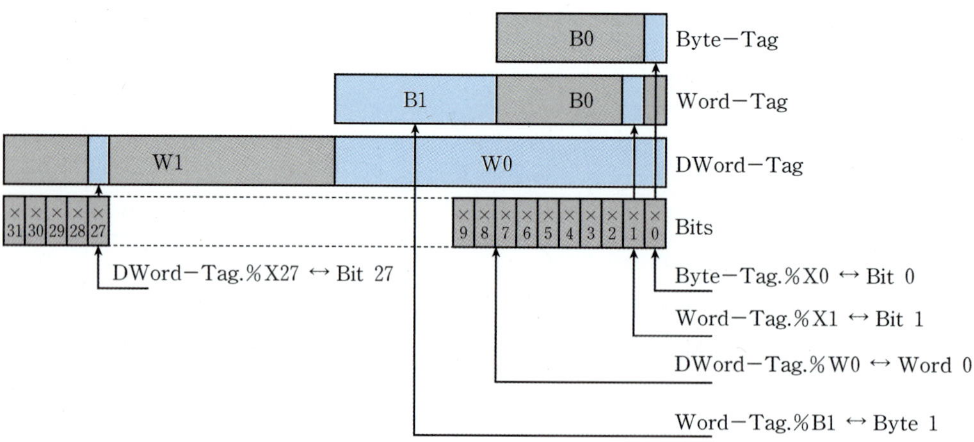

[그림 8-26] 태그 슬라이스에 의한 메모리 번지의 위치

■ DECO 명령어

DECO는 Decoder의 약자로, 2진 코드 형태의 입력을 받아들여 2^n개의 서로 다른 정보로 변환해주는 명령어이다.

[그림 8-27]에 DECO 명령어의 사용법과 실행의 결과를 나타내었다. [그림 8-27(b)]의 도표를 살펴보면 [표 8-17]의 표와 동일함을 확인할 수 있다. 따라서 DECO 명령어를 사용해서 시퀀스 제어동작을 구현할 수 있는 것이다. [그림 8-27]에서 DECO 명령어 IN의 값이 3이면, OUT에 설정된 바이트 크기의 메모리 MB10의 M10.3 비트가 ON된다. DECO 명령에 의해 IN의 입력이 0이면 M10.0이 1이 되기 때문에 시퀀스 제어동작의 PLC 프로그램을 작성할 때에는 OUT에 지정된 태그의 0번 비트는 사용하지 않는다. 시퀀스 제어동작에 DECO 명령어를 사용하는 경우에는, DECO 명령어의 OUT에 지정된 바이트 또는 워드 태그를 [그림 8-26]처럼 슬라이스 기능을 사용하여 비트 단위로 출력되도록 제어한다.

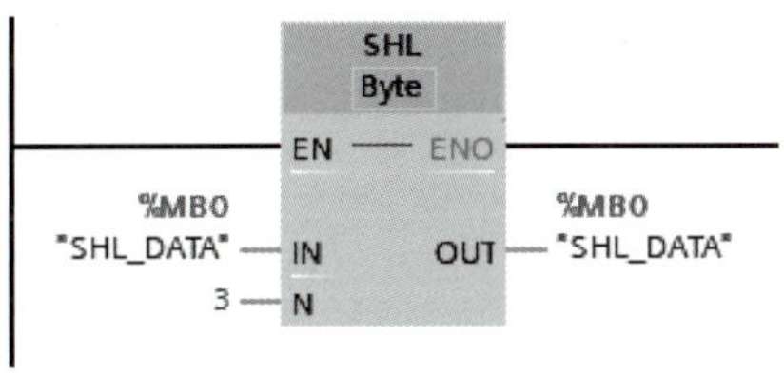

(a) DECO 명령어 사용법

IN	OUT							
	MB10							
	7	6	5	4	3	2	1	0
0	0	0	0	0	0	0	0	1
1	0	0	0	0	0	0	1	0
2	0	0	0	0	0	1	0	0
3	0	0	0	0	1	0	0	0
4	0	0	0	1	0	0	0	0
5	0	0	1	0	0	0	0	0
6	0	1	0	0	0	0	0	0
7	1	0	0	0	0	0	0	0

(b) DECO 명령어 실행 결과

[그림 8-27] **DECO 명령어 사용법 및 실행 결과**

PLC 프로그램 작성법 및 PLC 프로그램

시퀀스 제어동작의 PLC 프로그램을 작성하는 방법은 작성하는 프로그래머의 습관에 따라 자기유지 회로를 사용하는 방법, 셋과 리셋 명령을 사용하는 방법, SHL, DECO 명령어를 사용하는 방법으로 구분할 수 있을 것이다. 이 책에서는 [실습과제 8-1]의 내용을 4가지 방법으로 작성한 사례를 제시할 것이다. 비교해보고 독자들이 이해하기 쉬운 방법을 선택해서 사용하면 된다. 필자는 S7-1500에서 태그 슬라이스 기능을 지원하기 때문에 SHL 명령어를 사용하는 방법을 선호한다.

[표 8-18] 리셋 우선 자기유지 회로를 사용한 PLC 프로그램 작성

<table>
<tr><th>순서</th><th>작업 내용</th><th>작업 화면</th></tr>
<tr><td>1</td><td>FB6 태그 설정

프로그램 작성에 필요한 태그를 선언한다. 시퀀스 제어 동작이 4개로 구성되어 있기 때문에 4개의 자기유지 회로와 1개의 작업 종료 신호를 만들기 위해 Static에 K1~K5를 선언한다.

TON 명령어는 프로그램 작성 중에 멀티 인스턴스 기능으로 Static에 등록한다.</td><td>EXEC_8-1_01_FB06
<table>
<tr><th></th><th>Name</th><th>Data type</th><th>Default value</th><th>Retain</th></tr>
<tr><td>1</td><td>▼ Input</td><td></td><td></td><td></td></tr>
<tr><td>2</td><td>START</td><td>Bool</td><td>false</td><td>Non-retain</td></tr>
<tr><td>3</td><td><Add new></td><td></td><td></td><td></td></tr>
<tr><td>4</td><td>▼ Output</td><td></td><td></td><td></td></tr>
<tr><td>5</td><td>T1_OUT</td><td>Bool</td><td>false</td><td>Non-retain</td></tr>
<tr><td>6</td><td>T2_OUT</td><td>Bool</td><td>false</td><td>Non-retain</td></tr>
<tr><td>7</td><td>T3_OUT</td><td>Bool</td><td>false</td><td>Non-retain</td></tr>
<tr><td>8</td><td>T4_OUT</td><td>Bool</td><td>false</td><td>Non-retain</td></tr>
<tr><td>9</td><td><Add new></td><td></td><td></td><td></td></tr>
<tr><td>10</td><td>▼ InOut</td><td></td><td></td><td></td></tr>
<tr><td>11</td><td><Add new></td><td></td><td></td><td></td></tr>
<tr><td>12</td><td>▼ Static</td><td></td><td></td><td></td></tr>
<tr><td>13</td><td>R_EG1</td><td>Bool</td><td>false</td><td>Non-retain</td></tr>
<tr><td>14</td><td>K1</td><td>Bool</td><td>false</td><td>Non-retain</td></tr>
<tr><td>15</td><td>K2</td><td>Bool</td><td>false</td><td>Non-retain</td></tr>
<tr><td>16</td><td>K3</td><td>Bool</td><td>false</td><td>Non-retain</td></tr>
<tr><td>17</td><td>K4</td><td>Bool</td><td>false</td><td>Non-retain</td></tr>
<tr><td>18</td><td>K5</td><td>Bool</td><td>false</td><td>Non-retain</td></tr>
<tr><td>19</td><td>T1_Q</td><td>Bool</td><td>false</td><td>Non-retain</td></tr>
<tr><td>20</td><td>T2_Q</td><td>Bool</td><td>false</td><td>Non-retain</td></tr>
<tr><td>21</td><td>T3_Q</td><td>Bool</td><td>false</td><td>Non-retain</td></tr>
<tr><td>22</td><td>T4_Q</td><td>Bool</td><td>false</td><td>Non-retain</td></tr>
<tr><td>23</td><td>▶ IEC_Timer_0_Instance</td><td>TON_TIME</td><td></td><td>Non-retain</td></tr>
<tr><td>24</td><td>▶ IEC_Timer_0_Instance.</td><td>TON_TIME</td><td></td><td>Non-retain</td></tr>
<tr><td>25</td><td>▶ IEC_Timer_0_Instance.</td><td>TON_TIME</td><td></td><td>Non-retain</td></tr>
<tr><td>26</td><td>▶ IEC_Timer_0_Instance.</td><td>TON_TIME</td><td></td><td>Non-retain</td></tr>
<tr><td>27</td><td><Add new></td><td></td><td></td><td></td></tr>
</table></td></tr>
<tr><td>2</td><td>FB6 프로그램 작성
• 네트워크 1번
시작버튼이 눌리면 K1을 ON하고, TON을 이용해서 1초의 시간을 계측한다.</td><td>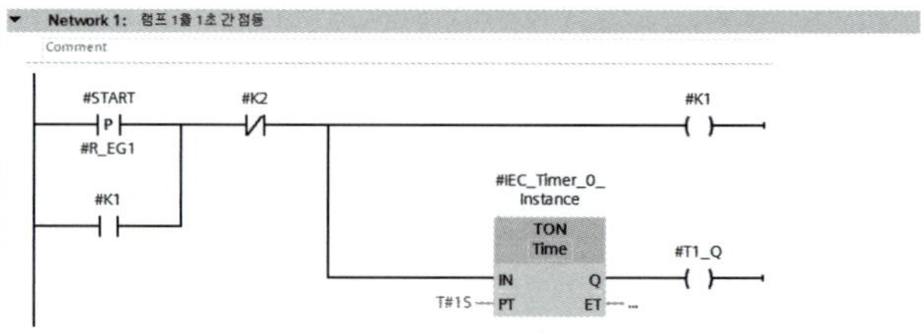
</td></tr>
<tr><td>3</td><td>• 네트워크 2번
네트워크 1번의 타이머에 의해 1초의 시간이 계측되면, T1_Q의 ON과 함께 K2가 ON된다.

<u>TON을 복사해서 사용하면 DB 번지가 중복되어 타이머의 동작에 오류가 발생한다.</u></td><td>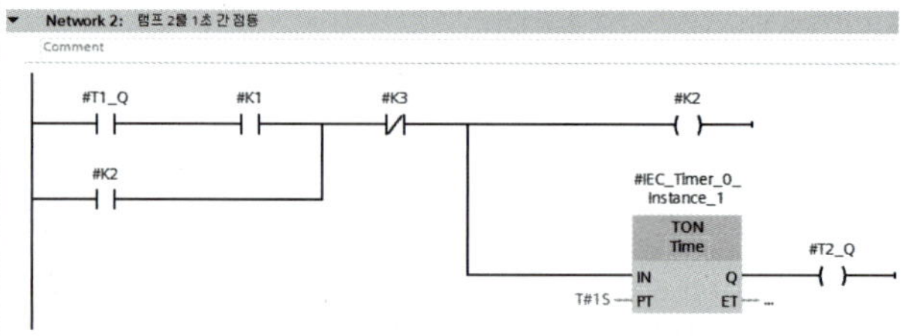
</td></tr>
<tr><td>4</td><td>• 네트워크 3번
네트워크 2번의 타이머에 의해 1초의 시간이 계측되면, T2_Q의 ON과 함께 K3이 ON된다.</td><td>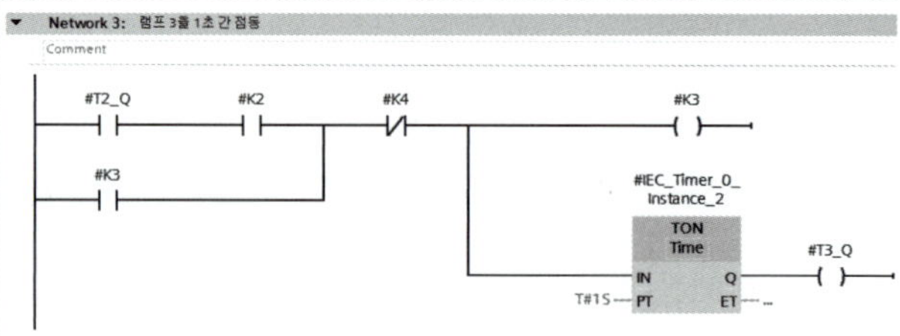
</td></tr>
</table>

(계속)

5

- **네트워크 4번**

네트워크 3번의 타이머에 의한 1초의 시간이 계측되면, T3_Q의 ON과 함께 K4가 ON된다.

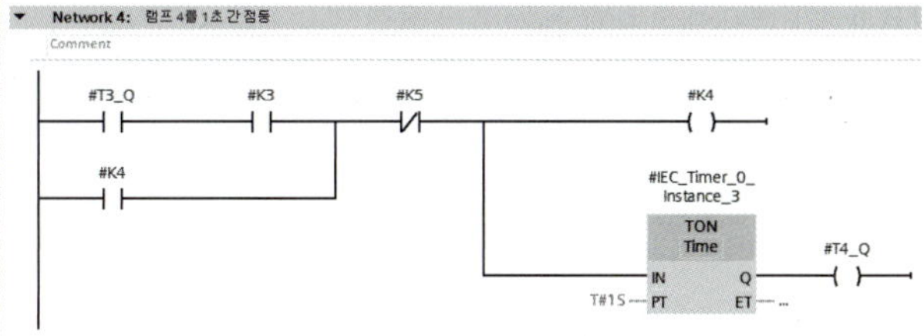

6

- **네트워크 5번**

네트워크 4번의 타이머에 의해 1초의 시간이 계측되면, T4_Q의 ON과 함께 K가 ON되어 작업종료된다.

7

- **네트워크 6번**

K1~K4의 태그를 출력으로 연결하면, 1초 간격으로 램프가 순차적으로 점등된다.

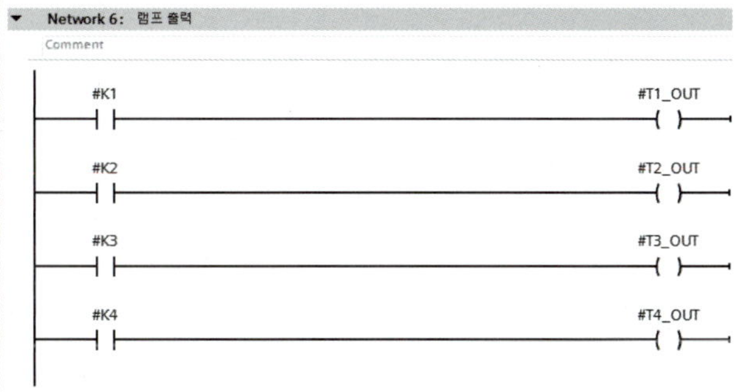

8

FB6 컴파일

컴파일하고 에러가 없는지 확인한다.

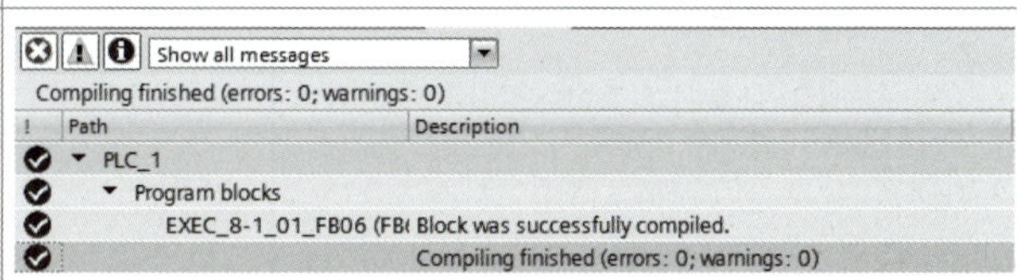

9

OB1에서 FB6 호출

OB1에서 FB6을 호출할 때 입출력 번지를 할당한다.

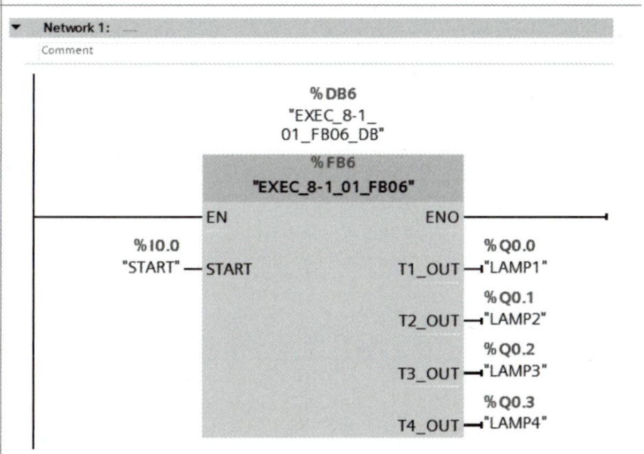

10

OB1 컴파일

OB1을 컴파일하고 에러가 없는지 확인한 후에 CPU로 다운로드하고 동작을 확인한다.

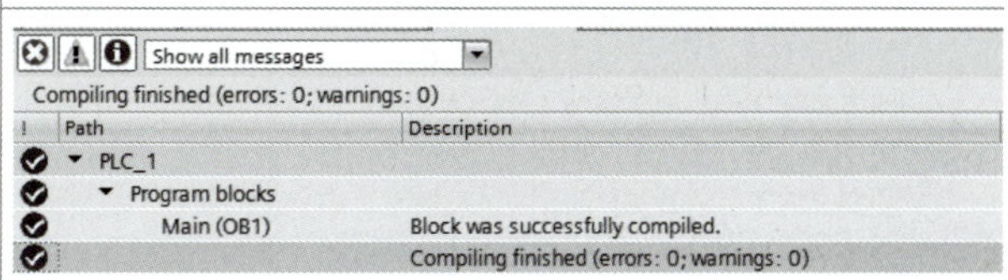

[표 8-19] 셋(Set)과 리셋(Reset)을 사용한 PLC 프로그램 작성

<table>
<tr><th>순서</th><th>작업 내용</th><th>작업 화면</th></tr>
<tr><td>1</td><td>FB7 태그 설정
FB7 내부에서 프로그램 작성에 필요한 태그를 선언한다.

ON_TIME 데이터 타입의 경우, 태그를 설정하는 창에서 멀티 인스턴스 기능을 이용해 TON을 DB로 지정하면 자동으로 Static에 등록되기 때문에 별도의 선언이 필요치 않다.</td><td>
EXEC_8-1_02_FB07
<table>
<tr><th></th><th>Name</th><th>Data type</th><th>Default value</th><th>Retain</th></tr>
<tr><td>1</td><td>▼ Input</td><td></td><td></td><td></td></tr>
<tr><td>2</td><td>START</td><td>Bool</td><td>false</td><td>Non-retain</td></tr>
<tr><td>3</td><td>▼ Output</td><td></td><td></td><td></td></tr>
<tr><td>4</td><td>T1_OUT</td><td>Bool</td><td>false</td><td>Non-retain</td></tr>
<tr><td>5</td><td>T2_OUT</td><td>Bool</td><td>false</td><td>Non-retain</td></tr>
<tr><td>6</td><td>T3_OUT</td><td>Bool</td><td>false</td><td>Non-retain</td></tr>
<tr><td>7</td><td>T4_OUT</td><td>Bool</td><td>false</td><td>Non-retain</td></tr>
<tr><td>8</td><td>▼ InOut</td><td></td><td></td><td></td></tr>
<tr><td>9</td><td><Add new></td><td></td><td></td><td></td></tr>
<tr><td>10</td><td>▼ Static</td><td></td><td></td><td></td></tr>
<tr><td>11</td><td>R_EG1</td><td>Bool</td><td>false</td><td>Non-retain</td></tr>
<tr><td>12</td><td>K1</td><td>Bool</td><td>false</td><td>Non-retain</td></tr>
<tr><td>13</td><td>K2</td><td>Bool</td><td>false</td><td>Non-retain</td></tr>
<tr><td>14</td><td>K3</td><td>Bool</td><td>false</td><td>Non-retain</td></tr>
<tr><td>15</td><td>K4</td><td>Bool</td><td>false</td><td>Non-retain</td></tr>
<tr><td>16</td><td>K5</td><td>Bool</td><td>false</td><td>Non-retain</td></tr>
<tr><td>17</td><td>T1_Q</td><td>Bool</td><td>false</td><td>Non-retain</td></tr>
<tr><td>18</td><td>T2_Q</td><td>Bool</td><td>false</td><td>Non-retain</td></tr>
<tr><td>19</td><td>T3_Q</td><td>Bool</td><td>false</td><td>Non-retain</td></tr>
<tr><td>20</td><td>T4_Q</td><td>Bool</td><td>false</td><td>Non-retain</td></tr>
<tr><td>21</td><td>▸ IEC_Timer_0_Instance</td><td>TON_TIME</td><td></td><td>Non-retain</td></tr>
<tr><td>22</td><td>▸ IEC_Timer_0_Instance.</td><td>TON_TIME</td><td></td><td>Non-retain</td></tr>
<tr><td>23</td><td>▸ IEC_Timer_0_Instance.</td><td>TON_TIME</td><td></td><td>Non-retain</td></tr>
<tr><td>24</td><td>▸ IEC_Timer_0_Instance.</td><td>TON_TIME</td><td></td><td>Non-retain</td></tr>
</table>
</td></tr>
<tr><td>2</td><td>FB7 프로그램 작성
• 네트워크 1번
시작버튼이 눌리면 K1을 자기유지하고, TON을 이용해서 1초의 시간을 계측한다.</td><td>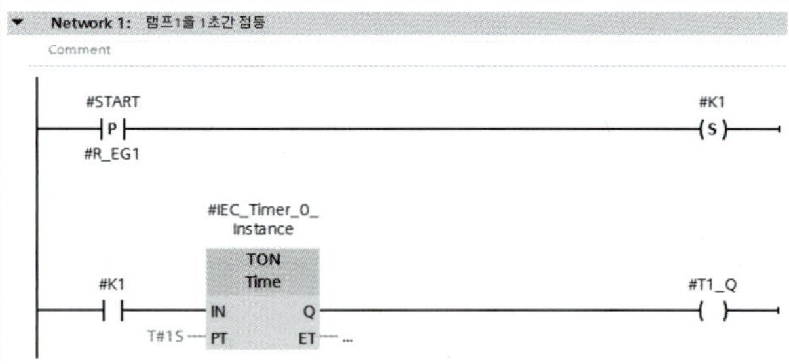
</td></tr>
<tr><td>3</td><td>• 네트워크 2번
네트워크 1번의 타이머에 의해 1초의 시간이 계측되면, T1_Q의 ON과 함께 K1이 리셋되고 K2가 ON된다.</td><td>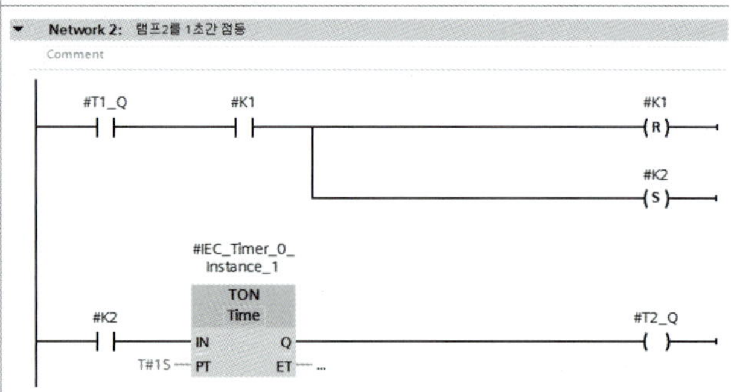
</td></tr>
<tr><td>4</td><td>• 네트워크 3번
네트워크 2번의 타이머에 의해 1초의 시간이 계측되면, T2_Q의 ON과 함께 K2가 리셋되고 K3이 ON된다.</td><td>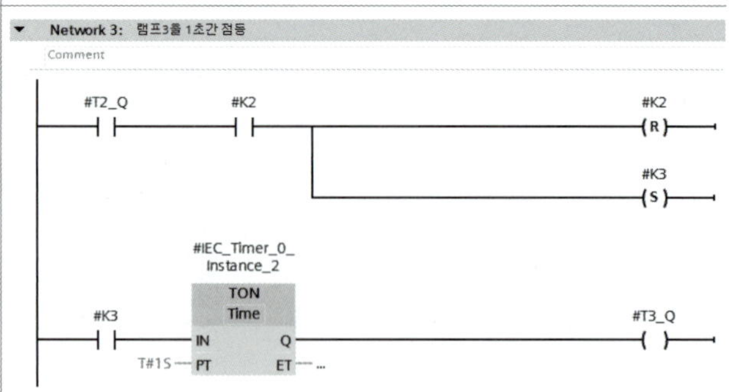
</td></tr>
</table>

(계속)

5	**• 네트워크 4번** 네트워크 3번의 타이머에 의해 1초의 시간이 계측되면, T3_Q의 ON과 함께 K3은 리셋되고 K4가 ON된다.	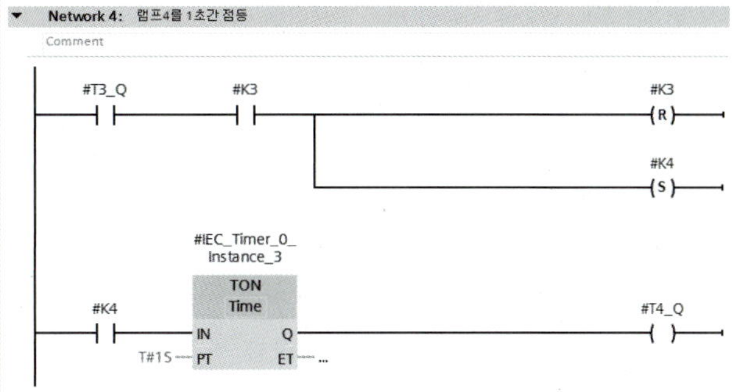
6	**• 네트워크 5번** 네트워크 4번의 타이머에 의해 1초의 시간이 계측되면, T1_Q의 ON과 함께 K4가 리셋되면서 작업이 종료된다.	
7	**• 네트워크 6번** K1~K4의 태그를 출력으로 연결하면 1초 간격으로 램프가 순차적으로 점등한다.	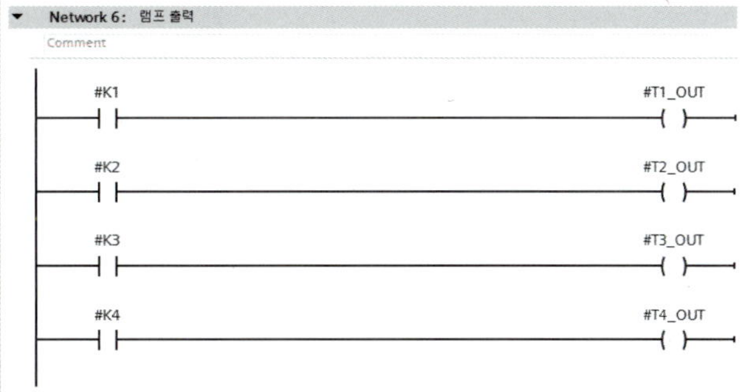
8	**FB7 컴파일** FB7을 컴파일하고 에러가 없는지 확인한다.	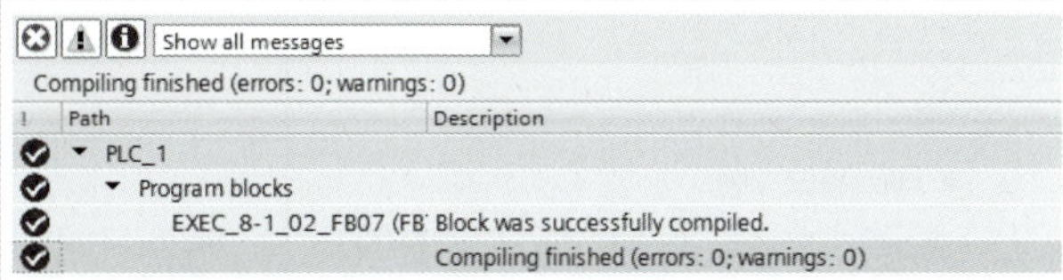
9	**OB1에서 FB7 호출** OB1에서 FB7을 호출하고, 입출력 번지를 할당한다.	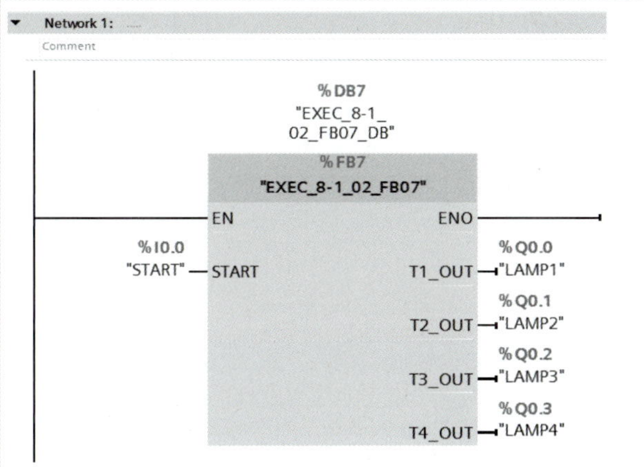
10	**OB1 컴파일** OB1을 컴파일하고 에러가 없는지 확인한 후에 CPU로 다운로드하고 동작을 확인한다.	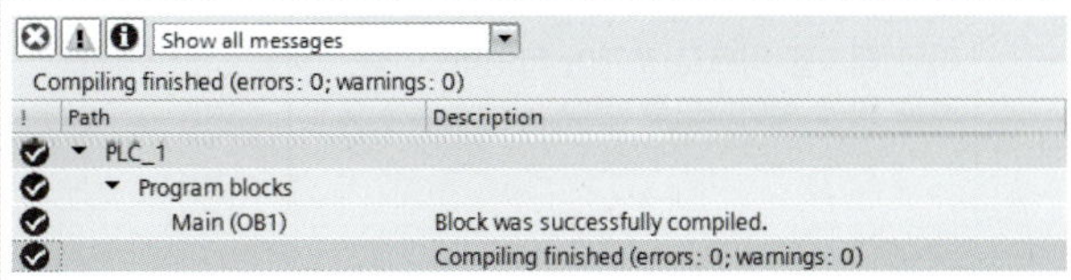

[표 8-20] SHL 명령을 사용한 PLC 프로그램 작성

<table>
<tr><th>순서</th><th>작업 내용</th><th>작업 화면</th></tr>
<tr><td>1</td><td>FB8 태그 설정
FB8 내부에서 프로그램 작성에 필요한 태그를 선언한다.

K1~K4 대신에 시프트에 사용할 바이트 타입의 B_SHL_DATA 태그를 등록하고, 슬라이스 기능을 사용해서 바이트 타입의 태그를 Bool로 사용한다.</td><td>EXEC_8-1_03_FB08
<table>
<tr><th></th><th>Name</th><th>Data type</th><th>Default value</th><th>Retain</th></tr>
<tr><td>1</td><td>▼ Input</td><td></td><td></td><td></td></tr>
<tr><td>2</td><td>START</td><td>Bool</td><td>false</td><td>Non-retain</td></tr>
<tr><td>3</td><td><Add new></td><td></td><td></td><td></td></tr>
<tr><td>4</td><td>▼ Output</td><td></td><td></td><td></td></tr>
<tr><td>5</td><td>T1_LAMP</td><td>Bool</td><td>false</td><td>Non-retain</td></tr>
<tr><td>6</td><td>T2_LAMP</td><td>Bool</td><td>false</td><td>Non-retain</td></tr>
<tr><td>7</td><td>T3_LAMP</td><td>Bool</td><td>false</td><td>Non-retain</td></tr>
<tr><td>8</td><td>T4_LAMP</td><td>Bool</td><td>false</td><td>Non-retain</td></tr>
<tr><td>9</td><td><Add new></td><td></td><td></td><td></td></tr>
<tr><td>10</td><td>▼ InOut</td><td></td><td></td><td></td></tr>
<tr><td>11</td><td><Add new></td><td></td><td></td><td></td></tr>
<tr><td>12</td><td>▼ Static</td><td></td><td></td><td></td></tr>
<tr><td>13</td><td>B_SHL_DATA</td><td>Byte</td><td>16#0</td><td>Non-retain</td></tr>
<tr><td>14</td><td>SHL_SIG</td><td>Bool</td><td>false</td><td>Non-retain</td></tr>
<tr><td>15</td><td>R_EG1</td><td>Bool</td><td>false</td><td>Non-retain</td></tr>
<tr><td>16</td><td>R_EG2</td><td>Bool</td><td>false</td><td>Non-retain</td></tr>
<tr><td>17</td><td>T1_Q</td><td>Bool</td><td>false</td><td>Non-retain</td></tr>
<tr><td>18</td><td>T2_Q</td><td>Bool</td><td>false</td><td>Non-retain</td></tr>
<tr><td>19</td><td>T3_Q</td><td>Bool</td><td>false</td><td>Non-retain</td></tr>
<tr><td>20</td><td>T4_Q</td><td>Bool</td><td>false</td><td>Non-retain</td></tr>
<tr><td>21</td><td>▶ IEC_Timer_0_Instance</td><td>TON_TIME</td><td></td><td>Non-retain</td></tr>
<tr><td>22</td><td>▶ IEC_Timer_0_Instance.</td><td>TON_TIME</td><td></td><td>Non-retain</td></tr>
<tr><td>23</td><td>▶ IEC_Timer_0_Instance.</td><td>TON_TIME</td><td></td><td>Non-retain</td></tr>
<tr><td>24</td><td>▶ IEC_Timer_0_Instance.</td><td>TON_TIME</td><td></td><td>Non-retain</td></tr>
<tr><td>25</td><td><Add new></td><td></td><td></td><td></td></tr>
</table></td></tr>
<tr><td>2</td><td>FB8 프로그램 작성
• 네트워크 1번
시작버튼이 눌리면 시프트할 태그의 값을 16#01로 설정한다.</td><td>Network 1: START버튼이 눌러지면 시프트할 태그(B_SHL_DATA)에 16#01을 등록한다.
Comment
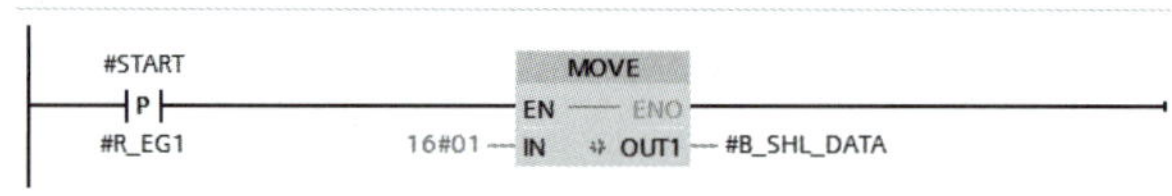</td></tr>
<tr><td>3</td><td>• 네트워크 2번
슬라이스 번지로 'B_SHL_DATA.X0'을 직접 입력해야 하며, % 기호는 자동으로 부여된다.

SHL 명령은 펄스신호로 동작해야 하기 때문에 펄스 출력 처리한다.

작업종료가 되면 바이트 태그를 초기화한다.</td><td>Network 2: 타이머가 동작할 때 마다 상승 에지 펄스 신호를 만들고 SHL명령어 실행
바이트 데이터 슬라이스 기능을 사용한다. B_SHL_DATA.X3의 비트가 ON되고 T4_Q가 ON될때 작업종료
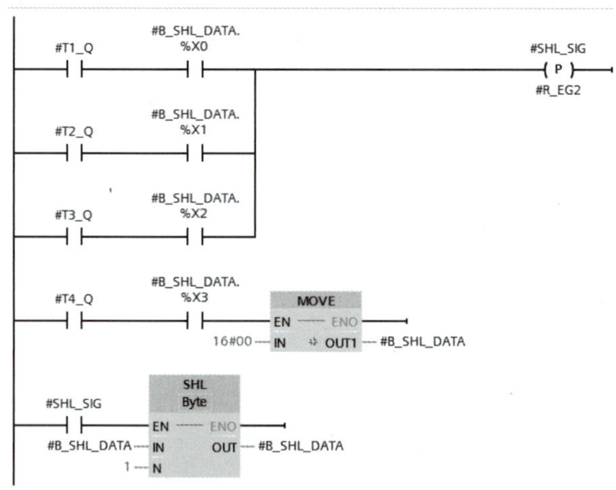</td></tr>
<tr><td>4</td><td>• 네트워크 3번
바이트 태그가 SHL 명령에 의해 좌측으로 시프트되면, 슬라이스 기능을 사용하여 바이트 태그를 비트로 쪼개어 타이머와 출력을 함께 제어하도록 한다.</td><td>Network 3: B_SHL_DATA의 비트 슬라이스 기능을 사용해서 타이머와 램프 출력 제어
Comment
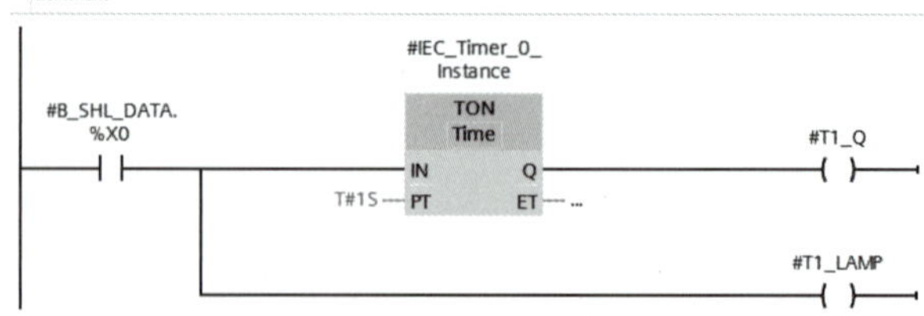</td></tr>
</table>

(계속)

		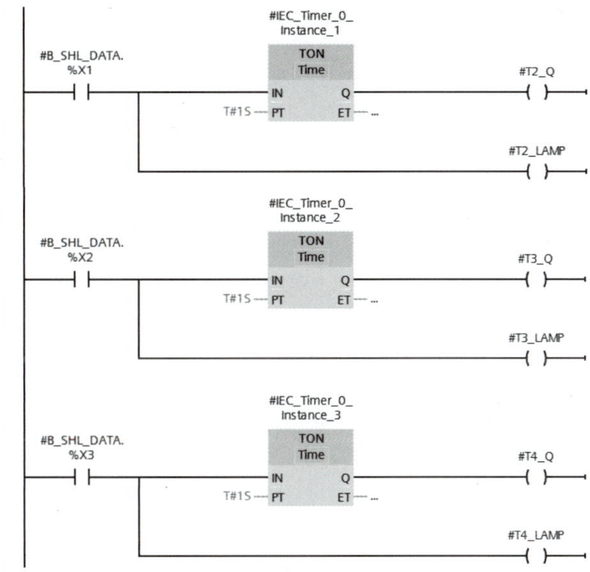
5	**FB8 컴파일** 김파일하고 에러가 없는지 확인한다.	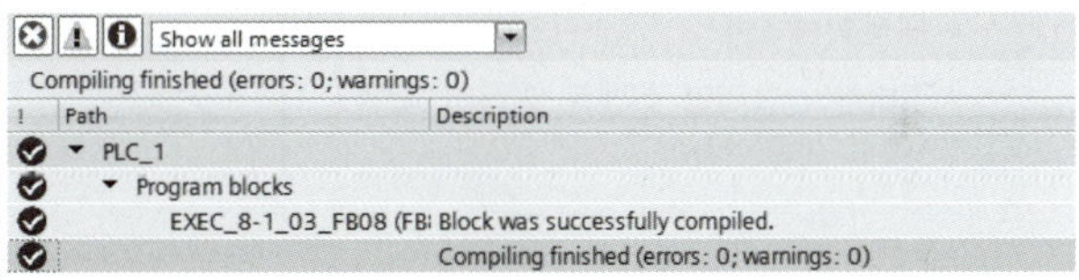
6	**OB1에서 FB8 호출** OB1에서 FB8을 호출할 때 입출력 번지를 할당한다.	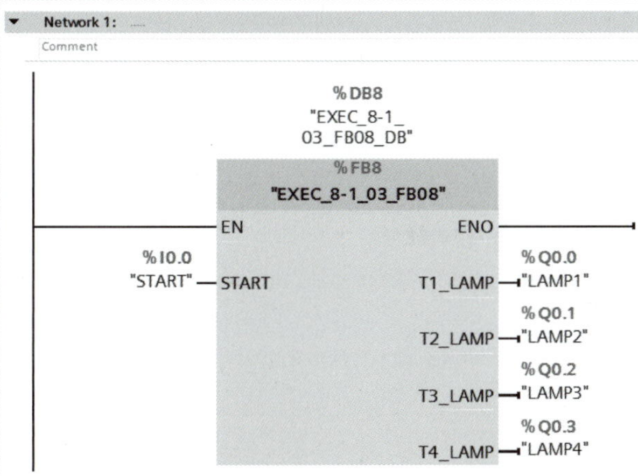
7	**OB1 컴파일** OB1을 컴파일하고 에러가 없는지 확인한 후에 CPU로 다운로드하고 동작을 확인한다.	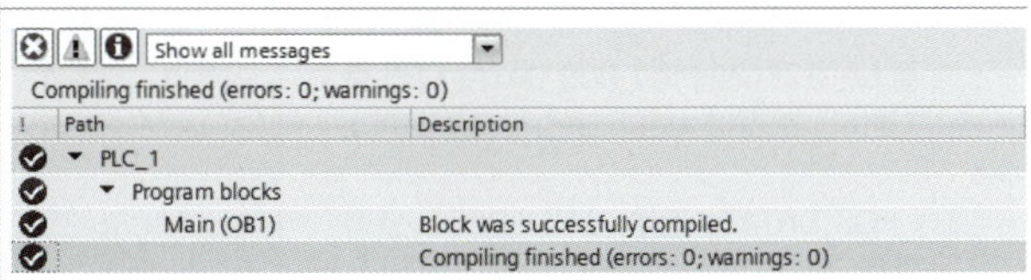

[표 8-21] DECO 명령을 사용한 PLC 프로그램 작성

<table>
<tr><th>순서</th><th>작업 내용</th><th>작업 화면</th></tr>
<tr><td>1</td><td>FB9 태그 설정
FB9 내부에서 프로그램 작성에 필요한 태그를 선언한다.

DECO에서 사용할 태그 I_POS_DATA와 W_DECO_DATA를 등록한다.

I_POS_DATA는 이벤트 발생 횟수를 카운트하기 위한 태그이고, W_DECO_DATA는 DECO 명령에 의한 비트를 ON하기 위한 태그이다.</td><td>
EXEC_8-1_04_FB09
<table>
<tr><th></th><th>Name</th><th>Data type</th><th>Default value</th><th>Retain</th></tr>
<tr><td>7</td><td>T3_LAMP</td><td>Bool</td><td>false</td><td>Non-retain</td></tr>
<tr><td>8</td><td>T4_LAMP</td><td>Bool</td><td>false</td><td>Non-retain</td></tr>
<tr><td>9</td><td><Add new></td><td></td><td></td><td></td></tr>
<tr><td>10</td><td>▾ InOut</td><td></td><td></td><td></td></tr>
<tr><td>11</td><td><Add new></td><td></td><td></td><td></td></tr>
<tr><td>12</td><td>▾ Static</td><td></td><td></td><td></td></tr>
<tr><td>13</td><td>I_POS_DATA</td><td>UInt</td><td>0</td><td>Non-retain</td></tr>
<tr><td>14</td><td>W_DECO_DATA</td><td>Word</td><td>16#0</td><td>Non-retain</td></tr>
<tr><td>15</td><td>DECO_SIG</td><td>Bool</td><td>false</td><td>Non-retain</td></tr>
<tr><td>16</td><td>R_EG1</td><td>Bool</td><td>false</td><td>Non-retain</td></tr>
<tr><td>17</td><td>R_EG2</td><td>Bool</td><td>false</td><td>Non-retain</td></tr>
<tr><td>18</td><td>T1_Q</td><td>Bool</td><td>false</td><td>Non-retain</td></tr>
<tr><td>19</td><td>T2_Q</td><td>Bool</td><td>false</td><td>Non-retain</td></tr>
<tr><td>20</td><td>T3_Q</td><td>Bool</td><td>false</td><td>Non-retain</td></tr>
<tr><td>21</td><td>T4_Q</td><td>Bool</td><td>false</td><td>Non-retain</td></tr>
<tr><td>22</td><td>▸ IEC_Timer_0_Instance</td><td>TON_TIME</td><td></td><td>Non-retain</td></tr>
<tr><td>23</td><td>▸ IEC_Timer_0_Instance.</td><td>TON_TIME</td><td></td><td>Non-retain</td></tr>
<tr><td>24</td><td>▸ IEC_Timer_0_Instance.</td><td>TON_TIME</td><td></td><td>Non-retain</td></tr>
<tr><td>25</td><td>▸ IEC_Timer_0_Instance.</td><td>TON_TIME</td><td></td><td>Non-retain</td></tr>
<tr><td>26</td><td><Add new></td><td></td><td></td><td></td></tr>
</table>
</td></tr>
<tr><td>2</td><td>FB9 프로그램 작성
• 네트워크 1번
시작버튼이 눌리면 이벤트 카운터 값을 16#01로 설정한다.</td><td>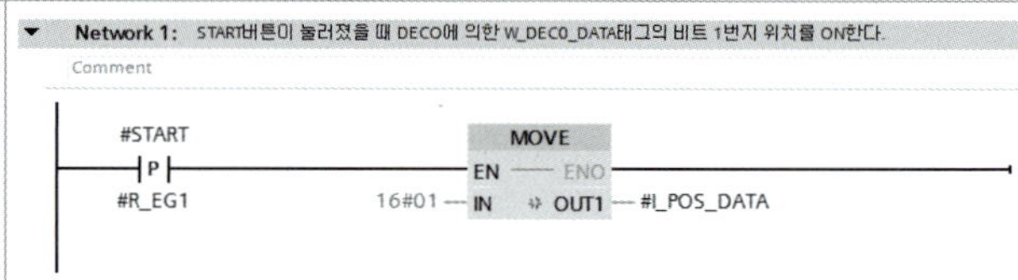
</td></tr>
<tr><td>3</td><td>• 네트워크 2번
이벤트가 발생할 때마다 DECO에 의해 W_DECO_DATA의 비트 데이터가 ON된다.

W_DECO_DATA.X0은 사용할 수 없으며, X1 번지부터 사용한다.</td><td>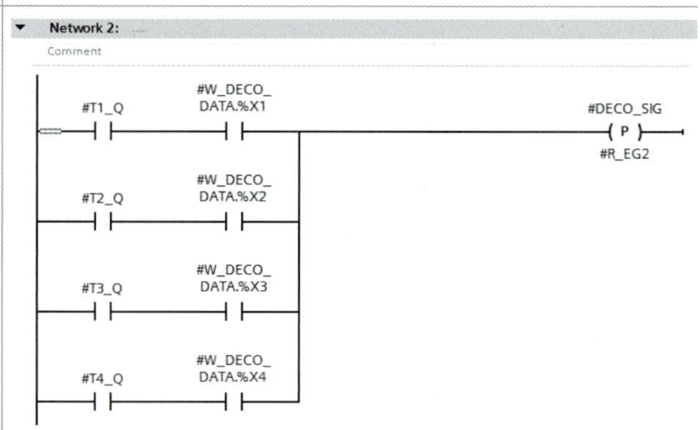
</td></tr>
<tr><td>4</td><td>펄스신호가 ON될 때 I_POS_DATA는 1씩 증가한다. 그 값이 4보다 크면 작업종료한다.

I_POS_DATA의 값을 가지고 DECO 명령으로 W_DECO_DATA의 비트를 ON한다.</td><td>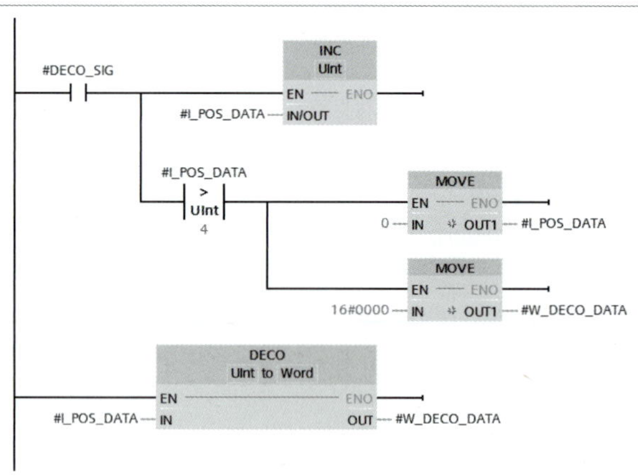
</td></tr>
</table>

(계속)

<table>
<tr><td>5</td><td>

• **네트워크 3번**

DECO 명령에 의해 W_DECO_DATA의 해당 비트가 ON되면 슬라이스 기능을 사용해 비트로 쪼개어 타이머와 출력을 함께 제어하도록 한다.

</td><td>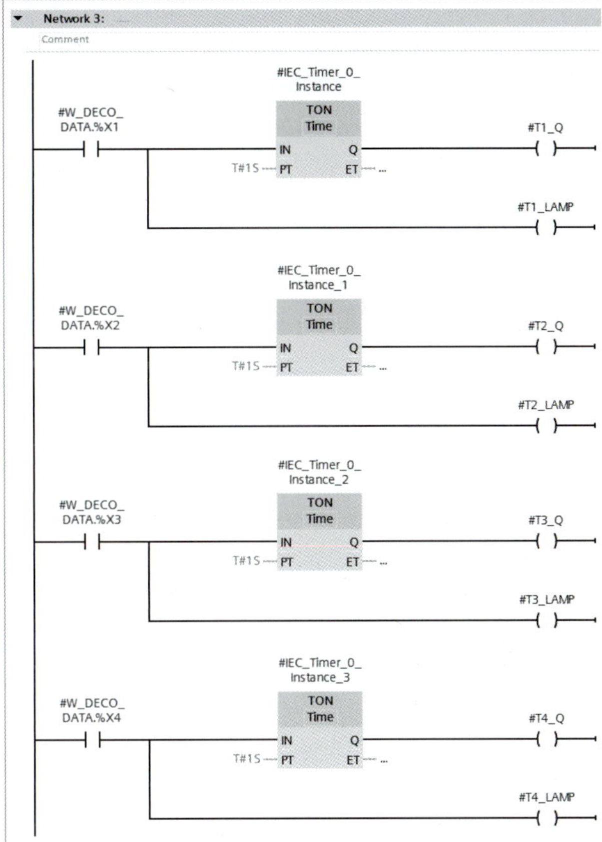
</td></tr>
<tr><td>6</td><td>

FB9 컴파일

FB9를 컴파일하고 에러가 없는지 확인한다.

</td><td>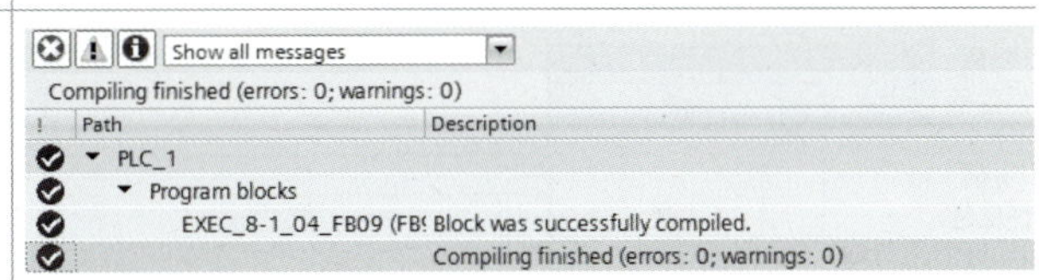
</td></tr>
<tr><td>7</td><td>

OB1에서 FB9 호출

OB1에서 FB9를 호출할 때 입출력 번지를 할당한다.

</td><td>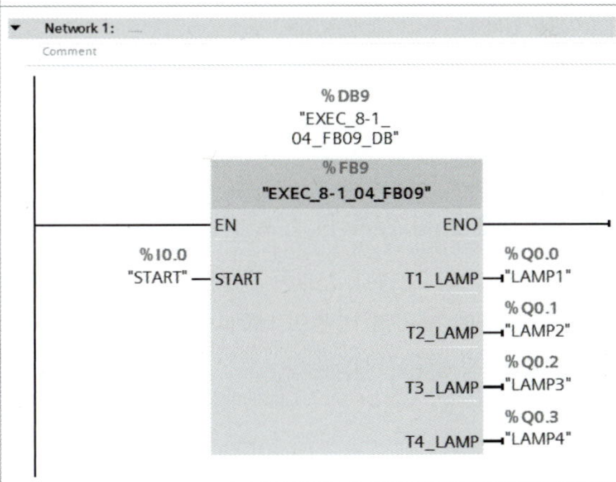
</td></tr>
<tr><td>8</td><td>

OB1 컴파일

OB1을 컴파일하고 에러가 없는지 확인한 후에 CPU로 다운로드하고 동작을 확인한다.

</td><td>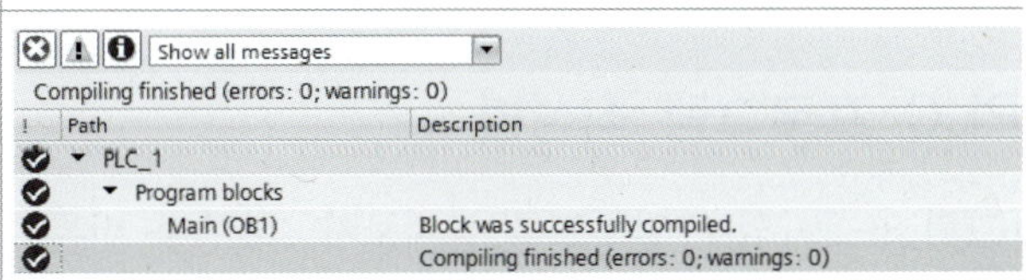
</td></tr>
</table>

실습과제 8-2 SET과 RST을 이용한 시퀀스 제어

SET과 RST 명령을 사용해서 정해진 순서대로 작동하는 신호등 제어 PLC 프로그램을 작성한다.

인적이 드문 도로에 설치된 횡단보도는 일정한 시간 간격으로 신호등이 동작하는 게 아니라, 신호등 기둥에 설치된 보행자 버튼을 눌렀을 때 [그림 8-29]의 타임차트처럼 동작한다. 이러한 프로그램을 작성해보자.

(a) 보행자 신호등

입력	기능	출력	기능
I0.0	보행자 버튼	Q0.0	보행자 적색 램프
I0.1	보행자 버튼	Q0.1	보행자 녹색 램프

(b) PLC 입출력 리스트

[그림 8-28] 보행자 신호등 제어

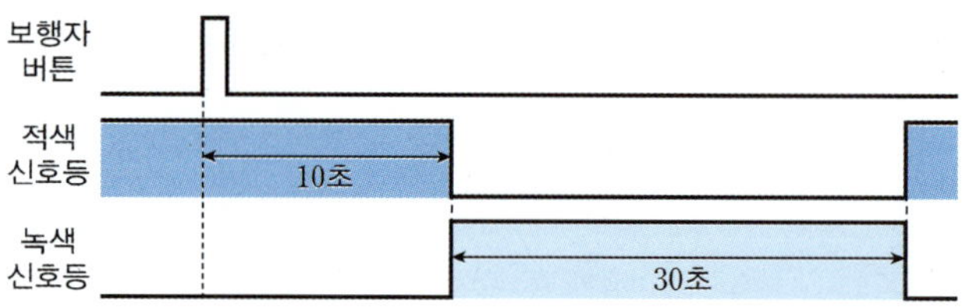

[그림 8-29] 보행자 신호등 동작 타임차트

동작 조건

❶ 보행자 버튼은 길 양쪽 편 신호등에 설치되므로, 한 횡단보도에 총 2개가 설치된다.

❷ [그림 8-29]의 보행자 신호등 동작 타임차트와 같이 평상시에는 적색등이 점등되어 있다가, 보행자 버튼이 눌리면 10초의 대기시간이 지난 후에 녹색 램프가 30초간 점등된다. 그 후에 소등과 함께 적색등이 점등된다.

PLC 프로그램 작성법

[그림 8-29]의 타임차트를 살펴보자. 보행자 버튼이 눌리면 신호등에서는 2개의 동작이

순서대로 실행된다. 따라서 주어진 동작을 PLC 프로그램으로 구현하기 위해서는 2개의 동작을 제어하기 위한 2개의 자기유지 회로가 필요하다. 첫 번째 자기유지 회로의 셋 입력은 보행자 버튼이 되고, 첫 번째 자기유지 회로에 의해 동작하는 10초 타이머의 출력 접점이 첫 번째 자기유지 회로의 리셋 입력과 두 번째 자기유지 회로의 셋 입력이 된다. 그리고 두 번째 자기유지 회로에 의해 동작하는 30초 타이머의 출력이 두 번째 자기유지 회로의 리셋 입력이 되는 형태로 프로그램이 구성된다.

FB의 구조

보행자 신호등 제어를 위한 프로그램은 FB10에서 작성한다. FB10의 외형은 [표 8-22] 처럼 2개의 입력과 2개의 출력을 갖는 구조로 만들어진다. 프로그램의 동작 조건이 2개로 구성되어 있기 때문에 2개의 Bool 태그 K1과 K2가 필요하다.

[표 8-22] 보행자 신호등 제어를 위한 FB의 구조

FB10의 외형	명칭	구분	명칭	구분
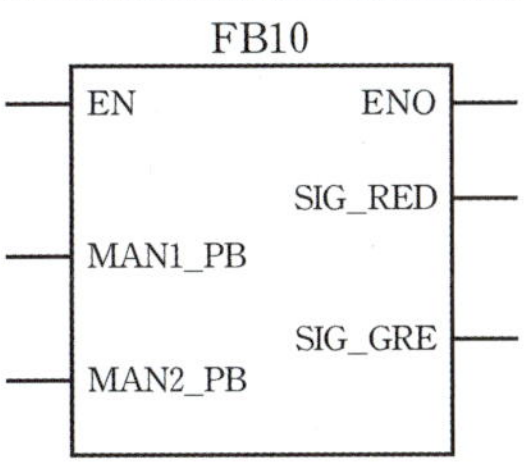	MAN1_PB (보행자 버튼)	IN	SIG_RED 보행자 적색 신호등	OUT
	MAN2_PB (보행자 버튼)	IN	SIG_GRE 보행자 녹색 신호등	OUT

[표 8-23] 보행자 신호등 제어 PLC 프로그램 작성

순서	작업 내용	작업 화면
1	**FB10 태그 설정** FB10 내부에서 프로그램 작성에 필요한 태그를 선언한다.	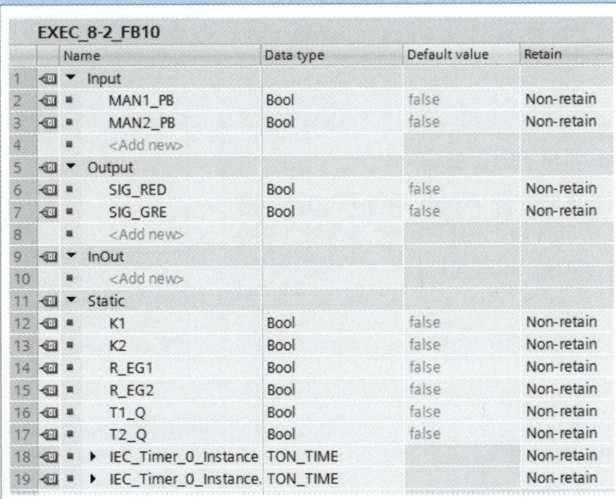

EXEC_8-2_FB10

	Name	Data type	Default value	Retain
1	▼ Input			
2	MAN1_PB	Bool	false	Non-retain
3	MAN2_PB	Bool	false	Non-retain
4	<Add new>			
5	▼ Output			
6	SIG_RED	Bool	false	Non-retain
7	SIG_GRE	Bool	false	Non-retain
8	<Add new>			
9	▼ InOut			
10	<Add new>			
11	▼ Static			
12	K1	Bool	false	Non-retain
13	K2	Bool	false	Non-retain
14	R_EG1	Bool	false	Non-retain
15	R_EG2	Bool	false	Non-retain
16	T1_Q	Bool	false	Non-retain
17	T2_Q	Bool	false	Non-retain
18	▸ IEC_Timer_0_Instance	TON_TIME		Non-retain
19	▸ IEC_Timer_0_Instance.	TON_TIME		Non-retain

(계속)

2

FB10 프로그램 작성

- **네트워크 1번**

보행자 버튼이 눌릴 때 신호등의 동작 상태를 확인한다. 신호등이 동작 중이 아니면 K1을 셋하고 10초를 계측하기 위한 타이머를 동작시킨다.

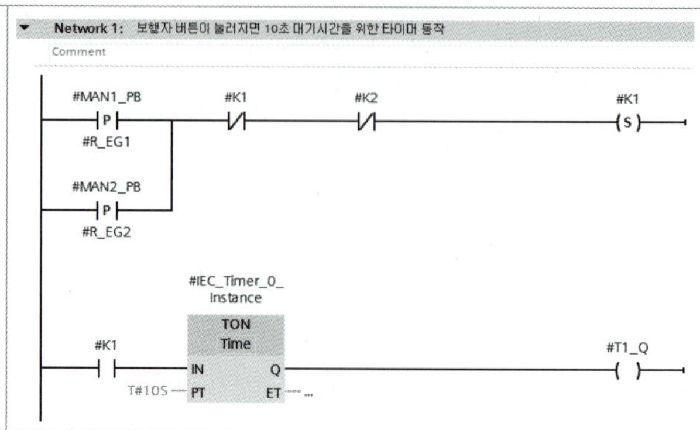

3

- **네트워크 2번**

T1_Q가 ON되면 K1은 리셋(RST), K2는 셋(SET)이 되어 30초 타이머를 동작시킨다. 30초 타이머가 ON되면 작업을 종료하기 위해 K2를 리셋한다.

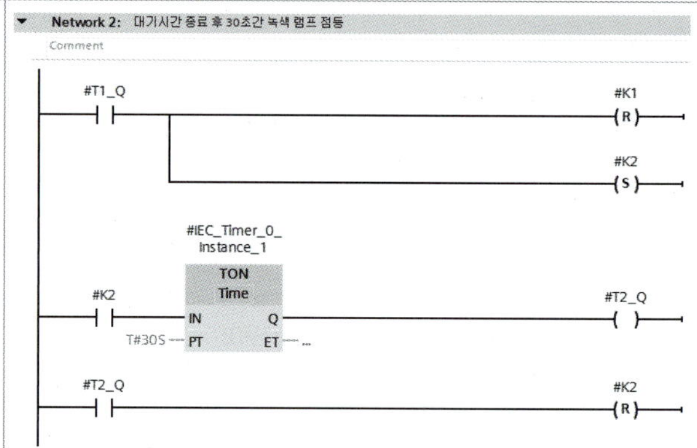

4

- **네트워크 3번**

신호등의 적색과 녹색램프의 동작을 제어한다.

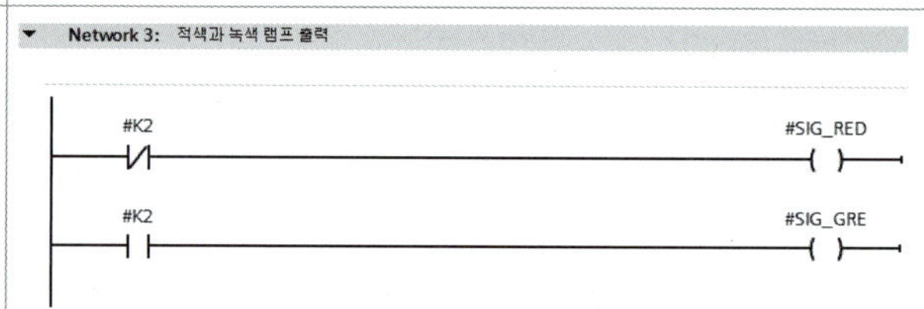

5

FB10 컴파일

FB9를 컴파일하고 에러가 없는지 확인한다.

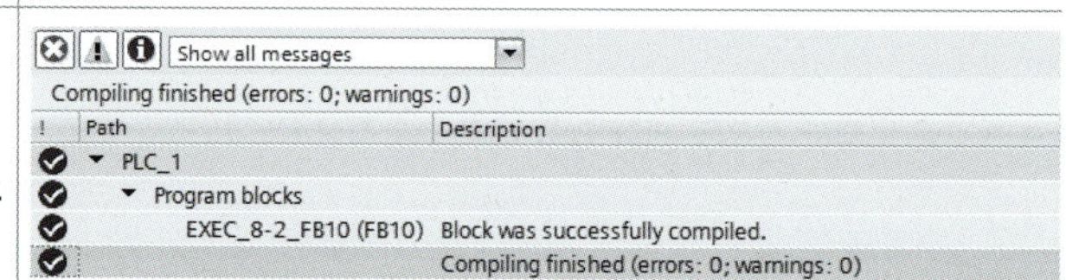

6

OB1에서 FB10 호출

보행자 신호등 제어를 위한 FB10을 실행하기 위해 OB1에서 FB10을 호출하고 입출력 번지를 지정한다.

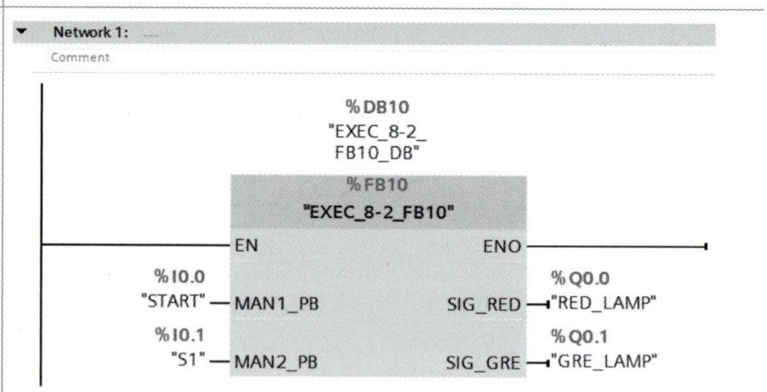

7

OB1 컴파일

OB1을 컴파일하고 에러가 없는지 확인한 후에 CPU로 다운로드하고 동작을 확인한다.

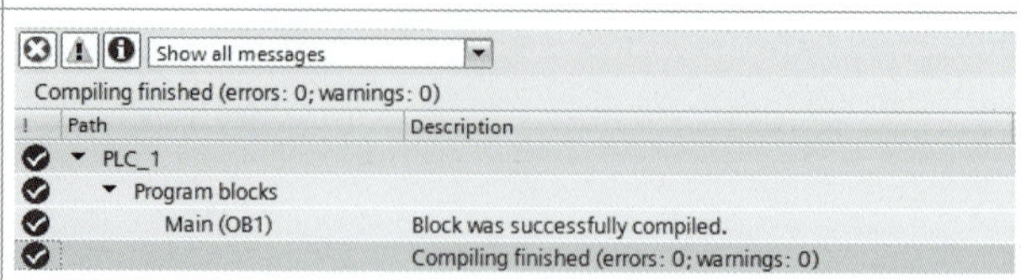

실습과제 8-3 SHL 명령을 이용한 시퀀스 제어 1

일정한 시간 간격으로 램프가 점등하는 프로그램 작성법에 대해 학습한다.

보행자 신호등과 함께 차량용 신호등 제어도 함께 해보자. 차량용 신호등에는 보행자 신호등과 다르게 신호 변경을 사전에 알리기 위한 황색등이 추가되어 있다. 따라서 보행자의 녹색등이 점등되기 전에 차량용 신호등에 황색등이 먼저 점등되어야 한다. 주어진 동작 조건과 타임차트를 만족하는 PLC 프로그램을 작성해보자.

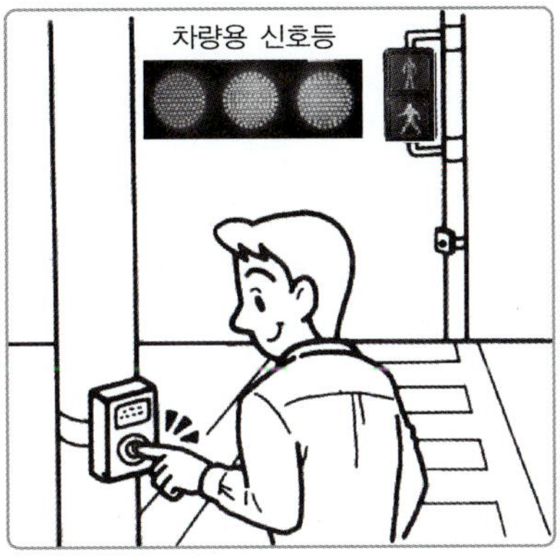

(a) 보행자 및 차량용 신호등

입력	기능	출력	기능
I0.0	보행자 버튼	Q0.0	보행자 적색 램프
I0.1	보행자 버튼	Q0.1	보행자 녹색 램프
		Q0.2	차량용 녹색 램프
		Q0.3	차량용 황색 램프
		Q0.4	차량용 적색 램프

(b) PLC 입출력 리스트

[그림 8-30] 보행자 신호등 제어

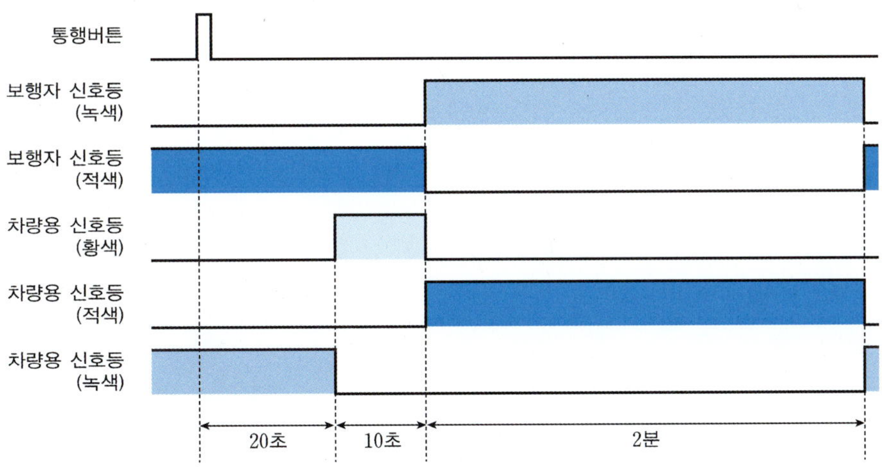

[그림 8-31] 신호등 동작 타임차트

동작 조건

❶ [그림 8-31]의 타임차트와 같이 초기 조건에서 차량용 신호등은 녹색 점등, 보행자용 신호등은 적색 점등이다.

❷ 보행자 통행 버튼을 누르면 20초 후 차량용 신호등에 황색등이 점등되고, 이 상태가 10초간 지속되다가 적색등이 점등된다.

❸ 차량용 신호등의 적색등이 점등됨과 동시에 보행자용 녹색등이 2분간 점등된다.

❹ 보행자 통행 버튼을 눌러 보행자용 신호등 변경을 위한 동작이 이루어지는 동안(통행버튼을 누른 후 2분 30초 동안)에는 통행 버튼이 눌려도 해당 입력신호를 무시한다.

PLC 프로그램 작성법

[그림 8-31]의 타임차트를 살펴보면, 보행자 버튼이 눌린 후 신호등에서는 3개의 동작이 순차적으로 이루어지므로 3개의 동작을 제어하기 위한 자기유지 회로가 필요하다. 이때 해결 조건이 SHL 명령을 사용하는 것이기 때문에 바이트 타입의 태그를 사용하고, 슬라이스 기능을 사용하여 비트로 쪼개어서 신호등 출력에 사용한다. 보행자 버튼이 눌리면, SHL 명령이 사용되는 바이트 태그를 강제로 1로 설정해서 첫 번째 제어동작을 실행한다. 두 번째 동작부터는 SHL 명령을 사용해서 두 번째와 세 번째의 제어동작이 실행될 수 있도록 프로그램을 구성한다.

FB의 구조

보행자 신호등 제어를 위한 프로그램은 FB11에서 작성한다. FB11의 외형은 2개의 입력과 5개의 출력을 갖는 구조이다.

[표 8-24] 보행자 신호등 제어를 위한 FB의 구조

FB11의 외형	명칭	구분	명칭	구분
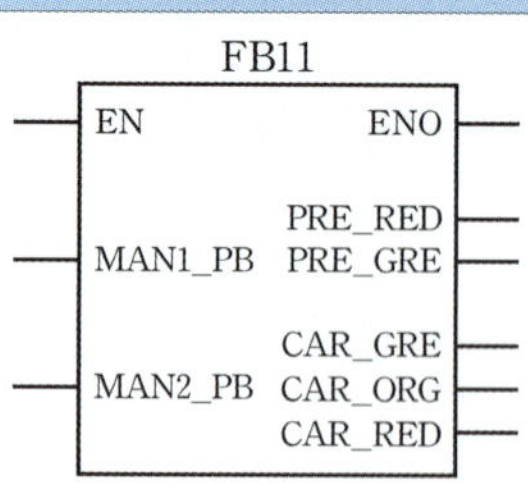	MAN1_PB	IN	PRE_RED_LAMP	OUT
	MAN2_PB	IN	PRE_GRE_LAMP	OUT
			CAR_GRE_LAMP	OUT
			CAR_ORG_LAMP	OUT
			CAR_RED_LAMP	OUT

[표 8-25] 보행자 신호등 SHL 명령어 사용 PLC 프로그램 작성

<table>
<tr><th>순서</th><th>작업 내용</th><th>작업 화면</th></tr>
<tr><td>1</td><td>FB11 태그 설정
SHL 명령을 사용해서 시퀀스 제어 동작을 구현하기 위해 FB11에 B_SHL_DATA 명칭의 바이트 타입 태그를 선언한다.</td><td>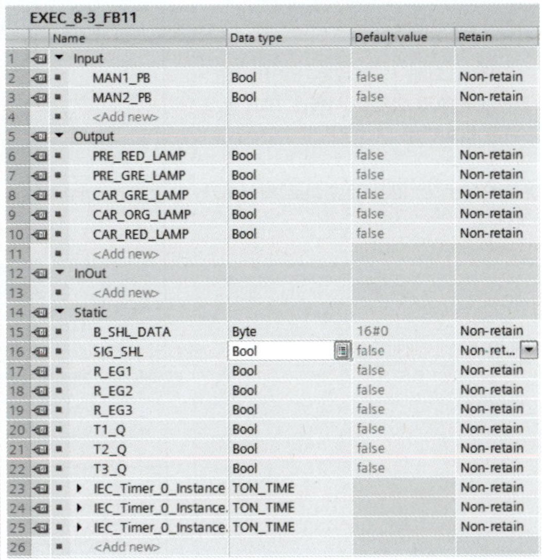
EXEC_8-3_FB11
<table>
<tr><th></th><th>Name</th><th>Data type</th><th>Default value</th><th>Retain</th></tr>
<tr><td>1</td><td>▼ Input</td><td></td><td></td><td></td></tr>
<tr><td>2</td><td>MAN1_PB</td><td>Bool</td><td>false</td><td>Non-retain</td></tr>
<tr><td>3</td><td>MAN2_PB</td><td>Bool</td><td>false</td><td>Non-retain</td></tr>
<tr><td>4</td><td><Add new></td><td></td><td></td><td></td></tr>
<tr><td>5</td><td>▼ Output</td><td></td><td></td><td></td></tr>
<tr><td>6</td><td>PRE_RED_LAMP</td><td>Bool</td><td>false</td><td>Non-retain</td></tr>
<tr><td>7</td><td>PRE_GRE_LAMP</td><td>Bool</td><td>false</td><td>Non-retain</td></tr>
<tr><td>8</td><td>CAR_GRE_LAMP</td><td>Bool</td><td>false</td><td>Non-retain</td></tr>
<tr><td>9</td><td>CAR_ORG_LAMP</td><td>Bool</td><td>false</td><td>Non-retain</td></tr>
<tr><td>10</td><td>CAR_RED_LAMP</td><td>Bool</td><td>false</td><td>Non-retain</td></tr>
<tr><td>11</td><td><Add new></td><td></td><td></td><td></td></tr>
<tr><td>12</td><td>▼ InOut</td><td></td><td></td><td></td></tr>
<tr><td>13</td><td><Add new></td><td></td><td></td><td></td></tr>
<tr><td>14</td><td>▼ Static</td><td></td><td></td><td></td></tr>
<tr><td>15</td><td>B_SHL_DATA</td><td>Byte</td><td>16#0</td><td>Non-retain</td></tr>
<tr><td>16</td><td>SIG_SHL</td><td>Bool</td><td>false</td><td>Non-ret...</td></tr>
<tr><td>17</td><td>R_EG1</td><td>Bool</td><td>false</td><td>Non-retain</td></tr>
<tr><td>18</td><td>R_EG2</td><td>Bool</td><td>false</td><td>Non-retain</td></tr>
<tr><td>19</td><td>R_EG3</td><td>Bool</td><td>false</td><td>Non-retain</td></tr>
<tr><td>20</td><td>T1_Q</td><td>Bool</td><td>false</td><td>Non-retain</td></tr>
<tr><td>21</td><td>T2_Q</td><td>Bool</td><td>false</td><td>Non-retain</td></tr>
<tr><td>22</td><td>T3_Q</td><td>Bool</td><td>false</td><td>Non-retain</td></tr>
<tr><td>23</td><td>▶ IEC_Timer_0_Instance</td><td>TON_TIME</td><td></td><td>Non-retain</td></tr>
<tr><td>24</td><td>▶ IEC_Timer_0_Instance.</td><td>TON_TIME</td><td></td><td>Non-retain</td></tr>
<tr><td>25</td><td>▶ IEC_Timer_0_Instance.</td><td>TON_TIME</td><td></td><td>Non-retain</td></tr>
<tr><td>26</td><td><Add new></td><td></td><td></td><td></td></tr>
</table></td></tr>
<tr><td>2</td><td>FB11 프로그램 작성
• 네트워크 1번
보행자 버튼이 눌리면 시프트할 태그에 16#01을 설정한다.</td><td>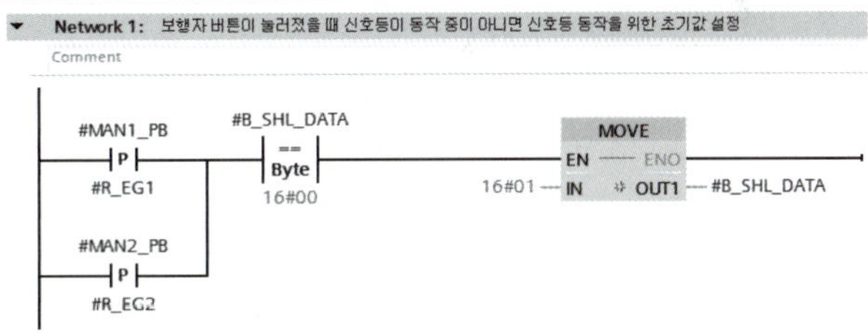
</td></tr>
<tr><td>3</td><td>• 네트워크 2번
동작이 완료될 때 발생시키는 피드백 신호를 사용하여 SHL 명령을 실행시킬 신호를 만든다.</td><td>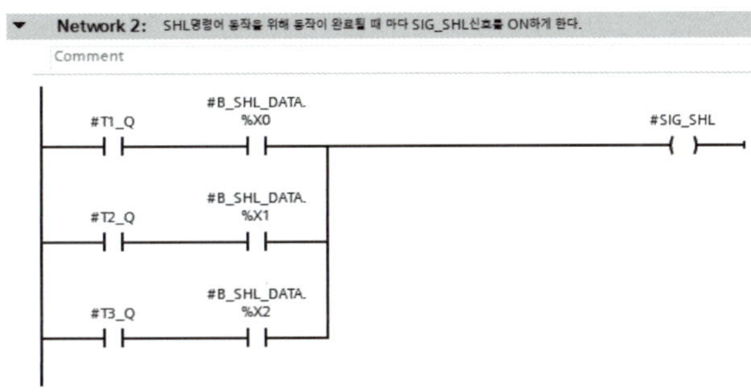
</td></tr>
<tr><td>4</td><td>• 네트워크 3번
SIG_SHL 신호가 ON될 때마다 시프트 명령을 실행하고, 작업종료 비트가 ON되면 바이트 태그에 16#00을 설정한다.</td><td>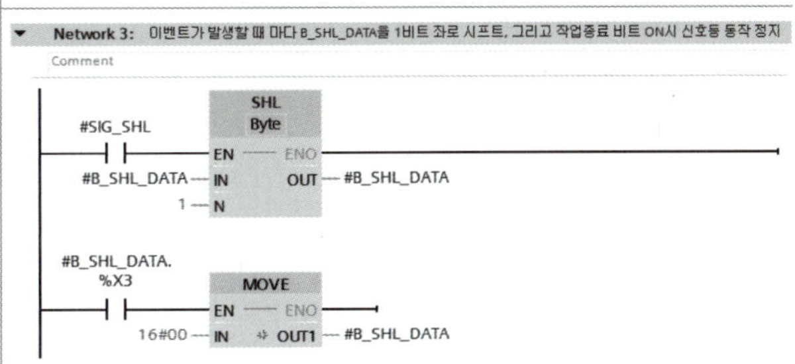
</td></tr>
</table>

(계속)

5

• 네트워크 4번

SHL 명령에 의해 시프트되는 바이트 태그 B_SHL_DATA의 비트로 시퀀스 제어 동작을 위한 타이머를 ON한다.

20s → 10s → 120s의 순서로 타이머가 동작한다.

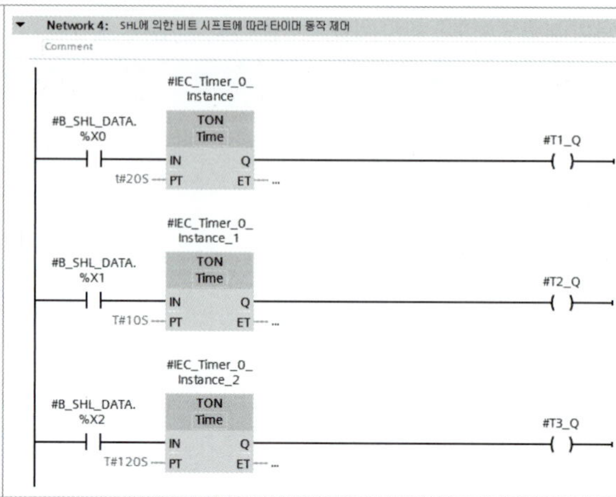

6

• 네트워크 5번

B_SHL_DATA의 비트 동작에 따라 신호등 램프를 제어한다.

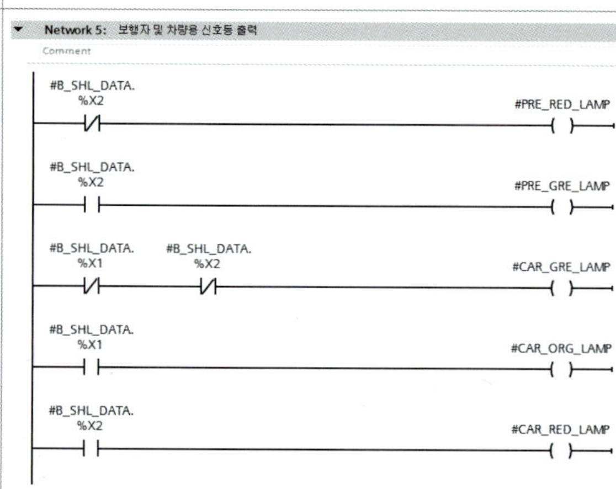

7

FB11 컴파일

컴파일해서 에러가 없는지 확인한다.

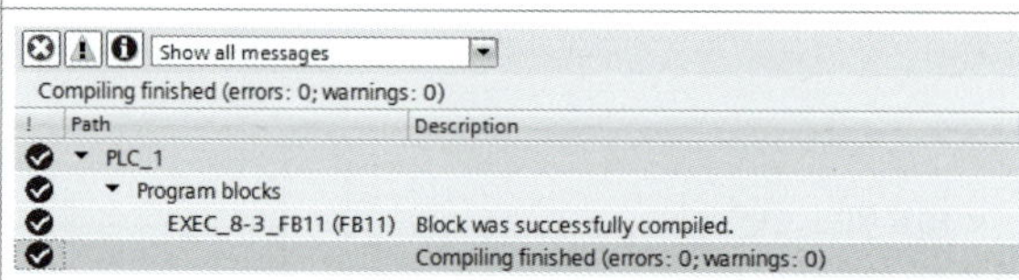

8

OB1에서 FB11 호출

OB1에서 FB11을 호출할 때 입출력 번지를 할당한다.

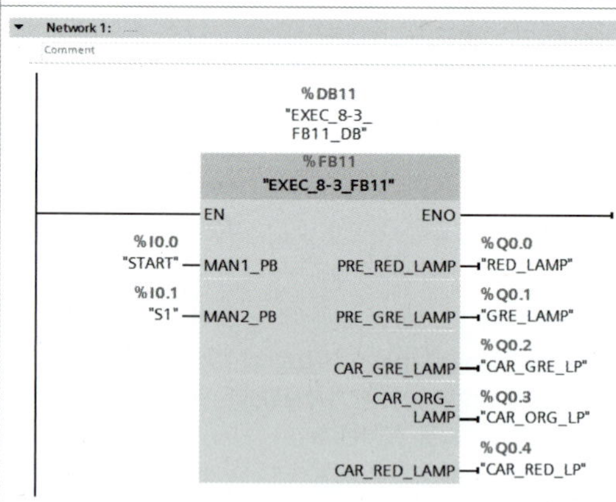

9

OB1 컴파일

OB1을 컴파일하고 에러가 없는지 확인한 후에 CPU로 다운로드하고 동작을 확인한다.

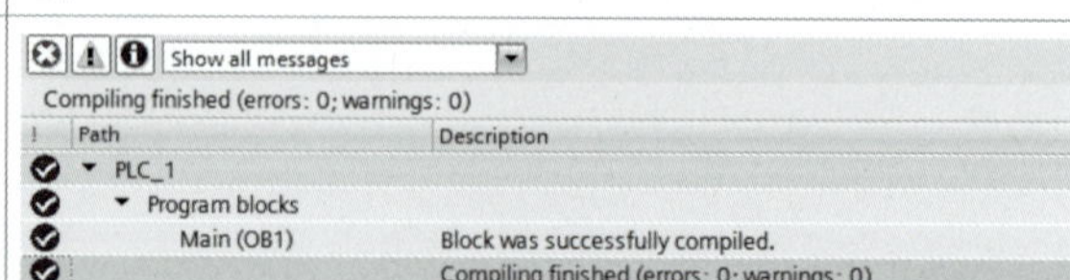

실습과제 8-4 SHL 명령을 이용한 시퀀스 제어 2

일정한 시간 간격으로 램프가 점등하는 프로그램 작성법에 대해 학습한다.

보행자 녹색등의 점등시간 총 2분 중에서 마지막 30초가 남았을 때, 보행자에게 신호등 변경을 예고하는 점멸 기능을 추가해보자.

(a) 보행자 및 차량용 신호등

입력	기능	출력	기능
I0.0	보행자 버튼	Q0.0	보행자 적색 램프
I0.1	보행자 버튼	Q0.1	보행자 녹색 램프
		Q0.2	차량용 녹색 램프
		Q0.3	차량용 황색 램프
		Q0.4	차량용 적색 램프

(b) PLC 입출력 리스트

[그림 8-32] 보행자 신호등 제어

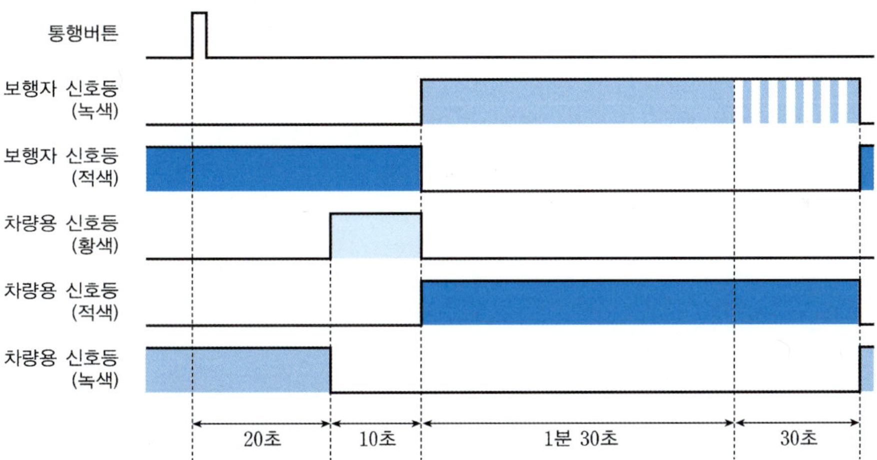

[그림 8-33] 보행자 신호등에 점멸동작이 추가된 타임차트

동작 조건

❶ 초기 조건에서 차량용 신호등은 녹색 점등, 보행자용 신호등은 적색 점등이다.

❷ 보행자 통행 버튼을 누르면 20초 후 차량용 신호등의 황색등이 점등되고, 이 상태가 10초간 지속되다가 적색등이 점등된다.

❸ 차량용 신호등의 적색등이 점등됨과 동시에 보행자용 녹색등이 2분간 점등된다.

❹ 보행자 녹색등 점등시간 2분에서 마지막 30초는 1Hz 간격으로 점멸동작을 한다.

❺ 보행자 통행 버튼이 눌려서 보행자용 신호등 변경을 위한 동작이 이루어지는 동안(통행버튼을 누른 후 2분 30초 동안)에는 통행 버튼이 다시 눌려도 해당 입력신호를 무시한다.

생각해봅시다

앞에서 다룬 예제를 포함해서 PLC 프로그램을 어떤 식으로 작성하는지 살펴보자.

1 시퀀스 제어 프로그램을 작성할 명령어를 선택한다.

시퀀스 제어 프로그램을 작성하는 여러 가지 방식 중에서 먼저 결정한다.

2 시퀀스 제어동작의 개수를 파악한다.

시퀀스 제어동작의 개수에 따라 사용해야 할 자기유지 회로의 개수가 결정되므로 [그림 8-33]과 같은 타임차트 또는 동작 조건을 분석해서 필요한 동작의 개수를 파악한다.

3 시퀀스 제어에서 동작과 함께 별도로 동작해야 할 동작 조건을 확인한다.

시퀀스 제어동작에 의해 단순히 출력만 ON/OFF되기도 하지만, 출력과 함께 별도의 다른 동작이 실행되어야 하는 경우도 있다. 따라서 해당 시퀀스 제어의 출력이 ON되었을 때 실행되어야 할 동작 조건을 확인해야 한다.

PLC 프로그램 작성법

위에서 열거한 세 가지의 순서로 [실습과제 8-4]의 시퀀스 제어 프로그램을 작성해보자.

1 시퀀스 제어 프로그램에 사용할 명령어로 SHL을 선택한다.

2 시퀀스 제어동작은 총 4개로 구성되므로, SHL 명령에 시프트 동작에 사용할 바이트 타입의 태그(B_SHL_DATA)를 지정한다.

3 바이트 타입 태그의 슬라이스 기능으로 쪼개진 비트의 동작을 파악한다.

- B_SHL_DATA.%X0 : 20초 타이머 동작
- B_SHL_DATA.%X1 : 10초 타이머 동작
- B_SHL_DATA.%X2 : 1분 30초 타이머 동작
- B_SHL_DATA.%X3 : 30초 타이머

30초 동안 1Hz 간격으로 점멸동작하는 램프를 위한 플리커 타이머 동작

FB의 구조

보행자 신호등 제어를 위한 프로그램은 FB12에서 작성한다. FB12의 외형 구조는 [실습과제 8-3]의 FB11과 동일하지만, 내부 프로그램에는 차이가 있다.

[표 8-26] 보행자 신호등 제어를 위한 FB의 구조

FB12의 외형	명칭	구분	명칭	구분
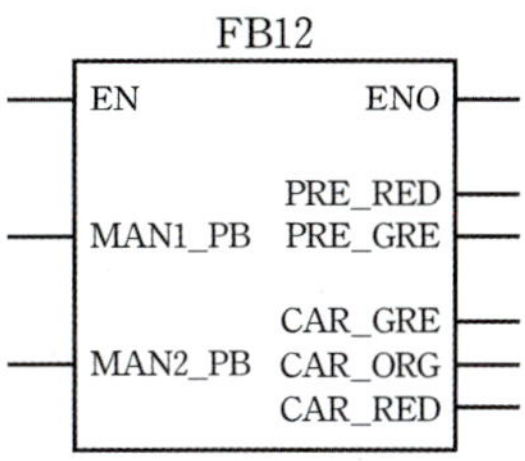	MAN1_PB	IN	PRE_RED_LAMP	OUT
	MAN2_PB	IN	PRE_GRE_LAMP	OUT
			CAR_GRE_LAMP	OUT
			CAR_ORG_LAMP	OUT
			CAR_RED_LAMP	OUT

[표 8-27] 보행자 신호등 SHL 명령어 사용 PLC 프로그램 작성

순서	작업 내용	작업 화면
1	**FB12 태그 설정** FB12 내부에서 사용할 태그를 설정한다. 동작 조건이 4개로 구분되어 있기 때문에 SHL 명령에 사용할 태그로는 바이트 타입의 B_SHL_DATA로 설정한다.	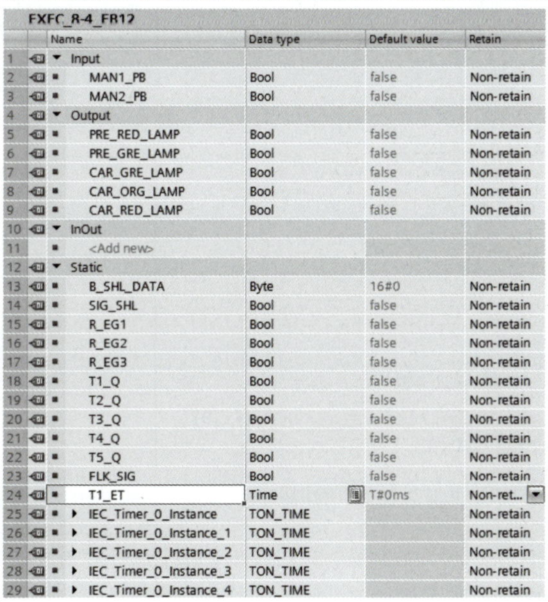

EXEC_8-4_FB12

	Name	Data type	Default value	Retain
1	▼ Input			
2	MAN1_PB	Bool	false	Non-retain
3	MAN2_PB	Bool	false	Non-retain
4	▼ Output			
5	PRE_RED_LAMP	Bool	false	Non-retain
6	PRE_GRE_LAMP	Bool	false	Non-retain
7	CAR_GRE_LAMP	Bool	false	Non-retain
8	CAR_ORG_LAMP	Bool	false	Non-retain
9	CAR_RED_LAMP	Bool	false	Non-retain
10	▼ InOut			
11	<Add new>			
12	▼ Static			
13	B_SHL_DATA	Byte	16#0	Non-retain
14	SIG_SHL	Bool	false	Non-retain
15	R_EG1	Bool	false	Non-retain
16	R_EG2	Bool	false	Non-retain
17	R_EG3	Bool	false	Non-retain
18	T1_Q	Bool	false	Non-retain
19	T2_Q	Bool	false	Non-retain
20	T3_Q	Bool	false	Non-retain
21	T4_Q	Bool	false	Non-retain
22	T5_Q	Bool	false	Non-retain
23	FLK_SIG	Bool	false	Non-retain
24	T1_ET	Time	T#0ms	Non-ret...
25	▸ IEC_Timer_0_Instance	TON_TIME		Non-retain
26	▸ IEC_Timer_0_Instance_1	TON_TIME		Non-retain
27	▸ IEC_Timer_0_Instance_2	TON_TIME		Non-retain
28	▸ IEC_Timer_0_Instance_3	TON_TIME		Non-retain
29	▸ IEC_Timer_0_Instance_4	TON_TIME		Non-retain

(계속)

2	**FB12 프로그램 작성** • **네트워크 1번** 보행자 버튼이 눌리면 시프트할 태그에 16#01을 설정한다.	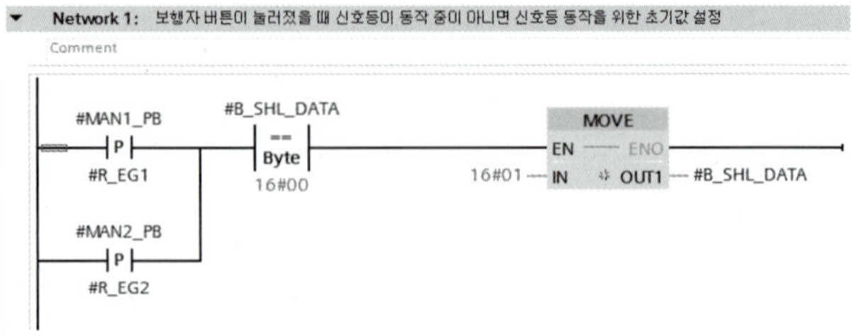
3	• **네트워크 2번** 신호등이 4개의 동작으로 구성되어 있기 때문에 B_SHL_DATA의 비트 신호와 타이머의 출력신호를 사용해서 SHL 명령을 실행시킬 신호를 만든다.	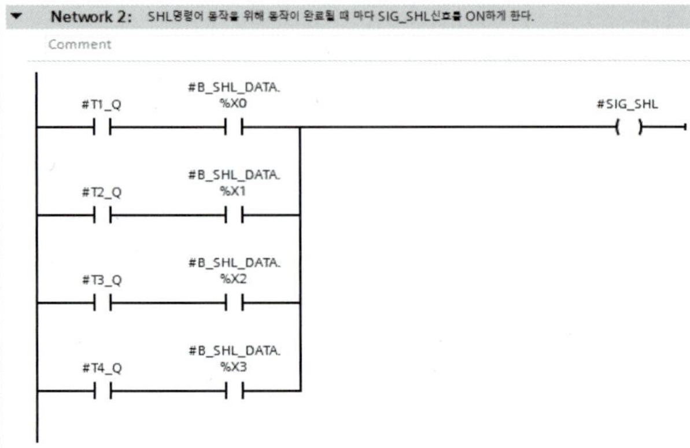
4	• **네트워크 3번** SIG_SHL 신호가 ON될 때마다 SHL 명령을 실행시키고, X4비트가 ON될 때 작업종료 처리한다.	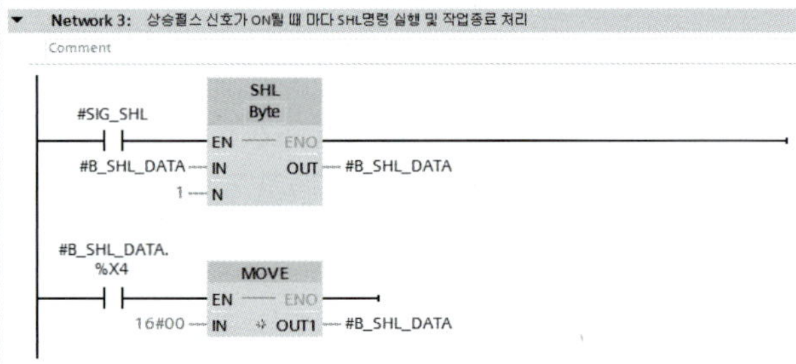
5	• **네트워크 4번** SHL에 의해 시프트되는 순서에 따라 타이머를 동작한다.	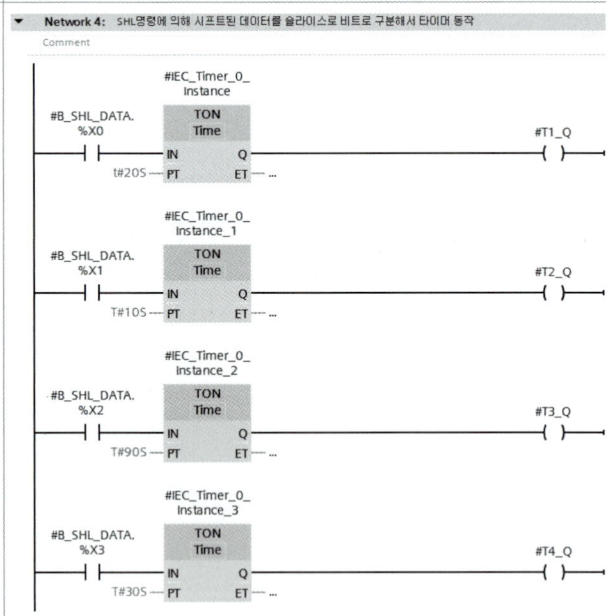

(계속)

6

• **네트워크 5번**

30초간 보행자 녹색 신호등의 점멸동작을 위해 1Hz 주기를 가진 펄스신호를 만든다.

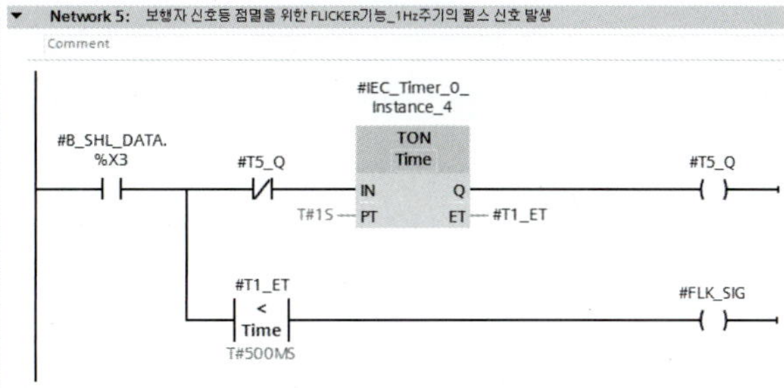

7

• **네트워크 6번**

신호등 출력으로 평상시 보행자 적색등과 차량용 녹색등이 점등되어 있다. 이 상태에서 보행자 버튼이 눌리면 시간 순서대로 신호등이 동작한다.

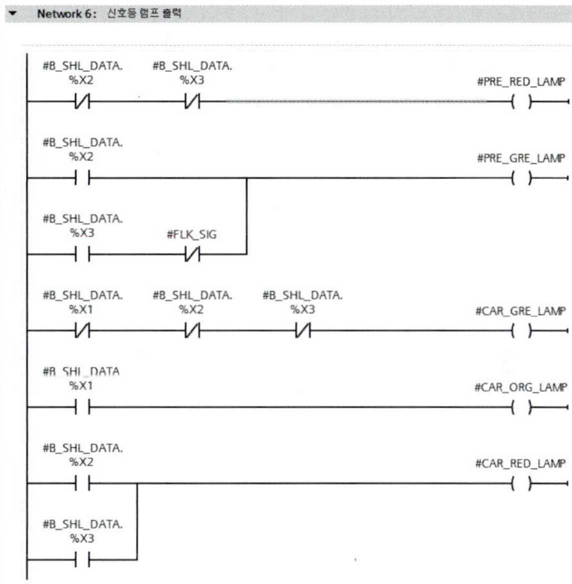

8

FB12 컴파일

컴파일해서 에러가 없는지 확인한다.

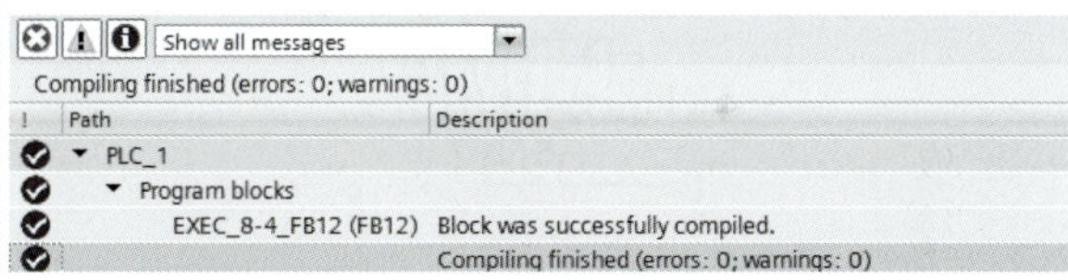

9

OB1에서 FB12 호출

신호등 동작 프로그램을 실행하기 위해 OB1에서 FB12를 호출한다. 이때 외부 입출력 번지를 할당한다.

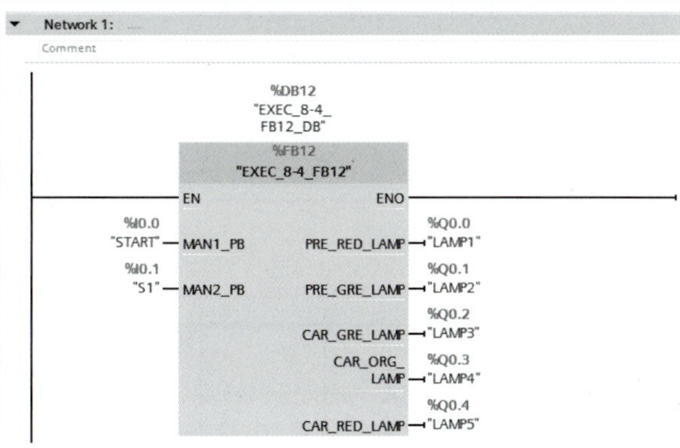

10

OB1 컴파일

OB1을 컴파일하고 CPU로 다운로드한 후, 동작을 확인한다.

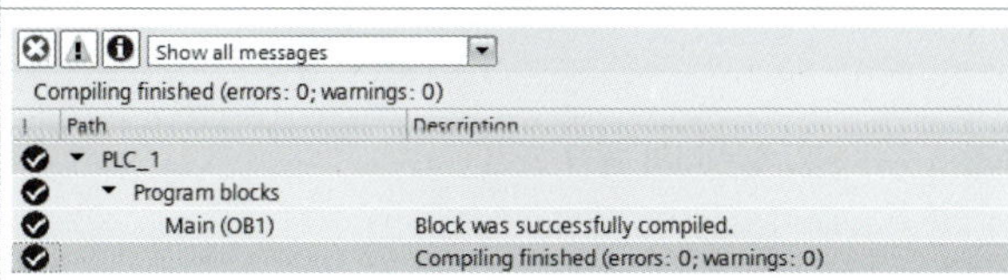

⇒ 실습과제 8-5 편솔과 양솔의 시퀀스 제어

공압 실린더를 제어할 때 솔레노이브 밸브의 편솔과 양솔을 사용하여 정해진 순서로 동작하는 시퀀스 제어 프로그램을 작성하려고 한다. 편솔과 양솔 간에 어떤 차이점이 있는지 살펴본다.

편솔의 경우, 솔밸브 자체의 자기유지 기능이 없기 때문에 양솔 제어와는 다른 방식으로 프로그램을 작성하기도 한다. 하지만 이 책에서는 제어 프로그램을 솔밸브의 종류에 관계없이 동일한 방식으로 작성하고, 출력 제어에만 편솔과 양솔을 구분하는 방식을 사용한다. 편솔과 양솔을 이용한 시퀀스 제어 PLC 프로그램이 서로 어떤 차이가 있는지 살펴보자.

[표 8-28] 편솔과 양솔의 시퀀스 제어의 차이점

구분	편솔레노이드 밸브				양솔레노이드 밸브			
공압회로	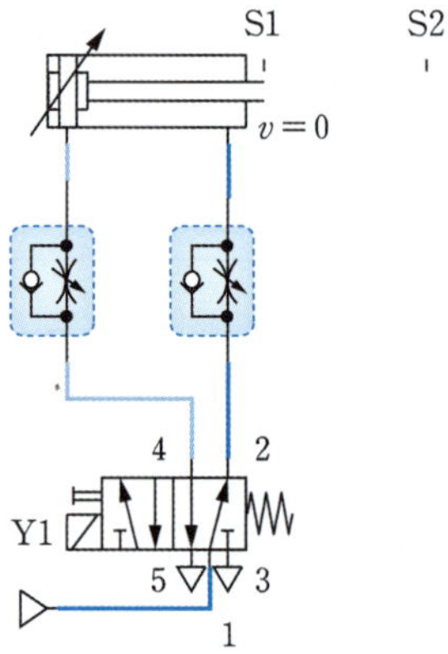				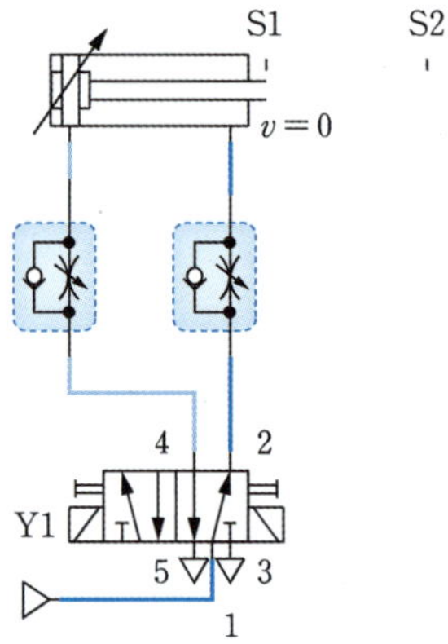			
PLC 배선	입력	기능	출력	기능	입력	기능	출력	기능
	I0.0	시작버튼	O0.0	Y1_전진	I0.0	시작버튼	Q0.0	Y1_전진
	I0.1	S1_후진			I0.1	S1_후진	Q0.1	Y2_후진
	I0.2	S2_전진			I0.2	S2_전진		

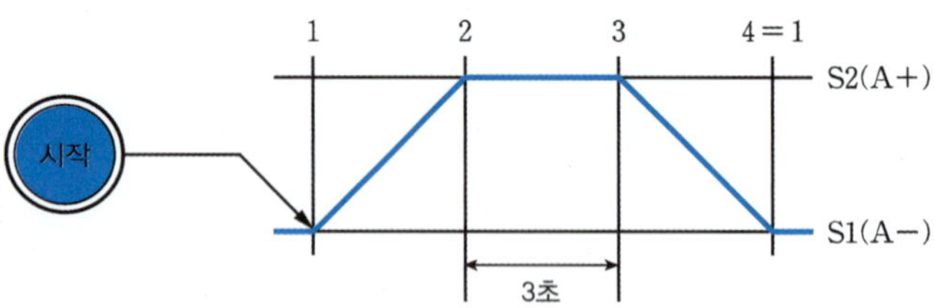

[그림 8-34] 공압 실린더의 동작 조건

동작 조건

시작버튼을 누르면, 실린더는 전진, 3초 대기, 후진동작을 한다.

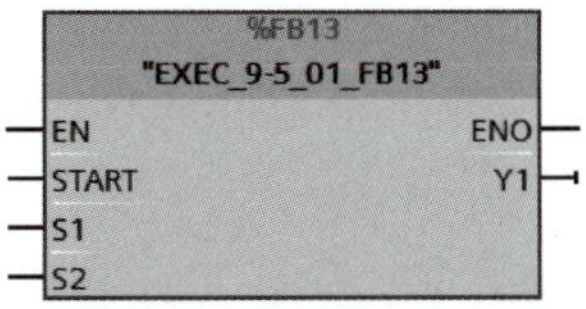

		EXEC_9-5_01_FB13 Name	Data type	Default value
1		▼ Input		
2		■ START	Bool	false
3		■ S1	Bool	false
4		■ S2	Bool	false
5		■ <Add new>		
6		▼ Output		
7		■ Y1	Bool	false
8		■ <Add new>		
9		▼ InOut		
10		■ <Add new>		
11		▼ Static		
12		■ K1	Bool	false
13		■ K2	Bool	false
14		■ K3	Bool	false
15		■ K4	Bool	false
16		■ R_EG1	Bool	false
17		■ T1_Q	Bool	false
18		■ ▸ IEC_Timer_0_Instance	TON_TIME	
19		■ <Add new>		

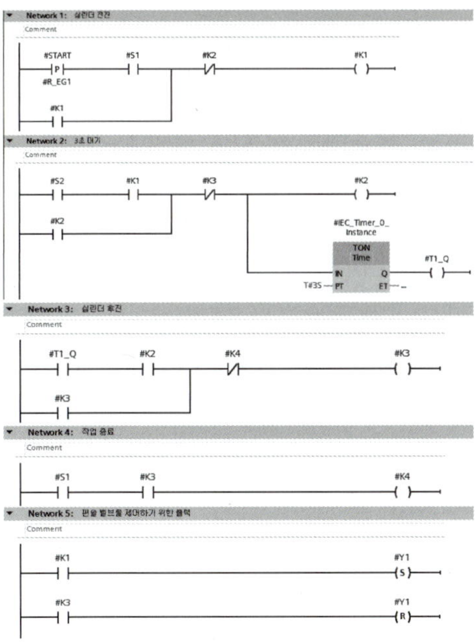

(a) 편솔 제어를 위한 PLC 프로그램

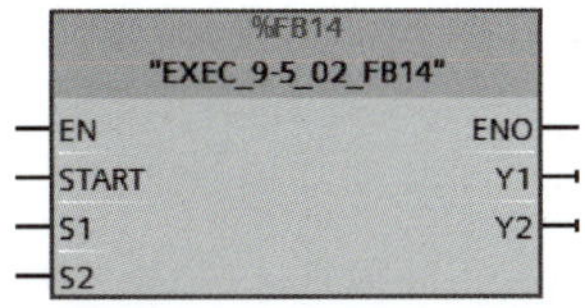

		EXEC_9-5_02_FB14 Name	Data type	Default value
1		▼ Input		
2		■ START	Bool	false
3		■ S1	Bool	false
4		■ S2	Bool	false
5		▼ Output		
6		■ Y1	Bool	false
7		■ Y2	Bool	false
8		■ <Add new>		
9		▼ InOut		
10		■ <Add new>		
11		▼ Static		
12		■ K1	Bool	false
13		■ K2	Bool	false
14		■ K3	Bool	false
15		■ K4	Bool	false
16		■ R_EG1	Bool	false
17		■ T1_Q	Bool	false
18		■ ▸ IEC_Timer_0_Instance	TON_TIME	
19		▼ Temp		

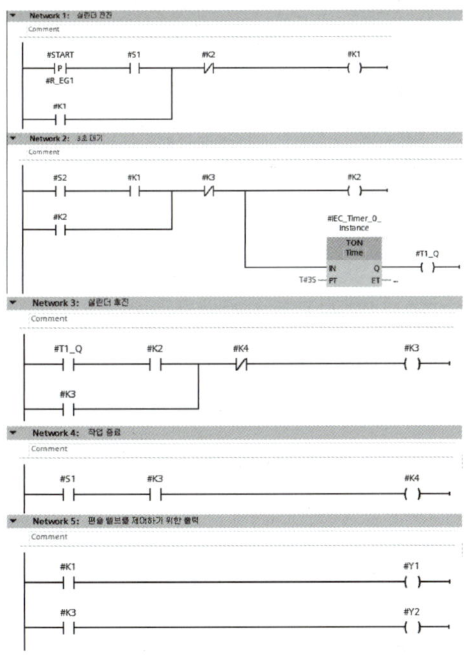

(b) 양솔 제어를 위한 PLC 프로그램

[그림 8-35] **편솔 및 양솔 제어 PLC 프로그램**

[그림 8-35]에 편솔과 양솔 제어를 위한 PLC 프로그램을 비교해서 나타내었다. 공압 실린더의 동작이 3개로 구성되어 있기 때문에, 3개의 자기유지 회로와 1개의 작업종료 신호로 작성된 시퀀스 제어 프로그램은 편솔이 사용된 경우와 양솔이 사용된 경우가 동일하다. 하지만 솔밸브를 ON/OFF하기 위한 출력 부분을 살펴보면, 편솔이 사용된 프로그램은 SET과 RST 명령을 사용해서 솔밸브를 제어하고 있고, 양솔이 사용된 프로그램은 단순한 출력으로 솔밸브를 제어하고 있음을 확인할 수 있다.

편솔과 양솔을 사용해서 시퀀스 제어 PLC 프로그램을 작성할 때, 우선 편솔과 양솔의 구분 없이 시퀀스 동작의 개수에 따라 자기유지 회로를 만들고, 추가적으로 작업종료 신호를 만든다. 그 다음, 출력에서 편솔이냐 양솔이냐에 따라 자기유지 명령을 사용해서 출력을 ON/OFF할 것인지, 아니면 단순한 출력을 사용해서 ON/OFF할 것인지를 선택하면 된다.

공압 실린더의 동작이 3개로 구성되어 있기 때문에 바이트 태그를 SHL 명령어로 좌측으로 1비트씩 시프트시키면서 해당 태그의 출력을 슬라이스 기능으로 제어한다. 자기유지 회로를 사용하여 시퀀스 제어를 하는 방법과 동일하게 편솔의 경우에는 SET과 RST을 사용해서 출력을 자기유지시킨다.

[그림 8-36]은 자기유지 회로가 아닌 SHL 명령을 사용해서 편솔 및 양솔을 제어하는 PLC 프로그램을 비교해서 나타내었다. 시퀀스 제어동작이 단순할 때에는 자기유지 회로를 사용하는 것이 편리할 수 있으나 제어동작이 많은 경우에는 SHL 명령어를 사용하는 것이 편리하다.

공압 실린더의 동작이 3개로 구성되어 있기 때문에 바이트 태그를 SHL 명령어로 좌측으로 1비트씩 시프트시키면서 해당 태그의 출력을 슬라이스 기능으로 제어한다. 자기유지 회로를 사용하여 시퀀스 제어를 하는 방법과 동일하게 편솔의 경우에는 SET과 RST을 사용해서 출력을 자기유지시킨다.

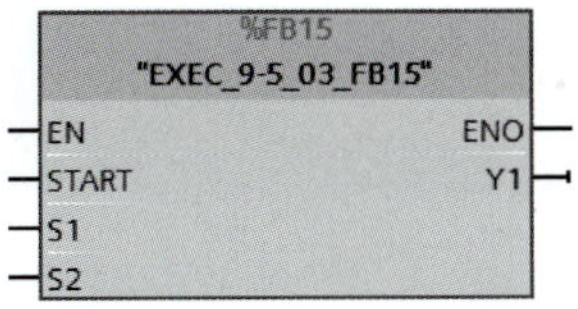

EXEC_9-5_03_FB15

		Name	Data type	Default value
1		▼ Input		
2		■ START	Bool	false
3		■ S1	Bool	false
4		■ S2	Bool	false
5		▼ Output		
6		■ Y1	Bool	false
7		▼ InOut		
8		■ <Add new>		
9		▼ Static		
10		■ B_SHL_DATA	Byte	16#0
11		■ SHL_SIG	Bool	false
12		■ R_EG1	Bool	false
13		■ R_EG2	Bool	false
14		■ T1_Q	Bool	false
15		■ ▸ IEC_Timer_0_Instance	TON_TIME	
16		▼ Temp		

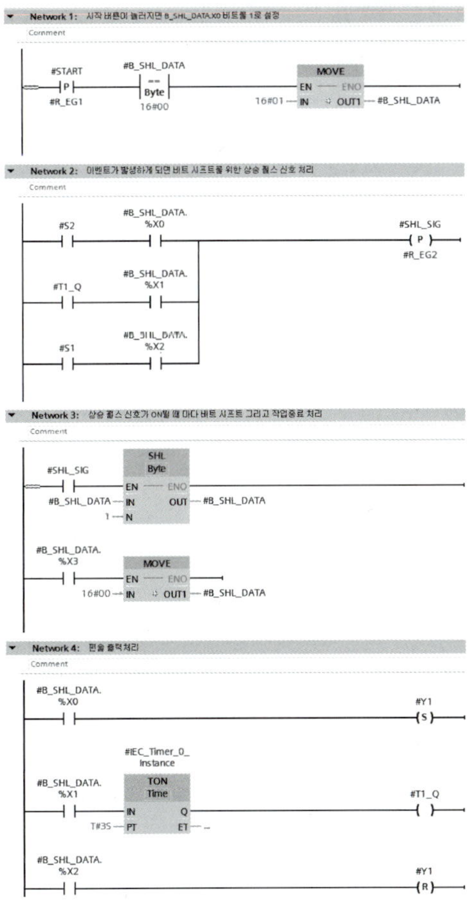

(a) 편솔 제어를 위한 PLC 프로그램

EXEC_9-5_04_FB16

		Name	Data type	Default value
1		▼ Input		
2		■ START	Bool	false
3		■ S1	Bool	false
4		■ S2	Bool	false
5		▼ Output		
6		■ Y1	Bool	false
7		■ Y2	Bool	false
8		▼ InOut		
9		■ <Add new>		
10		▼ Static		
11		■ B_SHL_DATA	Byte	16#0
12		■ SHL_SIG	Bool	false
13		■ R_EG1	Bool	false
14		■ R_EG2	Bool	false
15		■ T1_Q	Bool	false
16		■ ▸ IEC_Timer_0_Instance_1	TON_TIME	

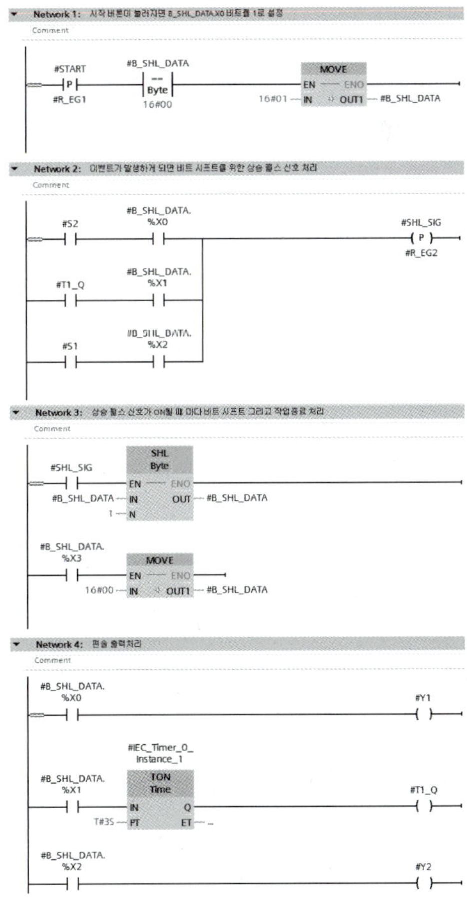

(b) 양솔 제어를 위한 PLC 프로그램

[그림 8-36] SHL 명령을 사용한 편솔 및 양솔 제어 PLC 프로그램

실습과제 8-6 타이머를 이용한 시간제어 1

타이머의 설정시간을 GX Works2가 아닌, PLC의 입력에 연결된 푸시버튼과 같은 입력장치의 조작을 통해 변경하는 방법에 대해 학습한다.

[실습과제 8-5]에서 시작버튼을 누르면 공압 실린더가 전진해서 3초 동안 대기하는 동작을 타이머를 사용해서 구현하였다. 이번 과제에서는 사용자가 2.0초~9.9초까지 0.1초 단위로 타이머의 시간을 설정해서 사용할 수 있는 PLC 프로그램 작성법에 대해 살펴보자.

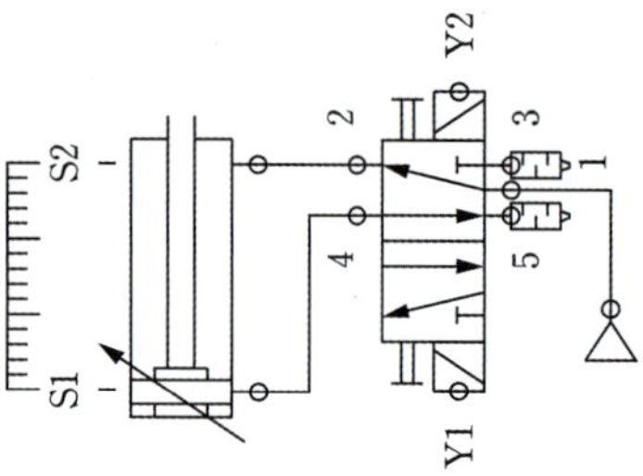

(a) 공압 회로도

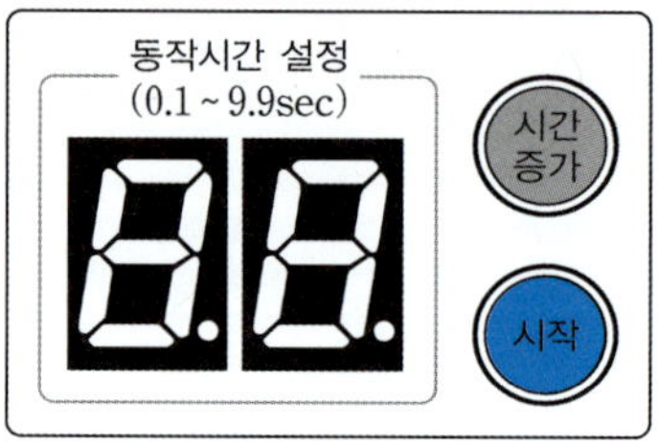

(b) 조작 패널

[그림 8-37] 공압 회로도 및 조작 패널

[표 8-29] PLC 입출력 리스트

입력	기능	출력	기능
I0.0	시작버튼	Q0.0	Y1_전진
I0.1	S1_후진	Q0.1	Y2_후진
I0.2	S2_전진		
I0.3	시간 증가	QB1	FND 모듈

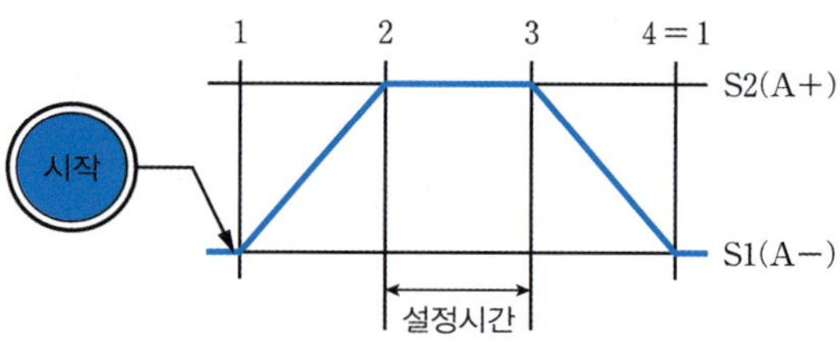

[그림 8-38] 공압 실린더의 동작 조건

동작 조건

❶ PLC의 전원이 ON되면 FND에는 20이 표시된다. 20은 2.0초를 의미한다.

❷ 시간 증가버튼을 누를 때마다 FND 숫자는 1씩 증가한다. 시간 설정값이 99일 때 시간 증가버튼을 누르면 20으로 숫자가 변경된다.

❸ 시작버튼을 누르면 [그림 8-38]과 같이 차례로 A+ → 설정시간 대기 → A− 순으로 동작한다.

PLC 프로그램 작성법

PLC에서는 입력신호에 의해 출력이 제어된다. 입력신호로는 사용자가 조작하는 버튼과 같은 입력이 있고, 공압 실린더의 동작을 감시하는 센서와 같은 입력이 있다. 사용자가 버튼을 눌렀을 때 프로그램이 어떤 일을 해야 하는지 일의 순서를 나열하면, 그것이 바로 프로그램 작성을 위한 순서도가 된다.

[그림 8-37(b)]에 사용자가 조작하는 버튼이 2개 있다.

- 증가버튼이 눌리면,
  ① 시간 설정값이 1씩 증가한다.
  ② 시간 설정값을 99와 비교해서 99보다 크면 시간 설정값을 20으로 만든다.

- 시작버튼이 눌리면,
  S1이 ON 상태일 때 차례로 A+ → 설정시간 대기 → A- 순으로 동작한다.

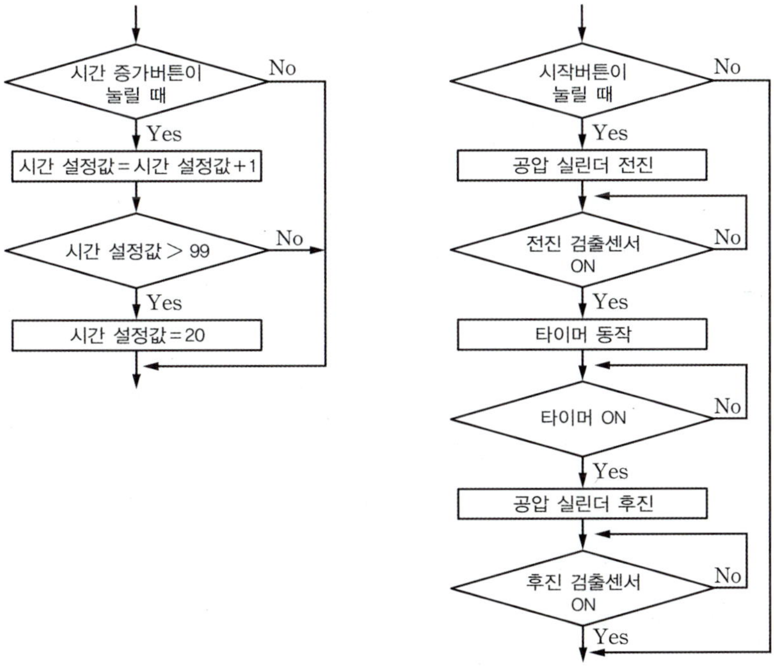

(a) 증가버튼이 눌렸을 때의 순서도 (b) 시작버튼이 눌렸을 때의 순서도

[그림 8-39] **증가버튼과 시작버튼의 동작 순서도**

전체 프로그램은 시간 설정을 위한 프로그램과 공압 실린더 동작을 제어하기 위한 프로그램의 2개의 조합으로 만들어진다.

FB의 구조

[실습과제 8-6]은 시간 설정을 위한 FB17과, 시작버튼에 의해 실린더를 제어하기 위한 FB18의 조합을 FB19에서 하고, OB1에서 FB19를 호출하는 방식으로 프로그램이 완성된다.

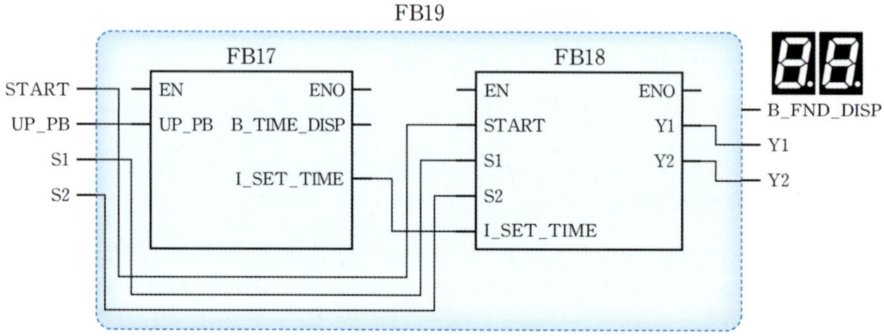

[그림 8-40] [실습과제 8-6]의 전체 프로그램의 구조

[표 8-30] 타이머를 이용한 시간 제어 PLC 프로그램 작성

<table>
<tr><th>순서</th><th>작업 내용</th><th>작업 화면</th></tr>
<tr><td>1</td><td>FB17 태그 설정
프로그램 작성에 필요한 태그를 설정한다.

타이머의 설정시간의 초깃값이 20으로 설정되어야 하기 때문에 I_TIME_CNT의 초깃값을 20으로 설정한다.</td><td>EXEC_9-6_01_FB17
<table>
<tr><th></th><th>Name</th><th>Data type</th><th>Default value</th><th>Retain</th></tr>
<tr><td>1</td><td>▼ Input</td><td></td><td></td><td></td></tr>
<tr><td>2</td><td>UP_PB</td><td>Bool</td><td>false</td><td>Non-retain</td></tr>
<tr><td>3</td><td><Add new></td><td></td><td></td><td></td></tr>
<tr><td>4</td><td>▼ Output</td><td></td><td></td><td></td></tr>
<tr><td>5</td><td>I_SET_TIME</td><td>Int</td><td>0</td><td>Non-retain</td></tr>
<tr><td>6</td><td>B_TIME_DISP</td><td>Byte</td><td>16#0</td><td>Non-retain</td></tr>
<tr><td>7</td><td><Add new></td><td></td><td></td><td></td></tr>
<tr><td>8</td><td>▼ InOut</td><td></td><td></td><td></td></tr>
<tr><td>9</td><td><Add new></td><td></td><td></td><td></td></tr>
<tr><td>10</td><td>▼ Static</td><td></td><td></td><td></td></tr>
<tr><td>11</td><td>I_TIME_CNT</td><td>Int</td><td>20</td><td>Non-retain</td></tr>
<tr><td>12</td><td>R_EG1</td><td>Bool</td><td>false</td><td>Non-retain</td></tr>
<tr><td>13</td><td>W_TIME_BCD</td><td>Word</td><td>16#0</td><td>Non-retain</td></tr>
<tr><td>14</td><td><Add new></td><td></td><td></td><td></td></tr>
</table></td></tr>
<tr><td>2</td><td>FB17 프로그램 작성
• 네트워크 1번
증가버튼이 눌릴 때마다 시간 설정값을 1씩 증가시킨다. 시간 설정값이 99보다 크면 20으로 초기화한다.

• 네트워크 2번
증가버튼에 의해 설정된 시간 설정값을 FND에 표시하기 위해 BCD 코드로 변환해서 출력한다.</td><td>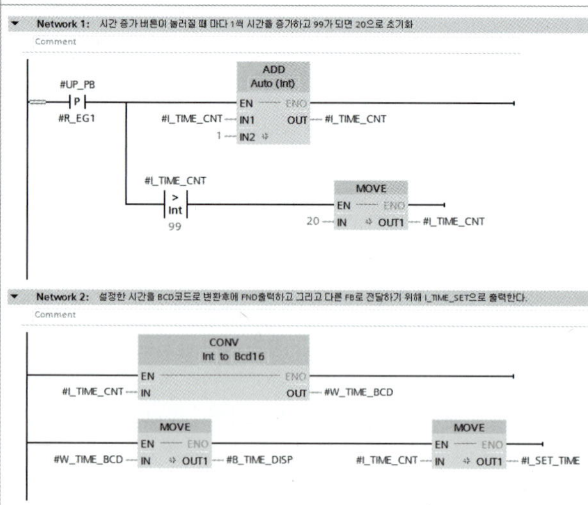
</td></tr>
</table>

(계속)

3

FB17 컴파일

컴파일해서 에러가 없는지 확인한다.

Show all messages

Compiling finished (errors: 0; warnings: 0)

!	Path	Description
✔	▾ PLC_1	
✔	▾ Program blocks	
✔	EXEC_9-6_01_FB17 (FB.	Block was successfully compiled.
✔		Compiling finished (errors: 0; warnings: 0)

4

FB18 태그 설정

프로그램 작성에 필요한 태그를 설정한다.

FB17로부터 설정시간을 전달받기 위한 I_SET_TIME 태그를 입력으로 설정한다.

EXEC_9-6_02_FB18

	Name	Data type	Default value	Retain
1	▾ Input			
2	START	Bool	false	Non-retain
3	S1	Bool	false	Non-retain
4	S2	Bool	false	Non-retain
5	I_SET_TIME	Int	0	Non-retain
6	<Add new>			
7	▾ Output			
8	Y1	Bool	false	Non-retain
9	Y2	Bool	false	Non-retain
10	▾ InOut			
11	<Add new>			
12	▾ Static			
13	B_SHL_DATA	Byte	16#0	Non-retain
14	SHL_SIG	Bool	false	Non-retain
15	DI_TIME_MUL	DInt	0	Non-retain
16	R_EG1	Bool	false	Non-retain
17	R_EG2	Bool	false	Non-retain
18	T1_Q	Bool	false	Non-retain
19	▸ IEC_Timer_0_Instance	TON_TIME		Non-retain

5

FB18 프로그램 작성

- **네트워크 1번**

FB17에서 전달한 시간 설정값을 TON에 설정하기 위한 시간 설정값으로 변환한다.

- **네트워크 2번**

시작버튼이 눌리면 시프트할 태그에 16#01을 설정한다.

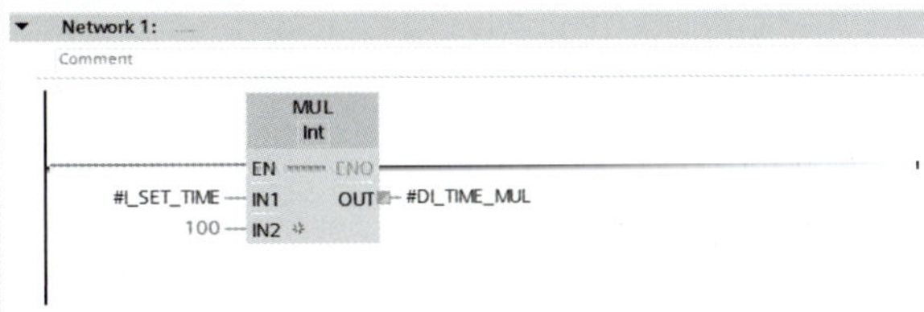

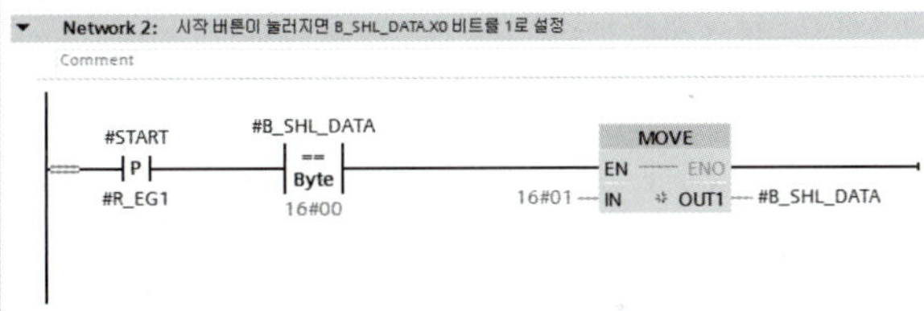

6

- **네트워크 3번**

3개의 동작(A+, 시간 대기, A−)으로 이루어졌기 때문에, 동작이 실행될 때마다 시프트를 위한 상승펄스 신호를 발생시킨다.

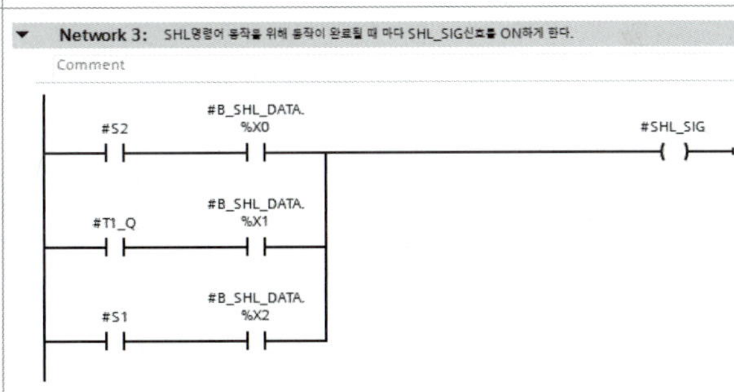

7

- **네트워크 4번**

네트워크 3번의 SHL_SIG 신호가 ON될 때마다 SHL 명령어를 실행한다.

작업종료 비트가 ON될 때 시프트 태그를 초기화한다.

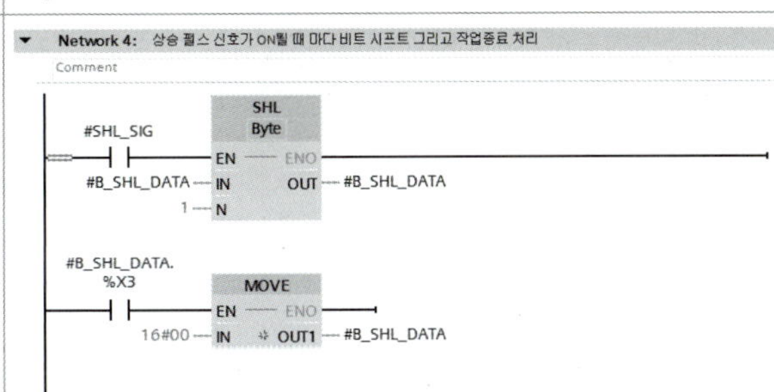

(계속)

8

- **네트워크 5번**

동작이 3개로 구성되어 있기 때문에 시프트 태그의 %X0, %X1, %X2번의 비트 신호를 사용해서 A+, 시간 대기, A− 동작을 순차적으로 실행한다.

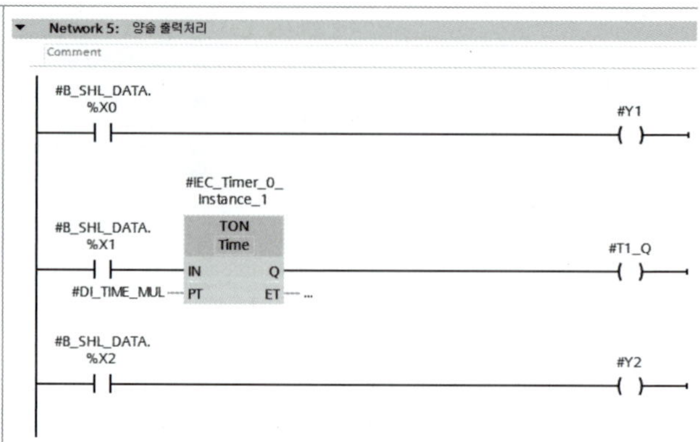

9

FB18 컴파일

컴파일해서 에러가 없는지 확인한다.

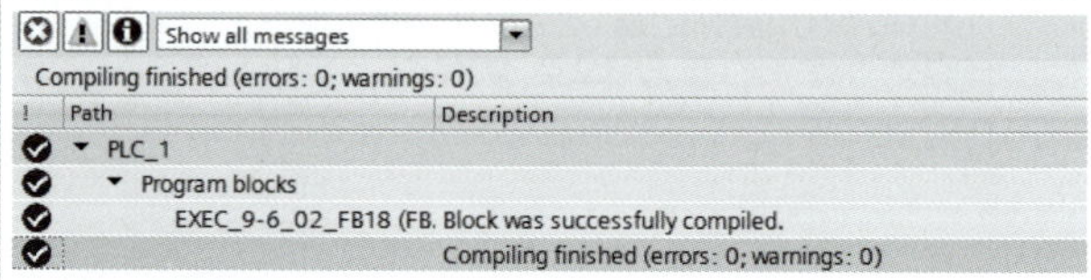

10

FB19 태그 설정

FB19는 FB17과 FB18을 조합하기 위한 것이다. 따라서 FB17과 FB18의 입출력신호와 내부에서 신호 전달을 위한 태그를 설정한다.

EXEC_9-6_03_FB19

	Name	Data type	Default value	Retain
1	▼ Input			
2	START	Bool	false	Non-retain
3	UP_PB	Bool	false	Non-retain
4	S1	Bool	false	Non-retain
5	S2	Bool	false	Non-retain
6	<Add new>			
7	▼ Output			
8	B_TIME_OUT	Byte	16#0	Non-retain
9	Y1	Bool	false	Non-retain
10	Y2	Bool	false	Non-retain
11	<Add new>			
12	▼ InOut			
13	<Add new>			
14	▼ Static			
15	I_TIME_TEMP	Int	0	Non-retain
16	▸ EXEC_9-6_01_FB17_Instance	"EXEC_9-6_01_FB17"		
17	▸ EXEC_9-6_02_FB18_Instance	"EXEC_9-6_02_FB18"		
18	<Add new>			

11

FB19 프로그램 작성

- **네트워크 1번**

증가버튼에 의한 시간 설정을 위해 FB17을 호출한다.

- **네트워크 2번**

시작버튼에 의한 실린더 동작 제어를 위해 FB18을 호출한다.

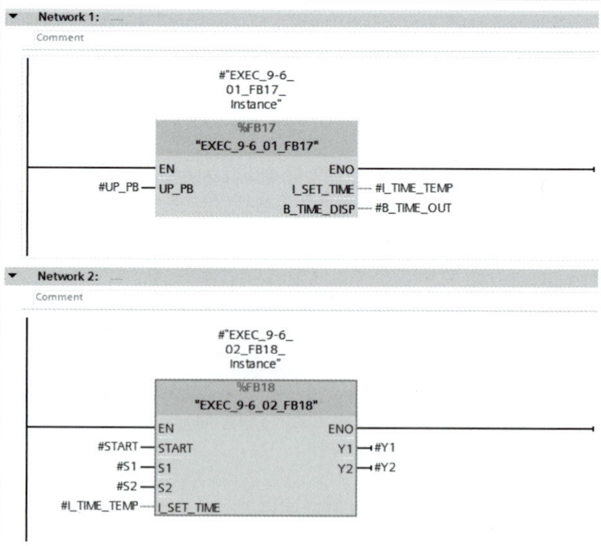

(계속)

12	**FB19 컴파일** 컴파일해서 에러가 없는지 확인한다.	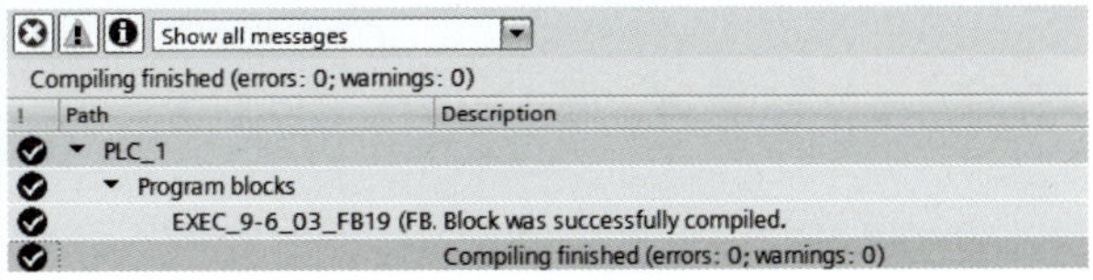
13	**OB1에서 FB19 호출** OB1에서 FB19를 호출한다. 호출할 때 입출력 번지를 할당한다.	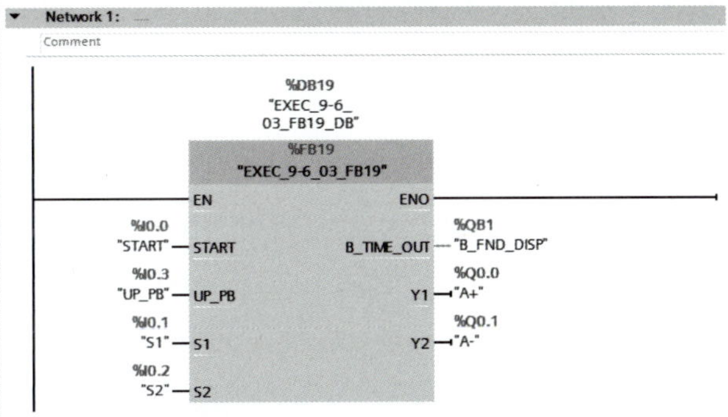
14	**OB1 컴파일** 컴파일하고 에러가 없는지 확인한 후, CPU로 다운로드하고 동작을 확인한다.	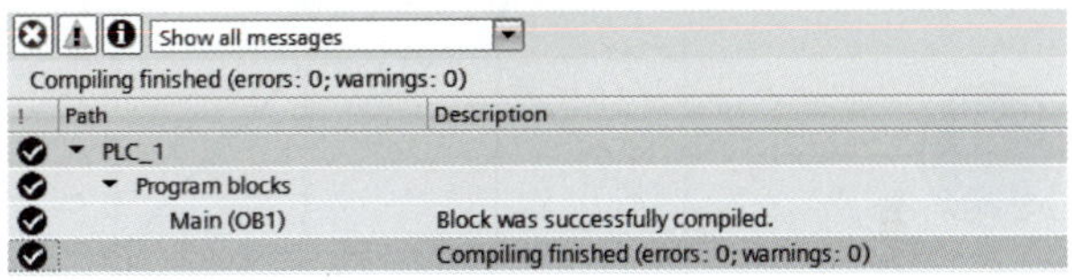

실습과제 8-7 타이머를 이용한 시간제어 2

타이머의 설정시간을 변경할 때, 일정시간 동안 증가버튼을 계속 누르면 일정시간 간격으로 시간이 증가하는 동작을 구현하는 방법에 대해 학습한다.

[실습과제 8-6]에서는 시간 증가버튼 1개로 타이머의 설정시간을 설정하는 방법에 대해 살펴보았다. 이 방법대로라면, 현재 설정된 시간이 2.0초일 때 9.9초를 설정하기 위해서는 스위치를 수십 번 ON/OFF해야 한다. 이번 과제에서는 스위치를 수십 번 누를 필요 없이, 시간 증가버튼을 계속 누르고 있으면 일정한 시간이 지난 후 자동으로 시간이 증가하는 방법을 살펴보자.

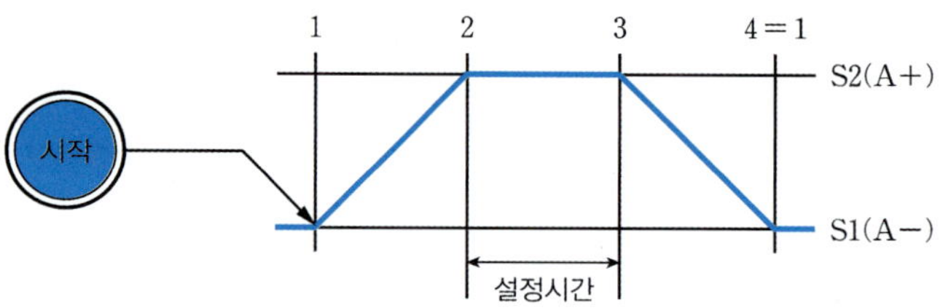

[그림 8-41] 공압 실린더의 동작 조건

동작 조건

❶ PLC의 시스템 구성은 [실습과제 8-6]과 동일하다.

❷ PLC의 전원이 ON되면 FND에는 20이 표시된다. 20은 2.0초를 의미한다.

❸ 시간 증가버튼을 누를 때마다 FND 숫자가 1씩 증가한다. 시간 설정값이 99일 때 시간 증가버튼을 누르면 20으로 숫자가 변경된다.

❹ 시간 증가버튼을 누를 때 시간 설정값이 1씩 증가하고, 지속적으로 1.5초 이상 누르고 있으면 1.5초 후에는 0.1초 간격으로 시간 설정값이 1씩 증가한다.

❺ 시작버튼을 누르면 [그림 8-41]과 같이 차례로 A+ → 설정시간 대기 → A− 순으로 동작한다.

PLC 프로그램 작성법

이번 실습과제는 [실습과제 8-6]의 내용에서 시간 설정 부분의 동작 조건만 다르고, 공압 실린더의 동작은 동일하다. 따라서 변경된 동작 조건만 별도로 프로그램한 후에 기존의 공압 실린더 제어 프로그램과 결합하면 프로그램이 완성된다.

주어진 동작 조건의 ❹ 항목에서 파악할 수 있는 사실은, 시간 설정 방법이 다음의 2종류라는 점이다.

① 증가버튼이 눌릴 때마다 시간 설정값을 1씩 증가시키는 방법
② 증가버튼이 1.5초 이상 눌린 것을 감지해서 0.1초 간격으로 시간 설정값을 증가시키는 방법

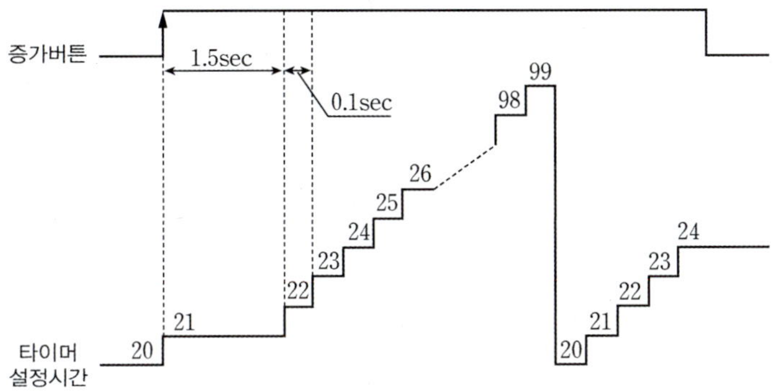

[그림 8-42] 증가버튼이 눌렸을 때의 설정시간 증가 방법

[그림 8-42]의 타임차트는 동작 조건의 ❹ 항목을 나타낸 것이다. 이 타임차트에서 알 수 있는 것은, 증가버튼이 눌리면 1.5초 후에 출력이 ON되는 ON 딜레이 타이머와, 0.1초의 주기를 가진 클록 펄스가 필요하다는 것이다.

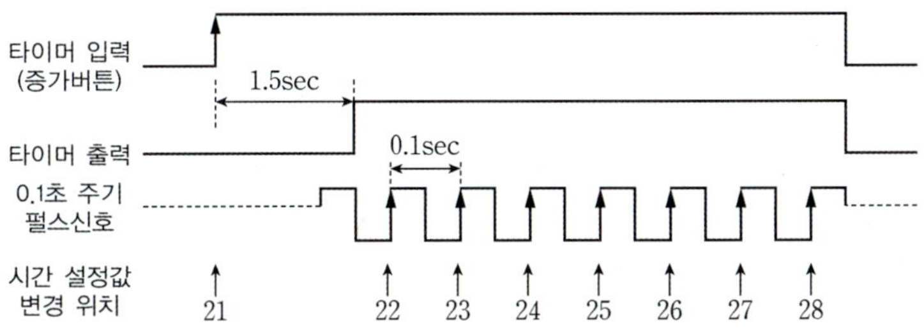

[그림 8-43] 0.1초 간격으로 설정시간이 자동으로 증가하는 동작

FB의 구조

[실습과제 8-7]은 [실습과제 8-6]에서 만든 FB17에서 외부 입출력의 변경 없이 시간 설정 증가버튼을 1.5초 이상 누르고 있으면 0.1초 간격으로 증가하는 기능을 추가한 것이다. 따라서 프로그램을 처음부터 작성하는 것이 아니라 기존에 작성한 FB17을 복사하고 프로그램을 수정해서 새로운 기능을 추가한 FB를 만들면 된다.

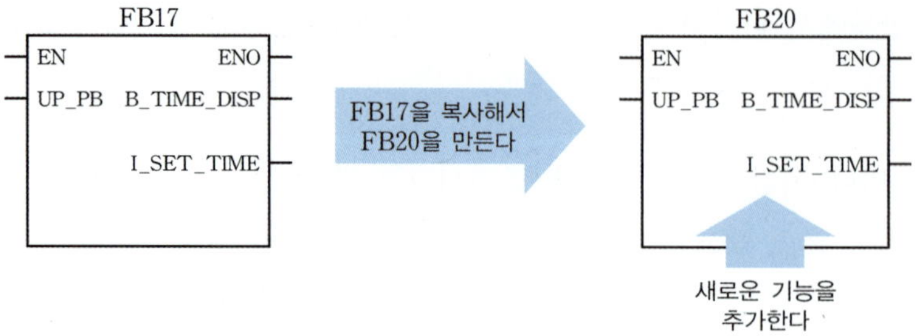

[그림 8-44] FB17을 복사해서 만든 새로운 기능의 FB20

공압 실린더 동작은 FB18의 기능과 동일하기 때문에 [실습과제 8-6]에서 만들었던 FB19를 FB21로 복사한 후에 FB17을 FB20으로 교체해서 프로그램을 완성하면 된다.

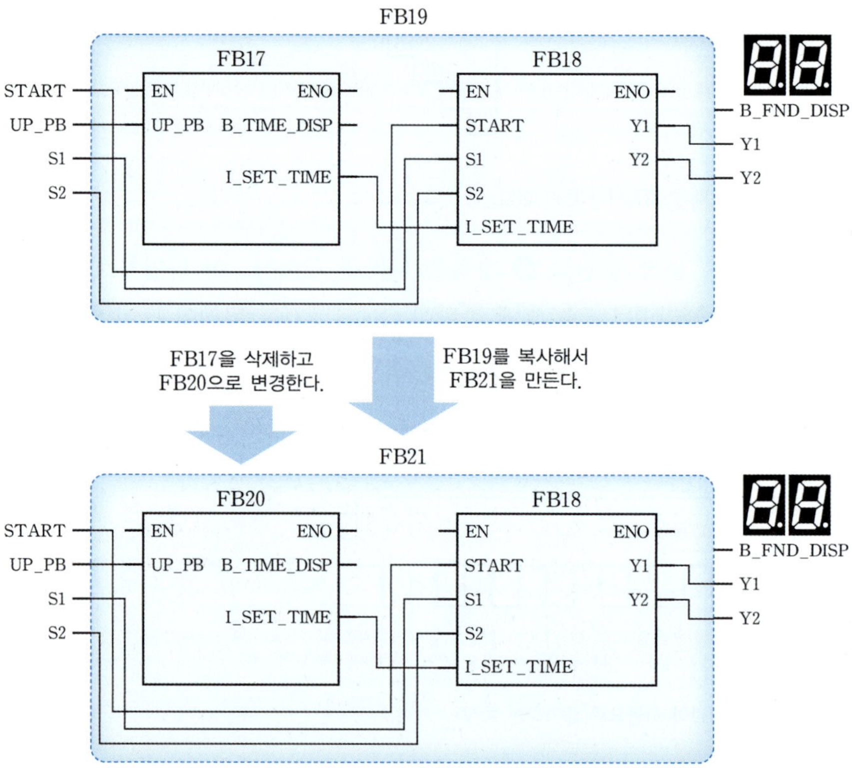

[그림 8-45] [실습과제 8-7]의 전체 프로그램 구조

[표 8-31] 타이머를 이용한 시간 제어 PLC 프로그램 작성

순서	작업 내용	작업 화면
1	**FB17의 복사** [실습과제 8-6]에서 만든 FB17을 복사해서 FB20을 만든다. ❶ FB17을 선택해서 [Copy]한다. ❷ [Paste]를 선택하면 FB17_01이 만들어진다.	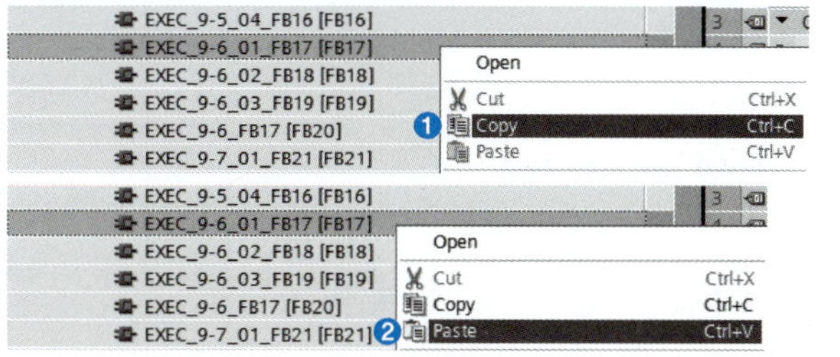
2	**FB의 속성 변경** 복사한 FB17을 선택하고, 마우스 오른쪽 버튼을 눌러 나타난 메뉴에서 [Properties]를 선택한다. FB 번호를 20으로 변경하면 FB17 → FB20으로 변경된다.	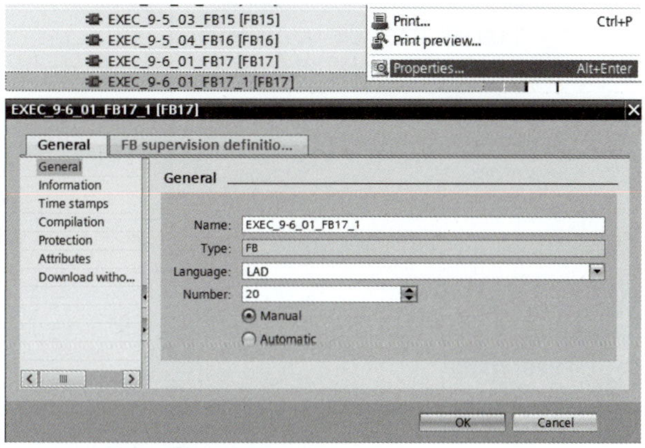
3	**FB의 명칭 변경** 복사한 FB17번의 명칭을 변경한다.	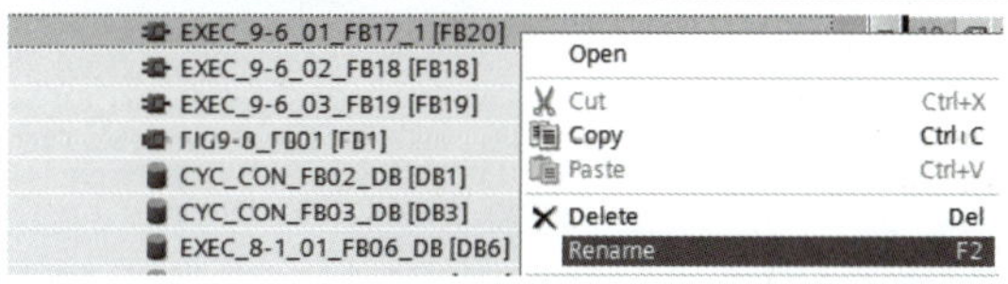
4	**Clock memory 설정** 0.1초 간격으로 설정값을 증가시키기 위한 클록으로 시스템 클록을 사용한다. M0.0이 0.1초 클록에 해당된다.	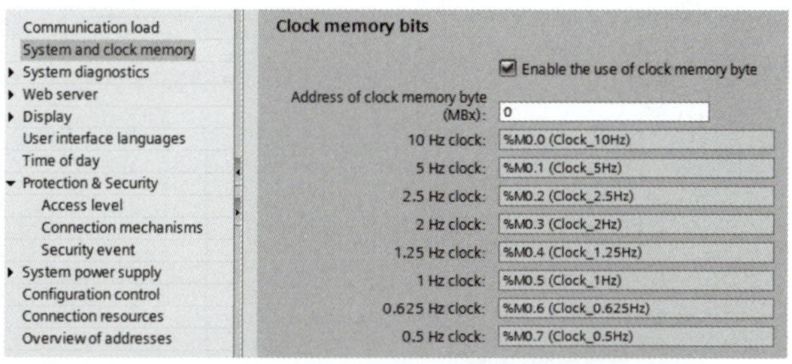
5	**FB20의 태그 설정** FB17에서 설정한 태그 중에서 프로그램의 수정에 필요한 태그를 FB20에 추가한다. R_EG2, T1_Q가 추가된 태그이고, TON이 추가되면서 멀티 인스턴스가 추가된다.	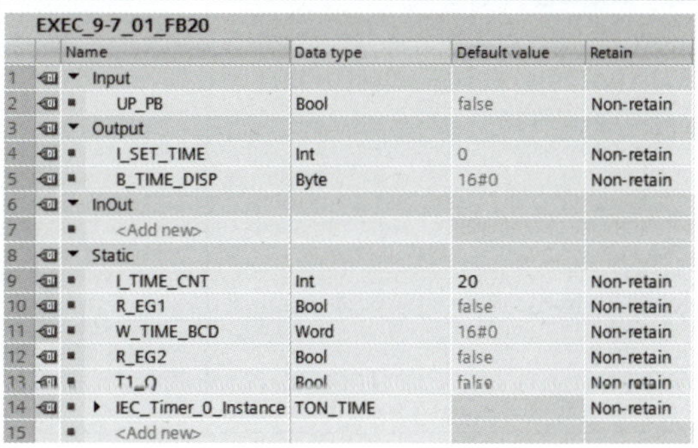

(계속)

6

FB20 프로그램 작성

복사한 FB17의 프로그램을 수정한다.

증가버튼을 1.5초 누르고 있는 조건을 검출하기 위해 TON을 사용한다.

T1_Q가 ON되면 시스템 클록 M0.0의 동작에 의해 0.1초 간격으로 설정값이 증가한다.

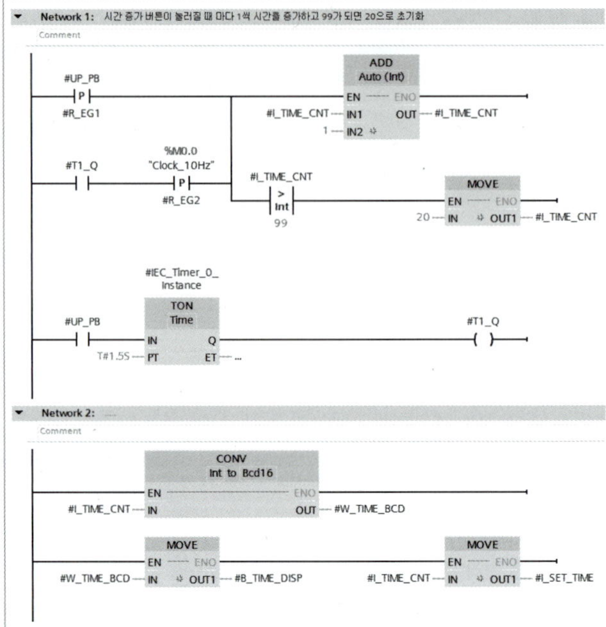

7

FB20 컴파일

FB20을 컴파일하고 에러가 없는지 확인한다.

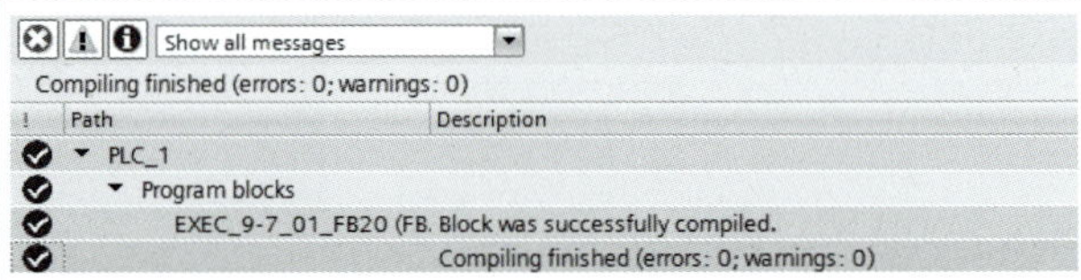

8

FB19의 복사

[실습과제 8-6]에서 만든 FB19를 복사해서 FB21을 만든다.

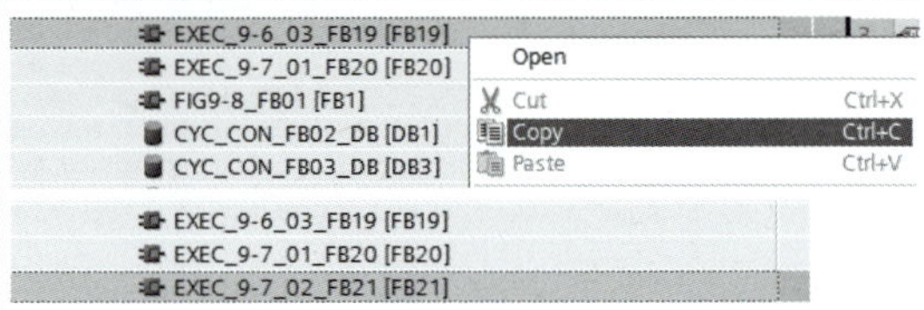

9

FB21 프로그램 수정

FB19를 복사해서 만든 FB21의 프로그램에서 네트워크 1번의 FB17을 삭제하고, 대신에 FB20을 설치한다.

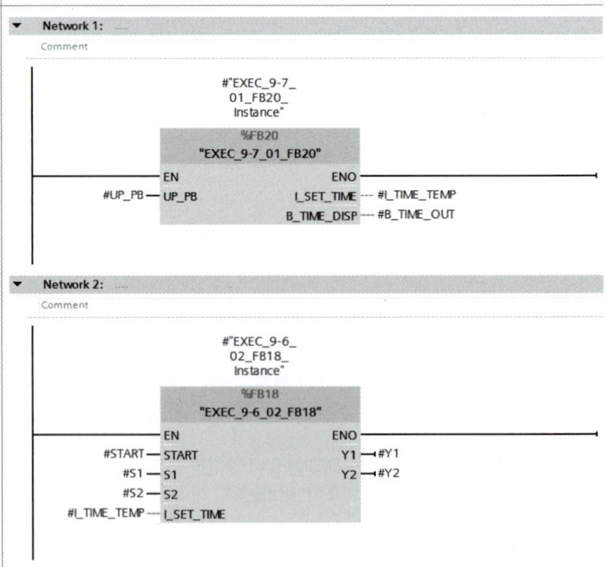

(계속)

10	**FB21 컴파일** 컴파일하고 에러가 없는지 확인한다.	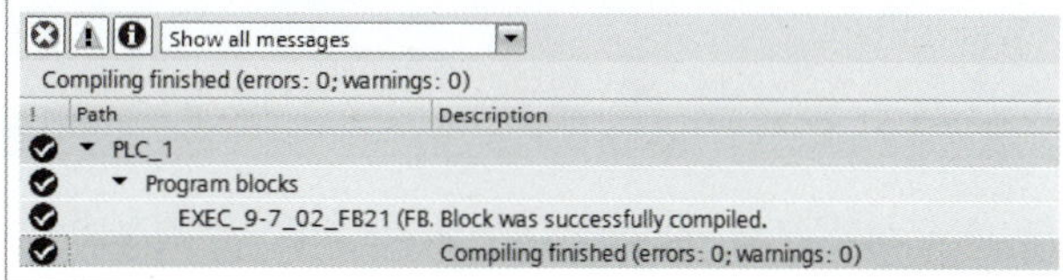
11	**OB1에서 FB21 호출** OB1에서 FB21을 호출한다. 호출할 때 입출력 번지를 할당한다.	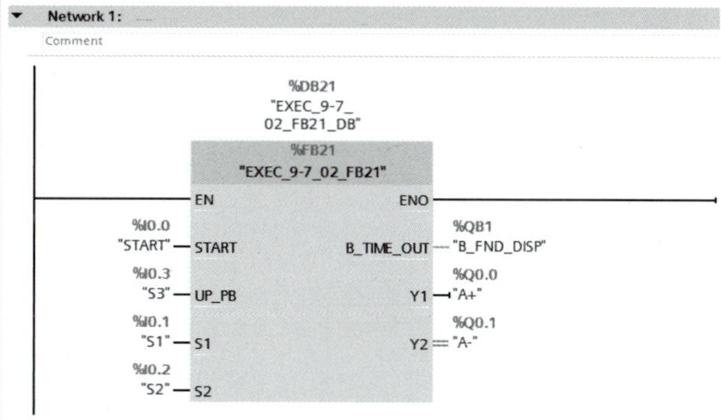
12	**OB1 컴파일** OB1을 컴파일하고 에러가 없는지 확인한 후에 CPU로 다운로드하고 동작을 확인한다.	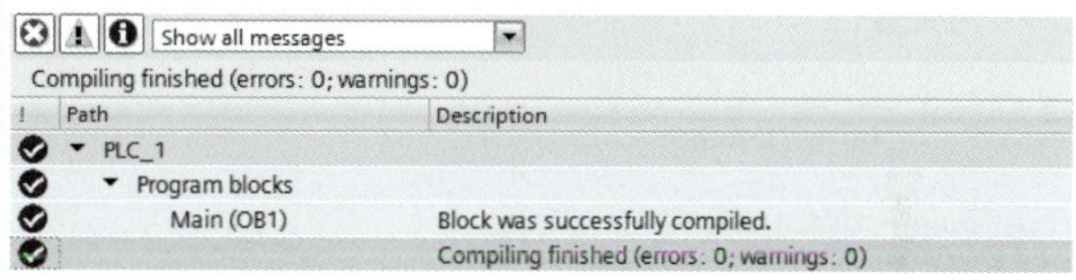

[실습과제 8-7]에서는 기능별로 작성한 프로그램 블록을 복사하고 기능을 추가해서 새로운 프로그램 블록을 만드는 방법과, 이전에 작성한 프로그램 블록을 재활용하는 방법으로 프로그램을 완성하였다. 이처럼 프로그램을 작성할 때, 전체 기능을 세분화해서 기능별로 프로그램을 작성한 후에, 기능을 조합해서 전체 기능을 완성하는 형태로 프로그램을 작성하는 게 좋다.

실습과제 8-8 타이머를 이용한 시간제어 3

타이머의 설정시간을 개별적인 증가 및 감소버튼으로 설정하는 방법에 대해 학습한다.

이번 과제에서는 증가버튼과 감소버튼 2개를 사용해서 타이머의 설정시간을 2.0초부터 9.9초까지 설정하는 방법에 대해 살펴보자.

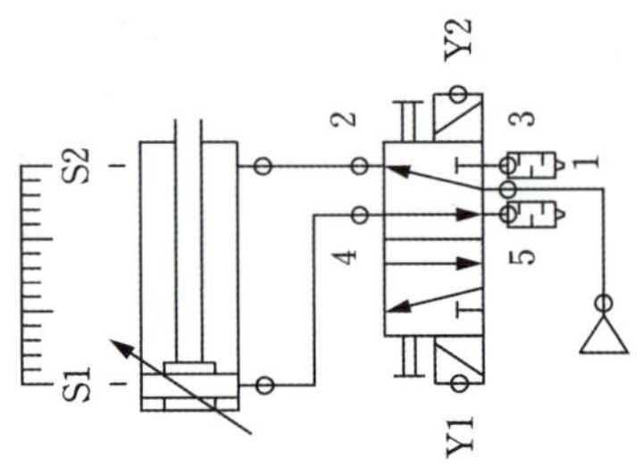

(a) 공압 회로도

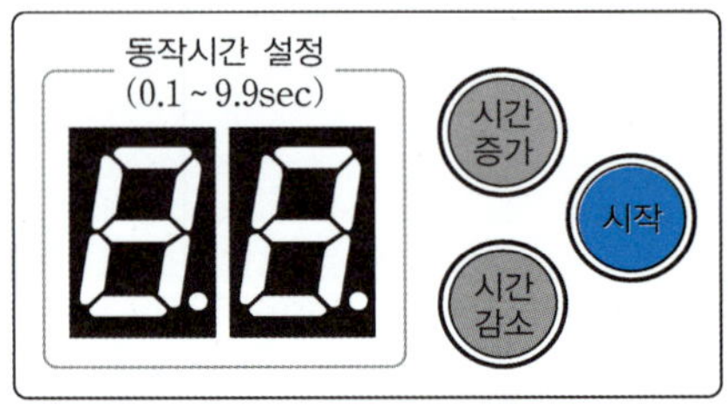

(b) 조작 패널

[그림 8-46] 공압 회로도 및 조작 패널

[표 8-32] PLC 입출력 리스트

입력	기능	출력	기능
I0.0	시작버튼	Q0.0	Y1_전진
I0.1	시간 증가	Q0.1	Y2_후진
I0.2	시간 감소		
I0.3	S1_후진	QB1	FND 모듈
I0.4	S2_전진		

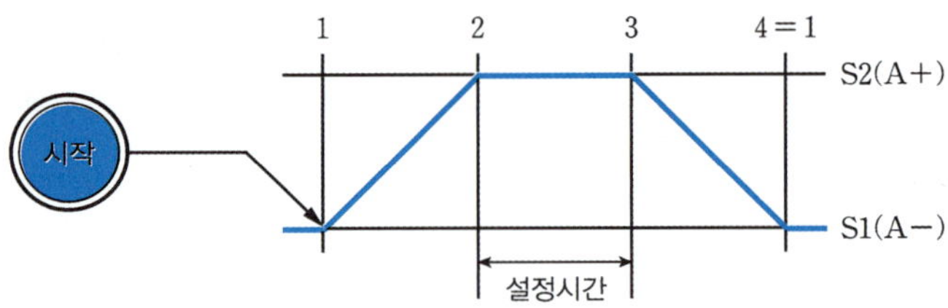

[그림 8-47] 공압 실린더의 동작 조건

동작 조건

❶ PLC의 전원이 ON되면 FND에는 20이 표시된다. 20은 2.0초를 의미한다.

❷ 시간 증가버튼을 누를 때마다 FND 숫자는 1씩 증가한다. 시간 설정값이 99일 때에는 시간 증가버튼을 눌러도 설정값이 99에서 변경되지 않는다.

❸ 시간 감소버튼을 누를 때마다 FND 숫자는 1씩 감소한다. 시간 설정값이 20일 때에는 시간 감소버튼을 눌러도 설정값이 20에서 변경되지 않는다.

❹ 시간 증가 및 감소버튼을 누를 때마다 시간 설정값이 1씩 증가 또는 감소한다. 또한 지속적으로 1.5초 이상 누르면, 1.5초 후부터 0.1초 간격으로 시간 설정값이 1씩 증가 또는 감소한다.

❺ 시작버튼을 누르면 [그림 8-47]과 같이 차례로 A+ → 설정시간 대기 → A− 순으로 동작한다.

PLC 프로그램 작성법

타이머의 설정시간을 설정하는 방법이 이전과 조금 달라졌다. 달라진 부분의 PLC 프로그램의 작성 방법을 생각해보자. 이전의 방법에서는 증가버튼 하나로 타이머의 설정시간을 설정했는데, 이번에는 증가와 감소 기능을 각각 가진 2개의 버튼이 있고, 설정값은 최소 20에서 최대 99까지만 설정할 수 있다.

프로그램은 입력신호를 기준으로 작성한다. 따라서 증가와 감소버튼을 눌렀을 때, 각각의 동작이 어떤 순서로 실행되는지를 고민해보자.

① 증가버튼이 눌리면, 타이머의 설정값이 99보다 작은지를 검사하고, 작으면 설정값에 1을 더한다.

② 감소버튼이 눌리면, 타이머의 설정값이 20보다 큰지를 검사하고, 크다면 설정값에서 1을 뺀다.

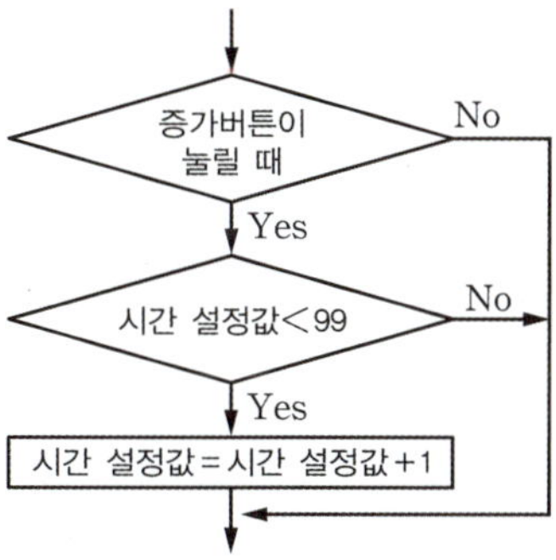

(a) 증가버튼을 눌렀을 때의 설정값 변경

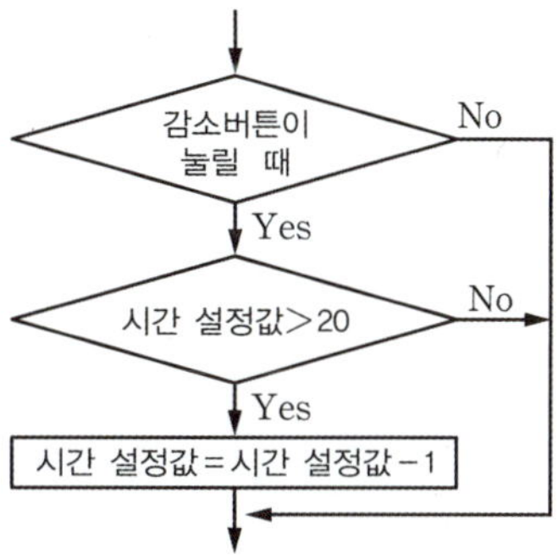

(b) 감소버튼을 눌렀을 때의 설정값 변경

[그림 8-48] **증가 및 감소버튼의 동작 순서도**

값을 설정하는 조건에서 주어진 과제처럼 상한과 하한의 값이 정해져 있을 때, 증가에서는 설정값과 상한을 비교하고, 감소에서는 설정값과 하한을 비교하여 설정값을 변경하는 형태로 프로그램을 작성한다.

일정 주기를 가진 클록 신호는 플리커 타이머를 이용해서 만들 수 있지만, 여기서는 [실습과제 8-7]에서 사용한 PLC에서 제공하는 시스템 클록을 사용한다.

FB의 구조

[실습과제 8-8]은 [실습과제 8-7]에서 만든 FB20을 복사해서 FB22를 만들고 감소버튼

기능을 추가한 것이다. FB17에서는 감소버튼이 없었기 때문에 입력으로 감소버튼의 신호를 받을 수 있어야 하며, 감소버튼 동작에 대한 프로그램을 새롭게 작성해야 한다.

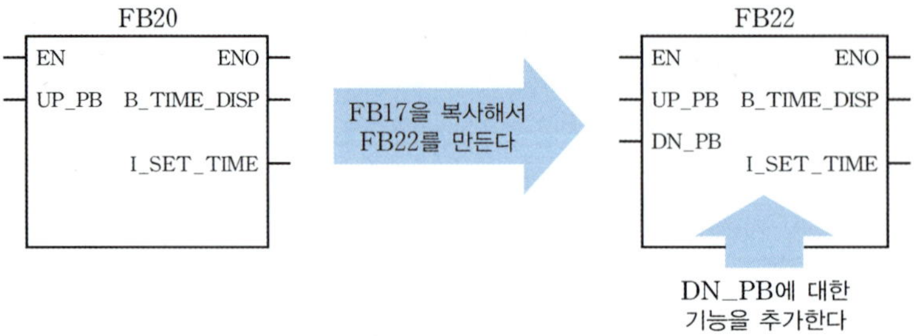

[그림 8-49] FB20을 복사해서 만든 새로운 기능의 FB22

공압 실린더 동작은 FB18의 기능과 동일하기 때문에 [실습과제 8-7]에서 만들었던 FB21을 복사해서 FB23을 만들고, FB23에서 FB22와 FB18을 조합해서 프로그램을 완성한다.

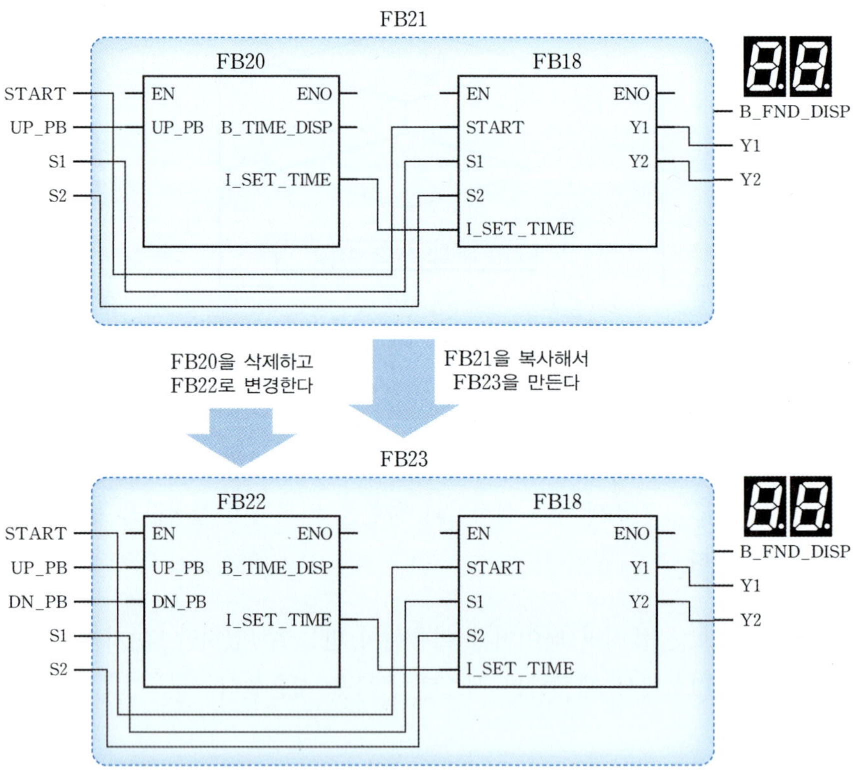

[그림 8-50] [실습과제 8-8]의 전체 프로그램의 구조

[표 8-33] 증가 및 감소버튼을 이용한 타이머 설정시간 변경 PLC 프로그램 작성

<table>
<tr><th>순서</th><th>작업 내용</th><th>작업 화면</th></tr>
<tr><td>1</td><td>FB22 생성
[실습과제 8-7]의 FB20을 FB22로 복사한다.</td><td>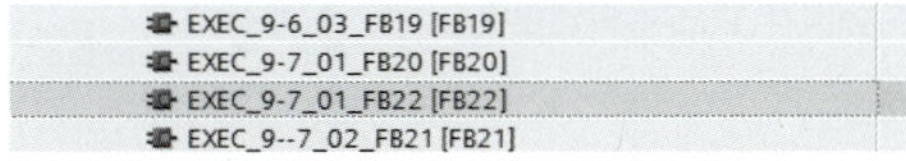
</td></tr>
<tr><td>2</td><td>FB22 태그 설정
FB22에서 필요한 태그를 설정한다. FB20에는 없었던 감소버튼을 추가해야 하기 때문에 입력에 DN_PB를 추가한다.</td><td>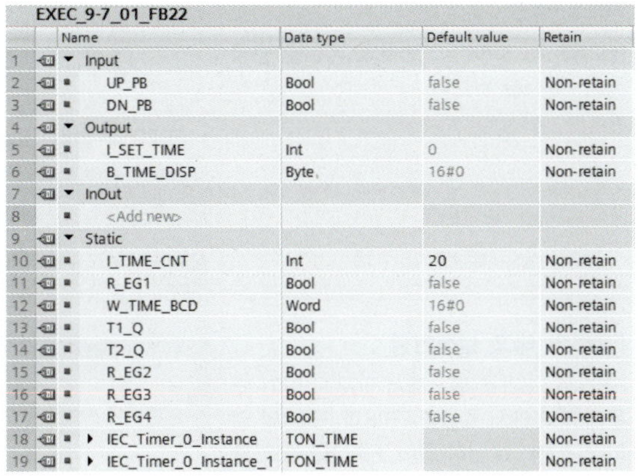
EXEC_9-7_01_FB22
<table>
<tr><th></th><th>Name</th><th>Data type</th><th>Default value</th><th>Retain</th></tr>
<tr><td>1</td><td>▼ Input</td><td></td><td></td><td></td></tr>
<tr><td>2</td><td>UP_PB</td><td>Bool</td><td>false</td><td>Non-retain</td></tr>
<tr><td>3</td><td>DN_PB</td><td>Bool</td><td>false</td><td>Non-retain</td></tr>
<tr><td>4</td><td>▼ Output</td><td></td><td></td><td></td></tr>
<tr><td>5</td><td>I_SET_TIME</td><td>Int</td><td>0</td><td>Non-retain</td></tr>
<tr><td>6</td><td>B_TIME_DISP</td><td>Byte</td><td>16#0</td><td>Non-retain</td></tr>
<tr><td>7</td><td>▼ InOut</td><td></td><td></td><td></td></tr>
<tr><td>8</td><td><Add new></td><td></td><td></td><td></td></tr>
<tr><td>9</td><td>▼ Static</td><td></td><td></td><td></td></tr>
<tr><td>10</td><td>I_TIME_CNT</td><td>Int</td><td>20</td><td>Non-retain</td></tr>
<tr><td>11</td><td>R_EG1</td><td>Bool</td><td>false</td><td>Non-retain</td></tr>
<tr><td>12</td><td>W_TIME_BCD</td><td>Word</td><td>16#0</td><td>Non-retain</td></tr>
<tr><td>13</td><td>T1_Q</td><td>Bool</td><td>false</td><td>Non-retain</td></tr>
<tr><td>14</td><td>T2_Q</td><td>Bool</td><td>false</td><td>Non-retain</td></tr>
<tr><td>15</td><td>R_EG2</td><td>Bool</td><td>false</td><td>Non-retain</td></tr>
<tr><td>16</td><td>R_EG3</td><td>Bool</td><td>false</td><td>Non-retain</td></tr>
<tr><td>17</td><td>R_EG4</td><td>Bool</td><td>false</td><td>Non-retain</td></tr>
<tr><td>18</td><td>▶ IEC_Timer_0_Instance</td><td>TON_TIME</td><td></td><td>Non-retain</td></tr>
<tr><td>19</td><td>▶ IEC_Timer_0_Instance_1</td><td>TON_TIME</td><td></td><td>Non-retain</td></tr>
</table></td></tr>
<tr><td>3</td><td>FB22 프로그램 작성
• 네트워크 1번
증가버튼이 눌렸을 때 설정값이 99보다 작으면 1씩 증가한다. 그리고 1.5초 이상 증가버튼을 누르고 있으면 0.1초 간격으로 자동 증가한다.

• 네트워크 2번
감소버튼이 눌렸을 때 설정값이 20보다 크면 1씩 감소한다. 그리고 1.5초 이상 감소버튼을 누르고 있으면 0.1초 간격으로 자동 감소한다.</td><td>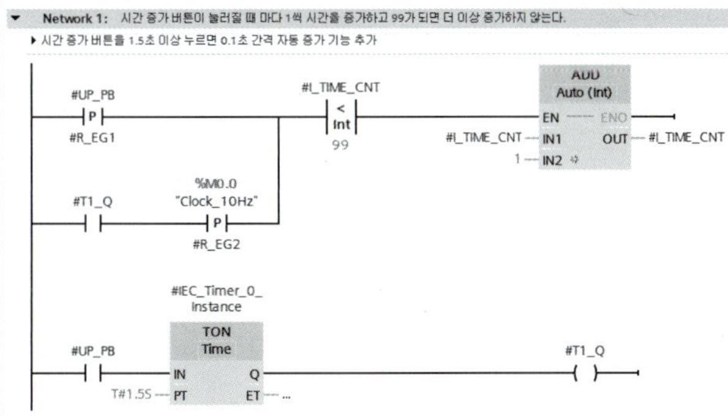

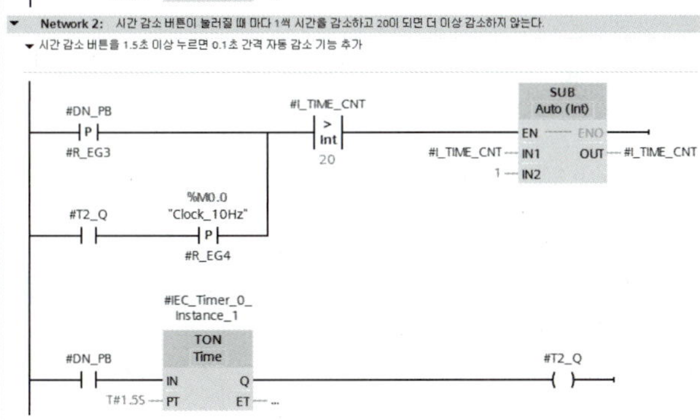
</td></tr>
<tr><td>4</td><td>• 네트워크 3번
설정값을 BCD 변환해서 출력하고, 설정값을 다른 FB에 전달한다.</td><td>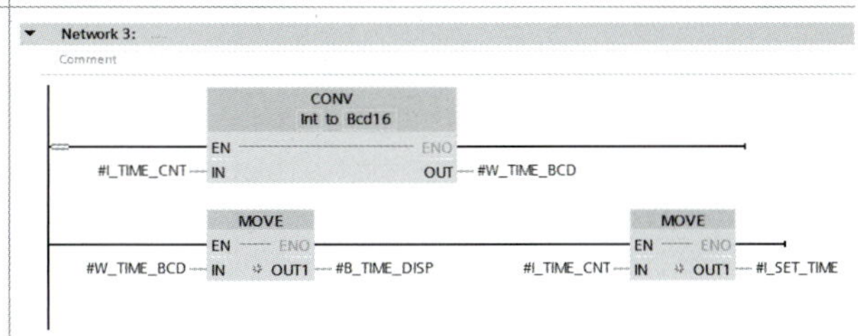
</td></tr>
</table>

(계속)

5 **FB22의 컴파일**

컴파일해서 에러가 없는지 확인한다.

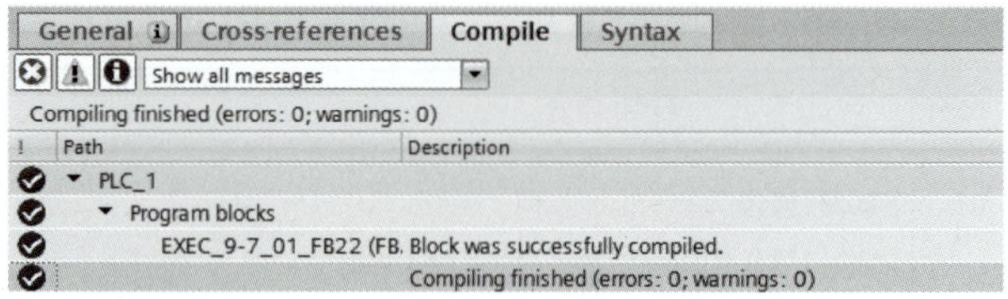

6 **FB23 생성**

FB21을 복사하여 FB 번호와 명칭을 변경해서 FB23을 만든다.

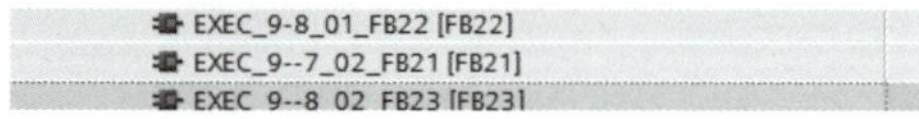

7 **FB23의 태그 설정변경**

FB23은 FB21을 복사해서 만든 것이기 때문에 FB21에서 호출한 FB18과 FB20의 멀티 인스턴스가 남아 있다. FB20을 FB22로 교체할 것이므로 Static에 있는 FB20의 멀티 인스턴스를 삭제한다.

입력에 DN_PB 태그를 추가하고 프로그램에서 FB20을 삭제한 후, FB22를 호출하면 Static에 새로운 FB22의 멀티 인스턴스가 등록된다.

• FB20의 멀티 인스턴스 삭제

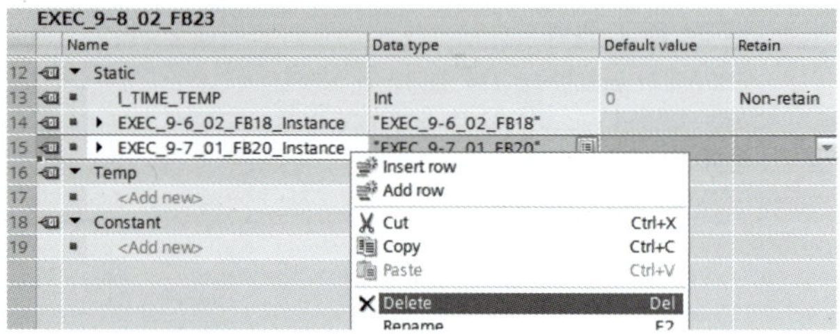

• FB22의 멀티 인스턴스 등록

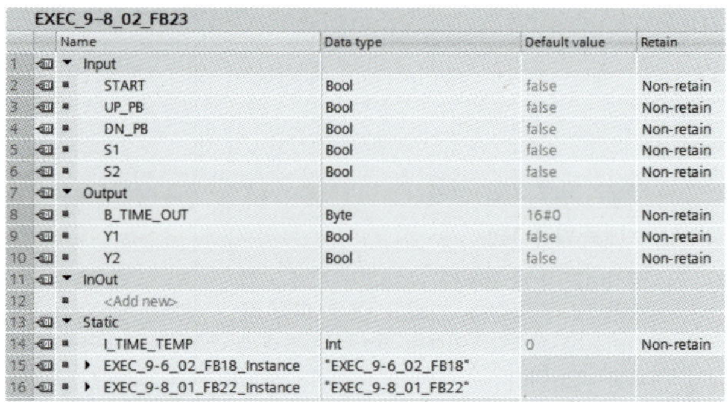

8 **FB23 프로그램 작성**

• **네트워크 1번**

기존에 있던 FB20을 삭제하고 새롭게 작성한 FB22를 호출한다.

• **네트워크 2번**

기존에 있던 FB18을 그대로 사용한다.

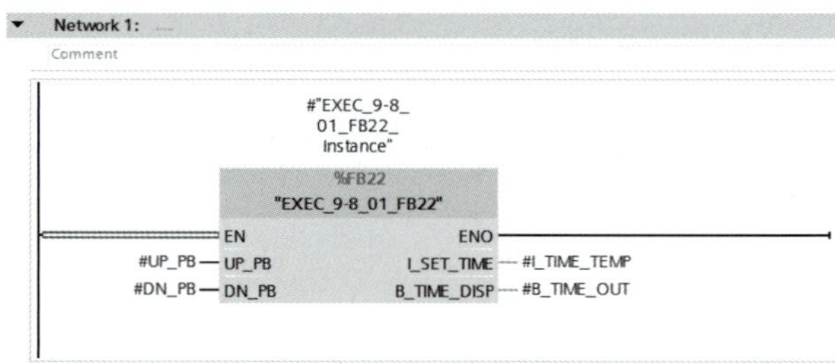

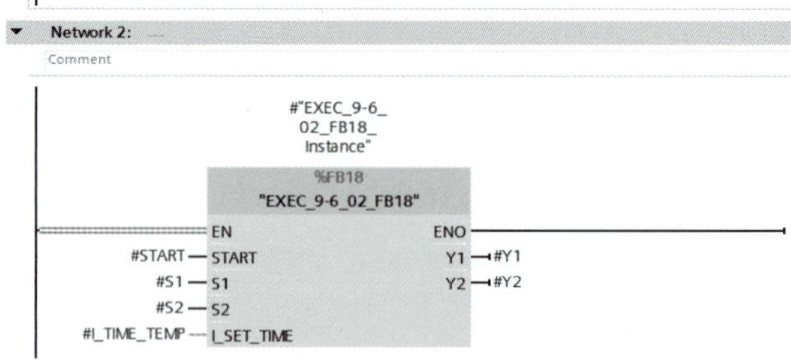

(계속)

<table>
<tr><td>9</td><td>FB23의 컴파일
컴파일하고 에러가 없는지 확인한다.</td><td>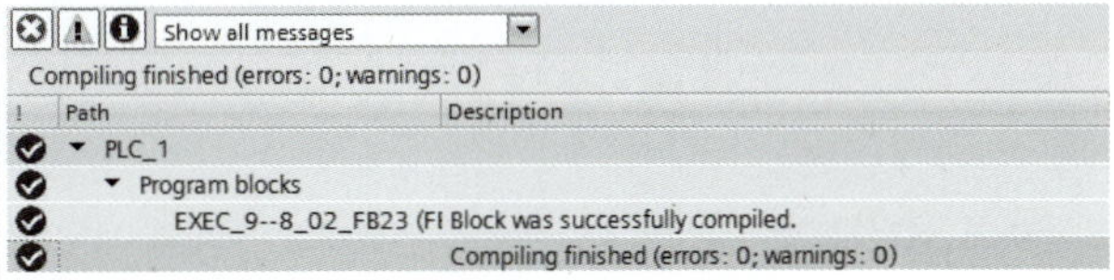
</td></tr>
<tr><td>10</td><td>OB1에서 FB23 호출
OB1에서 FB23을 호출한다. 호출할 때 입출력 번지를 할당한다.</td><td>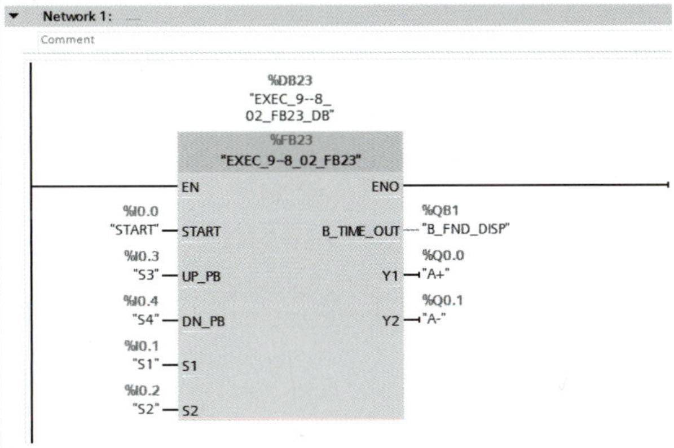
</td></tr>
<tr><td>11</td><td>OB1 컴파일
OB1을 컴파일하고 에러가 없는지 확인한 후에 CPU로 다운로드하고 동작을 확인한다.</td><td>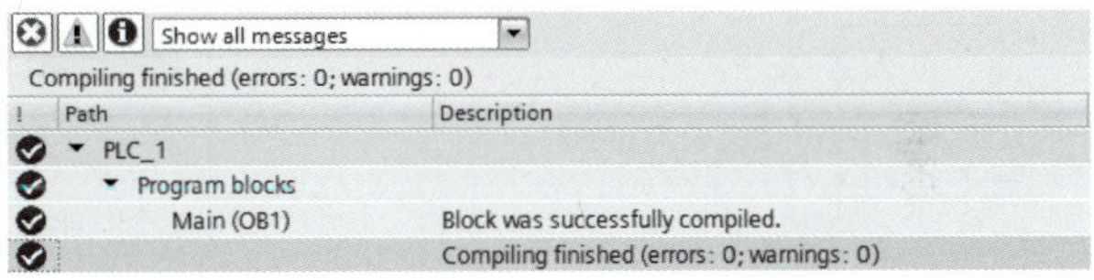
</td></tr>
</table>

실습과제 8-9 로터리 엔코더 스위치의 사용

타이머의 설정시간을 설정할 때 로터리 엔코더 스위치를 사용하는 방법에 대해 학습한다.

이번 과제에서는 타이머의 설정시간을 로터리 엔코더 스위치를 사용해서 2.0초부터 9.9초까지 설정하는 방법에 대해 살펴보자. 로터리 엔코더 스위치의 정역회전을 통해 시간을 설정하고, 또한 로터리 엔코더 스위치의 푸시버튼을 공압 실린더의 동작을 위한 시작 버튼으로 사용한다.

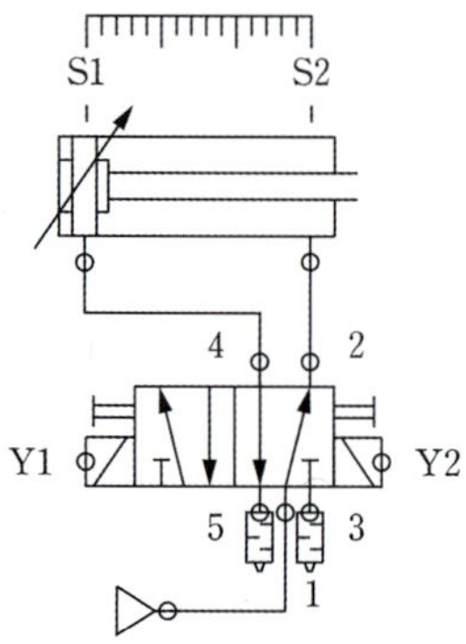

(a) 공압 회로도

(b) 조작 패널

[그림 8-51] 공압 회로도 및 조작 패널

[표 8-34] PLC 입출력 리스트

입력	기능	출력	기능
I1.0	엔코더 A_펄스	Q0.0	Y1_전진
I1.1	엔코더 B_펄스	Q0.1	Y2_후진
I1.2	엔코더 스위치		
I0.1	S1_후진	QB1	FND 모듈
I0.2	S2_전진		

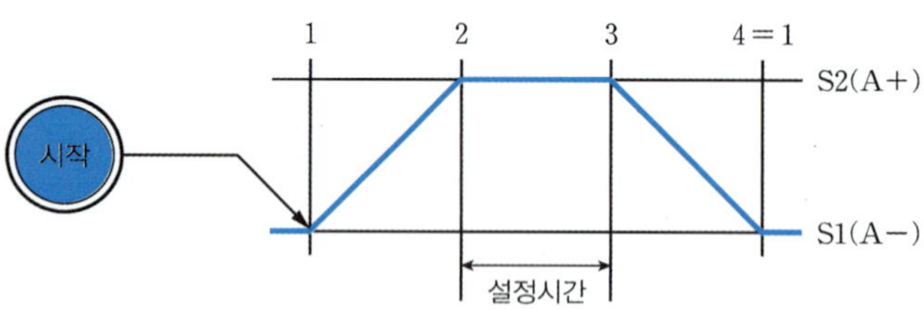

[그림 8-52] 공압 실린더의 동작 조건

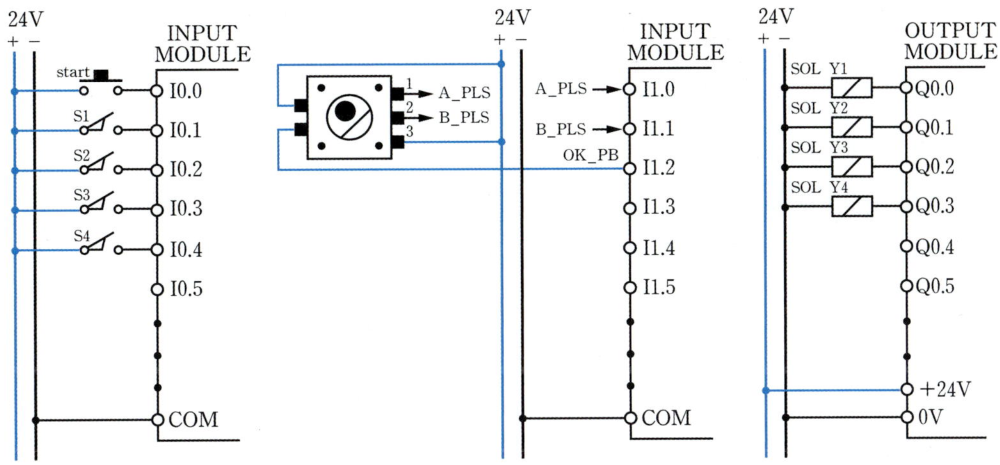

[그림 8-53] **로터리 엔코더 스위치 및 시스템 결선도**

동작 조건

❶ PLC의 전원이 ON되면 FND에는 20이 표시된다. 20은 2.0초를 의미한다.

❷ 로터리 엔코더 스위치를 시계 방향으로 회전시키면 FND 숫자는 1씩 증가한다.
시간 설정값이 99일 때에는 20으로 초기화되고 다시 1씩 증가한다.

❸ 로터리 엔코더 스위치를 반시계 방향으로 회전시키면 FND 숫자는 1씩 감소한다.
시간 설정값이 20일 때에는 99로 설정되고 다시 1씩 감소한다.

❹ 시작버튼을 누르면, 공압 실린더는 차례로 A+ → 설정시간 대기 → A− 순으로 동작한다.

PLC 프로그램 작성법

앞의 실습과제에서 2개의 푸시버튼을 사용했을 때는 푸시버튼 각각이 구분된 펄스신호를 만들었는데, 이번 과제에서 로터리 엔코더 스위치의 펄스신호는 2개의 스위치가 연동되어 만들어진다는 차이가 있다. 따라서 2개의 펄스신호로부터, 이 신호가 설정값을 증가시키기 위한 펄스신호인지 아니면 감소시키기 위한 펄스신호인지를 판별하는 것이 가장 중요하다.

1 [표 8-35]는 로터리 엔코더 스위치의 회전 방향에 따라 만들어지는 2개의 펄스신호를 나타낸 것이다. 펄스신호를 살펴보면 로터리 엔코더의 회전 방향에 따라 A_PLS와 B_PLS의 펄스의 ON/OFF 시점이 다름을 확인할 수 있다. 따라서 B_PLS가 ON되는

시점을 기준으로 A_PLS의 ON/OFF의 상태를 파악하면 로터리 엔코더의 회전 방향을 구분할 수 있다.

[표 8-35] **로터리 엔코더 스위치의 회전 방향 판별 방법**

로터리 엔코더의 시계 방향 회전	로터리 엔코더의 반시계 방향 회전
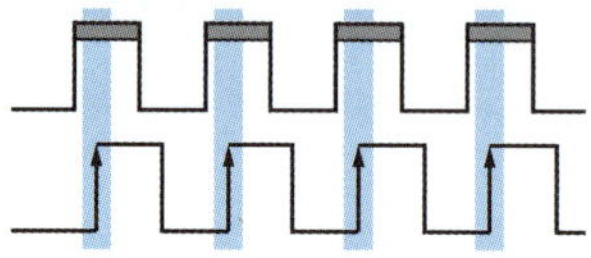	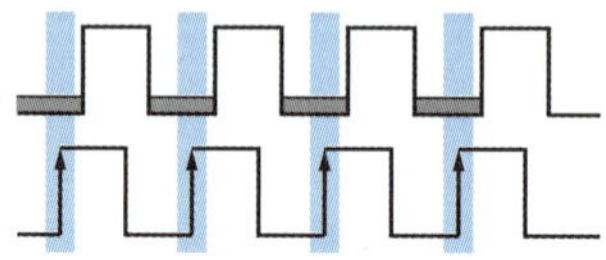
A_PLS 신호가 ON인 상태에서 B_PLS 신호가 ON된다.	A_PLS 신호가 OFF인 상태에서 B_PLS 신호가 ON된다.

2 PLC의 입력모듈은 고속으로 동작하는 펄스신호를 처리할 수 없다. PLC의 입력모듈은 어느 정도 빠르기의 펄스신호를 처리할 수 있을까?

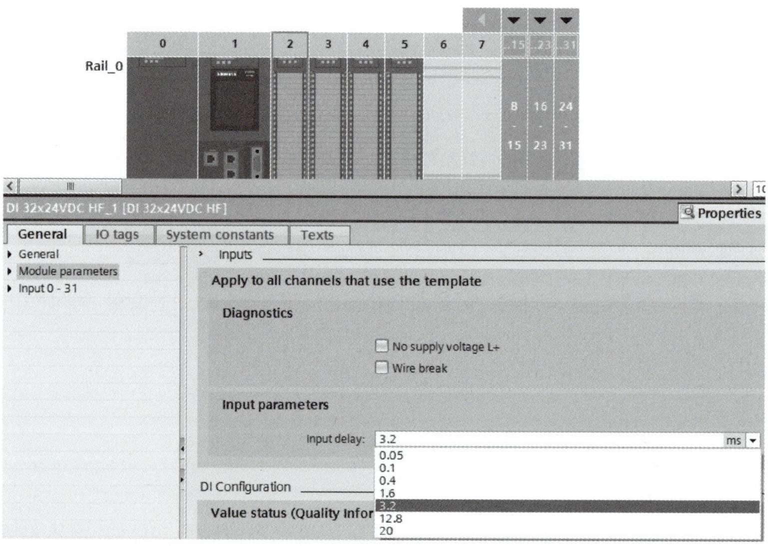

[그림 8-54] **입력모듈의 입력 지연시간 설정 방법**

[그림 8-54]는 입력신호 채터링chattering 방지를 위해 입력 지연시간을 설정하기 위한 입력모듈의 파라미터 설정창이다. 프로젝트의 하드웨어 구성에서 입력모듈을 선택한 후, 더블클릭해서 나타난 창에서 파라미터 설정항목을 선택하면 입력신호 지연시간을 설정할 수 있다.

- PLC의 입력모듈의 입력신호 채터링 방지를 위한 신호 지연시간은 평상시에 3.2ms로 설정되어 있다. 설정시간을 줄이면 평상시보다 빠른 펄스신호를 입력 받을 수 있

지만, 스위치에서 발생하는 채터링 방지 시간이 줄어들기 때문에 기계적인 스위치 접점이 동작할 때 입력신호에서 채터링이 발생할 수 있다.

- PLC의 입력모듈에 입력 가능한 최대 펄스 주파수는 '채터링 방지시간+스캔타임'이 합쳐진 시간에 의해 결정된다.

FB의 구조

[실습과제 8-9]는 로터리 엔코더의 펄스신호를 입력으로 받고, 타이머의 설정값 변경을 위한 FB24를 새롭게 만들고, FB25에서 FB24와 FB18을 조합해서 프로그램을 완성한다.

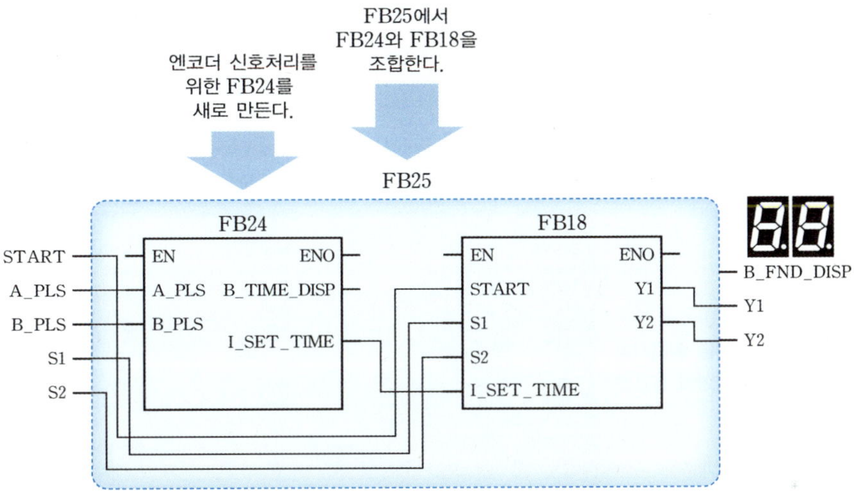

[그림 8-55] [실습과제 8-9]의 전체 프로그램의 구조

[표 8-36] 로터리 엔코더 스위치를 이용한 타이머 설정시간 변경 PLC 프로그램 작성

순서	작업 내용	작업 화면
1	**FB24의 태그 설정** 로터리 엔코더 스위치의 펄스신호를 사용해서 설정값을 증가 또는 감소시킬 프로그램 블록을 새롭게 만들고, 프로그램 작성에 필요한 태그를 설정한다.	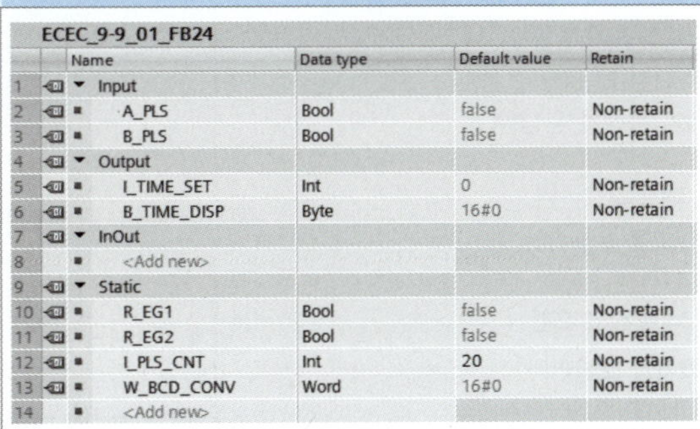

ECEC_9-9_01_FB24

	Name	Data type	Default value	Retain
1	▼ Input			
2	A_PLS	Bool	false	Non-retain
3	B_PLS	Bool	false	Non-retain
4	▼ Output			
5	I_TIME_SET	Int	0	Non-retain
6	B_TIME_DISP	Byte	16#0	Non-retain
7	▼ InOut			
8	<Add new>			
9	▼ Static			
10	R_EG1	Bool	false	Non-retain
11	R_EG2	Bool	false	Non-retain
12	I_PLS_CNT	Int	20	Non-retain
13	W_BCD_CONV	Word	16#0	Non-retain
14	<Add new>			

(계속)

2

FB24 프로그램 작성

- **네트워크 1번**

네트워크 1번에 A와 B 펄스신호를 판별해서 설정값의 증가/감소 동작을 한다.

- **네트워크 2번**

네트워크 2번은 설정값의 BCD 변환과 출력을 한다.

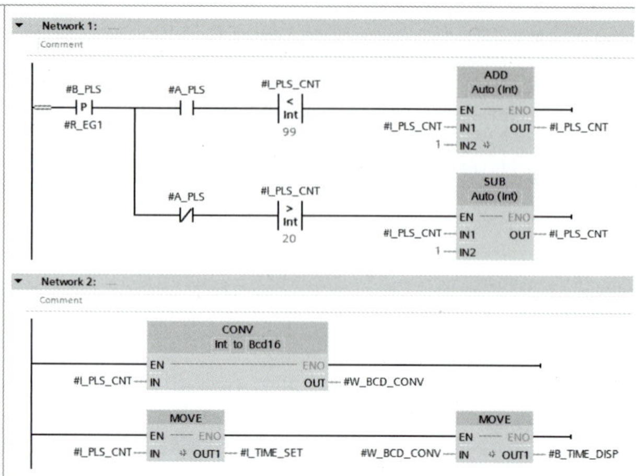

3

FB24 컴파일

컴파일하고 에러가 없는지 확인한다.

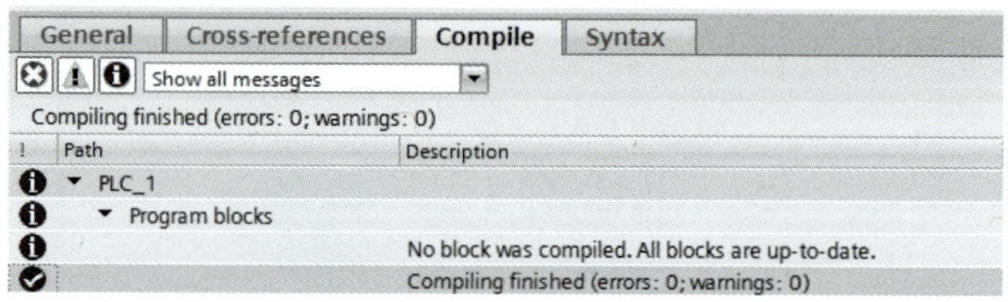

4

FB25 만들기

FB24와 FB18을 조합한 동작을 완성시킬 FB25를 만들고, 프로그램 작성에 필요한 태그를 설정한다.

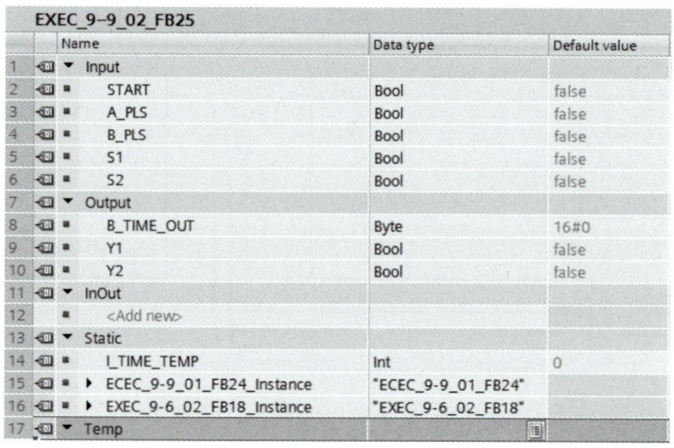

EXEC_9-9_02_FB25

	Name	Data type	Default value
1	▼ Input		
2	START	Bool	false
3	A_PLS	Bool	false
4	B_PLS	Bool	false
5	S1	Bool	false
6	S2	Bool	false
7	▼ Output		
8	B_TIME_OUT	Byte	16#0
9	Y1	Bool	false
10	Y2	Bool	false
11	▼ InOut		
12	<Add new>		
13	▼ Static		
14	I_TIME_TEMP	Int	0
15	▶ ECEC_9-9_01_FB24_Instance	"ECEC_9-9_01_FB24"	
16	▶ EXEC_9-6_02_FB18_Instance	"EXEC_9-6_02_FB18"	
17	▼ Temp		

5

FB25 프로그램

FB24와 FB18을 조합하여 주어진 실습과제의 동작을 완성한다.

- **네트워크 1번**

FB24를 호출한다.

- **네트워크 2번**

FB18을 호출한다.

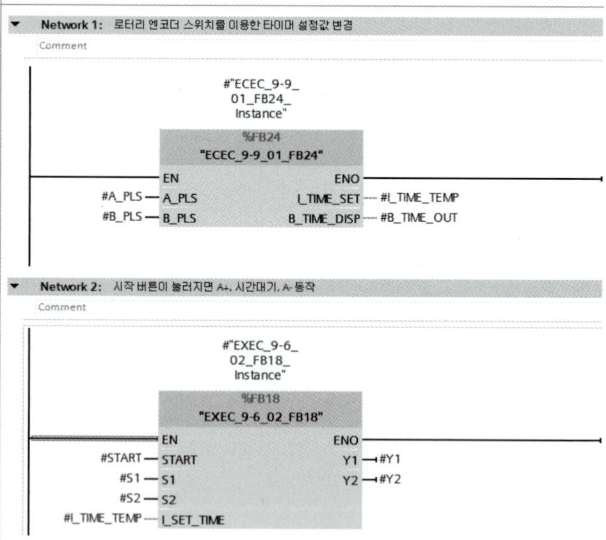

(계속)

6	**OB1 프로그램** OB1에서 FB25를 호출한다. 호출할 때 입출력 번지를 할당한다.	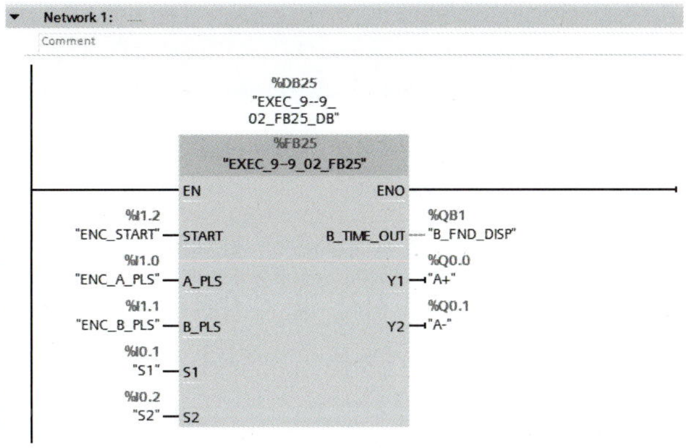
7	**OB1 컴파일** OB1을 컴파일하고 에러가 없는지 확인한 후에, CPU로 다운로드하고 동작을 확인한다.	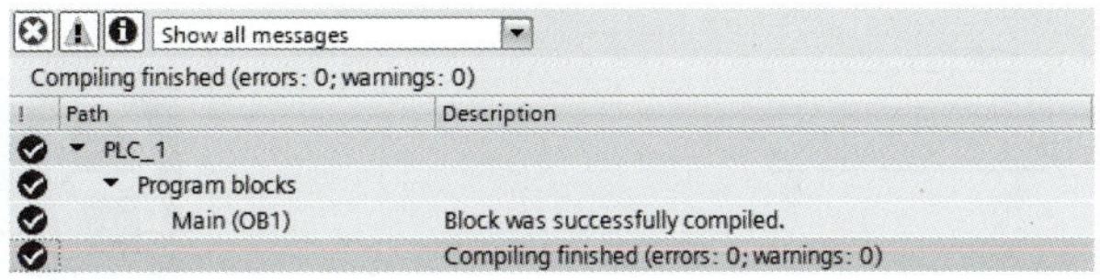

실습과제 8-10 시작과 정지버튼을 이용한 반복 제어

주어진 동작 조건을 반복적으로 실행하는 PLC 프로그램 작성법에 대해 학습한다.

시작버튼을 누르면 정지버튼을 누를 때까지 주어진 동작을 반복하는 PLC 프로그램의 작성법을 살펴보자. 단, 시작 및 정지버튼이 따로 있는 것이 아니라 로터리 엔코더 스위치의 푸시버튼으로 그 기능을 구현한다.

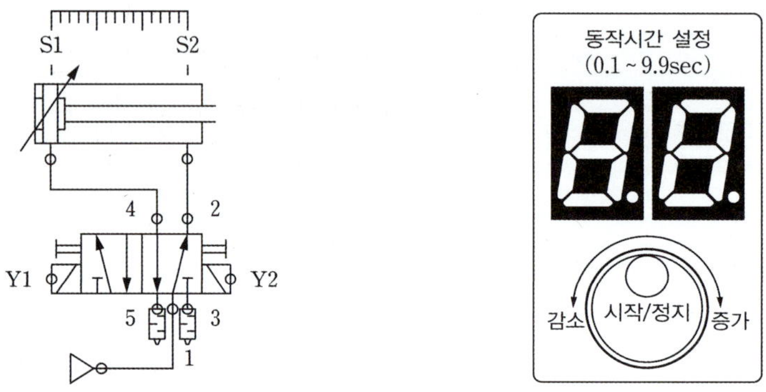

(a) 공압 회로도 (b) 조작 패널

[그림 8-56] 공압 회로도 및 조작 패널

[표 8-37] PLC 입출력 리스트

입력	기능	출력	기능
I1.0	엔코더 A_펄스	Q0.0	Y1_전진
I1.1	엔코더 B_펄스	Q0.1	Y2_후진
I1.2	엔코더 스위치		
I0.1	S1_후진	QB1	FND 모듈
I0.2	S2_전진		

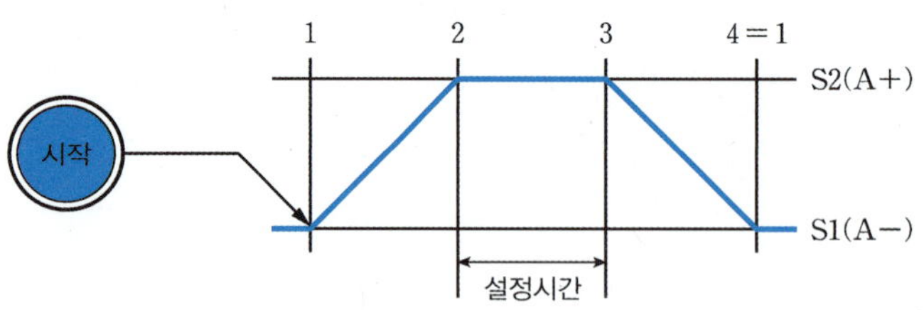

[그림 8-57] 공압 실린더의 동작 조건

동작 조건

❶ PLC의 전원이 ON되면 FND에는 20이 표시된다. 20은 2.0초를 의미한다.

❷ 로터리 엔코더 스위치를 시계 방향으로 회전시키면 FND 숫자는 1씩 증가한다. 동작횟수 설정값이 99이면 더 이상 증가하지 않는다.

❸ 로터리 엔코더 스위치를 반시계 방향으로 회전시키면 FND 숫자는 1씩 감소한다. 동작횟수 설정값이 10이면 더 이상 감소하지 않는다.

❹ 시스템 정지 상태에서 로터리 엔코더 스위치의 푸시버튼을 누르면 'A+ → 시간 대기 → A−' 순으로 동작을 계속 반복한다. 다시 로터리 엔코더 스위치의 푸시버튼을 누르면, 현재 진행 중인 사이클을 완료한 후에 동작을 정지한다.

PLC 프로그램 작성법

1 1개의 푸시버튼으로 시작 및 정지 동작 기능을 구현하는 방법

[그림 8-58]은 1개의 푸시버튼만 존재하는 상황에서, 정지 상태에서 스위치를 눌렀을 때 스위치가 눌린 시간에 따라 시작과 정지의 위치를 나타낸 것이다. PLC는 입력신호를 4개의 형태, 즉 ON될 때(상승펄스), OFF될 때(하강펄스), ON되고 있는 동안(A접점), OFF되고 있는 동안(B접점)으로 구분한다. [그림 8-58]을 살펴보면 1개의 푸시버튼 신호만으로는 시작신호와 정지신호를 구분할 수 없다.

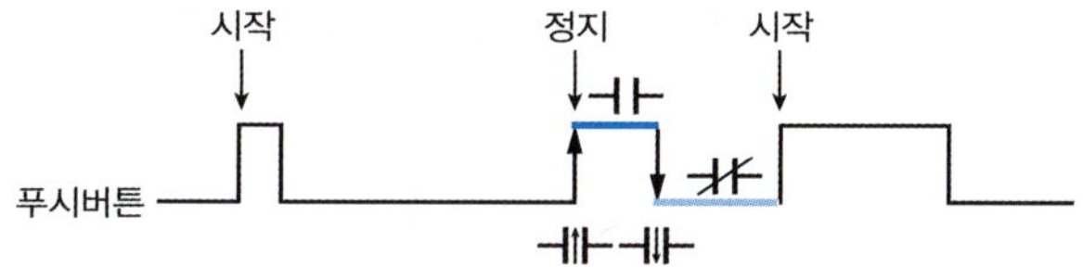

[그림 8-58] 스위치의 동작신호와 PLC의 래더 접점의 구분

[그림 8-59]는 [그림 8-58]의 푸시버튼 신호를 이용하여 반전신호toggle 출력을 만드는 과정을 나타낸 것이다. 반전신호는 푸시버튼 신호가 ON될 때마다 반전된다. [그림 8-59]를 보면, 푸시버튼이 ON되는 순간에 반전신호 출력상태를 확인해서, OFF 상태이면 ON 상태로, ON 상태이면 OFF 상태로 상태가 반전된다. 이러한 동작을 구현하기 위해서는 푸시버튼 신호로 상승펄스 또는 하강펄스신호를 사용해야 한다.

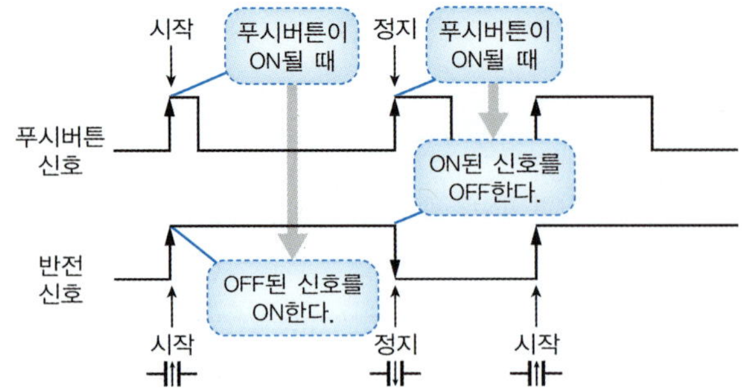

[그림 8-59] 1개의 푸시버튼으로 반전신호를 만드는 타임차트

2 시퀀스 제어의 반복동작 신호를 만드는 방법

공압 실린더의 동작 'A+ → 시간 대기 → A-'를 시퀀스 제어로 구현하기 위해서는 동작을 위한 3개의 비트 신호와 작업종료를 위한 1개의 비트 신호를 포함해서 총 4개의 비트 신호가 필요하다. 따라서 SHL 명령을 사용해서 시프트시킬 태그를 바이트로 설정한다. SHL 명령에 의해 비트가 시프트되는 동작을 [표 8-38]에 나타내었다.

[표 8-38] SHL 명령을 사용한 공압 실린더의 전진 → 시간 대기 → 후진 동작

태그 명칭		B_SHL_DATA								결과
태그 비트번지		7	6	5	4	3	2	1	0	
동작상태	초기 상태	0	0	0	0	0	0	0	0	
	시작버튼 누름	0	0	0	0	0	0	0	1	실린더 전진
	S2가 ON	0	0	0	0	0	0	1	0	타이머 동작
	T1_Q가 ON	0	0	0	0	0	1	0	0	실린더 후진
	S1이 ON	0	0	0	0	1	0	0	0	작업종료

공압 실린더의 동작이 1회만 동작하는 경우에는 [표 8-38]에서 작업종료 신호인 B_SHL_DATA.%X3의 비트가 ON될 때 B_SHL_DATA의 설정값을 16#00으로 설정했다. 이제는 작업종료 신호가 시작버튼을 대신하여 새로운 시작신호로 사용된다.

FB의 구조

[실습과제 8-10]은 시작버튼으로 ON/OFF 동작하는 토글 신호를 만들어야 한다. 따라서 새로운 기능을 가진 FB26을 만들어서 1개의 시작버튼으로 토글 신호를 출력하는 기능의 프로그램을 작성한다. 그리고 FB27의 경우, 실린더의 반복동작이 이루어져야 하기 때문에 FB18을 복사해서 FB27을 만든 다음에 반복동작 기능을 할 수 있도록 프로그램을 수정한다. FB28에서 이 실습에서 필요한 3개의 기능을 조합하여 프로그램을 완성한다.

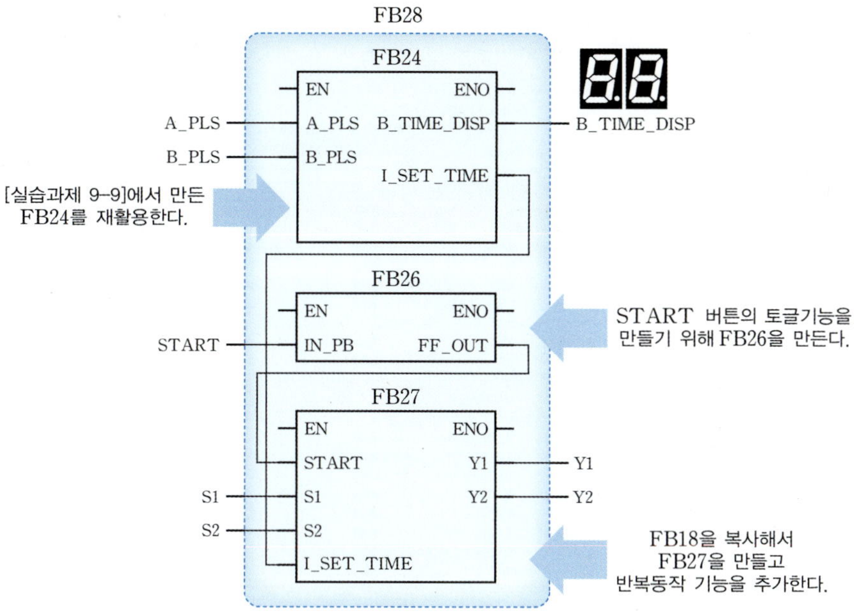

[그림 8-60] [실습과제 8-10]의 전체 프로그램의 구조

[표 8-39] 시작과 정지 조건을 이용한 실린더 반복동작 PLC 프로그램 작성

<table>
<tr><th>순서</th><th>작업 내용</th><th>작업 화면</th></tr>
<tr><td>1</td><td>FB26의 태그 설정
시작버튼 신호를 입력 받아 토글 신호를 만들어서 출력할 FB26을 만들고 태그를 설정한다.</td><td>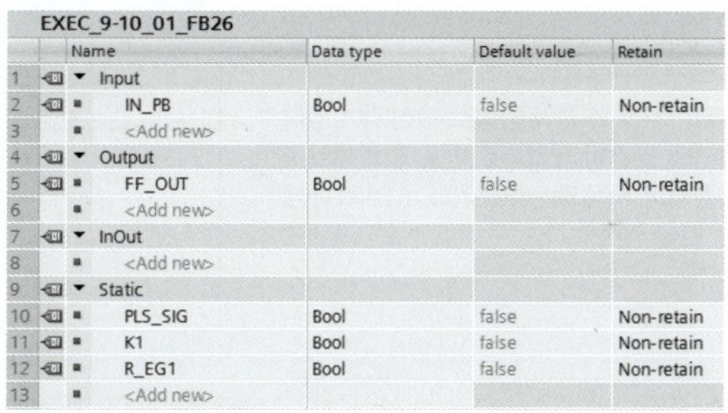
EXEC_9-10_01_FB26

	Name	Data type	Default value	Retain
1	▼ Input			
2	IN_PB	Bool	false	Non-retain
3	<Add new>			
4	▼ Output			
5	FF_OUT	Bool	false	Non-retain
6	<Add new>			
7	▼ InOut			
8	<Add new>			
9	▼ Static			
10	PLS_SIG	Bool	false	Non-retain
11	K1	Bool	false	Non-retain
12	R_EG1	Bool	false	Non-retain
13	<Add new>			

</td></tr>
<tr><td>2</td><td>FB26 프로그램 작성
• 네트워크 1번
입력신호를 상승펄스신호로 처리한 다음 XOR 논리를 사용해서 토글 출력을 만든다.

• 네트워크 2번
토글 신호를 출력한다.</td><td>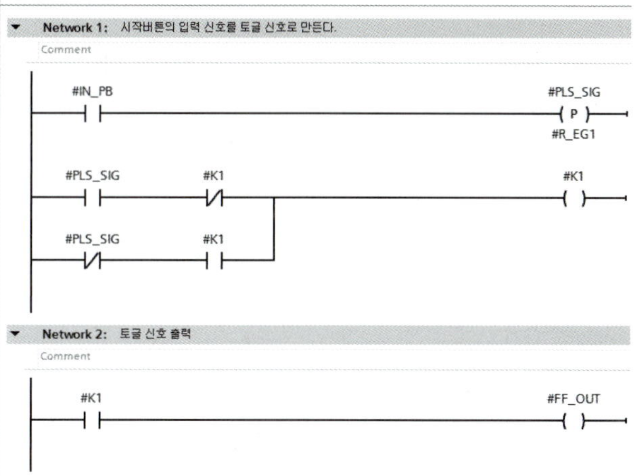
</td></tr>
</table>

(계속)

3

FB26 컴파일

컴파일해서 에러가 없는지 확인한다.

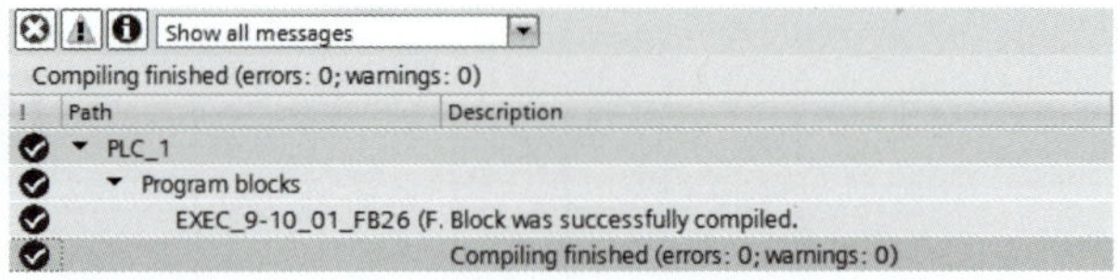

4

FB27의 태그 설정

FB18을 복사해서 FB27을 만든다.

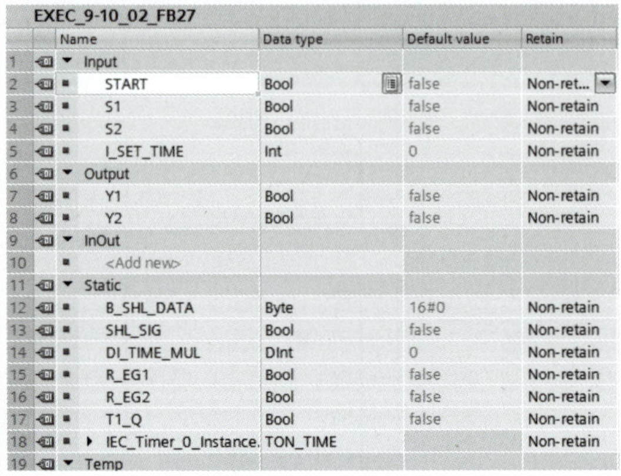

EXEC_9-10_02_FB27

	Name	Data type	Default value	Retain
1	▼ Input			
2	START	Bool	false	Non-ret...
3	S1	Bool	false	Non-retain
4	S2	Bool	false	Non-retain
5	I_SET_TIME	Int	0	Non-retain
6	▼ Output			
7	Y1	Bool	false	Non-retain
8	Y2	Bool	false	Non-retain
9	▼ InOut			
10	<Add new>			
11	▼ Static			
12	B_SHL_DATA	Byte	16#0	Non-retain
13	SHL_SIG	Bool	false	Non-retain
14	DI_TIME_MUL	DInt	0	Non-retain
15	R_EG1	Bool	false	Non-retain
16	R_EG2	Bool	false	Non-retain
17	T1_Q	Bool	false	Non-retain
18	▸ IEC_Timer_0_Instance.	TON_TIME		Non-retain
19	▼ Temp			

5

FB27 프로그램 작성

- **네트워크 1번**

타이머의 설정시간을 곱셈을 이용하여 만든다.

- **네트워크 2번**

2개의 시작 조건이 병렬로 구성되어 있다. 하단의 조건이 작업종료 신호에 의해서 반복동작이 시작되는 부분이다. START 신호는 토글 신호이다.

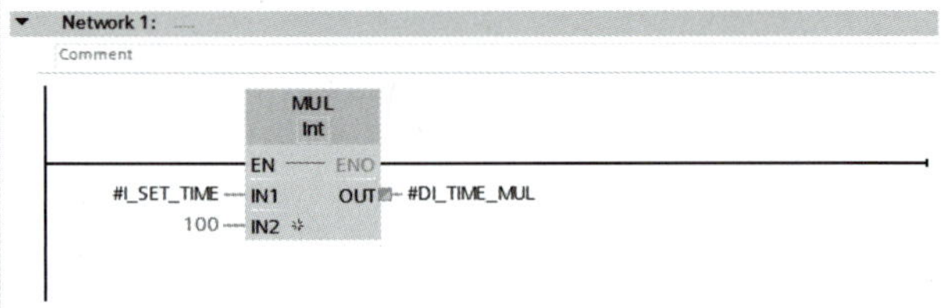

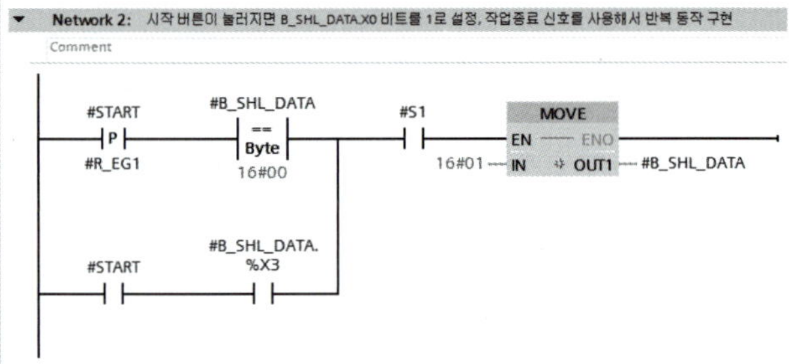

6

- **네트워크 3번**

동작이 이루어질 때마다 SHL 명령의 실행을 위한 상승펄스신호를 만든다.

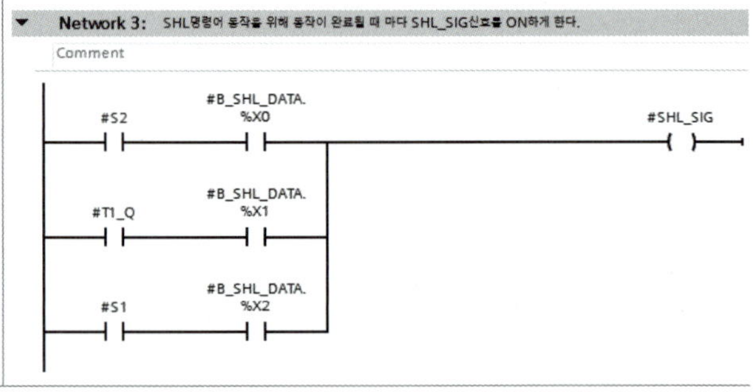

(계속)

7

• **네트워크 4번**

SHL_SIG 신호에 의한 해당 태그의 시프트 동작과 함께 정지 조건일 때에는 작업종료 신호를 이용해서 시프트용 태그를 초기화한다.

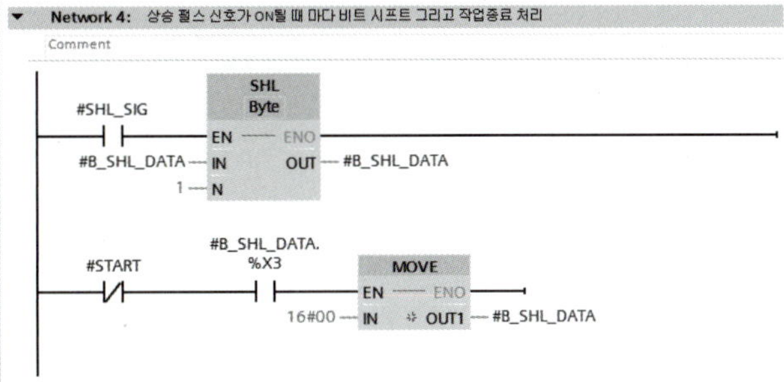

8

• **네트워크 5번**

시프트 태그의 비트별로 출력을 제어한다.

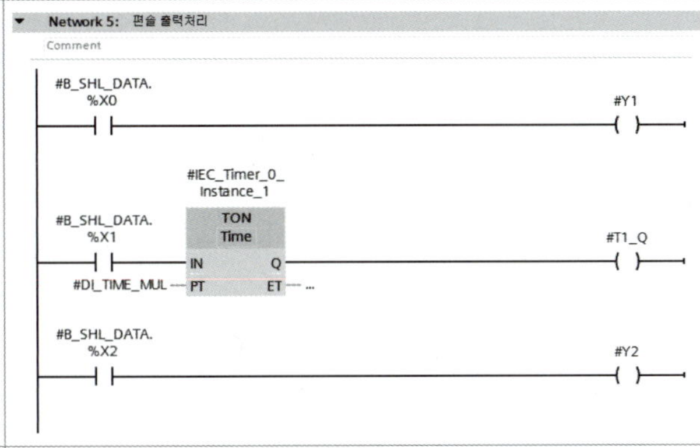

9

FB27 컴파일

컴파일하고 에러가 없는지 확인한다.

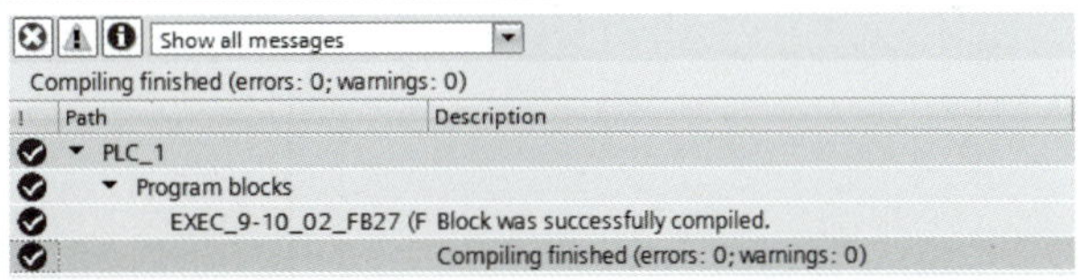

10

FB28 태그 설정

FB24, FB26, FB27을 조합해서 전체 프로그램을 완성할 FB28을 만들고, 필요한 태그를 설정한다.

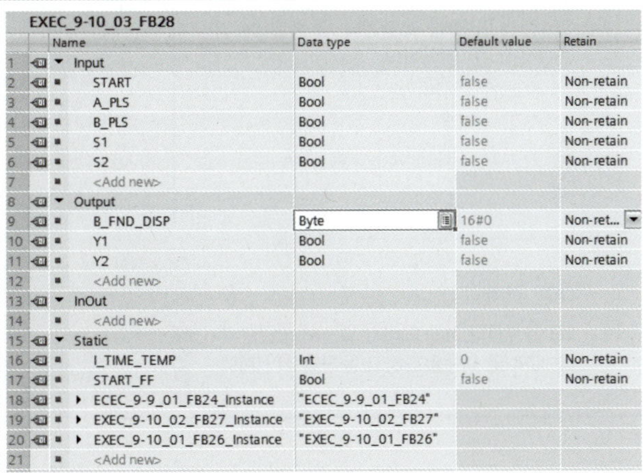

EXEC_9-10_03_FB28

	Name	Data type	Default value	Retain
1	▼ Input			
2	START	Bool	false	Non-retain
3	A_PLS	Bool	false	Non-retain
4	B_PLS	Bool	false	Non-retain
5	S1	Bool	false	Non-retain
6	S2	Bool	false	Non-retain
7	<Add new>			
8	▼ Output			
9	B_FND_DISP	Byte	16#0	Non-ret...
10	Y1	Bool	false	Non-retain
11	Y2	Bool	false	Non-retain
12	<Add new>			
13	▼ InOut			
14	<Add new>			
15	▼ Static			
16	I_TIME_TEMP	Int	0	Non-retain
17	START_FF	Bool	false	Non-retain
18	▸ ECEC_9-9_01_FB24_Instance	"ECEC_9-9_01_FB24"		
19	▸ EXEC_9-10_02_FB27_Instance	"EXEC_9-10_02_FB27"		
20	▸ EXEC_9-10_01_FB26_Instance	"EXEC_9-10_01_FB26"		
21	<Add new>			

11

FB28 프로그램 작성

• **네트워크 1번**

로터리 엔코더의 펄스신호를 사용해서 타이머의 설정시간을 변경할 FB24를 호출한다.

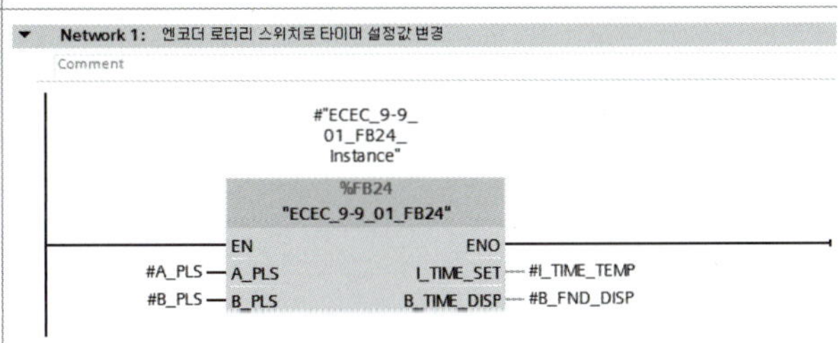

(계속)

12

- 네트워크 2번

시작버튼의 입력신호를 토글 출력신호로 변경할 FB26을 호출한다.

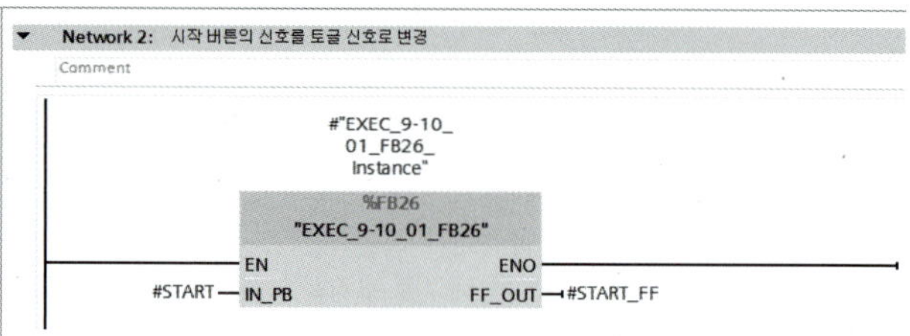

13

- **네트워크 3번**

START 신호에 의해 실린더의 동작을 반복 제어할 FB27을 호출한다.

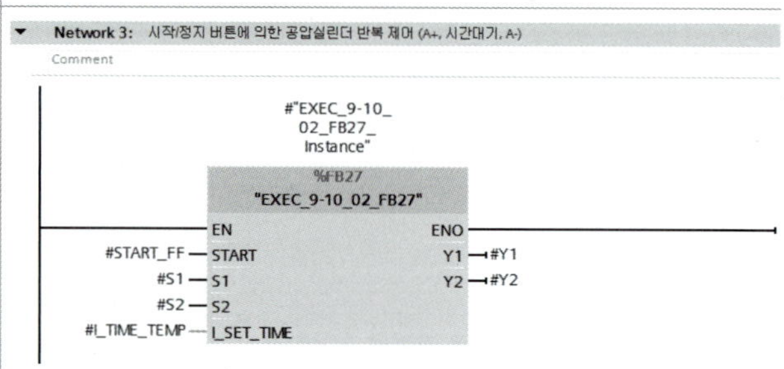

14

FB28 컴파일

컴파일하고 에러가 없는지 확인한다.

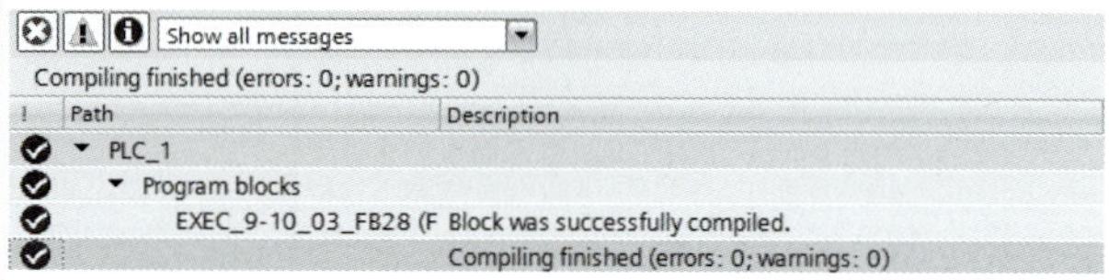

15

OB1 프로그램

OB1에서 FB28을 호출한다. 호출할 때 입출력 번지를 할당한다.

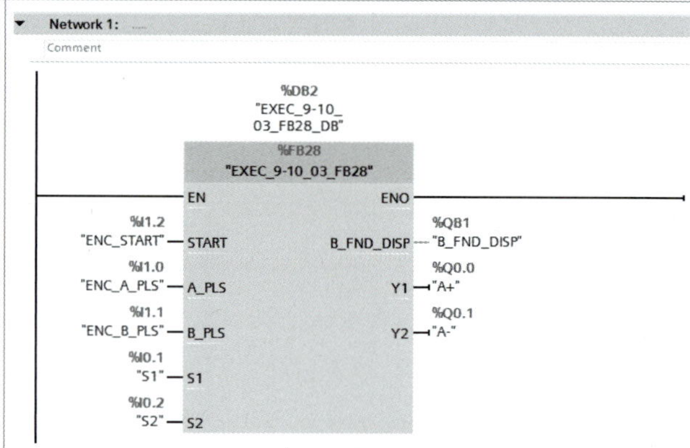

16

OB1 컴파일

OB1을 컴파일하고 에러가 없는지 확인한 후에, CPU로 다운로드하고 동작을 확인한다.

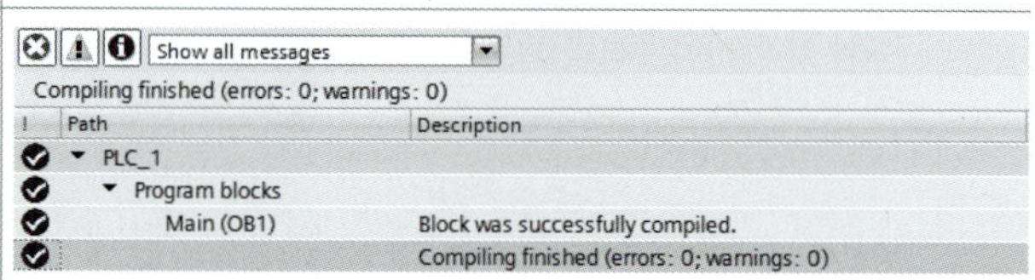

실습과제 8-11 카운터를 이용한 반복 제어

시작 및 정지버튼에 의한 반복 제어에서는 횟수에 대한 제어가 불가능하였다. 이번에는 카운터를 사용해서 정해진 횟수만큼만 반복동작하는 프로그램 작성법에 대해 학습한다.

[실습과제 8-10]에서는 시작 및 정지버튼을 사용해 반복동작을 제어하는 프로그램 작성법에 대해 살펴보았다. 이번 과제에서는 카운터를 사용하여 반복동작을 사전에 정해진 설정값의 횟수만큼만 실행하는 PLC 프로그램 작성법에 대해 살펴보자.

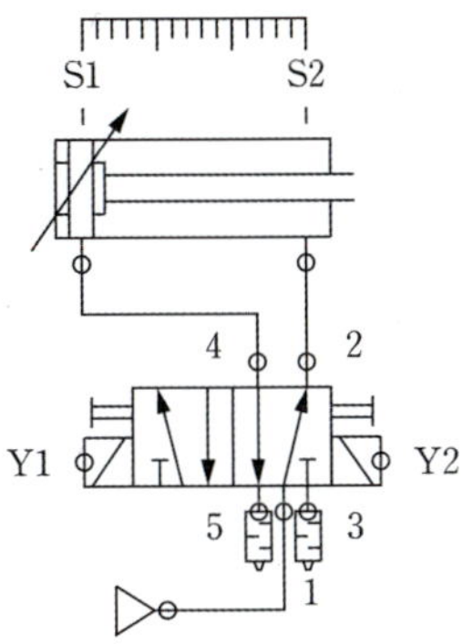

(a) 공압 회로도

(b) 조작 패널

[그림 8-61] 공압 회로도 및 조작 패널

[표 8-40] PLC 입출력 리스트

입력	기능	출력	기능
I1.0	엔코더 A_펄스	Q0.0	Y1_전진
I1.1	엔코더 B_펄스	Q0.1	Y2_후진
I1.2	엔코더 스위치		
I0.1	S1_후진	QB1	FND 모듈
I0.2	S2_전진		

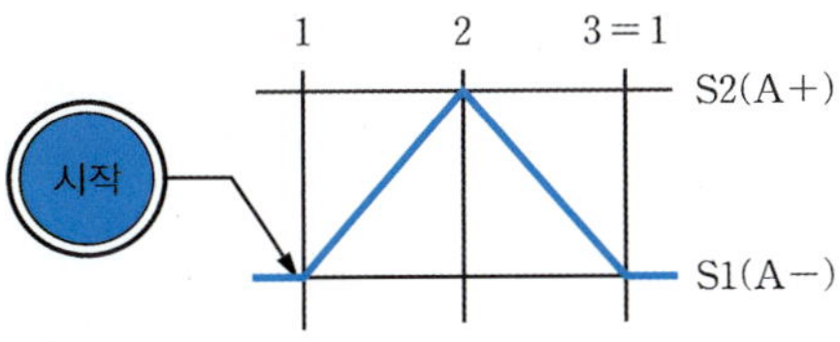

[그림 8-62] 공압 실린더의 동작 조건

동작 조건

❶ 1개의 로터리 엔코더 스위치의 푸시버튼을 시작 및 정지 동작버튼으로 사용한다.

❷ 로터리 엔코더 스위치를 시계 방향으로 회전시키면 FND 숫자는 1씩 증가한다.
동작횟수 설정값이 99일 때에는 더 이상 증가하지 않는다.

❸ 로터리 엔코더 스위치를 반시계 방향으로 회전시키면 FND 숫자는 1씩 감소한다.
동작횟수 설정값이 1일 때에는 더 이상 감소하지 않는다.

❹ 시스템 정지상태에서 로터리 엔코더 스위치의 푸시버튼을 누르면, 'A+ → A−' 순으로 동작을 설정된 횟수만큼 반복 후에 자동 정지한다.

❺ 반복동작 중에 로터리 엔코더 스위치의 푸시버튼이 다시 눌리면, 현재 실행 중인 사이클을 완료한 후에 정지한다. 이때 실행된 반복동작의 횟수를 기억해야 한다.

❻ 시스템 정지상태에서 로터리 엔코더 스위치의 푸시버튼을 누르면 남은 횟수만큼 'A+ → A−'의 동작을 실행한 후에 정지한다.

PLC 프로그램 작성법

지멘스 PLC의 IEC의 업 카운터인 CTU가 리셋되면, 카운터의 출력은 리셋 신호가 ON되는 해당 스캔타임에 OFF되는 게 아니라 1스캔타임이 지난 후에 OFF된다.

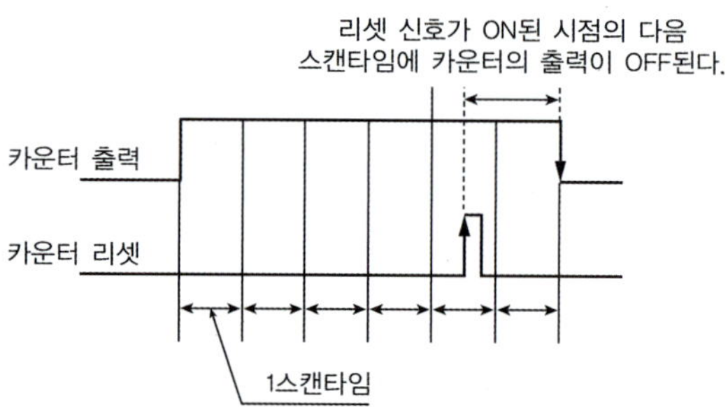

[그림 8-63] IEC 카운터의 리셋에 의한 카운터 출력

FB의 구조

[실습과제 8-11]은 START 버튼이 눌렸을 때 토글 신호에 따라 반복동작을 시작하지만, 정지 동작은 시작버튼에 의한 토글 신호에 따른 정지와 카운터의 출력의 의한 정지가 이루어져야 한다. 그런데 카운터는 FB29의 블록 내부에 위치하고 있기 때문에, 카운터 출력신호를 FB29의 출력으로 끄집어내어 FB26에 IN_PB에 연결할 수도 있지만, 이번 과

제에서는 FB29에서 FB26을 포함한 형태로 프로그램 블록을 만든다. FB30도 이전에 만들었던 FB24와 동일한 기능을 가지고 있지만, 출력태그의 명칭이 다르기 때문에 FB24를 복사해서 FB30을 만든 후에 출력태그의 명칭만 변경해준다.

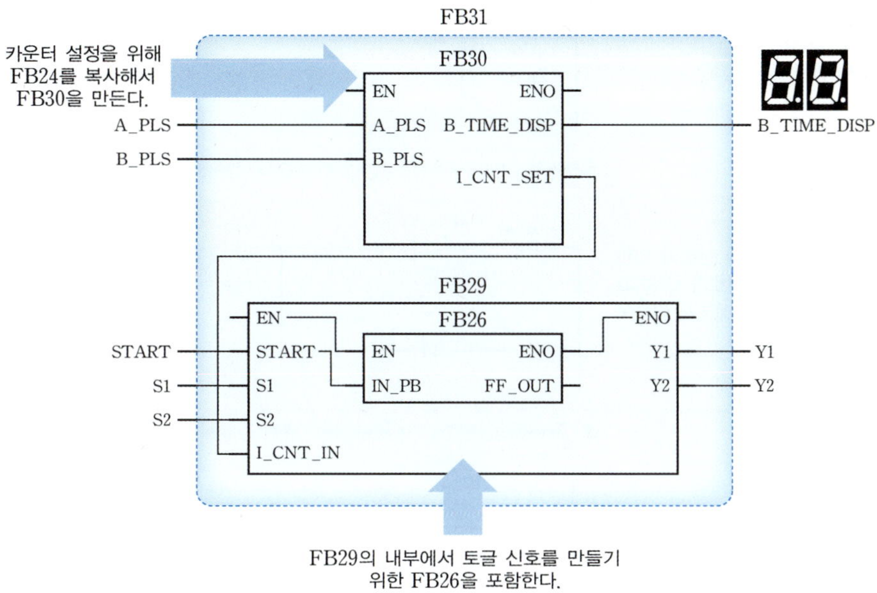

[그림 8-64] [실습과제 8-11]의 전체 프로그램의 구조

[표 8-41] 카운터를 이용한 실린더 반복동작 PLC 프로그램 작성

순서	작업 내용	작업 화면
1	**FB29의 태그 설정** FB27을 복사해서 FB29를 만들고, 카운터 사용을 위해 필요한 태그를 설정한다.	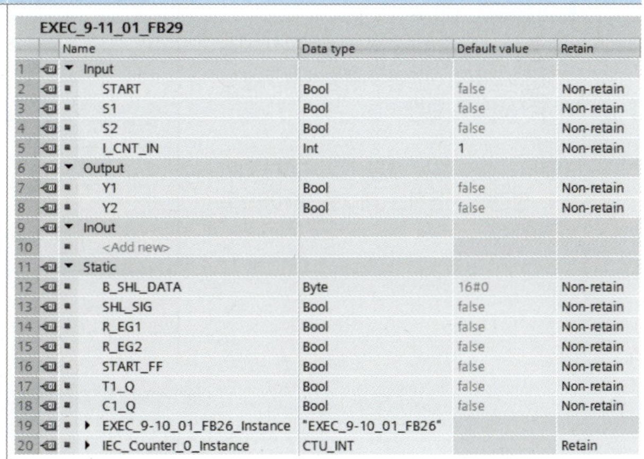

EXEC_9-11_01_FB29

	Name	Data type	Default value	Retain
1	▼ Input			
2	START	Bool	false	Non-retain
3	S1	Bool	false	Non-retain
4	S2	Bool	false	Non-retain
5	I_CNT_IN	Int	1	Non-retain
6	▼ Output			
7	Y1	Bool	false	Non-retain
8	Y2	Bool	false	Non-retain
9	▼ InOut			
10	<Add new>			
11	▼ Static			
12	B_SHL_DATA	Byte	16#0	Non-retain
13	SHL_SIG	Bool	false	Non-retain
14	R_EG1	Bool	false	Non-retain
15	R_EG2	Bool	false	Non-retain
16	START_FF	Bool	false	Non-retain
17	T1_Q	Bool	false	Non-retain
18	C1_Q	Bool	false	Non-retain
19	▶ EXEC_9-10_01_FB26_Instance	"EXEC_9-10_01_FB26"		
20	▶ IEC_Counter_0_Instance	CTU_INT		Retain

(계속)

2

FB29 프로그램 작성

- **네트워크 1번**

시작버튼을 눌렀을 때 신호를 토글 출력신호로 만들기 위한 FB26을 호출한다. 카운터의 출력신호 C1_Q에 의해 START_FF가 OFF되도록 한다.

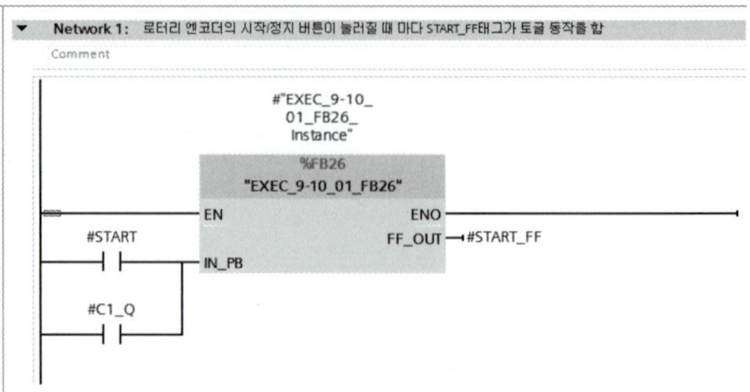

3

- **네트워크 2번**

시작버튼을 눌렀을 때 토글 신호에 의한 시작과 반복동작은, 토글신호가 ON이고 카운터의 출력이 OFF인 상태에서 이루어진다.

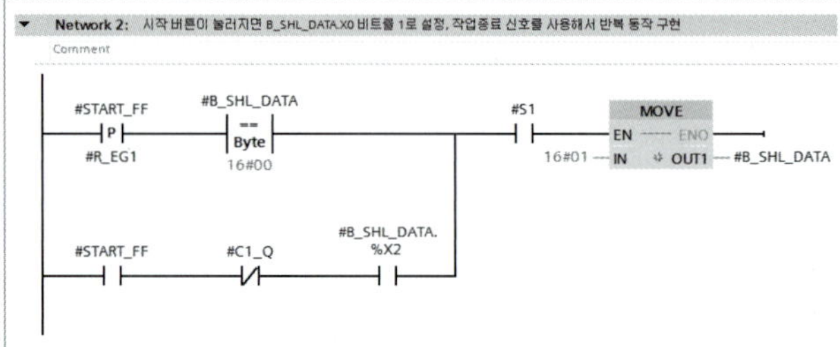

4

- **네트워크 3번**

동작이 2개로 구성되어 있기 때문에 동작이 이루어질 때 SHL_SIG 신호를 ON한다.

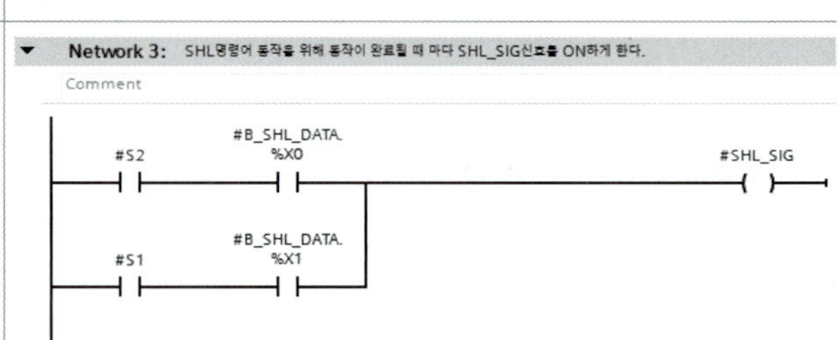

5

- **네트워크 4번**

SHL_SIG 신호에 의해 SHL 명령어가 실행되고, 작업종료 신호를 카운팅해서 카운터가 동작하도록 한다.

카운터의 출력 또는 토글 신호가 OFF되면 SHL 명령에 사용하는 태그를 16#00으로 설정한다.

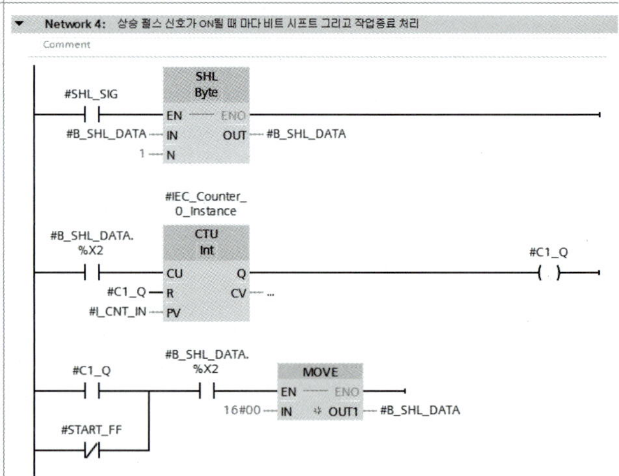

6

- **네트워크 5번**

실린더 제어를 위해 출력한다.

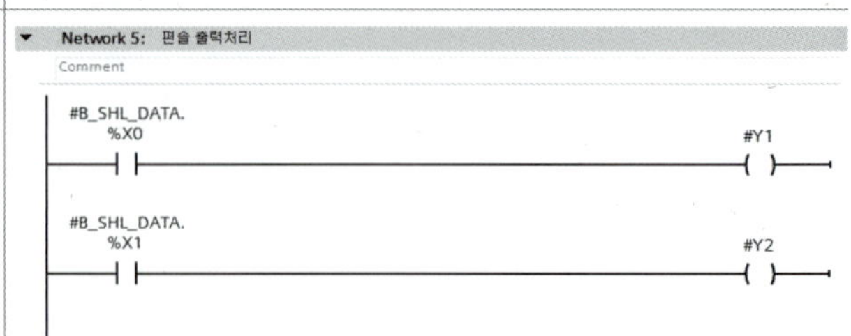

(계속)

7

FB29 컴파일

컴파일하고 에러가 없는지 확인한다.

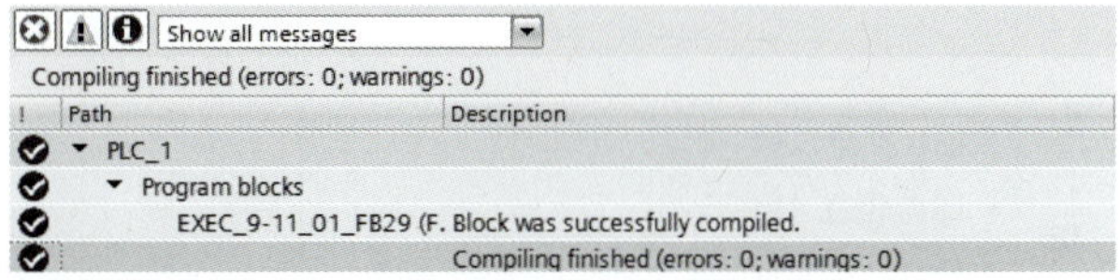

8

FB30

FB24를 복사해서 FB30을 만들고, 출력태그의 변수명만 수정한다.

ECEC_9-11_02_FB30

	Name	Data type	Default value	Retain
1	▼ Input			
2	A_PLS	Bool	false	Non-retain
3	B_PLS	Bool	false	Non-retain
4	▼ Output			
5	I_CNT_SET	Int	0	Non-retain
6	B_CNT_DISP	Byte	16#0	Non-retain
7	▼ InOut			
8	<Add new>			
9	▼ Static			
10	R_EG1	Bool	false	Non-retain
11	R_EG2	Bool	false	Non-retain
12	I_PLS_CNT	Int	3	Non-retain
13	W_BCD_CONV	Word	16#0	Non-retain

9

FB30 프로그램 작성

FB24에서 사용하던 프로그램을 수정 없이 사용한다.

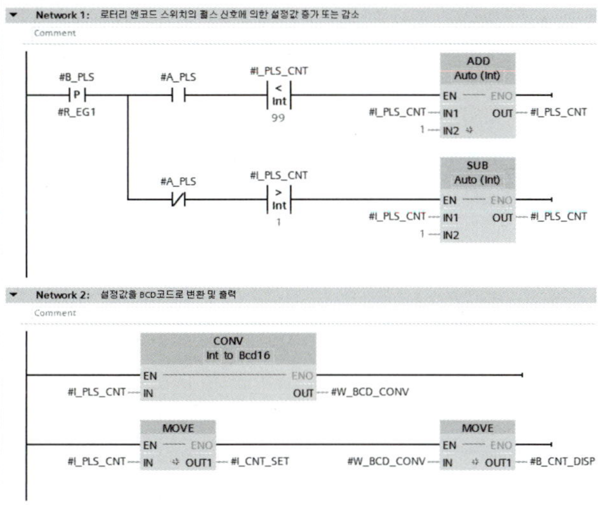

10

FB30 컴파일

컴파일해서 에러가 없는지 확인한다.

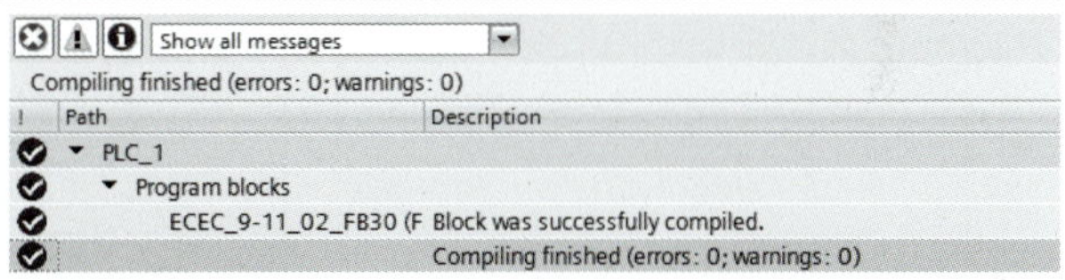

11

FB31 태그 설정

FB30과 FB29를 호출해서 프로그램을 완성하기 위한 FB31을 만들고, 태그를 설정한다.

EXEC_9-11_03_FB31

	Name	Data type	Default value	Retain
1	▼ Input			
2	START	Bool	false	Non-retain
3	A_PLS	Bool	false	Non-retain
4	B_PLS	Bool	false	Non-retain
5	S1	Bool	false	Non-retain
6	S2	Bool	false	Non-retain
7	<Add new>			
8	▼ Output			
9	B_CNT_DISP	Byte	16#0	Non-retain
10	Y1	Bool	false	Non-retain
11	Y2	Bool	false	Non-retain
12	<Add new>			
13	▼ InOut			
14	<Add new>			
15	▼ Static			
16	I_CNT_TEMP	Int	0	Non-retain
17	▸ ECEC_9-11_02_FB30_Instance	"ECEC_9-11_02_FB30"		
18	▸ EXEC_9-11_01_FB29_Instance	"EXEC_9-11_01_FB29"		
19	<Add new>			

(계속)

12

FB31 프로그램 작성

• **네트워크 1번**

카운터의 반복횟수를 설정할 FB30을 호출한다.

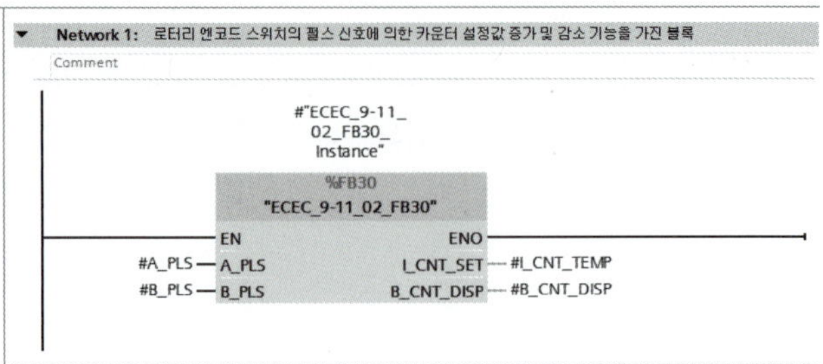

13

• **네트워크 2번**

시작버튼을 눌렀을 때 설정된 횟수만큼 반복동작할 FB29를 호출한다.

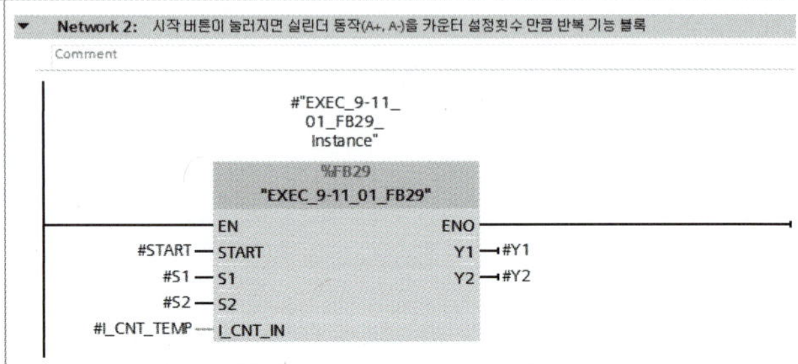

14

FB31 컴파일

컴파일하고 에러가 없는지 확인한다.

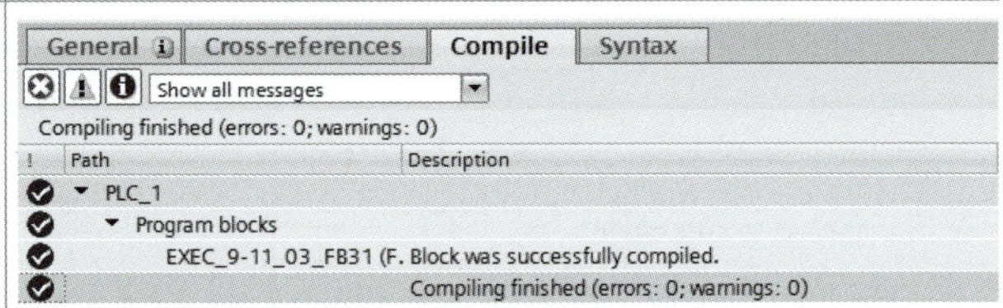

15

OB1 프로그램

OB1에서 FB31을 호출한다. 호출할 때 입출력 번지를 할당한다.

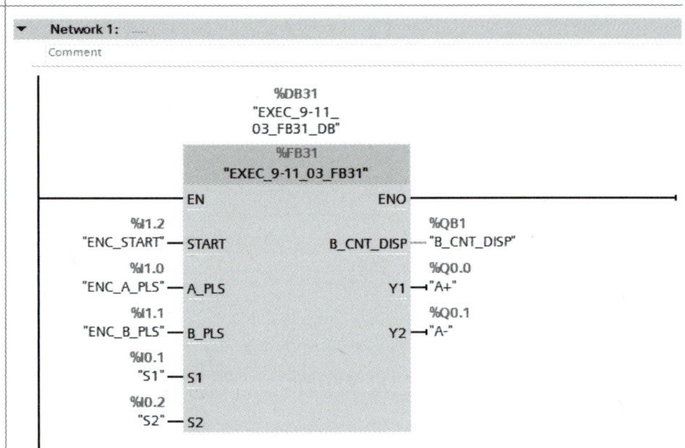

16

OB1 컴파일

OB1을 컴파일하고 에러가 없는지 확인한 후에, CPU로 다운로드하고 동작을 확인한다.

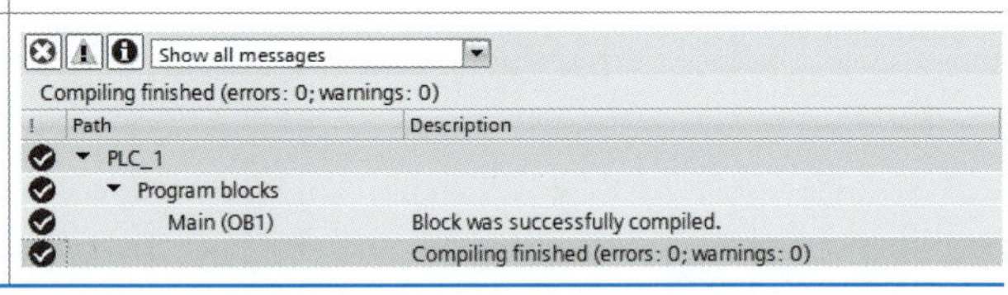

실습과제 8-12 카운터를 이용한 동작횟수 설정과 표시

카운터의 동작횟수를 설정하는 방법과 설정한 횟수만큼 반복동작하는 프로그램 작성법에 대해 학습한다.

이번 과제에서는 로터리 엔코더 스위치를 조작하여 카운터의 설정값을 변경함으로써 공압 실린더의 반복동작 횟수를 변경하는 PLC 프로그램 작성법에 대해 살펴보자.

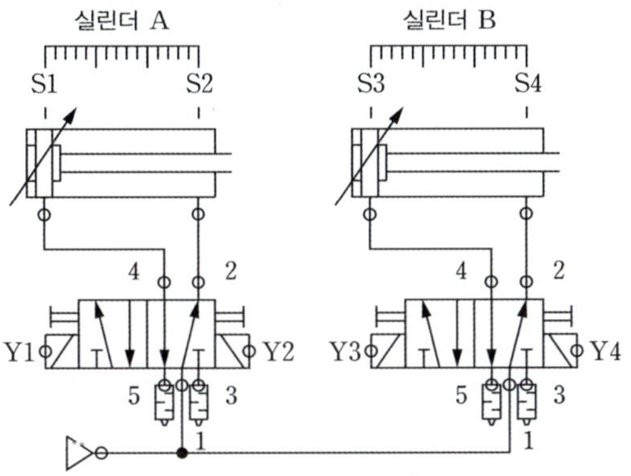

(a) 공압 회로도

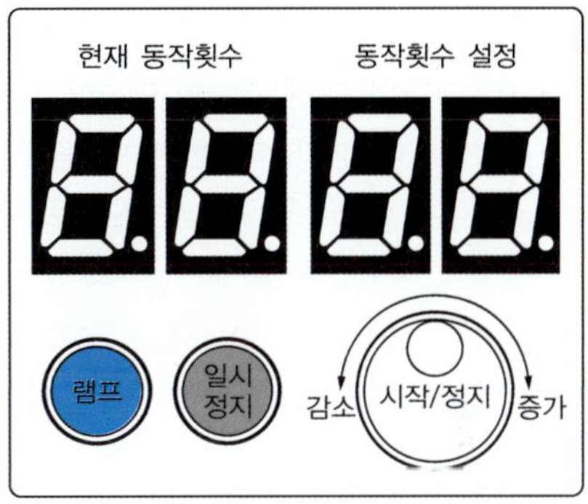

(b) 조작 패널

[그림 8-65] **공압 회로도 및 조작 패널**

[표 8-42] **PLC 입출력 리스트**

입력	기능		출력	기능	
I1.0	엔코더 A_펄스		Q0.0	Y1_전진	실린더 A
I1.1	엔코더 B_펄스		Q0.1	Y2_후진	
I1.2	엔코더 스위치		Q0.2	Y3_전진	실린더 B
I0.1	S1_후진	실린더 A	Q0.3	Y4_후진	
I0.2	S2_전진		Q0.4	일시정지 램프	
I0.3	S1_후진	실린더 B			
I0.4	S2_전진		QB1	설정값 FND 모듈	
I1.3	일시정지버튼		QB2	현재값 FND 모듈	

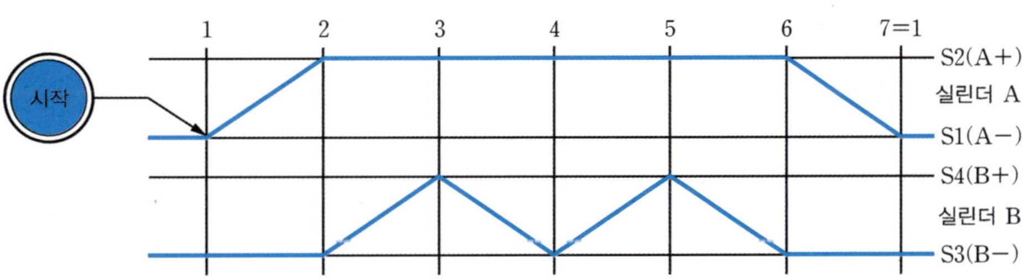

[그림 8-66] **공압 실린더의 동작 조건**

동작 조건

❶ 시스템의 전원이 ON되면, 공압 실린더는 후진상태이다. 동작횟수 설정 FND에는 03이 표시되고, 현재 동작횟수 FND에는 00이 표시된다.

❷ 1개의 로터리 엔코더 스위치의 푸시버튼을 시작 및 정지 동작버튼으로 사용한다.

❸ 시스템 정지 상태에서 로터리 엔코더 스위치를 시계 방향으로 회전하면 동작횟수 설정값이 증가하는데, 그 값은 최대 99까지 증가한다.

❹ 시스템 정지 상태에서 로터리 엔코더 스위치를 반시계 방향으로 회전하면 동작횟수 설정값이 감소하는데, 그 값은 최소 1까지 감소한다.

❺ 시스템 동작 중에 로터리 엔코더 스위치의 푸시버튼을 다시 누르면, 현재 실행 중인 사이클을 완료한 후에 정지한다. 한편 시스템 동작 중에는 현재의 동작횟수가 표시되어야 한다. 시스템 정지 상태에서 로터리 엔코더 스위치의 푸시버튼을 누르면 남은 횟수만큼 동작을 실행한 후에 정지한다. 설정한 횟수만큼 동작을 완료한 후에 정지할 때에는 현재 동작횟수가 00으로 클리어된다.

❻ 시스템 동작 중에 일시정지버튼을 누르면, 현재 진행 중인 동작이 정지되고 일시정지 램프가 점등된다. 일시정지 중에 다시 일시정지버튼을 누르면, 일시정지 램프가 소등되고, 정지되었던 동작이 그대로 이어서 진행된다.

PLC 프로그램 작성법

주어진 변위선도에서 공압 실린더는 'A+ → B+ → B− → B+ → B− → A−'의 순서로 동작한다. 따라서 동작의 개수가 6개이고, 작업종료 신호 1개가 필요하기 때문에 SHL 명령에서 시프트 용도로 사용할 태그는 8비트 크기인 바이트 타입을 사용한다.

FB의 구조

[실습과제 8-12]는 2개의 공압 실린더를 사용한다. 그리고 전체 반복동작의 시작 및 정지 조건이 존재하며, 카운터에 의한 정지도 있다. 또한 반복동작 중에 일시정지버튼을 누르면 현재 진행 중인 동작을 정지하는 기능도 있다. 전체 프로그램의 구조를 살펴보면, FB30을 재활용하여 반복횟수의 설정값을 FB32에 전달하고 FND에 설정값을 표시한다.

주어진 변위선도와 같은 형태로 동작하기 위해서는 FB32가, 4개의 동작을 제어하기 위한 비트와 작업종료를 위한 1개의 비트를 포함하여 전체 5개의 비트를 시프트시켜야 하기 때문에 바이트 태그를 사용하여 시프트한다. 그리고 시작과 정지버튼에 의한 정지와 일시정지버튼에 의한 정지를 구현하기 위해 FB32의 내부에 일시정지 기능을 구현한 FB26을 두 개 사용한다.

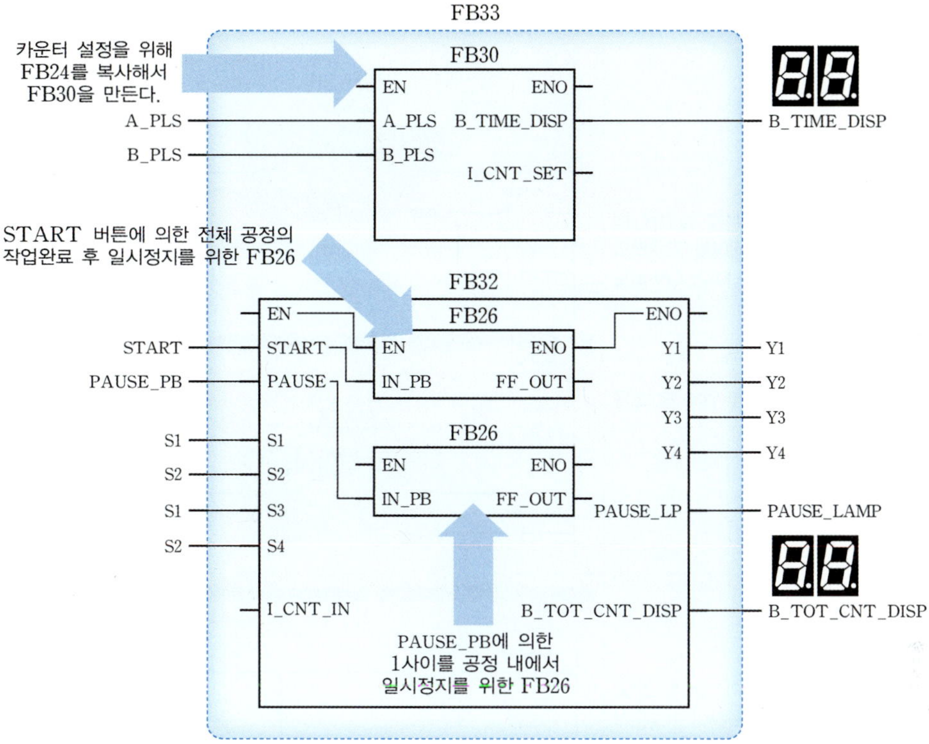

[그림 8-67] [실습과제 8-12]의 전체 프로그램의 구조

[표 8-43] 카운터를 이용한 실린더 반복동작 및 동작횟수 설정과 표시

순서	작업 내용	작업 화면
1	**FB32의 태그 설정** 카운터에 의한 반복동작 제어를 구현할 FB32를 만들고, 프로그램 작성에 필요한 태그를 설정한다.	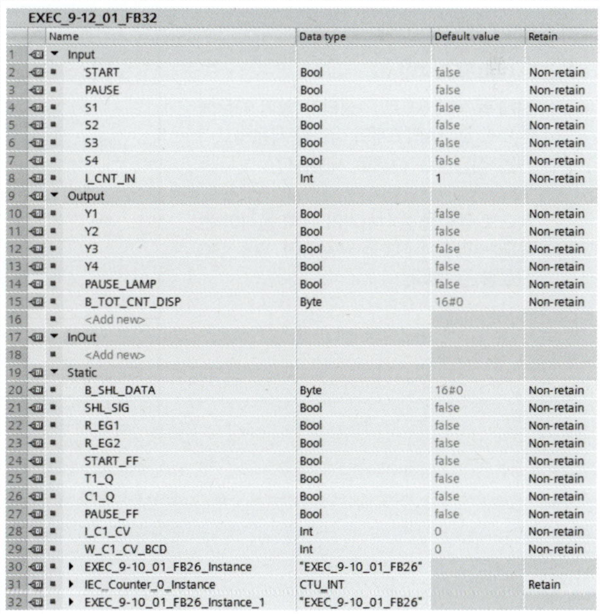

EXEC_9-12_01_FB32

	Name	Data type	Default value	Retain
1	▼ Input			
2	START	Bool	false	Non-retain
3	PAUSE	Bool	false	Non-retain
4	S1	Bool	false	Non-retain
5	S2	Bool	false	Non-retain
6	S3	Bool	false	Non-retain
7	S4	Bool	false	Non-retain
8	I_CNT_IN	Int	1	Non-retain
9	▼ Output			
10	Y1	Bool	false	Non-retain
11	Y2	Bool	false	Non-retain
12	Y3	Bool	false	Non-retain
13	Y4	Bool	false	Non-retain
14	PAUSE_LAMP	Bool	false	Non-retain
15	B_TOT_CNT_DISP	Byte	16#0	Non-retain
16	<Add new>			
17	▼ InOut			
18	<Add new>			
19	▼ Static			
20	B_SHL_DATA	Byte	16#0	Non-retain
21	SHL_SIG	Bool	false	Non-retain
22	R_EG1	Bool	false	Non-retain
23	R_EG2	Bool	false	Non-retain
24	START_FF	Bool	false	Non-retain
25	T1_Q	Bool	false	Non-retain
26	C1_Q	Bool	false	Non-retain
27	PAUSE_FF	Bool	false	Non-retain
28	I_C1_CV	Int	0	Non-retain
29	W_C1_CV_BCD	Int	0	Non-retain
30	▸ EXEC_9-10_01_FB26_Instance	"EXEC_9-10_01_FB26"		
31	▸ IEC_Counter_0_Instance	CTU_INT		Retain
32	▸ EXEC_9-10_01_FB26_Instance_1	"EXEC_9-10_01_FB26"		

(계속)

2	**FB32 프로그램 작성** **• 네트워크 1번** FB26을 사용해서 시작버튼을 눌렀을 때 START_FF의 토글 출력 제어와 카운터의 출력 C1_Q에 의해 START_FF가 OFF되도록 한다. **• 네트워크 2번** 일시정지 기능을 구현하기 위해 FB26을 사용한다.	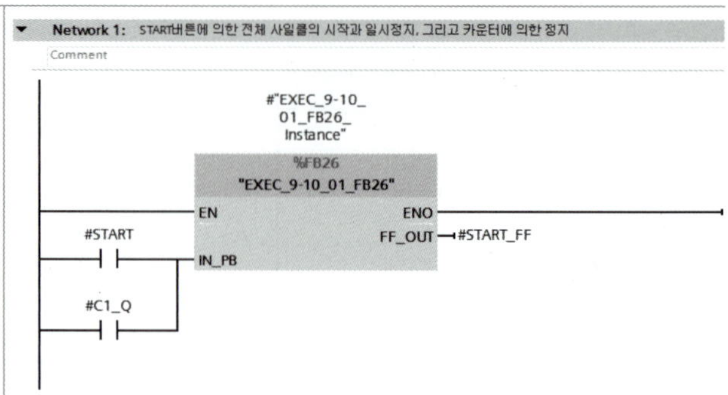 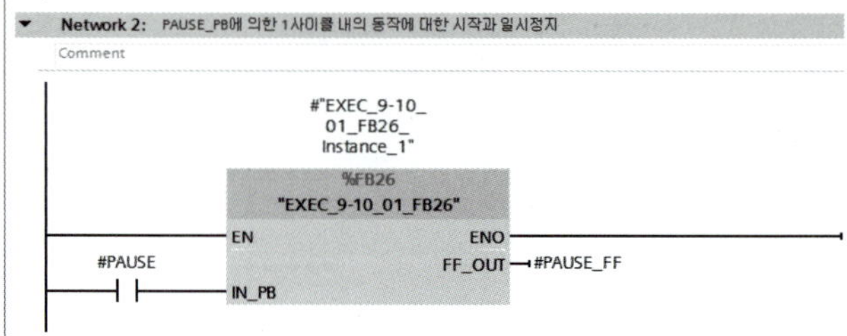
3	**• 네트워크 3번** 네트워크 1번의 START_FF가 ON될 때 시작하고, 작업종료 신호에 의하여 반복동작을 한다.	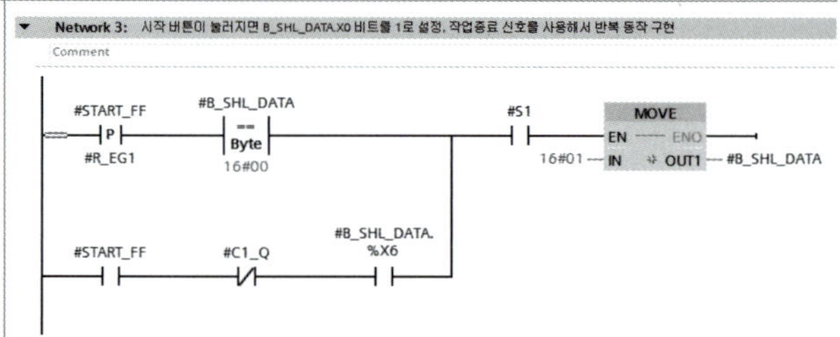
4	**• 네트워크 4번** 전체 동작이 6개로 구성되어 있기 때문에 B_SHL_DATA의 6개의 비트를 사용하고, 1개는 작업종료 신호로 사용한다. 시프트 명령을 동작시키기 위해 동작이 완료되는 피드백 신호를 사용하여 SHL_SIG 신호를 ON한다.	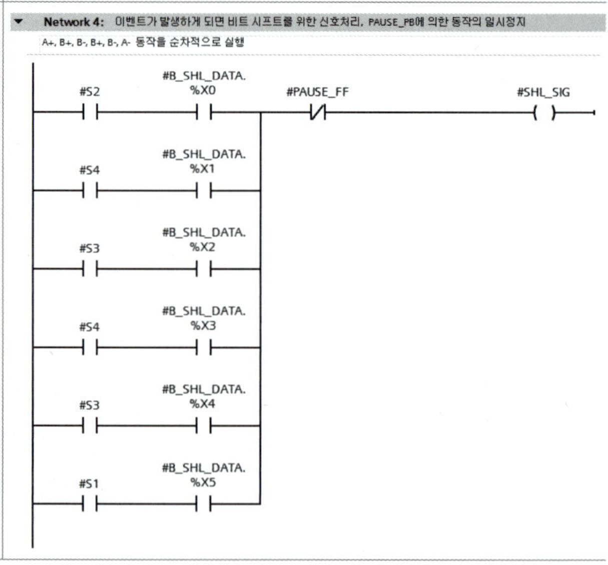

(계속)

5	• **네트워크 5번** SHL_SIG 신호가 ON될 때마다 SHL 명령을 실행하고, 작업종료 비트가 ON될 때 반복동작 횟수를 카운트하고 동작을 초기화한다. 네트워크 3번에서 작업종료 신호를 사용해서 다시 작업을 시작하도록 한다.	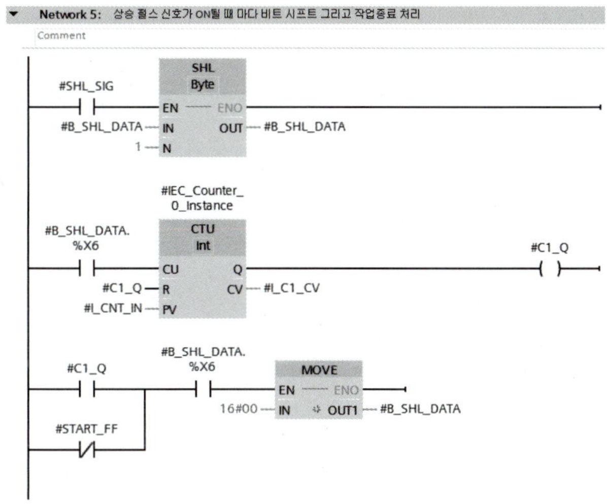
6	• **네트워크 6번** 반복동작 횟수를 표시하기 위해 CTU의 현재값을 BCD로 변환하여 출력한다.	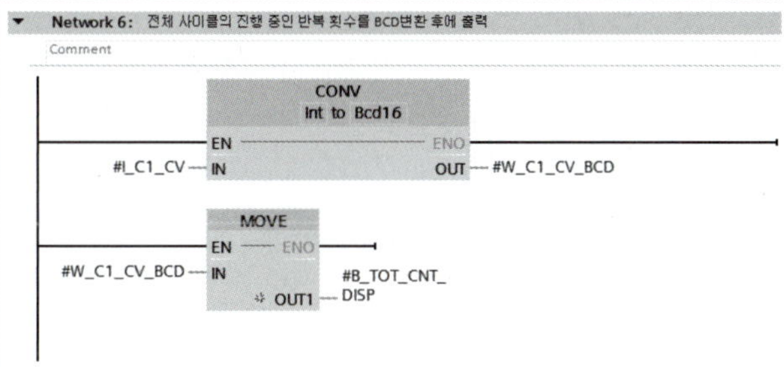
7	• **네트워크 7번** B_SHL_DATA의 비트 슬라이스 기능을 사용하여 공압 실린더 및 램프 제어를 출력한다.	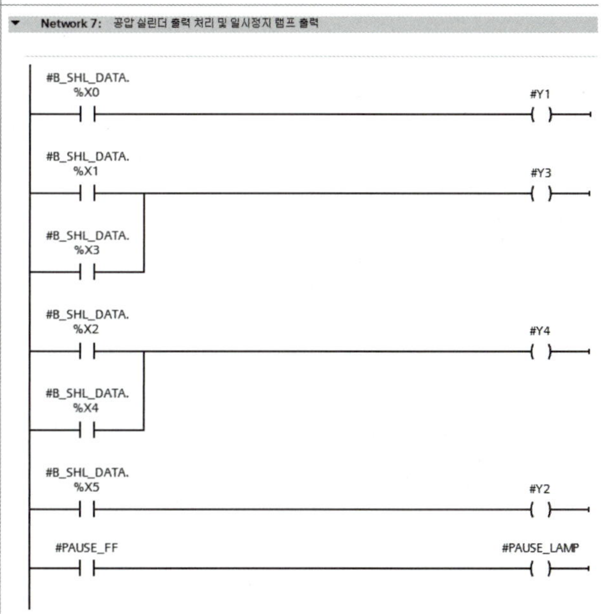

(계속)

8 **FB32 컴파일**

컴파일해서 에러가 없는지 확인한다.

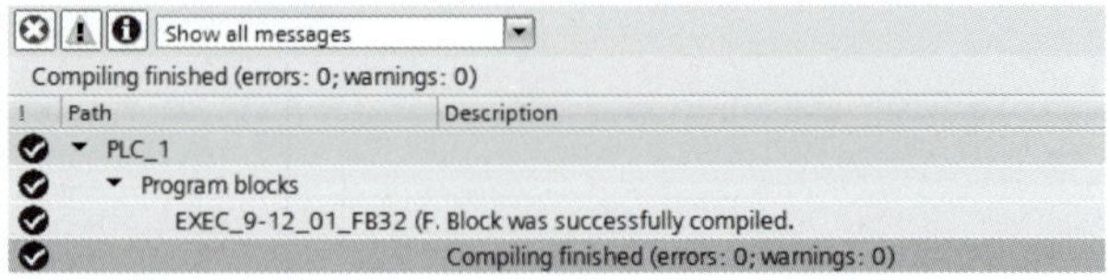

9 **FB33 태그 설정**

FB30과 FB32를 조합하여 프로그램을 완성할 FB33을 만들고, 프로그램 작성에 필요한 태그를 설정한다.

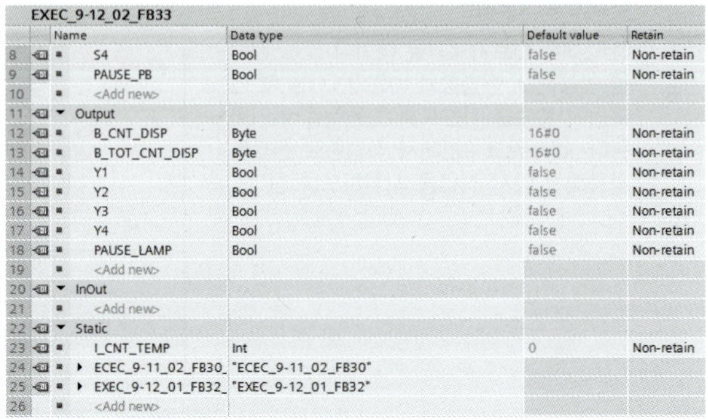

10 **FB33 프로그램 작성**

- **네트워크 1번**

로터리 엔코더 스위치를 사용해서 반복동작 횟수로 FB30을 호출한다.

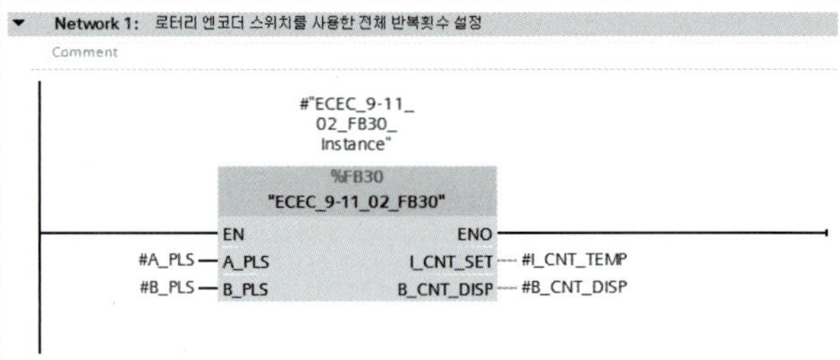

11 - **네트워크 2번**

FFB30으로부터 반복횟수의 설정값을 입력 받아서, 시작과 일시정지버튼에 의한 실린더의 동작을 제어하는 FB32를 호출한다.

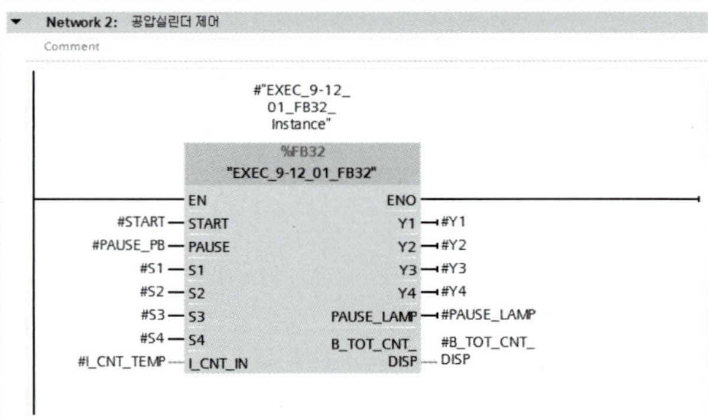

12 **FB32 컴파일**

컴파일하고 에러가 없는지 확인한다.

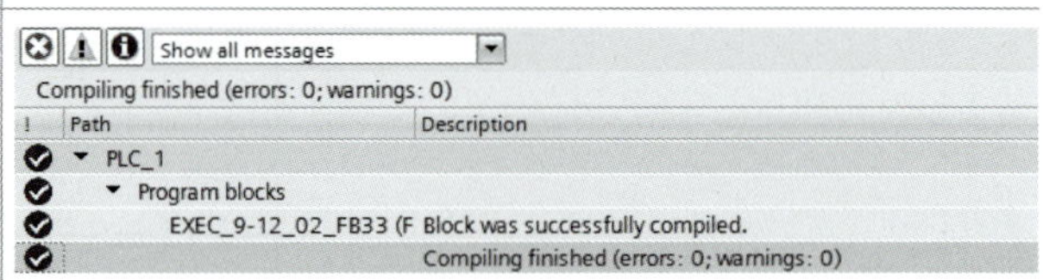

(계속)

13

OB1에서 FB33 호출

FB33을 호출하여 프로그램을 실행한다. FB33을 호출할 때, 실제 사용할 입출력 번지를 할당한다.

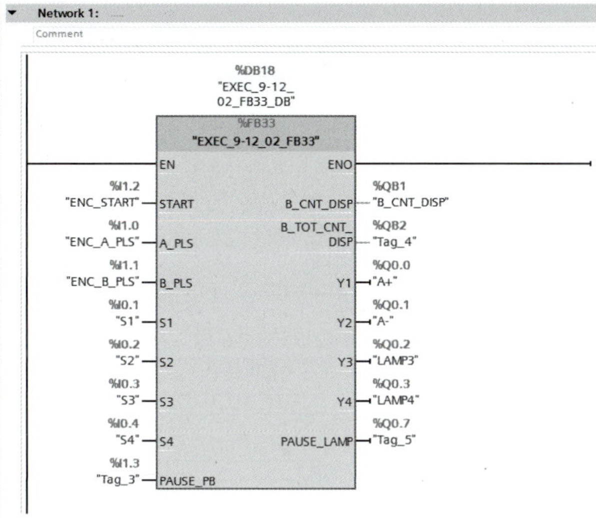

14

OB1 프로그램 작성

컴파일하고 에러가 없으면 CPU로 다운로드하고 동작을 확인한다.

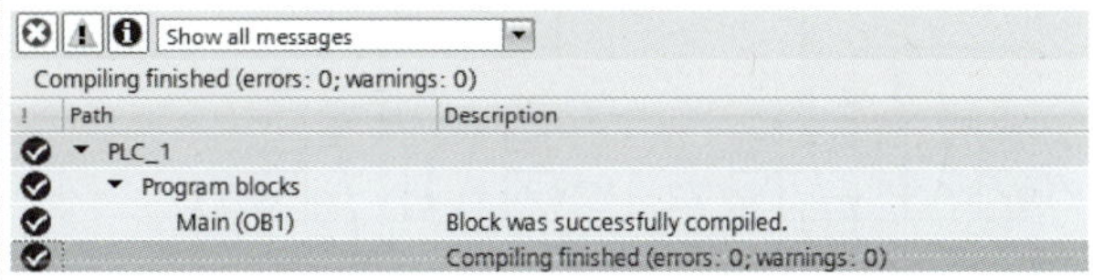

[표 8-44]에서 시퀀스 제어에 사용된 SHL 명령의 동작순서를 살펴보면, [표 8-43]의 네트워크 4번과 5번 프로그램에 나타낸 것처럼 비트 메모리와 피드백 신호의 동작이 일치될 때 시프트 명령의 실행에 의해 시퀀스 제어동작이 이루어진다. FB32의 네트워크 4번의 피드백 신호와 제어 비트의 동작을 [표 8-43]의 내용과 비교해보고, SHL 명령으로 시퀀스 동작을 구현하는 방법을 이해하기 바란다.

[표 8-44] SHL 명령어의 실행에 따른 B_SHL_DATA의 비트 역할

작업 순서	1	2	3	4	5	6	7
작업 내용	A+	B+	B−	B+	B−	A−	작업종료
피드백 신호	S2	S4	S3	S4	S3	S1	
제어 비트	.%X0	.%X1	.%X2	.%X3	.%X4	.%X5	.%X6
솔밸브 출력	Y1	Y3	Y4	Y3	Y4	Y2	

실습과제 8-13 다중 반복제어 1

SHL 명령을 사용해서 반복구간 내부에 또 다른 반복동작 구간을 포함하는 다중 반복제어를 위한 프로그램 작성법을 살펴본다.

이번 과제에서는 카운터를 사용한 다중 반복제어 방법에 대해 살펴보자. 다중 반복제어는 반복동작 내부에 또 다른 반복동작이 이루어지는 제어를 의미한다.

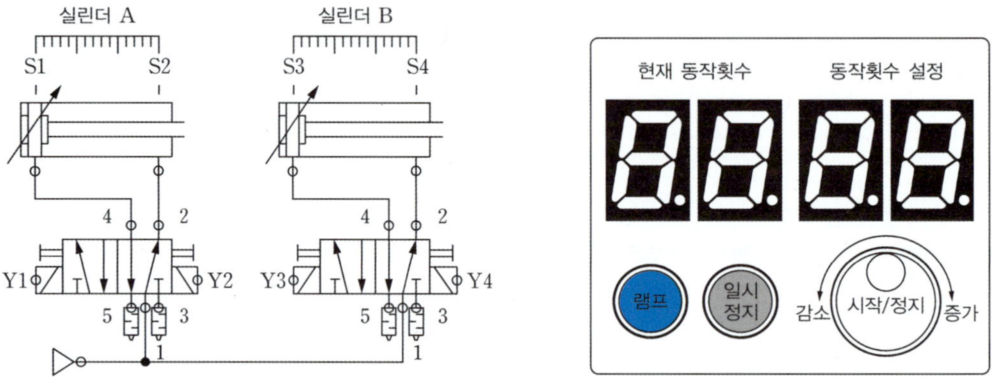

(a) 공압 회로도 (b) 조작 패널

[그림 8-68] 공압 회로도 및 조작 패널

[표 8-45] PLC 입출력 리스트

입력	기능		출력	기능	
I0.0	엔코더 A_펄스		Q0.0	Y1_전진	실린더 A
I0.1	엔코더 B_펄스		Q0.1	Y2_후진	
I0.2	엔코더 스위치		Q0.2	Y3_전진	실린더 B
I1.3	일시정지버튼		Q0.3	Y4_후진	
I0.1	S1_후진	실린더 A	Q0.7	일시정지 램프	
I0.2	S2_전진				
I0.3	S1_후진	실린더 B	QB1	설정값 FND 모듈	
I0.4	S2_전진		QB2	현재값 FND 모듈	

동작 조건

❶ [실습과제 8-13]에서 '(A+, B+, B−, B+, B−, A−)×설정된 동작횟수'의 순서로 동작하는 제어를 SHL 명령어로 구현해보았다. 이 동작을 살펴보면 '(A+, (B+, B−)×2, A−)×설정된 동작횟수'로, 전체 반복동작 속에 실린더 B의 동작이 2회 반복되는 동작이다.

❷ [실습과제 8-13]의 동작에서 실린더 B의 동작을 10회 반복하는 형태로 프로그램을 작성하려면, 앞에서 학습한 것처럼 동작 조건을 설정하여 제어하는 방법도 있지만 여기서는 실린더 B의 10회 반복동작을 SHL 명령어와 카운터를 사용하여 해결한다.

❸ 로터리 엔코더의 시작/정지 기능의 버튼을 사용하여 사이클 단위의 시작 및 정지가 가능하도록 한다.

❹ 일시정지버튼에 의한 사이클 단위의 동작의 시작 및 정지가 가능하도록 한다. 일시정지 상태인 경우에는 일시정지 램프가 점등된다.

❺ [실습과제 8-14]의 공압 실린더 동작 조건을 '(A+, (B+, B−)×10회 반복, A−)×설정된 동작횟수'의 형태로 동작하는 프로그램을 작성해보자.

PLC 프로그램 작성법

공압 실린더의 동작은 '(A+ → (B+ → B−) × 10회 반복 → A−) × 설정횟수 반복'의 순서로 동작한다. 반복동작 내부에 또 다른 반복동작이 존재하는 경우에는 어떤 방식으로 프로그램을 작성하는지 살펴보자.

[표 8-46]은 SHL 명령을 사용하여 이중 반복구조의 동작원리를 나타낸 것이다. SHL 명령에 의해 B_SHL_DATA의 태그를 좌측으로 시프트하면 공압 실린더가 순차적으로 A+, B+, B− 순서로 작동한다. %X3 비트는 (B+, B−) 동작의 종료를 나타내는 작업 종료 신호이다. 이 신호를 (B+, B−)의 반복동작의 횟수 카운트를 위해 카운터의 입력으로 사용한다. 그리고 실린더 B의 반복동작이 10회 미만일 때에는 %X1을 강제로 살리기 위해 B_SHL_DATA에 16#02를 설정해서 (B+, B−)의 반복동작을 시작하도록 한다. 단, (B+, B−)의 반복동작 횟수가 카운터에서 설정한 10회가 되면 카운터의 출력이 ON된다. 카운터의 출력이 ON되면, (B+, B−)의 작업종료 신호인 %X3에 의해 SHL 명령어가 실행되어 %X4가 ON되면서 A− 동작이 이루어진다. 그리고 전체 작업의 종료신호 %X5를 이용해 전체 작업의 횟수를 카운터를 이용하여 카운트한다. 이 종료신호를 새로운 작업의 시작신호로 사용하면 이중 반복동작이 이루어진다.

[표 8-46] SHL 명령어 실행에 따른 비트의 역할

작업 순서	1	2	3	4	5	6
작업 내용	A+	B+	B−	B+, B− 동작 완료	A−	전체 동작 완료
피드백 신호	S2	S4	S3	C1_Q	S1	
제어 비트	%X0	%X1	%X2	%X3	%X4	%X5
솔밸브 출력	Y1	Y3	Y4		Y2	

FB의 구조

[실습과제 8-13]의 전체 프로그램 구조는 [실습과제 8-12]의 외형과 크게 다르지는 않다. FB40의 경우에는 (B+, B−)의 반복동작을 카운터를 사용해서 10회 반복한 것이기 때문에, FB32를 복사해서 FB40으로 변경한 후에 프로그램을 수정하는 방식을 사용하였다.

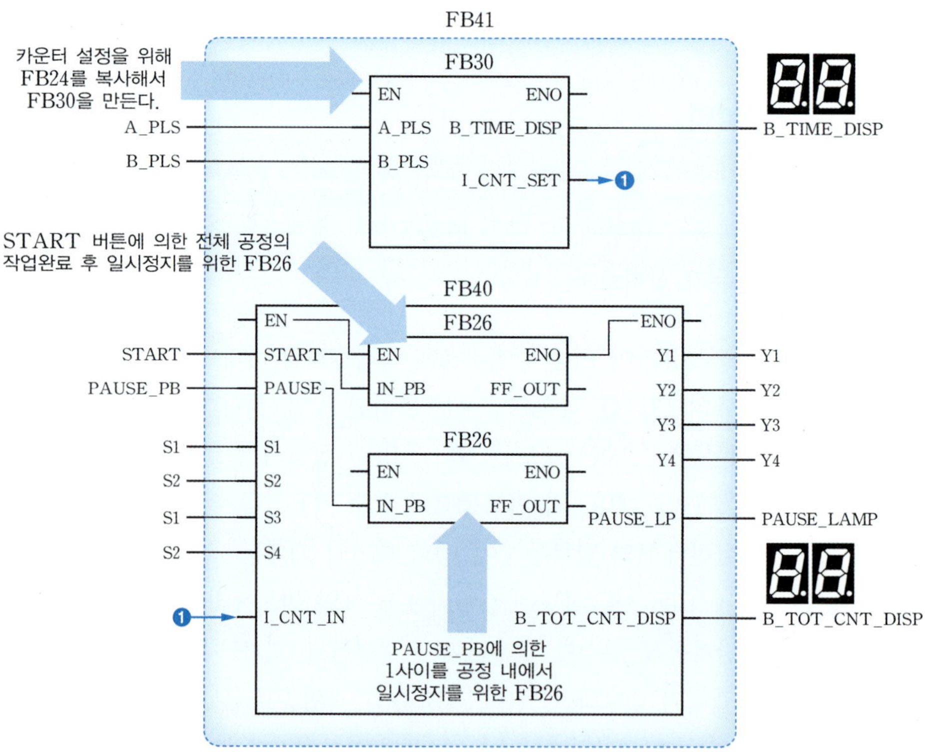

[그림 8-69] [실습과제 8-13]의 전체 프로그램의 구조

[표 8-47] 카운터를 이용한 다중 반복제어 PLC 프로그램 작성

<table>
<tr><th>순서</th><th>작업 내용</th><th>작업 화면</th></tr>
<tr>
<td>1</td>
<td>

FB40의 태그 설정

이중 반복동작의 프로그램을 작성할 FB40을 만들고 태그를 설정한다.

[실습과제 8-12]에서 작성한 FB32를 복사해서 FB40을 만들고 프로그램을 수정하는 방법을 사용할 수도 있다.

</td>
<td>

EXEC_9-13_01_FB40

<table>
<tr><th></th><th>Name</th><th>Data type</th><th>Default value</th><th>Retain</th></tr>
<tr><td>1</td><td>▼ Input</td><td></td><td></td><td></td></tr>
<tr><td>2</td><td>START</td><td>Bool</td><td>false</td><td>Non-retain</td></tr>
<tr><td>3</td><td>PAUSE</td><td>Bool</td><td>false</td><td>Non-retain</td></tr>
<tr><td>4</td><td>S1</td><td>Bool</td><td>false</td><td>Non-retain</td></tr>
<tr><td>5</td><td>S2</td><td>Bool</td><td>false</td><td>Non-retain</td></tr>
<tr><td>6</td><td>S3</td><td>Bool</td><td>false</td><td>Non-retain</td></tr>
<tr><td>7</td><td>S4</td><td>Bool</td><td>false</td><td>Non-retain</td></tr>
<tr><td>8</td><td>I_CNT_IN</td><td>Int</td><td>1</td><td>Non-retain</td></tr>
<tr><td>9</td><td>▼ Output</td><td></td><td></td><td></td></tr>
<tr><td>10</td><td>Y1</td><td>Bool</td><td>false</td><td>Non-retain</td></tr>
<tr><td>11</td><td>Y2</td><td>Bool</td><td>false</td><td>Non-retain</td></tr>
<tr><td>12</td><td>Y3</td><td>Bool</td><td>false</td><td>Non-retain</td></tr>
<tr><td>13</td><td>Y4</td><td>Bool</td><td>false</td><td>Non-retain</td></tr>
<tr><td>14</td><td>PAUSE_LAMP</td><td>Bool</td><td>false</td><td>Non-retain</td></tr>
<tr><td>15</td><td>B_TOT_CNT</td><td>Byte</td><td>16#0</td><td>Non-retain</td></tr>
<tr><td>16</td><td><Add new></td><td></td><td></td><td></td></tr>
<tr><td>17</td><td>▼ InOut</td><td></td><td></td><td></td></tr>
<tr><td>18</td><td><Add new></td><td></td><td></td><td></td></tr>
<tr><td>19</td><td>▼ Static</td><td></td><td></td><td></td></tr>
<tr><td>20</td><td>B_SHL_DATA</td><td>Byte</td><td>16#0</td><td>Non-retain</td></tr>
<tr><td>21</td><td>SHL_SIG</td><td>Bool</td><td>false</td><td>Non-retain</td></tr>
<tr><td>22</td><td>R_EG1</td><td>Bool</td><td>false</td><td>Non-retain</td></tr>
<tr><td>23</td><td>R_EG2</td><td>Bool</td><td>false</td><td>Non-retain</td></tr>
<tr><td>24</td><td>START_FF</td><td>Bool</td><td>false</td><td>Non-retain</td></tr>
<tr><td>25</td><td>T1_Q</td><td>Bool</td><td>false</td><td>Non-retain</td></tr>
<tr><td>26</td><td>C1_Q</td><td>Bool</td><td>false</td><td>Non-retain</td></tr>
<tr><td>27</td><td>C2_Q</td><td>Bool</td><td>false</td><td>Non-retain</td></tr>
<tr><td>28</td><td>C2_RST</td><td>Bool</td><td>false</td><td>Non-retain</td></tr>
<tr><td>29</td><td>PAUSE_FF</td><td>Bool</td><td>false</td><td>Non-retain</td></tr>
<tr><td>30</td><td>I_C1_CV</td><td>Int</td><td>0</td><td>Non-retain</td></tr>
<tr><td>31</td><td>W_C1_CV_BCD</td><td>Word</td><td>16#0</td><td>Non-retain</td></tr>
<tr><td>32</td><td>▸ EXEC_9-10_01_FB26_Instance</td><td>"EXEC_9-10_01_FB26"</td><td></td><td></td></tr>
<tr><td>33</td><td>▸ IEC_Counter_0_Instance</td><td>CTU_INT</td><td></td><td>Retain</td></tr>
<tr><td>34</td><td>▸ EXEC_9-10_01_FB26_Instance_1</td><td>"EXEC_9-10_01_FB26"</td><td></td><td></td></tr>
<tr><td>35</td><td>▸ IEC_Counter_0_Instance_1</td><td>CTU_INT</td><td></td><td>Retain</td></tr>
</table>

</td>
</tr>
<tr>
<td>2</td>
<td>

FB40 프로그램 작성

• 네트워크 1번

FB26을 사용해서 시작버튼에 의한 START_FF의 토글 출력 제어와 카운터의 출력 C1_Q에 의해 START_FF가 OFF되도록 한다.

• 네트워크 2번

일시정지 기능을 구현하기 위해 FB26을 사용한다.

</td>
<td>

Network 1: START버튼에 의한 전체 사이클의 동작과 일시정지 제어, 그리고 작업종료에 의한 정지

Comment

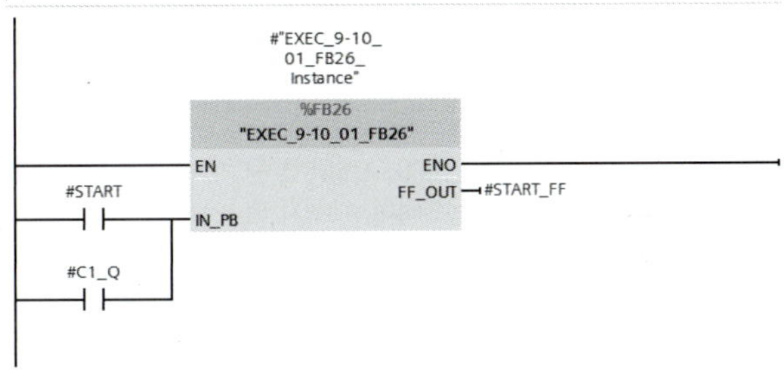

Network 2: PAUSE_PB버튼에 의한 1사이클 내의 동작에 대한 시작과 일시정지

Comment

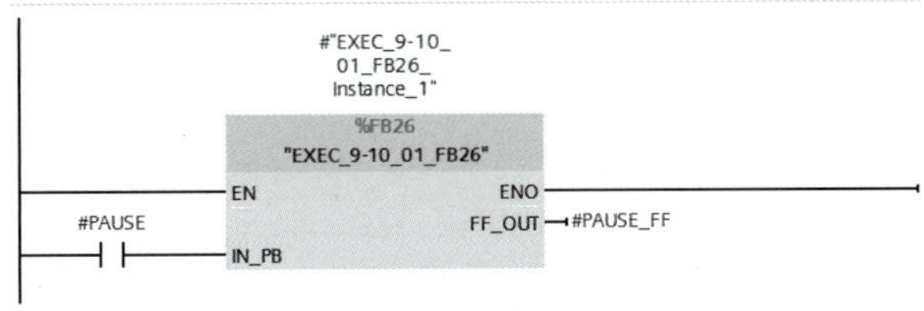

</td>
</tr>
</table>

(계속)

3	• **네트워크 3번** 네트워크 1번의 START_FF가 ON될 때 시작하고, 작업종료 신호에 의하여 반복동작을 한다.	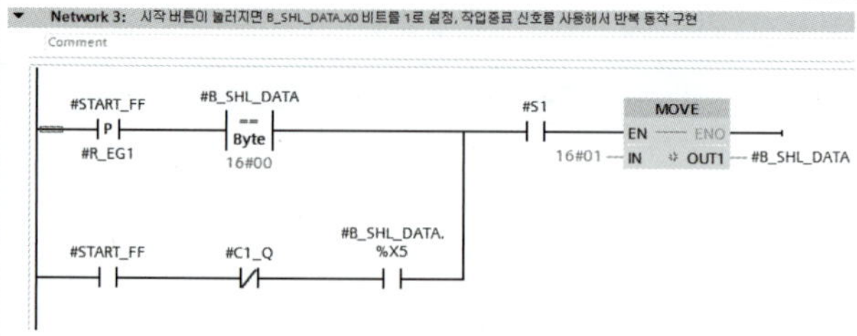
4	• **네트워크 4번** 이중 반복 구조로 되어 있기 때문에 작업종료 신호를 포함하여 6개의 비트를 사용한다. 시프트 명령을 실행시키기 위해 동작이 완료되는 피드백 신호를 사용하여 SHL_SIG 신호를 만들고, B_SHL_DATA 태그를 시프트시킨다. 일시정지 동작 기능을 위해 PAUSE_FF를 사용한다.	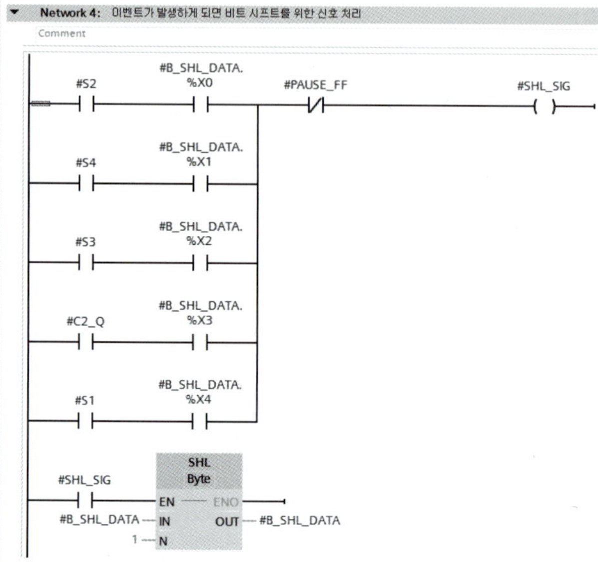
5	• **네트워크 5번** (B+, B–) 동작의 반복을 구현하는 부분이다. %X3 비트는 (B+, B–)의 작업종료 신호이다. 이 신호를 카운트하여, 10회가 되지 않은 경우에는 강제로 B_SHL_DATA에 16#02를 설정해서 %X1 비트가 ON되게 하고, B+ 동작을 시작하게 한다.	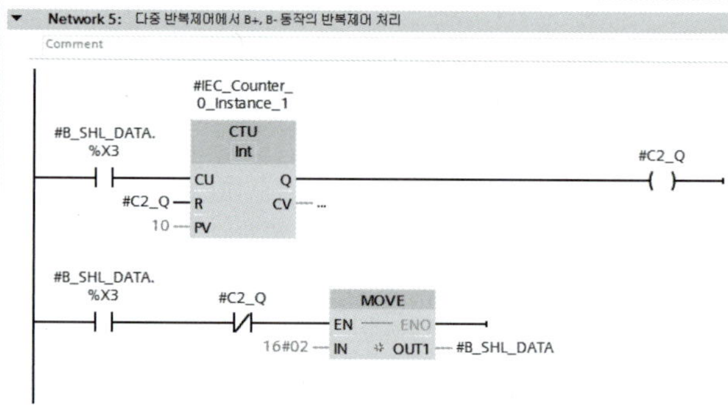
6	• **네트워크 6번** 전체 반복동작을 구현하기 위한 프로그램이다. 전체 작업종료 신호 %X5를 카운트한다. 설정횟수보다 적으면 네트워크 3번에서 해당 신호를 새로운 시작신호로 사용하고, 카운터의 출력이 ON되면 전체 동작이 종료된다.	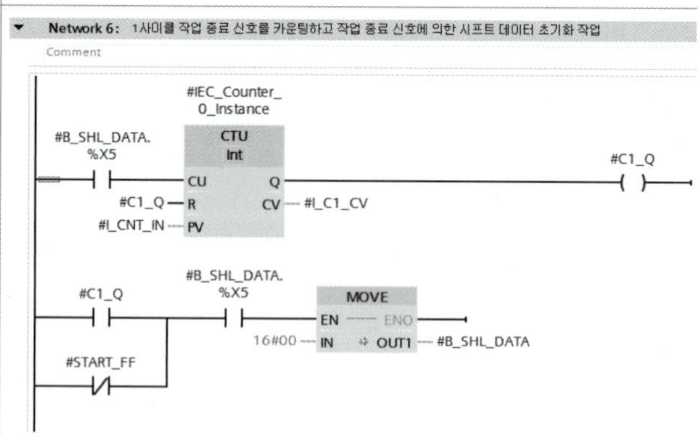

(계속)

7

• **네트워크 7번**

전체 반복되는 횟수를 FND에 표시하기 위해 네트워크 6번의 카운터 현재값을 BCD 변환하여 출력한다.

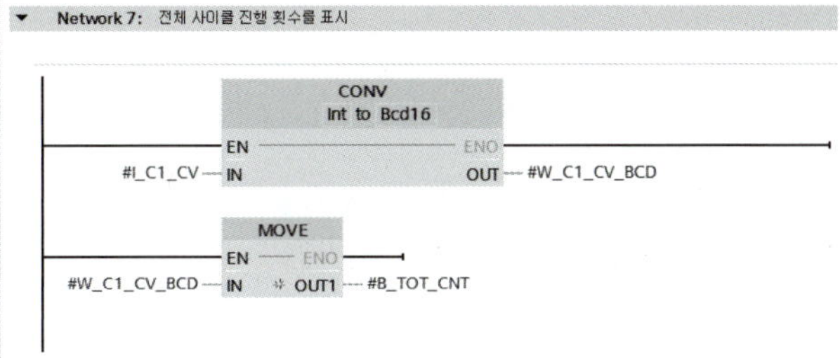

8

• **네트워크 8번**

B_SHL_DATA의 비트 슬라이스 기능을 사용하여 공압 실린더 및 램프 제어를 출력한다.

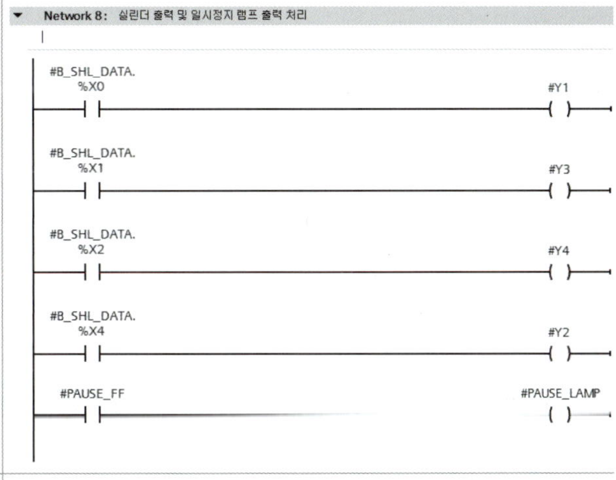

9

FB40 컴파일

컴파일해서 에러가 없는지 확인한다.

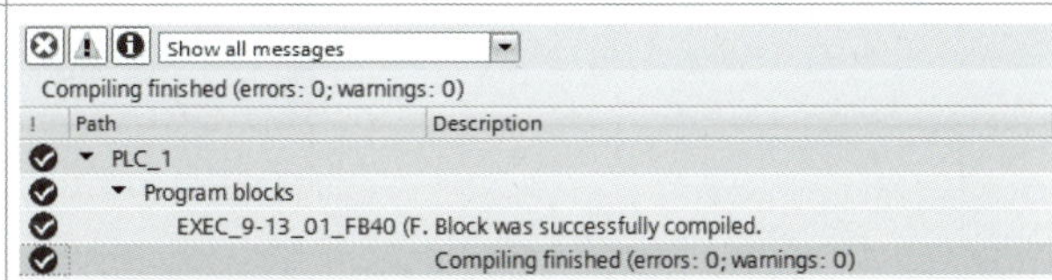

10

FB41 태그 설정

FB30과 FB40을 조합하여 프로그램을 완성할 FB41을 만들고, 프로그램 작성에 필요한 태그를 설정한다.

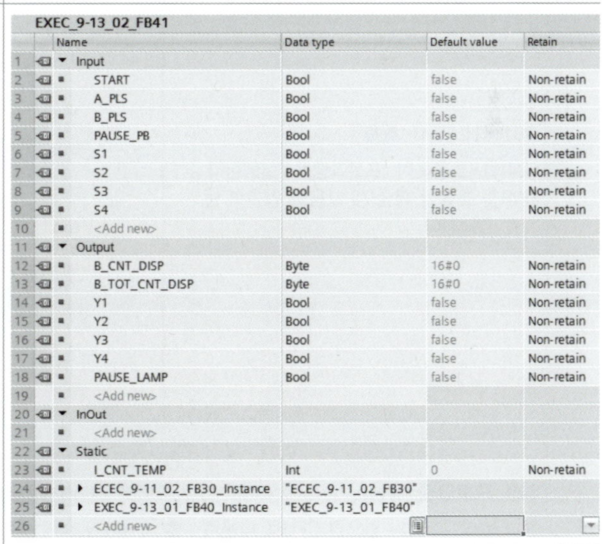

EXEC_9-13_02_FB41

	Name	Data type	Default value	Retain
1	▼ Input			
2	START	Bool	false	Non-retain
3	A_PLS	Bool	false	Non-retain
4	B_PLS	Bool	false	Non-retain
5	PAUSE_PB	Bool	false	Non-retain
6	S1	Bool	false	Non-retain
7	S2	Bool	false	Non-retain
8	S3	Bool	false	Non-retain
9	S4	Bool	false	Non-retain
10	<Add new>			
11	▼ Output			
12	B_CNT_DISP	Byte	16#0	Non-retain
13	B_TOT_CNT_DISP	Byte	16#0	Non-retain
14	Y1	Bool	false	Non-retain
15	Y2	Bool	false	Non-retain
16	Y3	Bool	false	Non-retain
17	Y4	Bool	false	Non-retain
18	PAUSE_LAMP	Bool	false	Non-retain
19	<Add new>			
20	▼ InOut			
21	<Add new>			
22	▼ Static			
23	I_CNT_TEMP	Int	0	Non-retain
24	▸ ECEC_9-11_02_FB30_Instance	"ECEC_9-11_02_FB30"		
25	▸ EXEC_9-13_01_FB40_Instance	"EXEC_9-13_01_FB40"		
26	<Add new>			

(계속)

11

FB41 프로그램 작성

• **네트워크 1번**

로터리 엔코더 스위치의 펄스신호를 사용하여 반복동작 횟수를 설정하는 블록이다.

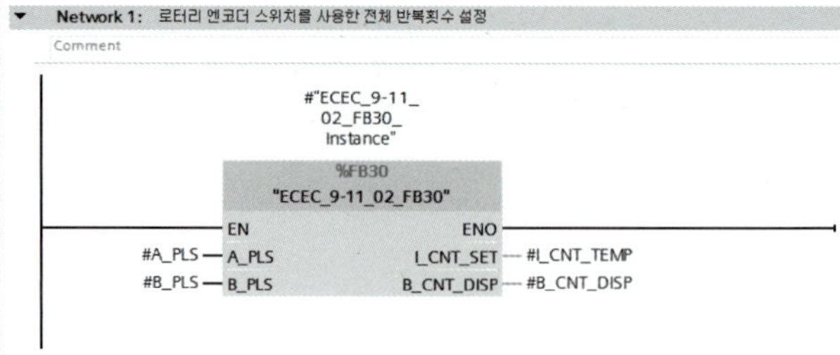

12

• **네트워크 2번**

FFB30으로부터 반복횟수의 설정값을 입력받아서 시작 및 일시정지버튼으로 실린더의 동작을 제어하는 블록이다.

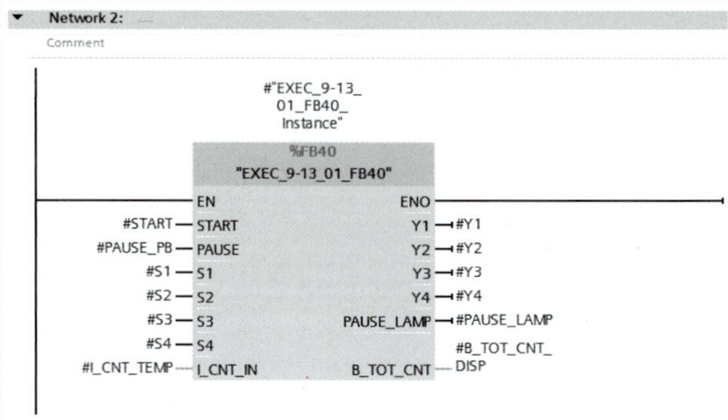

13

FB40 컴파일

컴파일하고 에러가 없는지 확인한다.

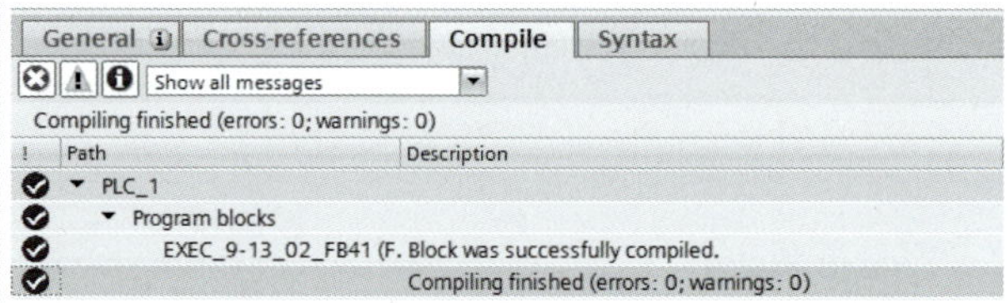

14

OB1에서 FB41 호출

FB41을 호출하여 프로그램을 실행한다. FB41을 호출할 때 실제 사용할 입출력 번지를 할당한다.

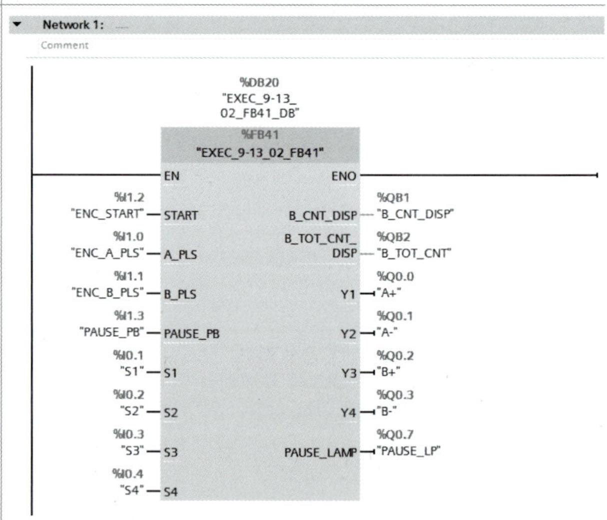

15

OB1 프로그램 작성

컴파일하고 에러가 없으면 CPU로 다운로드하고 동작을 확인한다.

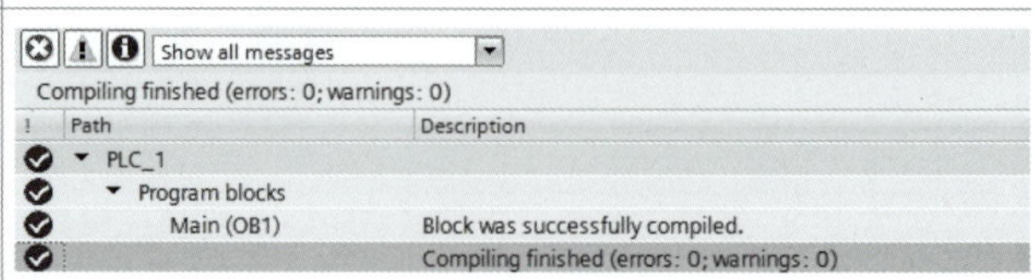

실습과제 8-14 다중 반복제어 2

SHL 명령을 사용하여 반복구간 내부에 여러 개의 반복구간이 포함되는 프로그램 작성법에 대해 살펴본다.

이번에는 3중 반복제어를 위한 프로그램 작성법에 대해 살펴보자.

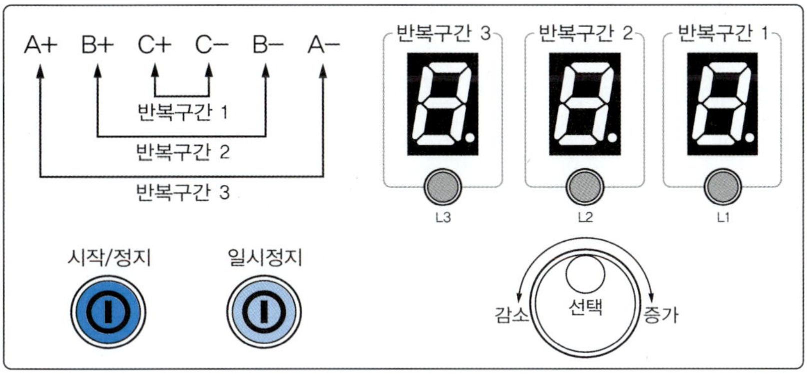

[그림 8-70] 조작 패널

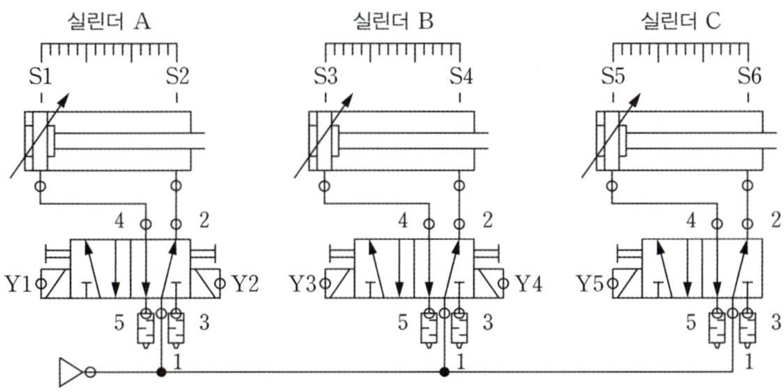

[그림 8-71] 공압 회로도

[표 8-48] PLC 입출력 리스트

입력	기능		출력	기능	
I1.0	엔코더 A_펄스		Q0.0	Y1_전진	실린더 A
I1.1	엔코더 B_펄스		Q0.1	Y2_후진	
I1.2	엔코더 스위치		Q0.2	Y3_전진	실린더 B
I1.3	시작/정지		Q0.3	Y4_후진	
I1.4	일시정지		Q0.4	Y6_전진	실린더 C
I0.1	S1_후진	실린더 A	Q0.5	반복구간1 L1	
I0.2	S2_전진		Q0.6	반복구간2 L2	
I0.3	S3_후진	실린더 B	Q0.7	반복구간3 L3	
I0.4	S4 전진		Q1.3 ~ Q1.0	반복구간1 FND 모듈	
I0.5	S5_후진	실린더 C	Q1.7 ~ Q1.4	반복구간2 FND 모듈	
I0.6	S6_전진		Q2.3 ~ Q2.0	반복구간3 FND 모듈	

동작 조건

❶ 시스템 전원이 ON되면 반복구간 표시 FND에 모두 1이 표시되고, 반복구간 선택 램프는 L1이 점등된 상태이다. 공압 실린더 모두는 후진된 상태이다.

❷ 로터리 엔코더 스위치 버튼을 누를 때마다 'L1 → L2 → L3 → L1 → …'의 순서로 반복구간 선택 램프가 점등된다.

❸ 반복구간 선택 램프가 점등된 FND에서 로터리 엔코더 스위치를 회전하여 설정값을 1 ~ 9 사이의 값으로 선택할 수 있다.

❹ 시작/정지버튼을 누를 때마다 사이클 단위의 시작 또는 정지 동작을 반복한다. 시스템이 시작되면 반복구간 FND에서 설정한 횟수만큼 주어진 동작을 반복한다.

❺ 시스템 동작 중에 일시정지버튼을 누를 때마다 동작이 일시정지된다. 일시정지 상태에서 다시 일시정지버튼을 누르면 시스템은 다음 동작을 이어서 진행한다.

PLC 프로그램 작성법

1 3중 반복동작의 구현에 필요한 비트의 개수

[그림 8-70]의 조작 패널에 표시된 3개의 공압 실린더를 사용해서 3중 반복동작을 구현하는 데 필요한 비트의 개수를 살펴보면, [표 8-49]와 같이 %X1 ~ %X8까지이다. %X8은 전체 작업종료 신호를 만든다. [실습과제 8-13]에서 살펴본 것처럼 다중 반복 중에 반복동작을 위한 작업종료 신호를 만들고, 해당 반복동작의 작업 종료신호가 ON 될 때 카운터를 이용해서 반복횟수를 카운트한다. 카운터의 출력이 OFF 상태(설정횟수만큼 반복이 이루어지지 않은 상태)이면, 강제로 반복동작을 하도록 SHL 명령에 사용하는 시프트용 태그의 설정값을 변경하는 방식으로 다중반복동작을 구현한다.

[표 8-49] SHL 명령어 실행에 따른 %X0~%X8 비트의 역할

작업 순서	1	2	3	4	5	6	7	8	9
작업 내용	A+	B+	C+	C−	C+, C− 반복	B−	B+, B− 반복	A−	전체 반복
피드백 신호	I0.2	I0.4	I0.6	I0.5	C1_Q	I0.3	C2_Q	I0.1	C3_Q
제어 비트	%X0	%X1	%X2	%X3	%X4	%X5	%X6	%X7	%X8
솔밸브 출력	Y1	Y3	SET Y5	RST Y5		Y4		Y2	

2 1개의 로터리 엔코더 스위치를 이용한, 여러 종류의 설정값 변경 방법

로터리 엔코더 스위치의 푸시버튼을 누를 때마다 스위치가 눌린 횟수를 카운팅해서

설정 위치를 변경한다. 푸시버튼이 눌릴 때마다 눌린 횟수가 '1 → 2 → 3 → 1 → …'의 순으로 변경되도록 만든다. 이때 비교 명령을 사용해서 엔코더의 푸시버튼이 눌린 횟수가 1이면, 반복구간 1의 반복횟수를 설정하는 동작이 이루어져야 한다. 따라서 눌린 횟수가 1인 상태에서 엔코더 스위치를 좌우로 회전시키면, 반복구간 1의 FND에 설정값이 변경된다. 이러한 방식으로 1개의 엔코더 스위치를 사용해서 반복구간 1부터 3까지의 설정값을 변경한다.

3 일시정지 동작의 구현

SHL 명령을 이용한 일시정지 동작은 손쉽게 구현할 수 있다. 일시정지버튼이 눌렸을 때 SHL 명령을 실행시키는 입력신호가 입력되지 않도록 하면 된다.

4 전체 프로그램 작성법

프로그램 작성 방법에 대해서는 프로그래머마다 각자 선호하는 방법이 있기 때문에 프로그램 작성법의 표준은 존재하지 않지만, 필자의 프로그램 작성 순서에 대해 간단하게 소개해보겠다. 아래의 내용을 필자가 작성한 프로그램과 비교해보면 좀 더 쉽게 이해할 수 있을 것이다.

❶ 전체 프로그램을 기능별로 구분해서 FB를 작성한다. 기능별로 FB를 만들 때 FB와 FB의 연결 구조를 생각해야 한다.
❷ PLC의 전원이 ON되거나 CPU가 리셋되어 초기화될 때 필요한 초기 설정값이 있는 경우에는 FB에서 태그를 선언할 때 초깃값을 설정한다. 실습과제에서는 FND에 표시해야 할 값이다.
❸ 시스템의 전원이 ON됨과 동시에 표시장치에 나타나야 할 각종 설정값들이 제대로 표시되도록 한다. 보통 표시장치를 보고 장비의 동작 상태를 판단한다는 것을 명심하자.
❹ 시스템의 동작에 필요한 설정값 처리 부분을 작성한다. 여기에서는 로터리 엔코더 스위치를 사용해서 반복구간 3군데의 반복횟수를 설정하는 부분이다. 이러한 설정은 입력을 기준으로 작성한다. 로터리 엔코더 스위치에는 총 3개의 입력신호가 있으며, 그 중에서 2개는 서로 연관되어 작동하는 입력신호이다. 따라서 첫 번째는 푸시버튼 입력이 ON될 때 처리해야 할 동작의 순서를 생각하고, 두 번째는 A_PLS와 B_PLS의 신호 입력의 처리 순서에 따라 프로그램을 작성한다.
❺ 시작/정지버튼이 눌렸을 때의 처리 순서에 따라 프로그램을 작성한다.
❻ 일시정지버튼이 눌렸을 때의 처리 순서에 따라 프로그램을 작성한다.
❼ 출력을 처리한다.

FB의 구조

[실습과제 8-14]의 전체 프로그램 구조는 FB43과 FB44로 만들어진다. FB43은 로터리 엔코더 스위치를 사용해서 3중 반복동작을 위한 값을 설정하는 부분이고, FB44는 3개의 공압 실린더를 사용해서 반복동작을 구현한 것이다.

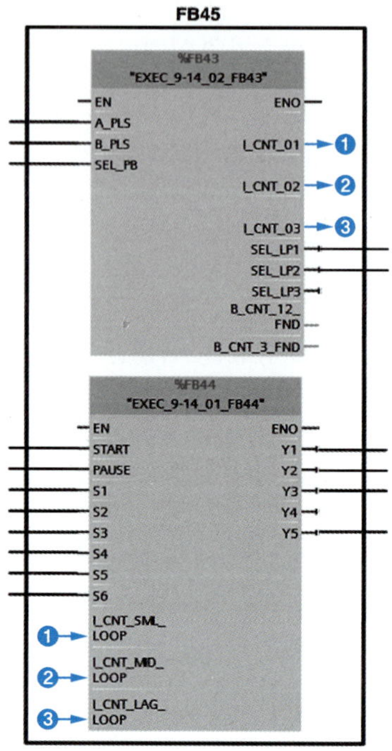

[그림 8-72] 전체 프로그램의 구조

[표 8-50] 카운터를 이용한 3중 반복 제어 PLC 프로그램 작성

<table>
<tr><th>순서</th><th>작업 내용</th><th>작업 화면</th></tr>
<tr><td>1</td><td>FB43의 태그 설정
로터리 엔코더 스위치를 사용해서 3중 반복동작을 제어하고자 값을 설정하기 위해 FB43을 만들고, 프로그램 작성에 필요한 태그를 설정한다.</td><td>
EXEC_9-14_02_FB43
<table>
<tr><th></th><th>Name</th><th>Data type</th><th>Default value</th><th>Retain</th></tr>
<tr><td>1</td><td>▼ Input</td><td></td><td></td><td></td></tr>
<tr><td>2</td><td>A_PLS</td><td>Bool</td><td>false</td><td>Non-retain</td></tr>
<tr><td>3</td><td>B_PLS</td><td>Bool</td><td>false</td><td>Non-retain</td></tr>
<tr><td>4</td><td>SEL_PB</td><td>Bool</td><td>false</td><td>Non-retain</td></tr>
<tr><td>5</td><td><Add new></td><td></td><td></td><td></td></tr>
<tr><td>6</td><td>▼ Output</td><td></td><td></td><td></td></tr>
<tr><td>7</td><td>I_CNT_01</td><td>Int</td><td>1</td><td>Non-retain</td></tr>
<tr><td>8</td><td>I_CNT_02</td><td>Int</td><td>1</td><td>Non-retain</td></tr>
<tr><td>9</td><td>I_CNT_03</td><td>Int</td><td>1</td><td>Non-retain</td></tr>
<tr><td>10</td><td>SEL_LP1</td><td>Bool</td><td>false</td><td>Non-retain</td></tr>
<tr><td>11</td><td>SEL_LP2</td><td>Bool</td><td>false</td><td>Non-retain</td></tr>
<tr><td>12</td><td>SEL_LP3</td><td>Bool</td><td>false</td><td>Non-retain</td></tr>
<tr><td>13</td><td>B_CNT_12_FND</td><td>Byte</td><td>16#0</td><td>Non-retain</td></tr>
<tr><td>14</td><td>B_CNT_3_FND</td><td>Byte</td><td>16#0</td><td>Non-retain</td></tr>
<tr><td>15</td><td><Add new></td><td></td><td></td><td></td></tr>
<tr><td>16</td><td>▼ InOut</td><td></td><td></td><td></td></tr>
<tr><td>17</td><td><Add new></td><td></td><td></td><td></td></tr>
<tr><td>18</td><td>▼ Static</td><td></td><td></td><td></td></tr>
<tr><td>19</td><td>I_SEL_CNT</td><td>Int</td><td>1</td><td>Non-retain</td></tr>
<tr><td>20</td><td>R_EG1</td><td>Bool</td><td>false</td><td>Non-retain</td></tr>
<tr><td>21</td><td>R_EG2</td><td>Bool</td><td>false</td><td>Non-retain</td></tr>
<tr><td>22</td><td>R_EG3</td><td>Bool</td><td>false</td><td>Non-retain</td></tr>
<tr><td>23</td><td>R_EG4</td><td>Bool</td><td>false</td><td>Non-retain</td></tr>
<tr><td>24</td><td>I_CNT_TEMP</td><td>Int</td><td>0</td><td>Non-retain</td></tr>
<tr><td>25</td><td>I_PLS_CNT1</td><td>Int</td><td>1</td><td>Non-retain</td></tr>
<tr><td>26</td><td>I_PLS_CNT2</td><td>Int</td><td>1</td><td>Non-retain</td></tr>
<tr><td>27</td><td>I_PLS_CNT3</td><td>Int</td><td>1</td><td>Non-ret...</td></tr>
<tr><td>28</td><td>W_CNT1_BCD</td><td>Word</td><td>16#0</td><td>Non-retain</td></tr>
<tr><td>29</td><td>W_CNT2_BCD</td><td>Word</td><td>16#0</td><td>Non-retain</td></tr>
<tr><td>30</td><td>W_CNT3_BCD</td><td>Word</td><td>16#0</td><td>Non-retain</td></tr>
<tr><td>31</td><td>W_CNT2_SHL</td><td>Word</td><td>16#0</td><td>Non-retain</td></tr>
</table>
</td></tr>
</table>

(계속)

2	**FB43 프로그램 작성** • **네트워크 1번** 1→2→3 순서로 설정값을 변경하기 위해 엔코더 스위치가 눌릴 때마다 값을 증가시킨다.	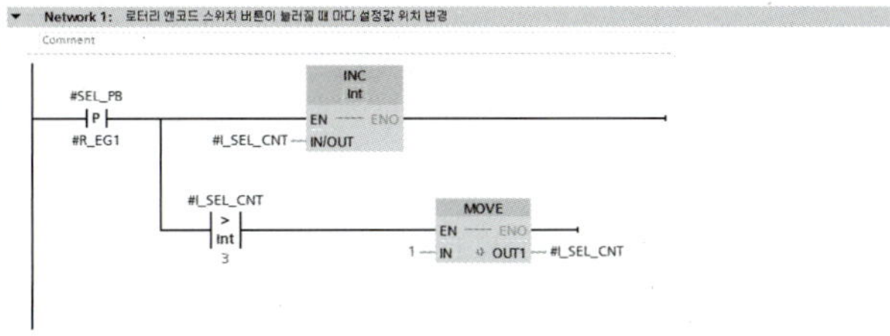
3	• **네트워크 2번** 로터리 엔코더 스위치를 사용해서 반복구간 1번의 반복횟수를 설정하는 부분이다.	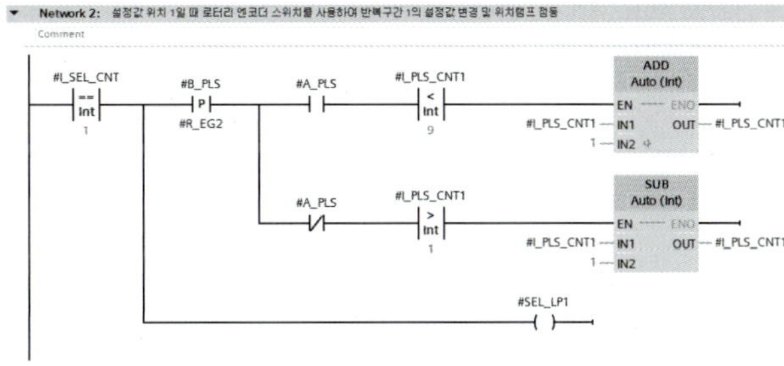
4	• **네트워크 3번** 로터리 엔코더 스위치를 사용해서 반복구간 2번의 반복횟수를 설정하는 부분이다.	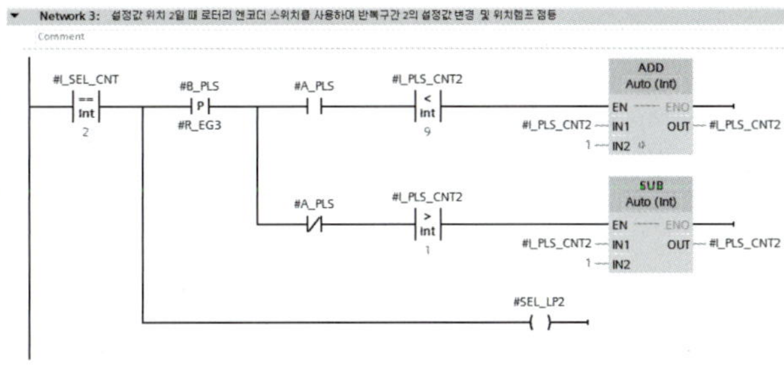
5	• **네트워크 4번** 로터리 엔코더 스위치를 사용해서 반복구간 3번의 반복횟수를 설정하는 부분이다.	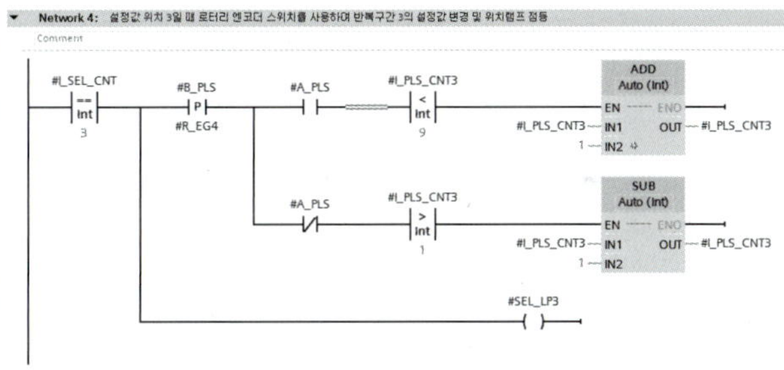
6	• **네트워크 5번** 반복횟수의 설정값을 다른 FB에 전달하기 위해 출력한다.	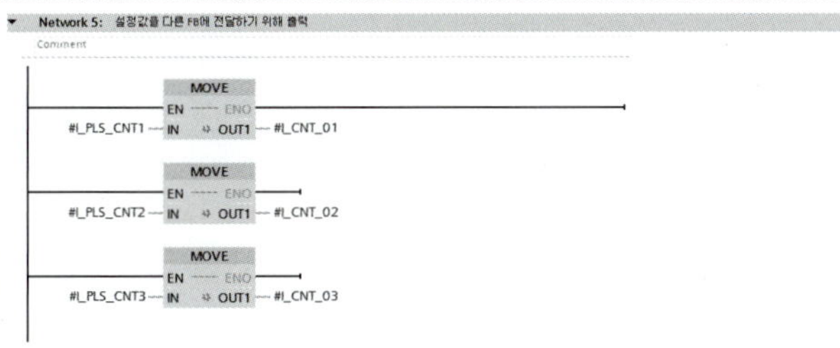

(계속)

7

- **네트워크 6번**

반복횟수 설정값을 FND에 표시하기 위해 BCD로 변환하고, 반복구간 1, 2를 QB1에 표시하기 위해 SHL과 OR 명령을 사용해서 4비트 단위의 설정값을 바이트 단위로 조합하였다.

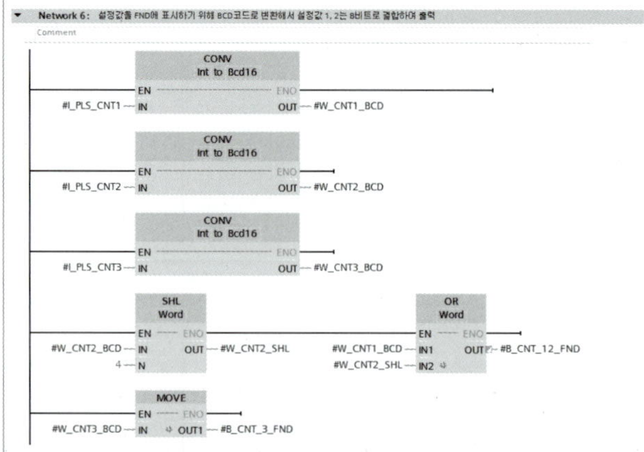

8

FB43 컴파일1

컴파일하고 에러가 없는지 확인한다.

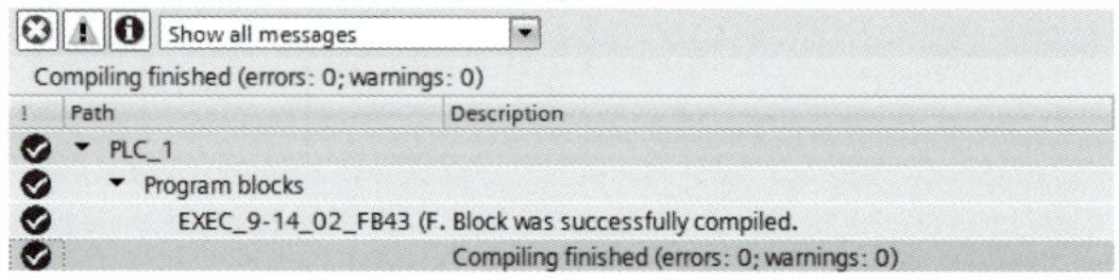

9

FB44 프로그램 작성

3중 반복 제어로 공압 실린더의 동작을 제어할 FB44를 만들고, 프로그램 작성에 필요한 태그를 설정한다.

전체 동작이 작업종료 신호를 포함하여 9개의 비트를 필요로 하기 때문에, SHL 명령에 사용할 태그를 워드 타입 W_SHL_DATA로 설정한다.

EXEC_9-14_01_FB44

	Name	Data type	Default value	Retain
1	▼ Input			
2	START	Bool	false	Non-retain
3	PAUSE	Bool	false	Non-retain
4	S1	Bool	false	Non-retain
5	S2	Bool	false	Non-retain
6	S3	Bool	false	Non-retain
7	S4	Bool	false	Non-retain
8	S5	Bool	false	Non-retain
9	S6	Bool	false	Non-retain
10	I_CNT_SML_LOOP	Int	0	Non-retain
11	I_CNT_MID_LOOP	Int	0	Non-retain
12	I_CNT_LAG_LOOP	Int	0	Non-retain
13	<Add new>			
14	▼ Output			
15	Y1	Bool	false	Non-retain
16	Y2	Bool	false	Non-retain
17	Y3	Bool	false	Non-retain
18	Y4	Bool	false	Non-ret...
19	Y5	Bool	false	Non-retain
20	▼ InOut			
21	<Add new>			
22	▼ Static			
23	W_SHL_DATA	Word	16#0	Non-retain
24	SHL_SIG	Bool	false	Non-retain
25	START_FF	Bool	false	Non-retain
26	PAUSE_FF	Bool	false	Non-retain
27	RDY_SIG	Bool	false	Non-retain
28	R_EG1	Bool	false	Non-retain
29	C1_Q	Bool	false	Non-retain
30	C2_Q	Bool	false	Non-retain
31	C3_Q	Bool	false	Non-retain
32	▸ EXEC_9-10_01_FB26_Instance	"EXEC_9-10_01_FB26"		
33	▸ EXEC_9-10_01_FB26_Instance_1	"EXEC_9-10_01_FB26"		
34	▸ IEC_Counter_0_Instance	CTU_INT		Retain
35	▸ IEC_Counter_0_Instance_1	CTU_INT		Retain
36	▸ IEC_Counter_0_Instance_2	CTU_INT		Retain

10

FB44 프로그램 작성

- **네트워크 1번**

FB26을 사용해서 시작버튼에 의한 START_FF의 토글 출력 제어와 카운터의 출력 C1_Q에 의해 START_FF가 OFF되도록 한다.

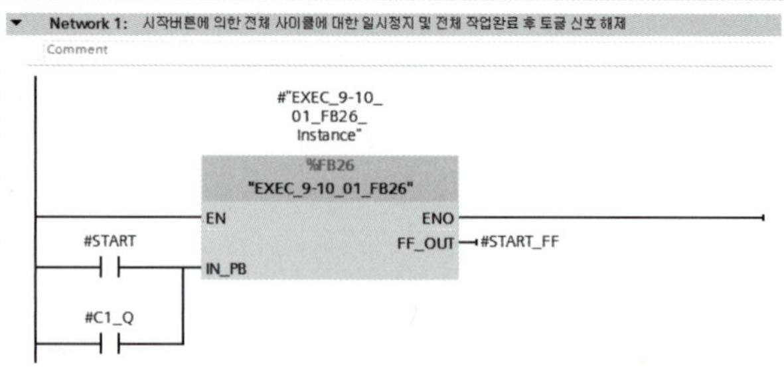

(계속)

<table>
<tr><td>11</td><td>

• 네트워크 2번

일시정지 기능을 구현하기 위해 FB26을 사용한다.

</td><td>

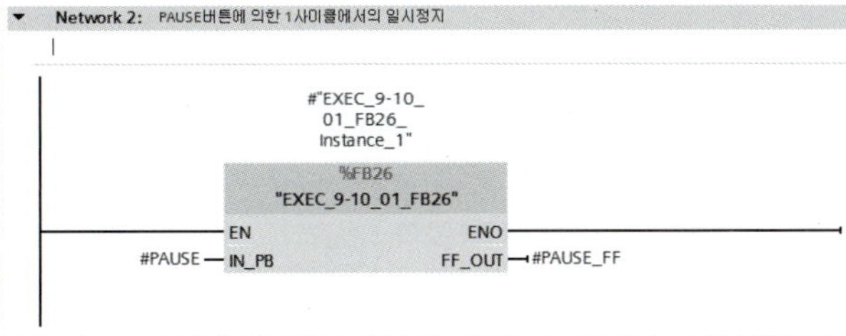

</td></tr>
<tr><td>12</td><td>

• 네트워크 3번

공압 실린더 작업 위치를 검출한다.

</td><td>

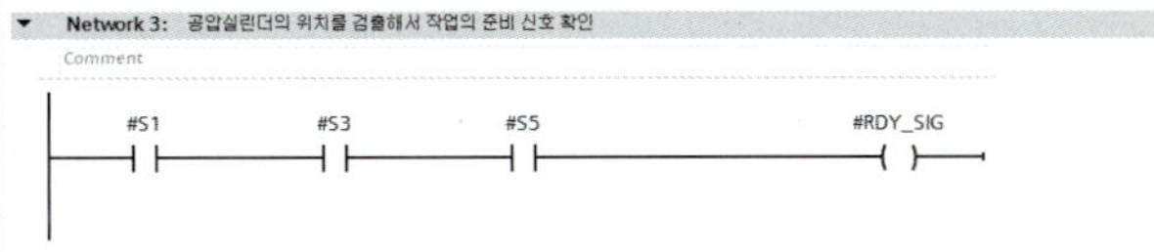

</td></tr>
<tr><td>13</td><td>

• 네트워크 4번

네트워크 1번의 START_FF가 ON될 때 시작하고, 작업종료 신호에 의하여 반복동작을 한다.

</td><td>

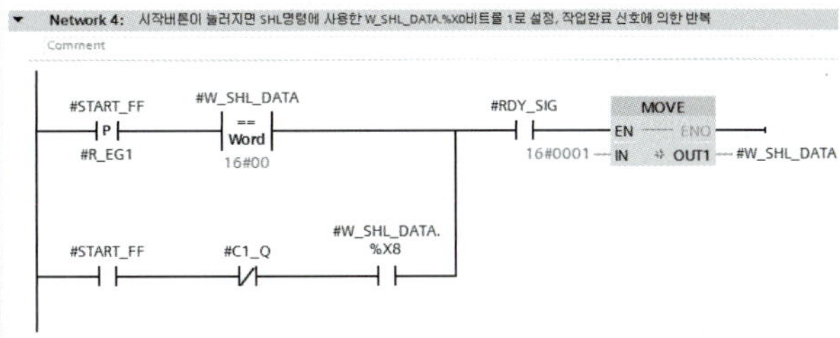

</td></tr>
<tr><td>14</td><td>

• 네트워크 5번

작업종료 신호를 포함하여 전체 9개의 동작으로 구성되어 있다.

반복동작을 제어하기 위해 C1_Q C2_Q, C3_Q의 카운터 출력을 사용한다.

동작의 일시정지를 위해 PAUSE_FF의 B 접점을 사용한다.

</td><td>

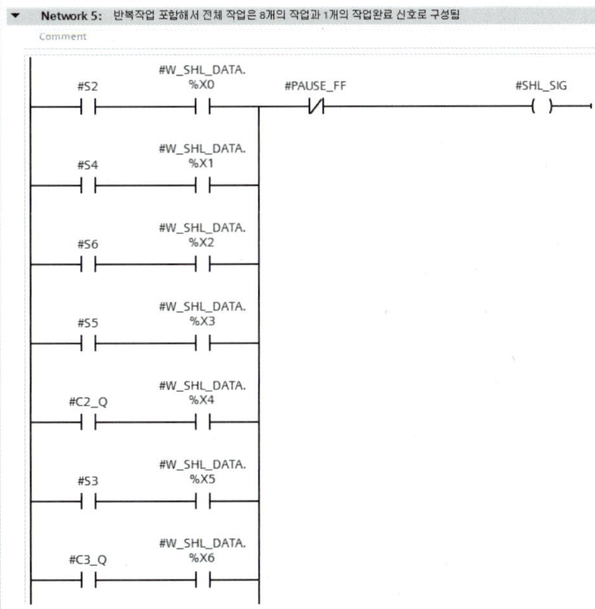

</td></tr>
<tr><td>15</td><td>

네트워크 5번 연결

</td><td>

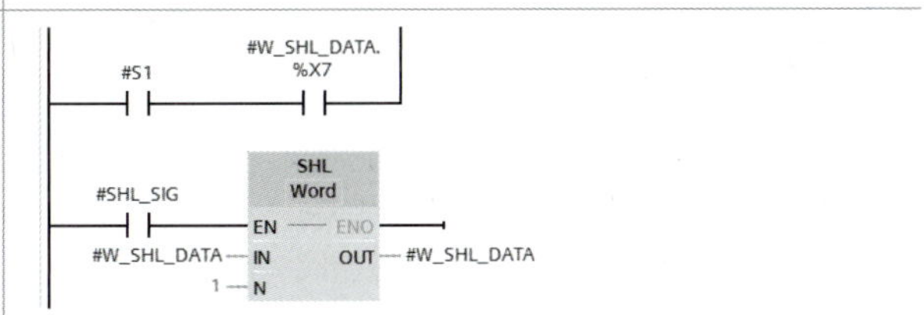

</td></tr>
</table>

(계속)

<table>
<tr>
<td>16</td>
<td>

• **네트워크 6번**

반복구간 1의 동작(C+, C−)을 반복하기 위해 (C+, C−)의 작업 종료신호의 카운트와 함께 새로운 반복동작을 위해 16#0004를 W_SHL_DATA에 설정한다.

</td>
<td>
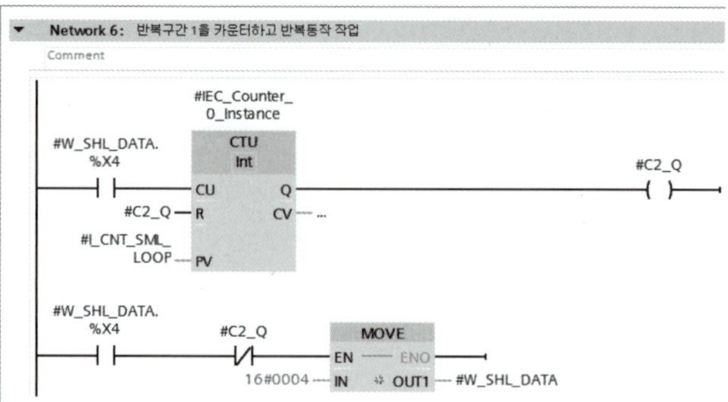

</td>
</tr>
<tr>
<td>17</td>
<td>

• **네트워크 7번**

반복구간 2의 동작(B+, B−)을 반복하기 위해 (B+, B−)의 작업종료 신호의 카운트와 함께, 새로운 반복동작을 위한 16#0002를 W_SHL_DATA에 설정한다.

</td>
<td>
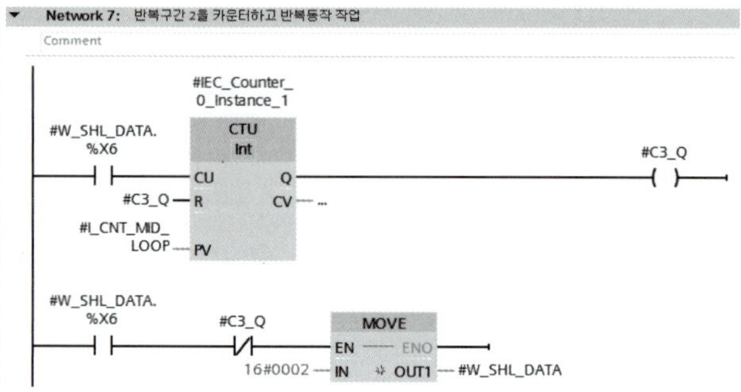

</td>
</tr>
<tr>
<td>18</td>
<td>

• **네트워크 8번**

반복구간 3의 동작(A+, A−)을 반복하기 위해 (A+, A−)의 작업종료 신호를 카운트한다. 이를 네트워크 4번의 시작신호로 사용하고 설정횟수만큼 반복이 완료된 경우에 16#0000을 설정한다.

</td>
<td>
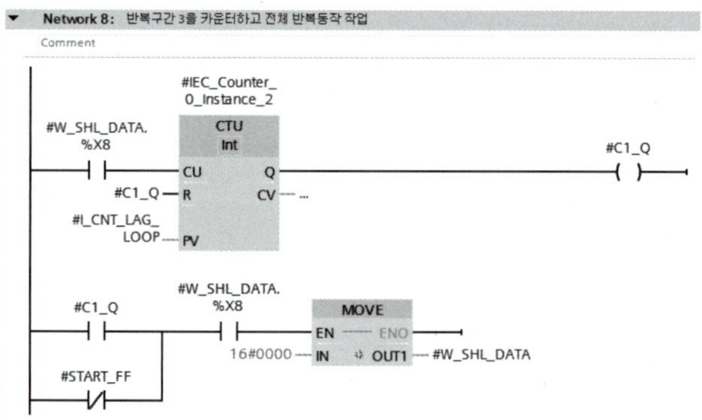

</td>
</tr>
<tr>
<td>19</td>
<td>

• **네트워크 9번**

W_SHL_DATA의 비트 슬라이스 기능을 사용하여 공압 실린더 및 램프 제어를 출력한다.

실린더 C는 편솔밸브를 사용하기 때문에 SET과 RST 출력을 사용한다.

</td>
<td>
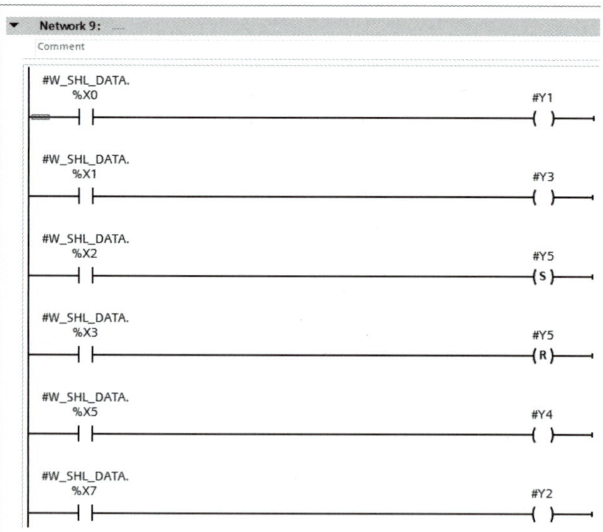

</td>
</tr>
</table>

(계속)

20

FB44 컴파일

컴파일해서 에러가 없는지 확인한다.

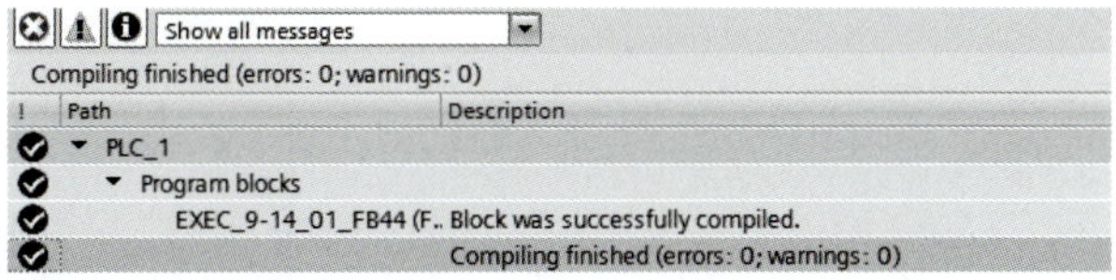

21

FB45 태그 설정

FB43과 FB44를 조합하여 프로그램을 완성할 FB45를 만들고, 프로그램 작성에 필요한 태그를 설정한다.

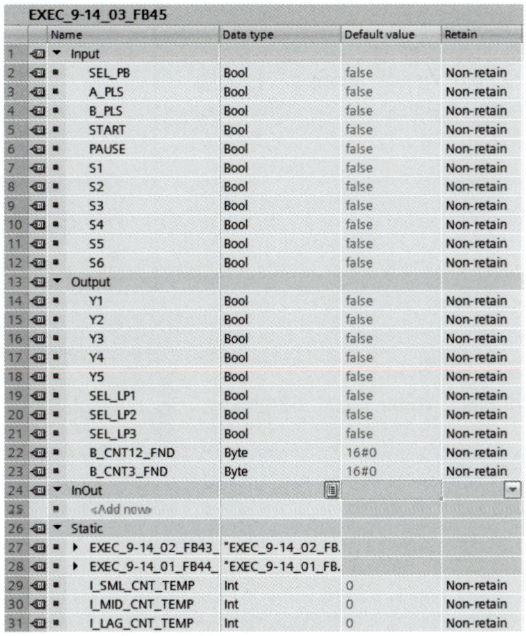

EXEC_9-14_03_FB45

	Name	Data type	Default value	Retain
1	Input			
2	SEL_PB	Bool	false	Non-retain
3	A_PLS	Bool	false	Non-retain
4	B_PLS	Bool	false	Non-retain
5	START	Bool	false	Non-retain
6	PAUSE	Bool	false	Non-retain
7	S1	Bool	false	Non-retain
8	S2	Bool	false	Non-retain
9	S3	Bool	false	Non-retain
10	S4	Bool	false	Non-retain
11	S5	Bool	false	Non-retain
12	S6	Bool	false	Non-retain
13	Output			
14	Y1	Bool	false	Non-retain
15	Y2	Bool	false	Non-retain
16	Y3	Bool	false	Non-retain
17	Y4	Bool	false	Non-retain
18	Y5	Bool	false	Non-retain
19	SEL_LP1	Bool	false	Non-retain
20	SEL_LP2	Bool	false	Non-retain
21	SEL_LP3	Bool	false	Non-retain
22	B_CNT12_FND	Byte	16#0	Non-retain
23	B_CNT3_FND	Byte	16#0	Non-retain
24	InOut			
25	<Add new>			
26	Static			
27	EXEC_9-14_02_FB43_	"EXEC_9-14_02_FB.		
28	EXEC_9-14_01_FB44_	"EXEC_9-14_01_FB.		
29	I_SML_CNT_TEMP	Int	0	Non-retain
30	I_MID_CNT_TEMP	Int	0	Non-retain
31	I_LAG_CNT_TEMP	Int	0	Non-retain

22

FB45 프로그램 작성

- **네트워크 1번**

로터리 엔코더 스위치의 펄스신호를 사용하여 반복동작 횟수를 설정하기 위해 FB43을 호출한다.

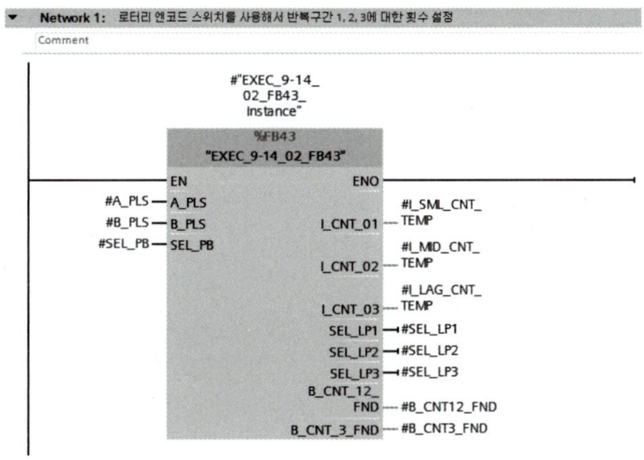

(계속)

23	• **네트워크 2번** 3중 반복제어를 위해 FB44를 호출한다. FB43에서 설정한 반복횟수 설정값을 FB44에 전달한다.	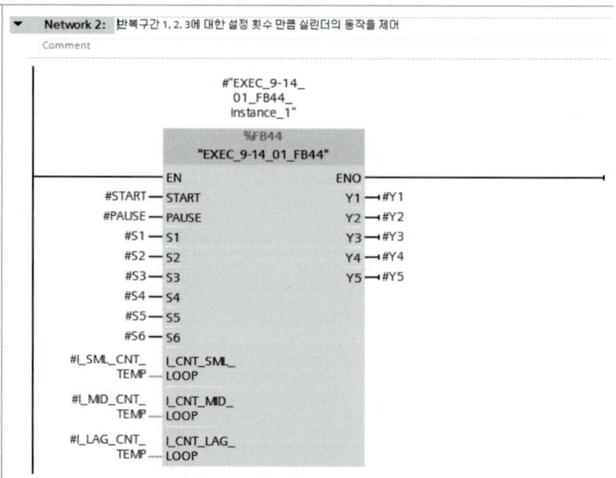
24	**FB45 컴파일** 컴파일하고 에러가 없는지 확인한다.	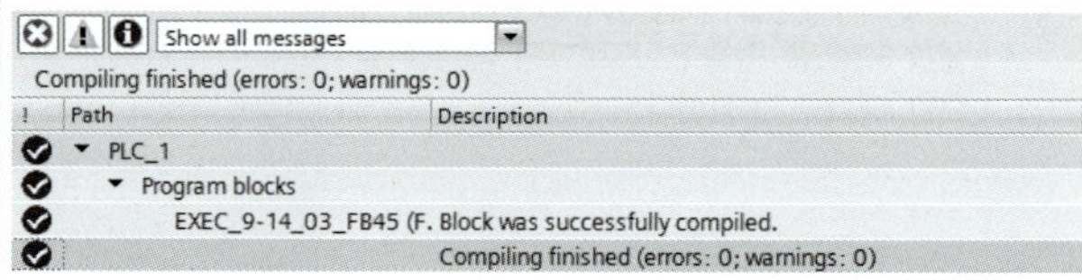
25	**OB1에서 FB45 호출** 3중 반복제어를 위해 완성된 프로그램 FB45를 OB1에서 호출하고 입출력 번지를 할당한다.	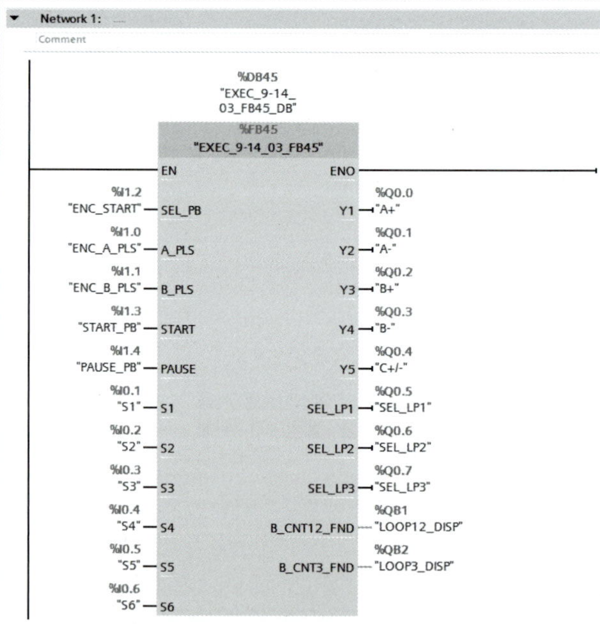
26	**OB1 컴파일** 컴파일하고 에러가 없으면 CPU로 다운로드하고, 동작을 확인한다.	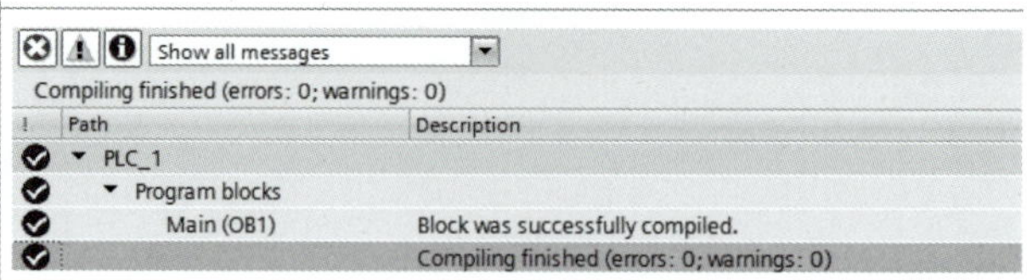

PART 5

지멘스 PLC 통신

'통신'의 사전적인 의미는 '인간의 의사 · 지식 · 감정 또는 각종 자료를 포함한 정보를 먼 거리에서 주고받는 작용 또는 현상'이다. 인터넷을 통해 전 세계 사람들이 정보를 주고받는 것처럼 자동화 산업현장에서도 수많은 기계장치의 제어와 기계 상태의 모니터링에 필요한 데이터의 수집과 관리를 위해 통신을 사용한다.

PLC 통신은 1969년 EIA^Electonic Industries Association^에 의해 발표된 RS232라고 불리는 시리얼 통신으로부터 시작되었다. RS232는 처음엔 개인용 PC의 시리얼 통신포트로 사용되었다. 1979년 PLC를 최초로 개발한 MODICON에서 이 RS232에 통신 프로토콜을 적용해 모드버스(MODBUS)라는 통신을 시작했는데, 이것이 최초의 PLC 통신이다. 필드버스 통신의 국제 표준으로 만들어진 지멘스 PLC의 통신은, 1989년 RS485 통신에 프로토콜을 적용해서 만든 프로피버스(PROFIBUS) 통신부터 시작하여 현재는 이더넷을 이용한 프로피넷(PROFINET) 통신으로 발전하였다. 지멘스는 현재 PLC에서 사용하는 여러 가지 통신 방식을 지원하고 있다.

PART 5에서는 프로피버스와 프로피넷 통신의 사용법에 대해 살펴본 후에 다양한 실습예제를 통해서 지멘스 PLC의 필드버스 통신 방법에 대해 학습한다.

Chapter 09

프로피버스 통신 및 제어

프로피버스 통신은 1989년 처음 제안되어 현재는 필드버스의 국제 표준으로 인정받은 통신으로, 지멘스뿐만 아니라 많은 기업에서 프로피버스 통신 관련 제품을 만들어 시판하고 있다. 9장에서는 프로피버스 통신의 종류에 대해 간단하게 살펴보고, 프로피버스 통신을 사용하여 리모트 I/O와 디바이스 장치를 제어하는 방법에 대해 알아본다. 리모트 I/O는 WAGO 사의 리모트 I/O 모듈을, 디바이스는 미쓰비시의 FR_E700 인버터를 사용한다.

9.1 프로피버스 통신

지멘스 PLC에서 사용되는 지멘스 전용 통신은 [그림 9-1]과 같이 **MPI**와 **프로피버스**(PROFIBUS), 산업용 이더넷을 사용하는 **프로피넷**(PROFINET)으로 구분할 수 있다. S7-1500의 CPU 모듈에서는 프로피버스와 프로피넷 통신포트를 제공하고 있는데, 이 장에서는 PROFIBUS-DP 통신을 사용하는 방법에 대해 먼저 살펴보고자 한다.

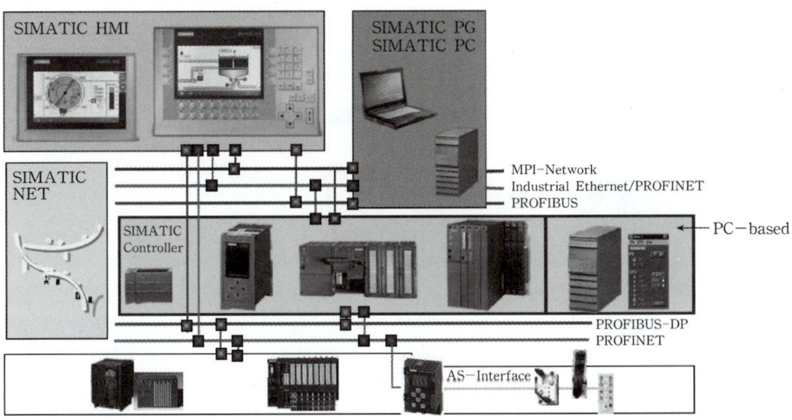

[그림 9-1] 지멘스 PLC 통신의 전체 시스템 구성

프로피버스 통신은 RS485를 적용한 산업체에서 널리 사용하는 필드버스 통신의 한 종류이다. 프로피버스는 1987년에 지멘스가 독일에 있는 연구소와 기업들과 협력하여 만들었고, 1989년에 처음 상용화되었다. 프로피버스 통신은 다음과 같이 세 종류로 구분된다.

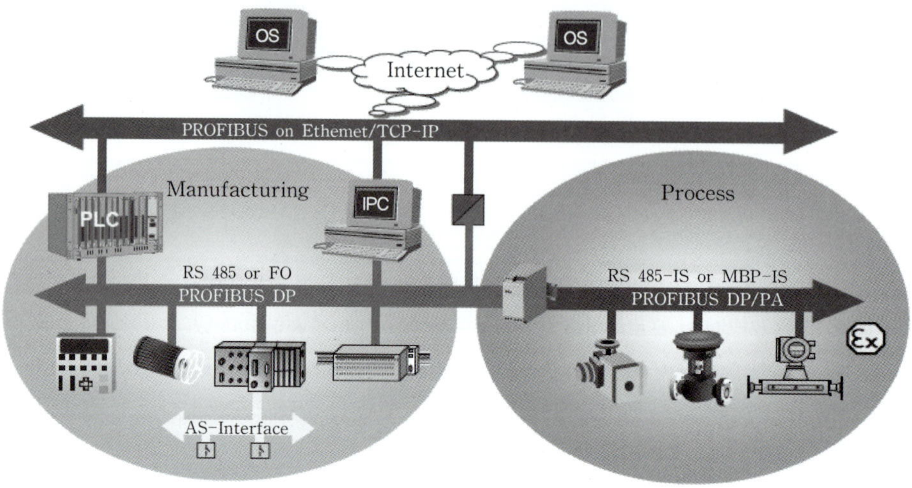

[그림 9-2] 프로피버스 통신의 전체 구성(출처 : www.profibus.com)

PROFIBUS-FMS

PROFIBUS-FMS는 1989년에 처음 만들어진 프로피버스 통신 방식으로, PLC, NC, 로봇, PC 등 복잡한 지능형 장비 및 셀 레벨cell level의 통신을 위해 만들어진, 마스터와 마스터[1] 간의 데이터 교환을 위한 통신 방식이다.

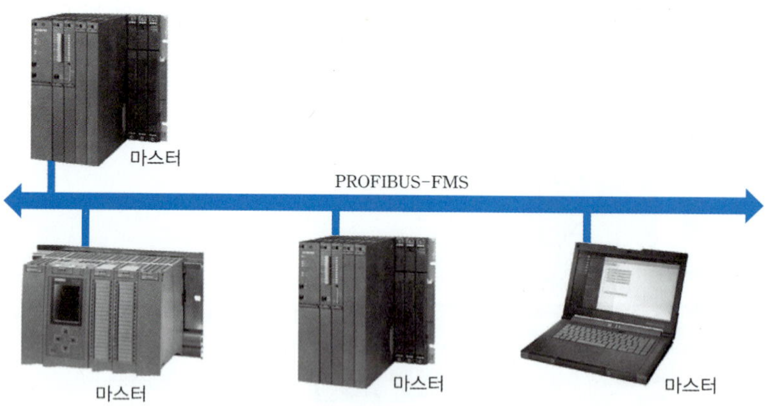

[그림 9-3] PROFIBUS-FMS 통신 시스템 구성 방식

1 마스터는 통신을 관리하고 통제하는 권한을 가진 장치를 의미하며, active station이라고도 한다. 이 책에서는 PLC의 CPU를 의미한다.

PROFIBUS-DP

PROFIBUS-DP는 1993년에 상용화된 프로피버스 통신 방식으로, 마스터와 리모트 I/O 슬레이브[2] 간의 통신을 위해 만들어졌다. 이 방식은 실시간으로 제어신호를 전달할 수 있는 빠른 통신 속도를 보장하고, 주변장치와의 연결 비용을 절감하는 효과를 갖고 있다. 이러한 장점 덕분에 일반적으로 프로피버스 통신하면 PROFIBUS-DP 통신을 떠올릴 만큼 이 방식이 가장 많이 사용되고 있다.

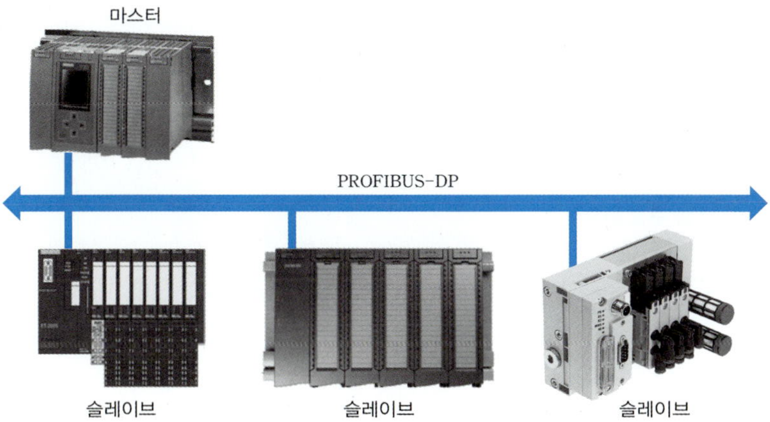

[그림 9-4] PROFIBUS-DP 통신 시스템 구성 방식

PROFIBUS-PA

석유, 화학, 제철, 식품 제조 분야에서의 온도, 압력, 유량의 제어와 같은 공정 중에는 폭발 등의 위험 발생 요소가 존재하는 부분들이 있다. 1998년에 공개된 PROFIBUS-PA 통신은 그러한 위험한 장소에서 사용할 수 있는 국제 표준이 적용된 통신 방식으로, 두 가닥의 통신선에 슬레이브에서 사용할 수 있는 전원까지 실어서 보낸다. [그림 9-5]에서 알 수 있듯이 DP/PA 커플러를 사용하여 PROFIBUS-DP 통신신호를 PROFIBUS-PA 통신 방식으로 변환하여 사용한다.

2 슬레이브는 I/O 장치나 밸브, 인버터와 같이 통신으로 연결되는 PLC의 주변장치를 의미한다. 슬레이브는 수신된 통신 메시지에 대한 응답만 할 수 있으며, 스스로 통신을 할 수는 없다. passive station이라고도 한다.

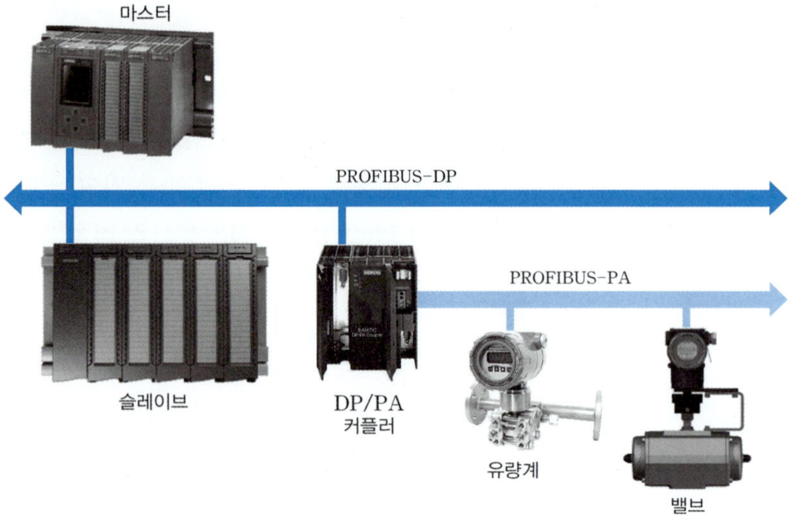

[그림 9-5] PROFIBUS-PA 통신 시스템 구성 방식

이 책에서는 세 종류의 프로피버스 통신 방식 중에서 PROFIBUS-DP 통신에 대해서 학습한다.

9.2 PROFIBUS-DP 통신

9.2.1 PROFIBUS-DP 통신의 특징

PROFIBUS는 'Process Field Bus'의 약자이고, DP는 'Decentralized Peripherals'의 약자이다. PROFIBUS-DP 통신의 특징은 다음과 같다.

- 디지털 데이터로 통신하기 때문에 노이즈에 강하다.
- 통신을 통해 기능이 다른 종류의 제어장치를 제어할 수 있다.
- 시스템의 설치 및 유지보수가 용이하다.
- 시스템의 신뢰도, 유연성, 확장성 증가를 기대할 수 있다.
- 스마트 센서를 사용하면 센서 레벨까지 분산화가 가능하다.
- RS485 통신 방식을 사용하며, 통신 거리가 1500피트(약 450m)이다.
- 통신선의 이중화 기능이 제공된다.
- [표 9-1]과 같이 10가지의 통신 속도 중에서 하나를 선택해서 사용할 수 있다.

[표 9-1] PROFIBUS-DP의 통신 속도에 따른 통신 거리

<table>
<tr><th>통신 속도</th><th>통신 거리</th><th>통신 속도</th><th>통신 거리</th></tr>
<tr><td>9.6Kbps</td><td rowspan="5">1000미터</td><td>500Kbps</td><td>400미터</td></tr>
<tr><td>19.2Kbps</td><td>1.5Mbps</td><td>200미터</td></tr>
<tr><td>45.45Kbps</td><td>3Mbps</td><td rowspan="3">100미터</td></tr>
<tr><td>93.75Kbps</td><td>6Mbps</td></tr>
<tr><td>187.5Kbps</td><td>12Mbps</td></tr>
</table>

9.2.2 GSD 파일

PROFIBUS-DP 통신은 지멘스의 주도하에 연구소와 기업이 참여하여 만든 통신이기 때문에 PROFIBUS International이라는 협회를 만들어 개방형 통신으로 관리하고 있다. 따라서 협회에 가입을 하면 프로피버스 통신을 사용할 수 있기 때문에 수많은 제어기기 업체에서 프로피버스 통신에 연결할 수 있는 제품을 만들어 판매하고 있다. 프로피버스 통신으로 연결되는 제품들의 기능이나 파라미터 설정 등이 각기 다르기 때문에, 제품의 성능 및 통신 특성 등을 기술적 문서인 GSD 파일로 작성하여 TIA Portal에 등록해야 프로피버스 통신을 사용할 수 있다. 따라서 프로피버스 통신이 가능한 제품을 사용하기 위해서는 각 제어기의 프로피버스 통신 기능이 기술된 GSD 파일을 TIA Portal에서 설치하여 해당 제어기를 하드웨어 구성 카탈로그에 등록해야 한다. 하드웨어 카탈로그에 제품이 등록되면 프로피버스 통신 시스템을 구성할 때 해당 제품을 손쉽게 사용할 수 있다.

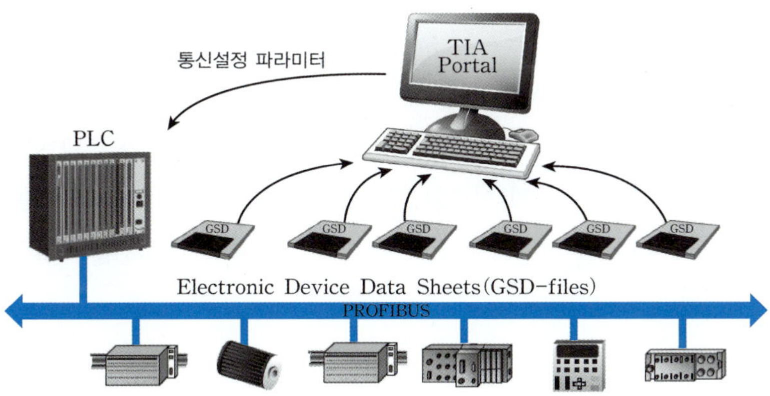

[그림 9-6] 프로피버스 통신을 위한 GSD 파일(출처 : www.profibus.com)

9.2.3 통신 결선 방법

PROFIBUS-DP 통신은 RS485 통신을 사용한 필드버스 통신이다. RS485 통신은 반이중 통신 방식으로, 멀티드롭multidrop으로 1개의 전송선로에 여러 대의 장비를 연결하고, 마스터master에서 슬레이브slave와의 데이터 송수신을 제어하는 방식의 네트워크를 형성할 수 있다. 그래서 PLC의 통신 방식으로 가장 많이 사용된다.

RS485 통신은 송신과 수신의 통신선로를 [그림 9-7]처럼 연결해서 1개의 통신선로를 갖는 형태로 만들어져있다. 통신선로가 1개만 있기 때문에 동시에 송수신이 이루어질 수 없다. 따라서 누군가가 통신선로의 데이터 송수신을 관리해서 송신과 수신이 동시에 발생하지 않도록 해야 한다. 통신선로의 송수신을 관리하는 장치를 마스터, 관리를 받는 장치를 슬레이브라 하고, 이러한 연결방식을 멀티드롭이라 한다. 멀티드롭 방식은 슬레이브에서 송수신할 데이터의 양이 적을 때에 효과적이며, 회선을 공유하기 때문에 회선 비용을 절감할 수 있는 장점이 있다. 그러나 마스터에 오류가 발생하면 전체 통신이 불가능해지며, 통신회선이 단선된 경우에는 단선된 슬레이브와 통신이 불가능해진다는 단점을 가지고 있다.

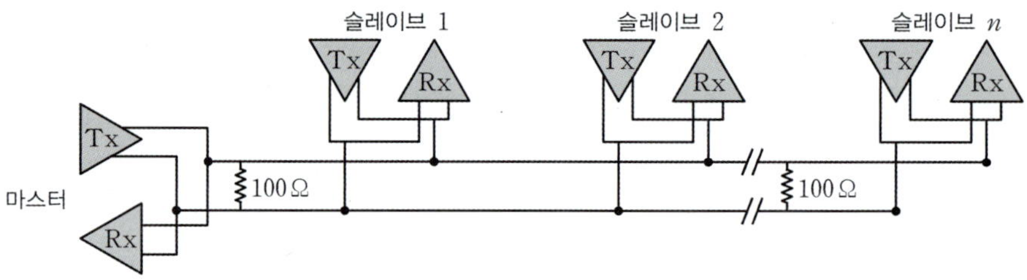

[그림 9-7] RS485 통신의 멀티드롭 방식 연결

지멘스의 PROFIBUS-DP는 노이즈에 강한 특성을 갖는 RS485 통신의 장점을 극대화하면서도, 단점인 통신회선의 단선에 대비해 통신선로를 이중으로 사용할 수 있는 방법을 제시하고 있다. [그림 9-8]은 지멘스 PLC의 이중화 시스템 구성을 나타낸 것이다. 왼쪽은 CPU의 이중화를, 오른쪽은 CPU의 이중화와 함께 프로피버스 통신의 이중화도 함께 구현한 모습을 나타낸 것이다.

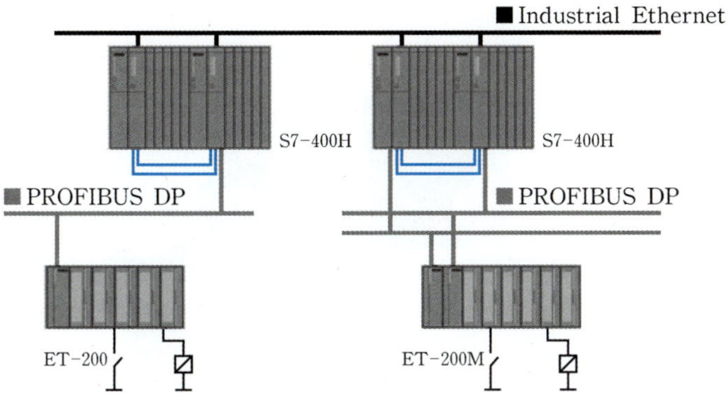

[그림 9-8] PLC 시스템의 이중화

프로피버스 통신은 RS-485 통신을 사용한 멀티드롭 방식으로 연결되기 때문에 [표 9-2]와 같이 CPU의 프로피버스 커넥터에서 데이터 신호선 A와 B라인이 병렬로 연결된다. 프로피버스 통신 시작단과 끝단에는 종단 저항을 설치해야 한다.

[표 9-2] 프로피버스 통신의 결선도

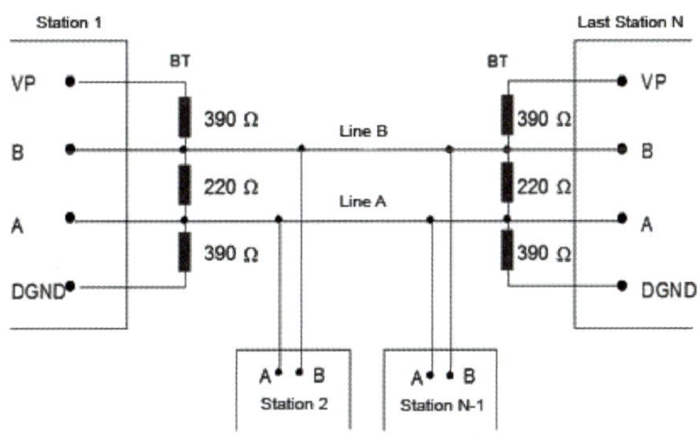

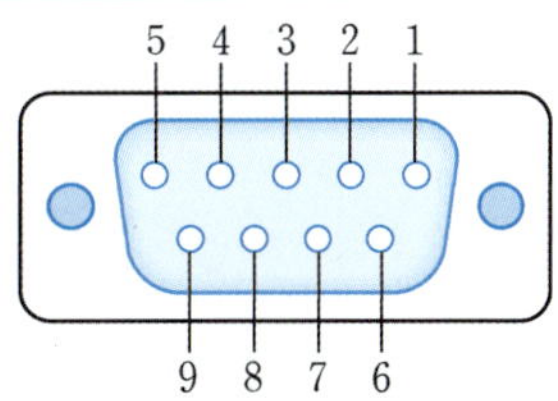

핀 번호	명칭	기능
3	B-Line	RX/TX+
4	CNTR-P	RTS 신호
5	GND	+5V 전원
6	V_P	
8	A-Line	RX/TX−

프로피버스 통신선을 결선할 때에는 대부분의 경우에 프로피버스 통신 전용 커넥터를 사용한다. 전용 커넥터에는 종단저항의 사용 여부를 선택할 수 있는 스위치가 있고, 데이터 신호선 A와 B라인을 병렬로 연결할 수 있도록 구성되어 있다.

[표 9-3] 프로피버스 통신 전용 커넥터의 결선

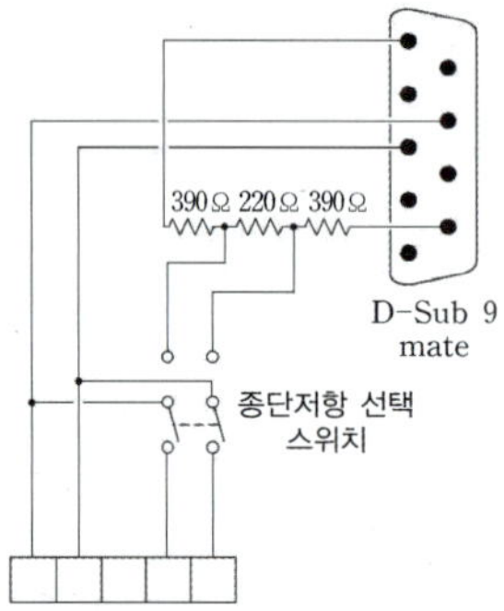

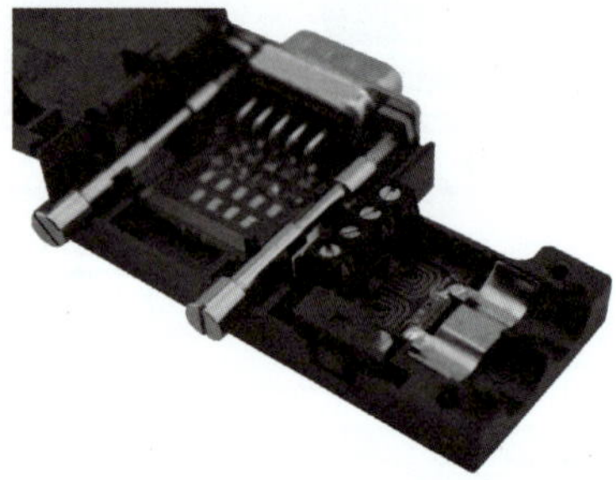

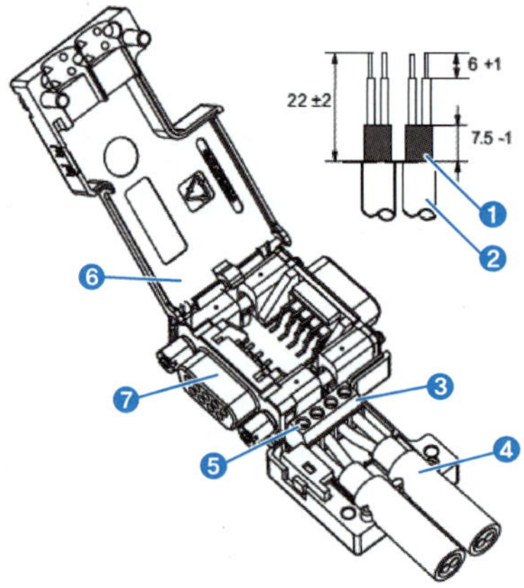

번호	기능
❶	케이블 쉴드
❷	통신 케이블
❸	통신선 고정용 나사 단자대
❹	케이블 고정 지지대
❺	A1, A2 : 녹색선 B1, B2 : 적색선
❻	커넥터 커버
❼	통신 커넥터

9.2.4 통신 메시지 교환 방법

PROFIBUS-DP 통신은 산업현장에서 리모트 I/O 및 인버터, 서보 드라이브의 제어에 필요한 데이터를 교환하기 위한 것이다. 프로피버스 통신을 위한 마스터-슬레이브 간의 통신에 사용되는 TIA Portal에서 네트워크 파라미터 설정이 끝나면, 마스터 역할을 하는 PLC CPU의 입출력 메모리가 슬레이브와의 통신에서의 데이터 교환을 위해 할당된다. CPU는 순차적으로 실행되는 폴링리스트polling list[3]를 통해 슬레이브와 주기적으로 데이터를 교환하고, 데이터는 CPU의 입출력 메모리 번지에 저장된다. 따라서 프로그래머는 프로피버스 통신을 위한 마스터 및 슬레이브의 통신 파라미터 설정을 끝낸 후, 슬레이브들을 CPU의 입출력으로 생각하고 프로그램을 작성하면 된다. 이 책의 실습과제를 통해 앞의 설명이 무엇을 의미하는지 이해할 수 있을 것이다.

3 프로피버스 통신은 마스터 하나에 슬레이브 여러 개가 하나의 통신선에 연결되는 멀티드롭 방식을 사용하기 때문에 하드웨어 연결은 $1:N$의 구성을 갖는다. 하지만 실제 통신은 매 순간 마스터와 슬레이브가 1대 1로 연결되어 이루어진다. 마스터와 여러 대의 슬레이브와 통신하기 위해 미리 정해진 슬레이브의 통신 순서를 폴링 리스트라 한다.

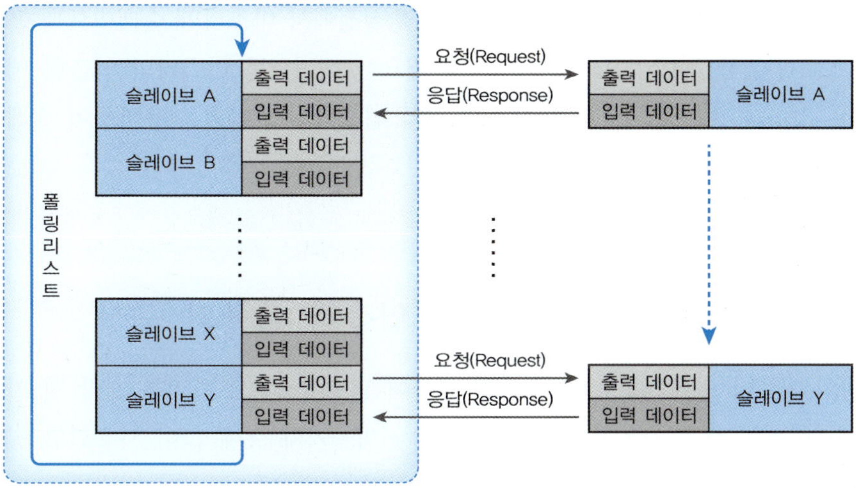

[그림 9-9] **마스터와 슬레이브의 데이터 송수신 방식**

9.3 프로피버스 통신을 이용한 리모트 I/O 제어 설정

프로피버스 통신으로 리모트 I/O와 인버터를 제어하는 방법을 살펴보자. 이 책의 실습에 사용하는 시스템 구성은 [그림 9-10]처럼 S7-1500 CPU를 마스터로 사용하고, 독일 WAGO 사의 프로피버스 커플러 750-333과 미쓰비시의 FR-E700 인버터 2대를 슬레이브로 사용한다.

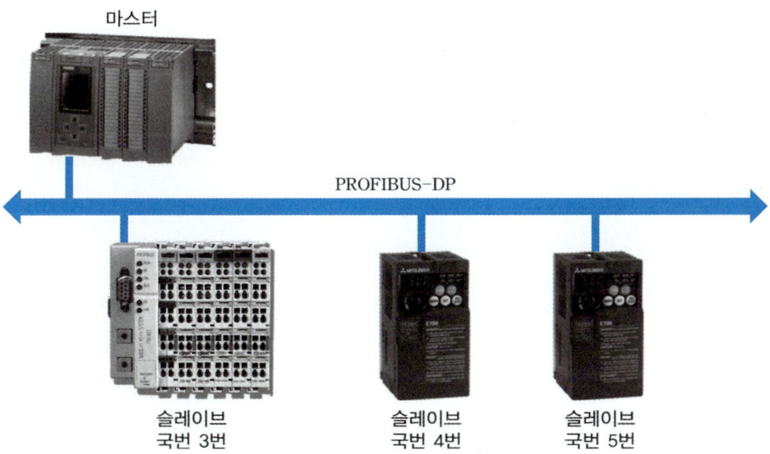

[그림 9-10] **실습을 위한 프로피버스 통신 시스템 구성**

프로피버스 통신은 PLC의 입출력 메모리를 사용하여 데이터 통신을 한다. 따라서 프로피버스 통신에 필요한 작업은, TIA Portal의 네트워크 설정에서 마스터와 슬레이브를 프로피버스 통신으로 연결한 후에, 슬레이브 제어에 필요한 데이터를 마스터의 입출력 메모리에 할당하는 것이다. 이 작업이 완료되면, PLC의 입출력 메모리를 사용하듯이 슬레이브 모듈을 사용할 수 있다.

9.3.1 WAGO의 프로피버스 커플러와 입출력 모듈의 구성

WAGO는 독일의 커넥터 전문업체로, 커넥터와 더불어 필드버스 컨트롤러를 개발 및 판매한다. WAGO 제품은 주로 진동이 많이 발생하는 선박, 기차 등에 많이 사용되고 있다. 실습에 사용할 리모트 I/O는, 프로피버스 커플러 750-333과, 디지털 입력모듈 및 출력모듈 각각 2개씩 사용하여 구성된다. 그리고 모듈의 마지막에는 엔드 터미널end terminal 블록을 장착하였다.

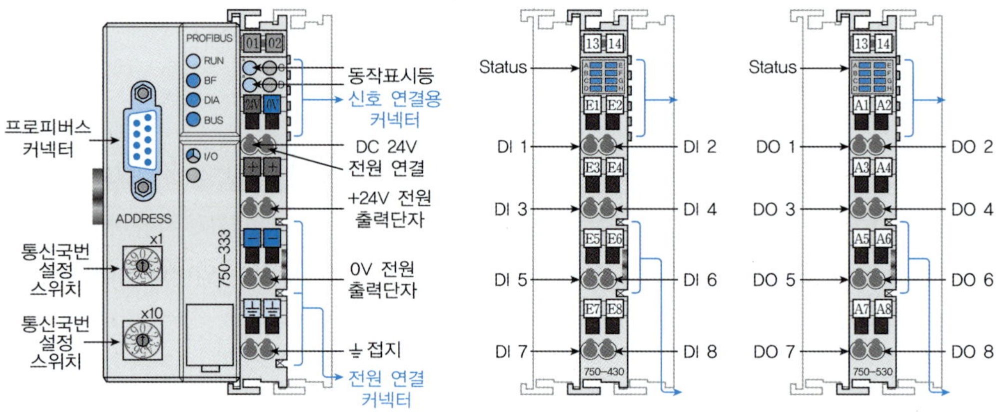

(a) 프로피버스 커플러 (b) 디지털 입력모듈 (c) 디지털 출력모듈

[그림 9-11] WAGO의 필드버스 커플러 750-333의 구조

[표 9-4] 실습에 사용할 WAGO의 시스템 구성

시스템 구성		실제 모습
모델명	기능	
750-333	DP SLAVE	
750-430	8DI/24V/3ms	
750-430	8DI/24V/3ms	
750-530	8DO/24V/0.5A	
750-530	8DO/24V/0.5A	
750-600	END TERMINAL	

9.3.2 WAGO의 750-333의 사용을 위한 GSD 파일 설치

GSD 파일 다운로드

WAGO의 750−333을 사용하기 위해서는 GSD 파일이 필요하다. 따라서 WAGO 사의 홈페이지(http://www.wago.co.kr)에 접속한 후, 검색창에 GSD를 입력하고 검색하면 GSD에 관련된 항목들이 나타난다. 검색 항목 중에서 [그림 9−12]의 파일을 다운로드받아서 압축을 해제하면 여러 개의 파일 폴더가 생성되는데, 그중에서 0750−0333(xxxx−xxxx)가 우리에게 필요한 WAGO의 프로피버스 커플러의 GSD 파일이다.

[그림 9−12] 750−333의 GSD 파일

WAGO의 프로피버스 커플러의 하드웨어 버전에 따라 설치할 GSD 파일이 다르기 때문에 커플러의 버전을 확인한 후에 GSD 파일을 설치한다.

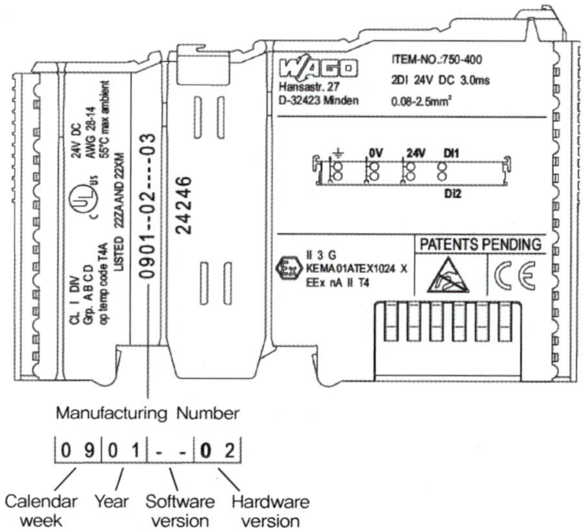

[그림 9−13] 버스 커플러의 하드웨어 버전 확인 방법

TIA Portal에서 GSD 파일 설치

압축 해제된 GSD 파일을 사용하여 TIA Portal의 하드웨어 구성을 위한 카탈로그에 WAGO의 프로피버스 커플러를 등록해보자.

[표 9-5] WAGO 사용을 위한 GSD 파일의 설치 순서

순서	작업 내용	이미지
1	**GSD 파일 설치 메뉴 선택** ❶ TIA Portal의 [Option] 메뉴를 선택한다. ❷ [GSD] 항목을 선택한다.	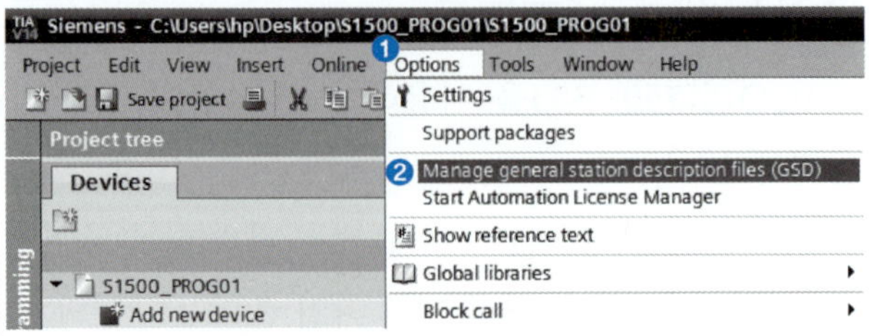
2	**GSD 설치** ❶ 설치할 GSD 파일이 있는 컴퓨터 폴더를 지정한다. ❷ 설치할 GSD 파일의 체크 박스를 체크한다. ❸ [Install] 버튼을 클릭한다.	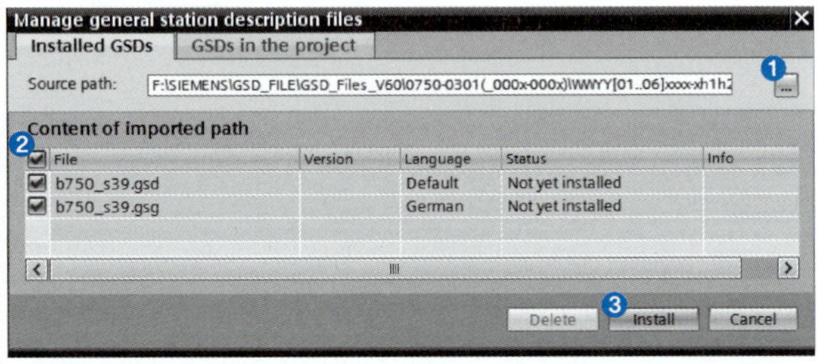
3	**GSD 설치 완료** ❶ 설치가 완료된 후 [Close] 버튼을 클릭하면, 하드웨어 카탈로그 업데이트가 실행된다.	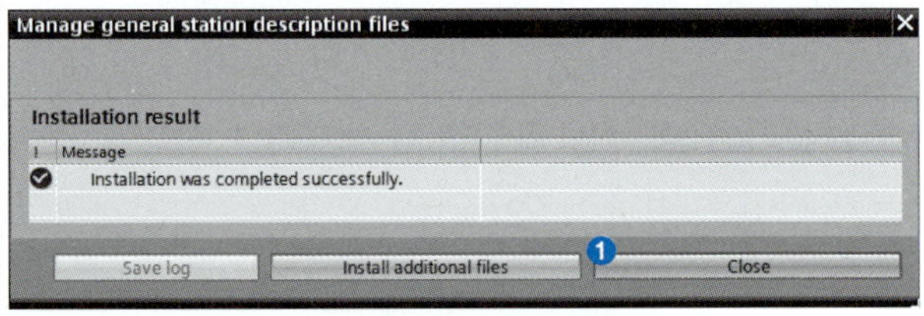
4	**GSD 설치 완료 확인** ❶ 카탈로그의 필터 앞에 있는 체크 박스의 체크를 해제한다. ❷ PROFIBUS DP 폴더에서 WAGO의 750-333의 항목들이 설치되었음을 확인한다.	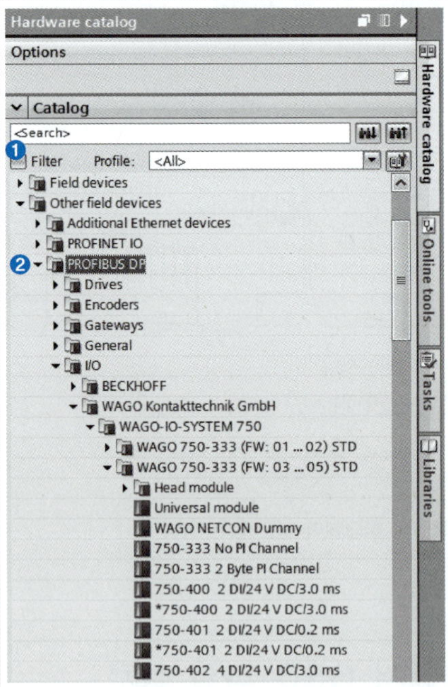

9.4 프로피버스 통신을 위한 인버터 설정

실습에 사용하는 FR-E700 인버터는 미쓰비시에서 시판하는 것으로, 프로피버스 통신을 위한 별도의 통신카드(FR-A7NP-E)를 장착할 수 있는 제품이다. [표 9-6]은 프로피버스 통신카드의 모습과, 통신 케이블 연결을 위한 커넥터의 핀 배치도를 나타낸 것이다.

[표 9-6] FR-A7NP-E 통신카드의 외형 및 핀 배치도

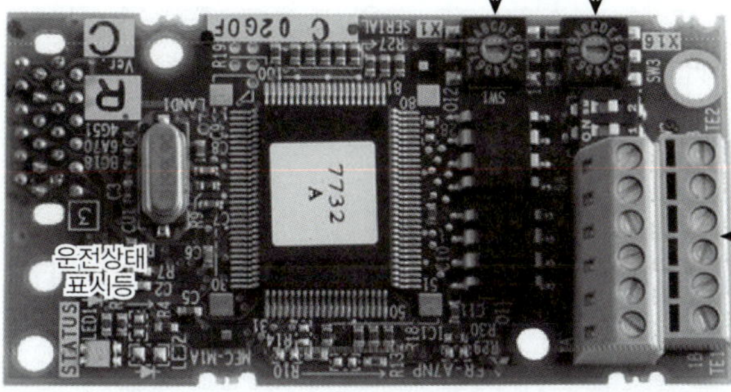

통신 커넥터 핀 배치도	단자 번호	단자명	내용
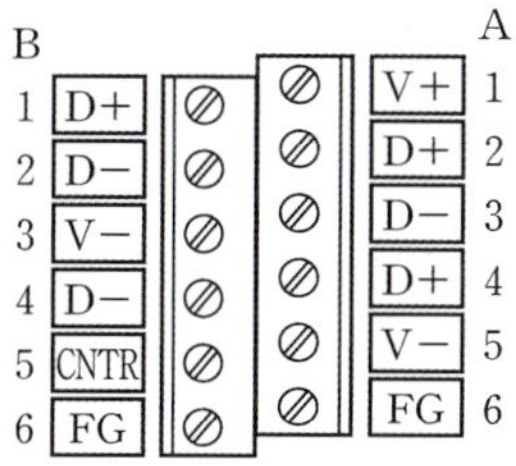	1-A	V+	+5V 전압 출력
	1-B	D+(RXD/TXD+)	B-Line
	2-A	D+(RXD/TXD+)	
	2-B	D-(RXD/TXD-)	A-Line
	3-A	D-(RXD/TXD-)	
	3-B	V-(DGND)	0V 전압
	4-A	D+(RXD/TXD+)	B-Line
	4-B	D-(RXD/TXD-)	A-Line
	5-A	V-(DGND)	0V 전압
	5-B	CNTR	제어신호
	6-A	FG	본체 접지
	6-B	FG	본체 접지

운전상태 표시등	
소등	인버터 전원 OFF
적색 점등	통신 이상
녹색 점등	통신 중

통신카드에는 프로피버스 통신에 필요한 통신국번을 설정하는 로터리 디지털 스위치와, 통신카드의 동작 상태를 나타내는 LED 표시등이 위치하고 있다. 통신국번은 0x00부터 0x7D(0~125)까지 설정할 수 있다. 통신국번은 [그림 9-14]처럼 16진수를 사용하여 설정한다. [그림 9-14(b)]는 통신국번 38번에 해당되는 16진수의 값 0x26을 설정한 모습이다. 통신국번의 변경은 인버터의 전원을 OFF한 상태에서 이루어지며, 전원을 ON하면 변경사항이 적용된다. 실습을 위한 두 대의 **인버터 국번을 각각 4번과 5번**으로 설정한다.

(a) 통신국번 0x01번을 설정할 때　　(b) 통신국번 0x26을 설정할 때

[그림 9-14] **통신국번 설정 방법**

9.4.1 통신 케이블 연결 방법

인버터의 프로피버스 통신카드는 나사 조임식 단자대로 통신선을 연결하도록 되어 있기 때문에 [그림 9-15]를 참고해서 통신 케이블을 연결한다. 그리고 국번 5번에 해당되는 인버터에는 종단저항을 설치해야 한다. 프로피버스의 통신 속도를 낮추면 종단저항 없이도 실습이 가능하지만, 현장에서 사용할 때에는 종단저항을 반드시 설치해야 한다.

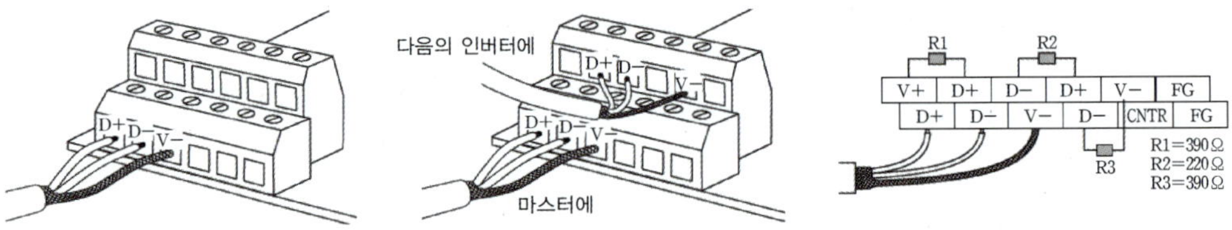

(a) 1대의 인버터 연결　　(b) 다른 인버터 연결　　(c) 종단저항 설치

[그림 9-15] **통신 케이블 결선 방법**

9.4.2 인버터의 파라미터 설정

통신 케이블의 연결이 끝나면, 인버터가 프로피버스 통신에 의해 제어되도록 인버터의 파라미터를 설정해야 한다. 우선 파라미터 설정값을 공장 초기화 값으로 만든 후에 인버터의 파라미터를 설정한다.

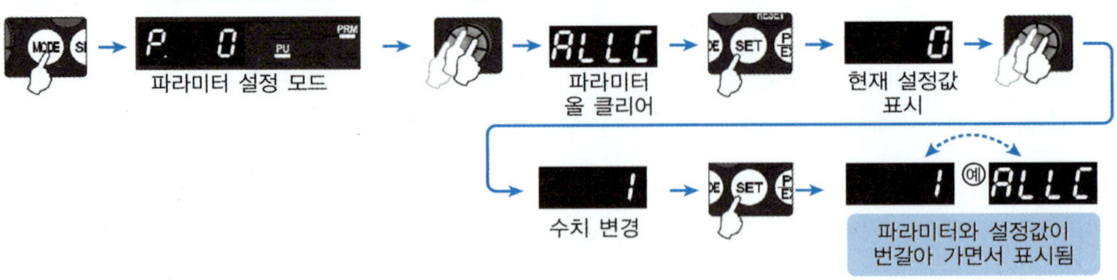

[그림 9-16] **인버터의 파라미터를 공장 초기화 값으로 되돌리기**

[그림 9-16]의 절차대로 인버터의 파라미터 설정값을 공장 초기화 상태로 되돌린 후에 [표 9-7]과 같이 파라미터 설정을 하고나서 인버터의 전원을 OFF→ON하면, 인버터의 동작 상태가 NET 모드가 되면서 프로피버스 통신으로 인버터 제어가 가능해진다. 프로피버스 통신이 정상적으로 이루지면 인버터의 통신카드의 전면에 있는 상태 확인 램프 STATUS LED가 녹색으로 점등되고, 통신에 문제가 발생하면 적색으로 점등된다.

[표 9-7] 프로피버스 통신을 위한 인버터 파라미터 설정

파라미터 번호	기능	설정 범위	초기치	설정값
Pr.79	운전모드 선택	0~4, 6, 7	0	6
Pr.338	통신 운전 지령권	0, 1	0	0
Pr.339	통신 속도 지령권	0, 1, 2	0	0
Pr.340	통신 기동 모드 선택	0, 1, 2, 10, 12	0	10
Pr.342	통신 EEPROM 쓰기 유무 선택	0, 1	0	0
Pr.349	통신 리셋 선택	0, 1	0	0
Pr.500	통신 이상 실행 대기 시간	0~999.8s	0	0
Pr.501	통신 이상 발생 횟수 표시	0	0	0
Pr.502	통신 이상시 정지모드 선택	0, 1, 2, 3	0	2
Pr.550	NET 모드 조작권 선택	0, 1, 9999	9999	9999
Pr.7	가속시간	0~3600/360s	5.0	1.0
Pr.8	감속시간	0~3600/360s	5.0	1.0

9.4.3 인버터의 프로피버스 통신 텔레그램

텔레그램telegram은 원래 전화기가 나오기 이전에 모르스 부호 등을 사용하여 멀리 떨어진 곳에 있는 친인척에게 긴급한 연락사항을 문자로 전달하던 전보를 의미한다. 프로피버스에서 텔레그램은 통신으로 송수신할 데이터의 형식이 정해져 있는 통신 프레임을 의미한다. 프로피버스 통신의 송수신 텔레그램 형식은 하나로 고정되어 있지 않고, 통신하고자 하는 내용에 따라 여러 종류로 구분되어 있으며, 필요에 따라 텔레그램을 선택해서 사용하도록 되어 있다. 인버터를 제어하기 위한 텔레그램도 [그림 9-17]처럼 다섯 종류가 준비되어 있다. 주로 PPO 타입의 3번과 4번이 많이 사용된다. 프로피버스 통신으로 인버터의 파라미터 변경 및 인버터의 동작 상태를 모니터링하려고 하면, PPO Type1, 3, 5번 중에 하나를 선택한다.

프로피버스 통신에서 마스터와 슬레이브 간의 통신에 사용하는 텔레그램이 여러 종류가

있기 때문에 적합한 텔레그램을 선택해서 사용하는 것이 중요하다. 따라서 통신하고자 하는 통신 모듈의 텔레그램의 종류로 무엇이 있는지 파악하고, 제어 조건에 맞는 텔레그램을 선택할 수 있어야 한다. 이 책의 실습에서는 인버터에 연결된 유도 전동기의 속도 제어를 위한 PPO Type3을 사용한다.

모듈 타입	1Word	2Word	3Word	4Word	5Word	6Word	7Word	8Word	9Word	10Word	11Word	12Word	13Word	14Word
PRO type 1	PKE	IND	PWE		STW/ ZSW	HSW/ HIW								
PRO type 2	PKE	IND	PWE		STW/ ZSW	HSW/ HIW	ECW/ ESW	예약	예약	예약				
PRO type 3	STW/ ZSW	HSW/ HIW												
PRO type 4	STW/ ZSW	HSW/ HIW	ECW/ ESW	예약	예약	예약								
PRO type 5	PKE	IND	PWE		STW/ ZSW	HSW/ HIW	ECW/ ESW	예약	예약	예약	예약	예약	예약	예약

[그림 9-17] 프로피버스 통신을 위한 인버터의 텔레그램 종류

마스터 → 슬레이브 요청 텔레그램

[그림 9-18]은 PLC CPU에서 인버터를 제어하는 데 사용하는 텔레그램의 비트별 또는 바이트, 워드 단위의 기능을 나타낸 것이다. 슬레이브에 해당하는 인버터가 동작하기 위해서는 마스터에서 운전지령과 속도지령을 인버터에 전송해야 한다. 인버터에 연결된 유도 전동기가 회전하기 위해서는 STF(정회전 지령 신호) 또는 STR(역회전 지령 신호)과 같은 운전지령이 필요하다. 다단 속도일 경우, 속도지령으로 RH, RM, RL의 신호가 필요하고, 무단 변속일 경우에는 HSW에 설정하는 운전주파수의 값이 필요하다.

따라서 프로피버스 통신으로 인버터 제어에 필요한 데이터를 전송할 때에는 [그림 9-18]에 나타낸 것처럼 STW, HSW, ECW로 명칭이 부여된 16비트 워드 크기의 메모리가 필요하다. 이 메모리를 사용하기 위해서 PPO Type을 지정하는 것이다. PPO Type에 지정된 비트 또는 워드 메모리에 설정값을 기재하면 프로피버스 통신으로 설정된 데이터가 인버터에 전송되고, 인버터는 설정 내용대로 동작한다. TIA Portal에서 인버터를 프로피버스 통신에 연결할 때 PPO type을 지정하면, 해당 PPO type의 기능이 PLC CPU의 출력 메모리에 할당된다. 따라서 프로그래머는 프로그램을 통해서 인버터의 동작을 위한 출력 메모리의 내용을 조작할 수 있다.

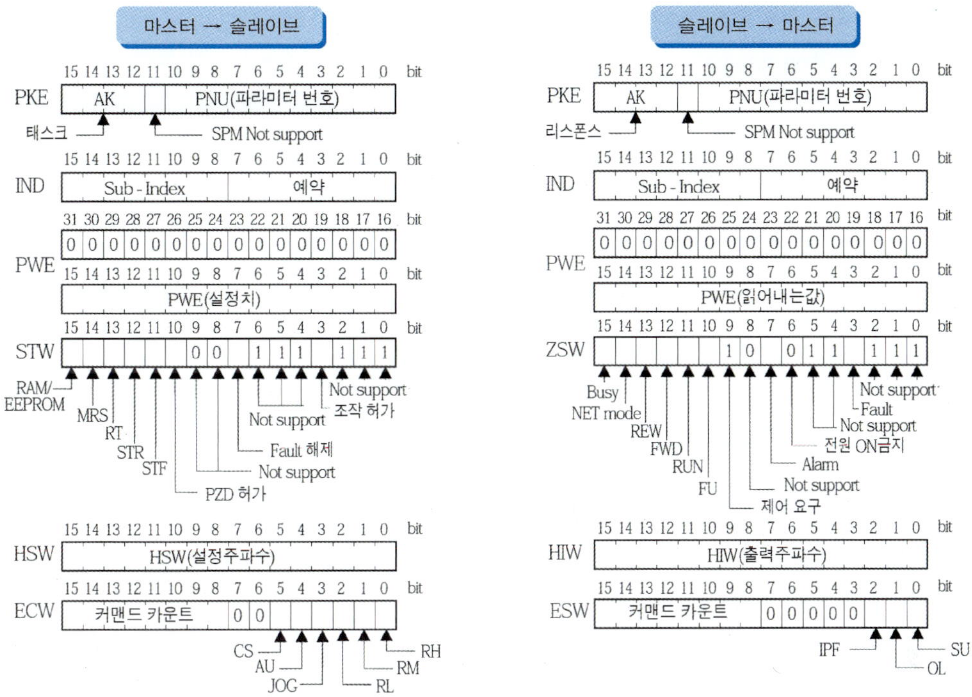

(a) 마스터 → 슬레이브로 요청 텔레그램

(b) 슬레이브 → 마스터로 응답 텔레그램

[그림 9-18] **텔레그램에 사용하는 메모리의 기능**

슬레이브 → 마스터 응답 텔레그램

프로피버스 통신에서는 마스터가 슬레이브에 요청 텔레그램을 전송하면, 슬레이브는 요청에 대한 응답 텔레그램을 전송하도록 되어 있다. 이 응답 텔레그램은 PLC CPU의 입력 메모리에 기능을 할당한다. 따라서 응답 내용을 확인하려면 입력 메모리의 내용을 살펴보면 된다.

9.4.4 인버터의 GSD 파일의 검색 및 설치

프로피버스 통신을 사용해서 인버터를 제어하기 위해서는 인버터의 GSD 파일을 TIA Portal에 설치해야 한다. 일본의 미쓰비시 홈페이지(http://www.mitsubishielectric.co.jp)에서 GSD 파일을 구할 수 있다. TIA Portal에서의 GSD 파일 설치는 WAGO의 GSD 파일 설치와 동일하게 진행된다. GSD 파일 설치기 끝난 후에는 TIA Portal의 하드웨어 카탈로그에 해당 인버터가 설치되어 있는지 확인한다.

[표 9-8] 인버터의 GSD 파일 검색

<table>
<tr><th>순서</th><th>작업 내용</th><th>작업 화면</th></tr>
<tr><td>1</td><td>홈페이지 검색
홈페이지에서 GSD 파일을 검색한다.</td><td>
</td></tr>
<tr><td>2</td><td>GSD 파일 검색
GSD 파일 검색 결과 내용 중에서 하단에 있는, GSD 파일이 존재하는 인터넷 주소를 클릭한다.</td><td>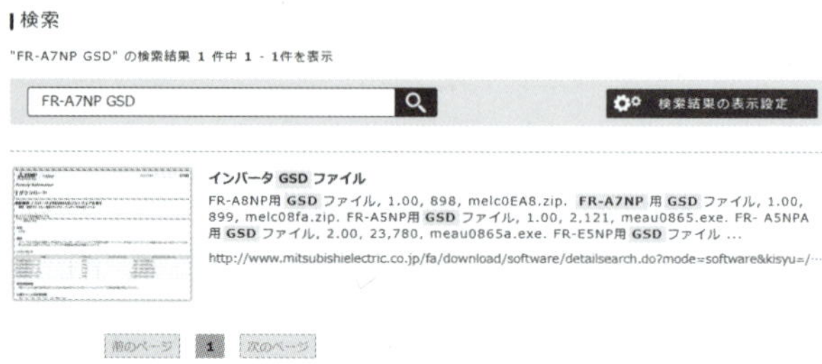
</td></tr>
<tr><td>3</td><td>GSD 파일 다운로드
검색된 GSD 파일 중에서 FR-E700의 GSD 파일을 다운로드받아서 압축을 해제한다.</td><td>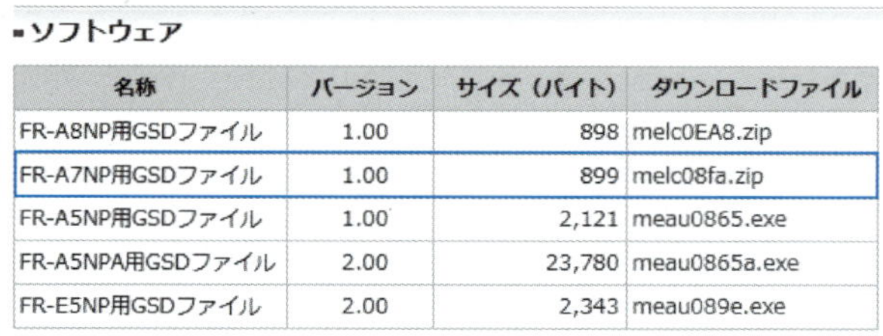
</td></tr>
</table>

9.5 TIA Portal에서의 프로피버스 통신 설정

[표 9-9] TIA Portal에서 프로피버스 통신을 위한 네트워크 설정 순서

<table>
<tr><th>순서</th><th>작업 이미지 및 작업 순서</th></tr>
<tr><td>1</td><td>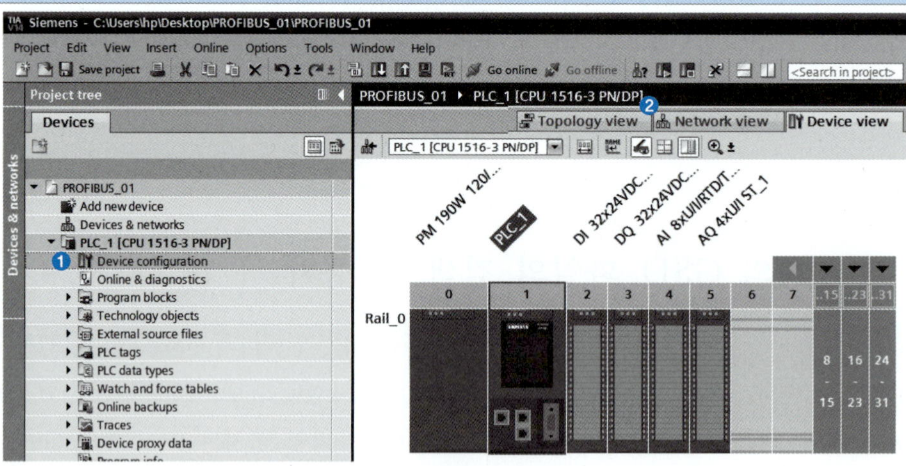

❶ [Project tree]에서 [Device configuration]을 더블클릭한다.
❷ [Network view] 탭을 클릭한다.</td></tr>
</table>

(계속)

2

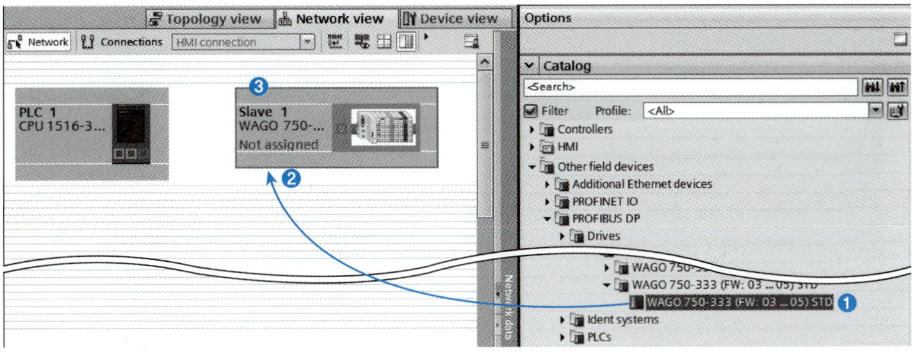

❶ [하드웨어 카탈로그]에서 [Other field devices] → [I/O] → [WAGO] 폴더에서 버스커플러 750-333을 선택한다.
❷ 마우스로 드래그해서 Networks view 창에 위치시킨다.
❸ 설치된 WAGO의 박스를 미우스 커서로 더블클릭한다.

3

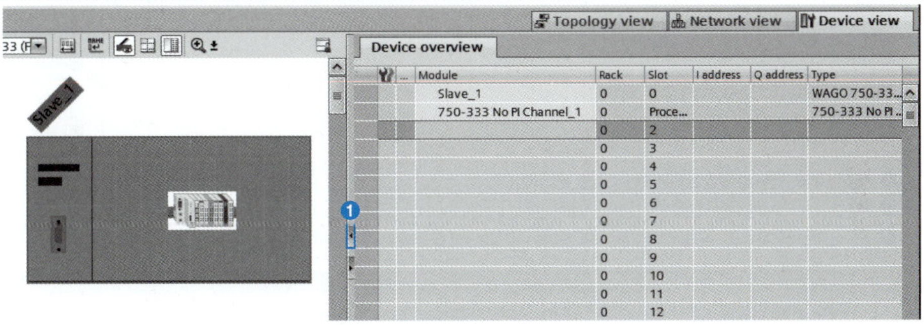

❶ Device data의 좌측 화살표를 클릭해서 해당 슬레이브의 하드웨어 설치를 위한 슬롯을 펼친다.

4

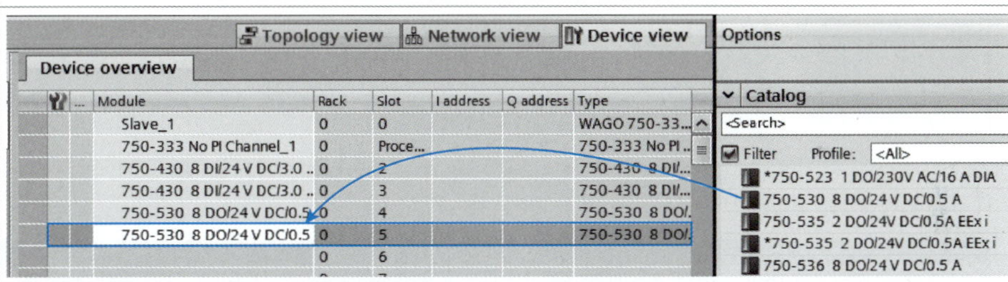

2번과 3번 슬롯에 730-430(8점 입력) 모듈을 설치하고, 4번과 5번 슬롯에는 750-530(8점 출력) 모듈을 설치한다.

5

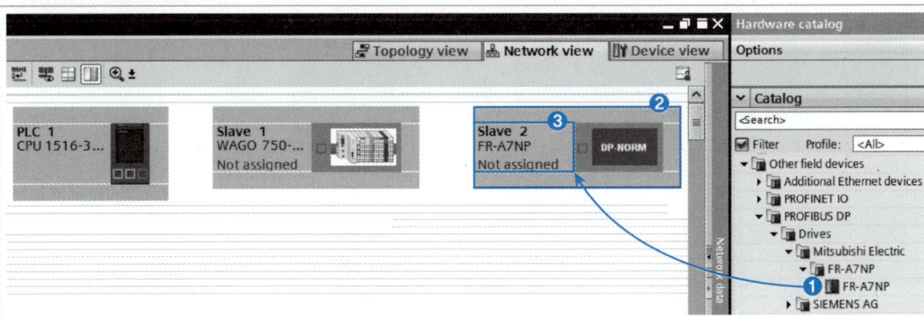

❶ 하드웨어 카탈로그에서 [Other field devices] → [Drives] → [Mitsubishi Electric] → [FR-A7NP] 폴더에서 FR-E700 인버터의 프로피버스 통신모듈을 의미하는 FR-A7NP 항목을 선택한다.
❷ 마우스로 드래그해서 Networks view 창에 위치시킨다.
❸ 설치된 FR-A7NP의 박스를 마우스 커서로 더블클릭한다.

(계속)

6

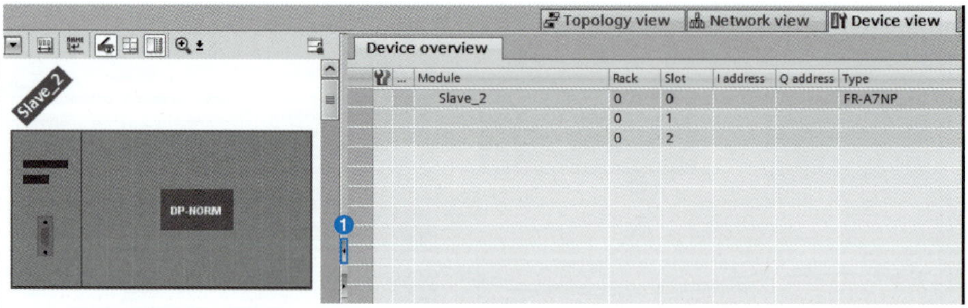

❶ Device data의 좌측 화살표를 클릭해서 해당 슬레이브의 텔레그램(PPO Type)의 설치를 위한 슬롯을 펼친다.

7

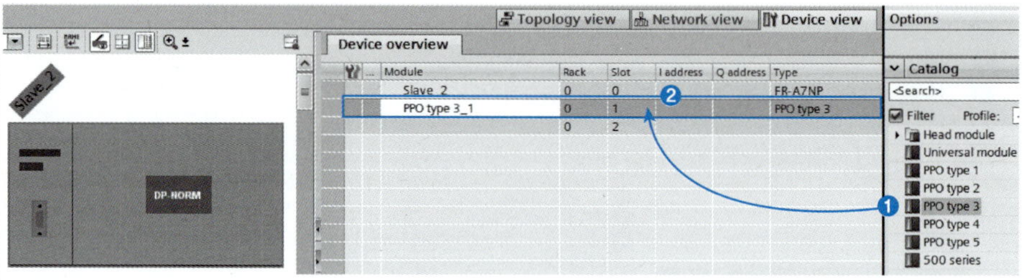

❶ FR-A7NP 폴더에서 PPO Type3을 선택한다.
❷ 마우스로 드래그해서 슬롯 1번에 설치한다.
❸ 두 번째 인버터도 동일한 방법으로 슬롯 1번에 PPO Type3을 설치한다.

8

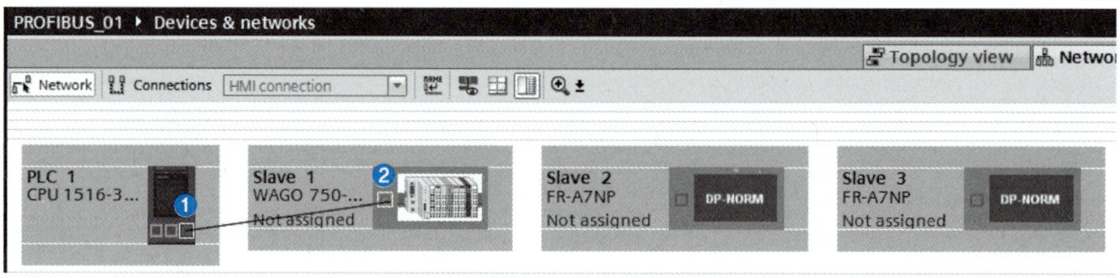

❶ Network view 화면에서 CPU의 DP(보라색 사각박스)를 마우스 커서로 선택한 후, ❷ 드래그해서 슬레이브의 DP에 통신선을 결선한다.

9

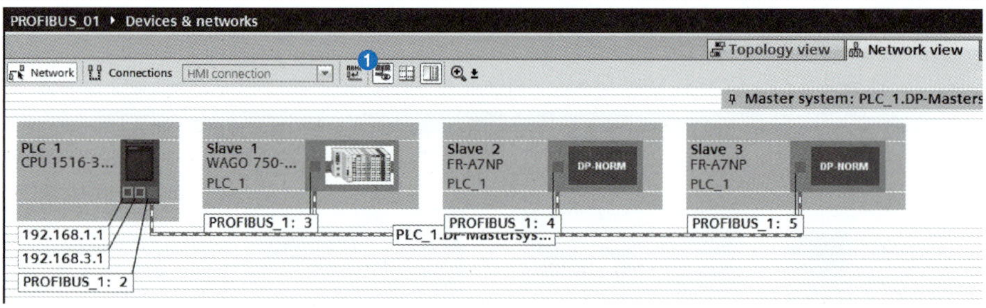

❶ [Show address label] 아이콘을 클릭해서 각 모듈에 자동으로 할당된 DP 통신국번을 확인한다. CPU는 2번이고, WAGO는 3번, 인버터는 4번과 5번이다. 여기서 설정한 통신국번과 WAGO 및 인버터에서 로터리 스위치를 사용해서 설정한 국번과 일치하지 않으면 통신 에러가 발생한다.

(계속)

10

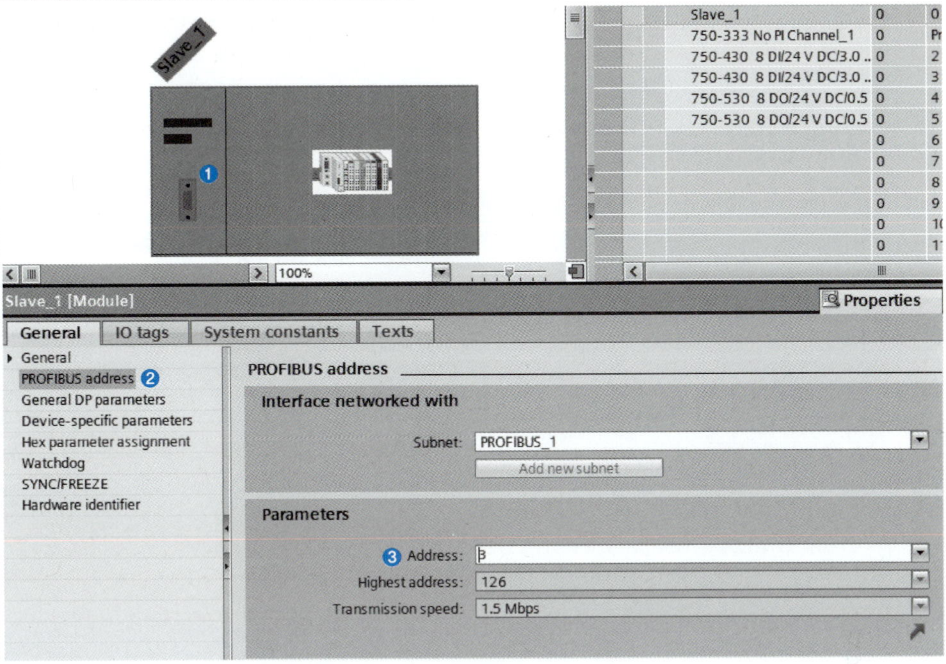

❶ DP 통신국번을 변경하려면 해당 모듈의 DP를 더블클릭한다.
❷ [Properties] 탭을 클릭하고 [PROFIBUS address] 항목을 선택한다.
❸ DP 통신과 관련된 통신국번과 통신 속도를 변경할 수 있다.

11

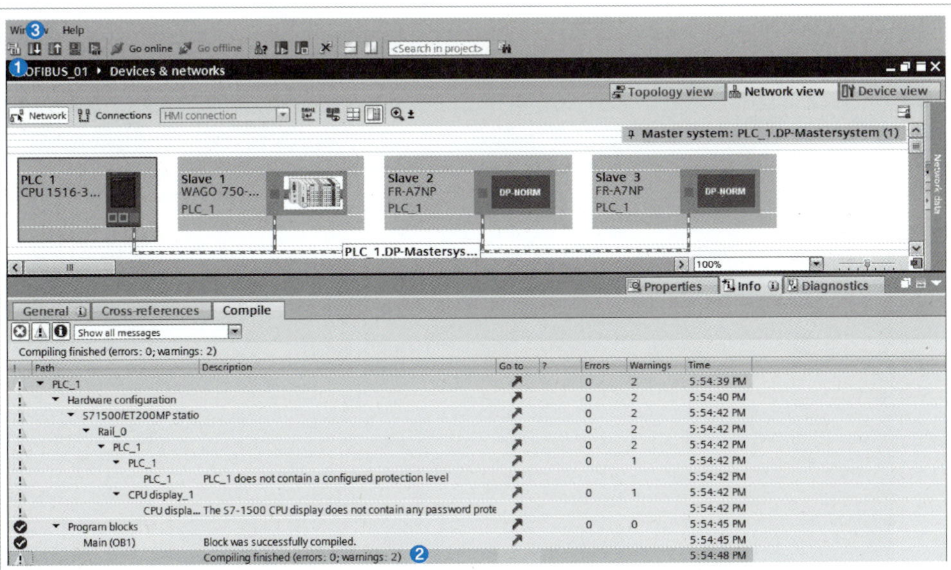

❶ PROFIBUS 통신을 위한 네트워크 설정을 마치면 해당 내용을 컴파일한다.
❷ 컴파일 메시지를 확인해서 에러가 없는지 확인한다.
❸ CPU로 다운로드한다.

(계속)

12

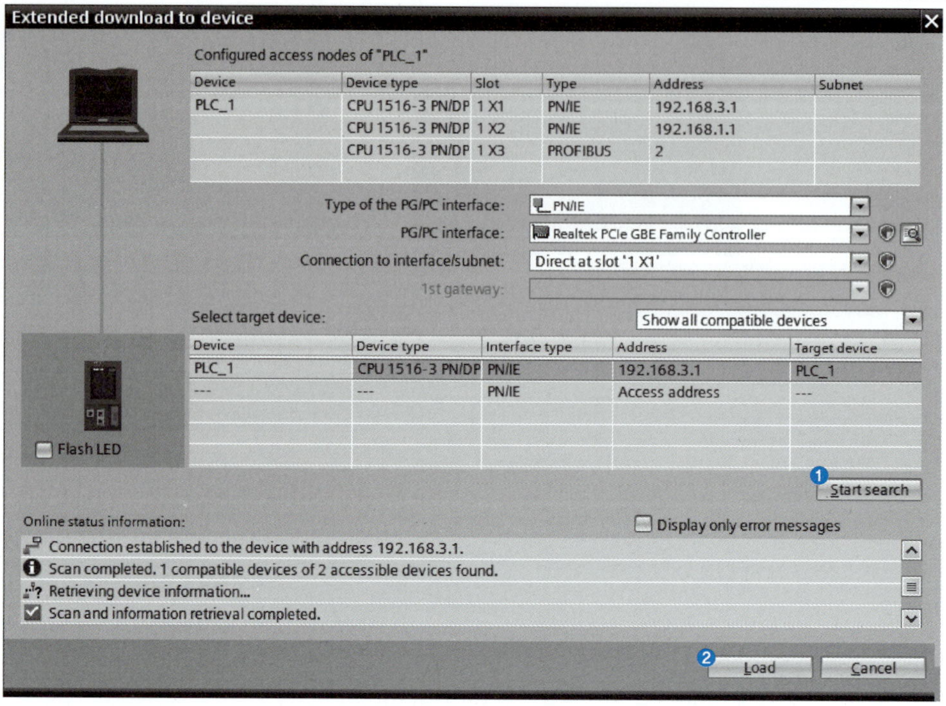

❶ 다운로드를 위한 창에서 [Start search] 버튼을 클릭해서 다운로드할 CPU를 검색한다.
❷ 다운로드할 CPU를 선택하고 [Load] 버튼을 클릭한다.

13

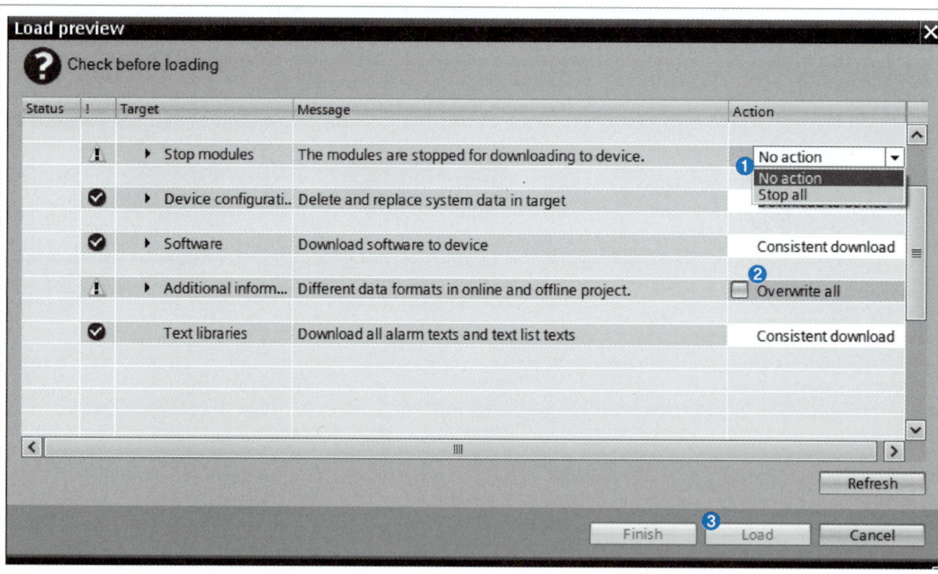

❶ 다운로드 창에서 [Stop all]을 선택한다. 하드웨어 구성을 다운로드할 때 CPU의 동작을 스톱 상태로 만들겠다는 선택이다.
❷ [Overwrite all]의 체크박스를 선택해서 체크한다.
❸ [Load] 버튼을 클릭한다.

(계속)

14

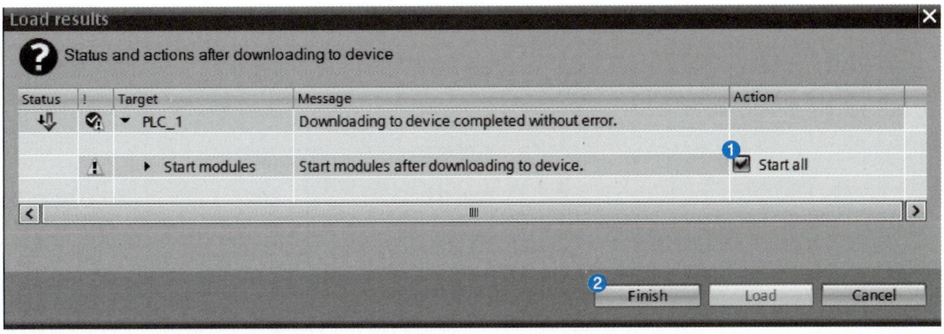

❶ [Start all]에 체크되었는지 확인한다. 체크가 되어 있지 않으면 체크한다.
❷ [Finish] 버튼을 클릭하면 다운로드가 완료된다. 다운로드 완료 후에 CPU 및 슬레이브의 동작모드 LED 램프가 녹색으로 점등되어 있는지 확인한다. 만약 점멸 또는 적색이면 잘못된 부분을 확인하고 수정한다.

- 슬레이브 모듈의 통신국번 설정을 확인한다.
- CPU와 슬레이번 3번 인버터에 종단저항이 설치되었는지 확인한다.
- 통신 케이블의 연결 상태를 확인한다(통신 케이블의 D-SUB의 3번과 3번 핀, 8번과 8번 핀이 연결되어 있는지 확인한다).

15

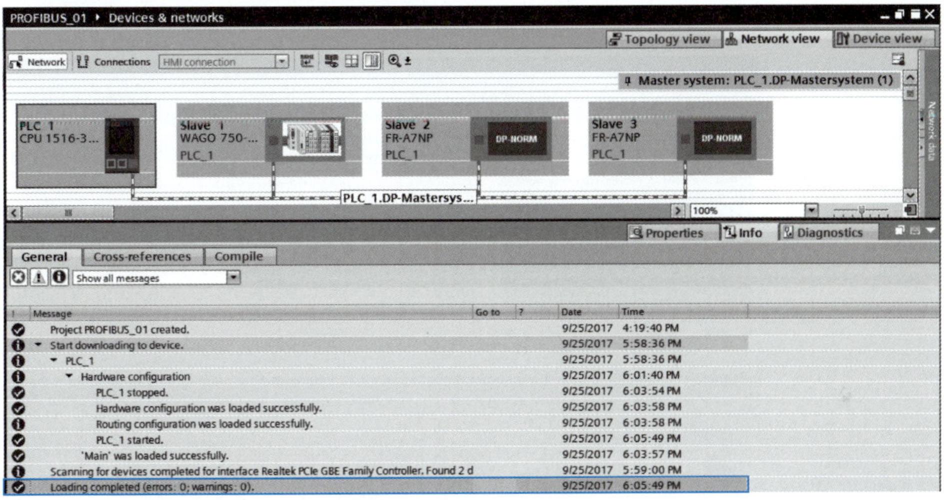

다운로드가 완료되면 다운로드 메시지를 확인해서 문제가 없는지 확인한다.

9.5.1 슬레이브의 입출력 번지 재설정

TIA Portal에서 프로피버스 슬레이브 모듈의 설치가 완료되면, 마스터와 슬레이브 간의 통신을 위한 입출력 번지가 자동으로 할당된다. 자동으로 할당된 입출력 번지가 일정하지 않기 때문에 실습을 위한 입출력 번지를 다음과 같이 할당해보자.

[표 9-10] 입출력 번지 재설정

<table>
<tr><th>구분</th><th>슬롯 번호</th><th>모듈 종류</th><th>입력 번지</th><th>출력 번지</th></tr>
<tr><td rowspan="5">WAGO 750-333
슬레이브 1번
국번 3번</td><td>2</td><td>입력 8점</td><td>%IB20</td><td></td></tr>
<tr><td>3</td><td>입력 8점</td><td>%IB21</td><td></td></tr>
<tr><td>4</td><td>출력 8점</td><td></td><td>%QB20</td></tr>
<tr><td>5</td><td>출력 8점</td><td></td><td>%QB21</td></tr>
<tr><td colspan="4">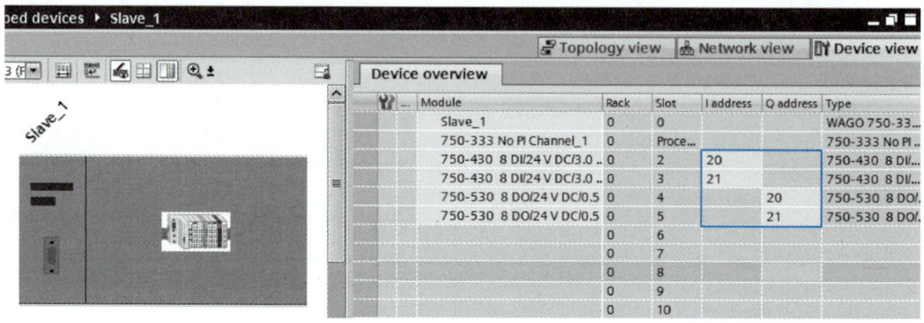
</td></tr>
<tr><td rowspan="2">FR-E700
슬레이브 2번
국번 4번</td><td>1</td><td>PPO Type3</td><td>%IB30 ~ %IB33</td><td>%QB30 ~ %QB33</td></tr>
<tr><td colspan="4">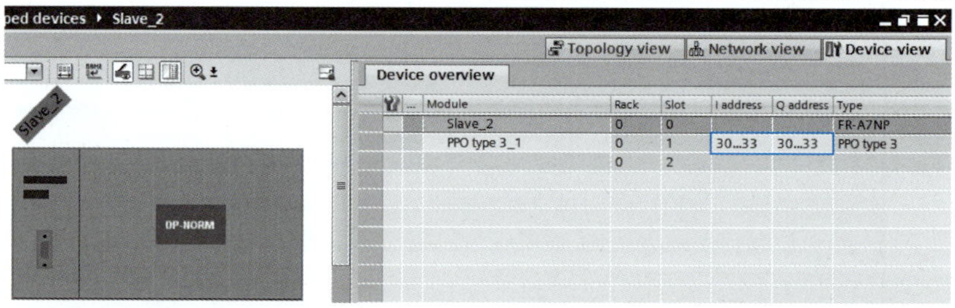
</td></tr>
<tr><td rowspan="2">FR-E700
슬레이브 3번
국번 5번</td><td>1</td><td>PPO Type3</td><td>%IB40 ~ %IB43</td><td>%QB40 ~ %QB43</td></tr>
<tr><td colspan="4">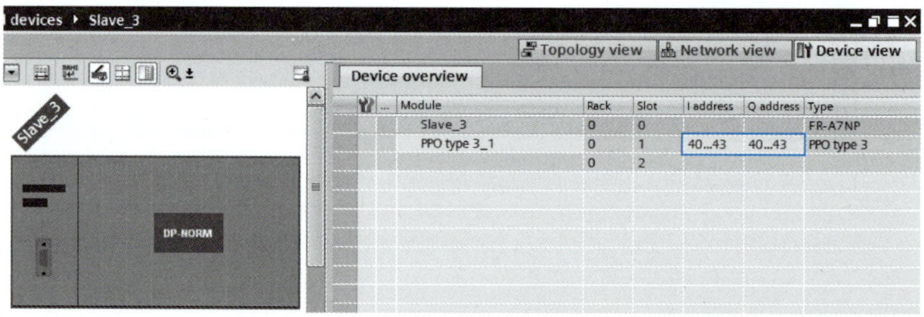
</td></tr>
</table>

9.5.2 슬레이브 입출력 번지의 기능

WAGO 750-333의 입출력 기능

WAGO의 750-333에는 8점 입력모듈 2개와 8점 출력모듈 2개가 설치되어있는데 그 중에서 입력 8점과 출력 16점을 사용한다.

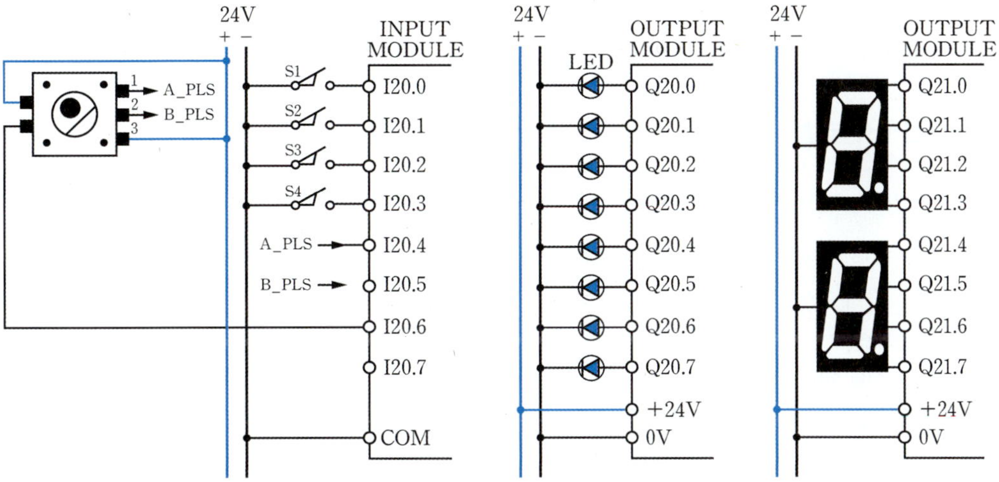

[그림 9-19] 프로피버스 리모트 모듈 WAGO의 입출력 결선도

입력에는 토글 및 푸시버튼 기능을 가진 스위치 4개와 로터리 엔코더 스위치가 연결되어 있고, 출력모듈에는 LED 램프 8개와, BCD 코드로 숫자를 표시하는 오토닉스 사의 FND 디스플레이 모듈이 2개 설치되어 있다.

인버터의 PPO Type3 텔레그램의 입출력 할당 내역

실습에 사용하는 인버터 FR-E700의 프로피버스 통신은 5개의 텔레그램 중에서 1개를 선택해서 사용할 수 있는데, 우리는 PPO Type3을 선택해서 사용한다. PPO Type3은 입력 및 출력 각각에 2워드의 데이터를 사용해서 인버터의 제어와 모니터링을 한다. 인버터를 제어하기 위해서는 2종류의 제어신호가 필요한데, 첫 번째는 모터의 정역 운전을 제어하기 위한 운전지령(STF, STR에 해당) 신호, 두 번째는 모터의 속도를 제어하기 위한 운전주파수 설정 지령신호이다.

[표 9-11] PPO Type3의 텔레그램 구성

구분	16비트(워드)	16비트(워드)
출력 (PLC → 인버터)	STW (인버터 운전지령 데이터)	HSW (인버터 운전주파수 설정 데이터)
입력 (인버터 → PLC)	ZSW (인버터 운전 모니터링 데이터)	HIW (인버터 운전주파수 모니터링 데이터)

PLC의 출력에 해당하는 인버터 제어신호 STW와 HSW에 대해 인버터는 ZSW와 HIW로 인버터의 운전 상태를 모니터링하기 위한 데이터를 PLC 입력으로 전송해준다. STW와

ZSW는 비트별로 기능이 부여되어 있다. 이를 살펴보자.

STW의 비트별 기능

[표 9-12]에는 슬레이브 2번(통신국번 4번)의 STW의 비트별 프로피버스 통신에 할당된 번지와 비트별 기능을 나타내었다. 인버터의 제어에 꼭 필요한 비트 기능은 짙은 색으로 표기했다. 슬레이브 3번(통신국번 5번)의 인버터의 번지는 QB40부터 시작한다.

[표 9-12] 슬레이브 2번의 STW의 비트별 기능

프로피버스 번지		비트 위치	명칭	기능
바이트 번지	비트 번지			
QB30 (QB40)	Q30.7	15	RAM/ EEPROM	0 : 설정주파수(HSW)를 RAM에 저장 1 : 설정주파수(HSW)를 EEPROM에 저장
	Q30.6	14	MRS 단자	인버터 출력 차단. 0 : OFF, 1 : ON(출력 차단) Pr.187에 의해 기능 변경 가능
	Q30.5	13	RT 단자	제2 기능 선택 Pr.183에 의해 기능 변경 가능
	Q30.4	12	STR	인버터 정회전 지령 신호
	Q30.3	11	STF	인버터 역회전 지령 신호
	Q30.2	10	PZD 허가	통신 데이터 처리 설정 0 : 통신 데이터 무효, 1 : 통신 데이터 유효
	Q30.1	9	–	
	Q30.0	8	–	
QB31 (QB41)	Q31.7	7	Fault 해제	알람 해제(Pr.349를 1로 설정한 경우에 유효) 0 : 동작 없음, 1 : 알람 해제
	Q31.6	6	–	
	Q31.5	5	–	
	Q31.4	4	–	
	Q31.3	3	조작 허가	인버터 출력 차단 ON/OFF 제어 0 : 출력 차단, 1 : 출력 차단 해제
	Q31.2	2	–	
	Q31.1	1	–	
	Q31.0	0	–	

비트별 신호를 살펴보면, PZD 신호는 통신 데이터의 유효를 의미하는 비트로, 해당 비트가 ON되면 인버터의 제어를 위한 통신 데이터가 유효하고, OFF되면 통신 데이터는 무효 처리된다. 그리고 조작 허가 비트가 OFF되면, 인버터의 출력이 차단되어 모터는 프리런

free run[4] 상태로 정지하게 된다. 인버터를 제어하기 위해서는 PZD와 조작 허가 비트가 ON 된 상태에서 STF와 STR 비트를 제어해서 인버터의 정역 회전을 선택하고, HSW에서 설정한 운전주파수에 의해 인버터에 연결된 유도 전동기의 회전속도를 제어한다.

HSW의 기능

HSW는 인버터의 운전주파수를 설정하는 16비트 크기의 메모리이다. FR-E700 인버터에서는 운전주파수의 파라미터 설정이 0.00~120.00Hz까지 가능하다. 프로피버스 통신으로 인버터의 운전주파수를 설정할 때 사용하는 메모리가 HSW이다. 예를 들어 60.00Hz로 인버터의 운전주파수를 설정하기 위해서는 HSW에 6000의 값을 설정하고, 34.75Hz로 모터를 회전시키고 싶으면 소수점을 제외한 3475의 값을 HSW에 설정하면 된다.

인버터를 제어하기 위해 필요한 신호는 [표 9-13]에 있는 STF, STR, 조작 허가, PZD(STW의 비트), 그리고 모터를 회전시킬 운전주파수를 설정할 HSW이다. 따라서 슬레이브 2번과 3번의 인버터를 제어하기 위해 STW와 HSW에 할당된 메모리 번지는 [표 9-13]과 같다.

[표 9-13] **인버터 제어를 위한 STW 비트와 HSW의 번지**

슬레이브 2번(통신국번 4번)			슬레이브 3번(통신국번 5번)		
명칭	메모리 번지	기능	기능	메모리 번지	기능
STF	Q30.4	정회전	STF	Q40.4	정회전
STR	Q30.3	역회전	STR	Q40.3	역회전
PZD	Q30.2	통신 유효	PZD	Q40.2	통신 유효
조작 허가	Q31.3	출력 ON	조작 허가	Q41.3	출력 ON
HSW	QW32	운전주파수	HSW	QW42	운전주파수

9.6 PROFIBUS-DP 통신 전용 명령어 사용

프로피버스는 네트워크를 구성할 때 할당받은 PLC CPU의 입출력 메모리를 사용해서 데이터 통신을 한다. [실습과제 9-1]과 [실습과제 9-2]에서 입출력 메모리 번지를 사용해서 프로피버스 통신으로 연결된 슬레이브 장치들을 제어하는 방법을 살펴볼 것이다.

4 프리런은 모터가 회전 중에 모터에 공급되는 전원이 차단됐는데도 관성부하에 의해 회전하는 상태를 말한다.

S7-300/400에서 사용하던 DP 통신 전용 명령어 'DPRD_DAT'와 'DPWR_DAT'를 이용한 프로그램 작성법을 살펴보자.

9.6.1 DPRD_DAT, DRWR_DAT 명령어

DPRD_DAT는 프로피버스 통신으로 슬레이브에서 마스터로 데이터를 전송하는 전용 명령어이고, DPWR_DAT는 마스터에서 슬레이브로 데이터를 전송하는 명령어이다.

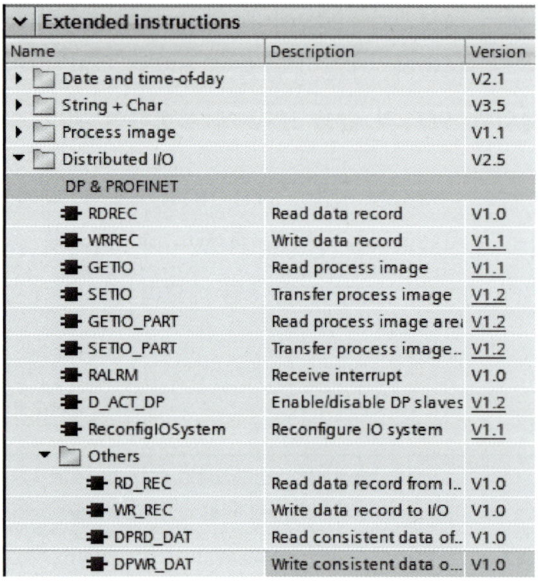

(a) 전용 명령어 위치

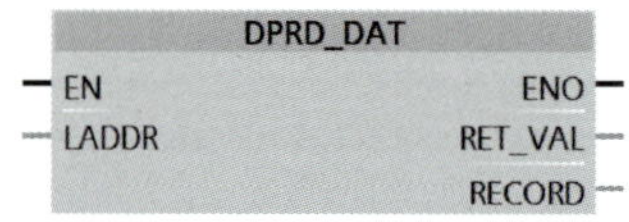

태그명	타입	데이터 타입
LADDR	INPUT	WORD
RET_VAL	OUTPUT	INT
RECORD	OUTPUT	ANY

(b) DPRD_DAT 명령어 구조

태그명	타입	데이터 타입
LADDR	INPUT	WORD
RET_VAL	OUTPUT	INT
RECORD	INPUT	ANY

(c) DPWR_DAT 명령어 구조

[그림 9-20] DPRD_DAT, DRWR_DAT 명령어의 위치 및 구조

LADDR

프로피버스 통신으로 연결된 여러 대의 슬레이브와 통신하기 위해서는 슬레이브 개수만큼의 전용 명령어가 필요하다. 따라서 프로피버스 통신에 연결된 여러 개의 슬레이브 중에서 통신할 슬레이브를 판별하기 위한 용도로 하드웨어를 구성할 때, 슬레이브에 할당되는 하드웨어 식별[H/W identification] 번지를 사용해서 해당 명령어가 통신할 슬레이브를 구분하도록 하고 있다. S7-300/400에서는 S7-1500에서 사용하는 하드웨어 식별 번지 대신, 각각의 슬레이브에 할당된 입출력의 선두번지로서 16진수로 표현한 값을 사용한다. 예를 들면, WAGO 모듈의 입력과 출력의 선두번지는 IB20과 QB20으로 시작되는데, 그러므로

LADDR에 설정되는 값은 입출력 선두번지 20을 16진수로 표현한 16#14로 설정해야 한다.

하드웨어 식별 번지를 확인하는 방법은 다음과 같다.

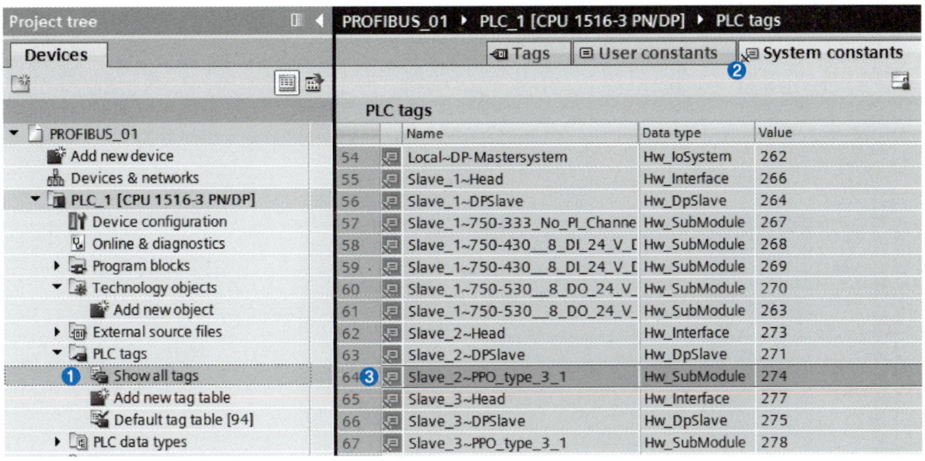

[그림 9-21] **하드웨어 식별 번지 확인 순서**

❶ [Projet tree]에서 [PLC tags] 폴더를 열고, [Show all tags] 항목을 더블클릭한다.
❷ [System constants] 탭을 클릭한다.
❸ Slave 2의 인버터 PPO_type_3_1에 할당된 274가 하드웨어를 식별하는 번지이다.

RET_VAL

이 태그는 명령어의 실행과 관련된 정상 및 에러 동작 상태를 알려주는 정수형 출력태그이다. 이 값이 '0000'이면 전용 명령어가 정상 동작 중임을 말하며, 그 외의 값은 에러가 발생했음을 의미한다. [표 9-14]에 많이 발생하는 에러 코드를 나타내었다.

[표 9-14] **프로피버스 전용 명령어 에러 코드**

에러 코드(16#...)	내용
0000	에러 발생 없음
8090	설정된 주소에 모듈이 없거나, 또는 PPO 타입에 맞지 않는 DB가 설정됨
8092	RECORD에 BYTE 또는 WORD 단위가 아닌 데이터 타입이 설정됨
9093	LADDR에 설정된 입출력 번지에 설치된 모듈이 없음
80A0	선택된 모듈이 정보를 인식하지 못함
80B0	DP 통신에 연결된 슬레이브 고장
80B1	RECORD에 설정된 데이터의 크기가 지정된 PPO 타입과 불일치
80**	DP에 연결된 모듈의 시스템 에러

RECORD

프로피버스 통신은 CPU의 입출력 메모리를 사용하여 데이터 통신을 한다. 전용 명령어에서는 입출력 메모리를 직접 사용할 수 없기 때문에 중간에 Global(글로벌) DB를 사용해서 입출력 메모리와 데이터를 교환하도록 되어 있다. 전용 명령어에서 사용하는 글로벌 DB는 CPU에 지정된 슬레이브의 입출력 메모리와 데이터를 교환하기 때문에 크기와 형식이 동일해야 한다.

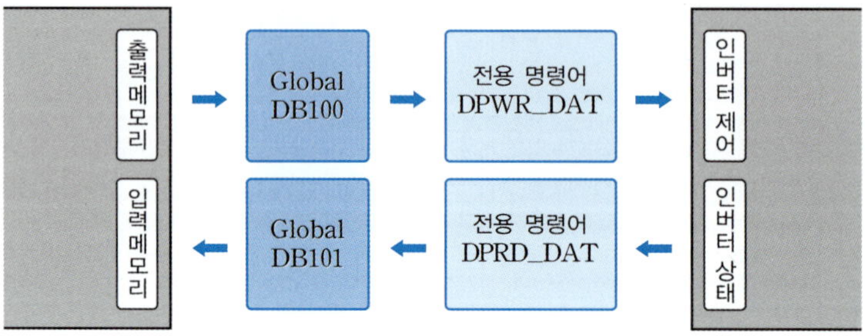

[그림 9-22] 전용 명령어를 사용한 데이터 송수신 방법

실습에서 인버터를 제어하는 데 사용하는 텔레그램 형식이 PPO Type3이기 때문에 글로벌 DB는 PPO Type3의 형식과 동일하게 만든다.

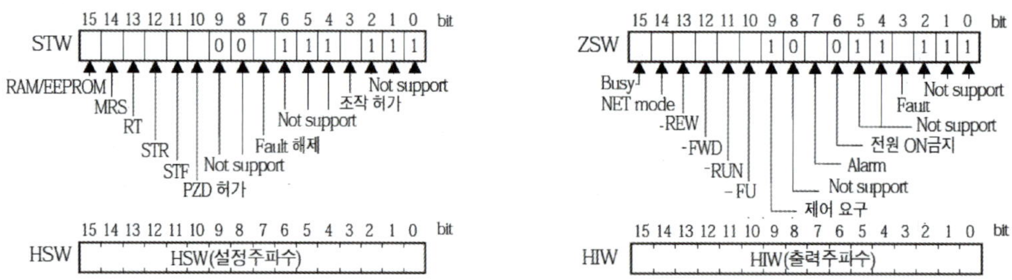

(a) 마스터에서 슬레이브 전송 (b) 슬레이브에서 마스터로 전송

[그림 9-23] PPO Type3의 송수신 데이터 형식

인버터 제어를 위한 텔레그램으로 PPO TYPE 4를 사용한다면, 예약되어 있는 3개 워드를 포함해서 총 12바이트(6워드) 크기의 DB 형식을 만들어서 사용해야 한다.

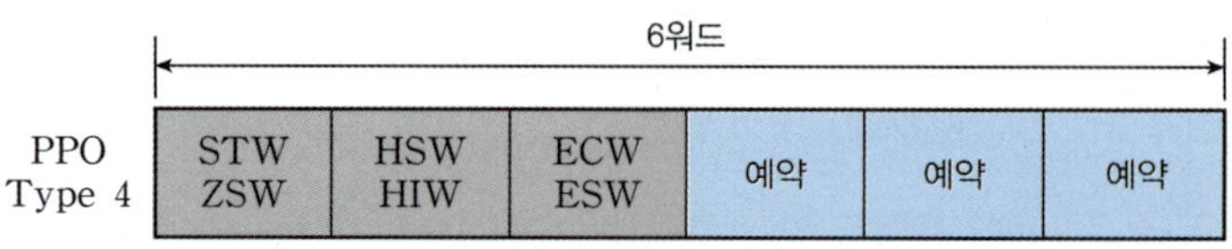

[그림 9-24] PPO Type 4의 송수신 데이터 형식

레코드에 설정할 내용은 슬레이브에 사용될 연속성 출력 데이터의 소스 영역의 메모리 번지이다. 전용 명령어에 사용할 DB를 만들고, DB 내부에 통신에 필요한 데이터 메모리를 설정하기 때문에, 이 메모리의 번지를 설정해야 한다. 번지를 설정하기 위해서는 VARIANT 형식의 포인터 번지를 지정해야 한다.

9.6.2 DB의 최적화

S7-1500의 경우, FB에서 사용되는 인스턴스 DB 또는 글로벌 DB는 이전의 S7-300/400에서의 사용법과 달리, 데이터 타입별로 자동 정렬을 통해 메모리 사용을 최적화하는 방법을 사용하고 있는데, 이러한 방법을 'Optimized block(최적화 블록)'이라 한다. S7-1500에서 인스턴스 DB 및 Global DB는 기본적으로 Optimized block 방식을 사용하도록 되어 있지만, 사용자의 선택에 따라 S7-300/400에서 사용하던 'Standard block(표준 블록)' 방식을 사용할 수도 있다.

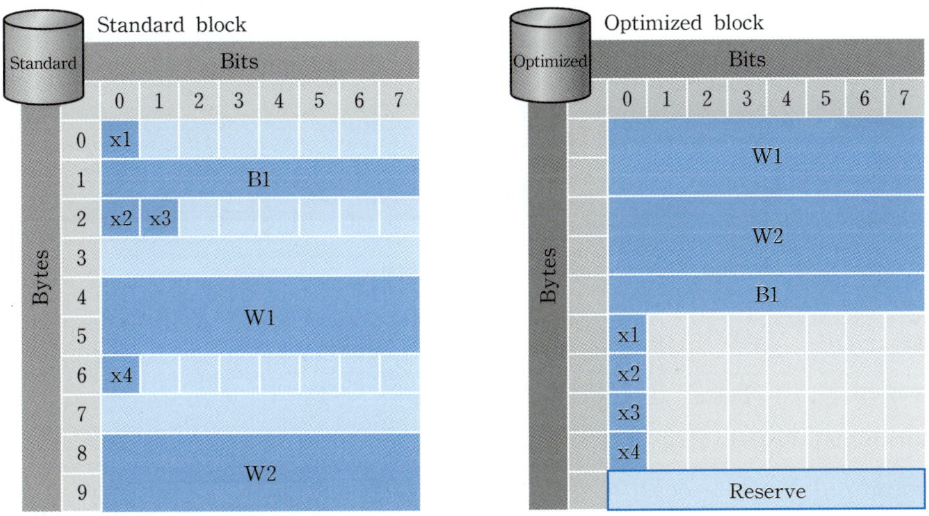

[그림 9-25] Standard block과 Optimized block의 차이점

Optimized block과 Standard block의 차이점은 다음과 같다.

- Standard block에서는 사용자가 설정한 데이터 타입의 순서대로 메모리 공간이 사용되지만, Optimized block은 사용자가 설정한 데이터 타입을 정렬해서 데이터 타입의 메모리 공간이 큰 것부터 작은 순서로 데이터를 저장해서 메모리 공간을 효율적으로 사용한다.
- Standard block에서 비트 크기의 데이터는 사용자가 설정한 순서대로 메모리 공간

을 차지하기 때문에 1바이트 공간에 여러 비트가 위치할 수도 있고, 비트 데이터가 위치한 바이트 공간을 자유롭게 읽고 쓰기가 가능하다. 하지만 Optimized block에서 비트 데이터는 1바이트 공간을 모두 차지하며, 사용하지 않는 바이트의 빈 공간은 읽고 쓰기가 불가능하다.

- Standard block의 메모리 공간은 최대 64kB까지 사용 가능하고, Optimized block의 메모리 공간은 16MB까지 사용 가능하다.

S7-1500의 Global DB를 Optimized block이 아닌 Standard block으로 설정해야 할 때는, 프로피버스 통신 전용 명령어의 RECORD에 VARIANT 타입의 포인터 번지를 지정할 때이다. 따라서 전용 명령어에 사용할 Global DB를 Standard block access 타입으로 설정하며, 그 과정은 다음과 같다.

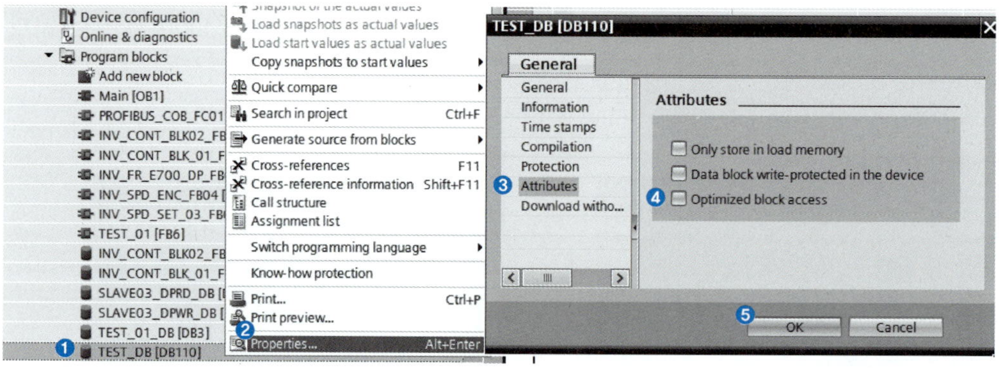

[그림 9-26] Global DB를 Standard block access로 사용하기 위한 절차

❶ Global DB를 선택하고 마우스 오른쪽 버튼을 클릭한다.

❷ [Properties...] 항목을 클릭하면 DB의 속성창이 나타난다.

❸ [Attributes] 항목을 클릭한다.

❹ [Optimized block access]의 체크 버튼을 해제한다.

❺ [OK] 버튼을 클릭한다.

[표 9-15]처럼 프로피버스 통신을 위한 전용 명령어에 사용할 Global DB100과 DB101을 만든 후에는 [그림 9-26]의 절차를 거쳐서 Standard block access로 DB의 속성을 변경한다.

[표 9-15] 프로피버스 통신 전용 명령어에 사용할 DB100과 DB101 만들기

<table>
<tr><th>순서</th><th>작업 내용</th><th>작업 화면</th></tr>
<tr><td>1</td><td>Global DB 만들기
❶ [Add new block]을 더블클릭한다.
❷ [Data block]을 선택한다.
❸ DB 명칭을 지정한다.
❹ [Global DB]를 확인한다.
❺ [Manual]을 선택한다.
DB 번호로 100을 지정한다.
❻ [OK] 버튼을 클릭한다.</td><td>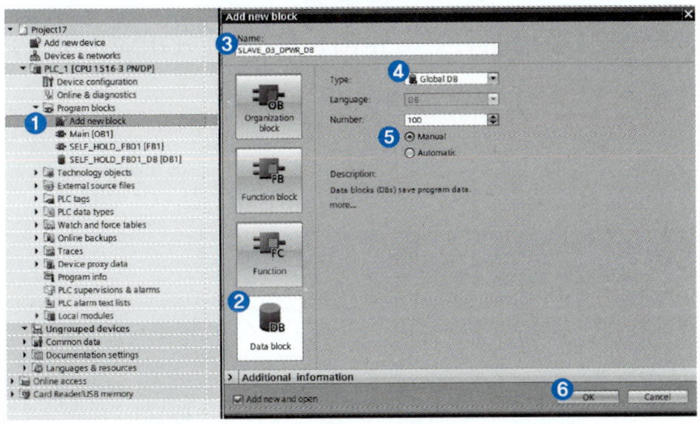
</td></tr>
<tr><td rowspan="2">2</td><td>DB100 만들기
PPO Type3과 동일하게 STW는 워드 타입으로, HSW는 Int 타입으로 만든다.</td><td>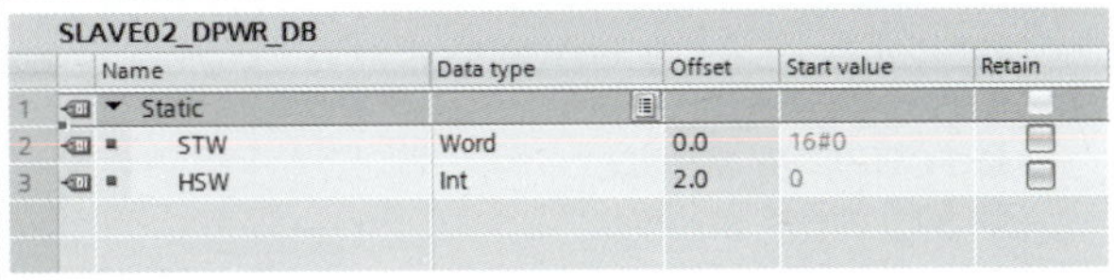
</td></tr>
<tr><td>DB101 만들기
동일한 방법으로 DB101을 만든다.</td><td>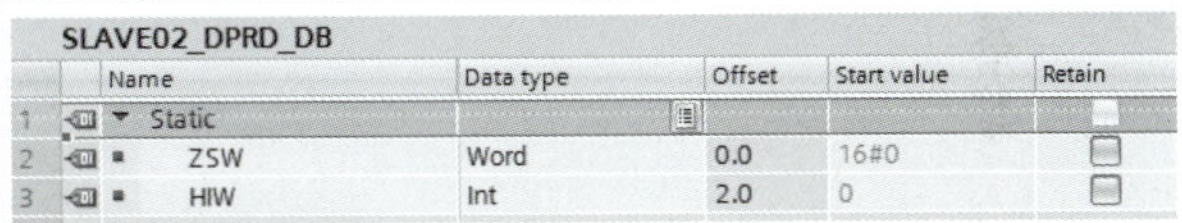
</td></tr>
<tr><td>3</td><td>DB 컴파일
DB 속성을 변경한 후에 DB101, 101을 컴파일하고, 에러가 없는지 확인한다.</td><td>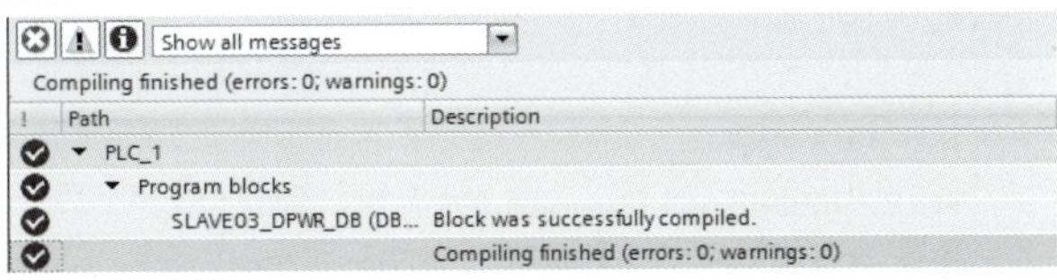
</td></tr>
</table>

[표 9-15]의 DB100과 DB101은 DB의 속성을 Standard block access로 설정했기 때문에 Offset 번지가 나타난다. 이 Offset 번지가 있기 때문에 VARIANT 타입의 포인터 주소번지를 지정할 수 있는 것이다.

9.6.3 PROFIBUS-DP 통신을 위한 FC의 작성

DP 통신 전용 명령어 'DPRD_DAT'와 'DPWR_DAT'가 실행되면, CPU와 인버터 사이에 DP 통신이 이루어진다. 전용 명령어에 지정된 DB100의 인버터 동작을 제어하기 위해서는 기능 비트를 ON/OFF한다. 그리고 인버터의 동작 상태를 파악하기 위해서는 DB101번에 설정한 데이터의 내용을 확인한다.

DP 통신을 위한 FC1 프로그램

SIMATIC Manager에서 펑션 FC1을 생성하여 DP 통신을 위한 프로그램을 작성한다. 먼저 FC1을 만들고, DPRD_DAT와 DPWR_DAT의 동작 상태를 모니터링하기 위한 TEMP 변수 2개를 설정한다.

[표 9-16] **프로피버스 통신 전용 명령어 사용을 위한 FC1 만들기**

순서	작업 내용	작업 화면
1	**FC1 만들기** ❶ [Add new block]을 더블클릭한다. ❷ [FC]를 선택한다. ❸ FC의 명칭을 지정한다. ❹ [OK] 버튼을 클릭한다.	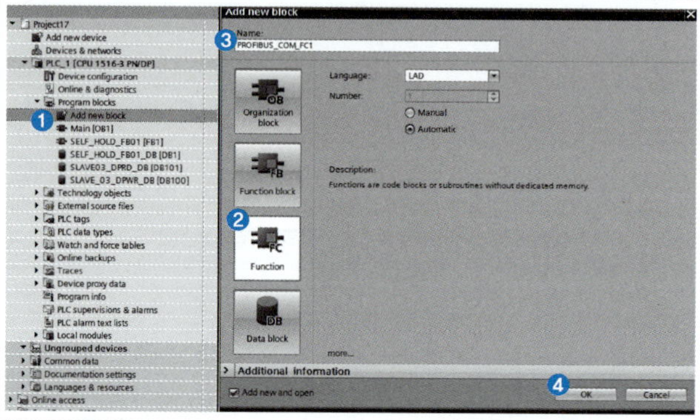
2	**FC1 태그 설정** FC1의 인터페이스의 [Temp]에 2개의 정수형 타입 태그를 선언한다(태그 명칭을 타이핑한다).	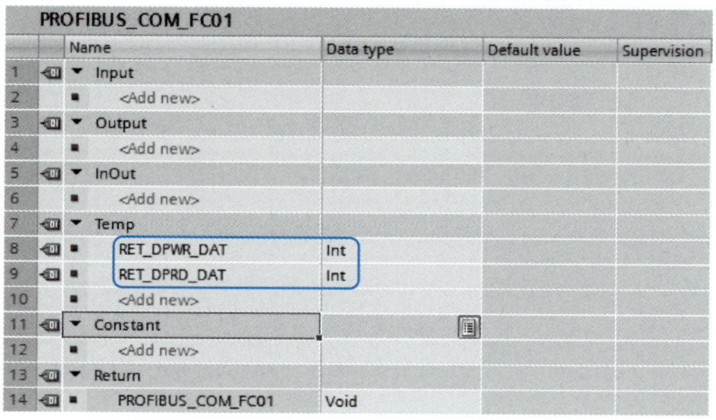
3	**FC1 프로그램 작성** 슬레이브 2번으로 지정된 인버터를 제어하기 위한 프로피버스 전용 명령어와 설정값을 기재한다. RECORD에는 DB의 VARIANT 타입의 포인트 주소를 설정한다.	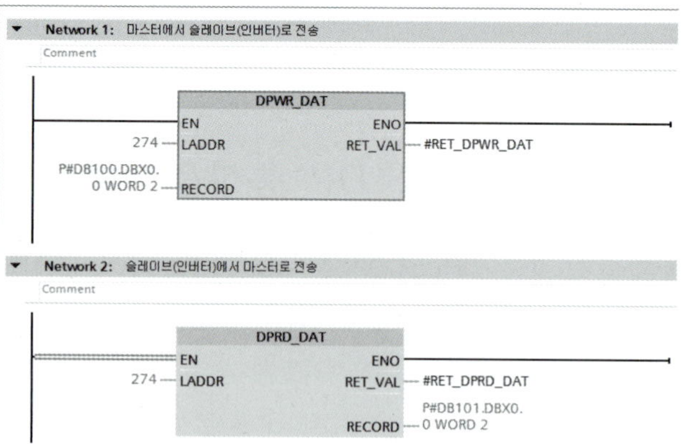

(계속)

4	**FC1 컴파일** FC1을 컴파일하고 에러가 없는지 확인한다.	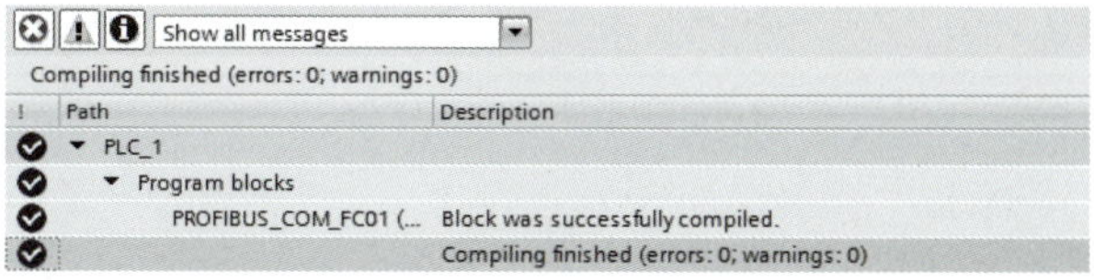
5	**OB1에서 FC1 호출** OB1에서 FC1을 호출한다.	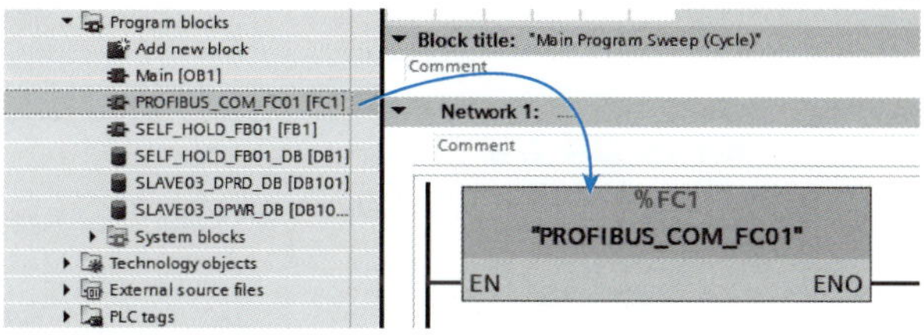
6	**OB1 컴파일** OB1을 컴파일하고, 에러가 없는지 확인한 후, CPU로 다운로드한다.	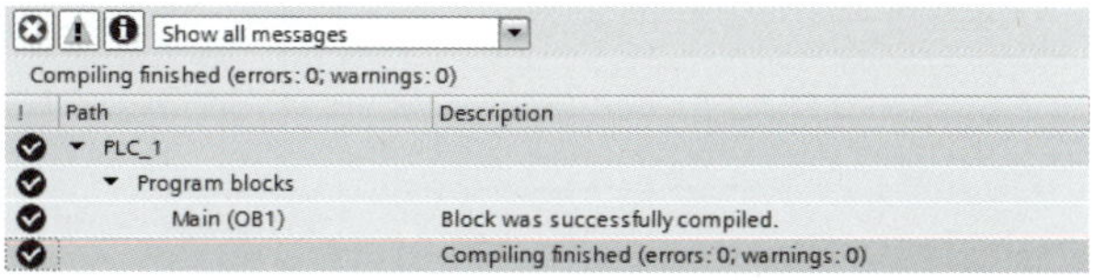

[표 9-16]의 작업순서 3번에서 DP 통신 전용 명령어 'DPRD_DAT'와 'DPWR_DAT'의 RECORD에는 앞에서 만든 DB100과 DB101의 시작번지를 VARIANT 타입의 포인터 번지로 지정해야 한다. DPWR_DAT는 DB100번지에 설정한 2개의 워드 데이터를 사용할 것이기 때문에 RECORD에 '**P#DB100.DBX0.0 WORD 2**'를 설정하고, DPRD_DAT의 RECORD에는 '**P#DB101.DBX0.0 WORD 2**'를 설정한다.

- P# : VARIANT 타입의 포인터 번지를 의미하는 식별자
- DB100.DBX0.0 : DB100번지의 메모리 시작 번지를 의미함
- WORD 2 : 시작번지로부터 2개의 워드 메모리를 사용한다는 의미

FC1의 모니터링

OB1에서 FC1을 호출하는 프로그램을 작성하고 CPU로 다운로드했다면, FC1의 동작 상태를 모니터링해서 프로피버스 통신이 정상적으로 이루어지고 있는지를 확인한다. 먼저 FC1에서 작성한 전용 명령어 DPWR_DAT와 DPRD_DAT의 RET_VAL의 값을 확인해서 에러가 없는지 확인해야 한다. 만약 에러가 발생했다면 에러 코드표를 확인해서 문제의 원인을 해결해야 한다.

[표 9-17]에서 에러가 발생한 DPRD_DAT을 살펴보면 에러 코드는 16#80B1이다. [표 9-14]의 에러 코드에 의하면 이 값은 "RECORD에 설정된 데이터의 크기가 지정된 PPO 타입과 불일치"한다. 즉 RECORD에 설정된 DB101의 주소번지가 잘못 설정된 것이다.

[표 9-17] FC1의 프로피버스 통신 전용 명령어 모니터링

<table>
<tr><th>순서</th><th>모니터링 결과</th><th>모니터링</th></tr>
<tr><td>1</td><td>FC1 모니터링 결과 정상
전용 명령어의 출력인 RET_VAL의 값이 0이다.</td><td>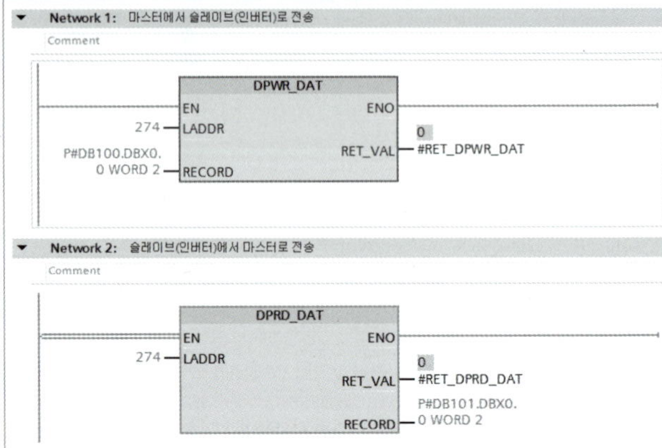
</td></tr>
<tr><td>2</td><td>FC1 모니터링 결과 에러
DPRD_DAT 명령어의 출력 RET_VAL은 16#80B1이라는 에러값으로 나타난다.

RECORD에 설정된 DB 번지에 오류가 발생한 에러 코드이다.</td><td>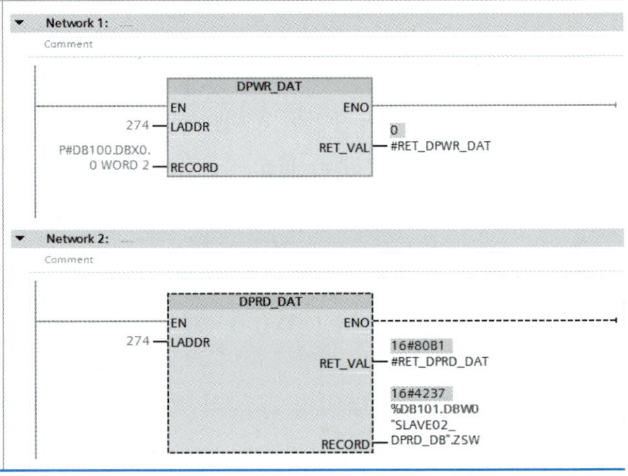
</td></tr>
</table>

이제부터 인버터의 동작 상태는 DB101에서 설정한 워드 타입의 데이터 ZSW에 저장된다. ZSW의 모니터링 값과 [그림 9-23]의 ZSW의 비트별 기능과 비교하면 어떤 결과값인지 확인할 수 있다. 모니터링 결과값을 확인하는 방법은 다음과 같다.

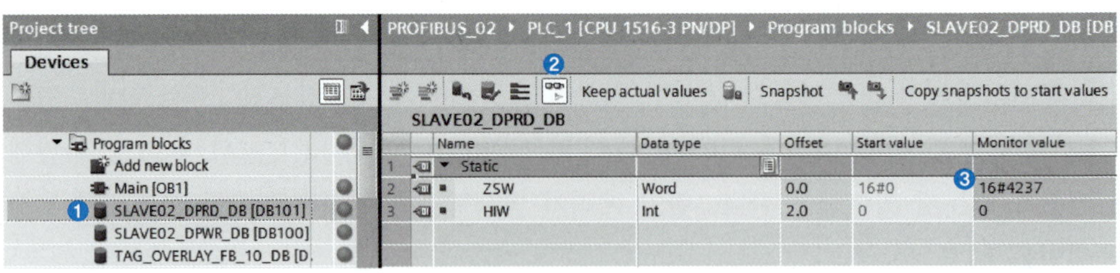

[그림 9-27] DPRD_DAT에 의한 인버터의 동작 상태 모니터링 결과

❶ [Project tree]의 [Program blocks] 폴더에서 모니터링하고자 하는 DB를 선택하고 더블클릭한다.

❷ DB 창에서 모니터링 아이콘을 클릭한다.

❸ 모니터링 결과값을 확인한다.

[표 9-18]에 모니터링 값에 의한 인버터의 동작 상태를 나타내었다. 인버터가 정상 정지 상태에서는 ZSW의 모니터링 값이 16#4237이 되고, 인버터가 정회전 동작을 할 때에는 모니터링 값이 16#5E37이 된다.

[표 9-18] **인버터 동작 상태 모니터링 ZSW의 비트별 기능**

비트 번호	기능	정상 정지	정회전 동작	역회전 동작	에러 발생
0	Not support	1	1	1	1
1	Not support	1	1	1	1
2	Not support	1	1	1	1
3	Fault	0	0	0	1
4	Not support	1	1	1	1
5	Not support	1	1	1	1
6	Power-on inhibit	0	0	0	0
7	Alarm	0	0	0	0
8	Not support	0	0	0	0
9	Control request	1	1	1	1
10	FU	0	1	1	0
11	RUN	0	1	1	0
12	FWD	0	1	0	0
13	REW	0	0	1	0
14	NET mode	1	1	1	1
15	Busy	0	0	0	0
Hexcode		**16#4237**	**16#5E37**	**16#6E37**	**16#423F**

[표 9-19]는 인버터의 동작을 제어하기 위한 STW의 비트별 기능과 동작을 위한 16진수 코드를 나타낸 것이다. 표에서 정지 동작은 인버터에 설정한 감속시간에 의한 모터의 정지를 의미한다. 프리런 정지는 인버터에서 모터로 공급하는 전원 출력을 차단했을 때, 모터가 프리런 정지되기 직전의 회전속도에 의한 관성으로 회전하면서 정지하는 동작을 의미한다.

[표 9-19] 인버터 동작 제어를 위한 STW의 비트별 기능

비트 번호	기능	정회전	역회전	정지	프리런 정지	에러 해제
0	Not support	1	1	1	1	1
1	Not support	1	1	1	1	1
2	Not support	1	1	1	1	1
3	Control enable	1	1	1	0	1
4	Not support	1	1	1	1	1
5	Not support	1	1	1	1	1
6	Not support	1	1	1	1	1
7	Fault reset	0	0	0	0	1
8	Not support	0	0	0	0	0
9	Not support	0	0	0	0	0
10	PZD enable	1	1	1	1	1
11	STF	1	0	0	0	0
12	STR	0	1	0	0	0
13	RT	0	0	0	0	0
14	MRS	0	0	0	0	0
15	RAM/EEPROM	0	0	0	0	0
Hexcode		**16#0C7F**	**16#147F**	**16#047F**	**16#0477**	**16#04FF**

9.7 메모리 분할 기능

통신을 위한 프로그램을 작성하다 보면, 통신용 데이터는 바이트로 송수신하고, 제어할 때에는 비트로 제어해야 하는 경우가 종종 발생한다. S7-1500에서는 바이트, 워드, 더블워드 타입의 데이터를 분할해서 사용할 수 있는 기능을 제공한다.

9.7.1 태그 오버레이

FB에서 선언된 태그의 데이터 타입을 새롭게 정의하는 방법을 태그 오버레이tag overlaying라 하고 'AT'라는 데이터 타입을 사용한다. 사전에 선언된 태그의 데이터 타입이 워드이면 그 데이터는 16개의 비트로 구성된다. 워드 타입의 태그를 워드, 바이트, 비트 타입으로 구분하여 사용할 때 태그 오버레이가 사용된다.

인버터를 프로피버스 통신으로 제어하기 위해 사용하는 [그림 9-23]의 PPO Type3의 텔레그램 구성을 살펴보면, STW의 경우에는 16비트 워드 크기의 메모리를 사용하면서 비트 별로 기능이 부여되어 있다. 앞에서 실습한 인버터 제어에서는 비트 별로 기능을 구분해서 사용했지만, 'AT construction' 기능을 사용해서 STW를 워드 타입 메모리로 지정한 후에, 해당 메모리 공간을 비트로 다시 재정의해서 제어조건에 따라 워드나 비트를 사용할 수 있다.

[표 9-20] **태그 오버레이 설정 순서**

<table>
<tr><th>순서</th><th>작업 내용</th><th>작업 화면</th></tr>
<tr><td>1</td><td>태그 설정
FB의 [Static]에 태그를 설정하고, [Retain]의 선택 메뉴에서 [Set in IDB]를 선택한다.</td><td>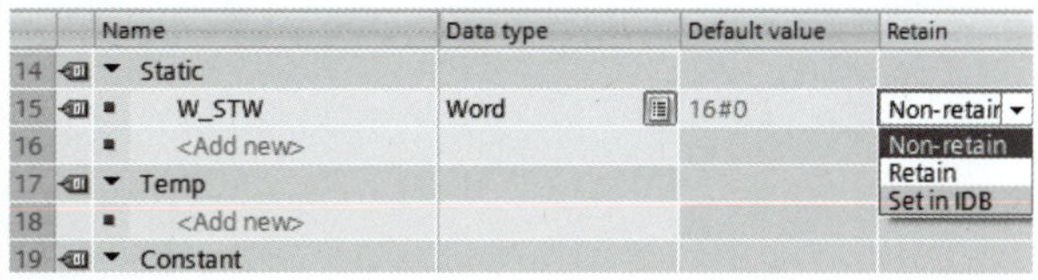
</td></tr>
<tr><td>2</td><td>AT 데이터 타입
다음 칸에서 데이터 타입을 [AT]로 선택한다.</td><td>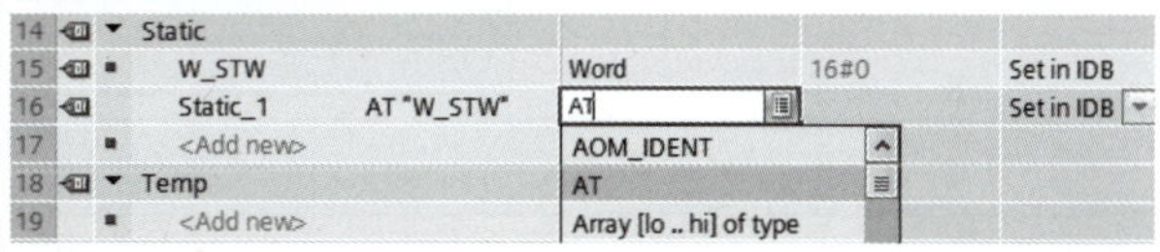
</td></tr>
<tr><td>3</td><td>바이트 타입 지정
워드 타입을 바이트 배열로 타입 변경한다.</td><td>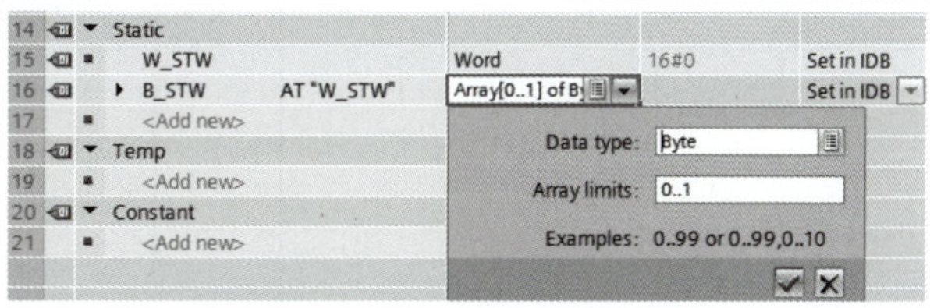
</td></tr>
<tr><td>4</td><td>비트 타입 지정
워드 타입을 비트 배열로 타입 변경한다.</td><td>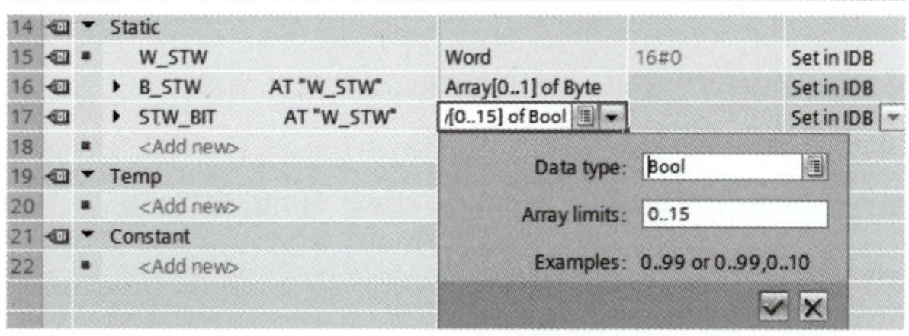
</td></tr>
<tr><td>5</td><td>태그 오버레이 완성
워드 타입의 태그가 바이트와 비트 타입의 태그로 오버레이가 완료된 모습이다.</td><td>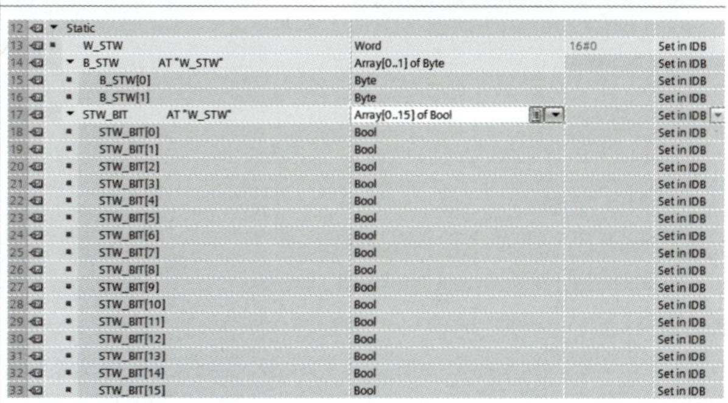
</td></tr>
</table>

9.7.2 태그 슬라이스

S7-1500에서는 인스턴스 DB 또는 Global DB에서 선언한 Byte, Word, Dword, LWord의 데이터 타입을 필요에 따라 비트, 바이트, 워드 단위로 구분해서 사용할 수 있는 태그 슬라이스tag slice 기능을 제공한다.

[그림 9-28]은 태그의 슬라이스 기능에 의한 메모리 번지 설정 방법을 나타낸 것이다. 더블워드형 태그를 워드, 바이트, 비트 형태로 슬라이스해서 사용할 수 있다. 태그 오버레이와 비슷한 것처럼 보이지만 메모리 번지 부여 방식이 다르고, 태그 오버레이처럼 별도의 배열을 만들어서 사용하는 것이 아니라 해당 태그를 별도의 작업 없이 슬라이스해서 사용할 수 있다.

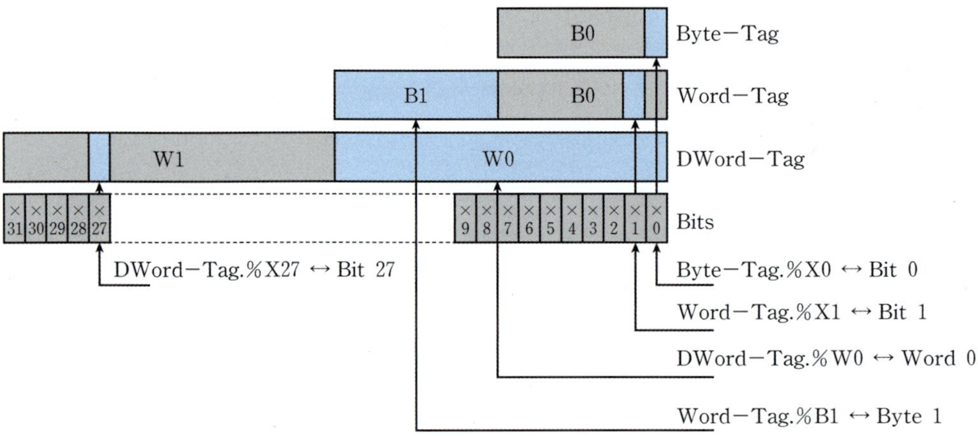

[그림 9-28] 태그 슬라이스에 의한 메모리 번지의 위치

[표 9-21] 태그 오버레이와 슬라이스 기능의 차이점 살펴보기

순서	작업 내용	작업 화면
1	**태그 설정** FB의 [Static]에 태그 오버레이 및 슬라이스를 위한 태그를 설정한다.	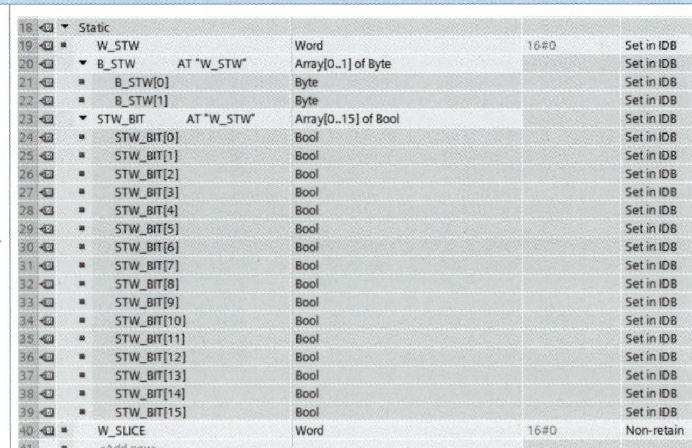

18 ▾ Static			
19 W_STW	Word	16#0	Set in IDB
20 ▾ B_STW AT "W_STW"	Array[0..1] of Byte		Set in IDB
21 B_STW[0]	Byte		Set in IDB
22 B_STW[1]	Byte		Set in IDB
23 ▾ STW_BIT AT "W_STW"	Array[0..15] of Bool		Set in IDB
24 STW_BIT[0]	Bool		Set in IDB
25 STW_BIT[1]	Bool		Set in IDB
26 STW_BIT[2]	Bool		Set in IDB
27 STW_BIT[3]	Bool		Set in IDB
28 STW_BIT[4]	Bool		Set in IDB
29 STW_BIT[5]	Bool		Set in IDB
30 STW_BIT[6]	Bool		Set in IDB
31 STW_BIT[7]	Bool		Set in IDB
32 STW_BIT[8]	Bool		Set in IDB
33 STW_BIT[9]	Bool		Set in IDB
34 STW_BIT[10]	Bool		Set in IDB
35 STW_BIT[11]	Bool		Set in IDB
36 STW_BIT[12]	Bool		Set in IDB
37 STW_BIT[13]	Bool		Set in IDB
38 STW_BIT[14]	Bool		Set in IDB
39 STW_BIT[15]	Bool		Set in IDB
40 W_SLICE	Word	16#0	Non-retain
41 <Add new>			

(계속)

2	**프로그램 작성** 태그 오버레이 및 슬라이스의 비트 0번과 15번을 1로 설정한 후에 오버레이 및 슬라이스의 바이트 및 워드 값을 모니터링한다.	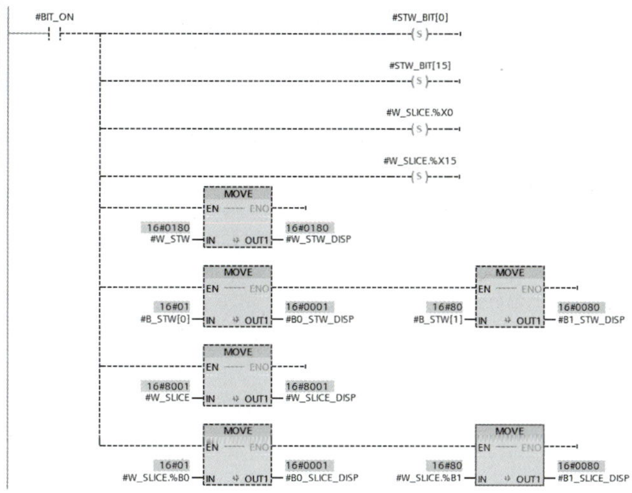

[표 9-21]의 프로그램의 모니터링 결과를 살펴보면, 태그 오버레이와 태그 슬라이스에 대한 바이트 및 비트의 위치가 서로 다르게 표현되고 있음을 확인할 수 있다. [표 9-21]에서 태그 오버레이 및 태그 슬라이스의 비트 0번지와 비트 15번지에 대한 셋(SET) 명령으로 해당 비트를 1로 만들면 태그 오버레이의 워드값은 16#0180으로 표현되고, 태그 슬라이스 워드값은 16#8001로 표현됨을 확인할 수 있다. 태그 오버레이나 태그 슬라이스의 기능은 메모리 분할과 번지가 어떻게 부여되는지 명확하게 알고 사용해야 한다.

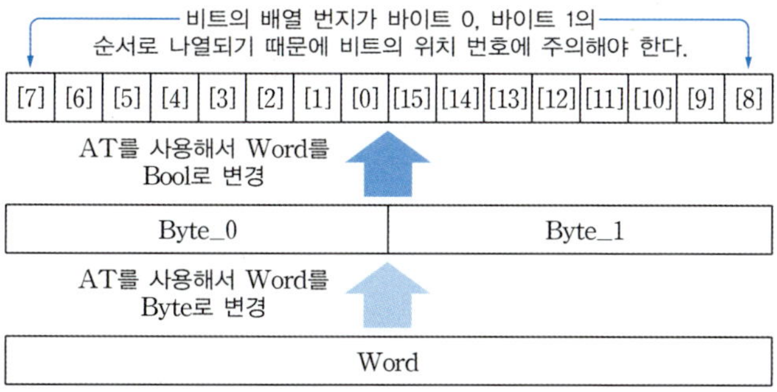

[그림 9-29] 태그 오버레이에 의한 메모리 번지

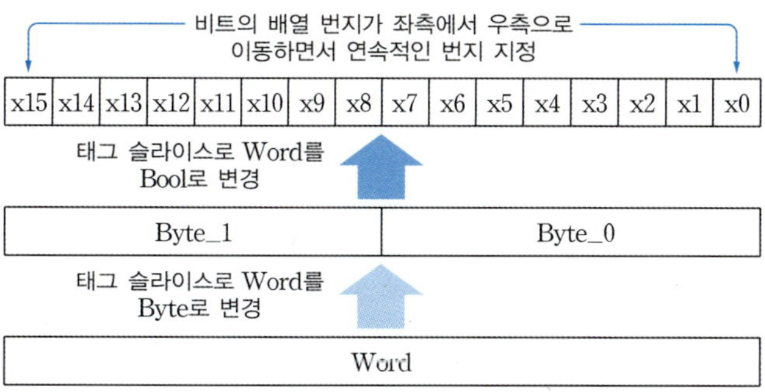

[그림 9-30] 태그 슬라이스에 의한 메모리 번지

실습과제 9-1 인버터의 다단속도 제어 1

프로피버스 통신으로 연결된 WAGO의 입출력 모듈과 인버터를 사용해서 선풍기와 같은 형태로 동작하는 기기에 대한 실습과제를 풀어본다.

[그림 9-31]은 PROFIBUS-DP 통신을 이용해서 WAGO의 입출력과 슬레이브 2번에 해당되는 인버터에 연결된 유도 전동기의 속도를 조작하기 위한 조작 패널을 나타낸 것이다. 조작 패널에 사용된 스위치는 램프와 스위치의 기능을 함께 하는 조광형 푸시버튼이다. 입출력 번지 할당 도표를 참조하여 주어진 동작 조건을 만족하는 PLC 프로그램을 작성해보자.

[그림 9-31] 인버터 속도 제어를 위한 조작 패널

[표 9-22] 프로피버스 통신을 위한 WAGO 및 인버터(슬레이브 2번) 입출력 번지

입력		출력	
입력 번지	기능	출력 번지	기능
I20.0	정지	Q20.0	정지 램프
I20.1	저속	Q20.1	저속 램프
I20.2	중속	Q20.2	중속 램프
I20.3	고속	Q20.3	고속 램프
		Q30.2	PZD
		Q30.3	STF
		Q31.3	INV_EN
		QW32	HSW

동작 조건

❶ 시스템의 초기 상태에서는 정지 램프가 점등되어 있고, 인버터에 연결된 유도 전동기는 정지된 상태이다.

❷ 저속 버튼을 누르면, 인버터는 20.00Hz의 속도로 유도 전동기의 속도를 제어한다. 이때 저속 램프만 점등되고, 다른 램프들은 모두 소등된다. 정지 버튼을 누를 때까지 저속 동작모드가 유지된다.

❸ 중속 버튼을 누르면, 인버터는 40.00Hz의 속도로 유도 전동기의 속도를 제어한다. 이때 중속 램프만 점등되고, 다른 램프들은 모두 소등된다. 정지 버튼을 누를 때까지 중속 동작모드가 유지된다.

❹ 고속 버튼을 누르면, 인버터는 60.00Hz의 속도로 유도 전동기의 속도를 제어한다. 이때 고속 램프만 점등되고, 다른 램프들은 모두 소등된다. 정지 버튼을 누를 때까지 고속 동작모드가 유지된다.

인버터의 파라미터 설정

주어진 동작 조건을 만족시키기 위해 인버터의 가속 및 감속시간을 [표 9-23]과 같이 설정한다. 가속 및 감속시간을 설정하기 위해서는 인버터의 모드가 PU 모드이어야 하기 때문에 PU/EXT 버튼을 누르면 PU 모드로 전환된다. PU 모드에서 가감속 시간을 변경한 후에 다시 PU/EXT 버튼을 눌러서 NET 모드로 설정한 후에 실습을 한다. 이때 인버터에 연결된 유도 전동기가 회전하므로 실습 시 안전사고가 발생하지 않도록 주의한다.

[표 9-23] 인버터의 가감속 시간 설정 파라미터 번호 및 설정값

파라미터 번호	기능	설정 범위	설정값
Pr.7	가속 시간	0~360sec	1.0sec
Pr.8	감속 시간	0~360sec	1.0sec

PLC 프로그램 작성법

■ 프로그램의 구조

[실습과제 9-1]의 동작 조건을 실행할 수 있는 프로그램을 작성해보자. 프로그램을 작성할 때 첫 번째로 해야 할 일은, 주어진 동작 조건을 분석하여 프로그램의 구조를 어떻게 만들 것인가를 고민하는 것이다.

[그림 9-32]는 인버터를 제어하기 위한 제어함을 2가지 기능으로 구분하여 만든 후, 단자대를 사용해서 기능을 조합한 것이다. 따라서 우리가 만들어야 할 프로그램도 제품의 구조와 동일한 방법으로 2가지의 기능으로 구분된 FB1과 FB2 블록으로 만든다.

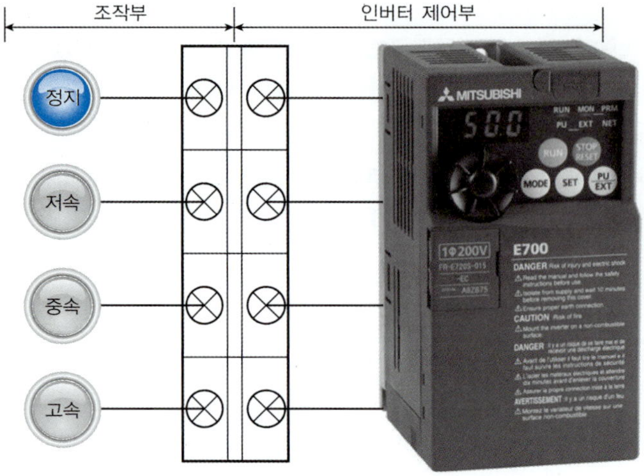

[그림 9-32] 조작부와 인버터의 연결

■ FB의 외형과 FB의 연결 구조

2개의 기능으로 구분된 FB1과 FB2 블록으로 프로그램을 작성하기로 했기 때문에 FB1과 FB2의 연결 구조를 생각해야 한다. FB1번은 4개의 스위치 입력을 받아 인버터에 운전주파수를 전달하는 구조를 가져야 한다.

FB1번과 FB2번은 [그림 9-33]과 같이 인버터의 운전주파수의 설정값을 전달하는 단순한 구조로 연결된다. 조작 방법이 변경되면 FB1번만을 교체하면 되고, 인버터 제어를 위한 FB2번은 조작 방법에 관계없이 사용할 수 있다.

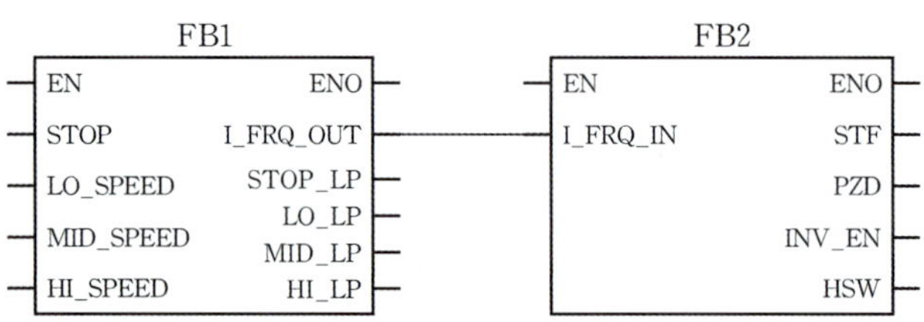

[그림 9-33] 프로그램 구조

■ FB1의 프로그램 작성

FB1번은 4개의 스위치 입력을 받아서 I_FRQ_OUT으로 0.00Hz, 20.00Hz, 40.00Hz, 60.00Hz의 운전주파수 설정값을 출력한다. 단수 선택은 앞에서 학습한 셋 우선 자기유지 회로를 사용한 후입우선 회로로, 인버터의 동작 단수를 제어한다.

[표 9-24] FB1의 입출력 구조

FB1의 외형	명칭	구분	데이터 타입	기능
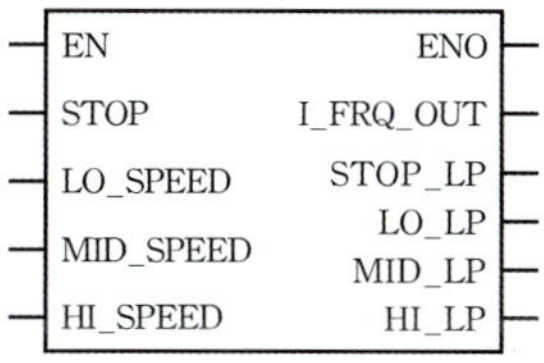	STOP	IN	BOOL	저속 버튼 입력
	LO_SPEED	IN	BOOL	중속 버튼 입력
	MID_SPEED	IN	BOOL	고속 버튼 입력
	HI_SPEED	IN	BOOL	정지 버튼 입력
	I_FRQ_OUT	OUT	INT	운전주파수
	STOP_LP	OUT	BOOL	정지 램프
	LO_LP	OUT	BOOL	저속 램프
	MID_LP	OUT	BOOL	중속 램프
	HI_LP	OUT	BOOL	고속 램프

[표 9-25] FB1의 프로그램 작성 순서

순서	작업 내용	작업 화면
1	**FB1 태그 설정** FB1에서 사용할 내부 태그를 선언한다. [Static]에는 저속, 중속, 고속의 선택 단수를 기억할 수 있는 태그 K1~K3을 선언한다.	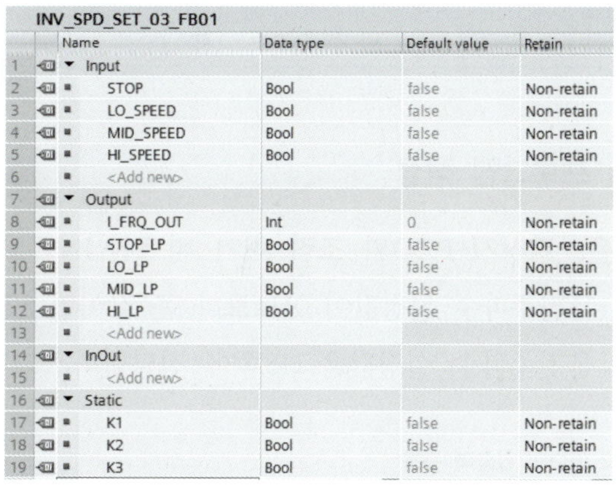
2	**FB1 프로그램 작성** • **네트워크 1번** 후입 우선 회로를 사용하여 단수에 따라 K1~K3을 제어하는 프로그램을 작성한다.	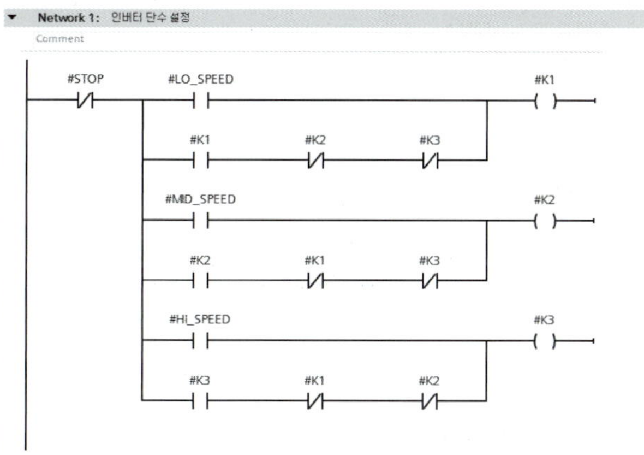

INV_SPD_SET_03_FB01

	Name	Data type	Default value	Retain
1	▼ Input			
2	STOP	Bool	false	Non-retain
3	LO_SPEED	Bool	false	Non-retain
4	MID_SPEED	Bool	false	Non-retain
5	HI_SPEED	Bool	false	Non-retain
6	<Add new>			
7	▼ Output			
8	I_FRQ_OUT	Int	0	Non-retain
9	STOP_LP	Bool	false	Non-retain
10	LO_LP	Bool	false	Non-retain
11	MID_LP	Bool	false	Non-retain
12	HI_LP	Bool	false	Non-retain
13	<Add new>			
14	▼ InOut			
15	<Add new>			
16	▼ Static			
17	K1	Bool	false	Non-retain
18	K2	Bool	false	Non-retain
19	K3	Bool	false	Non-retain

(계속)

<table>
<tr>
<td>3</td>
<td>• 네트워크 2번
단수 결정에 따른 램프의 제어와 운전주파수를 설정한다.</td>
<td>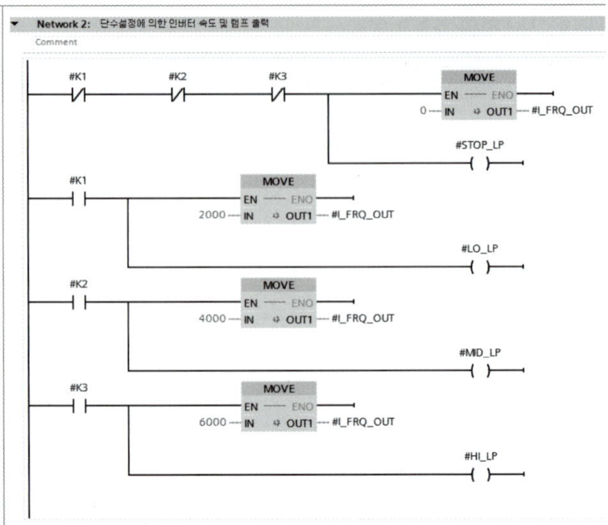
</td>
</tr>
<tr>
<td>4</td>
<td>FB1 컴파일
컴파일을 하고 메시지에 에러가 없는지 확인한다.</td>
<td>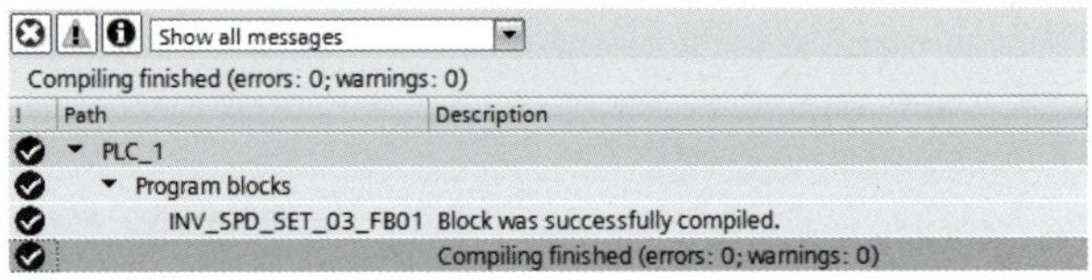
</td>
</tr>
</table>

■ FB2의 프로그램 작성

FB2번은, 평상시 PZD와 조작 허가 비트인 INV_EN 신호가 ON인 상태에서 FB1에서 전달된 운전주파수 설정값이 0Hz보다 큰 값이면 STF 신호를 ON하고, FB1으로부터 전달받은 운전주파수 설정값을 HSW에 전달한다. 그러면 모터가 회전한다.

[표 9-26] FB2의 입출력 구조

<table>
<tr><th>FB2의 외형</th><th>명칭</th><th>구분</th><th>데이터 타입</th><th>기능</th></tr>
<tr><td rowspan="5">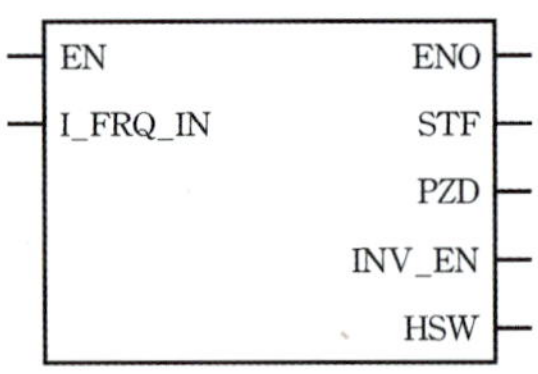
</td><td>I_FRQ_IN</td><td>IN</td><td>INT</td><td>운전주파수</td></tr>
<tr><td>STF</td><td>OUT</td><td>BOOL</td><td>정회전 지령</td></tr>
<tr><td>PZD</td><td>OUT</td><td>BOOL</td><td>통신 데이터 정상</td></tr>
<tr><td>INV_EN</td><td>OUT</td><td>BOOL</td><td>조작 허가</td></tr>
<tr><td>HSW</td><td>OUT</td><td>INT</td><td>운전주파수</td></tr>
</table>

[표 9-27] FB2의 프로그램 작성 순서

순서	작업 내용	작업 화면
1	**FB2 태그 설정** FB2에서 사용할 내부 태그를 선언한다. [Static]에는 평상시 PZD와 INV_EN 신호를 ON 상태로 유지하기 위한 DUMMY의 명칭을 태그로 만든다.	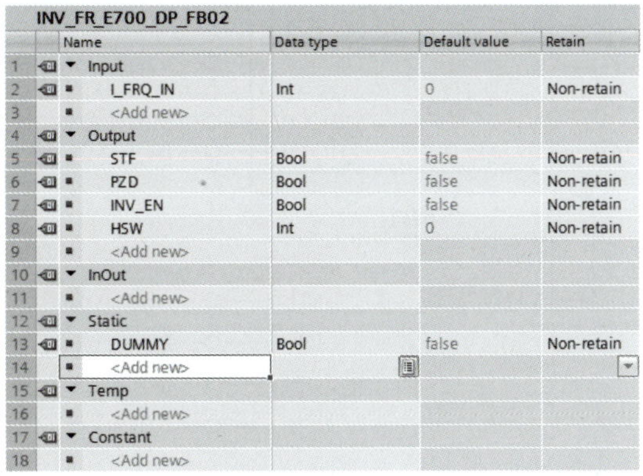
2	**FB2 프로그램 작성** 평상시 PZD, INV_EN 신호를 ON 상태로 유지한다. FB1에서 전달한 주파수 설정값이 0보다 크면 STF를 ON한다. FB1의 주파수 설정값을 HSW에 전달한다.	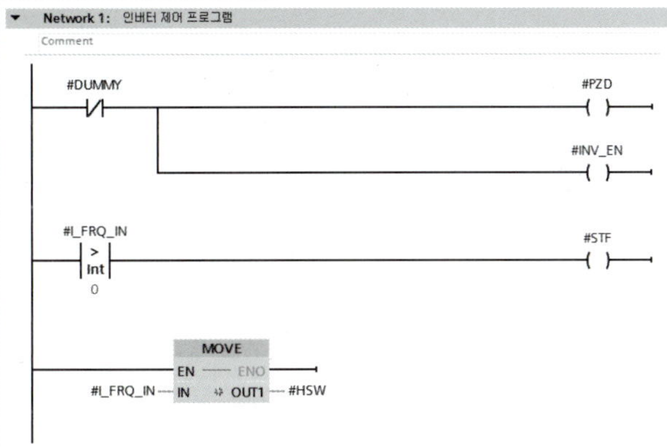
3	**FB2 컴파일** 컴파일하고 메시지에 에러가 없는지 확인한다.	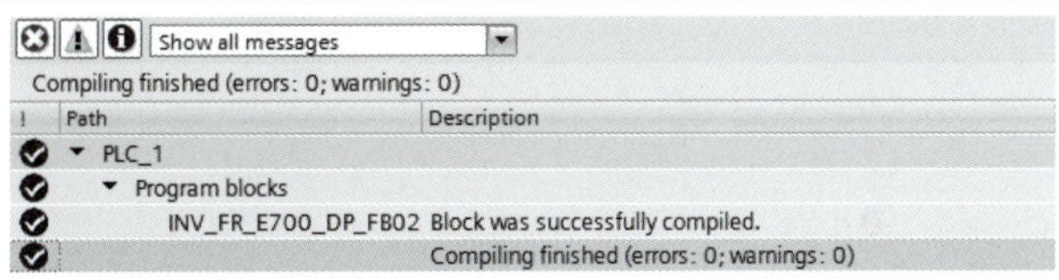

■ FB3의 프로그램 작성

FB1과 FB2를 조합하여 정지, 저속, 중속, 고속의 속도로 인버터를 제어하기 위한 최종 블록을 만들어보자.

FB3의 구조는 FB1과 FB2를 결합한 구조이다. 따라서 FB3의 입출력 신호가 FB3의 내부에 있는 FB1과 FB2에 연결되어야 한다. 그리고 FB1의 인버터 운전주파수는 FB3의 내부에서 FB2에 전달되어야 한다.

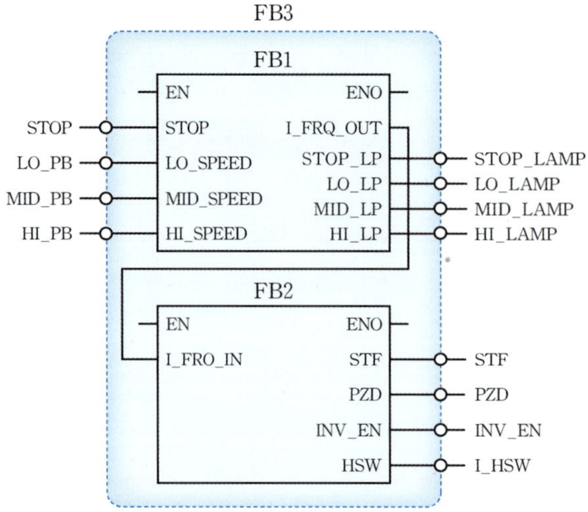

[그림 9-34] FB3의 구조

[표 9-28] FB3의 프로그램 작성 순서

<table>
<tr><th>순서</th><th>작업 내용</th><th>작업 화면</th></tr>
<tr><td>1</td><td>FB3 태그 설정
FB3에서 사용할 내부 태그를 선언한다.

[Static]에서는 FB1의 인버터 운전주파수를 FB2에 전달하기 위한 정수형 태그를 선언한다.</td><td>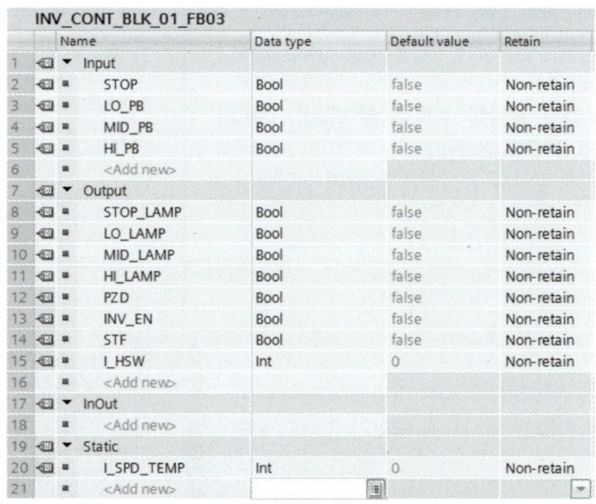

INV_CONT_BLK_01_FB03

<table>
<tr><th></th><th>Name</th><th>Data type</th><th>Default value</th><th>Retain</th></tr>
<tr><td>1</td><td>▼ Input</td><td></td><td></td><td></td></tr>
<tr><td>2</td><td>STOP</td><td>Bool</td><td>false</td><td>Non-retain</td></tr>
<tr><td>3</td><td>LO_PB</td><td>Bool</td><td>false</td><td>Non-retain</td></tr>
<tr><td>4</td><td>MID_PB</td><td>Bool</td><td>false</td><td>Non-retain</td></tr>
<tr><td>5</td><td>HI_PB</td><td>Bool</td><td>false</td><td>Non-retain</td></tr>
<tr><td>6</td><td><Add new></td><td></td><td></td><td></td></tr>
<tr><td>7</td><td>▼ Output</td><td></td><td></td><td></td></tr>
<tr><td>8</td><td>STOP_LAMP</td><td>Bool</td><td>false</td><td>Non-retain</td></tr>
<tr><td>9</td><td>LO_LAMP</td><td>Bool</td><td>false</td><td>Non-retain</td></tr>
<tr><td>10</td><td>MID_LAMP</td><td>Bool</td><td>false</td><td>Non-retain</td></tr>
<tr><td>11</td><td>HI_LAMP</td><td>Bool</td><td>false</td><td>Non-retain</td></tr>
<tr><td>12</td><td>PZD</td><td>Bool</td><td>false</td><td>Non-retain</td></tr>
<tr><td>13</td><td>INV_EN</td><td>Bool</td><td>false</td><td>Non-retain</td></tr>
<tr><td>14</td><td>STF</td><td>Bool</td><td>false</td><td>Non-retain</td></tr>
<tr><td>15</td><td>I_HSW</td><td>Int</td><td>0</td><td>Non-retain</td></tr>
<tr><td>16</td><td><Add new></td><td></td><td></td><td></td></tr>
<tr><td>17</td><td>▼ InOut</td><td></td><td></td><td></td></tr>
<tr><td>18</td><td><Add new></td><td></td><td></td><td></td></tr>
<tr><td>19</td><td>▼ Static</td><td></td><td></td><td></td></tr>
<tr><td>20</td><td>I_SPD_TEMP</td><td>Int</td><td>0</td><td>Non-retain</td></tr>
<tr><td>21</td><td><Add new></td><td></td><td></td><td></td></tr>
</table></td></tr>
<tr><td>2</td><td colspan="2">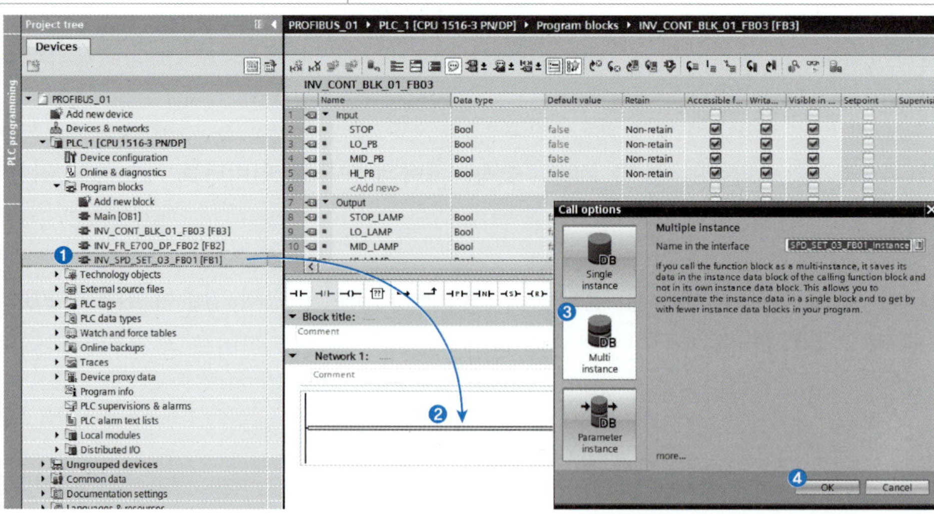
</td></tr>
</table>

(계속)

<table>
<tr><td></td><td colspan="2">FB에서 FB1, FB2 호출
❶ [FB1]을 선택한다.
❷ 마우스로 드래그해서 네트워크 1번 라인에 설치한다.
❸ FB 내부에 FB를 설치하는 것이기 때문에 DB 선택에서 [멀티 인스턴스]를 선택하고 [OK] 버튼을 클릭한다.</td></tr>
<tr><td>3</td><td>FB3 프로그램
FB1과 FB2를 멀티 인스턴스로 설치한다.
FB3에서 선언한 입력 및 출력태그를 지정한다.</td><td>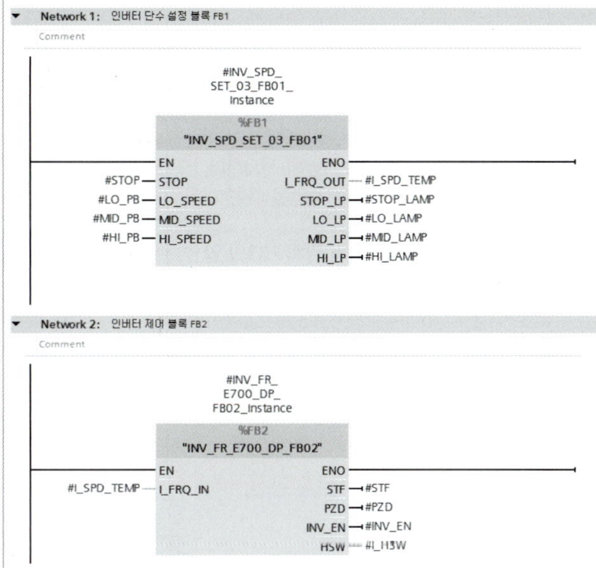
</td></tr>
<tr><td>4</td><td>멀티 인스턴스 확인
FB1과 FB2의 멀티 인스턴스가 FB2의 [Static]에 설정되었는지 확인한다.</td><td>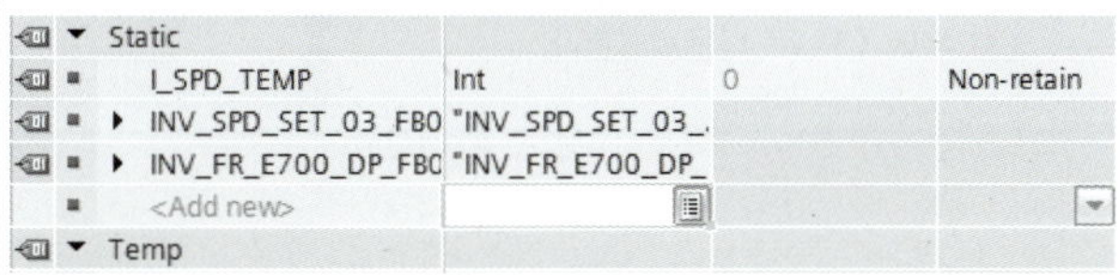
</td></tr>
<tr><td>5</td><td>FB3 컴파일
컴파일하고 메시지에 에러가 없는지 확인한다.</td><td>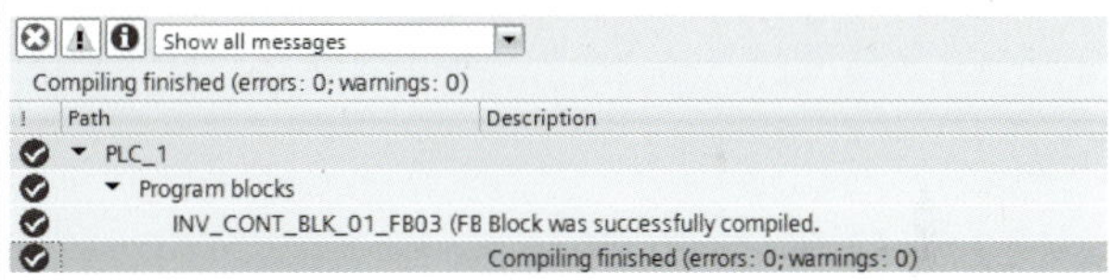
</td></tr>
</table>

■ OB1에서 FB3의 호출

FB1과 FB2를 조합하여 만든 인버터 제어 프로그램 블록을 OB1에서 호출하고, 실제의 입력 및 출력 번지를 지정해서 인버터의 동작을 제어해보자. OB1에서 호출되는 블록의 DB는 싱글 인스턴스로 만들어진다. 실제의 입출력 번지 할당이 이루어지면 WAGO의 입력에 연결된 스위치를 이용해서 슬레이브 2번에 해당하는 인버터의 운전을 제어할 수 있다.

[표 9-29] OB1에서 FB3의 호출 방법

순서	작업 내용	작업 화면
1	**OB1에서 FB3 호출** OB1에서 FB3을 네트워크 1번에 설치한다. 설치할 때 싱글 인스턴스 DB 설정을 OK한다. 실제로 인버터를 제어하기 위해 FB3의 입출력에 WAGO와 인버터에 할당된 번지를 지정한다.	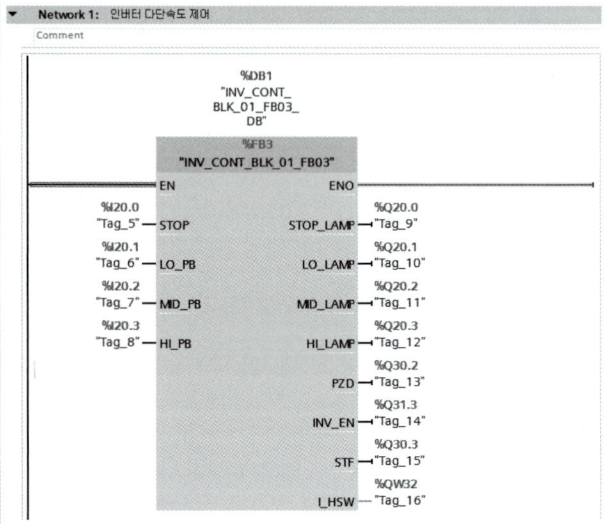
2	**OB1 컴파일** 컴파일하고 메시지에 에러가 없는지 확인한 후에 CPU로 다운로드한다.	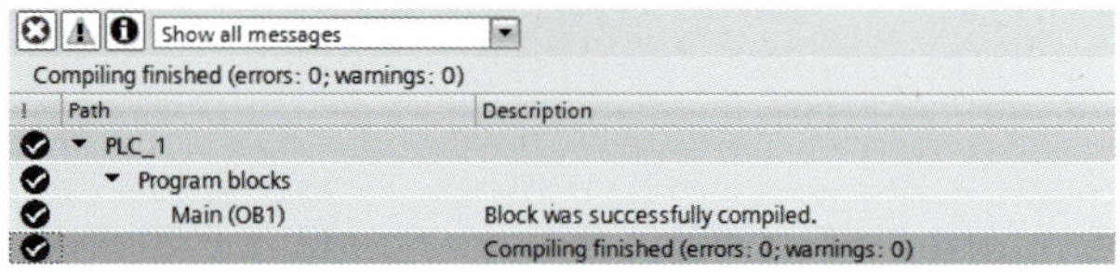

실습과제 9-2 인버터의 다단속도 제어 2

프로피버스 통신으로 연결된 WAGO의 입력으로 엔코더 스위치를 사용해서 슬레이브 3번에 해당되는 인버터(통신국번 5번)의 속도를 0~12단까지 제어할 수 있는 프로그램을 작성한다.

로터리 엔코더 스위치를 사용해서 인버터의 다단 속도를 제어하는 프로그램을 작성해보자. 로터리 엔코더 스위치는 회전 방향에 따라 A펄스와 B펄스의 출력 형태가 달라진다. 이러한 특성을 이용해서 로터리 엔코더 스위치로 숫자의 증가 및 감소 동작을 할 수 있다. 또한 로터리 엔코더 스위치에는 푸시버튼 기능도 내장되어 있어서 손쉽게 인버터의 다단속도를 제어할 수 있다.

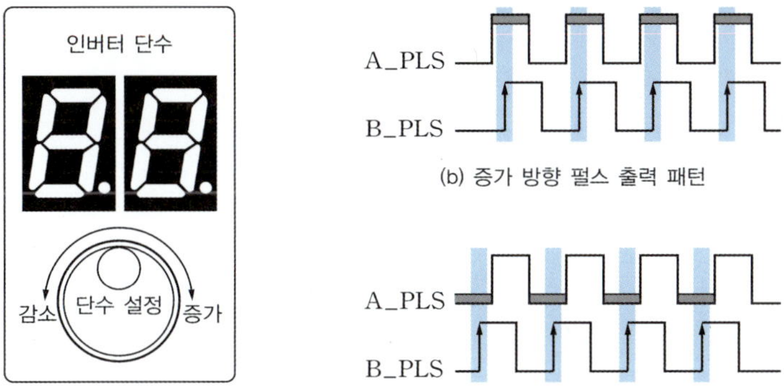

(a) 조작 패널

(b) 증가 방향 펄스 출력 패턴

(c) 감소 방향 펄스 출력 패턴

[그림 9-35] 조작 패널

[표 9-30] 프로피버스 통신을 위한 WAGO 및 인버터(슬레이브 3번) 입출력 번지

입력		출력	
입력 번지	기능	출력 번지	기능
I20.4	A_PLS	QB20	단수 표시 FND
I20.5	B_PLS	Q40.2	PZD
I20.6	단수 설정	Q40.3	STF
		Q41.3	INV_EN
		QW42	HSW

동작 조건

❶ 시스템의 초기 상태에서는 인버터의 단수 설정 FND에 00이 표시되어 있고, 인버터는 정지된 상태이다.

❷ 로터리 엔코더 스위치를 감소 방향(반시계 방향)으로 회전시키면 단수가 1씩 감소하고, 0에서는 더 이상 감소하지 않는다.

❸ 로터리 엔코더 스위치를 증가 방향(시계 방향)으로 회전시키면 단수가 1씩 증가하는데, 최대 12까지만 증가한다.

❹ 로터리 엔코더 스위치의 단수 설정 버튼을 누르면 FND에 표시된 단수로 인버터의 동작주파수가 설정된다. 단수는 10Hz 단위로 증가한다. 단수가 1일 때 10Hz, 단수가 12일 때는 120Hz로 동작하고, 단수가 0인 상태에서 단수 설정 버튼이 눌리면 인버터는 정지한다.

PLC 프로그램 작성법

■ 프로그램의 구조

[실습과제 9-2]의 주어진 동작 조건을 실행할 수 있는 프로그램을 작성해보자. [실습과제 9-1]의 내용과 비교해보면, 인버터의 단수를 설정하는 부분만 변경되었고 인버터의 제어 동작은 [실습과제 9-1]의 내용과 동일하다. 따라서 [실습과제 9-1]에서 작성한 FB2번은 별도의 프로그램 변경 없이 재사용이 가능하다. 따라서 단수 설정을 위한 새로운 FB4번을 만들고 FB4와 FB2번을 조합해서 [실습과제 9-2]를 완성해보자.

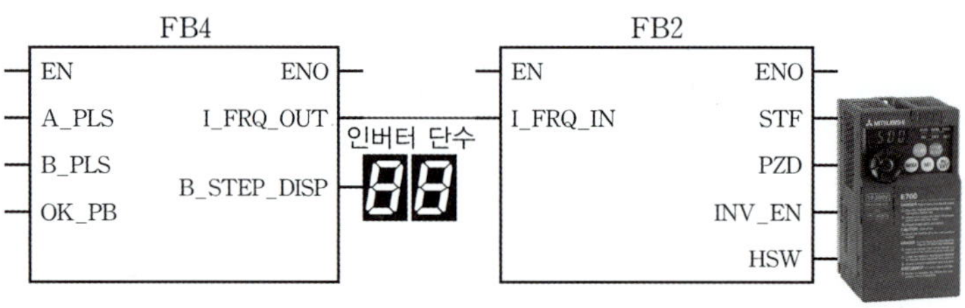

[그림 9-36] 프로그램 구조

■ FB4의 프로그램 작성

FB4번은 로터리 엔코더 스위치로부터 3개의 스위치 입력을 받아 인버터의 단수를 변경하고, 단수에 맞는 운전주파수를 FB2에 전달하는 역할을 해야 한다.

[표 9-31] FB4의 입출력 구조

<table>
<tr><th>FB4의 외형</th><th>명칭</th><th>구분</th><th>데이터 타입</th><th>기능</th></tr>
<tr><td rowspan="5">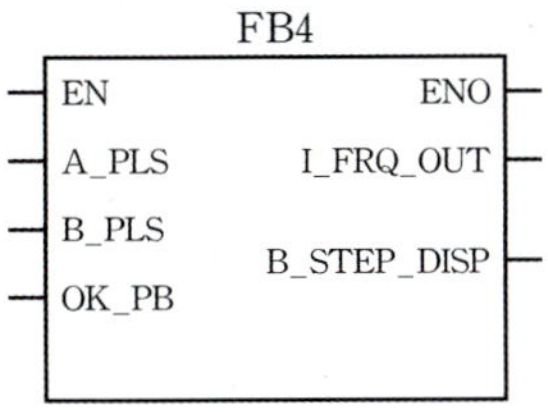
</td><td>A_PLS</td><td>IN</td><td>BOOL</td><td>A 펄스신호</td></tr>
<tr><td>B_PLS</td><td>IN</td><td>BOOL</td><td>B 펄스신호</td></tr>
<tr><td>OK_PB</td><td>IN</td><td>BOOL</td><td>단수 설정</td></tr>
<tr><td>I_FRQ_OUT</td><td>OUT</td><td>Int</td><td>운전주파수</td></tr>
<tr><td>B_STEP_DISP</td><td>OUT</td><td>Byte</td><td>단수 표시</td></tr>
</table>

[표 9-32] FB4의 프로그램 작성 순서

<table>
<tr><th>순서</th><th>작업 내용</th><th>작업 화면</th></tr>
<tr><td>1</td><td>FB4 태그 설정
FB4에서 사용할 내부 태그를 선언한다.

[Static]에는 엔코더 스위치의 펄스신호를 검출하기 위한 비트 태그를 설정한다.</td><td>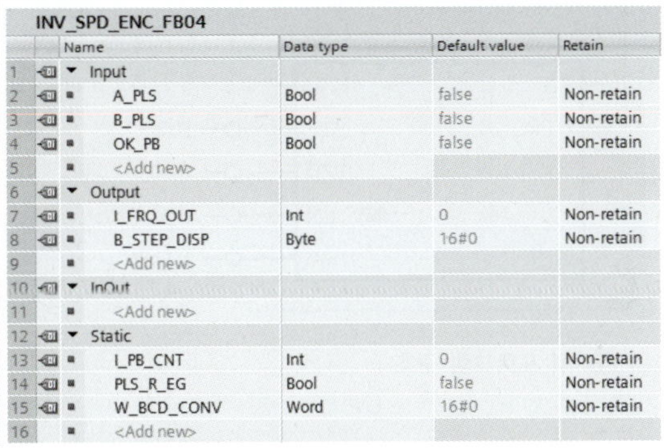
</td></tr>
<tr><td>2</td><td>FB4 프로그램 작성
• 네트워크 1번
로터리 엔코더 스위치의 펄스신호를 검출해서 단수를 증가 또는 감소시킨다.</td><td>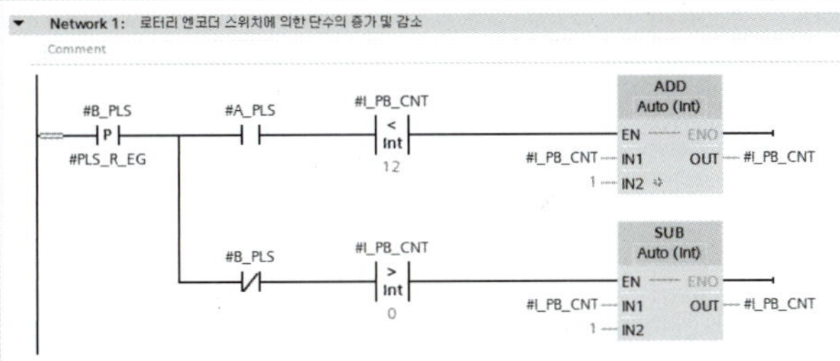
</td></tr>
<tr><td>3</td><td>• 네트워크 2번
[OK] 버튼이 눌리면 운전주파수 값을 변환하여 단수 설정값을 출력하고, Int 값을 BCD 변환하고 MOVE 명령을 사용해서 바이트 단위로 출력한다.</td><td>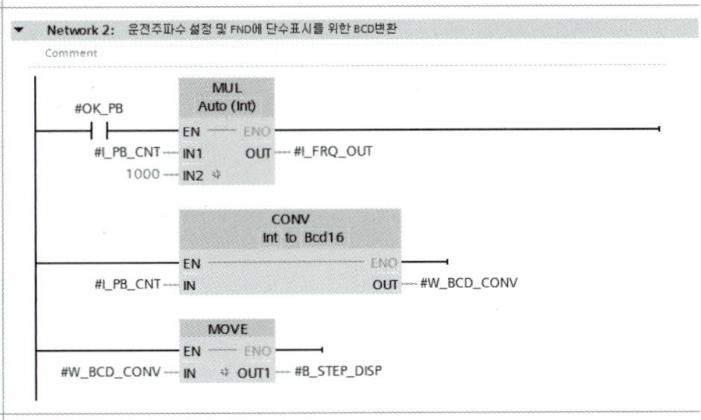
</td></tr>
<tr><td>4</td><td>FB4 컴파일
컴파일하고, 메시지에 에러가 없는지 확인한다.</td><td>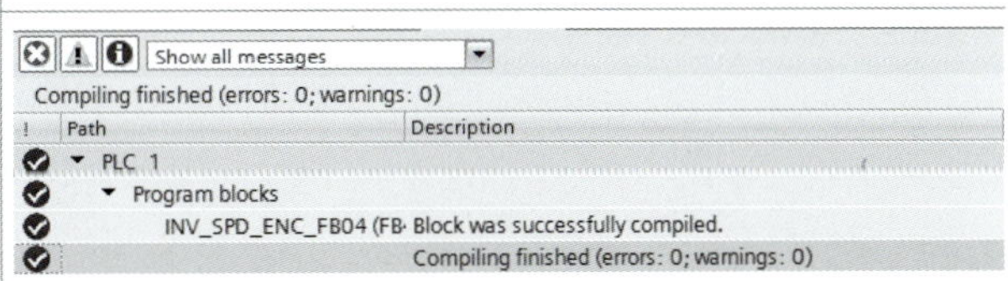
</td></tr>
</table>

■ FB5의 프로그램 작성

FB4과 FB2를 조합하여 로터리 엔코더 스위치로 0~12단까지 인버터를 제어하는 프로그램 블록 FB5를 만들어보자.

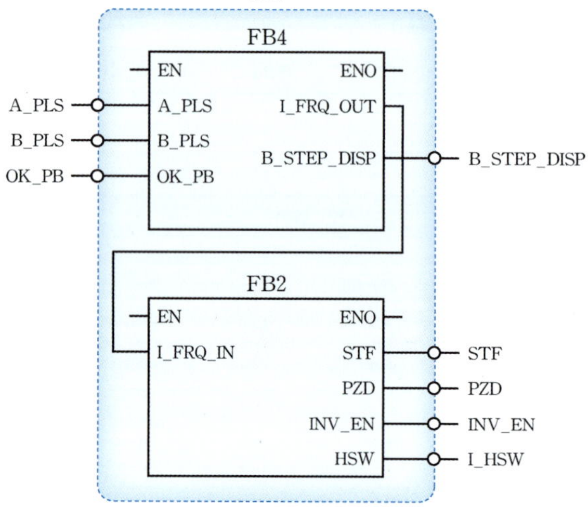

[그림 9-37] FB5의 프로그램 구조

[표 9-33] FB5의 프로그램 작성 순서

<table>
<tr><th>순서</th><th>작업 내용</th><th>작업 화면</th></tr>
<tr><td>1</td><td>FB5 태그 설정
FB5에서 사용할 내부 태그를 선언한다.</td><td>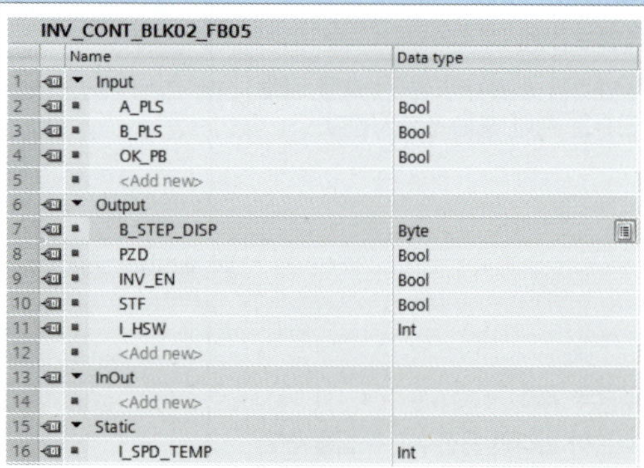
</td></tr>
<tr><td>2</td><td>FB5 프로그램 작성
• 네트워크 1번
FB4번을 네트워크 1번에 설치하고, 멀티 인스턴스로 DB를 할당한다.</td><td>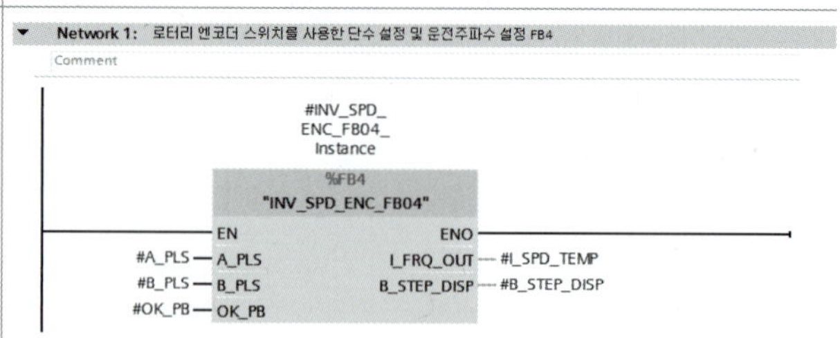
</td></tr>
</table>

(계속)

3	• **네트워크 2번** FB2번을 네트워크 2번에 설치하고, 멀티 인스턴스로 DB를 할당한다.	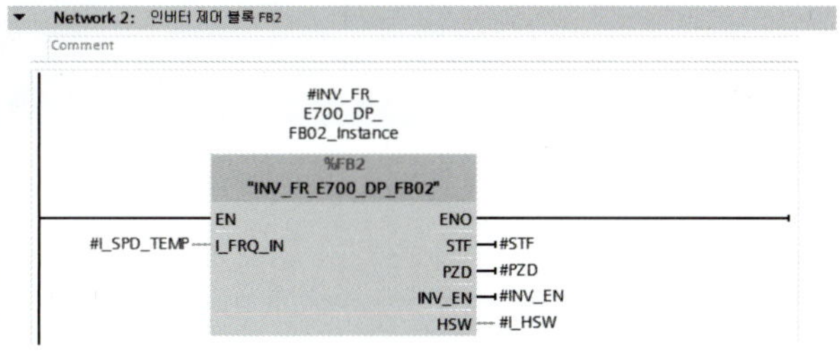
4	**멀티 인스턴스 확인** FB4와 FB5의 멀티 인스턴스를 확인한다.	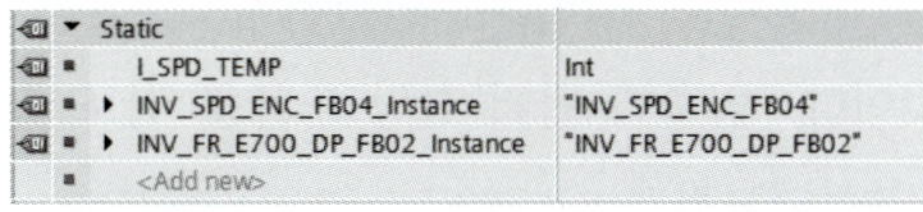
5	**FB5 컴파일** FB5를 컴파일하고 메시지에 에러가 없는지 확인한다.	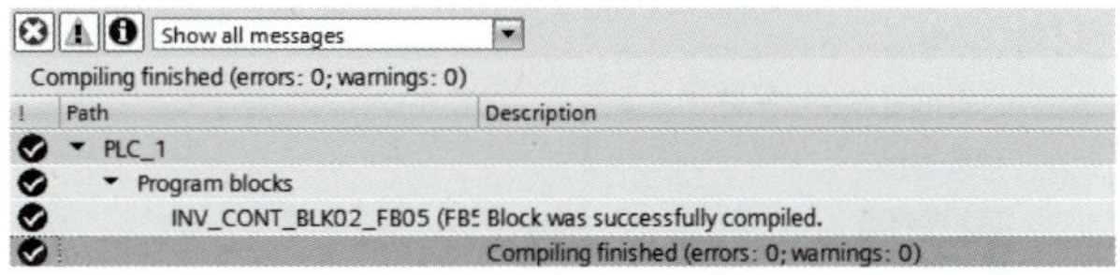

[표 9-34] OB1에서 FB5 호출

순서	작업 내용	작업 화면
1	**OB1 프로그램** OB1의 네트워크 2번에 FB5를 설치하고, 싱글 인스턴스 DB를 할당한다. 입출력 번지를 할당한다.	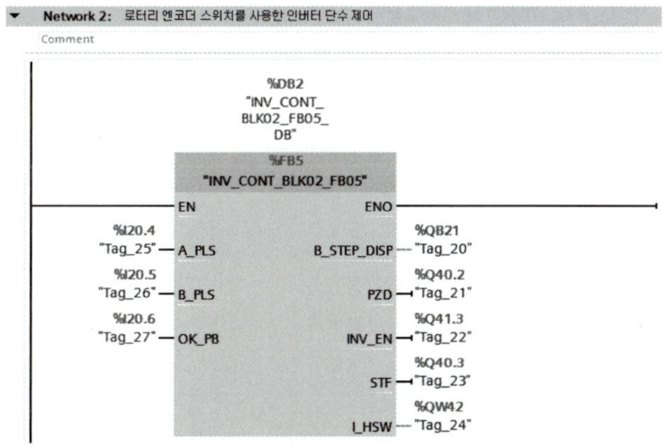
2	**OB1 컴파일** OB1을 컴파일하고, 메시지에 에러가 없는지 확인한 후에, CPU로 다운로드하고 실행한다.	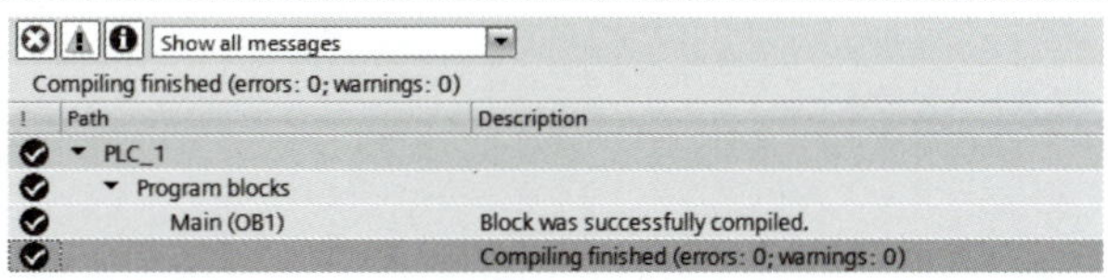

실습과제 9-3 인버터의 다단속도 제어 3

프로피버스 통신 전용 명령어 DPWR_DAT, DPRD_DAT를 사용해서 인버터를 제어하는 방법을 살펴본다.

[그림 9-38]은 WAGO의 입출력과 PROFIBUS-DP 통신의 전용 명령어를 이용해서 슬레이브 2번에 해당되는 인버터에 연결된 유도 전동기의 속도를 조작하기 위한 조작 패널을 나타낸 것이다. 입출력 번지 할당 도표를 참조해서 주어진 동작 조건을 만족하는 PLC 프로그램을 작성해보자.

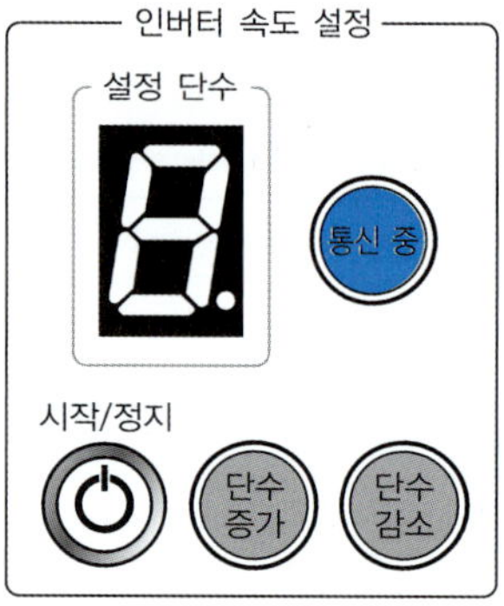

[그림 9-38] 인버터 제어 조작 패널

[표 9-35] 프로피버스 통신을 위한 WAGO 및 인버터(슬레이브 2번) 입출력 번지

입력		출력	
입력 번지	기능	출력 번지	기능
I20.0	시작/정지	Q20.0	통신 중
I20.1	단수 증가	QB21	설정 단수 FND
I20.2	단수 감소		

동작 조건

❶ PLC의 전원이 ON되면 인버터에 연결된 유도전동기는 정지된 상태이다. 또한 CPU와 인버터 간의 DP 통신이 정상적으로 이루어지고 있으면 통신 중 램프가 1초 간격으로 점멸 동작을 한다. DP 통신에 문제가 발생하면 통신 중 램프는 소등된다.

❷ DP 통신이 정상 동작 중이고 인버터가 정지 상태에서 시작/정지 버튼을 누르면 설정 단수 FND에는 '1'이 표시되고, 유도전동기는 1단의 속도(10Hz)로 회전한다.

❸ 인버터 동작 중에 단수 증가 버튼을 누를 때마다 단수가 1씩 증가하며, 단수 표시에 따른 유도전동기의 회전속도도 증가한다. 단수 증가는 최대 9까지 가능하다. '9'인 상태에서는 단수 증가 버튼을 누르더라도 더 이상 단수는 증가하지 않는다.

❹ 인버터 동작 중에 단수 감소 버튼을 누를 때마다 단수가 1단씩 감소하며, 단수 표시에 따른 유도전동기의 회전속도도 감소한다. 단수 감소는 최소 1까지 가능하다. '1'인 상태에서는 단수 감소 버튼을 누르더라도 더 이상의 단수는 감소하지 않는다.

❺ 설정 단수 표시에 의해 인버터의 운전주파수는 10Hz 단위로 0~90Hz까지 증가하거나 감소한다.

❻ 인버터 동작 중에 시작/정지 버튼을 누르면 인버터는 즉시 정지하고, 설정 단수 표시 FND에는 '0'이 표시된다. FND 표시창에 '0'이 표시된 상태에서는 증가 및 감소 버튼이 동작하지 않는다.

PLC 프로그램 작성법

■ 프로그램의 구조

[실습과제 9-3]은 프로피버스 전용 통신을 위해 만든 FC1을 사용해서 프로피버스 통신으로 인버터를 제어하는 프로그램을 작성한 것이다.

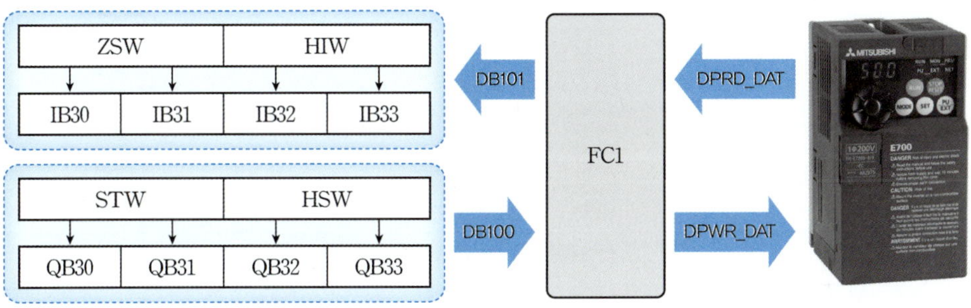

[그림 9-39] 프로피버스 전용 명령어를 사용한 통신

[그림 9-39]처럼 FC1은 프로피버스 전용 명령어에 의해 인버터에 할당된 입출력 번지가 DB100과 DB101에 연결되어 읽고 쓰기가 자동으로 이루어지기 때문에, 프로그래머는 Global DB100과 DB101에 설정된 태그의 값만 변경하면 인버터 제어를 할 수 있다. 인버터를 제어하기 위한 프로그램은 FB10에서 작성한다. FB10을 재활용하기 위해 FB10의 내부에서 선언한 태그만 사용해서 프로그램을 작성한다.

[그림 9-40]을 살펴보자. FB10에서 3개의 입력 버튼에 의해 인버터의 단수가 결정되면, 인버터의 동작 상

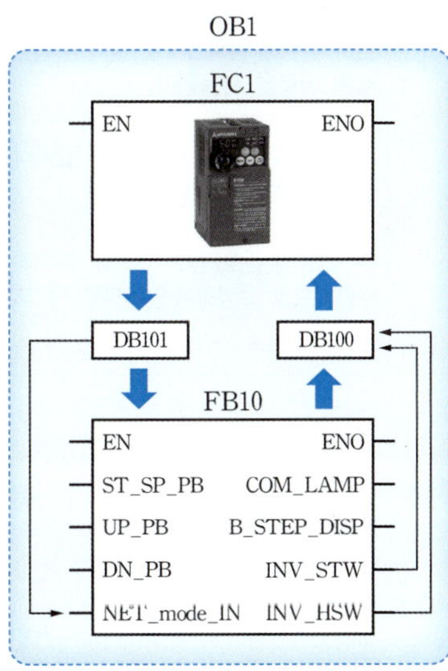

[그림 9-40] 전체 프로그램의 구조

태를 제어하기 위한 INV_STW, INV_HSW의 출력에 DB100에서 설정한 태그가 프로피버스 통신을 통해 연결되어 인버터의 동작을 제어하게 된다. 인버터가 프로피버스 통신 중이면 DB101의 ZSW의 14번째 비트(DB101.ZSW.%X14)의 상태가 FB10의 NET_mode_IN의 입력에 연결되어 통신 중 램프가 점멸동작을 하게 된다.

[표 9-36] FB10의 프로그램 작성 순서

순서	작업 내용	작업 화면
1	**FB10 태그 설정** FB10에서 사용할 내부 태그를 선언한다.	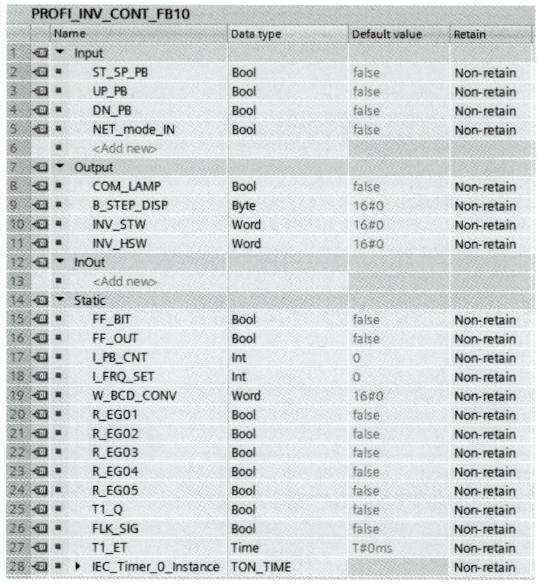
2	**FB10 프로그램 작성** • **네트워크 1번** 시작/정지 버튼 1개로 토글 출력 기능을 구현하기 위해 입력신호를 펄스 처리한 후에 XOR 회로를 사용한다. FF_OUT의 신호가 ON될 때, 인버터 단수를 1단으로 설정한다. FF_OUT의 신호가 OFF될 때, 인버터의 단수를 0으로 설정해서 인버터를 정지시킨다.	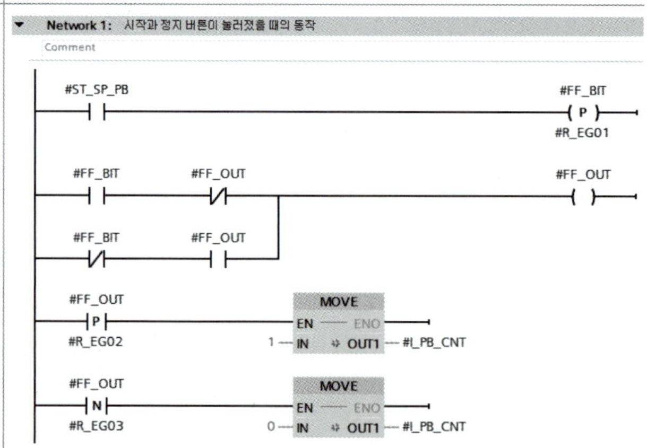

PROFI_INV_CONT_FB10

	Name	Data type	Default value	Retain
1	▼ Input			
2	ST_SP_PB	Bool	false	Non-retain
3	UP_PB	Bool	false	Non-retain
4	DN_PB	Bool	false	Non-retain
5	NET_mode_IN	Bool	false	Non-retain
6	<Add new>			
7	▼ Output			
8	COM_LAMP	Bool	false	Non-retain
9	B_STEP_DISP	Byte	16#0	Non-retain
10	INV_STW	Word	16#0	Non-retain
11	INV_HSW	Word	16#0	Non-retain
12	▼ InOut			
13	<Add new>			
14	▼ Static			
15	FF_BIT	Bool	false	Non-retain
16	FF_OUT	Bool	false	Non-retain
17	I_PB_CNT	Int	0	Non-retain
18	I_FRQ_SET	Int	0	Non-retain
19	W_BCD_CONV	Word	16#0	Non-retain
20	R_EG01	Bool	false	Non-retain
21	R_EG02	Bool	false	Non-retain
22	R_EG03	Bool	false	Non-retain
23	R_EG04	Bool	false	Non-retain
24	R_EG05	Bool	false	Non-retain
25	T1_Q	Bool	false	Non-retain
26	FLK_SIG	Bool	false	Non-retain
27	T1_ET	Time	T#0ms	Non-retain
28	▸ IEC_Timer_0_Instance	TON_TIME		Non-retain

(계속)

<table>
<tr><td>3</td><td>

• **네트워크 2번**

증가 및 감소 버튼에 의해 인버터의 단수가 1~9단까지 변경된다.

곱셈 명령을 통해 단수를 인버터 설정주파수로 변경한다.

</td><td>

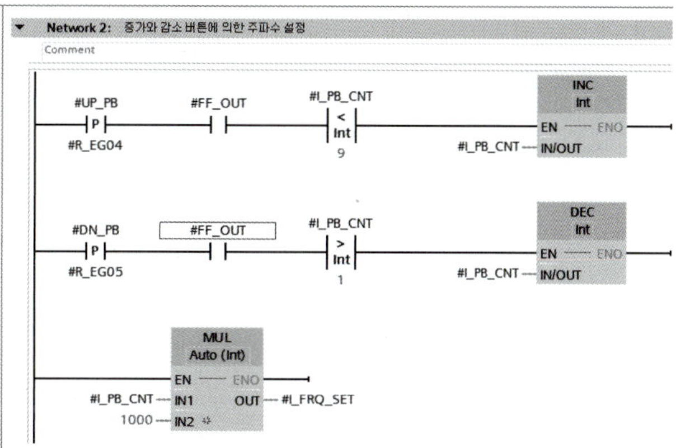

</td></tr>
<tr><td>4</td><td>

• **네트워크 3번**

인버터의 단수 설정이 0보다 크면, 인버터 정회전 지령과 더불어 주파수를 설정한다.

인버터의 단수 설정이 0이면, 인버터 정지 지령과 주파수를 0으로 설정한다.

</td><td>

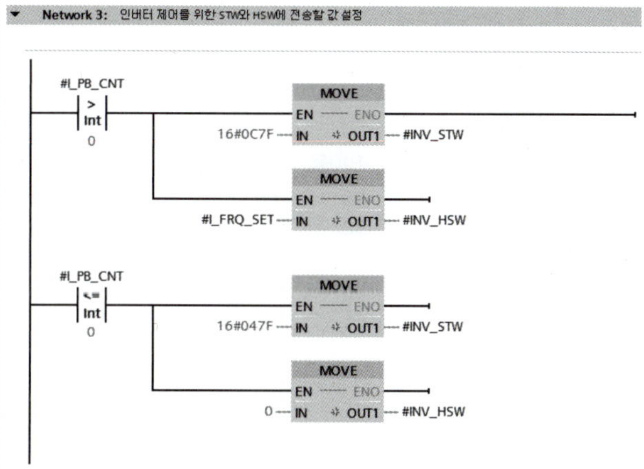

</td></tr>
<tr><td>5</td><td>

• **네트워크 4번**

통신 중 램프 점멸 동작을 위해 1Hz 주기를 가진 클록 펄스를 발생시킨다.

</td><td>

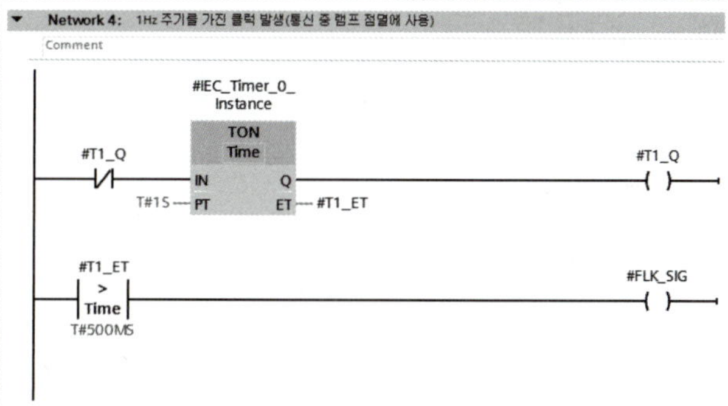

</td></tr>
<tr><td>6</td><td>

• **네트워크 5번**

통신 중 램프 점멸 동작을 위해 1Hz 주기를 가진 클록 펄스를 발생시킨다.

</td><td>

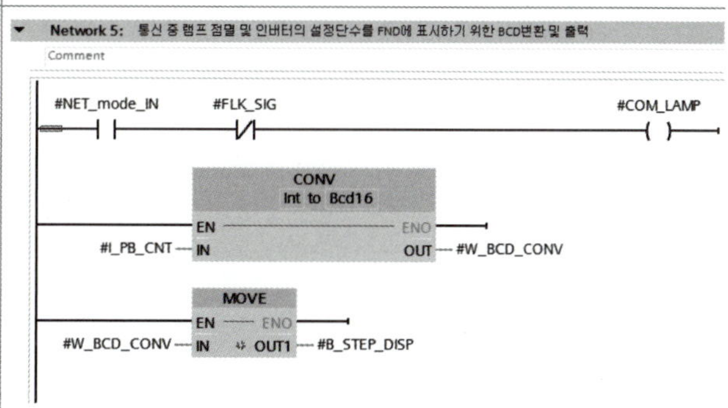

</td></tr>
</table>

(계속)

<table>
<tr>
<td>7</td>
<td>FB10 컴파일
FB10을 컴파일하고, 메시지에서 에러가 없는지 확인한다.</td>
<td>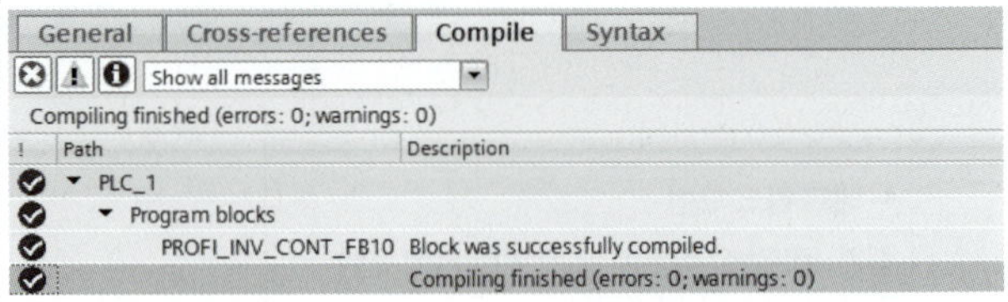
</td>
</tr>
<tr>
<td>8</td>
<td>OB1 프로그램
• 네트워크 1번
프로피버스 통신 전용 명령어로 데이터 송수신을 위한 FC1을 호출한다.
• 네트워크 2번
인버터 제어를 위한 FB10을 호출하고, FC1에 의해 인버터와 데이터를 교환하는 DB100과 DB101에 설정한 태그를 지정한다.</td>
<td>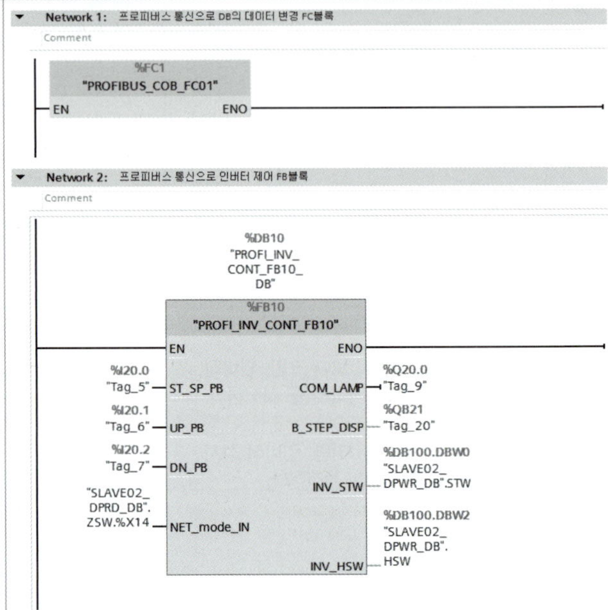
</td>
</tr>
<tr>
<td>9</td>
<td>OB1 컴파일
OB1을 컴파일하고, 메시지에서 에러가 없는지 확인한 후에, CPU로 다운로드하고 실행한다.</td>
<td>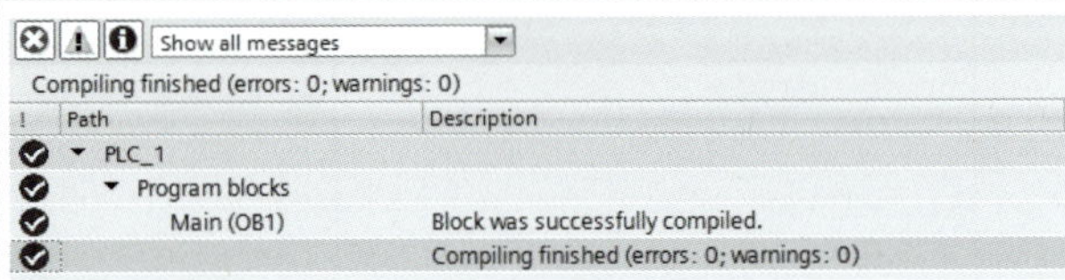
</td>
</tr>
</table>

실습과제 9-4 인버터의 다단속도 제어 4

프로피버스 통신 전용 명령어 DPWR_DAT, DPRD_DAT를 사용해서 슬레이브 2번과 3번의 인버터를 제어한다.

[실습과제 9-3]에서 구현한, 슬레이브 2번에 연결된 인버터를 제어하기 위한 FB10을 사용하여, 슬레이브 2번과 슬레이브 3번에 연결된 인버터를 동일한 방법으로 제어하는 프로그램 작성법에 대해 살펴보자.

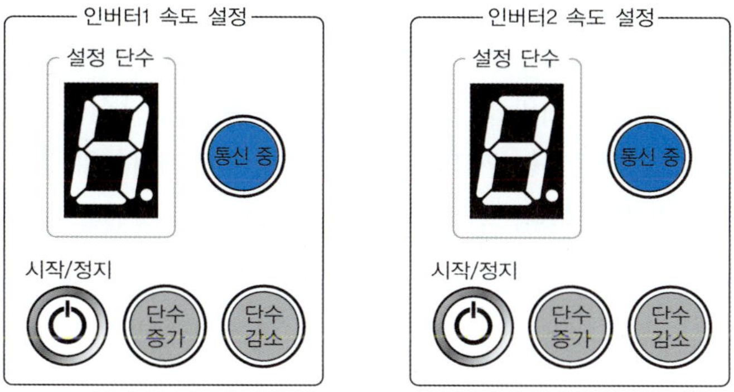

[그림 9-41] 슬레이브 2번 및 3번 인버터의 다단속도 제어

[표 9-37] 프로피버스 통신을 위한 WAGO 및 인버터(슬레이브 2번) 입출력 번지

입력			출력	
입력 번지		기능	출력 번지	기능
인버터1 슬레이브2	I20.0	정지	Q21.3 ~ Q21.0	FND 디스플레이
	I20.1	단수 증가	Q20.0	통신 중 램프
	I20.2	확인		
인버터2 슬레이브3	I20.3	정지	Q21.7 ~ Q21.4	FND 디스플레이
	I20.4	단수 증가	Q20.1	통신 중 램프
	I20.5	확인		

동작 조건

❶ 동작 조건은 [실습과제 9-3]의 동작 조건과 동일하며, 그에 더하여 슬레이브 2번과 3번의 인버터가 각각 제어되어야 한다.

❷ 슬레이브 2번과 3번의 설정 단수 표시 FND는 WAGO의 QB21의 1바이트 크기의 출력을 사용해서 표시한다.

PLC 프로그램 작성법

■ 프로그램의 구조

[실습과제 9-4]는, [실습과제 9-3]에서 프로피버스 통신으로 인버터 1대를 제어했던 방식에 인버터를 1대 더 추가하여 인버터 제어 동작을 구현하는 것이다. 이런 경우에는 추가된 인버터를 제어하기 위한 별도의 FB를 만들고, 프로그램을 새로 작성할 필요 없이 [실습과제 9-3]에서 만든 FB10을 재활용하면 된다. 하지만 기존의 FB를 재활용하기 위해서는 먼저 따져봐야 할 사항이 있다.

첫째, 기존의 FB를 사용하기 위해 준비해야 할 다른 작업이 있는지 살펴봐야 한다. [실습과제 9-4]에서는 프로피버스 통신으로 2대의 인버터를 제어하기 때문에, [실습과제 9-3]에서 사용했던 프로피버스 통신을 담당하는 FC1의 내용에, 2대의 인버터와의 통신을 위한 프로피버스 전용 명령을 추가해야 한다. 인버터 2대와 프로피버스 통신을 하기 위한 FC2를 만들자.

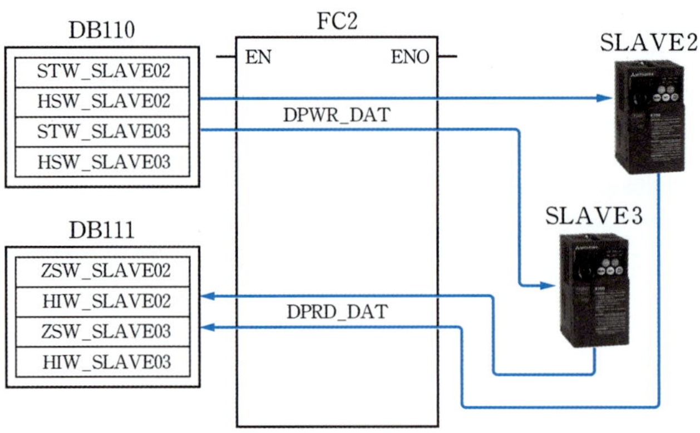

[그림 9-42] 2대의 인버터 제어를 위한 프로피버스 통신용 FC2의 구조

둘째, 기존의 FB의 입출력과 프로그램을 변경하지 않고 그대로 사용할 수 있는지 살펴봐야 한다. 만약 입출력과 프로그램의 일부가 변경되어야 한다면, 기존의 FB를 복사해서 다른 FB로 만든 후에 수정 작업을 거쳐야 한다. [실습과제 9-4]에서는 [실습과제 9-3]에서 만든 FB10을 변경 없이 사용 가능하다. [그림 9-43]처럼 2개의 인버터 제어를 위해 FB10을 2개 사용하기 때문에 FB10의 표시 출력을 각각 조합하여 FND 2개에 표시할 수 있도록 별도의 FB11을 만들어서 인버터의 단수를 표시하도록 한다.

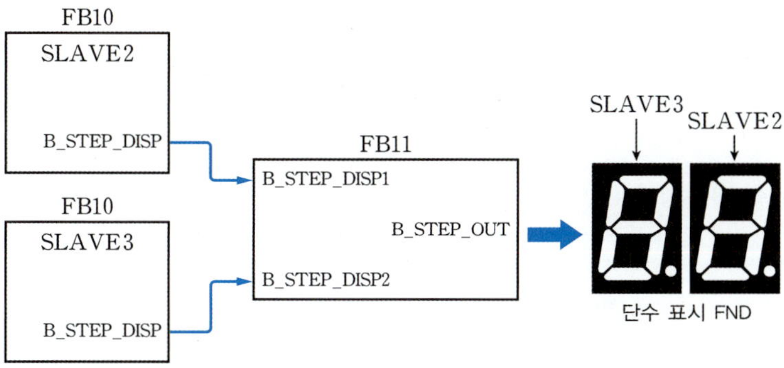

[그림 9-43] **슬레이브 2, 3번의 인버터 단수를 바이트 단위로 표시**

셋째, 슬레이브 2, 3번의 인버터 제어를 위한 FB10을 OB1에서 각각 호출할 것인지 아니면 다른 FB을 만들어서 전체 프로그램을 완성할 것인지를 결정해야 한다.

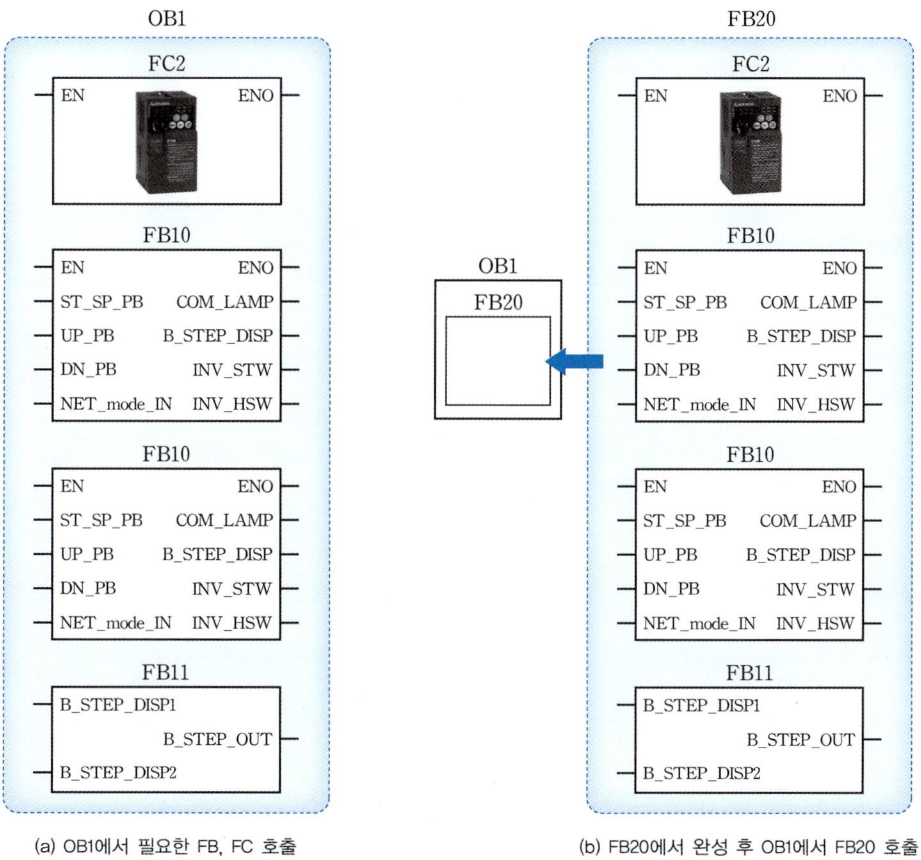

(a) OB1에서 필요한 FB, FC 호출

(b) FB20에서 완성 후 OB1에서 FB20 호출

[그림 9-44] **OB1에서 프로그램을 실행하기 위해 호출하는 방식**

[표 9-38] [실습과제 9-4]의 프로그램 작성

순서	작업 내용	작업 화면
1	**DB110 만들기** Standard block으로 DB의 속성을 설정한다.	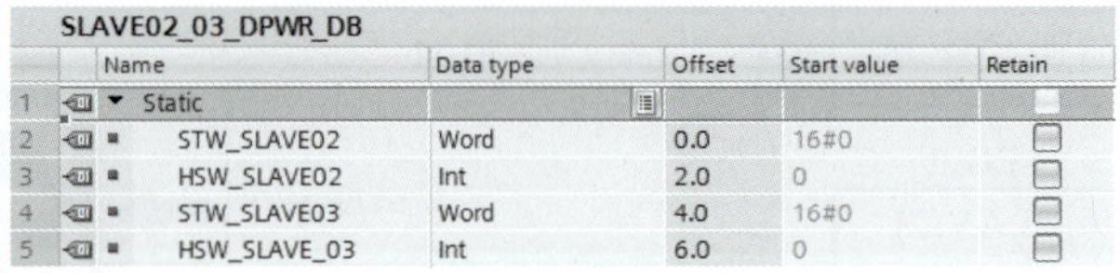

SLAVE02_03_DPWR_DB

	Name	Data type	Offset	Start value	Retain
1	▼ Static				
2	STW_SLAVE02	Word	0.0	16#0	
3	HSW_SLAVE02	Int	2.0	0	
4	STW_SLAVE03	Word	4.0	16#0	
5	HSW_SLAVE_03	Int	6.0	0	

순서	작업 내용	작업 화면
2	**DB111 만들기** Standard block으로 DB의 속성을 설정한다.	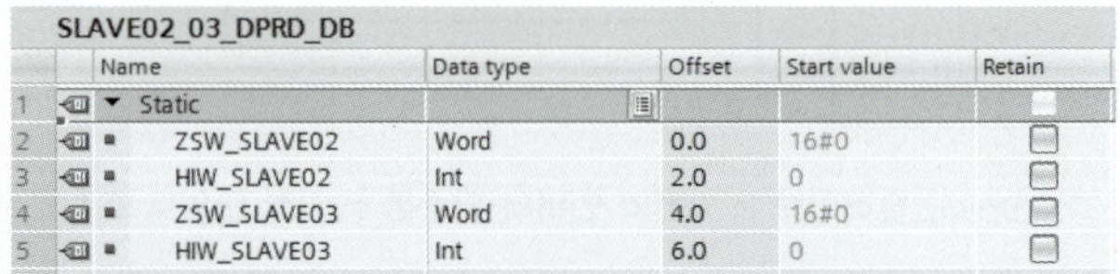

SLAVE02_03_DPRD_DB

	Name	Data type	Offset	Start value	Retain
1	▼ Static				
2	ZSW_SLAVE02	Word	0.0	16#0	
3	HIW_SLAVE02	Int	2.0	0	
4	ZSW_SLAVE03	Word	4.0	16#0	
5	HIW_SLAVE03	Int	6.0	0	

순서	작업 내용	작업 화면
3	**FC2 태그 설정** FC1에서 슬레이브 2번과 3번의 프로피버스 통신에 전용 명령어의 리턴값을 확인할 정수형 태그를 설정한다.	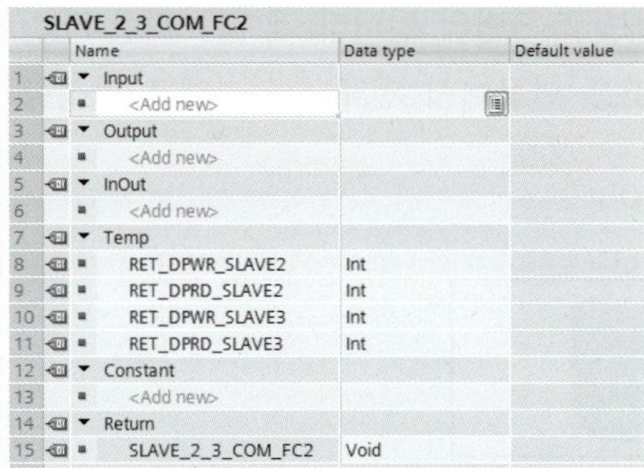

SLAVE_2_3_COM_FC2

	Name	Data type	Default value
1	▼ Input		
2	<Add new>		
3	▼ Output		
4	<Add new>		
5	▼ InOut		
6	<Add new>		
7	▼ Temp		
8	RET_DPWR_SLAVE2	Int	
9	RET_DPRD_SLAVE2	Int	
10	RET_DPWR_SLAVE3	Int	
11	RET_DPRD_SLAVE3	Int	
12	▼ Constant		
13	<Add new>		
14	▼ Return		
15	SLAVE_2_3_COM_FC2	Void	

순서	작업 내용
4	**FC2 프로그램 작성** 슬레이브 2번과 3번의 프로피버스 통신을 위한 전용 명령어를 사용한다. 네트워크 1번은 슬레이브 2번, 네트워크 2번은 슬레이브 3번과 통신한다.

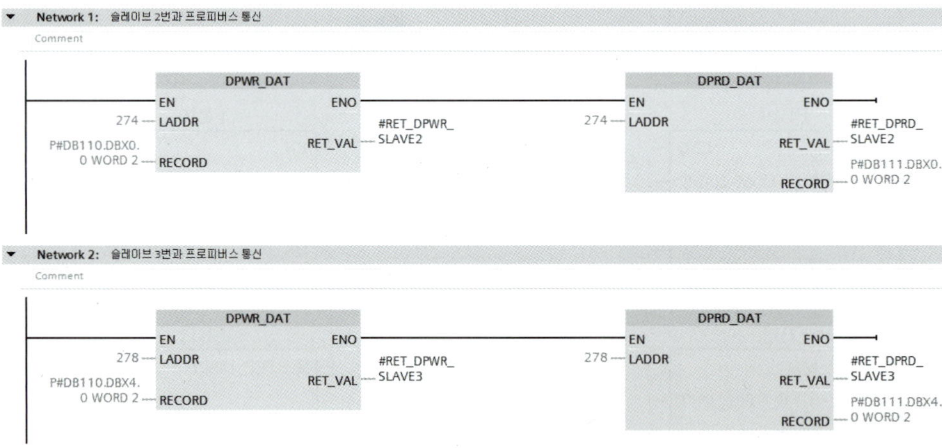

순서	작업 내용	작업 화면
5	**FC2 컴파일** FC2를 컴파일하고, 메시지에 에러가 없는지를 확인한다.	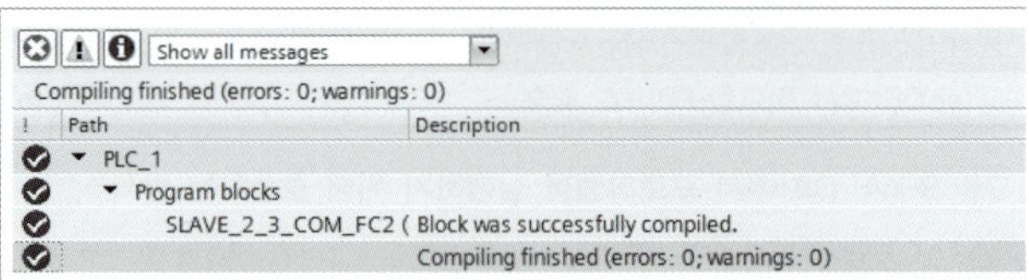

(계속)

6

FB11 태그 설정

슬레이브 2, 3번의 인버터 설정 단수를 바이트 단위로 조합할 프로그램 작성에 필요한 태그를 설정한다.

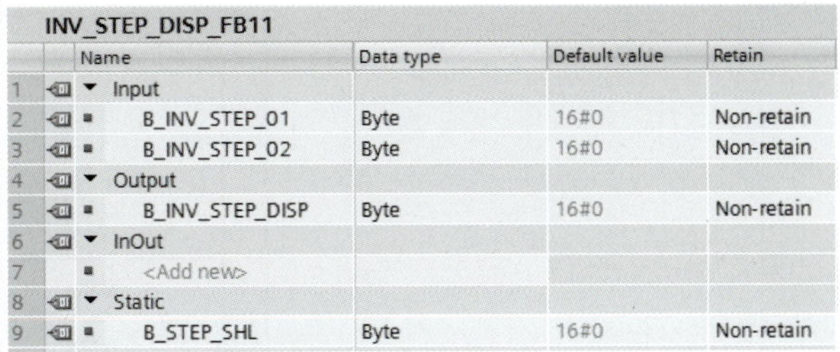

7

FB11 프로그램 작성

슬레이브 3번의 단수 설정을 4비트 좌측으로 시프트한 후에, 슬레이브 2번의 단수와 OR로 조합하여 QB21에 인버터 단수를 표시할 수 있도록 한다.

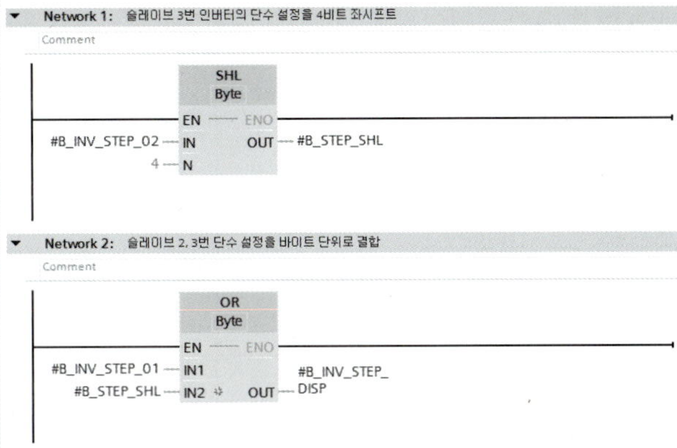

8

FB11 컴파일

컴파일해서 에러가 없는지 확인한다.

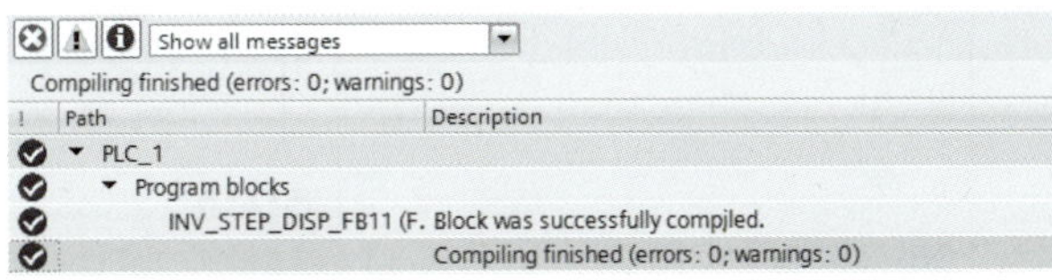

9

OB1에서 FC2와 FB10을 호출하기

- **네트워크 1번**

  프로피버스 통신으로 인버터와 DB의 데이터를 교환할 FC2를 호출한다.

- **네트워크 2번**

  슬레이브 2번 인버터 제어를 위한 FB10을 호출한다. 그리고 단수 표시를 위한 출력태그에 MB10을 지정한다.

- **네트워크 3번**

  슬레이브 3번 인버터 제어를 위한 FB10을 호출한다. 그리고 단수 표시를 위한 출력태그에 MB10을 지정한다.

※ 참고

인버터의 제어 방식이 동일하기 때문에 FB10을 사용해서 여러 대의 인버터를 손쉽게 제어할 수 있다.

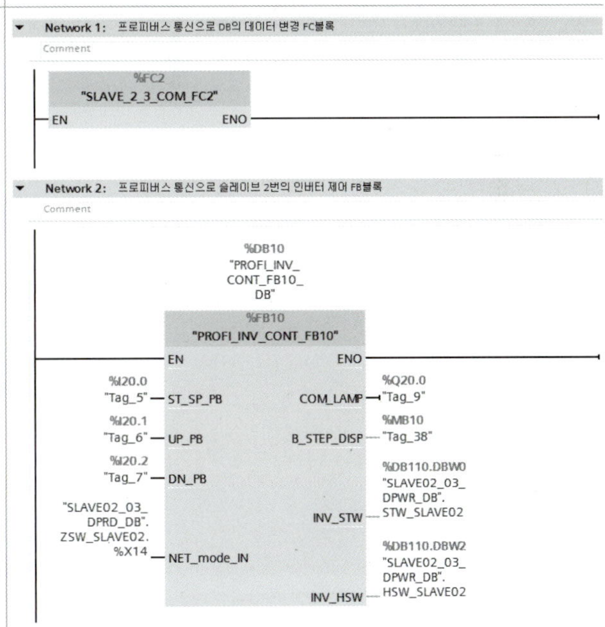

(계속)

<table>
<tr><td></td><td></td><td>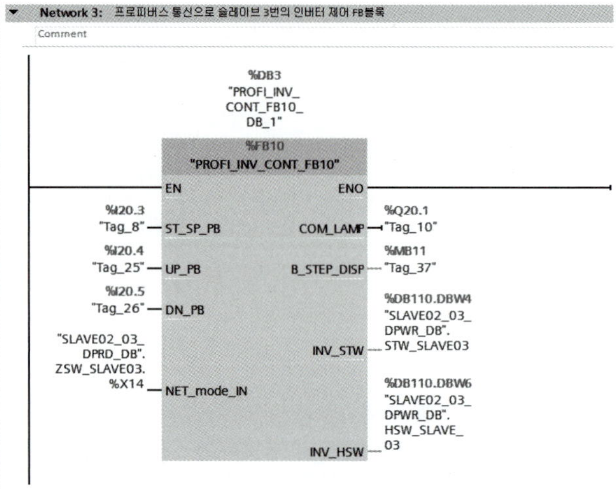
</td></tr>
<tr><td>10</td><td>

• **네트워크 4번**

슬레이브 2, 3번의 인버터 단수 표시를 위한 FB11을 호출한다.

</td><td>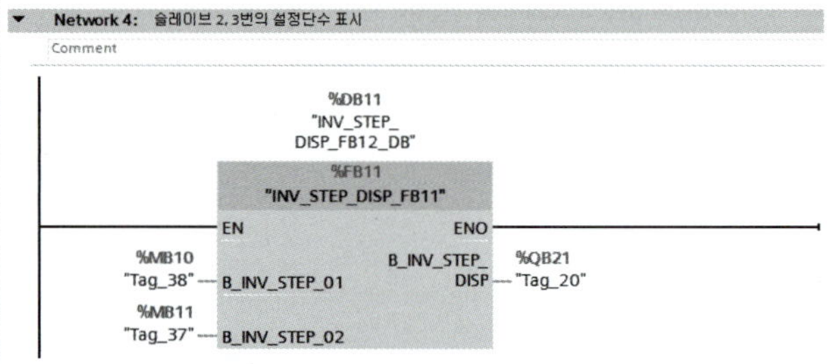
</td></tr>
<tr><td>11</td><td>

OB1 컴파일

OB1을 컴파일하고 에러가 없는지 확인한 후, CPU에 다운로드한다.

</td><td>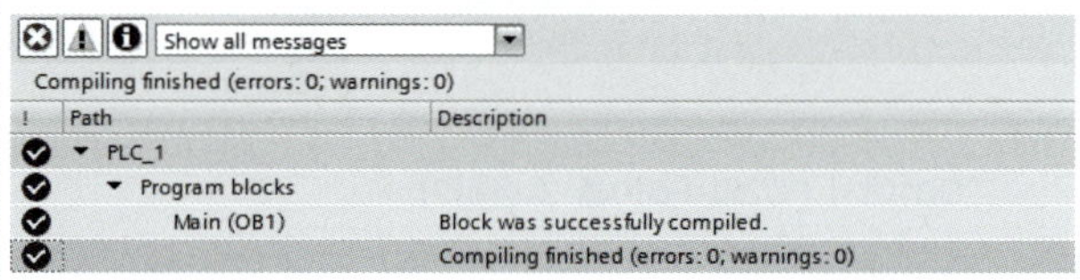
</td></tr>
</table>

Chapter 10 프로피넷 통신 및 제어

산업용으로 사용하는 이더넷 통신의 종류는 30개 정도가 되는데, 그 중에서 많이 사용하는 통신으로는 Modbus TCP, EtherNet/IP, EtherCAT, POWERLINK, CC-Link/IE, 프로피넷 등이 있다. 이 중에서 Modbus TCP, EtherNet/IP, 프로피넷이 모든 산업용 이더넷 응용 분야의 약 75%를 차지하고 있다. 이 장에서는 프로피넷 통신에 대해 살펴본 후에, 프로피넷 리모트 I/O와 디바이스 장치를 제어하는 방법에 대해 학습한다. 리모트 I/O는 지멘스의 ET200SP 모듈을 사용하고, 디바이스는 인버터 G120을 사용한다.

10.1 프로피넷 통신

3차 산업혁명으로 일컬어지는 공장 자동화 시대의 산업용 네트워크의 목적은 주로 제어에 맞추어져 있었기 때문에 공장 내 설비를 연결하는 데 중점을 두었다. 하지만 4차 산업혁명 시대에 들어와 모든 기기, 디바이스, 시스템, 작업자가 네트워크로 연결되는 산업용 사물 인터넷 개념의 IIoT[Industrial Internet of Things]가 부상하면서 산업용 이더넷이 급격히 확산되기 시작하였다. [그림 10-1]은 스웨덴에 본사를 둔 HMS Industrial Networks에서 발표한 산업용 네트워크의 2017년 시장 점유율 전망을 나타낸 것이다. 산업용 네트워크는 RS485 통신을 기반으로 한 필드버스와 이더넷을 이용한 산업용 이더넷으로 양분되어 있지만, 산업용 이더넷 시장이 점차 확대되어 가고 있는 추세이며, 무선통신 분야도 더욱 커지고 있다.

국내에서도 스마트 팩토리 KS 표준화 작업의 일환으로 국가기술표준원이 6가지 산업용 이더넷 프로토콜에 대한 표준화를 진행했다. EtherNet/IP와 PROFINET, EtherCAT, POWERLINK, CC-Link/IE, 그리고 국내 기업인 LS산전이 개발한 RAPIEnet이 KS 인증을 획득했다.

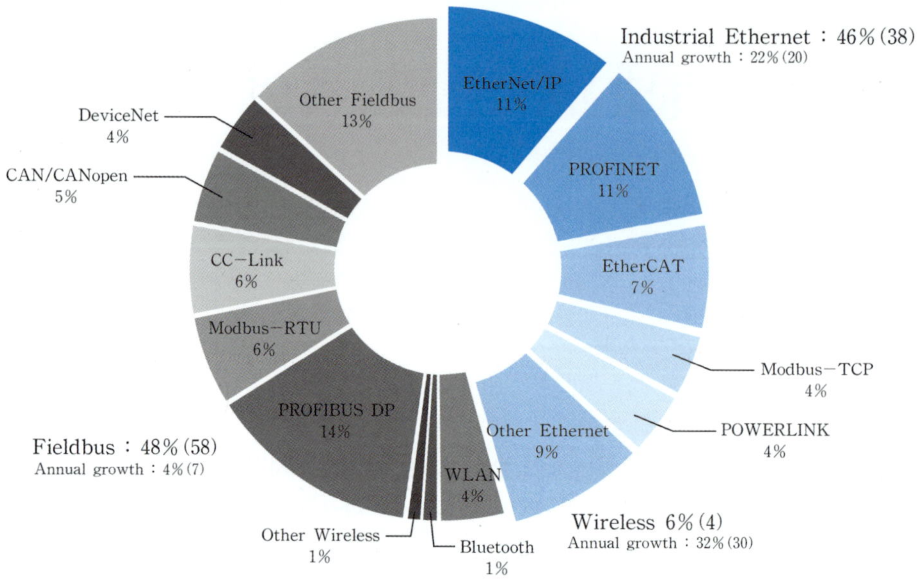

[그림 10-1] HMS Industrial Networks에서의 2017년 산업용 네트워크 시장 점유율 전망

오늘날 이더넷은 비용 대비 높은 효율성을 자랑한다. 단순한 물리적 연결만으로도 향상된 속도를 제공하기 때문이다. 많은 산업용 통신이 이더넷 기반 솔루션으로 변모하는 이유가 바로 그러한 장점에 있다. TCP/IP를 활용한 이더넷 통신은 일반적으로 비결정적이며, 반응 시간은 100ms 남짓이지만, 산업용 이더넷 프로토콜은 수정을 거친 매체 접근 제어 MAC[Media Access Control]층을 활용해 대기시간을 낮추고, 결정적 응답성[deterministic responses]을 높여 반응시간이 μs 단위까지 도달하였다. 이더넷을 활용하면 네트워크 토폴로지를 유연하게 선택할 수 있으며, 하나의 시스템에서 여러 개의 노드를 유연하게 구성할 수 있기 때문에 산업용 이더넷 통신의 사용이 점차 확대되어 가고 있다.

프로피넷은 공장 자동화를 위해 지멘스가 이더넷을 사용해서 만든 산업용 통신으로, 현재는 공개 표준화되어 PI[PROFIBUS & PROFINET International] 협회가 관리하고 있다. 프로피넷은 이더넷 TCP/IP를 기반으로 한 통신으로 PROFIBUS 기술을 발전시킨 산업용 통신이다.

10.1.1 프로피넷 통신 방식의 종류

프로피넷 통신에는 [그림 10-2]처럼 분산형 입출력 장치 통합을 위한 프로피넷 I/O와, 분산형 자동화에서 모듈 방식의 설비를 만들어내기 위한 [그림 10-3]과 같은 프로피넷 CBA가 있다. 프로피넷 I/O와 프로피넷 CBA는 제어장치를 제어하는 방법으로 구분한 통신 방식이다.

프로피넷 I/O

프로피넷 I/O는 프로피넷 CBA에 포함되어 사용된다. 이는 프로피버스의 리모트 I/O와 프로피넷 I/O의 디바이스를 제어하는 방법은 동일하지만, 통신 방식으로 이더넷을 사용하기 때문에 이더넷 사용을 위한 내용이 프로피버스의 프로토콜에 부가되어 있다.

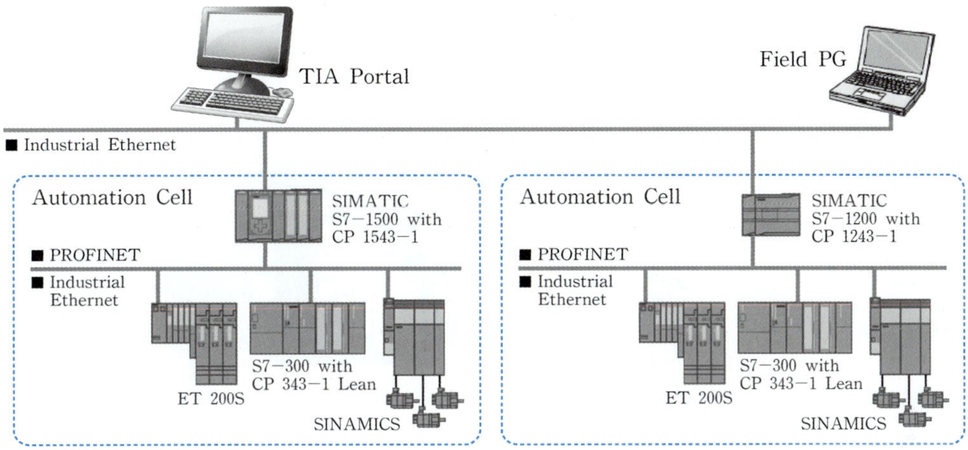

[그림 10−2] **프로피넷 I/O의 시스템 구성**

프로피넷 CBA

프로피넷 CBA(Component Based Automation)는 전체 작업 공정을 여러 개의 서브 작업 공정으로 세분화하여 진행한 후 합치는 것으로, 객체 지향 모델링을 적용하여 시스템을 구성하는 방식을 의미한다.

[그림 10−3(a)]와 같이 음료수 제조 공정을 살펴보면, 공정별로 각각 다른 업체에서 제작된 여러 종류의 기계장치들이 연결되어 전체 시스템이 만들어진다. 각각의 서브 작업 공정은 그림 (b)와 (c)처럼 해당 공정 작업을 세분화해서 프로그램 작업을 통해 만들어진다. 업체에서 제작해서 제공한 프로그램(그림 (d))을 그림 (e)처럼 프로피넷 전용 툴을 통해 결합시켜 장비 제작업체로부터 독립적인 프로그램을 완성한다. 완성된 프로그램을 각각의 서브 공정에 다운로드(그림 (f))하고, 각각의 서브 공정을 프로피버스와 프로피넷으로 연결(그림 (g))하면 전체 시스템의 구성이 완성된다. 각기 다른 업체에서 공급된 기계장치는 각기 다른 자동화 환경과 독자적인 구조를 갖고 있으며 개별적인 PLC에 의해 제어되지만, 프로피넷 CBA를 사용하면 이들을 손쉽게 통합할 수 있다. 이와 같은 방식은 오늘날 복잡한 자동화 시스템을 구성하는 데 널리 사용되고 있다.

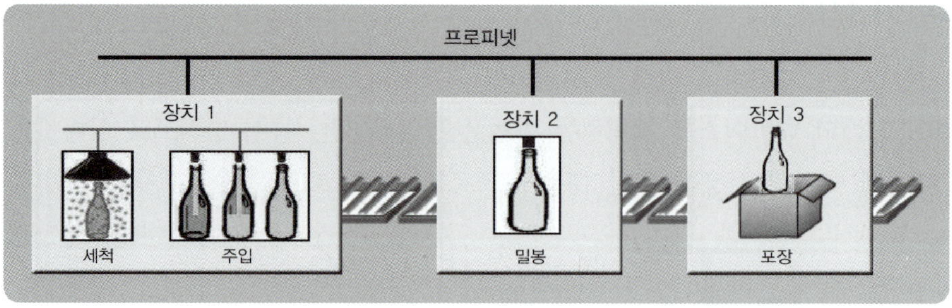

(a) 전체 공정을 서브 작업 공정으로 분류

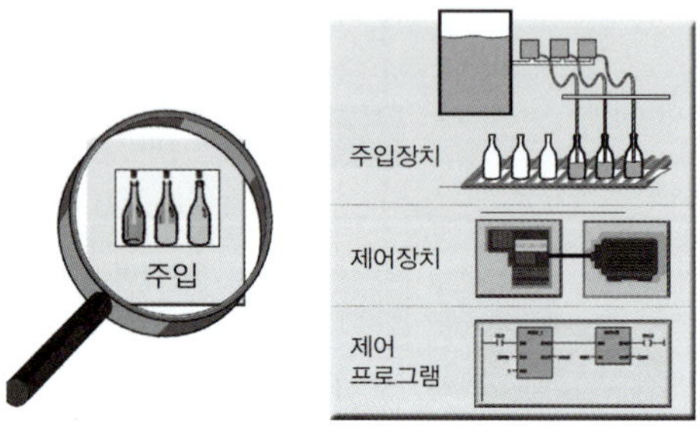

(b) 서브 작업 공정의 시스템 구성

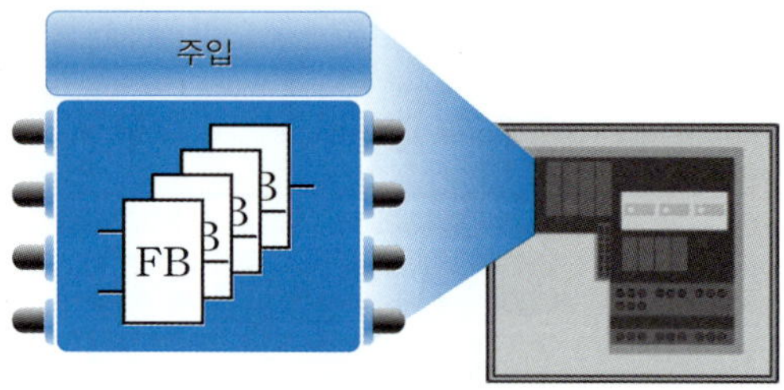

(c) 서브 작업 공정의 프로그램 구성

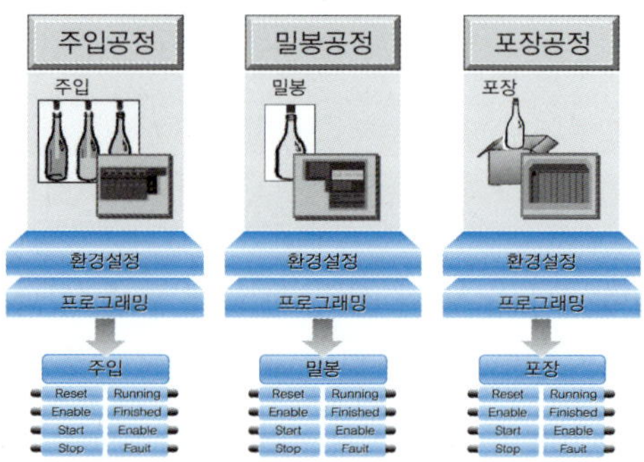

(d) 공정별로 프로그램 작성

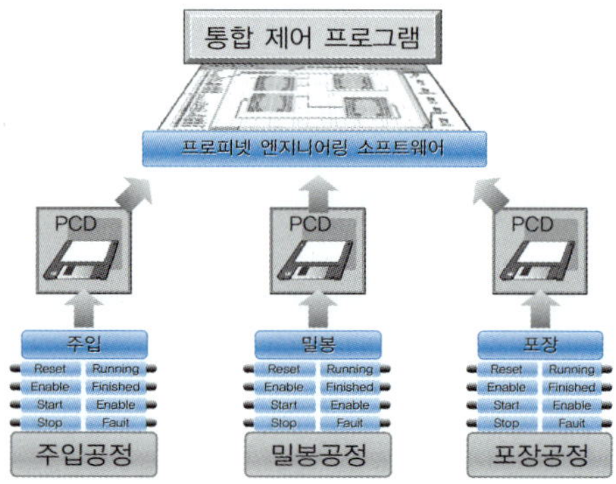

(e) 공정별 프로그램을 통합하여 전체 프로그램 완성

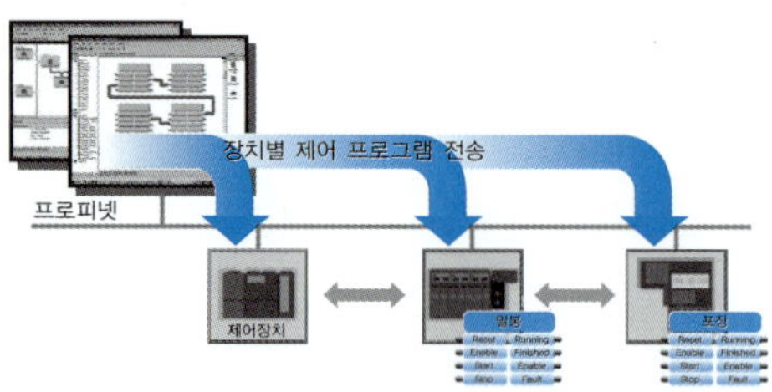

(f) 공정별 프로그램을 해당 장비에 다운로드

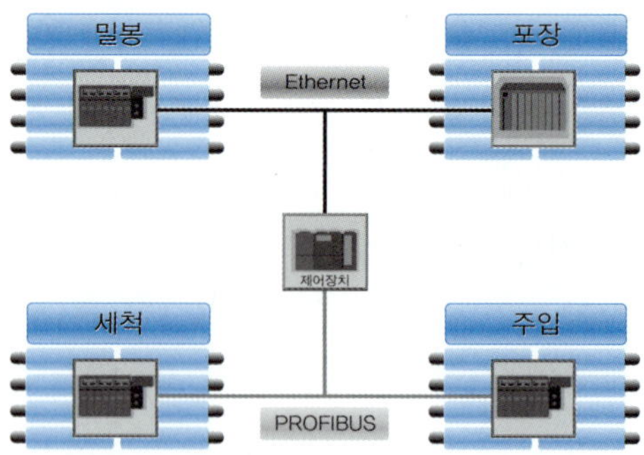

(g) 공정별 네트워크 구성으로 시스템 완성

[그림 10-3] 프로피넷 CBA의 시스템 구성
(출처 : http://www.profibus.org.pl)

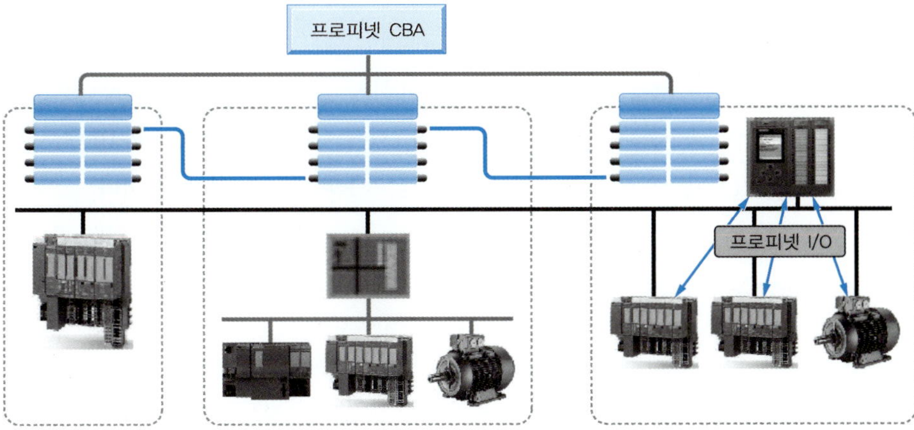

[그림 10-4] **프로피넷 CBA의 구성도**

10.1.2 통신 속도에 따른 프로피넷 통신 방식의 구분

프로피넷 통신에는 이더넷이 사용되기 때문에 통신 장비들이 동시에 통신하면서 발생하는 충돌을 방지하기 위한 방법의 하나로 CSMA/CD[Carrier Sense Multiple Access with Collision Detection] 프로토콜을 사용한다. 데이터 충돌을 해결하는 프로토콜은 데이터 전송을 불규칙하게 지연시키는 문제를 발생시킨다. 산업용 이더넷 통신은 정해진 시간 내에 통신을 할 수 있어야 하기 때문에, 산업용 이더넷 포트는 전이중화(양방향 통신)[full-duplex]를 지원하는 이더넷 스위치를 사용한다. 전이중화는 전송 및 수신을 위한 물리적인 개별 회선을 보유하고 있으므로 전송 및 수신 신호 사이에 데이터 충돌이 발생하지 않는다.

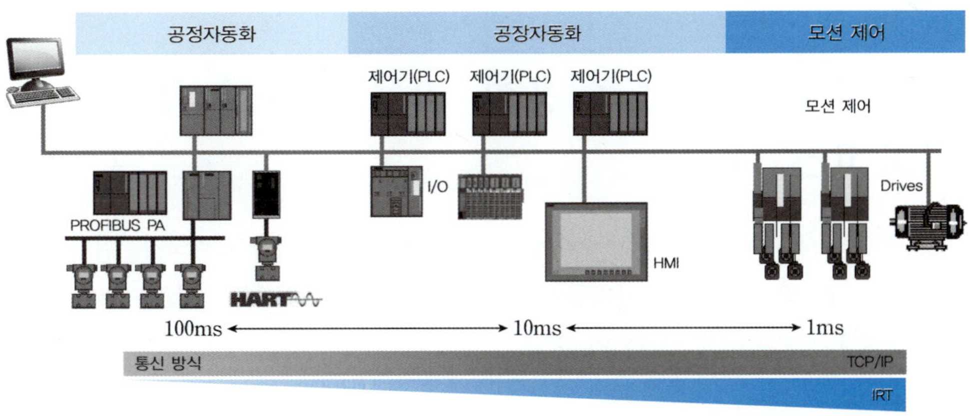

[그림 10-5] **프로피넷의 통신 속도에 따른 산업 환경 구분**

프로피넷 NRT

프로피넷 NRT(Non Real Time)는 빠른 송수신 통신이 필요하지 않은 경우에 사용하는 프로피넷 통신 방식으로서 통신 사이클 타임이 100ms이며, 통신 프로토콜로 UDP/IP를 사용한다. 이는 프로피넷 I/O 및 프로피넷 CBA에서 주로 사용하는 통신 방식이다.

프로피넷 RT

프로피넷 RT(Real Time)는 빠른 송수신 통신이 필요한 경우에 사용하는 프로피넷 통신 방식으로서 통신 사이클 타임이 10ms이다. I/O 데이터는 이더넷 프로토콜을 사용하여 직접 데이터 통신을 하고, 진단과 구성은 일반 UDP/IP를 사용한다. 프로피넷 RT는 빠른 처리 속도를 요구하는 프로피넷 I/O 및 프로피넷 CBA에서 주로 사용되며, 모션 제어에도 사용된다.

프로피넷 IRT

프로피넷 IRT(Isochronous Real Time)는 운송장비 또는 로봇처럼 복잡한 드라이브 시스템으로 구성된 모션 제어에 사용되는 프로피넷 통신 방식으로서 통신 사이클 타임은 1ms 미만이다. 따라서 고속동작이 필요한 모션 제어 장치에 사용한다.

10.2 프로피넷 통신을 이용한 리모트 I/O 및 디바이스 제어

프로피넷 통신을 사용해서 리모트 I/O와 인버터를 제어하는 방법을 살펴보자. 실습에 사용하는 시스템 구성은 [그림 10-6]처럼 S7-1500 CPU와 리모트 I/O인 ET200SP, 인버터 G120 2대가 프로피넷에 연결되어 있다.

프로피넷 통신은 통신 선로로 이더넷을 사용한다는 것만 다를 뿐, PLC의 입출력 메모리를 사용하여 데이터 통신하는 방식은 앞에서 학습한 프로피버스 통신 방식과 동일하다. 따라서 프로피넷 통신을 위해 필요한 작업은, TIA Portal에서 S7-1500 CPU와 리모터 I/O 및 인버터를 프로피넷 통신으로 연결하는 작업을 통해 인버터 제어에 필요한 기능을

CPU의 입출력 메모리에 할당하는 것이다. 이 작업이 완료되면, PLC의 입출력 메모리를 사용하듯이 프로피넷 통신으로 연결된 장치들을 사용할 수 있다.

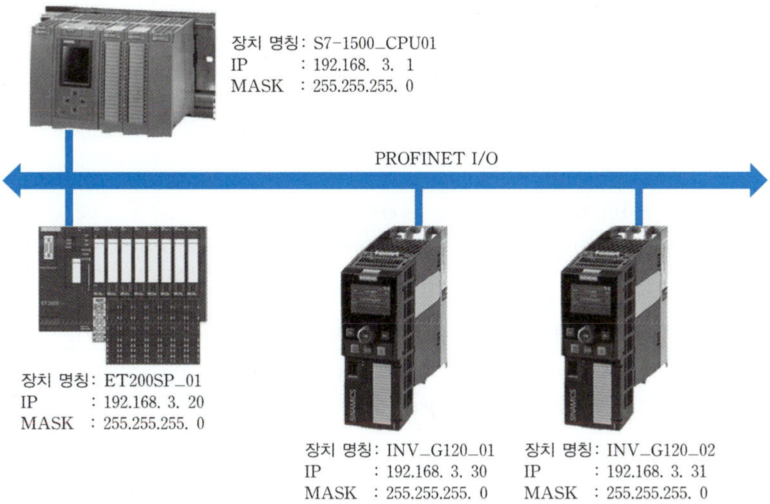

[그림 10-6] 실습에 사용할 프로피넷의 전체 시스템 구성도

10.2.1 ET200SP의 구성

이 책의 실습에 사용하는 ET200SP는 리모트 I/O 모듈이다. 이 모듈은 프로피넷 통신을 지원하는 2개의 이더넷 포트가 장착되어 있어 이중화 통신이 가능하다는 장점을 지닌다.

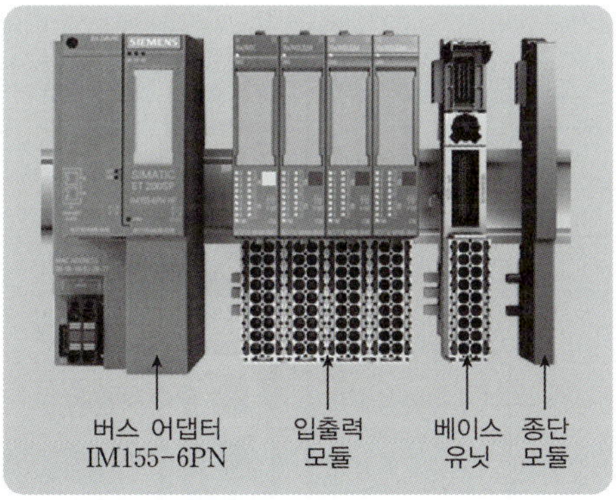

[그림 10-7] ET200SP의 구성품의 종류 및 역할

- **버스 어댑터**bus adapter **및 인터페이스 모듈** : 프로피넷 통신에 ET200SP를 연결하는 모듈
- **보조 모듈**peripherie module : 버스 어댑터를 통해 연결되는 디지털 입출력과 아날로그 입출력 모듈
- **베이스 유닛**base unit : 보조 모듈이 설치되고 신호선을 연결하는 유닛
- **종단 모듈**server module : ET200SP의 구성 끝단에 설치되는 모듈

ET200SP를 사용하기 위해서는 사전에 프로피넷에 연결할 ET200SP의 구성을 파악하고 있어야 한다. 따라서 [표 10-1]처럼 사용할 ET200SP의 구성품에 대한 도표를 만들면, TIA Portal에서 프로피넷 시스템을 구성할 때 편하다.

[표 10-1] 실습에 사용할 ET200SP의 구성

구분	제품명	품번	버전
버스 어댑터 및 인터페이스 모듈	BA 2×RJ45	6ES7193-6AR00-0AA0	
	IM55-6PN-HF	6ES7135-6AU00-0CN0	V3.3
입력 모듈	DI 8×24VDC HF	6ES7131-6BF00-0CA0	V2.0
입력 모듈	DI 8×24VDC HF	6ES7131-6BF00-0CA0	V2.0
출력 모듈	DQ 8×24VDC/0.5A HF	6ES7132-6BF00-0CA0	V2.0
출력 모듈	DQ 8×24VDC/0.5A HF	6ES7132-6BF00-0CA0	V2.0
아날로그 입력 모듈	AI 2×U/I 2/4wire HS	6ES7134-6HB00-0DA1	V2.0
아날로그 입력 모듈	AI 2×U/I 2/4wire HS	6ES7134-6HB00-0DA1	V2.0
아날로그 출력 모듈	AQ 2×U/I HS	6ES7135-6HB00-0DA1	V2.0
종단 모듈	Server Module	6ES7193-6PA00-0AA0	V1.1

실습에 사용하는 ET200SP의 구성을 살펴보면, 디지털 입력 16점, 디지털 출력 16점, 그리고 아날로그 입력 4채널, 아날로그 출력 2채널로 구성되어 있다. 하지만 이 책의 실습에서는 디지털 입출력만을 사용한다.

10.2.2 ET200SP의 입출력 구성

[그림 10-8]은 ET200SP의 입출력 구성을 나타낸 것이다. 이는 앞에서 학습한 프로피버스 통신에 연결된 WAGO의 입출력 구성과 유사하다. 입출력 번지는 프로피버스 통신에서 사용하는 입출력 번지와 충돌되지 않는 IB50~IB51/QB50-51을 사용한다.

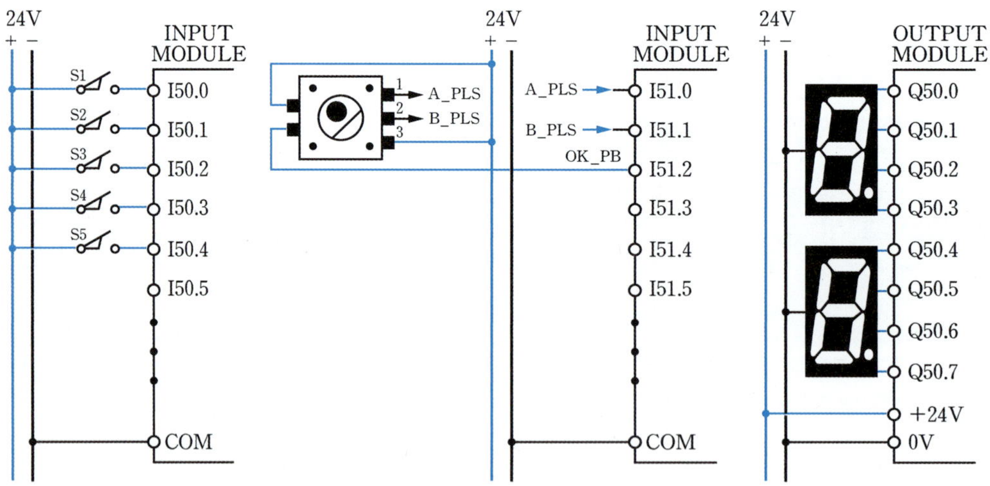

[그림 10-8] ET200SP의 입출력 구성

10.3 프로피넷 통신을 이용한 인버터 G120 제어

2세대 지멘스 시나믹스Sinamics G120은 높은 출력 파워와 공간 절약형 프레임을 제공하는 모듈식 드라이브로, V/f 제어[1]와 센서리스 및 센서 벡터 제어[2]가 가능한 고성능 인버터이다. 인버터 G120은 [그림 10-9]처럼 조작 패널operator panel + 컨트롤 유닛control unit + 파워 모듈power module의 조합으로 구성된다. 실습에 사용할 인버터 G120으로는 조작 패널에 IOP가 설치되어 있는 제품을 사용한다.

(a) 인버터 G120의 구성

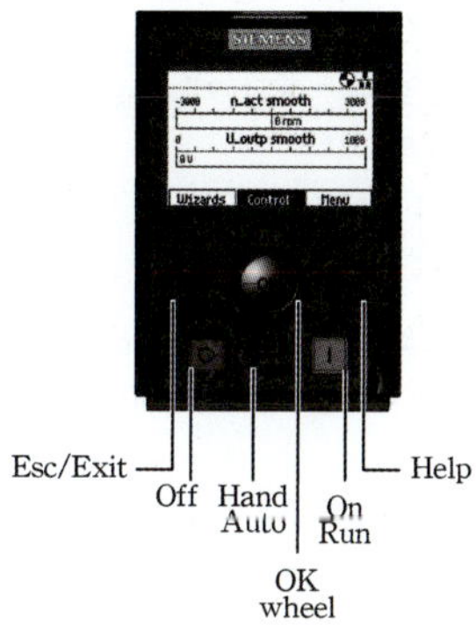

(b) 실습에 사용할 IOP

[그림 10-9] 인버터 G120의 구성

10.3.1 IOP 조작 패널을 이용한 인버터 제어

IOP 버튼의 기능 및 아이콘의 의미

IOP는 'Intelligent Operator Panel'의 약자로, 인버터의 기능을 조작할 때 사용하는 조작 패널이다.

1 주파수가 변할 때 V/f(전압과 주파수의 크기의 비)가 일정하면 모터가 발생할 수 있는 토크도 일정하다는 성질을 이용하여, 주파수를 변화시켰을 때 전압도 정해진 패턴으로 동시에 변화하는 인버터 제어 방식을 의미한다.

2 V/f 제어의 경우, 낮은 주파수대에서는 모터의 토크가 부족하여 회전력이 불안정해지는 문제가 발생할 수 있다. 벡터 제어는 이러한 문제점을 해결한 제어 방식으로, 낮은 주파수 대역에서도 모터의 토크 특성을 유지할 수 있는 제어 방식이다.

[표 10-2] IOP의 조작 버튼과 기능

구분	기능
OK	네비게이션 휠을 돌려서 메뉴를 선택한다. 네비게이션 휠 버튼을 눌러서 선택 항목을 확인한다.
HAND AUTO	버튼을 누를 때마다 Auto와 Manual 모드가 번갈아 가면서 선택된다. **Auto 모드** : 네트워크 또는 입력신호에 의한 인버터 제어 **Manual 모드** : IOP 패널의 버튼에 의해 인버터 제어
I	**Auto 모드** : 해당 기능 없음 **Manual 모드** : 인버터의 동작을 위한 시작버튼
O	**Auto 모드** : 해당 기능 없음 **Manual 모드** • 짧게 누를 경우(OFF1) : 인버터 파라미터 P1121에 설정된 감속시간 내에 모터를 정지 상태로 만든다. • 길게 누를 경우(OFF2) : 인버터 감속시간 없이 모터를 관성에 의해 정지 상태로 전환한다.
INFO	• 누르면 실제 디스플레이에 관한 정보 표시 • 다시 누르면 디스플레이로 복귀
ESC	• 짧게 누를 경우 : 이전 디스플레이로 복귀 • 3초 이상 누를 경우 : IOP가 상태 화면으로 복귀

IOP에서는 G120의 동작 상태를 표시하기 위해 다양한 아이콘을 사용한다. 따라서 표시 장치 상단에 표시되는 아이콘을 보고 G120의 동작 상태를 파악할 수 있다. 이 아이콘들을 살펴보자.

[표 10-3] IOP의 디스플레이에 표시되는 아이콘의 기능

아이콘	기능	아이콘	기능
	자동모드이고 네트워크로 인버터 제어 모드		변경된 파라미터가 RAM에 저장되어 있음
JOG	JOG 운전 모드		PID 오토튜닝
	수동 모드		대기 상태
	모터가 회전하면 아이콘이 회전함		파라미터 쓰기 방지
	에러 발생 및 미해결 상태임		파라미터 보기 및 변경 방지
	알람 발생 및 미해결 상태임		중요 문제 발생

IOP를 이용한 G120의 파라미터 공장 초기화 및 커미셔닝 작업

모터는 기계장치를 구동하는 제어기기로, 잘못된 제어가 이루어지면 장치의 파손이나 또는 인명 손상의 위험을 초래할 수 있다. 따라서 G120에 의해 제어되는 모터는 기계에 연결하기 전에, G120에 등록된 모터의 동작 특성 데이터를 참조하여 모터의 정상운전이 가능한지를 테스트해야 한다. 이와 같이 모터와 인버터의 동작이 올바른지 테스트하는 시운전 과정을 커미셔닝comissioning이라 한다.

G120의 커미셔닝 작업에 필요한 모터의 정보는 모터에 부착되어 있는 명판을 통해서 확인할 수 있다. 지멘스에서 판매하는 지멘스 SINAMICS 전용 모터 명판에는 제품코드가 있는데, 이런 경우에는 커미셔닝 작업할 때 해당 제품코드를 등록하면 된다. 일반 모터인 경우에는 모터 명판에 기재된 모터의 특성 데이터를 입력한다. 실습에 사용할 모터의 명판으로부터 커미셔닝에 필요한 모터 특성 데이터를 가지고 [표 10-4]를 완성해보자.

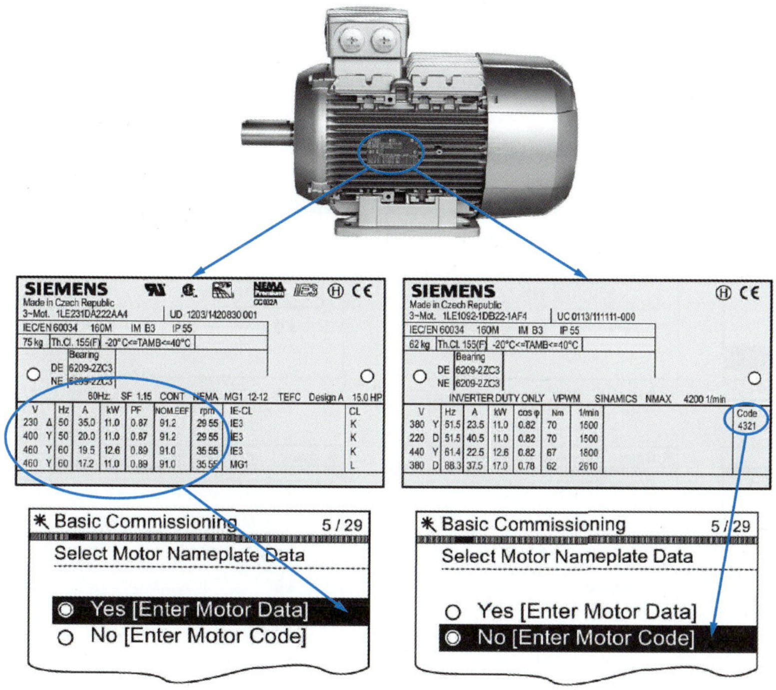

[그림 10-10] 모터 명판에 기재되어 있는 특성 데이터 확인 방법

[표 10-4] 실습에 사용할 모터의 특성 데이터

전압	주파수	전류	용량	회전수	역율 COSρ
220 V	60 Hz	1.09 A	0.18 kW	1650 rpm	0.77

[표 10-4]를 가지고, IOP를 사용한 G120의 커미셔닝 작업의 순서를 살펴보자.

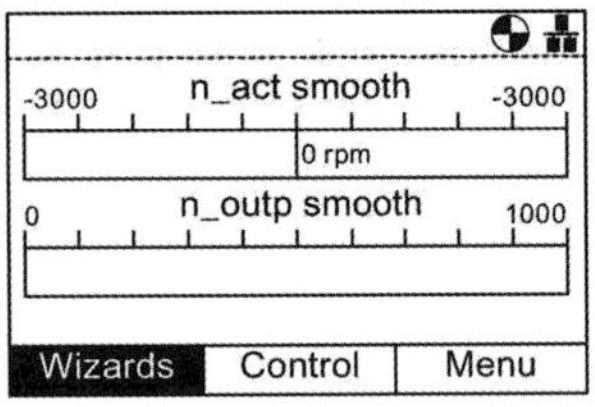

① 마법사 메뉴 선택

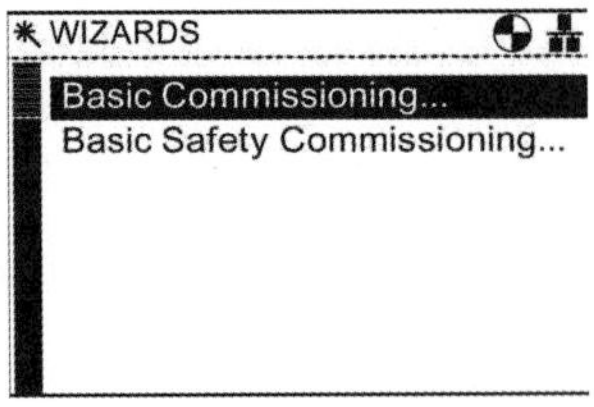

② 기본 커미셔닝 선택

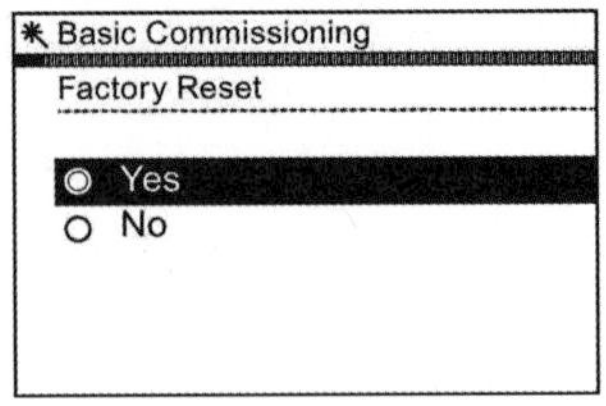

③ 파라미터 공장 초기화 OK

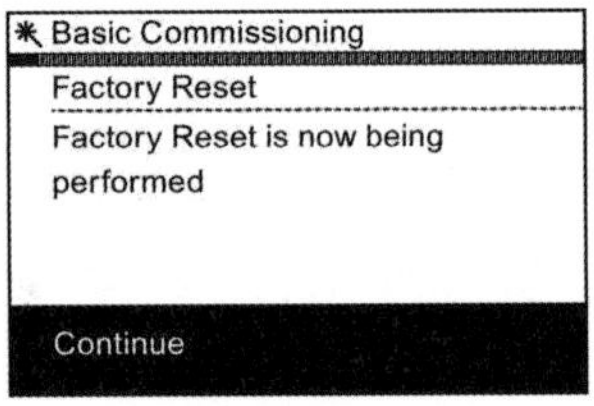

④ [Continue] 선택

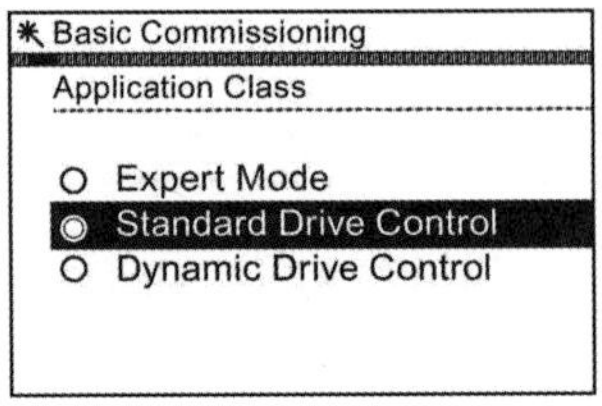

⑤ 기본 제어 선택

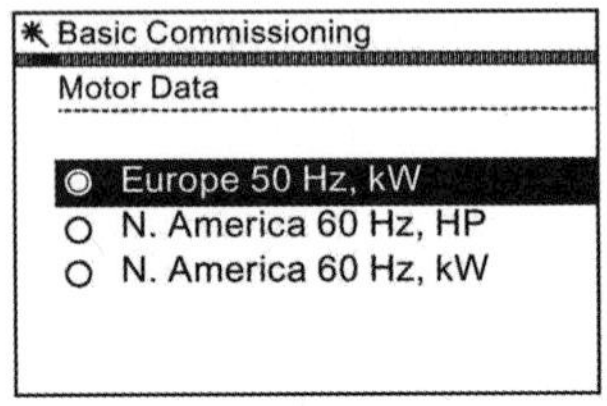

⑥ 모터의 종류 선택

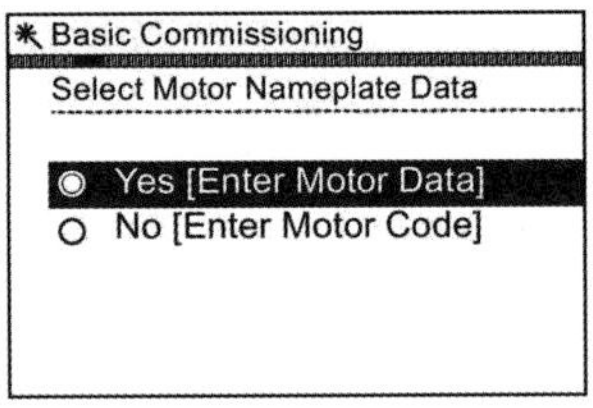

⑦ 모터 데이터 입력 [Yes]

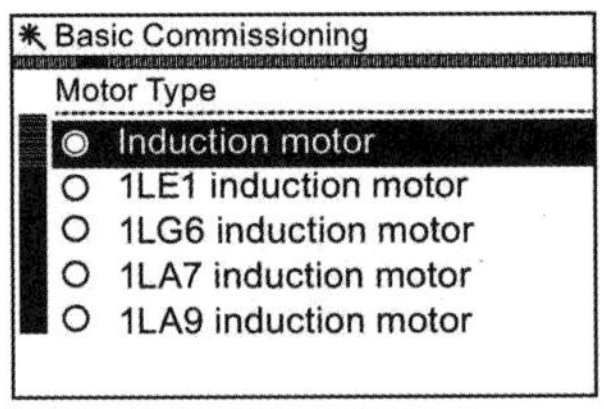

⑧ 모터 타입 선택

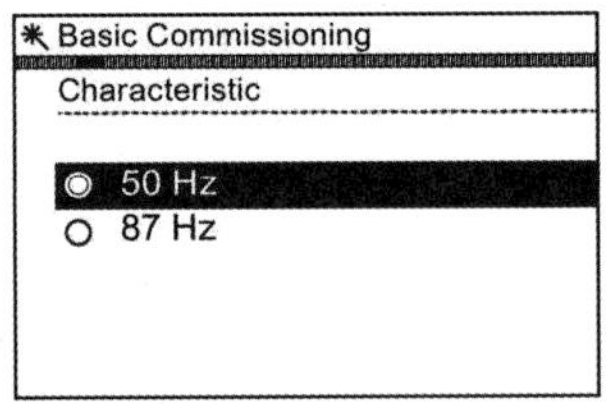

⑨ 모터 정격 주파수 선택

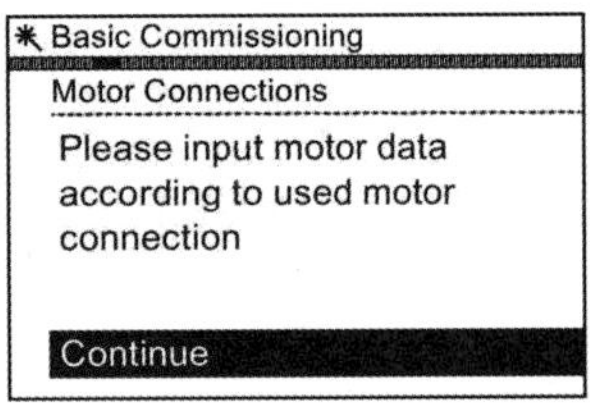

⑩ [Continue] 선택

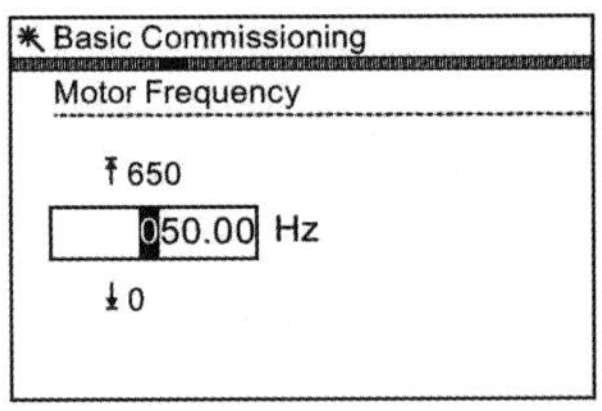

⑪ 모터 주파수 60Hz 입력

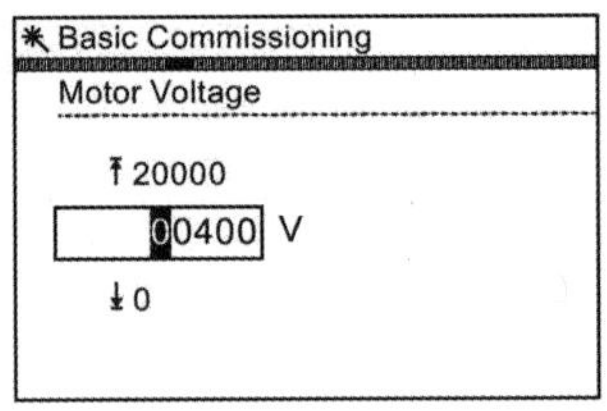

⑫ 모터 전압 220V 설정

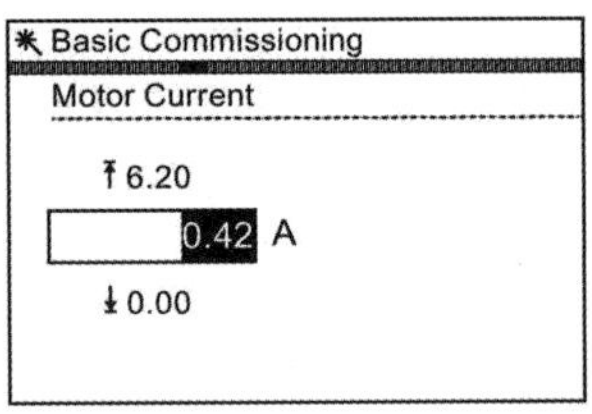

⑬ 모터 전류 1.09A 설정

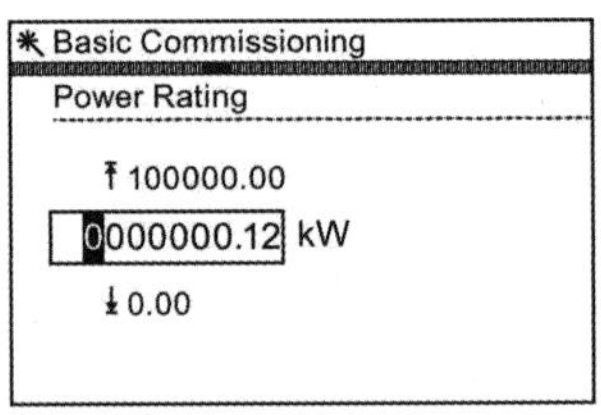

⑭ 모터 전력 0.18kW 설정

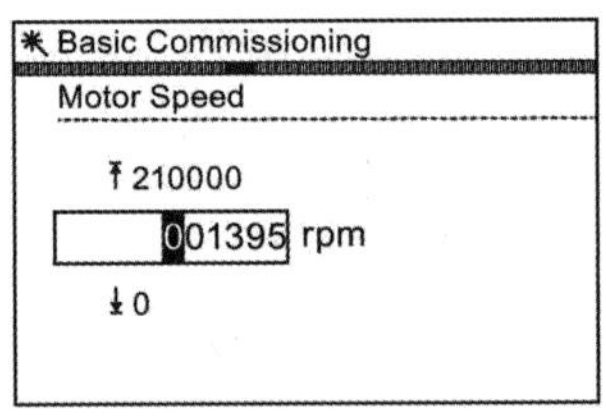

⑮ 모터 회전 1650rpm 설정

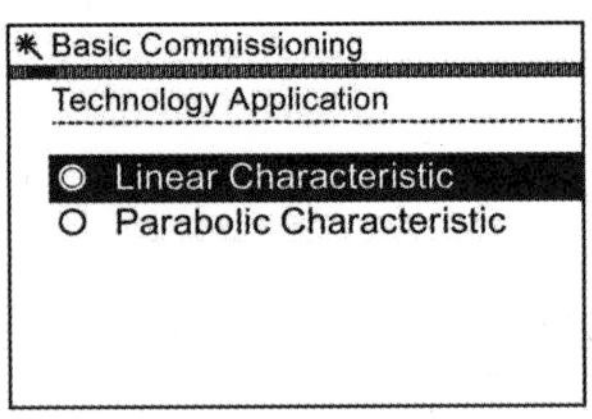

⑯ Linear 특성 선택

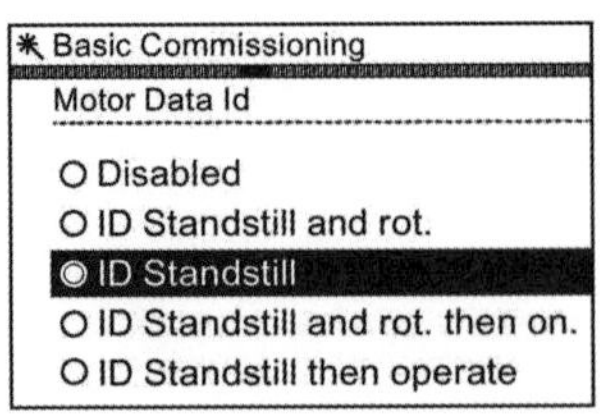

⑰ [ID Standstill] 선택

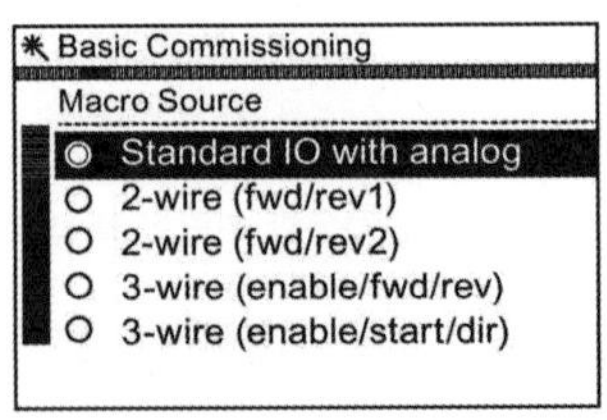

⑱ 제어 방법 선택

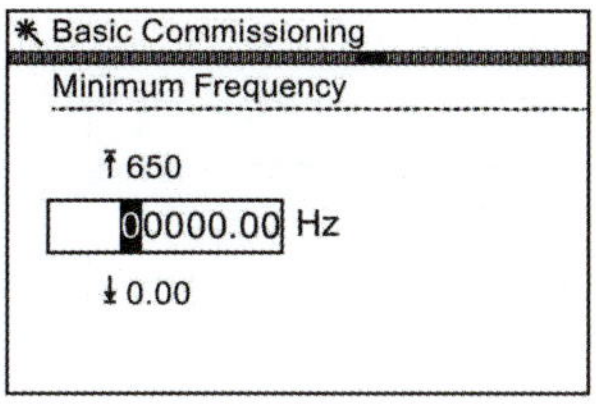

⑲ 최소 운전주파수 0Hz 설정

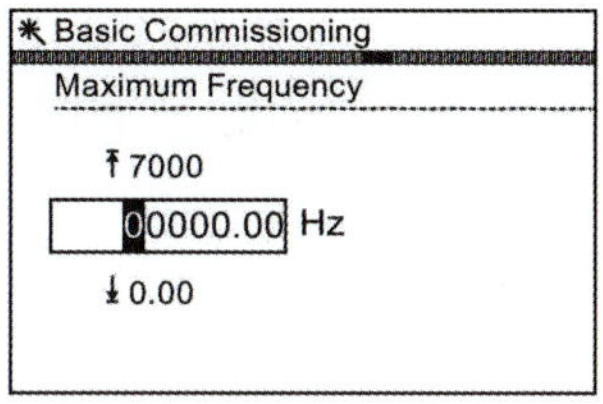

⑳ 최고 운전주파수 60Hz 설정

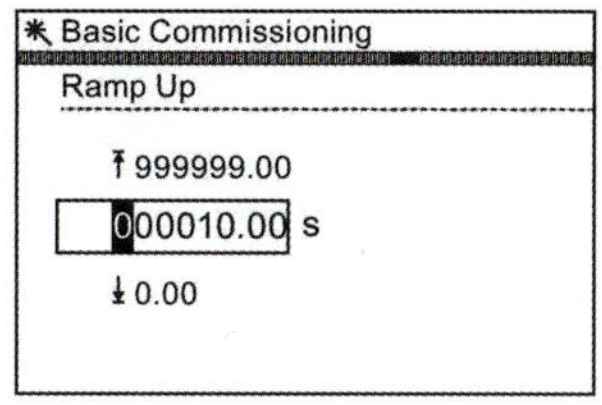

㉑ 가속시간 1s 설정

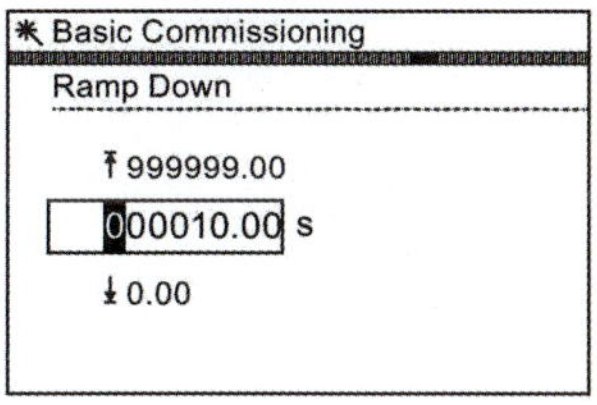

㉒ 감속시간 1s 설정

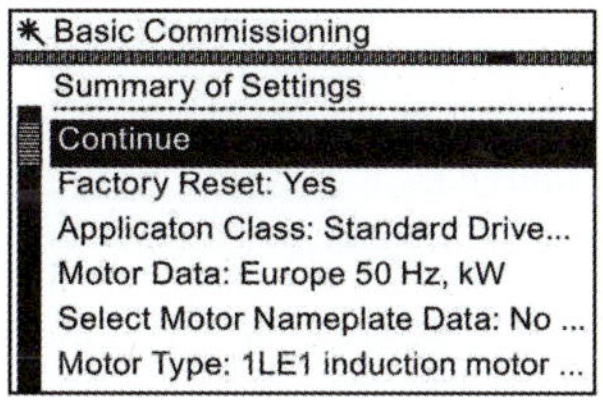

㉓ [Continue] 선택

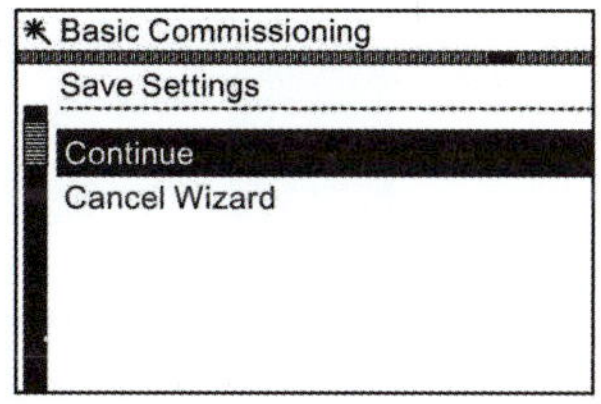

㉔ [Continue] 선택

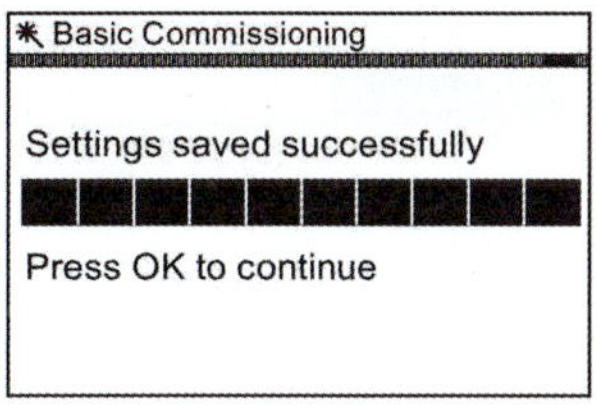

㉕ 커미셔닝 완료

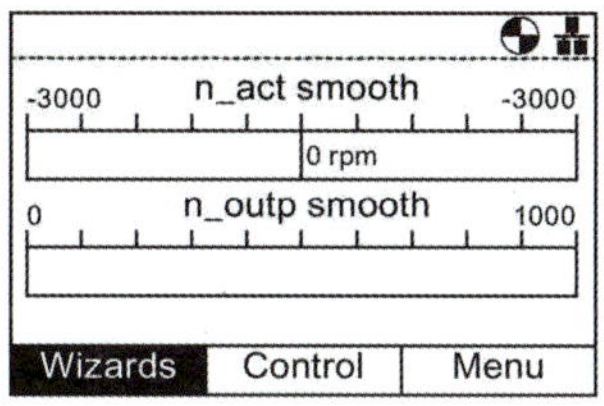

㉖ 수동모드 선택 후 ON

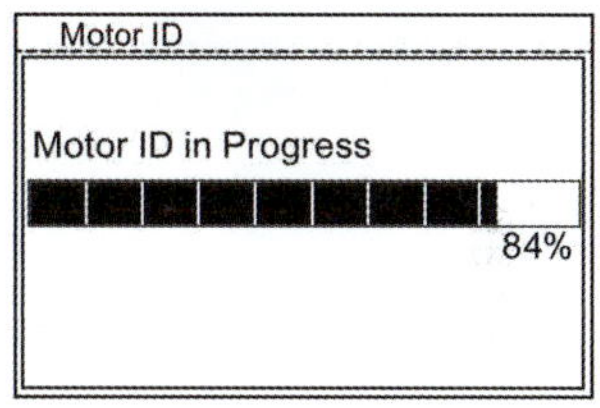

㉗ 모터 커미셔닝 수행

[그림 10-11] **IOP를 사용한 커미셔닝 작업**

모터 커미셔닝을 위한 데이터의 등록이 완료되었으면, IOP의 HAND/AUTO 버튼을 눌러서 수동모드를 선택한 후에 ON/RUN 버튼을 누른다. 그러면 인버터가 동작을 시작하여 고주파의 '윙-' 하는 소리가 나면서 모터 커미셔닝이 수행된다. 커미셔닝이 완료된 후에 OK 휠 버튼을 회전시키면 모터가 회전한다. 한편 TIA Portal을 사용해서 프로피넷으로 설정 데이터를 전송함으로써 커미셔닝을 위한 데이터를 등록할 수도 있다.

IOP를 이용한 인버터 시운전

모터 커미셔닝 작업을 마치면, IOP를 이용해서 인버터에 연결된 모터가 정상 작동하는지 확인하기 위한 수동 조작을 다음과 같은 순서로 실시한다.

[표 10-5] IOP 조작 버튼을 이용한 인버터 시운전 순서

순서	IOP 조작	작업 내용	
1		ESC 버튼을 여러 차례 눌러서 우측과 같은 메인화면이 나타나도록 한다.	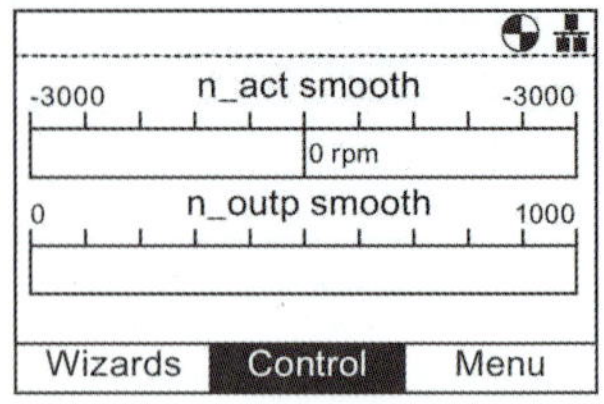
2		네비게이션 휠을 돌려서 [Control] 메뉴를 선택한다.	
3		핸드/오토 버튼을 눌러서 동작모드를 수동으로 전환하면, 메인화면 상단에 손 모양 아이콘이 나타난다.	
4		네비게이션 휠을 돌려서 [Setpoint] 값을 설정한다.	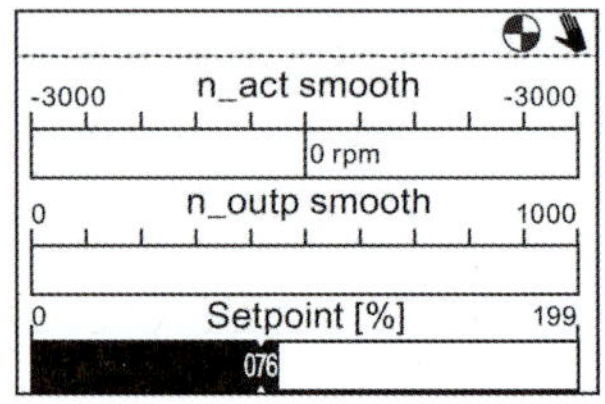
5	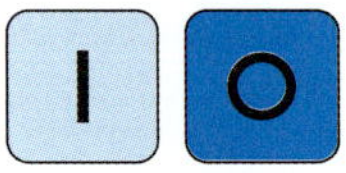	녹색 버튼을 누르면 인버터에 연결된 모터가 회전하고, 적색 버튼을 누르면 모터가 정지한다.	
6		핸드/오토 버튼을 눌러서 동작모드를 네트워크 모드로 전환한다.	

10.3.2 인버터 G120 제어를 위한 통신 텔레그램

인버터 G120을 프로피버스 및 프로피넷 통신으로 제어하기 위해서는, 프로피버스로 FR-E700 인버터를 제어하는 방식과 동일하게 제어할 송수신 데이터의 텔레그램 형식을 선택해야 한다. [그림 10-12]는 G120에서 사용하는 표준 텔레그램 형식을 나타낸 것이다.

Interconnection is made according to				
Telegram	1		20	
PZD1	STW1	ZSW1	STW1	ZSW1
PZD2	NSOLL_A	NIST_A	NSOLL_A	NIST_A_GL
PZD3				IAIST_GL
PZD4				MIST_GL
PZD5				PIST_GL
PZD6				<2>
PZD7				
PZD8				
PZD9				
PZD10				
PZD11				
PZD12				

Receive telegram from PROFIBUS/PROFINET

Send telegram to PROFIBUS/PROFINET

[그림 10-12] 표준 텔레그램 형식

인버터를 제어할 때 가장 많이 사용하는 것이 1번과 20번 텔레그램으로, 인버터 제조사에 관계없는 표준 텔레그램이다. 실습에 사용할 1번 텔레그램으로는 [표 10-6]과 같이 G120을 제어하기 위한 STW1과 NSOLL_A가 있고, G120의 동작 상태를 모니터링하기 위한 ZSW1과 NIST_A가 있다.

[표 10-6] 프로피넷 통신 텔레그림

송신용 텔레그램(PLC → G120)			수신용 텔레그램(PLC ← G120)		
명칭	크기	기능	명칭	크기	기능
STW1	16비트	Control word	ZSW1	16비트	Status word
NSOLL_A	16비트	Main setpoint value	NIST_A	16비트	Main actual value

1번 텔레그램의 STW와 ZSW는 16비트 크기로, 비트별로 기능을 가지고 있다. NSOLL_A는 인버터의 운전속도를 설정하기 위한 16비트 정수 타입의 데이터이고, NIST_A는 인버터의 운전속도의 모니터링 값이 저장되는 16비트 정수 타입의 데이터이다. [표 10-7]에 STW와 ZSW의 비트별 기능을 나타내었다.

[표 10-7] 프로피넷 통신 텔레그램 송수신 데이터의 비트별 기능

STW 비트별 기능		ZSW 비트별 기능	
비트	기능	비트	기능
0	ON/OFF1	0	Drive ready
1	OFF2	1	Drive ready to run
2	OFF3	2	Drive running
3	Pulse enable	3	Drive fault active
4	Ramp-function generator Enable	4	OFF2 active
5	Ramp-function generator Startup	5	OFF3 active
6	Setpoint enable	6	Switch on inhibit active
7	Fault acknowledge	7	Drive warning active
8	Reserved	8	Deviation Setpoint/Actual
9	Reserved	9	Control from PLC
10	Control from PLC	10	Maximum frequency reached
11	Dir of rot reversal	11	Warning motor current max
12	Reserved	12	Motor holding break active
13	Motor-Poti up	13	Motor overload
14	Motor-Poti down	14	Motor running direction right
15	Command data set Bit 0	15	Inverter overload

[표 10-7]에서 인버터 G120을 제어하기 위한 STW와 인버터의 동작 상태를 모니터링하

는 ZSW를 살펴보면, 비트 0~10까지는 프로피버스 또는 프로피넷으로 제어하는 인버터 모두의 공통 기능이고, 비트 11~15까지는 인버터의 종류에 따라 제어 및 모니터링 기능이 다르다.

STW의 비트별 기능

[표 10-8]에 인버터를 제어하기 위한 STW의 비트별 기능과, 인버터 제어를 위한 STW의 16진수 설정값을 나타내었다.

[표 10-8] STW 비트별 기능과, 인버터 제어를 위한 16진수 설정값

STW 비트별 기능		정지 ON/OFF1	정지 OFF2	정지 OFF3	운전	역회전	에러 해제
비트	기능						
0	ON/OFF1	0	1	1	1	1	0
1	OFF2	1	0	1	1	1	1
2	OFF3	1	1	0	1	1	1
3	Enable operation	1	1	1	1	1	1
4	RFG enable	1	1	1	1	1	1
5	RFG start	1	1	1	1	1	1
6	Setpoint enable	1	1	1	1	1	1
7	Fault acknowledge	0	0	0	0	0	1
8	Reserved	0	0	0	0	0	0
9	Reserved	0	0	0	0	0	0
10	Control from PLC	1	1	1	1	1	1
11	Dir of rot reversal	0	0	0	0	1	0
12	Reserved	0	0	0	0	0	0
13	Reserved	0	0	0	0	0	0
14	Reserved	0	0	0	0	0	0
15	CDS bit 0	0	0	0	0	0	0
Hexcode		16#047E	16#047D	16#047B	016#047F	16#0C7F	16#04FE

인버터에 연결된 모터를 정지하는 방법에는 다음과 같이 3가지가 있다. 동작 조건에 따라 3가지 정지 방법 중 하나를 선택해서 사용한다.

❶ ON/OFF1 : 인버터에 연결된 모터의 동작을 제어하는 비트이다. 이 비트는 상승 펄스 신호를 인식하여 동작한다. 따라서 인버터에 문제가 생겼을 경우에는 문제 해결 후 해당 비트를 OFF한 후에 다시 ON해야 인버터에 연결된 모터가 동작한다. 그리고 인버터에 연결된 모터가 동작하기 위해서는 평상시 OFF2, OFF3 비트가

ON되어 있어야 한다. 해당 비트가 OFF될 때 모터가 정지하는데, 이때 파라미터에서 설정된 감속시간에 따라 정지한다.

❷ OFF2 : 인버터에 연결된 모터의 동작 중에 해당 비트가 OFF되면, 인버터는 모터에 연결된 전원을 차단하기 때문에 모터는 회전관성에 의해 정지하는 프리런 상태에서 정지한다.

❸ OFF3 : 인버터에 연결된 모터의 동작 중에 해당 비트가 OFF되면 인버터에 연결된 모터는 즉시 정지한다. 주로 비상정지 동작에 사용된다.

ZSW의 비트별 기능

[표 10-9]에 인버터의 동작 상태를 모니터링하기 위한 ZSW의 비트별 기능과, 인버터 동작 상태에 따라 모니터링되는 16진수 값을 나타내었다. 인버터가 정상 정지한 상태는 16#EB31의 값으로 모니터링된다.

[표 10-9] ZSW의 비트별 기능과, 모니터링을 위한 16진수 표현값

ZSW 비트별 기능		정상 정지	인버터 정상 동작 중	OFF2 정지	OFF3 정지	에러 발생
비트	기능					
0	Drive ready	1	1	0	0	0
1	Drive ready to run	0	1	0	0	0
2	Drive running	0	1	0	0	0
3	Drive fault active	0	0	0	0	1
4	OFF2 active	1	1	0	1	0
5	OFF3 active	1	1	1	0	1
6	Switch on inhibit active	0	0	1	1	1
7	Drive warning active	0	0	0	0	0
8	Deviation Setpoint/Actual	1	1	1	1	1
9	Control from PLC	1	1	1	1	1
10	Maximum frequency reached	0	0	0	0	0
11	Warning motor current max	1	1	1	1	1
12	Motor holding break active	0	0	0	0	0
13	Motor overload	1	1	1	1	1
14	Motor running direction right	1	1	1	1	1
15	Inverter overload	1	1	1	1	1
Hexcode		16#EB31	16#EB37	16#EB60	16#EB50	16#EB58

Setpoint / Actual point Value

[표 10-6]에서 NSOLL_A와 NIST_A는, 인버터에 연결된 모터의 회전속도 설정값을 설정하고 모터의 회전속도를 모니터링하기 위한 메모리이다. 해당 메모리에 설정할 수 있는 값의 범위는 10진수로 16384~-16384이다. [표 10-10]은 인버터의 파라미터 설정에서 모터의 동작 주파수를 50Hz로 설정하고 모터의 정격 회전수를 1500rpm으로 설정했을 때, NSOLL_A에 설정한 값에 따른 모터의 회전수를 나타낸 것이다. STW에 16#047F를 설정하면 인버터에 연결된 모터는 정회전을 하는데, 이때 NSOLL_A의 설정값을 음수로 설정하면 인버터에 연결된 모터는 역회전을 하게 된다. 따라서 모터의 정역 회전을 변경하면 STW의 설정값을 변경해야 하며, 특히 모터의 속도값을 음수나 양수로 설정할 수 있음을 기억하기 바란다.

[표 10-10] G120의 모터 회전속도에 따른 NSOLL_A의 설정값

구분	STW 설정값	NSOLL_A 설정값 및 기능			
		설정값 (16진수)	설정값 (10진수)	인버터 주파수 (Hz)	모터 회전수 (rpm)
정회전	16#047F	0x4000	16384	50	1500
		0x3000	12288	37.5	1125
		0x2000	8192	25	750
		0x1500	5376	16.4	492.2
		0x1000	4096	12.5	375
		0x0500	1280	3.91	117.2
역회전		0x0000	0	0	0
		0xF000	-4096	-12.5	-375
		0xE000	-8192	-25	-750
		0xC000	-16384	-50	-1500

10.4 TIA Portal에서 ET200SP 설치 및 동작 테스트

프로피넷 통신을 사용해서 리모트 I/O와 인버터를 제어하기 위해 TIA Portal에서 ET200SP리모트 I/O와 인버터 G120을 설정하는 방법을 살펴보자. TIA Portal 프로젝트를 새로 만들고 S7-1500 PLC의 하드웨어 구성을 완료한 후에 ET200SP를 설치한다.

[표 10-11] TIA Portal에서 ET200SP 프로피넷에 연결하기

순서	작업 내용 및 작업 화면
1	**TIA Portal에서 장비 검색하기** 리모트 I/O와 G120을 설치하기 전에 TIA Portal에서 프로피넷으로 연결 가능한 장비가 무엇이 있는지 확인한다. 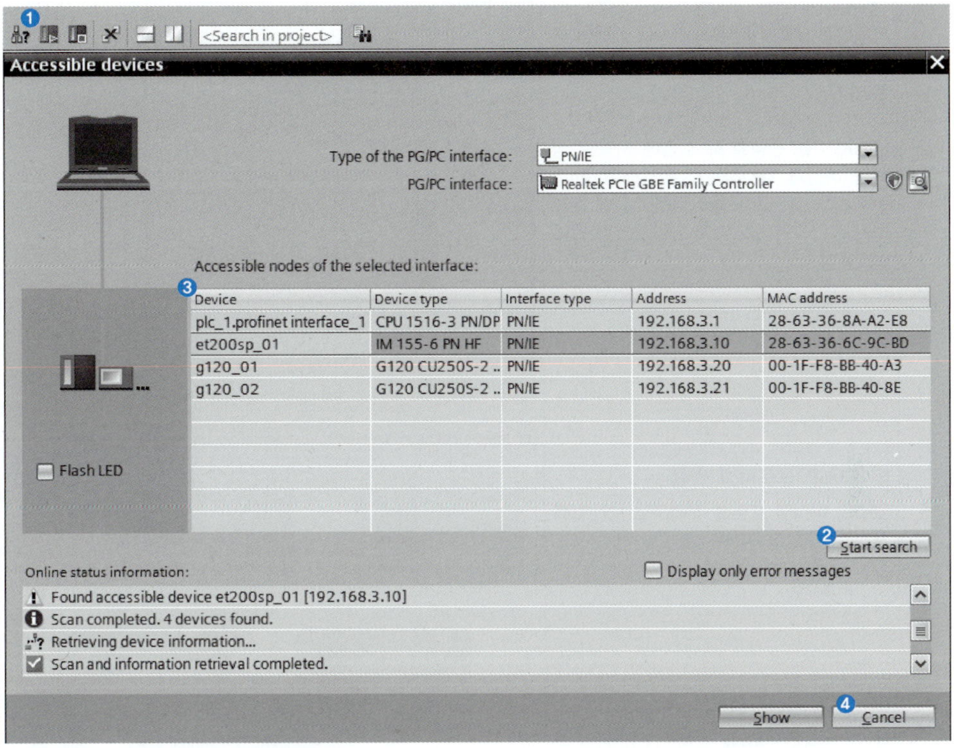 ❶ 메인 메뉴에서 Device Access 아이콘을 클릭해서 창이 나타나면 ❷ 검색 버튼을 누르고, ❸ 검색 목록에서 ET200SP와 G120이 있는지 확인한다. 만약 검색 목록에 해당 장비가 없다면 이더넷 연결을 살펴보아야 한다. ❹ 취소 버튼을 눌러서 창을 닫는다.
2	**ET200SP 설치하기** ❶ [Device configuration]을 선택한다. ❷ [Network View]를 선택한다. 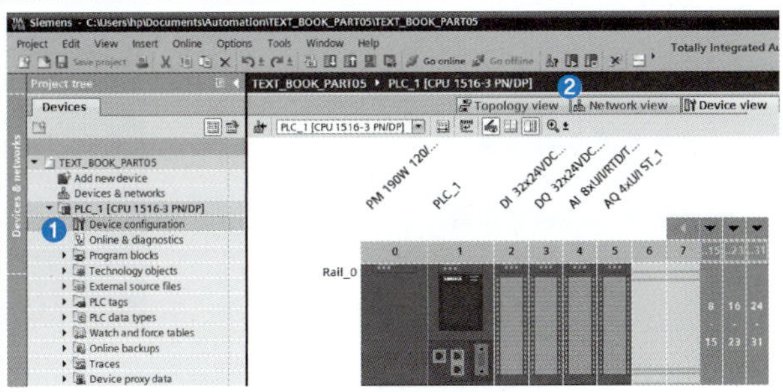

(계속)

3

ET200SP 설치하기

하드웨어 카탈로그 창에서 ET200SP 인터페이스 모듈을 마우스 커서로 선택한 후에 드래그해서 네트워크 작업창에 가져다 놓는다.

ET200SP를 선택할 때 실습에 사용할 장치의 버전과 일치하는지 확인해야 한다. 만약 해당 버전의 모듈이 카탈로그에 존재하지 않는다면 하드웨어 카탈로그를 업데이트한다.

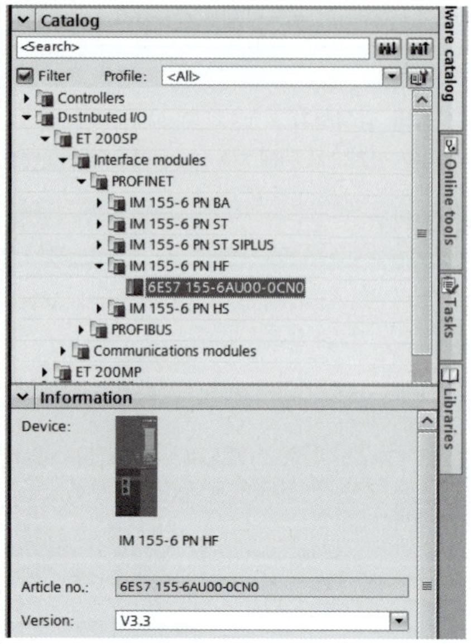

4

ET200SP 프로피넷 연결

CPU의 이더넷 포트를 선택하고 드래그해서 ET200SP의 이더넷 포트에 연결한다.

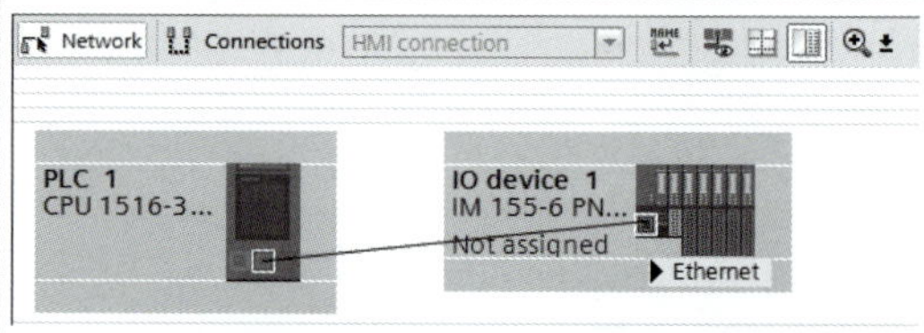

5

ET200SP 모듈 설치

❶ Network View에 설치된 ET200SP의 그림을 더블클릭한다.

❷ ET200SP에 모듈을 설치할 수 있는 창이 나타나면, 각각의 슬롯에 맞는 모듈을 설치한다.

슬롯 1, 2 : 입력 모듈
슬롯 3, 4 : 출력 모듈
슬롯 5, 6 : AI 모듈
슬롯 7 : AQ 모듈
슬롯 8 : 종단 모듈

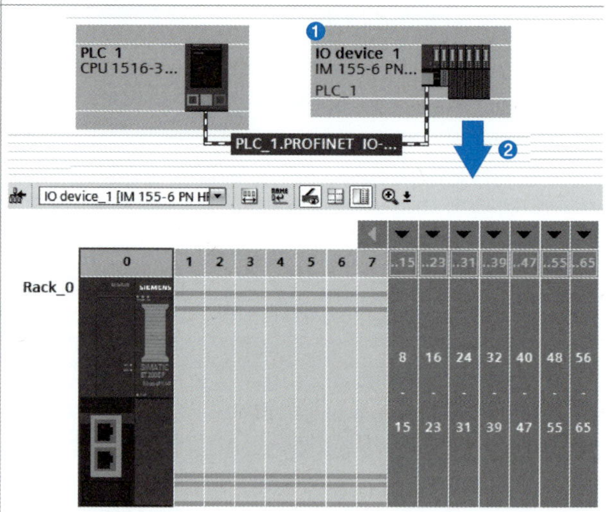

(계속)

6

ET200SP 옵션 설정 : [Potential group] 지정

슬롯 1~8까지 [표 10-1]과 같이 설치하고, 모듈별 옵션을 설정한다.

❶ 슬롯 1번을 더블클릭한다.
❷ [Properties]를 선택한다.
❸ [General]을 선택한다.
❹ [Potential group]을 선택한다.
❺ [Enable new,,,,] 항목을 선택한다.

슬롯 1~7번까지 동일한 방법으로 설정한다.

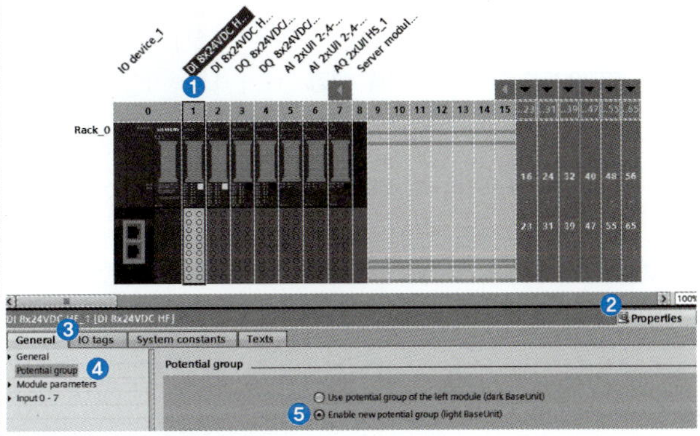

* [Potential group]은 동일한 전원장치로부터 전원을 공급받는 모듈을 의미한다. 슬롯 1번 모듈에 공급된 DC 전원을 내부의 전원공급라인을 통해 다른 모듈에 공급할 것인지, 아니면 개별 모듈에 전원을 별도로 공급할 것인지를 선택하는 옵션이다. 이 책에서는 모듈별로 별도의 동작 전원을 공급한다.

7

ET200SP 옵션 설정 : 이더넷 IP 설정 / 디바이스 이름 설정

슬롯 0번을 더블클릭해서 ❶ [General]을 선택해서 ❷ 이름을 지정하고, ❸ PROFINET ..] 항목을 선택해서 ❹ 이름과 ❺ IP를 설정한다.

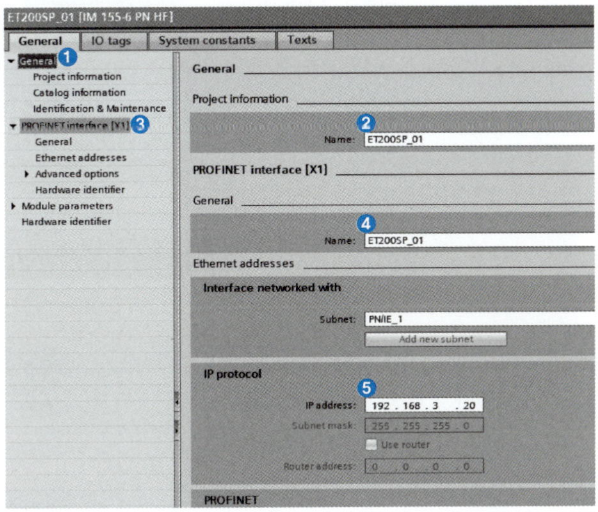

8

ET200SP 모듈의 입출력 번지 지정

ET200SP의 Device overview 창을 펼쳐서 모듈의 입출력 번지를 아래와 같이 설정한다.

입력 : IB50~IB51, 출력 : QB50~QB51, AI : IB52~IB59, AQ : QB52~QB55

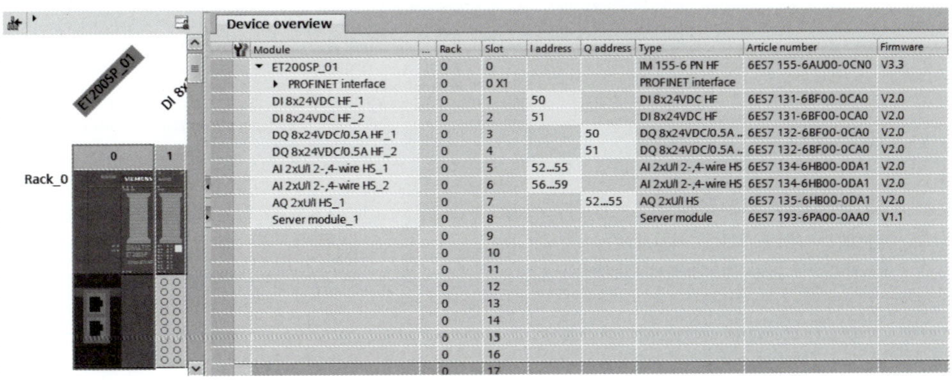

(계속)

9

ET200SP 디바이스 이름 설정

❶ 네트워크 연결선을 마우스 커서로 선택한 후에, 오른쪽 버튼을 눌러서 ❷ [Assign device name] 메뉴를 선택한다.

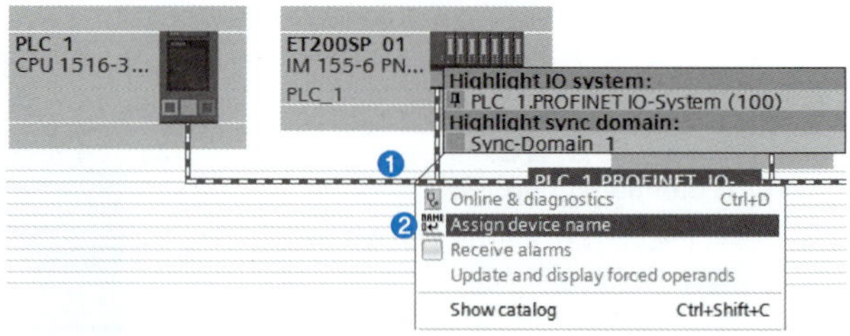

10

ET200SP 디바이스 이름 지정

❶ 앞에서 설정한 이름을 선택하고, ❷ [Update list]를 눌러서 ❸ ET200SP가 검색되면 해당 항목을 선택한 후에, ❹ [Assign name] 버튼을 클릭한다.

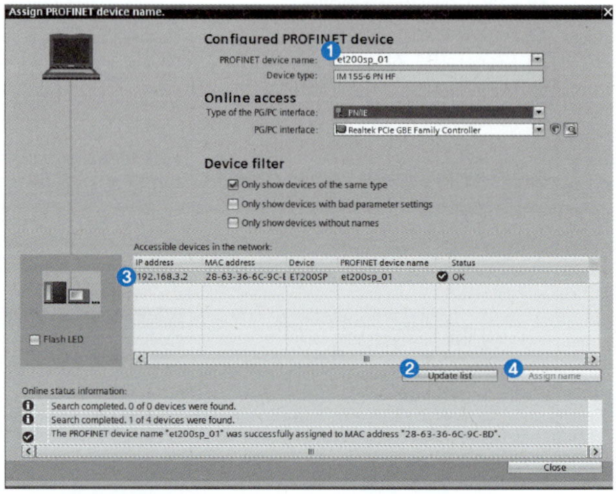

11

하드웨어 구성 컴파일 및 다운로드

ET200SP의 하드웨어 구성이 완료되면 컴파일하고 에러가 없는지 확인한 후, CPU로 다운로드한다. 다운로드 완료 후에는 ET200SP의 동작 확인 램프가 전부 녹색으로 점등되어 있어야 한다. 점멸 또는 적색 램프가 점등되면 설정이 잘못된 것이다.

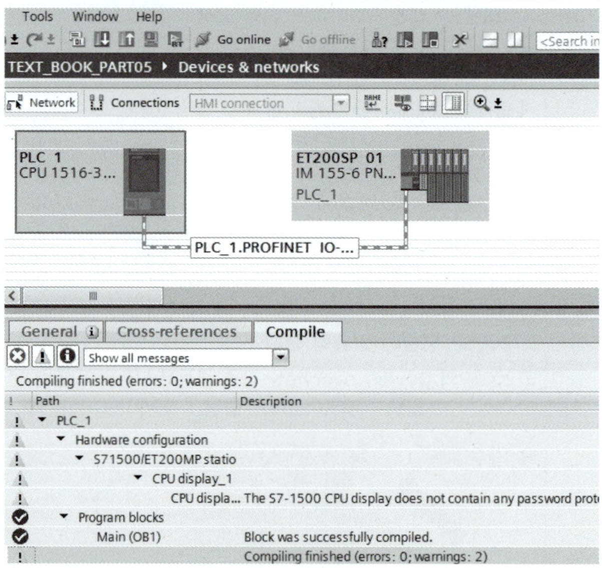

12

OB1에서 프로그램 작성

OB1에서 MOVE 명령을 사용해서 ET200SP가 정상 동작하는지 확인한다.

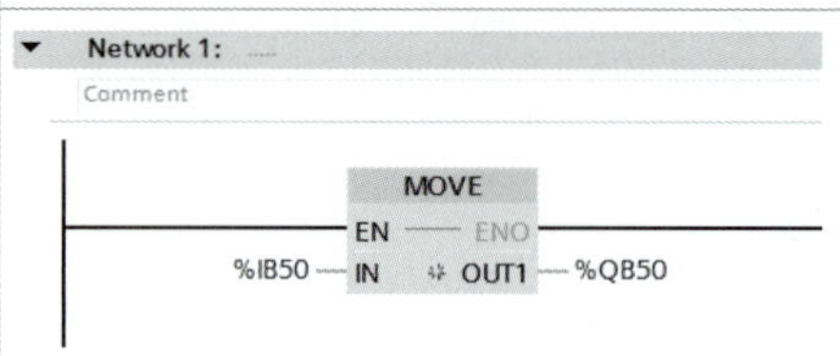

10.5 TIA Portal에서 G120 설치 및 동작 테스트

ET200SP의 설치 작업과 프로그램 테스트를 통해서 동작에 이상이 없으면, 이제는 인버터 G120을 설정하는 방법을 살펴보자.

G120 설치하기 전에 먼저 파악해야 할 사항이 있다. TIA Portal을 사용해서 G120을 설치하려면, G120의 인버터의 제어 기능을 담당하는 컨트롤 유닛control unit과, 모터에 동작 전원을 공급하는 파워 유닛power unit의 제품의 명칭과 품번, 펌웨어 버전을 사전에 파악하고 있어야 한다. 컨트롤 유닛과 파워 유닛의 측면에는 해당 제품의 품명과 펌웨어 버전이 인쇄된 라벨이 위치하고 있다. 컨트롤 유닛의 펌웨어 버전은 업데이트가 되기 때문에 업데이트 내용에 따라 실제 버전과 라벨에 표기된 버전이 일치하지 않을 수도 있다.

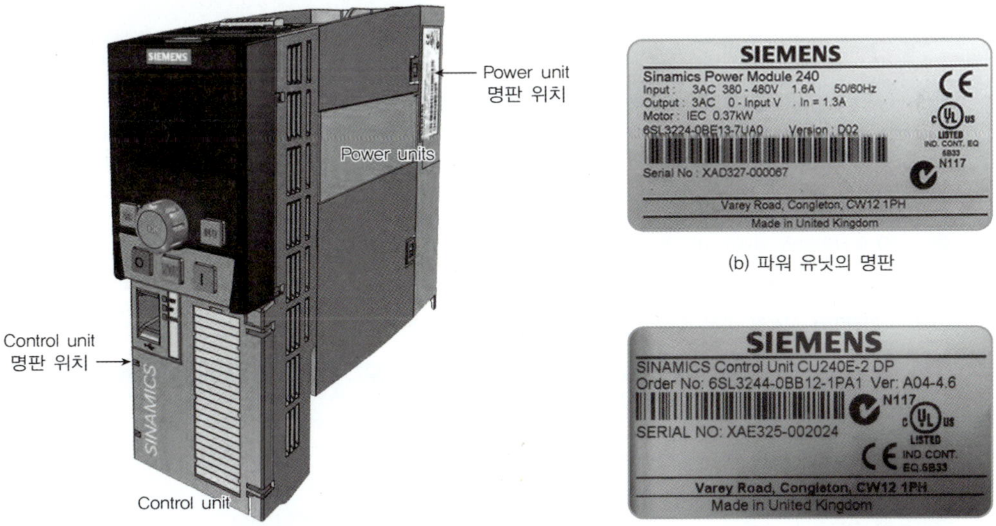

(a) G120의 구성 품목

(b) 파워 유닛의 명판

(c) 컨트롤 유닛의 명판

[그림 10-13] G120의 구성품 및 명판

G120을 TIA Portal에 설치하기 전에 펌웨어 버전을 확인하고, G120의 파라미터 설정을 공장 초깃값으로 되돌린 후에 설치작업을 해야 문제가 발생하지 않는다. 펌웨어 버전과 G120의 파라미터 설정값의 공장 초기화 작업을 하려면 해당 G120에 이더넷 IP가 할당되어 있어야 한다. G120을 구입해서 처음 사용하는 경우에는 G120에 IP가 할당되어 있지 않기 때문에 IP를 할당한 후에 해당 작업을 수행한다. 하지만 사용하던 G120의 경우에는 IP가 할당되어 있기 때문에 해당 작업을 수행해서 펌웨어 버전과 공장 초기화를 시켜야 한다.

[표 10-12] **펌웨어 버전 확인 및 공장 초깃값 설정**

<table>
<tr><th>순서</th><th>작업 내용 및 작업 화면</th></tr>
<tr><td>1</td><td>

G120 펌웨어 버전 확인

펌웨어는 업그레이드가 가능하기 때문에 G120의 정확한 펌웨어 버전을 확인하기 위한 작업이다.

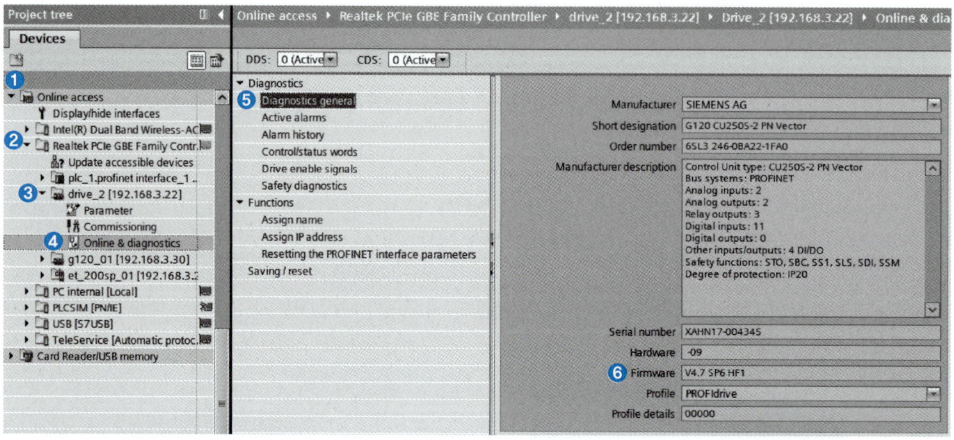

❶ [Project tree]의 하단에 있는 [Online access] 폴더를 연다.
❷ 사용하는 PC 또는 노트북의 랜 카드의 명칭을 가진 폴더를 열면, 랜 카드에 연결된 지멘스 장비의 목록이 나타난다.
❸ 펌웨어 버전을 확인할 G120 드라이브 폴더를 선택하고, 더블클릭한다.
❹ [Online & diagnostics] 메뉴를 더블클릭한다.
❺ [Diagnostics general] 메뉴를 클릭한다.
❻ G120 드라이브의 펌웨어 버전을 확인한다.

</td></tr>
<tr><td>2</td><td>

G120 공장 초기화 작업

G120의 파라미터 설정을 공장 초깃값을 되돌린 후, G120 사용 목적에 맞는 파라미터를 설정한다.

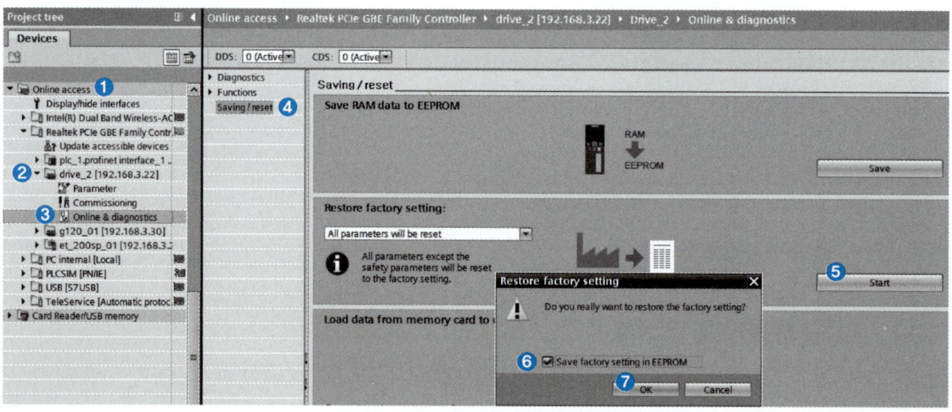

❶ [Project tree]의 하단에 있는 [Online access] 폴더와 랜 카드의 폴더를 연다.
❷ 공장 초기화 작업을 수행할 G120 드라이브를 선택하고 더블클릭한다.
❸ [Online & diagnostics] 메뉴를 더블클릭한다.
❹ [Saving/reset] 메뉴를 더블클릭하면 창이 생성된다.
❺ 모든 파라미터의 리셋 항목을 선택한 후에 [Start] 버튼을 클릭하면 팝업창이 생성된다.
❻ G120이 공장 설정으로 초기화하도록 옵션 항목의 체크박스를 체크한다.
❼ [OK] 버튼을 클릭하면, G120의 파라미터는 공장 초깃값으로 재설정된다.

</td></tr>
</table>

[표 10-13] TIA Portal에서 G120 설치하기

<table>
<tr><th>순서</th><th>작업 내용</th><th>작업 화면</th></tr>
<tr><td>1</td><td colspan="2">

G120 설치

ET200SP가 설치된 프로젝트에서 G120을 추가 설치한다.

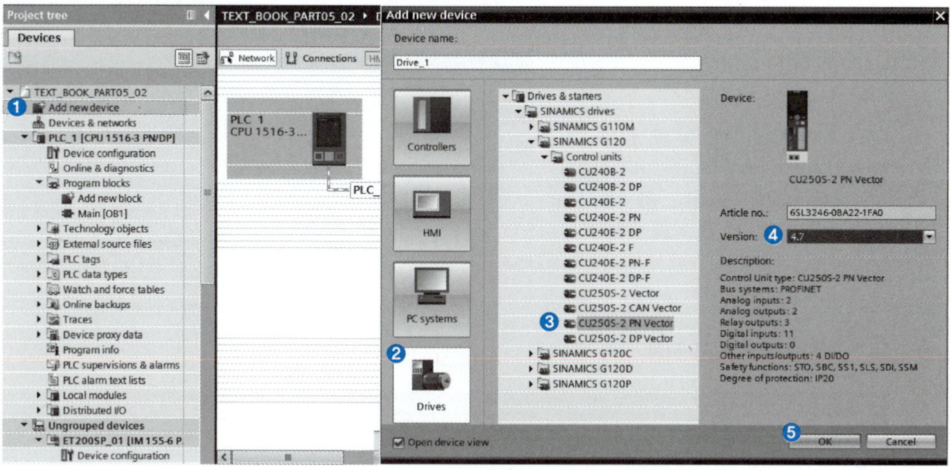

❶ [Project tree]의 메뉴에서 [Add new device]를 더블클릭하면 팝업창이 생성된다.
❷ 생성된 팝업창에서 [Drives] 박스를 클릭하면 드라이브에 대한 목록이 나타난다.
❸ G120 컨트롤 유닛 [CU250S-2 PN Vector]를 선택한다.
❹ 우측에 선택한 컨트롤 유닛에 대한 상세한 설명과 함께 제품 주문번호와 펌웨어 버전이 나타나는데, 이 항목이 실제 사용하는 G120과 일치하도록 선택한다.
❺ [OK] 버튼을 클릭해서 G120의 컨트롤 유닛을 설치한다.

</td></tr>
<tr><td>2</td><td>

파워 유닛 설치

컨트롤 유닛의 우측에 비어있는 회색 사각 박스에 파워 유닛을 하드웨어 카탈로그에서 찾아서 설치한다. 품번이 일치하는지 확인한다.

</td><td>

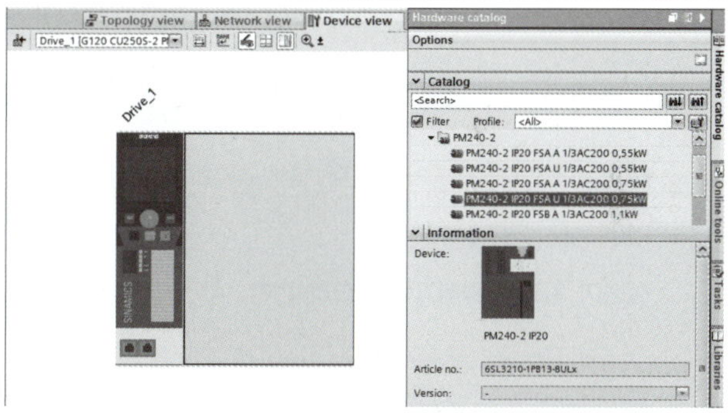

</td></tr>
<tr><td>3</td><td>

프로피넷 연결

네트워크 뷰로 화면을 변경한 후, ET200SP의 이더넷 포트를 선택하여 드래그해서 G120의 이더넷 포트에 연결한다.

</td><td>

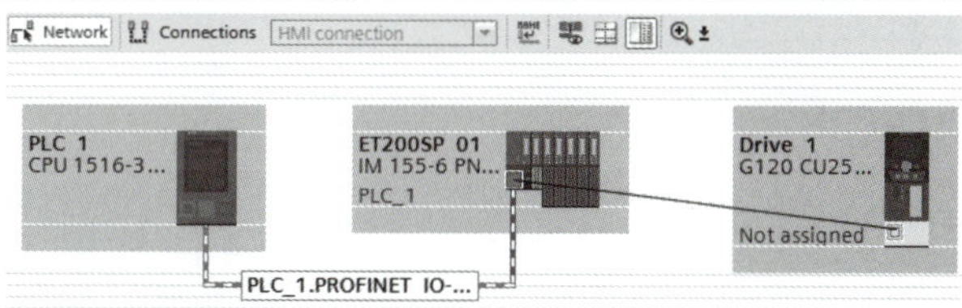

</td></tr>
<tr><td>4</td><td>

프로피넷 연결 완료

프로피넷에 G120이 연결된 모습이다. G120 그림을 더블 클릭한다.

</td><td>

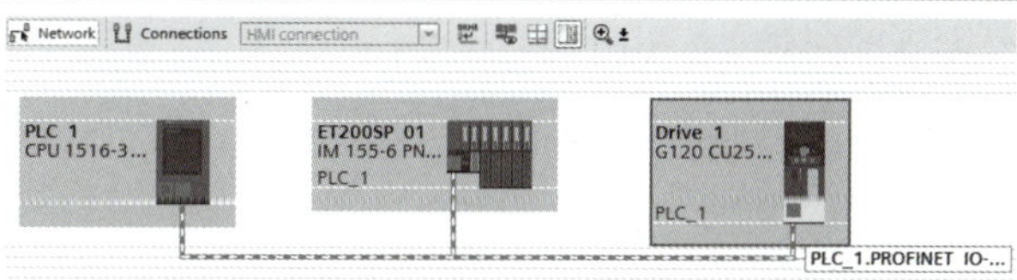

</td></tr>
</table>

(계속)

5

G120 옵션 설정

❶ G120 컨트롤 유닛을 더블클릭해서 ❷ 속성 탭을 클릭한다. ❸ 일반(General) 메뉴를 선택해서 ❹ G120의 이름을 설정한다.

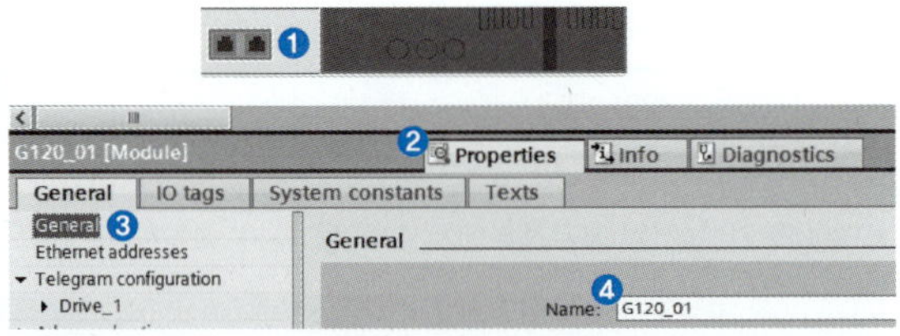

6

G120 디바이스 이름 및 IP 설정

❶ 프로피넷 인터페이스 메뉴의 일반을 선택해서 ❷ 이름을 설정하고, ❸ 이더넷 번지 메뉴를 선택해서 ❹ IP를 설정한다.

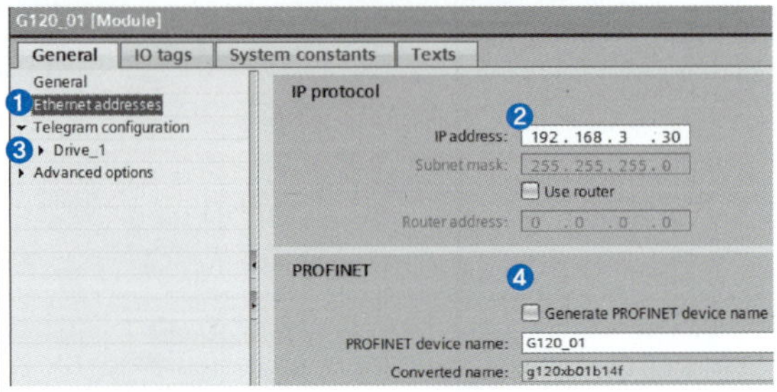

7

텔레그램 메모리 번지 지정

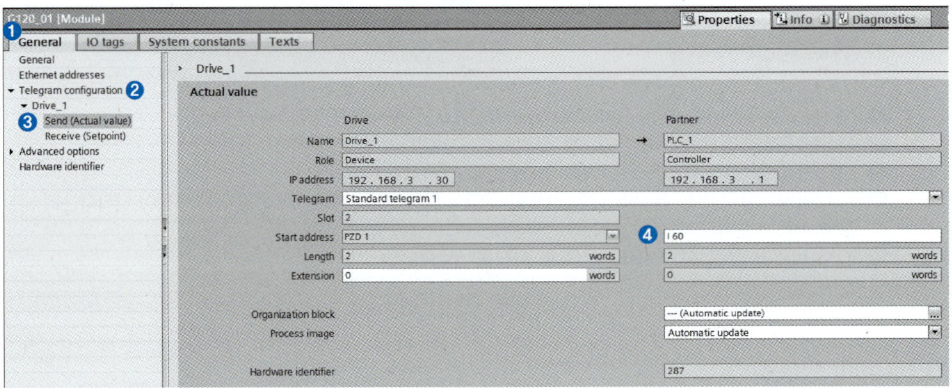

❶ [General] 탭을 클릭하고 ❷ 텔레그램 설정 메뉴를 더블클릭한다.
❸ 프로피넷으로 송수신 용도에 사용할 ❹ 입출력 번지를 설정한다. G120 1번은 I60과 Q60을 설정하고, G120 2번은 I70과 Q70을 설정한다.

8

설정이 완료된 텔레그램 메모리 번지

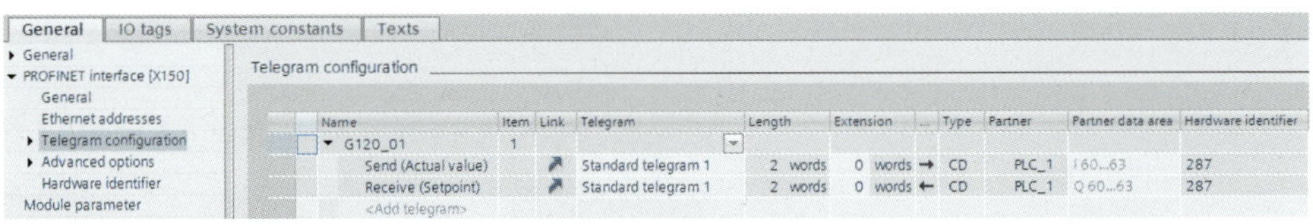

설정이 완료된 텔레그램의 입출력 메모리 번지의 할당 내역을 나타낸 것이다. 프로피넷 표준 텔레그램 1을 사용하기 때문에 송신과 수신용으로 각각 2워드씩을 사용함을 확인할 수 있다.

9

G120 디바이스 이름 설정

❶ 네트워크 연결선을 마우스 커서로 선택한 후에 오른쪽 버튼을 눌러서 ❷ [Assign device name] 메뉴를 선택한다.

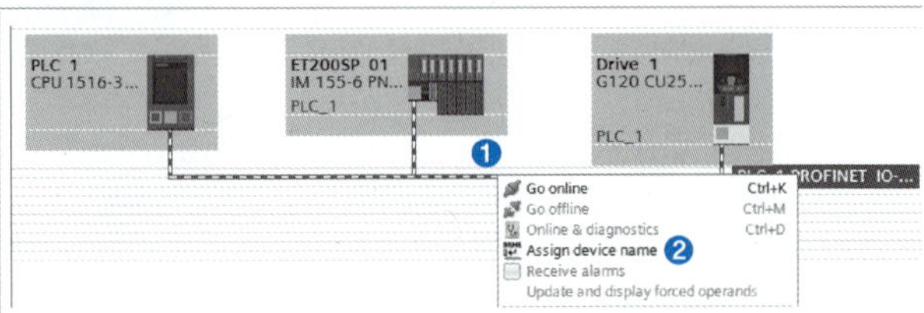

(계속)

10

G120 디바이스 이름 지정

❶ 앞에서 설정한 G120의 이름을 선택하고, ❷ [Update list]를 눌러서 G120이 검색되면 ❸ G120을 선택한 후에, ❹ 사각박스를 체크해서 G120을 확인한다. 그 다음으로 ❺ [Assign name] 버튼을 클릭한다.

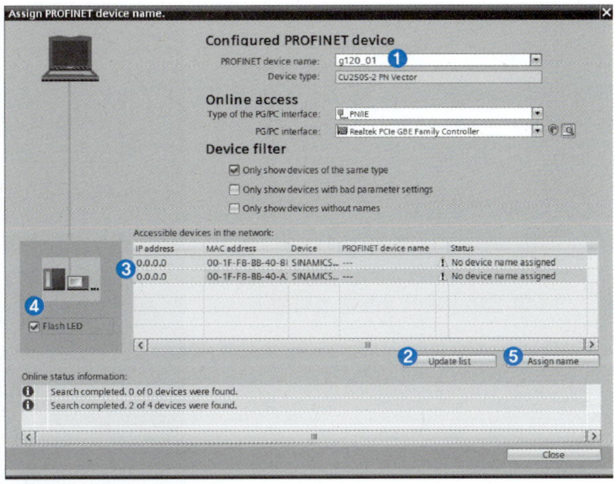

11

G120 커미셔닝

❶ Project tree 창에서 설치된 G120 폴더를 열어서 [커미셔닝(Commissioning)] 메뉴를 선택하고, ❷ [커미셔닝 마법사(Commissioning Wizard)] 메뉴를 선택한다.

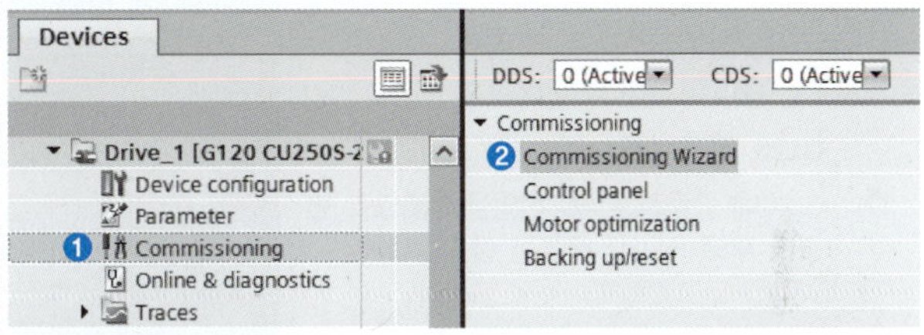

12

G120 커미셔닝을 위한 설정 작업 시작

별다른 작업 없이 팝업창의 하단에 있는 [Next] 버튼을 클릭한다.

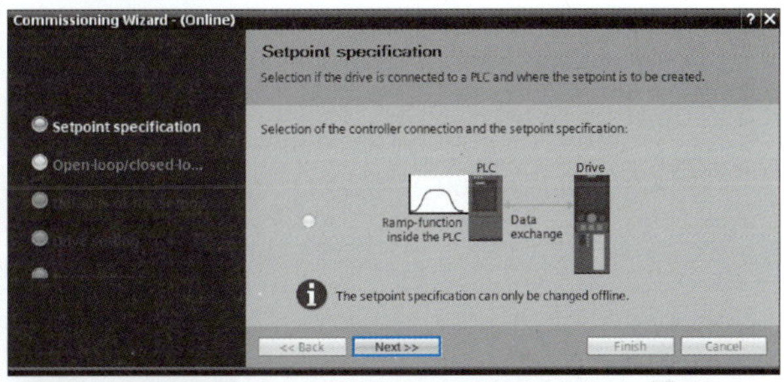

13

제어 방법 선택

❶ G120에 연결된 모터의 제어 방법을 선택한다. 실습에서는 제어방법 [[0] V/f 제어]를 선택하고, ❷ [Next] 버튼을 클릭한다.

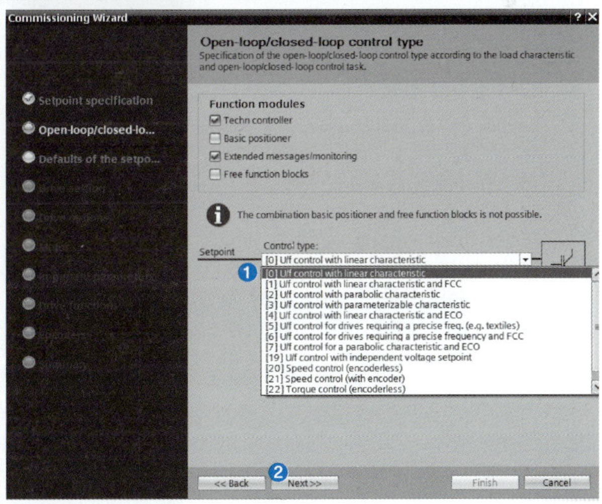

(계속)

14

G120 연결 방법

프로피넷으로 G120을 표준 텔레그램으로 제어하는 내용을 나타낸 것이다. 별다른 작업 없이 [Next] 버튼을 클릭한다.

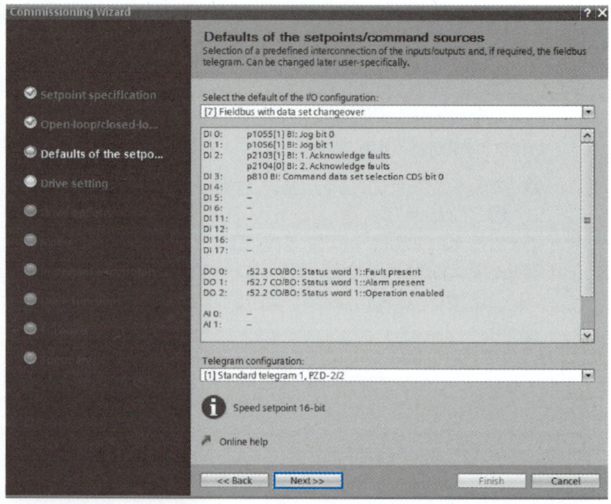

15

G120 공급 전압

G120에 공급하는 AC 전압을 220으로 변경한 후에 [Next] 버튼을 클릭한다.

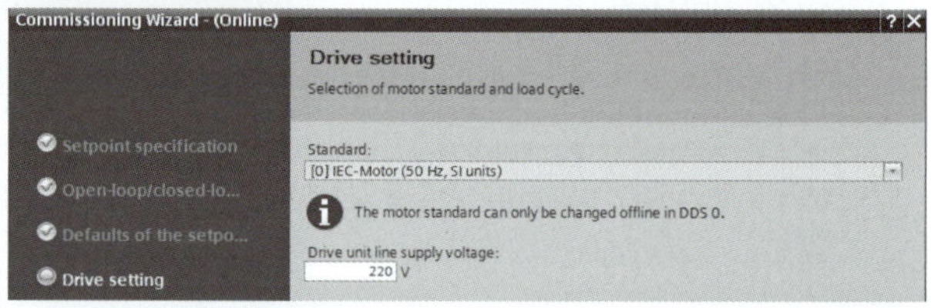

16

G120 제동저항 설정

제동저항을 설정하는 화면으로, 실습에서는 제동저항을 사용하지 않기 때문에 별다른 작업 없이 [Next] 버튼을 클릭한다.

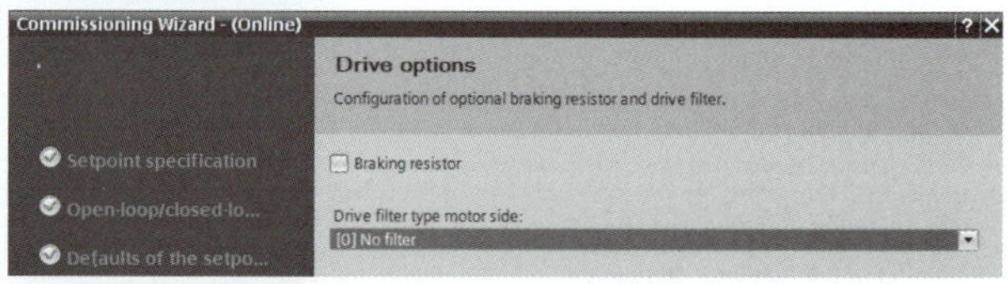

17

모터 상수값 설정

G120에 연결할 모터의 세부사항을 등록하는 창으로, 사용할 모터의 명판에 기재되어 있는 항목을 등록한다.

[Enter motor data]를 선택하고, 모터의 종류로는 [Induction motor]를 선택하면, 모터의 특성을 등록하는 하단의 창이 활성화된다. 해당 내용을 등록한 후에 [Next] 버튼을 클릭한다.

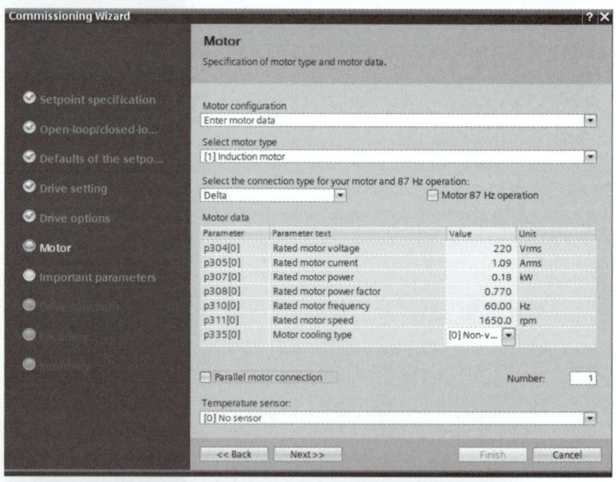

(계속)

18 **가감속 시간 설정**

G120의 가감속 시간을 설정한다. [Ramp-up time]과 [Ramp-down time]을 1초로 설정하고 [Next] 버튼을 클릭한다.

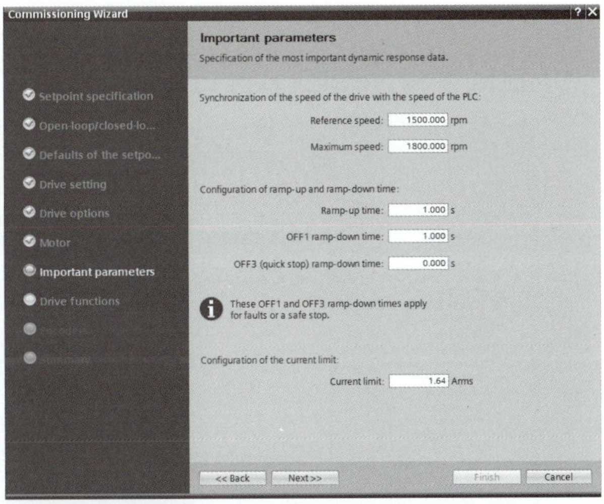

19 **G120 기능 설정**

별다른 작업 없이 [Next] 버튼을 클릭한다.

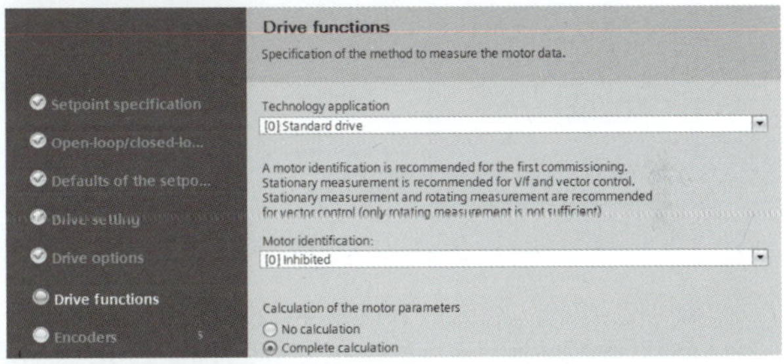

20 **엔코더 설정**

엔코더(Encoder)를 사용하지 않기 때문에 [Next] 버튼을 클릭한다.

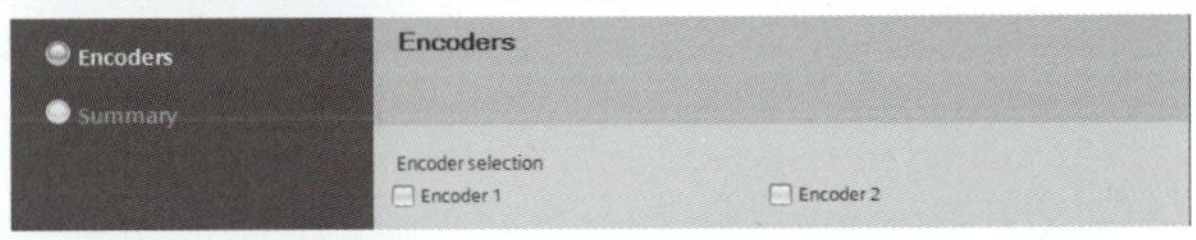

21 **G120 커미셔닝 완료**

G120 커미셔닝 작업을 위한 설정이 완료된 전체 내역을 나타내는 화면이다. 설정 내역을 확인한 후에 [Next] 버튼을 클릭한다.

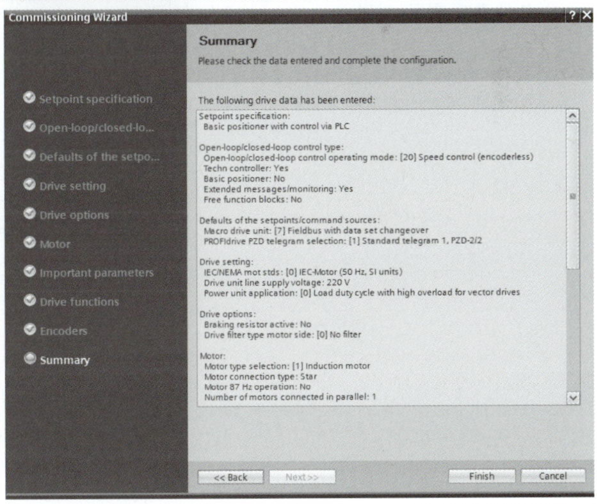

(계속)

22	**G120 설정 내역 다운로드** 앞에서 설정한 내용을 G120에 다운로드하는 작업으로, 해당 내용이 G120에 다운로드되면 프로피넷 통신을 위한 IP와 커미셔닝 설정에 따른 모터의 제어가 가능해진다. 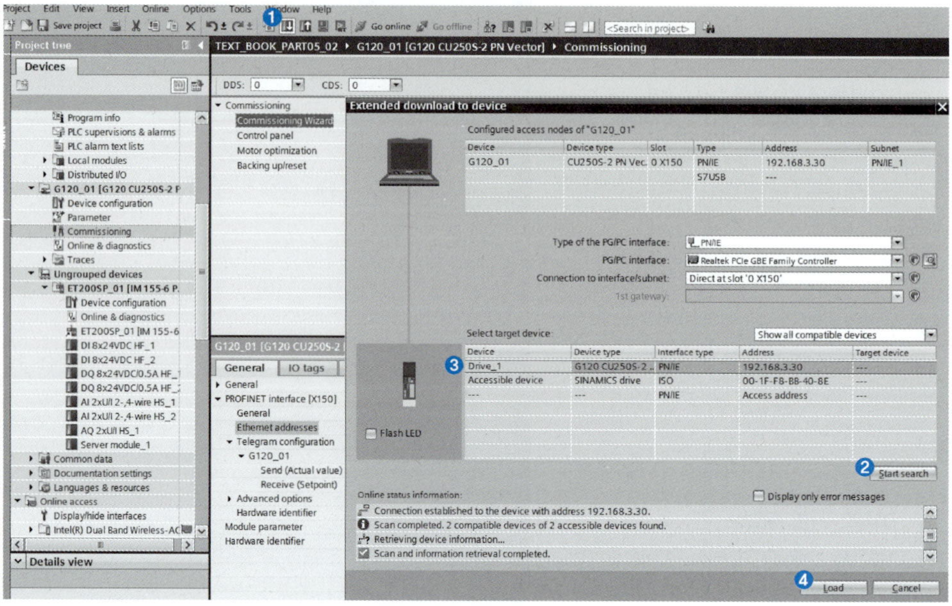 ❶ 메인 메뉴의 다운로드 아이콘을 누르면 다운로드 창이 나타나고, ❷ 검색 버튼을 클릭하면 ❸ 다운로드 가능한 장치의 목록이 나타난다. 다운로드할 장치의 목록을 선택한 후에 ❹ [Load] 버튼을 클릭하면 다운로드 창이 나타난다.
23	**다운로드 항목 설정** G120의 다운로드 창에서 ❶ 체크박스를 체크한 후에 ❷ [Load] 버튼을 클릭하면 G120에 전송된다. 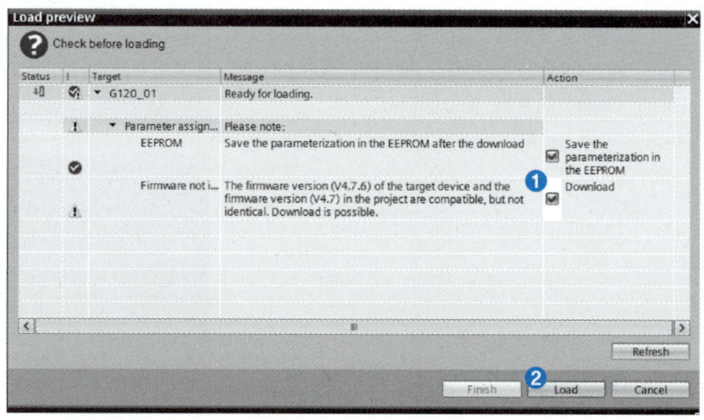

(계속)

24

시운전하기

G120에 설정한 내역을 다운로드했다면, 이제는 G120에 연결된 모터가 정상 동작하는지 시운전(commissioning)을 해서 문제점이 없는지 확인한다. 시운전은 온라인 모드에서만 가능하다. 따라서 메인 메뉴에서 온라인 아이콘을 클릭해서 온라인 모드로 변경한 후에 시운전을 한다.

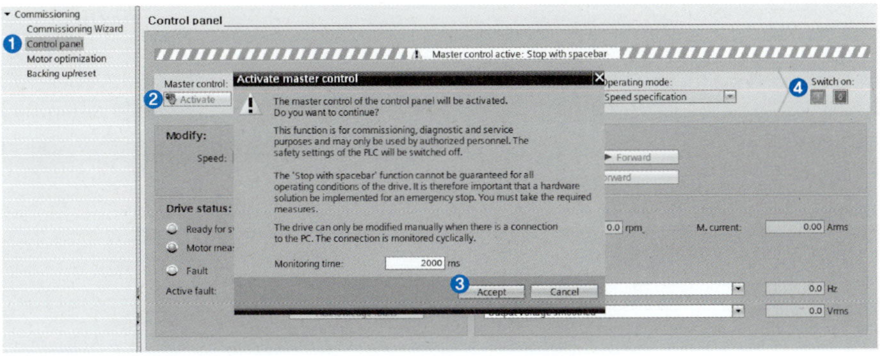

[Project tree]에서 ❶ G120 폴더를 열어서 [Control panel] 메뉴를 더블클릭하면 테스트를 위한 창이 만들어진다. ❷ [Activate] 버튼을 클릭하면 주의사항 팝업창이 나타난다. ❸ [Accept] 버튼을 클릭하면 ❹ [Switch on] 버튼이 활성화된다. 녹색 ON 버튼을 클릭하면, G120에서 모터 제어를 위한 시운전 동작이 시작되면서 '윙–' 하는 소리가 난다.

25

모터 회전하기

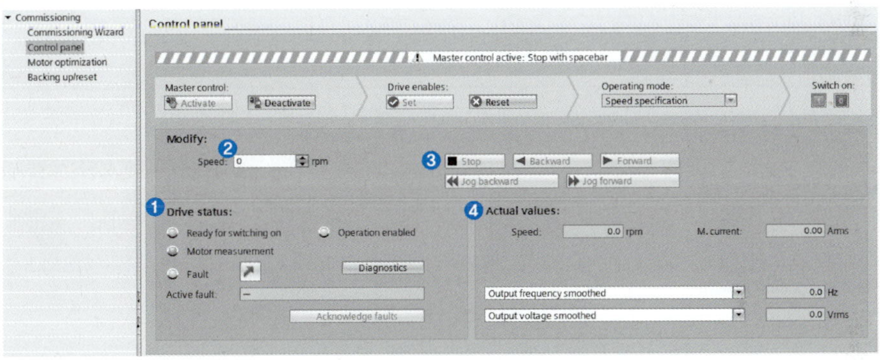

❶ G120의 동작 상태가 정상이면, ❷ 모터의 회전속도를 설정한 후에 ❸ 모터 동작 버튼을 누르면 모터가 설정한 속도로 회전한다. 이때 ❹ G120과 모터의 동작을 모니터링할 수 있다.

26

시운전 종료하기

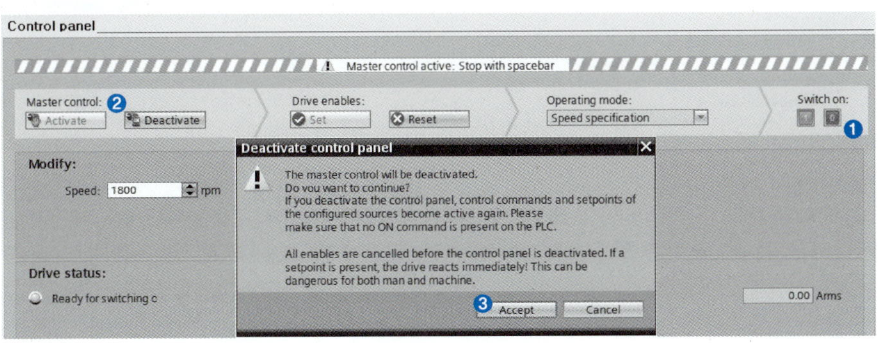

❶ [Switch on]에서 OFF 버튼을 클릭한 후에 ❷ [Deactivate] 버튼을 클릭하면, 시운전 종료에 대한 경고창이 나타난다. ❸ [Accept] 버튼을 클릭한다.

(계속)

27 **시운전 데이터를 EEPROM에 저장하기**

시운전을 통해 구한 모터의 특성값은 G120의 RAM에 저장되어 있다. 따라서 그 특성값을 EEPROM에 저장해서 G120의 전원 ON/OFF에 관계없이 사용할 수 있도록 한다.

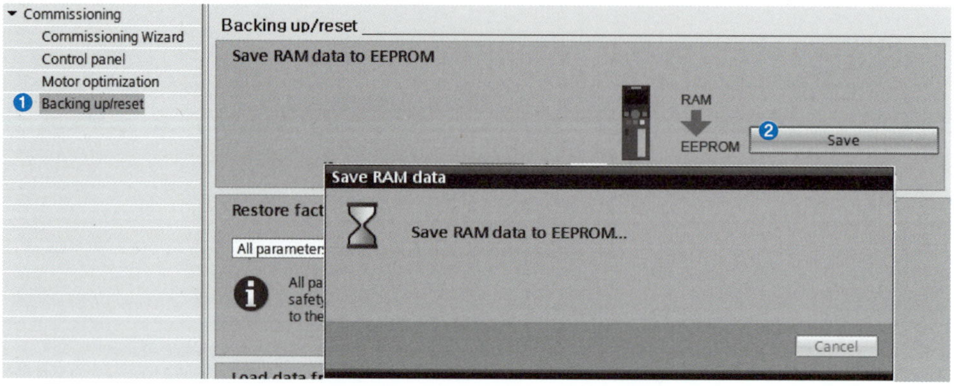

[Project tree]에서 ❶ G120 폴더의 [Backing up/reset] 메뉴를 더블클릭하면 백업을 위한 창이 만들어진다. ❷ [Save] 버튼을 클릭하면 시운전을 통해서 구한 특성값이 EEPROM에 저장된다.

28 **하드웨어 구성을 CPU로 다운로드하기**

G120의 설정이 끝나면 하드웨어 전체 구성을 CPU로 다운로드해서 시스템의 제어 준비를 완료한다.

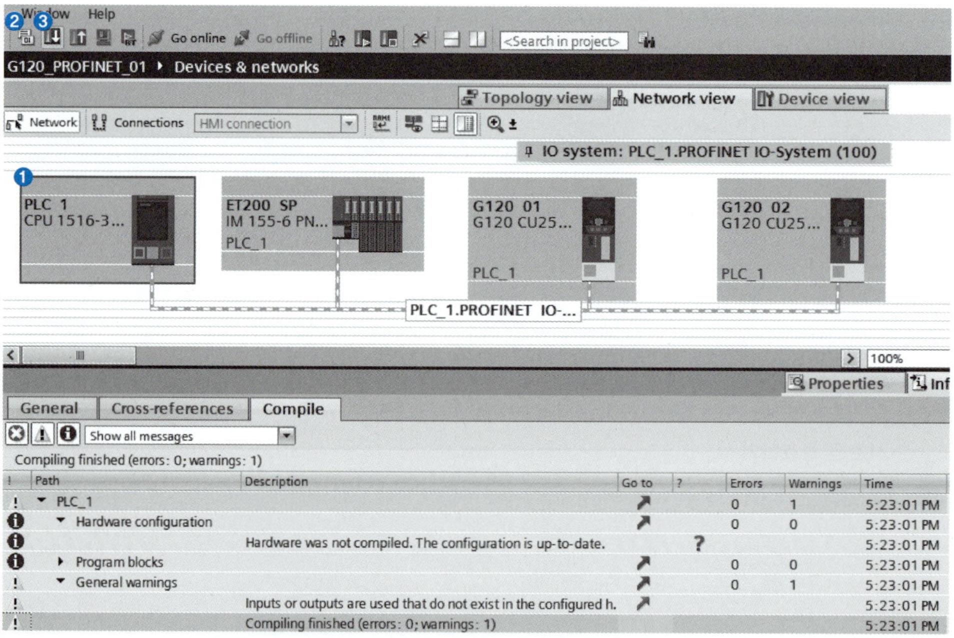

G120의 설정이 끝나면, [Project tree]에서 [Device & networks] 메뉴를 선택한 후에 [Network view] 탭을 선택하면 하드웨어의 네트워크 구성이 나타난다. ❶ CPU를 선택한 후에 ❷ 컴파일 아이콘을 눌러서 해당 내용을 컴파일하고 에러가 없는지를 확인한 후에, ❸ 다운로드 아이콘을 클릭해서 하드웨어 구성을 CPU로 전송한다.

CPU로 해당 내용을 다운로드하면 G120의 동작상태 LED 램프 RDY와 Link1이 녹색으로 점등되고, CPU의 동작상태 LED 램프가 녹색으로 점등된다.

(계속)

29	**G120 동작 테스트** OB1에서 프로그램을 작성해서 G120의 동작 테스트를 실시한다. • **네트워크 1번** G120_01에 연결된 모터를 회전시킨다. ET200SP의 I50.0에 연결된 스위치를 ON 하면 모터는 1500rpm으로 회전한다.	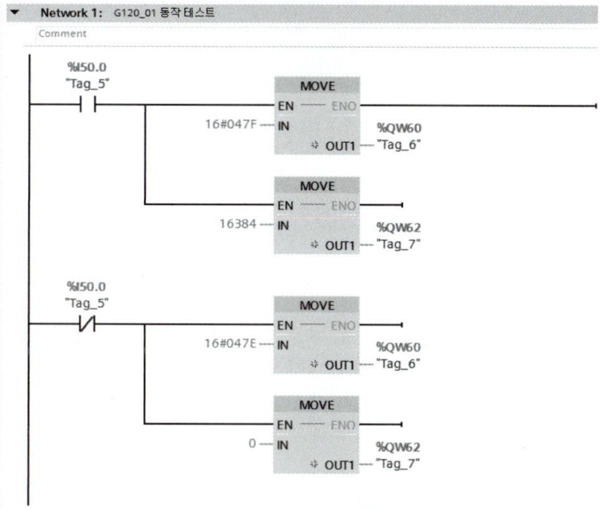
30	• **네트워크 2번** G120_02에 연결된 모터를 회전시킨다. ET200SP의 I50.1에 연결된 스위치를 ON 하면 모터는 1500rpm으로 회전한다.	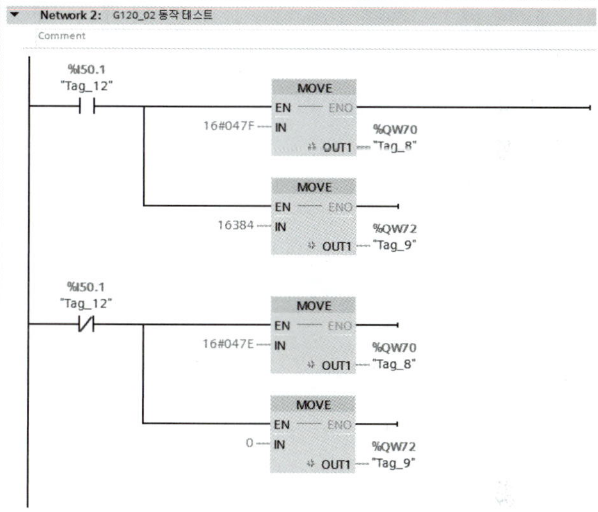
31	**OB1 컴파일** 컴파일해서 에러가 없으면, CPU로 다운로드하고 동작을 확인한다.	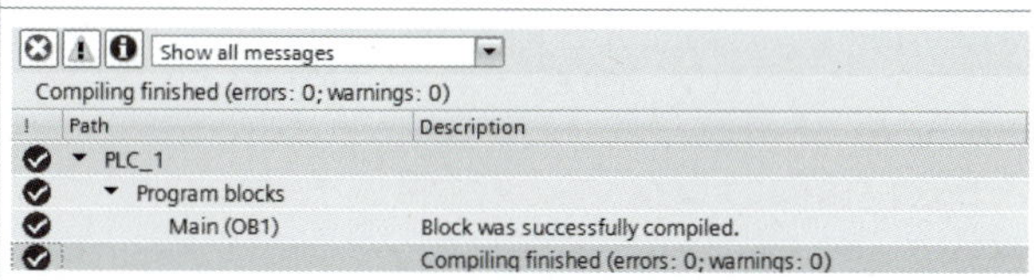

실습과제 10-1 ET200SP와 G120을 이용한 모터 속도 제어

프로피버스 통신 전용 명령어 DPWR_DAT, DPRD_DAT를 사용해서 인버터를 제어하는 방법을 살펴본다.

[그림 10-14]는 ET200SP에 연결된 입출력과 프로피넷 통신으로 인버터 G120에 연결된 유도 전동기의 속도를 조작하기 위한 조작 패널을 나타낸 것이다. 입출력 번지 할당 도표를 참조해서 주어진 동작 조건을 만족하는 PLC 프로그램을 작성해보자.

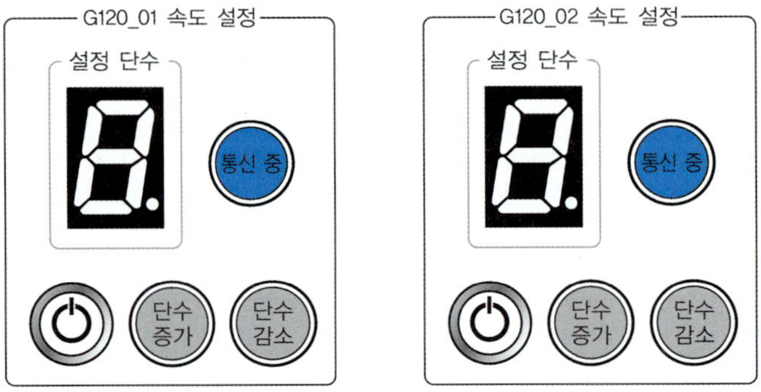

[그림 10-14] G120 조작 패널

[표 10-14] 프로피넷 통신으로 ET200SP의 입출력을 이용한 G120 제어

입력			출력	
입력 번지		기능	출력 번지	기능
G120_01	I50.0	시작/정지	Q51.0	통신 중
	I50.1	단수 증가	Q50.3 ~ Q50.0	설정 단수 FND
	I50.2	단수 감소		
G120_02	I50.4	시작/정지	Q51.1	통신 중
	I50.5	단수 증가	Q50.7 ~ Q50.4	설정 단수 FND
	I50.6	단수 감소		

동작 조건

❶ PLC의 전원이 ON되면 G120에 연결된 유도전동기는 정지된 상태이다. CPU와 G120의 프로피넷 통신이 정상적으로 이루어지고 있다면, [통신 중] 램프가 1초 간격으로 점멸동작을 한다. 프로피넷 통신에 문제가 발생하면 [통신 중] 램프는 소등된다.

❷ 프로피넷 통신이 정상 동작 중이고 G120이 정지 상태에서 [시작/정지] 버튼을 누르면, 설정 단수 FND에는 '1'이 표시되고 유도전동기는 100rpm으로 회전한다.

❸ G120 동작 중에 [단수 증가] 버튼을 누를 때마다 단수가 1단씩 증가하고, 동시에 단수 표시에 따른 유도전동기의 회전속도도 100rpm 단위씩 증가한다. 단수 증가는 최대 9까지 가능하다.

'9' 상태에서는 [단수 증가] 버튼을 눌러도 더 이상 단수가 증가하지 않는다.

❹ G120 동작 중에 [단수 감소] 버튼을 누를 때마다 단수가 1단씩 감소하고, 동시에 단수 표시에 따른 유도전동기의 회전속도도 100rpm 단위씩 감소한다. 단수 감소는 최소 1까지 가능하다. '1' 상태에서는 [단수 감소] 버튼을 눌러도 더 이상 단수가 감소하지 않는다.

❺ 설정 단수 표시에 의해 인버터의 운전주파수는 100rpm 단위로 0~900rpm까지 증가하거나 감소한다.

❻ 인버터 동작 중에 [시작/정지] 버튼을 누르면 인버터는 즉시 정지하고, 설정 단수 표시 FND에는 '0'이 표시된다. FND 표시창에 '0'이 표시된 상태에서는 [증가] 및 [감소] 버튼이 동작하지 않는다.

PLC 프로그램 작성법

프로그램의 구조

인버터 G120은 각각 2개의 워드 데이터를 송수신으로 사용하여 PLC CPU와 통신하도록 설정되어 있다. 따라서 [그림 10-15]처럼 PLC 프로그램에서는 G120의 정회전 지령과 회전속도에 대한 지령을 사전에 설정된 메모리 번지에 설정하면, G120은 프로피넷 통신을 통해 수신한 데이터에 따라 동작하며, 이 동작 상태가 PLC CPU로 전송된다.

그리고 인버터 G120에 연결된 모터의 회전속도는 NSOLL_A로 설정된 QW62와 QW72에 설정된 값에 의해 결정된다. 해당 메모리 번지에 16384의 값이 설정되면, 모터는 1500rpm으로 회전한다. 따라서 16384의 값을 15등분하면 100rpm 단위로 모터의 회전속도를 제어할 수 있다. 15등분하는 방법은 산술연산으로도 가능하지만, SCALE_X 명령을 사용해서 프로그램을 작성할 수도 있다.

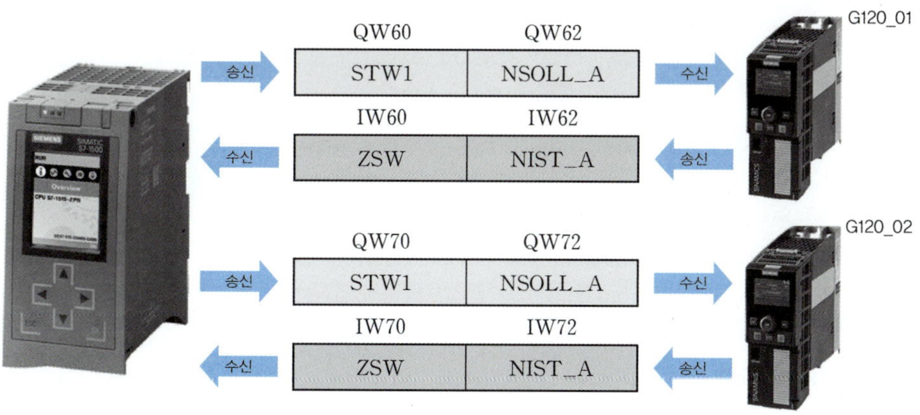

[그림 10-15] 프로피넷을 통한 CPU와 G120의 송수신 데이터 교환

■ SCALE_X(스케일링) 및 NORM_X(정규화) 명령

스케일링 및 정규화 명령은 단위를 변경할 때 주로 사용하는 명령이다. G120에 연결된 모터를 1500rpm으로 회전시키기 위해서는 프로피넷 통신을 위한 NSOLL_A 메모리에 16384를 설정해야 한다. 본 실습과제에서 단수 설정이 1~9까지 변경될 때 모터의 회전 속도는 0~900rpm까지 100rpm 단위로 변경되어야 하는데, 이때 NSOLL_A에 설정할 값은 100rpm당 1092의 값으로, 0~9830에 해당되는 값이다. 이러한 단위 변환을 할 때 주로 많이 사용하는 명령어가 스케일 및 정규화 명령이다.

[그림 10-16]의 프로그램을 살펴보면, 네트워크 1번에서 입력 스위치(i50.0)가 ON될 때마다 MW2의 값은 1씩 증가하고, 9보다 클 때 다시 0이 된다. 즉 0~9단까지의 단수 설정을 위한 것이다. 네트워크 2번은 0~9의 단수 입력을 받아서 G120의 NSOLL에 설정할 모터의 회전속도에 비례한 설정값을 계산하는 부분이다. MW2의 값이 9일 때 SCALE_X의 출력값이 9830임을 확인할 수 있다.

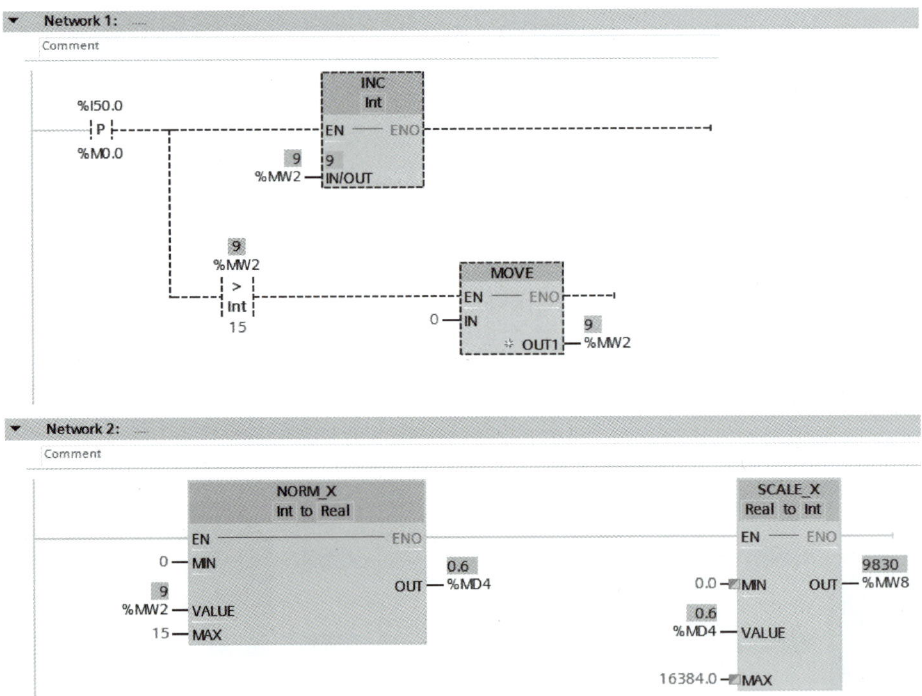

[그림 10-16] SCALE_X와 NORM_X 명령어 사용법

NORM_X 명령은 MIN과 MAX에 설정한 값의 범위에 있는 VALUE 값을 계산해서, 출력으로 0.0~1.0의 값으로 변환하는 입력값의 비율을 구하는 명령이다. 그리고 SCALE_X 명령어는 NORM_X에 의해 구해진 비율에 대해 MIN~MAX에 설정된 값을

그 비율에 해당되는 값으로 계산해서 출력하는 부분이다.

NORM_X 명령은 'OUT=(VALUE−MIN)/(MAX−MIN)' 수식을 사용해서 결과를 구한다. [그림 10−16]에서 VALUE의 값이 9이면 '(9−0)/(15−0)' 수식에 의해 9/15에 해당하는 수식이 만들어지므로, 입력값의 비율 0.6을 계산해서 출력한다.

SCALE_X 명령은 'OUT=VALUE(MAX−MIN)+MIN' 수식을 사용해서 입력에 대한 출력값의 결과를 구한다. NORM_X에 의해 구한 0.6을 수식에 대입하면 '0.6×(16384−0)+0'에 의해 0.6×16384가 되어서 9830의 값이 구해지는 것이다.

■ 전체 프로그램의 구조

전체 프로그램의 구조는 G120을 제어하기 위한 FB1을 만든 후에, OB1에서 FB1을 두 번 호출하여 2대의 G120을 제어할 수 있도록 한다. 각각의 인버터 G120 단수 표시를 바이트 크기로 조합하여 FND에 표시할 수 있도록 FC1을 만들어서 사용한다.

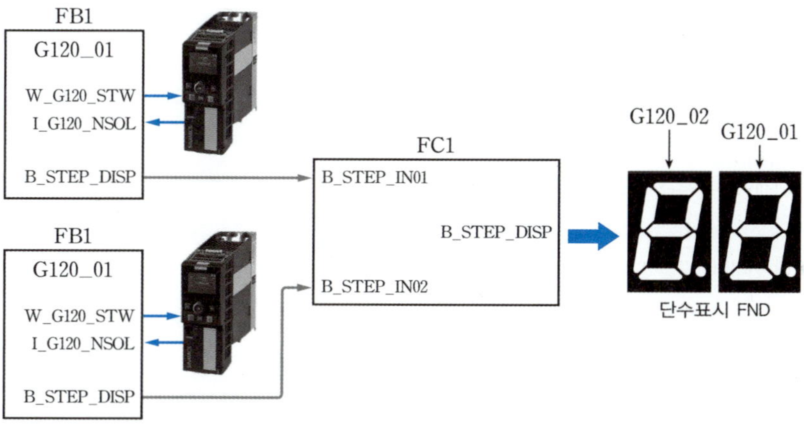

[그림 10−17] [실습과제 10−1]의 전체 프로그램의 구조

G120의 단수 설정은 FC를 사용해서 작성한다. FB로 작성해도 되지만 프로그램 작성에 보존해야 할 데이터가 없기 때문에 FC로 작성해도 문제가 발생하지 않는다. FC1은 FB1로부터 전달받은 바이트 크기의 단수 설정 데이터를 조합하여 1개의 바이트 단위에 G120 1번과 2번의 단수 설정을 표시하기 위한 것이다.

[표 10-15] [실습과제 10-1]의 PLC 프로그램 작성

<table>
<tr><th>순서</th><th>작업 내용</th><th>작업 화면</th></tr>
<tr><td>1</td><td>FB1 태그 설정
인버터 G120 제어를 위한 FB1을 만들고, 프로그램 작성에 필요한 태그를 선언한다.</td><td>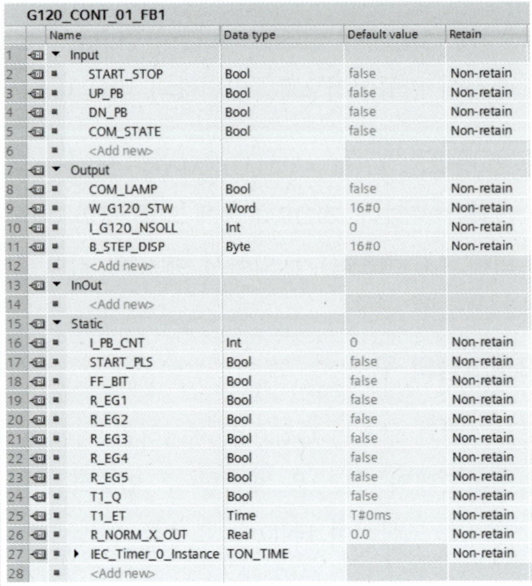
<table>
<tr><th colspan="5">G120_CONT_01_FB1</th></tr>
<tr><th></th><th>Name</th><th>Data type</th><th>Default value</th><th>Retain</th></tr>
<tr><td>1</td><td>Input</td><td></td><td></td><td></td></tr>
<tr><td>2</td><td>START_STOP</td><td>Bool</td><td>false</td><td>Non-retain</td></tr>
<tr><td>3</td><td>UP_PB</td><td>Bool</td><td>false</td><td>Non-retain</td></tr>
<tr><td>4</td><td>DN_PB</td><td>Bool</td><td>false</td><td>Non-retain</td></tr>
<tr><td>5</td><td>COM_STATE</td><td>Bool</td><td>false</td><td>Non-retain</td></tr>
<tr><td>6</td><td><Add new></td><td></td><td></td><td></td></tr>
<tr><td>7</td><td>Output</td><td></td><td></td><td></td></tr>
<tr><td>8</td><td>COM_LAMP</td><td>Bool</td><td>false</td><td>Non-retain</td></tr>
<tr><td>9</td><td>W_G120_STW</td><td>Word</td><td>16#0</td><td>Non-retain</td></tr>
<tr><td>10</td><td>I_G120_NSOLL</td><td>Int</td><td>0</td><td>Non-retain</td></tr>
<tr><td>11</td><td>B_STEP_DISP</td><td>Byte</td><td>16#0</td><td>Non-retain</td></tr>
<tr><td>12</td><td><Add new></td><td></td><td></td><td></td></tr>
<tr><td>13</td><td>InOut</td><td></td><td></td><td></td></tr>
<tr><td>14</td><td><Add new></td><td></td><td></td><td></td></tr>
<tr><td>15</td><td>Static</td><td></td><td></td><td></td></tr>
<tr><td>16</td><td>I_PB_CNT</td><td>Int</td><td>0</td><td>Non-retain</td></tr>
<tr><td>17</td><td>START_PLS</td><td>Bool</td><td>false</td><td>Non-retain</td></tr>
<tr><td>18</td><td>FF_BIT</td><td>Bool</td><td>false</td><td>Non-retain</td></tr>
<tr><td>19</td><td>R_EG1</td><td>Bool</td><td>false</td><td>Non-retain</td></tr>
<tr><td>20</td><td>R_EG2</td><td>Bool</td><td>false</td><td>Non-retain</td></tr>
<tr><td>21</td><td>R_EG3</td><td>Bool</td><td>false</td><td>Non-retain</td></tr>
<tr><td>22</td><td>R_EG4</td><td>Bool</td><td>false</td><td>Non-retain</td></tr>
<tr><td>23</td><td>R_EG5</td><td>Bool</td><td>false</td><td>Non-retain</td></tr>
<tr><td>24</td><td>T1_Q</td><td>Bool</td><td>false</td><td>Non-retain</td></tr>
<tr><td>25</td><td>T1_ET</td><td>Time</td><td>T#0ms</td><td>Non-retain</td></tr>
<tr><td>26</td><td>R_NORM_X_OUT</td><td>Real</td><td>0.0</td><td>Non-retain</td></tr>
<tr><td>27</td><td>IEC_Timer_0_Instance</td><td>TON_TIME</td><td></td><td>Non-retain</td></tr>
<tr><td>28</td><td><Add new></td><td></td><td></td><td></td></tr>
</table></td></tr>
<tr><td>2</td><td>FB1 프로그램 작성
• 네트워크 1번
시작 및 정지 버튼이 1개이므로 토글 기능을 사용한다.

토글 신호가 ON될 때 인버터 1단을 설정한다.

토글 신호가 OFF될 때 인버터는 정지한다.</td><td>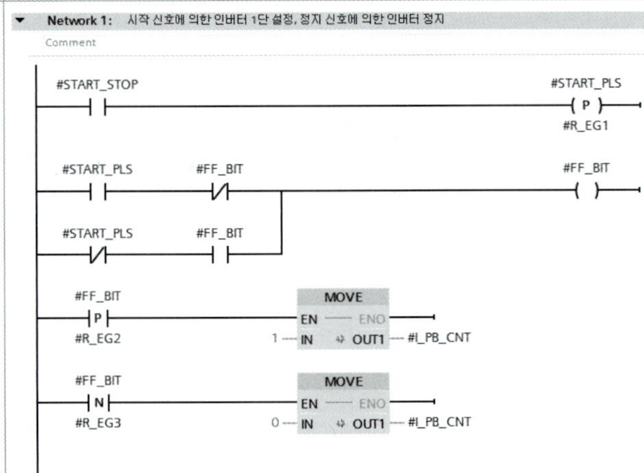
</td></tr>
<tr><td>3</td><td>• 네트워크 2번
증가 및 감소 버튼에 의해 G120의 단수가 설정된다.</td><td>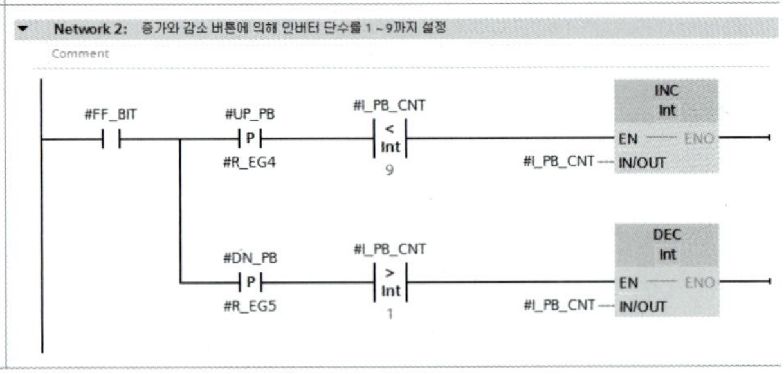
</td></tr>
</table>

(계속)

4

• 네트워크 3번

G120의 프로피넷 통신이 정상이면, [통신중] 램프가 점멸동작을 한다.

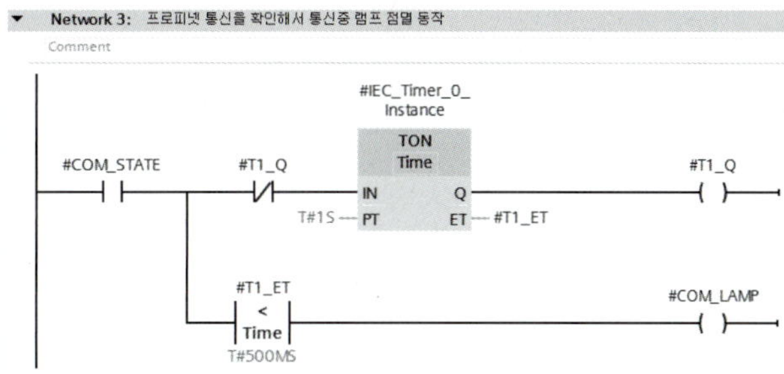

5

• 네트워크 4번

단수 설정이 0~15까지 변경될 때 0~1500rpm까지 100rpm 단위로 속도가 변경되어야 한다. 이때 G120의 설정값은 0~16384이다.

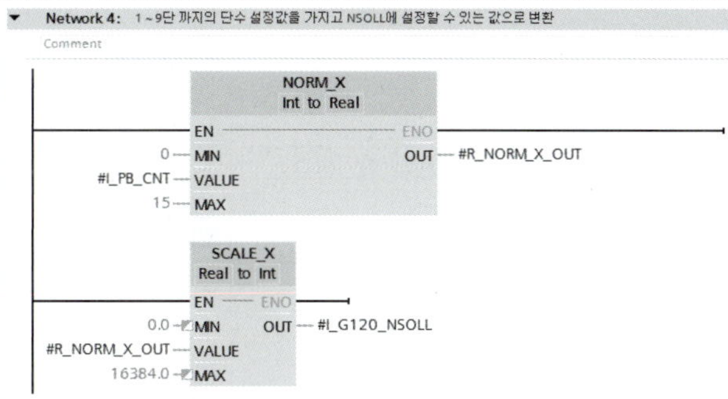

6

• 네트워크 5번

단수 설정이 0보다 클 때는 G120의 정회전 지령이고, 단수 설정이 0일 때는 정지 지령이다. 그리고 단수 표시를 위한 출력을 위해 MOVE 명령을 사용한다.

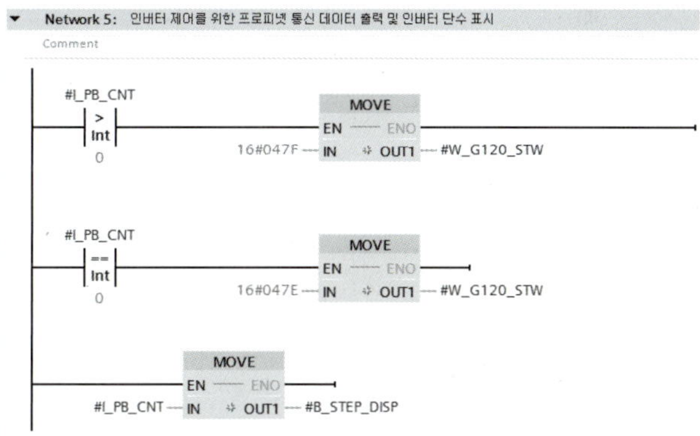

7

FB1 컴파일

컴파일해서 에러가 없는지 확인한다.

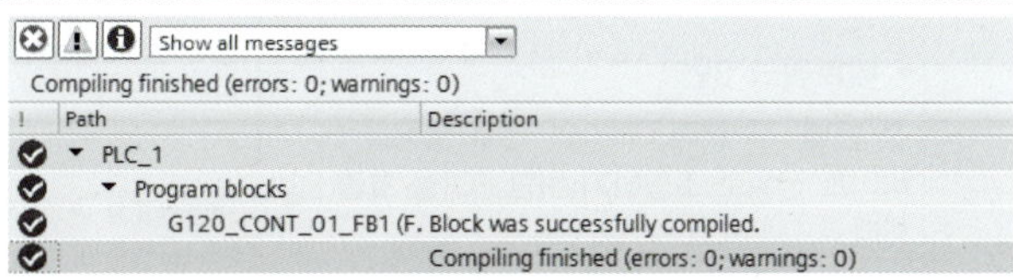

8

FC1 태그 설정

2개의 FB1에서 G120의 단수 표시를 위한 바이트 단위의 출력을 조합하여 다시 바이트 단위로 2대의 인버터 단수를 표시한다. 이처럼 단순한 데이터 처리만 하기 때문에 FC로 만든다.

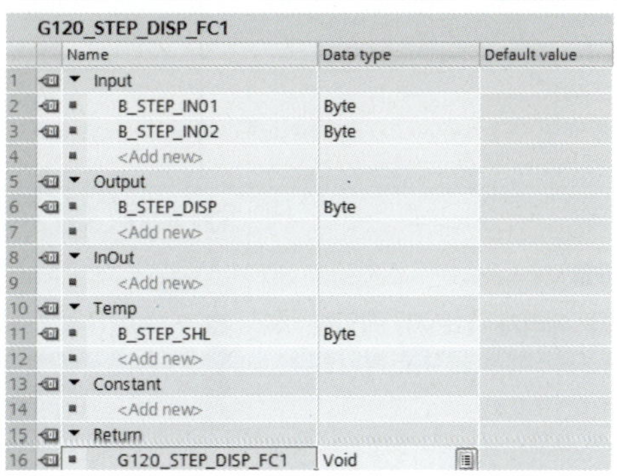

(계속)

9

FC1 프로그램 작성

- **네트워크 1번**

두 번째의 FB1의 단수 표시 출력 데이터를 SHL 명령을 사용해서 4비트를 좌측으로 이동시킨 후에 다시 첫 번째 FB1과 OR로 조합하여 출력한다.

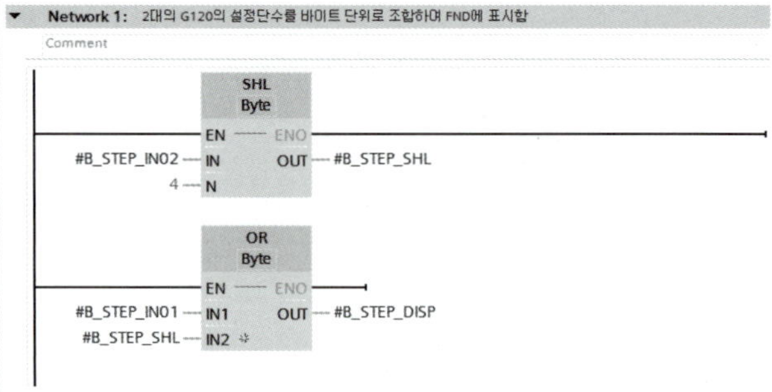

10

FC1 컴파일

컴파일해서 에러가 없는지 확인한다.

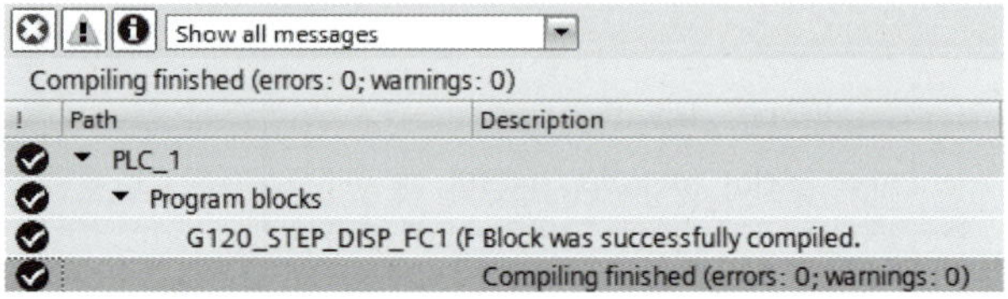

11

OB1 프로그램

2대의 G120을 제어하기 위한 OB1 프로그램을 작성한다.

- **네트워크 1번**

첫 번째 G120을 제어하기 위한 FB1을 호출한다.

- **네트워크 2번**

두 번째 G120을 제어하기 위한 FB1을 호출한다.

- **네트워크 3번**

첫 번째, 두 번째 G120의 단수 설정을 1바이트 단위로 조합하기 위한 FC1을 호출한다.

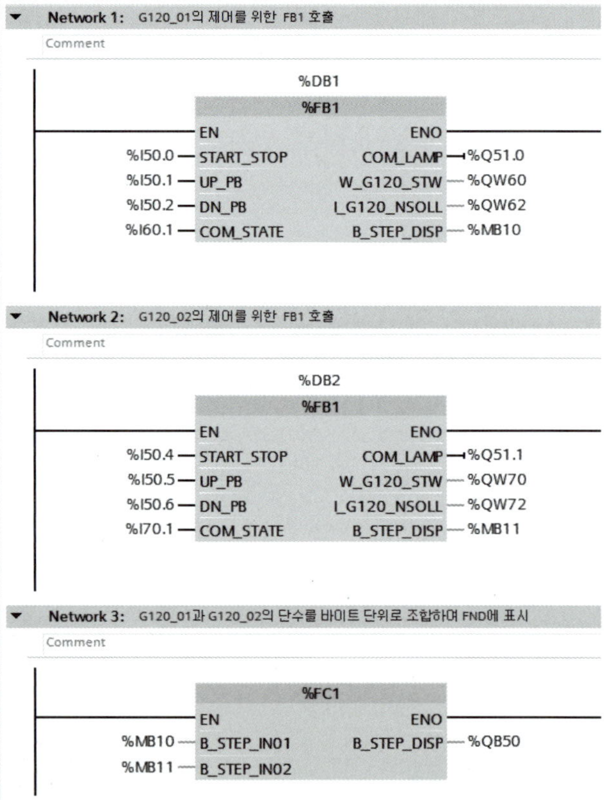

12

OB1 컴파일

컴파일해서 에러가 없는지 확인한 후, CPU로 다운로드해서 동작을 확인한다.

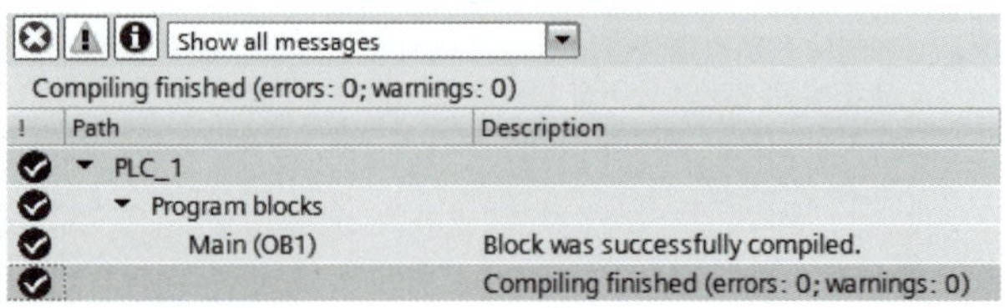

실습과제 10-2 에러 해제 기능 추가

프로피넷 통신 중에 발생하는 G120의 에러를 해제하는 프로그램 작성법을 학습한다.

[그림 10-18]은 ET200SP에 연결된 입출력과 프로피넷 통신으로 인버터 G120에 연결된 유도전동기의 속도를 조작하기 위한 패널의 모습이다. 이는 [실습과제 10-1]의 조작 패널에 G120의 에러 발생 시 이를 해제하기 위한 [에러 리셋] 버튼 기능을 추가한 것이다.

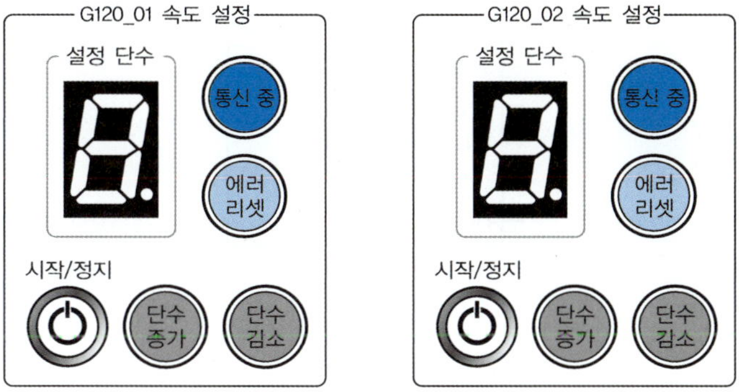

[그림 10-18] 에러 해제 기능이 추가된 G120 조작 패널

[표 10-16] 프로피넷 통신으로 ET200SP의 입출력을 이용한 G120 제어

입력			출력	
입력 번지		기능	출력 번지	기능
G120_01	I50.0	시작/정지	Q51.0	통신 중
	I50.1	단수 증가	Q50.3 ~ Q50.0	설정 단수 FND
	I50.2	단수 감소		
	I50.3	에러 리셋		
G120_02	I50.4	시작/정지	Q51.1	통신 중
	I50.5	단수 증가	Q50.7 ~ Q50.4	설정 단수 FND
	I50.6	단수 감소		
	I50.7	에러 리셋		

동작 조건

❶ 동작 조건은 [실습과제 10-1]과 동일하다.

❷ G120에 에러가 발생했을 때 에러 조치를 한 후에 [에러 리셋] 버튼을 누르면 에러가 해제된다.

PLC 프로그램 작성법

■ 프로그램의 구조

주어진 동작 조건이 [실습과제 10-1]과 동일하다면 G120을 제어하기 위해 작성한 FB1을 사용할 수 있지만, 여기에 에러 리셋 기능이 추가되어야 한다. 따라서 [실습과제 10-1]에서 작성한 FB1을 복사해서 FB2를 만든 후에 FB2를 수정해서 주어진 동작 조건을 수행할 수 있는 프로그램을 완성한다.

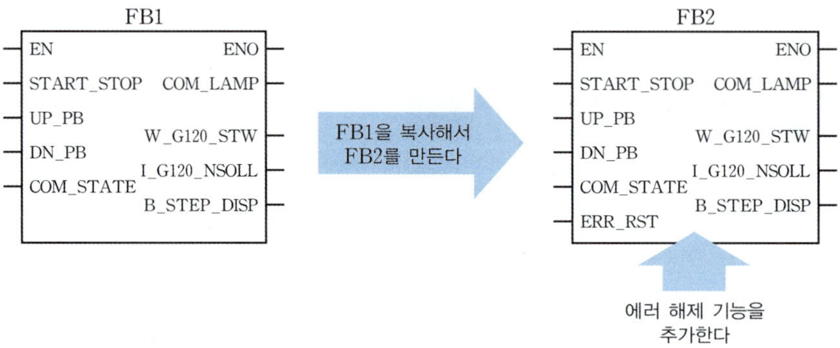

[그림 10-19] FB1을 복사해서 기능을 추가해서 FB2 만들기

■ G120의 에러 발생 상황을 어떻게 만들 수 있을까?

에러 해제 동작을 확인하기 위해서는 G120에서 에러가 발생해야 한다. 인위적으로 에러를 발생시켜 에러 해제 기능을 확인하기 위해서는 TIA Portal의 [Device configuration]을 더블클릭한 후에 S7-1500 CPU를 선택하고, 마우스 오른쪽 버튼을 눌러서 나타난 메뉴에서 [Download to device]를 선택한 후, [Hardware configuration]을 선택하면, 하드웨어 구성이 새롭게 다운로드되면서 G120과 통신 연결이 끊어지기 때문에 G120에서 에러가 발생하게 된다. 이때 에러 해제 버튼을 눌러서 G120에서 발생한 에러가 해제되는지 확인한다.

■ 전체 프로그램의 구조

전체 프로그램의 구조는 [그림 10-20]과 같다. 이는 [실습과제 10-1]과 동일한데, 다만 G120을 제어하는 FB가 에러 해제 기능이 추가된 FB2로 변경되어 있다.

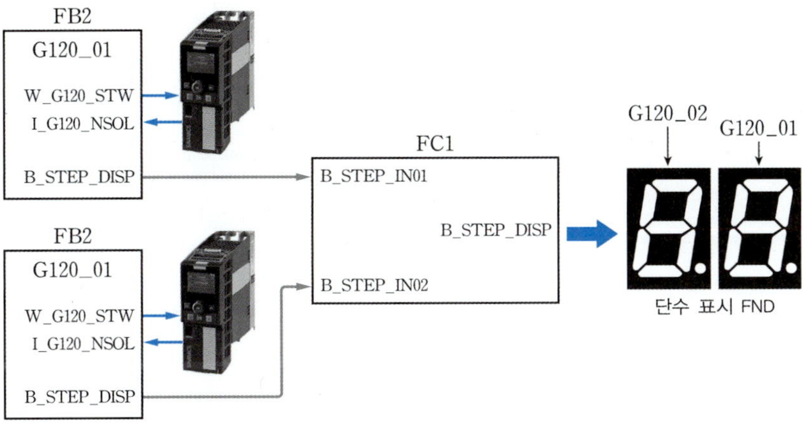

[그림 10-20] [실습과제 10-2]의 전체 프로그램의 구조

[표 10-17] [실습과제 10-2]의 PLC 프로그램 작성

<table>
<tr><th>순서</th><th>작업 내용</th><th>작업 화면</th></tr>
<tr><td>1</td><td>FB2 태그 설정
FB1을 복사해서 FB2를 만든다. 에러 해제 기능을 추가하기 위해 입력에 ERR-RST 태그를 설정한다.</td><td>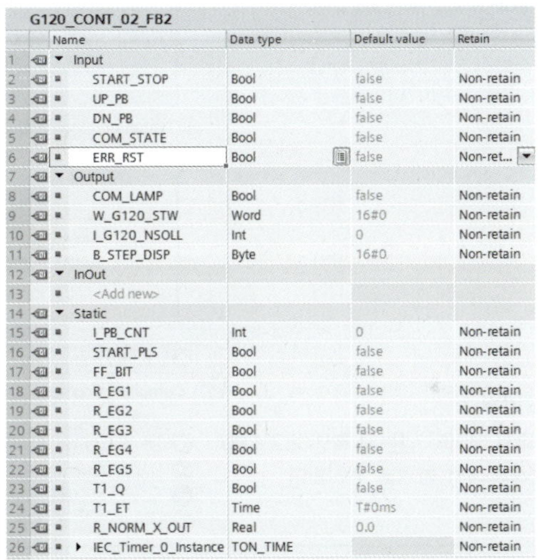
G120_CONT_02_FB2
<table>
<tr><th></th><th>Name</th><th>Data type</th><th>Default value</th><th>Retain</th></tr>
<tr><td>1</td><td>▼ Input</td><td></td><td></td><td></td></tr>
<tr><td>2</td><td>START_STOP</td><td>Bool</td><td>false</td><td>Non-retain</td></tr>
<tr><td>3</td><td>UP_PB</td><td>Bool</td><td>false</td><td>Non-retain</td></tr>
<tr><td>4</td><td>DN_PB</td><td>Bool</td><td>false</td><td>Non-retain</td></tr>
<tr><td>5</td><td>COM_STATE</td><td>Bool</td><td>false</td><td>Non-retain</td></tr>
<tr><td>6</td><td>ERR_RST</td><td>Bool</td><td>false</td><td>Non-ret...</td></tr>
<tr><td>7</td><td>▼ Output</td><td></td><td></td><td></td></tr>
<tr><td>8</td><td>COM_LAMP</td><td>Bool</td><td>false</td><td>Non-retain</td></tr>
<tr><td>9</td><td>W_G120_STW</td><td>Word</td><td>16#0</td><td>Non-retain</td></tr>
<tr><td>10</td><td>I_G120_NSOLL</td><td>Int</td><td>0</td><td>Non-retain</td></tr>
<tr><td>11</td><td>B_STEP_DISP</td><td>Byte</td><td>16#0</td><td>Non-retain</td></tr>
<tr><td>12</td><td>▼ InOut</td><td></td><td></td><td></td></tr>
<tr><td>13</td><td><Add new></td><td></td><td></td><td></td></tr>
<tr><td>14</td><td>▼ Static</td><td></td><td></td><td></td></tr>
<tr><td>15</td><td>I_PB_CNT</td><td>Int</td><td>0</td><td>Non-retain</td></tr>
<tr><td>16</td><td>START_PLS</td><td>Bool</td><td>false</td><td>Non-retain</td></tr>
<tr><td>17</td><td>FF_BIT</td><td>Bool</td><td>false</td><td>Non-retain</td></tr>
<tr><td>18</td><td>R_EG1</td><td>Bool</td><td>false</td><td>Non-retain</td></tr>
<tr><td>19</td><td>R_EG2</td><td>Bool</td><td>false</td><td>Non-retain</td></tr>
<tr><td>20</td><td>R_EG3</td><td>Bool</td><td>false</td><td>Non-retain</td></tr>
<tr><td>21</td><td>R_EG4</td><td>Bool</td><td>false</td><td>Non-retain</td></tr>
<tr><td>22</td><td>R_EG5</td><td>Bool</td><td>false</td><td>Non-retain</td></tr>
<tr><td>23</td><td>T1_Q</td><td>Bool</td><td>false</td><td>Non-retain</td></tr>
<tr><td>24</td><td>T1_ET</td><td>Time</td><td>T#0ms</td><td>Non-retain</td></tr>
<tr><td>25</td><td>R_NORM_X_OUT</td><td>Real</td><td>0.0</td><td>Non-retain</td></tr>
<tr><td>26</td><td>▸ IEC_Timer_0_Instance</td><td>TON_TIME</td><td></td><td>Non-retain</td></tr>
</table></td></tr>
<tr><td>2</td><td>FB2 프로그램 추가
• 네트워크 5번
FB1번을 복사해서 에러 해제 부분만을 추가하는 것이기 때문에 네트워크 5번의 내용만 수정하면 된다. 에러 해제 버튼이 눌리면 에러 해제용 16진수 값을 STW에 전송한다.</td><td>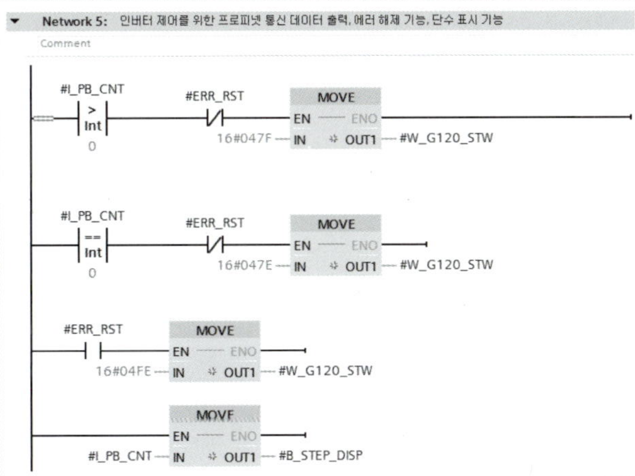
</td></tr>
</table>

(계속)

3

FB2 컴파일

컴파일해서 에러가 없는지 확인한다.

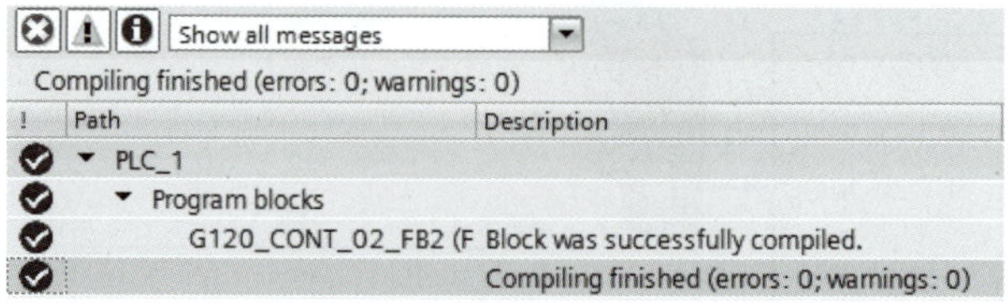

4

OB1 프로그램

2대의 G120을 제어하기 위해 에러 해제 기능이 추가된 FB2를 호출하고, 단수 표시를 위한 FC1을 호출한다. 그리고 각각의 FB2, FC1에 입출력 번지를 지정한다.

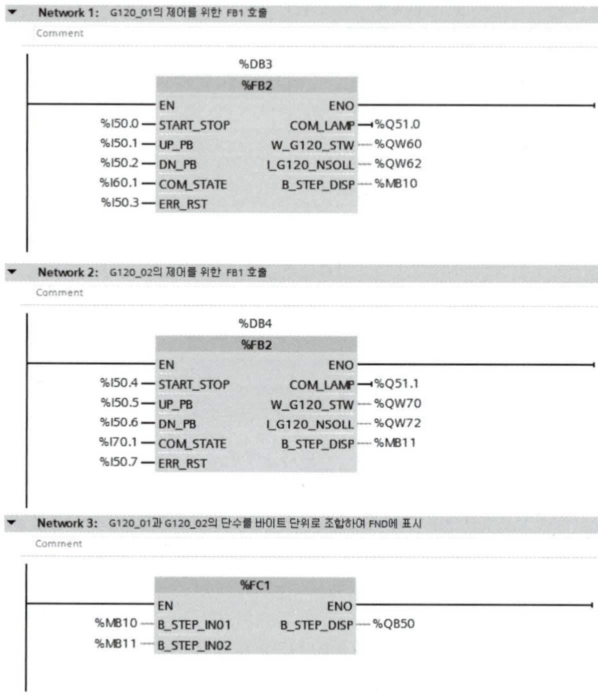

5

OB1 컴파일

컴파일해서 에러가 없는지 확인하고 CPU로 다운로드해서 동작을 확인한다.

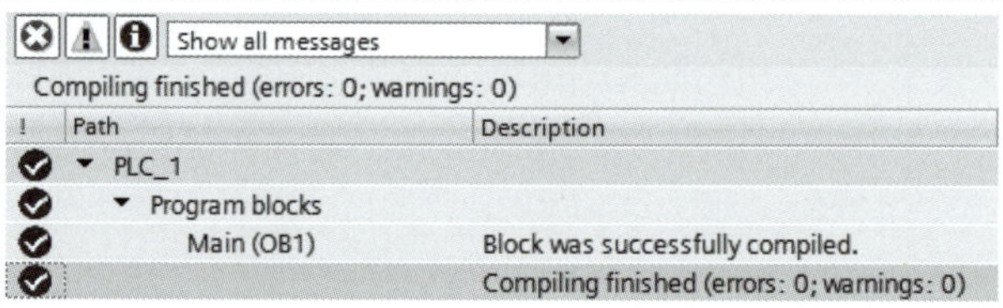

실습과제 10-3 종합 과제

앞에서 학습한 프로피버스 통신으로 FR-E700 인버터를 제어해보고, 프로피넷 통신으로 G120의 인버터를 제어한다.

[그림 10-21]은 프로피버스 및 프로피넷 통신으로 인버터에 연결된 유도전동기의 속도를 조작하기 위한 조작 패널을 나타낸 것이다. 총 4대의 인버터를 프로피버스에 연결된 WAGO의 입출력 모듈과 ET200SP의 입출력 모듈을 이용해서 주어진 동작 조건을 만족하는 PLC 프로그램을 작성해보자.

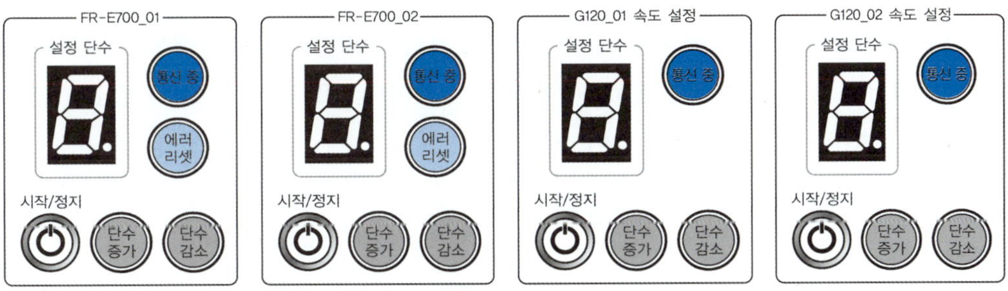

[그림 10-21] 프로피버스와 프로피넷 통신으로 인버터 조작 패널

[표 10-18] 프로피버스 및 프로피넷 통신으로 G120과 FR-E700 제어

입력			출력	
입력 번지		기능	출력 번지	기능
프로피버스 E700_01	I20.0	시작/정지	Q20.0	통신 중
	I20.1	단수 증가	Q21.3 ~ Q21.0	설정 단수 FND
	I20.2	단수 감소	QW30	STW
	I20.3	에러 리셋	QW32	HSW
프로피버스 E700_02	I20.4	시작/정지	Q20.1	통신 중
	I20.5	단수 증가	Q21.7 ~ Q21.4	설정 단수 FND
	I20.6	단수 감소	QW40	STW
	I20.7	에러 리셋	QW42	HSW
프로피넷 G120_01	I50.0	시작/정지	Q51.0	통신 중
	I50.1	단수 증가	Q50.3 ~ Q50.0	설정 단수 FND
	I50.2	단수 감소	QW60	STW
	I50.3	에러 리셋	QW62	NSOLL
프로피넷 G120_02	I50.4	시작/정지	Q51.1	통신 중
	I50.5	단수 증가	Q50.7 ~ Q50.4	설정 단수 FND
	I50.6	단수 감소	QW70	STW
	I50.7	에러 리셋	QW72	NSOLL

동작 조건

❶ 프로피버스 통신으로 제어할 WAGO의 리모트 I/O와 인버터 FR-E700을 슬레이브 1, 2, 3번으로 설정한다.

❷ 동작 조건은 [실습과제 10-2]와 동일하다.

PLC 프로그램 작성법

■ 프로피버스 통신으로 제어할 WAGO와 FR-E700 설정

[실습과제 10-2]의 TIA Portal의 프로젝트에 설정된 프로피넷에 추가해서 프로피버스 통신으로 제어할 WAGO와 FR-E700 인버터를 추가한다. 프로피버스로 연결되는 장치의 입출력 번지는 [표 10-18]과 같이 설정한다.

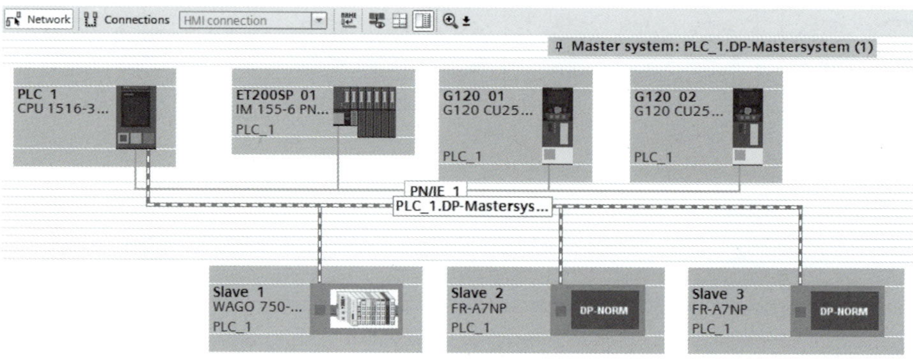

[그림 10-22] 프로피버스와 프로피넷으로 구성된 전체 네트워크 구조

■ 프로그램의 구조

동작 조건이 [실습과제 10-2]와 동일하므로 G120을 제어할 때에는 FB2를 사용한다. 프로피버스에 연결된 인버터 FR-E700은 G120과 제어 방법이 다르지만, 그 역시 인버터이기 때문에 G120과 그 방법이 크게 다르지는 않다. FR-E700의 프로피버스 통신 PPO Type3은 프로피넷에서 사용하는 텔레그램과 동일한 형태의 데이터로 제어하지만, STW의 제어 비트의 위치와 기능이 각각 다르게 되어 있다. 모터의 회전속도의 설정값의 경우, G120에서는 모터의 회전수를 기준으로 설정하는 데 비해 FR-E700은 인버터의 운전주파수를 설정하는 차이가 있지만, 제어 절차와 순서는 크게 다르지 않다. 따라서 [실습과제 10-2]에서 만든 FB2로 G120을 제어하고, FB2를 복사해서 FB3을 만들고, FB3의 프로그램을 수정해서 FR-E700 인버터를 제어하는 프로그램을 만들어서 사용한다.

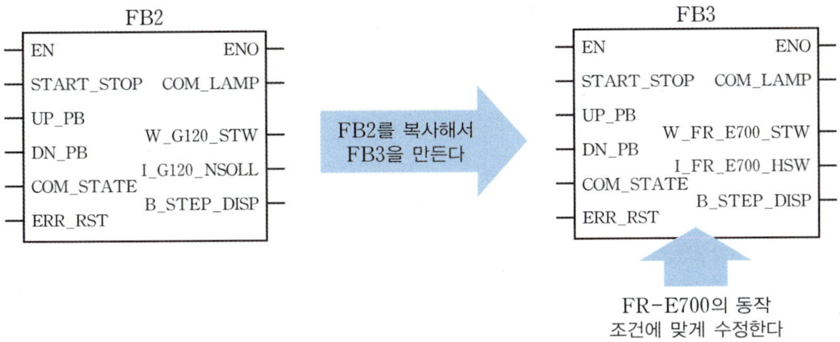

[그림 10-23] FB2를 복사해서 FR-E700 제어에 맞는 FB3 만들기

전체 프로그램은 인버터 G120 2대와 FR-E700 인버터 2대를 제어하기 때문에 OB1에서 FB2를 2번 호출, FB3을 2번 호출, 설정 단수를 표시하기 위해 FC1을 2번 호출하는 형태이다.

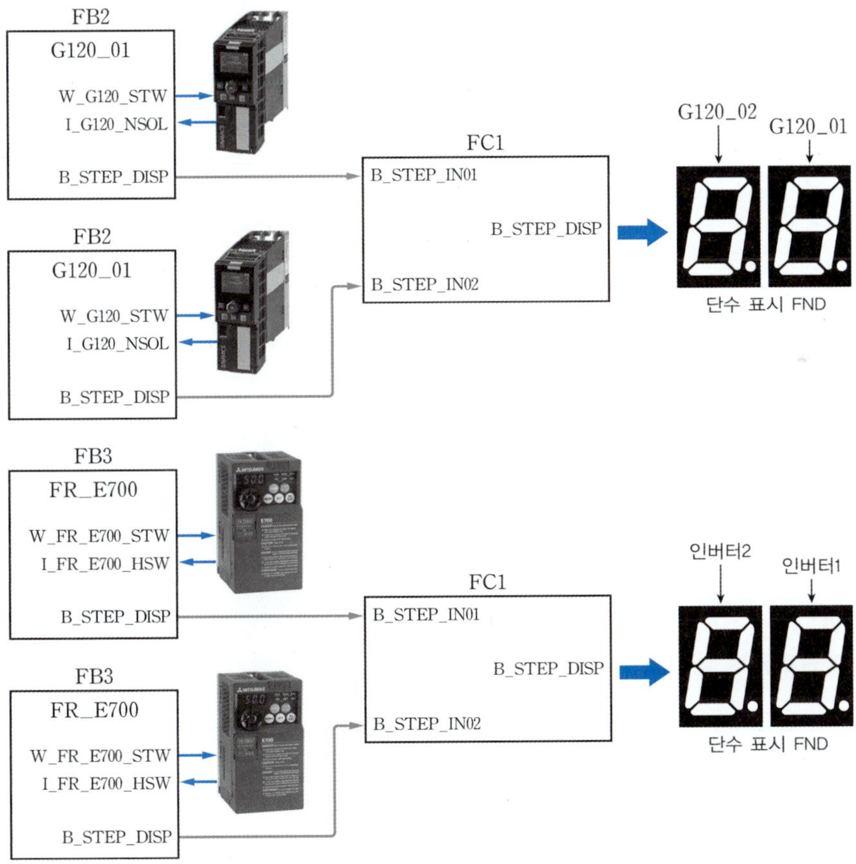

[그림 10-24] [실습과제 10-3]의 전체 프로그램의 구조

[표 10-19] [실습과제 10-3]의 PLC 프로그램 작성

<table>
<tr><th>순서</th><th>작업 내용</th><th>작업 화면</th></tr>
<tr><td>1</td><td>FB3 태그 설정
FB2를 복사해서 FB3를 만든다. 기존에 설정된 태그 중에서 출력에 대한 태그의 명칭만 FR-E700을 확인할 수 있는 명칭으로 변경하고, 다른 태그는 FB2에서 설정한 내용을 변경 없이 사용한다.</td><td>
FR_E700_CONT_01_FB3
<table>
<tr><th></th><th>Name</th><th>Data type</th><th>Default value</th><th>Retain</th></tr>
<tr><td>1</td><td>▼ Input</td><td></td><td></td><td></td></tr>
<tr><td>2</td><td>START_STOP</td><td>Bool</td><td>false</td><td>Non-retain</td></tr>
<tr><td>3</td><td>UP_PB</td><td>Bool</td><td>false</td><td>Non-retain</td></tr>
<tr><td>4</td><td>DN_PB</td><td>Bool</td><td>false</td><td>Non-retain</td></tr>
<tr><td>5</td><td>COM_STATE</td><td>Bool</td><td>false</td><td>Non-retain</td></tr>
<tr><td>6</td><td>ERR_RST</td><td>Bool</td><td>false</td><td>Non-retain</td></tr>
<tr><td>7</td><td>▼ Output</td><td></td><td></td><td></td></tr>
<tr><td>8</td><td>COM_LAMP</td><td>Bool</td><td>false</td><td>Non-retain</td></tr>
<tr><td>9</td><td>W_FR_E700_STW</td><td>Word</td><td>16#0</td><td>Non-retain</td></tr>
<tr><td>10</td><td>I_FR_E700_HSW</td><td>Int</td><td>0</td><td>Non-retain</td></tr>
<tr><td>11</td><td>B_STEP_DISP</td><td>Byte</td><td>16#0</td><td>Non-retain</td></tr>
<tr><td>12</td><td>▼ InOut</td><td></td><td></td><td></td></tr>
<tr><td>13</td><td><Add new></td><td></td><td></td><td></td></tr>
<tr><td>14</td><td>▼ Static</td><td></td><td></td><td></td></tr>
<tr><td>15</td><td>I_PB_CNT</td><td>Int</td><td>0</td><td>Non-retain</td></tr>
<tr><td>16</td><td>START_PLS</td><td>Bool</td><td>false</td><td>Non-retain</td></tr>
<tr><td>17</td><td>FF_BIT</td><td>Bool</td><td>false</td><td>Non-retain</td></tr>
<tr><td>18</td><td>R_EG1</td><td>Bool</td><td>false</td><td>Non-retain</td></tr>
<tr><td>19</td><td>R_EG2</td><td>Bool</td><td>false</td><td>Non-retain</td></tr>
<tr><td>20</td><td>R_EG3</td><td>Bool</td><td>false</td><td>Non-retain</td></tr>
<tr><td>21</td><td>R_EG4</td><td>Bool</td><td>false</td><td>Non-retain</td></tr>
<tr><td>22</td><td>R_EG5</td><td>Bool</td><td>false</td><td>Non-retain</td></tr>
<tr><td>23</td><td>T1_Q</td><td>Bool</td><td>false</td><td>Non-retain</td></tr>
<tr><td>24</td><td>T1_ET</td><td>Time</td><td>T#0ms</td><td>Non-retain</td></tr>
<tr><td>25</td><td>R_NORM_X_OUT</td><td>Real</td><td>0.0</td><td>Non-retain</td></tr>
<tr><td>26</td><td>▸ IEC_Timer_0_Instance</td><td>TON_TIME</td><td></td><td>Non-retain</td></tr>
<tr><td>27</td><td>▼ Temp</td><td></td><td></td><td></td></tr>
</table>
</td></tr>
<tr><td>2</td><td>FB3 프로그램 작성
• 네트워크 1번
FB2번의 내용과 동일하다.</td><td>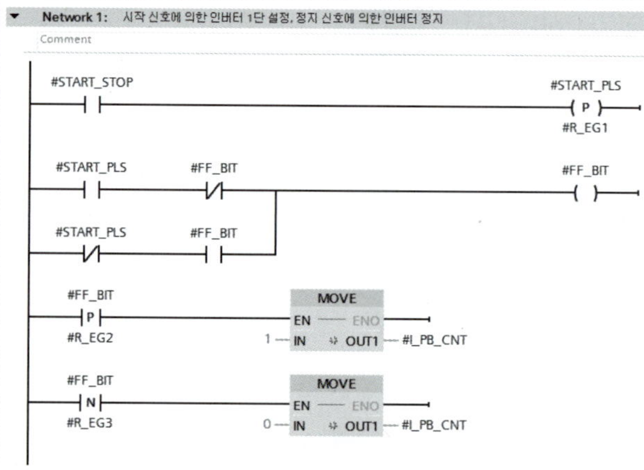
</td></tr>
<tr><td>3</td><td>• 네트워크 2번
FB2번의 내용과 동일하다.</td><td>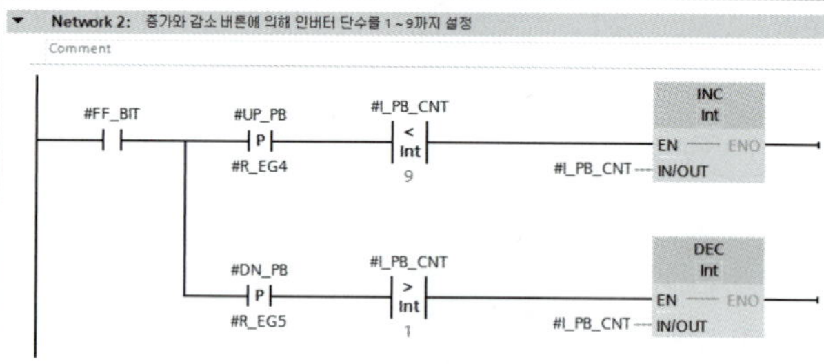
</td></tr>
</table>

(계속)

<table>
<tr><td>4</td><td>

• 네트워크 3번

FB2번의 내용과 동일하다.

</td><td>

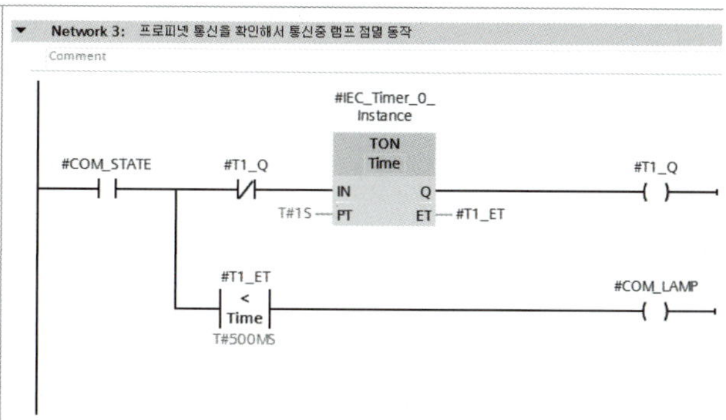

</td></tr>
<tr><td>5</td><td>

• 네트워크 4번

FR-E700은 0~12000의 값을 설정하도록 되어 있다. 따라서 단수는 0~12단으로 설정되기 때문에 해당 명령어에 사용할 설정값을 FR-E700에 맞게 변경한다.

</td><td>

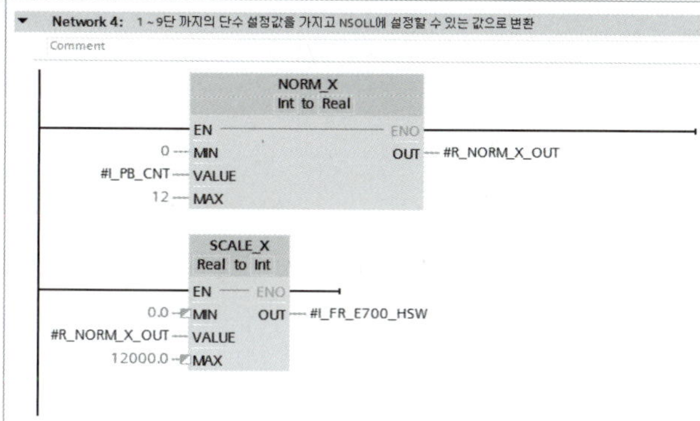

</td></tr>
<tr><td>6</td><td>

• 네트워크 5번

G120과 FR-E700의 STW의 비트별 기능이 다르기 때문에 설정값을 FR-E700의 STW의 조건에 맞는 값으로 설정한다. FR-E700의 STW에 대한 설정값은 9장의 [표 9-19]를 참고한다.

</td><td>

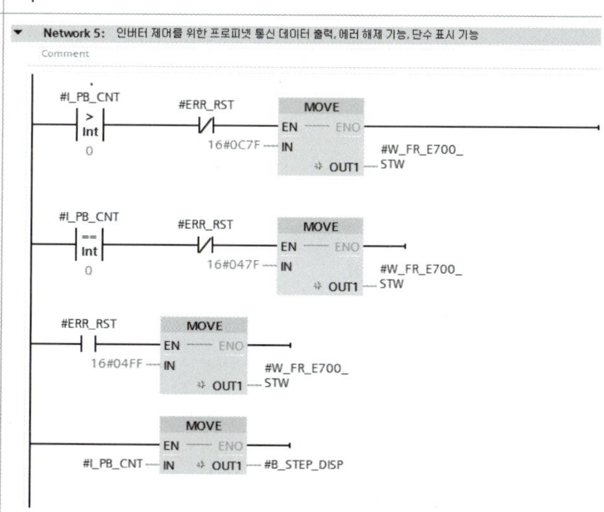

</td></tr>
<tr><td>7</td><td>

FB3 컴파일

컴파일해서 에러가 없는지 확인한다.

</td><td>

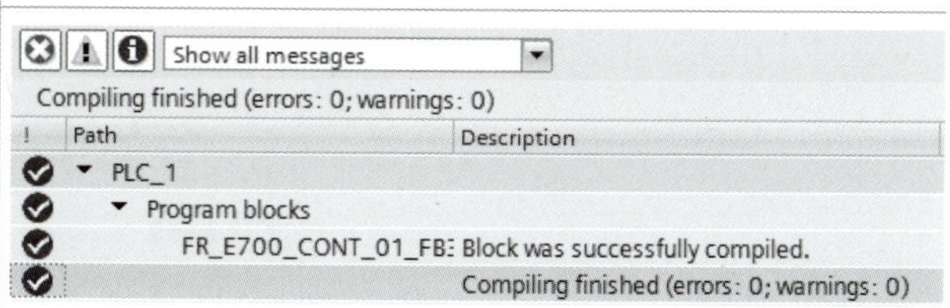

</td></tr>
</table>

(계속)

8

OB1 프로그램

- **네트워크 1, 2, 3번**

OB1에서 G120을 제어하기 위한 FB2를 두 번 호출하고, G120의 설정 단수를 FND에 표시하기 위해 FC1을 호출한다.

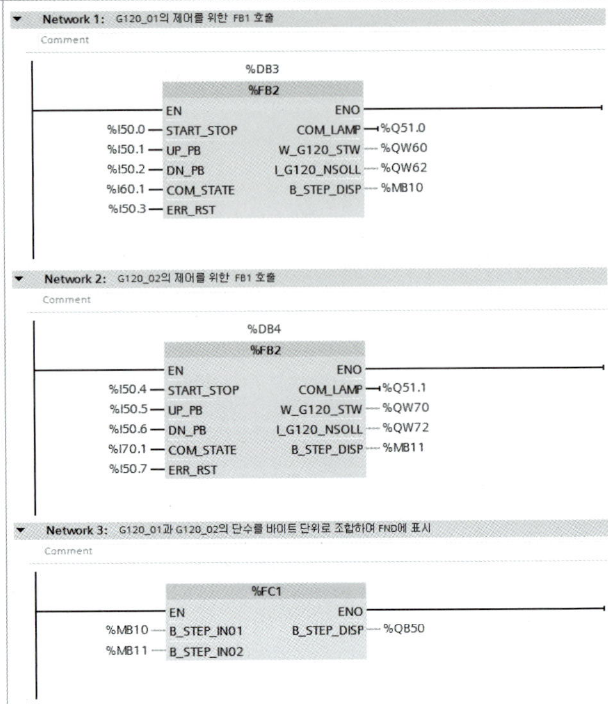

9

- **네트워크 4, 5, 6번**

OB1에서 FR-E700을 제어하기 위한 FB3을 두 번 호출하고, FR-E700의 설정 단수를 FND에 표시하기 위해 FC1을 호출한다.

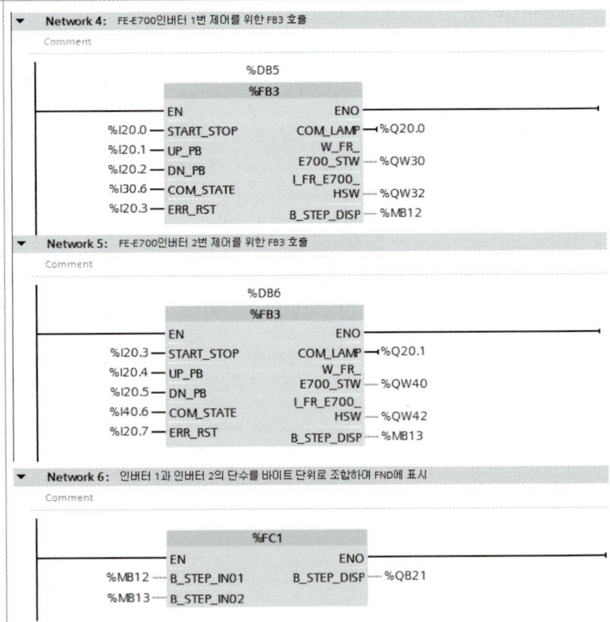

10

OB1 컴파일

컴파일해서 에러가 없는지 확인한 후에 CPU로 다운로드하고, 동작을 확인한다.

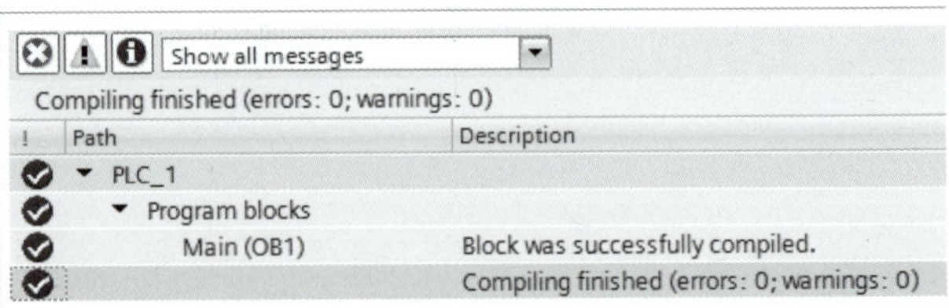

찾아보기

찾아보기

찾아보기